Nr. 44 S. 13991–14302

1959 4. November

Chemisches Zentralblatt

Vollständiges Repertorium für alle Zweige der reinen und angewandten Chemie

1830 gegründet. 1897—1945 von der Deutschen Chemischen Gesellschaft fortgeführt. Im Auftrage der Deutschen Akademie der Wissenschaften zu Berlin, der Chemischen Gesellschaft in der DDR, der Akademie der Wissenschaften zu Göttingen und der Gesellschaft Deutscher Chemiker (in der BRD)

herausgegeben von Prof. Dr. Heinrich Bertsch und Prof. Dr. Dr. h. c. Wilhelm Klemm

130. Jahrgang

1959

Chefredakteure: Dr. Eugen Klever und Dr. Heinz Walter

Akademie-Verlag GmbH., Berlin — Verlag Chemie, GmbH., Weinheim/Bergstr.

Inhalt

Namenregister

Patentregister

Chemisches Zentralblatt

1959 Nr. 44 4. November

A. Allgemeine, physikalische und anorganische Chemie.

A_1. Kernphysik und Kernchemie.

Scott E. Forbush, *Höhenstrahl-Intensitätsschwankungen während zweier Sonnencyclen.* Daten über die Intensität der Höhenstrahlung von 1937—57 werden zusammengestellt u. diskutiert. Die in Ionisationskammern gemessene Intensität ist gegenüber der Sonnenaktivität um 1 Jahr verschoben, dem Sonnenfleckenminimum entspricht das Intensitätsmaximum. (J.geophys. Res. **63.** 651—69. Dez. 1958. Washington, D. C., Carnegie Inst. of Washington, Dep. of Terrestrial Magnetism.) M. WIEDEMANN. 85

H. S. Murdoch, *Die absolute Dichteverteilung von Höhenstrahlschauern geringer Dichte.* Für Dichten von ca. 1/m² wird die integrale Dichteverteilung formelmäßig wiedergegeben. Zur Messung werden Variation der Flächen, multiple Koinzidenz u. Hodoskop herangezogen. (Nuclear Physics **8.** 157—70. 2/9. 1958. Sydney, Univ., School of Phys., F. B. S. Falkiner Nucl. Res. and Adolph Basser Comp. Labors.) M. WIEDEMANN. 85

J. A. Lehane, D. D. Millar und **M. H. Rathgeber,** *Luftschauer mit mehr als 10^5 Teilchen.* 4. Mitt. *Die Verteilung der kernaktiven Teilchen und der μ-Mesonen.* (3. vgl. BRENNAN u. Mitarbeiter, C. **1959.** 6017.) Schauer von $4 \cdot 10^4$ bis $6 \cdot 10^6$ geladenen Teilchen wurden mittels eines Detektors für durchdringende Teilchen untersucht. Durch Koinzidenzmessungen konnte zwischen μ-Mesonen u. der kernakt. Komponente unterschieden werden. Die Zahl der μ variiert mit $N^{0,4 \pm 0,1}$, die der kernakt. Teilchen mit $N^{0,6 \pm 0,1}$. Die Inelastizität der energiereichen Stöße der Nucleonenkaskade ergab sich zu 0,3. (Nature [London] **182.** 1699—1704. 20/12. 1958. Sydney, Univ., School of Phys., F. B. S. Falkiner Nucl. Res. and Adolph Basser Comput. Labors.) M. WIEDEMANN. 90

Carlo Castagnoli, Massimiliano Ferro-Luzzi und **Augusta Manfredini,** *Winkelverteilung der μ-Mesonen aus dem Pionenzerfall in Kernemulsionen.* An Kernemulsionen untersuchten Vff. eine große Anzahl von π–μ-Zerfällen zur Best. des Winkels zwischen dem π am Ende seiner Bahn u. der Anfangsrichtung der μ-Mesonen. Die Platten wurden dem Pionenbündel des Synchrocyclotrons (Liverpool) ausgesetzt, wobei die Energie der in die Emulsion eindringen π 40 MeV betrug. Während der Exposition wurden Emulsionen magnet. abgeschirmt, u. zwar mit einem Restfeld von $< 0{,}1$ Gauß. Die beobachtete Asymmetrie wird auf Instrumenteneffekte u. Beobachtungsfehler zurückgeführt. (Ricerca sci. **28.** 1644—49. Aug. 1958. Roma, Univ., Ist. di Fis.) C. GOTTFRIED. 90

Y. Eisenberg und **S. Rosendorff,** *Beobachtung eines τ-Mesons in photographischen Emulsionen.* Der Zerfall eines positiven Teilchens (τ^+) in Ruhe in ein negatives Pion, das in der Emulsion abgebremst wird, u. 2 positive Pionen wurde beobachtet. Die Emulsionen wurden auf 100000 ft 6,5 Std. geflogen. Der Q-Wert ergab sich zu $72{,}2 \pm 3$ MeV. (Bull. Res. Council Israel, Sect. A **5.** 70. Nov. 1955. Rehovoth, Weizmann Inst. of Sci., Dep. of Phys.) M. WIEDEMANN. 90

A. Z. Dolginov, *Ein mögliches Experiment zur Bestimmung der Spiralität der μ-Mesonen.* Die μ-Mesonen beim Zerfall $\pi \rightarrow \mu + \nu$ sind relativ zur Richtung des Impulses polarisiert. Um die Richtung des Spins zum Impuls zu bestimmen, wird vorgeschlagen, die zirkulare Polarisation von Quanten zu messen, die bei Übergängen des eingefangenen μ im Mesoatom emittiert werden. (Nuclear Physics **7.** 569—72. Aug. 1958. Leningrad, UdSSR Acad. of Sci., Phys. Techn. Inst.) M. WIEDEMANN. 90

Akira Komatsuzawa, Reiji Sugano und **Yukihisa Nogami,** *Kopplungskonstante der K–Baryon-Wechselwirkung.* 1. Mitt. Aus den Daten der K–N-Streuung bei niedrigen Energien ergibt sich für die Kopplungskonstante eine formelmäßig angebbare obere Grenze. Berechnungen liefern hierfür Werte von ca. 1,0. (Progr.theoret. Physics [Kyoto] **20.** 246—48. Aug. 1958. Kyoto, Univ., Dep. of Phys.; Sakai, Univ. of Osaka, Dep. of Phys. [Orig.: engl.]) M. WIEDEMANN. 90

Akira Komatsuzawa, Reiji Sugano und **Yukihisa Nogami,** *Kopplungskonstante der K-Baryon-Wechselwirkung.* 2. Mitt. (1. vgl. vorst. Ref.) Genauere Abschätzungen der Kopplungskonstanten führen auf Werte von 0,7 bzw. 0,6. (Progr. theoret. Physics [Kyoto] **20.** 249—50. Aug. 1958. [Orig.: engl.]) M. WIEDEMANN. 90

Gordon Feldman und **Thomas Fulton,** *Bestimmung der relativen Σ-Λ-Parität.* Es werden 2 Methoden zur Best. der relativen Σ-Λ-Parität vorgeschlagen, die auf dem $\Sigma^0 \rightarrow \Lambda^0$-Zerfall beruhen, bei dem die Parität erhalten bleibt. Es können die Zerfallsasymmetrien des Λ^0 u. die Richtung der Photonenpolarisation beim Zerfall des polarisierten $\Sigma^0 \rightarrow \Lambda^0 + \gamma$ oder das Verzweigungsverhältnis dieser Rk. zu $\Sigma^0 \rightarrow \Lambda^0 + e^+ + e^-$ mit einer Genauigkeit $> 10\%$ untersucht werden. (Nuclear Physics **8.** 106—12. 1/9. 1958. Baltimore, Md., Johns Hopkins Univ.) M. WIEDEMANN. 90

Tetsuo Eguchi und **Shozo Nagata,** *Isotopenspin-Auswahlregel bei Σ-Zerfällen.* Aus den Verzweigungsverhältnissen, den Lebensdauern u. Asymmetrien der Winkelverteilung bei Σ-Zerfällen ergibt sich, daß die Regel $|\Delta I| = 1/2$ wie bei den Λ-Zerfällen konsistent ist. (Progr. theoret. Physics [Kyoto] **20.** 144—48. Aug. 1958. Fukuoka, Kyushu Univ., Fac. of Sci. Dep. of Phys. [Orig.: engl.]) M. WIEDEMANN. 90

A. Filipkowski, E. Skrzypczak, A. Somogyi und **A. Wróblewski,** *Zwei Ereignisse des mesonischen Zerfalls von Hyperfragmenten im Fluge.* In einem Emulsionsstapel, der dem 300 MeV/c-K$^-$-Bündel ausgesetzt war, wurden 553 Sterne durch Wechselwrkgg. von K$^-$ in Ruhe mit Emulsionskernen gefunden. Es wurden 6 meson. Zerfälle von Hyperfragmenten, darunter 2 im Fluge festgestellt, ferner 17 nichtmeson. Zerfälle. Die Massen von Σ^- u. Σ^+ wurden zu 1196,3 $\pm$ 1,0 bzw. 1189,5 $\pm$ 1,1 MeV bestimmt. Bei den beiden meson. Zerfällen handelt es sich um ${}^4_\Lambda$He $\rightarrow \pi^- + {}^4$He mit einer Bindungsenergie des Λ^0 von 0,1 $\pm$ 1,2 MeV u. einer Flugzeit von 2,2 $\cdot$ 10^{-11} Sek.; sowie um ${}^3_\Lambda$H $\rightarrow \pi^-$ + p + p + n oder ${}^4_\Lambda$H $\rightarrow \pi^-$ + d + p + n mit einer Flugzeit zwischen 0,6—1,1 $\cdot$ 10^{-11} Sekunden. (Nuclear Physics **7.** 643—45. Aug. 1958. Warschau, Univ., Physik. Inst. u. Inst. für Kernunterss.) M. WIEDEMANN. 90

J. Fiutak, *Dirac- und Gürsey-Gleichungen für Bosonen.* Vers. der Überführung der Wellengleichungen für Bosonen in eine neue algebraische Form. (Nuovo Cimento [10] **10.** 292—99. 16/10. 1958. Toruń, Nicholas Copernicus Univ., Dep. of Phys.) GERHARD SCHMIDT. 90

J. Strathdee und **Y. Takahashi,** *Über den Eigendruck (self-stress) von zusammengesetzten Teilchen.* Um zu unterscheiden, ob Teilchen elementarer oder zusammengesetzter Natur sind, wird geprüft, ob sich die Bindungsenergie wie eine Masse bei LORENTZ-Transformationen verhält. Die Gültigkeit der engen Beziehung zwischen Eigendruck u. Eigenenergie auch für gebundene Zustände wird nachgewiesen. (Nuclear Physics **8.** 113—23. 1/9. 1958. Dublin, Inst. for Advanc. Stud.) M. WIEDEMANN. 90

Akira Kanazawa, Shinya Furui und **Tetsuro Sakuma,** *Elektromagnetische Eigenschaften der Nucleonen.* Die relativist. Korrekturen am Strom u. magnet. Moment des Nucleons ergeben sich als sehr wesentlich. Bei geeigneter Wahl der Kopplungskonstanten u. des cut-off-Moments kann Übereinstimmung mit den Verss. erhalten werden. (Progr. theoret. Physics [Kyoto] **20.** 149—62. Aug. 1958. Sapporo, Hokkaido Univ., Dep. of Phys. [Orig.: engl.]) M. WIEDEMANN. 90

Eiichi Kuroboshi und **Yasuo Hara,** *Über die magnetischen Austauschmomente.* Aus den Matrixelementen der Photopionenerzeugung u. den experimentellen Daten der Pion-Nucleon-Streuung können die Operatoren der magnet. Austauschmomente für 2 Nucleonen erhalten werden. Für das magnet. Moment des Tritons ergibt sich ein brauchbares Ergebnis, nicht dagegen für schwere Kerne. (Progr. theoret. Physics [Kyoto] **20.** 163—70. Aug. 1958. Tokyo, Univ., Dep. of Phys. [Orig.: engl.]) M. WIEDEMANN. 90

Ss. W. Temko, *Über eine quantenkinetische Gleichung für Mehrsortensysteme von geladenen Teilchen.* Eine quantenkinet. Gleichung nach BOGOLJUBOW wird für ein Mehrsortenplasma unter einigen vereinfachenden Annahmen abgeleitet. (Журнал Экспериментальной и Теоретической Физики [J. exp. theoret. Physik] **34.** 523—24. Febr. 1958.) K.-E. SEYB. 90

Florence Aeschlimann, *Ausdehnung der Funktionstheorie der Teilchen auf das Nucleon und Photon.* (Vgl. C. **1959.** 7685.) In Ergänzung zu l. c. wird vorgeschlagen, die Funktionstheorie der Teilchen auf den Fall eines Spin 1/2-Teilchens mit einem Isotopenspin (Nucleon) oder einer „Chiralität" u. auf den Fall eines Spin 1-Teilchens, das durch Fusion erhalten worden ist, zu erstrecken. (J. Physique Radium **18.** 562—66. Okt. 1957. Paris, Inst. Henri-Poincaré.) GERHARD SCHMIDT. 90

L. Keszthelyi, *Absorptionsmessungen mit ^{60}Co-γ-Strahlung.* Es wurden die Absorptionskoeffizienten für ^{60}Co-γ-Strahlung in einigen organ. u. Alkalihalogenidkristallen gemessen. Als ^{60}Co-Quelle wurde eine $Co(NO_3)_2$-Lsg. mit 23,5 mc; als Detektor ein Scintillationszähler mit NaJ(Tl)-Kristall (Koinzidenzapp., Dunkelstrom 10—12 Impulse/Sek.) benutzt. Die Kristalle wurden auf eine gleichförmige Dicke ($\pm$ 0,1 mm) poliert. Mit der bzgl. der Streustrahlung günstigsten Anordnung wurde in Überein-

stimmung mit den theoret. berechneten Werten der Absorptionskoeff. von *NaJ* zu 0,05141 ± 0,00021, von *KBr* zu 0,05216 ± 0,0002, von *KCl* zu 0,05499 ± 0,00036, von *NaCl* zu 0,05422 ± 0,00032 u. von *Naphthalin* zu 0,0604 ± 0,00042 cm^2/g bestimmt; für die atom. Absorptionsquerschnitte wurde in Übereinstimmung mit den theoret. Werten für *J* 10,73 ± 0,06, für *Br* 6,687 ± 0,067, für *K* 3,615 ± 0,055, für *Cl* 3,191 ± 0,031 u. für *Na* 2,073 · 10^{-24} cm^2/Atom erhalten. (Acta physica Acad. Sci. hung. **5.** 269—74. 1955. Budapest, Central Res. Inst. for Phys., Dep. for Atom. Phys.)
W. Karcher. 90

B. L. Ioffe, *Über den Beweis der Abwesenheit der Renormalisierung der Konstante in der Vektorvariante der β-Wechselwirkung.* Theoret. Diskussion über die Konstante des Vektorteils der β-Zerfallswechselwirkung. (Nuovo Cimento [10] **10.** 352—54. 16/10. 1958. Moscow, Acad. of Sci.) Gerhard Schmidt. 90

B. L. Ioffe, und **V. A. Ljubimov,** *Über Folgerungen aus der Zweikomponentennatur des Elektrons bei β-Wechselwirkungen.* (Vgl. vorst. Ref.) Theoret. Diskussion der notwendigen u. ausreichenden Bedingung für den v/c-Wert der Longitudinalpolarisation des Elektrons beim β-Zerfall. (Nuovo Cimento [10] **10.** 355—58. 16/10. 1958.)
Gerhard Schmidt. 90

Vinh Mau, *Kopplungskonstanten der β-Wechselwirkung und Polarisation der emittierten Elektronen.* Ausgehend von der Hypothese, daß die Polarisation der $\beta^{\pm}$-Teilchen unabhängig vom Typ des erlaubten Überganges ± *v*/c ist, werden einfache Beziehungen zwischen den Kopplungskonstanten der allg. Hamilton-Funktion der β-Wechselwrkg. abgeleitet. Dabei wird die von Nataf vorgeschlagene Theorie bestätigt. (C. R. hebd. Séances Acad. Sci. **246.** 713—16. 3/2. 1958.) C. Reuber. 90

M. A. Kriwoglas, *Über die Streuung von Röntgenstrahlen und thermischen Neutronen durch einkomponentige Kristalle in der Nähe des Phasenübergangspunktes zweiter Art.* Die Streuung monochromat. Strahlung, ausschließlich der Streuung an therm. Schwingungen, sowie die Compton-Streuung von Röntgenstrahlen u. die magnet. Streuung von Neutronen an Elektronenhüllen der Atome in Einkristallen, bes. ferroelektr. Kristallen, werden im Rahmen der kinemat. Theorie untersucht. (Журнал Экспериментальной и Теоретической Физики [J. exp. theoret. Physik] **34.** 405—11. Febr. 1958. Inst. für Metallphys. der Akad. der Wiss. der UkrainSSR.) K.-E. Seyb. 90

James W. Wade, *Neutronenalter in Mischungen von D_2O und H_2O.* Das Neutronenalter von Spalt- u. Po–Be-Neutronen wurde in verschied. Mischungen von D_2O u. H_2O gemessen. Das Alter wurde aus dem zweiten Moment der Bremsverteilung bei der 1,4 eV In-Resonanz ermittelt. Für das Alter der Spaltneutronen wurde bei Konzz. von 99,8, 99,0, 98,4, 95,3, 94,0, 91,8 u. 48,6% D_2O u. in reinem H_2O 109, 107, 106, 93, 86, 78, 38,6 bzw. 31 cm^2 gefunden. Im Bereich von 90—100% D_2O nimmt das Alter um ca. 4 cm^2 für jedes zusätzliche % H_2O ab. Das Alter von Po-Be-Neutronen in 99,4 u. 48,6%ig. D_2O u. in reinem H_2O betrug 148, 72,5 bzw. 55,7 cm^2. (Nuclear Sci. Engng. **4.** 12—24. Juli 1958. Aiken, S. C., Savannah River Labor.) W. Karcher. 90

Melvin Reier, Felix Obenshain und **Robert L. Hellens,** *Das Alter von Polonium–Beryllium-Neutronen in verschiedenen Metall-Wasser-Gemischen.* Es wurde die Verteilung der Verlangsamung von Neutronen aus einer Po–Be-Quelle (10^8 n/sec) in verschied. Anordnungen Metall-W. (Al-W., Zr-W. u. Fe-W.) im Volumenverhältnis 2:1, 1:1 u. 1:2 gemessen. Mit Hilfe dieser Messungen wurde das 2. Verteilungsmoment ermittelt. Die Ergebnisse werden mit theoret. Berechnungen, die auf einer Lsg. der Transportgleichung beruhen, verglichen u. der Einfl. einer Änderung des Spektr. der Quelle u. der Wirkungsquerschnitte auf die Berechnungen diskutiert. (Nuclear Sci. Engng. **4.** 1—11. Juli 1958. Pittsburgh, Pa., Westinghouse Electr. Corp., Bettis Atom. Power Div.)
W. Karcher. 90

Y. Kakudo, T. Kammuri und **R. Nakasima,** *Absorptionswirkungen bei Antinucleon-Phänomenen.* Die Absorption im Kern wird betrachtet, um die Experimente über die Antiprotonenerzeugung durch das 6,1 GeV-Protonenbündel u. die Antineutronenerzeugung durch Ladungsaustausch von 444 MeV-Antiprotonen zu deuten. (Progr. theoret. Physics [Kyoto] **20.** 243—45. Aug. 1958. Osaka, Univ., Dep. of Phys., Res. Inst. for Atom. Energy. [Orig.: engl.]) M. Wiedemann. 90

O. Hittmair, *Stripping-Reaktionen virtueller Niveaus.* Die wellenmechan. Formulierung des Deuteron-Stripping-Wirkungsquerschnitts wird für komplexe Kerne entwickelt, auf virtuelle Zustände des abgetrennten Neutrons angewandt u. mit der Matrixformulierung verglichen. Die red. Breiten, die in die Ergebnisse als Parameter eingehen, sind insofern verschieden, als die Näherungsannahmen in der Matrixformulierung eine reine Einteilchenbreite bedingen. (Acta physica austriaca **10.** 255—60. 1956. Sydney, Univ., School of Phys.) D. Jörchel. 90

J. Sawicki, *Unelastische Streuung von Nucleonen und Deuteronen an sphäroidalen Kernen.* Vf. verwendet das kombinierte Kernmodell in der Näherung starker Kopplung, um Winkelverteilungen u. Wirkungsquerschnitte bei der unelast. Streuung von Nucleonen u. Deuteronen an stark deformierten Kernen mit A $\approx$ 25 durch eine Theorie direkter Wechselwrkg. zu beschreiben. (Nuclear Physics **7.** 503—15. Juli 1958. Princeton, N. J., Univ., Palmer Physic. Labor.) D. Geissler. 90

P. Gombás und **K. Ladányi,** *Über ein statistisches Atommodell, in welchem die Elektronen nach der Hauptquantenzahl gruppiert sind.* (Vgl. C. **1958.** 4375.) Durch Gruppierung der Elektronen nach der Hauptquantenzahl wird ein statist. Atommodell entwickelt, in dem der Verlauf der Elektronendichte ähnlich dem des self-consistent-Feldes am Ort der Elektronenschalen charakterist. Maxima aufweist. Die Verteilung der Elektronendichte wird für die Atome *Ne, Ar, Kr* u. *Xe* sowie für das Rb^+-Ion berechnet. Die Ergebnisse stimmen mit denen des self-consistent-Feldes überein. (Acta physica Acad. Sci. hung. **5.** 313—23. 1955. Budapest, Univ. für techn. Wiss., Physik. Inst.) W. Karcher. 95

C. Villi, *Über die Impulsabhängigkeit des Kernpotentials.* In Analogie zur Brueckner-schen Näherung an das Sättigungsproblem wird versucht, den schweren Kern auf der Basis einer wohl definierten Approximation der Störungsmeth. oder in Ausdrücken der Nucleon–Nucleon-Phasenverschiebungen zu behandeln. (Nuovo Cimento [10] **10.** 259 bis 291. 16/10. 1958. Trieste, Univ., Ist. di Fis., Ist. Naz. di Fis. Nucl., Sottosez. di Trieste.) Gerhard Schmidt. 95

Edmond Erb, Jean-Loup Motchane und **Jean Uebersfeld,** *Wirkung der Kernpolarisation in den auf Kohle adsorbierten Flüssigkeiten und Gasen.* Präzisierung der Charakteristika eines Kernpolarisationseffektes, der bei Bzl. auf Kohle beobachtet worden ist. Die Eigg. dieses Effektes unterscheiden sich deutlich von denen des klass. Overhauser-Effektes. Es wird eine phänomenolog. Gleichung für diese Erscheinung vorgeschlagen, die in gleicher Weise in Gasen beobachtet worden ist. (C. R. hebd. Séances Acad. Sci. **246.** 2121—23. 9/4. 1958.) Gerhard Schmidt. 95

T. E. Allibone, *Einige Gesichtspunkte der thermonuclearen Forschung.* Fortschrittsbericht. (Advancement of Sci. **15.** 13—22. Sept. 1958.) Gerhard Schmidt. 103

F. Begemann, *Neubestimmung der natürlichen irdischen Tritiumzerfallsrate und die Frage der Herkunft des „natürlichen" Tritium.* Die ird. Zerfallsrate von „natürlichem" ^3H wurde aus Messungen des ^3H-Geh. von alten Schneeproben aus Grönland neu bestimmt. Dabei wurden die Ergebnisse anderer Autoren bestätigt, daß die Zerfallsrate von ^3H etwa zehnmal größer als bisher angenommen ist. Zur Erklärung der Diskrepanz zwischen Erzeugungs- u. Zerfallsrate werden 2 Mechanismen diskutiert: 1. Erzeugung durch die niedrige Energiekomponente der Höhenstrahlung u. 2. Zuwachs durch Einfang von solarem ^3H durch die Erde. Es wird gezeigt, daß für den Fall, daß das gesamte ^3H durch Höhenstrahlung erzeugt wird, die Produktionsrate in der Troposphäre in Antiphase mit dem Sonnenfleckcyclus variieren sollte, während bei Einfang von solarem ^3H durch die Erde die Rate in Phase mit den Sonnenfleckencyclen stehen müßte. (Z. Naturforsch. **14a.** 334—42. April 1959. Chicago, Ill., Univ., Enrico Fermi Inst. for Nucl. Stud.; Mainz, MPI für Chem.) W. Karcher. 103

Serge Gorodetzky, André Gallmann, Michel Croissiaux und **Raymond Armbruster,** *γ-γ-Winkelkorrelation bei der Reaktion* $^{13}C(p, \gamma)^{14}N$. Ein ^{13}C-Target (90%) wird mit 1,16 MeV-Protonen beschossen. Die Korrelationsmessung wird in einer Ebene senkrecht zur Richtung der einfallenden Protonen durchgeführt. Die experimentellen Ergebnisse führen zu der Alternative, daß entweder für das 6,23 MeV-Niveau $J = 1^+$ mit einer nahezu reinen M1- oder E2-γ-Strahlung ist oder $J = 2^+$ mit einer nahezu reinen M1-γ-Emission vorliegt. Die Zuordnung einer geraden Parität für dieses Niveau wird für sehr wahrscheinlich gehalten. (C. R. hebd. Séances Acad. Sci. **244.** 62—65. 2/1. 1957.) Gerhard Schmidt. 103

Denyse Magnac-Valette, *Darstellung der Zertrümmerung leichter Elemente durch 0,9 MeV-Tritonen.* Auf Grund experimenteller Daten von Barjon u. Mitarbeitern werden die Zerfallsspektren aus der Rk. von *Li, O* u. *C* mit Tritonen von $\sim$ 0,9 MeV interpretiert. Die Form des Kontinuums der emittierten Teilchen wird unter der Annahme berechnet, daß der Zerfall der Kerne isotrop ist. (C. R. hebd. Séances Acad. Sci. **242.** 760—63. 6/2. 1956.) Gerhard Schmidt. 103

I. B. Teplow und **B. A. Jurjew,** *Winkelverteilungen für einige (d, p)-Reaktionen.* PbS-, Zn_3P_4-, $BaCl_2$- u. Si-Targets werden mit 4 MeV-Deuteronen beschossen u. die Winkelverteilungen der aus (d, p)-Rkk. an *S, P, Cl* u. *Si*-Kernen stammenden Protonen in dickschichtigen Photoplatten untersucht. In Kernen, bei denen Neutronen durch Zustände mit dem Bahnmoment $l = 2$ eingefangen werden, wird eine Verschiebung des Maximums zu kleineren Winkeln gegenüber der theoret. nach Butler erwarteten Lage beobachtet. Die Form der Winkelverteilungen wird wesentlich von der Interferenz zwischen Strippingprozessen u. Compoundkernbildung beeinflußt. (Журнал Экспериментальной и Теоретической Физики [J. exp. theoret. Physik] **34.** 334—40. Febr. 1958.) K.-E. SEYB. 103

W. B. Beljajew und **B. N. Sacharjew,** *Über den doppelten β-Zerfall von ^{48}Ca.* Das Kernmatrixelement für den doppelten β-Zerfall wird für den Fall $^{48}Ca \rightarrow {}^{48}Ti$ mit Hilfe des Schalenmodells berechnet. Näherungsweise ergibt sich für das ^{48}Ca eine Halbwertszeit von ca. 10^{19} Jahren. (Журнал Экспериментальной и Теоретической Физики [J. exp. theoret. Physik] **34.** 505—06. Febr. 1958. Verein. Inst. für Kernunterss.) K.-E. SEYB. 103

Jacques Quidort, *Lebensdauer des ersten angeregten Zustandes von Molybdän-95.* Vf. bestimmt die Lebensdauer des ersten angeregten Niveaus von ^{95}Mo aus dem Zerfall von ^{95}Tc mit einer Anordnung für verzögerte Koinzidenzen zwischen den 570 u. 203 keV-γ-Strahlen. Die γ-Strahlen werden mit NaJ-Kristallen nachgewiesen. Die Lebensdauer wird zu $(7,7 \pm 0,3) \cdot 10^{-3}$ sec ermittelt. (C. R. hebd. Séances Acad. Sci. **246.** 2119—20. 9/4. 1958.) GERHARD SCHMIDT. 103

Girish Chandra, *Untersuchungen mit Koinzidenz-Scintillationsspektrometern: ^{75}Se und ^{125}Sb.* Vf. untersucht die Kaskadenbeziehung zwischen den γ-Übergängen beim Zerfall von ^{75}Se u. ^{125}Sb u. schlägt ein modifiziertes Zerfallsschema für ^{75}Se vor. Die γ-Koinzidenzspektren werden wiedergegeben. (Proc. Indian Acad. Sci., Sect. A **46.** 360—66. Nov. 1957. Bombay, Tata Inst. of Fundament. Res.) E. HAHN. 103

Hamlet Vartapetian, *Lebensdauer des 396 keV-Niveaus von ^{175}Lu.* Die Strahlenquelle ^{175}Yb wird durch Beschuß von Yb_2O_3 im Reaktor hergestellt. Sie enthält als Verunreinigung ^{169}Yb, das durch Elektroneneinfang zerfällt. Das 396 keV-Niveau von ^{175}Lu geht aus dem β-Zerfall von ^{175}Yb hervor ($E_{\beta_{max}} = 70$ keV). Die β-Strahlen werden durch einen Anthracen-Kristall, die γ-Strahlen durch einen NaJ(Tl)-Kristall nachgewiesen. Festgestellt werden die verzögerten β-γ-Koinzidenzen von 396 keV u. die β-γ-Koinzidenzen von 282 keV. Für die Lebensdauer des 396 keV-Niveaus wird ein $T_{1/2}$-Wert von $(3,4 \pm 0,3) \cdot 10^{-9}$ sec gefunden. (C. R. hebd. Séances Acad. Sci. **244.** 65—68. 2/1. 1957. Seine-et-Oise, Labor de Phys. nucl. d'Orsay.) GERHARD SCHMIDT. 103

Hamlet Vartapetian, *Halbwertszeit der E1-Strahlung von 50 keV und des 286 keV-Niveaus in ^{223}Ra (AcX).* (Vgl. vorst. Ref.) Nach der Meth. der verzögerten α-γ- u. γ-γ-Koinzidenzen zeigt Vf., daß das 286 keV-Niveau einen $T_{1/2}$-Wert von $(7,7 \pm 0,7) \cdot 10^{-10}$sec u. die 50 keV–E1-Strahlung von ^{223}Ra (aus dem α-Zerfall von ^{227}Th) einen $T_{1/2}$-Wert von $(6,3 \pm 0,7) \cdot 10^{-10}$ sec besitzen. Auf diese Weise wird für diese in den L_I-, L_{II}- u. L_{III}-Schalen n. konvertierte 50 keV–E1-Strahlung ein Verbotsfaktor von 10^3 erhalten. (C. R. hebd. Séances Acad. Sci. **246.** 1680—83. 17/3. 1958.) GERHARD SCHMIDT. 103

Ingrid Yvonne Krause, *Der Faktor der inneren Umwandlung beim 40 keV-Übergang des ^{208}Tl.* Die Intensität der 40 keV-γ-Strahlung, bezogen auf die Anzahl der α-Teilchen beim ThC-Zerfall, wurde mit einem Scintillationsspektrometer gemessen. Zur Verminderung des störenden γ-Untergrundes wurde ein dünner NaJ-Kristall zum Nachw. der Quanten verwendet. Mit $35,4 \pm 0,7\%$ für das Verzweigungsverhältnis u. $71,5 \pm 1,5\%$ Anregung des Niveaus ergibt sich für den Faktor der inneren Konversion $\alpha = 22,8 \pm 1,0$. Dieser Wert ist niedriger als der für einen M1-Übergang u. punktförmigen Kern berechnete. Zwischen den für einen Kern mit $R = 1,2 \cdot 10^{-13} A^{1/3}$ cm berechneten u. den experimentellen Werten besteht Übereinstimmung. (Z. Physik **151.** 210—19. 23/4. 1958. Göttingen, Univ., II. Physik. Inst.) W. KARCHER. 103

G. A. Pik-Pitschak, *Spaltung von rotierenden Kernen.* Eine Formulierung für die Spaltbarriere rotierender Kerne wird abgeleitet. Wirkungsquerschnitte für Spaltungen schwerer Kerne mit ^{14}N-Ionen werden abgeschätzt. (Журнал Экспериментальной и Теоретической Физики [J. exp. theoret. Physik] **34.** 341—45. Febr. 1958.) K.-E. SEYB. 103

B. D. Kusminow und **G. N. Smirenkin,** *Systematik der mittleren Zahl ν der prompten Spaltneutronen.* Kurven für die mittlere Anzahl prompter Spaltneutronen in Abhängigkeit von der M. des gespaltenen Kerns werden für verschied. $Z > 90$ berechnet. Die experimentellen Werte liegen bis auf eine Ausnahme auf der Kurve. (Журнал Экспериментальной и Теоретической Физики [J. exp. theoret. Physik] **34.** 503—04. Febr. 1958.) K.-E. SEYB. 103

N. I. Tarantin, Ju. B. Gerlit, L. I. Gussewa, B. F. Mjassojedow, K. W. Filippowa und **G. N. Flerow,** *Verteilung der Spaltprodukte, die sich beim Beschuß von Gold und Uran durch Stickstoffionen bilden, nach ihren Massen.* 30μ dicke Au- u. U-Folien werden im Cyclotron mit 0,1 μA $^{14}N^{5+}$-Ionen von 115 MeV 0,5 bis 2 Std. lang beschossen. Die erzeugten Spaltprodd. werden chem. isoliert u. ihre relativen Ausbeuten gegenüber ^{99}Mo bestimmt. Die Massenverteilung der Spaltausbeuten zeigt, daß durch Einfang von ^{14}N in Au erzeugte *Rn*-Isotope mit einer Anregungsenergie von 15—20 MeV

u. in U gebildete *E*-Isotope mit 40—85 MeV Anregungsenergie gespalten werden. (Журнал Экспериментальной и Теоретической Физики [J. exp. theoret. Physik] **34.** 316—21. Febr. 1958.) K.-E. Seyb. 103

A. N. Protopopow und **B. M. Schirjajew,** *Untersuchung von γ-Strahlen, die die Spaltung von* ^{235}U *durch 2,8 und 14,7 MeV-Neutronen begleiten.* 97,8% reines ^{235}U wird mit 2,8 u. 14,7 MeV-Neutronen beschossen. Spaltfragmente werden mit einer Ionisationskammer, γ-Strahlen mit einem NaJ(Tl)-Scintillationszähler registriert. Das Energiespektr. der mit Spaltungen innerhalb $2 \cdot 10^{-7}$ Sek. koinzidierenden γ-Strahlen wird mit einem Einkanalanalysator untersucht. Energieverteilung u. summar. Energie der γ-Strahlen sind innerhalb der Fehlergrenzen (15%) die gleichen wie bei der Spaltung mit therm. Neutronen. (Журнал Экспериментальной и Теоретической Физики [J. exp. theoret. Physik] **34.** 331—33. Febr. 1958. Strahleninst. der Akad. der Wiss. der UdSSR.) K.-E. Seyb. 103

W. P. Kowalew, *Messung der Spektren der Spaltneutronen von* ^{233}U, ^{235}U, ^{239}Pu *im Gebiet von 50—700 keV.* (Vgl. C. **1959.** 2679.) In einer Wilson-Kammer werden die Energien der Spaltneutronen aus ^{233}U, ^{235}U u. ^{239}Pu (bei Beschuß mit therm. Neutronen) durch Protonenrückstoß bestimmt. Die Neutronenspektren stimmen untereinander u. mit der Näherungsformel von Watt (C. **1953.** 4158) überein. (Журнал Экспериментальной и Теоретической Физики [J. exp. theoret. Physik] **34.** 501—02. Febr. 1958.) K.-E. Seyb. 103

K. D. Ssinelnikow, W. Je. Iwanow, B. G. Ssafronow, Ju. Ss. Asowski und **G. G. Assejew,** *Verteilung der Isotope bei nichtstationärem Molekularstrom.* Durch 4,5 m lange heizbare Rohre aus Fe, Cu u. Glas von 6 mm Durchmesser, die in zylindr. Spiralen von 16 cm Durchmesser verlegt sind, wird Hg-Dampf in einen Massenspektrographen geleitet, in dem die Änderung des Isotopenverhältnisses von ^{198}Hg u. ^{204}Hg in Abhängigkeit von der Zeit, der Temp. u. vom Rohrmaterial bestimmt wird. Die Adsorptionsdauer des ^{198}Hg an der Fe-Oberfläche beträgt bei T = 293° K $3,4 \cdot 10^{-2}$, bei T = 563° K $1,0 \cdot 10^{-2}$ sec. Das entsprechende Verhältnis für ^{198}Hg u. ^{204}Hg ist bei 293° K 1,008. Die Adsorptionswärme von Hg an Fe wird zu $15 \cdot 10^3$ cal/mol geschätzt. (Журнал Экспериментальной и Теоретической Физики [J. exp. theoret. Physik] **34.** 327—30. Febr. 1958.) K.-E. Seyb. 104

M. A. Toropowa, *Anreicherung von radioaktiven Chromisotopen mit Hexacarbonyl.* Um ^{51}Cr ohne Träger anzureichern, kann man eine Lsg. von mit Neutronen bestrahltem $Cr(OH)_6$ in Chlf. mit 0,1 n HCl schütteln. Der Anreicherungsfaktor beträgt $1,7 \cdot 10^4$, die Ausbeute an ^{51}Cr ca. 30%. In der wss. Phase liegen > 87% des ^{51}Cr als Cr^{3+}, ca. 3% als Cr^{6+} vor. (Журнал Неорганической Химии [J. anorg. Chem.] **2.** 1201—04. Mai 1957.) R. K. Müller. 104

Gus A. Ropp, *Fehler bei quantitativen Traceruntersuchungen. Beispiele für Isotopenverdünnung nach der Synthese.* Es werden die Fehler diskutiert, die bei quantitativen Tracerunterss., bei denen mit einer Isotopenverdünnung nach der Synth. der markierten Verb. gearbeitet wird, auf Grund von Verunreinigungen durch markierte Zwischenprodd. aus der Synth. auftreten können. Das Ausmaß der Fehlermöglichkeiten wird an Hand von Beispielen bei der Best. der Ausbeute, bei der Unters. von Umlagerungen u. des Isotopeneinfl. auf die Rk.-Geschwindigkeit mittels Isotopenverdünnung mit ^{14}C gezeigt u. Maßnahmen zur Beseitigung des Fehlers erörtert. (J. chem. Educat. **34.** 60—63. Febr. 1957. Oak Ridge, Tenn., Oak Ridge Nat. Labor.) W. Karcher. 104

H. de Bruijn, *Der Kernreaktor in der chemischen Technik.* Übersicht über die strahlungschem. Verff., die Entwicklungsmöglichkeit der Strahlungsquellen u. ihren Einfl. auf die Leistung von Anlagen zur Herst. von chem. Produkten. (Chem. Weekbl. **54.** 229—35. 3/5. 1958. den Haag.) W. Wesly. 110

R. Schulten, *Der Brutcyclus Uran-233 – Thorium-232.* Bei der Berechnung des Brutgewinns werden behandelt: 1. Abschätzung des Verlustes an Spaltstoffen bzw. deren Zwischenprodd. durch Einfangen von Neutronen u. durch Umwandlung in nichtspaltbare Kerne, 2. Berechnung der Abhängigkeit der Brennstoffkonz. von der Brutstoff- u. der Moderatorkonz. u. 3. Berechnung der Abhängigkeit des Multiplikationsfaktors von der Kernstoff-, Brennstoff- u. Moderatorkonzentration. (Atompraxis **2.** 345—47. Okt. 1956. Mannheim-Käfertal, BBC, Abt. Kraftwerksbau.) W. Karcher. 110

M. B. Waldron, R. G. Burnett und **S. F. Pugh,** *Mechanische Eigenschaften von Uran-Molybdän-Legierungen.* Die Legierungen wurden durch Schmelzen im HF-Ofen unter Vakuum u. Gießen (Graphitformen, Mo-Geh. 0,85—13,5%), durch Schmieden in Luft bei 850° (0,85—7,8% Mo), durch Walzen bei 850° (0,85—7,8% Mo) u. durch Ausziehen (1/2—1 in./sec; 10,9% Mo) bei 850—880° hergestellt. Die Härte der Legierungen wurde in der Hitze (10^{-5} mm Hg) geprüft u. die Kinetik der Zers. von abgeschrecktem α-U durch Messung der Härteänderung in Abhängigkeit von der Zeit bei

300, 400, 450, 500 u. 580° untersucht. Bei der Bestrahlung bis zu einem Abbrand von 0,5% wurde festgestellt, daß die Vol.-Zunahme durch gasförmige Spaltprodd. mit zunehmendem Mo-Geh. abnimmt. (Nuclear Power **3.** 599—600. Dez. 1958. Harwell, Berks., A. E. R. E.) W. KARCHER. 110

J. F. Ablitt, *Wahl des Reaktorkühlmittels.* 1. Mitt. *Allgemeine Betrachtungen.* Notwendigkeit der krit. Prüfung des Kühlmittels bzgl. seiner nuclearen u. therm. Eigenschaften. (Atomics **9.** 316—17. 323. Sept. 1958. Harwell, A. E. R. E., Reactor Serv. Group.) GERHARD SCHMIDT. 110

J. F. Ablitt, *Wahl des Reaktorkühlmittels.* 2. Mitt. *Spezifische Substanzen.* (1. vgl. vorst. Ref.) Zusammenstellung der zur Beurteilung erforderlichen Daten für fl. Metalle, H_2O u. D_2O, Gase u. organ. Substanzen. (Atomics **9.** 355—59. Okt. 1958.) GERHARD SCHMIDT. 110

G. P. Rutledge und **R. R. Eggleston,** *Versuche über die Selbstabschirmung mit gasförmigem und festem* ^{10}B. Die relative Reaktivität von BF_3 wurde bis zu einem Druck von 4,2 at bestimmt. Die erhaltenen Werte wurden mit den Werten, die für Proben aus rostfreiem Stahl mit einer äquivalenten Konz. an ^{10}B (Dispergierung von B_4C mit $\leqslant$ 100 Maschen) ermittelt wurden, verglichen. Im gasförmigen Zustand zeigt ^{10}B eine mehr als 5fache Wirksamkeit gegenüber dem dispergierten Zustand. Die Massenselbstabschirmung wird erst bei hohen Konzz. bedeutend. (Nuclear Sci. Engng. **4.** 530—35. Okt. 1958. Pittsburgh, Pa., Bettis Plant.) W. KARCHER. 110

Chauncey Starr, *Der Natrium-Graphit-Reaktor.* Vf. beschreibt Konstruktion u. Arbeitsweise des 20 MW (therm.)-Na-Graphit-Reaktors (S. R. E.) u. diskutiert den geplanten mit Na gekühlten Reaktor auf ^{232}Th-Basis. (Atomics **9.** 276—78. Aug. 1958.) W. KARCHER. 110

—, *Zirkonium für die Kernindustrie.* Der KROLL-Prozeß u. die Verwendung von Zr u. Zircaloy-2 in der Kerntechnik, bes. bei der Brennelementherstellung, werden beschrieben, die Korrosionseigg. werden diskutiert. (Atomics **9.** 271—73. Aug. 1958.) W. KARCHER. 110

N. L. Grigorow, W. Ss. Mursin und **I. D. Rapoport,** *Methode zur Messung der Teilchenenergie im Gebiete oberhalb 10^{11} eV.* Zur Best. von Teilchenenergien oberhalb 10^{11} eV werden abwechselnd Serien von Ionisationskammern u. dicke Fe-Platten in einer stumpfen Pyramide übereinandergeschichtet. Die Impulse werden von den Ionisationskammern auf einen 49 Kanal-Oscillographen gegeben u. photographiert. Die Anordnung erlaubt, den Energieverlust einzelner Teilchen beim Durchdringen der Fe-Platten zu verfolgen. (Журнал Экспериментальной и Теоретической Физики [J. exp. theoret. Physik] **34.** 506—07. Febr. 1958. Moskau, Univ.) K.-E. SEYB. 112

T. R. Ophel, *Ansprechkurven von Alkalihalogenidscintillatoren mit besonderer Berücksichtigung der Reaktion $^6Li(n, \alpha)$ in Lithiumjodid.* Es wurden die Ansprechkurven von NaJ, KJ, CsJ, LiJ u. ^{6}LiJ für Protonen u. γ-Strahlen aufgenommen; für diese 5 Scintillatoren ist die Ansprechbarkeit auf 5 MeV-Protonen u. 7 MeV-Elektronen angenähert gleich. Zur Klärung verschied. Anomalien, die bei Messungen der Neutronenenergie mit LiJ mittels der Rk. ^{6}Li(n, α) aufgetreten sind, wurde bes. die Ansprechbarkeit von LiJ u. ^{6}LiJ (96% ^{6}Li) untersucht. Aus einer Abschätzung der Triton-Ansprechbarkeit von LiJ u. ^{6}LiJ aus den Protonen- u. γ-Werten in Verb. mit der Ansprechbarkeit auf α-Teilchen u. Messungen der Impulshöhe der ^{6}Li(n, α)-Gruppe wird geschlossen, daß eine Energieeichung dieser Gruppe mit γ-Strahlen unbefriedigend ist. (Nuclear Instruments [Amsterdam] **3.** 45—48. Juli 1958. Canberra, Austral. Nat. Univ., Res. School of Physic. Sci.) W. KARCHER. 112

C. P. Haigh, *Flüssigkeits-Scintillationszählung für Tritium und Kohlenstoff-14.* Übersicht mit Beschreibung der neuesten Meßinstrumente (Einkanal- u. Zweikanalsyst. mit Kühlung des Photomultipliers) u. der Meßmethodik (Scintillationslsgg. u. Suspensionstechnik). (Nuclear Power **3.** 585—87. Dez. 1958.) W. KARCHER. 112

A. Bisi und **L. Zappa,** *Statistische Streuung in der Ausschlagsgröße des Scintillationsspektrometers.* Für γ-Energien $<$ 800 keV besteht für die gemessene Halbweite (η) der Linien die Beziehung $\eta^2 = \alpha + \beta/E$ (α u. β Konstanten für die verschied. Spektrometer). Bei höheren Energien ist η bedeutend kleiner als sich aus der vorst. Beziehung ergibt. (Nuclear Instruments [Amsterdam] **3.** 17—24. Juli 1958. Milano, Politecn., Ist. di Fis. Sper.) W. KARCHER. 112

J. E. Draper und **R. L. Hickok,** *Die Abhängigkeit der Auflösung eines Scintillations-Zählers von der Impulsform und der Zeitkonstante des Anodenkreises.* Es wird eine Analyse des elektr. Kreises angegeben, um die Energieauflsg. eines Scintillationszählers abzuschätzen. Im wesentlichen wird die Formtreue der Impulse nur durch die Anodenkreis-Zeitkonstante bestimmt. Es wird eine Formel angegeben, wonach die von Rechtecklichtimpulsen erzeugte Linienbreite nicht mehr als 4% größer ist als die von exponentiellen Lichtimpulsen ausgelösten Linienbreiten, sofern Spannungsimpulse gleicher Höhe entstehen (was durch eine Justierung der Lichtquellen möglich ist), deren Maximum im gleichen Zeitpunkt erscheint. (Rev. sci. Instruments [N.S.] **29.** 1047—48. Nov. 1958. New Haven, Conn., Yale Univ.; Electron Accelerator Labor.) G. Kurdal. 112

Hidetsugu Ikegami, *Eigenschaften zweiter Ordnung eines doppelfokussierenden Spektrometers mit nichteinheitlichem Magnetfeld.* Es werden die Fokussierungseigg. zweiter Ordnung für ein nichteinheitliches Magnetfeld mit beliebigen Randbedingungen für den Fall des n. Ein- u. Austritts betrachtet. Die Beziehungen, die Vf. für ein Spektrometer spezialisiert, stimmen mit den von Hintenberger für den Spezialfall $\alpha = \beta = 0$ angegebenen überein. Es wird ferner gezeigt, daß die Bedingungen für die Doppelfokussierung sowie für die Fokussierung zweiter Ordnung gleichzeitig erfüllbar sind. Die numer. Ergebnisse werden für ein symm. doppelfokussierendes Spektrometer mit beliebigem Ablenkungswinkel graph. dargestellt. (Rev. sci. Instruments [N.S.] **29.** 943—48. Nov. 1958. Tokyo, Univ., Inst. for Nucl. Study.) G. Kurdal. 112

A. Catsch, *Eine einfache analytische Methode zur Bestimmung des Verhältnisses von Mutter- und Tochtersubstanz in radioaktiven Präparaten.* Es wird eine numer. Meth. beschrieben, welche die schnelle Best. (die Einstellung des radioakt. Gleichgewichts braucht dabei nicht abgewartet zu werden) des Verhältnisses von Mutter- u. Tochtersubstanz in radioakt. biol. Präpp. gestattet. (Experientia [Basel] **14.** 345—46. 15/9. 1958. Karlsruhe, Reaktor-Station, Inst. für Strahlenbiol.) W. Karcher. 112

M. Wayne Meinke, *Empfindlichkeitstafeln für die Neutronenaktivierungsanalyse.* Es wurden die Empfindlichkeitswerte für durch therm. Neutronen aktivierte Elemente in 3 Tafeln entsprechend einer Bestrahlungsdauer von 6 Min., 10 Std. u. 1000 Std. eingetragen. Diese berechneten Werte beruhen auf einem Neutronenfluß von 10^{12} n/cm² sec; der Wirkungsgrad bei der Zählung wurde berücksichtigt. (Analytic. Chem. **31.** 792—95. Mai 1959. Ann Arbor, Mich., Univ. of Michigan, Dep. of Chem.) W. Karcher. 112

Evan Wright, *Einige Zerfallstabellen für die Anwendung radioaktiver Tracer.* Aktivitätsangaben bis zu 10 Halbwertszeiten für ^{24}Na, ^{32}P, ^{35}S, ^{42}K, ^{45}Ca, ^{51}Cr, ^{59}Fe, ^{60}Co, ^{64}Cu, ^{65}Zn, ^{131}J u. ^{198}Au. (New Zealand J. Sci. Technol., Sect. A **38.** 1091—1110. Dez. 1957. Wallaceville, Animal Res. Stat., Dep. of Agricult.) W. Karcher. 112

B. Johannson und **T. Alväger,** *Vorschlag für eine neue Methode zur Bestimmung kleiner Halbwertszeiten.* Es wird eine Meth. diskutiert, mit deren Hilfe Halbwertszeiten $> 10^{-14}$ Sek. gemessen werden sollen. Die Meth. beruht auf der Best. des Zeitintervalls, das zwischen 2 K-Konversionselektronen in Kaskade besteht. Die Startzeit des 1. Elektrons wird durch seine Phasenlage im Hochfrequenzfeld bestimmt, das 2. in Koinzidenz emittierte Elektron wird in einer Funktion der Phasendifferenz zum 1. Elektron abgelenkt. (Nuclear Instruments [Amsterdam] **3.** 49—51. Juli 1958. Stockholm, Nobel Inst. of Phys.) W. Karcher. 112

William Lee, *Direkte Bestimmung von γ-Aktivitäten in Gemischen von Radionucliden.* Es wird eine Meth. für die direkte Best. der absol. Konzz. von γ-strahlenden Radionucliden in komplexen Mischungen beschrieben. Ein reiner Standard mit bekannter Zerfallsrate wird von den Werten für die Impulshöhe, die im 256 Kanal-Analysator (Argonne-Typ) registriert wurden, direkt abgezogen. Die Konz. wird durch Vgl. der Zählzeiten, die direkt von einem Zeitmeßwerk abgelesen wird, bestimmt. Das Verf. ist für jedes Gemisch verwendbar, in dem die interessierende Photospitze genau identifiziert werden kann. Da der Endpunkt durch visuelle Beobachtung des Analysatorschirms ermittelt wird, brauchen die übrigen Bestandteile des Gemischs nicht bekannt zu sein. Die Meth. wird an Hand der quantitativen Best. aller Bestandteile eines Gemischs aus 4 Komponenten (^{113}Sn, ^{137}Cs, ^{54}Mn u. ^{60}Co) dargestellt. (Analytic. Chem. **31.** 800—06. Mai 1959. San Francisco, Calif., U.S. Naval Radiol. Defense Labor.) W. Karcher. 112

F. Hawliczek, F. Passler, O. Suschny und **L. Sverak,** *Ein elektronisch gesteuerter Fraktionskollektor für kleine Fraktionsvolumina.* Es wird ein Fraktionskollektor beschrieben, der für Arbeiten mit ^{14}C-markierten organ. Verbb. entwickelt wurde u. der ein genaues u. sicheres Arbeiten mit kleinen Fraktionsvolumina gestattet. Der Kollektor wurde bis zu einem Fraktionsvol. bis 1 ml erprobt; die erreichbare Genauigkeit ist durch die Tropfengröße gegeben. (Atompraxis **2.** 356—58. Okt. 1956. Wien, Univ., Inst. für Radiumforsch. u. I. Chem. Inst.) W. Karcher. 112

Ingvar Lindgren, *Atomstrahl-Resonanzapparatur mit sechspoligem Magneten für radioaktive Isotope.* Es wird die Konstruktion einer Atomstrahl-Resonanzapp. mit Fokussierung in einem 6-poligen Feld für die Messung des Spins u. des magnet. Moments radioakt. Kerne beschrieben. Die App. wurde für Messungen an 4 radioakt. *Bi*-Isotopen benutzt. (Nuclear Instruments [Amsterdam] **3.** 1—16. Juli 1958. Uppsala, Univ., Inst. of Phys.) W. Karcher. 112

S. C. Bloch, *Spurlängenanalysator für Kernemulsionsspuren.* Um beim Ausmessen der Korngrößen und Spurlängen von Kernemulsionen die subjektiven Fehler möglichst klein zu halten, wurde ein Spurlängenanalysator entwickelt. Der Analysator ist so aufgebaut, daß sieben Spurlängenintervalle indiziert werden können. Durch acht Begrenzerstufen werden die Intervallängen vorgegeben. Die Schaltung erfordert fast keine Justierarbeiten und ist frequenzunabhängig, da keine RC-Glieder verwendet werden. Die Funktionsweise wird erklärt. (Rev. sci. Instruments [N.S.] **29.** 789—90. Sept. 1958. Miami, Fla., Univ., Phys. Dep.) G. Kurdal. 112

Jiří Skřivánek und **Mikuláš Kuzmiak,** *Lokale Empfindlichkeit der Photokathoden von Photomultipliern.* Es wird der Einfl. der ungleichmäßigen Verteilung der Empfindlichkeit der Photokathoden auf die Gestalt des Spektr. der austretenden Impulse des Scintillationsdetektors untersucht. Die berechneten Ergebnisse werden mit den experimentell erhaltenen (photograph. Rasterregistrierung) erörtert. (Českoslov. Časopis Fysiku **8.** 602—07. 1958. [Orig.: tschech.]; Czechoslov. J. Physics **9.** 112—17. 1959. [Orig.: russ.] Praha, Českoslov. akad. věd, Ustav techn. fys.) H. Tůma. 112

D. Carlson-Lee und **E. L. Goldwasser,** *Blättriger Mylar- und Messingfortsatz (appendix) für ein Flüssigkeitstarget.* Vff. beschreiben eine Technik, mit der 0,003 in. dicke Mylarfenster mit einem Durchmesser von 2 1/2 in. auf einen 0,002 in. starken Messingzylinder u. einen Durchmesser von 4 in. montiert werden können. (Rev. sci. Instruments **27.** 1084. Dez. 1956. Urbana, Ill., Univ., Phys. Res. Labor.) C. Gottfried. 112

Malcolm H. MacGregor, *Linearbeschleuniger als Erzeuger von Radionucliden.* Es werden 84 Radionuclide angeführt, die durch Rk. mit therm. Neutronen u. durch photonucleare Rkk. in Linearbeschleunigern mit 20 bzw. 25 MeV bei 10 kW erzeugt werden können. (Nucleonics **15.** Nr. 11. 176—80. Nov. 1957. Walnut Creek, Calif., Appl. Radiat. Corp.) W. Karcher. 112

C. S. Khurana und **H. S. Hans,** *Ein 150 kV-Teilchen-Beschleuniger vom Cockcroft-Walton-Typ.* Es werden die Konstruktionseinzelheiten eines 150 kV-Cockcroft-Walton-Generators angegeben. Bes. wird die Radiofrequenz-Ionenquelle u. ein 250 kV Isoliertransformator, der sämtliche elektr. Kreise speist, beschrieben. Der Generator lieferte einen konstanten Protonenstrom von mehr als 100 μA. (Indian J. Physics Proc. Indian Assoc. Cultivat. Sci. **32(41).** 468—72. Okt. 1958. Aligarh, Muslim Univ., Phys. Dep.) G. Kurdal. 112

A. A. Ssokolow, I. M. Ternow und **G. M. Strachowski,** *Untersuchung der Stabilität der Bewegung von Elektronen in cyklischen Beschleunigeranlagen unter Berücksichtigung der Quanteneffekte.* (Vgl. *C.* **1957.** *10665.*) In Ergänzung zu l. c. werden nicht nur die radialen, sondern auch die axialen Betatronschwingungen um die Sollbahn berücksichtigt. Es wird gezeigt, daß die Quanteneffekte durch Quantisierung der adiabat. Invarianten nach der Meth. von Bohr u. Sommerfeld behandelt werden können. Ferner wird der Einfl. der quantenhaften Fluktuationen auf die radialen u. Phasenschwingungen an Synchrotron untersucht. (Журнал Экспериментальной и Теоретической Физики [J. exp. theoret. Physik] **31.** 439—48. Sept. 1956. Moskau, Univ.) F. Lenz. 112

A. P. Komar und **Ju. Ss. Korobotschko,** *Über zwei Prozesse, die den Elektroneneinfang bei Betatronbeschleunigungsbedingungen fördern.* Außer den bereits früher (vgl. Korobotschko, C. **1958.** 7654 u. C. **1959.** 1995) behandelten am Elektroneneinfang im Betatron beteiligten Mechanismen werden zwei weitere diskutiert. Der erste dieser Mechanismen besteht in einer monotonen Änderung (Zu- oder Abnahme, je nach den Anfangsbedingungen) der Amplituden der Radialschwingungen infolge von Wechselwrkgg. der Elektronen im Innern eines Bündels. Der zweite Effekt besteht in einer Zerstreuung der Elektronen an Inhomogenitäten der Raumladungsverteilung, die dadurch zustandekommt, daß das Bündel über eine Anzahl von Umläufen eine bandförmige Struktur bewahrt. (Доклады Академии Наук СССР [Ber. Akad. Wiss. UdSSR] **123.** 643—44. 1/12. 1958. Leningrad, Polytechn. Kalinin-Inst.) F. Lenz. 112

C. M. Nicholls und **C. D. Boadle,** *Entfernbare Filtereinheit für radioaktive Flüssigkeiten.* Es wird der Aufbau u. die Arbeitsweise einer ferngesteuerten Filtrierapp. mit auswechselbarem Filter für radioakt. Fll. beschrieben. Durch geringe Veränderungen kann die App. für die Filtration von Feststoffen, die zurückgewonnen werden sollen, u. für Filtrationen unter Druck bzw. im Vakuum eingerichtet werden. (Nucleonics **15.** Nr. 11. 142—49. Nov. 1957. Harwell, Berks., A.E.R.E.) W. Karcher. 112

H. Glubrecht, *Über die Eignung und Messung von Baustoffen zum Schutz gegen γ-Strahlen.* Übersicht über die theoret. Grundlagen für die Schwächung von γ-Strahlung u. Best. des Einfl. der Streuung auf die Schwächung an einigen Schutzmaterialien (Pb,

Fe, Barytbeton, Beton u. Repulsit). — 21 Literaturhinweise. (Atompraxis **2.** 348—56. Okt. 1956. Hannover, TH, Physik. Inst.) W. KARCHER. 112

R. Gold, *Nachweis des gefährlichen Berylliumgehalts unter Verwendung der Polonium-210-α-Strahlung.* Proben des Be-Staubes in Luft werden auf Filterpapier abgeschieden u. der α-Strahlung des ^{210}Po ausgesetzt. Die γ-Strahlung der Rk. $^{9}Be(\alpha, n\gamma)^{12}C$ wird dazu benutzt, den Be-Geh. des Filterpapiers zu bestimmen. Die vorherrschende γ-Strahlung von 4,43 MeV wird mit NaJ(Tl)-Detektoren nachgewiesen. Die Meth. ist für Proben $> 0{,}1\,\mu g$ Be anwendbar. (Nucleonics **15.** Nr. 11. 114—18. Nov. 1957. Chicago, Ill., Illinois Inst. of Technol., Armour Res. Foundat.) W. KARCHER. 112

Siegfried Flügge, Hrsg., Handbuch der Physik. Bd. 44. Instrumentelle Hilfsmittel d. Kernphysik. 53. Astrophysik 4: Sternsysteme. Berlin, Göttingen, Heidelberg: Springer. 1959. Bd. 44: (VII + 473 S. m. 225 Abb.) 4°. DM 125,—. 53, 4: (VIII + 565 S. m. 189 Abb.) 4°. DM 142,—.

N. A. Wlassow, Neutronen. Berlin: Deutscher Verl. d. Wissenschaften. 1959. (VII + 410 S. m. Abb.) 8° = Hochschulbücher f. Physik. Bd. 12. DM 28,—.

—, Kern-Wissenschaft und -Technik. 15 Vorträge, gehalten anlässl. d. 32. Dechema-Jahrestagung 1958 Frankfurt a. M., d. Jahrestagung d. Isotopen-Studiengesellsch. e. V., d. 2. Kongresses d. Europäischen Föderation f. Chemie-Ingenieur-Wesen 1958 u. d. 2. Kongresses d. Europäischen Föderation Korrosion. Weinheim/Bergstr.: Verl. Chemie. 1958. (260 S. m. Abb. u. Darst.) 8° = Dechema-Monographien. Bd. 30. DM 30,—.

A₂. Optisches Verhalten der Materie.

Yvonne Héno, *Untersuchung der Emission nach (n-1)facher Übertragung der Anregung zwischen identischen Atomen oder Molekülen.* Es wird der Fall der Energieübertragung von einem angeregten Atom oder Mol. über mehrere gleiche Nachbarn zu einem emittierenden behandelt. In der Formel für die Wahrscheinlichkeit der Emission beim n-ten Atom erscheint im Nenner der charakterist. LORENTZ-Ausdruck in der n-ten Potenz. Daraus ergibt sich eine um den Faktor $\sqrt{\sqrt[n]{2} - 1}$ korrigierte Halbwertsbreite für die Linie. (C. R. hebd. Séances Acad. Sci. **246.** 716—19. 3/2. 1958.) C. REUBER. 114

M. E. Milberg und **A. D. Brailsford,** *Die atomaren inkohärenten Streuintensitäten von Bor, Sauerstoff und Kohlenstoff.* Unter Verwendung der HARTREE-FOCKschen Wellenfunktionen berechneten Vff. die atomaren inkohärenten Streuintensitäten von B, O u. C in ihren spektroskop. Grundzuständen. Die erhaltenen Werte sind tabellar. u. graph. wiedergegeben. (Acta crystallogr. [Copenhagen] **11.** 672—73. 10/10. 1958. Dearborn, Mich., Ford Motor Co., Sci. Labor.) C. GOTTFRIED. 114

J. S. Bell, *Bremsstrahlung bei Mehrfachstreuung.* Vf. berechnet die Strahlung eines mehrfach gestreuten Elektrons nach der klass. Theorie u. findet — im Gegensatz zu früheren Autoren — durch genauere Behandlung des hochfrequenten Teils des Spektr., daß die Gesamtstrahlung mit wachsender Energie zunimmt. (Nuclear Physics **8.** 613—20. Nov. 1958. Harwell, A. E. R. E.) D. GEISSLER. 116

Toshio Shiraiwa, Tsutomu Ishimura und **Masao Sawada,** *Die Theorie der Feinstruktur der Röntgenabsorptionsspektren.* Theoret. Untersuchung. Mit Hilfe der entwickelten Gleichungen erhaltene Ergebnisse für die K-Absorptionsspektren von *Cu, Ni* u. *Fe* standen in guter Übereinstimmung mit experimentellen Beobachtungen. (J. physic. Soc. Japan **13.** 847—59. Aug. 1958. Osaka, Univ., Fac. of Sci. [Orig.: engl.]) C. GOTTFRIED. 116

Leon Maissel, *Stark-Effekt in Argon II.* Im UV-Bogenspektr. von Ar werden an einigen 20 Linien STARK-Effekt-Verschiebungen gegen Rot beobachtet. Die beobachteten Verschiebungen könnten als kombinierte Wrkgg. von einigen gestörten Energieniveaus, die plötzlich einwirken, gedeutet werden. Es werden Verschiebungen von 4d ^4D, 4d ^4F, 4d ^4P u. 4d ^2F beobachtet; die Verschiebung von 5s $^4P_{1/2}$ ist größer als erwartet. Die 4d′^{2}G- u. 4d′^{2}D-Niveaus liegen nahe beieinander, während die Linien 3660,44 u. 3639,86 nicht einmal eine Verschiebung bei maximalem Feld zeigen. (J. opt. Soc. America **48.** 853—56. Nov. 1958. Philadelphia, Pa., Philco Co., Res. Div.) D. HAHN. 118

I. Deézsi und **T. Mátrai,** *Weitere Banden in den γ-, ε- und β-Bandensystemen des Molekülspektrums von Stickstoffoxyd.* Ident. mit der C. **1959.** 1014 referierten Arbeit. (Acta physica Acad. Sci. hung. **7.** 111—16. 1957. Budapest, Central Res. Inst. of Phys., Dep. for Spectroscopy.) D. HAHN. 118

G. F. Hately und **T. A. Littlefield,** *Isotopieverschiebung im Bogenspektrum von Zink.* Im Gebiet von 2000—5000 Å wird die Isotopieverschiebung in 11 Wellenlängen des Zn-Bogenspektr. bestimmt. Es werden die n. Massen u. die Volumeneffekte von Zn 64, Zn 66 u. Zn 68 berechnet u. von der beobachteten Isotopieverschiebung abgezogen. Die Differenz wird dem spezif. Masseneffekt zugeschrieben, der für die Resonanzlinien $\lambda = 2139$ Å ($4s^2\,{}^1S_0 - 4s4p\,{}^1P_1$) u. $\lambda = 3076$ Å ($4s^2\,{}^1S_0 - 4s4p\,{}^3P_1$) größer ist als der n. Masseneffekt. Die Richtung von beiden ist aber die gleiche. Für die anderen untersuchten Wellenlängen ist der spezif. Masseneffekt etwas kleiner als die n. Massenverschiebung u. besitzt die entgegengesetzte Richtung. (J. opt. Soc. America **48.** 851—53. Nov. 1958. Newcastle-upon-Tyne, Univ. of Durham, King's Coll.) D. HAHN. 118

G. W. Charles, *Sammlung von Daten über einige Spektren von Thorium.* Über ThIV, Th III, Th II u. Th I stellt Vf. einige Daten zusammen, die vor allem die Zahl der gefundenen Energieniveaus u. klassifizierten Linien betrifft. Er erwähnt 22 Energieniveaus u. 24 klassifizierte Linien von Th IV, 79 Energieniveaus u. 319 klassifizierte Linien von Th III, 162 ungerade u. 190 gerade Niveaus sowie 2860 klassifizierte Linien von Th II, 56 Energieniveaus u. 138 klassifizierte Linien von Th I. Dazu noch die ZEEMAN-Daten von 216 unklassifizierten Th II-Linien u. von 91 unklassifizierten Th I-Linien sowie die Daten über die Isotopieverschiebung von 49 unklassifizierten Linien. (J. opt. Soc. America **48.** 859. Nov. 1958. Oak Ridge, Tenn., ORNL., Phys. Div.) D. HAHN. 118

Hugues Payen De La Garanderie und **Daniel Curie,** *Emissionsspektrum eines mit Kupfer aktivierten Zinksulfids im Gebiet der partiellen thermischen Auslöschung.* Die experimentell gewonnene Temperaturabhängigkeit dieses Spektr. eines ZnS ($1 \cdot 10^{-3}$ Cu, 3% ClNa)-Kristalls ist mit der Theorie verträglich, wenn man die Spektrenbreiten einer Wechselwrkg. zwischen Zentren u. Kristallgitter zuschreibt. Die einfachere Annahme einer Zentrenbande mit gaußförmiger Niveaudichte müßte bei steigender Temp. eine wesentlich stärkere Verformung des Spektr. liefern als beobachtet. (C. R. hebd. Séances Acad. Sci. **248.** 3151—53. 1/6. 1959.) D. JÖRCHEL. 118

Goro Kuwabara und **Akira Misu,** *Struktur der F-Bande in Kaliumchlorid.* Das Anregungsspektrum der F-Bandenluminescenz von additiv verfärbtem KCl bei — 170° stimmt mit der F-Bandenabsorption überein. Bei gleichzeitiger Anwesenheit von F-, R_1-, R_2- u. M-Banden zeigt das Anregungsspektr. außer den 3 letzten Banden eine in 2 Teilbanden aufgelöste Erregungsbande im Gebiet der F-Absorptionsbande (510 u. 565 mμ). Wird ein verfärbter Kristall mit polarisiertem Licht (längs der (011)-Richtung bei Raumtemp. (a) mit 510 mμ u. (b) 565 mμ bestrahlt, so wird durch (a) ein Dichroismus hauptsächlich in der R-Bande, durch (b) in der M-Bande erzeugt. Es wird gefolgert, daß der kurz- bzw. langwellige Teil der F-Bande mit der R- bzw. M-Bande gekoppelt ist. (J. physic. Soc. Japan **13.** 1066—67. Sept. 1958. Tokyo, Univ., Fac. of Sci., Dep. of Phys. [Orig.: engl.]) J. RUDOLPH. 118

W. A. Runciman, *Absorptions- und Fluorescenzspektren von Ionen in Kristallen.* Zusammenfassender Bericht über Unterss. der letzten 10 Jahre betr. Absorptionsspektren anorgan. kristall. Stoffe sowie Absorptions- u. Emissionsspektren anorgan. Luminescenzstoffe bes. im Zusammenhang mit der Energietermlage im Festkörper. (Rep. Progr. Physics **21.** 30—58. 1958. Harwell, Berks., A.E.R.E.) J. RUDOLPH. 118

Hans Adler und **Ingrid Kveta,** *Über die Effekte des Einbaus von Sauerstoff in Calciumfluorid.* Natürliche u. synthet. CaF_2-Präpp. zeigen alle nach Glühung an Luft u. in anderen Gasen u. nach anschließender Verfärbung mit Röntgenstrahlen eine durch Lichteinstrahlung in die Erregerbande bei 375—380 mμ verursachte rote Fluorescenzbande mit einem Maximum bei $\lambda \geqq 725$ mμ. Das Auftreten dieser Fluorescenz hängt von der Temp. u. Dauer der Glühung u. vom Feuchtigkeitsgrad der Gasatmosphäre, nicht aber von dem verwendeten Untersuchungsmaterial ab. Bei Glühung im Hochvakuum treten die Luminescenz u. die damit zusammenhängenden Verfärbungen nach Röntgenbestrahlung nicht auf; dagegen wird bei Vakuumglühung von CaF_2 im Kontakt mit CaO die Fluorescenz wieder beobachtbar. Die Erregerbande bei 275 mμ tritt stets gemeinsam mit anderen Farbbanden, bes. im Sichtbaren, nach der Röntgenbestrahlung auf. Diese Verfärbung ist opt. u. therm. leicht ausbleichbar, wobei auch die Fluorescenzfähigkeit verschwindet. Es wird ein Modell für das rote Fluorescenzzentrum angegeben, das den Einbau von O in das CaF_2-Gitter für die Fluorescenz verantwortlich macht. (S.-B. österr. Akad. Wiss., math.-naturwiss. Kl., Abt. IIa **166.** 199—243. 1957. Wien, Univ., II. Phys. Inst. u. Akad. der Wiss., Inst. Radiumforsch.) J. RUDOLPH. 118

R. T. Bate und **C. V. Heer,** *Einige optische und magnetische Eigenschaften von bestrahltem LiF.* Von Kristallscheiben aus LiF bis zu 0,4 mm Stärke, die Röntgenstrahlen u. therm. Neutronen ausgesetzt waren, wurden spektrophotometr. die opt. Absorption u. mit einer Torsionswaage ihre magnet. Susceptibilitäten bestimmt. Unter der Annahme, daß die entstandene Färbung hauptsächlich von der F-Bande herrührt, ergab sich deren opt. Oszillator-Stärke nach der LORENTZschen Formel zu $f_L = 0{,}82 \pm 5\%$. Kombinierte opt. u. magnet. Messungen ergaben für Neutronendosen zwischen $3{,}0 \cdot 10^{13}$ (1 Min. Bestrahlung) u. $8{,}6 \cdot 10^{16}$ (2 Tage) $1{,}8 \cdot 10^{18}$ bis $8{,}3 \cdot 10^{19}$ F-Zentren pro cm³. Bei ca. $8 \cdot 10^{19}$ tritt Sättigung ein. Da die paramagnet. Susceptibilität bei tiefen Tempp. ohne Korrektur dem CURIEschen Gesetz folgt, wird geschlossen, daß die F-Zentren mehr als 6 Gitterkonstanten voneinander getrennt liegen. Gleiche Interpretation gestattet das

Ergebnis theoret. Betrachtungen, daß sich die Wellenfunktionen benachbarter F-Zentren nicht überlagern. (Physics Chem. Solids **7.** 14—21. Okt. 1958. Columbus, O., Ohio State University, Dep. of Phys. and Astronomy.) R. JUNGE. 119

S. Pancharatnam, *Verallgemeinerte Theorie der Interferenz und ihre Anwendungen.* 3. Mitt. *Interferenzfiguren in durchsichtigen Kristallen.* (Vgl. C. **1957.** 9825.) Kristallopt. Untersuchung. (Proc. Indian Acad. Sci., Sect. A **45.** 402—11. Juni 1957. Bangalore, Raman Res. Inst.) C. GOTTFRIED. 119

E. Fick, *Die Polarisation des Lichtes durch asphärische, ferromagnetische Teilchen in einem homogenen Magnetfeld.* 2. Mitt. *Theorie.* (1. vgl. C. **1955.** 8548.) Für die Polarisation natürlichen Lichtes durch schwebende Teilchen von ferromagnet. Stoffen, die in einem Magnetfeld ausgerichtet werden, z. B. γ-Fe_2O_3 (vgl. l. c.), wird die Theorie des Effektes unter vereinfachender Annahme einer Teilchengestalt in Form langgestreckter Rotationsellipsoide (klein gegen die Wellenlänge) mitgeteilt. Im einzelnen werden berechnet die Orientierung eines Teilchens im Magnetfeld, der mittlere komplexe Brechungsindex, der die opt. Anisotropie der Teilchenwolke beschreibt, die konsumptive Absorption sowie die Lichtstreuung für die Teilchenwolke im Magnetfeld. Aus den experimentellen u. theoret. Ergebnissen läßt sich mit Hilfe der astronom. beobachteten Polarisation des Sternenlichtes die Stärke des galakt. Magnetfeldes abschätzen ($7{,}5 \cdot 10^{-6}$ bis $6 \cdot 10^{-4}$ Oe je nach ferromagnet. Materialkonstanten der interstellaren Schwebeteilchen). (Z. Physik **140.** 308—39. 1955. München, TH., Inst. für Theoret. Phys.) J. RUDOLPH. 119

J. F. Dillon jr., *Die Beobachtung von Elementarbereichen mit durchgestrahltem Licht bei den ferrimagnetischen Granaten.* (Vgl. C. **1959.** 5367.) Infolge der Durchsichtigkeit der ferrimagnet. Granate ist eine Beobachtung von Elementarbereichstrukturen bei Durchstrahlung dünner Schichten (z. B. 0,005 cm dick) mit sichtbarem Licht deswegen möglich, weil eine nichtreziproke Drehung der Polarisationsebene ähnlich dem FARADAY-Effekt in den Elementarbereichen stattfindet. Auch eine beobachtete magnet. Doppelbrechung kann zur Sichtbarmachung der Elementarbereichstrukturen herangezogen werden, insbesondere um Bereiche voneinander zu unterscheiden, deren Magnetisierungsrichtungen senkrecht zum einfallenden Lichtstrahl verlaufen. Diese Unters. der Elementarbereichstrukturen kann bei allen Tempp. unter dem CURIE-Punkt durchgeführt werden. Der Einfluß von mechan. Spannungen bei der Politur wird erört. Die Anwendung der Methode zur Unters. kombinierter Mikrowellen u. Lichtwelleneinflüsse u. des Schaltprozesses wird hervorgehoben. (J. appl. Physics **29.** 1286—91. Sept. 1958. Murray Hill, N. J., Bell Telephone Labors.) H. FAHLENBRACH. 119

L. Galatry, *Berechnung der Intensität der durch den Druck in polaren Gasgemischen induzierten Banden. Einfluß der Quadrupolmomente und der Dispersionskräfte.* Ausgehend von Unterss. von COULON u. Mitarbeitern (vgl. C. **1956.** 13316 u. C. **1957.** 4593), wonach in den IR-Spektren von komprimierten Gemischen eines polaren Gases 1 u. eines nichtpolaren Gases 2 die Absorption der Fundamentalschwingungsfrequenz des Mol. 2 u. die der Summe der Fundamentalschwingungsfrequenzen der Moll. 1 u. 2 infolge der Druckerhöhung geändert werden, berechnete Vf. an Hand eines von GALATRY u. VODAR (vgl. C. **1956.** 335) vorgeschlagenen Modells die Absorptionskoeffizienten A_1 u. A_{12} dieser Banden auf Grund experimenteller Daten an den Gemischen HCl-H_2 u. HBr-H_2. Die Übereinstimmung zwischen den beobachteten u. berechneten Werten war gut. (J. Physique Radium **19.** 796. Okt. 1958. Bellevue, Labor. des Hautes Pressions.) C. GOTTFRIED. 120

P. J. Antikainen, *Infrarote Absorptionsspektren von anorganischen Verbindungen in wäßriger Lösung.* 1. Mitt. *Einige Sauerstoffanionen von Schwefel.* Vf. versucht festzustellen, ob die Spektren von Verbb. in wss. Lsgg. auch mit Hilfe einer Polyäthylen–NaCl-Zelle aufgezeichnet werden können. Es werden mit dieser näher beschriebenen Zelle die IR-Absorptionsspektren von Sulfat-, Sulfit-, Thiosulfat-, Persulfat- u. Tetrathionat-Anionen in wss. Lsg. aufgenommen. Sie zeigen charakterist. Absorptionsbanden zwischen 947 u. 1290 cm^{-1}, die zur Best. der Anionen in ihren wss. Lsgg. dienen können. Ferner werden die Spektren von Polyäthylen u. festem Natriumtetrathionat wiederaufgenommen. (Suomen Kemistilehti **31.** B 223—25. 1958. Helsinki, Univ. of Helsinki, Inst. of Chem.) E. HAHN. 120

J. Lewis, R. J. Irving und **G. Wilkinson,** *Infrarotspektren von Übergangsmetall-Stickstoffoxyd-Komplexen.* 1. Mitt. *Komplexe, die ein NO^+-Ion mit Donatoreigenschaften enthalten.* Von den nachstehend angeführten Komplexen wurden die Lagen der N–O-Dehnungsfrequenzen bestimmt, mit dem Zweck. festzustellen, ob u. welche Beziehung zwischen diesen Frequenzen u. der Natur der Bindung der NO-Gruppe besteht: $[(NO)_2Fe(SC_2H_5)]_2$; $[(NO)_2FeJ]_n$; $(NO)_2Fe[P(C_6H_5)_3]_2$; $[NOFe((C_2H_5)_2VCS_2)_2]$; $NOR_u(OH)_3$; $NOR_u[(CH_3)_2NCS_2]_3$; $NOR_uRCl_3 \cdot 3H_2O$; $NOR_uCl_3 \cdot$ *o-Phenanthrolin*; $(NO)_2CJ$; $NOCo(CO)_4$; $(NO)_2CoJ \cdot$ *o-Phenanthrolin*; $NO(CO)P(C_6H_5)_3$; $NOCo(CO)_2 \cdot [P(OC_6H_5)_3]_2$; $NOCo(CO)_2SO(C_7H_7)_3$; $NOCo(CO)_2As(C_7H_7)_3$; $[NONiSC_2H_5]_n$; $[NONiS$.

$C_6H_5]_n$; $NONiC_5H_5$; $[NOMn(CN)_5]K_3$; $[(NO)_2FeS]K$(rotes Salz); $[(NO)_7Fe_4S_3]K \cdot H_2O$ (*schwarzes Salz*); $[NOR_uOH(NH_3)_4]Cl_2$; $[NOR_uCl(NH_3)_4]Cl_2$ u. $[NOR_uBr(NH_3)_4]Br_2$. Die experimentellen Ergebnisse sind tabellar. zusammengestellt. (J. inorg. Nuclear Chem. **7.** 32—37. Aug./Sept. 1958. London, Imp. Coll., Inorg. Chem. Labor.; Sydney, Univ. of Technol., Chem. Dep.) C. GOTTFRIED. 120

W. P. Griffith, J. Lewis und **G. Wilkinson,** *Infrarotspektren von Übergangs-metall-Stickstoffoxyd-Komplexen.* 2. Mitt. *Komplexe, die das NO^--Ion enthalten.* (1. vgl. vorst. Ref.). Untersucht wurden die IR-Absorptionsspektren der Kobaltnitrosepentamminsalze, die in 2 isomeren Formen, einer schwarzen Form u. einer roten Form auftreten. Die Salze der schwarzen Form sind $[Co(NH_3)_5NO]_2Cl_4$; $[Co(NH_3)_5NO]_2(NO_3)_4]$, die der roten Form $[Co(NH_3)_5NO]SO_4$; $[Co(NH_3)_5NO](NO_3)_2$; $[Co(NH_3)_5NO]Br_2 \cdot 2H_2O$; $Co(NH_3)_5NO]Cl_2$ u. $[Co(NH_3)_5NO]J_2$. Außerdem wurden noch untersucht $Na_2[Co.[(NO_2)_4(OH)(NO)]$ u. $K_3[Co(CN)_5(NO)]_2H_2O$. Die schwarzen Salze werden an der Luft rosa; Reaktionsprod. ist hauptsächlich ein Aquopentamminsalz mit etwas Carbonatokomplex. Wurde das Chlorid mit trocknem CO_2 im Vakuum etwa 2 Tage auf 100° erhitzt u. die entstehenden Gase massenspektroskop. u. mit IR-Spektren untersucht, dann ließ sich nur N_2O nachweisen. Die roten Salze werden von W. nicht angegriffen u. sind in W. leicht löslich. Auch verd. Säuren greifen die Salze nicht an. Eine Rk. mit CO_2 wurde nicht beobachtet. (J. inorg. Nuclear Chem. **7.** 38—44. Aug./Sept. 1958.) C. GOTTFRIED. 120

J. Ewles, S. C. Jain und **R. V. Joshi,** *Durch Abschrecken oder Druck erzeugte Elektronen-Haftstellen in KCl-Kristallen.* Es werden Glow-Kurven wiedergegeben, die an verschieden behandeltem KCl gefunden wurden. Ein Glow-Maximum bei 253—255° K ergab sich bei geschmolzenen u. dann auf die Temp. von flüssigem N_2 abgeschrecktem KCl; dies Maximum war bei Abschrecken auf Zimmertemp. zwar noch feststellbar, aber wesentlich flacher. Druck auf eine Pulver-Tablette oder auf einen Einkristall ergab ein Glow-Maximum bei 190—200° K. Durch Druck auf eine abgeschreckte Probe wurde das Maximum bei ca. 250° K flacher, während die Haftstellen im 300° K- u. im 350° K-Gebiet zunahmen. Die durch Abschrecken erzeugten Haftstellen verschwinden beim Tempern mit 375° K. (Proc. physic. Soc. **71.** 852—56. 1/5. 1958. Leeds, Univ., Dep. of Phys.) C. REUBER. 125

Karl Przibram, *Über die durch Tempern reversible Fluorescenz von Mineralien und Chemikalien* (Vgl. auch C. **1957.** 9278, C., **1958.** 1484.). Neben der Erscheinung, daß eine Reihe von Mineralien, deren ursprüngliche Luminescenz durch starkes Erhitzen vernichtet wurde, nach anschließendem schwachen Erhitzen z.T. wieder erscheint (echte reversible Fluorescenz), tritt bei manchen Mineralien (Feldspäte u. Wollastonit) dieser Effekt nur auf, wenn die Proben vorher mit der Hand berührt wurden (unechte reversible Fluorescenz durch Hautreste). Zum Vgl. angestellte Verss. zeigen eine Fluorescenzsteigerung von Hautresten nach geeigneter therm. Behandlung. Echte reversible Fluorescenz wurde an weiteren Mineralien (Desmin, Collmanit) sowie an zahlreichen anorgan. Stoffen (Alkali- u. Erdalkalicarbonaten u. -sulfaten, Oxyden u.a.) festgestellt. (S.-B. österr. Akad. Wiss., math.-naturwiss. Kl., Abt. IIa **166.** 111—23. 1957. Wien, Inst. Radiumforschg.) J. RUDOLPH. 125

A. Bril, H. A. Klasens und **Th. J. Westerhof,** *Über die Kathodothermoluminescenz.* An Leuchtstoffschirmen von (a) $Zn_2SiO_4 \cdot Mn$, (b) $ZnS \cdot Cu, Al$ u. (c) eines (*Zn, Cd*). *S-Phosphors* wird die Temperaturabhängigkeit der Luminescenzintensität J bei Erregung mit Elektronenstrahlen konstanter Intensität im Bereich —180 bis 20° gemessen.In einer demontierbaren Kathodenstrahlröhre, bes. bei Abwesenheit einer Kühlung, treten bei (a) Minima u. Maxima von J bei verschied. Tempp. T auf. Aus der Beobachtung, daß diese Unregelmäßigkeiten im Verlauf von J mit T in abgezogenen u. ausgegasten Röhren nicht auftreten, wird auf Wirkungen von Gasadsorptionen auf die Kathodoluminescenz geschlossen. Die Schirme (b) u. (c) zeigen diese Adsorptionseffekte nicht. Vergleichende Messungen der Glow-Kurven bei UV-Erregung an (b) u. (c) geben kein Anzeichen für das Auftreten einer Multiplikation therm. abgelöster Elektronen im Temperaturverlauf der Kathodoluminescenz.(Physica [Utrecht] **24.** 821—27. Okt. 1958. Eindhoven, N. V. Philips Gloeilampenfabr., Res. Labor.) J. RUDOLPH. 125

Gy. Gergely, *Die calorimetrische Bestimmung der Ausbeute luminescierender Materialien vom ZnS-Typ.* (Vgl. C. **1958.** 2335).Vf. untersucht die Luminescenzausbeute von 2 hexagonalen u. einer kub. ZnS-Ag-Probe u. einer 50 ZnS–50 CdS–Ag-Probe bei UV-Anregung. Er erhält ähnliche Ergebnisse wie andere Autoren für ZnS-Cu, dagegen sind die Ausbeutewerte höher als die von BRIL u. KLASENS. Folgende Werte werden mit calorimetr. u. photometr. Methoden erhalten: ZnS-Ag Energieausbeute 60—70%, Quantenausbeute etwa 90%, ZnCdS-Ag Energieausbeute 33,5% u. Quantenausbeute 54,5%. (Acta physica Acad. Sci. hung. **7.** 171—74. 1957. Budapest, Res. Inst. for Telecommunicat.) D. HAHN. 125

A$_3$. Elektrizität. Magnetismus. Elektrochemie.

O. Buneman, *Instabilität, Turbulenz und Leitfähigkeit in einem stromführenden Plasma.* Die in einem vollständig ionisierten Plasma durch kollektive Coulomb-Wechselwrkgg. (Kleinwinkelströße) entstehenden Instabilitäten u. deren Wachstumsmechanismus, der zu einer kontinuierlichen Dämpfung der relativen Ionen- u. Elektronenbewegung infolge Umwandlung der gerichteten Energie in statist. verteilte Fluktuationsenergie führt, werden mit Hilfe der aus der Elektronik bekannten Formeln der „Zweistromverstärkung" untersucht. (Physic. Rev. Letters **1.** 8—9. 1/7.1958. Stanford, Calif., Stanford Univ., Stanford Electron. Labors.) D. Jörchel. 131

Peter L. Auer, *Die Wlassow-Instabilität bei longitudinalen Plasmaschwingungen.* (Vgl. vorst. Ref.) Die l. c. behandelten Instabilitäten lassen sich durch die Wlassowsche Gleichung (Landau, Физиологический Журнал СССР J. Physiol. USSR **32.** [1946.] 25) beschreiben, indem die unter dem Einfl. von außen angelegter plus im Inneren erzeugter kohärenter Felder entstehenden Plasmastörungen an Hand einer Impulsgangfunktion u. ihrer räumlichen Fourier-Koeffizienten untersucht werden. Danach ist es für die Stabilität eines Plasmas hinreichend, daß die zusammengesetzte Geschwindigkeitsverteilung der Träger nur ein Maximum hat, gleichgültig, ob die Verteilung eine Symmetrieachse hat oder nicht. Als notwendige, jedoch nicht hinreichende Bedingung für Instabilität gilt die Ggw. eines Minimums. So ist z. B. ein Plasma, das aus einfach geladenen Ionen u. Elektronen gleichförmiger Dichte sowie einem makroskop. Strom J_0 besteht u. in dem Ionen u. Elektronen je eine sich um die betreffenden mittleren Geschwindigkeiten erstreckende Maxwellsche Anfangsverteilung haben, trotz zweier Maxima stabil, solange J_0 kleiner als ein von bekannten Plasmaparametern abhängiger Grenzwert ist, der für ein Deuteriumplasma mit einer Anfangsdichte von 10^{15} Teilchen/cm^3 u. einer Temp. von 10 kV die Größe 4000 A/cm^2 hat. (Physic. Rev. Letters **1.** 411—13. 1/12. 1958. Schenectady, N. Y., Gen. Electr. Co., Res. Labor.) D. Jörchel. 131

F. Hertweck. *Die Bewegung geladener Teilchen im Magnetfeld eines geraden stromdurchflossenen Drahtes.* Die Teilchenbahnen sind auf ein Gebiet zwischen zwei mit der Leiterachse koaxialen Zylindern beschränkt, deren Radien von der Energie der Teilchen u. ihrem Drehimpuls um die Leiterachse abhängen. Der nicht verschwindende Mittelwert der Axialkomponente der Teilchengeschwindigkeit (die „Driftgeschwindigkeit") wird auf Grund numer. Lösungen der Bewegungsgleichung berechnet. Die Übereinstimmung mit der von Alfvén angegebenen Näherungslösung ist im Fall kleiner Teilchenenergien gut, d.h. wenn der Krümmungsradius a der Teilchenbahn so klein ist, daß $a \mid \text{grad } H \mid \ll H$ ist. (Z. Naturforsch. **14a.** 47—54. Jan. 1959. München, MPI für Phys. u. Astrophys.) F. Lenz. 131

H. Fisser und **R. Kippenhahn,** *Erlaubte und verbotene Gebiete bei der Bewegung elektrisch geladener Teilchen in axial-symmetrischen Magnetfeldern.* Aus der Bewegungsgleichung für geladene Teilchen in rotationssymm. Magnetfeldern folgen direkt zwei Integrale I_1 u. I_2 der Bewegung, deren erstes dem generalisierten Drehimpuls um die Rotationsachse u. deren zweites der kinet. Energie entspricht. Daraus, daß sowohl die kinet. Energie als auch die Quadratsumme der Radial- u. Axialkomponente der Geschwindigkeit positiv sein müssen, kann man darauf schließen, daß die Gesamtheit der zu einem vorgegebenen Wertepaar I_1, I_2 gehörigen Teilchenbahnen auf gewisse, von I_1 u. I_2 abhängige Teilgebiete des Raumes beschränkt sein muß. Für das Feld eines Dipols u. das Feld eines linearen Kreisleiters werden die Begrenzungsflächen dieser Raumgebiete in Abhängigkeit von I_1 u. I_2 berechnet. Ansätze zur Lsg. des Teilchenverlustproblems werden diskutiert, d.h. der Frage, welcher Anteil einer Gesamtheit von Teilchen mit vorgegebener Energie- u. Drehimpulsverteilung durch ein Magnetfeld in einem endlichen Volumenbereich festgehalten werden kann u. welcher Anteil die Möglichkeit hat, zu entweichen. (Z. Naturforsch. **14a.** 37—46. Jan. 1959. München, MPI für Phys. u. Astrophys.) F. Lenz. 131

Karel Šobra, *Einfluß des Anodenmaterials auf die Formierung der positiven Säule der Glimmentladung.* Wird die Anode einer Entladungsröhre aus zwei Metallen hergestellt, so stellt sich der Ionisationsprozeß der positiven Säule der Glimmentladung so ein, daß jedes Atom der Anodenoberfläche den gleichen Strom überträgt. Die Stromübertragung ist somit dem Atomdurchmesser, bzw. der Kristallstruktur proportional. — Diesen Zusammenhang zeigt der Vf. an einer Entladungsröhre (50 mm Durchmesser, 150 mm Länge, 1500 V, 10^{-1}—10^{-3} mm Hg) unter Benützung von halbkreisförmigen, aus zwei verschied. Metallen gefertigten Anodenteilen von gleicher Oberfläche (Cu-Zn; Ag-Sb; Ni-Fe; Bi-Pb). (Českoslov. Časopis Fysiku **8.** 629—31. 1958. Praha, Českoslov. akad. věd, Ústav techn. fys.) H. Tůma. 131

A. A. Worobjew und **A. F. Kalganow,** *Energetische Beziehungen beim Durchschlag von Gasen.* (Vgl. C. **1956.** 10380; C. **1957.** 2952). An 7 Gruppen von 2—5 Gasen wird die elektr. Durchschlagfestigkeit im Vgl. mit anderen physikal. Eigg. untersucht: Cl_2, Br_2, J_2; HCl, HBr, HJ; CH_3Cl, CH_3Br, CH_3J; C_2H_5Cl, C_2H_5Br, C_2H_5J; C_5H_{12}, C_6H_{14}; CF_4, $CClF_3$, CCl_2F_2, CCl_3F; CF_4, C_2F_6, C_3H_8, C_4H_{10}, C_5H_{12}. Die Festigkeitswerte sind um so höher, je größer die die intermol. Bindungskräfte bestimmenden Größen sind (D., Polarisierbarkeit usw.), u. je kleiner die die intramol. Bindungskräfte bestimmenden Größen sind (thermodynam. Potential, Dissoziationsenergie usw.). Daraus wird gefolgert, daß in der den Durchschlagprozeß bestimmenden Gesamtenergiebilanz die Hauptrolle den Prozessen zukommt, die mit geringerem Energieeffekt verlaufen, wie die Zerstörung der intermol. Bindungen. (Журнал Физической Химии [J. physik. Chem.] **31.** 1455—58. Juli 1957. Tomsk, Polytechn. Inst.) R. K. MÜLLER. 131

Mahendra Singh Sodha, *Elektronenbeweglichkeit in teilweise ionisiertem, atomarem Wasserstoff.* Vf. untersucht die Elektronenbeweglichkeit in teilweise ionisiertem H unter Benutzung des von SODHA u. EASTMAN (C. **1959.** 1018) angegebenen Ausdrucks für die Relaxationszeit eines Elektrons. Das Verhältnis von Drift- u. HALL-Beweglichkeit zur Elektronenbeweglichkeit bei reiner Ionenstreuung wird berechnet. (Physic. Rev. [2] **113.** 1163—64. 1/3. 1959. Chicago, Ill., Armour Res. Foundat., Phys. Res. Dep.) H. LIEPACK. 131

R. G. Fowler und **W. R. Atkinson,** *Elektronenrekombination im atomaren Wasserstoff.* Die absol. Intensität der mit den BALMER-Linien verbundenen Kontinuumsstrahlung wurde in dem Bereich, in dem das elektr. Feld gleich Null ist, durch Beobachtung des expandierenden Plasmas in einer Stoßröhre gemessen. Die entsprechende Kontinuumsenergie kann erklärt werden, indem angenommen wird, daß eine Zus. aus dem Rekombinations- u. dem Affinitätsspektr. des atomaren H bei einer bestimmten Elektronentemp. vorliegt. Die abgeleiteten Werte des Elektronenrekombinationskoeff. stimmen mit den von CILLIE berechneten überein (Monthly Notices Roy. astronom. Soc. **92.** [1931/32.] 820). (Physic. Rev. [2] **113.** 1268—69. 1/3. 1959. Norman, Okla., Univ. of Oklahoma, Dep. of Phys.) H. LIEPACK. 131

Ss. N. Lawrik und **T. W. Sabolotzki,** *Spektroskopische Untersuchung der Hochfrequenzentladung bei der Stickstoffoxydation.* Zur Unters. der N_2-Oxydation in der Hochfrequenzentladung (1,5—3,5 · 10^7 gc) wurden die Vorgänge der Entladung in der Luft, O_2, N_2 u. NO bei einer Strömungsgeschwindigkeit zwischen 50—300 ml/Min. mit dem Spektrographen Zeiß QU-12 verfolgt. Die Entladungen fanden zwischen Cu-Elektroden in einem Quarzrohr statt. — Das Spektrum des Luftgemisches ist unhomogen u. hängt von der Elektrodenentfernung ab: bei 25—50 mm erscheinen im Spektrum O_2-Banden u. die γ-Gruppe des NO, bei Verringerung der Entfernung auf 2—3 mm erscheint die zweite positive u. erste negative Gruppe des NO. — Die Strömungsgeschwindigkeit ist ohne Einfluß. — Die opt. best. Temp. in der Mitte der Entladung ist relativ niedrig u. liegt ordnungsmäßig bei 2500° K. (Журнал Физической Химии [J. physik. Chem.] **32.** 1081—86. Mai 1958. Nowosibirsk, Akad. der Wiss. der UdSSR, Inst. für chem. Metallurgie.) H. TŮMA. 131

K. K. Ssontschik, *Temperaturabhängigkeit der Durchschlagsverzögerung in Steinsalz.* Die Durchschlagsverzögerung (Mittelwert 3 · 10^{-8} sec) in 0,2 bzw. 0,25 mm starken *NaCl*-Plättchen nimmt im Bereich —70 bis +140° monoton mit der Temp. zu u. sowohl in homogenen als auch inhomogenen Feldern mit zunehmender Überspannung β ab ($\beta = U/U_{st}$, U Rechtecksimpulsamplitude, U_{st} stat. Durchschlagsspannung). (Доклады Академии Наук СССР [Ber. Akad. der Wiss. UdSSR] **123.** 76—77. 1/11. 1958. Tomsk, Polytechn. Kirow-Inst.) R. AMBERGER. 132

G. W. Spiwak, E. Igrass und **I. Ss. Sheludew,** *Über die Besonderheiten der Domänenstruktur von Seignetteelektrika, wie sie sich aus der elektronenmikroskopischen Sichtbarmachung ergeben.* Zur elektronenmkr. Unters. von $BaTiO_3$ u. *Seignettesalz* werden Kolloid- u. Kohleabdrucke, unterlegt mit Gelatine oder Cr evtl. nach kurzfristigem Ätzen (in konz. HCl, 5—10 Min., bzw. W., 10°, 0,5 Min.) empfohlen. Bei einer Vergrößerung bis zu 25000 können weitere Einzelheiten der „Domänensubstruktur" ermittelt werden; die mit der opt. Mikroskopie erfaßten Domänengebiete zeigen eine weitere Feinstruktur. (Доклады Академии Наук СССР [Ber. Akad. Wiss. UdSSR] **122.** 54—57. 1/9. 1958. Moskau, Lomonossow-Univ., Akad. der Wiss. der UdSSR, Inst. für Kristallographie.) H. TŮMA. 133

Bipin Kumar Agarwal, *Änderung der Sekundäremission mit der Energie der Primärelektronen.* Es wird eine einfache Formel für den Zusammenhang der auf die maximale Ausbeute bezogenen Sekundärelektronenausbeute mit der auf die zur maximalen Ausbeute gehörenden Primärenergie bezogenen Primärelektronenenergie angegeben, in der außer Zahlenfaktoren nur die Ordnungszahl u. das At.-Gew. vorkommen.

Die Brauchbarkeit dieser Formel wird mit zwei Kurven nach experimentellen Daten von *MgO* u. *Ge* dargelegt. Die Kurven nach der neuen Formel stimmen mit Meßwerten besser überein als Kurven nach BAROODY u. nach LYE u. DEKKER. (C. **1958.** 1764.) (Proc. physic. Soc. **71.** 851—52. 1/5. 1958. Allahabad, Univ., Phys. Dep.)
C. REUBER. 134

I. M. Bronstein und **R. B. Ssegal,** *Die Reichweite von langsamen Sekundärelektronen im Metall und die Rolle der unelastisch reflektierten Elektronen bei der Sekundärelektronenemission.* Experimentelle Unters. der Emission von Sekundärelektronen aus aufgedampften Schichten verschied. Dicke von *Pt, Ag* u. *Bi* auf *Be* u. Be auf Pt bei Primärenergien von 0,1 bis 3,6 keV. Bei konstanter Primärenergie ändern sich bei Variation der Schichtdicke der echte Sekundäremissionskoeff. σ u. der Reflexionskoeff. η gleichsinnig, u. zwar steigen beide mit zunehmender Schichtdicke, wenn die Aufdampfschicht aus Ag u. Bi besteht, während sie mit zunehmender Schichtdicke aus Be abnehmen. Aus den Versuchsergebnissen wird die Reichweite der langsamen Sekundärelektronen für Bi zu 7, für *Au* zu 20, für Pt zu 10 u. für Be zu 12 Atomlagen bestimmt. Es wird ferner geschlossen, daß die unelast. gestreuten Elektronen bei der Auslösung langsamer Sekundärelektronen eine entscheidende Rolle spielen. (Доклады Академии Наук СССР [Ber. Akad. Wiss. UdSSR] **123.** 639—42. 1/12. 1958. Leningrad, Pädagog. Inst.)
F. LENZ. 134

Frederick C. Brown, *Nichtstationäre Photoleitfähigkeit in AgCl bei Raumtemperatur.* Mit Hilfe einer im einzelnen beschriebenen Impulstechnik, die die Trennung von Elektronen- u. Ionenleitung gestattete, wird bei Raumtemp. der prim. Verlauf der Photoströme für AgCl-Kristalle gemessen, die (a) unter Ausschluß von O_2 (in Cl_2, im Vakuum oder in inerten Gasen) u. (b) in Luft oder in Ggw. von Feuchtigkeit hergestellt waren. Bei (a) zeigt sich eine relativ niedrige Photoempfindlichkeit, die in Übereinstimmung mit einem einfachen Haftstellenmodell-Elektronenlebensdauern τ vor Einfang in Haftstellen von ca. 10^{-8} sec. entspricht. Für (b) ergeben sich dagegen bei erhöhter Photoempfindlichkeit τ-Werte von ca. 10 μsec. Der Beitrag von Defektelektronen zur Photoleitung ist sehr klein (Verhältnis von Löcher- zu Elektronbeitrag $< 0{,}012$ bei einem τ für Löcher $\leqq 4 \cdot 10^{-9}$ sec). Die Elektronen-Drift-Beweglichkeit des AgCl wird bei 26° zu 46 ± 4 cm²/Vsec in Übereinstimmung mit anderen Messungen gefunden. (Physics Chem. Solids **4.** 206—16. 1958. Urbana, Ill., Univ.)
J. RUDOLPH. 134

A. Rose und **M. A. Lampert,** *Die Leistung eines Photoleiters, Raumladungsstrom und das stationäre Fermi-Niveau.* Die Leistung eines Photoleiters wird im Hinblick auf den Begriff des stationären *Fermi*-Niveaus untersucht u. gezeigt, daß sie durch Raumladungsinjektion begrenzt ist. Als Maß der Leistung wird G/τ_0 eingeführt, wobei $G = \Delta I/eF$ (ΔI stationärer Photostrom), τ_0 Ansprechzeit. Vff. zeigen, daß $G/\tau_0 = M/\tau_r$ ist, τ_r dielektr. Relaxationszeit unter den Arbeitsbedingungen, $M = N_A/N_T$, eN_A Gesamtladung an der Anode, eN_T gesamte Ladung im Volumen. Im allg. ergibt sich $M > 1$ nur in Begleitung von raumladungsbegrenzten Strömen, die sich stark mit der Spannung ändern. Eine wichtige Ausnahme ist der Fall, in dem die Rekombinationszentren das Einsetzen der injizierten Raumladung steuern. (Physic. Rev. [2] **113.** 1227—35. 1/3. 1959. Princeton, N. J., RCA Labors.)
H. LIEPACK. 135

R. Suhrmann und **L. van Lessen,** *Photoelektrische Untersuchungen an aufgedampften Nickel-, Wismut -und Germanium-Schichten.* Ni-Bi- u. Ge-Schichten,die im Hochvakuum bei 90° K aufgedampft waren, wurden im ungeordneten Zustand oder nach Temperung bei Raumtemp. im geordneten Zustand photoelektr. mit spektral zerlegtem Licht untersucht. Änderungen des Austrittspotentials u. der Mengenkonstante sowie die Aktivierungsenergie für den Ordnungsvorgang werden bei Ni bestimmt. — Zur Darst. der spektralen Empfindlichkeit der Bi- u. Ge-Schichten benötigt man je 2 Werte für ϕ u. die Mengenkonstante. (Abh. braunschweig. wiss. Ges. **10.** 35—46. 1958.)
K. ZÜCKLER. 135

Makoto Kikuchi, *Beobachtung der seitlichen Photospannung durch den Oberflächenfeldeffekt.* Es wurde die mit einer 200 Hz-Blitzlichtquelle an p- u. n-leitenden, unter Hochspannung liegenden Ge-Proben aufgenommene seitliche Photospannung als Funktion der Zeit u. der Lage des auf die Oberfläche fokussierten Lichtpunktes gemessen. Die Zeitabhängigkeit des Ausgangssignals nach An- u. Abschaltung der Hochspannung ist ganz ähnlich der beim gewöhnlichen Feldeffekt beobachteten. Bei Durchgang des Lichtpunktes etwa durch die Mitte der Ge-Fläche wechselt die Photospannung ihr Vorzeichen. Bei gleicher Elektrodenspannung haben die Photospannungen für n- u. p-leitende Proben jeweils unterschiedliches Vorzeichen. (J. physic. Soc. Japan **13.** 1061. Sept. 1958. Tokyo, Electrotechnic. Labor. [Orig.: engl.])
D. JÖRCHEL. 135

Donald C. Cronemeyer, *Lichtelektrische Empfindlichkeit von Ge-Einkristallschichten, die durch pyrolytische Zersetzung von GeJ_2 hergestellt wurden.* Nach dem Verf.

von J. C. MARINACE (Vgl. DUNLAP u. Mitarbeiter, Bull. Amer. physic. Soc. [2] **1.** [1956.] 294) wurden bei 350° (auf Ge-Einkristallen) durch pyrolyt. Zers. von GeJ_2 einkristalline Ge-Schichten (Dicke $\sim 5 \cdot 10^{-3}$ cm) hergestellt. Die lichtelektr. Empfindlichkeit der Schichten bei 77° K reicht bis nach 6 μ im IR. Das entspricht der Aktivierungsenergie von 0,22 eV der aus elektr. Messungen bekannten Donatoren. Die Schichten sind meist n-leitend. Temperung ändert den Leitungscharakter, verschiebt aber nicht den Empfindlichkeitsabfall nach 0,15 eV. (J. appl. Physics **29.** 1730—35. Dez. 1958. Detroit, Mich., Bendix Auration Corp., Res. Labors. Div.) K. ZÜCKLER. 135

Wolfgang Frie, *Berechnung des Einflusses der Anisotropie und eines zusätzlichen Magnetfeldes auf den elektrischen Durchschlag mit Anwendung auf Germanium.* Erweiterung der theoret. Unterss. von FRANZ über die Verteilungsfunktion der Elektronen auf den Fall, daß außer einem elektr. auch ein Magnetfeld vorhanden ist. Die Meßergebnisse von FINKE u. LAUTZ (C. **1959.** 10798) über die Abhängigkeit der Durchschlagsfeldstärke in n-Ge von der magnet. Feldstärke bei tiefen Tempp. werden auf Grund der entwickelten Theorie gedeutet. (Z. Naturforsch. **14a.** 54—62. Jan. 1959. Münster/W., Univ., Inst. für theoret. Phys.) F. LENZ. 135

B. I. Boltaks, B. T. Platschenow und **Je. W. Ssemenow,** *Über den Absorptionskoeffizienten der* ^{60}*Co-γ-Strahlung in Halbleitern.* Vff. messen den Absorptionskoeff. der ^{60}Co-γ-Strahlung in *n-Ge* (Trägerkonz. $1{,}1 \cdot 10^{18}$ cm^{-3}; Absorptionskoeff. μ 0,239 cm^{-1}; $9{,}6 \cdot 10^{17}$, 0,244; $1{,}3 \cdot 10^{14}$, 0,231; $7{,}3 \cdot 10^{13}$, 0,234) *p-Ge* ($2{,}4 \cdot 10^{15}$, 0,237), *p-Si* ($2{,}5 \cdot 10^{15}$, 0,107; $1{,}2 \cdot 10^{14}$, 0,109), Se_{amorph} (0,165), Se_{krist} (0,195), *n-Te* ($2{,}0 \cdot 10^{16}$ u. $2{,}7 \cdot 10^{17}$ jeweils 0,289); *p-PbTe* ($3{,}0 \cdot 10^{18}$, 0,386); *n-CdSb* ($\sim 10^{18}$, 0,273). Die erhaltenen Ergebnisse über die Abhängigkeit des Absorptionskoeff. von der freien Trägerkonz. in Halbleitern stimmen mit der gegenwärtigen Theorie der COMPTON-Streuung, die die Bindung der Elektronen in den Elektronenschalen der Atome vernachlässigt, nicht überein. (Доклады Академии Наук СССР [Ber. Akad. Wiss. UdSSR] **123.** 72—75. 1/11. 1958. Inst. für Halbleiter der Akad. der Wiss. der UdSSR.) R. AMBERGER. 135

Syoiti Kobayasi, *Elektronische Energiebänder in β-Siliciumcarbid.* Mit der Meth. der orthogonalisierten ebenen Wellen wurden die elektron. Energiebänder in β-SiC-Kristallen berechnet. Die Berechnung kann allg. auf Isolatoren u. speziell auf III–V-Verbb. ausgedehnt werden. Es lassen sich einige Aussagen über die Ladungsverteilung in den Kristallen machen. (J. Sci. Hiroshima Univ., Ser. A **22.** 25—50. Juli 1958. Hiroshima, Univ., Fac. of Technol., Dep. of Appl. Phys. [Orig.: engl.]) H. C. WOLF. 135

G. C. Dousmanis und **R. C. Duncan jr.,** *Berechnung der Gestalt und Ausdehnung von Raumladungsgebieten an Halbleiteroberflächen.* Durch Integration der POISSONschen Gleichung wird der Potentialverlauf in Abhängigkeit von der Entfernung vom Rand in Halbleitern berechnet. (J. appl. Physics **29.** 1627—29. Dez. 1958. Princeton, N. J., RCA Labors.) K. ZÜCKLER. 135

J. R. Drabble, *Der Einfluß von mechanischen Spannungen auf die thermoelektrischen Eigenschaften von Halbleitern mit mehreren Energiemulden.* Der Einfl. von mechan. Spannungen auf die elektr. Leitfähigkeit u. Thermospannung von Halbleitern mit mehreren Energiemulden, bei denen die resultierende Symmetrie (der Beiträge der einzelnen Mulden zu den Elektronentransportprozessen) durch die Spannungen gestört wird, wird theoret. untersucht. Anwendung u. Abschätzung des Effektes für n-Ge. (J. Electronics and Control [1] **5.** 362—72. Okt. 1958. Wembley, Gen. Electr. Comp. Ltd.) K. ZÜCKLER. 135

J. M. Rollett, *Die charakteristischen Frequenzen eines Schicht-Transistors.* Für ein einfaches Schichttransistormodell werden Zusammenhänge zwischen den charakterist. Grenzfrequenzen u. den Transistorparametern hergeleitet. (J. Electronics and Control [1] **5.** 344—47. Okt. 1958. London, Brit. Dielectr. Res. Ltd.) K. ZÜCKLER. 135

J. R. Drabble, *Galvanomagnetische Effekte beim p-Typ Wismuttellurid.* (Vgl. C. **1959.** 4044). Bei 77° K werden an einer Reihe von Einkristallproben aus *Wismuttellurid* im p-Typ die Widerstandskomponenten, die HALL-Koeffizienten u. die Koeffizienten der magnet. Widerstandsänderung bei kleinen Magnetfeldern gemessen. Die Ergebnisse sind mit dem Modell einer Mehrfach-Talform des Valenzbandes verträglich. Die mit diesem Modell verknüpften Parameter werden ausgewertet u. dazu benutzt, Beziehungen zwischen den HALL-Koeffizienten u. der Dichte der Ladungsträger zu errechnen. Mit diesen Ergebnissen werden ferner die gemessenen Temp.-Abhängigkeiten des Widerstandes u. des HALL-Koeff. zwischen 77 u. 290° K diskutiert. Damit wird eine Möglichkeit zur Berechnung der Beweglichkeit des Leitungsmechanismus der Löcher für Stromflüsse parallel zu den Spaltebenen gegeben. Diese Beweglichkeit ändert sich mit $T^{-1{,}98}$ u. hat bei einer Probe bei 290° K den Wert von 515 cm^2 Volt^{-1} sec^{-1}. (Proc. physic. Soc. **72.** 380—90. 1/9. 1958. Wembley, Middlesex, General Electric Co., Res. Labor.) H. FAHLENBRACH. 135

Rosemary A. Coldwell-Horsfall und **D. Ter Haar,** *Über den Hall-Effekt in Wismut.* (Vgl. C. **1959.** 4691.) Unter Verwendung der FERMI-Verteilung als Elektronengleichgewichtsverteilung u. einer Verallgemeinerung des DINGLEschen Ausdrucks (Proc. Roy. Soc. [London], Ser. A **211.** [1952.] 500) für das FERMI-Niveau als Funktion der Magnetfeldstärke u. der 3 ellipsoiden Energieflächen des Bi werden die l. c. gewonnenen Ergebnisse der Transporttheorie zur Berechnung des HALL-Koeff. des Bi verwendet. Der Schwingungsanteil des HALL-Koeff. wird befriedigend wiedergegeben; anstelle der beobachteten quadrat. Abhängigkeit liefert die Theorie jedoch ein lineares Verh. für den Nichtschwingungsanteil. Berücksichtigt man bei der Leitfähigkeit den Löcher-Anteil, wird die Feldabhängigkeit des stetigen Anteils des HALL-Koeff. von H auf $H^{1,3}$ geändert, die absol. Größe u. der Schwingungsanteil bleiben nahezu gleich. (Physica [Utrecht] **24.** 848—54. Okt. 1958. Oxford, Clarendon Labor.) D. JÖRCHEL. 135

Kiyoshi Yonemitsu und **Takao Sato,** *Änderung des Hall-Koeffizienten einiger nicht ferromagnetischer Übergitter-Legierungen.* Es wurde der Einfl. von Ordnungs-Unordnungs-Übergängen auf den HALL-Koeff. der 5 Übergitter-Legierungen Cu_3Pd, $CuZn$, Ni_3Cr, Au_3Cu u. Ag_3Mg bestimmt, indem die Temperaturabhängigkeit des HALL-Koeff. gemessen wurde. Bei der Übergangstemp. wurde an Cu_3Pd u. Ag_3Mg eine diskontinuierliche, bei den anderen 3 Legierungen nur eine kleine Änderung beobachtet. Das qualitative Verh. wird im Falle von CuZn u. Ni_3Cr durch die Theorie von MUTO (Sci. Pap. Inst. physic. chem. Res. [Tokyo] **34.** [1938.] 377) gut wiedergegeben. Für Au_3Cu lassen sich die Ergebnisse erklären, wenn man annimmt, daß jedes Au-Atom mehr als 1 Elektron in das Leitungsband abgibt. Damit würde auch die unterschiedliche Temperaturabhängigkeit des HALL-Koeff. von Au_3Cu u. Cu_3Au erklärt. Noch nicht theoret. deutbar sind die Ergebnisse für Cu_3Pd u. Ag_3Mg. (J. physic. Soc. Japan **13.** 998—1004. Sept. 1958. Tokyo, Metropolitan Univ., Dep. of Phys. [Orig.: engl.]) D. JÖRCHEL. 136

Kei Yosida, *Bemerkungen zur Theorie der Supraleitfähigkeit.* Es wird die Beziehung zwischen den Supraleittheorien von BARDEEN, COOPER u. SCHRIEFFER (C. **1958.** 5576) u. von BOGOLJUBOW (C. **1959.** 12455) erörtert. Es wird gezeigt, daß die Versuchswellenfunktion der erstgenannten Theorie aus der gleichen Transformation abgeleitet wird, die auch in der anderen Theorie verwendet wird. Auch in anderer Hinsicht sind beide Theorien vollständig äquivalent, wobei jedoch die Theorie von BOGOLJUBOW strenger ist, da sie von der ursprünglichen Elektron–Phonon-Wechselwirkung ausgeht. (Physic. Rev. [2] **11.** 1255—56. 1/9. 1958. Berkeley, Calif., Univ. of California, Dep. of Phys.) D. JÖRCHEL. 136

Peter B. Miller, *Eindringtiefe in verunreinigte Supraleiter.* Nach der von MATTIS u. BARDEEN (C. **1959.** 2022) abgeleiteten Gleichung für die Stromdichte als Funktion des Vektorpotentials für einen verunreinigten Supraleiter wird die Temp.-Abhängigkeit der Eindringtiefe eines verunreinigten Supraleiters berechnet. Verschied. Werte des Verhältnisses des Kohärenzabstandes zur mittleren freien Weglänge u. zur LONDONschen Eindringtiefe werden angegeben. Die für *Sn* berechneten Werte zeigen für alle Werte der mittleren freien Weglänge beträchtliche Abweichungen von der $[1—(T/T_c)^4]^{-1/2}$-Abhängigkeit der Eindringtiefe. (Physic. Rev. [2] **113.** 1209—12. 1/3. 1959. Urbana, Ill., Univ. of Illinois, Dep. of Phys.) H. LIEPACK. 136

M. H. Cohen, *Die elektronischen Bandstrukturen der Alkalimetalle und der Edelmetalle sowie ihrer Legierungen mit α-Phase.* Die Bandstruktur der einwertigen Metalle wird hauptsächlich durch die Größe des Bandabstandes $E_s—E_p$ an der BRILLOUIN-Zonenfläche bestimmt, wobei E_s u. E_p die Energien der reinen s- u. p-Zustände auf der Zonenfläche darstellen. Aus der s–p-Anregungsenergie der freien Atome werden hier die Differenzen $E_s—E_p$ der Alkali- u. Edelmetalle abgeschätzt. Daraus erhält man dann Bandstruktur u. FERMI-Fläche. Eingehende Diskussion der Verhältnisse bei verschied. Alkalimetallen u. α-Phasen von Edelmetall-Legierungen ergibt Erklärungen für die Größe der beobachteten KNIGHT-Verschiebungen, für spezif. Wärmen, magnet. Susceptibilitäten u. Legierungsdaten. (Advances in Physics **7.** 395—434. Okt. 1958. Cambridge, Cavendish Labor., Royal Soc. Mond Labor.) H. C. WOLF. 136

L. F. Bates und **R. G. Loasby,** *Magnetische Susceptibilität und elektrische Widerstandseigenschaften einiger Uranlegierungen.* Im Temp.-Gebiet zwischen 90 u. 300° K werden die magnet. Susceptibilitäten u. der elektr. Widerstand von abgeschreckten U-Legierungen mit *Zr* (bis zu 6 At.-%), *Nb* (bis zu 5 At.-%) u. *Mo* (bis zu 5 At.-%) gemessen. Bei allen drei Systemen sind, obwohl die Legierungselemente 4 bzw. 5 bzw. 6 Außenelektronen besitzen, die Eigg. ähnlich. Anomalien treten stets bei Gehalten der Zusatzelemente von ungefähr 0,5—1,5 u. bei 2 At.-% auf. Die Anomalie bei 0,5—1,5 At.-%, die sich in einem Susceptibilitätsminimum äußert, kann nicht erklärt werden. Vielleicht hängt sie mit der Löslichkeitsgrenze zusammen. Die Anomalie bei 2 At.-%,

die durch Unstetigkeiten im Kurvenverlauf ausgezeichnet ist, hängt mit der α-Phase zusammen, die trotz Abschreckens aus dem γ-Feld erhalten werden kann. Bis zu 2 At.-% Legierungselement sprechen die magnet. u. elektr. Eigg. für die Struktur der vollbesetzten BRILLOUIN-Zone, die für α-U- vorgeschlagen worden ist. (Proc. physic. Soc. **72.** 757—64. 1/11. 1958. Nottingham, Univ., Dep. of Phys.)
H. FAHLENBRACH. 136

Gotthard Klose, *Einige Bemerkungen zum Protonenmagnetometer.* Vf. beschreibt einleitend das Prinzip des Protonenresonanzmagnetometers nach PACKARD u. VARIAN (vgl. C. **1955.** 2134). Dann werden die Bedingungen abgeleitet, die beim Abschalten des Magnetisierungsfeldes erfüllt sein müssen, um einwandfreie Messungen zu erzielen. Bes. wird eine gegenüber dem ursprünglichen Verf. verbesserte Schaltung des Magnetisierungskreis-Unterbrechers angegeben. Aufgrund dieser Schaltung lassen sich mit dem Magnetometer bei einer zu messenden Feldstärke von ca. 0,4 Gauß Signalspannungen in der Größenordnung 100 μV erreichen. Abschließend diskutiert Vf. die die Meßgenauigkeit bestimmenden Faktoren: 1) Unsicherheit des gyromagnet. Verhältnisses des Protons, 2) Fehler der Frequenzmessung des Signals u. 3) die kurze Beobachtungszeit des Signals. (Z. angew. Physik **10.** 495—97. Nov. 1958. Leipzig, Univ., Phys. Inst.)
G. KURDAL. 137

E. W. Lee, D. R. Callaby und **A. C. Lynch,** *Die Anwendung des Kerr-Effektes für die Untersuchung der Magnetisierung einer reflektierenden Oberfläche.* An einer pulvermetallurg. hergestellten Ringprobe aus *Perminvar* (45% Ni, 25% Co, 30% Fe) mit rechteckigen Magnetisierungskurven (Glühen im Magnetfeld) wird die Elementarbereichstruktur mit Hilfe des magnetoopt. KERR-Effektes untersucht. Die Bewegung der BLOCH-Wände bei der Magnetisierung konnte den Vorhersagen der Theorie entsprechend beobachtet werden. Sowohl die longitudinalen als die transversalen Effekte konnten zur Beobachtung benutzt werden. Bei der Ausnutzung des longitudinalen Effektes wurden die besten Ergebnisse unter Verwendung nur eines polarisierenden Elementes im einfallenden oder reflektierenden Strahl erhalten. Die Vorteile dieser Methode gegenüber z. B. der BITTERschen Streifenmethode liegen in der Unabhängigkeit des KERR-Effektes von Streufeldern und anderen Oberflächenfehlern, so daß keine besonderen Oberflächen-Präparationen erforderlich sind. Der Hauptnachteil liegt in der Beschränkung der Anwendbarkeit auf gröbere Elementarbereichstrukturen wegen der endlichen Größe des Lichtflecks. Außerdem kann man mit ihr nicht eine ruhende BLOCH-Wand von einer nicht vorhandenen unterscheiden. (Proc. physic. Soc. **72.** 233—43. 1/8. 1958. Nottingham, Univ., Dep. of Phys.; London, Dollis Hill, Post Office Res. Stat.)
H. FAHLENBRACH. 137

Ryogo Kubo, Hiroshi Hasegawa und **Natsuki Hashitsume,** *Die Theorie der galvanomagnetischen Effekte bei starken Magnetfeldern.* Ausgehend vom Leitfähigkeitstensor in der allgemeinen Theorie irreversibler Prozesse wird die Elektronen-Leitfähigkeit im Magnetfeld berechnet. Vereinfachungen ergeben sich dabei für den Fall starker Magnetfelder. (Phys. Rev. Letters **1.** 279—81. 15/10. 1958. Tokyo, Univ., Dep. of Phys. u. Ochanomizu Univ.) H. FAHLENBRACH. 137

Robert E. Behringer, *Beiträge zu einer Theorie der doppelten Blochwände bei dünnen Schichten.* Zur Erklärung der von WILLIAMS u. SHERWOOD (C. **1958.** 5876) bei dünnen ferromagnet. Schichten gefundenen doppelten BLOCH-Wände hatte KACZÉR (C. **1959.** 3715) eine Theorie angegeben, deren Annahmen angegriffen werden. Es wird gezeigt, daß BLOCH-Wände vom NÉEL-Typ anwesend sein müssen u. daß daher K nicht durch $2\pi I_s$ ersetzt werden kann. Trotzdem ist bei richtigen Annahmen eine Dipol–Dipol-Wechselwirkungsenergie von der gleichen Größe, allerdings mit umgekehrtem Vorzeichen wie von KACZÉR berechnet, vorhanden, so daß das Ergebnis dem von KACZÉR gleichkommt. Weiter wird gezeigt, daß nur bei den 30—50 Å dicken Schichten von WILLIAMS u. SHERWOOD die Erklärung der doppelten Wände richtig ist. Bei 147 Å dicken Schichten ist die Realisierung der Annahmen strittig. (J. appl. Physics **29.** 1380—81. Sept. 1958. Poughkeepsie, N. Y., Internat. Business Machines Corp., Res. Center.)
H. FAHLENBRACH. 137

François Lurçat, *Über den Bloch-Siegertschen Effekt und den Einfluß eines störenden Wechselfeldes in magnetischer und Quadrupolresonanz.* Vf. beschreibt eine Meth., die, ausgehend von makroskop. Gleichungen, die Unters. der Resonanzfrequenzverschiebung infolge endlicher Radiofrequenzfeldamplitude oder eines anderen Feldes mit einer verschiedenen Frequenz gestattet. Die Meth. wurde auf die Berechnung dieser Verschiebungen für den Fall von Quadrupolresonanz von Kernen mit den Spins 1; 3/2 u. 5/2 angewandt. (J. Physique Radium **19.** 745—49. Okt. 1958. Fontenay-aux Roses, Fac. des Sci. de Paris, Labor. d'Électronique et de Radioélectricité.) C. GOTTFRIED. 137

Giuseppe Biorci, Andrea Ferro und **Giorgio Montalenti,** *Instabilität der Blochschen Wände infolge Zwischengitterstellenatomen in einem ferromagnetischen Material mit raumzentriert-kubischer Struktur.* Vff. nehmen Bezug auf theoret. Unterss. von NÉEL (vgl. C. **1953.** 12) über die Beobachtungen, wonach sich in einem ferromagnet. Kristall bei Ggw. von C oder N auf Zwischengitterstellen nach einem Entmagnetisierungsprozeß die Permeabilität mit der Zeit ändert, u. bringen zunächst eine Vereinfachung der von NÉEL (vgl. l. c.) gebrachten Gleichung, die sie durch eigene Verss. nachprüfen. Die Verss. wurden an einem geglühten, einem gewalzten Fe, einem geglühten u. gereckten Fe sowie an Ferrosilicium mit 3,5% Si durchgeführt. Die Ergebnisse bestätigten die Hypothese der Instabilität. (Atti Accad. naz. Lincei, Rend., Cl. Sci. fisiche, mat. natur. [8] **24.** 542—47. Mai 1958. Torino, Centro Studi per Elettrofis., Ist. Elettrotecnico Naz. Galileo Ferraris.) C. GOTTFRIED. 137

A. Hart, *Die Hystereseschleifen, die mit einer einfachen Elementarbereichstruktur verknüpft sind.* An *Perminvar*-Proben (mit rechteckigen Magnetisierungskurven infolge von Magnetfeldabkühlungen), die in Ringform bei gleichem äußerem Durchmesser (etwa 25 mm), aber verschied. inneren Durchmessern vorlagen, wurden die Hystereseschleifen gemessen u. mit dem Ergebnis der Theorie verglichen. Die Ummagnetisierung erfolgt durch einen 180°-Wandprozeß von Ummagnetisierungskeimen aus, die sich am inneren Rande der Ringe bilden. Infolge der Feldstärkenunterschiede in verschied. Ringzonen wird mit zunehmender Ringbreite eine zunehmende Abflachung der Hystereseschleifen beobachtet. Rechteckkurven können also nur bei einer geringen Ringbreite erreicht werden. Die Koerzitivkraft ist dagegen unabhängig von der Ringbreite. (Proc. physic. Soc. **72.** 244—48. 1/8. 1958. London, Dollis Hill, Post Office Res. Stat.) H. FAHLENBRACH. 137

E. W. Lee, *Die Magnetostriktionskurven von polykristallinen ferromagnetischen Stoffen.* Zur Berechnung der Magnetostriktion eines isotropen Polykristalls in Abhängigkeit von der Magnetisierung wird eine Näherungsmethode angegeben, die für den Bereich gilt, wo allein Drehprozesse der Magnetisierungsvektoren im Elementarbereich für die Magnetisierung verantwortlich sind. In Parameterform werden die Magnetostriktionskurven für kub. u. hexagonale Kristalle mit Vorzugsrichtungen in der hexagonalen Achse dargestellt. Nimmt man die analogen Berechnungen von BROWN (Physic. Rev. [2] **53.** [1938.] 482) für den Fall von Wandverschiebungen hinzu, so ist nunmehr eine Berechnung der Magnetostriktions-Magnetisierungskurven vom pauschal unmagnet. Zustand bis zur magnet. Sättigung möglich. (Proc. physic. Soc. **72.** 249—58. 1/8. 1958. Nottingham, Univ., Dep. of Phys.) H. FAHLENBRACH. 137

Hideo Takaki und **Jun-ichi Hayashi,** *Der Einfluß einer Spannung auf die Magnetostriktion von Eisen-Einkristallen.* An Fe-Einkristallen wird mit Dehnungsmeßstreifen die Magnetostriktion in Abhängigkeit von Zugspannungen bis zu 0,64 kg/mm² gemessen. Während die Magnetostriktion unterhalb der Sättigungsmagnetisierung stark von äußeren Zugspannungen abhängt, ist die Sättigungsmagnetostriktion von mechan. Spannungen unabhängig. Das gilt sowohl für λ_{100} wie für λ_{111}. Frühere gegenteilige Ergebnisse von TAKAKI (Proc. physico-math. Soc. Japan [Nippon Suukagu-Buturigakkwai Kizi] **24.** [1942.] 875) werden zurückgenommen, da sie durch Kraftwirkungen im inhomogenen Magnetfeld vorgetäuscht waren. Als mittlere Werte der Magnetostriktionskonstanten ergaben sich für Fe: $\lambda_{100} = 19{,}2 \cdot 10^{-6}$ u. $\lambda_{111} = 22{,}6 \cdot 10^{-6}$. (J. physic. Soc. Japan **13.** 703—09. Juli 1958. Kyoto, Univ., Fac. of Sci. [Orig.: engl.]) H. FAHLENBRACH. 137

L. Alberts und **B. J. Shepstone,** *Die Anfangsmagnetisierung von α-Eisen bei hohen Temperaturen.* An Fe-Drähten 1 mm ⌀, 300 mm lang, von spektraler Reinheit wird die Magnetisierung in Abhängigkeit von der Feldstärke mit u. ohne äußere Zugspannung bei Tempp. zwischen 600 u. 750° gemessen. Während bei Raumtemp. die Magnetisierung bei kleinen Feldstärken im wesentlichen durch BLOCH-Wandverschiebungen bestimmt wird, zeigen die Ergebnisse bei höheren Tempp. das Überwiegen der Drehprozesse, weil die Anisotropie u. die Magnetostriktion dort gegen null gehen. Die Meßergebnisse stimmen daher mit Berechnungen auf der Grundlage von Drehprozessen recht gut überein. In Übereinstimmung mit älteren Ergebnissen von FAHLENBRACH (C. **1949.** I. 169) nimmt mit zunehmender Temp. die Wahllosigkeit der Orientierung der Elementarbereiche zu. (Philos. Mag. [8] **3.** 700—06. Juli 1958. Orange Free State Univ., Phys. Dep.) H. FAHLENBRACH. 137

C. W. Chen, *Die Temperaturabhängigkeit der magnetischen Eigenschaften von Silicium-Eisen.* An EPPSTEIN-Bündeln einer kornorientierten 3%igen Fe-Si-Legierung werden zwischen 30 u. 700° die Permeabilität bei verschiedenen Feldstärken, die Koerzitivkraft, Remanenz und die Hysterese- und die anderen Eisenverluste gemessen. Mit zunehmender Temp. nehmen Koerzitivkraft, Remanenz, Hystereseverluste u. die anderen

Kernverluste ab. In kleinen Feldstärken nimmt die Permeabilität mit wachsender Temp. zu, bei großen Feldstärken dagegen ab, so daß der Temp.-Koeff. der Permeabilität je nach Feldstärke positiv oder negativ sein kann, je nachdem, ob Wandverschiebungen oder Drehprozesse für die Magnetisierung verantwortlich sind. Die Energieverlustabnahme mit wachsender Temp. hört bei einer bestimmten Temp. je nach Induktionswert auf, was durch eine gegenseitige Kompensation der Verlustzunahme durch Elementarbereichkurzschluß u. der Verlustabnahme durch irreversible Wandverschiebungen bei wachsender Temp. zu erklären versucht wird. Auf der Grundlage der Textur des Werkstoffes wird die Magnetisierungskurve bei der jeweiligen Temp. zu analysieren versucht. Ebenfalls wird die jeweils zugehörige Elementarbereichstruktur diskutiert. (J. appl. Physics **29.** 1337—43. Sept. 1958. Pittsburgh, Pa., Westinghouse Res. Labor.)
H. Fahlenbrach. 137

B. W. Lothian, A. C. Robinson und **W. Sucksmith,** *Einige magnetische Eigenschaften von verdünnten ferromagnetischen Legierungen* 2. Mitt. (1. vgl. C. **1956.** 7450.) Im Anschluß an diese Ergebnisse werden weitere Versuche an Cu-reichen Cu–Fe- u. Cu–Co-Legierungen u. ferner neu an Au-reichen Au–Ni-Legierungen durchgeführt, wobei Hystereseschleifen u. Sättigungsmagnetisierungen nach dem Abschrecken u. dem Anlassen (Ausscheidungen) u. ferner neu nach anschließender Kaltverformung durch Ziehen gemessen wurden. Die Messungen wurden im Zusammenhang mit der Theorie feinster ferromagnet. Bestandteile durchgeführt. Die Änderung der magnet. Eigg. mit der Wärmebehandlung war bei allen drei Systemen die gleiche u. kann durch das Wachstum der ferromagnet. Gebiete in einer unmagnet. Matrix beim Anlassen erklärt werden. Das Kaltziehen erzeugt eine Anisotropie durch Koerzitivkrafterhöhung. Diese Anisotropie ist bei den Cu–Fe-Legierungen ausgeprägter als bei den Cu–Co- u. Au–Ni-Legierungen. Diese Anisotropie enthält Anteile von Form-, Kristall- u. Spannungsanisotropie, die noch nicht getrennt werden konnten, obwohl Elektronen- u. Lichtmikroskopaufnahmen gemacht wurden. Die mittlere Teilchengröße ergab sich dabei in allen Fällen größer, als nach der Einbereichtheorie zu erwarten war. Neben der Koerzitivkraft erwies sich die Best. des Magnetfeldes zur Reduzierung der Remanenz auf Null für die Auswertung als sehr wertvoll. (Philos. Mag. [8] **3.** 999—1012. Sept. 1958. Sheffield, Univ., Dep. of Phys.) H. Fahlenbrach. 137

A. J. Dekker, *Eine Bemerkung zur magnetischen Susceptibilität von verdünnten Cu–Mn-Legierungen.* Zur Erklärung der an einigen Stellen gemessenen magnet. Eigg. von Cu-reichen Cu–Mn-Legierungen wird mit einem Modell gerechnet, das aus einem kub. flächenzentrierten Gitter mit diamagnet. Atomen besteht, in das Atome mit nicht verschwindenden Spins eingebaut sind. Ferner wird antiferromagnet. Wechselwirkung nur zwischen den letztgenannten Atomen angenommen, wenn sie nächste Nachbarn sind. Damit gelingt eine Herleitung der gemessenen Konz.-Abhängigkeit der wirksamen Curie-Tempp. bei höheren Tempp., des Auftretens einer graduellen antiferromagnet. Umwandlung bei tiefen Tempp. u. der Konzentrationsabhängigkeit der Lage u. Form der antiferromagnet. Umwandlung. (Physica [Utrecht] **24.** 697—706. Aug. 1958. Minneapolis, Minn., Univ., Dep. of Electr. Engng.) H. Fahlenbrach. 137

D. Gugan und **G. Rowlands,** *Die Druckabhängigkeit der ferromagnetischen Anisotropieenergie.* Bei *Ni* u. bei einer *Fe–Ni-Legierung* mit einem Ni-Geh. von 48% wird die Abhängigkeit der Magnetisierungskurve vom hydrostat. Druck (0,2500 u. 5000 at) gemessen. Eine Formel wird abgeleitet, die diese Ergebnisse u. die Ergebnisse anderer Autoren zu analysieren gestattet. Dabei zeigt sich, daß die gefundenen Änderungen teilweise durch eine Abhängigkeit der ferromagnet. Anisotropieenergie vom Druck erklärt werden können. Für diese Druckabhängigkeit werden für die binären Fe–Ni-Legierungen Werte erhalten, die hinreichend mit den Werten übereinstimmen, die aus den Messungen der Volumen-Magnetostriktion berechnet wurden. Eine quantitative Betrachtung ist jedoch noch nicht möglich. (Proc. physic. Soc. **72.** 207—13. 1/8. 1958. Ottawa, Canada, Nat. Res. Council, Div. of Pure Phys.) H. Fahlenbrach. 137

M. Fox und **R. S. Tebble,** *Die Entmagnetisierungsenergie und die Elementarbereichstruktur eines einachsigen Einkristalls.* Es wird gezeigt, daß eine Verringerung der Entmagnetisierungs- oder Streufeldenergie durch eine sogenannte Kittel-Struktur, d.h. Auffaserung, der Elementarbereichanordnung in einem einachsigen Kristall auch durch eine Drehung der Magnetisierungsvektoren in der Nähe der Oberfläche hervorgebracht werden kann. Für Stoffe mit sehr großer Kristallenergie ($K > 2\pi J_s^2$) wird eine solche Verringerung der Streufeldenergie berechnet. Im Falle von *Co* kann bei Oberflächen parallel zur Richtung leichtester Magnetisierung die Streufeldenergie auf 40% erniedrigt werden, bei Oberflächen senkrecht zu dieser Richtung nur auf 67%. Eine experimentelle Unters. an Co-Einkristallen zeigt, daß im Sinne der Kittel-Struktur Bereiche umgekehrter Magnetisierungsrichtungen dann auftreten, wenn der Winkel zwischen der Richtung leichtester Magnetisierbarkeit u. der Oberfläche größer oder gleich 33° ist. Bei kleinerem Winkel tritt eine Erniedrigung der Streufeldenergie durch Drehung der Magnetisierungsvektoren der Elementarbereiche auf. Die Theorie soll an Einkristallen aus Stoffen mit kleinerer Anisotropieenergie erhärtet werden. (Proc. physic. Soc. **72.** 765—69. 1/11. 1958. Leeds, Univ., Dep. of Phys.) H. FAHLENBRACH. 137

L. F. Bates, H. Clow, D. J. Craik und **P. M. Griffiths,** *Die Magnetisierungsprozesse in einem polykristallinen Mangan-Zink-Ferrit.* (Vgl. C. **1959.** 9806.) Polykristalline Proben von Mn-Zn-Ferrit der ungefähren Zus. $Mn_{0,7}Zn_{0,3}Fe_2O_4$ werden mit der BITTERschen Streifenmeth. magneto-therm. u. auf BARKHAUSEN-Effekte hin untersucht. BLOCH-Wände konnten nirgends gefunden werden. Die an polierten Proben zunächst gefundenen BITTERschen Streifenbilder konnten durch sorgfältiges Abätzen der Oberfläche zum Verschwinden gebracht werden, so daß diese ursprünglichen Bilder mechan. Oberflächenspannungen zugeschrieben werden müssen. Ferner werden die Temp. u. spezif. Wärmeänderungen beim Durchlaufen einer Hystereseschleife des Mn-Zn-Ferrits untersucht u. das Ergebnis mit den Drehprozeßtheorien gegen Kristallanisotropie u. magnetostat. Energie u. mit den BLOCH-Wand-Verschiebungstheorien verglichen, wobei auch hier die Drehprozeßtheorie eindeutig die beste Übereinstimmung mit dem Experiment ergibt. Durch Beobachtungen von BARKHAUSEN-Sprüngen zwischen —35 u. 35 Oe wird gezeigt, daß die Drehprozesse bei der Magnetisierung von Mn-Zn-Ferrit teilweise diskontinuierlich verlaufen. In kleinen Magnetfeldern ändert sich die Magnetisierung durch irreversible Drehprozesse zwischen 2 Richtungen leichter Magnetisierbarkeit. (Proc. physic. Soc. **72.** 224—32. 1/8. 1958. Nottingham, Univ., Dep. of Phys.)
H. FAHLENBRACH. 137

R. M. Bozorth, Vivian Kramer und **J. P. Remeika,** *Die Magnetisierung von Einkristallen einiger Orthoferrite der Seltenen Erden.* Zwischen 1,3° K u. Raumtemp. werden die magnet. Eigg. von Einkristallen der Orthoferrite ($MFeO_3$) der Seltenen Erden M gemessen, wobei M = Sm, Eu, Gd, Te, Dy, Ho, Er, Tm, Yb u. Lu gewählt worden war. Neben einem Parasiten-Atommoment von 0,05 BOHRschen Magnetonen werden in einigen Fällen (z. B. Ho) bei tiefen Tempp. starke Sättigungsmagnetisierungen gefunden. Bei allen diesen Kristallen ist entweder die [001]- oder die [100]-Achse magnet. Vorzugsrichtung. Bei *$ErFeO_3$*, *$HoFeO_3$* u. *$YbFeO_3$* wird gefunden, daß nach tiefen Tempp. hin ein Wechsel der Vorzugsrichtung von [001] nach [100] hin eintritt. In den verschiedenen Würfelkanten werden ganz verschiedene Sättigungsmagnetisierungen in fast allen Fällen beobachtet. Außerdem spielt der Betrag der äußeren magnet. Feldstärke für die Lage der Vorzugsrichtung in einigen Fällen eine Rolle. (Physic. Rev. Letters **1.** 3—4. 1/7. 1958. Murray Hill, N. J., Bell Telephone Labors.) H. FAHLENBRACH. 137

Yoshikazu Ishikawa, *Eine Umwandlungserscheinung geordnet-regellos in festen Lösungen des Systems $FeTiO_3$-Fe_2O_3.* (Vgl. C. **1959.** 2705.) An einer Reihe fester Lsgg. $xFeTiO_3$-$(1—x)Fe_2O_3$ von *Ilmenit* u. *Hämatit* wurde der Einfl. von Wärmebehandlungen auf die magnet. Eigg. untersucht; die Zus. der Proben lag in der Nähe von x = 0,5. Eine frühere Beobachtung von IHIKAWA u. AKIMOTO (vgl. C. **1958.** 9687) konnte bestätigt werden, daß eine Umwandlung von einem geordneten, ferrimagnet. Zustand in einen ungeordneten, antiferromagnet. Zustand bei einem bestimmten Umwandlungspunkt stattfindet. Diese Umwandlungstemp. fällt mit abnehmendem Ilmenitgeh. von 1100° für x = 0,65 auf 600° für x = 0,45. Vollständig regellose Proben konnten mit Hilfe der Abschreckmeth. für $x \geqslant 0,6$ nicht erhalten werden, während der vollständig geordnete Zustand in Proben mit $x \leqslant 0,5$ nicht erreicht werden konnte, u. zwar wegen einer Abnahme der Umwandlungstemp. für diese Proben u. einer Red. der Ionendiffusionsgeschwindigkeit bei diesen tiefen Temperaturen. Die Ergebnisse wurden an Hand der BRAGG-WILLIAMSschen Approximation diskutiert. Es wird noch kurz darauf hingewiesen, daß der in diesem Syst. gefundene umgekehrte thermoremanente Magnetismus in engem Zusammenhang mit den Umwandlungen geordnet-regellos steht. (J. physic. Soc. Japan **13.** 828—37. Aug. 1958. Tokyo, Univ., Inst. of Solid State Phys. [Orig.: engl.])
C. GOTTFRIED. 137

R. L. Driscoll und **P. L. Bender,** *Das gyromagnetische Verhältnis des Protons.* Mit einem Präzisionssolenoid wurde das gyromagnet. Verhältnis für Protonen in W. vorläufig zu (in Einheiten der elektr. Standards des NBS) $\gamma_p = (2,67515 \pm 0,00001) \cdot 10^4$ $Gauß^{-1}$ sec^{-1} bestimmt. In Bzl. ergab sich ein um 1,9 ± 0,2 ppm höherer Wert. Verwendet man den kürzlich bestimmten Wert des NBS-Ampere in absol. Einheiten, erhält man für W. (ohne diamagnet. Korrekturen) $\gamma_p = (2,67513 \pm 0,00002) \cdot 10^4$. Abweichungen dieses Werts von anderen Literaturdaten werden erörtert. (Physic. Rev. Letters **1.** 413—14. 1/12. 1958. Washington, D. C., Nat. Bur. of Stand.) D. JÖRCHEL. 137

L. A. Wall, D. W. Brown und **R. E. Florin,** *Elektronenspinresonanzspektren des γ-bestrahlten festen Stickstoffs.* Bei 4,2° K aufgenommene Elektronenspinresonanzspektren von γ-bestrahltem $^{14}N_2$ u. $^{15}N_2$ werden diskutiert. Das aus 7 äquidistanten Linien (mit 3 zentralen Hauptlinien) bestehende $^{14}N_2$-Spektr. hat sein Zentrum bei $g = 2,0$; der Maximaabstand beträgt $4,1 \pm 0,2$ Gauß, die totale Breite über dem Untergrund ca. 53 Gauß, der Nullfeldaufspaltparameter 9 ± 1 Gauß. Eine Deutung, nach der eine Struktur aus 3 äquivalenten N-Atomen vorliegt, wird vor allem durch das $^{15}N_2$-Spektr. ausgeschlossen, das zwar ebenfalls 7, jedoch nicht mehr äquidistante Linien, davon nur noch 2 zentrale Hauptlinien, hat. Ferner werden einige modifizierte Spektren, die an N_2 in Edelgasen aufgenommen wurden, erörtert. — γ-bestrahltes N_2 zeigte bei Erwärmung über 4,2° K ein grünes Glühen. Die Strahlungsausbeute beträgt ca. 0,2 Atome pro 100 eV absorbierter Energie. (J. chem. Physics **30**. 602—03. Febr. 1959. Washington, D. C., Nat. Bur. of Stand.) D. JÖRCHEL. 137

D. Gerstenberg, *Zum Dia- und Paramagnetismus in metallischen Mischkristallreihen.* 8. Mitt. *Magnetische Untersuchungen an Pd-Mischkristallen mit Übergangselementen.* (vgl. VOGT, C. **1957**. 8719.) Mit einer magnet. Waage, die der von BEISSWENGER u. WACHTEL (C. **1956**. 9356) nachgebildet wurde, wird bei Tempp. zwischen 90 u. 1100° K die Susceptibilität von Pd-Mischkristallen mit Gehh. von Ti, V u. Cr bis zur Löslichkeitsgrenze, ferner mit kleineren Gehh. bis zu 3 At.-% von Zr, Nb, Mo, Ta, W u. Re u. bis zu 7 At.-% von Mn, Fe, Co u. Ni gemessen, wobei die Legierungselemente so ausgewählt wurden, daß bei ihnen die 3d-, bzw. 4d-, bzw. 5d-Schale im Aufbau ist. Dabei zeigte sich, daß die Elemente Ti, V, Zr, Nb, Mo, Ta u. W bei geringen Konzz. den Paramagnetismus des Pd durch Auffüllen des 4d-Bandes des Pd-Atomes entsprechend der Zahl ihrer Außenelektronen erniedrigen. Cr u. Re geben dagegen ihre Außenelektronen nicht vollständig an das 4d-Band ab. Die Temp.-Abhängigkeit der Susceptibilität läßt sich in diesen Fällen mit der Kollektivelektronentheorie von STONER und WOHLFAHRTH beschreiben. Bei Zusätzen von Mn, Fe, Co u. Ni wird der Paramagnetismus des Pd erhöht, wobei diese Elemente mit eigenen Momenten eingehen u. bei tiefen Tempp. teilweise Ferromagnetismus auftritt. Auch hier ist die STONER-WOHLFARTHsche Theorie zur Beschreibung geeignet, wenn auch die Vorstellung eines gemeinsamen d-Bandes beider Legierungspartner nicht zutrifft. Pd–Ti- u. Pd–V-Legierungen zeigen bei höheren Konzz. überwiegend ein Auffüllen der 4d-Elektronen des Pd auf Kosten der 3d-Elektronen des Ti. Bei Pd–V-Legierungen wird diese Erscheinung allerdings durch einen Aufbau des 3d-Bandes bei Pd-Gehh. oberhalb 33 At.-% überlagert. Pd–Cr-Legierungen mit mehr als 20 At.-% Cr zeigen einen magnet. Tempereffekt. Hier soll noch eine stärkere Auffüllung des 3d-Bandes vor sich gehen. (Ann. Physik [7] **2**. 236—62. 1958. Marburg/Lahn, Univ., Physikal. Inst.) H. FAHLENBRACH. 137

Raymond M. Fuoss, *Die Leitfähigkeit verdünnter 1–1-Elektrolytlösungen.* Die Leitfähigkeit von 1–1-Elektrolyt-Lsgg. nimmt bei Konz.-Erhöhung wegen der Beeinflussung durch interion. Kräfte u. wegen der abnehmenden Konz. freier Ionen ab. Vf. stellt eine diesen Tatsachen entspr. Beziehung mit der Grenzleitfähigkeit, der Ionengröße u. der Assoziations-Konst. als Parameter auf. Sie ist anwendbar in Lösungsmitteln, deren DKK um oder etwas über 15 liegen, bei Konzz., die etwa dem Wert $k \cdot a \approx 0,2$ (a Ionendurchmesser, k DEBYE–HÜCKEL-Parameter) entsprechen. In Lösungsmitteln hoher *DK* geht die Gleichung in die Grenzbeziehung von ONSAGER, in solchen niedriger DK in das Verdünnungsgesetz von OSTWALD über. (J. Amer. chem. Soc. **81**. 2659—62. 5/6. 1959. New Haven, Conn., Yale Univ., Sterling Chem. Labor.)
H.-J. HARTMANN. 138

R. R. Dogonadse, *Anwendung der rotierenden Scheiben-Elektrode auf die Untersuchung kinetischer und katalytischer Prozesse in der Elektrochemie.* Die Anwendung einer rotierenden Scheibenelektrode zur Unters. kinet. u. katalyt. Rkk. unterliegt nicht, wie KOUTECKY u. LEWITSCH (C. **1959**. 3404) angeben, der Annahme, daß die Diffusionskoeffizienten aller Stoffe gleich sind. Diese Annahme hat keinen größeren Einfl. auf die dort angegebene Berechnungsmethode. Es werden verschied. Beispiele angeführt, welche die Mittel zur Berechnung der Differenzen in den Diffusionskoeffizienten erläutern. (Журнал Физической Химии [J. physik. Chem.] **32**. 2437—42. Okt. 1958. Moskau, Akad. der Wiss. der UdSSR, Inst. für physikal. Chem.) WOLFGANG MÜLLER. 139

Je. M. Skobetz und **N. I. Belinskaja**, *Polarographische Untersuchung der Oxydation von Mangan an der Platinmikroelektrode.* Die Oxydationsstufen von Mn^{2+} werden in saurer, neutraler u. ammoniakal. Lsg. mit Pt-Anode gegen gesätt. Hg_2Cl_2-Kathode aufgenommen. Mn^{2+} wird in citronen- u. salpetersaurer Lsg. zu Mn^{3+}, in ammoniakal. Lsg. zu Mn^{4+} oxydiert. In neutraler Lsg. ändert sich die Form der Stufen; sie zeigen ein Maximum, das Potential der Abscheidung von Mn^{2+} ist gegenüber saurer Lsg. stark nach der weniger positiven Seite verschoben; offenbar sind H^+-Ionen an der Oxydation beteiligt. Das Halbstufenpotential $E_{1/2}$ ändert sich linear mit dem p_H der Lösung. Die polarograph. Unters. der anod. Oxydation von Mn^{2+} kann zur Best. von Mn in Legierungen,

Pflanzen u. Böden benutzt werden (Vgl. hierzu C. **1958.** 8148). (Журнал Физической Химии [J. physik. Chem.] **31.** 1474—80. Juli 1957. Kiew, Ukrain. Landwirtsch.-Akad.) R. K. Müller. 142

W. I. Mussichin und **O. A. Jessin,** *Kathodische Polarisation in titanhaltigen Schlacken.* Die bei Temp. von 1377° bis 1400° durchgeführten Messungen der kathod. Polarisation zeigten vollständige oder teilweise Red. von Titanionen in geringe Mengen TiO_2 enthaltenden Schmelzen der Oxyde $CaO-MgO-Al_2O_3-B_2O_3$ an Cu–Ti-, Fe–P–Ti- u. W-Elektroden. Es zeigte sich, daß die Polarisation durch eine Verzögerung der Ionendiffusion in der Schmelze bedingt ist. (Журнал Физической Химии [J. physik. Chem.] **32.** 2410—14. Okt. 1958. Swerdlowsk, Ural-Zweigstelle der Akad. der Wiss. der UdSSR, Inst. für Metallurgie.) G. Pretzschner. 142

R. Piontelli, U. Bertocci, L. Bicelli, G. Poli, B. Rivolta, G. Sternheim und **C. Tamplenizza,** *Untersuchungen über das elektrochemische Verhalten von Metalleinkristallen.* 1. Mitt. Die beschriebene Meth. zur Unters. des elektrochem. Verh. von Metalleinkristallen (ME) umfaßt: die Darst. von ME aus bes. reinen Metallen mit Hilfe der verbesserten Bridgman-Meth., deren Bearbeitung in Form flacher Scheiben mit orientierter Oberfläche auf chem. u. elektrochem. Wege unter Vermeidung von Spannungen u. das elektrolyt. Schleifen u. Polieren der Scheiben. Die durch elektrochem. Operationen verursachten Gefügeveränderungen der dargestellten Proben werden durch Röntgen- u. Elektronenstrahlen u. mit dem metallograph. u. Elektronenmikroskop untersucht. Angaben über die Oberflächenbeschaffenheit liefert die elektron. Beugungsunters. mit den „Kikuchi"-Linien. Meßzellen zur Unters. der Überspannung u. die dazugehörigen Scheibenelektroden werden beschrieben. — 39 Literaturangaben. — (Rend. Ist. lombardo sci. Lettere, Cl. Sci. mat. natur. **91.** 347—54. 1957. Milano, Politecn., Ist. di Elettrochim., Chim. Fis. e Metallurgia.) G. Platzer. 143

Roberto Piontelli, Guido Poli und **Lucia Paganini,** *Untersuchungen über das elektrochemische Verhalten von Metalleinkristallen.* 2. Mitt. (1. vgl. vorst. Ref.) Vff. untersuchen die anod. u. kathod. Überspannung von Cu- u. Ag-Einkristallelektroden in Form flacher Scheiben mit orientierter akt. (111)- u. (100)-Fläche) bei 25° mit unterschiedlicher Stromstärke u. verschiedenen Lsgg.: 0,5 mol. $CuSO_4$ + 0,5 mol. H_2SO_4 bzw. 0,5 mol. $Cu(ClO_4)_2$ + mol. $HClO_4$ für Cu u. mol. $AgClO_4$ bzw. 0,25 mol. AgCN + 0,5 mol. KCN oder 0,25 mol. AgSCN + 2,25 mol. KSCN für Ag. Das Tafelsche Gesetz ist nur bei begrenzten Stromstärke-Intervallen erfüllt, die Einw. des Massengefüges der (ein- bzw. polykrist.) Elektroden u. die der Anfangsorientierung ihrer akt. Oberfläche sind deutlich u. manchmal bedeutend, aber von der Beschaffenheit der Lsgg. stark beeinflußt. Die Messungen geben ein vollständiges Bild der anod. u. kathod. Erscheinungen (Kristallwachstum, Lösung). Die Gefügeveränderungen werden durch elektron. Beugung u. mikrograph. untersucht. (Rend. Ist. lombardo Sci. Lettere, Cl. Sci. mat. natur. **91.** 355—70. 1957.) G. Platzer. 143

Roberto Piontelli, Ugo Bertocci und **Claudio Tamplenizza,** *Untersuchungen über das elektrochemische Verhalten von Metalleinkristallen.* 3. Mitt. (2. vgl. vorst. Ref.) Die H_2-Überspannung an Cu-Einkristallelektroden in Form von Scheiben, deren akt. Flächen (111), (110) u. (100) orientiert sind, u. an polykristall. Cu-Elektroden wird in 0,1 mol. H_2SO_4 bei 25, 40 u. 55° nach der früher benutzten Meth. untersucht. Das Tafelsche Gesetz ist gültig, der Temp.-Einfl. auf die Parameter a u. b der Tafelschen-Gleichung bestimmt. Die Parameter für die untersuchten Einkristall- u. Polykristallelektroden werden für verschied. Orientierungen bestätigt. (Rend. Ist. lombardo Sci. Lettere, Cl. Sci. mat. natur. **91.** 378—85. 1957) G. Platzer. 143

Ugo Bertocci und **Sergio Ticozzi,** *Untersuchungen über das elektrodische Verhalten von Thallium.* Die Meßergebnisse der anod. u. kathod. Überspannung von Tl(I) in 0,25 mol. $TlNO_3$-(p_H6,3 u. 1,4), $TlClO_4$-(p_H 4,5 u. 1,75) u. TlOH-Lsg. bei 25 u. 40° bestätigen das n. Verh. von Tl auch in dem vorher nicht untersuchten TlOH. Die Werte i_0 (A/m²) nehmen in der Reihenfolge $NO_3^- > ClO_4^- > OH^-$ ab. Zeit–Spannungs-Kurven. (Rend. Ist. lombardo Sci. Lettere, Cl. Sci. mat. natur. **91.** 386—96. 1957. Milano, Politecn., Labor. di Elettrochim., Chim. Fis. e Metallurg.) G. Platzer. 143

A$_4$. Thermodynamik. Thermochemie.

I. Prigogine und **P. Résibois,** *Über die Gleichgewichtsannäherung eines Quantengases.* Vff. untersuchen die Annäherung an das Gleichgewicht eines Quantengases hinreichend kleiner Konz., dessen Gleichgewichtseigg. durch das Modell eines idealen Gases (Bose–Einstein- oder Fermi–Dirac-Gas) beschreibbar sind u. dessen Moll. beliebigen Wechselwirkungskräften unterliegen (z. B .Hartkugel–Gas). Abgesehen von den bekannten Termen, die die Wrkg. der Statistik auf die Endzustände beschreiben (die in der

Gleichung von UEHLING-UHLENBECK berücksichtigt werden), treten weitere Terme auf, die den Einfl. der Statistik auf die Zwischenzustände wiedergeben. Für die Übergangswahrscheinlichkeiten wird eine Virialentw. angegeben. Genau, wie die Gleichgewichtseigg. eines Quantengases Kollektiveffekte aufweisen (z.B. Einsatz der BOSE–EINSTEIN-Kondensation), werden die kinet. Eigg. komplizierte Funktionen des Systemzustandes u. können nicht mehr allein durch den Wirkungsquerschnitt des bin. Stoßes ausgedrückt werden. (Physica [Utrecht] **24.** 795—816. Okt. 1958. Bruxelles, Univ. Libre, Fac. des Sci.) D. JÖRCHEL. 146

Thomas C. Ehlert und **John L. Margrave,** *Schmelzpunkt und spektrale Emission von Urandioxyd.* Kleine Stücke von reinem UO_2 wurden auf W-Drähten im Vakuum mit einem Induktionsofen zum Schmelzen gebracht. Es wurden Tempp. bis zu 3400° erreicht. Durch Vgl. mit der W-Oberfläche ergab sich für poliertes UO_2 bei 6500 Å eine spektrale Emission von 0,416. Nach einem anderen Verf. wurde der Wert 0,40 zwischen 1800 u. 2100° gemessen. Für UO_2 wurde danach ein F. von 2600° ± 45° bestimmt. UO_2-Pulver ließen sich noch bei 2310° sintern. (J. Amer. ceram. Soc. **41.**330. 1/8. 1958.) H. SAALFELD. 148

Sándor Lengyel, *Eine einfache empirische Formel für die Dichte wässeriger Lösungen von starken Elektrolyten als Funktion der Konzentration, und einige Folgerungen auf die Struktur von Ionenlösungen.* Nach Berechnungen ist der reziproke Wert des partiellen spezif. Vol. des W. bei starken Elektrolyt-Lsgg., die keine Komplexe bilden, in einem verhältnismäßig breiten Konz.-Intervall eine lineare Funktion der Molarität. Aus D.-Daten mit einem wahrscheinlichen Fehler von 10^{-7} g/ml läßt sich die die D. von W. erhöhende Wrkg. der Ionen noch in einem Abstand von 30—50 Å vom Ionenmittelpunkt nachweisen. Aus der für die D. konz. Elektrolyt-Lsgg. gefundenen empir. Formel ließ sich eine Gleichung für die D. des W. in der Hydrathülle als Funktion des Abstandes vom Ionenmittelpunkt ableiten. (Magyar Kémiai Folyóirat [Ung. Z. Chem.] **64.** 256—58. Juli/Aug. 1958. Budapest, Eötvös Loránd Tudományegyetem Fizikai-Kémiai és Radiológ. Tanszéke.) G. HALMI. 148

N. A. Triwuss, *Die Bestimmung des Kompressibilitätskoeffizienten von natürlichem Erdölgas verschiedener Zusammensetzung.* Zur genaueren Best. des Kompressibilitätskoeff. von Gasen verschied. Zus. muß die Vol.-Konz. des CO_2 u. die Temp. berücksichtigt werden. Bei Gasen mit einem hohen CO_2-Geh. u. schweren Komponenten ist die Abweichung des Kompressibilitätskoeff. von der BROWNschen Kurve erheblich (+10 bis —4,5%). Die Unters. des Vf. u. die von SAGE u. LACEY über bin. Gasgemische führten zu Kurven für die Abweichung des Kompressibilitätskoeff. des Gases von den Angaben der BROWN-Kurve. Bei Anwendung beider Kurven kann der Kompressibilitätskoeff. des Erdölgases mit einer Genauigkeit von 1—1,5% bestimmt werden. (Азербайджанское Нефтяное Хозяйство [Erdöl-Wirtsch. Aserbaidshan] **38.** Nr. 3. 24—28. März 1959.) A. REIMER. 148

Kazuo Takayanagi, *Molekulare Zusammenstöße in zweidimensionalen Gasen.* Kurze theoret. Unters. des Stoßprozesses im zweidimensionalen Bereich. (J. physic. Soc. Japan **13.** 1405. Nov. 1958. Urawa, Saitama, Univ., Dep. of Phys. [Orig.: engl.]) WOLFGANG WAGNER. 149

K. S. Chari und **C. C. Reddy,** *Dampf-Flüssigkeits-Gleichgewichtsbeziehungen.* Eine Anzahl der wichtigsten, halb-empir. Beziehungen zur Beschreibung von Dampf-Fl.-Gleichgewichten bin. Mischungen werden krit. diskutiert u. ihre hervortretenden Besonderheiten u. Begrenzungen dargelegt. Diesen Formeln wird eine neue quadrat. Gleichung vom Typ $y = A + Bx + Cx^2 + Dx^3 + Ex^4$ (x, y: Molenbruch der flüchtigeren Komponente in der Fl. bzw. in der Gasphase; A, B, C, D, E: Konstanten, aus 5 Meßwerten zu ermitteln) gegenübergestellt. Beim Vgl. der Ergebnisse der verschied. Beziehungen u. der vorgeschlagenen neuen mit vorliegenden experimentellen Daten in den Systemen: *A.–W.*, *CCl_4–Äthylacetat*, *Chlf.–Aceton*, *Methanol–W.*, *W.–Äthylenglykol*, *n-Butanol–W.* u. *NH_3–W.* zeigt sich, daß die neue Gleichung die Meßwerte im ganzen Mischungsbereich im allg. besser wiedergibt als die älteren Beziehungen, vor allem auch bei Unter- u. Überdrucken gute Resultate liefert. (J. sci. ind. Res. [New Delhi], Sect. B **17.** 97—102. März 1958. Hyderabad (Deccan), Reg. Res. Labor.) WOLFGANG WAGNER. 150

M. W. Towbin und **Je. W. Ssawinowa,** *Kinetik der nichtstationären Prozesse an der Grenzfläche Flüssigkeit–Gas.* 2. Mitt. *Einfluß von Adsorptionsschichten auf die Geschwindigkeit des nichtstationären Prozesses der Wasserverdampfung.* (1. vgl. C. **1959.** 10139.) Vff. untersuchten analog wie l. c. beschrieben die Verdampfungsgeschwindigkeit V von H_2O aus wss. Lsgg. oberflächenakt. Stoffe unter nichtstationären Bedingungen. Dazu wurde von der Oberfläche eines Flüssigkeitsstrahls gemessen, der aus einer engen Röhre herausströmte. Indem man die Ausströmungsgeschwindigkeit der wss. Lsg.

u. die Länge des Flüssigkeitsstrahls veränderte, wurde die Dauer ihres Kontaktes mit der Luft innerhalb des Bereichs von 0,001 bis 0,02 Sek. variiert. Die Verss. wurden bei 25° u. einer konstanten Luftströmungsgeschwindigkeit von 200 ml/Min durchgeführt. Als oberflächenakt. Stoffe wurden *Isoamyl-* u. *Octylalkohol* sowie *Butter-* u. *Isovaleriansäure* benutzt. Die Messungen ergaben, daß der Charakter des Einfl. der adsorbierten Schichten auf die Kinetik der nichtstationären Verdampfung von W. von der Dauer des Phasenkontaktes W.-Gas abhängt. Bei einer Kontaktdauer von $t < 0,002$ sec verursacht die Adsorptionsschicht eine starke Vergrößerung der V von W. Bei großen Werten von t vermindern dagegen die adsorbierten Schichten V von W., wobei ihre bremsende Wrkg. mit der Annäherung an stationäre Bedingungen abnimmt. Vff. versuchen, die beobachteten Erscheinungen zu deuten. (Журнал Физической Химии [J. physik. Chem.] **31.** 2717—19. Dez. 1957. Kiew, Univ.) E. KORDES. 150

I. G. Plit, *Skrubberprozeß der Absorption von Kohlensäure mit Pottaschelösung.* (Vgl. C. **1957.** 10405.) Der Absorptionskoeff. bei der Gegenstromextraktion von CO_2 mit K_2CO_3-Lsg. ist (auf Fl. bezogen) gleich $K_{fl} = 6,28 \cdot 10^{-5} \cdot U^{1/2} \cdot \gamma_{fl}^{1/6}/(l/d)^{1/2} \cdot \eta_{fl}^{5/6}$ kg/m² · Std. (Mol/Liter); U = Geschwindigkeit der Lsg. (m/Std.), γ_{fl} = D. der Lsg. (kg/m³), l = Füllkörperhöhe (m), d = Füllkörperdurchmesser (m), η_{fl} = Viscosität (Poise). Der auf Gas bezogene Absorptionskoeff. bei der Gasgeschwindigkeit W = 100 bis 900 m/Std. ist $K_g = 2,55 \cdot 10^{-6}$ $(l/d)^{0,5}$ $[W(1 - \frac{U}{W})]^{0,75} \gamma^{0,25}/d^{0,25}\eta_g^{0,75}$ kg/m² · Std · at. Bei steigender Temp. nimmt K_{fl} zu, weil η_{fl} stärker abnimmt als γ_{fl}; K_g nimmt sehr wenig ab; die HENRYsche Konstante H nimmt zu. Mit Zunahme von W/U nimmt H zu; K_g nimmt zu, bis $1/H \cdot K_g$ im Vgl. mit $1/K_{fl}$ sehr klein ist, u. bleibt dann konstant. (Журнал Прикладной Химии [J. angew. Chem.] **31.** 186—91. Febr. 1958. Dnepropetrowsk, Chem.-Techn. Inst.) R. K. MÜLLER. 150

W. K. Ssementschenko und **Ja. W. Jegupow,** *Phasenübergänge zweiter Art und kritische Erscheinungen.* 8. Mitt. *Wärmekapazität flüssiger Gemische im kritischen Gebiet der Entmischung.* (7. vgl. C. **1959.** 10014; vgl. auch C. **1957.** 13603.) In einer Reihe früherer Arbeiten (l. c.) wurde die Auffassung vertreten, daß die krit. Erscheinungen bei der Entmischung von Flüssigkeitsgemischen in thermodynam. Hinsicht mit denen bei Phasenübergängen II. Art übereinstimmen u. daher die spezif. Wärme fl. Mischungen im krit. Gebiet ihrer Entmischung ein Maximum haben müsse. Experimentell wurde diese Erwartung inzwischen von verschied. Forschern bestätigt. In vorliegender Arbeit wird bei verschiedenen Tempp. die spezif. Wärme in den Systemen *Nitrobenzol–n-Heptan* u. Nitrobenzol–*n-Octan*, sowie bei einer bestimmten Zus. des Syst. *n-Propylalkohol–W.–NaNO$_3$* bestimmt. Die Messungen erfolgten in einem von JEGUPOW entwickelten Calorimeter ohne Rühren bei kleinen Temp.-Änderungen. In den genannten Systemen wurde bei der krit. Entmischung im fl. Zustand in einem sehr engen Temp.-Bereich von einigen Hundertstel Grad ebenfalls ein deutliches Maximum der spezif. Wärme nachgewiesen. (Журнал Физической Химии [J. physik. Chem.] **32.** 121—30. Jan. 1958. Moskau, Lomonossow-Univ.) E. KORDES. 151

G. K. Horton und **H. Schiff,** *Tieftemperaturverhalten der charakteristischen Debye-Temperaturen.* In Fortsetzung früherer Unterss. (vgl. C. **1957.** 10688) berichten Vff. über weitere theoret. Unterss. des Tieftemperaturverhaltens der charakterist. DEBYE-Temp., wobei mehrere, von verschiedenen Seiten vorgeschlagene Verfeinerungen der l. c. verwendeten Meth. von HOUSTON (vgl. Rev. mod. Physics **20.** [1948.] 161) angewandt wurden. Numer. Ergebnisse für *Al, Au, Ag, Cu* u. *Pb* wird tabellar. wiedergegeben. (Canad. J. Physics **36.** 1127—30. Sept. 1958. Edmonton, Alberta, Univ.) C. GOTTFRIED. 151

K. B. Jatzimirski und **P. M. Miljukow,** *Thermochemie der Ammoniakkomplexverbindungen von Zink, Cadmium und Quecksilber in wäßriger Lösung.* Mit einem Diphenyloxyd-Calorimeter werden die Mischungswärmen von $Me(NO_3)_2$-Lsgg. (Me = Zn, Cd, Hg) u. NH_3 in wss. Lsg. ermittelt u. daraus die Wärmetönungen der stufenweisen Komplexbldg. berechnet. Sie betragen für die Anlagerung von 1NH_3 (Näherungswerte in kcal/Mol) für Zn —2,60, Cd —3,50, Hg (für 2NH_3) —24,7, für das 2., 3., 4. usw. NH_3 bei Zn —3, 1, —3,9, —5,2; bei Cd bis zum 6. NH_3, jeweils —3,5 bei Hg 3. NH_3 —3,3, 4. NH_3 —3,6. Die stufenweise Änderung ΔS der Bildungsentropie der Ammine nimmt mit der Zahl der angelagerten NH_3 ab. Für je 1 NH_3 ist sie bei Zn: 2,1, 0,9, —1,5, —7,5; bei Cd 0,5, —2,1, —5,1, —7,4, —13,0, —19,4; bei Hg (von 2NH_3 ausgehend) —2,3, —6,4, —8,3. Bei regelmäßiger oktaedr. oder planarer Anordnung der Addenden (Ammoniakate von Ni, Cu, Cd) ändert sich ΔS linear mit der Zahl der NH_3-Gruppen; Abweichungen von der oktaedr. Struktur stören die lineare Abhängigkeit (Cu-Pentammin). (Журнал Неорганической Химии [J. anorg. Chem.] **2.** 1046—54. Mai 1957. Iwanowo, Chem.-technol. Inst.) R. K. MÜLLER. 156

K. A. Ossipow, *Über die Werte der Aktivierungsenergie der Selbstdiffusion in flüssigen Metallen.* Die Aktivierungsenergie ΔH_{fl} der Selbstdiffusion in fl. Metallen kann aus den Wärmeinhalten (je g-Atom) H_F u. H_{298} beim F. (T^{0}K) u. bei 298^0 K u. der Entropie (je g-Atom) bei 298^0 K S_{298} berechnet werden: $q = [(H_F - H_{298})(6{,}7 - \ln T)/(T - 298)] - S_{298}$; $\Delta H_{fl} = q - L$ (L = latente Schmelzwärme) ist für Na 1,91, β-Sn 2,83, Al 4,64, Mg 5,98, Pb 6,85, Fe 22,58 kcal/Mol. Bei Fe u. Fe–C-Legierungen führen die Meth. der Viscosität u. die Meth. der radioakt. Isotopen zu gleichen Werten von ΔH_{fl}, die auf reines Fe extrapoliert $\Delta H_{fl} = 23{,}58$ ergeben. Im Gegensatz zur Selbstdiffusion in festen Metalle nist die Selbstdiffusion in fl. Metallen mit einer individuellen, nicht mit einer Gruppenaktivierung der Atome verbunden. (Доклады Академии Наук СССР [Ber. Akad. Wiss. UdSSR] **121.** 1019—20. 21/8. 1958. Akad. der Wiss. der UdSSR., Baikow-Inst. für Metallurgie.) R. K. MÜLLER. 156

Franz Halla, *Zur Thermodynamik der Dolomitbildung.* 1. Mitt. *Eine Revision.* Darlegung der theoret. Grundlagen für die Best. der freien Bildungsenthalpie komplexer fester Phasen aus Löslichkeitsbestimmungen in Systemen mit zwei Bodenkörpern. Anwendung auf den Fall der Bildung von *Dolomit* aus seinen Komponenten $CaCO_3$ u. $MgCO_3$. (Z. physik. Chem., Frankf. Ausg. [N. F.] **17.** 368—74. Sept. 1958. Brüssel, Labor. der S. E. R. A. I.) WOLFGANG WAGNER. 156

M. Földvári-Vogl und **B. Kliburszky,** *Versuch der Bestimmung der Dissoziationswärmen von Mineralien.* Mittels der Differential-Thermoanalyse bestimmten Vff. die Dissoziationswärmen von *Gips, Kaolinit, Hydrargillit* u. *$MgCO_3$*. Von den gleichen Verbb. sowie von *Diaspor* u. *Böhmit* wurden mit einem neu konstruierten u. näher beschriebenen Mikrocalorimeter ebenfalls die Dissoziationswärmen gemessen. Die Gründe für die Diskrepanzen der mittels der beiden Methoden erhaltenen Ergebnisse wurden theoret. untersucht. (Acta geol. Acad. Sci. hung. **5.** 187—95. 1958. Budapest, Inst. Géol. de Hongrie et Univ. Eötvös.) C. GOTTFRIED. 156

Martin Greenspan, *Schallfortpflanzung in fünf einatomigen Gasen.* Die Geschwindigkeit u. die Schwächung des Schalls in *He, Ne, Ar, Kr* u. *Xe* bei Raumtemp. u. verschied. Drucken zwischen Atmosphärendruck u. ca. 1 mm Hg werden mit einem Doppelkristall-Interferometer bei 11 MHz gemessen. Die Ergebnisse werden mit den aus der Theorie (STOKES-NAVIER, BURNETT, Super-BURNETT) zu erwartenden verglichen. Es zeigt sich, daß das Verh. der fünf Gase im wesentlichen gleich ist u. daß die sog. klass. Theorie auch für einatomige Gase bestätigt wird. Abweichungen treten erst in dem Bereich ein, in dem sich Streuung bemerkbar macht. (J. acoust. Soc. America **28.** 644—48. Juli 1956. Washington, D. C., Nat. Bur. of Standards.) W. BETCKE. 159

M. Mokhtar und **H. Youssef,** *Eine empfindliche elektrodynamische Waage zur Messung der Absorption von Ultraschallwellen in Flüssigkeiten.* Der durch einen unterhalb der US-Zelle schwingenden *Quarz* erzeugte US-Strahl von 2 cm Durchmesser wird mit einer Niederfrequenz moduliert, die der Eigenschwingung des den Schalldruck aufnehmenden Systems — bestehend aus einer Platte von 2,5 cm Durchmesser parallel zum US-Quarz, die durch einen Glasstab mit der Kapazität eines Schwingkreises verbunden ist und in die in der US-Zelle befindliche zu untersuchende Fl. hineintaucht — entspricht. Der Schalldruck wird entweder mit Hilfe eines Wellen-Analysators oder nach einer Null-Methode bestimmt. Der App. wird mit Bzl. u. mit W. geprüft. (J. acoust. Soc. America **28.** 651—55. Juli 1956. Cairo, Univ. of Cairo, Fac. of Sci.)
W. BETCKE. 159

P. A. Allinson und **E. G. Richardson,** *Die Fortpflanzung des Ultraschalls in Suspensionen von Flüssigkeitströpfchen in anderen Flüssigkeiten.* Die Schwächung des US in Suspensionen von *Bzl.* in *W.* u. W. in Bzl. (bei 2, 3, 4, 6, 10 MHz); Bzl. in *Glycerin*-W. (bei 2, 4, 6 MHz) u. einer Mischung von Bzl. u. *CCl_4* in W. (bei 2 u. 6 MHz) wurde gemessen. $\alpha\lambda$ (= Absorptionskoeffizient · Wellenlänge) nimmt mit wachsendem Anteil an disperser Phase zunächst bei allen Frequenzen nahezu linear zu, im W./Bzl.-Gemisch ergibt sich für 2 MHz bei ca. 70% an dispersem Bzl. u. $\alpha\lambda = 0{,}019$ ein Knickpunkt mit nachfolgend steilerem Anstieg bis über die Grenze des Meßbereichs, für 4 MHz nach ähnlichem Verlauf ein Maximum bei ca. 90% Bzl. u. $\alpha\lambda = 0{,}034$, für 6 bzw. 10 MHz Maxima bei ca. 82% Bzl. u. $\alpha\lambda = 0{,}016$ bzw. 0,018 ohne vorangegangenen Knickpunkt. Eine Mischung von CCl_4 u. Bzl. in W. von gleicher D. wie W. ergibt ein lineares Anwachsen der US-Absorption (2 bzw. 6 MHz) mit zunehmendem Anteil an disperser Phase (bis 70%), und zwar ist der Anstieg um so steiler, je größer der mittlere Teilchendurchmesser ist. — Messungen mit Teilchen von 7, 50, 95 u. 160 μ. Ein Vgl. der Ergebnisse mit den nach der Theorie (BUSBY u. RICHARDSON, C. **1957.** 6367) zu erwartenden Werten ergab eine gute Übereinstimmung bei Suspensionen mit Komponenten von großem Dichteunterschied und bei hohen Frequenzen. Abweichungen von der Theorie zeigten sich bei Hydrosolen mit Komponenten von geringem Dichteunterschied,

bes. bei niedrigen Frequenzen. Bei geringen Teilchengrößen wird der Unterschied zwischen den nach der Theorie berechneten u. den experimentell gefundenen Werten für die Absorption dadurch erklärt, daß die emulgierten Flüssigkeitströpfchen leicht zur Resonanz angeregt werden, was mit einem Energieverlust verbunden ist. (Proc. physic. Soc. **72.** 833—40. 1/11. 1958. Newcastle-upon-Tyne, King's Coll.)
W. BETCKE. 159

M. Redwood, *Die Entstehung von Sekundär-Signalen bei der Fortpflanzung von Ultraschallwellen in begrenzten festen Körpern.* Durch ca. 60 mm lange Quarzzylinder von ca. 5—14 mm Querschnittsdurchmesser, deren Oberflächen poliert sind, werden kurzdauernde US-Wellenzüge von ca. 10 MHz geschickt. Es zeigt sich, daß ein Teil der Energie der ursprünglichen Druckwelle, des „Haupt-Signals", an den Endflächen der Zylinder als Querwellen, „Sekundär-Signale", zurückgeworfen wird und daß zwischen Haupt- u. Sekundär-Signal eine frequenzabhängige Phasendifferenz besteht. Die Phasenbeziehungen werden eingehend untersucht, und die experimentellen Ergebnisse werden mit der Theorie verglichen (Proc. Physic. Soc. **72.** 841—53. 1/11. 1958. London, Imp. Coll., Electr. Engng. Dep.) W. BETCKE. 159

Charles Zucker, *Ultraschall-Absorption in Metallen bei erhöhten Temperaturen.* Die US-Absorption in einer *Al–Cu–Fe-* oder *Al–Si–Fe-Legierung* (*2S-Aluminium*) wird bei 5 MHz gemessen, wobei die Al-Legierung in Form von Stäben verwendet wird. Die Absorption bleibt bei den Longitudinalwellen bis ca. 225° fast konstant u. erfährt dann einen steilen Anstieg, während der Anstieg bei den Scherwellen bereits bei ca. 175° einsetzt. Das Verh. wird mit einem bei steigender Temp. in Erscheinung tretenden Kornwachstum und mit dem Auftreten von Störstellen durch Verunreinigungen im Material erklärt, die eine stärkere Streuung der Schallwellen zur Folge haben. (J. acoust. Soc America **28.** 721—23. Juli 1956. Philadelphia, Pa., Temple Univ.) W. BETCKE. 159

—, La Chimie des hautes températures. Second colloque national. Paris 20 nov. 1957. Paris: C. N. R. S. 1959. (178 S.) 2000 fr.

A_5. Kolloidchemie. Grenzschichtforschung.

Victor K. LaMer, Robert H. Smellie jr. und **Pui-Kum Lee,** *Ausflockung Absetzen und Filtration von Phosphatschlämmen.* 5. Mitt. *Die optimale Filtrationsgeschwindigkeit als Funktion des Feststoffgehaltes und der spezifischen Oberfläche.* (4. vgl. C. **1958.** 2651.) Die nähere Unters. des schon früher beobachteten Zusammenhanges zwischen der Filtrationsgeschwindigkeit von Phosphatschlämmen u. der Konz. der Flockungsreagentien wurde mit $Ca_3(PO_4)_2$-Suspensionen u. verschied. polymeren Ausflockungsmitteln (l. c.) durchgeführt. Dabei ergab sich, daß die optimale Konz. dieser Stoffe, mit der also das Maximum in der Filtrationsgeschwindigkeit erreicht wird, sowohl dem Quadrat des %-Geh. als auch dem Quadrat der (scheinbaren) spezif. Oberfläche der festen Anteile in den Schlämmen direkt proportional ist. (J. Colloid. Sci. **12.** 566—74. Dez. 1957. New York, N. Y., Columbia Univ., Dep. of Chem.; Hartford, Conn., Trinity Coll., Dep. of Chem.) WOLFGANG WAGNER. 163

A. Calverley, *Eine Bestimmung der Oberflächenspannung von flüssigem Wolfram durch die Tropfengewichtsmethode.* Die Best. der Oberflächenspannung von fl. W gelingt mit einer von Vf. u. Mitarbeitern (C. **1958. 4406**) beschriebenen u. nur geringfügig abgeänderten Apparatur. Das untere Ende einer senkrecht befestigten W-Stange wird durch Elektronenbombardement zum Schmelzen gebracht u. das Gewicht der herabfallenden geschmolzenen Tropfen bestimmt. Daraus wird nach HARKINS u. BROWN (J. Amer. chem. Soc. **41.** [1919.] 499) die Oberflächenspannung berechnet. Der erhaltene Mittelwert beträgt bei der Schmelz-Temp. von 3380° im Vakuum von ca. 10^{-4} mb 2300 dyn. $cm^{-1} \pm 5\%$. (Proc. physic. Soc., Sect. B **70.** 1040—44. 1/11. 1957. Baldkoc, Herts., Services Electr. Res. Labor.) TH. GÖTZE. 166

A. J. de Vries, *Schaumbeständigkeit.* 4. Mitt. *Die Kinetik und Aktivierungsenergie des Filmreißens.* (3. vgl. Recueil Trav. chim. Pays-Bas **77.** [1958.] 283; 2. vgl. C. **1959.** 10482.) Kinematograph. Aufnahmen (bis 3000 Bilder/sec) von zusammenfallenden Lamellen einer wss. *Teepol*-Lsg. zeigen, daß das plötzliche Reißen am dünnsten Lamellenteil stattfindet. Die Geschwindigkeit der Blasenausdehnung hängt von der Lamellendicke ab; sie beträgt einige Hundertstel cm/sec. Die Annahme von DUPRÉ, daß die frei werdende Oberflächenenergie ganz in kinet. Energie der Fl. verwandelt wird, trifft zu. Der Film einer wss. NH_4-Oleat-Lsg. reißt mit einer mindestens ebenso hohen Geschwindigkeit wie der einer isolierten Lamelle. Eine Schaumlamelle verformt sich örtlich, wenn sich eine Blase zu bilden beginnt. Verformung u. Beginn der Blasenausdehnung erfordern eine Aktivierungsenergie >1000 kT-Einheiten; sie ist proportional dem Quadrat der Filmdicke u. wird von der Größe der Wechselwrkg. der elektr. Doppelschicht beeinflußt. Bldg. u. Beständigkeit von „schwarzen Flecken" in Filmen von größerer Dicke als der Fleck sind die Folge eines bei Dicken von 100—150 Å zwischen den 3 Kräften VAN DER WAALSsche Anziehung, Doppelschichtabstoßung u. Oberflächenspannung bestehenden Gleichgewichtes. (Recueil Trav. chim. Pays-Bas **77.** 383—99. Mai 1958. Antony, Co. de Saint-Gobain, Centre de Rech.) W. WESLY. 166

A. J. de Vries, *Schaumbeständigkeit.* 5. Mitt. *Der Verlauf des Filmreißens.* (4. vgl. vorst. Ref.; vgl. auch C. **1958.** 11672.) Lamellen von reinen Fll. u. niedrigmol. Lsgg. sind wegen des Fehlens einer begrenzenden Dicke unbeständig. Diese Lamellen beginnen bei Dicken ∼500 Å zusammenzufallen. Kleine Mengen von oberflächenakt. Ionen verhindern das Zusammenfallen von wss. Lamellen. Ein zum Reißen einer „beständigen" Lamelle ausreichender Betrag der Aktivierungsenergie kann durch örtliche Verminderung der Oberflächenspannung in einem kleinen Filmvol. geliefert werden. Die Mindestoberfläche solch eines Vol. wird als Funktion der Filmdicke berechnet u. ist von den rheolog. Eigg. der Oberflächenschicht der Fl. abhängig. Auf Grund von Unterss. über den Einfl. örtlicher Temp.-Erhöhung auf die Lebensdauer isolierter Lamellen einer *Teepol*-Lsg. wird die destabilisierende Wrkg. der örtlichen Erwärmung als Ergebnis einer Verminderung der Oberflächenspannung im wärmeren Filmteil gedeutet. Größe, Frequenz u. mittlere Dauer von spontanen Temp.-Schwankungen in fl. Lamellen werden unter adiabat. Bedingungen berechnet. Diese Schwankungen vermögen nur die Beständigkeit sehr dünner Lamellen zu beeinflussen. Vf. erläutert die Wrkg. von Schaumgegenmitteln u. erörtert die Einw. mechan. Störungen auf die Wahrscheinlichkeit des Filmreißens. (Recueil Trav. chim. Pays-Bas **77.** 441—61. Juni 1958.) W. WESLY. 166

W. M. Glasow und **D. A. Petrow,** *Untersuchung der Temperaturabhängigkeit der Viscosität von Germanium.* Die Temp.-Abhängigkeit der kinet. u. dynam. Viscosität von reinem Ge bei Tempp. zwischen 940—1250° wurde in einem eigens vorgerichteten Viscosimeter untersucht u. die Ergebnisse graph. dargestellt. — Die Viscositätskurven zeigen einen leicht gewölbten Verlauf u. sinken von ca. 0,133 cSt bei 950° auf 0,097 cSt bei 1200° bei der kinemat., u. von ca. 0,750 cP auf 0,510 cP bei der dynam. Viscosität. Kleine Abweichungen zwischen 940 u. 1025° werden dem Übergang der ursprünglichen Diamantstruktur mit der Koordinationszahl 4 auf dichtgepackte Struktur mit der Koordinationszahl 8 (im fl. Zustand) zugeschrieben. (Известия Академии Наук СССР, Отделение Технических Наук [Nachr. Akad. Wiss. UdSSR, Abt. techn. Wiss.] **1958.** Nr. 2. 15—19. Febr. Moskau.) H. TŮMA. 172

M. F. Culpin, *Die Viscosität von flüssigem Indium und flüssigem Zinn.* Unter Verwendung der von ANDRADE u. CHIONG (Proc. Physic. Soc. **48.** [1936.] 247) beschriebenen Meth. wird die Viscosität von fl. In u. fl. Sn durch Beobachtung der Dämpfung von Schwingungen einer bifilar aufgehängten Hohlkugel, welche einmal mit dem fl. Metall u. das andere Mal mit dem festen Metall gefüllt ist, gemessen. Eine genaue Beschreibung des App. u. der Meß-Meth. wird geliefert. Die Prüfung der Meth. an Brom ergibt gute Übereinstimmung der Meßwerte mit denen anderer Autoren. Die für verschied. Tempp. erhaltenen Viscositäten des fl. In u. fl. Sn folgen der ANDRADEschen Gleichung $\eta/\varrho^{1/3} = b \cdot \exp c\varrho/T$, η = Viscosität, ϱ = D., T = absol. Temp., b u. c = Konstanten. Für In wird eine Schmelzpunktsviscosität von 19,4 mp gefunden; die Konstanten b u. c betragen $2{,}44 \cdot 10^{-3}$ bzw. 86,5. Die entsprechenden Werte für Sn betragen 21,4 mp u. $2{,}30 \cdot 10^{-3}$ bzw. 114. Die erhaltenen Werte für Sn werden mit den zahlreich vorliegenden Werten anderer Autoren verglichen. Es besteht eine gute Übereinstimmung. (Proc. physic. Soc., Sect. B **70.** 1069—78. 1/11. 1957. London, Davy Faraday Labor., Royal Inst.) TH. GÖTZE. 172

M. F. Culpin, *Die Viscosität von flüssigem Magnesium und flüssigem Calcium.* Der Anwendungsbereich des vom Vf. beschriebenen App. (vgl. vorst. Ref.) zur Messung von Viscositäten fl. Metalle wird durch Verwendung einer Hohlkugel aus Graphit bis zum Bereich von Tempp. um 1000° erweitert. Es wird eine genaue Beschreibung der Meß-Meth. für fl. Mg u. fl. Ca geliefert. Die Abhängigkeit der Viscosität von der Temp. folgt für beide Metalle der ANDRADEschen Gleichung. Der Wert der Schmelzpunktsviscosität von Mg beträgt je nach dem verwendeten Wert der D. 12,5 bzw. 12,3 mp u. steht in guter Übereinstimmung mit den Werten anderer Autoren. Für Ca wird eine Schmelzpunktsviscosität von 12,2 mp bei 812° gefunden. Die α-Werte der ANDRADEschen Gleichung betragen für Mg 1,18 u. für Ca 1,27. (Proc. physic. Soc., Sect. B **70.** 1079—86. 1/11. 1957.) TH. GÖTZE. 172

H. Janeschitz-Kriegl, *Über die Verwendung der Einstellzeit des thermischen Störeffektes zur Messung der Strömungsdoppelbrechung.* Es wird untersucht, unter welchen Umständen man große therm. Einstellzeiten (während der sich störende Temperaturverteilungen noch nicht bemerkbar machen) erhalten kann, bes. durch Verwendung eines Zylinders mit geringer Wärmeleitfähigkeit. Die Rechnungen zeigen, daß die Vergröße-

rung der Einstellzeit durch Benutzung eines derartigen Zylinders gegenüber der bei üblichen Metallzylindern auftretenden Zeiten nur gering ist. Nur mit einem verhältnismäßig großen Spalt (> 2 mm) lassen sich hinreichend lange Einstellzeiten erreichen. Die Meth. ist deshalb nur für viscose Fll. (konz. Lsgg., Polymerschmelzen usw.) geeignet. (Physica [Utrecht] **24.** 913—19. Nov. 1958. Delft, Centraal Labor. T. N. O.)
D. Jörchel. 173

Gilbert Eischen, *Einfluß der Adsorption von Gasen auf die Torsionselastizität von Glasfasern.* Es wurde der Torsionsmodul μ von Glasfasern (Durchmesser 18 u. 42 μ) bei Raumtemp. im Vakuum u. in He, Ne, Ar, Kr u. C_2H_5Cl bei 760 Torr nach einer Torsionspendelmeth. bestimmt. Die relative Abnahme $\Delta\mu = (\mu_{Vak} - \mu_{Gas})/\mu_{Vak}$ ist eine stetig mit der absoluten Verflüssigungstemp. des anwesenden Gases, d.h. also mit der adsorbierten Gasmenge, ansteigende Funktion. Die Verringerung von μ ist außerdem umgekehrt proportional dem Faserradius, was auf einen Oberflächeneffekt hinweist. Ebenso wie bei Metallen wirkt also das adsorbierte Gas auf die Stabilität des Oberflächengitters u. verursacht eine Abnahme der Oberflächenenergie. (C. R. hebd. Séances Acad. Sci. **248.** 3160—62. 1/6. 1959. Strasbourg, Univ., Fac. des Sci., Labor. de Chim. Gén.)
D. Jörchel. 176

S. P. Mitra und **Dharam Prakash,** *Kaliumadsorption in Abhängigkeit von Konzentration und p_H der Lösung.* Untersucht wird die Abhängigkeit der K-Adsorption an Kaolinit, Montmorillonit, Halloysit u. Natrolith bei verschiedenen Konzz. an K in Lsg., verschied. p_H Werten (5,2—11,8) u. in Abhängigkeit von der Bindung der Kationen im Austauschkomplex. Montmorrillonit zeigt bei allen p_H-Werten die größte Adsorption. (Clay Minerals Bull. **3.** 151—53. Aug. 1957. Allahabad, India, Univ., Sheila Dhar Inst. of Soil Science.)
G. Pretzschner. 176

Lajos Imre, *Kinetische Eigenschaften der Übergangsschichten an fest–flüssigen Phasengrenzen.* Die Adsorption oder Austauschrk. der verschiedensten radioakt. Atomarten an festen Oberflächen beginnt mit großer Geschwindigkeit, u. erst nach mehreren Min. wird der „normale" Verlauf der Wechsel-Wrkg. beider Phasen erreicht, der dann für die ganze Dauer der betrachteten Oberflächenerscheinung erhalten bleibt. Laut Vf. führen die an die feste Oberfläche aufprallenden Teilchen im Gebiet der Oberflächenkräfte zunächst aperiod.-anharmon. Schwingungen aus, u. erst nachdem die Amplitude dieser Schwingungen einen krit. unteren Grenzwert erreicht hat, kann die Energie des stoßenden Teilchens unmittelbar an das feste Gitter übergehen. Diese Übergangsschicht (deren Ausbldg. nach den Berechnungen im allg. mehrere Minuten beanspruchen kann) spielt eine ähnliche Rolle (für heterogene Rkk.) wie die geringen Mengen von Zwischenprodd. in der homogenen Rk.-Kinetik. (Magyar Kémiai Folyóirat [Ung. Z. Chem.] **64.** 260—62. Juli/Aug. 1958. Debrecen, Kossuth Lajos Tudományegyetem Fiz.-Kém. Tanszéke.)
G. Halmi. 177

E. M. Natansson, Die kolloiden Metalle. Kiew: Akad. d. Wiss. der UkrainSSR. 1959. (169 S. m. Abb.; 4 Bl. Abb.) 13 Rbl. 50 Kop. [russ.].

A_6. Strukturforschung.

F. R. Ahmed und **W. H. Barnes,** *Verallgemeinerte Programme für kristallographische Rechnungen.* (Acta crystallogr. [Copenhagen] **11.** 669—71. 10/10.1958. Ottawa, Nat. Res. Council, Div. of Pure Phys.)
C. Gottfried. 181

G. Moellenstedt, H. Seller und **G. Junger,** *Ionenbilder in Durchstrahlung.* Ionenbilder in Durchstrahlung wurden dadurch erzielt, daß die das Objekt durchdringenden Ionen an der Trägerfolie Elektronen auslösen. Die Trägerfolie wird so zum Bildwandler und ist Kathode eines folgenden Immersions-Objektives für die Elektronen. Ein mit Li-Ionen so erzeugtes Bild eines Na-Dodecylsulfat-Plättchens ist dem normalen Elektronenbild überraschend ähnlich. Von einer Einkristall-Glimmer-Lamelle zeichnen Li-Ionen ein plastisches Bild, wogegen im Elektronenmikroskop das bekannte der Bragg-Reflexe entsteht. (z. Physik **150.** 16—20. 1958. Tübingen, Univ., Inst. für Exp. u. Angew. Phys.)
C. Reuber. 181

Je. A. Leontjew und **W. M. Lukjanowitsch,** *Präpariertechnik bei der Durchführung elektronenmikroskopischer Untersuchungen poriger und pulverförmiger Körper nach der Abdruckmethode.* Beschreibung eines zweistufigen Abdruckverf. zur Unters. von Aktivkohle. Die Kohlekörnchen werden zunächst in einer Preßform in Polyäthylen eingebettet. Von Schnitten durch den Polyäthylenblock, die die Kohlekörner durchsetzen, werden relativ dicke Kollodiumabdrucke hergestellt, mechan. abgelöst u. davon in üblicher Weise mittels Kohlenstoff, Quarz oder Beryllium Sekundärabdrucke genommen. Von hinreichend großen Kohlekörnern (4—5 mm) können auch ohne Polyäthyleneinbettung direkte Primärabdrucke aus Kollodium genommen werden, die dann elektrolyt. abgelöst werden. Die Verwendung einer Öse aus Golddraht, welche bei der

Ablösung der Abdruckfolien von Silikagelen, Titanogelen, porigen Gläsern usw. in HF-Lsg. die Oberfläche des Lösungsmittels berührt, erleichtert die Handhabung der Abdruckfolien. Einige Maßnahmen zur Erhöhung der mechan. Widerstandsfähigkeit der Abdruckfolien im Verlauf des Präparationsverf. werden beschrieben. Ein elektrolyt. Verf. zur Selbstherst. von Trägerfolien aus Kupfer mit Löchern von geeigneter Größe wird angegeben. Eine einfache Vorrichtung zum Ausstanzen von im Lichtmikroskop ausgesuchten Bereichen eines größeren Objektträgernetzes wird beschrieben. Diskussion der für pulverförmige Objekte geeigneten Abdruckverff. u. ihrer Abhängigkeit von der Löslichkeit des ursprünglichen Objekts in W. oder anderen Lösungsmitteln. (Журнал Физической Химии [J. physik. Chem.] **32.** 1922—25. Aug. 1958. Moskau, Akad. der Wiss. der UdSSR, Inst. für physikal. Chemie.) F. LENZ. 181

J. Lawrence Katz, *Die Gültigkeit der elliptischen Paraboloidapproximation für Maxima auf Elektronendichtediagrammen.* Vf. diskutiert die beiden Bedingungen, die erfüllt sein müssen, daß die von LADELL u. KATZ (vgl. C. **1955.** 5012) entwickelte ellipt. Paraboloidapproximation Gültigkeit besitzt. (Acta crystallogr. [Copenhagen] **11.** 749—50. 10/10. 1958. Troy, N. Y., Rensselaer Polytechn. Inst.) C. GOTTFRIED. 181

F. Jellinek, *Über einige Fehler in der Röntgenanalyse.* 1. Mitt. *Systematische Fehler bei den beobachteten Strukturfaktoren.* An Hand von Beispielen (organ. Strukturen mit einem schweren Atom) zeigt Vf., daß man den Einfl. systemat. Fehler, wie Extinktion oder ungenaue Absorptionskorrekturen, bei den beobachteten Strukturen durch eine abgewandelte Differenz-Synthese method. ausschalten kann. (Acta crystallogr. [Copenhagen] **11.** 677—79. 10/10. 1958. Utrecht, Rijks-Univ., Labor. voor Kristalchem.) C. GOTTFRIED. 181

W. R. Dixon und **J. H. Aitken,** *Die Auflösungskorrektur in der Scintillationsspektrometrie kontinuierlicher Röntgenstrahlen.* Vff. diskutieren das Anbringen von Auflösungskorrekturen in der Spektrometrie kontinuierlicher Röntgenstrahlen. Für die die statist. Streuungen der Impulshöhen beschreibende Integralgleichung werden Lösungen angegeben. Die bei den numer. Verf. auftretenden Schwierigkeiten rühren daher, daß die Impulshöhenverteilung nicht exakt definiert werden kann. Es ist deshalb in der Praxis nur möglich, geglättete Lösungen zu finden. (Canad. J. Physics **36.** 1624—33. Dez. 1958. Ottawa, Nat. Res. Council, Div. of Appl. Phys.) G. KURDAL. 181

Paul W. Schmidt, *Die Kleinwinkel-Röntgenstreuung von polydispersen Lösungen ellipsoider Teilchen.* Vf. berechnete die zu erwartenden Intensitäten der Kleinwinkelröntgenstreuung an polydispersen Lsgg. ellipsoidförmiger Teilchen mit verschiedenen Achsenverhältnissen. (Acta crystallogr. [Copenhagen] **11.** 674—76. 10/10. 1958. Columbia, Miss., Univ., Dep. of Phys.) C. GOTTFRIED. 181

Béla Lakatos und **János Bohus,** *Neue Methode der Berechnung des Polaritätsgrades der chemischen Bindung.* Inhaltlich ident. mit der C. **1958.** 4114 referierten Arbeit. (Magyar Kémiai Folyóirat [Ung. Z. Chem.] **64.** 269—70. Juli/Aug. 1958. Szeged, Tudományegyetem Szervetlen és Anal. Kém. Intézete.) G. HALMI. 182

R. T. Sanderson, *Änderungen der Elektronegativität und der Bericht von Pritchard und Skinner.* Unter Hinweis auf seine Veröffentlichung über die Meth. des „Stabilitätsverhältnisses" (C. **1953.** 5991) u. auf tabellar. für die Elemente der 3., 4. u. 5. Gruppe angegebene Daten korrigiert Vf. die Ansicht von PRITCHARD u. SKINNER (C. **1956.** 7460), daß der Ursprung für das Alternieren des Stabilitätsverhältnisses in der Änderung der berechneten Elektronendichte der Edelgase liege. (J. inorg. Nuclear Chem. **7.** 157—58. Aug./Sept. 1958. Iowa, City Io., State Univ., Dep. of Chem.) D. JÖRCHEL. 182

T. A. Hariharan, *Die Kraftkonstanten von Nitrylchlorid und Nitrylfluorid.* Es wurden mit Hilfe der WILSONschen Matrixmeth. die Kraftkonstanten von NO_2Cl u. NO_2F berechnet, wobei jedoch nur die Schwingungen in der Ebene der Moll. berücksichtigt worden waren. (Proc. Indian Acad. Sci., Sect. A **48.** 49—54. Juli 1958. Bangalore, Indian Inst. of Sci., Dep. of Phys.) C. GOTTFRIED. 182

L. W. Coughanour, Leo Shartsis und **H. F. Shermer,** *Viscosität, Dichte und elektrischer Widerstand geschmolzener Erdalkaliborat-Gläser mit 3 Mol-% Kaliumoxyd.* Frühere Unterss. an binären Erdalkaliboratgläsern ergaben Mischungslücken, die sich jedoch durch Zugabe von 3 Mol-% K_2O beseitigen lassen. Messungen an diesen neuen Gläsern bei Zimmertemp. u. höheren Tempp. ergaben eine Abnahme der D. in der Reihe $BaO > SrO > CaO$. Im umgekehrten Sinne verläuft die Viscosität. Der elektr. Widerstand nimmt mit steigenden Erdalkalikonzz. bei 1000° u. 1100° ab, wächst aber bei 800° u. 900°. (J. Amer. ceram. Soc. **41.** 324—29. 1/8. 1958. Washington, D.C., Nat. Bur. Stand.) H. SAALFELD. 186

H. G. van Bueren, *Versetzungen in Nichtmetallen.* Beschreibung der Versetzungen in Alkalihalogeniden, Ge u. Si. (Nederl. Tijdschr. Natuurkunde **22.** 394—402. Dez. 1956. Eindhoven, N. V. Philips' Gloeilampenfabr., Natuurkund. Labor.) W. WESLY. 190

W. Dekeyser, *Die experimentelle Bestätigung der physikalischen Realität der Versetzungen.* Experimentelle Unterss. bestätigen das Vork. von Versetzungen in Kristallen, die theoret. vorausgesagt worden sind. Sie spielen eine Rolle bei 2dimensionalen Seifenblasen-Kristallen, den Wachstumsspiralen, den Ätzungspatronen, den Verss. von PARKER u. WASHBURN u. der Beobachtung von Versetzungsgittern. (Nederl. Tijdschr. Natuurkunde **22.** 377—93. Dez. 1956. Gent, Labor. voor Kristalkunde.) W. WESLY. 190

S. Amelinckx, *Die Dekorierung von Versetzungen in Alkalihalogenid-Whiskers.* (Vgl. C. **1959.** 4387.) Mit der Au-Dekorierungsmeth. wurde der Versetzungsgeh. von NaCl-Whiskers untersucht. Danach gibt es Whiskers ohne Versetzungen, solche mit einzelnen Versetzungen u. zuweilen auch mit vielen Versetzungen. Mehrere Versetzungen im gleichen Kristall sind jedoch immer gegenseitig so orientiert, daß die große Festigkeit der Whiskers verständlich bleibt. (J. appl. Physics **29.** 1610—11. Nov. 1958. Ghent, Labor. voor Kristalkunde.) H. C. WOLF. 190

Takuro Ikeda, *Die innere Reibung von keramischen Materialien aus Bariumtitanat.* Die $BaTiO_3$-Proben wurden dargestellt durch Erhitzen von Gemischen von $BaCO_3$ u. TiO_2 im Molverhältnis 1:1 auf 1200°, Pulverisieren, Pressen u. Sintern bei 1400—1450°. D. war 5,5—5,6, die CURIE-Tempp. lagen bei etwa 116°. Verschied. Porositäten wurden durch Sintern bei verschied. Tempp. erhalten. Mittels verschied. Methoden wurde die innere Reibung bestimmt, u. zwar in Abhängigkeit von der Temp., der Frequenz, des angelegten Feldes u. der Amplitude. Parallel wurden untersucht innere Reibung u. dielektr. Verluste. Die innere Reibung erwies sich als abhängig von der Schwingungsamplitude u. dem Feld, als unabhängig von der Frequenz u. der Porosität. Der Hauptteil der inneren Reibung beruht auf der Zerstreuung der mechan. Energie in den Einbereichskristallen, während die Streuung durch die Bereichsstrukturen klein ist. Die Zerstreuung in dem Einzelbereichskristall kann nicht als wirklicher mechan. Verlust angesehen werden, sondern wird durch die Verlusttangente von χ^C des eingespannten Kristalls verursacht, die durch die piezoelektr. Kupplung wirkt, wenn man annimmt, daß die Phasenverzögerung des piezoelektr. Koeff. klein ist. (J. physic. Soc. Japan **13.** 809—18. Aug. 1958. Tokyo, Kobayasi Inst. of. Phys. Res. [Orig.: engl.]) C. GOTTFRIED. 190

Alfonso Merlini und **André Guinier,** *Mikroskopische Abbildung mit Röntgenstrahlen und Struktur der unvollkommenen Kristalle.* 2. Mitt. *Experimentelle Ergebnisse.* (1. vgl. C. **1959.** 10144.) Die l. c. beschriebene Meth. wird an *LiF*- u. *Al*-Kristallen erprobt (Nachw. der Mosaikstruktur, Entstehung von schwach desorientierten Blöcken bei Deformation des Kristalls, Polygonisation durch Temperung). (Bull. Soc. franç. Minéralog. Cristallogr. **80.** 261—74. Juli/Sept. 1957. Paris, Conservatoire Nat. des Arts et Métiers.) J. TELTOW. 190

B. Březina, *Studium der Reaktionen von Bariumcarbonat in äquimolarem Gemisch mit verschiedenen Titandioxydarten.* Inhaltlich ident. mit der C. **1958.** 8264 referierten Arbeit. (Collect. czechoslov. chem. Commun. **24.** 1206—33. April 1959. [Orig.: deutsch]) W. BARZ. 190

Melvin H. Mueller und **Harold W. Knott,** *Bestimmung der Kristallstruktur von UN durch Neutronenbeugung.* Röntgen- u. Elektronenbeugungsunterss. an UN ergaben eine Bestätigung für den von RUNDLE u. Mitarbeitern (vgl. C. **1948.** II. 1261) bestimmten NaCl-Strukturtyp. (Acta crystallogr. [Copenhagen] **11.** 751—52. 10/10. 1958. Lemont, Ill., Argonne Nat. Labor.) C. GOTTFRIED. 195

Robert F. Adamsky, *Elementarzelle und Raumgruppe von rhombischem SiB_6.* SiB_6 kristallisiert aus einer Schmelze mit überschüssigem Si in schwarzen, undurchsichtigen Kristallen, oft mit gut ausgebildeten Flächen. Die goniometrische Unters. ergab rhomb. Symmetrie; D. 2,43. WEISSENBERG-Aufnahmen lieferten die Elementarzelldimensionen $a = 14,392_0 \pm 0,0010$ Å; $b = 18,267_3 \pm 0,0015$ Å; $c = 9,885_2 \pm 0,0010$ Å. Wahrscheinliche Raumgruppen Pnm2 oder Pnnm; Z = 40. (Acta crystallogr. [Copenhagen] **11.** 744—45. 10/10. 1958. Niagara Falls, N. Y., Carborundum Co., Res. and Developm. Div., Basic Res. Branch.) C. GOTTFRIED. 195

W. Ss. Neschpor und **G. W. Ssamssonow,** *Neue Boride der Metalle der Seltenen Erden.* Neben den früher (C. **1959.** 5049) nachgewiesenen Hexaboriden DyB_6, HoB_6 u. LuB_6 (Strukturtyp CeB_6) u. Tetraboriden DyB_4, HoB_4 u. LuB_4 (Strukturtyp UB_6) konnte die Existenz weiterer Boride bestätigt werden: *GdB_6* (a = 4,14 Å) u. *ErB_6* (a = 4,10 Å), sowie *GdB_4* (a = 7,13; $c = 3,86_9$ Å) u. *ErB_4* (a = 7,12; c = 3,98 Å). Aus den Bindungsabständen Me–Me, Me–B u. B–B u. den Atomradien ergibt sich, daß sich in den Boriden CaB_6, BaB_6, SrB_6, SbB_6 u. ErB_6 das Metall im zweiwertigen Zustand befindet, während alle übrigen Hexaboride der Seltenen Erden dreiwertig sind. (Журнал Физической Химии [J. physik. Chem.] **32.** 1328—31. Juni 1958. Kiew, Inst. für Metallkeramik u. Speziallegierr. der Akad. der Wiss. der UkrainSSR.)

E. KLEVER. 195

Maria Bruno und **Aldo Mayer,** *Untersuchungen über die Gitterstörungen des Fluoritgitters und des kubischen Gitters „C" der Oxyde der Seltenen Erden.* Röntgenograph. untersuchten Vff. die Systeme $CeO_2 + Eu_2O_3$; $CeO_2 + (Eu, Nd)_2O_3$; $CeO_2 + (Eu, Sm)_2O_3$ u. $CeO_2 + (Eu, Gd)_2O_3$. Es wurde gefunden, daß sich die Sesquioxyde unter Bldg. anomaler Mischkristalle in CeO_2 auflösen, deren Struktur anfangs fluorit. ist u. mit zunehmendem Geh. an Sesquioxyd in eine Struktur vom Typus „C" übergeht. Das kation. Teilgitter ist statist. vollständig von den verschiedenen drei- u. vierwertigen Kationen besetzt, während das anion. Teilgitter O-Leerstellen besitzt, deren Verteilung statist. ist, wenn der Prozentsatz an Sesquioxyden niedrig ist u. bei Steigerung des Sesquioxydgeh. allmählich die Anordnung des regelmäßigen kub. Gitters vom Typus „C" annimmt. Die Beobachtungen bestätigen die Annahme, daß die fluoritartigen Gitter alle eine Gitterunordnung nur anion. Natur besitzen, u. zwar in dem Sinne, daß die Anionen die Tendenz haben, ihre regulären Gitterstellungen zu verlassen, um Zwischengitterstellungen einzunehmen; auch die Gitter vom C-Typ besitzen eine Gitterunordnung anion. Natur, u. zwar in dem Sinne, daß die Anionen dazu neigen, ihre regulären Gitterstellungen zu verlassen, u. die Plätze einnehmen, die aufbaumäßig leer sein sollten. (Ricerca sci. **28.** 1168—73. Juni 1958. Padova, Centro di studio per la struttur. chim.)

C. GOTTFRIED. 195

W. H. Watson jr. und **Jürg Waser,** *Verfeinerung der Struktur von Trikalium-diwolframenneachlorid, $K_3W_2Cl_9$.* Mit Hilfe von FOURIER-Projektionen u. der Meth. der kleinsten Quadrate verbesserten Vff. die Parameter der von BROSSET (Ark. Kem., Mineralog. Geol., Ser. A **12.** [1935.] Nr. 4) gefundenen Struktur von $K_3W_2Cl_9$. An Einkristallen wurden die Dimensionen der hexagonalen Zelle zu $a = 7{,}17_1$ Å u. $c = 16{,}25_8$ Å bestimmt. Raumgruppe ist $C_{6h}^2 — P6_3/m$; $Z = 2$. Es liegen 2 K in $\pm$ (0 0 $^1/_4$); 4 K in (f) mit $z = 0{,}5718$; 4 W in (f) mit $z = 0{,}3241$; 6 Cl_I in (m) mit $x = 0{,}4588$; $y = 0{,}4472$ u. 12 Cl_{II} in (i) mit $x = 0{,}1348$; $y = 0{,}3506$; $z = 0{,}4074$. In dem $W_2Cl_9^{3-}$-Ion betragen die Abstände W–W 2,409 Å u. die Abstände W–Cl 2,40 bzw. 2,48 Å. (Acta crystallogr. [Copenhagen] **11.** 689. 10/10. 1958. Houston, Tex., Rice Inst., Chem. Dep.)

C. GOTTFRIED. 195

Thomas F. Bates, *Ausgewählte elektronenmikroskopische Aufnahmen von Tonmineralien und anderen feinkörnigen Mineralien.* (Pennsylvania State Univ., Mineral Ind. Exp. Stat., Circ. **51.** 1—61. Sept. 1958.) M. WINIKER. 195

Emil Fischer, *Über die Beziehungen zwischen Coeruleolaktit, Planerit, Türkis, Alumochalkosiderit und Chalkosiderit.* Röntgenograph. u. chem. wird nachgewiesen, daß Coeruleolaktit, Planerit, Türkis, Alumochalkosiderit u. Chalkosiderit strukturell u. chem. eng verwandt sind. Die gemeinsame Formel dieser Minerale ist: $(Cu, Ca, Fe^{2+}, Mg)(Al, Fe^{3+})_6([P, As]O_4)_4(OH)_8 \cdot 4—5\ H_2O$. Der weiße Coeruleolaktit von Katzenellenbogen ist das dem Türkis entsprechende Ca–Al-Phosphat. (Beitr. Mineralog. Petrogr. **6.** 1 82—89. 1958. Berlin, Humboldt-Univ., Mineralog. Petrograph. Inst.)

J.-E. HILLER. 195

J. Lima-De-Faria, *Wärmebehandlung von metamikten Euxeniten, Polymigmiten, Yttrotantaliten, Samarskiten, Pyrochloren und Allaniten.* Metamikte Euxenite, Polymigmite, Yttrotantalite, Samarskite, Pyrochlore u. Allanite wurden Wärmebehandlungen unterworfen. Bei den Niobotantalaten bildete sich bei 700° ein flächenzentriert-kub. Gitter, zu dem bei 1000° eine weitere Phase hinzu kam. Die kub. Gitterkonstante ist für Euxenit u. Polymigmit 5,07, für Yttrotantalit 10,28, für Samarskit 5,16, für Pyrochlor 10,38 Å. Beim Allanit trat nur eine leichte Deformation der Struktur bei 700° auf, u. erst bei 1000° erschien eine kub. Phase neben anderen. Die Gitterkonstante der kub. Phase war 5,44 Å. (Mineralog. Mag. J. mineralog. Soc. **31.** 937—42. Sept. 1958. Lissabon, Mineral. Mus.) J.-E. HILLER. 195

E. W. Radoslovich, *Strukturelle Prüfung des Polymorphismus der Glimmer.* Vf. nimmt Bezug auf eine Arbeit von SMITH u. YODER (vgl. C. **1958.** 53), die auf Grund theoret. Überlegungen gezeigt hatten, daß 6 polymorphe Formen von Glimmern auftreten können, u. prüfte an Hand der vorliegenden Literatur nach, inwieweit diese theoret. Voraussagen erfüllt werden. Von diesen polymorphen Formen treten nur 3 häufig in der Natur auf, während eine vierte Form nur bei Lepidolith beobachtet worden ist. Ob diese Form genau der theoret. Form entspricht, kann noch nicht mit Sicherheit infolge Fehlens genauerer Daten ausgesagt werden. (Nature [London] **183.** 253. 24/1. 1959. Adelaide, C. S. I. R. O., Div. of Soils.) C. GOTTFRIED. 195

A. W. Hanson, *Die Kristallstruktur von Nolanit.* Nolanit mit der angenäherten Formel $Fe^{2+}_{2,5}\,V^{3+}_{1,5}\,V^{4+}_{6}\,O_{16}$ kristallisiert hexagonal in der Raumgruppe $P6_3mc$ u. den Elementarzelldimensionen a = 5,854 ± 0,005 Å u. c = 9,295 ± 0,010 Å; Z = 1; $(Fe, V)_4V_6O_{16}N$, wobei $(Fe, V)_4 = 2{,}5\,Fe^{+2} + 1{,}5\,Fe^{3+}$ ist. Die Parameter wurden mit Hilfe von Patterson- u. Fourier-Projektionen bestimmt; sie sind $2\,O_1$ (x =) 0; (z =) 0,002; $2\,O_2$:1/3; 0,750; $6\,O_3$:0,167; 0,248; $6\,O_4$: —0,485; 0,000; 6V: 0,1667; 0,6370; $2(Fe, V)_1$: 1/3; 0,3552 u. $2(Fe, V)_2$:1/3; 0,9546. Die Struktur läßt sich als ein verknüpfte Oktaeder u. Tetraeder beschreiben, die je ein Kation enthalten u. deren Ecken durch die Anionen besetzt sind. Wenn die dichteste Packung der O-Atome vollkommen wäre, dann hätten die Polyeder alle die Kantenlänge 2,93 Å. Dies ist jedoch nicht der Fall; ferner liegen die Kationen nicht genau in den Schwerpunktzentren der Oktaeder bzw. Tetraeder. Die interatomaren Abstände sind tabellar. zusammengestellt. (Acta crystallogr. [Copenhagen] **11.** 703—09. 10/10. 1958. Ottawa, Nat. Res. Council, Div. of Pure Phys.) C. Gottfried. 195

J. V. Smith, *Der Einfluß der Zusammensetzung und des strukturellen Zustandes auf den rhombischen Schnitt und die Periklinzwillinge der Plagioklasfeldspäte.* (Vgl. C. **1959.** 43.) Die Lage des rhomb. Schnittes der Plagioklase ist strukturell abhängig von der Hoch- bzw. Tieftemp.-Modifikation. Die theoret. Zwillingsebene der Periklinzwillinge ist dieser rhomb. Schnitt. Wenn nun die Zus. der Feldspäte oder ihr Gitter nach der Verzwillingung verändert wird, wechselt die Lage des rhomb. Schnitts, die Zwillingsebene aber bleibt, wenn nicht Rekristallisation oder starker Zug hinzukommt. Die Unterschiede zwischen Zwillingsebene u. rhomb. Schnitt geben uns Auskunft über die zeitliche Reihenfolge Zwillingsbldg.–Strukturänderung. Die Verhältnisse werden kompliziert, wenn gleichzeitig Ala–A-Zwillinge auftreten. Da der rhomb. Schnitt mancher Plagioklase mit (001) zusammenfallen kann. Für solche Fälle wird ein neuer Ausdruck b-Achsenzwilling eingeführt. (Mineralog Mag. J. mineralog. Soc. **31.** **914**—28. Sept. 1958. University Park, Pa., Univ., Dep. of Mineral.) J.-E. Hiller. 195

Augusta Ficalbi, Gabriella Gabrielli und **Elisabetta Giustiniani,** *Die Eigenschaften von monomolekularen Filmen und die Struktur des Chelats von Co-Phenylazo-β-naphthol.* Unter Berücksichtigung der Fläche/Mol. eines kondensierten monmol. Films von Phenyl-azo-β-naphthol u. dessen Chelates mit $Co(NO_3)_2 \cdot 3H_2O$-Lsgg. konnte die planare Struktur des Chelates nachgewiesen werden. (Ricerca sci. **27.** 2795—96. Sept. 1957. Firenze, Univ., Ist. di Chim. fis.) G. Platzer. 196

Hidetake Morimoto, *Elektronenbeugungsuntersuchung von aufgedampften, flächenzentriert kubischen Kristalliten.* Vf. nimmt Bezug auf eine Arbeit von Germer u. White (Physic. Rev. [2] **60.** [1941.] **447**), die auf Elektronenbeugungsdiagrammen von dünnen aufgedampften Filmen von flächenzentriert kub. Metallen anomale Intensitäten beobachtet hatten, die von Kimoto (vgl. C. **1956.** 941) auf Packungsfehler in den Kristalliten zurückgeführt worden waren. Zur genaueren Unters. dieser Feststellung bestimmte Vf. die Intensitäten von Elektronenbeugungsdiagrammen von aufgedampften *Ag*-Filmen mit Hilfe der Sektormikrophotometermethode. Die Intensitäten wurden zur Best. einer radialen Verteilungsfunktion verwendet. Diese Funktionen zeigten anomale Maxima, die von Packungsfehlern verursacht sind. Wurden die Filme bei 350° angelassen, dann verschwanden die Maxima, obwohl die Kristallite nicht merklich wuchsen. Die Amplitude der Wärmeschwingung wurde zu 0,15 ± 0,02 Å gefunden, in Übereinstimmung mit der von massivem Ag. *Au* zeigte die gleichen anomalen Intensitäten, *Al* dagegen nicht. (J. physic. Soc. Japan **13.** 1015—30. Sept. 1958. Nagoya, Univ., Phys. Inst. [Orig.: engl.]) C. Gottfried. 196

L. G. Bonar und **G. B. Craig,** *Aktivierungsenergie für Kriechen von Zinn.* An gezogenen Drähten von spektroskop. reinem u. nach der Zonenschmelzmeth. raffiniertem Sn stellten Vff. Kriechverss. zwischen 300 u. 350° K an. Aus dem Diagramm log der Kriechgeschwindigkeit gegen reziproke absolute Temp. errechnete sich eine Aktivierungsenergie vom im Mittel 9000 cal/g-Atom. (Canad. J. Physics **36.** 1445—49. Nov. 1958. Toronto, Univ., Dep. of Metallurg. Engng.) C. Gottfried. 197

Francisco Eiichi Fujita und **Ulrich Gonser,** *Röntgenkleinwinkelstreuung an deuteronenbestrahlten Germaniumkristallen.* Die nach der Guinierschen Meth. des „Streumassenradius“ ausgewerteten Röntgenkleinwinkelstreuungen, die einmal an Ge-Einkristallproben bei —180° nach Bestrahlung der Proben mit 8 MeV-Deuteronen bei derselben Temp., das andremal an den gleichen Proben nach Tempern bei Raumtemp. aufgenommen wurden, lassen auf die Ggw. von „Teilchen“ mit einem Radius von 35 Å schließen. Diese „Teilchen“ werden als „therm. Stachel“ (spikes) gedeutet u. umfassen ein Gebiet von je ca. $9 \cdot 10^3$ Atomen. Aus einem Intensitätsvgl. der einfallenden u. gestreuten Strahlung folgt eine „Teilchenzahl“ von ca. $2 \cdot 10^{17}/cm^3$ in Proben, die mit ca. $5 \cdot 10^{16}/cm^2$ Deuteronen bestrahlt wurden, wenn man einen Dichtezuwachs in den

Spike-Gebieten von einigen % (wie beim Schmelzen) annimmt. Die Ergebnisse sind in guter Übereinstimmung mit der Theorie. Zwischen der Temp. des fl. N u. Raumtemp. nimmt die gestreute Intensität trotz nur geringer Änderung des „Teilchenradius" auf ca. 1/5 des ursprünglichen Wertes ab. Das läßt vermuten, daß die gefrorene Gitterkonfiguration mit höherer D. in die n. Gitterstruktur umgewandelt wird, wobei ein beträchtlicher Anteil an Störstellen erhalten bleibt, die immer noch einige Streueffekte erzeugen können. (J. physic. Soc. Japan **13.** 1068—69. Sept. 1958. Urbana, Ill., Univ. of Illinois, Dep. of Phys. [Orig.: engl.]) D. Jörchel. 197

L. T. Lloyd und **H. H. Chiswik,** *Der Verformungsmechanismus von α-Uran-Einkristallen.* Diskussion zur C. **1959.** 10152 referierten Arbeit. (J. Metals **8.** Nr. 5. Sect. 2, Trans. AIME **206.** 616. Mai 1956.) F. Vier. 197

J. Adam und **D. G. Martin,** *Messungen der Änderungen der Einheitszelle und der physikalischen Dimensionen von Molybdän nach Neutronenbestrahlung.* Die Änderung der äußeren Abmessungen u. der Größe der Einheitszelle von polykristallinen Mo-Proben nach Neutronenbeschuß bei 30° u. anschließendem Tempern wurden gemessen. Aus den erhaltenen Werten kann auf Anzahl u. Art der durch die Bestrahlung erzeugten Fehlstellen geschlossen werden. (Philos Mag. [8] **3.** 1329—32. Nov. 1958. Harwell, A. E.R.E.) H. C. Wolf. 197

Adrien Saulnier und **Paul Mirand,** *Direkte elektronenmikroskopische Beobachtung des gegenseitigen Aufhebens von Versetzungen während des Anlassens einer kaltverformten Al–Mn-Legierung.* Dieser Vorgang wird durch **4** elektronenmkr. Aufnahmen während des Glühens einer tiefgezogenen Al–Mn-Blechprobe (Mn 1,16%, Fe 0,63%, Si 0,16%, Cu 0,07%) veranschaulicht. Man erkennt, daß individuelle Versetzungen längs der Wände von Unterkörnern infolge Wanderns der Versetzungen in ihren Gleitebenen von einer zur gegenüberliegenden Unterkorngrenze allmählich verschwinden. Die Wiederherstellung der Plastizität dürfte danach mit einer Vergrößerung der mittleren freien Wegstrecke von Versetzungen verknüpft sein. (C. R. hebd. Séances Acad. Sci. **248.** 2871—72. 20/5. 1959.) D. Jörchel. 197

M. Ss. Mirgalowskaja, *Methoden zur Untersuchung der Zustandsdiagramme einiger Systeme auf der Grundlage von Magnesium.* Bei der Unters. von bin. u. tern. Systemen mit Mg läßt sich in einigen Fällen infolge spezif. Besonderheiten der Schmelzen von Mg mit den Komponenten (*Mn, Zr*) die übliche Art der therm. Analyse nicht anwenden. Hier wird in Verb. mit der mkr. Unters. die Best. der Löslichkeit verwendet. Dabei wird eine übersätt. Lsg. hergestellt, die dann längere Zeit bei der gewünschten Sättigungstemp. gehalten wird. Die ausgeschiedene unlösl. Komponente, deren spezif. Gewicht sich von dem der Schmelze wesentlich unterscheiden muß, wird dann aus der Schmelze entfernt u. aus ihrer Menge die Löslichkeit errechnet. Durch Vorverss. muß die zur Übersättigung nötige Zeit u. Substanzmenge sowie die zur vollständigen Ausscheidung des Unlöslichen erforderliche Zeit ermittelt werden. Zur Best. der Zus. nonvarianter Punkte (in bin. Systemen) oder von Punkten monovarianter Kurven (in tern. Systemen) wird die Schmelze aus den Komponenten (von denen die zuerst auskristallisierende gegenüber den anderen eine hohe D. besitzt) langsam abgekühlt; die ausfallende Phase setzt sich am Tiegelboden ab, u. die Zus. der zuletzt kristallisierenden obersten Schicht des Metallblocks entspricht dann der Zus. des nonvarianten Punktes. Alle in den untersuchten Systemen mit Mg im festen Zustand auftretenden Vorgänge können mit den üblichen Methoden der physiko-chem. Analyse verfolgt werden. Vf. empfiehlt die angeführten Arbeitsweisen zur allg. Anwendung bei der Unters. von Systemen, deren Komponenten stark unterschiedliche DD. besitzen u. bei denen die bei der Ausscheidung von Phasen auf der Grundlage der schweren Komponente auftretenden therm. Effekte nur gering sind. (Журнал Неорганической Химии [J. anorg. Chem.] **3.** 797—98. März 1958. Baikow-Inst. für Metallurgie der Akad. der Wiss. der UdSSR.) H.-J. Ostmann. 197

Ja. A. Ugai, *Über das Zustandsdiagramm des Systems Sb–Zn bei Nichtgleichgewichtsbedingungen.* Vf. untersucht das Syst. Sb–Zn bei Nichtgleichgewichtsbedingungen durch Aufnahme der Erhitzungskurven von a) unter einem Druck von 250 at gepreßten Tabletten aus Sb- u. Zn-Staub (mittlerer Durchmesser 30—50 μ), b) unter einer Schicht von LiCl + KCl geschmolzenen Sb–Zn-Legierungen. Die Proben werden im trockenen CO_2-Strom mit 3°/Min. (a) bzw. 5°/Min. (b) aufgeheizt. Alle Diagramme von a) zeigen einen endothermen Effekt bei 365—367°, der bei der der Verb. *ZnSb* entspr. Zus. (35% Zn) am stärksten ist u. mit der Bldg. von ZnSb erklärt wird. Ein zweiter, endothermer Effekt bei höheren Tempp. wird dem Schmelzen der Gemische zugeordnet u. aus seiner Lage das Schmelzdiagramm Sb–Zn für Nichtgleichgewichtsbedingungen aufgestellt. Auf ihm geben sich die Verbb. ZnSb (F. 567°), Zn_4Sb_3 u. Zn_3Sb_2 durch ausgeprägte Maxima zu erkennen. Die FF. der beiden letzteren (570 bzw. 572°) unter-

scheiden sich von denen des Gleichgewichtsdiagramms (563 bzw. 566°) nur wenig, während ZnSb nach diesem Diagramm bei 546° inkongruent schmilzt. Im Nichtgleichgewichtsdiagramm fehlt außerdem das Eutektikum Zn_3Sb_2–Zn. Die aus den Erhitzungskurven von b) gewonnenen Liquiduskurven stimmen mit den aus a) ermittelten völlig überein. Die aus den Ergebnissen hervorgehende wesentliche Bedeutung der Halbleiter-Verb. ZnSb im Syst. Zn–Sb wird durch die Unterss. anderer Autoren (Messungen des elektr. Widerstandes u. seines Temp.-Koeff., der magnet. Susceptibilität, des Elektrodenpotentials u. der D.) bestätigt. (Журнал Неорганической Химии [J. anorg. Chem.] **3.** 678—82. März 1958. Woronesh, Univ., Lehrstuhl für anorg. Chem.)
H.-J. OSTMANN. 197

I. Je. Gorschkow und **N. A. Gorjunowa,** *Quasibinärer Schnitt GaSb–InSb im Sys temGallium–Indium–Antimon.* Vff. untersuchen den quasibin. Schnitt *GaSb–InSb* des Syst. Ga–In–Sb durch Aufnahme von Abkühlungs- u. Erhitzungskurven, Unters. der Mikrostruktur u. Mikrohärte sowie Aufnahme von DEBYE–SCHERRER-Diagrammen von Legierungen, die durch Zusammenschmelzen der Komponenten in Quarzampullen im Vakuum hergestellt wurden. Es wird die Existenz einer lückenlosen Reihe von Mischkristallen zwischen GaSb u. InSb bestätigt u. aus den Röntgenaufnahmen abgeleitet, daß der Charakter der Wechselwrkg. der Komponenten aufeinander im Syst. GaSb–InSb der gleiche ist wie im Syst. *AlSb*–InSb. Infolge der Ähnlichkeit der Mikrostruktur von Legierungen des untersuchten Systems mit solchen des Syst. AlSb–GaSb wird auch für das letztere das Vorliegen fester Lsgg. vermutet. (Журнал Неорганической Химии [J. anorg. Chem.] **3.** 668—72. März 1958. Physiko-techn. Inst. der Akad. der Wiss. der UdSSR.)
H.-J. OSTMANN. 197

N. Ch. Abrikossow und **W. F. Bankina,** *Untersuchung des Zustandsdiagramms des Systems Bi–Te.* Vff. überprüfen das Zustandsdiagramm Bi–Te unter besonderer Berücksichtigung peritekt. Reaktionen. Zur Unters. werden therm. u. Röntgenanalyse sowie Messungen der elektr. Leitfähigkeit u. der Thermokraft (gegen Cu, Temp.-Differenz 20°) herangezogen. Die Gleichgewichtseinstellung wird durch 2- bis 7-monatiges Tempern erreicht u. durch Unters. der Mikrostruktur u. der Eigg. der Legierungen verfolgt. Außer der bekannten Verb. Bi_2Te_3 werden folgende sich durch peritekt. Rkk. bildende Zwischenphasen gefunden: a) eine dem Mineral *Hedleyit* $Bi_{14}Te_6$ entspr. Phase (Bldg. bei 312°); eine sich bei 420° bildende Phase um die Zus. Bi_2Te (23,4% Te) herum (feste Lsgg. im Bereich von 22,5—26% Te) u. eine bei 540° gebildete Phase (feste Lsgg. von 34—42,5% Te; *BiTe* mit ca. 38% Te). Die Löslichkeit von Te in Bi_2Te_3 beträgt ca. 1%; Löslichkeit von Bi in der gleichen Verb. konnte nicht festgestellt werden. (Журнал Неорганической Химии [J. anorg. Chem.] **3.** 659—67. März 1958. Baikow-Inst. für Metallurgie der Akad. der Wiss. der UdSSR.)
H.-J. OSTMANN. 197

P. M. Arshany und **L. N. Beljakow,** *Untersuchung der Struktur und der Phasenzusammensetzung von Diffusionsdeckschichten von Chromlegierungen durch Silicium und Beryllium.* Es wurden die Diffusionsschichten von Si u. Be bei einer aus 60% Cr u. 40% Fe bestehenden Legierung untersucht. Die Schichten wurden aus der festen Phase bei 950—1200° bei 30 Min. bis 15 Std. Einwrkg.-Zeit hergestellt; Schichtstärke 400—900 μ. — Bei Si besteht die Schicht aus dem (CrFe)Si-Silicid (kub., a = 4,637 kX, Mikrohärte 1250 kg/mm²), dem $(CrFe)_3Si$-Silicid (kub., a = 4,572 kX, Mikrohärte 1150 kg/mm²), der σ-Phase u. der festen Lsg. der σ- u. α-Phase. Bei Be besteht die Schicht aus dem $(CrFe)Be_5$-Beryllid (kub., flächenzentriert, a = 6,04 kX), dem $(CrFe)Be_2$-Beryllid (dichtgepackt, hexagonal, a = 4,37 kX, c = 6,98 kX, c/a = 1,60, Mikrohärte beider Beryllide zwischen 1300—1700 kg/mm²), der festen Lsg. von Be in der α-Phase (Mikrohärte zwischen 750—420 kg/mm²). Bei Tempp. über 1000° C erscheint vor der festen Lsg. noch die σ-Phase (Mikrohärte 1200—1300 kg/mm².) (Известия Академии Наук СССР, Отделение Технических Наук [Nachr. Akad. Wiss. UdSSR, Abt. techn. Wiss.] **1958.** Nr. 2. 149—52. Febr. Moskau.)
H. TŮMA. 197

A. Ja. Schinjajew, *Untersuchung der Diffusion in Legierungen des Systems Nickel–Chrom–Titan.* Es wurde die Diffusion mittels radioaktivem ^{59}Fe bei Ni–Cr–Ti-Legierungen mit konstantem Cr-Geh. von 20% u. steigendem Ti-Geh. (1; 2,5; 3,4; 5 u. 7%) bei Tempp. zwischen 960—1250° C untersucht. Zwischen 960 u. 1050° C beträgt der Diffusionskoeff. D höchstens $1,4 \cdot 10^{11}$ cm²/sec., steigt jedoch bei 1250° C bis auf $30—50 \cdot 10^{11}$ cm²/sec. an. Die höchsten Werte an D_0 ($4,45 \cdot 10^2$/sec.) sowie an der Aktivierungsenergie E (bis 84 kcal/g-Atom) werden bei 3,4% Ti erhalten u. sinken mit fallendem u. steigendem Ti-Gehalt. Dieser Ti-Geh. bezeichnet die Grenze, bei welcher die Ni_3Ti-Phase in Plättchenform erscheint; Vf. ist der Ansicht, daß die Benützung dieser Legierungen bei höheren Tempp. durch die Selbstdiffusion begrenzt sein wird. (Известия Академии Наук СССР, Отделение Технических Наук [Nachr. Akad. Wiss. UdSSR, Abt. techn. Wiss.] **1958.** Nr. 2. 143—45. Febr. Moskau.)
H. TŮMA. 197

B. G. Liwschitz und **Ja. D. Chorin,** *Untersuchung des Phasengleichgewichtsdiagramms des Systems Co–Cr–Ti.* Vff. überprüfen das Zustandsdiagramm des Syst. *Co–Cr–Ti* durch Unters. von durch Zusammenschmelzen der reinen Metalle im Vakuum oder in Ar-Atmosphäre gewonnenen, bei 1100—1300° in H_2-Atmosphäre homogenisierten u. anschließend bei 750, 900 bzw. 1050° getemperten Legierungen durch röntgenograph. u. mkr. Methoden sowie durch Messung der Mikrohärte. Auch die bin. Systeme Co–Cr, Co–Ti u. Cr–Ti werden in die Unters. einbezogen. Im Syst. Co–Cr ist die σ-Phase (Legierungen mit 53 u. 55% Cr) bis 1470° beständig u. bildet sich (ähnlich wie im Syst. Co–V) direkt aus der Schmelze; Vff. geben eine entsprechende neue Variante des Zustandsdiagramms. Im Syst. Co–Ti bildet sich in Legierungen mit mehr als 20% Ti die Verb. Co_2Ti als hexagonale Modifikation des Strukturtyps $MgNi_2$, während die Existenz einer zweiten, von anderen Autoren aufgefundenen kub. Modifikation nicht bestätigt werden kann. Das Zustandsdiagramm Co–CoTi wird angegeben. Im bisher noch nicht untersuchten Syst. Cr–Ti besteht die Cr-reiche Seite aus einer festen Lsg. von Ti in Cr u. aus der Verb. Cr_2Ti (Strukturtyp $MgCu_2$), die (wie auch das Co_2Ti) eine LAVES-Phase darstellt. Im tern. Zustandsdiagramm Co–Cr–Ti (Co bis 100%, Cr bis 55%, Ti bis 45%) werden durch isotherme Schnitte bei 750, 900 u. 1050° die Grenzen der Phasenbereiche best., wobei 5 Gebiete einheitlicher Phasen gefunden werden. Die Löslichkeiten von Cr u. Ti in tern. Lsgg. mit hohem Co-Geh. nehmen mit fallender Temp. ab. Die Verb. Co_2Ti vermag 30—35% Cr unter Bldg. der tern. LAVES-Phase der Zus. $(Co, Cr)_2Ti$ zu lösen, wobei infolge des Ersatzes eines Teiles des Co durch Cr die Gitterparameter u. die Härte des Co_2Ti anwachsen. In der Verb. *CoTi* ist Cr dagegen nur wenig (1,5—2,0%) löslich. Vff. finden eine neue Verb. der wahrscheinlichen Zus. Co_4Cr_2Ti (Legierung mit 25% Cr u. 13% Ti bildet einheitliche Phase), deren Röntgendiagramm, das von denen aller anderen in diesem Syst. bisher bekannten Phasen abweicht, beschrieben wird. (Журнал Неорганической Химии [J. anorg. Chem.] **3.** 685—93. März 1958. Moskau, Stalin-Inst. für Stahl.) H.-J. OSTMANN. 197

I. I. Kornilow und **R. Ss. Minz,** *Untersuchung des Systems Ni–Cr–NiAl.* Vff. geben einen Überblick über die aus der Literatur bekannten bin. oder qiasibin. Systeme *Ni–NiAl, Ni–Cr, Cr–NiAl* u. über das Schmelzdiagramm des Syst. *Ni–Cr–NiAl* (14 Literaturzitate). Die physikal. Eigg. u. die Mikrostruktur von Legierungen aus dem Bereich fester Lsgg. dieses Syst. werden untersucht. Die Proben werden aus den Elektrolytmetallen unter einer Schicht von Al_2O_3, MgO u. CaO zusammengeschmolzen. Es werden untersucht: die Härte an gegossenen u. bei 1200° (24 Std.) homogenisierten u. abgeschreckten Proben; die Mikrostruktur an von 1200, 950 u. 800° abgeschreckten u. an ausgeglühten Proben; der elektr. Widerstand u. sein Temp.-Koeff. an bei 1200° homogenisierten u. abgeschreckten bzw. langsam abgekühlten Legierungen; die Wärmeausdehnung beim Erhitzen auf Tempp. bis 1100° an Legierungen von in Richtung $Ni_3Al \rightarrow Ni_3Cr$ variierten Zusammensetzungen. Aus den tabellar. u. in Diagrammen wiedergegebenen u. ausführlich erläuterten Ergebnissen geht übereinstimmend hervor, daß im tern. System Ni–Cr–NiAl der Existenzbereich der Verb. Ni_3Al bis zu Cr-Gehh. von ca. 15% reicht. (Журнал Неорганической Химии [J. anorg. Chem.] **3.** 699—707. März 1958.) H.-J. OSTMANN. 197

Ss. S. Bokstein, T. I. Gudkowa, A. A. Shuchowitzki und **Ss. T. Kischkin,** *Über den Einfluß der bei der plastischen Deformation entstehenden irreversiblen Strukturveränderungen auf die Diffusionsbeweglichkeit.* (Vgl. C. **1956.** 10399.) Der beschleunigende Einfl. einer vorausgehenden plast. Deformation bei 700° auf die Diffusion von *Sn* in *Ni* ist bei kleinen Deformationen im Vol. u. an den Korngrenzen etwa gleich, bei größeren an den Korngrenzen stärker ausgeprägt, aber mit steigendem Deformationsgrad abnehmend. Man kann annehmen, daß durch die plast. Deformation in den verschied. Stadien des Kriechens irreversible oder nur bei höheren Tempp. reversible Veränderungen des Mikrogefüges eintreten, durch die im Mikrovol. eine Zerstörung eintritt u. die Diffusionsbeweglichkeit verändert wird. Verss. mit Diffusion bei 800° bestätigen, daß bei einer Zunahme der Spannung von 0 auf 3,0 kg/cm² u. des Deformationsgrades von 0 auf 16,6% der Diffusionskoeff. des Sn in Ni von $7 \cdot 10^{-12}$ auf $35 \cdot 10^{-12}$ cm²/Sek. steigt. (Доклады Академии Наук СССР [Ber. Akad. Wiss. UdSSR] **121.** 1015—18. 1 Tafel. 21/8. 1958. Allunions Wiss. Forsch.-Inst. für Flugzeugmater.) R. K. MÜLLER. 197

P. B. Budberg, *Untersuchung von Legierungen des ternären Systems Nickel–Aluminium–Wolfram.* Vf. beschreibt die thermoanalyt. u. mkr. Unters. von ca. 60 verschied. zusammengesetzten Ni-reichen Legierungen des Syst. *Ni–Al–W* (mit Al- bzw. W-Gehh. bis 30 bzw. 40%). Die Legierungen werden durch Zusammenschmelzen der reinen Metalle in Korundgefäßen unter einer Schlackenschicht hergestellt u. einer längeren therm. Vorbehandlung bei 800, 1000 u. 1200° unterworfen. Da eine der im Syst. Ni–Al gebildeten Verbb., *NiAl,* kongruent schm. u. im Syst. Ni–W keine Verbb. gebildet werden, wird das Zustandsdiagramm nach dem quasibin. Schnitt NiAl–W u. dem sek. tern. Syst. Ni–NiAl–W konstruiert. Das Diagramm NiAl–W zeigt ein Eutektikum bei 40% W u. 1600°; die Löslichkeit von W in NiAl besitzt bei dieser Temp. den beträchtlichen Wert von mehr als 30%. Die aus den Ergebnissen der mkr. Betrachtung (nach elektrolyt. Ätzung der Legierungen) sowie den Messungen der Härte u. des spezif. elektr. Widerstandes konstruierten tern. Zustandsdiagramme für 800, 1000 bzw. 1200° werden angegeben u. erläutert, wobei das für 800° geltende Bild durch die vom Vf. kurz erörterte Möglichkeit des Auftretens der durch peritekt. Rk. gebildeten Verb. Ni_4W etwas kompliziert wird. (Журнал Неорганической Химии [J. anorg. Chem.] **3.** 694—98. März 1958. Baikow-Inst. für Metallurgie der Akad. der Wiss. der UdSSR.) H.-J. OSTMANN. 197

I. I. Kornilow und **Je. N. Pylajewa,** *Untersuchung der binären Systeme Ni_3Ti–Ni_3Ta; Ni_3Ti–Ni_3Nb.* Vff. untersuchen die Systeme *Ni_3Ti–Ni_3Ta* u. *Ni_3Ti–Ni_3Nb* mit Hilfe der therm. Analyse, Unters. der Mikrostruktur sowie Messung des elektr. Widerstandes, der Härte u. der D. von Legierungen, die durch Zusammenschmelzen der reinen Metalle in Korundgefäßen im Vakuum hergestellt werden. Die tabellar. u. in Diagrammen wiedergegebenen Ergebnisse zeigen, daß im Syst. Ni_3Ti–Ni_3Ta eine lückenlose Reihe fester Lsgg. vorhanden ist, wobei ein Minimum der Kristallisationstemp. bei 30% Ni_3Ta auftritt. Die Mikrostruktur gegossener u. durch Erhitzen (bis 400 Std. bei 1200°) gealterter Proben zeigt, daß die Komponenten völlig ineinander lösl. sind, der bei der Homogenisierung eintretende Konz.-Ausgleich (Übergang von dendrit. zu gleichmäßig polyedr. Struktur) jedoch sehr langsam verläuft. Im Syst. Ni_3Ti–Ni_3Nb wird ebenfalls eine lückenlose Reihe fester Lsgg. gebildet; das Minimum der Kristallisationstemp. liegt hier bei 1285° u. 70 Gew.-% Ni_3Ti. Die Homogenisierung beim Altern verläuft hier etwas schneller u. ist bereits nach 200 Std. bei 1200° erreicht. Die Unters. der physikal. Eigg. bestätigt in allen Fällen die thermoanalyt. Ergebnisse. (Журнал Неорганической Химии [J. anorg. Chem.] **3.** 673—77. März 1958. Baikow-Inst. für Metallurgie der Akad. der Wiss. der UdSSR.) H.-J. OSTMANN. 197

W. N. Wigdorowitsch, A. N. Kresstownikow und **M. W. Malzew,** *Untersuchung des Zustandsdiagramms von Kupfer–Titan.* Zur Untersuchung des Cu–Ti-Gleichgewichtsdiagramms wurden im Vakuum oder unter NaCl–KCl-Flußmittel Legierungen mit 0—2% Ti (ansteigend um 0,25%), 2—12% Ti (ansteigend um 1%) u. 10—30% Ti (ansteigend um 5%) hergestellt u. mit Hilfe der therm. Analyse (Differentialthermoanalyse u. Zonenkristallisation), Mikrohärtebest. u. mikroskop. Methoden geprüft; als Resultat wird das Zustandschaubild bis 20% Ti graph. dargestellt. — Die eutekt. Temp. ($S \rightarrow \alpha + \beta$) liegt bei 870 ± 1°, Zus. des Eutektoids 17,1% Ti. Die maximale Löslichkeit von Ti in Cu bei der eutekt. Temp. beträgt 7,4% Ti. Cu_3Ti entsteht bei mehr als 19,6% Ti u. besitzt eine Mikrohärte von 370 ± 15 kg/mm². (Известия Академии Наук СССР, Отделение Технических Наук [Nachr. Akad. Wiss. UdSSR, Abt. techn. Wiss.] **1958.** Nr. 2. 145—48. Febr. Moskau.) H. TŮMA. 197

B. R. Coles, *Die Gitterabstände von Nickel–Kupfer- und Palladium–Silber-Legierungen.* Bei Raumtemp. wurden Messungen der Gitterabstände von Ni–Cu- u. Pd–Ag-Legierungen durchgeführt. Eine deutliche Änderung in der Neigung der Gitterabstand/Zus.-Kurve wurde bei den Pd–Ag-Legierungen nahe der Zus. 60% Ag gefunden, wo andere Eigg. anzeigen, daß die d-Lage voll besetzt wird. Im Ni–Cu-System tritt die deutlichste Änderung der Kurvenneigung bei der Zus. 35% Cu auf, wo die CURIE-Temp. der Legierungen Raumtemp. erreicht. Die gesamten Veränderungen im Gitterabstand in den beiden Systemen werden theoret. auf Grund des Einfl. der d-Lagen auf die Kohäsion erörtert. (J. Inst. Metals **84.** 346—48. Mai 1956. Pittsburgh, Pa., Carnegie Inst. of Technol.) H. HOCHSTEIN. 197

Je. Je. Tscherkaschin, Je. I. Gladyschewski, P. I. Kripjakewitsch und **Ju. B. Kusma,** *Röntgenstrukturuntersuchung einiger Systeme von Übergangsmetallen.* Vff. beschreiben die Ergebnisse der Röntgenunters. folgender Systeme: *Mn, Cr, V, Mo, W, Ta* u. *Nb* mit *Be, Mn–Fe–Si, Mn–Fe–Sn, Mn–Co–Si, Mn–Co–Ge, Mn–Co–Sn, Mn–Ni–Si, Mn–Ni–Ge, Mn–Ni–Sn, Mn–Cu–Si, Zr–V–Ni, Zr–Cr–Ni, Zr–Mn–Ni, Zr–Fe–Ni* u. *Zr–Co–Ni.* Die durch Zusammenschmelzen in Quarzgefäßen in Ar-Atmosphäre hergestellten Legierungen werden 10 Tage bei 400° getempert u. dann abgeschreckt. Folgende neue, bei 400° existierende Verbb. werden angeführt (in Klammern die Strukturtypen): *$MnBe_8$* ($MgCu_2$) mit einem sich mit steigender Temp. erweiternden Homogenitätsbereich (bei 1100° von $MnBe_3$ bis $MnBe_{13}$), *$CrBe_{12}$* ($ThMn_{12}$) *VBe_{12}*, ($ThMn_{12}$), *$NbBe_2$*, *$NbBe_5$*, *$NbBe_{12}$* ($ThMn_{12}$), *$MoBe_{12+x}$*, *WBe_{12+x}*, *Co_2MnSi (CsCl)*, *$Mn_3Co_3Si_2$* ($MgZn_2$)*, *MnCoSi*, *$Mn_{12}Co_3Si_5$*, *$MnNi_3Si_2$* ($MgZn_2$)*, *MnNiSi*, *Co_2MnGe* (Cu_2MnAl), *Ni_2MnGe* (Cu_2MnAl), *Co_2MnSn* (Cu_2MnAl)*, *Ni_2MnSn* (Cu_2MnAl)*, *ZrMnNi* ($MgCu_2$)*, *$ZrV_{0,5}Ni_{1,5}$* ($MgCu_2$) (* = Verb. mit Homogenitätsbereich). Die bisher unbekannte Zus. der tetragonalen

Verbb. in den Systemen Mo–Be, W–Be u. Ta–Be wird zu $MoBe_{12}$, WBe_{12} bzw. $TaBe_{12}$ (Strukturtyp $ThMn_{12}$) ermittelt. Im Syst. Mn–Fe–Si wird eine lückenlose Reihe fester Lsgg. zwischen Mn_3Si u. Fe_3Si festgestellt. In den Systemen *Mn*–Co–Si, Zr–Fe–Ni bzw. Zr–Co–Ni existieren bei 400° folgende feste Lsgg.: Co u. Si in β-Mn, Co in Mn_5Si_3, Co in *MnSi*; Ni in $ZrFe_2$ u. Ni in $ZrCo_2$. (Журнал Неорганической Химии [J. anorg. Chem.] **3.** 650—53. März 1958. Lwow, Franko-Univ.) H.-J. Ostmann. 197

I. T. Guldin und **N. W. Dokukina,** *System Aluminium–Magnesium–Eisen–Silicium.* Bei der Raffination von Al nach der Mg-Meth. werden die Al- u. Mg-Legierungen im Verhältnis 2:1 zusammengeschmolzen u. langsam abgekühlt. Dabei scheiden sich die beigemengten Schwermetalle als schwerlösl. Aluminide, Si als schwerlösl. Mg-Silicid ab u. können von der Schmelze getrennt werden. Diese wird dann dest., wobei Mg, Zn u. andere flüchtige Metalle übergehen u. reines Al zurückbleibt. Vff. untersuchen mit Hilfe der therm. Analyse das Schmelzverh. von Al_3Mg_2 (**I**) mit Zusätzen von Al_3Fe (**II**) u. Mg_2Si (**III**) bis zu je 20%. **I** u. **II** bilden einen Grenztyp des eutekt. Schmelzdiagramms, bei dem das Eutektikum prakt. bei **I** liegt u. die Löslichkeit von **II** in fl. **I** prakt. gleich Null ist, mit steigender Temp. etwas anwächst u. bei 500° ca. 0,2% beträgt. **I** u. **III** verhalten sich analog; die ebenfalls mit der Temp. wachsende Löslichkeit von **III** in fl. **I** erreicht bei 500° ca. 0,7%. Bei gleichzeitiger Anwesenheit von **II** u. **III** in **I** kristallisiert prim. **II** aus (ca. 3/4 der gesamten Fläche des Diagramms), anschließend **III**. Die maximale gemeinsame Löslichkeit von **II** u. **III** in **I** beträgt bei 500° ca. 0,9%, wobei sich **II** u. **III** im Verhältnis von annähernd 1:3 lösen. Mit steigender Temp. erhöht sich in erster Linie die Löslichkeit von **III**. Die Anwesenheit von 2% *Zn* u. 2% *Mn* in der Schmelze ändert bei den zur Trennung der festen von der fl. Phase angewendeten niedrigen Tempp. die Kristallisations- u. Löslichkeitsverhältnisse nicht. Zn ist in fl. **I** lösl. u. fällt bei der anschließenden Dest. an; Mn bildet ein schwerlösl. Aluminid u. kann als solches abgetrennt werden. (Журнал Неорганической Химии [J. anorg. Chem.] **3.** 799—814. März 1958. Staatl. wiss. Forschungsinst. für Buntmetalle.) H.-J. Ostmann. 197

R. V. Coleman, *Beobachtungen von Versetzungen in Eisen-Whiskers.* Mit Hilfe der von Brenner (vgl. C. **1957.** 7291) entwickelten Meth. wurden Fe-Whiskers mit guten kristallograph. Flächen u. bis zu einem Durchmesser von mehreren 100 μ erhalten. Die Kristalle hatten in vielen Fällen spiegelähnliche (100)- oder (110)-Oberflächen. Die (100)-Oberflächen bildeten sich auf Whiskers mit Achsen in einer [100]- oder [110]-Richtung, die (110)-Oberflächen auf Whiskers mit [111]-Achsen. Die Whiskers wurden vor u. nach plast. Verformung durch Biegen bei Zimmertemp. mit einer 4%ig. Lsg. von Pikrinsäure in A. (*Pieral*) oder einer 2%ig. Lsg. von HNO_3 in A. (*Nital*) angeätzt. Während sich auf den (100)-Flächen der nicht verformten Proben nach dem Anätzen keine Ätzgrübchen bildeten, wurden auf den verformten Kristallen gut entwickelte Ätzgrübchen an Versetzungen gebildet. Die Dichte der Ätzgrübchen nahm mit zunehmender Verformung zu u. blieb für eine gegebene Verformung mit der Ätzzeit konstant. Wurden die verformten Whiskers 6—100 Std. bei 850° angelassen u. hierauf angeätzt, dann bildeten sich, entsprechend den Versetzungen, geradlinig angeordnete Streifen von Ätzgrübchen. (J. appl. Physics **29.** 1487—92. Okt. 1958. Detroit, Mich., General Motors Corp., Res. Staff.) C. Gottfried. 197

W. A. Lomakin, *Die Austenitumwandlung bei verschiedenen Abkühlungsweisen.* Berechnung der Gesetzmäßigkeiten der bei verschied. Geschwindigkeiten verlaufenden Austenitumwandlung unter Berücksichtigung von Zeit, Temp., Umwandlungsprodukt u. geometr. Form der Probe bei C-haltigen u. legierten Stählen. (Известия Академии Наук СССР, Отделение Технических Наук [Nachr. Akad. Wiss. UdSSR, Abt. techn. Wiss.] **1958.** Nr. 2. 20—25. Febr. Moskau.) H. Tůma. 197

J. W. Christian, *Anwendungen der Erscheinungs-Theorien von Martensit.* 1. Mitt. *Geometrische Behandlung.* 2. Mitt. *Arten der Martensitumwandlung.* Mitgeteilt wird eine geometr. Behandlung zum besseren Verständnis der Beziehungen zwischen den neuen Erscheinungstheorien der Martensit-Kristallographie. Es wird dabei gezeigt, daß die Voraussetzungen dieser Theorien im allgemeinen Fall zu vier nicht äquivalenten Lösungen führen, daß aber diese auf 2 verringert werden können unter der üblichen Voraussetzung, daß der invariante Gitterschub ein Teil des Zwillingsschubes des Prod. ist. In bes. Fällen, für die die Bedingungen angegeben werden, gibt es auch nur eine Lsg. für die Habitus-Fläche. Es wird gezeigt, daß in Übereinstimmung zu den derzeitigen Theorien fast alle bekannten martensit. Umwandlungen auf die eine oder andere von zwei Typen reduziert werden können, in welchen die Zwillingsfläche oder die Fläche der invarianten Gitterspannung entweder eine (110)- oder eine (111)-Fläche einer geeigneten orthorhomb. Zelle des erzeugten Gitters ist. Eingehende Voraussagen der Theorien werden in analyt. Form für den (110)-Fall gegeben. (J. Inst. Metals **84.** 386—94; 394—98. Juni 1956.) H. Hochstein. 197

D. Hull und **I. L. Mogford,** *Übergang duktil–spröde in Neutronen-bestrahltem Stahl.* Die Fließ- u. Bruchgrenze von *En2-Stahl* vor u. nach Bestrahlung mit Neutronen wurde bei 20, —78 u. —196° gemessen. Weiter wurde im gleichen Temp.-Bereich der Einfluß der Bestrahlung auf den Korngrößen-Übergang vom duktilen zum spröden Bruch bestimmt. Die Meßwerte sowie die Übergangsfläche als Funktion von Korngröße, Fließspannung u. Temp. sind in Übereinstimmung mit der Theorie von Cottrell. (Philos. Mag. [8] **3.** 1213—22. Nov. 1958. Harwell, A.E.R.E.) H. C. Wolf. 200

E. S. Fisher und **H. J. McSkimin,** *Adiabatische Elastizitätsmoduln von Einkristallen von α-Uran.* An mehreren Einkristallen von α-U wurden die adiabat. Elastizitätsmoduln bei 25° durch Messen der US-Geschwindigkeiten bestimmt. Die longitutinalen Wellengeschwindigkeiten wurden bei Frequenzen von 50—180 MHz, die Scherwellengeschwindigkeiten bei Frequenzen von 30—140 MHz bestimmt. Die gefundenen Moduln (in 10^{12} dyn/cm²) sind: $C_{11} = 2{,}147 \pm 0{,}14\%$; $C_{12} = 0{,}465 \pm 0{,}6\%$; $C_{13} = 0{,}218 \pm 1{,}5\%$; $C_{22} = 1{,}986 \pm 0{,}14\%$; $C_{23} = 1{,}076 \pm 0{,}34\%$; $C_{33} = 2{,}671 \pm 0{,}14\%$; $C_{44} = 1{,}2444 \pm 0{,}10\%$; $C_{55} = 0{,}7342 \pm 0{,}10\%$ u. $C_{66} = 0{,}7433 \pm 0{,}10\%$. Die erhaltenen Werte stimmen gut mit den elast. Parametern u. den Schallgeschwindigkeiten überein, die an polykristallinem U mit Hilfe der dynam. Meth. erhalten worden waren. (J. appl. Physics **29.** 1473—84. Okt. 1958. Lemont, Ill., Argonne Nat. Labor.; Murray Hill, N. J., Bell Telephone Labors.) C. Gottfried. 200

M. Je. Dritz, E. Ss. Kadaner und **S. A. Swiderskaja,** *Der Einfluß von Mikrouneinheitlichkeiten bei Legierungen auf ihr Verhalten bei erhöhten Temperaturen.* Am Beispiel einer *Mg–Mn–Al-Ca–Legierung* (mittels radioakt. ^{45}Ca, 2—3 mCu/kg, 0,17 bis 0,22%) u. einer *Al–Fe-Legierung* (mittels radioakt. ^{59}Fe, 0,19%) wird der Einfl. der Mikrouneinheitlichkeiten (MU) auf die Eigg. in der Wärme u. Plastizität gezeigt. — Die größten MU wurden beim Abkühlen der Gußstücke bei mittleren Geschwindigkeiten gefunden, die kleinsten bei raschester Abkühlung. Festigkeits- u. Härteprüfungen bei 250° zeigen klar das Verringern der MU mittels Verformen entgegen den gegossenen Proben. (Известия Академии Наук СССР, Отделение Технических Наук [Nachr. Akad. Wiss. UdSSR, Abt. techn. Wiss.] **1958.** Nr. 2. 139—42. Febr. Moskau.) H. Tůma. 200

J. H. Westbrook, *Temperaturabhängigkeit der Härte und Sprödigkeit einiger Quarzstrukturen.* Die Temp.-Abhängigkeit der Mikrohärte (Vickers-Härte) von Quarzstrukturen, u. zwar von Hoch- u. Tiefquarz u. von den isomorphen Verbb. $AlPO_4$, GeO_2 u. $LiAlSiO_4$, wurde untersucht. Bei den Hoch- u. Tiefquarzkristallen zeigen Grund- u. Prismenflächen verschied. Härte, u. zwar ist die Härte der Prismenfläche beim Tiefquarz um etwa 15%, beim Hochquarz um etwa 100% größer als die der Grundfläche. Sowohl für den Tief- als auch für den Hochquarz ist diese Anisotropie unabhängig von der Temperatur. Unabhängig von der Art der Verb. ist die Hochquarzform trotz der strukturellen Ähnlichkeit härter u. spröder als die Tiefquarzform, obwohl die Temp.-Abhängigkeit für beide Strukturen in allen Verbb. ungefähr dieselbe ist. Verbb. mit Quarzstruktur zeigen, wie die meisten anderen Stoffe, bei einer Temp. von etwas über dem halben F. eine verstärkte Temp.-Abhängigkeit der Härte. Im Falle des Quarzes (SiO_2) ist das annähernde Zusammenfallen der Temp. der Hoch–Tief-Umwandlung mit der halben Temp. des F. verantwortlich für die augenscheinlich abweichende Temp.-Abhängigkeit der Härte der Hochquarzform. (J. Amer. ceram. Soc. **41.** 433—40. 1/11. 1958. Schenectady, N. Y. General Electric Comp., Res. Labor.) H.-O. Mulfinger. 200

A$_7$. Gleichgewichte. Kinetik.

O. A. Jessin und **Ss. Je. Ljumkiss,** *Verhalten von Schwermetalloxyden in geschmolzenen Chloriden.* Bei Zugabe von Schwermetalloxyden MeO (Me = Ni, Co, Cu, Fe) zu einem geschmolzenen Gemisch von KCl u. NaCl (1:1 Mol) bildet sich eine untere Schicht mit 20—25% u. eine obere mit 0,05—0,15% MeO mit deutlicher Phasengrenze. Die MeO-reiche Schicht ist bei Me = Ni hellgrün, Co dunkelgrün (fast blau), Cu braun, Fe schwarz. Ähnlich sind die Ergebnisse bei Zusatz von NaOH oder KOH zu $MeCl_2$-Schmelze, sowie in geschmolzenem $BaCl_2$. Als Ursache der Entmischung wird eine Mikroinhomogenität infolge verschied. Bindungsfestigkeiten angenommen. In $CaCl_2$ wird keine Schichtbldg. beobachtet. Das Verhältnis der Aktivitätskoeffizienten der Me^{2+} in den Gleichgewichtsphasen nimmt mit Zunahme ihrer Konz. in der MeO-reichen Schicht ab, vermutlich durch Übergang von Cl^--Me^{2+}-O^{2-} in symm. O^{2-}-Me^{2+}-O^{2-}. (Журнал Неорганической Химии [J. anorg. Chem.] **2.** 1145—48. Mai 1957.) R. K. Müller. 221

F. Holmes und **W. R. C. Crimmin,** *Die Empfindlichkeit einiger heterocyclischer, vom Pyridin oder Chinolin abgeleiteter Säuren gegenüber Metallionen.* Vff. brachten 2-wertige Metallionen mit Säuren vom Typus der Picolinsäure zusammen u. bestimmten die Empfindlichkeit derKomplexbildungsreaktion. Die verwendeten Puffer waren die schon früher (C. **1959.** 12001) verwendeten Mit *Chinolin-8-carbonsäure* (**I**) konnte weder durch die gebräuchlichen 2-wertigen Kationen noch durch 3-wertige Kationen wie Fe, Al, Cr eine Fällung erzeugt werden, Cu bildete die einzige Ausnahme. *Isochinolin-1-carbonsäure* ist ebenso wie *Chinolin-2-carbonsäure* wegen ihrer geringen Selektivität analyt. nicht brauchbar, obwohl sie das wirksamste Fällungsreagens darstellt. (Analytica chim. Acta [Amsterdam] **15.** 506—07. Dez. 1956. Caernarvonshire, Univ. Coll. of North Wales, Chem. Dep.) EVA-MARIA KREBS. 223

E. M. Van der Wall und **E. M. Whitener,** *Mischungen aus konzentrierter Salpeter- und verdünnter Flußsäure zur Auflösung von Zirkoniummetall.* Die Auflösung von Zr in Gemischen aus HNO_3 u. HF haben Vff. als Funktion der Zeit, der Temp. u. der HNO_3-Konz. untersucht. Die zu untersuchenden Proben wurden vorher bestrahlt (20—60 Sek. mit $2 \cdot 10^{14}$ n/cm²sec), so daß die Best. der gelösten Zr-Mengen sowohl gravimetr. als auch durch Messung der ^{95}Zr-Aktivität in der Lsg. erfolgen konnte. Eine Variation der HNO_3-Konz. zwischen 0 u. 13 mol. bei konstanter HF-Konz. (0,5 mol.) ergibt nur geringfügige Änderungen der Auflösungsgeschwindigkeit. Die Geschwindigkeitskonstanten der Auflösungsrk. werden für einige Tempp. angegeben. Die Aktivierungsenergie der Rk. $HNO_3 + 4HF + Zr \rightarrow ZrF_4 + H_2O +$ Stickoxyde beträgt 6,4 kcal/Mol zwischen 40 u. 115°. (Ind. Engng. Chem. **51.** 51—54. Jan. 1959. Idaho Falls, Id., Phillips Petroleum Co., Atom. Engng. Div.) H.-U. WOELK. 224

N. Dekleva und **I. Perman,** *Korrosionsverhalten von widerstandsfähigen Metallen in Uranylsulfatlösung.* Vff. untersuchten das Verh. von *Ru, Ti, Pt, Ta* u. *Au* gegenüber 0,1 mol. Uranylsulfatlsgg. bei 100° u. Normaldruck u. bei 200° u. einem Druck von 16 at. Am widerstandsfähigsten erwiesen sich Ta u. Ru; Ti wird erst widerstandsfähig, wenn sich auf dem Metall ein TiO_2-Film gebildet hat. Au u. Pt zeigten konstante langsame Auflösung, so daß sie nicht als Schutzbedeckung gebraucht werden können. Die Zeitabhängigkeit der Auflösungsgeschwindigkeit für alle Metalle ist graph. wiedergegeben. (Sloven. Acad. Sci. Arts, „J. Stefan" Inst. Physics, Rep. **4.** 157—63. Okt. 1957.) C. GOTTFRIED. 224

Péter Huhn, *Diskussion der Bodenstein-Methode beim Vierstufenmechanismus.* Vf. untersuchte die Verwendungsmöglichkeit der BODENSTEIN-Meth. bei unverzweigten Kettenrkk. auf Grund des Vierstufenmechanismus. Wenn die Abhängigkeit der Radikal-Konz. von der Konz. der Rk.-Teilnehmer in einer expliziten Gleichung ausdrückbar ist, so sind zwei Geschwindigkeitsgleichungen von verschied. Typ ableitbar, deren eine der BODENSTEINschen Formel gleicht, deren andere sich grundlegend davon unterscheidet. (Magyar Kémiai Folyóirat [Ung. Z. Chem.] **64.** 263—64. Juli/Aug. 1958. Szeged, Tudományegyetem Szervetlen és Analitikai Kémiai Intézet.) G. HALMI. 225

W. D. Nefedow und **Je. N. Ssinotowa,** *Über den Isotopenaustausch peripherer Atome in der homologen Reihe aliphatischer Derivate des Quecksilbers von salzartigem Typus.* (Vgl. C. **1959.** 4068.) Der Isotopenaustausch des Br in den Systemen $RHgBr-Hg^{82}Br_2$ $-ROH$ ($R = CH_3, C_2H_5, n\text{-}C_3H_7, n\text{-}C_4H_9$) erfolgt rasch (bei 100° in 10 Min. zu 95—100%). Dies spricht für den ionogenen Charakter der Bindung der peripheren Atome an das Hg-Atom. Die Rk. kann zur Herst. von am peripheren Atom markierten organ. Hg-Verbb. vom salzartigen Typ verwendet werden. (Журнал Неорганической Химии [J. anorg. Chem.] **2.** 1162—63. Mai 1957.) R. K. MÜLLER. 225

Je. N. Ssinotowa, *Untersuchung der Kinetik des Isotopenaustausches durch ein Zentralatom im System $n\text{-}C_3H_7HgBr-Hg^*Br_2$–Alkohol.* (Vgl. vorst. Ref.) Der Isotopenaustausch des Hg im Syst. $n\text{-}C_3H_7HgBr$ (I) – $^{203}HgBr_2$ (**II**) – A. wird bei 80—110° kinet. verfolgt. Aus den Konzz. von **I** (a) u. **II** (b) u. der Geschwindigkeitskonstanten K ergibt sich die Periode des 50%ig. Austauschs zu $T_{1/2} = 0{,}693/(a + b)K$. Der Austausch stellt also eine bimol Rk. dar. Aus der Temperaturabhängigkeit ergibt sich die Aktivierungsenergie des Isotopenaustauschs zu ca. 20000 cal/Mol. (Журнал Неорганической Химии [J. anorg. Chem.] **2.** 1205—08. Mai 1957.) R. K. MÜLLER. 225

A. Ju. Prokoptschik, P. K. Norkuss und **A. M. Lunetzkass,** *Hydroxydmischkatalysatoren.* 2. Mitt. *Einfluß von Zusätzen auf die katalytische Aktivität von Zweistoff-Hydroxydkatalysatoren für die Zersetzung von Calciumhypochlorit.* (1. vgl. C. **1959.** 13408) Bei der oxydierenden Zers. von $Ca(ClO)_2$ in 0,1 mol. Lsg. wird der Einfl. von als Chlorid zugesetzten, in der Lsg. in Hydroxyd ($HgCl_2$ in HgO) übergehenden Fremdmetallen auf die Mischkatalysatoren $Ni(OH)_3-Fe(OH)_3$ 85:15 (**I**) u. $Co(OH)_3-Cu(OH)_2$ 40:60 (**II**) bei Zusatzmengen von $1—10 \cdot 10^{-3}$ mMol untersucht. Bei **I** wirken *Hg* u. *Al* aktivierend, *La* nur in sehr kleiner Konz., *Mg, Zn* u. *Pb* hemmen die Wrkg. von **I**. Bei **II** ist Al der stärkste Aktivator, Mg wirkt schwächer, Hg wenig aktivierend, *Ce*, *Tl*, La, Zn u. Pb sind Inhibitoren. Tl wirkt, wie in Verss. an **II** mit verschied. Co:Cu-Verhältnis gezeigt wird, nur auf die Cu-Komponente aktivierend. Ce wirkt auf $Ni(OH)_3$ aktivierend, auf **I** mit zunehmender Fe-Konz. steigend als Inhibitor. In einer Tabelle werden die Aktivierungsenergien u. $\log k_0$ für 20—60° mitgeteilt. (Журнал Физической Химии [J. physik. Chem.] **31.** 2093—2101. Sept. 1957. Wilnjus, Inst. für Chem. u. chem. Technol. der Akad. der Wiss. der LitauSSR.) R. K. MÜLLER. 227

W. P. Jorissen, Induced oxidation. Amsterdam: Elsevier Publishing Cy. 1959. (X + 210 S. m. 77 Abb. u. 26 Tab.) hfl. 22.—.

F. M. Perelman, Methoden der Darstellung mehrkomponentiger Systeme. Fünfkomponentige Systeme. Moskau: Akad. der Wiss. der UdSSR. 1959. (135 S. m. Zeichng.; 1 Bl.graph. Darst.) 5 Rbl. 50 Kop. [russ.]

A_8. Präparative anorganische Chemie. Komplexverbindungen. Metallorganische Verbindungen.

E. Abel, *Zur Raschig-Synthese von Hydrazin.* Die auf F. RASCHIG zurückgehende Synthese von N_2H_4 aus NH_2Cl u. NH_3 wird im Sinne der kürzlich dargelegten „Chemie des NH_2-Radikals" (C. **1954.** 4801) diskutiert. Es dürften drei Molformen sein, nach denen NH_2Cl zu reagieren vermag: $NH_2^+ \cdot Cl^-$, $NH_2^- \cdot Cl^+$ u. $HN{H \atop Cl}$. Im Sinne dieser Molformen wird für eine Reihe von NH_2Cl-Rkk. deren Mechanismus entwickelt: 1) Bldg. von NH_2Cl aus $NH_3 + ClO^-$; 2) Hydrolyse von NH_2Cl; 3) Selbstzerfall von NH_2Cl in saurer Lsg.; 4) Zers. von NH_2Cl in ammoniakal. Lsg.; 5) Synthese von N_2H_4 u. Mechanismus der Metallionkatalyse der N_2H_4–NH_2Cl-Rk.; 6) die Rk. $NH_2Cl \rightarrow Cl_2$. (Mh. Chem. **87.** 164—75. 15/2. 1956. London.) M. SCHENK. 243

Alexander I. Popov und **Robert E. Buckles,** *Komplexe Polyhalogensalze.* Übersicht über Darst. u. Eigg. von komplexen Polyhalogensalzen. — 18 Schrifttumhinweise. (Inorg. Syntheses **5.** 167—75. 1957. Iowa City, Io., State Univ. of Iowa.) W. WESLY. 245

Herbert C. Brown und **Paul A. Tierney,** *Additionsverbindungen der Alkalimetallhydride.* 9. Mitt. *Die Reaktion von Lewissäuren des Bors mit Natriumhydrid und Borhydrid.* (8. vgl. C. **1958.** 7402; vgl. auch C. **1959.** 10828.) In Ggw. von *Diäthylenglykoldimethyläther* (**I**) oder *Triäthylenglykoldimethyläther* absorbiert NaH langsam B_2H_6 (**II**) unter Bldg. von *$NaBH_4$* (**III**), das sich in **I** auflöst. Gibt man **II** im Überschuß zu, so wird je Mol **III** ein Mol BH_3 unter Bldg. von *NaB_2H_7* (**IV**) aufgenommen. Beim Evakuieren wird unter Abspaltung von **II** leicht **III** zurückgebildet. Wenn man eine Lsg. von BF_3 in **I** im Überschuß zu NaH oder **III** gibt, wird in ruhiger Rk. **II** entwickelt. Solange BF_3 in ungenügender Menge zugegeben ist, findet wegen der Bldg. von **IV** nur geringfügige Entw. von **II** statt. Vff. geben auf dieser Grundlage eine Labor-Vorschrift zur Darst. von **II** an, indem zu einer Lsg. von BF_3-Diäthylätherat in **I** langsam eine Lsg. von **III** in **I** zugetropft wird. Auch bei der Zugabe einer stöchiometr. Menge *BCl_3* zu einer Lsg. von **III** in **I** wird nach der Gleichung $BCl_3 + 3\,NaBH_4 = 3\,NaCl + 2\,B_2H_6$ in fast quantitativer Ausbeute **II** gebildet. Wie bei der Verwendung von BF_3 führt ein Unterschuß an BCl_3 zu unbefriedigender Ausbeute. Aber auch ein Überschuß an BCl_3 verschlechterte die Ausbeute an **II**. Vff. fanden, daß BCl_3-Lsgg. in Äthern leicht **II** absorbieren, wobei Ätherate von *Monochloroborin, BH_2Cl*, und *Dichloroborin, $BHCl_2$*, entstehen. Als Nebenrk. bei der Umsetzung von BCl_3 mit **III** in **I** entstand stets CH_4, das nach Vff. aus der Red. von prim. gebildetem CH_3Cl durch **II** stammt. CH_3Cl entsteht bei der Äther-Spaltung von **I** durch BCl_3. Vff. fanden, daß von verschiedenen Äthern nur Ae. u. Tetrahydropyran gegenüber BCl_3 stabil sind. Dagegen ist *Dimethoxyborchlorid* (**V**) auch gegenüber **I** inert u. kann zur Umsetzung mit **III** in **I** verwandt werden. Es ist nicht nötig, **V** zuvor zu isolieren, sondern es genügt, BCl_3 zu einer Lsg. von $B(OCH_3)_3$ in **I** zu geben (1 BCl_3 auf $2B(OCH_3)_3$). Diese Lsg. reagiert mit **III** in **I** ohne Ätherspaltung. (J. Amer. chem. Soc. **80.** 1552—58. 5/4. 1958. Lafayette, Ind., Purdue Univ., Richard B. Wetherill Labor.) H.-J. BECHER. 258

J. H. de Boer und **A. B. C. van Doorn,** *Graphitoxyd.* 2. Mitt. *Die Oxydation verschiedener Typen von Graphit.* (1. vgl. C. **1955.** 1000.) Die Ausdehnung der l. c. beschriebenen Oxydation von *Madagaskar-Graphit* mit HNO_3–H_2SO_4–$KClO_3$-Gemischen auf eine Reihe anderer natürlicher u. synthet. *Graphit*-Arten ergab in allen Fällen ebenfalls Prodd. der Formel $C_7O_4H_2$. Bei natürlichen, gut krist. Arten hängt die Zahl der zur vollständigen Überführung in das Oxydationsprod. nötigen Oxydationen sowohl von den experimentellen Bedingungen (Rk.-Gefäße am besten so groß wie möglich) als auch der Teilchengröße ab: Je kleiner diese ist, umso öfter muß die Oxydation wiederholt werden. Bei den synthet. Graphiten spielt die Kornstruktur die dominierende Rolle. Ein Einfl. der Ggw. sphär. COOH-Gruppen auf die Endformel $C_7O_4H_2$ konnte nicht festgestellt werden. Sowohl auf Grund verschied. theoret. Überlegungen als auch durch Verss. mit Ruß konnte nachgewiesen werden, daß ein solcher Einfl. auch erst bei Teilchengrößen unter 0,4 · 10^{-5} cm eintritt. (Proc., Kon. nederl. Akad. Wetensch., Ser. B **61**. 12—16. 1958. Geleen, Central Labor. of Staatsmijnen; Delft, Technol. Univ., Labor. of Chem. Engng. and Nat. Def. Res. Council TNO, Chem. Labor.) WOLFGANG WAGNER. 260

J. H. de Boer und **A. B. C. van Doorn,** *Graphitoxyd.* 3. Mitt. *Die thermische Zersetzung von Graphitoxyd.* (2. vgl. vorst. Ref.) Die therm. Zers. von *Graphitoxyd* im N_2-Strom wurde bei 120, 150 u. 190° durchgeführt. Experimentelle Anordnung u. Durchführung der Analysen der Zers.-Prodd. werden beschrieben. Im Gegensatz zu den Beobachtungen anderer Autoren wurde neben CO_2, CO u. H_2O auch O_2 nachgewiesen. Die einzelnen Mengen der bei der Zers. auftretenden Prodd. hängen aber stark von den experimentellen Bedingungen, bes. der Geschwindigkeit der Erhitzung der Probe ab. Der entwickelte O_2 tritt stets bei Beginn des Heizvorganges auf, vermutlich wird aber ein großer Teil durch nachfolgende Rkk. wieder verbraucht. Die zuerst entstehenden O_2-Mengen scheinen daher noch erheblich größer zu sein. (Proc., Kon. nederl. Akad. Wetensch., Ser B. **61**. 17—21. 1958.) WOLFGANG WAGNER. 260

V. G. Hill und **Rustum Roy,** *Kieselsäurestrukturuntersuchungen.* 5. Mitt. *Tridymite.* (3. vgl. C. **1958**. 3237.) Unter Verwendung von Quarz, Cristobalit, SiO_2-Glas, SiO_2-Gel u. Si als Ausgangsstoffe u. H_2O, D_2O, H_2O–HF, H_2O–NaOH u. Na_2WO_4 als Flußmittel wurde Tridymit bei verschied. Tempp. u. Drucken unterhalb des Stabilitätsfeldes des Tridymits synthet. dargestellt. Die Rk. verläuft nach dem Schema Ausgangsmaterial → regelloser Cristobalit → Tridymit. Das Mineral tritt in 2 polymorphen Formen *Tridymit-S* (I) u. *Tridymit-MS* (II) auf: I hat eine scharfe Inversion bei 110—115°, eine schwache Inversion bei 165°, **II** eine scharfe Inversion bei 110—120° u. eine verbreiterte bei 140—150°. **II** scheint mit Bezug auf **I** metastabil zu sein. Beide Formen lassen sich leicht röntgenograph. u. mittels DTA unterscheiden. Sehr reiner Tridymit wurde aus reinstem Si u. D_2O in einer Goldkapsel bei 932° u. 4000 lb./in.^{2} dargestellt. Tridymit mit Na-Ionen in „fester Lsg." wurde bei Verwendung von Na_2WO_4 als Flußmittel erhalten. Das Röntgendiagramm zeigte gegenüber reinem Tridymit definierte Verschiebungen der Interferenzen. (Bull. geol. Soc. America **68**. 1745. Dez. 1957. University Park, Pa., Pennsylvania State Univ., Coll. of Mineral Ind., Dep. of Geophys. and Geochem.) C. GOTTFRIED. 261

V. G. Hill und **Rustum Roy,** *Kieselsäurestrukturuntersuchungen.* 6. Mitt. *Über Tridymite.* (5. vgl. vorst. Ref.) Um festzustellen, ab Tridymit als eine Phase in dem SiO_2-Syst. anzusehen ist, erhitzten Vff. reines SiO_2, SiO_2-Glas, Silicagel, natürlichen Quarz oder Cristobalit in verschweißten Pt-Kapseln in Ggw. von H_2O, D_2O oder 4- u. 8%ig. HF-Lsg .auf Tempp. zwischen 840 u. 1250° u. Drucken von 1000—14000 lb./inch^2. In einigen Verss. wurden die obigen Ausgangsmaterialien mit Na_2WO_4 als Flußmittel bei den gleichen Tempp. u. Drucken erhitzt. Die Reaktionsprodd. wurden röntgenograph. u. mittels DTA untersucht. Zunächst wurde festgestellt, daß Tridymit als eine wahre Phase des reinen SiO_2-Syst. anzusehen ist. Mit Sicherheit konnten 2 Formen von Tridymit identifiziert werden: *Tridymit-M* u. *Tridymit-S.* Eine weitere dritte, weniger gut charakterisierte Phase, *Tridymit-U* wurde außerdem gefunden. Die M-Phase läßt sich durch eine lange Wärmebehandlung in die S-Phase umwandeln. Jede Form hat ihr charakterist. Pulverdiagramm; ebenso sind ihre DTA-Kurven verschieden. (Trans. Brit. ceram. Soc. **57**. 496—510. Aug. 1958.) C. GOTTFRIED. 261

Frank Dachille und **Rustum Roy,** *Kieselsäurestrukturuntersuchungen.* 7. Mitt. *Das Hochdruckgebiet von Modell- und Mischlingsabkömmlingen.* (6. vgl. vorst. Ref.) Wegen der in der Literatur auftretenden Diskrepanzen über die Umwandlung Quarz–*Coesit* stellten Vff. Verss. von einer Dauer von 2 Wochen in dem Druckbereich von 10000—35000 at mit *SiO_2, $AlPO_4$, $GaPO_4$, BPO_4, BeF_2, GeO_2* u. *B_2O_3* an. Die für SiO_2 erhaltene p–t-Kurve stimmte innerhalb der Fehlergrenzen mit der von MACDONALD überein. Nur für BeF_2 wurde eine andere Coesitform gefunden. Die p–t-Kurve für die Umwandlung $BeF_{2\ Quarz}$ — $BeF_{2\ Coesit}$ liegt nahe der für SiO_2 u. geht bei 20000 at durch einen Punkt bei 550°. Neue Phasen wurden bei hohen Drucken von $AlPO_4$ u. B_2O_3 erhalten. Infrarotabsorptionsunterss. verschiedener Polymorpher von SiO_2, GeO_2 u. B_2O_3 ergeben das Nichtauftreten irgendeiner Koordinationsänderung in Coesit. GeO_2 in fester Lsg. in SiO_2 erhöht den zur Bldg. von Coesit erforderlichen Druck. Die feste Löslichkeit von GeO_2 in Quarz fällt von 33 Mol-% bei 500° u. 500 at auf etwa 5% bei 500° u. 20000 at. (Bull. geol. Soc. America **68**. 1713. Dez. 1957.) C. GOTTFRIED. 261

Rustum Roy, T. Isaacs und **E. C. Shafer,** *Kieselsäurestrukturuntersuchungen.* 8. Mitt. *Teil der Systeme SiO_2–$NaAlSiO_4$ und SiO_2–$LiAlSiO_4$ mit hohem Kieselsäuregehalt und ihre Beziehung zu dem Tridymitproblem.* (7. vgl. vorst. Ref.) Zwischen 500 u. 1200° u. Drucken $<$1000 at wurden die Systeme SiO_2–$NaAlSiO_4$ u. SiO_2–$LiAlSiO_4$ „trocken"

u. hydrothermal untersucht. *Tridymit* kann in dem Syst. SiO_2–H_2O bei etwa 900° u. Drucken von 1500 lb./in.² dargestellt werden. Bei Zusatz von Na + Al nimmt die Bildungstemp. mehr oder weniger regelmäßig ab, so daß mit etwa 10 Mol-% $NaAlSiO_4$ Tridymit bei 550° erhalten werden kann. — In dem Syst. SiO_2—$LiAlSiO_4$ wird der Quarz mit Bezug auf Tridymit nach höheren Tempp. stabilisiert u. die sog. SiO_2–x, entsprechend Hochquarz wird bei Zimmertemp. mit einem großen Zusammensetzungsbereich metastabil erhalten. Das Gleichgewicht zeigt jedoch die Entwicklung von Tiefquarz mit nicht meßbarer fester Lösung. Das Problem der Bldg. von *α-Spodumen* erwies sich als kompliziert durch die Bldg. von *α-Eukryptit* + *Petalit* aus der Spodumenzus. bei tiefen Tempp. u. Drucken bis 4000 at. (Bull. geol. Soc. America **68.** 1789. Dez. 1957.)
C. GOTTFRIED. 261

G. B. Sseifer, *Über das Kristallalkoholat von Caesiumcarbonat mit Methylalkohol.* Im Gegensatz zu Me_2CO_3 (Me = Li, Na, K, Rb) bildet Cs_2CO_3 mit Methylalkohol Kristallalkoholate der Zus. $Cs_2CO_3 \cdot 6\ CH_3OH$. Die fettglänzenden Kristalle werden an der Luft rasch zers. u. gehen in ein feines Pulver über; gleichzeitig wird W. aus der Luft aufgenommen. (Журнал Неорганической Химии [J. anorg. Chem.] **2.** 1055—56. Mai 1957.)
R. K. MÜLLER. 277

Elmer T. Carlson, *Das System Kalk–Tonerde–Wasser bei 1° C.* Zur Klärung einer Reihe von offenen Fragen u. widersprüchlichen Ansichten in der Literatur wurden die Phasengleichgewichte des Syst. CaO–Al_2O_3–H_2O bei 1° näher untersucht. Die Herst. der Materialien, Löslichkeits-, Ausfällungs- u. Röntgenunterss. der verschied. Phasen sowie die Analysen werden eingehend beschrieben. Als stabile Phasen ergaben sich *Gibbsit* $Al_2O_3 \cdot 3H_2O$, *Tetracalciumaluminat-Hydrat* $4CaO \cdot Al_2O_3 \cdot 13H_2O$ u. $Ca(OH)_2$. Außerdem wurden noch die metastabilen Phasen $2CaO \cdot Al_2O_3 \cdot 8H_2O$ u. $CaO \cdot Al_2O_3 \cdot 10H_2O$ bestimmt. Die Verbb. $2\ CaO \cdot Al_2O_3 \cdot 8\ H_2O$ u. $4\ CaO \cdot Al_2O_3 \cdot 13\ H_2O$ kristallisieren in einem großen Konz.-Bereich zusammen, wobei aber die erstere vermutlich im ganzen Bereich metastabil ist. Für Gibbsit konnte infolge der extremen Langsamkeit der Rk. keine Löslichkeitskurve ermittelt werden. Auch die isometr. Verb. $3CaO \cdot Al_2O_3 \cdot 6H_2O$ scheint bei der Untersuchungstemp. metastabil zu sein, sie wandelt sich wahrscheinlich sehr langsam in eine oder mehrere hexagonale Hydrate um. Beweise für die Existenz von hexagonalen Tricalciumaluminat-Hydraten wurden nicht gefunden, lediglich durch (unbeabsichtigte) Aufnahme kleiner Mengen CO_2 während der langen Zeit zur Erreichung des Gleichgewichts bildete sich in geringen Mengen ein Carbonat-Aluminat der wahrscheinlichen Zus. $3CaO \cdot Al_2O_3 \cdot CaCO_3 \cdot 11H_2O$. Das Hydrat $2\ CaO \cdot Al_2O_3 \cdot 8\ H_2O$ verliert beim Trocknen über $CaCl_2$ in reversibler Rk. 2 Moll. W., das entstehende 6-Hydrat besitzt ein charakterist. Röntgenbild. Zusammen ausgefällte Mischungen von $2\ CaO \cdot Al_2O_3 \cdot 8\ H_2O$ u. $4\ CaO \cdot Al_2O_3 \cdot 13\ H_2O$ zeigten nach Trocknen nur die Linien der letzteren Verb., die Dicalciumverb. wird vermutlich in einer irreversiblen Rk. zur Tetracalciumverb. u. amorphem Al_2O_3 zersetzt. (J. Res. nat. Bur. Standards **61.** 1—11. Juli 1958. Washington, D. C.)
WOLFGANG WAGNER. 294

A. E. Fuhs, *Ein kontinuierliches Herstellungsverfahren für Titan. Diffusionsflammen zur Darstellung von Titan.* Es werden Verss. zur Herst. von Titan aus gasförmigem $TiCl_4$ u. fl. Na, das sich auf einem beheizten, porösen Zapfen befindet, beschrieben. Auf Grund seiner Ergebnisse weist Vf. nach, daß eine kontinuierliche Darst. von Titan nach dem Verf. der heterogenen Diffusionsflammen im techn. Maßstab im Prinzip möglich ist. Die Menge des in der Diffusionsflamme entstehenden Ti wird mit $3 \cdot 10^{-2}$ g pro Sek. u. cm Radius des mit fl. Na benetzten porösen Zapfens angegeben. (Ind. Engng. Chem. **51.** 739—40. Juni 1959. Pasadena, Calif., Califorma Inst. of Technol., Guggenheim Jet Propulsion Center.)
H.-J. HARTMANN. 321

H. J. Emeléus, *Die Transurane.* Fortschrittsbericht über die chem. Isolierung der Transurane. (Advancement of Sci. **15.** 23—30. Sept. 1958.)
GERHARD SCHMIDT. 341

J. R. Flanary und **J. H. Goode,** *Gewinnung von Neptunium-237 aus Aufarbeitungsrückständen durch Lösungsmittelextraktion.* Vff. untersuchten die Extraktion von ^{237}Np aus Aufarbeitungsrückständen (mit 0,05 bis 75 g Np/Tonne) mit Tributylphosphat. Um das Np in der extrahierbaren 6-wertigen Stufe zu erhalten, werden die anfallenden Lsgg. mit HNO_3 u. $Al(NO_3)_3$ versetzt. Es wird eine halbtechn. Anlage beschrieben, mit der Trennfaktoren (in Bezug auf U) von $2{,}1 \cdot 10^4$ erreicht wurden. (Ind. Engng. Chem. **51.** 55—57. Jan. 1959. Oak Ridge, Tenn., Oak Ridge Nat. Labor.)
H.-U. WOELK. 342

J. L. Ryan und **E. J. Wheelwright,** *Gewinnung und Reinigung von Plutonium durch Anionenaustausch.* Vff. untersuchte die Bindung von Pu(IV) aus salpetersauren u. $Ca(NO_3)_2$-Lsgg. an verschied. Anionenaustauschern als Funktion der Zus. der Lsg. u. der Temperatur. Die Ergebnisse der Gleichgewichts- u. kinet. Messungen zeigen, daß das Pu als $Pu(NO_3)_6^{2-}$ gebunden wird. Der Verteilungskoeff. durchläuft als Funktion der

HNO_3-Konz. ein Maximum. Für $Ca(NO_3)_2$-Lsgg. sind die entsprechenden Werte höher ohne daß ein Maximum erreicht wird. Die Absorptionsgeschwindigkeit nimmt mit dem Vernetzungsgrad ab. Die Eluierungsausbeute wurde ebenfalls als Funktion der HNO_3-Konz. ermittelt u. die Möglichkeiten zur Trennung des Pu von U u. Spaltprodukten durch Anionenaustausch untersucht. Als günstigste Arbeitsbedingung ergab sich Absorption aus 7 mol. HNO_3 bei 60° u. Eluierung mit ebenfalls 7 mol. HNO_3. Für die Spaltprodd. konnten Trennfaktoren von $3 \cdot 10^7$ erreicht werden. Ergänzend hierzu wurde die Strahlungsstabilität der Austauscher untersucht. γ-Bestrahlungen von einigen 10^8 Röntgen erniedrigen die Kapazität der Austauscher. Permutit-SK ist nach den Ergebnissen der Vff. für die Pu-Gewinnung am besten geeignet. (Ind. Engng. Chem. **51.** 60—65. Jan. 1959. Richland, Wash., Gen. Electric Co., Hanford Labor.) H.-U. WOELK. 343

M. Rozsíval und **A. Bergstein,** *Thermische Zersetzung von $MnCO_3$.* 2. Mitt. *Elektronenmikroskopische Untersuchung.* Inhaltlich ident. mit der C. **1959.** 7060 referierten Arbeit. (Collect. czechoslov. chem. Commun. **24.** 1195—99. April 1959. [Orig.: deutsch].) W. BARZ. 350

A. N. Nessmejanow, E. G. Perewalowa und **O. A. Nessmejanowa,** *Reaktionen von Diferrocenylquecksilber. Diferrocenylquecksilber* (I) reagiert mit Triphenylchlormethan zu *Ferrocenyltriphenylmethan* u. $HgCl_2$. Aus **I** u. Ferrocensulfosäurechlorid bzw. Benzolsulfochlorid oder besser Benzolsulfojodid werden *Diferrocenylsulfon* bzw. *Phenylferrocenylsulfon* erhalten. Mit Acetylchlorid reagiert **I** nur schwer zu Acetylferrocen, mit Benzoylchlorid erfolgt keine Reaktion. Aus **I** u. Rhodan entsteht zunächst wahrscheinlich Rhodanferrocen, das mit $Na_2S_2O_3$ *Diferrocenyldisulfid* liefert. Mit $SeBr_4$ liefert **I** bei folgender Red. mit $Na_2S_2O_3$ *Diferrocenylselen.* Bei allen Rkk. mit Ausnahme der letzten wird daneben *Ferrocen* gebildet, dessen Entstehung durch das intermediäre Auftreten von Ferrocenylradikal erklärt wird. In jedem Falle liegt das Reaktionsprod. in der Ferricin-Form vor, die durch $Na_2S_2O_3$ reduziert wird.

Versuche: *Ferrocenyltriphenylmethan,* $C_{29}H_{24}Fe$, F. 179—181°, man gibt zu einer Suspension von 1,9 g **I** in Bzl. 1,9 g Triphenylchlormethan, kocht 4 Std., dest. das Bzl. ab, behandelt den Rückstand mit gesätt. wss. $Na_2S_2O_3$-Lsg., filtriert u. extrahiert mit Ae., nach Abtrennen von 0,01 g Ferrocen u. wenig Öl durch Chromatographieren mit PAe. an Al_2O_3, dann aus n-Butanol Kristalle; 0,5 g (Ausbeute). — *Phenylferrocenylsulfon,* $C_{16}H_{14}FeO_2S$, F. 145—146°, man gibt zu 4,8 g **I** eine benzol. Lsg. von Benzolsulfojodid (Überschuß), läßt über Nacht stehen, behandelt mit gesätt. wss. $Na_2S_2O_3$, filtriert, extrahiert mit Bzl. u. chromatographiert an Al_2O_3, aus A. Kristalle; 0,9 g. Daneben 1,3 g **I** u. 0,5 g durch Jodferrocen verunreinigtes *Ferrocen.* — *Diferrocenylsulfon,* $C_{20}H_{18}Fe_2O_2S$, F. 270—275° (Zers.), aus 1,6 g **I** u. 1,6 g Ferrocensulfochlorid durch 18 std. Kochen in absol. Bzl, Aufarbeitung analog vorst., aus Butanol Kristalle, 0,1 g. Daneben 0,35 g Ferrocen, 0,48 g *Ferrocensulfochlorid* u. 0,02 g *Ferrocenylquecksilberchlorid.* — *Acetylferrocen,* F. 82—84°, durch 5 std. Kochen einer Suspension von 1 g **I** in absol. Bzl. mit 0,25 ml Acetylchlorid, Abdest. des Bzl., Red. des Rückstandes mit $Na_2S_2O_3$, Extrahieren mit Ae. u. Chromatographieren mit Bzl./PAe. an Al_2O_3; 0,01 g. Daneben 1,05 g *Ferrocen.* — *Diferrocenyldisulfid,* $C_{20}H_{18}Fe_2S_2$, F. 185—187°, man verreibt 4 g **I** mit einer alkoh. Lsg. von Rhodan (aus $CuSO_4$ u. KSCN) u. gibt solange Rhodanlsg. zu, bis die Lsg. sich nicht mehr entfärbt, erhitzt unter Rühren u. Zugabe von Rhodanlsg. bis zur konstanten Färbung der Lsg. 10—15 Min., gießt in 150 ml gesätt. wss. $Na_2S_2O_3$-Lsg., verd. in 3 Std. mit W. bis auf 800—900 ml, extrahiert den abfiltrierten Nd. mit PAe. (Rückstand 0,5 g **I**) u. chromatographiert mit PAe.–PAe./Bzl. (2:1) an Al_2O_3; aus n-Butanol oder A. Kristalle; 0,4 g. Daneben 0,6 g *Ferrocen.* — *Diferrocenylselen,* $C_{20}H_{18}Fe_2Se$, F. 151—153°, aus 5 g **I** in Chlf. bei Zugabe einer Lsg. von 8,3 g $SeBr_4$ in 250 ml Chlf. unter Rühren, 1std. Kochen, Behandeln des Nd. mit $Na_2S_2O_3$, Extrahieren mit Ae.; aus Isobutanol oder A. Kristalle; 0,8 g. (Доклады Академии Наук СССР [Ber. Akad. Wiss. UdSSR] **119.** 288—91. 11/3. 1958. Moskau, Lomonossow-Univ.) U. WÖRFFEL. 354

W. D. Johnston, R. R. Heikes und **D. Sestrich,** *Darstellung, Kristallographie und magnetische Eigenschaften des Systems $Li_xCo_{(1-x)}O$.* Durch Rk. im festen Zustand bei 900° wurden aus Li_2O_2 u. CoO zahlreiche Verbb. des Syst. $Li_xCo_{(1-x)}O$ hergestellt. Im Bereich x = 0 bis 0,2 werden Einphasenstrukturen erhalten, die nach dem NaCl-Typ kristallisieren. Die röntgenograph. best. Gitterkonstante nimmt von 4,244 Å für x = 0,045 bis 4,174 Å für x = 0,210 stetig ab. Bei x = 0,5 wird eine rhomboedr. Phase gebildet, $LiCoO_2$, mit den hexagonalen Achsen a = 2,8166 Å u. c = 14,052 Å. Für den Bereich x = 0,05 — 0,50 wird zwischen 600 u. 850° ein Phasendiagramm gegeben. Für x = 0—0,2 wurde die Kristallstruktur oberhalb u. unterhalb des antiferromagnet. CURIE-Punktes (145—300° K) bestimmt. CURIE- u. Umwandlungspunkte sinken mit wachsendem Li-Geh., ebenso der Betrag der kristallograph. Deformation. Bei x = 0,2 konnte bis herunter zu 145° K (entspr. CURIE-Punkt 200° K) kein Umwandlungspunkt mehr beobachtet werden. Vf. geben eine dreidimensionale Darst. der Gitterkonstanten als Funktion von Temp. u. Li-Gehalt. Die aus Susceptibilitätsmessungen erhaltenen CURIE-Konstanten pro Mol Co liefern in Abhängigkeit von x Punkte, die bis auf den Bereich x = 0—0,05 auf dem theoret. Kurvenzug liegen. Die für Co^{2+} u. Co^{3+} erhaltenen magnet. Momente werden mit möglichen Energiezuständen erklärt. (Physics chem. Solids **7.** 1—13. Okt. 1958. Pittsburgh, Pa., Westinghouse Res. Labor.)

R. JUNGE. 355

A. Ja. Deitsch, *Untersuchung der Komplexbildung im System $NiSO_4$–H_2SO_4–H_2O durch Methoden der physikalisch-chemischen Analyse.* Es wurden die D., die Viscosität u. die Volumänderungen in 13 Gemischen von $NiSO_4$–H_2SO_4–H_2O bei 20 u. 30° gemessen; zusätzlich wurden Mikrophotos der Kristalle aufgenommen sowie die Mischungstempp. gemessen (es erfolgt hierbei Wärmeabsorption). — Aus den Abweichungen von der Additivität ergab sich mit Sicherheit, daß sich die Verb. $H_2[Ni(SO_4)_2]$ bildet, u. zwar sowohl bei 20 als auch deutlicher bei 30°, bei Konzz. bis 1,7 Mol/Liter. (Журнал Неорганической Химии [J. anorg. Chem.] **3.** 1465—67. Juni 1958.) A. v. WILPERT. 356

Tsuguo Tanaka, *Einige Additionsverbindungen von Bis-[salicylaldehyd]-äthylendiiminkupfer.* 3. Mitt. *Einfluß der Substituenten in Phenolen auf die Bildung der Additionsverbindungen.* (2. vgl. C. **1959.** 10505.) Aus *Bis-[salicylal]-äthylendiaminkupfer* (**I**) sowie aus *Bis-[-5methylsalicylal]-äthylendiaminkupfer* (**II**) werden mit verschied. Phenolen Additionsverbb. hergestellt. o-Ständige Nitro- u. Carbonylgruppen in Phenolen verhindern die Bldg. der Additionsverbb. u. auch o-ständige tert.-Butylgruppen üben in einigen Fällen auf ihre Bldg. eine störende Wrkg. aus. o-Nitrophenol, Salicylaldehyd, o-Oxyacetophenon u. 2.4.6-Tri-tert.-butylphenol bildeten keine Additionsverbindungen. Versuche: Additionsverbb: Aus **I** u. p-Oxybenzaldehyd (**III**) $C_{23}H_{20}CuN_2O_4$; aus Chlf. violette Nadeln. — Aus **I** u. 2.4.6-Tribromphenol $C_{22}H_{17}Br_3CuN_2O_3$; aus Chlf. violette Nadeln. — Aus **I** u. Thymol (**IV**) $C_{26}H_{28}CuN_2O_3$, durch 5 std. Erhitzen; violettes Pulver; zers. sich in der feuchten Luft. — Aus **II** u. p-Nitrophenol $C_{24}H_{23}CuN_3O_5$; aus Chlf. rot-violette Nadeln. — Aus **II** u. **III** $C_{25}H_{24}CuN_2O_4$; aus Chlf. violette Nadeln. — Aus **II** u. Pikrinsäure $C_{24}H_{21}CuN_5O_9$, durch 20 Min. Umrühren in Chlf. u. Waschen des Nd. mit Bzl.; gelbe Nadeln; gibt bei Umkristallisation aus 90%ig. A. violettbraune Nadeln, $C_{26}H_{27}CuN_5O_{10}$, daneben braune Nadeln, $C_{24}H_{23}CuN_5O_{10}$. — Aus **II** u. **IV** $C_{28}H_{32}CuN_2O_3$; rotviolettes Pulver. — Aus **II** u. 2.4-Di-tert.-butylphenol $C_{32}H_{40}CuN_2O_3$; grauviolettes Pulver; zers. sich leicht in Lösungen. (J. chem. Soc. Japan, pure Chem. Sect. [Nippon Kagaku Zassi] **79.** 942—45. Aug. 1958. Saga, Daigaku. [Orig.: japan.])

E. MAEKAWA. 358

A. A. Grinberg und **Ju. N. Kukuschkin,** *Über die Darstellung des Kossschen Salzes.* (Vgl. C. **1958.** 9709.) Es wird über die Bedingungen zur Gewinnung des Kossschen Salzes, u. die Steigerung der Ausbeute an diesem Salz durch die Verff. von JÖRGENSEN (1900), GELMAN (1945) sowie LEBEDINSKI-GOLOWNJA (1947) diskutiert. (Журнал Неорганической Химии [J. anorg. Chem.] **3.** 1312—14. Juni 1958.)

A. v. WILPERT. 368

A₉. Mineralogische und geologische Chemie.

Earl Ingerson, *Das nächste Jahrzehnt der Geochemie.* Ausgehend von den Erfolgen gemeinsamer geochem. Forschung an den U-Lagerstätten des Coloradoplateaus behandelt Vf. weitere Probleme, bei deren Lsg. eben solche Forschungsarbeiten notwendig sind: Die Lateritisation, die Pb–Zn-Lager des Mississippitales, die Granitisation, die Meteorite, die Geochemie des Petroleums u. des natürlichen Wassers. Eine internationale Zusammenarbeit analog der des geophysikal. Jahres wird vorgeschlagen. (Geochim. cosmochim. Acta [London] **14.** 185—203. Sept. 1958. Washington, D.C., US Geol. Surv.)

J.-E. HILLER. 378

Paul F. Kerr, *Kriterien der Gesteinsverwitterung bei der Suche nach Uran.* Mit der Uranvererzung geht häufig eine Verwitterung des Nebengesteins parallel. Diese Verwitterung kann eine Eisenvererzung mit Bldg. von Pyrit u. Haematit, eine Fluoritisierung durch Bldg. von Flußspat, eine Chloritisierung u. Umwandlung in Tonmineralien, eine Alunitisierung unter Bldg. von Alunit u. eine Verkieselung unter Bldg. von Quarz u. Chalcedon sein. (Proc. int. Conf. peaceful Uses Atomic Energy **6.** 679—84. 1956.)

F. ENSSLIN. 378

D. H. Anderson und **H. E. Hawkes,** *Die relative Beweglichkeit der häufigsten Elemente bei der Verwitterung einiger Schiefer- und Granitgebiete.* Das Flußwasser u. die Gesteine dreier Einzugsgebiete in Neuengland wurden chem. untersucht. Da die Gesteine der Einzugsgebiete chem. homogen waren, konnte die relative Beweglichkeit der Hauptionen berechnet werden aus dem Verhältnis ihres Geh. im W. zu dem in den Gesteinen.

Die abnehmende Reihenfolge der Beweglichkeit war in allen Fällen: Mg, Ca, Na, K, Si, Al = Fe. Sie unterscheidet sich von früheren Angaben durch die Stellung des Mg, das statt an erster an dritter Stelle genannt wurde. (Geochim. cosmochim. Acta [London] **14.** 204—10. Sept. 1958. Cambridge, Mass., MIT.) J.-E. HILLER. 378

W. Ernst, K. Krejci-Graf und **H. Werner,** *Parallelisierung von Leithorizonten im Ruhrkarbon mit Hilfe des Bor-Gehaltes.* Die kohlenstoffhaltigen pelit. Sedimente des Ruhrgebietes enthalten einen charakterist. B-Geh., der von der Salinität des W. abhängt, in dem das Sediment gebildet wurde. Frischwassersedimente haben einen B_2O_3-Geh. von 0,005—0,015%, während typ. marine Sedimente 0,03—0,06% aufweisen. Während der Diagenese u. der Verwitterung scheinen diese Gehh. stabil zu sein, werden jedoch bei der Metamorphose verringert. Bei fossilfreien Horizonten kann der W.-Geh. zur Parallelisierung u. zur Feststellung der Bildungsbedingungen herangezogen werden. (Geochim. cosmochim. Acta [London] **14.** 211—22. Sept. 1958. Krefeld, Geol. Landesamt Nordrheinwestfalen; Frankfurt/M., Univ., Geol.-Paläont. Inst.) J.-E. HILLER. 378

G. I. Kerimow, *Zur Genesis der Sulfid–Kupferpyrit- und Kupferpyrit–Polymetall-lagerstätten der Nordost-Abhänge des Kleinen Kaukasus (Aserbaidshanische SSR).* Krit. Übersicht an Hand des Literaturmaterials. — 33 Literaturangaben. (Известия Академии Наук Азербайджанской ССР, Серия Геолого-Географических Наук [Nachr. Akad. Wiss. AserbaidshanSSR, Ser. geol.-geogr. Wiss.] **1958.** Nr. 3. 51—64.) O. LEBTAG. 378

J. H. Taylor, *Die Bildung von sekundärem Bleiglanz in Broken Hill, Nordrhodesien.* In Broken Hill, Nord-Rhodesien, reicht die Oxydationszone bis 1150 Fuß unter Tage. In der Übergangszone zwischen Sulfid- u. Oxydationserz bildet Bleiglanz dünne Ränder um *Zinkblende* u. dringt entlang Spalten in diese ein. Er bildet bis zu 5% des Erzes. Dieser Bleiglanz ist sekundär u. muß oberhalb des Wasserspiegels abgesetzt worden sein. Es wird angenommen, daß die Wanderung des Pb in die Verwitterungszone in einer früheren Trockenperiode vor sich gegangen ist. (Mineralog. Mag. J. mineralog. Soc. **31.** 908—13. Sept. 1958. London, Univ., King's Coll., Dep. of Geol.) J.-E. HILLER. 378

D. Jerome Fisher, *Pegmatitphosphate und ihre Probleme.* Am Beispiel der *Apatit*-Gruppe geht Vf. auf Probleme der mineralog. Nomenklatur ein u. definiert den Begriff Isomorphie. Sodann werden über 70 Phosphatmineralien aus Pegmatiten behandelt, ihre Genese u. chem. Zus. besprochen u. die Daten der DEBYE-SCHERRER-Aufnahmen angegeben. (Amer. Mineralogist **43.** 181—207. März/April 1958. Chicago, Ill., Univ.) J.-E. HILLER. 380

Cornelius S. Hurlbut jr., *Zusätzliche Angaben über Bikitait.* (Vgl. C. **1959.** 4731). An neuen Kristallen von Bikitait $LiAlSi_2O_6 \cdot H_2O$ konnten morpholog. Messungen ausgeführt werden. Die Kristalle sind nach [010] gestreckt u. die Flächen dieser Zone bes. gut ausgebildet. Folgende Formen wurden gemessen u. ihre Flächenwinkel angegeben: (001), (010), (100), (110), (210), $(\bar{1}02)$, $(\bar{1}01)$, $(\bar{1}12)$. (Amer. Mineralogist **43.** 768—70. Juli/Aug. 1958. Cambridge, Mass., Harvard Univ.) J.-E. HILLER. 380

F. C. Loughnan und **G. T. See,** *Weißer Chlorit von Cobargo, N. S. W.* Es wird gezeigt daß ein früher für *Pyrophyllit* gehaltener Chlorit die Zus. $Mg_5Al(Si_3Al)O_{10}(OH)_8$ hat. Der Chlorit ist vergesellschaftet mit *Montmorillonit, Talk, Vermiculit, Glimmer, Rutil* u. *Feldspat.* Die Paragenese wurde durch Mg-haltige hydrothermale Lsgg. erzeugt aus einem mittelkörnigen Albitit, einem Differentiationsprodukt des Bega-Granodiorits. (Amer. Mineralogist **43.** 671—76. Juli/Aug. 1958. Kensington, New South Wales, Univ. of Technol.) J.-E. HILLER. 380

P. G. Embrey, *Condurrit: eine Mischung und nicht Domeykit.* Bei Unters. von 8 Condurritproben zeigte es sich, daß Mischungen vorliegen von *Cuprit, Melaconit* u., aber nicht vorherrschend, Domeykit. (Mineralog. Mag. J. mineralog. Soc. **31.** 979—80. Sept. 1958. London, Brit. Mus.,Dep. of Mineral.) J.-E. HILLER. 380

T. N. Muthuswami, *Klinohumit aus der Sausar-Serie, Distrikt Bhandara, Indien.* Vf. berichtet über ausführliche chem. u. opt. Unterss. an Klinohumit aus dem dolomit. Marmor der Bichnastufe der Sausarserie. Die chem. Analyse ergab die folgenden Werte: SiO_2 37,18 (%); Fe_2O_3 0,49; FeO 2,24; MnO 0,04; MgO 55,09; TiO_2 2,92; H_2O^+ 1,30; F 0,95; H_2O^- 0,25; D. 3,2; Härte 5,5—6. Pleochroismus: α = goldgelb; β u. γ = mattgelb; Brechungsindices $\alpha = 1,638 \pm 0,001$; $\beta = 1,658 \pm 0,001$; $\gamma = 1,670 \pm 0,001$; 2V 76°; opt. positiv u. Auslöschung $\alpha \wedge 001 = 9°$. Die Daten des Pulverdiagramms sind tabellar. wiedergegeben. (Proc. Indian Acad. Sci., Sect. A **48.** 9—28. Juli 1958. Sangar, Univ., Dep. of Appl. Geol.) C. GOTTFRIED. 380

Brian J. Skinner und **E. Maud McBriar,** *Mennige von Broken Hill, Neu-Südwales.* Mennige wird in Broken Hill, Neu-Südwales, als Pseudomorphose nach *Cerussit* gefunden, die bei einem Grubenbrand gebildet wurde. Diese Mennige ist mit synthet.

Produkten identisch. Sie ist tetragonal mit a = 8,824, c = 6,564 Å, D. = 8,2. (Mineralog. Mag. J. mineralog. Soc. **31.** 947—50. Sept. 1958. Adelaide, Australia, Univ., Geol. Dep.) J.-E. HILLER. 380

G. K. Abdullajew, *Kristallographische Untersuchung des Pyrits der Tschiragidsor-Lagerstätte.* (Vgl. C. **1958.** 12920.) Die *Pyrit* (I)-Kristalle der Lagerstätte Tschiragidsor sind durch die Vielzahl der einfachen Formen u. ihrer Kombinationen gekennzeichnet. I ist demnach hydrothermal bei mittlerer Temp. entstanden. Durch Messungen an 40 Kristallen von I wurden folgende einfache Formen festgestellt: e {210}, o {111}, a {100}, Θ {430} u. n {211} (gewöhnliche Formen); häufige Formen: p {221}, s {321}, g {320}, f {310}, y {530}, d {110}, ν {650}, Δ {655} u. v {740}; seltene Formen: k {520}, ξ {540}, c {730}, π {750}, Π {850}, A {950}, ω {980}, σ {533}, s {753}, Ξ {15.11.0}, C{13.5.0} g {10.7.4}, K {13.10.1} u. e′ {120}. Θ {430} ist für den untersuchten I eine stabile u. sehr charakterist. Form, die bei fast der Hälfte der untersuchten Kristalle vorkommt. (Известия Академии Наук Азербайджанской ССР, Серия Геолого-Географических Наук [Nachr. Akad. Wiss. AserbaidshanSSR, Ser. geol.-geogr. Wiss.] **1958.** Nr. 3. 95—102.) O. LEBTAG. 380

Hideo Minato und **Shuichi Iwao,** *Ein Vorkommen von Talk in Verbindung mit einigen hydrothermalen Gipslagerstätten.* Das Gipsvorkommen der Wanibuchi-Mine, Shimane-Prefecture, Japan, enthält tonige Verunreinigungen als Einschlüsse oder Gänge, die infolge einer Zufuhr von Mg in Form von hydrothermalen Lsgg. Mg-Montmorillonit und Mg-Chlorit enthalten. In einer Reihe von diesen tonigen Einlagerungen wurden talkige Tone erkannt u. Talk mittels Röntgenspektroskopie u. chem. Analyse nachgewiesen. Die Entstehung des Talkes wird diskutiert. (Sci. Pap. Coll. gen. Educat., Univ. Tokyo **6.** 187—92. Dez. 1956. Tokyo, Univ., Coll. of Educat., Inst. of Earth Sci. [Orig.: engl.]) K. LÖFFLER. 380

G. I. Teodorowitsch, *Über die Klassifikation von Silicat–Carbonat-Tongesteinen.* Je nach dem Geh. an chemogenem u. organogenem SiO_2 (I) unterscheidet Vf. folgende Hauptgruppen: Silicate mit mehr als 50% I; vorwiegend Silicat-Carbonatgesteine mit weniger als 50% u. mehr als 10—25% I; vorwiegend Carbonat-Ton- u. Tongesteine mit 10—33% I; vorwiegend Silicat-Tongesteine mit weniger als 50% u. mehr als 10—25% I. Die Gehh. an nichtklast. SiO_2, Calcit oder Dolomit u. an Tonmaterial werden tabellar. dargestellt. (Разведка и Охрана Недр [Erforsch. Schutz Bodenschätze] **24.** Nr. 6. 7—12. Juni 1958. Erdöl-Inst. der Akad. der Wiss. der UdSSR.) O. LEBTAG. 385

Sch. I. Allachwerdijew, *Über die Carbonate aus der Verwitterungsrinde der ultrabasischen Gesteine Aserbaidshans.* Die Prodd. der Verwitterungsrinde im Kelbadshar-Bezirk (Aserbaidshan) sind durch desintegrierte u. ausgelaugte, mitunter auch nontronitisierte Serpentinite vertreten. Eine ihrer charakterist. Eigg. besteht in der intensiven Verdrängung der Mineralien des Gesteins durch Carbonate, die in den Verwitterungsprodd. zahlreich vertreten sind. Vf. beschreiben eingehend die Mineralien Aragonit, Ophiocalcit, Magnesit, Dolomit, Hydromagnesit, Ankerit u. Pyroaurit. (Известия Академии Наук Азербайджанской ССР, Серия Геолого-Географических Наук [Nachr. Akad. Wiss. AserbaidshanSSR, Ser. geol.-geogr. Wiss.] **1958.** Nr. 3. 79—88.) O. LEBTAG. 385

C. R. van der Merwe und **H. Heystek,** *Tonmineralien von südafrikanischen Bodengruppen.* 4. Mitt. *Böden der gemäßigten Gebiete.* (3. vgl. C. **1957.** 4054.) Die Tonfraktion zahlreicher zu den Gruppen der Podsol- bzw. Braunen Waldböden gehörender Böden wurden röntgenographisch u. mittels Differentialthermoanalyse auf ihre Zus. untersucht. Sie bestand aus Kaolin, Montmorillonit u. einem Illit–Montmorillonit-Mischmineral. Die Tonminerale der Muttergesteine u. ersten Verwitterungs-Prodd. einiger Podsolböden waren Montmorillonit u. (oder) Illit–Montmorillonit-Mischminerale. Mit zunehmendem Verwitterungsgrad treten Illit u. Kaolin in Vordergrund. Bei hohen Niederschlägen ist Kaolin das einzige anwesende Tonmineral. (Soil Sci. **81.** 399—414. Mai 1956. Pretoria, Dep. of Agric.; South African Council for Sci. and Ind. Res.) WILFRIED WERNER. 385

Ryosuke Tateoka, *Untersuchungen über Sanddünen-Böden.* 1. Mitt. *Über die mineralogische Zusammensetzung von Sanddünen-Böden im Tottori-Gebiet.* Mineralog. Zus. von japan. Sanddünen-Böden u. relative Beständigkeit der einzelnen Mineralien gegen Verwitterung. (J. Sci. Soil Manure, Japan [Nippon Dozya-Hiryo-Gaku Zasshi] **26.** 445—49. März 1956. Tottori, Univ., Fac. of Agriculture. [Orig.: japan.; Auszug: engl.]) W. WESLY. 385

Brian Mason, *Chemische Zusammensetzung der Tektite.* Vf. nimmt Bezug auf eine Äußerung von KREY (vgl. C. **1959.** 5737), wonach Tektite eine chem. Zus. haben, die sehr ähnlich der von sauren Sedimentgesteinen ist, u. zeigt an Hand von analyt. Angaben aus der Literatur, daß es auch Eruptivgesteine gibt, die in ihrer chem. Zus. der der

Tektite sehr ähnlich sind. Aus diesen Zusammenstellungen schließt Vf., daß Stoffe mit der chem. Zus. der Tektite durch mehr als nur einen natürlich vorkommenden Prozeß erhalten werden können. (Nature [London] **183.** 254—55. 24/1. 1959. Srinagar, Univ. of Jammu and Kashmir.) C. GOTTFRIED. 388

Harold C. Urey, *Chemische Zusammensetzung von Tektiten.* Vf. gibt auf Grund einer Anfrage v. MASON (vgl. vorst. Ref.) eine Literaturstelle an, in der die Zus. einiger Tektite aufgeführt ist. (Nature [London] **183.** 1114. 18/4. 1959. La Jolla, Calif., Univ. of California.) HERBERT MÜLLER. 388

P. N. Ganju, *Petrologie der indischen Kohlen.* 140 Proben ind. Kohlen aus 44 verschied. Flözen wurden nach einem modifizierten, dem hohen Aschegeh. der ind. Kohlen angepaßten Dünnschliffverf. mkr. untersucht. 125 Proben aus 35 Flözen entstammten dem Revier Lower Gondwana des Damodar- u. Penchtals. Alle anderen Proben entstammten der tertiären Kohlelagerstätte von Assam. Zahlreiche Schliffbilder mit tabellar. Erläuterungen über die ermittelten Vitrite, Fusite u. verschied. Typen der Durite. (Mem. geol. Surv. India **83.** 1—101. 1955. Aligarh, Univ., Dep. of Geol.) K. O. MÜLLER. 390

T. C. Hoering und **H. E. Moore,** *Die Isotopenzusammensetzung des Stickstoffs in Erdgasen und den zugehörenden Erdölen.* Nach den Messungen von $^{15}N/^{14}N$ kann dieses Verhältnis in weiten Grenzen schwanken. In einem Erdgasfeld wurde eine systemat. Veränderung von $^{15}N/^{14}N$ festgestellt. Für die Fraktionierung der Isotopen beim Durchfluß durch poröse Sandsteine sind die Strömungsgeschwindigkeit u. die Oberflächendiffusion maßgebend. (Geochim. cosmochim. Acta [London] **13.** 225—32. 1958. Fayetteville, Ark., Univ., Dep. of Chem.) F. ENSSLIN. 390

Ede Véssey, *Messung der Grundwasserbewegung mit radioaktiven Isotopen.* Bei der beschriebenen Messung der Grundwasserbewegung wurde eine Sonde in den Boden bis zum Grundwasser gesenkt u. in bestimmter Entfernung um die Sonde einige unten perforierte Rohre in den Boden eingeführt. In die Sonde wurde mit Preßluft aus einem geschlossenen Behälter erst eine NaCl-Lsg., dann eine ^{131}J enthaltende KJ-Lsg. u. schließlich W. eingepreßt. Diese Reihenfolge wurde angewendet, um die Bindung der akt. Atome im Boden durch Adsorption u. Ionenaustausch zu vermeiden. Dann wurden aus den perforierten Röhren Wasserproben entnommen oder GM-Rohre eingeführt u. aus der Aktivität die Bewegungsrichtung des Grundwassers bestimmt. (Hidrol. Közlöny [Z. Hydrol.] **38.** 338—42. Okt. 1958.) J. PLANK. 393

Friedrich Begemann und **W. F. Libby,** *Das Wassergleichgewicht im kontinentalen Raum, die Grundwassereindring- und Verweildauer, die Mischungsverhältnisse des Oberflächenmeerwassers und weltumspannende Wasserzirkulationsverläufe durch Messungen des Gehalts an kosmischem und von Atombomben stammendem Tritium.* Das aus der „Castle operation" genannten Versuchsatombombenexplosion im Frühjahr 1954 stammende *Tritium* (**I**) wurde als Leitsubstanz zur Unters. weiträumiger Oberflächen- u. Grundwasserverhältnisse in der nördlichen Erdhemisphäre mit bes. Berücksichtigung des Mississippioberlaufs verwendet. — Ergebnisse: 1. Die Regenwässer, die 6—18 Monate nach der „Castle" im Unters.-Gebiet niedergingen, enthielten nur ca. die Hälfte des **I** gegenüber dem Oberflächenwasser; daraus geht hervor, daß ca. 1/3 des Regens aus dem Meer u. 2/3 aus oberflächenverdunstetem W. stammen. — 2. Die atmosphär. Aufenthaltszeit des **I** beträgt ca. 40 Tage. Diese verhältnismäßig kurze Aufenthaltszeit des **I** in der Stratosphäre wird auf die Tatsache zurückgeführt, daß durch die atmosphär. Ndd. als Regen oder Eis innerhalb der Explosionswolke **I**-Atome schneller zur Erde gelangen, als die feineren Spaltprodukte. — 3. Die aus der kosm. Strahlung stammenden **I**-Mengen werden jetzt auf 1 T-Atom/cm^2 · sec, bezogen auf die Erdoberfläche (gegenüber früher 0,14 T/cm^2 · sec) festgelegt. Gewisse Diskrepanzen werden auf solare Einwrkg. zurückgeführt. — 4. Unterss. an heißen Quellen haben erwiesen, daß die Wässer überwiegend aus Regenwasser stammen, das verhältnismäßig kurze Zeit im Untergrund ($>$ 50 Jahre) lagert. — 5. Die **I**-Best. in den Gewässern bietet einen guten Anhaltspunkt für die Beurteilung der Wassergleichgewichte im Großraum der Atmosphäre u. der Erdoberfläche. — (Geochim. cosmochim. Acta [London] **12.** 277—96. 1957. Chicago, Ill., Enrico Fermi Inst. for Nucl. Studies.) H. ECKSTEIN. 393

S. Ja. Krawtschinski, *Über den Vergleich der chemischen Kennzahlen der Wässer der roten Schicht von Tscheleken und der produktiven Schicht von Neftetschala.* Bei den Wässern der Rotschicht von Tscheleken (A) u. der produktiven Schicht von Neftetschala (B) besteht in der Mineralisation u. in der chem. Zus. eine deutliche vertikale Zonalität. Bei B sind nach dem Mineralisationsgrad 2 Gruppen zu unterscheiden: **I–IV**-Horizont mit 19—20° Bé u. **V–VI**-Horizont mit 14—16° Bé. Bei A beträgt die Mineralisation 17—21° Bé. Der Versalzungsgrad durch NaCl beträgt bei A 70—75°, bei B 78—86%, der Versalzungsgrad durch $CaCl_2$ u. $MgCl_2$ 24—29 bzw. 14—21%. Das

Verhältnis rNa/rCl beträgt im oberen Teil von A 0,72—0,79, im oberen Teil von B 0,71—0,77. Mit zunehmender Tiefe nimmt dieser Koeff. bei A schwächer zu als bei B. Sowohl bei A wie bei B nimmt der Koeff. (rCl—rNa)/r Mg mit zunehmender Tiefe zu. Mit einigen Ausnahmen ist $CaCl_2$ gegenüber $MgCl_2$ vorherrschend. Die Sulfate sind im oberen Teil von A nicht oder nur schwach vertreten; sie nehmen mit der Tiefe zu u. erreichen ihr Maximum in der nach der Rotschicht folgenden Ablagerung. Bei B ist der Sulfatgeh. relativ hoch (3,25%) u. nimmt mit der Tiefe stark ab. Die Naphthensäuren fehlen bei B häufig, sind bei A häufig, wenn auch in geringen Mengen, vertreten. Mit zunehmender Tiefe nehmen sie hier zu. (Известия Академии Наук Азербайджанской ССР, Серия Геолого-Географических Наук [Nachr. Akad. Wiss. AserbaidshanSSR, Ser. geol.-geogr. Wiss.] **1958**. Nr. 3. 89—94.) O. LEBTAG. 393

Takeshi Ōkura und **Katsumi Gotō,** *Über die Oxydation von Fe^{2+} in natürlichen Wässern.* An mehreren Proben natürlicher *Wässer* (Grundwasser usw.) wird die Abnahme der *Fe^{2+}*-Konz. beim Stehen an der Luft bei 12—15° untersucht. Koll. $Fe(OH)_3$ (I) u. Al^{3+} fördern die Oxydation, während Huminstoffe (auch in Ggw. von I) oder Na-Silicat sie hemmen. (J. chem. Soc. Japan, ind. Chem. Sect. [Kōgyō Kagaku Zassi] **58**. 239—41. April 1955. Sapporo, Hokkaido Univ. [Orig.: japan.]) L. SCHULER. 393

Sebastiano Genovese, *Bakterieller Cyclus des Schwefels mit besonderer Berücksichtigung von salzhaltigen Wässern.* Vf. gibt zunächst an Hand der Literatur einen Überblick über die reduzierende u. oxydierende bakterielle Flora, die speziell in salzhaltigen Wässern an dem Kreislauf des S beteiligt sind, u. berichtet über eigene Unterss. an dem W. u. dem Schlamm des H_2S-haltigen Sees von Faro u. verschiedener anderer Wässer. Nachweisen konnte Vf. grüne u. rote Schwefelbakterien, rein züchten Desulfovibrio desulfuricans. (Atti Soc. Peloritana Sci. fisiche mat. natur. **3**. 361—88. 1956/57. Messina, Univ., Ist. di Zool. e di Anatomia comparata.) C. GOTTFRIED. 393

A. I. Mun und **A. B. Bekturow,** *Zur Hydrochemie der Salzseen von Nordkasachstan.* Es wird über die chem. Zus. des W. von 4 Salzseen berichtet. Im See Teke scheidet sich (Sommer 1956) Steinsalz aus (Halit, 97% NaCl). Die Lake enthält Mg-Salze in hoher Konzentration. Die Ionenzus. der Lake des Sees Sselety-Tenis hat sich in 26 Jahren (1930—1956) kaum verändert. In der fl. Phase ist jedoch in den letzten 10 Jahren der Salzgeh. von 2,76 auf 4,38% angestiegen. Im See Kysylk wurden im August 1956 hochwertige Bodenablagerungen von Halit (5 cm dick) entdeckt. Im See Shalauly sind keine wesentlichen Veränderungen von 1946 bis 1956 beobachtet worden. Im August 1956 war sein W. an NaCl bereits fast gesättigt. (Известия Академии Наук Казахской ССР, Серия Химическая [Nachr. Akad. Wiss. KasachSSR, Ser. Chem.] **1958**. 3—11.) A. v. WILPERT. 393

A. T. Wilson, *Organischer Stickstoff im Schnee von Neuseeland.* Vf. bestimmte den N-Geh. von Schnee in Neuseeland, der oberhalb der Vegetationsgrenze gesammelt worden war. Da die Proben im frühen oder mittleren Winter gesammelt worden waren, war auch eine Verunreinigung des Schnees durch Pollen nicht möglich. Bestimmt wurde gebundener Stickstoff in einer Menge bis zu 0,23 Teile pro Million; NO_3^- oder NO_2^- konnten nicht nachgewiesen werden. Interessant bei den Messungen war, daß ein Teil des Stickstoffs in den Albuminoiden oder der organ. Stickstofffraktion gemessen werden konnte. Es ist sehr wahrscheinlich, daß der gefundene Stickstoff ozean. Ursprungs ist. (Nature [London] **183**. 318—19. 31/1. 1959. Lover Hutt, Private Bag, Div. of Nuclear Sci.) C. GOTTFRIED. 393

Maria Alice Furtado Alves, *α- und β-Aktivität der Atmosphäre.* Die zu untersuchende Luft wird durch WHATMAN-Papier 41 gefiltert u. anschließend die α- u. β-Aktivität (**I**) durch Messung der Stöße/Min. im Filtrat bestimmt. Die β-**I** ist stärker als die α-**I** bei 50—100%. **I** nimmt bei abnehmender Windstärke zu (Kurven). (Rev. Fac. Ci. Univ. Coimbra **26**. 97—103. 1957. Coimbra, Univ., Labor. de Fis.) G. PLATZER. 396

Willard F. Libby, *Radioaktiver Fallout.* Vf. beschreibt den zeitlichen u. geograph. Verlauf des Fallouts nach Kernwaffenexplosionen, wobei bes. auf die Verseuchung des Bodens, der Pflanzen, Tiere u. des menschlichen Körpers (Knochen) durch ^{90}Sr eingegangen wird. (Proc. nat. Acad. Sci. USA **43**. 758—75. 15/8. 1957. USAEC.) HERBERT WEBER. 396

Ada Swineford, ed., Clays and Clay minerals; proceedings of the sixth National Conference on Clays and Clay Minerals; sponsored by Committee on Clay Minerals of the National Academy of Sciences, National Research Council, and University of California, Berkeley, California, August 19—23, 1957. New York: Pergamon Press. 1959. (420 S. m. Abb. u. Diagr.) 8°. $ 8.50.

B. Allgemeine und theoretische organische Chemie.

Valentin Zanker und **Paul Schmid,** *Die Tieftemperaturspektren der angulären und linear-angulären Benz- und Dibenzacridine.* Die Tieftemperaturspektren (—183°) von *1.2-* (**I**), *3.4-Benzacridin* (**II**), *1.2;6.7-* (**III**), *1.2;3.4-* (**IV**), *1.2;7.8-* (**V**), *3.4;5.6-* (**VI**) u. *1.2;5.6-Dibenzacridin* (**VII**) sowie deren Kationen wurden untersucht. Bei **V**, **VI** u. **VII** liegt die erste Absorptionsbande etwas kurzwelliger als 25000 cm^{-1}, bei **IV** ist sie etwas nach kürzeren Wellen verschoben. Diese Bande ist bei allen Derivv. deutlich strukturiert. Eine zweite charakterist. Bandengruppe liegt bei 33000 cm^{-1} mit einer Intensität von log ε fast 5. Die Spektren der Kationen von **IV**, **V**, **VI** u. **VII** zeigen eine um ca. 2000 cm^{-1} nach längeren Wellen verschobene 25000 cm^{-1}-Bande mit nur geringer Struktur. Die 33000 cm^{-1}-Bande ist um ca. 1000 cm^{-1} in das längerwellige Gebiet verschoben. Die Fluorescenzpolarisationsspektren (Fps) von **V**, **VI** u. **VII** wurden aufgenommen, sie zeigen, daß die 25000 cm^{-1}- u. 33000 cm^{-1}-Banden die gleiche Polarisationsrichtung aufweisen. Bei **I** u. **II** liegen die entsprechenden Banden bei 23000—24000 cm^{-1} bzw. 34000 bis 35000 cm^{-1}. Bei den Kationen treten ähnliche Verschiebungen auf. Bei sämtlichen Basen der angulären Benz- u. Dibenzacridine sind die längstwelligen Banden ^1L_b-Banden in der PLATTschen Bezeichnung. Die Lage der ^1L_b-Bande ist im Vgl. zu der bei den entsprechenden Homocyclen kaum verändert. Die Wrkg. des N-Atoms macht sich nur in der Übergangswahrscheinlichkeit der einzelnen Banden bemerkbar. Es bestehen keine Unterschiede zu den linearen Verbindungen. Von **III** wurden das UV- u. Fps-Spektr. aufgenommen u. diskutiert. (Chem. Ber. **92.** 615—26. 21/3. 1959. München, TH, Inst. für Physikal. Chem.) H. G. HENKEL. B 118

W. F. Gatschkowski, *Die Fluorescenzspektren der photoreduzierten Formen von Chlorophyll und Phäophytin.* Bei der Konz. 2·10^{-5} Mol/Liter sind die Fluorescenzspektren der photored. Formen von *Chlorophyll a + b* (**I**) u. *Phäophytin a + b* (**II**) ident. mit den entsprechenden Spektren von *Chlorophyll a* (**III**) u. *Phäophytin a* (**IV**). Als ident. erwiesen sich auch die Fluorescenzspektren der Lsgg. von **II** u. **IV**. Die Übertragung der Energie erfolgt in mol. Lsgg. nicht nur von *Chlorophyll b* (**V**) auf **III**, sondern auch von *Phäophytin b* (**VI**) u. den photored. Formen von **V** u. **VI** auf die entsprechenden a-Formen. Die Fluorescenzspektren der prim. photored. Formen von **II** u. **IV** haben 2 Maxima (662 u. 733 mμ), welche prakt. den analogen Maxima (643, 664 u. 733) der sek. Formen entsprechen. Die Spektren der sek. photored. Formen von **I** u. **III** haben 3 Maxima (620, 651 u. 721 mμ). Mit abnehmender Temp. nimmt die Intensität des Fluorescenzmaximums der photored. Formen der Chlorophylle u. Phäophytine im Spektralgebiet von 730 mμ, zum Unterschied von den Fluorescenzmaxima mit kürzerer Wellenlänge, deutlich zu. (Биофизика [Biophysik] **4.** Nr. 1. 19—26. 1959. Moskau, Biochem. Bach-Inst. der Akad. der Wiss. der UdSSR.) E. RENTZ. B 118

Friedrich Nerdel und **Horst Würgau,** *Optische Aktivität und chemische Konstitution.* 7. Mitt. *Darstellung und Rotationsdispersionen optisch-aktiver p-substituierter Hydratropasäuren.* (6. vgl. Liebigs Ann. Chem. **621.** [1959.] 22; 5. vgl. C. **1957.** 13293.) Die Darst. der opt.-akt. *p-Nitro-* (**I**), *p-Amino-*, *p-Chlor-*, *p-Acetamido-* u. *p-Hydroxyhydratropasäuren*, ihrer Ester u. Amide wird beschrieben. Hierbei stellte sich heraus, daß die früher (vgl. C. **1954.** 5505) beschriebene opt.-akt. **I** nur partiell akt. war; die Spaltung mit (+)-Bornylamin konnte nun vollständig durchgeführt werden, sie ist jedoch mit α-Phenyläthylamin (**III**) bequemer. Bei der Darst. von *p-Aminohydratropasäuremethylester* durch katalyt. (Pt) Hydrierung des opt.-akt. p-Nitroesters trat eine nicht erklärbare Racemisierung auf. Eine teilweise Racemisierung erfolgt auch bei der Darst. von p-Nitro- u. p-Chlorhydratropasäureamid durch Einw. von alkoh. NH_3 auf die entsprechenden Ester. Bestimmt wurden die Rotationsdispersionen der dargestellten Verbb. zwischen 486,1 u. 656,3 mμ in nachst. Lösungsmitteln, sowie die der Na-Salze der Säuren sowie die der Hydrochloride der p-Aminoverbb. in H_2O. Es ergaben sich nachst. Folgen für den Substituenteneinfl. auf die [M]-Werte: Ester: $NH_3^+ < Cl, H < OH, NH_2 < NHCOCH_3$, Säuren: $NO_2 < NH_3^+ < Cl, H, NHCOCH_3, OH, NH_2$, Amide: $NO_2, NH_3^+ < Cl, NH_2, H < NHCOCH_3$, Ionen: $NO_2 < Cl < NHCOCH_3, NH_2 < OH < H$; für den Lösungsmitteleinfl., der im allg. unabhängig von der Art des Kernsubstituenten ist: Ester: Chlf. < Essigsäure (**IV**) < Methanol (**V**) < A. < Aceton (**VI**), Dioxan (**VII**), Bzl., Säuren: Chlf. < A., **V** < **IV** < Bzl. < **VII** < **VI**, Amide: **IV** < **VI** < **V**, A. < Chlf. < **VII** < Benzol. Wie bei den früher (l. c.) untersuchten m-substituierten Hydratropasäuren gilt für die Rotation die Verschiebungsregel: Ester > Säure > Amid > Ion.

Versuche: (+)-*p-Nitrohydratropasäure* (**I**), F. 100—100,5°, aus der inakt. Verb. in sd. A. durch Zugabe von (+)-**III**, Zers. des Salzes mit konz. HCl bei 0° u. Verdünnen; $[M]_D^{20}$ +107,8° (A.); 29,5% (Ausbeute); (—)-*Verb.*, F. 100—100,5°, aus den Mutterlaugen der Salzkristalle mit (—)-**III**; $[M]_D^{20}$ —107,4° (A.); 28,7%; (+)-*p-Methylester* (**II**), $C_{10}H_{11}$·

NO_4, F. 59,5° (schwachgelb), Kp.$_{0,0001}$ 85—90°, aus **I** mit CH_2N_2 in Ae.; $[M]_D^{20}$ +157,8° (A.); 79%; *rac. Ester*, F. 39°. — *(+)-p-Aminohydratropasäure* (**VIII**), F. 173,5° (W.), durch 30 Min. Hydrierung von **I** in **V** in Ggw. von Pt bei 40°; $[M]_D^{20}$ +122,3° (A.); 91%; *rac. Säure*, F. 136—137°; *(+)-Methylester*, $C_{10}H_{13}NO_2$, F. 18°, Kp.$_{0,001}$ 100°, analog **II**; $[M]_D^{20}$ +175,2° (A.); n_D^{20} 1,5465; 84%; *rac. Ester*, F. 51°. — *(+)-p-Acetamidohydratropasäure*, $C_{11}H_{13}NO_3$, F. 166° (Methanol), durch Acetylierung vorst. Säure mit Acetanhydrid bei 90°; $[M]_D^{20}$ +119,9° (A.); 76,1%; *rac. Säure*, F. 172°; *(+)-Methylester*, $C_{12}H_{15}NO_3$, F. 126° (Bzl.–Chlf., 3:1), analog **II**; $[M]_D^{20}$ +193,2° (A.); 89%; *rac. Ester*, F. 117°. — *(+)-p-Chlorhydratropasäure*, $C_9H_9ClO_2$, F. 78,5° (30%ig. Essigsäure), aus **VIII** in wss. HCl, Diazotieren u. SANDMEYER-Rk. mit CuCl bei 25°; $[M]_D^{20}$ +112° (A.); 71%; *rac. Säure*, F. 60,5°; *(+)-Methylester*, Kp.$_{0,5}$ 82°, analog **II**; $[M]_D^{20}$ +157,1° (A.); n_D^{20} 1,5155; 78%; *rac. Ester*, Daten wie vorstehend. — *(+)-p-Hydroxyhydratropasäure*, $C_9H_{10}O_3$, F. 161,5° (W.), durch Diazotieren von **VIII** u. Zugabe der Lsg. zu 1n H_2SO_4 von 75°; $[M]_D^{20}$ +119° (A.); 75%; *rac. Säure*, F. 128,5°; *(+)-Methylester*, $C_{10}H_{12}O_3$, racemisiert bei der Dest., analog **II**; $[M]_D^{20}$ +173,2° (A.); 96,3%; *rac. Ester*, Kp.$_{0,001}$ 120°, n_D^{20} 1,5147. — *p-Äthoxyhydratropasäure*, $C_{11}H_{14}O_3$, F. 73—74° (30%ig. Methanol), aus vorst. Ester mit Diazoäthan in Cyclohexan u. Hydrolyse mit konz. HCl bei 70°; 88%. — *(+)-p-Nitrohydratropasäureamid* (**IX**), $C_9H_{10}N_2O_3$, F. 129,5° (Methanol), aus **I** mit $SOCl_2$, 2std. Stehen u. Eintropfen des Gemisches in konz. NH_4OH bei 0°; $[M]_D^{20}$ +37,2° (A.); 74%; *rac. Amid*, F. 129,5°. — *(+)-p-Chlorhydratropasäureamid*, $C_9H_{10}ClNO$, F. 119,5° (W.), analog vorst. Amid; $[M]_D^{20}$ +47,8° (A.); 76%; *rac. Amid*, F. 104°. — *(+)-p-Aminohydratropasäureamid*, $C_9H_{12}N_2O$, F. 143° (Isopropanol), durch Hydrierung von **IX** in Methanol u. in Ggw. von Pt bei 40°; $[M]_D^{20}$ +51,8° (A.); 75%; *rac. Amid*, F. 124°. (Liebigs Ann. Chem. **621**. 34—41. 1959. Berlin, TU, Organ.-Chem. Inst.) B. GNAUCK. B 119

Friedrich Nerdel und **Horst Liebig**, *Optische Aktivität und chemische Konstitution.* 8. Mitt. *Darstellung und Rotationsdispersionen optisch-aktiver α-Phenyläthylaminderivate.* (7. vgl. vorst. Ref.) Die Darst. opt.-akt. kernsubstituierter N-Acetyl-α-phenyläthylamine wird beschrieben. Die p-substituierten Verbb. waren auf zwei Wegen zugänglich: 1. Aus Acetophenon (**VIII**) über N-Formyl-α-phenyläthylamin (nach INGERSOLL u. Mitarbeitern, J. Amer. chem. Soc. **58**. [1936.] 1808), Deformylierung, Acetylierung u. Nitrierung zu *dl-N-Acetyl-[p-nitrophenyl]-äthylamin* (**I**), Desacetylierung u. Spaltung mit (+)-Camphersulfonsäure (**XII**), Zers. des (+)-(+)-Salzes (**X**, aus W.) u. Acetylierung zu (+)-**I**, aus dem die p-Amino-, p-Cyan-, p-Chlor-, p-Hydroxy- u. p-Acetamidoverb. erhalten wurden. 2. Aus dl-α-Phenyläthylamin (**III**), Kristallisation des (+)-Hydrogentartrats aus Methanol (**II**) nach THEILACKER u. WINKLER (C. **1954**. 9736) → (—)-**III**, Acetylierung u. Nitrierung zu (—)-**I**. Bei der Darst. von *dl-N-Acetyl-α-[p-acetamidophenyl]-äthylamin* (**IV**) aus dl-α-[p-Aminophenyl]-äthylamin (**V**) mit überschüssigem Acetanhydrid (**VI**) entstand zunächst *N-Acetyl-α-[p-diacetamidophenyl]-äthylamin* (**VII**), das durch Erhitzen mit NaOH **IV** lieferte. **IV** befand sich auch in den Mutterlaugen von **VII**, das auch durch Einw. von **VI** auf dl-N-Acetyl-α-[p-aminophenyl]-äthylamin (**IX**) erhalten werden konnte. Die Rotationsdispersionen der erhaltenen Verbb. wurden zwischen 452,0 u. 656,3 mμ in folgenden Lösungsmitteln, sowie die der Hydrochloride von opt.-akt. **IX** u. *α-[p-Nitrophenyl]-äthylamin* in W. aufgenommen. Unabhängig vom Lösungsm. gilt für den Einfl. von Kernsubstituenten auf den Drehwert die Folge H < m-CN < m-NH_2 < p-CN, p-Cl < m-NO_2 < p-$NHCOCH_3$ < p-NH_2. Eine Analogie zu den in vorst. Ref. untersuchten Hydratropasäuren ist danach nicht vorhanden. Der Lösungsmitteleinfl. auf den Drehwert ist bei den N-Acetylverbb. erheblich, die [M]-Werte steigen in der Regel (unabhängig vom Substituenten) in der Reihe Dioxan < Chlf. < A. < C_6H_6. Während die Kernsubstituenten den [M]-Wert nur relativ wenig beeinflussen, bewirkt verschied. Substitution an der Aminogruppe große Unterschiede, u. zwar verringert sich [M] beim Übergang freies Amin → Hydrochlorid, beim Übergang Amin → Acylaminoverb. wird der Drehwert ins Negative verschoben, u. zwar bei der N-Benzoylverb. weniger als beim N-Acetylderivat.

V e r s u c h e: *dl-α-Phenyläthylamin* (**III**), Kp.$_{13}$ 74°, nach INGERSOLL u. Mitarbeitern (l. c.) aus **VIII**, Innentemp. 185°, Zugabe von 85%ig. Ameisensäure bei Abscheidung von $(NH_4)_2CO_3$ im Kühler; 63% (Ausbeute). — *dl-N-Acetyl-α-phenyläthylamin*, F. 75°, aus vorst. Amin mit **VI**; 90—92%. *(—)-Verb.*, F. 101—102° (Bzl.–PAe., 1:1), aus (—)-**III** ($[\alpha]_D^{20}$ —40,4°) mit **VI** in Isopropanol; $[\alpha]_D^{20}$ —150° (A.); *(+)-Verb.*, F. 101—102° (Bzl.–PAe.), durch Aufarbeitung der Mutterlaugen der Darst. von (—)-**III** nach THEILACKER u. WINKLER (l. c.) in **II** u. Acetylieren mit **VI** in Bzl.; $[\alpha]_D^{20}$ +150° (A.); 73,5%. — *dl-N-Acetyl-α-[p-nitrophenyl]-äthylamin* (**I**), F. 121—122° (Methanol), durch Einw. von konz. HNO_3 auf vorst. dl-Amin in konz. H_2SO_4. Spaltung durch zweimaliges 4std. Kochen mit konz. HCl, Schütteln der Ae.-Lsg. des freien, desacetylierten Amins (**XI**) mit wss. **XII** (→ Salz, F. 198—200°, $[\alpha]_D^{20}$ +23° [A.]; 67%), Lösen bei 90° in W.

u. Abkühlen [(+)-(+)-*Salz* (**X**), $C_{18}H_{26}N_2O_6S$, F. 211—212° [W.], $[\alpha]_D^{20}$ +26,7° (A.)], Zers. des **X** mit wss. KOH, Fällung mit HCl-Gas lieferte (+) (**XI**)-*Hydrochlorid* (**XIa**), F. 225°, $[\alpha]_D^{20}$ —0,3° (W.); 80% [Freies (+)-**XI** zers. sich z. T. bei Dest., $[\alpha]_D^{20}$ ca. +11° (Ae.)]; Zers. des **XIa** mit verd. KOH u. Rk. von **XI** mit **VI**: (+)-**I**, $C_{10}H_{12}N_2O_3$, F. 134° (W.), $[\alpha]_D^{20}$ +149,2° (A.), auch vorst. (+)-Verb. in konz. H_2SO_4 u. Zugabe von konz. HNO_3 unter 5°; 68%; 44%. Analog aus den Mutterlaugen von **X**: (—)-**I**, F. 130—134°, $[\alpha]_D^{20}$ —126,7° (A., 85% opt.-akt.); 45%, auch durch Nitrieren vorst. (—)-Verb.; 65%. — *dl-N-Acetyl-α-[p-aminophenyl]-äthylamin* (**IX**), *Hydrochlorid* (**IXa**), F. 172—174° (Zers.), aus dl-**I** durch 30 Min. Hydrieren in Dioxan u. in Ggw. von PtO_2 bei ca. 20°; 99%; analog (+)-*Verb.*, $C_{10}H_{14}N_2O$, F. 99° (Bzl., schwach gelbe Nadeln), $[\alpha]_D^{20}$ +209,7° (A.). — *dl-N-Acetyl-α-[p-diacetylamidophenyl]-äthylamin* (**VII**), $C_{14}H_{18}N_2O_3$, F. 105—106° (Bzl.), durch Einw. von **VI** auf **IX** u. Kochen des Prod. mit Bzl.; 40%; im Rückstand **IV**. — *dl-N-Acetyl-α-[p-acetamidophenyl]-äthylamin* (**IV**), $C_{12}H_{16}N_2O_2$, F. 202—203° (Dioxan), a) durch ½std. Erwärmen von **VII** mit 2n NaOH auf 100°; 88,2%; b) durch 1std. Schütteln von **IX** mit **VI** in Dioxan; (+)-**IV**, F. 184—185° (Bzl.), durch Hydrierung von (+)-**I** u. Acetylierung; $[\alpha]_D^{20}$ +150,4°; analog (—)-**IV**, $C_{12}H_{16}N_2O_2$, F. 184—185°, $[\alpha]_D^{20}$ —150,5°; 91%. — *dl-N-Acetyl-α-[p-chlorphenyl]-äthylamin*, $C_{10}H_{12}ClNO$, F. 96 bis 97° (W.), durch Diazotieren von **IXa** in konz. HCl u. SANDMEYER-Rk. mit CuCl (½ Std. bei 60°); 44%; (+)-*Verb.*, $C_{10}H_{12}ClNO$, F. 131° (Bzl.), aus (+)-**I**; $[\alpha]_D^{20}$ +147,8° (A.); 53%. — *dl-N-Acetyl-α-[p-cyanphenyl]-äthylamin*, $C_{11}H_{12}N_2O$, F. 154° (Bzl.), durch Diazotieren von **IX** u. Zugabe bei 60—70° zu $CuSO_4$ + KCN in W. (2 Std.); 29,5%; (+)-*Verb.*, $C_{11}H_{12}N_2O$, F. 188—189°, analog aus (+)-**IX**; $[\alpha]_D^{20}$ +169,8° (A.); 59%. — (+)-*N-Acetyl-α-[p-hydroxyphenyl]-äthylamin*, $C_{10}H_{13}NO_2$, F. 169° (Bzl.), aus (+)-**I** über (+)-**IX** u. Zers. des Diazoniumsalzes bei 40—50°; $[\alpha]_D^{20}$ +89,5° (A.). — (—)-*N-Acetyl-α-[m-aminophenyl]-äthylamin*, $C_{10}H_{14}N_2O$, F. 78° (Bzl.), durch Hydrierung von (—)-N-Acetyl-α-[m-nitrophenyl]-äthylamin in Ggw. von PtO_2 in **II**; $[\alpha]_D^{20}$ —147,8° (A.); 52%. — (—)-*N-Acetyl-α-[m-cyanphenyl]-äthylamin*, $C_{11}H_{12}N_2O$, F. 106—107° (Bzl.-PAe.), durch Diazotieren vorst. Verb. u. Rk. nach SANDMEYER; $[\alpha]_D^{20}$ —137,1° (A.); 22%. (Liebigs Ann. Chem. **621**. 42—50. 1959.) B. GNAUCK. B 119

Carl Djerassi, Jeanne Osiecki und **Werner Herz**, *Untersuchung der optischen Rotationsdispersion.* 13. Mitt. *Bestimmung der absoluten Konfiguration einiger Glieder aus der Guajanolidreihe der Sesquiterpene.* (12. vgl. Tetrahedron [London] **1**. [1957.] 238; 14. vgl. C. **1959**. 2742.) Die Rotationsdispersionskurven von *Tenulin* (**I**), *Dihydro-*, *Iso-*, *Dihydroiso-*, *Desacetyldihydroiso-*, *Desacetyldihydroalloiso-* u. *Desacetylneotenulin*, *Helenalin* (**II**), *Dihydro-*, *Iso-*, *Dihydroiso-* u. *Tetrahydrohelenalin*, *(8S, 9S)-(+)-* u. *(8S, 9R)-(—)-Δ^4-9-Methyl-8-hydroxyoktalon-(3)*, *Δ^{14}-Cholesten-3β-ol-16-onbenzoat*, *Geigerin*, *Dihydrogeigerin* (**III**) u. *Isophotosantonsäurelacton* wurden in Dioxan (von **III** in CH_3OH) aufgenommen. Aus den Messungen geht hervor, daß **I** u. **II** die gleiche Substituentenverteilung am Cyclopentenonring besitzen u. daß sie, was die Ringverknüpfungen anbetrifft, zur gleichen stereochem. Klasse gehören. Durch Vgl. der Rotationsdispersionskurven mit denen von einfachen Verbb. können Aussagen über die absol. Konfiguration am $C_{(1)}$ u. $C_{(5)}$ gemacht werden. (J. org. Chemistry **22**. 1361—66. Nov. 1957. Detroit, Mich., Wayne State Univ., Tallahassee, Fla., Florida State Univ., Dep. of Chem.) U. UHLICH. B 119

Ellis R. Lippincott, William R. Feairheller jr. und **C. Evans White**, *Die Schwingungsspektren und geometrische Konfiguration von Octatetraen-(1.3.5.7).* Das IR- u. RAMAN-Spektr. von *Octatetraen-(1.3.5.7)* wurde in gelöstem Zustand (in CCl_4, CS_2 bzw. Cyclohexan) aufgenommen. Von den 18 möglichen Rotationsisomeren gehören 6 dem all-trans-, 6 dem all-cis- u. 6 dem cis–trans-Typ an, wegen ster. Hinderung kann jedoch nur jeweils eine Form eben sein. Die ebene cis- u. die ebene trans-Form gehören zur Punktgruppe C_{2h}, die ebene cis–trans-Form zu C_{1h}. Im ersten Fall sollten 24 Grundschwingungen IR- u. 24 RAMAN-akt. sein, im letzten alle 48 sowohl IR- als auch RAMAN-aktiv. Von den beobachteten 22 RAMAN-Frequenzen sind wahrscheinlich 19 Grundschwingungen, von 32 IR-Banden 24; nur 4 RAMAN-Frequenzen fallen mit IR-Banden zusammen. Das schließt jede nichtebene u. auch die ebene cis–trans-Konfiguration aus. Durch Vgl. mit ähnlichen Moll. werden die beobachteten Frequenzen versuchsweise zugeordnet. Die starke γ(CH)-Bande im Bereich der trans-CH-Frequenzen, das Fehlen jeglichen Hinweises auf cis-Doppelbindungen u. die Ähnlichkeit des Spektr. mit dem von Hexatrien-(1.3.5) machen die all-trans-Konfiguration wahrscheinlich, die all-cis-Form kann aber nicht mit Sicherheit ausgeschlossen werden. Einige schwache Banden entsprechen Ober- u. Kombinationsschwingungen. (J. Amer. chem. Soc. **81**. 1316—21. 20/3. 1959. College Park, Md., Univ., Dep. of Chem.) VOLKMAR SCHMIDT. B 120

Milan Horák und **Otto Exner**, *Infrarotspektroskopie von Carbonsäurederivaten.* Die Valenzschwingung der Carbonylbindung wurden an 50 von Carbonsäurederivv.

unter festgelegten Bedingungen in Dioxan gemessen; dabei wurde festgestellt, daß sich die Frequenzwerte bei den Säurederivv. regelmäßig u. analog in Abhängigkeit von der funktionellen Gruppe ändern, so daß sie an Hand experimentell ermittelter Konstanten durch eine empir. Gleichung ausgedrückt werden können: $\nu_{CO} = kx + q$, wobei k die Säurekonstante, x diejenige für ein Deriv. u. q eine für alle gemessenen Verbb. gemeinsame Konstante darstellt. Von den die Carbonylfrequenz bestimmenden Einfll. ist der polare Effekt des unmittelbar an die Carbonylgruppe gebundenen Atoms von der größten Bedeutung. (Chem. Listy **52.** 1451—59. Aug. 1958 [Orig.: tschech.]; Collect. czechoslov. chem. Commun. **24.** 968—77. März 1959 [Orig.: deutsch]. Praha, Československ. akad. věd, Chem. ústav a fys. chem. oddělení, Labor. vysokomol. látek.)

O. KNESSL/Prag. B 120

Mansel Davies und **W. Jeremy Jones,** *Infrarotspektrum und Struktur von Cyanamid und Dimethylcyanamid.* Das IR-Spektr. von festem, fl. u. gelöstem *Cyanamid* (I, F. 41—42°, aus Ae.), D_2-I u. *Dimethylcyanamid* (II, $Kp._{22}$ 62°, $Kp._{760}$ 160°) wird aufgenommen u. eine Zuordnung der Banden vorgenommen. Die Aufspaltung der ν(NH)-Frequenz schließt die Diimidform des I-Mol., HN=C=NH, aus. Im fl. Zustand treten starke H-Bindungen auf, die sich beim Übergang zum festen Zustand noch verstärken. Die Bande bei 1582 cm^{-1} wird der ungewöhnlich hoch liegenden $\nu_{symm.}$ (NC≡N) zugeordnet. Das läßt auf zwei sehr starke C—N-Bindungen infolge erhöhter Elektronendelokalisierung schließen. MO- u. Kraftkonstantenberechnungen unterstützen diese Annahme. Bei II liegt die $\nu_{symm.}$ (NC≡N) bei 1336 cm^{-1}; die starke Erniedrigung der $\nu_{symm.}$ (NC≡N) beim Übergang von I auf II wird im wesentlichen der Massenänderung zugeschrieben. Die ungefähren Trägheitsmomente betragen für II 80, 180 u. 260 (10^{-40} g · cm^2). (Trans. Faraday Soc. **54.** 1454—63. Okt. 1958. Aberystwyth, Univ. Coll. of Wales, Edward Davis Chem. Labor.) G. PÖTZSCHER. B 120

M. I. Batujew, W. A. Ponomarenko, A. D. Matwejewa und **A. D. Snegowa,** *Optische Untersuchung der C—H-Bindung einiger Alkylsilyl- und Disilylchloride und ihrer Chlorderivate im Zusammenhang mit den Besonderheiten ihrer Chlorierung.* Die RAMAN-spektroskop. Daten verschied. chlorierter Alkylsilane (I) werden mitgeteilt. Allg. führt bei Alkylchlorsilanen die Substitution von Alkyl am Si durch Cl sowie jene von H in Alkylgruppen durch Cl zu einer starken Elektronisierung (Erhöhung der effektiven Elektronendichte) der C—H-Bindungen, durch die Richtung u. Geschwindigkeit der weiteren Chlorierung bestimmt werden. Auch in Chloralkylchlormethanen (II) wird unter dem Einfl. der eintretenden Cl-Substituenten eine starke Elektronisierung der C—H-Bindungen beobachtet. Unterschiede bei der weiteren Chlorierung der I u. II sind demnach nicht auf eine verschied. Elektronisierung (Protonisierung) zurückzuführen; Vff. weisen bes. auf ster. Ursachen (größeres Vol. des zentralen Si-Atoms bei den I) hin. Es wird betont, daß nach den spektroskop. Daten nicht die Chlorierung der I, sondern die der II „anomal" verläuft. (Известия Академии Наук СССР, Отделение Химических Наук [Nachr. Akad. Wiss. UdSSR, Abt. chem. Wiss.] **1958.** 996—1003. Aug. Brennstoffinst. u. Zelinsky-Inst. für organ. Chem. der Akad. der Wiss. der UdSSR.)

H.-E. TOUSSAINT. B 120

R. Norman Jones, W. F. Forbes und **W. A. Mueller,** *Die Infrarotbanden der Carbonylvalenzschwingung von ringsubstituierten Acetophenonen.* Es werden die IR-Spektren von in *o-*, *m-* u. *p-*Stellung mit CH_3-, *F-*, *Cl-*, *Br-*, *J-*, NO_2- u. NH_2-Gruppen monosubstituierten A c e t o p h e n o n e n in CCl_4 aufgenommen u. Lage, integrale Intensität u. Halbwertsbreite der jeweiligen Carbonylbande untersucht. Für die p-substituierten Verbb. steht der Anstieg der C=O-Frequenz (niedrigste p-NH_2: 1677, höchste p-NO_2: 1700 cm^{-1}) in linearer Beziehung zur HAMMETT-Konstanten σ_p. Zwischen Frequenzverschiebung u. den Schwankungen der Intensität besteht kein erkennbarer Zusammenhang. Diese Aussagen gelten auch für die m-substituierten Verbb., wobei hier die C=O-Bande weniger intensiv ist (außer m-NO_2). Bei den o-substituierten Acetophenonen spielen außer induktiven u. mesomeren auch Feldeffekte u. ster. Faktoren eine Rolle, durch die eine ebene, cis- u. trans-Konfiguration (in bezug auf die Ringsubstituenten u. die C=O-Gruppe) u. auch nichtebene Konfigurationen ausgebildet werden können. Aus dem Auftreten eines Dubletts für die o-Cl-, o-Br- u. o-NO_2-Verb. schließen Vff., daß hier ein Gleichgewicht zwischen cis- u. trans-Konfiguration vorliegt. Die höhere Frequenz wird dabei der cis-, die niedrigere der trans-Konfiguration zugeschrieben. Bei der o-F-Verb. wurde kein Dublett beobachtet. Die Frequenz des o-NH_2-Acetophenons ist auf 1653 cm^{-1} erniedrigt; hier liegt vielleicht ein durch intramol. H-Brückenbindung stabilisiertes cis-Isomeres vor. Die Halbwertsbreite ist am größten für die m-substituierten Verbb., möglicherweise wegen nichtaufgelösten Doppelbanden oder durch Verdrehung der Acetylgruppe. (Canad. J. Chem. **35.** 504—14. Mai 1957. Ottawa, Canada, Nat. Res. Council, Div. of Pure Chem.) VOLKMAR SCHMIDT. B 120

E. Lippert und **W. Vogel,** *Die Lösungsmittelabhängigkeit der Intensität von Infrarotvalenzschwingungsbanden und der Elektronenstruktur von funktionellen Gruppen in aromatischen Verbindungen.* (Kurze Mitt.) Vff. bestimmen die integralen Intensitäten der ν(CN) von *p-Tolunitril* (F. 29°; in CCl_4 u. Chlf.) u. *p-Dimethylaminobenzonitril* (F. 73,5°, aus dem Oxim des p-Dimethylaminobenzaldehyds u. Essigsäureanhydrid; in CCl_4 u. Chlf.), der $\nu_a(NO_2)$ sowie der $\nu_s(NO_2)$ von *p-Nitrotoluol* (F. 51° [A.]) u. *p-Dimethylaminonitrobenzol* (F. 164°; beide in CCl_4 u. Trichloracetonitril) u. der $\nu_a(CF_3)$ sowie $\nu_s(CF_3)$ von *p-Aminotrifluormethylbenzol* (Kp.$_7$ 68°) u. *p-Dimethylaminotrifluorbenzol* (F. 67°, in CCl_4 u. Chlf.). Bei den N-Dimethylaminoderivv. wächst die Änderung der Übergangsmomente η für ν(CN), $\nu_a(NO_2)$, u. $\nu_a(CF_3)$ beim Übergang vom unpolaren zum polaren Lösungmittel bedeutend stärker an als bei den einfachen Aminoderivaten. Die Lösungsmittelabhängigkeit der Intensität der ν(CN) (auch in Pyridin u. Aceton beobachtet) beruht nicht oder zumindest nur zu einem geringen Teil auf der Proton–Donator-Eig. des Chlf., sondern auf der Polarität des Lösungsmittels. (Z. physik. Chem., Frankf. Ausg. [N. F.] **9.** 133—37. Okt. 1956. Stuttgart, TH, Labor. für physikal. Chem.)
U. UHLICH. B 120

Ju. N. Scheinker und **I. K. Kusnetzowa,** *Über die Tautomerie einiger Derivate von heterocyclischen Verbindungen.* 5. Mitt. *Spektrum und Struktur einiger Sulfanilamide.* (4. vgl. C. **1959.** 3419.) Es werden die IR-Spektren im Bereich 2,5—14 μ für folgende Verbb. angegeben: *2-[Sulfanilmethylamido]-pyridin* (I; F. 86,5—87,5°, aus 2-[p-Acetylaminobenzolsulfonylamino]-pyridin mit CH_2N_2 u. anschließende Verseifung); *Sulfidin* (II; *2-Sulfanilimido-1.2-dihydropyridin*); *1-Methyl-2-sulfanilimido-1.2-dihydropyridin* (III; F. 225°, aus II mit Dimethylsulfat im alkal. Medium); *Sulfazin* (IV; *2-Sulfanilimido-1.2-dihydropyrimidin*), *2-[Sulfanilmethylamido]-pyrimidin* (F. 187°, aus IV mit CH_2N_2); *Albucid* (*N'-Acetylsulfanilamid*); *N'-Acetyl-N'-methylsulfanilamid* (F. 98—100°, aus vorst. Verb. mit $(CH_3)_2SO_4$ oder CH_2N_2); *Urosulfan* (*N-[p-Aminobenzolsulfonyl]-harnstoff*); *N-[p-Aminobenzolsulfonyl]-N-methylharnstoff* (F. 178—180°, aus vorst. Verb. mit $(CH_3)_2SO_4$ oder CH_2N_2). Die UV-Spektren im Bereich 220—360 mμ werden angegeben für I (W.), II (W., A., Dioxan), III (W.). — Aus der Betrachtung der Absorptionsspektren folgt, daß **II, III** u. **IV** im krist. Zustand in der Imidoform vorliegen. In wss. Lsg. liegt II vorwiegend in der Imidoform vor, in A. findet sich daneben in größerem Maße die Amidoform, in Dioxan herrscht letztere vor. Die Sulfanilylverbb. des [N-Methyl]-acetamids u. [N-Methyl]-harnstoffs besitzen in krist. u. gelöstem Zustand Amidstruktur. — Vff. stellen fest, daß bakteriostat. Aktivität der Sulfanilamide nicht mit der Imidstruktur in Zusammenhang gebracht werden kann. (Журнал Физической Химии [J. physik. Chem.] **31.** 2656—61. Dez. 1957. Moskau, Allunions-Wiss. Chem.-Pharmazeut. Ordshonikidse-Forsch.-Inst.)
HELMUT SCHÄFER. B 120

Ju. N. Scheinker und **I. Ja. Posstowski,** *Über die Tautomerie einiger Derivate von heterocyclischen Verbindungen.* 6. Mitt. *Spektroskopische Daten über die Struktur von 9-[p-Hydroxyphenyl]- und 9-[p-Hydroxystyryl]-acridin.* (5. vgl. vorst. Ref.) Es werden die UV- u. IR-Absorptionsspektren von *9-[p-Hydroxyphenyl]-acridin* (I) u. *9-[p-Hydroxystyryl]-acridin* (II) sowie von *9-[p-Methoxyphenyl]-acridin* u. *N-Methyl-9-[4-oxocyclohexadien-(2.5)-yliden]-9.10-dihydroacridin* bzw. *9-[p-Methoxystyryl]-acridin* u. *N-Methyl-9-[4-oxocyclohexadien-(2.5)-ylidenäthyliden]-9.10-dihydroacridin* angegeben. Als Lösungsmittel dienten im UV A., Dioxan, Dioxan–Heptan u. 0,1 n HCl; die Messungen im IR wurden mit Suspensionen in Poly-KW-stoff u. Vaselinöl ausgeführt. Es zeigte sich, daß I u. II in der Hydroxylform vorliegen, nicht aber in der tautomeren chinoiden Ketoform oder als Zwitterion. Dieser Unterschied zu den γ-Hydroxyderivv. der aromat. N-Heterocyclen (die in der Ketoform existieren) kann durch ster. Faktoren u. die Beständigkeit des Phenolsyst. erklärt werden. — In den Kristallen von I u. II liegen sehr feste Wasserstoffbindungen O—H···N vor, die denen in den stark polarisierten Chelatverbb. ähnlich sind. (Журнал Физической Химии [J. physik. Chem.] **32.** 394—403. Febr. 1958. Moskau, Wiss. Chem.-Pharmazeut. Allunions-Ordshonikidse-Forsch.-Inst.; Swerdlowsk, Uraler Polytechn. Kirow-Inst.)
HELMUT SCHÄFER. B 120

Hiroshi Sobue und **Setsuo Fukuhara,** *Infrarotabsorptionsspektren des nativen Lignins nach Brauns.* Die IR-Absorptionsspektren des aus Buche, roter Kiefer, Bambus u. Ajan-Fichte nach BRAUNS [1939] gewonnenen Lignins werden in KBr-Tabletten aufgenommen u. ihre wichtigen Banden zugeordnet. Das Spektr. des Lignins aus Ajan-Fichte ist dem des Lignins aus roter Kiefer ähnlich, das Lignin aus Bambus zeigt die Merkmale, die für Spektren des Lignins aus breitblättrigen Pflanzen spezif. sind. (J. chem. Soc. Japan, ind. Chem. Sect. [Kōgyō Kagaku Zassi] **61.** 1070—73. Sept. 1958. Tokyo, Univ., Techn. Fak. [Orig.: japan.])
E. MAEKAWA. B 120

István Alkonyi, *Zur Stereochemie der Dihydroisophorole.* Das von KNOEVENAGEL [1897] durch Red. von Isophoron mit Na u. A. erhaltene „*trans-Dihydroisophorol*“ [I;

1.1.3-Trimethylcyclohexanol-(5)] vom F. 34° stellt das c i s-Isomere dar, während das von ihm aus I in CH_3COOH/HJ mit Zn erhaltene „cis-Isomere" (fl.) acetyliertes I ist. *trans-Dihydroisophorol* (II) wird dagegen erhalten durch katalyt. Hydrierung von Isophoron in saurer, neutraler oder alkal. Lsg. u. besitzt F. 56°. Dieser Widerspruch zur Skitaschen Regel deutet auf eine ster. gehinderte Carbonylgruppe hin. Schon aus dem Kalottenmodell ist ersichtlich, daß bei der katalyt. Hydrierung die trans-Verb. entstehen sollte. Die vom Vf. vorgenommene Zuordnung der Konfiguration wird belegt durch die physikal. Eigg. — $D.^{19}_4$ 0,9197 (I) < 0,9243 (II); n_D^{19} 1,4411 (I) < 1,4421 (II) — entsprechend der umgekehrten Auwers-Skitaschen Regel; die Geschwindigkeit der Hydrolyse der sauren Phthalate: bei I (F. 129°) ist die Geschwindigkeitskonstante bei 70° (4,5—6,5 Liter/Mol · Std.) um den Faktor 10 größer als bei II (0,55—0,67). — 20std. Einw. von Na bei 200° isomerisiert II quantitativ zu I als dem thermodynam. stabileren Prod. (OH-Gruppe in e-Stellung im Gegensatz zu II). Ein Tosylat ist nur von I (in Pyridin bei Raumtemp.) zu erhalten, dieses erleidet in sd. A. bzw. Methanol einen langsamen monomol. Zerfall — Halbwertszeiten 12,4 bzw. 19,2 Std., Olefinverhältnis 0,60—0,65. Die IR-Spektren in KBr sind ident. im γ(OH)Bereich, in CCl_4-Lsg. zeigen sich Unterschiede, die auf stärkere Assoziation bei I deuten. (Chem. Ber. **92.** 1130—34. 2/5. 1959. Leipzig, Univ., Org.-Chem. Inst.) A. Maschke. B 123

F. E. Littman, E. M. Carr und **A. P. Brady,** *Die Einwirkung von atomarem Wasserstoff auf wässerige Lösungen. 1. Mitt. Wirkung auf Lösungen von Silber, Cystein und Glutathion.* Der mit Hilfe einer Spezialapp. bei Drucken von 13—20 mm Hg durch elektr. Entladung in einem mit He verd. H_2-Strom hergestellte atomare H wird in wss. Lsgg. von *Cystein* (I) u. *Glutathion* (II) eingeleitet; die Reaktionsprodd. werden qualitativ u. quantitative analyt. bestimmt. Zur Best. der H-Menge diente eine wss. $AgNO_3$-Lsg. (Ausfällung von Ag) als Standard. — Bei der Einw. von H auf I werden eine Anzahl von Rkk. ausgelöst, als deren wichtigste Reaktionsprodd. H_2S u. *Cystin* (III) identifiziert werden. Die NH_2-Gruppe von I wird nicht angegriffen. Die Ausbeute an H_2S ist im sauren u. neutralen Medium klein, die an III dagegen groß; mit steigendem p_H (7—13) nimmt die H_2S-Menge zu, die an III ab. Mit II wurden analoge Ergebnisse erzielt. — In 1. Annäherung ist die Bldg. von H u. die Abscheidung von metall. Ag der $AgNO_3$-Lsgg. nicht proportional der Stromstärke. (Radiation Res. **7.** 107—19. Aug. 1957. Menlo Park, Calif., Stanford Res. Inst.) H. Kockert. B 131

Catherine G. Le Fèvre, R. J. W. Le Fèvre und **W. T. Oh,** *Die molaren Kerr-Konstanten, Dipolmomente und Relaxationszeiten der Methyl- und Äthylester der Malein- und Fumarsäure, des Ameisensäureäthylesters, des Oxalsäurediäthylesters und des Äthyl- und Propylesters der Azodicarbonsäure.* Vff. geben Meßwerte der im Titel genannten Konstanten u. Eigg. der aufgeführten Verbb. in CCl_4-Lösung. Die Dipolmomente liegen bei den Verbb. in obiger Folge bei 2,48; 2,25 (Methylester); 2,59; 2,40 (Äthylester); 2,01; 2,41; 2,58 u. 2,77. Die mol. Kerr-Konstanten sind bei den Azodicarbonsäureestern negativ, sonst positiv. Die Resultate entsprechen beim Oxalsäurediäthylester einer Konfiguration, bei der die Ebenen der beiden —COOR-Gruppen aufeinander etwa senkrecht stehen. Die Konfiguration der anderen Verbb. wird diskutiert, sichere Schlüsse können nicht gezogen werden. — Relaxationszeiten ($\tau \cdot 10^{12}$ sec): 4,8; 8,5; 15; 13; —; —; 9,0; 17. Kerr-Konstanten bei unendlicher Verdünnung: —; 67,6[10^{-12}]; 31,5; 66,5; 54,6; 45,4; —41,9M —$44,5_5$. (Austral. J. Chem. **10.** 218—26. Aug. 1957. Sydney, Univ., School of Chem.) E. Schaaf. B 132

Robert A. Alberty und **Paul Bender,** *Das protonenmagnetische Resonanzspektrum von Äpfelsäure und ihren Salzen in Deuteriumoxyd.* Die protonenmagnet. Resonanzspektren von *Äpfelsäure*, ihrem *Mono-* u. *Di-K-Salz* sowie von *L-$HO_2C \cdot C_{(\alpha)}HD \cdot CHOH \cdot CO_2H$* (durch enzymat. Hydratisierung von Fumarsäure in D_2O) u. ihrem *Mono-K-Salz* in W. oder D_2O werden aufgenommen. Die Analyse der Spektren für diese Systeme mit 3 nichtäquivalenten Protonen erfolgt nach den Theorien von Bernstein u. Mitarbeitern (C. **1958.** 8869) u. Gutowski u. Mitarbeitern (C. **1958.** 7072) für den Fall, daß eine der chem. Verschiebungen groß im Vgl. zu den beiden anderen u. zu den Kopplungskonstanten ist. — Die Umlagerung zwischen den einzelnen Konfigurationen der Salze erfolgt sehr schnell. Die Carboxylgruppen verweilen bes. in den Disalzen in größeren Zeitabschnitten in der trans-Form, wobei ein $C_{(\alpha)}$-Proton u. das $C_{(\beta)}$-Proton ebenfalls trans- u. das andere $C_{(\alpha)}$-Proton u. das $C_{(\beta)}$-Proton gauche- oder beinahe cis-Stellung zueinander einnehmen. (J. Amer. chem. Soc. **81.** 542—46. 5/2. 1959. Madison, Wis., Univ. of Wisconsin, Chem. Dep.) G. Pötzscher. B 137

R. E. Richards und **T. Schaefer,** *Kernresonanzspektren einiger Fluorderivate des Toluols und Benzotrifluorids.* Die Spektren der H- u. F-kernmagnet. Resonanz an *o-* (I), *m-* (II) u. *p-Fluortoluol* (III), *m-* (IV) u. *p-Fluorbenzotrifluorid* (V) u. *3-Fluor-2.4.5-tri-*

chlorbenzotrifluorid (**VI**) werden untersucht. Die chem. Verschiebungen von CH_3- u. Ringprotonen sind bei **I**, **II** u. **III** nahezu unabhängig von der Stellung des F im Kern, sie betragen für **I** 142 Hz, **II** 140, **III** 142. Die H-Resonanzen (in bezug auf Toluol) liegen für **I** bei 4,2 Hz, **II** 5,3, **III** 5,3, **IV** —3,3 u. **V** —7,5, die F-Resonanzen (in bezug auf Benzotrifluorid) für **I** 1528 (Ring F), **II** 1412, **III** 1528, **IV** 15 (CF_3), **V** —11 (CF_3) u. **VI** —7 (CF_3). Die Spektren u. die Beziehungen zur Mol.-Struktur werden diskutiert. Es wird gezeigt, daß die Spin–Spin-Kopplungskonstanten I^{H-F} für die Kopplung zwischen Ring-F u. -Protonen in der Reihe o > p u. die I^{CH_3-F}- u. I^{CF_3-F}-Werte in der Reihe o > p > m abnehmen. (Trans. Faraday Soc. **54**. 1447—53. Okt. 1958. Oxford, Lincoln Coll.) G. PÖTZSCHER. B 137

W. Strauss, *Die Ionisation von Pikrinsäure in Methanol bei Drucken bis zu 3000 Atmosphären.* Die elektr. Leitfähigkeit von methanol. Lsgg. von *Pikrinsäure* (I), *HBr*, *Na-Pikrat*, *NaBr* u. *NaCl* wurde bei 25° u. bei Drucken bis zu 3000 at gemessen. Aus den Meßwerten wurde für Pikrinsäure die Dissoziationskonstante K, die Ionisierungsenergie ΔG^0 u. die Änderung des Mol-Vol. ΔV^0 bei der Ionisation für verschied. Drucke bestimmt: [Druck in at] 1; [K·10^4 in Mol/kg] 2,64; [ΔG^0 in cal/Mol] 4880; [ΔV^0 in cm^3/Mol] —25,0. —500; —; —; —22,3. —1000; 6,59; 4340; —. —1500; —; —; —17,2. —2000; 13,31; 3920; —. —2500; —; —; —12,7. —3000; 22,4; 3620; —. Bei allen untersuchten Verbb. außer I sank die Leitfähigkeit mit wachsendem Druck, bei I stieg sie dagegen an u. war bei 3000 at etwa doppelt so groß wie bei 1 at. Für die H^+-Leitfähigkeit in Methanol kommt Vf. zu dem Schluß, daß ca. 66% dem Protonenübergang, der Rest der Wanderung von $CH_3OH_2^+$-Ionen zuzuschreiben sind. Gelegentlich gefundene Maxima in Leitfähigkeit–Druck-Diagrammen erklärt Vf. damit, daß mit wachsendem Druck zunächst der Protonenübergang begünstigt wird, daß aber bei sehr hohen Drucken die Rotation der durch Wasserstoffbrücken verbundenen Wasser- oder Alkoholmoll. gehindert wird. Da diese Rotation nach CONWAY, BOCKRIS u. LINTON (C. **1957**. 5476) den geschwindigkeitsbestimmenden Schritt darstellt, muß die Leitfähigkeit bei extrem hohen Drucken wieder absinken. (Austral. J. Chem. **10**. 277—81. Aug. 1957. Sydney, Univ., High Pressure Labor., C.S.I.R.O.) E. SCHAAF. B 138

Shigeru Aoyagi und **Kiichirô Sugino**, *Untersuchungen über anodische Reaktionen. 6. Mitt. Potential der Kolbeschen Elektrosynthese; Einfluß des Zusatzes von überschüssigem Perchlorat.* (5. vgl. C. **1958**. 11149.) Eine Lsg. aus 0,1 mol. *Essigsäure* (I) u. 0,1 mol. *Na-Acetat* wird mittels Pt-Anode elektrolysiert u. das entwickelte Gas analysiert, wobei die Oxydation von I oder von Acetationen bei 1,8—2,2 V stattfindet. Bei der Elektrolyse der gleichen Lsg. unter Zusatz von überschüssigem $NaClO_4$ zeigt die Kurve Anodenpotential–Anodenstromdichte zwei Stufen: Das niedrigere Potential entspricht der Oxydation von I oder von Acetationen, während das höhere der Entladung des Acetations entspricht u. mit dem sogenannten Potential der KOLBEschen Rk. ident. ist. (J. chem. Soc. Japan, pure Chem. Sect. [Nippon Kagaku Zassi] **79**. 1202—04. Okt. 1958. Tokyo-Meguro, TH. [Orig.: japan.]) E. MAEKAWA. B 141

Peter Kabasakalian und **James McGlotten**, *Polarographische Reduktion von nichtkonjugierten Steroidketonen.* Die direkte polarograph. Red. von nichtkonjugierten Ketonen in verschied. Stellungen in beiden Kernen u. an der Seitenkette von Steroiden wird beschrieben. Gearbeitet wird in 90%ig. wss. A. mit Tetrabutylammoniumchlorid als Elektrolyt. Bei der Red. von Verbb. mit Hydroxyl- u. Acetoxygruppen in Nachbarstellung zu einer Carbonylgruppe überlagern sich die Stufen beider Gruppen. Dagegen werden bei 16-Hydroxy-(oder Acetoxy)-17-ketosteroiden 2 Reduktionsstufen beobachtet. Vff. untersuchen folgende K e t o n e (Halbstufenpotential zwischen —2,28 u. —2,76 V): *Cholestan-3-on, 17α-Äthylätiocholan-17β-ol-3-on, Cortisonacetat-3.20-bis-cycloäthylenketal, Pregnan-17α-ol-3.11.20-trion-3.20-bis-cycloäthylenketal, Pregnan-3α.20β-diol-11-on, Pregnan-3α.20β-diol-12-on, Δ⁵-22-Isospirosten-3β-ol-12-on* (*Gentrogenin*), *22-Isoallospirostan-3β-ol-12-on* (*Hecogenin*), *Bisnorcholan-3α-ol-12-onsäuremethylester, Norcholan-3α-ol-12-on-säuremethylester, Cholan-3α-ol-12-onsäuremethylester, Androstan-3.17-dion-3-cycloäthylenketal, Δ⁵-Androsten-3β-ol-17-on, Δ⁵-Pregnen-3β-ol-20-onacetat, Δ⁵-Pregnen-3β-ol-20-on, Δ⁵-20-Isonorcholen-3β-ol-22-on, Δ⁵-Norcholesten-3β-ol-24-on, Δ⁵-Androsten-3β.16α-diol-17-ondiacetat, Androstan-3β.17α-diol-7-ondiacetat, Östron-16β-ol, Östron-16β-oldiacetat, Androstan-3β.16β-diol-17-ondiacetat, Δ⁵-Pregnen-3β.17α-diol-20-on, Pregnan-3α.11β.17α-triol-20-on, Pregnan-3α.11α.17α-triol-20-on, Δ⁵-Pregnen-3β.21-diol-20-on, Δ⁵-Pregnen-3β.21-diol-20-on-21-acetat, Pregnan-3α.11β.17α.21-tetrol-20-on-21-acetat, Δ⁵-Pregnen-3β.17α.21-triol-3.21-diacetat, Androstan-3.17-dion, Pregnan-3.20-dion, Pregnan-11β-ol-3.20-dion, Pregnan-3β-ol-11.20-dionacetat, Ätiocholan-3.11.17-trion, Pregnan-3.11.20-trion, Aceton, Butanon-(2), Heptanon-(2), Cyclobutanon, Cyclopentanon, Cyclohexanon, Cycloheptanon, Cyclooctanon, Cyclodecanon, Cyclopentadecanon, 3-Hydr-*

oxybutanon-(2), 1-Acetylcyclohexanol, 3-Hydroxy-3-methylpentanon-(2), Hexandion-(2.5). (Analytic. Chem. **31.** 1091—94. Juni 1959. Bloomfield, N. J., Schering Corp., Chem. Res. and Developm. Div.) R. UNGER. B 142

I. I. Sasslawski sen., *Kern(Atom)konzentration und spezifische Gewichte der Kohlenwasserstoffe.* Als „Kernkonz." (KK) von festen u. fl. Stoffen wird die Gesamtzahl der Atome einer Verb. in 1 Liter definiert. Der mittlere Wert der KK, A_m, für KW-stoffe nimmt mit der Zahl der H-Atome in den Moll. (z. B. von C_xH_6 nach C_xH_{32}) regelmäßig zu. Die meisten KW-stoffe haben bei 20° einen A_m-Wert, der nur um $\pm 6\%$ von dem für die Gesamtreihe der KW-stoffe mit 6—32 H-Atomen berechneten Mittelwert abweicht. Größere Abweichungen scheinen regelmäßig mit der Struktur zusammenzuhängen. Wie die KK hängt auch die D. der KW-stoffe mit ihrer Zus. u. Struktur zusammen; von der 656 Verbb. der Zus. C_xH_z mit $x = 2—26$, $z = 6—32$ weichen 618 vom Mittelwert um höchstens 5% ab. (Журнал Общей Химии [J. allg. Chem.] **28** (90). 811—14. März 1958.) R. K. MÜLLER. B 148

J. Dykyj, J. Paulech und **P. Kl'účovský,** *Physikalische Eigenschaften des Äthylenglykols und seiner Derivate.* 3. Mitt. *Dampf–Flüssigkeits-Gleichgewichte von Zweistoffgemischen.* (2. vgl. Chem. Zvesti **11.** [1957.] 461.) Die Dampf–Fl.-Gleichgewichte folgender bin. Gemische wurden gemessen: *Methanol* (III)–*Äthylenglykol* (I)-*Monomethyläther* (IV); *Isopropanol*–I-*Monoisopropyläther*; *n-Butanol*–I-*Mono-n-butyläther* (VII); *Isobutanol*–I-*Monoisobutyläther*; III–*Diäthylenglykol* (II)-*Monomethyläther* (V); *Ae.*–II-*Monoäthyläther* (VI); IV–V; I-*Monoäthyläther*–VI; VII–II-*Mono-n-butyläther*; *Essigsäure*–IV-*Acetat* (VIII); IV–VIII. Mit Ausnahme des Syst. Essigsäure–VIII lassen sich die erwähnten Gleichgewichte mit ausreichender Genauigkeit durch die NORRISH-TWIGG-Gleichung sowie die 2 bzw. 3 Konstanten enthaltende Gleichung nach HÁLA ausdrücken. Die Darstellung des Essigsäuresyst. gelang nur mit der HÁLA-Gleichung mit 4 Konstanten. (Chem. Zvesti **12.** 543—57. Sept. 1958. Nováky, Výskumný ústav acetylénovej chémie. [Orig.: slowak.; Auszug deutsch.]) H. WEJNAR. B 150

H. Röck, *Einige Bemerkungen betreffend Dampf–Flüssigkeits-Gleichgewichte.* Vf. beschreibt einige neuentwickelte Geräte zur Unters. von Dampf–Fl.-Gleichgewichten nach der Partial- u. nach der Gesamtdruckmethode. Mit den Apparaten wurde die Konzentrationsabhängigkeit der Aktivitätskoeffizienten bin. Mischungen bes. im Bereich sehr niedriger Konzz. der einen Komponente ermittelt. Untersucht wurden die Systeme (jeweils der erste Stoff in niedrigen Konzz.): *Cyclohexan* (I)–*Anilin* (II), II–I, II–*n-Heptan*, II–*Methylcyclohexan* u. *Chlf.*–*Alkohol.* (Brit. chem. Engng. **3.** 20—25. Jan. 1958. Göttingen, Univ., Inst. für physik. Chem.) W. WAGNER. B 150

M. S. de Groot und **J. Lamb,** *Ultraschallrelaxation bei der Untersuchung von Rotationsisomeren.* Es wurde die Ultraschallabsorption (Frequenzbereich 5—200 MHz) an den folgenden fl. ungesätt. Aldehyden u. Ketonen gemessen: *2-Äthyl-3-propylacrolein, Hexylzimtaldehyd, Methylvinylketon, Methylisopropenylketon, Thiophen-2-aldehyd, Furfuralaceton, Propionaldehyd, n-Butyraldehyd,* ferner von *Methylvinyläther, Äthylvinyläther, 2-Chloräthylvinyläther, Acetaldehyd, Aceton, Methyläthylketon, Benzylmethylketon, Dihydrozimtaldehyd, Benzylaceton, Diäthylketon, Dipropylketon* sowie *Crotonaldehyd* (I; in n-Hexan u. Aceton) u. von *Butadien* (II) u. *Isopren.* Das bei den ungesätt. Aldehyden u. Ketonen beobachtete Relaxationsverh. wurde einer Störung des Gleichgewichts zwischen den Rotationsisomeren durch die Ultraschallwellen zugeschrieben. In einigen Fällen gestatteten die Messungen die Berechnung der Potentialenergieschranken, die die innere Rotation beschränken, sowie der Energiedifferenz zwischen den Gleichgewichtskonfigurationen der Moleküle. In allen Fällen konnten die Ergebnisse durch eine einzelne Relaxationszeit erklärt werden. Die bei einigen gesätt. Aldehyden beobachtete Relaxationszeit ist niedriger als die in der entsprechenden ungesätt. Verbindung, bei der die Konjugation die Freiheit der Rotation um C–C-Bindung beschränkt. Bei den Lsgg. von I ist die charakterist. Frequenz unabhängig von der mol. Konz., die maximale Absorption pro Wellenlänge davon linear abhängig. Diese Beobachtungen bestätigen die intramol. Natur des Phänomens: Die Potentialschranke der Rotation wird vor allem durch Kräfte im Innern des Mol. bestimmt u. ist relativ unabhängig von den Kraftfeldern der umgebenden Lösungsmoleküle. Auch die in II u. den Vinyläthern beobachtete Relaxation wird der Ggw. von Rotationsisomeren zugeschrieben. (Proc. Roy. Soc. [London], Ser. A **242.** 36—56. 8/10. 1957. Amsterdam, Koninklijke Shell-Labor.; London, Imp. Coll., Electr. Engng. Dep.) C. GOTTFRIED. B 159

P. A. Demtschenko, *Über die Reaktion von Kohlenwasserstoffen mit Seifen synthetischer Fettsäuren.* Unterss. über die Wärmeeffekte bei der Wechselwrkg. von Na-Seifen synthet. Fettsäuren (Stearat, Palmitat, Myristat, Laurinat, Caprinat, Nonylat) mit Vaselinöl ergaben, daß mit zunehmendem Mol.-Gew. der Seife die Benetzungswärme steigt. Für die untersuchten Seifen betrug sie 99—350 cal/Mol Seife. In den Systemen KW-stoffe/wss. Seifenlsgg. ist die Wechselwirkungsenergie der Seifen mit den KW-stoffen der bestimmende Faktor der koll. Löslichkeit der KW-stoffe in den Lsgg. der Seifen synthet. Fettsäuren. In den Systemen Seife–KW-stoff sind gewisse Mengen KW-stoffe an die Seifen gebunden u. können von ihnen mechan. nicht getrennt werden. Die „überschüssige" KW-stoffmenge wird nur schwach festgehalten u. kann durch Absitzen u. durch andere Methoden entfernt werden. (Маслобойно-Жировая Промышленность [Öl- u. Fett-Ind.] **24.** Nr. 8. 29—30. 1958. Inst. für allg. u. anorgan. Chem. der Akad. der Wiss. der UdSSR.) OTTO MAIER. B 164

M. Ss. Schulman, *Untersuchung der Adsorptionsfähigkeit von Kohlenhydratlösungen mittels der polarographischen Methode.* Vf. zeigt, daß das polarograph. O_2-Maximum von in 0,02n KCl-Lsg. gelöstem O_2 bei dessen Red. an der Hg-Elektrode durch Zusätze verschied. Kohlenhydrate (0,0004—0,20%) erniedrigt wird. Von den untersuchten Stoffen zeigten *Dextrine*, verkleisterte u. dispergierte *Kartoffelstärke* einen gleichen, mit ihrer Konz. ansteigenden starken Effekt: Erniedrigung des Maximums im Bereich von 0—2,4 V von 212 auf 35 mm. Sie besitzen demnach gleiche adsorbierende Fähigkeiten gegenüber Hg. *Glucose* u. *Arabinose* sind wenig wirksam, *Saccharose* ist etwas wirksamer, während *Maltose* das polarograph. Maximum recht wesentlich erniedrigt: von 212 auf 177 mm. (Коллоидный Журнал [Kolloid-J.] **19.** 384—86. Mai/Juni 1957. Moskau, Allunions-Wiss. Forschungsinst. für die Alkoholind.) M. ULMANN. B 176

Hervé Margritte und **Albert Bruylants,** *Die Orientierungsphänomene in der Chlorsubstitution bei gesättigten aliphatischen Kohlenwasserstoffen mit normaler Kette.* Es wird gezeigt, daß es möglich ist — gestützt auf Unterss. über die statist. Verteilung u. den Einfl. funktioneller Gruppen — die Gesamtheit des experimentellen Materials über die Monochlorierungs-Rkk. mit Radikalmechanismus in ein zusammenhängendes Syst. zu fassen. Dabei werden den Untersuchungsgegenständen Relativwerte (Einflußindices) zugeordnet, durch die die Natur u. die Intensität dieser Wrkg. angezeigt wird. Ausgehend von solchen theoret. Überlegungen wird ein Syst. der Orientierungserscheinungen aufgestellt, die z. B. bevorzugte Substitution voraussehen läßt. (Ind. chim. belge **22.** 547—61. Mai 1957. Louvain, Univ., Labor. de Chim. Gén.) W. NIEMITZ. B 182

G. W. Gray und **B. M. Worrall,** *Die Mesomorphieübergangstemperaturen von 3'-substituierten 4'-n-Octyloxydiphenylcarbonsäuren-(4).* (Vgl. C. **1959.** 13746.) Für folgende Säuren wurden die smekt.-nemat. u. die nemat.-isotropen Übergangstempp. ermittelt: *4'-n-Octyloxydiphenylcarbonsäure-(4)* (II) 255°, 264,5°, *3'-Fluor-* 254,5°, 255,5°, *3'-Chlor-* 225°, 233°, *3'-Brom-* 214°, 224° u. *3'-Jod-4'-n-octyloxydiphenylcarbonsäure-(4)* 192,5°, 214°. *3'-Nitro-4'-n-octyloxydiphenylcarbonsäure-(4)* (I) besitzt keine nemat. Mesophase, die smekt.-isotrope Übergangstemp. beträgt 214°. In der Folge $H < F < Cl < Br, NO_2 < J$ steigt der Substituenteneinfl. auf die therm. Stabilität der smekt. Mesophase. Die Daten von I dürfen nach Vff. in den Vgl. mit einbezogen werden, da die smekt.-isotrope Kurve eine Fortsetzung der nemat.-isotropen ist. Entsprechend ergibt sich für die nemat. therm. Stabilität der Substituenteneinfl. $H < F < Cl < Br < J, NO_2$. Die nemat. u. smekt. Übergangstempp. werden den Mol.-Breiten R (Durchmesser des Zylinders, den die dimerisierten aromat. Carbonsäuren gerade noch passieren können) gegenübergestellt. Für die nemat. Übergänge nimmt die Übergangstemp. mit steigendem R-Wert ab. Das trifft auch für die vorausgesagte Temp. für die noch nicht rein dargestellte 3'-Methylverb. (235°) zu. Da auch I keine Abweichung zeigt, scheinen mol. Dipol–Dipol- oder induzierte Dipol-Wechsel-Wrkgg. keine erheblichen Beiträge zur intermol. Anziehung in der nemat. Mesophase zu leisten. Wirksam sind demnach offenbar Dispersionskräfte, die von der Mol.-Polarisierbarkeit herkommen u. die die parallele Orientierung der Moll. im nemat. Zustand aufrechterhalten. Die Beziehung zwischen den smekt.-nemat. Übergangstempp. u. den R-Werten ist dagegen nicht so übersichtlich. Diese Tempp. scheinen vielmehr auch durch einen Wechsel der permanenten Mol.-Polarisation beeinflußt zu werden. Dargestellt wurde rein smekt. *3'-Fluor-4'-n-octyloxydiphenylcarbonsäure-(4)-propylester,* dessen smekt.-isotrope Übergangstemp. bei 59,5° liegt. Die analoge Cl-Verb. ist nicht mesomorph, der 3'-Nitroester besitzt aber einen smekt.-isotropen Übergang bei 47°. Hier führt das starke C–NO_2-Dipolmoment zu einer entgegen der Erwartung höheren Übergangstemperatur.

Versuche (FF. korr.): *3'-Jod-4'-methoxydiphenylcarbonsäure-(4),* $C_{14}H_{11}JO_3$. F. 271,5° (A.), durch Zugabe von gelbem HgO u. J_2 zur Stammsäure in A.–konz. H_2SO_4 (4:1 Vol.) bei 40—50°, 10 Std. rühren bei 40—50° u. Hydrolysieren des Filtrats durch 90 Min. Kochen mit 2n alkoh. KOH; 73% (Ausbeute). — *1-Jod-2-n-octyloxybenzol,* $C_{14}H_{21}JO$, Kp.$_{1}$ 143—145°, durch 12std. Kochen von o-Jodphenol in absol. A. mit Na

u. n-Octyljodid; 72%. — *2-Jod-4-nitro-1-n-octyloxybenzol*, $C_{14}H_{20}JNO_3$, F. 50—51° (fahlgelbe Prismen, PAe.), a) aus vorst. Verb. durch Zugabe zu Eisessig + rauchender HNO_3 (D. 1,5) bei 0°; 71,5%; b) durch Octylierung von 2-Jod-4-nitrophenol nach Gray u. Jones (J. chem. Soc. [London] **1954.** 1467); 54%. — *3-Jod-4-n-octyloxyanilin*, $C_{14}H_{22}\cdot JNO$, Kp.$_{1}$ 174—178° (fahlgelbes Öl), durch Red. vorst. Verb. mit $SnCl_2$–konz. HCl in A.; 58%; *N-Acetylderiv.* (**III**), $C_{16}H_{24}JNO_2$, F. 122—122,5° (Bzl.-PAe., 1:1,5 Vol.). — *o-Fluorphenol*, Kp. 142—148°, durch 14std. Kochen von o-Fluoranisol in Eisessig-48%ig. HBr; 56%. — *1-Fluor-2-n-octyloxybenzol*, Kp.$_{20}$ 156—160° (fahlgelbes Öl), durch Octylierung vorst. Verb.; 75%. — *2-Fluor-4-* u. *-6-nitro-1-n-octyloxybenzol* (Gemisch), $C_{14}H_{20}FNO_3$, Kp.$_{0,1}$ 140—160°, durch Nitrierung vorst. Verb.; 80%; Trennungsverss. durch Kristallisation mißlangen. — *3-Fluor-4-n-octyloxyacetanilid*, $C_{16}H_{24}FNO_2$, F. 83,5—84,5° (Bzl.-PAe.), a) durch Red. vorst. Gemischs (Amingemisch, Kp.$_{0,5}$ 140 bis 150°, 55%, nicht trennbar) u. Acetylieren; 53% (Isomeres wurde nicht gefaßt); b) durch Octylieren von 2-Fluor-4-nitrophenol, Red. u. Acetylierung. — *3'-Fluor-4'-n-octyloxydiphenylcarbonsäure-(4)* (**IV**), $C_{21}H_{25}FO_3$, F. 119,5° (Bzl.-Eisessig), durch Zugabe von wasserfreiem Na-Acetatpulver u. P_2O_5 zu vorst. Verb. in Eisessig-Acetanhydrid, Zugabe von NOCl bei 8° in Eisessig-Acetanhydrid, u. 60std. Rühren des öligen N-Nitrosoderiv. mit wasserfreiem Na_2SO_4 u. Na_2CO_3 u. Hydrolyse (90 Min. Kochen mit KOH in 80%ig. Methanol); 10,3%. — *3'-Jod-4'-n-octyloxydiphenylcarbonsäure-(4)*, $C_{21}H_{25}JO_3$, F. 180,5° (Bzl.-Eisessig), analog vorst. Verb. aus **III**; 9,5%. **IV**-*n-Propylester*, $C_{24}H_{31}FO_3$, F. 46° (Methanol, PAe.). (J. chem. Soc. [London] **1959.** 1545—50. April. Hull, Univ.) B. Gnauck. B 186

Saburo Yagi, *Spiraliges Wachstum von Paraffinkristallen.* Käufliches *Paraffin* krist. aus Bzl. auf einer Glasplatte in Spiralen mit Stufen von ca. 2000 Å, d. h. also in einer Dicke von 50—70 Molekülen. Es werden rechts- u. gegenläufige sowie zusammengesetzte Spiralen beobachtet. (Kagaku [Science] **25.** 427. 1955. Kyoto, Univ. [Orig.: japan.]) L. Schuler. B 190

S. C. Abrahams und **J. C. Speakman,** *Eine kristallographische Untersuchung von Tris-[methylsulfonyl]-methan.* Kristalle von *Tris-[methylsulfonyl]-methan* zeigen bei der Röntgenunters. eine bisher unbekannte Art der Streuung (Abb.). Die Erscheinung wird diskutiert u. auf Unordnung im Kristallgitter zurückgeführt. (J. chem. Soc. [London] **1956.** 2562. Juli. Glasgow, Univ.) G. Brod. B 190

Bawa Kartar Singh und **M. K. P. Amma,** *Untersuchungen über die Natur der racemischen Modifikationen optisch-aktiver Verbindungen im festen Zustand.* 12. Mitt. *d- und dl-Campher-β-sulfon-o-, -m- und -p-bromphenylamide und d- und dl-o-, -m- und -p-Bromaniliniumcampher-β-sulfonate.* (11. vgl. J. Indian chem. Soc. **33.** [1956.] 491; 10. vgl. C. **1950/54.** 3071 S.) Vff. untersuchen auf Grund der F.-Diagramme die Stabilität der Racemate u. kommen zu folgenden Ergebnissen: Bei *Campher-β-sulphon-o-, -m-* u. *-p-bromphenylamid* (FF. der d-Formen 98, 138 bzw. 170°) treten in allen 3 Fällen breite eutekt. Bereiche [-o- 10—90 (% d-), F. ca. 90°; -m- 40—90, F. ca. 110°; -p- 40—90, F. ca. 140°] mit sehr schwachem Anstieg zum Racemat (F. 98, 112 bzw. 142°) auf, es besteht also eine starke Tendenz zur Bldg. von festen Lsgg. zwischen Racemat u. Antipoden. — Bei den *Bromaniliniumcampher-β-sulfonaten* zeigt die *-p-Verb.* (F. der d-Form 162°) einen steilen Abfall zum Eutektikum (F. 145°) bei 80% d-, steilen Anstieg zum Racemat (F. 160°), also eine ziemlich stabile *dl*-Verbindung. — Die *-m-Verb.* (F. der d-Form 151°) zeigt steilen Abfall zum Eutektikum (F. 138°) bei 80% d-, steilen Anstieg zum Racemat (F. 165°), ebenfalls eine stabile *dl*-Verbindung. Die *-o-Verb.* (F. der d-Form 141°) besitzt einen breiten eutekt. Bereich, das Racemat (F. 145°) ist also weniger stabil als bei den anderen Verbindungen. (J. sci. ind. Res. [New Delhi], Sect. B **15.** 276 bis 279. Juni 1956. Banaras, Hindu Univ., Organ. Chem. Res. Sect.) F. Schauder. B 190

Bawa Kartar Singh und **Shiva Mohan Verma,** *Untersuchungen über die Natur der racemischen Modifikationen optisch-aktiver Verbindungen im festen Zustand.* 13. Mitt. *d- und dl-Campher-β-sulfon-o-, -m- und -p-nitrophenylamid, d- und dl-Campher-β-sulfonyl-o-, -m- und -p-phenylendiamin und d und dl-o-, -m- und -p-Phenylen-bis-campher-β-sulfonamid.* (12. vgl. vorst. Ref.) Vff. untersuchen an Hand der F.-Diagramme zwischen den opt.-akt. Komponenten u. den Racematen *Campher-β-sulfon-p-* (**I**), *-m-* (**II**), *-o-* (**III**)*-nitrophenylamid,* ob das Racemat eine wirkliche *dl*-Verb. (**A**), ein Konglomerat, oder eine feste Lsg. (**B**) ist: Steiler Abfall von *dl*-**I** (F. 183°) bis 50% d-**I**, dann unverändert bis 100% d-**I** (F. 146°): **B. II** wie **I**, *dl*-**II**, F. 176°, d-**II**, F. 146°. Steiler Abfall von d-**III** (F. 134°) zum Eutektikum (50—60% d-**III**, F. 130°). Steiler Anstieg zu *dl*-**III** (F. 132°): **A.** — *Campher-β-sulfonyl-p-* (**IV**), *-m-* (**V**), *-o-* (**VI**)*-phenylendiamin.* Gleichmäßiger Abfall von d-**IV** (F. 187°) nach *dl*-**IV** (F. 162°): **B.** Zwischen d-**V** (F. 118°) u. *dl*-**V** (F. 101°) flaches Eutektikum bei 40% d-**V**: **A.** Zwischen d-**VI** (F. 133°) u. *dl*-**VI** (F. 143°) sehr scharfes Eutektikum bei 60% d-**VI** (F. 127°): **A.** *p*- (**VII**), *m*- (**VIII**), *o*- (**IX**)-*Phenylen-bis-campher-β-sulfonamid*. Steiler Abfall von *dl*-**VII** (F. 191°) zu einer breiten eutekt. Zone zwischen 60 u. 95% d-**VII** (F. 185°). d-**VII** (F. 185,4°): **A.** Sehr scharfes Eutektikum (F. 195°) zwischen d-**VIII** (F. 203°) u. *dl*-**VIII** (F. 200°) bei 70% d-**VIII**: **A.** Steiler Abfall von d-**IX** (F. 92°) zum F. von *dl*-**IX** (85°), der schon bei 20% d-**IX** erreicht wird: **B.** (Proc. Indian Acad. Sci., Sect. A **46.** 112—19. Aug. 1957.) F. SCHAUDER. B 190

R. Srinivasan, *Die Kristallstruktur von L-Tyrosinhydrobromid.* (Vgl. C. **1957.** 11539.) Vf. berichtet über die genaue Strukturbest. von *L-Tyrosinhydrobromid.* Die Verb. krist. monoklin u. hat die Elementarzelle a = 11,41; b = 9,11; c = 5,17 A; β = 91,0°. Raumgruppe ist P 2_1, Z = 2. Die Struktur wurde mit Hilfe von PATTERSON-Projektionen, FOURIER-Synthesen u. der Meth. der kleinsten Quadrate festgelegt. Die folgenden Parameter wurden bestimmt: $C_{(1)}$ (X =) 0,093; (Y =) 0,025; (Z =) 0,361; $C_{(2)}$: 0,080; 0,129; 0,151; $C_{(3)}$: 0,972; 0,130; 0,020; $C_{(4)}$: 0,880; 0,028; 0,084; $C_{(5)}$: 0,902; 0,932; 0,302; $C_{(6)}$: 0,005; 0,928; 0,432; $C_{(7)}$: 0,760; 0,033; 0,938; $C_{(8)}$: 0,660; 0,086; 0,090; $C_{(9)}$: 0,675; 0,247; 0,170; $O_{(1)}$: 0,195; 0,028; 0,518; $O_{(2)}$: 0,643; 0,343; 0,010; $O_{(3)}$: 0,738; 0,274; 0,372; N: 0,550; 0,067; 0,940; Br: 0,4123; 0,2500; 0,4368. Der Benzolring ist eben, ebenso die

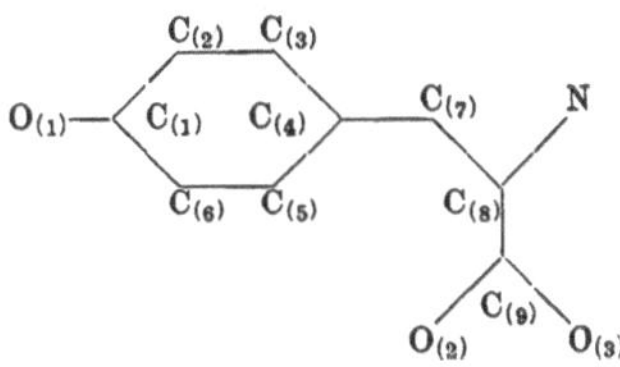

Gruppe $C_{(8)}C_{(9)}O_{(2)}O_{(3)}$; der Abstand des N-Atoms von dieser Ebene beträgt 0,62 Å. Die Moll. sind in Schichten parallel (0 1 0) angeordnet u. werden durch ein Syst. von H-Bindungen vom Typ NH···Br, OH···Br u. OH···O zusammengehalten. Die intramol. Abstände u. Valenzwinkel sind tabellar. angegeben. (Current Sci. **27.** 46—48. Febr. 1958. Madras, Univ., Dep. of Phys.) C. GOTTFRIED. B 195

C. Rimington, S. F. Mason und **O. Kennard,** *Porphin.* Vff. untersuchten kristallograph., röntgenograph. u. spektrophotometr. im IR u. im Sichtbaren bes. reines *Porphin* (**I,** $C_{20}H_{14}N_4$, aus 2-Hydroxymethylpyrrol nach KROL [1957]). **I** bildet tafelförmige, quadrat. u. metall. rote, monokline Kristalle mit diagonaler Auslöschung u. ausgesprochenem Pleochroismus. Mit dem in der Ebene der Täfelchen schwingenden elektr. Vektor ändert sich die Farbe von Dunkelorange in einer Auslöschungsrichtung nach Hellorange in der anderen Auslöschungsrichtung. Die Richtung starker Absorption verläuft parallel zur kristallograph. b-Achse. Dreh- u. WEISSENBERG-Aufnahmen ergaben die Zellendimensionen a = 12,35; b = 12,35; c = 10,40 Å; β = 102°. Mögliche Raumgruppen sind P 2_1/a, P a u. P 2/a; Z = 4. Die Hauptbanden im UV-Spektr. von **I** in Bzl. sind ident. mit denen des Spektr. in A. bei —180°; bei —180° ist das Spektr. nur schärfer u. strukturierter. Im sichtbaren Gebiet treten 2 Banden mit Schwingungsstruktur auf. Da im IR-Spektr. (registriert zwischen 700 u. 3700 cm^{-1}) nur eine NH-Valenzschwingung bei 3305 cm^{-1} zu beobachten ist, wird **I** auf Grund der Auswahlregeln D_{2h}-Symmetrie zugesprochen; die NH-Gruppen befinden sich also in gegenüberliegenden Pyrrolringen Es wurden spektrograph. einige Nebenprodd. untersucht, die während der Synth. von **I** aus Dimethylaminomethylpyrrol, CH_3J u. Mg in Ae. gebildet werden u. die chromatograph. abgetrennt worden waren. Aus diesen Unterss. konnte geschlossen werden, daß einige in der Literatur mitgeteilte spektrograph. Daten über **I** auf diese Nebenprodd. zurückzuführen sind. (Spectrochim. Acta [London] **12.** 65—77. März/April 1958. London, Univ. Coll., Hosp. Med. School, Dep. of Chem. Pathol.; Exeter, Univ., Washington Singer Labor.; London, Nat. Inst. for Med. Res.) C. GOTTFRIED. B 195

Johann F. Cordes und **Helmut Günzler,** *Das Propin/Propadien-Gleichgewicht.* Die Gleichgewichtslage der Isomerisierungs-Rk. $H_3C-C{\equiv}CH \rightleftharpoons H_2C{=}C{=}CH_2$ zwischen 100 u. 370° an verschied. Katalysatoren wird IR-spektroskop. bestimmt. Folgende %-Gehh. Propadien wurden im Gleichgewicht an den einzelnen Kontakten bei der angegebenen Kontakttemp. festgestellt: Al_2O_3: 196°, 17%; 152°, 15,6%; 125°, 14,4%. — Al_2O_3/F: 327°, 19,3%; 270°, 18%; 190°, 16,8%; 227°, 17,6%; 280°, 18,6%. — SiO_2: 353°, 19,8%; 278°, 18,2%; 230°, 17,5%; 255°, 18,0%. — SiO_2/Pd: 227°, 17,3%. — SiO_2/Ag: 305°, 18,8%; 310°, 19,5%. — Als K_p-Werte für folgende Tempp. (° K) sind angegeben: 0,172 bei 400°; 0,192 bei 450°; 0,211 bei 500°; 0,227 bei 550°; 0,242 bei 600°; 0,255 bei 650°. — Die Reaktionsenthalpie ergibt sich zu ΔH = 0,81 kcal/Mol; aus den thermodynam. Daten der beiden Komponenten errechnet sich ΔH zu 1,51 kcal/Mol. (Chem. Ber. **92.** 1055—62. 2/5. 1959. Ludwigshafen/Rh., BASF, Haupt- u. Ammoniaklabor.) A. MASCHKE. B 221

I. L. Krupatkin, *Untersuchung der fließenden Übergänge der stabilen Entmischung in eine metastabile.* (Vgl. C. **1957.** 10432. 10970.) Bei den kontinuierlichen Übergängen einer stabilen Entmischung in eine metastabile werden 4 Typen unterschieden. Im Anschluß an die Unters. der Kristallisationstempp. im bin. Syst. *Phenol* (**I**)–*Salicylsäure* (**II**) werden 6 Polythermen des tern. Syst. I–II–W. mit 20, 40, 50, 56,5 60 u. 80% I (Rest auf 100% : II) u. 33—95% W. aufgenommen. Analog wird das Syst. I–*Anthranilsäure*–*W*. untersucht. In beiden Fällen verbindet das Entmischbarkeitsvol. des tern. Syst. die Entmischbarkeitsflächen der beiden mit W. gebildeten bin. Systeme u. hat Sattelcharakter. Die beiden Systeme gehören demselben Typ der Entmischungsübergänge an. In beiden wird ein Komplex mit gleichem mol. Verhältnis der beteiligten Komponenten gebildet. (Журнал Общей Химии [J. allg. Chem.] **28** (**90**). 823—30. März 1958. Jaroslawl, Technol. Inst.) R. K. Müller. B 221

Peter B. Russell, *Der Einfluß der Ringgröße auf die Enolisierung und Acidität von α-Carbäthoxy- und α-Acylcycloalkanonen.* Vf. erklärt die Tatsache, daß *α-Carbäthoxy-*, *α-Formyl-* (**I**) bzw. *α-Acetylcyclopentanon* trotz geringeren Enolgeh. stärker sauer sind als die entsprechenden Cyclohexanonderivv., mit der größeren Neigung des Fünfringes zur Ausbldg. einer exocycl. Enoldoppelbindung, während bei den Sechsringderivv. die endocycl. Enoldoppelbindung bevorzugt ist. Durch diese Erklärung wird verständlich, warum, wie Johnson u. Shellberg (J. Amer. chem. Soc. **67**. [1945.] 1745) fanden, nur das *α-Formylcyclohexanon* ein n. Oxim gibt, das in ein Isoxazol übergeht, während **I**, infolge Fehlens einer n. Aldehydgruppe mit NH_2OH N.N-Bis-[2-oxocyclopentyl-(1)]-hydroxylamin gibt. (Chem. and Ind. **1956**. 326—27. 5/5. New York, N. Y., Wellcome Res. Labors.) H. Timmler. B 221

Walter Hückel und **Ottraud Fechtig,** *Die Bestimmung von $\Delta^{1,9}$- und $\Delta^{9,10}$-Oktalin nebeneinander.* Es wurden die UV-Absorptionen der Jodkomplexe folgender Cycloolefine gemessen: Δ^1-, Δ^2- u. Δ^3-*Methylcyclohexen*, Δ^1- u. Δ^2-*Isopropylcyclohexen*, Δ^1- u. Δ^2-*Cyclohexylcyclohexen*, $\Delta^{1,9}$- u. $\Delta^{9,10}$-*Oktalin*, *Camphen*, *α*- u. *β-Pinen*. Diese Werte werden nach der von Long u. Neuzil (Analytic. Chem. **27**. [1955.] 1110) für Olefine entwickelten Meth. zur Analyse von $\Delta^{1,9}$- u. $\Delta^{9,10}$-Oktalingemischen verwendet. (Chem. Ber. **92**. 693—99. 21/3. 1959. Tübingen, Univ., Pharmazeut.-Chem. Inst.) H. G. Henkel. B 223

T. P. Shuse und **T. P. Ssafronowa,** *Die Löslichkeit der Komponenten des Naturgases in Erdölen bei erhöhten Drucken und Temperaturen.* Die Löslichkeit von CH_4, *Propan*, *Äthylen*, CO_2 u. N_2 bei 300—350 at Druck u. 20, 50 u. 100° in *Erdölen* verschied. Herkunft wurde untersucht. Die Natur des Gases übt einen größeren Einfl. auf die Löslichkeit aus als die des Erdöls. Am wenigsten wird N_2 gelöst; die Löslichkeit steigt in der Reihe CH_4, CO_2, Äthylen, Propan. Die Löslichkeit der Gase steigt mit zunehmendem Geh. des Erdöls an paraffin. KW-stoffen u. sinkt mit zunehmendem Geh. an Aromaten. Der Löslichkeitskoeff. nimmt bei den schwerlösl. Gasen mit steigender Temp. ab, bei den leichtlösl. Gasen zunächst sehr stark zu, dann stark ab. Das Maximum der Löslichkeit verschiebt sich nach hohen Drucken von Propan (50 at) über Äthylen (50—100 at) nach CO_2 (100—200 at). Mit steigender Temp. nimmt der Löslichkeitskoeff. bei CH_4, Propan, Äthylen u. CO_2 ab, bei N_2 von 20—50° zu, von 50—100° ab. (Известия Академии Наук СССР, Отделение Технических Наук [Nachr. Akad. Wiss. UdSSR, Abt. techn. Wiss.] **1958**. Nr. 3. 104—08.) H. Tůma. B 224

M. B. Neiman, *Eine neue Tracer-Methode für kinetische Untersuchungen.* Vf. gibt die theoret. Grundlagen für eine neue Tracermeth. zur Best. von Bildungs- u. Zersetzungsgeschwindigkeiten von Zwischenprodd. bei komplexen chem. u. biochem. Rkk., die auf einer Unters. der Änderung der spezif. Aktivitäten verschied. Zwischenprodd. in Abhängigkeit von der Zeit beruht. Die Meth. erlaubt ferner auch die Best. der sukzessiven Bldg. einer Reihe von Zwischenprodd. sowie der Reaktionsordnung, nach der die Abnahme der Zwischenprodd. erfolgt. Als Beispiele für die Anwendung der Meth. wird die Erforschung der Kinetik der Oxydation von *Methan*, *Propylen* u. *Butan* (**I**), der *Propan*-Crackung, der Kinetik der katalyt. Dehydrierung von **I** u. *Butylen* sowie der Desorption von Radikalen von der Katalysatoroberfläche besprochen. (Int. J. appl. Radiat. Isotopes **3**. 20—30. 1958. Moscow, Acad. of Sci. of USSR.) M. Schenk. B 225

D. N. Kurssanow und **S. N. Parness,** *Untersuchung des Mechanismus der Pinakolinumlagerung nach der Methode des Deuteriumaustausches.* Vff. untersuchten, ob bei der Pinakolinumlagerung $(CH_3)_2C(OH)C(CH_3)_2(OH) \xrightarrow{a)} (CH_3)_2C(OH)\overset{(+)}{C}(CH_3)_2$ (I) $\xrightarrow{b)} CH_3\cdot\overset{(+)}{C}(OH)C(CH_3)_3 \rightarrow CH_3C(O)C(CH_3)_3$ die Stufen a) u. b) gleichzeitig oder aufeinanderfolgend ablaufen, indem sie D_2SO_4 auf Pinakon einwirken lassen. In dem Falle, daß die Stufen a) u. b) gleichzeitig ablaufen, dürfte auf Grund der früher festgestellten Gesetzmäßigkeiten des D-Austausches (vgl. Доклады Академии Наук СССР [Ber. Akad. Wiss. UdSSR] [N. S.] **94**. [1954.] 69; **103**. [1955.] 631) in dem erhaltenen Pinakolin D nur in der Methylgruppe, nicht aber in der tert.-Butylgruppe vorliegen. Da bei der Oxydation des Pinakolins mit KOBr *Trimethylessigsäure* erhalten wird, die prakt. frei von D ist, befindet sich das im Pinakolinmol. vorhandene D (insgesamt werden 3 H-Atome gegen D ausgetauscht) vollständig in der Methylgruppe. Dies spricht dafür, daß das Carbeniumion I entweder gar nicht gebildet wird, oder daß es nur so kurzzeitig existiert, daß kein D-Austausch erfolgen kann. — *Pinakolin*, F. 102—106°, aus Pinakon mit 100%ig. D_2SO_4; nach 1 Std. wird das Gemisch in 100%ig. $NaHCO_3$ gegossen, extrahiert u. destilliert. — *Quecksilbertrimethylacetat*, F. 233—234°, nach KHARASCH u. STAVELEY [1923] aus 1,82 g Trimethylessigsäure u. 6 g Hg $(NO_3)_2 \cdot 1/2\ H_2O$ mit 0,71 g NaOH in 6,4 g Wasser. (Журнал Общей Химии [J. allg. Chem.] **27**(89). 668—71. März 1957. Inst. für metallorg. Verbb. der Akad. der Wiss. der UdSSR.) W. KURTZMANN. B 225

Jan Roček und **Josef Krupička**, *Chromsäureoxydation.* 7. Mitt. *Der Mechanismus der Oxydation sekundärer Alkohole.* (6. vgl. C. **1959**. 429.) Die Oxydation von *Isopropylalkohol* (I) in stark saurem Medium (5—70%ig. H_2SO_4) wurde polarograph. untersucht, wobei die ZUCKERsche u. HAMMETTsche Hypothese (J. Amer. chem. Soc. **61**. [1939.] 2791) als Kriterium angewendet wurden. Auf Grund der gewonnenen Ergebnisse wird für die Oxydation sek. Alkohole mit Chromoxyd (II) ein neuer Mechanismus vorgeschlagen, welcher in der direkten H-Übertragung vom C-Atom auf ein Teilchen des Oxydationsmittels besteht, u. zwar in der Form eines Hydridions über einen cycl. Übergangszustand. Dieser Mechanismus gestattet eine bedeutend einfachere Erklärung einer Reihe von Erscheinungen, welche bei der Alkoholoxydation mit II beobachtet wurden, als der bisher allg. angenommene Mechanismus WESTHEIMERs. Die von diesem Vf. beschriebene Katalyse durch Pyridin (bei Oxydation von I), welche eine der wichtigsten experimentellen Stützen des „Ester"-Mechanismus darstellt, konnte in der vorliegenden Arbeit nicht bestätigt werden. Auf Grund von Messungen der Oxydationsgeschwindigkeit in Abhängigkeit von der Schwefelsäurekonz. konnte der pK_a-Wert des I-Säurekomplexes auf $-4{,}1 \pm 0{,}3$ geschätzt werden. (Chem. Listy **52**. 1735—46. Sept. 1958. [Orig.: tschech.]; Collect. czechoslov. chem. Commun. **23**. 2068—80. Nov. 1958. [Orig.: engl.]. Praha, Českoslov. akad. věd, Chem. ústav, Oddělení organ. synthesy.)
O. KNESSL/Prag. B 225

Je. A. Schilow und **Ss. G. Strelzowa**, *Stereochemie und Mechanismus der Reduktion von Verbindungen mit Mehrfachbindungen durch „Wasserstoff in statu nascendi".* 1. Mitt. *Reduktion von Tolan mit Metallen in Alkoholen und Essigsäure.* Tolan (I) wird durch Na in A. zu *Dibenzyl* (II) reduziert. Unter analogen Bedingungen wird Isostilben (III) ebenfalls zu II red., während Stilben nicht reagiert. Daraus wird gefolgert, daß die Red. von I zu II über intermediär gebildetes III verläuft. Die Ausbeute an II hängt von der Acidität des Mediums ab: In Essigsäure oder Äthylenglykol entsteht H_2 u. I wird nicht hydriert. In Methanol steigt die Ausbeute an II, in höheren Alkoholen wird II quantitativ gebildet. — Mit Zn in A. oder Essigsäure ist I lediglich zu III reduzierbar, durch Li u. Mg wird es in den beiden Medien nicht reduziert. (Украинский Химический Журнал [Ukrain. chem. J.] **22**. 341—46. 1956. Inst. für Organ. Chem. der Akad. der Wiss. der UkrSSR.) HELMUT SCHÄFER. B 225

Ss. G. Strelzowa und **Je. A. Schilow**, *Stereochemie und Mechanismus der Reduktion von Verbindungen mit Mehrfachbindungen durch „Wasserstoff in statu nascendi".* 2. Mitt. *Reduktion von Tolan mit Natrium in flüssigem Ammoniak.* (1. vgl. vorst. Ref.) Tolan (I) wird durch Na/fl. NH_3 ohne oder mit Zusatz von Ae. zunächst zu *Stilben* (II) u. dann zu *Dibenzyl* (III) reduziert. Isostilben (IV) u. trans-Stilben (V) gehen unter analogen Bedingungen ebenfalls in III über. IV wird durch Na/fl. NH_3 erheblich schneller zu V isomerisiert als I zu III red. wird. Deshalb ist es auch nicht möglich festzustellen, ob V ein direktes Reduktionsprod. ist oder ob die Red. über IV verläuft. Die Red. wird durch Zusätze von A. oder p-Toluidin erheblich beschleunigt. Hierbei ist es nicht möglich, die Rk. auf der Stufe von II anzuhalten, es wird nur III erhalten, auch bei einem Unterschuß an Reduktionsmittel. Es wird ein Reaktionsmechanismus diskutiert. (Украинский Химический Журнал [Ukrain. chem. J.] **22**. 489—92. 1956.) G. FROELICH. B 225

D. Gál, F. Dutka, L. Guczi, I. Kende und **M. Koch**, *Untersuchungen organischer Reaktionsfähigkeit mit Hilfe von radioaktiven Isotopen.* Vff. haben die Kinetik der Isotopenaustausch-Rkk. von Alkyl- u. Aralkyljodiden (*Äthyl-, n-Propyl-, n-Butyl-, ω-Phenyläthyl-, -n-propyl-* u. *-n-butyljodid*) mit J^- sowie den Einfl. von Anilin auf diese Prozesse untersucht. Ferner wurde die Kinetik der Desorption von Alkyljodiden an akt. Kohle u. rotem P experimentell verfolgt. Aus den Desorptionsdaten, sowie aus der Anwendung der differentialen Isotopenmeth. ging hervor, daß im Falle des roten P gleichzeitig mit der Adsorption auch chem. Rkk. ablaufen, während im Falle von akt. Kohle eine reversible Adsorption vorliegt. Die Feststellungen werden auch durch die bei den Isotopenaustausch-Rkk. zwischen adsorbierten organ. Jodiden u. dem in der fl. Phase anwesenden

KI. erhaltenen Ergebnisse gestützt. — Vgl. auch C. **1959.** 4429. (Z. physik. Chem., Frankf. Ausg. [N. F.] **17.** 44—55. Juli 1958. Budapest, Agrokémiai Kutató Intézet Laboratoriuma.) G. HALMI. B 225

N. Ss. Wassileisskaja, *Reaktionen von Polyhalogenverbindungen mit Alkoholen.* Beim Erhitzen von Butanol-(1) mit CCl_4 auf 230° werden *Chlf.*, *HCl*, *W.*, *n-Butylchlorid* u. *n-Butylbutyrat* (I) gebildet. I kann durch Kondensation von Butyraldehyd, dessen Isolierung nicht gelang, entstehen. Butanol-(2) gibt mit CCl_4 unter gleichen Bedingungen *Chlf.*, *HCl*, *Methyläthylketon*, *W.*, *sek.-Butylchlorid*, *Butylen* u. eine *Verb.* $C_5H_8Cl_4$, deren Struktur nicht festgestellt wurde. — Die Rk. von Methanol mit Pentachloräthan (II) liefert *HCl*, *Formaldehyd*, *Methylchlorid* (III), *W.*, *1.1.2.2-Tetrachloräthan* (IV) u. *Trichloräthylen* (V). Letzteres wird durch HCl-Abspaltung aus IV oder nach $CHCl_2\text{–}CCl_2 \rightarrow CHCl{=}CCl_2 + Cl^\cdot$ gebildet. Als prim. Rk. wird die Abspaltung eines Cl-Atoms aus der CCl_3-Gruppe des II angenommen, wobei das $C_2HCl_4{}^\cdot$-Radikal nach vorst. Schema oder nach $CHCl_2{-}CCl_2{}^\cdot + CH_3OH \rightarrow CHCl_2{-}CHCl_2 + {}^\cdot CH_2OH$ zu reagieren vermag. Die Annahme vorst. Reaktionsverlaufes wird durch Rk. von IV mit Methanol zu V, *W.*, III, wenig *HCl* u. *Formaldehyd* sowie durch Rk. von 1.1.1.2-Tetrachloräthan mit Methanol zu *W.*, *HCl* u. III bestätigt. Die geringe Bldg. von HCl beweist, daß die Rk. hauptsächlich nach dem Radikalmechanismus verläuft.

Versuche: Rk. von Butanol-(1) mit CCl_4: man erhitzt 16 g Butanol-(1) 20—30 Std. mit 16 g CCl_4 auf 230° im geschlossenen Gefäß u. kühlt das Reaktionsgemisch mit CO_2/Toluol-Gemisch; man erhält aus der wss. Schicht (1,7 g Ausbeute) durchNeutralisieren 0,062 g *HCl*, aus der organ. Schicht (24,3 g) 4,28 g *Chlf.* (Kp. 61,3—63°; $D.^{20}$ 1,5025; $n_D{}^{20}$ 1,440), 1,9 g *n-Butylbutyrat* (I; $Kp._{25}$ 60—75°; $D.^{20}$ 0,8937; $n_D{}^{20}$ 1,4113) u. wenig *n-Butylchlorid.* — Analog Vorst. aus 16 g Butanol-(2) u. 16 g CCl_4 (16—20 Std. bei 210—220°): 6 g *Butylen*, aus der wss. Schicht 0,3 g *HCl* u. 0,4 g *Methyläthylketon* (quantitativ bestimmt mit Hydroxylaminhydrochlorid; *2.4-Dinitrophenylhydrazon*, F. 109°), aus der nichtwss. Schicht weitere 3,3 g *Butylen*, 1,6 g *Chlf.*, *sek.-Butylchlorid* u. 1,7 g einer *Verb.* $C_5H_8Cl_4$, $Kp._{35}$ 193°. — Analog Vorst. aus 13,6 g Pentachloräthan (II) u. 6,4 g Methanol (15 Std. bei 210—220°). Aus der wss. Schicht 0,03 g *HCl* u. 0,09 g *Formaldehyd* (*Dimedonderiv.*, F. 186°), aus der nichtwss. Schicht 10 g III, 4 g V, C_2HCl_3 (Kp. 83,5—96°; $D.^{20}$ 1,441; $n_D{}^{17}$ 1,4720; gibt mit $Hg(CN)_2$ *Bis-[trichlorvinyl]-quecksilber*, C_4Cl_6Hg) u. *1.1.2.2-Tetrachloräthan* (IV), $C_2H_2Cl_4$, Kp. 99,5—125,5°; $D.^{20}{}_4$ 1,590; $n_D{}^{12}$ 1,491. — Analog aus 12,8 g IV u. 7,1 g Methanol (12—15 Std. bei 210—215°): 0,6 g II, 0,004 g *HCl*, 0,03 g *Formaldehyd* u. V. — Aus 12,7 g 1.1.2.2-Tetrachloräthan u. 7,1 g Methanol: Aus der wss. Schicht 1,1 g III, 0,035 g *HCl*, wenig *Formaldehyd.* (Журнал Общей Химии [J. allg. Chem.] **28** (90). 1738—42. Juli 1958. Gorki, Univ.) W. KURTZMANN. B 225

R. J. L. Martin, *Elektrostatische, polare und sterische Faktoren bei der Säurehydrolyse von Dipeptiden.* Vf. diskutiert die aus der Literatur bekannten verschied. Hydrolysengeschwindigkeiten von Dipeptiden als Folge von elektrostat., polaren u. ster. Effekten der verschied. Substituenten. Folgender Reaktionsmechanismus gilt als gesichert: ein Proton wird an das Peptid-N-Atom angelagert, das dabei gebildete Amidkation reagiert am Carbonyl-C-Atom mit einem Wasser-Mol, diese bimol. Substitution ist geschwindigkeitsbestimmend. Substituenten am Glycyl-C-Atom der Ausgangssubstanz *Glycylglycin* ändern den Grad der ster. Behinderung für die Substitution durch das Wasser-Molekül. Andererseits sind die polaren Effekte dieser Substituenten gering u. haben keinen bedeutenden Einfl. auf die Reaktionsgeschwindigkeit. Umgekehrt verursachen Substituenten am Glycin-C-Atom nur polare Effekte ohne nachweisbare Änderung des Grades der ster. Behinderung. Das gilt sowohl für die Bldg. des Amidkations als auch für die Substitution durch Wasser. Elektronendonatorgruppen vermindern die Hydrolysengeschwindigkeit. Daraus ist zu schließen, daß ihr hindernder Einfl. auf den Elektronenzutritt zum Peptid-N, wie er zur Spaltung der Bindung notwendig ist, größer ist, als ihr fördernder Einfl. auf die Bldg. des Amidkations. Elektronenanziehende Gruppen wirken umgekehrt. Vf. nimmt an, daß bei sehr großen Substituenten ster. Effekte auch bei Substitution am Glycin-C-Atom bemerkbar werden können. (Austral. J. Chem. **10.** 256—67. Aug. 1957. Melbourne, C. S. I. R. O., Div. of Ind. Chem.) E. SCHAAF. B 225

R. J. L. Martin, *Die kinetischen Verhältnisse bei der Säurehydrolyse einiger Dipeptide in Essigsäure. Glycylglycin* (I) u. einige seiner C-Methylderivv. wurden mit überschüssiger $HClO_4$ in wss. Essigsäure als Lösungsm. hydrolysiert. Dabei wurde der Einfl. des Wassergeh. auf die Reaktionsgeschwindigkeit untersucht. In der Reihe der am Glycyl-C-Atom substituierten Verbb. nahm die Hydrolysengeschwindigkeit bei einem Wassergeh. von mehr als 2% in folgender Reihenfolge ab: I > *Alanylglycin* (III) > *α-Aminoisobutrylglycin* (II). Bei einem Wassergeh. von weniger als 2% reagiert II schneller als I. Es wird daraus geschlossen, daß bei geringem Wassergeh. die stärkere Methylierung einen Wechsel des Reaktionsmechanismus verursacht, wobei II im Sinne einer unimol. Heterolyse reagiert u. nicht nach dem bimol. Mechanismus (l. c.). Bei III ist die Steigerung der Reaktionsgeschwindigkeit mit sinkendem Wassergeh. weniger ausgeprägt, hier wird eine Rk. gemischter Ordnung angenommen. Der Einfl. der Wasserkonz. wird ganz allg. damit erklärt, daß die Säurestärke starker Säuren in Essigsäure durch den Wassergeh. herabgesetzt wird. In der Reihe der am Glycin-C-Atom substituierten Derivv. nimmt die Hydrolysengeschwindigkeit bei einem Wassergeh. von mehr als 2% in folgender Reihenfolge ab: I > *Glycylalanin* > *Glycyl-α-aminoisobuttersäure*. Bei Wasserkonzz. < 2% ist die Geschwindigkeitsfolge umgekehrt. Dieser Wechsel wird auf Änderungen in der polaren Wrkg. der endständigen Carboxylgruppe bei wachsender Methylierung des benachbarten C-Atoms zurückgeführt. Die Hydrolysengeschwindigkeit des I ist von der Wasserkonz. unabhängig, während die am höchsten methylierten Verbb. die größten Unterschiede bei wechselnder Wasserkonz. zeigen. (Austral. J. Chem. **10**. 268—76. Aug. 1957. Melbourne, C.S.I.R.O., Div. of Ind. Chem.) E. SCHAAF. B 225

Peter F. Nelson, *Aromatische Substitution durch freie Radikale.* Zusammenfassender Überblick über die Literatur der letzten Jahre. Durch Best. der Relativausbeuten an Isomeren kann festgestellt werden, daß bei homolyt. Substitution monosubstituierter Benzolderivv. durch freie Radikale bevorzugten Rk. in o- u. p-Stellung eintritt, u. zwar unabhängig davon, ob der bereits vorhandene Substituent bei n. heterolyt. Substitutions-Rk. o-p- oder m-dirigierend ist. Eine Ausnahme stellt *tert.-Butylbenzol* dar, dessen o-p-Isomerenverhältnis < 60% ist; die tert.-Butylgruppe ist m-p-dirigierend (die o-Substitution ist wahrscheinlich ster. gehindert). (J. chem. Educat. **32**. 606—10. Dez. 1955. Victoria, Royal Melbourne Techn. Coll.) U. UHLICH. B 225

A. A. Sprysskow und **Ju. L. Kusmina,** *Untersuchung der Sulfurierungsreaktion. 46. Mitt. Gleichgewicht zwischen Toluoltrisulfonsäure und ihrem Chlorid.* (45. vgl. C. **1959**. 13135.) Vff. untersuchen die Gleichgewichts-Rk. von *Toluol-2.4.6-trisulfonsäuretrichlorid* (I) zu der *Trisulfonsäure* im Gemisch von H_2SO_4 u. $ClSO_3H$. Die Komponenten werden in verschied. Verhältnissen 10 Std. auf 80° erhitzt, das Reaktionsgemisch auf Eis gegossen u. I durch Wägung bestimmt. Die Ausbeute an I sinkt von 83,7% auf 51,9%, wenn die Menge an H_2SO_4 von 1,04 Mol auf 4,31 Mol u. $ClSO_3H$-Menge von 0,51 Mol auf 10,23 Mol (je Mol I) erhöht wird. Die Gleichgewichtskonstante von I beträgt unter den genannten Bedingungen für die 1. Stufe 2,50. Sie wurde ferner für die Sulfochloride folgender Sulfonsäuren ermittelt: *m-Nitrobenzolsulfonsäure* 0,51; *p-Chlorbenzolsulfonsäure* 0,64; *p-Toluolsulfonsäure* 1,18; *m-Sulfobenzoesäure* 1,22; *Toluol-2.4-disulfonsäure* 0,90; *Benzol-m-disulfonsäure* 1,33; *Naphthalin-1.3.5-trisulfonsäure* 1,90. (Журнал Общей Химии [J. allg. Chem.] **28** (**90**). 184—87. Jan. 1958.) HELMUT SCHÄFER. B 225

D. Golomb, *Der zweite (schnelle) Schritt der nucleophilen Substitution von Alkylhalogeniden. 1. Mitt. Hydrolyse von Triphenylmethylchlorid in Aceton mit geringem Wassergehalt.* Die Kinetik der Hydrolyse von *Triphenylmethylchlorid* (I, F. 112°) zwischen 0 u. 29,5° in wss. Aceton (II) wurde konduktometr. untersucht. Bei Gehh. von 1,00—6,98 Vol.-% W. in II wurden Aktivierungsenergien zwischen 15,0 u. 12,6 kcal/Mol ermittelt. Die Hydrolyse folgt streng der Kinetik 1. Ordnung, was zunächst im Widerspruch zu dem S_N1-Schema $RX \underset{k_2}{\overset{k_1}{\rightleftharpoons}} R^+ + X^-, R^+ + H_2O \xrightarrow{k_3} ROH + H^+$ nach BATEMAN u. Mitarbeitern (J. chem. Soc. [London] **1940.** 979) zu stehen scheint, da wegen der Ansammlung von Cl^--Ionen Abweichungen von der Kinetik 1. Ordnung auftreten müßten. Vf. konnte jedoch zeigen, daß HCl in II mit einem so geringen Wassergeh. nur sehr schwach dissoziiert ist (K_a in 3% wasserhaltigem II bei 29,5° beträgt ca. $2 \cdot 10^{-4}$). Daher tritt die Rück-Rk. $(C_6H_5)_3C^+ + Cl^- \rightarrow$ I in so untergeordnetem Maße auf, daß die Kinetik 1. Ordnung nicht gestört wird. Zugabe von LiCl verursacht dagegen eine erhebliche Verminderung der k_1-Werte, da die Dissoziation dieses Salzes etwa achtmal höher ist als die von HCl. $HClO_4$ u. $LiClO_4$ hemmen die obige Rück-Rk. durch prim. Salzeffekte, in ihrer Ggw. läuft die Hydrolyse daher schneller ab. Zugabe von $AgNO_3$ wirkt ebenso, da die Konz. an Cl^- vermindert wird. Mit steigendem Wassergeh. des II wächst die Hydrolysengeschwindigkeit, da die Ionisierungskraft des Mediums erhöht u. die Dissoziation von I gefördert wird. Durchführung der Rk. in D_2O-haltigem W. lieferte geringere k-Werte als in Ggw. der äquivalenten Menge H_2O, $k_{D_2O}/k_{H_2O} = 0,77$ (bei 29,5° in 1,35 mol. D_2O- bzw. H_2O-II-Lsgg.). Zugabe von Phenol hatte keine Wrkg. auf die k-Werte. (J. chem. Soc. [London] **1959.** 1327—33. April. Rehovoth, Israel, Weizmann Inst. of Sci., Isotope Dep.) B. GNAUCK. B 225

D. Golomb, *Der zweite (schnelle) Schritt der nucleophilen Substitution von Alkylhalogeniden. 2. Mitt. Konkurrenz-Substitutions-Reaktionen.* (1. vgl. vorst. Ref.) *Triphenylmethylchlorid* (I), *Di-p-tolylmethylchlorid* (II, F. 43°, durch Red. von p.p'-Dimethyl-

benzophenon mit $LiAlH_4$ u. Einw. von HCl-Gas auf die Ae.-Lsg.) u. *Diphenylmethylchlorid* (III) wurden in Ggw. von NaN_3 bzw. $NaN_3 + LiClO_4$ bzw. $NaN_3 + LiNO_3$ in wss. Aceton bzw. wss. Dioxan bei 25° hydrolysiert, wobei titrimetr. der Prozentgeh. an gebildetem Alkylazid ermittelt wurde. Ebenso untersucht wurde die Hydrolyse von I u. III in Ggw. von NaSCN an Stelle von NaN_3 unter gleichen Bedingungen. Auf Grund qualitativer kinet. Betrachtungen zeigt Vf., daß die Hypothese von HAWDON u. Mitarbeitern (C. **1955.** 5036) anscheinend unzutreffend ist, nach der bei einer Carboniumion–W.-Rk. ein Wassermol. der Hydratschale des Ions durch Zusammentritt („collapse“) reagiert. Die Produktzus. der untersuchten Konkurrenz-Rkk. hängt vielmehr stark vom Wassergeh. des Lösungsm. ab. Vf. nimmt daher an, daß das Carboniumion mit jedem Wassermol. des Mediums reagieren kann u. nicht nur mit denen der Hydratschale. Mit steigender DK. nimmt bei den Rkk. von I allg. das Verhältnis k_2/k_3 (vgl. vorst. Ref.) ab, dementsprechend ergibt sich auch gemäß $R^+ + N_3^- \xrightarrow{k_2'} RN_3$ eine geringere Bldg. von Alkylazid (bzw. Thiocyanat). Auch für die Rkk. von II u. III trifft dies zu, jedoch nur jeweils für die Rkk. im gleichen Lösungsmittel. Dies wird mit Änderungen des Ionenradius bzw. des Abstandes zwischen Ion u. dem Mittelpunkt der Dipolachsen im Übergangszustand bei Wechsel des Lösungsm. in Zusammenhang gebracht. Durch Erhöhung der Ionenstärke nimmt k_2/k_3 in allen Fällen ab, entsprechend auch die Bldg. an Alkylazid (bzw. Thiocyanat). Die Wrkg. der Ionenstärke nimmt jedoch mit steigendem Wassergeh. zu, was wohl mit einer entsprechenden wachsenden Dissoziation der anorgan. Salze zu erklären ist. Die Wrkg. von $LiClO_4$ ist auch meist größer als die von $LiNO_3$. (J. chem. Soc. [London] **1959.** 1334—38. April.)
B. GNAUCK. B 225

Friedrich Asinger, Gerhard Geiseler und **Walter Beetz,** *Über die bindungsisomerisierende Wirkung der Schwefelsäure bei der Alkylierung des Benzols mit Hepten-(1).* Die Darst. der 4 isomeren *Phenyl-n-heptane* wird beschrieben, ihre IR-Spektren im Bereich 4000—400 cm^{-1} werden abgebildet. Diese unterscheiden sich durch charakterist. Banden im Bereich unter 700 cm^{-1}, welche die Identifizierung nicht zu geringer Mengen der Einzelkomponenten im Isomerengemisch mit Hilfe des IR-Spektr. ermöglichen. Die IR-spektroskop. Unters. der Reaktionsprodd. der Alkylierung von Bzl. mit *Hepten-(1)* in Ggw. von 100—91% ig. H_2SO_4 (3—6°, ca. 45 Min.) ergab, daß stets *2-*, *3-* u. *4-Phenylheptan* nebeneinander in etwa äquimol. Verhältnis gebildet werden, u. daß es unter diesen Bedingungen nicht möglich ist, unter Verwendung von Δ^1-Olefinen nur 2-Phenylalkane zu erhalten. Vff. zeigen, daß gegenteilige Befunde von LENNEMAN, HITES u. KOMAREWSKI (vgl. C. **1954.** 8328) auf einem Irrtum beruhen. — Die Alkylierung verläuft in Ggw. von 100—94% ig. H_2SO_4 gleich schnell u. mit gleicher Ausbeute (ca. 77%) an Phenylheptangemisch, während 91% ig. H_2SO_4 die Alkylierung kaum noch (6,8%), 90% ig. H_2SO_4 nicht mehr katalysiert. Der isomerisierende Einfl. der H_2SO_4 ist zwischen 100 u. 91% gleich. — Vff. sulfierten ferner Hepten-(1) mit 90% ig. H_2SO_4 bei 3—4° u. stellten hierbei ebenfalls Doppelbindungsisomerisierung fest: Die durch Verseifung (W., 80°, 2 Std., 52% Ausbeute) des entstandenen Gemisches isomerer Schwefelsäureester erhaltenen Heptanole wurden zu den Heptanonen oxydiert ($Na_2Cr_2O_7/H_2SO_4$ 16% ig., 2 Std. am Rückfluß, 84,5%) u. diese nach BAEYER-VILLIGER mit Benzopersäure in das Gemisch homologer Ester überführt (in Chlf. 10 Tage bei Raumtemp.), aus denen mit $NH_2OH \cdot HCl$ die entsprechenden C_2- bis C_5-Hydroxamsäuren erhalten wurden, welche papierchromatograph. getrennt wurden (absteigend, Octanol/HCOOH/W. 3:1:3, 10 Std., R_F-Werte tabelliert). Aus vorst. Ergebnissen schließen Vff. auf einen ion. Mechanismus der Alkylierungs-Rk., der über einen mesomeren Säure/Olefin-Komplex mit untereinander gleichwertigen innenständigen C–C-Bindungen abläuft.

Versuche: *1-Phenylheptan* (I), $C_{13}H_{20}$, $Kp._{748}$ 238°, $Kp._{2,5}$ 80—82°; durch WOLFF-KISHNER-Red. von n-Hexylphenylketon mit Hydrazinhydrat u. KOH in Triglykol bei 195°, 5½ Std., Feinreinigung chromatograph. über Silikagel; $D.^{20}{}_4$ 0,8561, n_D^{20} 1,4860; 78,4% (Ausbeute). — *2-Phenylheptanol-(2)*, $Kp._{10}$ 110—117°; aus Phenyl-MgBr u. Heptanon-(2) in Ae. bei 0°; 78,3%. — *2-Phenylhepten*, $Kp._{10}$ 94—103°; durch Dehydratisierung vorst. Verb. mit H_2SO_4 (60% ig.); 88%. — *2-Phenylheptan* (II), $C_{13}H_{20}$, $Kp._{748}$ 226°, $Kp._1$ 61—64°; aus vorst. Verb. durch Hydrierung mit RANEY-Ni in Methanol bei 20°, Reinigung wie I; $D.^{20}{}_4$ 0,8563, n_D^{20} 1,4860; 85,5%. — *3-Phenylheptan* (III), $C_{13}H_{20}$, $Kp._{748}$ 222°; aus Propiophenon u. Butylbromid über die GRIGNARD-Verb. erhaltenes Carbinol analog der Darst. von II verarbeitet; $D.^{20}{}_4$ 0,8572, n_D^{20} 1,4864. — *4-Phenylheptan*, $C_{13}H_{20}$, $Kp._{748}$ 219°; aus Butyrophenon u. Propylbromid analog III; $D.^{20}{}_4$ 0,8574, n_D^{20} 1,4867. — *Hepten-(1)*, Kp. 93—94°; aus n-Butyl-MgBr u. Allylbromid in Ae.; n_D^{20} 1,3999; 61,5%. (Chem. Ber. **92.** 755—69. 1959. Halle, Univ., Inst. für organ. Chem.; Leuna-Werke, organ. Abt.) W. DIEPERS. B 225

I. I. Lapkin, O. M. Lapkina und **M. N. Rybakowa,** *Reaktionen von Halogenmetallalkoholaten.* 5. Mitt. *Mechanismus der Reaktion von Halogenmagnesiumcarbinolaten mit Estern.* (4. vgl. C. **1959.** 7761; 6. vgl. C. **1959.** 13777.) Es wurde die Rk. einiger Chlor(Brom)-magnesiumdiarylcarbinolate mit Äthylformiat (**I**), Diäthyloxalat (**II**) u. Diäthylmalonat (**III**) untersucht. Je nach Art der Komponenten stabilisiert sich das gemäß $R_2CHOMgX$ + **I** → $HC(OC_2H_5)(OMgX)(OCHR_2)$ gebildete Anlagerungsprod. (**A**) auf verschied. Weise. In der Regel bildet sich *Diarylmethylhalogenid* gemäß: **A** → $R_2CHX + HC(OC_2H_5)\cdot(O_2Mg)$. Sind die 4 o-Stellungen der beiden Arylreste substituiert, so entstehen aus ster. Gründen *Diarylmethane:* **A** → $R_2CH_2 + CO(OC_2H_5)(OMgX)$. Ist jedoch am Methan-C-Atom des Anlagerungsprod. kein freies H-Atom vorhanden, wie das bei Verwendung von **II** statt **I** der Fall ist, so bildet sich mit W. *Diarylcarbinol* gemäß: $C(COOC_2H_5)(OC_2H_5)(OMgX)(OCHR_2) + H_2O \rightarrow R_2CHOH + CO(OMgX)(CO\cdot OC_2H_5)$. Schließlich kann das entstandene Diarylmethylhalogenid mit unverändertem Ausgangsprod. *Bis-[diarylmethyl]-äther* liefern: $R_2CHX + R_2CHOMgX \rightarrow R_2CHOCHR_2 + MgX_2$.

Versuche: Rk. von Chlor(Brom)magnesiumdiarylcarbinolaten mit **I, II** u. **III**: Man löst das Diarylcarbinol in 3 Voll. Ae., gibt die äther. Lsg. von n-Butyl-MgCl (Äthyl-MgBr) zu u. versetzt das entstandene Halogenmagnesiumcarbinolat mit der äquimol. Menge **I, II** bzw. **III** im gleichen Vol. Ae.; man kocht 2 Std. u. zers. mit W. u. 10%ig. Essigsäure. — Bei der Rk. von ClMg- u. BrMg-Phenyl-α-naphthylcarbinolat mit **I** wurden 86% *Phenyl-α-naphthylmethylchlorid* bzw. 88% *-bromid* ($C_{17}H_{13}Br$) gefunden; bei Verwendung von **II** statt **I** steigt die Ausbeute an Bromid auf 96%. — Bei der Rk. von BrMg-[2.5-Dimethylphenyl]-α-naphthylcarbinolat mit **I** wurden 72% *[2.5-Dimethylphenyl]-α-naphthylmethylbromid* festgestellt. — *[2.5-Dimethylphenyl]-α-naphthylcarbinol,* $C_{19}H_{18}O$, F. 122°, aus 2.5-Dimethylphenyl-MgBr (**VI**) u. α-Naphthaldehyd; 52% (Ausbeute). — Bei der Rk. von BrMg-Bis-[2.5-dimethylphenyl]-carbinolat mit **II** wurde *Bis-[2.5-dimethylphenyl]-methylbromid,* $C_{17}H_{19}Br$, F. 95—96° (PAe.), erhalten. — *Bis-[2.5-dimethylphenyl]-carbinol,* $C_{17}H_{20}O$, F. 144° (Toluol), aus **VI** u. **I**; 48%. — Bei der Rk. von ClMg- u. BrMg-o-Tolyl-α-naphthylcarbinolat mit **I** wurde *o-Tolyl-α-naphthylmethylchlorid,* $C_{18}H_{15}Cl$, F. 91° (PAe.), bzw. *o-Tolyl-α-naphthylmethylbromid,* $C_{18}H_{15}Br$, F. 94° (PAe.), erhalten. — *o-Tolyl-α-naphthylcarbinol,* $C_{18}H_{16}O$, F. 120—121° (PAe. + Bzn.), aus o-Tolyl-MgBr u. α-Naphthaldehyd; 48%. — Bei der Rk. von ClMg- u. BrMg-Mesityl-α-naphthylcarbinolat mit **I** wurden *Mesityl-α-naphthylmethylchlorid,* $C_{20}H_{19}Cl$, F. 98° (PAe.), bzw. *Mesityl-α-naphthylmethylbromid,* $C_{20}H_{19}Br$, F. 100° (PAe.), erhalten. — *Mesityl-α-naphthylcarbinol,* $C_{20}H_{20}O$, F. 131° (PAe. + Toluol), aus Mesityl-MgBr u. α-Naphthaldehyd; 33%. — Die Rk. von BrMg-[2.3.4.5.6-Pentamethylphenyl]-phenylcarbinolat mit **I** gab *2.3.4.5.6-Pentamethyldiphenylbrommethan,* $C_{18}H_{21}Br$, F. 98° (PAe.). — *2.3.4.5.6-Pentamethylbenzhydrol,* F. 105°, aus Pentamethylphenyl-MgBr u. Benzaldehyd. — Bei der Rk. von ClMg-Di-p-tolylcarbinolat mit **II** wurde die Bldg. von 70% *Di-p-tolylmethylchlorid,* $C_{15}H_{15}Cl$, F. 42°, festgestellt. Die Rk. von BrMg-Di-p-tolylcarbinolat (**IV**) mit **II** verlief quantitativ u. lieferte *Di-p-tolylmethylbromid* (**V**), $C_{15}H_{15}Br$, F. 49° (PAe.). — *Di-p-tolylcarbinol,* F. 72°, aus p-Tolyl-MgBr u. I. — Rk. von **IV** mit **III**: Das Reaktionsgemisch enthielt 20% **V** u. 80% *Bis-[di-p-tolylmethyl]-äther,* $C_{30}H_{30}O$, $Kp._8$ 228—238°, F. 186° (PAe.–Toluol 1:1). — Rk. von BrMg-Di-o-tolylcarbinolat mit **III**: Das Reaktionsprod. enthielt 8% *Di-o-tolylmethylbromid* u. 92% *Bis-[di-o-tolylmethyl]-äther,* $C_{30}H_{30}O$, F. 172° (PAe.–Toluol). — Bei der Rk. von MgBr-Dimesitylcarbinolat mit **II** wurde nur *Dimesitylcarbinol* (100%) erhalten. (Журнал Общей Химии [J. allg. Chem.] **28** (**90**). 391—98. Febr. 1958. Perm, Univ.)

Helmut Schäfer. B 225

N. I. Schuikin und **T. I. Naryschkina,** *Kinetische Untersuchung der Dimerisationsreaktion von Cyclopentadien. Cyclopentadien* (I) wird bei —78° noch nicht dimerisiert. Ohne Lösungsm. ist die Geschwindigkeitskonstante K der Dimerisierung (Liter/Mol · Std. · 10^4) bei —10° 0,79, —5° 1,36, 0° 1,87, +5° 4,00, 15° 11,9, 20° 20,22, 25° 31,30, 30° 87,4, bei 15—20° in den Lösungsmitteln Acetonitril 3,9—5,9, Ae. 8,2, Bzl. 10,5, CCl_4 6,2—13,2, Chlorbenzol 14,7—17,3, Dichloräthan 17,6. Die Aktivierungsenergie E (cal/Mol) ist ohne Lösungsm. bei 263—293° K 16,91, in Acetonitril (288—293°K) 16,45, in CCl_4 (288—293° K) 17,85, das entsprechende praeexponentielle Glied A (Liter/Mol · Std.) $11,4\cdot10^9$; $14,5\cdot10^8$; $20,8\cdot10^9$. Stabilisierende Zusätze erhöhen E u. A: Phenyl-β-naphthylamin E 19,31 (A $28,2\cdot10^{10}$), Hydrochinon 18,05 ($64,12\cdot10^9$); mit Pyrogallol ist bei 20° K = 14,6, mit Ni-Acetat 15,7. (Журнал Физической Химии [J. physik. Chem.] **31.** 493—97. Febr. 1957. Zelinsky-Inst. für organ. Chem. der Akad. der Wiss. der UdSSR.)

R. K. Müller. B 225

John E. Leffler, R. D. Faulkner und **C. C. Petropoulos,** *Jod als Substituent und der Zerfall von Diaroylperoxyden.* Das bisher nicht isolierte *Bis-[o-jodbenzoyl]-peroxyd*

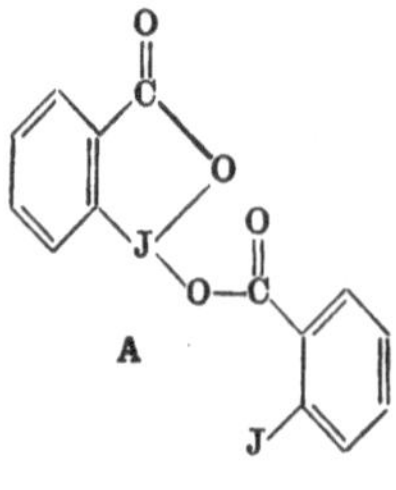

A

explodiert beim schnellen Erhitzen bei 90° u. lagert sich bei Raumtemp. schnell fast vollständig in Verb. **A** um. Die Umlagerung ist eine Rk. 1. Ordnung mit der Geschwindigkeitskonstanten $1{,}86 \cdot 10^{-3}$ [sec^{-1}] in $CHCl_3$ bei 22°. Diese Umlagerung ist einige Tausend mal so schnell wie der Zerfall anderer o-substituierter Benzoylperoxyde in gewöhnlichen Lösungsmitteln: *Bis-[o-nitrobenzoyl]-peroxyd* zerfällt in Methyljodid als Lösungsm. ca. 300 mal schneller als in Chlf., das J_2 enthält, während *Benzoylperoxyd* in CH_3J beständig ist u. *Bis-[o-chlorbenzoyl]-peroxyd* nur sehr langsam zerfällt.

Versuche: *Bis-[o-jodbenzoyl]-peroxyd*, F. ca. 90° (explodiert), aus o-Jodbenzoylchlorid in Toluol u. Na-Peroxyd in Eiswasser, 1 Std. gerührt. — *Verb.* **A**, $C_{14}H_8J_2O_4$, F. 184—185,5° (Zers.), aus vorst. Verb. durch Stehenlassen in $CHCl_3$, 6 Wochen. (J. Amer. chem. Soc. **80**. 5435—37. 20/10. 1958. Tallahassee, Fla., Florida State Univ., Dep. of Chem.) J. Meiners. B 225

A. W. Toptschijew, G. M. Ziguro und **G. W. Grjasnow,** *Photochemische Sulfooxydation von n-Heptan mit gasförmigem Schwefeldioxyd und Sauerstoff.* Unter Bestrahlung mit 3650 A wird ein äquimol. Gemisch von SO_2 u. O_2 bei 20° in feiner Verteilung durch *n-Heptan* (I) geleitet. Die Menge der im unteren Gefäßteil sich ansammelnden fl. Prodd. ist direkt proportional der Durchleitzeit u. unabhängig von der SO_2- u. O_2-Konz.; der Grad der Verwertung von SO_2 u. O_2 hängt linear von der I-Schichthöhe ab. Zusatz von Toluol hemmt die Reaktion. Das Prod. besteht aus 67% α-Methylhexansulfonsäure (II), 5—6% $C_7H_{14}(SO_3H)_2$, 5—9% $C_7H_{15}OH$ u. 18% H_2SO_4. Als prim. Prodd. werden Mono- u. Disulfinsäuren angenommen. Das durch Rk. des Ba-Salzes von II mit K_2SO_4 erhaltene K-Salz wird durch Umsetzung mit Benzylthiuroniumchlorid in das Benzylthiuroniumsalz, F. 105,5—106,5° (50%ig. A.), übergeführt. Es werden 2 Reaktionsmechanismen angenommen: $SO_2 + h\nu \rightarrow SO_2^*$; $C_7H_{16} + SO_2^* \xrightarrow{h\nu} C_7H_{15} \cdot SO_2H \xrightarrow{O_2} C_7H_{15}SO_3H$ (auch mit O· oder O_3); gleichzeitig $C_7H_{16} + O_2^* \rightarrow C_7H_{15}OOH \xrightarrow{SO_2} C_7H_{15}OH + SO_3$. (Доклады Академии Наук СССР [Ber. Akad. Wiss. UdSSR] **113**. 1302—05. 21/4. 1957. Moskau, Gubkin-Erdöl-Inst.) R. K. Müller. B 226

G. P. Korneitschuk, W. A. Roiter und **Ja. W. Shigailo** (unter Mitarbeit von **I. P. Garkawenko** und **N. A. Konstantinowa**), *Wege zur Erhöhung der Wirksamkeit und Selektivität von Vanadinoxydkatalysatoren für die Oxydation von Naphthalin zu Phthalsäureanhydrid.* Bei Verwendung von reinem V_2O_5 als Katalysator bei der Oxydation von *Naphthalin* zu *Phthalsäureanhydrid* besteht starke Diffusionshemmung. Nach 2½ Jahren ist V_2O_5 am Chargenanfang zu 45%, am Chargenende zu 2% zu niedrigeren Oxyden red., in dem an das Chargenende mitgerissenen Staub zu 33%. Der niedrige F. des V_2O_5 (690°) hat bei Überhitzung ein Schmelzen des Katalysators zur Folge. Nach Verss. mit geschmolzenem V_2O_5, grobporigem V_2O_5, porenfreien Monokristallen von V_2O_5 u. teilred. V_2O_5 unter besonderer Berücksichtigung der Selektivität wird empfohlen, im ersten Drittel oder Viertel der Charge teilweise vorred. V_2O_5 mit 7—8 mm Körnung zu verwenden, im Rest des Reaktionsraumes grobkrist. V_2O_5 unter Einhaltung von 380—400° u. der höchsten Geschwindigkeit des Gasgemischs, bei der noch kein Naphthalindurchtritt erfolgt. (Химическая Промышленность [Chem. Ind.] **1958**. 410—13. Okt./Nov.) R. K. Müller. B 227

A. N. Baschkirow, Ju. B. Kagan und **Ju. B. Krjukow,** *Einige Besonderheiten der Synthese von Kohlenwasserstoffen aus Kohlenoxyd und Wasserstoff an Eisenkatalysatoren, Abgaseumlauf.* (Vgl. C. **1958**. 9155.) Es wurde ein umgeschmolzener Katalysator der NH_3-Synth., mit Fe-Draht vermischt, bei der Synth. von KW-stoffen aus $CO+H_2$ bei verschied. Mischungsverhältnissen der Gase unter Umlauf der Abgase angewandt. Es stellte sich heraus, daß die Konversion des CO durch das bei der Synth. auftretende H_2O nach $CO+H_2O=CO_2+H_2$ die Synth. der KW-stoffe maßgebend mitreguliert. Durch den Umlauf der Abgase kann man die Synth. der KW-stoffe nahe an die theoret. Ausbeute heranführen u. die sonst ca. 50%ig. Nichtausnützung von H_2 im Gemisch 1:1 vermeiden. (Известия Академии Наук СССР, Отделение Технических Наук [Nachr. Akad. Wiss. UdSSR, Abt. techn. Wiss.] **1956**. Nr. 6. 136—43. Juni. Moskau.) A. v. Wilpert. B 227

A. I. Schatenstein, Ju. G. Dubinski, Je. A. Jakowlewa, I. W. Gosstunskaja und **B. A. Kasanski,** *Über die katalytischen Reaktionen an der Oberfläche von festem Calcium- und Kaliumamid.* Durch Erhitzen von *2-Methylbuten-(1)* (I) mit 90%ig. (Atom-) KND_2 u. $Ca(ND_2)_2$, die adsorbiertes ND_3 enthalten, sowie von *Bzl.* mit KND_2 weisen Vff. durch Best. der Brechungsindices u. des Mol.-Gew. nach, daß bei Rkk. von Alkenen mit Deuteroamiden neben der Isomerisierung des Alkens ein Austausch von H- gegen D-Atome erfolgt. Der Austausch zählt zur Gruppe der Säure–Basen-Rkk. u. wird in fl. ND_3 durch die ND_2^--Ionen, bei heterogenen Rkk. durch festes Deuteroamid katalysiert. Die Deuteriumkonz. (At.-%) beträgt im I nach Rk. desselben mit KND_2: nach 20 Min. 0,1; 7 Std. 1,3; 20 Std. 1,3; 27 Std. 3,6; 28 Std. 4,2; nach Rk. mit $Ca(ND_2)_2$: 10 Min. 0,2—0,3; 20 Min. 0,1—0,5; 30 Min. 0,4—2,5; 1 Std. 0,9; 2 Std. 1,2; 4 Std. 2; 5 Std. 3,6; 6 Std. 1,2—4,3; 9 Std. 3,6—11,3. Die Schwankungen der Werte erklären Vff. mit einer von Vers. zu Vers. veränderten Oberfläche des Deuteroamids. Möglicherweise wirkt adsorptiv gebundenes ND_3 störend. Im Bzl. erfolgt der H–D-Austausch stärker als bei I: nach 1 Std. wurde ein 6,9-, nach 7 Std. ein 20-, beim Erhitzen von Bzl. mit $Ca(ND_2)_2$ auf 120° sogar ein 30%ig. D-Geh. verzeichnet. Der Vers. mit Bzl. läßt darauf schließen, daß der H–D-Austausch auch bei nichtisomerisierenden KW-stoffen erfolgt. (Известия Академии Наук СССР, Отделение Химических Наук [Nachr. Akad. Wiss. UdSSR, Abt. chem. Wiss.] **1958**. 104—06. Jan. Moskau, Lomonossow-Univ.; Physikal.-Chem. Karpow-Inst.) W. KURTZMANN. B 227

M. A. Popow, N. I. Schuikin und **I. F. Belski,** *Einwirkung von Ammoniak auf Cycloheptanon in Gegenwart eines Nickelkatalysators.* Vff. untersuchen die Einw. von H_2 u. NH_3 auf Cycloheptanon in Ggw. von Ni/Al_2O_3 bei 190—290°. Es bildet sich nicht das erwartete Cycloheptylamin, sondern der Siebenring wird in den Sechsring umgewandelt. Bei 190° wird hauptsächlich *Aminomethylcyclohexan,* daneben *Bis-[cyclohexylmethyl]-amin* erhalten. Ein gewisser Teil des Cycloheptanons wird unverändert zurückgehalten, während ein anderer zu *Cycloheptanol* hydriert wird. Bei höherer Temp. entsteht ein *Amingemisch* (nach dem Kp. der einzelnen Fraktionen u. deren N-Geh. handelt es sich um verschied. methylierte prim. u. sek. Cyclohexylamine), in dem *Cyclohexylamin* vorherrscht. (Известия Академии Наук СССР, Отделение Химических Наук [Nachr. Akad. Wiss. UdSSR, Abt. chem. Wiss.] **1957**. 858—62. Juli. Zelinsky-Inst. für org. Chem. der Akad. der Wiss. der UdSSR.) HELMUT SCHÄFER. B 227

B. A. Bolotow, W. A. Komarow und **T. W. Nisowkina,** Praktische Arbeiten über die organische Katalyse. Lehrbuch für Universitäten und Institute für chemische Technologie. Leningrad: Verl. der Leningrader Univ. 1959. (195 S. m. Skizzen.) 5 Rbl. 60 Kop. [russ.]

B. N. Dolgow, Die Katalyse in der organischen Chemie. 2. neubearb. u. vervollst. Ausgabe. Leningrad: Gosschimisdat. 1959. (807 S. m. Skizzen) 20 Rbl. 50 Kop. [russ.]

—, Theoretical organic chemistry; papers presented to the Kekulé Symposium organised by the Chemical Society, London, 1958 on behalf of the International Union of Pure and Applied Chemistry, Section of Organic Chemistry. London: Butterworths Scientific Publications. 1959. (XVII + 298 S. m. Tab. u. Diagr.) 50 s.

C. Präparative organische Chemie. Naturstoffe.

B. S. Thyagarajan, *Oxydationen mit Ferricyanid.* Übersicht über Oxydationen von Glykolen, Hydraziden, tert. Aminen, Hydroxylaminen, aromat. KW-stoffen, Phenolen, Thiophenolen, Furanderivv., Indolen, Benzothiazolen u. heterocycl. quaternären Salzen mit $K_3[Fe(CN)_6]$. — 110 Literaturangaben. (Chem. Reviews **58**. 439—60. Juni 1958. Evanston, Ill., Northwestern Univ., Dep. of Chem.) J. RUHNKE. 460

Lewis M. Berkowitz und **Paul N. Rylander,** *Verwendung von Rutheniumtetroxyd als Mehrzweckoxydans.* RuO_4 (I) ist ein viel stärkeres Oxydationsmittel als OsO_4 (II) u. kann nicht ohne Lösungsm. benutzt werden. Rkk. mit I werden in CCl_4 u. Chlf. durchgeführt, gegebenenfalls auch in Paraffinen, Ketonen, Estern u. Wasser. I oxydiert bei 0° Alkohole zu *Aldehyden* oder *Ketonen,* Aldehyde zu *Säuren,* Olefine zu *Aldehyden,* Äther zu *Estern* u. Amide zu *Imiden.* Aliphat. Alkohole geben keine Aldehyde. I reagierte mit Äthylenoxyd, jedoch konnte aus dem Reaktionsprod. kein α-Lacton isoliert werden, da Polymerisation eintrat. Dagegen entsteht mit Tetrahydrofuran quantitativ *γ-Butyrolacton.* Bzl., Pyridin, 2-Phenylbutan, Dibenzyl, Triphenylmethan, Tetralin, α-Nitronaphthalin, Azobenzol, Phenylacetylen, Tolan, Triamylamin, Diäthylamin u. Piperidin reagieren leicht mit I zu nicht identifizierten Produkten.

V e r s u c h e: *Rutheniumtetroxyd* (I) durch Zugabe von $NaBrO_3$ zur sd. Lsg. von $RuCl_3$ in 0,5n HCl u. Dest.; 55% (Ausbeute). — *l-Menthon,* aus l-Menthol u. I in CCl_4 bei 10—15° über Nacht; 96%. *Semicarbazon,* F. 194—196°. Analog: *Cholestan-3-on,* aus Cholestan-3β-ol; 49%. *2.4-Dinitrophenylhydrazon* (*2.4-DNPH*), F. 227—228°. — *Benzaldehyd,* aus Benzylalkohol; 90%. *2.4-DNPH,* F. 238—240°. — *Capronsäure,* aus n-Hexylalkohol; 10%. *p-Bromphenacylester,* F. 71—72°. — *Cyclohexandion-(1.2),* aus trans-Cyclohexandiol-(1.2); 15%. *2.4-DNPH*; F. 217—218°. — *Benzoesäure,* F. 122—123°, aus Benzaldehyd; 33%. — *Heptansäure,* aus n-Heptaldehyd; 30%. *p-Bromphenacylester,* F. 68—70°. — *Adipinaldehyd,* aus Cyclohexen; 10%. *2.4-DNPH,* F. 240—242°. — *Heptaldehyd,* aus Octen-(1); 12%. *2.4-DNPH,* F. 107—108°. — *γ-Butyrolacton,* aus Tetrahydrofuran; 100%. Gibt das entsprechende *Phenylhydrazid,* F. 88—89°. — *Heptoyl-*

hexoylamin, F. 89—90°, aus n-Hexylheptamid, 58%. — *Cyclohexanon*, aus Cyclohexanol; 93%. *Semicarbazon*, F. 165—166°. — *n-Butyl-n-butyrat*, aus Di-n-butyläther; 100%. — *Succinimid*, F. 124—126°, aus *γ-Butyrolactam*; 49%. (J. Amer. chem. Soc. **80**. 6682—84. 20/12. 1958. Newark, N. J., Engelhard Ind., Inc., Res. Labor.) R. Unger. 460

J. R. Catch, *Kohlenstoff-14-Verbindungen.* 2. Mitt. (1. vgl. Lab. Pract. **6.** [1957.] 146.) Allg. Angaben über den Reinheitsgrad markierter Verbb. sowie über Methoden zur Erzielung größtmöglichster Reinheit. Es wird die Möglichkeit der Darst. von Verbb. beschrieben, die durch zwei verschied. Isotope gekennzeichnet sind. Weiterhin werden Nomenklaturfragen markierter Verbb. behandelt. — 6 Literaturangaben. (Lab. Pract. **6.** 216—19. April 1957. Amersham, Buckinghamshire, Radiochem. Centre.) B. Hoffmann. 480

Ss. S. Roginski, M. I. Janowski, G. M. Shabrowa, O. M. Winogradowa, B. M. Kadenatzi und **S. A. Markowa,** *Katalytische Synthese ungesättigter, ^{14}C-markierter Kohlenwasserstoffe der C_4-Reihe unter Anwendung der Dampfphasenverteilungsradiochromatographie.* Die durch katalyt. Dehydratisierung von $^{14}C_2H_5OH$ mit einer spezif. Radioaktivität von 0,724 Cu/ml bei 390° am Lebedew-Katalysator erhaltenen ungesätt. C_4-KW-stoffe *Butadien* (*Divinyl*, Kp. 4,5°), *α*- (Kp. 6,3°), *cis*- (Kp. 3,64°) u. *trans-β-Butylen* (Kp. 0,86°) werden durch Gasradiochromatographie analysiert u. getrennt. Je nach der therm. Vorbehandlung des Katalysators erhält man Prodd. mit verschied. Anteil an Butylenen, z. B. 4,7 oder 51%, u. an Butadien (81,3 bzw. < 25%). Die durch Ausfrieren mit fl. Luft isolierten Fraktionen haben etwa gleiche spezif. Radioaktivität. Ihre Identifizierung erfolgt auf Grund der IR-Spektren. Das Verf. ermöglicht es, in 3 bis 4 Std. radiochem. reine Prodd. zu gewinnen, was nach den üblichen Methoden einige Tage erfordert. (Доклады Академии Наук СССР [Ber. Akad. Wiss. UdSSR] **121.** 674—77. 1/8. 1958. Inst. für physik. Chem. der Akad. der Wiss. der UdSSR.) R. K. Müller. 480

A. Ville, Ph. Comte, G. Zwingelstein und **J. Favre-Bonvin,** *Darstellung von radioaktiven Zimtsäuren.* 1. Mitt. *$^{14}C_{(3)}$-trans-Zimtsäure.* Die Doebner-Synth. der Zimtsäure aus Benzaldehyd u. Malonsäure wurde mit Vorteil auf die Benzaldehydbisulfitverb. ausgedehnt u. so *$^{14}C_{(3)}$-Zimtsäure* hergestellt. Erhitzungsdauer u. Temp. werden variiert u. führen bei $3^1/_2$ Std. u. 135° zum besten Ergebnis (75% Ausbeute). Der benötigte *$^{14}C_{(1)}$-Benzaldehyd* wurde aus $^{14}C_{(1)}$-Benzoesäurehydrazid u. Benzosulfochlorid u. anschließende Spaltung mit Na_2CO_3 als Bisulfitverb. isoliert. Die Gesamtausbeute, bezogen auf $Ba^{14}CO_3$ beträgt 25—27%. Günstiger ist die Red. des Benzoylchlorids nach Rosenmund mit einer Ausbeute von 64—70%, bezogen auf $Ba^{14}CO_3$ im 2 mMol-Ansatz. Die Doebner-Synth. wurde auch angewendet bei Piperonal (60%) u. Anisaldehyd (40%), versagt aber bei Aldehyden mit freien OH-Gruppen.

Versuche: *$^{14}C_{(1)}$-Benzoesäurehydrazid*, F. 111°, durch 1std. schwaches Kochen von $^{14}C_{(COOH)}$-Benzoesäure in A. u. wenig konz. H_2SO_4, Einengen unter N_2, Ausschütteln mit Ae., 4std. Kochen des Rückstandes mit $N_2H_4 \cdot H_2O$, Einengen unter N_2, Stehen über Nacht bei 0° u. Fällen mit Ae.; 61% (Ausbeute) einschließlich zurückgewonnener $^{14}C_{(COOH)}$-Benzoesäure. — *$^{14}C_{(CO)}$-Benzoesäurebenzolsulfonylhydrazid*, F. 203° (A.), durch Zutropfen von Benzolsulfochlorid zu vorst. Verb. in gekühltem, absol. Pyridin u. 3std. Stehen unter Eiskühlung; 70%. — *$^{14}C_{(COOH)}$-Benzaldehydbisulfitverb.*, durch Lösen vorst. Verb. < 120° in Glykol, schnelles Erhitzen auf 153°, Zugabe von Na_2CO_3, Zugabe von 3 ml kaltem W. nach 75 Sek., Abkühlen in Eis, Extraktion mit Ae., Behandeln der Ätherschicht mit 30%ig. $NaHSO_3$ u. Absaugen nach 30 Min.; 72%. — *$^{14}C_{(3)}$-trans-Zimtsäure*, F. 132° (A.-W.), durch $3^1/_2$std. Erhitzen von 1,18 mMol vorst. Verb. auf 125—130° mit 1,74 mMol Malonsäure, 7 ml Pyridin u. 3 Tropfen Piperidin; 78%. (Bull. Soc. chim. France **1958.** 1352—55. Nov./Dez. Lyon, Fac. des Sci., Labor. de Chim. Biol., Dep. du Radiocarbone.) I. Paetzke. 480

Ph. Comte, A. Ville, G. Zwingelstein und **J. Favre-Bonvin,** *Darstellung von radioaktiven Zimtsäuren.* 2. Mitt. *$^{14}C_{(3)}$-cis-Zimtsäure.* (1. vgl. vorst. Ref.) Durch 8std. UV-Bestrahlung von $^{14}C_{(3)}$-trans-Zimtsäure in A., anschließende Chromatographie an Holzmehl u. Entw. mit 2%ig. Essigsäure wurde bei Ansätzen von 0,1—1 mMol die *cis-Verb.* (F. 58°) in 47%ig. Ausbeute erhalten, während die trans-Verb. zu 45% zurückgewonnen wurde. Beide Isomeren wurden zur Prüfung der Reinheit u. Radioaktivität in die *S-Benzylisothioharnstoffe* [*cis-*, F. 148° (Zers.); *trans-*, F. 183° (Zers.)] übergeführt. Beide Verbb. besitzen gleiche spezif. Radioaktivität; ihre UV-Maxima sind angegeben. (Bull. Soc. chim. France **1958.** 1355—57. Nov./Dez.) I. Paetzke. 480

G. D. Ljubarski, *Katalytische Dehydrierung von niederen Paraffinkohlenwasserstoffen.* Allg. Überblick über die Dehydrierung von niederen KW-stoffen (C_2—C_5) zu *Olefinen* u. *Dienen* unter bes. Berücksichtigung der Darst. u. Eigg. der Katalysatoren sowie der an diese zu stellenden Anforderungen. — 118 Literaturangaben. (Успехи Химии [Fortschr. Chem.] **27.** 316—52. März 1958.) G. FROELICH. 520

W. I. Nikitin und **I. M. Timofejewa,** *Tertiäre dreiwertige Alkohole der Acetylenreihe und ihre Umwandlungen.* 11. Mitt. *Hydrierung von 2.3.6-Trimethyloctin-(4)-triol-(2.3.6), 3.4.7-Trimethylnonin-(5)-triol-(3.4.7) und 2.4-Bis-[1-hydroxycyclopentyl]-butin-(3)-ol-(2).* (10. vgl. C. **1959.** 4433.) 2.3.6-Trimethyloctin-(4)-triol-(2.3.6) (I), 3.4.7-Trimethylnonin-(5)-triol-(3.4.7) (II) u. 2.4-Bis-[1-hydroxycyclopentyl]-butin-(3)-ol-(2) (III) werden in Ggw. von Pt oder Pd zu *2.3.6-Trimethylocten-(4)-triol-(2.3.6), 3.4.7-Trimethylnonen-(5)-triol-(3.4.7)* u. *2.4-Bis-[1-hydroxycyclopentyl]-buten-(3)-ol-(2)* hydriert. Es entstehen dabei nur die cis-Formen. An Pt wird III am schnellsten hydriert, während an Pd umgekehrt die Hydrierung von I u. II mit größerer Geschwindigkeit verläuft.

Versuche: *cis-2.3.6-Trimethylocten-(4)-triol-(2.3.6),* $C_{11}H_{22}O_3$, Kp.$_2$ 114—115°, a) durch Hydrieren von 5,8 g I an 0,08 g PtO_2 in 60 ml Methanol bei 24° bis zur Aufnahme der berechneten H_2-Menge; D.$^{20}_4$ 1,0028; n_D^{20} 1,4757; 85,5% (Ausbeute); b) durch Hydrieren von 5 g I in 60 ml Methanol an 0,1 g Pd/Kreide bei 28°; 95%. — *cis-3.4.7-Trimethylnonen-(5)-triol-(3.4.7),* $C_{12}H_{24}O_3$, Kp.$_2$ 126—127°, a) durch Hydrieren von 5 g II an 0,07 g PtO_2 in 60 ml Methanol bei 23°; D.$^{20}_4$ 0,9977; n_D^{20} 1,4790; 95,2%; b) durch Hydrieren von 5 g II an 0,09 g Pd/Kreide in 60 ml Methanol bei 21°; 95,2%. — *cis-2.4-Bis-[1-hydroxycyclopentyl]-buten-(3)-ol-(2),* $C_{14}H_{24}O_3$, F. 129—130° (A. oder Ae.), durch Hydrierung von III an PtO_2 oder Pd/Kohle in Methanol bei 27°; 91,2 bzw. 92,2%. (Журнал Общей Химии [J. allg. Chem.] **27** (**89**). 1814—18. Juli 1957. Chem. Inst. der Akad. der Wiss. der TadshikSSR.) J. MENZ. 580

R. J. W. Cremlyn, G. W. Kenner, J. Mather und **Alexander Todd,** *Untersuchungen über Phosphorylierung.* 16. Mitt. *Jodide als debenzylierende und desalkylierende Mittel.* (15. vgl. C. **1958.** 9230; vgl. auch ZERVAS u. DILARIS, C. **1956.** 9423). Verss. über die Debenzylierung u. Desalkylierung von Benzyldiphenylphosphat (I), Tribenzylphosphat (II), Dibenzylphosphit (III), Tetrabenzylpyrophosphat (IV), Alkyldiphenylphosphaten u. Dimethylphenylphosphat (V) mit Jodiden (Cyclohexylaminhydrojodid, LiJ, NaJ, CaJ_2) wird beschrieben. Monobenzylphosphit u. Tribenzylpyrophosphat sind so über ihre Na-Salze besser zugänglich als früher (vgl. TODD u. Mitarbeiter, C. **1951.** I. 3326 u. CHRISTIE u. Mitarbeiter, C. **1950/54.** 4653 S). Die Umsetzung von CaJ_2 mit einer Mischung aus Benzyldimethylphosphat u. Dibenzylmethylphosphat liefern Mischungen aus debenzylierten u. demethylierten Phosphaten.

Versuche: *Diphenylhydrogenphosphat* (VI), aus I u. Cyclohexylaminhydrojodid (F. 197—199°) in sd. Methyläthylketon (10 Min.); 86% (Ausbeute). Bei 51° (20 Min.) 44%; mit LiJ 78%; mit NaJ 62%; mit NaCNS 10%; mit NaJ in Acetonitril oder Methyläthylketon + Dioxan (7:3) 32% bzw. 65% in Form des entsprechenden Salzes. *Cyclohexylammoniumsalz,* F. 199—200°. — *Na-Dibenzylphosphat,* aus II u. NaJ in Methyläthylketon oder Acetonitril bei 51° (1 bzw. 3 Std.); 25 bzw. 20%. — *Na-Benzylphosphit,* $C_7H_8NaO_3P$, aus III u. NaJ in sd. Methyläthylketon (30 Min.); 87%. *Ammoniumbenzylphosphit,* analog mit NH_4J (1 Std.); 74%. — *Di-Na-P¹·P²-Dibenzylpyrophosphat,* $C_{14}H_{14}Na_2O_7P_2$, aus IV u. 2 Mol NaJ in sd. Methyläthylketon (10 Min.); 84%. — *Na-Tribenzylpyrophosphat,* $C_{21}H_{21}NaO_7P_2$, analog mit 1 Mol NaJ in Acetonitril bei 51° (1 Std.) u. 0° (2 Std.); 61%. — *Cyclohexylammoniumtribenzylpyrophosphat,* $C_{27}H_{35}NO_7P_2$, F. 118 bis 119° (Methyläthylketon), analog; 65%. — *Ca-Diphenylphosphat,* aus *Methyldiphenylphosphat* [$C_{13}H_{13}O_4P$, n_D^{21} 1,5320, aus VI u. äther. Diazomethan] u. CaJ_2 (gereinigt durch Lösen in Aceton u. Chlf., Eindampfen u. Kristallisieren aus Aceton + Ae., hygroskop. Pulver) in sd. Methyläthylketon oder Aceton (3 Std.); 98%. Analog aus homologen Alkyldiphenylphosphaten (aus Diphenylphosphorchloridat); 93% aus n-Propyl-, 62% aus Isopropyl- u. 70% aus n-Butyldiphenylphosphat. — *Ca-Methylphenylphosphat,* $C_{14}H_{16}CaO_8P_2$, F. 300°, analog aus V. — *Ca-Benzyläthylphosphat,* $C_{18}H_{24}CaO_8P_2$, F. 267 bis 271°, analog aus Äthyldibenzylphosphat; 75%. — *Ca-Benzyl-n-propylphosphat,* $C_{20}H_{28}CaO_8P_2$, F. 293—297°, analog; 50%. — *Ca-Benzylisopropylphosphat,* $C_{20}H_{28}CaO_8P_2$, F. 268—272°; 63%. — *Ca-Benzyl-n-butylphosphat,* $C_{22}H_{32}CaO_8P_2$, F. 300°; 78%. — *Ca-Dibenzylphosphat,* $C_{28}H_{28}CaO_8P_2$, F. 261—263°; 87%. (J. chem. Soc. [London] **1958.** 528—30. Jan. Cambridge, Univ., Chem. Labor.) H. GOLD. 590

George Sosnovsky, *Die Chemie von Trichlormethansulfenylchlorid.* Übersicht über Darst., Eigg., Rkk. u. pharmakolog. Eigg. von *Trichlormethansulfenylchlorid* bzw. *seinen Derivaten.* — 80 Literaturangaben. (Chem. Reviews **58.** 509—40. Juni 1958. Chicago, Ill., Univ., Inst. of Organ. Chem.) J. RUHNKE. 600

Herbert Funk und **Wolfgang Papenroth,** *Darstellung selenorganischer Verbindungen in wässerigem Medium. Selenorgan. Verbb.* wurden durch Rk. von Olefinen mit

SeO_2 in wss. HCl bzw. HBr dargestellt. Die Verbb. sind übelriechend, häufig zersetzlich u. teilweise giftig. Aus wss. Lsgg. der *Selendichloride* lassen sich teilweise durch konz. HBr die schwerer lösl. *Dibromide* ausfällen. Die Selendichloride lassen sich mit $K_2S_2O_5$, z. T. besser mit SO_2, zu *Seleniden* reduzieren. 2.2'-Dihalogendialkylselendibromide ergaben jedoch uneinheitliche Reaktionsprodd.; nur *2.2'-Dibromdiäthylselendibromid* konnte in geringer Ausbeute zu *2.2-Dibromdiäthylselenid* red. werden, das mit Cl_2 zum entsprechenden *Selendichlorid* reagierte. Bei den meisten selenorgan. Verbb. wird organgebundenes Halogen leicht hydrolyt. abgespalten. Die dargestellten Verbb. liegen monomol. vor.

Versuche: *2.2'-Dibromdiäthylselendibromid*, F. 121° (Zers.; PAe.–Chlf.), aus Äthylen, SeO_2 u. 45%ig. HBr nach FUNK u. WEISS (J. prakt. Chem. [4] **1**. (**273**). [1955.] 33). — *2.2'-Dibromdiäthylselenid*, $(C_2H_4Br)_2Se$, F. 47° (gelbe Kristalle aus A.), durch portionsweise Zugabe vorst. Verb. zu $K_2S_2O_5$ in W. bei 50° unter Rühren, Ätherextraktion, Abdest. des Ae. u. Stehen im Vakuum. — *2.2'-Dibromdiäthylselendichlorid*, $[C_2H_4\cdot Br)_2SeCl_2$, F. 92° (Chlf.), durch Überleiten von Cl_2 über vorst. Verb. in Ae. u. Filtrieren. — *2.2.2'.2'-Tetrachlordiäthylselendichlorid*, $(C_2H_3Cl_2)_2SeCl_2$, F. 60—61° (CH_3OH oder Eisessig), F. 95°(Fällen mit W. aus alkoh. Lsg. u. Digerieren mit Chlf.), durch Einleiten von Vinylchlorid in SeO_2 in konz. HCl unter Rühren u. Erwärmen von —20° auf Raumtemp. u. Stehen des abgeschiedenen Öles im Vakuum über P_2O_5. — *2.2.2'.2'-Tetrachlordiäthylselenid*, $(C_2H_3Cl_2)_2Se$, Fl., durch Schütteln vorst. Verb. mit $K_2S_2O_5$ in W. u. Ätherextraktion. — *Bis-[2-chlor-2-acetoxyäthyl]-selendichlorid*, $(C_4H_6O_2Cl)_2Cl_2Se$, F. 48—49°, aus Vinylacetat, SeO_2 u. konz. HCl bei —30° wie oben, längeres Stehen des abgeschiedenen Öles im Eisschrank u. Digerieren der Kristalle mit Hexan. — *2.2'-Diphenyl-2.2'-dichlordiäthylselendichlorid*, $(C_8H_8Cl)_2Cl_2Se$, F. 91° (Zers.), durch 1 std. Schütteln von Styrol, SeO_2 u. konz. HCl u. mehrmaliges Dekantieren der aus der entstandenen Fl. abgeschiedenen Kristalle mit Äther. — *2.2'-Diphenyl-2.2'-dichloräthylselenid*, $(C_8H_8Cl)_2Se$, gelbliche Fl., durch Red. vorst. Verb. mit $K_2S_2O_5$. — *2.2'-Diphenyl-2.2'-dibromdiäthylselendibromid*, $(C_8H_8Br)_2Br_2Se$, F. 69° (Zers.; gelbe Kristalle aus Eisessig), analog dem Dichlorid; zersetzlich. — *2.2'-Dichlordipropylselendichlorid*, $(C_3H_6Cl)_2Cl_2Se$, F. 88°, durch 2 std. Überleiten von Propylen über SeO_2 in konz. HCl, mehrtägiges Stehen der abgeschiedenen Fl. im Eisschrank u. Digerieren der abgeschiedenen Kristalle mit Alkohol. — *2.2'-Dichlordipropylselenid*, $(C_3H_6Cl)_2Se$, hellgelbe Fl., durch Schütteln vorst. Verb. mit $K_2S_2O_5$ in Wasser. — *2.2'-Dichlordipropylselendibromid*, $(C_3H_6Cl)_2Br_2Se$, F. 76—77° (gelbe Kristalle aus Hexan), durch Zugabe von 60%ig. HBr zur wss. Lsg. des Dichlorids u. Stehen der abgeschiedenen Fl. im Vakuum. — *2.2'-Dibromdipropylselendibromid*, $(C_3H_6Br)_2Br_2Se$, F. 98° (Zers.; gelbe Kristalle), durch Überleiten von Propylen über SeO_2 in wss. HBr u. Digerieren des Nd. mit Alkohol. — *2.2'.3.3'-Tetrachlordipropylselendichlorid*, $(C_3H_5Cl_2)_2Cl_2Se$, F. 105° (PAe.–Chlf.), aus Allylchlorid; 95% (Ausbeute). — *2.2'.3.3'-Tetrachlordipropylselenid*, $(C_3H_5Cl_2)_2Se$, F. 64—65° (PAe.), durch Red. vorst. Verb. mit $K_2S_2O_5$. — *2.2'-Dibrom-3.3'-dichlordipropylselendibromid*, $(C_3H_5ClBr)_2Br_2Se$, F. 108° (Zers.; hellgelbe Kristalle aus Eisessig), aus Allylchlorid, HBr u. SeO_2. — *2.2'-Dichlor-3.3'-dibromdipropylselendichlorid*, $(C_3H_5BrCl)_2Cl_2Se$, F. 89° (Zers.; PAe.–Chlf.). — *2.2'.3.3'-Tetrabromdipropylselendibromid*, $(C_3H_5Br_2)_2Br_2Se$, F. 131—132° (Zers.; blaßgelbe Kristalle aus PAe.–Chlf.). — *2.2'-Dichlor-3.3'-dibromdipropylselendibromid*, $(C_3H_5BrCl)_2Br_2Se$, F. 107 bis 108° (Zers.; gelbe Kristalle aus Chlf.–PAe.), aus dem Dichlorid in W. durch Fällen mit konz. HBr. — *Bis-[2-methyl-2.3-dichlorpropyl]-selendichlorid*, $(C_4H_7Cl_2)_2Cl_2Se$, F. 92° (PAe.), aus Methallylchlorid. — *Bis-[2-methyl-2.3-dichlorpropyl]-selenid*, $(C_4H_7Cl_2)_2Se$, Fl., durch Red. vorst. Verbindung. — *Bis-[2-methyl-2.3-dichlorpropyl]-selendibromid*, $(C_4H_7Cl_2)_2Br_2Se$, F. 78° (gelbe Kristalle aus Hexan), durch Rk. vorvorst. Verb. mit HBr. — *2.2'-Dichlordihexylselendichlorid*, $(C_6H_{12}Cl)_2Cl_2Se$, F. 42—43°, durch Zutropfen von n-Hexen-(1) zu SeO_2 in konz. HCl unter Rühren, 10 tägiges Stehen der organ. Phase, Behandeln des Kristallbreies mit A. u. Eindampfen. — *1.1-Dibrom-3.4-dichlorselena(IV)-cyclopentan*, $C_4H_6Br_2Cl_2Se$, F. 179—180° (Zers., hellgelbe Kristalle aus Chlf.), aus dem entsprechenden Selenophendichlorid (FUNK u. WEIS, l. c.) mit konz. HBr. — *Bis-[2-chlorpenten-(3)-yl]-selendichlorid*, $(C_5H_8Cl)_2Cl_2Se$, F. 60° (Hexan), durch Rühren von 1-Methylbutadien mit SeO_2 u. konz. HCl bei —20° u. Trocknen des Nd. auf Ton. — *Bis-[2-chlor-4-cyanbuten-(3)-yl]-selendichlorid*, $(C_5H_5ClN)_2Cl_2Se$, F. 83—84° (Hexan–Chlf.) analog vorst. Verb. aus 1-Cyanbutadien bei —15° u. Behandeln der abgeschiedenen Fl. mit Äther. — *Bis-[2-chlor-4-cyanbuten-(3)-yl]-selenid*, $(C_5H_5ClN)_2Se$, gelbe Fl., durch Red. vorst. Verbindung. — *1.1.3.6-Tetrachlorselena(IV)-cycloheptan*, $C_6H_{10}Cl_4Se$, F. 129 bis 130° (Zers.; A.), aus SeO_2, konz. HCl u. Hexadien-(1.5) wie oben u. Stehen der erhaltenen Emulsion im Eisschrank. — *2.2'-Dibromdivinylselendibromid*, $(C_2H_2Br)_2Br_2Se$, F. 94 bis 95° (Zers.; gelbe Kristalle aus Chlf.), aus Acetylen, SeO_2 u. HBr bei —50°. (J. prakt. Chem. [4] **8** (**280**). 256—63. 1959. Halle-Wittenberg, Martin-Luther-Univ., Inst. für Anorgan. Chem.) H. BERTSCH. 600

M. A. Davis und **W. J. Hickinbottom,** *Reaktionen ungesättigter Verbindungen. 14. Mitt. Die Oxydation von 2.2.4.6.6-Pentamethylhepten-(3).* (13. vgl. C. **1958.** 10629.) Die Oxydation von 2.2.4.6.6-Pentamethylhepten-(3) (I), 2.2.4-Trimethylhexen-(3) (II) u. 4-Äthyl-2.2-dimethylhexen-(3) (III) mit Chromsäure in wss. H_2SO_4 wird untersucht. I liefert dabei neben *2.2-Dimethylpropansäure* (IV) u. *Methylneopentylketon* (V) als Prodd. der oxydativen Spaltung *2-tert.-Butyl-2.4.4-trimethylpentansäure* (VI). Analog entsteht aus II u. III *2-Äthyl-2.3.3-trimethylbutansäure* bzw. *2.2-Diäthyl-3.3-dimethylbutansäure*; die Hauptprodd. der Oxydation waren jedoch IV u. Ketone durch oxydative Spaltung sowie *3.5.5-Trimethylhexanon-(2)*. Die Oxydation von I, II u. III mit CrO_3 in Essigsäureanhydrid führte nur in geringem Umfange zu Epoxyden; aus I wurden auf diesem Wege über das Epoxyd geringe Mengen *2-tert.-Butyl-2.4.4-trimethylpentanal* erhalten. Es wird angenommen, daß bei der wss. Oxydation Epoxyde keine Rolle spielen, sondern Chromsäureaddukte (z. B. VII) als Zwischenprodd. auftreten (vgl. hierzu auch ZEISS u. ZWANZIG, Chem. and Ind. **1956.** 545).

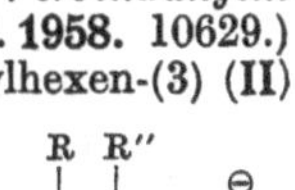
VII

Versuche: *2-tert.-Butyl-2.4.4-trimethylpentansäure* (VI), $C_{12}H_{24}O_2$, F. 130° (Aceton), aus 50 g I mit $Na_2Cr_2O_7$ in 60% ig. H_2SO_4 bei 30—40°, Verdünnen mit W., Extrahieren mit Ae. u. Ausziehen aus der äther. Lsg. mit Alkali; 17,5 g (Ausbeute). — *2.2-Dimethylpropansäure* (IV), neben VI, durch fraktionierte Dest.; 7,5 g. *p-Toluidid*, F. 120°. — *2-tert.-Butyl-2.4.4-trimethylpentanal*, a) durch Red. des VI-*Säurechlorids* (Kp.$_{11}$ 101°, n_D^{20} 1,4646, aus VI u. $SOCl_2$) mit $LiAlH_4$ in sd. Ae.; b) durch Oxydation von 46 g I in CS_2 mit CrO_3 in Essigsäureanhydrid bei —12—0° (3$^1/_2$ Std.) u. Behandeln der das *Epoxyd* enthaltenden Fraktion [Kp.$_{12}$ 77—84°, n_D^{20} 1,4443; 1,6 g] mit 2.4-Dinitrophenylhydrazin in 30% ig. H_2SO_4. *2.4-Dinitrophenylhydrazon*, F. 152—153°, Nadeln. — *4.4-Dimethylpentanon-(2)* (V), Kp.$_{14}$ 26—35°, n_D^{20} 1,4050—1,4061, neben VI als neutraler Anteil des Oxydationsprod.; 1,5 g. *2.4-Dinitrophenylhydrazon*, F. 100—101°. — *Ketonfraktion*, Kp.$_{14}$ 80—92°, n_D^{20} 1,4310—1,4342, neben V als weitere Fraktion. *2.4-Dinitrophenylhydrazon*, $C_{18}H_{28}N_4O_5$, F. 134°, Nadeln. *Oxim*, F. 128—129° (A.). — *2-Äthyl-2.3.3-trimethylbutansäure*, $C_9H_{18}O_2$, Kp.$_{22}$ 122—130°, F. 103—104° (wss. A.), aus 75 g II, wie VI aus I; 4,4 g. Daneben 12 g IV. — *3.5.5-Trimethylhexanon-(2)*, Kp.$_{63}$ 80—83°, n_D^{20} 1,4190 bis 1,4200, neben vorst. Verb. als Neutralanteil; 8 g. *2.4-Dinitrophenylhydrazon*, F. 56 bis 59°. — *2.2-Diäthyl-3.3-dimethylbutansäure*, $C_{10}H_{20}O_2$, Kp.$_{12}$ 130—132°, F. 67° (wss. Aceton), aus 70 g III, wie VI aus I; 3,5 g. Daneben 20 g IV, 3,8 g *Diäthylketon* (VIII) [*2.4-Dinitrophenylhydrazon*, F. 154°] u. 1,4 g eines weiteren *Ketons vom Kp.$_{11}$ 43—53°* [*2.4-Dinitrophenylhydrazon*, F. 133—134° (Essigester + Bzn.), Tafeln]. — *2.2-Dimethylpropanal*, durch Oxydation von 56 g III in CS_2 mit CrO_3 in Essigsäureanhydrid, Trennen des Oxydationsprod. in 5 g VIII u. 9 g einer Fraktion [Kp.$_{17}$ 46—68°, n_D^{20} 1,4280—1,4290], Behandeln dieser Fraktion mit 0,5% ig. H_2SO_4 (24 Std.) u. Oxydieren des dabei erhaltenen viscosen Glykols mit HJO_4. *2.4-Dinitrophenylhydrazon*, F. 210°. Daneben weitere Mengen VIII u. viel III [Kp.$_{17}$ 36—46°, n_D^{20} 1,4300—1,4291]. (J. chem. Soc. [London] **1958.** 2205—09. Juni. London, Univ., Queen Mary Coll.) H. GOLD. 810.

H. O. Huisman, A. Smit und **J. Meltzer,** *Untersuchungen über organische Insekticide. 1. Mitt. Darstellung und insekticide Eigenschaften einiger substituierter Polyenamide.* Die Darst. u. insekticiden Eigg. einer Anzahl substituierter Polyenamide wurde im Zusammenhang mit dem Vork. dieses Verbindungstyps in der Natur beschrieben.

Versuche: *trans-β-Jonylidenacetylchlorid*, aus 11 g trans-β-Jonylidenessigsäure u. PCl_3 in bes. gereinigtem Bzl. bei ca. 50° in 2 Std., Dekantieren der benzol. Lsg. (I) von phosphoriger Säure ohne weitere Reinigung. — *trans-β-Jonylidenacet-N-isopropylamid*, $C_{18}H_{29}NO$, F. 119—120°, durch Zutropfen von Isopropylamin in Bzl. zu I unter Eiskühlung u. Rühren; fast farblose Kristalle aus CH_3OH/W.; 76% (Ausbeute). — *trans-β-Jonylidenacet-N-isobutylamid*, $C_{19}H_{31}NO$, F. 124—125°, aus I u. Isobutylamin in Pyridin wie vorst.; fast farblose Kristalle; 75%. — *trans-β-Jonylidenacet-N-isoamylamid*, $C_{20}H_{33}NO$, F. 123—125°, aus I u. Isoamylamin; fast farblose Kristalle aus wss. CH_3OH; 74%. — *trans-β-Jonylidenacet-N-n-laurylamid*, $C_{27}H_{47}NO$, F. 70—73°, aus I u. Laurylamin in Pyridin/Bzl.; fast farblose Kristalle aus wss. CH_3OH; 80%. — *trans-β-Jonylidenacet-N-diäthylamid*, $C_{19}H_{31}NO$, aus I u. Diäthylamin; hellgelbes Öl; ca. 90%. — *trans-β-Jonylidenacet-N-diisopropylamid*, $C_{21}H_{35}NO$, aus I u. Diisopropylamin in Pyridin/Bzl.; hellgelbes viscoses Öl; ca. 95%. — *trans-β-Jonylidenacet-N-[1.3-dimethylbutyl]-N-äthylamid*, $C_{23}H_{39}NO$, aus I u. Äthyl-1.3-dimethylbutylamin; gelborangenfarbenes viscoses Öl; fast 100%. — *trans-β-Jonylidenacet-N-morpholid*, $C_{19}H_{29}NO_2$, aus I u. Morpholin; gelborangenfarbenes viscoses Öl; ca. 95%. — *all-trans-Vitamin-A-säurechlorid*, aus 7,5 g all-trans-Vitamin-A-säure u. bes. gereinigtem PCl_3 in Bzl. bei ca. 5° in 3—4 Std. u. Dekantieren der benzol. Lösung. — *all-trans-Vitamin-A-säure-N-isobutylamid*, $C_{24}H_{37}NO$, F. 116

bis 118°, aus vorst. Chlorid in Bzl. u. Isobutylamin; gelbe Kristalle aus wss. CH_3OH; 66%. (Recueil Trav. chim. Pays-Bas **77**. 97—102. Febr. 1958. s'-Graveland of N. V. Philips-Roxane, Central Res. Labor.; Weesp and Agrobiol. Labor. „Boekesteyn".)

K. M. BUCERIUS. 810

G. E. Swadkowskaja, Je. K. Smoljaninowa und **W. N. Below**, *Darstellung von ω-Hydroxypentadecansäure durch elektrolytische „Überkreuz"-Kondensation.* 2. Mitt. (1. vgl. C. **1958**. 10906.) Bei der gemeinsamen anod. Oxydation von ω-Hydroxyundecansäure (**I**)-acetat u. Adipinsäure (**II**)-äthylester werden im Elektrolysat folgende Verbb. gefunden: *ω-Hydroxypentadecansäure* (**III**)-*äthylesteracetat* (16%), *Sebacinsäure*(**IV**)-*diäthylester* (18%), *Eikosandiol-(1.20)* (**V**)-*diacetat* (10%), *Pentansäure* (**VI**)-*äthylester* (2%), *Penten-(1)-säure-(5)* (**VII**)-*äthylester* (2%), *Decylalkohol* (**VIII**)-*acetat* (3—4%), *Decen-(1)-ol-(10)* (**IX**)-*acetat* (3—4%), *Decandiol-(1.10)* (**X**)-*acetat* (0,5%), ferner durch Disproportionierung entstandenen **II**-*Diäthylester* (3%) u. **II** (7%). — Die Bldg. der genannten Verbb. läßt sich durch die Vorstellungen über den Mechanismus der KOLBE-Rk. erklären (Oxydation, CO_2-Abspaltung, Dimerisation, Disproportionierung).

Versuche: Die Elektrolyse wird unter folgenden Bedingungen ausgeführt (vgl. l. c.): Anod. Stromdichte 0,25—0,30 A/cm²; Mol-Verhältnis **I**-Acetat zu **II**-Monoäthylester = 1:3; Verdünnungsgrad des Elektrolyten 8,3 Mol W. auf 1 Mol des Gemisches der Reaktionskomponenten; Temp. 50—65°. Es wird eine ölige Schicht der neutralen u. eine wss.-alkal. der sauren Reaktionsprodd. erhalten (Gewichtsverhältnis 1:2,2). — Die Aufarbeitung erfolgt, indem destillativ in mehrere Fraktionen getrennt wird u. diese durch Dest., Hydrolyse u. Hydrierung (der ungesätt. Verbb.) weiter verarbeitet werden. — A. Die Neutralstoffe liefern: a) Aus der wasserdampfflüchtigen Fraktion nach Verseifen ein Gemisch von **VI** u. **VII**, das durch Hydrierung in *Pentansäure* (**VI**; Kp. 185—187°; $D.^{20}_4$ 0,9387; n_D^{20} 1,4118; *Anilid*, $C_{11}H_{15}NO$, F. 62—62,5°) übergeht. *Adipinsäure* (**II**; F. 149—150° aus W.), Gemisch aus **VIII** u. **IX**, das zu *Decylalkohol* (**VIII**; Kp. 227—230°; $D.^{20}_4$ 0,82965; n_D^{20} 1,4373; *3.5-Dinitrobenzoat*, $C_{17}H_{24}N_2O_6$, F. 56—57°) hydriert wird; b) aus der Fraktion $Kp._7$ 96—155° analog Vorst. **II** u. Gemisch aus **VIII**- u. **IX**-*Acetat*; c) aus der Fraktion $Kp._7$ 155—180° nach Verseifen *Sebacinsäure* (**IV**; F. 134—134,5° u. *Decandiol-(1.10)* (**X**; $C_{10}H_{22}O_2$, F. 71—72° aus Bzl.); d) aus der Fraktion $Kp._7$ 180—230°, nach Verseifen *ω-Hydroxypentadecansäure* (**III**; $C_{15}H_{30}O_3$, F. 85—85,5° aus Bzl.) u. *Eikosandiol-(1.20)* (**V**; $C_{20}H_{42}O_2$, F. 102—103° aus Bzl.); e) aus dem Rückstand der Dest. nach Verseifen **V** u. ein Gemisch von **III** mit anderen Verbb., das beim Verestern u. Dest. bei 0,01—0,04 mm **III**-*Äthylester* ($C_{17}H_{34}O_3$, F. 48,5—49° aus Methanol, dann PAe.) gibt. — B. Die wss.-alkal. Schicht liefert: Nach Ansäuern **II** u. fl. Prodd., die bei der Dest. ergeben: **II**-*Äthylester* ($Kp._3$ 131—134°) u. **I**-*Acetat* ($Kp._3$ 185—190°), das beim Verseifen in *ω-Hydroxyundecansäure* (**I**; $C_{11}H_{22}O_3$, F. 68,5—69,5°) übergeht. (Журнал Общей Химии [J. allg. Chem.] **28** (**90**). 2268—73. Aug. 1958. Wiss. Allunions-Forsch.-Inst. für synthet. u. natürl. Duftstoffe.)

HELMUT SCHÄFER. 850

René Rambaud (unter Mitarbeit von **André Broche**), *Dehydratisierung von β-Hydroxy-γ-chlorbuttersäurealkylestern. Zusammensetzung der erhaltenen Produkte.* Das Erhitzen eines β-Hydroxy-γ-chlorbuttersäurealkylesters führt in Ggw. von P_2O_5 vorwiegend zu dem entsprechenden *trans-γ-Chlorcrotonsäureester*. Er wird frei von chlorierten isomeren Vinylsäureestern, aber gemischt mit dem *cis-Ester* u. *Butenolid* erhalten. Die Struktur der Nebenprodd. konnte auf Grund der RAMAN-Spektren aufgeklärt werden.

Versuche: *trans-γ-Chlorcrotonsäurechlorid* (I), $Kp._{16,5}$ 74—74,5°, aus trans-γ-Chlorcrotonsäure u. $SOCl_2$ bei 80—90° (1 Std.); $D.^{21}$ 1,316; n_D^{21} 1,501 [frühere Angaben (C. R. hebd. Séances Acad. Sci. **218**. [1944.] 880) irrtümlich auf 11° bezogen]; 83% (Ausbeute). — *trans-γ-Hydroxycrotonsäureäthylester* (II), $Kp._{15}$ 123—124°, aus trans-γ-Hydroxycrotonsäure u. A. mit konz. H_2SO_4 in Bzl.; $D.^{22}$ 1,066; n_D^{22} 1,459; 75%. — *trans-γ-Chlorcrotonsäureäthylester*, $Kp._{13}$ 83°, a) aus I u. absol. A. in Pyridin bei 30°; b) aus II u. $SOCl_2$ in Pyridin; $D.^{14}$ 1,118; n_D^{14} 1,463; 52%. (Bull. Soc. chim. France **1959**. 33—36. Jan. Clemont-Ferrand, Fac. des Sci., Labor. de Chim. Gén.)

K. M. BUCERIUS. 850

Raymond Quelet und **Maurice Chastrette**, *Allgemeine Methode zur Synthese von α-substituierten N-Arylaminodiäthylacetalen.* Das durch Pb-Tetraacetatspaltung von Glycerinaldehyd zugängliche *Glyoxalmono-[diäthylacetal]* (**I**) liefert bei der Umsetzung mit Anilinen die entsprechenden *Aryliminoacetaldehyddiäthylacetale*. Diese setzen sich mit CH_3MgJ, Äthyl–MgBr (**III**) u. Phenyl–MgBr in 60—70%ig. Ausbeute zu *α-substituierten Anilinoacetaldehyddiäthylacetalen* um.

Versuche: Acetaldehyddiäthylacetale: *Phenylimino-* (**II**), $C_{12}N_{17}$-NO_2, $Kp._{15}$ 139—140°, durch exotherme Rk. von **I** mit Anilin in Toluol u. 1 std. Erhitzen; $D.^{20}_4$ 1,035, n_D^{20} 1,521; 82% (Ausbeute). — *o-Tolylimino-*, $C_{13}H_{19}NO_2$, $Kp._{14}$ 151—152°, $D.^{20}_4$ 0,987, n_D^{19} 1,510; 73%. — *m-Tolylimino-*, $C_{13}H_{19}NO_2$, $Kp._{15}$ 147—148°, $D.^{20}_4$ 0,998,

n_D^{21} 1,505; 74%. — *p-Tolylimino-*, $C_{13}H_{19}NO_2$, Kp.$_{16}$ 155—156°, D.$^{21}_4$ 1,006, n_D^{24} 1,513; 73%. — *α-Äthyl-α-anilino-*, $C_{14}H_{23}NO_2$, Kp.$_{13}$ 148—149°, durch Zutropfen von II zu III in absol. Ae., 1std. Kochen, Stehen über Nacht u. Hydrolyse mit Eis–NH_4Cl; D.$^{18}_4$ 0,987, n_D^{20} 1,506; 86%. *Phenylharnstoffderiv.*, F. 102°. — *α-Methyl-α-anilino-*, $C_{13}H_{21}NO_2$, Kp.$_{13}$ 143—144°, D.$^{23}_4$ 0,988, n_D^{22} 1,507; 66%. *Phenylharnstoffderiv.*, F. 72 bis 73°. — *α-Phenyl-α-anilino-*, $C_{18}H_{23}NO_2$, Kp.$_1$ 127—128°, D.$^{20}_4$ 1,045, n_D^{25} 1,549; 70%. *Phenylharnstoffderiv.*, F. 112—113°. — *α-Methyl-α-[o-toluidino]-*, $C_{14}H_{23}NO_2$, Kp.$_{13}$ 149—150°, n_D^{22} 1,503; 72%. — *α-Äthyl-α-[o-toluidino]-*, $C_{15}H_{25}NO_2$, Kp.$_{10}$ 149—150°, D.$^{18}_4$ 0,960, n_D^{20} 1,506; 62%. — *α-Phenyl-α-[o-toluidino]-*, $C_{19}H_{25}NO_2$, F. 53—54°; 62%. — *α-Methyl-α-[m-toluidino]-*, $C_{14}H_{23}NO_2$, Kp.$_{15}$ 151—152°, D.$^{17}_4$ 0,975, n_D^{16} 1,506; 72%. *Phenylharnstoffderiv.*, F. 62°. — *α-Äthyl-α-[m-toluidino]-*, $C_{15}H_{25}NO_2$, Kp.$_{14}$ 153—155°, D.$^{18}_4$ 0,946, n_D^{18} 1,503; 71%. — *α-Phenyl-α-[m-toluidino]-*, $C_{19}H_{25}NO_2$, Kp.$_1$ 140—141°, D.$^{21}_4$ 1,036; n_D^{20} 1,547; 69%. — *α-Methyl-α-[p-toluidino]-*, $C_{14}H_{23}NO_2$, Kp.$_{14}$ 155—156°, D.$^{22}_4$ 0,980, n_D^{22} 1,505; 73%. *Phenylharnstoffderiv.*, F. 82°. — *α-Äthyl-α-[p-toluidino]-*, $C_{15}H_{25}NO_2$, Kp.$_{15}$ 162—163°, D.$^{20}_4$ 0,976, n_D^{24} 1,500; 64%. *Phenylharnstoffderiv.*, F. 83°. — *α-Phenyl-α-[p-toluidino]-*, $C_{19}H_{25}NO_2$, F. 68°; 69%. (C. R. hebd. Séances Acad. Sci. **248.** 2602—04. 4/5. 1959. Paris, Fac. des Sci., Labor. de Chim. organ. II.) R. PASEDAG. 930

K. Balenović und **N. Bregant,** *Absolute Konfiguration von α-Methyl-β-alanin.* (±)-*α-Methyl-β-phthalimidopropionsäure* [(±)-I] aus (±)-α-Methyl-β-alanin (II) läßt sich durch fraktionierte Kristallisation des *Brucinsalzes* in (+)- bzw. (—)-*α-Methyl-β-phthalimidopropionsäure* [(+)- u. (—)-I] spalten. Die Hydrolyse von (—)-I mit HJ/Eisessig liefert (—)-*α-Methyl-β-alanin* [(—)-II]. Durch Rk. von (—)-I mit $SOCl_2$ u. anschließende Umsetzung mit CH_2N_2 wird (—)-*1-Diazo-3-methyl-4-phthalimidobutanon-(2)* (III) erhalten, das beim Stehen bei Raumtemp. oder beim Erhitzen im organ. Lösungsm. leicht racemisiert. Aus III entsteht mit 47%ig. HJ in Chlf. (+)-*2-Methyl-1-phthalimidobutanon-(3)*, dessen *Äthylenmercaptal* mit RANEY-Ni zu (+)-*2-Methyl-1-phthalimidobutan* (IV) red. wird. IV besitzt die Konfiguration von (—)-2-Methylbutanol (vgl. MARCKWALD [1904] sowie MILLS u. KLYNE, Progress in Stereochemistry [1954]), dementsprechend wird (—)-II die D-Konfiguration zugeordnet.

Versuche: (±)-*α-Methyl-β-phthalimidopropionsäure* [(±)-I], $C_{12}H_{11}NO_4$, F. 161° [A./W. (1:3)], durch 1std. Erhitzen von (±)-II mit Phthalsäureanhydrid auf 110°; Blättchen, 83% (Ausbeute). — (—)-*α-Methyl-β-phthalimidopropionsäure* [(—)-I], *Brucinsalz*, $C_{35}H_{37}N_3O_8$, durch Zugeben von Brucin in A. zu (±)-I in A., Einengen u. Kristallisation aus Essigester/PAe.; $[\alpha]_D$ —44,2° (Chlf.). — (—)-*α-Methyl-β-phthalimidopropionsäure* [(—)-I], $C_{12}H_{11}NO_4$, F. 145—146° [W./A. (1:1) u. Sublimation bei 110—115°/0,001 mm], aus dem Brucinsalz u. verd. HCl u. Extrahieren mit Chlf.; $[\alpha]_D^{17}$ —24,4° (c = 0,98; Chlf.); 92% (roh). — (—)-*α-Methyl-β-alanin* [(—)-II], $C_4H_9NO_2$, F. 173—175° (Sublimation bei 110°/0,001 mm), durch 8std. Kochen von (—)-I mit 47%ig. HJ in Eisessig, Einengen, Lösen in W., Extrahieren mit Ae. u. Filtrieren über Amberlite IR-4 B; $[\alpha]_D^{16}$ —9,4° (c = 1,37; W.); 99% (roh). — (—)-*1-Diazo-3-methyl-4-phthalimidobutanon-(2)* (III), $C_{13}H_{11}N_3O_3$, F. 119° (Zers.; Essigester/PAe.), durch 1½std. Kochen von (—)-I mit $SOCl_2$, Einengen, Lösen des *Säurechlorids* (96%) in Bzl., 6std. Stehen mit CH_2N_2 bei 0° u. Einengen; gelbe Nadeln; $[\alpha]_D^{24}$ —70° (c = 2,345; Essigester); 100%. — (+)-*2-Methyl-1-phthalimidobutanon-(3)*, $C_{13}H_{13}NO_3$, F. 82° (Dichlormethan u. Sublimation bei 70°/0,001 mm), durch Zutropfen von 47%ig. HJ zu III in Chlf. bei 0°, ¼std. Stehen bei —5°, Zugeben von W., Chlf. u. Hg u. Einengen der Chloroformlsg.; $[\alpha]_D^{24}$ +9,8° (c = 0,61; Dichlormethan), Nadeln; 100% (roh). — (+)-*2-Methyl-1-phthalimidobutanon-(3)-äthylenmercaptal*, $C_{15}H_{17}NO_2S_2$, F. 126—128° (Bzl./PAe. u. Sublimation bei 120°/0,01 mm), durch 1std. Stehen von BF_3 in Ae. mit vorst. Verb. u. Äthandithiol in Ae. bei —20° u. 4tägiges Stehen bei Raumtemp.; Nadeln; $[\alpha]_D^{20}$ +14° (c = 0,93; Bzl.); 100%. — (+)-*2-Methyl-1-phthalimidobutan* (IV), $C_{13}H_{15}NO_2$, Kp.$_{0,001}$ 60°, durch 7std. Kochen vorst. Verb. in Aceton mit RANEY-Ni; $[\alpha]_D^{25}$ +24° (c = 0,56; Bzl.); 93%. (Tetrahedron [London] **5.** 44—47. Jan. 1959. Zagreb, Yugoslavia, Univ., Fac. of Sci., Chem. Labor.)
E. SCHRÖDER. 950

G. W. Kenner, P. J. Thomson und **J. M. Turner,** *Peptide.* 8. Mitt. *Vom Leucin und Glycin abgeleitete Cyclopeptide.* (7. vgl. C. **1957.** 9892.) Die aus den Benzyloxycarbonyl(CbO)-verbb. gewonnenen *Peptid-p-nitrophenylthiolester* werden in Ggw. von wss. $MgCO_3$ in die entsprechenden *Cyclopeptide* übergeführt. Ein möglicher Zusammenhang zwischen Cyclisierungstendenz u. Konformation der offenkettigen Peptide wird diskutiert. Aus Glycyl-L-leucylglycin-p-nitrophenylthiolester (III) wird *Cycloglycyl-L-leucylglycylglycyl-L-leucylglycyl* erhalten, das ident. mit dem Prod. aus Glycyl-L-leucylglycylglycyl-L-leucylglycin-p-nitrophenylthiolester (IV) ist. L-Leucylglycyl-L-leucylglycin-p-nitrophenylthiolester konnte nicht cyclisiert werden. Der Thiolester von Cbo-L-leucylglycyl-L-leucylglycyl-L-leucylglycyl-L-leucylglycin konnte nicht synthetisiert werden. Glycyl-L-leucylglycyl-L-leucylglycin-p-nitrophenylthiolester (LL-I) liefert 41% *Cycloglycyl-L-leucylglycyl-L-leucylglycyl* (LL-II), LD-I dagegen 57% LD-II. Dieser Unterschied wird z. T. auf das gegenüber dem *LL-Diastereomeren* kleinere dielektr. Inkrement von *Glycyl-L-leucylglycyl-L-leucylglycin* zurückgeführt.

Versuche (FF. korr.): *Trithiophosphorigsäure-tris-[p-nitrophenylester]*, durch Mischen von Li in CH_3OH mit p-Nitrothiophenol in Dimethylformamid, Rk. mit PCl_3 u. Umkristallisieren aus Äthylendichlorid; 55% (Ausbeute). — *Cbo-D-leucylglycin*, $C_{16}H_{22}$·N_2O_5, F. 116—117°, $[\alpha]_D^{22}$ +25,9° (c = 2 in A.), aus Cbo-D-leucin-p-nitrophenylthiolester ($C_{20}H_{22}N_2O_5S$, F. 106—107°). *DL-Verb.*, F. 162°, aus Cbo-DL-leucin-p-nitrophenylthiolester (F. 98°). — *Cbo-glycyl-L-leucylglycyl-D-leucylglycin-p-nitrophenylthiolester*, $C_{32}H_{42}N_6O_9S$, F. 150—152° (Aceton–W.), aus vorst. D-Verb. mit HBr/Eisessig u. Kupplung mit Cbo-III über die *freie Säure* ($[\alpha]_D^{27}$ —4,0°; c = 4,5 in A.]). — *Cbo-glycyl-L-leucylglycylglycyl-L-leucylglycin-p-nitrophenylthiolester*, $C_{34}H_{45}N_7O_{10}S$, F. 194—195° (CH_3OH–Ae.), aus Cbo-glycyl-L-leucylglycin. — *Cycloglycyl-L-leucylglycyl-L-leucylglycyl* (LL-II), $C_{18}H_{31}N_5O_5$, Zers. bei 290—300° (95%ig. A.), durch 1std. Schütteln der CbO-Verb. von LL-I mit HBr/Essigsäure, Einengen unter N_2 bei 1 mm, Behandeln mit Ae., Verteilen zwischen W. u. Essigester, Einengen der organ. Phase, Behandeln mit HBr, Stehen der wss. Phasen mit $MgCO_3$/W. über Nacht, Zugeben von 30%ig. H_2O_2, Filtrieren u. Behandeln mit Dowex-50 u. Dowex-2; Nadeln, $[\alpha]_D^{20}$ —8,7° (c = 3 in Trifluoressigsäure); 38—44%. *LD*-II, Zers. bei 300—310° (Trifluoressigsäure–Ae.); 55—59%. — *Cycloglycyl-L-leucylglycylglycyl-L-leucylglycyl*, $C_{20}H_{34}N_6O_6$, Zers. bei 310 bis 320° (CH_3OH–Ae.), a) aus Cbo-IV; Prismen; 20%; b) aus Cbo-III; 11,5%; c) durch Cyclisierung mit MgO in W., Verteilen zwischen Butanol-(1)/Essigester/2n H_2SO_4 u. Gegenstromverteilung in Essigester/CH_3OH/W. (10:1:9) bzw. Essigester/Butanol-(1)/W. (10:1:9). — *Glycyl-L-leucylglycyl-L-leucylglycinsesquihydrat*, $C_{18}H_{33}N_5O_6$·1,5 H_2O, durch Hydrierung der Cbo-Verb. in 50%ig. wss. CH_3OH oder in CH_3OH in Ggw. von Essigsäure über Pd-Kohle. *LD-Sesquihydrat*, aus wss. Lsg. mit Äthanol. — Die IR-Absorptionsmaxima der Cyclopeptide sind angegeben. (J. chem. Soc. [London] **1958**. 4148—52. Nov. Cambridge, Univ., Chem. Labor.) R. PASEDAG. 950

E. Buncel und **A. G. Davies**, *Organoperoxysilane*. Vorl. Mitt. zu der C. **1959**. 11538 referierten Arbeit. (Chem. and Ind. **1956**. 1052—53. 6/10.) L. KLENK. 980

A. I. Rasumow, O. A. Muchatschewa und **Je. A. Markowitsch**, *Untersuchungen in der Reihe der Alkylphosphonigsäuren und Alkylphosphonsäuren*. 8. Mitt. *Synthese und Eigenschaften einiger alkylierter Amide von Alkylphosphonsäurechloriden*. (7. vgl. C. **1959**. **4115**.) Bei der Rk. von Äthylphosphonsäuredichlorid (I) mit Diäthylamin wird *Äthyl-[diäthylamido]-phosphonsäurechlorid* (II) erhalten. Analog werden weitere *Alkyl-[diäthylamido]-phosphonsäurechloride* dargestellt. Die Darst. von II aus I u. Diäthylaminhydrochlorid ist ungünstiger. Durch Einw. von W. auf II wird *Bis-[diäthylamido-(äthylphosphonsäure)]-anhydrid* erhalten. Die Ausbeute ist gering, läßt sich jedoch durch Zugabe von $NaHCO_3$ steigern. Bei der Einw. von NaF_2 auf II entstehen *Äthyl-[diäthylamido]-phosphonsäurefluorid* u. *Äthylphosphonsäuredifluorid*.

Versuche: Alkylphosphonsäuredichloride: *Methyl-*, $Kp._{11,5}$ 59 bis 59,5°; durch Einw. von PCl_3 u. Cl_2 auf Methylphosphonsäuredi-n-butylester; 90% (Ausbeute). — *Äthyl-* (I), $Kp._{15}$ 133,5—134,5°; 75%. — *n-Propyl-*, $Kp._{12,5}$ 141°; 75%. — *Isopropyl-*, $Kp._3$ 113—114°; 70%. — *n-Butyl-*, $Kp._{15-16}$ 96—98°; 75%. — Alkyl-[diäthylamido]-phosphonsäurechloride: *Methyl-*, F. 42—43°, $Kp._9$ 115—115,5°; analog Nachst. nach a); $D.^{20}_4$ 1,1274; n_D^{20} 1,4648; 50%. — *Äthyl-* (II), $Kp._{3,5}$ 101,5°, a) zu I in der 6fachen Menge Ae. gibt man bei —5° Diäthylamin in der gleichen Menge Ae. u. kocht 30—50 Min.; $D.^{20}_4$ 1,0974; n_D^{20} 1,4643; 65%; b) durch 6std. Erhitzen von 14 g Diäthylaminhydrochlorid u. 60 g I auf 235°; 35%. — *n-Propyl-*, $Kp._4$ 112—113°; $D.^{20}_4$ 1,0706; n_D^{20} 1,4642; 45%. *Isopropyl-*, $Kp._1$ 90—91°; $D.^{20}_4$ 1,0707; n_D^{20} 1,4627; 40%. *n-Butyl-*, $Kp._3$ 113—115°; $D.^{20}_4$ 1,0526; n_D^{20} 1,4641; 50%. — *Bis-[diäthylamido-(äthylphosphonsäure)]-anhydrid*, $C_{12}H_{30}N_2O_3P_2$, $Kp._2$ 163,5—164,5°; a) zu II gibt man bei —10° die berechnete Menge W.; 9%; b) analog in Ggw. von $NaHCO_3$; $D.^{20}_4$ 1,0619; n_D^{20} 1,4607; 50%. — Alkyl-[diäthylamido]-phosphonsäurefluoride: *Methyl-*, $Kp._{19}$ 101°; aus dem Amid u. der berechneten Menge NaF_2 durch Erhitzen auf 110°; $D.^{20}_4$ 1,0735; n_D^{20} 1,4195; 33%. — *Äthyl-*, $Kp._{15}$ 103°; aus II bei 135°; $D.^{20}_4$ 1,0036; n_D^{20} 1,4130; 38%. *n-Propyl-*, $Kp._{12}$ 110,5°; $D.^{20}_4$ 1,0301; n_D^{20} 1,4238; 25%. *Isopropyl-*, $Kp._{17}$ 82°; $D.^{20}_4$ 1,0263; n_D^{20} 1,4231; 34%. *n-Butyl-*, $Kp._{16}$ 128—130°; $D.^{20}_4$ 1,0380; n_D^{20} 1,4358; 30%. — Daneben folgende Alkylphosphonsäuredifluoride: *Methyl-*, $Kp._{27}$ 22°; $D.^{20}_4$ 1,3838; n_D^{20} 1,3277; 10%. *Äthyl-*, $Kp._{25}$ 44—45°; $D.^{20}_4$ 1,2510; n_D^{20} 1,3410; 25%. *n-Propyl-*, $Kp._{13}$ 30,5°; $D.^{20}_4$ 1,1791;

n_D^{20} 1,3541; 34%. *Isopropyl-*, Kp.$_{17,5}$ 25°; D.$^{20}_4$ 1,1736; n_D^{20} 1,3512; 10%. *n-Butyl-*, Kp.$_{17,5}$ 51,5—52°; D.$^{20}_4$ 1,1342; n_D^{20} 1,3709; 33%. (Журнал Общей Химии [J. allg. Chem.] **28** (**90**). 194—97. Jan. 1958. Kasan, Chem.-Technol. Inst.)

O. POLLAK V. EMHOFEN. 980

W. Ss. Abramow und **N. A. Iljina,** *Über den Mechanismus der Arbusow-Umlagerung.* 3. Mitt. *Reaktionen von α.β-Dibrom- und α.β-Dichlorpropionsäuremethylester und -nitril mit Phosphiten.* (2. vgl. C. **1957.** 1158.) Die ARBUSOW-Umlagerung erfolgt auch bei α.β-Dihalogenpropionsäurenitrilen oder -estern in zwei voneinander unabhängigen Stufen. α.β-Dibrompropionsäuremethylester (I) reagiert mit Triäthyl- (II) bzw. Tri-n-butylphosphit (III) bei Zimmertemp. in 3—4 Tagen unter Bldg. der *Anlagerungsverb.* [$(RO)_3P(Br)-CH(CH_2Br)COOCH_3$]. α.β-Dichlorpropionsäuremethylester reagiert mit **II** u. **III** erst bei 100—120°. α.β-Dichlor- (**IV**) u. α.β-Dibrompropionitril (**V**) reagieren mit **II** u. **III** noch bei —12° unter Wärmeabgabe heftig. Die Anlagerungsprodd. werden nicht rein erhalten, sie krist. nicht u. zers. sich beim Erhitzen (2. Stufe). Dabei bilden sich *Äthyl-* bzw. *n-Butylhalogenide* u. die entsprechenden *Phosphonsäurederivv.* [$(RO)_2$·P(:O)CH(X)CH_2Hal; R = C_2H_5 oder C_4H_9; Hal = Cl oder Br; X = CN oder $COOCH_3$]. Diese lassen sich in reiner Form nicht isolieren, da sie sich bei der Dest. im Vakuum zersetzen. Beim Behandeln der Diäthylphosphononitrile (R = C_2H_5, X = CN) mit alkoh. KOH erfolgt Dehydrohalogenierung u. gleichzeitig Verseifung der Nitrilgruppe unter Bldg. von α-[*Diäthylphosphono*]*-acrylsäureäthylester*, während die Di-n-butylphosphononitrile nur dehydrohalogeniert werden u. α-[*Di-n-butylphosphono*]*-acrylonitril* liefern.

Versuche: *Anlagerungsprodd. der allg. Formel* ($(RO)_3P(Hal)CH(CN$ *oder* $COO\cdot CH_3)CH_2Hal$: *α-Cyan-β-chloräthylphosphonsäuretriäthylesterchlorid*, aus **II** u. **IV**; D.$^{20}_4$ 1,1335; n_D^{20} 1,4310. — *α-Cyan-β-bromäthylphosphonsäuretriäthylesterbromid*, aus **II** u. **V**; D.$^{20}_4$ 1,3230; n_D^{20} 1,4370. — *α-Carbomethoxy-β-bromäthylphosphonsäuretriäthylesterbromid*, aus **II** u. **I**; D.$^{20}_4$ 1,3620; n_D^{20} 1,4390. — *α-Cyan-β-chloräthylphosphonsäure-tri-n-butylesterchlorid*, aus **III** u. **IV**; D.$^{20}_4$ 1,0333; n_D^{20} 1,4380. — *α-Cyan-β-bromäthylphosphonsäuretri-n-butylesterbromid*, aus **III** u. **V**; D.$^{20}_4$ 1,1972; n_D^{20} 1,4440. — *α-Carbomethoxy-β-bromäthylphosphonsäuretri-n-butylesterbromid*, aus **III** u. **I**; D.$^{20}_4$ 1,2480; n_D^{20} 1,4435. — Die therm. Zers. der vorst. Verbb. erfolgt bei 80—90° (bei den Triäthylesterchloriden) bzw. 110—140° (bei den Tri-n-butylesterchloriden). Nach dem Behandeln mit alkoh. KOH wurden folgende Verbb. erhalten: α-[*Diäthylphosphono*]*-acrylsäureäthylester*, a) Kp.$_{17}$ 99—100°, aus α-[Diäthylphosphono]-β-chlorpropionitril; D.$^{20}_4$ 1,0684; n_D^{20} 1,4114; 44,2% (Ausbeute); b) Kp.$_{19}$ 102—103°, aus α-[Diäthylphosphono]-β-brompropionitril; D.$^{20}_4$ 1,0725; n_D^{20} 1,4112; 21%. — α-[*Di-n-butylphosphono*]*-acrylonitril*, Kp.$_{15}$ 136—138°, aus α-[Di-n-butylphosphono]-β-chlor- oder -β-brompropionitril; D.$^{20}_4$ 1,0006; n_D^{20} 1,4205; 30 bzw. 23%. — α-[*Diäthylphosphono*]*-acrylsäuremethylester*, Kp.$_5$ 66—68°, aus α-[Diäthylphosphono]-β-brompropionsäuremethylester; D.$^{20}_4$ 1,0955; n_D^{20} 1,4130; 16,9%. — α-[*Di-n-butylphosphono*]*-acrylsäuremethylester*, Kp.$_5$ 125—126°, aus α-[Di-n-butylphosphono]-β-brompropionsäuremethylester; D.$^{20}_4$ 1,0143; n_D^{20} 1,4305; 20,7%. (Журнал Общей Химии [J. allg. Chem.] **26**(**88**). 2014—19. Juli 1956. Kasan, Chem.-Technol. Kirow-Inst.) H. KÜHNE. 980

W. Ss. Abramow und **A. I. Bolschakowa,** *Über den Mechanismus der Arbusow-Umlagerung.* 4. Mitt. *Reaktion von α.β-Dibromäthylalkyläthern mit Triisopropylphosphit.* (3. vgl. vorst. Ref.) Vff. zeigen an Hand des Triisopropylphosphits (I), daß die ARBUSOW-Umlagerung auch bei Estern der phosphorigen Säure mit sek. Alkoholen in zwei unabhängigen Stufen verläuft. So reagiert I mit α.β-Dibromäthyläthern der allg. Formel $BrCH_2CH(Br)OR$ (R = CH_3, C_2O_5, n-C_4H_9) u. α.β-Dibrompropionsäuremethylester (II) bei Zimmertemp. in 3—5 Tagen zunächst unter Bldg. von Additionsprodd. der allg. Formel (iso-$C_3H_7O)_3PBr-CH(R')-CH_2Br$ (R' = CH_3O—, C_2H_5O—, C_4H_9O—, CH_3·OCO—). Die Rk. wird an der Veränderung von D. u. n_D sowie der Oberflächenspannung verfolgt. Bei 110—160° erfolgt Umlagerung der Additionsprodd. in *α-Alkoxy-β-bromäthylphosphonsäurediisopropylester* unter Abspaltung von Isopropylbromid. Beim Behandeln mit alkoh. KOH gehen die Bromalkylphosphonsäureester unter HBr-Abspaltung in *α-Alkoxyvinylphosphonsäurediisopropylester* über, die auch bei Zusatz von H_2O_2, $ZnCl_2$ oder Diazoaminobenzol nicht polymerisieren. Das Additionsprod. aus I u. II spaltet bereits bei der therm. Zers. HBr ab u. bildet α-[*Diisopropylphosphono*]*-acrylsäuremethylester.*

Versuche: α-Alkoxy-β-bromäthylphosphonsäurediisopropylester: *Methoxy-*, Kp.$_4$ 128—129°; D.$^{20}_4$ 1,2653; n_D^{20} 1,4505; 74,9% (Ausbeute). — *Äthoxy-*, Kp.$_4$ 129—131°; D.$^{20}_4$ 1,2295; n_D^{20} 1,4476; 75,1%. — *n-Butoxy-*, Kp.$_3$ 143—144°; D.$^{20}_4$ 1,1809; n_D^{20} 1,4497; 50,8%. — α-Alkoxyvinyl-

phosphonsäurediisopropylester: *Methoxy-*, $Kp._{3}$ 105—106°; $D.^{20}_{4}$ 1,0657; n_D^{20} 1,4375; 63,4%. — *Äthoxy-*, $Kp._{4}$ 110—112°; $D.^{20}_{4}$ 1,0219; n_D^{20} 1,4340; 76,0%. — *n-Butoxy-*, $Kp._{4}$ 128—129°; $D.^{20}_{4}$ 0,9903; n_D^{20} 1,4366; 52,0%. — *α-[Diisopropylphosphono]-acrylsäuremethylester*, $Kp._{11}$ 95—97°; $D.^{20}_{4}$ 1,0170; n_D^{20} 1,4060; 25,0%. (Журнал Общей Химии [J. allg. Chem.] **27** (89). 441—44. Febr. 1957.)
H. KÜHNE. 980

Moise Lerer, Claude Fabre und **Georges Hugel**, *Chlorierung von tert.-Butylbenzol. 2. Mitt. Untersuchung der Kernchlorierung.* (1. vgl. C. **1957**. 6416.) Die Kernchlorierung von tert.-Butylbenzol (I) in Ggw. von $FeCl_3$ liefert infolge von Sekundär-Rkk. sehr verschied. Produkte. Mit 1 Mol Cl_2 erhält man in der Hauptsache ein Gemisch der 3 *Chlor-tert.-butylbenzole*. Die m-Verb. wird aber bei Veränderung der Reaktionsweise, indem man I langsam zum Cl_2 gibt, nicht gebildet. Bei Einw. von überschüssigem Cl_2 auf I werden verschiedenartige Polychlorverbb. gebildet.

Versuche: *2-Chlor-tert.-butylbenzol*, a) aus I u. $FeCl_3$ durch Einleiten von 1 Mol Cl_2; b) durch langsame Zugabe von I u. Cl_2 in eine gesätt. Lsg. von Cl_2 in CCl_4 bei 30°; $D.^{20}_{4}$ 1,0293; n_D^{20} 1,5203; unrein, Ausbeute (neben anderen Prodd. durch IR-Spektr. bestimmt), a) 39 ± 2%, b) 59 ± 1%. — *4-Chlor-tert.-butylbenzol*, F. 24° (Aceton/A.), wie oben nach a) u. b); $D.^{20}_{4}$ 1,0056; n_D^{20} 1,5108; a) 38 ± 2%, b) 41 ± 1%. — *3-Chlor-tert.-butylbenzol*, wie oben nach a); 23 ± 2%. — *2.5-Dichlor-tert.-butylbenzol*, $C_{10}H_{12}Cl_2$, F. 8,5°, wie alle folgenden Chlorprodukte aus I u. $FeCl_3$ durch Einleiten von 3 Mol Cl_2 bei 30°, Trennung durch Dest. u. Umlösen aus A./Aceton; $D.^{20}_{4}$ 1,1570; n_D^{20} 1,5375; IR-Spektren für dieses u. folgende Chlorprodd. von I sind angegeben. — *2.3.5.6-Tetrabrom-1.4-dichlorbenzol*, $C_6Br_4Cl_2$, F. 281°, aus vorst. Verb., Br_2 u. $FeBr_3$; 100%. — *3.4-Dichlor-tert.-Butylbenzol*, $C_{10}H_{12}Cl_2$, $Kp._{17}$ 122°; $D.^{20}_{4}$ 1,1539; n_D^{20} 1,5342. — *3.4-Dichlorbenzoesäure*, $C_7H_4Cl_2O_2$, F. 200,5—201°, aus 1 g vorst. Verb. u. verd. HNO_3 durch 6std. Erhitzen auf 200°; 200 mg. — *3.4.5.6-Tetrabrom-1.2-dichlorbenzol*, $C_6Br_4Cl_2$, F. 284°, aus vorvorst. Verb. mit Br_2 u. $FeBr_3$; 90%. — *2.4.5-Trichlor-tert.-butylbenzol*, $C_{10}H_{11}Cl_3$, $Kp._{18}$ 142—150°, F. 30° (A./Aceton); n_D^{20} 1,5536. — *2.4.5-Trichlorbenzoesäure*, $C_7H_3Cl_3O_2$, F. 163°, aus 1,5 g vorst. Verb. u. verd. HNO_3 wie oben; 600 mg. — *3.5.6-Tribrom-1.2.4-trichlorbenzol*, $C_6Br_3Cl_3$, F. 265°, aus vorvorst. Verb. wie oben; 86%. — *2.3.6-Trichlor-tert.-butylbenzol*, $C_{10}H_{11}Cl_3$, $Kp._{8}$ 135°; $D.^{20}_{4}$ 1,2932; n_D^{20} 1,5630; mit Br_2 wird vorst. Verb. gebildet. — *2.3.4.5-Tetrachlor-tert.-butylbenzol*, $C_{10}H_{10}Cl_4$, $Kp._{18}$ 162°, $Kp._{5}$ 143—146°, F. 69° (A./Aceton). — *2.3.4.5-Tetrachlorbenzoesäure*, $C_7H_2Cl_4O_2$, F. 188°, aus vorst. Verb. wie oben. — *1.2.-Dibrom-3.4.5.6-tetrachlorbenzol*, $C_6Br_2Cl_4$, F. 251°, aus vorvorst. Verb. mit Br_2; 94%. — *2.3.5.6-Tetrachlor-di-tert.-butylbenzol*, $C_{14}H_{18}Cl_4$, F. 63° (A./Aceton). — *1.4-Dibrom-2.3.5.6-tetrachlorbenzol*, $C_6Br_2Cl_4$, F. 246,5°, aus vorst. Verb. mit Br_2; 91%. — *2.3.4.5.6-Pentachlor-tert.-butylbenzol*, $C_{10}H_9Cl_5$, F. 41° (A./Aceton), durch Zugabe von 268 g I u. Cl_2 in die gesätt. Lsg. von Cl_2 in CCl_4 u. $FeCl_3$; 54 g. — *Pentachlorbrombenzol*, C_6BrCl_5, F. 236°, aus 2 g vorst. Verb. mit Br_2; 1,9 g. (Bull. Soc. chim. France [5] **1957**. 173—81. Febr. Inst. franç. du pétrole.) H. WEBER. 1010

Roger Adams, Walter Reifschneider und **M. D. Nair**, *Die Darstellung von Arylthioäthern durch Reaktion von aromatischen Halogenverbindungen mit Kupfer(I)-thiophenolat oder Kupfer(I)-thiobutylat.* Durch Rk. von Arylchloriden u. -bromiden mit Cu(I)-Thiophenolat in Ggw. einer Mischung von Chinolin u. Pyridin bei 200—210° werden in hoher Ausbeute *Arylthioäther* erhalten. Mit 2.6-Dichlor-p-phenylendibenzamid (I) entsteht dagegen neben *2.6-Bis-[phenylmercapto]-p-phenylendibenzamid* (III) gemäß Analyse u. IR-Spektr. *2.7-Dibenzamido-5.10-dibenzoyl-4.9-bis-[phenylmercapto]-phenazin* (II). 2.5-Dichlor-p-phenylendibenzamid ergibt analog ein Gemisch von *2.7-Dibenzamido-5.10-dibenzoyl-3.8-bis-[phenylmercapto]-phenazin* u. *2.5-Bis-[phenylmercapto]-p-phenylendibenzamid*. Die Thioäther werden mit H_2O_2 in Eisessig zu den entsprechenden *Sulfonen* oxydiert. Das durch Oxydation erhaltene *Benzamidodiphenylsulfon* wird auch aus 2-Nitrodiphenylsulfid über *2-Aminodiphenylsulfon* dargestellt. Das aus III gewonnene *Disulfon* wurde auch durch Addition von Benzolsulfinsäure an 2-Benzolsulfonyl-p-benzochinondibenzimid erhalten. Von aliphat. Mercaptanen reagiert Cu(I)-Thiobutylat mit p-Bromanisol zu *p-Butylmercaptoanisol* u. mit p-Dibrombenzol zu *p-Bis-[butylmercapto]-benzol*.

Versuche: *Cu(I)-Thiophenolat*, C_6H_5CuS, durch 3std. Erhitzen von Cu_2O u. 44 g Thiophenol in A. unter N_2; 69 g (Ausbeute). — *Cu(I)-Thiobutylat*, C_4H_9CuS, analog vorst. Verb. durch 10std. Erhitzen; 100%. — *p-Phenylmercaptoanilin*, F. 96—97°, aus p-Chloranilin u. Cu(I)-Thiophenolat durch 30std. Erhitzen auf 200—210°, Zers. mit Eis-HCl, Zugabe von NaOH u. Ae.-Extraktion; 53%. — *2-Phenylmercaptoanisol*, aus 2-Chloranisol durch mehrstd. Erhitzen wie vorst. u. Ae.-Extraktion; 68%. — Analog: *4-Phenylmercaptoanisol*, a) aus 4-Chloranisol; 82%; b) aus 4-Bromanisol; 88%. — *2-Phenylmercaptoanthrachinon*, F. 159—161°, aus 2-Chloranthrachinon; 96%. —

2-Phenylmercaptobenzanilid, F. 75—76°, aus 2-Chlorbenzanilid; 49%. — *4-Phenylmercaptobenzoesäure*, F. 176—177°, aus 4-Chlorbenzoesäure; 91%. — *4-Phenylmercaptobiphenyl*, F. 20°, aus 4-Chlorbiphenyl; 90%. — *2-Phenylmercapto-6-methyl-p-phenylendibenzamid*, F. 217—219°, aus 2-Chlor-6-methyl-p-phenylendibenzamid; 68%. — *2-Phenylmercaptonitrobenzol*, F. 77°, aus 2-Chlornitrobenzol; 49%. — *3-Phenylmercaptonitrobenzol*, F. 41—42°, aus 3-Chlornitrobenzol; 78%. — *4-Phenylmercaptophenol*, F. 53—54°, aus 4-Chlorphenol; 48%. — *2-Phenylmercapto-p-phenylendibenzamid*, F. 197—197,5°, aus 2-Chlor-p-phenylendibenzamid; 86%. — *2-Phenylmercapto-p-phenylendibenzolsulfonamid*, F. 167—168°, aus 2-Chlor-p-phenylendibenzolsulfonamid; 48%. — *2.5-Bis-[phenylmercapto]-benzanilid*, F. 90—91°, aus 2.5-Dichlorbenzanilid; 87%. — *o-Bis-[phenylmercapto]-benzol*, aus o-Dichlorbenzol; 61%. — *p-Bis-[phenylmercapto]-benzol*, F. 82—83°, aus p-Dichlorbenzol; 83%. — *4.4'-Bis-[phenylmercapto]-biphenyl*, F. 117 bis 118°, aus 4.4'-Dichlorbiphenyl; 99%. — *3.5-Bis-[phenylmercapto]-toluol*, aus 3.5-Dichlortoluol; 88%. — *1.2.4.5-Tetrakis-[phenylmercapto]-benzol*, F. 143—144°, aus 1.2.4.5-Tetrachlorbenzol; 98%. — *Hexakis-[phenylmercapto]-benzol*, F. 182—184°, a) aus Hexachlorbenzol; 74%; b) aus Hexabrombenzol; 86%. — *4-Phenylmercaptoacetanilid*, F. 149—149,5°, aus 4-Bromacetanilid; 48%. — *N-Benzolsulfonyl-1-amino-2-methyl-4-phenylmercaptonaphthalin*, F. 195,5—196,5°, aus N-Benzolsulfonyl-1-amino-2-methyl-4-bromnaphthalin; 68%. — *3-Phenylmercaptobenzoesäure*, F. 108—109°, aus 3-Brombenzoesäure; 81%. — *2-Phenylmercaptonaphthalin*, F. 54—55°, aus 2-Bromnaphthalin; 96%. — *2-Phenylmercaptotoluol*, aus 2-Bromtoluol; 93%. — *3-Phenylmercaptotoluol*, aus 3-Bromtoluol; 93%. — *Tris-[phenylmercapto]-mesitylen*, F. 150—151°, aus Tribrommesitylen; 89%. — *2.7-Dibenzamido-5.10-dibenzoyl-4.9-bis-[phenylmercapto]-phenazin*(II), $C_{52}H_{36}N_4O_4S_2$, F. 184—185° (A.), aus 4 g I, Cu(I)-Thiophenolat, Chinolin u. Pyridin durch Erhitzen auf 200—210° in 4 Std.; 34%. Daneben *2.6-Bis-[phenylmercapto]-p-phenylendibenzamid* (III), $C_{32}H_{24}N_2O_2S_2$, F. 223—224°; 34%. — *2.5-Dichlor-p-phenylendibenzamid*, $C_{20}H_{14}Cl_2N_2O_2$, F. 303—304°, aus 2.5-Dichlor-p-phenylendiamin u. Benzoylchlorid in Pyridin durch 1,5std. Kochen; Tafeln aus Dimethylformamid; 96%. — *2.7-Dibenzamido-5.10-dibenzoyl-3.8-bis-[phenylmercapto]-phenazin*, $C_{52}H_{36}N_4O_4S_2$, F. 176 bis 177°, aus 0,7 g vorst. Verb. analog II; 26%. Daneben *2.5-Bis-[phenylmercapto]-p-phenylendibenzamid*, $C_{32}H_{24}N_2O_2S_2$, F. 200—201° (A.); 35%. — *2-Benzolsulfonylanisol*, F. 141—142° (A.), aus dem entsprechenden Thioäther u. 30%ig. H_2O_2 in Eisessig durch 2std. Erhitzen; 92%. — Analog: *4-Benzolsulfonylanisol*, F. 91—92°;89%. — *2-Benzolsulfonylanthrachinon*, F. 220—221°; 96%. — *2-Benzolsulfonylbenzanilid*, F. 113 bis 114°; 76%. — *4-Benzolsulfonylbenzoesäure*, F. 277—278°; 97%. — *4-Benzolsulfonylbiphenyl*, F. 149—150°; 95%. — *2-Benzolsulfonyl-6-methyl-p-phenylendibenzamid*, F. 223—224°; 92%. — *2-Benzolsulfonylnitrobenzol*, F. 147°; 88%. — *3-Benzolsulfonylnitrobenzol*, F. 84—85°; 94%. — *2-Benzolsulfonyl-p-phenylendibenzamid*, F. 193—193,5°; 92%. — *2-Benzolsulfonyl-p-phenylendibenzolsulfonamid*, F. 154,5—156°; 80%. — *2.5-Bis-[benzolsulfonyl]-benzanilid*, F. 210—211°; 95%. — *o-Bis-[benzolsulfonyl]-benzol*, F. 165—166°; 95%. — *p-Bis-[benzolsulfonyl]-benzol*, F. 237—238°; 95%. — *4.4'-Bis-[benzolsulfonyl]-biphenyl*, F. 301—304°; 95%. — *3.5-Bis-[benzolsulfonyl]-toluol*, F. 256 bis 257°; 85%. — *1.2.4.5-Tetrakis-[benzolsulfonyl]-benzol*, F. 308—310°; 94%. — *Hexakis-[benzolsulfonyl]-benzol*, F. 277—279°; 74%. — *3-Benzolsulfonylbenzoesäure*, F. 188 bis 189°; 95%. — *2-Benzolsulfonylnaphthalin*, F. 119—120°; 98%. — *2-Benzolsulfonyltoluol*, F. 81—82°; 96%. — *3-Benzolsulfonyltoluol*, F. 121—122°; 98%. — *Tris-[benzolsulfonyl]-mesitylen*, F. 181—183°; 91%. — *2.5-Bis-[benzolsulfonyl]-p-phenylendibenzamid*, F. 269—271; 90%. — *2.6-Bis-[benzolsulfonyl]-p-phenylendibenzamid*, F. 263 bis 264°; 89%. — *2.7-Dibenzamido-5.10-dibenzoyl-3.8-bis-[benzolsulfonyl-]phenazin*, F. 266 bis 268°; 84%. — *2.7-Dibenzamido-5.10-dibenzoyl-4.9-bis-[benzolsulfonyl]-phenazin*, F. 276°; 91%. — *2-Benzamidodiphenylsulfon*, $C_{19}H_{15}NO_3S$, F. 114°, aus 2-Aminodiphenylsulfon, Benzoylchlorid u. Pyridin durch 1,5std. Erhitzen u. Zers. mit Eis-HCl; 88%. — *4-Butylmercaptoanisol*, $Kp._{0,5}$ 94°, aus 4-Bromanisol u. Cu(I)-Thiobutylat; 92%. — *p-Bis-[butylmercapto]-benzol*, $Kp._{0,3}$ 142°, aus p-Dibrombenzol analog vorst. Verb. 68%. (Croat. chem. Acta **29**. 277—85. 30/12. 1957. Urbana, Ill., Univ., Noyes Chem. Labor.) D. KIRSTEIN. 1090

H. O. Huisman, J. H. Uhlenbroek und **J. Meltzer,** *Untersuchungen über organische Insekticide. 2. Mitt. Darstellung und acaricide Eigenschaften substituierter Diphenylsulfone, Diphenylsulfide und Diphenylsulfoxyde.* (1. vgl. C. **1959.** 14063.) Die Darst. u. Eigg. einer Anzahl verschied. substituierter *Diphenylsulfone, Diphenylsulfide* u. *Diphenylsulfoxyde* werden beschrieben. Einige von ihnen weisen stark acaricide Eigg. auf. Hervorzuheben ist bes. *2.4.5.4'-Tetrachlordiphenylsulfon* („*Tedion* V_{18}"), das hohe Aktivität ohne pflanzenschädigende Nebenwrkg. u. ohne Giftigkeit für Warmblütler besitzt.

Versuche: *o-Chlorbenzolsulfochlorid*, $Kp._{0,15}$ 88—92°, durch Diazotieren von Orthanilsäure in W. u. konz. HCl, Gießen in eine Lsg. von CuCl u. konz. HCl, Zugabe von KOH, Behandeln des *K-o-Chlorbenzolsulfonats* mit PCl_5 (1std. Erhitzen auf 110°) u. Dest.; 30,5% (Ausbeute). *Amid*, F. 187—189°. — *2.6-Dichlor-4-nitroanilin*, F. 191 bis 193° (A.), durch Chlorierung von p-Nitranilin, 39%. — *3.4.5-Trichloranilin*, F. 94—97° durch Diazotierung vorst. Verb., 6std. Erhitzen des erhaltenen *3.4.5-Trichlornitrobenzols* (72%) mit Fe u. Essigsäure u. Dest. nach Zugabe von NaOH; 77%. — *3.4.5-Trichlorbenzolsulfinsäure*, $C_6H_3Cl_3O_2S$, F. 105,5—107°, aus vorst. Verb. durch Sandmeyer-Gattermann-Rk. mit H_2SO_3; 26%. — *3.4.5-Trichlorbenzolsulfochlorid*, $C_6H_2Cl_4O_2S$, F. 59—61° (PAe. 40—60°), durch Chlorierung des Na-Salzes vorst. Verb. bei Zimmertemp. in 15 Min.; 64%. — *2.4.5-Trichlor-4'-nitrodiphenylsulfid* (II), $C_{12}H_6Cl_3NO_2S$, F. 142—143° (CH_3OH), aus dem Na-Salz des 2.4.5-Trichlorthiophenols (I) u. p-Chlornitrobenzol in absol. A. durch 5std. Kochen, nicht acaricid; 75% (roh). — *2.4.5-Trichlor-2'-nitrodiphenylsulfid* (V), $C_{12}H_6Cl_3NO_2S$, F. 136—138° (A.), aus I u. o-Chlornitrobenzol wie vorst.; nicht acaricid; 61%. — *2.4.5-Trichlor-4'-nitrodiphenylsulfon* (III), $C_{12}H_6Cl_3 \cdot NO_4S$, F. 178—179,5° (Bzl./PAe.), durch Erhitzen von **II** mit 25%ig. H_2O_2 in Essigsäure (4 Std.); acaricid; 97% (roh). — *2.4.5-Trichlor-2'-nitrodiphenylsulfon* (IV), $C_{12}H_6 \cdot Cl_3NO_4S$, F. 162—164° (Bzl./PAe.), durch Oxydation des entsprechenden Sulfids wie vorst.; nicht acaricid; 95% (roh). — *2.4.5-Trichlor-4'-aminodiphenylsulfon* (**VIII**), $C_{12}H_8Cl_3NO_2S$, F. 187—190° (Bzl.), durch Red. von **III** mit Fe-Pulver/Essigsäure bei Siedetemp.; nicht acaricid; 70%. — *2.4.5-Trichlor-4'-aminodiphenylsulfid* (**X**), $C_{12}H_8 \cdot Cl_3NS$, F. 125—126° (Bzl.), aus **II** wie vorst.; nicht acaricid; 88%. — *2.4.5-Trichlor-2'-aminodiphenylsulfon*, $C_{12}H_8Cl_3NO_2S$, F. 183—189° (Bzl.), durch Red. von **IV** wie vorst; nicht acaricid; 76%. — *2.4.5-Trichlor-2'-aminodiphenylsulfid* (**IX**), $C_{12}H_8Cl_3NS$, F. 98—100° (Bzl.), aus **V** wie vorst.; nicht acaricid; 83%. — *2.4.5-Trichlor-2'.4'-dinitrodiphenylsulfon*, $C_{12}H_5Cl_3N_2O_6S$, F. 168,5—169,5° (A.), aus Na-2.4.5-Trichlorbenzolsulfonat u. 2.4-Dinitrochlorbenzol in absol. A. durch 20std. Kochen; nicht acaricid; 46%. — *2.4.5-Trichlor-3'-aminodiphenylsulfon* (**VI**), $C_{12}H_8Cl_3NO_2S$, F. 142—144°, aus 2.4.5-Trichlor-3'-nitrodiphenylsulfon durch Red. mit $SnCl_2$ in A./HCl auf dem Dampfbad; nicht acaricid; ca. 98%. — *2.4.5-Trichlor-3'-acetamidodiphenylsulfon*, $C_{14}H_{10}Cl_3 \cdot NO_3S$, F. 158,5—160°; nicht acaricid; 72%. — *2.4.5-Trichlor-4'-hydroxydiphenylsulfon* (**VII**), $C_{12}H_7Cl_3O_3S$, F. 187—190° (wss. A.), aus **VI** über das Diazoniumsalz; nicht acaricid; 41%. — *2.4.5-Trichlor-4'-acetoxydiphenylsulfon*, $C_{14}H_9Cl_3O_4S$, F. 127—130° (Ligroin), aus vorst. Verb.; nicht acaricid; 62%. —*2.4.5-Trichlor-4'-[β-hydroxyäthoxy]-diphenylsulfon*, $C_{14}H_{11}Cl_3O_4S$, F. 154,5—156°, aus **VII** u. Äthylenchlorhydrin in C_2H_5ONa/C_2H_5OH durch 6std. Kochen; nicht acaricid; 61%. — *2.4.5-Trichlor-4'-[diäthylphosphoryl]-diphenylsulfon*, $C_{16}H_{16}Cl_3O_6PS$, F. 86—90°, aus **VII**, Phosphorsäurediäthylesterchlorid u. CH_3ONa/A. durch 5std. Kochen; nicht acaricid; 71%. — *2.4.5.4'-Tetrachlordiphenylsulfon*, $C_{12}H_6Cl_4O_2S$, F. 143—145° (Bzl.), aus 2 g **VIII** durch Sandmeyer-Rk.; acaricid; 1,8 g. — *2.4.5.2'-Tetrachlordiphenylsulfon*, $C_{12}H_6Cl_4O_2S$, F. 135—139° (A.), aus der entsprechenden Aminoverb. wie vorst.; nicht acaricid; 61%. — *2.4.5.3'-Tetrachlordiphenylsulfon*, $C_{12}H_6Cl_4O_2S$, F. 123—126° (A.), aus **VI** wie vorst.; nicht acaricid; 57%. — *2.4.5.4'-Tetrachlordiphenylsulfid* (**XI**), $C_{12}H_6Cl_4S$, F. 83—86° (A.), aus **X**; acaricid; 51%. — *2.4.5.2'-Tetrachlordiphenylsulfid*, $C_{12}H_6Cl_4S$, F. 59—61°, aus **IX**; schwach acaricid; 99% (roh). — *2.4.5-Trichlordiphenylsulfid* (**XII**), $C_{12}H_7Cl_3S$, F. 82°, aus **X** über das Diazoniumsalz in absol. A.; acaricid; 51%. — *2.4.5.4'-Tetrachlordiphenylsulfoxyd*, $C_{12}H_6Cl_4OS$, F. 136—138° (A.), durch Oxydation von **XI** in H_2O_2/Essigsäure bei Zimmertemp. (10 Tage); acaricid; 67%. — *2.4.5-Trichlordiphenylsulfoxyd*, $C_{12}H_7 \cdot Cl_3OS$, F. 105—106° (A.), aus **XII** wie vorst.; acaricid; 76%. — *4.4'-Dichlor-3.3'-dinitrodiphenylsulfon*, F. 200—201°, durch Nitrierung von 4.4'-Dichlordiphenylsulfon; schwach acaricid. — *4.4'-Dichlor-3.3'-diaminodiphenylsulfon*, F. 158—159°, durch Red. vorst. Verb. mit $SnCl_2$ in konz. HCl; schwach acaricid. (Recueil Trav. chim. Pays-Bas **77**. 103—22. Febr. 1958. s'-Graveland, N. V. Philips-Roxane, Central Res.; Labor. Weesp and Agrobiol. Labor. „Boekesteyn".) K. M. Bucerius. 1090

J. Grundy, *Darstellung von Carbonylverbindungen durch Anwendung von Distickstofftetroxyd.* 2. Mitt. *Alkylarylketone.* (1. vgl. J. chem. Soc. [London] **1955**. 1110.) Alkohole, die aus aromat. Aldehyden mit verschied. Grignard-Reagentien erhalten wurden, liefern bei der Umsetzung mit N_2O_4 in Chlf. (Meth. vgl. 1. Mitt.) die entsprechenden *Ketone*, wobei o-substituierte 1-Phenyläthanole wegen ster. Behinderung am langsamsten oxydiert werden.

Versuche: Arylmethylcarbinole: *o-Chlorphenyl-*, $Kp._2$ 80°; 74% (Ausbeute). — *m-Chlorphenyl-*, $Kp._{4,5}$ 98°; 92%. — *p-Chlorphenyl-*, $Kp._{2,5}$ 90°. — *o-Bromphenyl-*, $Kp._{3,5}$ 100°; 85%. — *m-Bromphenyl-*, $Kp._{2,5}$ 98°; 78%. — *p-Bromphenyl-*, $Kp._2$ 94°; 56%. — *o-Methoxyphenyl-*, $Kp._{3,5}$ 99°; 56%. — *p-Methoxyphenyl-*, $Kp._3$ 104°;

62%. — *m-Methylphenyl-*, Kp.$_4$ 100°; 76%. — *p-Methylphenyl-*, Kp.$_8$ 102°; 68%. — *Phenyl-n-octylcarbinol*; Kp.$_{2,5}$ 130—134°; 60%. — An Ketonen wurden erhalten: *Acetophenon*; 98%. — *Propiophenon*; 98%. — *Butyrophenon*; 98%. — *Valerophenon*; 96%. — *n-Octylphenylketon*; 92%. *2.4-Dinitrophenylhydrazon*, $C_{21}H_{26}N_4O_4$, F. 238—239°. — *o-Chloracetophenon*; 95%. — *m-Chloracetophenon*; 90%. *2.4-Dinitrophenylhydrazon*, $C_{14}H_{11}ClN_4O_4$, F. 207—208°. — *p-Chloracetophenon*; 92%. — *o-Bromacetophenon*; 93%. — *m-Bromacetophenon*; 91%. *2.4-Dinitrophenylhydrazon*, $C_{14}H_{11}BrN_4O_4$, F. 225—226°. — *p-Bromacetophenon*; 92%. — *o-Methoxyacetophenon*; 90%. — *p-Methoxyacetophenon*; 90%. — *m-Methylacetophenon*; 94%. — *p-Methylacetophenon*; 95%. — *p-Nitroacetophenon*; 88%. *2.4-Dinitrophenylhydrazon*, $C_{14}H_{11}N_5O_6$, F. 268—269°. — *Benzophenon*; 89%. (J. chem. Soc. [London] **1957**. 5087—88. Dez. London, Brunel Coll. of Techn., Acton.) H.-K. WURZLER. 1160

Friedrich Nerdel, Peter Weyerstahl und **Ulrich Kretzschmar,** *Über substituierte Pivalophenone. Brom-* (**I**) u. *Jodpivalophenon* (**II**) wurden aus Hydroxy- oder Acetoxypivalophenon (**VI**) u. HBr bzw. HJ gewonnen. Beim Vers. der Darst. von I aus Brompivaloylchlorid u. Bzl. nach FRIEDEL-CRAFTS entstand unter Umlagerung *meso-2.3-Diphenylbutan*. Ebenfalls mißlang die Darst. von *Trimethoxypivalophenon* (**III**) durch Acylierung von Bzl. mit dem entsprechenden Säurechlorid. **III** entstand jedoch bei der Oxydation von [ω.ω'.ω''-Trimethoxy-tert.-butyl]-phenylcarbinol, das durch Kondensation von Trimethylpentaerythrose mit Phenyl-MgBr gebildet wurde. Die Geschwindigkeit der 2.4-Dinitrophenylhydrazonbldg. fällt mit zunehmender ster. Hinderung in der Reihe Aceto- > Propio- > Isobutyro- (**V**) > Pivalophenon > **I** > **II** > **III** > Tribrompivalophenon (**IV**), wobei infolge zunehmender Mesomeriebehinderung Farbaufhellung eintritt. Wie **IV** (vgl. C. **1958**. 10621) erfahren auch I und II bei der Einw. wss. Alkalien eine komplexe Fragmentierung (vgl. GROB, Experientia [Basel] **13**. [1957] 126), eine Spaltung in *Benzosäure* (**VII**) u. *Isobutylen* (**VIII**). **III** bleibt dagegen bei 3std. Kochen unverändert.

Versuche: *ω-Hydroxypivalophenon*, $C_{11}H_{14}O_2$, Kp.$_1$ 138°, durch 80std. Kochen einer wss. 40%ig. Formalinlsg. mit 148 g **V** u. KOH; n_D^{20} 1,5315; 20 g (Ausbeute) neben 115 g unverändertem **V**. *2.4-Dinitrophenylhydrazon*, $C_{17}H_{18}N_4O_5$, F. 191,5—192,5° (A.), orangegelbe Kristalle. *p-Nitrobenzoat*, $C_{18}H_{17}NO_5$, F. 77°, aus A. schwach grünliche Nadeln. — *α.γ-Dihydroxyneopentylbenzol* (**IX**), $C_{11}H_{16}O_2$, F. 81—81,5° (Bzl.), durch 15std. Kochen von **V** mit 40%ig. Formalinlsg. u. äthanol. KOH; 68%. *Bis-p-nitrobenzoat*, $C_{25}H_{22}N_2O_8$, F. 111,5° (PAe.-A., 2 : 1). — *ω-Brompivalophenon* (**I**), $C_{11}H_{13}BrO$, Kp.$_{0,3}$ 118—119°, a) durch 20 Min. Kochen von vorvorst. Verb. mit rauchender HBr; 64%; b) aus **VI** analog; n_D^{20} 1,5489; 72%. *2.4-Dinitrophenylhydrazon*, $C_{17}H_{17}$· BrN_4O_4, F. 169°, hellrote Kristalle aus A.-Essigester (10 : 1). *Phenylsemicarbazon*, $C_{18}H_{20}BrN_3O$, F. 186° (A.). I gibt mit KOH in 70%ig. A. **VII** (F. 122°; 84%) u. **VIII** (als *1.2-Dibrom-2-methylpropan*, Kp. 147—151°; n_D^{90} 1,5114). — *ω-Jodpivalophenon* (**II**), $C_{11}H_{13}JO$, Kp.$_{0,05}$ 150—151°, analog I durch 15 Min. Kochen mit konz. HJ; 26%. *2.4-Dinitrophenylhydrazon*, $C_{17}H_{17}JN_4O_4$, F. 155° (A.), hellrote Kristalle. — *α.γ-Diacetoxyneopentylbenzol*, $C_{15}H_{20}O_4$, F. 56—56,5° (PAe.), Kp.$_{0,4}$ 127—128°, durch 4std. Kochen von **IX** mit Acetylchlorid; 91%. — *α-Hydroxy-γ-acetoxyneopentylbenzol*, $C_{13}H_{18}O_3$, Kp.$_{0,4}$ 131—132°, aus **IX** mit Acetylchlorid, $^1/_2$ Std. bei 80°; n_D^{20} 1,5113; 72%. — *ω-Acetoxypivalophenon* (**VI**), $C_{13}H_{16}O_3$, Kp.$_1$ 130—140°, Kp.$_{0,4}$ 120—126°, a) durch anteilweise Zugabe von CrO_3 in Eisessig zu vorst. Verb., ca. 12std. Stehen; n_D^{20} 1,5087; 67%; b) aus Acetoxypivaloylchlorid mit Bzl. u. $AlCl_3$; n_D^{20} 1,5072; 45%. — *Chlorsulfinsäureester des Hydroxypivaloylchlorids* (?), $C_5H_8Cl_2O_3S$, Kp.$_{12}$ 113—114°, aus Hydroxypivalinsäure (**X**) mit $SOCl_2$, 2 Std. am Rückfluß; 94%. — *Brompivalinsäure*, $C_5H_9BrO_2$, F. 52° (PAe.), aus **X** mit rauchender HBr, 24 Std. bei 95—100°; 88%. *Chlorid*, C_5H_8BrClO, Kp.$_{13}$ 64,5°, mit $SOCl_2$ 4 Std. kochen; n_D^{20} 1,4808; 87%. — *meso-2.3-Diphenylbutan*, $C_{16}H_{18}$, F. 127°, durch Zugabe vorst. Chlorids zu $AlCl_3$ in Bzl.; fraktionierte Dest.; glänzende Blätter aus A.-W. (10 : 1). — *Tris-[methoxymethyl]-acetaldehyd* (*Trimethylpenthaerythrose*), ($C_8H_{16}O_4$, Kp.$_{12}$ 98—100°, aus Pentaerythrittrimethyläther mit Al-Isopropylat in Ggw. von Zimtaldehyd. *Semicarbazon*, $C_9H_{19}N_3O_4$, F. 200° (A.). — *[ω.ω'.ω''-Trimethoxy-tert.-butyl]-phenylcarbinol*, $C_{14}H_{22}O_4$, Kp.$_1$ 93°, F. 64—65° (PAe.), durch Zutropfen von vorst. Verb. zur GRIGNARD-Verb. von Brombenzol in Ae.; 32,5%. — *Trimethoxypivalophenon* (**III**), $C_{14}H_{20}O_4$, F. 30—31° (PAe.), Kp.$_{0,4}$ 160°; aus vorst. Verb. mit CO_3 in Eisessig bei 40°; 65%. *2.4-Dinitrophenylhydrazon*, $C_{20}H_{24}N_4O_7$, F. 137°, aus A. gelbe Kristalle. (Chem. Ber. **92**. 1329—35. 1/6. 1959. Berlin, TH, Organ.-Chem. Inst.) G. PÖTZSCHER. 1160

Herbert O. House und **Ronald J. McCaully,** *Polyphosphorsäurekatalysierte Reaktion von Anisol mit γ-Butyrolacton.* Die Rk. von Anisol mit γ-Butyrolacton in Ggw. von Polyphosphorsäure führt nicht zu 7-Methoxytetralon-(1), sondern zu *γ-Hydroxy-*

p-methoxybutyrophenon (I), dessen Konst. durch seine UV- u. IR-Spektren sowie durch Oxydation zu *β-[p-Methoxybenzoyl]-propionsäure* (II) bestätigt wird.

Versuche: *γ-Hydroxy-p-methoxybutyrophenon* (I), $C_{11}H_{14}O_3$, F. 48—49° (A.), durch Zugabe von Anisol u. γ-Butyrolacton zu Polyphosphorsäure bei 50° u. 8 std. Erhitzen auf 85—90°; 50% (Rohausbeute); liefert bei der Oxydation mit CrO_3 u. H_2SO_4 zunächst unter Kühlung, dann bei Raumtemp. in 4 Std. *β-[p-Methoxybenzoyl]-propionsäure* (II, F. 146—147°; 57%) u. mit CrO_3 in sd. Eisessig *p-Methoxybenzoesäure* (19%). — *γ-[p-Methoxyphenyl]-buttersäure*, F. 60—60,8°, durch Red. von II mit H_2 a) in Eisessig bei 65° an 10%ig. Pd-Kohle unter n. Druck; 82%; b) in der wss. Lsg. des Na-Salzes bei 200° an Cu-Chromit unter Druck; 88%. — *7-Methoxytetralon-(1)*, F. 60,9—62° (wss. A.), aus vorst. Verb. u. Polyphosphorsäure in 15 Min. bei 90—93°; gelbe Tafeln; 93,5%. *Semicarbazon*, F. 222—223,1°; 72%. *2.4-Dinitrophenylhydrazon*, $C_{17}H_{16}N_4O_5$, F. 285—286°, aus Essigester rote Prismen; 99,5% (roh). — *6-Methoxytetralon-(1)*, *2.4-Dinitrophenylhydrazon*, F. 233—234°. (J. org. Chemistry **24**. 725—26. Mai 1959. Cambridge, Mass., MIT, Dep. of Chem.) D. KIRSTEIN. 1180

Johannes Rothe und **Hans Zimmer**, *Substituierte γ-Lactone*. 3. Mitt. *Ein allgemeiner Weg zu β-substituierten γ-Butyrolactonen.* (2. vgl. C. **1959**. 8863.) Durch mehrtägiges Stehen äquimol. Mengen β-Benzoylpropionsäure u. 40%ig. wss. CH_2O-Lsg. bei p_H 8—10 wurde *β-Benzoyl-γ-butyrolacton* (I) erhalten; analog wurde aus β-Veratroylpropionsäure *β-Veratroyl-γ-butyrolacton* (II) dargestellt, während sich bei p_H 7—8 nur wenig **II** bildete. Wurde CH_2O im Überschuß eingesetzt, so konnte neben **II** in geringer Ausbeute *β-Hydroxymethyl-β-veratroyl-γ-butyrolacton* isoliert werden. Wurde an Stelle von CH_2O Acetaldehyd zur Rk. gebracht, so entstanden die entsprechenden *β-Acyl-γ-valerolactone*. Die Rk. äquimol. Mengen CH_2O u. Lävulinsäure ergab in schlechter Ausbeute *β-Acetyl-γ-butyrolacton*. Durch katalyt. Hydrierung von **I** u. **II** in Ggw. von $PdCl_2$ wurden *DL-β-Benzyl-γ-butyrolacton* bzw. *DL-β-[3.4-Dimethoxybenzyl]-γ-butyrolacton* erhalten. MEERWEIN-PONNDORF-Red. von **I** bzw. **II** ergab die entsprechende *Carbinole*. Die Ausbeute an *DL-β-[α-Hydroxy-3.4-dimethoxybenzyl]-γ-butyrolacton* war schlecht, da nur eines der zwei möglichen rac. Diastereoisomeren krist. erhalten werden konnte.

Versuche: *DL-β-Benzoyl-γ-butyrolacton* (I), $C_{11}H_{10}O_3$, F. 60—61,5°, durch langsame Zugabe von β-Benzoylpropionsäure zu wss. K_2CO_3-Lsg., Zugabe von 38%ig. CH_2O-Lsg., 8tägiges Stehen, Zugabe von konz. HCl, 30 Min. Erwärmen auf dem Wasserbad, Extraktion mit CH_2Cl_2, Eindampfen, Lösen in heißen CH_3OH u. Kühlen; $Kp._{4,5}$ 176—176,5°; 45% (Ausbeute). *2.4-Dinitrophenylhydrazon*, $C_{17}H_{14}N_4O_6$, F. 223,5 bis 224° (orangegelbe Kristalle aus Dioxan–CH_3OH). *Phenylhydrazon*, $C_{17}H_{16}N_2O_2$, F. 168—169° (CH_3OH). *Semicarbazon*, $C_{12}H_{13}N_3O_3$, F. 144—145° (wss. CH_3OH). — *DL-β-[3.4-Dimethoxybenzoyl]-γ-butyrolacton* (II), $C_{13}H_{14}O_5$, F. 116—117° (CH_3OH), analog I durch 15tägiges Stehen; 69%. *2.4-Dinitrophenylhydrazon*, $C_{19}H_{18}N_4O_8$, F. 212—213° (orangefarbene Kristalle aus Dioxan). — *DL-β-Benzoyl-γ-valerolacton*, $C_{12}H_{12}O_3$, $Kp._5$ 157—160°, analog I aus Acetaldehyd durch 12tägiges Stehen; n_D^{26} 1,5455. *2.4-Dinitrophenylhydrazon*, $C_{18}H_{16}N_4O_6$, F. 210—211° (orangefarbene Kristalle aus A.). — *DL-β-[3.4-Dimethoxybenzoyl]-γ-valerolacton*, $C_{14}H_{16}O_5$, F. 114—115° (CH_3OH–Ae.), analog. *2.4-Dinitrophenylhydrazon*, $C_{20}H_{20}N_4O_8$, F. 214,5—215,5° (orangefarbene Kristalle aus Dioxan–CH_3OH). — *DL-β-Hydroxymethyl-β-[3.4-dimethoxybenzoyl]-γ-butyrolacton*, $C_{14}H_{16}O_6$, F. 145—146° (CH_3OH) durch 15tägiges Stehen von 95,3 g Veratroylpropionsäure, K_2CO_3 u. CH_2O in W., Zugabe von K_2CO_3 u. überschüssigem CH_2O, 13tägiges Stehen, Aufarbeitung analog **I**, Umkristallisieren des erhaltenen rohen **II** aus CH_3OH u. Aufarbeitung der Mutterlaugen; 3,6 g (roh); daneben 56% **II**. *2.4-Dinitrophenylhydrazon*, $C_{20}H_{20}N_4O_9$, F. 201—202° (Dioxan–CH_3OH). — *DL-β-Acetyl-γ-butyrolacton*, $C_6H_8O_3$, $Kp._5$ 118—120°, durch 14tägiges Stehen von Lävulinsäure, K_2CO_3- u. wss. CH_2O-Lsg., Ansäuern, 30 Min. Erhitzen auf dem Wasserbad, Sättigen mit K_2SO_4 u. Chloroformextraktion; n_D^{19} 1,4630; 8,6%. *2.4-Dinitrophenylhadrazon*, $C_{12}H_{12}N_4O_6$, F. 193,5—194° (orangegelbe Kristalle aus Dioxan). — *DL-β*-Benzyl-*γ-butyrolacton*, $C_{11}H_{12}O_2$, $Kp._6$ 162—163°, durch 2std. Hydrieren von I in CH_3OH in Ggw. von $PdCl_2$ bei 50 lbs/sq.in.; n_D^{20} 1,5373; 98%. — *DL-β-[3.4-Dimethoxybenzyl]-γ-butyrolacton*, $C_{13}H_{16}O_4$, $Kp._6$ 220°, analog vorst. Verb. aus **II**; n_D^{20} 1,5519; 95—97%. — *DL-β-[α-Hydroxy-3.4-dimethoxybenzyl]-γ-butyrolacton*, $C_{13}H_{16}O_5$, F. 96,5—97,5° (CH_3OH–Ae.), durch 1std. Kochen von **II** mit Al-Isopropylat in Isopropanol, 8 Std. Kochen unter Abdest. von Aceton, Einengen, Zers. mit 10%ig. HCl, Stehen über Nacht im Kühlschrank, Chloroformextraktion, Eindampfen, Behandeln des Rückstandes mit Ae. u. mehrwöchiges Stehen; 48%. — *DL-β-[α-Hydroxybenzyl]-γ-butyrolacton*, $C_{11}H_{12}O_3$, $Kp._5$ 195 bis 197°, analog vorst. Verb. aus **I**; n_D^{26} 1,5461; 43%. (J. org. Chemistry **24**. 586—89. Mai 1959. Cincinnati, Ohio, Univ., Dep. of Chem.) H. BERTSCH. 1270

Ioan Tănăsescu und **Margareta Ruse,** *Einwirkung von p-Nitrosodimethylanilin auf Brenztraubensäure und ihre Derivate.* Brenztraubensäure (I) reagiert bei Raumtemp. nicht mit Nitrobenzol. Unter denselben Bedingungen wurde durch Rk. von I mit p-Nitrosodimethylanilin (II) nicht das erwartete Azomethin, sondern unter CO_2-Entw. *4.4'-Bis-[dimethylamino]-azoxybenzol* (III) gebildet. Es wird angenommen, daß I auf II reduzierend wirkt, und daß sich das entstehende *N-[p-Dimethylaminophenyl]-hydroxylamin* mit überschüssigem II zu III kondensiert. Da in absol. Bzl. keine Rk. erfolgt, scheint I-Hydrat das reduzierende Mittel zu sein. Das durch weitere Red. entstehende *p-Aminodimethylanilin* (V) decarboxyliert I katalyt. zu *Acetaldehyd,* der seinerseits II red. könnte. Durch Einw. von *Acetaldehyd* auf II entsteht nur III; das entsprechende Acetanilid konnte nicht nachgewiesen werden. II reagiert mit Phenylbrenztraubensäure (VII) in A. langsam unter CO_2-Entw. u. Bldg. von *Phenylessigsäure-p-dimethylaminoanilid,* das auch aus Phenacetylchlorid u. V dargestellt wurde. Die Hydrolyse dieses Anilids ergab die erwarteten Produkte. Es wird angenommen, daß VII in hydratisierter Form II zum entsprechenden Hydroxylamin u. weiter zum Amin red.; da die Rk. langsam verläuft, unterbleibt wegen der geringen Konz. der Reduktionsprodd. die bimol. Rk. zur Azoxyverb.; VII wird von V schnell katalyt. decarboxyliert zu *Phenylacetaldehyd,* der mit ebenfalls vorhandenem N-[p-Dimethylaminophenyl]-hydroxylamin zum Nitron reagiert, das sich in bas. Medium zum entsprechenden Anilid isomerisiert. Durch Rk. von o-Nitrophenylbrenztraubensäure mit II in A. bei Raumtemp. erfolgt unter Entw. von 1 Mol CO_2 die Bldg. eines labilen Prod. — wahrscheinlich die *Imidsäureform* (VI) von *2-Nitrophenylessigsäure-[4-dimethylaminoanilid]* (IV) —, das sich durch Kochen in A. oder Bzl. in die Säureamidform IV umlagert. IV wurde auch durch Rk. von o-Nitrophenacetylchlorid mit V dargestellt. Die saure Hydrolyse von IV u. VI ergab *o-Nitrophenylessigsäure* u. V. Durch Red. von IV entstand *2-Aminophenylessigsäure-[4-dimethylaminoanilid].* VI ergab ein Benzoylderiv., IV reagiert unter analogen Bedingungen nicht. Die Rk. von p-Nitrophenylbrenztraubensäure mit II ergab das *p-Nitroisomere* von IV.

V e r s u c h e: *4.4'-Bis-[dimethylamino]-azoxybenzol* (III), $C_{16}H_{20}N_4O$, F. 239—240° (gelbe Kristalle aus Bzl.), a) durch langsame Zugabe von I in A. zu II in A. u. Filtrieren nach Beendigung der CO_2-Entw.; b) aus Acetaldehyd u. II nach PUMOW u. PISTOR [1893]. — *Phenylessigsäure-[4-dimethylaminoanilid],* $C_{16}H_{18}N_2O$, F. 141° (W. u. Kohle), a) durch Zugabe von II in A. zu VII in A., 1 std. Stehen, Alkalisieren mit verd. NaOH, 12 std. Stehen u. Filtrieren; b) aus Phenacetylchlorid u. V in Äther. — *Verb.* $C_{16}H_{17}N_3O_3$ (VI), F. 107°, durch Zugabe von II in A. zu o-Nitrophenylbrenztraubensäure in A., Filtrieren nach Beendigung der CO_2-Entw. u. rasches Umkristallisieren aus Alkohol. *Benzoylderiv.,* $C_{18}H_{21}N_3O_4$, F. 120°, durch langsame Zugabe von Benzoylchlorid zu VI in Pyridin, 12 std. Stehen, Aufnehmen in A., Gießen in W. u. Reinigung des Nd. durch Alkoholextraktion. — *2-Nitrophenylessigsäure-[4-dimethylaminoanilid]* (IV), $C_{16}H_{17}N_3O_3$, F. 207° (Bzl., A.), a) durch längeres Kochen von VI in Bzl. oder A.; b) durch Rk. von o-Nitrophenacetylchlorid u. V in Äther. — *2-Aminophenylessigsäure-[4-dimethylaminoanilid],* $C_{16}H_{19}N_3O$, F. 163° (Bzl.), durch $1^1/_2$ std. Kochen von IV mit $CaCl_2$, Zn-Staub u. wss. A. (1 : 1), Zugabe von A., 30 Min. Kochen, u. Heißfiltration. — *4-Nitrophenylessigsäure-[4-dimethylaminoanilid],* $C_{16}H_{17}N_3O_3$, F. 217° (orangefarbene Kristalle aus Aceton), durch Zugabe von II in A. zu p-Nitrophenylbrenztraubensäure in A. u. kurzes Stehen. — *Phenylessigsäure,* F. 76° (W.), durch 45 Min. Kochen des 4-Dimethylaminoanilids mit konz. HCl u. Toluol, Einengen im Vakuum u. Filtrieren. — *o-Nitrophenylessigsäure,* $C_8H_7NO_4$, F. 141° (Bzl.), analog vorst. Verb. aus IV. (Chem. Ber. **92.** 1265—69. 1/6. 1959. Cluj, RVR, V. Babes Univ., Labor. für Organ. Chem.) H. BERTSCH. 1310

Wolfgang Strubell und **Horst Baumgärtel,** *Notiz über die Synthese von aromatischen Aminen aus Halogenverbindungen und Natriumverbindungen und Natriumamid. 2. Mitt. über p-Cymol und seine Derivate.* (1. vgl. C. **1958.** 11785.) p-Cymol wird zu *2-Brom-p-cymol* bromiert, das anschließend in der Wärme mit $NaNH_2$ amidiert wird. Es entstehen 55% *Amino-p-cymole,* die in *2-* u. *3-Amino-p-cymol* getrennt werden konnten. Die Ausbeute läßt sich durch Zusatz von kupferorgan. Komplexverb., wie Kupferchelaten von 1.3-Diketonen, um weitere 20% steigern.

V e r s u c h e: 213 g 2-Brom-p-cymol werden mit 40 g $NaNH_2$ 15 Min. auf 190° erhitzt. Man zers. mit W., fraktioniert u. erhält bei $Kp._{10}$ 72—100° ein azeotropes Gemisch aus p-Cymol, *2- u. 3-Amino-p-cymol,* beim $Kp._{10}$ 103—110° vorwiegend *3-Amino-p-cymol,* bei $Kp._{10}$ 112—115° vorwiegend *2-Amino-p-cymol* (55% Ausbeute). Zusatz von 0,3 g Kupferchelat der 1.3-Diketone steigert die Ausbeute auf 78%, während der Anteil des 3-Isomeren von 40 auf 20% sinkt. — *2-Acetamido-p-cymol,* F. 72°. — *3-Acetamido-p-cymol,* F. 114°. — *o-Toluidin,* aus o-Bromtoluol u. $NaNH_2$; 35%. — *p-Toluidin,* aus p-Bromtoluol u. $NaNH_2$; 35%. (Chem. Ber. **90.** 649–51. 1957. Leipzig, VEB Dentalchemie, Forschungslabor.) H. WOLLWEBER. 1310

W. M. Rodionow, A. A. Dudinskaja, W. G. Awramenko und **N. N. Ssuworow,** *Synthese von β-Aminosäuren aus aromatischen Hydroxy- und Alkoxyaldehyden.* Bei der Einw. von NH_4-Acetat (I) u. Malonsäure (II) auf Hydroxy- oder Methoxybenzaldehyde entsteht ein Gemisch der entsprechenden *β-Alanine* u. *Zimtsäureabkömmlinge* [ArCHO + $CH_2(COOH)_2$ + CH_3COONH_4 → $ArCH(NH_2)CH_2COOH$ + ArCH=CHCOOH], wobei die Ausbeute an β-Aminosäuren bei den Methoxyverbb. größer ist als bei den Hydroxyaldehyden. Die o-substituierten Aldehyde jedoch sind nicht zur Bldg. der β-Aminosäuren befähigt; so entsteht aus Salicylaldehyd (III) *Cumarin-3-carbonsäure* u. aus o-Methoxybenzaldehyd (IV) lediglich *o-Methoxyzimtsäure.* In gleicher Weise entsteht aus Protocatechualdehyd (V) nur *3.4-Dihydroxyzimtsäure.* p-Hydroxybenzaldehyd (VI) bildet neben der entsprechenden β-Aminosäure das *Diammoniumsalz der p-Hydroxybenzylidenmalonsäure,* während Vanillin (VII) nur das Diammoniumsalz des Malonsäurederiv. gibt. Aus Veratrumaldehyd (VIII) entstehen dagegen beide Reaktionsprodukte.

V e r s u c h e : *Cumarin-3-carbonsäure,* F. 185–187° (40%ig. Essigsäure), man kocht 7,5 g I, 4,8 g II u. 5 g III 3 Std. in 10 ml A. u. saugt das *Ammoniumsalz* [F. 205–207° 2,6 g (Ausbeute)] ab. — *β-[3-Hydroxyphenyl]-β-alanin,* $C_9H_{11}NO_3$, F. 222–223° (Zers.; 50%ig. A.), durch 2½ std. Kochen von 37,5 g I, 24 g II u. 25 g m-Hydroxybenzaldehyd in 59 ml n-Butylalkohol; 52,6%. Aus der Mutterlauge *3-Hydroxyzimtsäure.* — *p-Hydroxybenzylidenmalonsäure, Hydrat* (**IX**), $C_{10}H_8O_5 \cdot H_2O$, F. 174–175° (Zers.; W.), aus nachst. Diammoniumsalz durch Kochen in 5%ig. NaOH u. Ansäuern. *Diammoniumsalz,* $C_{10}H_{14} \cdot N_2O_5$, F. 188–190° (Zers.), man kocht 7,5 g I, 4,8 g II u. 5 g VI in 10 ml A. 3 Std. u. filtriert den Nd. noch heiß ab; 36,5%. — *β-[4-Hydroxyphenyl]-β-alanin,* $C_9H_{11}NO_3$, F. 173 bis 174,5° (Zers.; W.–A. 1:1), nach 2tägigem Stehen aus der Mutterlauge vorst. Verb.; 25,5%. *O.N-Dibenzoylderiv.,* $C_{23}H_{19}NO_5$, F. 194–194,5° (Zers.; 20%ig. A.). — *p-Cumarsäure,* F. 194–195° (W.), durch 2½ std. Kochen der wss. Lsg. von **IX.** — *o-Methoxyzimtsäure,* F. 183–184° (A.), analog aus IV (5 Std. Kochen u. Zufügen von W.). — *β-[3-Methoxyphenyl]-β-alanin,* $C_{10}H_{13}NO_3$, F. 216° (Zers.; 50%ig. A.), aus 3-Methoxybenzaldehyd (5 Std. Kochen); 62,2%. — *β-[4-Methoxyphenyl]-β-alanin,* F. 228° (Zers.), aus p-Anisaldehyd (9 Std. Kochen); 56%. Aus der Mutterlauge *4-Methoxyzimtsäure.* — *3.4-Dihydroxyzimtsäure,* F. 194–195° (W.), aus V (5 Std. Kochen u. Ansäuern); 2,4 g. — *3-Methoxy-4-hydroxybenzylidenmalonsäure,* $C_{11}H_{10}O_6$, F. 212° (Zers.; W.), durch Zutropfen von HCl (1:1) zu 2,1 g nachst. Diammoniumsalzes in 12 ml 2n NaOH. *Diammoniumsalz,* $C_{11}H_{16}N_2O_6$, F. 193–193,5° (Zers.), aus VII (5 Std. Kochen in Butylalkohol); 40%. *O-Acetylderiv.,* $C_{13}H_{12}O_7$, F. 173° (Zers.; W.). — *β-[3.4-Dimethoxyphenyl]-β-alanin,* $C_{11}H_{15}NO_4$, F. 221,5–222° (Zers.; W.), aus VIII in Butylalkohol (4 Std. Kochen); 52%. *N-Acetylderiv.,* $C_{13}H_{17}NO_5$, F. 169–170° (A.). — *3.4-Dimethoxyzimtsäure,* F. 180–181° (A.), aus der Mutterlauge vorst. Verbindung. (Журнал Общей Химии [J. allg. Chem.] **28** (**90**). 2242–46. Aug. 1958. Moskau, Chem.-Technolog. Mendelejew-Inst. u. Wiss. Chem.-Pharmaz. Ordshonikidse-Forschungsinst.) H. KÜHNE. 1350

E. Earl Royals und **E. R. Covington,** *Synthese von β-Methylzimtaldehyd. β-Methylzimtaldehyd* (I) wird aus β-Methylzimtsäureäthylester durch Red. zu *β-Methylzimtalkohol* (II) u. Oxydation von II dargestellt. I besitzt keinen citronenähnlichen Geruch. II unterscheidet sich von der durch säurekatalysierte Umlagerung aus Methylphenylvinylcarbinol erhaltenen Verb. von LEBEDEVA (C. **1951.** II. 3299).

V e r s u c h e : *β-Methylzimtsäureäthylester,* $Kp._4$ 116–119°, nach JOHNSON u. KON (J. chem. Soc. [London] **1926.** 2748); n_D^{27} 1,5419–1,5434; 51–68% (Ausbeute). — — *γ-Methylzimtalkohol* (II), $C_{10}H_{12}O$, $Kp._6$ 127–128,5°, durch 2std. Zugabe von 0,1 Mol vorst. Esters in Ae. zu 0,2 Mol $LiAlH_4$ in Ae. bei —10° unter Rühren, mehrstd. Stehen bei n. Temp., Zugabe von W. unter Kühlung (Eis–NaCl), Ansäuern mit 10%ig. H_2SO_4 u. Aussalzen der wss. Phase; n_D^{25} 1,5654; 72,4%. — *β-Methylzimtaldehyd* (I), $Kp._6$ 117–119°, durch 2std. Rühren von 5 g II mit 50 g akt. MnO_2 in CCl_4, n_D^{23} 1,5876; 34% (neben etwas *Acetophenon*). *Semicarbazon,* $C_{11}H_{13}N_3O$, F. 201–202°. (J. Amer. chem. Soc. **77.** 1697–98. 20/3. 1955. Emory, Ga., Emory Univ., Dep. of Chem.) W. LIEBSCHER. 1520

D. Marshall und **M. C. Whiting,** *Untersuchungen an Polyenen.* 5. Mitt. *Die Synthese von Cortisalin.* (4. vgl. C. **1959.** 8856.) Es wird eine Synth. von *15-p-Hydroxyphenylpentadecaheptaen-(2.4.6.8.10.12.14)-säure* (**I,** *Cortisalin*) beschrieben, wobei 13-p-Methoxyphenyltridecahexaen-(2.4.6.8.10.12)-al-(1) mit Malonsäure zunächst in *14-p-Methoxyphenyltetradecaheptaen-(1.3.5.7.9.11.13)-1.1-dicarbonsäure* übergeführt, diese decarboxyliert u. die so gebildete *Monocarbonsäure* (**III**) mit Diazomethan in den *Methylester* (**IV**) umgewandelt wird, der sich wie auch bei dem von GRIPENBERG (C. **1953.** 2289) isolierten Naturprod. wegen des undefinierbaren F. von I als die am besten definierbare Verb. erwies. In Modellverss. werden die gleichen Synthesen auch an den niederen Homologen (Trien u. Pentaen) durchgeführt. Die Demethylierung zu den p-Hydroxyphenylsäuren ist wegen der absol. Unlöslichkeit von **III** bzw. **IV**, bes. auch in wss. NaOH- oder KOH-Lsgg., schwierig. In einer 2% ig. Lsg. von KOH in Äthylenglykol (**V**, „Glykol–Alkali") lösten sich nur etwa $2-3 \cdot 10^{-4}$% von **IV**. Dagegen war **I** in **V** recht gut lösl., weswegen **V** sowohl zur Trennung von **IV** u. **I** als auch zur spektrograph. Identifizierung von **I** benutzt wurde. Für die Demethylierung von **IV** waren ungeeignet: **V** bei 165°, MgJ_2 bei 165°, Pyridinhydrochlorid u. das Komplexsalz $2\,C_5H_5N \cdot AlBr_3$, BBr_3 in Nitrobenzol (demethylierte aber den Trienester), BBr_3 in 2.4.6-Kollidin, Kollidin-Kollidinhydrochlorid bei 176°, $AlBr_3$ in Nitrobenzol, Xylol, m-Kresol u. Pyridin bei verschied. Temperaturen. Mit allerdings sehr geringen Ausbeuten gelang die Demethylierung mit $AlBr_3$ in 2.4.6-Kollidin. Die Absorptionskurven von **IV** u. dem entsprechenden Ester von natürlichem **I** (in Chlf.), von natürlichem u. synthet. **I** in Pyridin u. von natürlichem u. synthet. **I** u. von **III** in **V** sind abgebildet u. werden ebenso wie die IR-Spektren der einander entsprechenden p-Methoxyphenylsäuren, -ester u. -aldehyde im einzelnen erörtert.

Versuche: *6-p-Methoxyphenylhexatrien-(1.3.5)-1.1-dicarbonsäure*, $C_{15}H_{14}O_5$, F. 192—193° (Zers.) bzw. 185—187° (Zers.), aus 5-p-Methoxyphenylpentadien-(2.4)-al-(1) (**II**) u. Malonsäure in Pyridin u. wenig Piperidin bei 95% (2 Std.), in 4n-H_2SO_4 gießen u. Nd. im Vakuum über P_2O_5 trocknen; purpurne Prismen aus Methanol, orange Kristalle aus Methanol bei Zugabe von W., die bei 145° tiefrot werden; beide Formen sind leicht ineinander umzuwandeln. — *7-p-Methoxyphenylheptatrien-(2.4.6)-säure*, $C_{14}H_{14}O_3$, F. 220—221°, aus vorst. Verb. beim Erhitzen mit Essigsäure/Essigsäureanhydrid (1:1), 4 Std.; orangerote Plättchen aus Methanol. *Methylester*, $C_{15}H_{16}O_3$, F. 167—168°, bei Behandlung mit Methanol in konz. H_2SO_4 nach 35 Min. Kochen; gelbe Nadeln; 90% aus **II** (Ausbeute). — *11-p-Methoxyphenylundecapentaen-(2.4.6.8.10)-säure*, $C_{18}H_{18}O_3$, F. 244—245°, aus 9-p-Methoxyphenylnonatetraen-(2.4.6.8)-al-(1) wie vorst.; orangebraune Kristalle aus Pyridin; 1,0 g (aus 2,6 g). *Methylester*, $C_{19}H_{20}O_3$, F. 226—228°, wie vorst. bei 18std. Kochen; orange Blättchen aus Äthylpropionat; 80%. — *15-p-Methoxyphenylpentadecaheptaen-(2.4.6.8.10.12.14)-säure* (**III**), $C_{22}H_{22}O_3$, F. 263—265° (Zers.), aus 13-p-Methoxyphenyltridecahexaen-(2.4.6.8.10.12)-al-(1) wie vorst.; metall. glänzende, flache Nadeln aus Pyridin oder m-Kresol; 70%. *Methylester* (**IV**), $C_{23}H_{24}O_3$, F. 257—258°, mit Diazomethan in Tetrahydrofuran, über Nacht unter Ausschluß von Licht bei 20° rühren; bronzefarbene Blättchen aus m-Kresol; 0,4 g (aus 0,4 g). — *15-p-Hydroxyphenylpentadecaheptaen-(2.4.6.8.10.12.14)-säure* (**I**, *Cortisalin*), F. 300° (Zers.), aus **IV** u. wasserfreiem $AlBr_3$ in 2.4.6-Kollidin 2 Std. unter Rückfluß, in 2n-H_2SO_4 gießen, Nd. über P_2O_5 trocknen u. mit kochendem Pyridin extrahieren. Nd. aus Extrakt in **V** erwärmen u. zentrifugieren, **V**-Lsg. ansäuern; mkr., purpurrote Kristalle aus Pyridin; 6 mg (aus 600 mg). (J. chem. Soc. [London] **1957**. 537—42. Febr. Manchester, Univ., Oxford Univ., Dyson Perkins Labor.) F. TIEDT. 1650

I. N. Nasarow und **A. A. Achrem**, *Einführung der Dihydroxycarbon-, Glycerin- und Hydroxyacetonseitenkette in o-Methylcyclohexanon und Stereochemie der hierbei entstehenden Verbindungen.* Bei der Rk. von 2-Methylcyclohexanon-(1) mit Acetylen unter Druck in Ggw. von KOH wird *1-Äthinyl-2-methylcyclohexanol-*(1) (**I**) als *cis-* (F. 56—57°) u. *trans-Form* ($Kp._{15}$ 75°; n_D^{20} 1,4770) im Verhältnis 3:2 erhalten. Beide Formen geben mit Acetanhydrid entsprechendes *cis-* u. *trans-***I**-*Acetat* u. nach Rk. derselben mit HOBr *cis-* bzw. *trans-1-[Dibromacetyl]-2-methylcyclohexanol-(1)-acetat* (*cis-* bzw. *trans-***II**). Bei der Einw. von $Ba(OH)_2$ auf cis-**II** tritt eine innermol. Umlagerung ein u. es werden in ca. 50% ig. Ausbeute 2 epimere *cis-[1-Hydroxy-2-methylcyclohexyl-(1)]-glykolsäuren* (**III**) (F. 149—150° u. F. 128—129°) erhalten, die sich voneinander durch die Konfiguration der sek. OH-Gruppe unterscheiden. Aus **III** (F. 149—150°) wird mit CH_2N_2 ein fl., aus **III** (F. 128—129°) ein krist. *Methylester* (F. 73—74°) erhalten, die bei der Red. mit $LiAlH_4$ 2 *[1-Hydroxy-2-methylcyclohexyl-(1)]-äthylenglykole* (**IV**) liefern [cis-**IV**; F. 88—88,5° (aus dem fl. Methylester) u. cis-**IVa**; F. 90—90,5°]. Analog reagiert trans-**II** mit $Ba(OH)_2$ zu zwei isomeren trans-**III** (FF. 156—156,4 u. 109—110°), aus denen man analog über die entsprechenden *trans-Methylester* (FF. 91—91,5° u. 53—54°) *trans-***IV**, F. 125—125,5° u. *trans-***IVa**, F. 88—88,5° erhält. Der F. eines Gemisches von cis-**IV** u. trans-**IVa** lag bei 55—65°. Bei der selektiven Hydrierung in Ggw. von Pd bildet cis-**I** *cis-1-Vinyl-2-methylcyclohexanol-(1)* (*cis-***V**), das durch Peressigsäure in Chlf. zu *cis-1-[α.β-Oxidoäthyl]-2-methylcyclohexanol-(1)* (*cis-***VI**) oxydiert wird. Dieses wird in 2 epimeren Formen (*cis-***VIa**, F. 43—43,5° u. *cis-***VIb**, fl.) erhalten. Beim Erhitzen in angesäuertem W. wird cis-**VIa** zu *cis-***IV**, cis-**VIb** zu *cis-***IVa** hydrolysiert. Analog erhält man durch Red. von trans-**I** *trans-***V**, aus diesem wie beschrieben 2 epimere Formen von *trans-***VI** [**a** = F. 73—74° u. **b** = F. 40—41°) u. daraus *trans-***IV** u. ein **IV** (F. 88—88,5°) das nicht mit dem aus dem entsprechenden trans-III-Methylester dargestellten trans-IVa ident. ist. Ein Gemisch von cis-VIa mit trans-VIb schm. unter Depression. Die Red. von cis-I- u. trans-I-Acetat in Ggw. von Pd führt zu *cis-V-* bzw. *trans-V-Acetat.* Diese geben bei der Oxydation mit Peressigsäure nicht wie erwartet entsprechende *cis-VI-* bzw. *trans-VI-Acetat,* sondern wieder epimere *cis-* (*cis*-VIIa, F. 99—100° u. *cis*-VIIb, F. 57—58°) bzw. ein Gemisch fl. *trans-1-[α.β-Dihydroxyäthyl]-2-methyl-1-acetoxycyclohexane* (*trans*-VII). cis-VIIa wird zu *cis*-IV hydrolysiert, cis-VIIb zu *cis*-IVa. Das Gemisch der fl. trans-VII liefert bei der Hydrolyse trans-IVa u. hauptsächlich ein IV, F. 111—112°. Durch Hydratisierung von cis-I u. trans-I in Methanol in Ggw. von $HgSO_4$ u. H_2SO_4 untersuchten Vff. den Einfl. der Konfiguration der ringgebundenen OH-Gruppe auf die Reaktionsgeschwindigkeit. Dabei bildet cis-I fast quantitativ *cis-1-Acetyl-2-methylcyclohexanol-(1)* (cis-VIII; F. 37—38°), trans-I in geringerer Ausbeute *trans*-VIII (fl.). cis-VIII reagiert schon beim Kochen mit überschüssigem Acetylchlorid in Ae. zu *cis-VIII-Acetat,* trans-VIII erst mit Acetanhydrid in Ggw. von konz. H_2SO_4 zu *trans-VIII-Acetat.* Hieraus folgt, daß die tert. OH-Gruppe im cis-VIII äquatoriale, die in trans-VIII axiale Konfiguration besitzt. (Доклады Академии Наук СССР [Ber. Akad. Wiss. UdSSR] **120.** 1045—48. 11/6. 1958. Zelinsky-Inst. für organ. Chemie der Akad. der Wiss. der UdSSR.) W. KURTZMANN. 1850

George B. Payne, *Die Oxydation von 3.5.5-Trimethylcyclohexandion-(1.2) durch Wasserstoffperoxyd.* Durch Oxydation von 3.5.5-Trimethylcyclohexandion-(1.2) (I) bei ca. p_H 9 mit überschüssigem H_2O_2 unter fortlaufendem Zusatz von Alkali wird *α.γ.γ-Trimethyladipinsäure* (II) erhalten. Daneben entsteht *5-Keto-3.3-dimethylhexansäure,* die zu *Dimedon* cyclisiert werden kann. Bei Einw. eines Mol H_2O_2 auf das Enolatanion von I wird nur II gebildet.

Versuche (FF. korr.): *3.5.5-Trimethyl-2.3-oxidocyclohexanon* (*Isophoronoxyd*), $Kp._5$ 68—69°, aus Isophoron ($Kp._{20}$ 100—102°) u. H_2O_2 in alkoh.-wss. NaOH bei 30 bis 35° in 80 Min., n_D^{20} 1,4539; 84% (Ausbeute). — *3.5.5-Trimethylcyclohexandion-(1.2)* (I), F. 91—92°, aus vorst. Verb. u. konz. HCl bei 0—5° in 3 Std., 65%. — *5-Keto-3.3-dimethylhexansäure,* $C_8H_{14}O_3$, $Kp._{0,2}$ 73—74°, aus 38,5 g I in Methanol durch Zugabe von KOH bei 40°, dann von H_2O_2 unter Kühlung bei p_H 11—8 u. Wiederholung des Prozesses nach 1 Std.; n_D^{20} 1,4469; 55%. *2.4-Dinitrophenylhydrazon,* $C_{14}H_{18}N_4O_6$, F. 149—150°. — *α.γ.γ-Trimethyladipinsäure* (II), $C_9H_{16}O_4$, F. 67,5—68,5° (Chlf.-Isopentan), $Kp._{0,2}$ 130 bis 135°, a) neben vorst. Verb.; 11,1 g (roh); b) aus I u. 30%ig. H_2O_2 in wss. NaOH bei p_H 11 u. 40—45° in 2 Std. u. Dest. bei 140—150°/0,5 mm; 56% (roh). *Diäthylester,* $C_{13}H_{24}O_4$, Kp. 115—117°, aus 24 g roher II u. A. in Ggw. von p-Toluolsulfonsäure; n_D^{20} 1,4361; 12,8 g; gibt bei der Verseifung 60% II. *Dianilid,* F. 162,5—163,5° (Bzl.). (J. org. Chemistry **24.** 719—20. Mai 1959. Emeryville, Calif., Shell Developm. Co.) D. KIRSTEIN. 1970

E. V. Ellington, C. H. Hassall, J. R. Plimmer und **C. E. Seaforth,** *Aminosäuren und Peptide.* 2. Mitt. *Die Konstitution von Hypoglycin A.* (1. vgl. Biochem. J. **60.** [1955.] 334.) Zum Strukturbeweis von *Hypoglycin A* (I) wird die Verb. einer sauren Hydrolyse unterworfen, bei der als Hauptprod. (—)-*2-Amino-5-methyl-4-oxohexansäure* [(—)-II] isoliert wurde. Die Identifizierung von (±)-II gelang durch alkal. Hydrolyse zu *Methylisopropylketon* (III), durch milden alkal. Abbau (p_H 8,5) über *5-Methyl-4-oxohexen-(2)-säure* zu III u. *Glyoxylsäure* oder durch Synth. aus *γ-Brom-α.α-dimethyl-β-oxobuttersäureäthylester* (IV) u. Acetamidomalonsäurediäthylester (V). Die partielle katalyt. Hydrierung von I in Eisessig in Ggw. von PtO_2 führte zu *Dihydrohypoglycin A,* vollständige Hydrierung zu (—)-*Amino-5-methylhexansäure.* Auf Grund der Abbauprodd. von I sowie deren spektroskop. Daten wird die von Vff. für I vorgeschlagene Konst. einer *α-Amino-β-[2-methylencyclopropyl]-propionsäure* bestätigt.

Versuche (FF. im KOFLER-Block; $[\alpha]_D$ in W.): *Hypoglycin A* (I), $C_7H_{11}NO_2$, Kristallisation des Rohprod. aus A./W. u. Chromatographie an Cellulosepulver; $[\alpha]_D^{26}$ +11 ± 1° (c = 1), +49,0 ± 1° (c = 1; W. bei p_H 2). *N-2.4-Dinitrophenylderiv.,* $C_{13}H_{13} \cdot N_3O_6$, durch Rk. von I mit 1-Fluor-2.4-dinitrobenzol, Chromatographie an Celite oder Cellulosepulver, Gegenstromverteilung u. Sublimation bei 150—180°/0,2 mm. — *γ-Brom-α.α-dimethyl-β-oxobuttersäureäthylester* (IV), $C_8H_{13}BrO_3$, $Kp._9$ 119—122°, nach SCHEIBLER u. SCHMIDT, Ber. dtsch. chem. Ges. **54.** [1921.] 144; n_D^{29} 1,4622. — *1-Acetamido-4-methyl-3-oxopentan-1.1.4-tricarbonsäuretriäthylester,* $C_{17}H_{27}NO_8$, $Kp._{0,9}$ 125—130°, F. 63—64° (Essigester/PAe.), durch 16std. Stehen von 5,8 g V in äthanol. $NaOC_2H_5$ bei Raumtemp., Einengen, Zutropfen von 6,2 g IV in absol. Bzl. u. 48std. Kochen; Prismen; 2,15 g. — (±)-*2-Amino-5-methyl-4-oxohexansäure* [(±)-II], $C_7H_{13}NO_3$, F. 204° (Zers.; W./A. 4:1), durch 16std. Kochen vorst. rohen Esters (1,03 g) mit konz. HCl, Einengen, Lösen in W. u. Filtrieren über Amberlite CG-45; Blättchen; 115 mg; durch 10 Min. langes Erwärmen mit $NaHCO_3$-Lsg., Extrahieren mit Ae. → *Methylisopropylketon* (III; *2.4-Dinitrophenylhydrazon,* F. u. Misch.-F. 119°) u. daneben durch Ansäuern u. erneutes Extrahieren mit Ae. → *5-Methyl-4-oxohexen-(2)-säure,* F. 83°. — (—)-*2-Amino-*

5-methyl-4-oxohexansäure [(—)-II], $C_7H_{13}NO_3$, F. 187—192° (92%ig. A.), durch 84 std. Kochen von I mit HCl, Einengen, Lösen in W. u. Filtrieren über Amberlite IR-4 B; $[\alpha]_D^{28}$ —5,9 ± 0,2° (c = 2,7; äthanol. 0,1n HCl); durch Erwärmen mit 1,5n NaOH → III. — *Dihydrohypoglycin A*, $C_7H_{13}NO_2$, F. 201—209° (Zers.; W./A.), durch katalyt. Hydrierung von I in Eisessig in Ggw. von PtO_2, Filtrieren über Amberlite CG-45 u. Eluieren mit W.; Blättchen. — *Tetrahydrohypoglycin A* [(—)-*2-Amino-5-methylhexansäure*], $C_7H_{15}NO_2$, F. 220—225° (Zers.; W.), durch Hydrieren vorst. Verb. in Essigsäure in Ggw. von 11n HCl u. PtO_2, Filtrieren über Amberlite CG-45 u. Eluieren mit W.; Blättchen. — (±)-*2-Amino-5-methylhexansäure*, $C_7H_{15}NO_2$, F. 215—225°, nach SNYDER, SHEKLETON u. LEWIS (J. Amer. chem. Soc. **67**. [1945.] 310). — (±)-*2-Aminoheptansäure*, $C_7H_{15}NO_2$, F. 223° (Zers.), nach SNYDER (l. c.). (J. chem. Soc. [London] **1959**. 80—85. Jan., Jamaica, West Indies, Univ. Coll.; Univ. Coll. of Swansea, Dep. of Chem.)
E. SCHRÖDER. 2150

C. Boelhouwer und **H. I. Waterman**, *Darstellung von diaromatischen Verbindungen durch elektrische Entladungen.* Es wird die Umwandlung aromat. Verbb. mittels Glimmentladungen bei 50—100° u. niedrigen Drucken in höhermol. Prodd. untersucht. Das nicht umgesetzte Ausgangsmaterial (50—95%) wird aus der Vorlage durch Dest. entfernt, die Rk.-Prodd. im Vakuum fraktioniert. Die Ausbeute hängt von der Kontaktzeit u. der Stromstärke ab.

Versuche: *Diphenyl*, F. 69° (A.), $Kp._{15}$ 118—124°, aus Benzol; 6,5% (Ausbeute) neben einer leichter flüchtigen Fraktion u. Harz. — *4-Nitrodiphenyl*, F. 113,5°, durch Nitrieren vorst. Verbindung. — *Dibenzyl*, F. 50—51° (A.), $Kp._{20}$ 130—145°, aus Toluol; 1% neben einer leichter flüchtigen Fraktion u. Harz. — *1.4-Diphenylbutan*, F. 51—52° (A.), aus Äthylbenzol; 1,7% neben einer leichter flüchtigen Fraktion u. Harz. — *1.4-Bis-[2.4-dinitrophenyl]-butan*, F. 202—204°. — *2.3-Diphenylbutan*, F. 124—125° (A.), $Kp._9$ 100—160°, aus Isopropylbenzol; 0,3% neben einer leichter flüchtigen Fraktion u. Harz. — *2.3-Bis-[4-nitrophenyl]-butan*, F. 254—255°. — *2.2'-Dimethyldibenzyl*, F. 66° (A.), $Kp._6$ 95—135°, aus o-Xylol; n_D^{20} 1,5250; 3,6% neben einer leichter flüchtigen Fraktion u. Harz. — *3.3'-Dimethyldibenzyl*, $Kp._6$ 140—145°, aus m-Xylol; n_D^{20} 1,5606. — *4.4'-Dimethyldibenzyl*, F. 80—81° (A.), $Kp._6$ 145—150°, aus p-Xylol; 18% neben einer leichter flüchtigen Fraktion u. Harz. (Res. Corresp., Suppl. zu: Research **9**. Nr. 3. S 11—S 12. März 1956. Delft, Technological Univ., Dep. of Chem. Engineering.) W. LIEBSCHER. 2210

B. M. Michailow und **K. N. Kurdjumowa**, *Struktur und chemische Umwandlungen der Alkalimetallderivate von Anilen. 2. Mitt. Umwandlungen der Dinatrium- und Dilithiumverbindungen von Benzophenonphenylimin unter dem Einfluß von Alkylhalogeniden.* (1. vgl. C. **1956**. 12829.) Die Di-Na-Verb. von Benzophenonphenylimin (I) (vgl. SCHLENK u. BERGMANN [1928]) liefert bei der Einw. von CH_3J 25% *Phenylbenzhydrylamin* (**II**), 48% *Anilin* (**III**), 18% *1.1-Diphenyläthylen* (**IV**), *2.2.3.3-Tetraphenylbutan* (**V**) u. gasförmige Prodd., hauptsächlich *Methan* u. *Äthylen*. Di-Na-I u. CH_3Cl oder die Di-Li-Verb. von I u. CH_3J bzw. CH_3Cl bilden die gleichen Rk.-Prodd., wobei die Ausbeute an II etwas höher liegt u. weniger gasförmige Verbb. entstehen. Bei der Rk. der Dimetallverbb. mit C_2H_5J, n-Propyljodid u. Benzylchlorid werden ebenfalls **II**, **III** u. die entsprechenden Äthylenderivv. [*1.1-Diphenylpropen-(1)* bzw. *1.1-Diphenylbuten-(1)* u. *1.1.2-Triphenyläthylen*] erhalten. Der Verb. **V** analoge Äthylendimere werden dagegen nicht gefunden. — Li-1.1-Diphenyläthyl-N-phenylamid (**VI**) reagiert mit CH_3J zu *1.1-Diphenyläthyl-N-phenylamin* (**VIII**), **IV**, **V** u. *N-Methylanilin* (**VII**). — Auf Grund dieser Befunde nehmen Vff. für die Dimetallverbb. des Benzophenonphenylimins die Struktur $[(C_6H_5)_2 \cdot C(Me)NC_6H_5]^- [Me \leftarrow O(C_2H_5)_2]^+$ an; die Struktur einer N-Metallverb. ist auf Grund der Bldg. von **VII** aus **VI** auszuschließen. Der Rk.-Mechanismus wird diskutiert.

Versuche: *Di-Na-* bzw. *Di-Li-Benzophenonphenylimid*, 0,77 Mol **I** u. 0,18 g-Atom Na (bzw. 0,25 g-Atom Li) werden 60—70 Std. in 200 ml Ae. geschüttelt. Durch langsames Zutropfen einer äther. Lsg. von CH_3J werden erhalten: *Phenylbenzhydrylamin* (**II**), $C_{19}H_{17}N$, F. 56—57°, $Kp._2$ 180—182°; *Hydrochlorid*, F. 189—190°; 25% (Ausbeute). — *Anilin* (**III**), C_6H_7N, $Kp._2$ 54—55°; $D.^{20}_4$ 1,021; n_D^{20} 1,5847; 48,2%. — *1.1-Diphenyläthylen* (**IV**), $C_{14}H_{12}$, $Kp._2$ 102—105°, $D.^{20}_4$ 1,0249; n_D^{20} 1,6084; 18,6%; gibt bei der Oxydation mit $K_2Cr_2O_7$ *Benzophenon*, bei der Bromierung *1.1-Diphenyl-2-bromäthylen*, F. 40—41°. — *2.2.3.3-Tetraphenylbutan* (**V**), $C_{28}H_{26}$, F. 126—127°; 8%. — Aus den Dimetalverbb. u. den entsprechenden Alkylhalogeniden werden neben **II** u. **III** ferner erhalten: *1.1-Diphenylpropen-(1)*, $C_{15}H_{14}$, F. 51—52°, aus Di-Na- bzw. Di-Li-I u. C_2H_5J; 32% bzw. 45,3%. — *1.1-Diphenylbuten-(1)*, $C_{16}H_{16}$, $Kp._2$ 120—123°, aus Di-Na-I u. n-Propyljodid; $D.^{18}_4$ 1,031; n_D^{18} 1,60; 35,2%. — *1.1.2-Triphenyläthylen*, $C_{20}H_{16}$, F. 71—72°, aus Di-Li-I u. Benzylchlorid; 55,7%. — *1.1-Diphenyläthylphenylamin* (**VIII**), $C_{20}H_{19}N$, F. 50—53°, $Kp._4$ 195—197°, C_6H_5Li (2,8 g Li, 31,4 g C_6H_5Br, 100 ml Ae.) wird mit 16,3 g Acetophenonanil in 20 ml Ae. versetzt u. 5 Std. gekocht; 55%. *Hydrochlorid*,

$C_{20}H_{20}ClN$, F. 190—191° (Zers.). — *Li-1.1-Diphenyläthylphenylamid* (**VI**), C_6H_5Li (9,4 g C_6H_5Br, 0,9 g Li, 50 ml Ae.) wird unter Kühlung mit 10 g **VIII** versetzt; nach dem Zutropfen von 5,2 g CH_3J in Ae. u. 2 Std. Stehen werden erhalten: **VIII** (28%), **IV** (54,4%), **V** (1,1%), **VII** (49,8%). (Журнал Общей Химии [J. allg. Chem.] **26** (**88**). 786—91. März 1956.) HELMUT SCHÄFER. 2360

Chr. Iwanow, *Synthese von α-Phenyl-β.β-diaryl-β-[benzoylamino]-propionsäuren aus N-Benzoylbenzhydrylideniminen und der Grignard-Verbindung von Na-α-Chlorphenylacetat.* Der bei der Rk. von Mg, Isopropylchlorid u. Na-Phenylacetat entstehende Komplex $C_5H_6CH(MgCl)COONa$ (**I**) reagiert mit N-Benzoylbenzhydrylidenimin (**II**) oder N-Benzoyl-p-methoxybenzhydrylidenimin (**III**) unter Bldg. von *α.β.β-Triphenyl-* bzw. *α.β-Diphenyl-β-[p-methoxyphenyl]-β-[benzoylamino]-propionsäure* (**IV** bzw. **V**). Analog wird Phenyl-MgBr glatt an die Doppelbindung von **II** angelagert, nach Zers. des Anlagerungsprod. erhält man *N-Benzoyltriphenylmethylamin.* Wegen der schlechten Löslichkeit der N-Benzoyldiarylketimine in Ae. wurden die Synthesen in Ae.-Bzl.-Lsg. durchgeführt. Verss. mit höher sd. Lösungsmitteln, wie Dioxan oder Ae.-Toluol zur Ausbeutesteigerung scheiterten. Zum Nachw. der β-Stellung der Benzoylaminogruppen wurde **IV** mit Acetanhydrid umgesetzt. Statt der erwarteten α.β-Diphenylzimtsäure wurde jedoch *3-Benzoylamino-2.3-diphenylhydrindon-(1)* (?) (**VI**) erhalten. α.β.β-Triphenyl-β-hydroxypropionsäure gibt bei längerem Erhitzen mit konz. H_2SO_4 *2-[p-Sulfophenyl]-3-phenylindon,* das als *Na-Salz* identifiziert wird. Bei kurzer Einw. von H_2SO_4 auf **IV** entsteht jedoch hauptsächlich **VI.**

Versuche: *N-Benzoylbenzhydrylidenimin* (**II**), $C_{20}H_{15}NO$, F. 116—118° (Äthylacetat), durch 3std. Kochen von 7,73 g Benzonitril mit einem Überschuß an C_6H_5MgBr, Versetzen der erhaltenen Kristalle $[(C_6H_5)_2C = N \cdot MgBr]$ in Ae. mit 16,8 g Benzoylchlorid in Ae. u. 3 Std. Kochen; nach Waschen des erhaltenen Nd. mit Ae. zers. man durch Erhitzen mit absol. A., filtriert u. läßt stehen; 15 g (Ausbeute). — *N-Benzoyl-p-methoxybenzhydrylidenimin* (**III**), $C_{21}H_{17}NO_2$, F. 106—108° (Äthylacetat), analog Vorst. aus 4,6 g Benzonitril u. p-Anisyl-MgBr u. Rk. des erhaltenen Komplexes mit Benzoylchlorid (4 Std. kochen); 48%. — *N-Benzoyltriphenylmethylamin,* $C_{26}H_{21}NO$, F. 164—165° (A.), durch 1std. Kochen von C_6H_5MgBr u. **II** in Bzl.; 62%. Gibt bei 8std. Kochen mit konz. HCl *Benzoesäure* u. *Triphenylcarbinol.* — *α.β.β-Triphenyl-β-[benzoylamino]-propionsäure* (**IV**), $C_{28}H_{23}NO_3$, F. 238—239° (Zers.; Äthylacetat), durch 6std. Kochen des Komplexes $C_6H_5CH(MgCl)COONa$ (**I**; aus 0,24 g Mg, 1 g Isopropylchlorid u. 1,58 g Na-Phenylacetat) mit 2,14 g **II** in 15 ml Bzl.; 49%. — *α.β-Diphenyl-β-[p-methoxyphenyl]-β-[benzoylamino]-propionsäure* (**V**), $C_{29}H_{25}NO_4$, F. 214—215° (Zers.; A. oder Äthylacetat), analog **IV**; 53%. — *3-Benzoylamino-2.3-diphenylhydrindon-(1),* (?; **VI**), $C_{28}H_{21}NO_2$, F. 204—205°, a) durch 5std. Kochen von 1 g **IV** mit 5 ml Acetanhydrid, Hydrolyse mit W. u. Zugabe von Alkali; 0,9 g; b) durch 5 Min. Schütteln von 0,5 g **IV** mit 5 ml konz. H_2SO_4; 0,25 g. (Доклады Академии Наук СССР [Ber. Akad. Wiss. UdSSR] **109.** 537—40. 21/7. 1956. Sofia, Univ.) K. HUNGER. 2550

Henri Christol, Robert Jacquier und **Max Mousseron,** *Säurekatalysierte Umlagerungen.* 4. Mitt. *Anwendung auf einige alicyclische Alkohole mit Spirostruktur.* (3. vgl. Bull. Soc. chim. France [5] **1957.** 600.) Bei der Dehydratisierung von 2.2-Tetramethylencyclohexanol (**IV**) mit $ZnCl_2$ oder Polyphosphorsäure beobachtet man eine Umlagerung unter Vergrößerung des Ringes, die zu *$\Delta^{9.10}$-Oktalin* (**V**) führt. In analoger Weise erhält man aus **IV** durch Rk. nach RITTER *trans-9-Aminodekalin; 1-Amino-2.2-tetramethylencyclohexan,* das aus 2.2-Tetramethylencyclohexanon (**VI**) gewonnen wurde, entsteht dabei nicht. Diese Retropinakolinumlagerungen finden auch bei 2.2-Tetramethylen (**I**)- u. 2.2-Pentamethylencyclopentanol (**X**) statt. **I** dehydratisiert sich zu *$\Delta^{1.6}$-Bicyclo-[4.3.0]-nonen* (**II**) u. reagiert nach RITTER zu *8-Aminohydrindan*; im letzteren Falle entsteht kein *1-Amino-2.2-tetramethylencyclopentan,* das aus 2.2-Tetramethylencyclopentanon (**III**) nach LEUCKART dargestellt wurde. **X** ergibt mit Polyphosphorsäure *$\Delta^{1.7}$-Bicyclo-[5.3.0]-decen* (**XI**) u. nach RITTER dessen *1-Aminoderiv.*; beide Verbb. wurden auch auf anderem Wege dargestellt. — Im Gegensatz dazu dehydratisiert sich *1-Methyl-2.2-tetramethylencyclohexanol* (**IX**) ohne Umlagerung u. ohne Ringveränderung zu einer Mischung aus ca. 80% *1-Methyl-6.6-tetramethylencyclohexen* (**VII**) u. 20% *1-Methylen-2.2-tetramethylencyclohexan* (**VIII**), wie durch quantitative Ozonisierung u. durch Unters. des IR-Spektr. ermittelt wurde; aus **IX** (oder der **VII**/**VIII**-Mischung) wurden durch RITTERsche Rk. (unter mindestens teilweiser Umlagerung) *2-Formylaminoderivv.* erhalten, deren Konst. nicht geklärt werden konnte. — 2.2-Pentamethylencyclohexanol (**XV**) ergibt unter Verkleinerung eines Ringes bei der Dehydratation *1-Cyclohexylcyclopenten* (**XIX**), das mit Perameisensäure *2-Cyclohexylcyclopentanon* liefert; bei der Rk. von **XV** nach RITTER erhält man unter Ringverengung ein Gemisch aus *1-Amino-1-cyclopentylcyclohexan* u.

1-Amino-1-cyclohexylcyclopentan. Das ziemlich stabile 2.2-Pentamethylencycloheptanol dehydratisiert sich mit Polyphosphorsäure nur schwer zu *1-Cyclohexylcyclohexen.*

Versuche (FF. unkorr.): *2.2-Tetramethylencyclopentanol* (**I**), Kp.$_{20}$ 106°, durch Hydrierung von *2.2-Tetramethylencyclopentanon* (**III**, Kp.$_{20}$ 90—92°. *2.4-Dinitrophenylhydrazon,* $C_{15}H_{18}N_4O_4$, F. 151°, orangefarbene Kristalle aus A./Bzl.) mit RANEY-Ni bei 100° u. 100 kg; 100% (Ausbeute). — *$\Delta^{1.6}$-Bicyclo-[4.3.0]-nonen* (**II**), Kp.$_{18}$ 66°, aus 37,5 g **I** durch Dehydratation mit Polyphosphorsäure; 27 g. *Nitrosochlorid,* blaue Flüssigkeit. — *trans-Hydrindandiol-(8.9),* F. 74° (CCl_4), Kp.$_{18}$ 128°, aus 90% ig. Ameisensäure u. H_2O_2 durch langsames Zugeben von 30 g **II** bei 45°, 5 Std. auf 45° halten, mit W. verdünnen u. mit Ae. extrahieren, Rückstand der Extraktion mit wss. NaOH 30 Min. bei Zimmertemp. u. 20 Min. bei 80° hydrolysieren, mit W. aufnehmen u. mit Ae. extrahieren; 15 g. — *8-Aminohydrindan,* F. 11° (roh), Kp.$_{20}$ 87°, durch Rk. nach RITTER a) aus **I**; 35%; b) aus **II**; 35%. *Benzoylderiv.,* $C_{16}H_{21}NO$, F. 97—98° (Bzl./PAe.). *N.N-Dimethylderiv.,* Kp.$_{20}$ 108°. [*Pikrat,* $C_{17}H_{24}N_4O_7$, F. 221—222° (A.)]. — *1-Amino-2.2-tetramethylencyclopentan,* Kp.$_{20}$ 87°, durch 8std. Erwärmen von 6 g **III** u. 9 g Formamid auf 170—180° im Bombenrohr, aufnehmen in NaOH, extrahieren, Lösungsm. abdampfen u. 2 Std. mit konz. HCl kochen; 3 g. *Benzoylderiv.,* $C_{16}H_{21}NO$, F. 104—105° (Bzl./PAe.). *N.N-Dimethylderiv., Pikrat,* $C_{17}H_{24}N_4O_7$, F. 144—145° (A.). — *2.2-Tetramethylencyclohexanol* (**IV**), Kp.$_{18}$ 118°, durch Hydrierung (RANEY-Ni, 100°, 100 kg) von 2.2-Tetramethylencyclohexanon (**VI**). *Phenylurethan,* $C_{17}H_{23}NO_2$, F. 71—72° (PAe.). — *$\Delta^{9.10}$-Oktalin* (**V**), Kp.$_{18}$ 83°, a) aus **IV** u. $ZnCl_2$ (1 Std. bei 140°); 95%; b) aus den diastereoisomeren β-Dekalolen mit Polyphosphorsäure; 78%; D.$^{25}_{25}$ 0,904; n_D^{25} 1,4918. *Nitrosochlorid,* F. 91—92°, aus Bzl./PAe. blaue Kristalle; daneben Spuren eines weißen Nitrosochlorids vom isomeren Oktalin (?). — *2-Cyclopentylcyclopentanol,* Kp.$_{20}$ 128°, aus 2-Cyclopentylidencyclopentanon durch Hydrierung (RANEY-Ni, 120°, 100 kg). — *trans-9-N-Formylaminodekalin,* $C_{11}H_{19}\cdot NO$, F. 138—139° (Bzl./PAe.), nach RITTER a) aus **IV**; 95%; b) aus **V**; 95%; c) aus den diastereoisomeren β-Dekalolen; 85%; d) aus den Diastereoisomeren vorst. Verb.; 30%; e) aus nachst. Verb. u. HCOOH in Bzl. durch Kochen. — *trans-9-Aminodekalin,* Kp.$_{18}$ 105°, a) aus 20 g vorst. Verb. durch 3std. Kochen mit HCl; 0,8 g; b) aus 20 g Dekalin über *9-Nitrodekalin* (Kp.$_{25}$ 140—145°; 6 g); zu diesem in Ae. unter Rühren u. Kühlung $LiAlH_4$ in Ae. langsam zugeben, am Rückfluß kochen, bei 0° mit Seignettesalzlsg. zers. u. mit Ae. extrahieren; 4 g. *Acetylderiv.,* F. 180—181° (Bzl./PAe.). — *1-Amino-2.2-tetramethylencyclohexan,* Kp.$_{18}$ 103—104°, durch 8std. Erhitzen von **VI** u. Formamid auf 170—180° im Bombenrohr über das *N-Formylaminoderiv.* ($C_{11}H_{19}NO$, F. 151—152°, Bzl.), durch 2std. Kochen mit konz. HCl; 50%. *Acetylderiv.,* $C_{12}H_{21}NO$, F. 111—112° (Bzl./PAe.). *Pikrat,* $C_{16}H_{22}N_4O_7$, F. 205—206° (A.). *N.N-Dimethylderiv.,* Kp.$_{18}$ 128°. (*Pikrat,* $C_{18}H_{26}N_4O_7$, F. 137—138°, A.). — *1-Methyl-2.2-tetramethylencyclohexanol* (**IX**), Kp.$_{20}$ 118°, a) aus 15 g **VI** u. CH_3MgBr; 16,5 g; b) 25 g nachst. **VII**/**VIII**-Mischung zu Perbenzoesäure in Chlf. bei 0° unter Rühren langsam zugeben, bei Zimmertemp. über Nacht stehenlassen, über die entsprechenden *Epoxyde* (Kp.$_{20}$ 110—111°; 17 g); zu 5 g der Epoxyde in Ae. $LiAlH_4$ in Ae. unter Rühren langsam zugeben, 15 Min. bei Zimmertemp. rühren u. mit 20% ig. H_2SO_4 zers.; 4,9 g. *p-Nitrobenzoat,* $C_{18}H_{23}NO_4$, F. 183—184° (Bzl./PAe.). *Mischung zweier 1-Formylaminoderivv.,* $C_{12}H_{21}NO$, F. 150—151° (Bzl.; vorherrschend); $C_{12}H_{21}NO$, F. 135—136° (Bzl./PAe.), aus **IX** oder der **VII**/**VIII**-Mischung durch Rk. nach RITTER; quantitativ; bei 3std. Kochen (oder 7std. Erhitzen auf 150° im Bombenrohr) mit konz. HCl bleiben beide Verbb. unverändert. — *1-Methyl-6.6-tetramethylencyclohexen* (**VII**)/*1-Methylen-2.2-tetramethylencyclohexan* (**VIII**)-Mischung, Kp.$_{18}$ 90—91°, durch Dehydratation von 82,5 g vorst. Verb. mit $KHSO_4$ (Destillat in Ae. aufnehmen u. dekantieren); D$^{25}_{25}$ 0,9200; n_D^{25} 1,4961; 50 g (hiervon ca. 80% **VII** u. ca. 20% **VIII**, wie durch Ozonisierung der Reaktionsprodd. festgestellt wurde). *Nitrosochlorid* von **VII**, F. 113—114° (Bzl./PAe.). — *1-Methyl-6.6-tetramethylencyclohexen-(1)-on-(3),* aus 10 g **VII**/**VIII**-Mischung, Acetanhydrid u. 4 g SeO_2 durch Erwärmen (5 Std. auf 60°, dann 3 Std. auf 100°), über das *Acetat* (Kp.$_{20}$ 136—140°; 5 g); dieses 4 Std. mit NaOH kochen u. ansäuern zum entsprechenden *Alkohol* (Kp.$_{20}$ 130°; 2 g); mit Chromschwefelsäure oxydieren; 1 g. *2.4-Dinitrophenylhydrazon,* $C_{17}H_{20}N_4O_4$, F. 200—201° (Bzl./A.). — **VIII**, Kp.$_{20}$ 92°, aus 31 g 1-Hydroxy-2.2-tetramethylencyclohexylessigsäureäthylester (aus **VI**) u. NaOH durch 2std. Kochen u. Ansäuern über den rohen *Säurealkohol* (20 g); diesen mit Acetanhydrid 3 Std. kochen, überschüssiges Anhydrid im Vakuum entfernen u. Rückstand bei 150—180°/150 mm decarboxylieren; 2 g. *Nitrosochlorid,* F. 129—130° (Bzl./PAe.). — *9-Methyldekalol-(3),* Kp.$_{18}$ 142°, aus 2-Methylcyclohexanon u. N.N-Diäthylaminobutanon-(3)-jodmethylat über *9-Methyl-$\Delta^{4.10}$-oktalon-(3)* (*2.4-Dinitrophenylhydrazon,* F. 167—168°, Bzl./PAe.) durch Hydrierung (150°, 50 kg). Verb. reagiert nicht nach RITTER. — *2.2-Pentamethylencyclopentanol* (**X**), Kp.$_{18}$ 111—112°, aus 4.4-[1'-Oxotetramethylen]-cyclohexen-(1) (**XII**, durch Kondensation von Butadien mit N-Morpholino-2-methylcyclopentanon) durch Hydrierung (Raney-Ni, 100°, 80 kg). — *$\Delta^{1.7}$-Bicyclo-[5.3.0]-decen* (**XI**), Kp.$_{18}$ 83°, aus **X** u. Polyphosphorsäure; D.$^{25}_{25}$ 0,920; n_D^{25} 1,4900; 84%. *Nitrosochlorid*, blaue Fl. zers. sich rasch. — *2.2-Pentamethylencyclopentanon*, Kp.$_{18}$ 105°, aus 15 g **XI** u. Perameisensäure; 5 g. *2.4-Dinitrophenylhydrazon*, F. 178—179°. — *1-Aminobicyclo-[5.3.0]-decan*, Kp.$_{20}$ 101°, nach Ritter a) aus 20 g **X**; 1,5 g; b) aus **XI**; 40%. *N.N-Dimethylderiv.*, Kp.$_{18}$ 122°. (*Pikrat*, $C_{18}H_{26}N_4O_7$, F. 191—192° aus A.). — *1-Amino-2.2-pentamethylencyclopentan*, aus 7 g **XII** u. methanol. NH_3 durch Hydrierung (Raney-Ni, 110°, 70 kg). *N.N-Dimethylderiv.*, Kp.$_{18}$ 123° (*Pikrat*, $C_{18}H_{26}N_4O_7$, F. 155 bis 156° aus A.). — *2.2-Pentamethylencyclohexanol* (**XV**), Kp.$_{16}$ 130°, durch Hydrierung (Raney-Ni, 100°, 70 kg) von 2.2-Pentamethylencyclohexanon (**XIII**) oder des durch Kondensation von Butadien mit 2-[N-Dimethylaminomethyl]-cyclohexanon gewonnenen *äthylenischen Spiroketons*. — *Cyclopentylidencyclopentanon* (**XIV**), Kp.$_{18}$ 125°, aus 70 g Chlorcyclohexan, Mg u. 40 g Cyclopentanon über eine nicht trennbare Mischung aus **XIV**, *1-Cyclohexylcyclopentanol* (**XVIII**) u. *Dicyclohexyl* (Kp.$_{18}$ 120—128°; 26 g); 25 g dieser Mischung ergeben bei der Dehydratisierung mit $KHSO_4$: 10 g Mischung aus *nachst. Verb.* **XIX** mit *Dicyclohexyl* (Kp.$_{18}$ 100°) u. 6 g **XIV**. *2.4-Dinitrophenylhydrazon*, F. 226 bis 227° (Bzl.). — *1-Cyclohexylcyclopenten* (**XIX**), Kp.$_{16}$ 99—100°, durch Dehydratisieren von a) **XVIII**; 55%; b) aus **XV** mit Polyphosphorsäure (75%) oder mit $ZnCl_2$ (80%); D.$^{25}_{25}$ 0,901; n_D^{25} 1,4933. *Nitrosochlorid*, F. 83—84° (PAe.). — *2-Cyclohexylcyclopentanon*, Kp.$_{18}$ 127 bis 130°, a) aus 10 g **XIX** u. Perameisensäure; 4,5 g; b) zur sd. Lsg. von K-tert. Butylat in tert. Butanol 25 g 3-Bromcyclohexen u. 13 g Cyclopentanon zugeben, 20 Min. kochen, abkühlen, mit HCl aufnehmen u. über *2-[Cyclohexen-(2)-yl]-pentanon* (Kp.$_{20}$ 130°; 5 g. *2.4-Dinitrophenylhydrazon*, $C_{17}H_{20}N_4O_4$, F. 125—126°, Bzl./A.) quantitativ hydrieren (Raney-Ni, Zimmertemp., 20 kg). *2.4-Dinitrophenylhydrazon*, F. 120—121° (Bzl./A.). — *2-Cyclopentylcyclohexanol* (**XXI**), Kp.$_{20}$ 135°, aus 2-[Cyclopenten-(2)-yl]-cyclohexanon (**XVI**, Kp.$_{18}$ 126—129°, aus 2-Chlorcyclopenten u. Cyclohexanon; 76%) durch Hydrierung (Raney-Ni, 100°, 100 kg); quantitativ. — *2-Cyclopentylcyclohexanon*, Kp.$_{20}$ 131°, aus a) 26 g 1-Cyclopentylcyclohexen (**XX**; 2 *Nitrosochloride*) u. Perameisensäure; 18 g; b) aus **XVI** durch Hydrierung (Raney-Ni, Zimmertemp., 20 kg). *2.4-Dinitrophenylhydrazon*, F. 157—158° (Bzl./A.). — *3-Cyclopentylcyclohexen*, Kp.$_{25}$ 105°, aus Cyclopentyl-MgBr u. 18 g 3-Bromcyclohexen; 8 g. Ergibt kein Nitrosochlorid. — *2.3-Benzosuberon*, Kp.$_{20}$ 155—160°, durch Kondensation von Malonsäureäthylester u. Zimtaldehyd zum *ungesätt. Ester*; diesen in A. hydrieren (Raney-Ni, 50°, 70 kg), mit NaOH bei 100° hydrolysieren u. ansäuern; entstandene *Dicarbonsäure* decarboxylieren (45 Min., 170—180°, 30—40 mm) zur *δ-Phenylvaleriansäure* (Kp.$_{0,5}$ 140°; 82% bezogen auf Zimtaldehyd) u. cyclisieren mit Polyphosphorsäure; 80%. — *Bicyclo-[5.4.0]-undecanol-(2)* (**XVII**), Kp.$_{18}$ 135—140°, durch Hydrierung (Raney-Ni, 120°, 120 kg) von 30 g vorst. Verb.; 12 g; ferner *Bicyclo-[5.4.0]-undecan* (Kp.$_{18}$ 103—105°); 12 g. — *Bicyclo-[5.4.0]-undecanon-(2)*, Kp.$_{20}$ 135°, aus 3 g vorst. Verb. mit Chromschwefelsäure; 2 g. *2.4-Dinitrophenylhydrazon*, $C_{17}H_{22}N_4O_4$, F. 169—170° (A./Bzl.). — *$\Delta^{1.7}$-Bicyclo-[5.4.0]-undecen*, Kp.$_{18}$ 102°, durch Dehydratation von **XVII** mit Polyphosphorsäure; D.$^{25}_{25}$ 0,915; n_D^{25} 1,4954; 60%. Kein Nitrosochlorid. — *2.2-Pentamethylencyclohexanon* (**XVIII**), Kp.$_{20}$ 129°, a) aus 6 g vorst. Verb. u. Perameisensäure; 3 g; b) aus Cyclohexanon u. 1.5-Dibrompentan. *2.4-Dinitrophenylhydrazon*, F. 123 bis 124°. — *1-Amino-1-cyclopentylcyclohexan/1-Amino-1-cyclohexylcyclopentan-Gemisch*, Kp.$_{20}$ 124—125°, durch Rk. nach Ritter aus a) **XV**; 35%; b) aus **XVIII**; 35%; c) aus **XIX**; 40%; d) aus **XX**; 25%; e) aus **XXI**; 20%. *N.N-Dimethylderiv.*, Kp.$_{18}$ 136° [*Pikrate*, $C_{19}H_{28}N_4O_7$, F. 172—173° (A.; vorherrschend); $C_{19}H_{28}N_4O_7$, F. 122° (A.)]. Abbau von 15 g der N.N-Dimethylamine (Jodmethylate) mit Ag_2O durch 2 std. Kochen ergibt 2 g **XIX**/**XX**-Mischung (Kp.$_{20}$ 102°). — *1-Amino-2.2-pentamethylencyclohexan*, aus **XIII** u. Formamid durch 8 std. Erhitzen auf 170° im Bombenrohr über das *Formylaminoderiv.* ($C_{12}H_{21}$·NO, F. 102—103°, Bzl./PAe.; 80%) durch 2 std. Kochen mit konz. HCl. *N.N-Dimethylderiv.*, Kp.$_{16}$ 130°; 3 g (aus 6 g Formylaminoderiv.) (*Pikrat*, $C_{19}H_{28}N_4O_7$, F. 144—145°). — *1-Aminobicyclo-[5.4.0]-undecan*, Kp.$_{20}$ 125°, aus **XVII** nach Ritter; 20%. *N.N-Dimethylderiv.*, Kp.$_{18}$ 135° (*Pikrat*, $C_{19}H_{28}N_4O_7$, F. 165—166°, A.). — *Bicyclo-[5.4.0]-undecen-(7)-on-(9)*, Kp.$_{0,5}$ 100—105°, Jodmethylat von 17 g 2-[N.N-Dimethylaminomethyl]-cycloheptanon (**XXII**) in A. bei 60° während 15 Min. zur kalten Lsg. von Na-Äthylat u. Acetessigsäureäthylester in A. zugeben u. 8 Std. kochen; 10 g. *Semicarbazon*, $C_{12}H_{19}N_3O$, F. 215—216° (Bzl.). *2.4-Dinitrophenylhydrazon*, $C_{17}H_{20}N_4O_4$, F. 161—162° (Bzl./A.). — *Bicyclo-[5.4.0]-undecanol-(9)*, Kp.$_{0,5}$ 110—112°, durch Hydrierung (Raney-Ni, 100°, 50 kg) von 10 g vorst. Verb.; 10 g. Ergibt keine Rk. nach Ritter. — *2.2-Pentamethylencycloheptanol*, Kp.$_{18}$ 136—137°, aus dem durch Dienkondensation aus **XXII** gewonnenen *ungesätt. Spiroketon* durch Hydrierung (Raney-Ni, 100°, 100 kg). Keine Rk. nach Ritter. — *1-Cyclohexylcyclohexen*, aus 23 g vorst. Verb. u. Polyphosphorsäure; 1 g. *Nitrosochlorid*, F. 114—115°. — *2.2-Tetramethylencycloheptanol*, Kp.$_{16}$ 117—118°, durch Hydrierung (Raney-Ni, 100°, 100 kg) des entsprechenden Ketons. Ergibt keine Rk. nach Ritter, läßt sich nicht dehydratisieren. (Bull. Soc. chim. France [5] **1957**. 1027—39. Aug./Sept. Montpellier, École Nationale Supérieure de Chim., Fac. des Sci.) H. Fechter. 2600

Henri Christol, Robert Jacquier und **Max Mousseron,** *Säurekatalysierte Umlagerungen.* 5. Mitt. *Dehydratisierung und Dehydrierung in der Tetrahydronaphthalin- und Indanreihe.* (4. vgl. vorst. Ref.) Die säurekatalysierte Dehydratisierung mit $KHSO_4$ von 2.2-Dialkyl- u. 2.2-Polymethylentetralolen-(1), die durch Red. der Tetralone-(1) mit $LiAlH_4$ gewonnen wurden, führt unter Umlagerung zu *1.2-Dialkyl-* bzw. *1.2-Cycleno-3.4-dihydronaphthalinen*; diese wurden durch ihre UV-Spektren u. durch Dehydrierung mit SeO_2 zu den entsprechenden *Naphthalinderivv.* identifiziert. Tetralol-(1) dehydratisiert sich mit $KHSO_4$ zu *1.2-Dihydronaphthalin,* aus dem man mit SeO_2 in W./Dioxan oder besser in Xylol ausschließlich *Naphthalin* erhält; 1-Methyl- u. 1-Äthyl-3.4-dihydronaphthalin verhalten sich bei der Dehydrierung analog, während die 2-Methyl- u. 2-Äthylisomeren mit SeO_2 neben dem *2-Alkylnaphthalin* auch wenig *Naphthaldehyd-(2)* bzw. *β-Naphthylmethylketon* liefern. Die Dehydrierung von 1.1-Polymethylen-1.2-dihydronaphthalinen durch SeO_2 ruft Retropinakolinumlagerung hervor. Aus 2.2-Tetramethylentetralol-(1) gewinnt man mit $KHSO_4$ *1.2.3.4.9.10-Hexahydrophenanthren* (**II**), das sich ebenso wie 1.1-Tetramethylen-1.2-dihydronaphthalin (**III**) mit SeO_2 zu *1.2.3.4-Tetrahydrophenanthren* dehydrieren läßt. Die Aromatisierungs-Rkk. wurden auch in der Indanreihe angewandt; 2.2-Dimethylindanol-(1) wird zu *2.3-Dimethylinden* dehydratisiert.

V e r s u c h e: R e d. d e r K e t o n e z u A l k o h o l e n. Zu $LiAlH_4$ in absol. Ae. das entsprechende Keton in Ae. unter Rühren zutropfen (falls nötig kühlen), 2 Std. auf dem Wasserbad kochen, auf —10° abkühlen, etwas W., dann 20%ig. H_2SO_4 zutropfen, organ. Schicht dekantieren, Lösungsm. verdampfen u. erhaltenen Alkohol unter red. Druck destillieren. — D e h y d r a t i s i e r u n g m i t $KHSO_4$. Alkohol mit pulverisiertem $KHSO_4$ bei 20 mm dest., Destillat mit Ae. extrahieren, Ae. abdampfen u. Rückstand unter red. Druck destillieren. — D e h y d r i e r u n g. Zur Lsg. des entsprechenden Dihydronaphthalins in Xylol bei 80° unter Rühren in kleinen Mengen wasserfreies SeO_2-Pulver zugeben, 2 Std. unter Rühren kochen, abkühlen, SeO_2 abfiltrieren, Lösungsm. im Vakuum abdampfen u. aromat. KW-stoff destillieren. — *1.2-Dihydronaphthalin,* $Kp._{16}$ 94°, 30 g Tetralon-(1) zu *Tetralol-(1)* ($Kp._{18}$ 140°; 28 g Ausbeute) red. u. mit $KHSO_4$ dehydratisieren; 19 g. — *Naphthalin,* F. 81° (PAe.), $Kp._{18}$ 105°, a) aus vorst. Verb. u. SeO_2; 80%. b) aus 1.4-Dihydronaphthalin u. SeO_2; 85%. *Pikrat,* F. 149° (A.). — *1-Methyl-3.4-dihydronaphthalin* (**I**), $Kp._{18}$ 114°, aus 30 g Tetralon-(1) u. CH_3MgBr in Ae. über *1-Methyltetralol-(1)* u. Dehydratisierung durch Dest. bei 18 mm; 23,5 g. (Dehydratisierung des Alkohols mit $KHSO_4$ ergibt Dismutation zu *1-Alkyltetralin* u. *1-Alkylnaphthalin*). — *1-Methylnaphthalin,* $Kp._{20}$ 120°, durch Dehydrierung von 20 g **I**; 12 g (daneben *unbekannte starkgefärbte Verb.,* $Kp._{20}$ 163°; 1 g). *Pikrat,* $C_{17}H_{13}N_3O_7$, F. 139—140° (A.). — *1-Naphthaldehyd,* $Kp._{20}$ 164—165°, aus 26 g vorst. Verb. u. SeO_2 (ohne Xylol) durch 15 Min. Kochen; 3,5 g, daneben 18 g vorst. Verb. zurück. *2.4-Dinitrophenylhydrazon,* F. 244—245° (Xylol). — *1-Äthyl-3.4-dihydronaphthalin,* $Kp._{20}$ 130°, aus Tetralon-(1) analog der Darst. von **I**; 80%. — *1-Äthylnaphthalin,* $Kp._{20}$ 137—138°; 72%. *Pikrat,* $C_{18}H_{15}N_3O_7$, F. 99° (A.). — *2-Methyl-3.4-dihydronaphthalin,* $Kp._{22}$ 115—118°, durch Red. von 31,4 g 2-Methyltetralon-(1) u. Dehydratisierung des entstehenden Alkohols mit $KHSO_4$; 21 g. — *2-Methylnaphthalin,* F. 34—35° (PAe.), aus 20 g vorst. Verb.; 14 g, daneben 1,1 g nachst. Verb. *Pikrat,* F. 115—116° (A.). — *2-Naphthaldehyd,* $C_{11}H_8O$, F. 61° (Bzl./PAe.), $Kp._{20}$ 165°, a) aus 20 g vorst. Verb. u. SeO_2 in Xylol; 1,5 g. b) aus 26 g vorst. Verb. u. SeO_2 ohne Lösungsm. durch 15 Min. Kochen; 3,5 g. *Dinitrophenylhydrazon,* $C_{17}H_{12}N_4O_4$, F. 253—254° (Xylol). — *2-Äthyl-3.4-dihydronaphthalin,* $Kp._{20}$ 126—130°, aus 2-Äthyltetralon-(1) wie oben; 75%. — *2-Äthylnaphthalin,* $Kp._{22}$ 137°, aus 19 g vorst. Verb.; 13 g. *Pikrat,* $C_{18}H_{15}N_3O_7$, F. 77° (A.), daneben 0,5 g nachst. Verbindung. — *β-Naphthylmethylketon,* $C_{12}H_{10}O$, F. 56° (PAe.), $Kp._{20}$ 180°, aus 11 g vorst. Verb. u. SeO_2 durch 15 Min. Kochen; 0,5 g, daneben 7 g vorst. Verb. zurück. *Dinitrophenylhydrazon,* F. 262° (Xylol). — *1.2-Dimethyl-3.4-dihydronaphthalin,* $Kp._{18}$ 125°, a) aus 22,5 g 2.2-Dimethyltetralon-(1) durch Red. zum Alkohol u. anschließende Dehydratisierung mit $KHSO_4$; 15 g; b) aus 20 g 2-Methyltetralon-(1) u. CH_3MgJ über *1.2-Dimethyltetralol-(1)* durch dehydratisierende Dest. bei 20 mm; 15,2 g. — *1.2-Dimethylnaphthalin,* $Kp._{20}$ 135—140°, a) aus vorst. Verb. durch Dehydrierung mit SeO_2 in Xylol; 80%; b) aus 11,5 g vorst. Verb. in W./Dioxan u. SeO_2 in W. durch 30 Min. Kochen; 9,5 g. *Pikrat,* $C_{18}H_{15}N_3O_7$, F. 130—131° (A.). — *1.2-Diäthyl-3.4-dihydronaphthalin,* $Kp._{18}$ 145°, aus 32 g 2.2-Diäthyltetralon-(1); 20 g. — *1.2-Diäthylnaphthalin,* $Kp._{20}$ 158°, aus vorst. Verb. u. SeO_2 in Xylol; 80%. *Pikrat,* $C_{20}H_{19}N_3O_7$, F. 107—108° (A.). — *1.2.3.4.9.10-Hexahydrophenanthren* (**II**), $Kp._{20}$ 163°, aus 29 g 2.2-Tetramethylentetralon-(1) u. $LiAlH_4$ über *2.2-Tetramethylen-*

tetralol-(1) ($Kp._{0,5}$ 135°; 27 g) durch Dehydratisierung mit $KHSO_4$; 21 g. — *1.1-Tetramethylen-1.2-dihydronaphthalin* (III), $Kp._{20}$ 153°, aus 14 g 4.4-Tetramethylentetralon-(1) durch Red. zum *Alkohol* u. Dehydratisierung durch Dest. bei 20 mm Hg mit einem J_2-Kristall; 10 g. — *1.2.3.4-Tetrahydrophenanthren*, $C_{14}H_{14}$, F. 34° (Methanol), $Kp._{0,5}$ 129 bis 130°, $Kp._{18}$ 178°, aus II oder III u. SeO_2 in Xylol; 80%. *Pikrat*, $C_{20}H_{17}N_3O_7$, F. 111 bis 112° (A.). — *1.2-Cyclohepteno-3.4-dihydronaphthalin*, $Kp._{20}$ 173°, aus 33 g 2.2-Pentamethylentetralon-(1), analog der Darst. von II; 19 g. — *1.1-Pentamethylen-1.2-dihydronaphthalin*, $Kp._{20}$ 173°, aus 4.4-Pentamethylentetralon-(1) analog III; 75%. — *1.2-Cycloheptenonaphthalin*, $C_{15}H_{16}$, $Kp._1$ 149—150°, $Kp._{20}$ 183°, F. 41° (Methanol), aus 1.2-Cyclohepteno-3.4-dihydronaphthalin u. SeO_2 in Xylol; 75%. *Pikrat*, F. 102° (A.). — *2.3-Dimethylinden* (IV), $Kp._{20}$ 115°, aus 10 g 2.2-Dimethylindanon-(1) u. $LiAlH_4$ über den *Alkohol*; diesen mit $KHSO_4$ 15 Min. auf 130—150° erhitzen u. mit Ae. extrahieren; 1,5 g. *Pikrat*, $C_{17}H_{15}N_3O_7$, F. 87°. — *2.3-Diäthylinden*, $C_{13}H_{16}$, $Kp._{0,5}$ 92°, aus 14 g 2.2-Diäthylindanon-(1); 8,5 g. — *1.2.3.4-Tetrahydrofluoren*, F. 58—59° (A.), $Kp._{20}$ 149°, aus 15,25 g 2.2-Tetramethylenindanon-(1) wie vorst.; 11 g. — *Fluoren*, F. 112—113° (PAe.), aus vorst. Verb. u. Pd-Kohle durch ½ std. Erhitzen auf 300—310° unter Rühren. — *2.3-Cycloheptenoinden*, $C_{14}H_{16}$, $Kp._{20}$ 160°, aus 2.2-Pentamethylenindanon-(1) analog der Darst. von IV; 15 g Alkohol ergeben 4 g. Dehydrierung → *1.2-Benzoazulen*. (Bull. Soc. chim. France **1958**. 248—55. Febr.) H. FECHTER. 2600

H. Christol, M. Mousseron und **R. Sallé**, *Säurekatalysierte Umlagerungen*. 6. Mitt. *Die Synthese von tetracyclischen Kohlenwasserstoffen durch Umlagerung. Die Untersuchung einiger Michael-Reaktionen.* (5. vgl. vorst. Ref.) Vff. synthetisieren *tetracycl. aromat. KW-stoffe* u. untersuchen die Struktur der Zwischenprodukte. Bei der MICHAEL-Rk. von 2-Hydroxymethylentetralon-(1) [I, aus Tetralon-(1), Na-Methylat u. Äthylformiat] mit Methylvinylketon (III) in Ggw. von Triäthylamin erhält man bei Zimmertemp. das α.β-ungesätt. Keton *1.2.3.9.10.11-Hexahydrophenanthron-(3)* (II); unter milderen Bedingungen (bei —10°) führt die Kondensation zu *2-[Butanon-(3')-yl]-tetralon-(1)*, das mit Alkalien zu II cyclisiert wird; schließlich kann man II auch aus Tetralon-(1), alkoh. KOH u. III direkt (jedoch unrein) darstellen. In Ggw. von K-tert.-Butylat wird II mit 1.4-Dibrombutan (IV) in α-Stellung zur Ketofunktion dialkyliert zur *4.4-Tetramethylenverb.*, wobei die Doppelbindung in die β.γ-Stellung wandert. Dieses Spiroketon wird mit $LiAlH_4$ zum entsprechenden *Alkohol* red., dieser mit $KHSO_4$ dehydratisiert u. schließlich mit Pd auf Kohle zum *3.4-Benzophenanthren* dehydriert. Bei der MICHAEL-Kondensation von Tetralon-(2) mit alkoh. KOH u. III erhält man direkt das tricycl. β.γ-ungesätt. Keton *1.2.3.4.9.10-Hexahydrophenanthron-(2)* u. hieraus in analoger Reaktionsfolge die *1.1-Tetramethylenverb.*, den entsprechenden *Alkohol* u. durch Dehydratisierung u. Dehydrierung schließlich *Chrysen*. Die Meth. wurde auch zur Darst. von *3.4-Benzofluoren* aus Tetrahydrofluorenon-(3) benutzt. Bei der Darst. von *Phenanthren* ergab die Kondensation von Cyclohexanon neben *$\Delta^{1.2}$-Bicyclo-[4.4.0]-decenon-(3)* auch eine Mischung von *2-Cyclohexyliden-* u. *2-[Δ^1-Cyclohexenyl]-cyclohexanon*. Die MICHAEL-Rk. von Cyclopentanon (V) mit III konnte, entgegen den Angaben von BERGMANN u. Mitarbeitern (C. **1958**. 11213), nicht verwirklicht werden; es wurde dabei *2-Cyclopentylidencyclopentanon* erhalten, das zur *2-Cyclopentylverb.* hydriert u. als solche identifiziert wurde. — UV- u. IR-Spektren dienen der Konstitutionsaufklärung.

Versuche (FF. in Capillare, unkorr.): *2-Hydroxymethylentetralon-(1)* (I), $Kp._1$ 125 bis 127°, zu Na-Methylat in absol. Bzl. unter Rühren bei Zimmertemp. während 30 Min. Ameisensäureäthylester zugeben, auf 0° abkühlen, trockenen N_2 durchleiten, während 1 Std. Tetralon-(1) in absol. Bzl. bei 0° zugeben, 1 Std. rühren u. dabei auf Zimmertemp. erwärmen, abkühlen, mit verd. H_2SO_4 ansäuern, Benzolschicht dekantieren, mit 2n K_2CO_3-Lsg. ausziehen, ansäuern u. mit Ae. extrahieren; 100% (Ausbeute). — *1.2.3.9.10.11-Hexahydrophenanthron-(3)* (II), $C_{14}H_{14}O$, F. 83° (wss. Methanol), $Kp._1$ 155—160°, a) zu vorst. Verb. bei 0° III, dann Triäthylamin zugeben, 1 Std. bei 0°, dann 3 Tage bei Zimmertemp. halten, in Ae. aufnehmen, mit Na_2CO_3-Lsg. waschen, Lösungsm. abdampfen, Rückstand in wss. KOH/Methanol aufnehmen, 8 Std. unter N_2 kochen, nach Abkühlen mit W. verdünnen u. mit Ae. extrahieren; 75%; b) aus nachst. Verb. u. KOH in A., 1 Std. kochen, mit W. verdünnen u. mit Ae. extrahieren; 73%; c) nach BERGMANN (l. c.) durch Mischen von Tetralon-(1), alkoh. KOH u. III bei Zimmertemp. (Temp. steigt auf 70° an), 15 Min. stehenlassen, abkühlen, mit W. verdünnen u. mit Ae. extrahieren; 75%; daneben etwas *1.2.3.4.9.10-Hexahydrophenanthron-(3)*. *2.4-Dinitrophenylhydrazon*, $C_{20}H_{18}N_4O_4$ (2 Formen), F. 187° (Bzl./A.), dunkelrot u. F. 257°, aus Bzl. rotviolette Kristalle. — *2-[Butanon-(3')-yl]-tetralon-(1)*, F. 33—35° (roh), $K._{0,4}$ 137—140°, zu I bei —10° Triäthylamin zugeben, dann III zutropfen (Temp. auf —10° halten), über Nacht bei 0° u. 24 Std. bei Zimmertemp. stehenlassen, mit wss. KOH/Methanol aufnehmen, unter N_2 8 Std. kochen, dann wie vorst.; 64%. *Mono-2.4-dinitrophenylhydrazon*, $C_{20}H_{20}N_4O_5$, F. 156° (Bzl./A.). —

4.4-Tetramethylen-1.2.3.4.9.10-hexahydrophenanthron-(3), $C_{18}H_{20}O$, F. 130—132° (Bzl./PAe.), Kp.$_{0,4}$ 175°, zu K-tert.-Butylat in absol. Bzl. in kleinen Mengen unter Rühren II/IV-Mischung zugeben, 4—5 Std. unter Rühren kochen, abkühlen, mit 10%ig. HCl aufnehmen u. Benzolschicht dekantieren; 80%. *2.4-Dinitrophenylhydrazon*, $C_{24}H_{24}N_4O_4$, F. 222—223° (Bzl./A.). — *3.4-Cyclohexeno-1.2.9.10-tetrahydrophenanthren*, Kp.$_{0,4}$ 165°, zu $LiAlH_4$ in Ae. unter Rühren vorst. Verb. in absol. Bzl. zutropfen, 2 Std. kochen, auf 0° abkühlen, W., dann 20%ig. H_2SO_4 zutropfen u. Ae.-Schicht dekantieren; erhaltener *roher Alkohol* mit pulverisiertem $KHSO_4$ 1 Std. auf 150° erhitzen, abkühlen u. mit Ae. aufnehmen; 80%. — *3.4-Benzophenanthren*, $C_{18}H_{12}$, F. 68° (PAe.), 2 g vorst. Verb. u. Pd/C 3 Std. kochen, abkühlen u. mit Ae. aufnehmen; 1,9 g. *Pikrat*, F. 125—126°, aus A. rote Nadeln. — *1.2.3.4.9.10-Hexahydrophenanthron-(2)*, $C_{14}H_{14}O$, F. 67° (PAe.), Kp.$_{0,3}$ 143 bis 145°, zu Tetralon-(2) in absol. A. bei Zimmertemp. KOH in absol. A. u. gleichzeitig III in absol. A. unter Rühren zutropfen, 30 Min. kochen, abkühlen, mit W. verdünnen u. mit Ae. extrahieren; 60%. *2.4-Dinitrophenylhydrazon*, $C_{20}H_{18}N_4O_4$, F. 188° (A./Bzl.). — *1.1-Tetramethylen-1.2.3.4.9.10-hexahydrophenanthron-(2)*, $C_{18}H_{20}O$, F. 98° (A.), aus vorst. Verb. analog der Darst. von II; 80%. *2.4-Dinitrophenylhydrazon*, $C_{24}H_{24}N_4O_4$, F. 189° (Bzl./A.). — *1.1-Tetramethylen-1.2.3.4.9.10-hexahydrophenanthrol-(2)*, $C_{18}H_{22}O$, F. 103° (PAe.), aus 16 g vorst. Verb. durch Red. mit $LiAlH_4$; 14 g. — *1.2.3.4.5.6.7.8-Oktahydrochrysen*, Kp.$_{0,4}$ 160—162°, aus 10 g vorst. Verb. u. $KHSO_4$; 7,5 g. — *Chrysen*, F. 250 bis 252° (Bzl.), aus vorst. Verb. u. Pd/C durch 3std. Erhitzen auf 300—320°; 100%. — *3.4-Benzofluoren*, F. 124—125° (A.), aus 20 g 1.2.3.10-Tetrahydrofluorenon-(3) durch Dialkylierung mit IV, Red. mit $LiAlH_4$, Dehydratisierung mit $KHSO_4$ u. Dehydrierung mit Pd/C; 1,3 g. *Pikrat*, F. 130° (A.). — *$\Delta^{1,2}$-Bicyclo-[4.4.0]-decenon-(3)*, Kp.$_{15}$ 133—135°, aus Cyclohexanon, alkoh. KOH u. III nach BERGMANN (l. c.) u. fraktionierte Dest. (Kp.$_{15}$ 130—145°); 42%; daneben *2-Cyclohexylidencyclohexanon/2-(Δ^1-Cyclohexenyl)-cyclohexanon*-Mischung (Kp.$_{15}$ 150—160°). *2.4-Dinitrophenylhydrazon*, F. 170° (Bzl./A.).— *2.2-Tetramethylen-$\Delta^{1,6}$-bicyclo-[4.4.0]-decenon-(3)*, Kp.$_{0,4}$ 125—130°, aus IV u. vorst. Verb.; 30%. *2.4-Dinitrophenylhydrazon*, $C_{20}H_{24}N_4O_4$, F. 117° (A.). — *1.2.3.4.5.6.7.8.9.10-Dekahydrophenanthren*, Kp.$_{20}$ 140—142°, aus 8 g vorst. Verb. u. $LiAlH_4$ über den entsprechenden *Alkohol* (Kp.$_{0,3}$ 122—124°) durch Dehydrierung; 5 g. — *Phenanthren*, F. 99 bis 100° (Methanol), aus 2 g vorst. Verb. u. Pd/C, 1 Std. auf 260°, dann 2 Std. auf 300° erhitzen; 1,1 g. *Pikrat*, F. 145° (A.). — *2-Cyclopentylidencyclopentanon*, Kp.$_{20}$ 132—134°, a) aus 210 g V u. alkoh. KOH durch Zugabe von III nach BERGMANN (l. c.); 50 g; b) zu V 10%ig. alkoh. NaOH geben, 48 Std. bei Zimmertemp. stehenlassen, mit W. verdünnen u. mit Ae. extrahieren; 50%. *2.4-Dinitrophenylhydrazon*, F. 229° (Bzl./A.). *Oxim*, F. 123° (Methanol). — *2-Cyclopentylcyclopentanon*, Kp.$_{15}$ 122°, durch Hydrierung vorst. Verb. in A. mit RANEY-Ni bei Zimmertemp. unter 30 kg Druck; 90%. *2.4-Dinitrophenylhydrazon*, F. 158° (Bzl./A.). *Oxim*, F. 78—79° (PAe.). (Bull. Soc. chim. France **1958**. 556—65. April.) H. FECHTER. 2600

Amareshwar Chatterjee, Ramesh Chandra Chatterjee und **Bidyut Kamal Bhattacharyya**, *Synthese von 5-Methoxyindanon-(2)*. Mehrere Methoden zur Darst. von *5-Methoxyindanon-(2)* (I), das als Spaltprod. von Jervin auftritt, werden geprüft. Die Cyclisierung des aus m-Methoxyphenylacetylchlorid, CH_2N_2 u. HBr erhaltenen *1-Brom-3-[3'-methoxyphenyl]-propanons-(2)* mit $AlCl_3$ liefert lediglich *3-Methoxybenzylmethylketon*. Auch die Cyclisierung von α-Formyl-β-[3-methoxyphenyl]-propionsäureäthylester verläuft negativ. I wird schließlich durch Chlormethylierung von 3-Methoxyphenylessigsäureäthylester, Behandlung des erhaltenen *3-Methoxy-6-* u. *-4-chlormethylphenylessigsäuregemisches* (IV) mit KCN, Verseifung u. Veresterung, Cyclisierung des *3-Methoxyphenylen-1.6-* u. *-1.4-diessigsäuredimethylestergemisches* u. Decarboxylierung des *1-* u. *3-Carbäthoxy-5-methoxyindanon-(2)-gemisches* (III) erhalten. Ebenso entsteht I durch Erhitzen des *3-Methoxyphenylen-1.6-* u. *-1.4-diessigsäuregemisches* (II) mit $PbCO_3$. Durch Methylierung von III entsteht kein einheitliches Prod. u. die MANNICH-ROBINSON-Rk. mit I oder III ist nicht möglich.

V e r s u c h e: *1-Brom-3-[3'-methoxyphenyl]-propanon-(2)*, $C_{10}H_{11}BrO_2$, Kp.$_2$ 130 bis 135°, durch 3std. Stehen von 10 g 3-Methoxyphenylessigsäure in Bzl., $SOCl_2$ u. wenig Pyridin, ½std. Erhitzen auf 40—50°, Dest., Behandeln des *Säurechlorids* (Kp.$_2$ 120°) mit CH_2N_2 in Ae., dann mit 48%ig. HBr (N_2-Entw.), 16std. Stehen u. Vakuumdest.; 2,4 g (Ausbeute). — *3-Methoxybenzylmethylketon*, $C_{10}H_{12}O_2$, Kp.$_{1,5}$ 70—80°, a) beim Cyclisierungsvers. vorst. Verb. durch Behandeln mit $AlCl_3$ in Tetrachloräthan; b) durch 16std. Stehen von 1,02 g vorst. Säurechlorids u. Na-Malonester, Ansäuern mit Essigsäure, Extraktion mit Bzl./Ae., 2std. Erhitzen des Rückstandes mit Eisessig/konz. HCl/W. (30 : 30 : 12), Fällen mit W., Ausziehen mit Ae./Bzl. u. Dest.; 0,8 g. *Semicarbazon*, $C_{11}H_{15}N_3O_2$, F. 137—138° (Methanol). — *β-[m-Methoxyphenyl]-propionsäure*, F. 45—46°, Kp.$_1$ 160°, durch 4std. Kochen von 27,2 g m-Methoxybenzaldehyd, Cyanessigester,

NH_4-Acetat u. Eisessig in Bzl., Hydrieren des Öls an Pd-Kohle, Hydrolyse des gesätt. Esters mit konz. HCl u. Methylierung mit Dimethylsulfat/NaOH; 26 g. *Äthylester*, Kp.$_{2,5}$ 135—140°, mit A./konz. H_2SO_4. — *α-Formyl-β-[m-methoxyphenyl]-propionsäureäthylester*, $C_{13}H_{16}O_4$, Kp.$_{0,6}$ 135—140°, durch Zugabe vorst. Esters u. Äthylformiat in Ae. zu eisgekühltem Na-Äthylat in A./Bzl., 48std. Stehen, Verdünnen mit W., Ansäuern der wss. Schicht mit verd. HCl, Sättigen mit NH_4Cl, Extraktion mit Ae. u. Dest. im Vakuum; 8 g. Gibt mit H_3PO_4/H_2SO_4, mit Polyphosphorsäure bei 0° oder mit methanol. HCl nur Harze. — *Gemisch* (IV) *aus 3-Methoxy-6-chlormethyl-* u. *-4-chlormethylphenylessigsäureäthylester*, $C_{12}H_{15}ClO_3$, Kp.$_{0,6}$ 130—140°, a) aus 5 g 3-Methoxyphenylessigsäureäthylester, Formalin u. $ZnCl_2$ in Ae.; 1,7 g; b) wie vorst. mit Paraformaldehyd in Ae.; 0,65 g. Durch Oxydation mit $KMnO_4$ entstehen *4-Methoxyphthalsäure* (V) (F. 169—170°) u. *Methoxyterephthalsäure* (F. 293—295°). — *Gemisch aus 3-Methoxy-6-chlormethyl-* u. *-4-chlormethylbenzylchlorid*, $C_9H_{10}Cl_2O$, Kp.$_{0,8}$ 115—120°, aus 28 g 3-Methoxybenzylchlorid, Formalin u. $ZnCl_2$ in Ae. unter HCl-Einleiten; 29 g. Gibt durch Oxydation wie vorst. die gleichen Dicarbonsäuren. — *Gemisch aus 3-Methoxyphenylen-1.6-* u. *-1.4-diessigsäuredinitril*, $C_{11}H_{10}N_2O$, Kp.$_2$ 160—162°, aus 30 g vorst. Gemisches u. KCN; 16 g. — *Gemisch* (II) *aus 3-Methoxyphenylen-1.6-* u. *-1.4-diessigsäure*, $C_{11}H_{12}O_5$, F. 158—159°, a) aus 12 g vorst. Gemisches durch Hydrolyse mit alkoh. H_2SO_4 u. wss. methanol. KOH; 6 g; b) durch Behandlung von **IV** mit KCN u. Hydrolyse wie vorstehend. — *Gemisch aus 3-Methoxyphenylen-1.6-* u. *-1.4-diessigsäuredimethylester*, $C_{13}H_{16}O_5$, Kp.$_{0,6}$ 150—152°, aus 3,8 g **II** u. Diazomethan; 4 g. — *Gemisch* (III) aus *1-* u. *3-Carbomethoxy-5-methoxyindanon-(2)*, $C_{12}H_{12}O_4$, aus 4 g vorst. Gemisches u. Na-Methylat in Bzl., 2 Std. am Rückfluß, Versetzen mit W. u. Ansäuern der wss. Lsg.; fraktionierte Kristallisation aus CH_3OH ergibt eine *Verb.* vom F. 97—98° (0,5 g) u. eine vom F. 126—127° (0,35 g). Durch Oxydation entsteht V. — *5-Methoxyindanon-(2)* (I), F. 75—80°, Kp.$_{1,5}$ 80—90°, a) aus 0,2 g **III** (F. 97—98°) u. wss. N_2SO_4 unter H_2, 3 Std. am Rückfluß; 0,12 g; ebenso aus **III** (F. 126 bis 127°); b) durch Erhitzen von **II** mit $PbCO_3$ auf 300—305°. *Semicarbazon*, $C_{11}H_{13}N_3O_2$, F. 226—227° (CH_3OH). (J. Indian chem. Soc. **35**. 391—98. Juni 1958. Calcutta, Jadavpur Univ., Div. of Organ. Chem.) H.-G. KREY. 2650

Arthur C. Cope und **Fred Kagan**, *Cyclische Polyolefine.* 42. Mitt. *3.3.7.7-Tetracarbäthoxybicyclo-[3.3.0]-octen-(1.5) und 3.3.7.7-Tetracarbäthoxycyclooctandion-(1.5).* (41. vgl. C. **1957**. 7908.) Durch Addition von Br_2 an 2.3-Dimethylbutadien (V) u. Rk. des intermediären *1.4-Dibrom-2.3-dimethylbutens-(2)* mit N-Bromsuccinimid (**VI**) wird *Tetrakis-[brommethyl]-äthylen* (I) dargestellt. I wird zum Konstitutionsbeweis mit $KMnO_4$ zu *Tetrakis-[brommethyl]-äthylenglykol* hydroxyliert, das bei der Spaltung mit Pb-Tetraacetat (II) *symm.-Dibromaceton* liefert. Letzteres wurde als *2.4-Dinitrophenylhydrazon* charakterisiert. I konnte weder mit CuCN noch mit KCN in das Nitril übergeführt werden. Aus I u. Malonsäurediäthylester (VII) wurde *3.3.7.7-Tetracarbäthoxybicyclo-[3.3.0]-octen-(1.5)* (III) erhalten. **III** nimmt 1 Mol H_2 auf, läßt sich zur *freien Säure* verseifen u. gibt durch Einw. von Perameisensäure u. selektive Spaltung des *Formiats* mit NH_4OH *trans-3.3.7.7-Tetracarbäthoxybicyclo-[3.3.0]-octandiol-(1.5)* (trans-VIII). trans-**VIII** liefert bei der Spaltung mit **II** *3.3.7.7-Tetracarbäthoxycyclooctandion-(1.5)* (IV). Die cis-Hydroxylierung von **III** mit OsO_4/H_2O_2 bei höherer Temp. oder mit $KMnO_4$ führt zu *cis*-**VIII**, das mit **II** mit größerer Reaktionsgeschwindigkeit als trans-**VIII** u. exotherm in **IV** übergeführt u. auch durch Hydrierung von **IV** über RANEY-Ni erhalten wird. **IV** entsteht ferner bei der Ozonolyse von **III** u. wird als *Disemicarbazon*, *Bis-[2.4-dinitrophenylhydrazon]*, *Bis-[diäthylmercaptal]* u. *Dioxim* charakterisiert. Letzteres läßt sich in äthanol. HCl in Ggw. von Pd-Kohle zu *3.3.7.7-Tetracarbäthoxybicyclo-[3.3.0]-octan-1.5-diamindihydrochlorid* hydrieren, das unabhängig aus **III** u. N_2O_4 u. Red. der intermediären *Dinitroverb.* synthetisiert wird u. wahrscheinlich cis-Konfiguration besitzt. Durch Methylierung entsteht *3.3.7.7-Tetracarbäthoxybicyclo-[3.3.0]-octan-1.5-bis-[dimethylamin]*, das als *Monopikrat* isoliert wurde.

V e r s u c h e (FF. korr.): *Tetrakis-[brommethyl]-äthylen* (I), $C_6H_8Br_4$, F. 158—159° (Essigester u. Cyclohexan), durch 4std. Bromieren von **V** in CCl_4, bei 0°, Zugeben von **VI**/Benzoylperoxyd in CCl_4, 1std. Kochen nach Beendigung der exothermen Rk. u. Heißfiltration; 60% (Ausbeute). — *Tetrakis-[brommethyl]-äthylenglykol*, $C_6H_{10}Br_4O_2$, F. 107,0—109,5° (Ligroin-Bzl. 2 : 1, Methylcyclohexan u. A.), durch 7std. Oxydation von I in Aceton mit $KMnO_4$ bei 5—12° in Ggw. von wss. $MgSO_4$, Zugeben von verd. H_2SO_4 bis p_H 3, Einengen u. Ausäthern; 26%. — *symm.-Dibromaceton*, F. 24°, Kp.$_{16}$ 90 bis 96°, durch 8std. Stehen vorst. Verb. mit **II** in Chlf./Eisessig bei Raumtemp., Zugeben von Äthylenglykol u. Einengen; 79%. *2.4-Dinitrophenylhydrazon*, F. 119—120°. —*3.3.7.7-Tetracarboxybicyclo-[3.3.0]-octen-(1.5)*, $C_{12}H_{12}O_8$, F. 232—233° (Zers.; W.), durch 16std. Kochen von **III** mit äthanol. NaOH; 85%. *Tetraäthylester* (**III**), $C_{20}H_{28}O_8$, F. 115,5 bis 116,5° (Methylcyclohexan u. absol. A.), durch Zugeben von Na-VII (aus VII u. $NaOC_2H_5$ in sd. A.) zu I in sd. absol. Ae. unter N_2 in 5 Std., 1 std. Kochen u. Gießen auf Eis–3n HCl; 19%. — *trans-3.3.7.7-Tetracarbäthoxybicyclo-[3.3.0]-octandiol-(1.5)* (trans-VIII), $C_{20}H_{30}O_{10}$, F. 184—186° (absol. A.), durch 1 std. Erwärmen von III mit 87% ig. HCOOH u. 35% ig. H_2O_2 auf 45°, 19 std. Stehen bei Raumtemp., Einengen, Zugeben von W., 2 std. Rühren des Nd. mit A. u. konz. NH_4OH u. Verdünnen mit W.; 61%. *cis*-VIII, F. 74,0—76,5° (Methylcyclohexan u. 95% ig. A.), a) durch 4 std. Hydrieren von IV in Dioxan in Ggw. von RANEY-Ni W-7; 68%; b) durch 1 std. Rühren von 1,0 g III in A./Aceton mit wss. $KMnO_4$ u. Einstellen auf p_H 3 mit verd. HCl; 0,2 g. — *3.3.7.7-Tetracarbäthoxycyclo-octandion-(1.5)* (IV), $C_{20}H_{28}O_{10}$, F. 109,5—110,5° (Ae.–PAe. 6 : 1 u. absol. A.), a) durch 1½ std. Kochen von trans-VIII mit II in CH_2Cl_2 in Ggw. von Eisessig; 69%; b) durch 18 std. Kochen von III mit OsO_4 u. 88% ig. H_2O_2 in tert.-Butylalkohol, 3 std. Erhitzen auf dem Wasserbad in Ggw. von Pt, Einengen u. 40 std. Stehen des rohen cis-VIII mit II in CH_2Cl_2 in Ggw. von Eisessig bei Raumtemp.; 43%; c) durch 2½ std. Ozonisieren von III in Essigester bei — 20°, Einengen, 3 std. Erhitzen mit wss. Essigsäure auf dem Wasserbad u. Einengen; 37%; d) aus cis-VIII u. II; 74%. *Dioxim*, $C_{20}H_{30}N_2O_{10}$, F. 164,2—165,2° (verd. A.); 84%. *Disemicarbazon*, $C_{22}H_{34}N_6O_{10}$, F. 226—227° (Zers.; Methylcellosolve–W.); 100%. *Bis-[2.4-dinitrophenylhydrazon]*, $C_{32}H_{36}N_8O_{16}$, F. 244,5—245,5° (Zers.; Chlf.–PAe.), gelb; 84%. *Bis-[diäthylmercaptal]*, $C_{28}H_{48}O_8S_4$, F. 151—153° (absol. A.), mit HCl, Äthylmercaptan, Na_2SO_4 u. $ZnCl_2$; 25%. — *3.3.7.7-Tetracarbäthoxybicyclo-[3.3.0]-octan-1.5-diamin*, $C_{20}H_{32}N_2O_8$, F. 67,5—69,0° (Methylcyclohexan), aus dem Dihydrochlorid; 62%. *Dihydrochlorid*, $C_{20}H_{32}N_2O_8 \cdot 2HCl$, F. 223—224° (Zers.; absol. A.), a) durch 37 std. Hydrieren von IV-Dioxim in absol. A./konz. HCl in Ggw. von Pd-Kohle bei 60°; 73%; b) durch Einleiten von N_2O_4 in eine Lsg. von III in Ae. bei 0°, 2 std. Rühren bei 0°, 1 Std. bei Raumtemp., Einengen, Hydrieren des Öls in Eisessig in Ggw. von PtO_2, Einengen, Ansäuern mit verd. HCl, Alkalisieren mit Na_2CO_3 u. Ausäthern; 17%. — *3.3.7.7-Tetracarbäthoxybicyclo-[3.3.0]-octan-1.5-bis-[dimethylamin]*, *Monopikrat*, $C_{30}H_{43} \cdot N_5O_{15}$, F. 209—211° (Zers.; absol. A.), durch 4 tägiges Stehen vorst. Verb. mit $(CH_3)_2SO_4$ in Dioxan/Na_2CO_3, Ansäuern mit 6n HCl, Einengen, Lösen in W., Ausäthern, Einstellen der wss. Phase auf p_H 11—12 mit NaOH u. Ausäthern; 32%. (J. Amer. chem. Soc. **80.** 5499—5502. 20/10. 1958. Cambridge, Mass., MIT, Dep. of Chem.) R. PASEDAG. 2950

Arthur C. Cope und **William J. Keller,** *Cyclische Polyolefine.* 43. Mitt. *Derivate von Bicyclo-[3.3.0]-octen-(1.5).* (42. vgl. vorst. Ref.) Die Decarboxylierung von Bicyclo-[3.3.0]-octen-(1.5)-tetracarbonsäure-(3.3.7.7) (I) in Pyridin führt zu *cis-* u. *trans-Bicyclo-[3.3.0]-octen-(1.5)-dicarbonsäure-(3.7)* (cis- u. trans-II). cis-II läßt sich therm. in trans-II überführen. Die Ozonolyse des II-Gemisches führt zu *Cyclooctandion-(3.7)-dicarbonsäure-(1.5)*, die als *Disemicarbazon* isoliert wurde. Die Hydrierung von cis- bzw. trans-II über PtO_2 liefert *cis-* bzw. *trans-Bicyclo-[3.3.0]-octandicarbonsäure-(3.7)*. Das *Diammoniumsalz* von II zers. sich bei 100° zu II u. NH_3. Mit $SOCl_2$ u. NH_4OH entsteht II-*Diamid*, während aus dem *Di-Ag-Salz* mit CH_3J bzw. aus II mit CH_2N_2 der *Dimethylester* erhalten wird. Es werden auch die reinen *cis-* u. *trans-Isomeren* vom *Di-Ag-Salz*, *3-Monomethylester* u. *Dimethylester* dargestellt. II gibt ferner das *Dihydrazid* u. *Diazid*. Letzteres wird mit A. in *Bicyclo-[3.3.0]-octen-(1.5)-3.7-bis-[äthylcarbamat]* übergeführt. Da die Hydrolyse des letzteren nicht erfolgreich verlief, wurde *Bicyclo-[3.3.0]-octen-(1.5)-diamin-(3.7)-dihydrochlorid* direkt aus II-Diazid mit verd. HCl in Dioxan dargestellt u. in die *3.7-Bis-[dimethylamino]-verb.* bzw. deren *Dimethojodid* u. *Dimethohydroxyd* übergeführt. Letzteres gibt bei der Pyrolyse bei 210°/1 mm wahrscheinlich $(CH_3)_3N$ u. ein *Polymeres*. I-Tetraäthylester konnte nicht in das I-Tetrahydrazid übergeführt werden, sondern es bildete sich das *dicycl.* I-*Dihydraziddihydrazinsalzhydrat*, das beim Ansäuern das *dicycl.* I-*Dihydrazid* gibt.

Versuche (FF. korr.): *Bicyclo-[3.3.0]-octen-(1.5)-dicarbonsäure-(3.7)* (II), *cis-trans-Gemisch*, $C_{10}H_{12}O_4$, F. 273—276° (Zers.; W.), durch 1 std. Kochen von I mit Pyridin, Filtrieren, Gießen in W. u. Einengen; 97% (Ausbeute). *Diamid*, $C_{10}H_{14}N_2O_2$, F. 290—305° (Zers.; W.), durch 1,3 std. Kochen mit $SOCl_2$, Einengen u. Versetzen mit NH_4OH unter Trockeneiskühlung; 16%. *Di-Ag-Salz*, $C_{10}H_{10}Ag_2O_4$; 91,3%. *Dimethylester*, $C_{12}H_{16}O_4$, F. 55—81° (sublimiert bei 70°/0,1 mm), a) aus dem Di-Ag-Salz durch 1 std. Kochen mit CH_3J in CH_3OH; 95%; b) aus II u. CH_2N_2 in Ae.; 97%. *Dihydrazid*, $C_{10}H_{16}N_4O_2$, F. 306 bis 307° (Zers.; W.); 90%. *Diazid*, $C_{10}H_{10}N_6O_2$, F. 52—60,5° (Zers.); 93%. *trans*-II, F. 283,8—286,2°. *trans-Di-Ag-Salz*; 99%. *trans-3-Monomethylester*, $C_{11}H_{14}O_4$, F. 133,6 bis 134,2° (CCl_4), aus dem trans-Di-Ag-Salz mit CH_3J/CH_3OH. *trans-Dimethylester*, F. 88—91°; 88%. *cis*-II, F. 229—231° (W.). *cis-Di-Ag-Salz*; 97%. *cis-3-Monomethylester*, F. 86,0—87,8° (Ae.–Pentan; sublimiert bei 140°/0,15 mm); 31%. *cis-Dimethylester*, F. 34,4—36,0°; 98%. — *Cyclooctandion-(3.7)-dicarbonsäure-(1.5)* (*cis–trans-Gemisch*), $C_{10}H_{12}O_6$, F. 283—285,5° (Zers.; W.), durch 32 Min. Ozonisieren von II in Eisessig bei

17°, 1,3std. Kochen mit W. u. Einengen; 72%. *Disemicarbazonhemihydrat*, $C_{12}H_{18}N_6O_8 \cdot \frac{1}{2} H_2O$, F. 235,4° (W.). — *Bicyclo-[3.3.0]-octandicarbonsäure-(3.7)* (*cis–trans-Gemisch*), $C_{10}H_{14}O_4$, F. 164—181° (sublimiert bei 140—150°/0,3 mm), durch Hydrieren von **II** in Eisessig in Ggw. von PtO_2; 100%. *trans-Verb.*, F. 169,6—170,6°. *cis-Verb.*, F. 194—202°. — *Bicyclo-[3.3.0]-octen-(1.5)-diamin-(3.7)-dihydrochlorid* (*cis–trans-Gemisch*), $C_8H_{14}N_2 \cdot 2HCl$, F. 395° (Aceton–CH_3OH; Dunkelfärbung ab 350°), durch 2std. Kochen von II-Diazid in Dioxan mit wss. HCl u. Einengen; 42%. — *Bicyclo-[3.3.0]-octen-(1.5)-3.7-bis-[äthylcarbamat]* (*cis–trans-Gemisch*), $C_{14}H_{22}N_2O_4$, F. 180—212° (A.–W.; Sintern u. Dunkelfärbung ab 170—180°), durch Erwärmen von II-Diazid mit absol. A. bis zur Beendigung der N_2-Entw. u. Kochen; 88%. — *3.7-Bis-[dimethylamino]-bicyclo-[3.3.0]-octen-(1.5)* (*cis–trans-Gemisch*), $C_{12}H_{22}N_2$, F. 61,4—70,2° (sublimiert bei 90—110°/30 mm), durch 1std. Erwärmen von II-Diazid mit verd. HCl auf 60°, Filtrieren, Zugeben von KOH, Extrahieren mit Chlf., Einengen, 18std. Kochen des *Diamins* (68%) mit 85% ig. HCOOH u. 40% ig. CH_2O, Zugeben von 4n HCl, Einengen, Lösen in W., Alkalisieren u. Extrahieren mit Ae. u. Chlf.; 31%. *Dimethojodid*, $C_{14}H_{28}J_2N_2$, F. 280—310° (Zers.; CH_3OH u. CH_3OH–Aceton); 53%. — *Dicycl. Bicyclo-[3.3.0]-octen-(1.5)-tetracarbonsäure-(3.3.7.7)-dihydrazid*, $C_{12}H_{12}N_4O_4$, F. > 300°, aus dem Salz mit wss. HCl; 92%. *Dihydrazinsalzhydrat*, $C_{12}H_{12}N_4O_4 \cdot 2N_2H_4 \cdot H_2O$, F. 206,5° (Zers.), a) durch 4tägiges Stehen von $N_2H_4 \cdot H_2O$ u. I-Tetraäthylester in absol. A. bei Raumtemp.; 89%; b) aus der Base mit $N_2H_4 \cdot H_2O$ in A.; 92%. (J. Amer. chem. Soc. **80.** 5502—05. 20/10. 1958.)

R. PASEDAG. 2950

Arthur C. Cope, Phylis T. Moore und **William R. Moore**, *Cyclische Polyolefine. 44. Mitt. Die Struktur von Cyclooctatetraenoxyd.* (43. vgl. vorst. Ref.) Für *Cyclooctatetraenoxyd* (**I**) wird die Konst. eines 1.2-Oxyds mit einem nichtüberbrückten Achtring bewiesen. Das aus dem Maleinsäureanhydridaddukt (**III**) von Cyclooctatetraen mit Perbenzoesäure (**IV**) gewonnene *Monoepoxyd* **II** ist ident. mit dem Reaktionsprod. aus **I** u. Maleinsäureanhydrid. Damit entfällt für **I** die Konst. eines 1.4-Oxyds. Die Entscheidung zwischen einem 8-Ring u. dem Bicyclo-[4.2.0]-octansyst. wird durch das kernmagnet. Resonanzspektr. von **I** gefällt. Die Intensitäten der 2 Absorptionssignale verhalten sich wie 3 : 1 (6-Vinyl-H-Atome u. 2-Allyl-H-Atome). — Das kernmagnet. Resonanzspektr. von *Cyclooctatrien-(1.3.5)* zeigt 2 Signale mit dem Intensitätsverhältnis 3 : 2, das von *Bicyclo-[4.2.0]-octadien-(2.4)* zeigt erwartungsgemäß 3 Signale mit dem Intensitätsverhältnis 2 : 1 : 2.

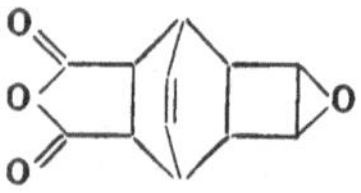

II

V e r s u c h e: *Maleinsäureanhydridaddukt* (**II**) *von* **I**, F. 208,5—209,5° (Bzl.–Ligroin 2 : 1), a) aus den Komponenten; b) durch 400std. Stehen von **III** in absol. Chlf. mit **IV** in Bzl. bei 5°; 91% (Ausbeute). (J. Amer. chem. Soc. **80.** 5505—07. 20/10. 1958.)

R. PASEDAG. 2950

Charles Dufraisse, André Étienne und **Bernard Rütimeyer**, *Synthesen aus Peridiaminonaphthacen.* Während das rohe *Peridiaminonaphthacen* (**I**) (vgl. RÜTIMEYER, C. **1956.** 2740) gegen Autoxydation empfindlich ist, kann das aus dem rohen Sulfat unter N_2 mit NH_3 gefällte u. in Cyclohexan/Dioxan chromatographierte **I** (F. 153—154°; 60%) ohne Vorsicht aus Lösungsmitteln umkrist. werden; es ist weniger autoxydationsempfindlich als die Monoaminonaphthacene. Beim Behandeln einer Lsg. von **I** in Dioxan mit O_2 in Ggw. von $KOCH_3$ entsteht *9-Aminonaphthacenchinon-(11.12)-imin-(12)* [(**II**), $C_{18}H_{12}N_2O$, F. 235—236° (Bzl.), rotbraune Nadeln; 70%] u. *Bis-[mesoperidiaminonaphthacenyl]* {*9.9'-Diamino-12.12'-diimino-11.12.11'.12'-tetrahydro-dinaphthacenyl-(11.11')*, $C_{36}H_{26}N_4$, F. 291—292° (Anisol), gelbe Nadeln; 15%}. Die Konst. von **II** ergab sich aus der sauren Hydrolyse zu *9-Aminonaphthacenchinon-(11.12)* u. aus der Bldg. von *2-Methyl-4.5;8.9-dibenzo-7H-perimidon-(7)* [**III**; $C_{20}H_{12}N_2O$, F. 270 bis 271° (Toluol), rote Nadeln] durch Umsetzung von **II** mit Acetylchlorid in Pyridin. — *9-Amino-11-hydroxy-11-methyl-12-imino-11.12-dihydronaphthacen* (**IV**), $C_{19}H_{16}N_2O$, F. 218—219° (Bzl.), aus **II** u. CH_3Li; gelbe Nadeln. — *9-Amino-11-hydroxy-11-phenyl-12-imino-11.12-dihydronaphthacen* (**V**), $C_{24}H_{18}N_2O$, F. 201—202° (Bzl.), aus **II** u. C_6H_5Li; gelbe Prismen. — *2-Methyl-4.5;8.9-dibenzo-7-hydroxy-7-methyl-7H-perimidin*, $C_{21}H_{16}N_2O$, F. 196—197° (Isopropylalkohol), aus **IV** wie **III**. — *2-Methyl-4.5;8.9-dibenzo-7-hydroxy-7-phenyl-7H-perimidin*, $C_{26}H_{18}N_2O$, F. 228—229° u. 247—248° (Bzl./Cyclohexan), aus **V**; gelbe Nadeln. — Bei der sauren Hydrolyse von **IV** u. **V** entstehen nur Harze; Hydroxyketone oder auch nur Aminoketone wurden nicht gefunden. (C. R. hebd. Séances Acad. Sci. **243.** 878—81. 24/9. 1956.)

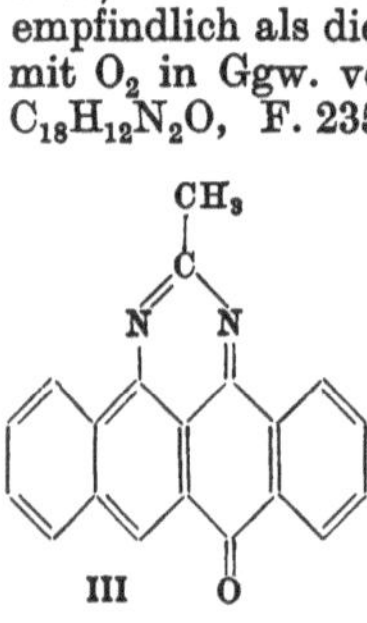

III

H. GOLD. 2950

W. F. Martynow und **G. Olman,** *Untersuchung auf dem Gebiet der Verbindungen mit einem dreigliedrigen Oxidoring.* 20. Mitt. *Reaktion von β-(Nitrophenyl)- und β-(p-Chlorphenyl)-glycidsäureestern mit Ammoniak und Anilin.* (19. vgl. C. **1958.** 11219.) β-(m-Nitrophenyl)- (**I**), β-(p-Nitrophenyl)- (**II**) u. β-(p-Chlorphenyl)-glycidsäureäthylester (**III**) reagieren mit Anilin unter Bldg. der entsprechenden β-substituierten *α-Anilino-β-hydroxypropionsäureäthylester.* Im Gegensatz zu den Angaben von Einhorn u. Gernsheim [1889] reagieren weder β-(o-nitrophenyl)-glycidsaures Na noch β-(o-Nitrophenyl)-glycidsäureäthylester (**IV**) mit Anilin. Die von Einhorn u. Gernsheim als α-Hydroxy-β-anilino-β-(o-nitrophenyl)-propionsäure angesehene Verb. erwies sich als das Anilinsalz der β-(o-Nitrophenyl)-glycidsäure (**IVa**). NH_3 wird von **I** unter Bldg. von *α-Hydroxy-β-amino-β-(m-nitrophenyl)-propionsäureamid* u. von **III** unter Bldg. von *α-Amino-β-hydroxy-β-(p-chlorphenyl)-propionsäureamid* addiert. Dagegen entstehen bei der Rk. von **II** u. **IV** mit NH_3 nur die Amide der entsprechenden Glycidsäuren. Die Strukturen der erhaltenen Verbb. werden durch Abbau mit Pb-Tetraacetat zu bekannten Verbb. sowie durch IR-Spektren bewiesen. Der Reaktionsmechanismus wird diskutiert. Die IR-Spektren aller Verbb. sind angegeben.

Versuche: *β-[p-Nitrophenyl]-glycidsäureäthylester* (**II**), $C_{11}H_{11}NO_5$, F. 80° (80%ig. A.), zu der auf −12° gekühlten Lsg. von 10 g p-Nitrobenzaldehyd u. 80 g Monochloressigsäureäthylester (**V**) in 1 Liter absol. Ae. gibt man allmählich 46 g Na-Äthylat (Temp. $< -5°$), läßt das Reaktionsgemisch über Nacht stehen, zers. mit W. u. trennt die Ae.-Schicht ab; zartgelbe Kristalle; 35% (Ausbeute). — *β-[o-Nitrophenyl]-glycidsäure* (**IVa**)-*Äthylester* (**IV**), $C_{11}H_{11}NO_5$, F. 62,5° (A.), analog aus 75 g o-Nitrobenzaldehyd, 70 g **V** u. 34 g Na-Äthylat in absol. Ae.; grünliche Kristalle, die sich beim Destillieren bei ca. 170° (bei 2 mm) explosionsartig zers.; 56%. *Anilinsalz von* **IVa**, $C_{15}H_{14}N_2O_5$, F. 125 bis 127° (W.), aus 1 g **IVa** in wss. Na_2CO_3-Lsg. u. 0,5 g Anilin. **IVa**-*Amid,* $C_9H_8N_2O_4$, F. 193—195° (Dioxan), die Lsg. von 9 g **IV** in 30 ml A. wird bei 0° mit NH_3 gesätt. u. im zugeschmolzenen Rohr 10 Std. auf 100° erhitzt; 1,1 g. — *β-[m-Nitrophenyl]-glycidsäureäthylester* (**I**), $C_{11}H_{11}NO_5$, F. 55,5° (A.), Kp.$_{1}$ 180—183°, analog aus 100 g m-Nitrobenzaldehyd; 35%. — *β-[p-Chlorphenyl]-glycidsäureäthylester* (**III**), $C_{11}H_{11}ClO_3$, Kp.$_{1}$ 160°, aus 100 g p-Chlorbenzaldehyd; $D.^{20}{}_4$ 1,2527; n_D^{20} 1,5458; 45%. — *α-Anilino-β-hydroxy-β-[p-nitrophenyl]-propionsäureäthylester, Hydrochlorid,* $C_{17}H_{18}N_2O_5 \cdot HCl$, F. 173—174° (Zers.), durch 10std. Erhitzen von 3 g **II** u. 4 g Anilin in 40 ml 96%ig. A. im Rohr auf 140—150°. Aus dem dunkelbraunen Reaktionsprod. wird überschüssiges Anilin mit Wasserdampf abgetrieben, den Rückstand löst man in A. u. fällt mit 10 ml konz. HCl aus; schwach grünes Prod.; 0,5 g. — *β-[p-Nitrophenyl]-glycidsäureamid,* $C_9H_8N_2O_4$, F. 209—210° (Zers., Dioxan), die Lsg. von 5 g **II** in 30 ml A. wird bei 0° mit NH_3 gesätt. u. im zugeschmolzenen Rohr 12 Std. auf 100° erhitzt. — *β-Hydroxy-α-anilino-β-[m-nitrophenyl]-propionsäureäthylester,* $C_{17}H_{18}N_2O_5$, F. 86,0—86,5°; durch Einleiten von trockenem NH_3 in die absol. äther. Lsg. des Hydrochlorids. *Hydrochlorid,* $C_{17}H_{18}N_2O_5 \cdot HCl$, F. 175—181° (Zers.), aus 5 g **I** u. 6 g Anilin in A. (18 Std. bei 130—150°); 57%. — *β-[m-Nitrophenyl]-glycidsäureamid,* $C_9H_8N_2O_4$, F. 180—181° (Dioxan), die Lsg. von 5 g **I** in 30 ml A. wird mit NH_3 gesätt. u. im zugeschmolzenen Rohr 15 Std. auf 100° erhitzt; nadelförmige Kristalle; 1 g. — *α-Hydroxy-β-amino-β-[m-nitrophenyl]-propionsäureamid,* $C_9H_{11}N_3O_4$, F. 194°, analog vorst. Verb. aus 3 g **I** durch 1 Monat langes Stehen bei Zimmertemp. im Rohr; 17,5%. 0,4 g geben bei der Oxydation mit 2 g frischhergestelltem Pb-Tetraacetat in 20 ml Eisessig (2 Tage bei Zimmertemp. stehenlassen, mit Soda neutralisieren u. mit Wasserdampf dest.) 0,20 g eines Gemisches (Kp. 102—104°) aus *m-Nitrobenzonitril* (87%) u. *m-Nitrobenzaldehyd* (13%). — *β-Hydroxy-α-anilino-β-[p-chlorphenyl]-propionsäureäthylester,* $C_{17}H_{18}ClNO_3$, Kp.$_{1}$ 140—145°, aus 5 g **III** u. 6 g Anilin (8 Std. bei 140—145° u. Dest. des Reaktionsprod. im Vakuum); schwach gelbe viscose Fl.; 57%. — *α-Amino-β-hydroxy-β-[p-chlorphenyl]-propionsäureamid,* $C_9H_{11}ClN_2O_2$, F. 182° (A.), die Lsg. von 10 g **III** in 30 ml A. wird bei 0° mit NH_3 gesätt., 36 Std. im Rohr bei Zimmertemp. stehengelassen u. 18 Std. auf 100° erwärmt; 18%. 1 g ergibt bei der Oxydation mit 3,5 g Pb-Tetraacetat in 25 ml Eisessig 0,46 g *p-Chlorbenzaldehyd* (Phenylhydrazon, $C_{13}H_{11}ClN_2$, F. 125—126°). (Журнал Общей Химии [J. allg. Chem.] **28** (**90**). 592—601. März 1958. Leningrad, Univ.) H. Kühne. 3030

W. F. Martynow und **Sh. D. Wassjutina,** *Untersuchung auf dem Gebiet der Verbindungen mit einem dreigliedrigen Oxidoring.* 21. Mitt. *Reaktion von β-Tetra- und β-Pentamethylenglycidsäureamiden mit Cyclohexyl- und Benzylamin.* (20. vgl. vorst. Ref.) β.β-Tetramethylenglycidsäureamid (**I**) reagiert sowohl mit Cyclohexyl- (**II**) als auch Benzylamin (**III**) unter Bldg. von *α-Hydroxy-β-cyclohexylamino-β.β-tetramethylenpropionsäureamid* (**IV**) bzw. *α-Hydroxy-β-benzylamino-β.β-tetramethylenpropionsäureamid* (**V**). Dagegen erwies sich β.β-Pentamethylenglycidsäureamid (**VI**) als viel reaktionsträger als **I**. **VI** liefert mit **III** bei 120—130° in 33%ig. Ausbeute *α-Hydroxy-β-benzylamino-*

β.β-pentamethylenpropionsäureamid, während **VI** mit **II** auch bei 150° (wahrscheinlich aus ster. Gründen) nicht reagiert. Die Struktur von **IV** u. **V** wird durch Decarboxylierung u. Oxydation zu den entsprechenden *Aldehyden* bewiesen.

Versuche: *α-Hydroxy-β-cyclohexylamino-β.β-tetramethylenpropionsäureamid* (**IV**), $C_{13}H_{24}N_2O_2$, F. 127—128° (96% A.), 5 g **I** u. 4,5 g **II** werden in 30 ml absol. A. 6 Std. im Rohr auf 100° erhitzt u. das Reaktionsgemisch im Vakuum eingedampft; 50,6% (Ausbeute). 5 g **IV** werden mit 35 ml konz. H_2SO_4 bis zur vollständigen CO_2-Abscheidung auf 150—160° erhitzt u. noch heiß auf Eis gegossen. Man neutralisiert das Gemisch mit NaOH, trennt die organ. Schicht ab, reinigt sie durch Wasserdampfdest. u. äthert das Destillat aus u. dest.: *Cyclohexylaminotetramethylenacetaldehyd,* $Kp._5$ 140—144°. *2.4-Dinitrophenylhydrazon,* $C_{18}H_{25}N_5O_4$, F. 123—125° (A.). — *α-Hydroxy-β-cyclohexylamino-β.β-tetramethylenpropionsäure,* $C_{13}H_{23}NO_3$, F. 206—207° (Zers.; W.), man kocht 3 g **IV** 8 Std. mit 50 ml 50% ig. H_2SO_4, fällt mit $BaCO_3$ u. dampft das Filtrat auf dem Wasserbad ein; 58%. *K-Salz,* aus 5 g *β.β*-tetramethylenglycidsaurem K u. 3,5 g **II** in absol. A. durch 6std. Erhitzen auf 100° im Rohr; 34%. *Benzoylderiv.,* $C_{20}H_{27}NO_4$, aus 0,5 g K-Salz in wenig 10% ig. NaOH u. 0,4 g Benzoylchlorid; das Rohprod. wird in A. gelöst, mit HCl (1: 1) gefällt u. aus 40—45% ig. A. umkrist.; 34%. — *α-Hydroxy-β-benzylamino-β.β-tetramethylenpropionsäureamid* (**V**), $C_{14}H_{20}N_2O_2$, F. 53—54° (96% A.), aus 5 g **I** u. 4,7 g **III** in 20 ml A. im Rohr (8 Std. bei 100°); 48%. — *α-Hydroxy-β-benzylamino-β.β-tetramethylenpropionsäure,* $C_{14}H_{19}NO_3$, F. 228—229° (Zers.; A.), durch 8std. Erhitzen von 2 g **V** in 50 ml 50% ig. H_2SO_4; 55%. — *α-Hydroxy-β-benzylamino-β.β-pentamethylenpropionsäureamid, Hydrochlorid,* $C_{15}H_{23}ClN_2O_2$, F. 222—223° (Zers.; wss. A.), aus 5 g **VI** u. 4 g **III** in 30 ml A. im Rohr (8 Std. bei 120—130°); 33%. (Журнал Общей Химии [J. allg. Chem.] **28** (**90**). 601—05. März 1958.) H. KÜHNE. 3030

John F. Vozza, *Produkt der Reaktion zwischen γ-Butyrolaceton und Phenylmagnesiumbromid.* Durch Einw. von Phenyl-MgBr auf *γ*-Butyrolacton werden in Abhängigkeit von der zur Zers. des GRIGNARD-Adduktes (**IV**) angewandten Säurekonz. in wechselnden Ausbeuten neben *1.1-Diphenylbutandiol-(1.4)* (**I**) *2.2-Diphenyltetrahydrofuran* (**II**) u. *1.1-Diphenylbuten-(1)-ol-(4)* (**III**) erhalten. Bei der Zers. von **IV** mit 2,05 bis 5 mol. Säure werden 90—35% **I**, mit 3,05—6,9 mol. 27—60% **II** u. mit 5,0—8,5 mol. Säure 15—26% **III** erhalten. Die Konst. von **II** ergibt sich aus den IR- u. UV-Spektren. Permanganat u. Br_2 werden nicht entfärbt. Durch Erhitzen von **I** über seinen F. oder durch Einw. von Mineralsäure entsteht **II**, nicht aber **III**, das auch als *Acetat* aus **IV** mit Acetanhydrid u. folgender Hydrolyse mit HCl oder aus **I** mit Acetanhydrid in Eisessig erhalten wird. **III** bildet ein *Dibromid,* die Oxydation mit Permanganat u. O_3 führt zu *Benzophenon.* Ferner wurde **III** mit dem isomeren *1.1-Diphenylbuten-(3)-ol-(1)* verglichen.

Versuche: *1.1-Diphenylbutandiol-(1.4)* (**I**), $C_{16}H_{18}O_2$, F. 108—109° (PAe.), aus Brombenzol u. Mg in Ae. durch Zugabe von *γ*-Butyrolacton bei 0° oder dem Kp. des Gemisches in ca. 2 Std. u. Zers. mit 2,05 mol. HCl bzw. der äquivalenten Menge Essigsäure; 80—90% (Ausbeute). Gibt mit konz. H_2SO_4 eine Rotfärbung. *Monobenzoat,* $C_{23}H_{22}O_3$, F. 123—124°. — *1.1-Diphenylbuten-(1)-ol-(4)* (**III**), $C_{16}H_{16}O$, $Kp._{0,6}$ 135—137°, durch Zers. von **IV** mit 8,5 mol. HCl; $D.^{25}_{25}$ 1,1024, n_D^{25} 1,5948. *Dibromid,* $C_{16}H_{16}Br_2O$, F. 96—97°. *Acetat,* $C_{18}H_{18}O_2$, $Kp._{0,8}$ 144—146°, a) aus **IV** mit Acetanhydrid in Ae. beim Kp. in 2 Std. u. Zers. mit 1,7 mol. HCl; $D.^{25}_{25}$ 1.0960, n_D^{25} 1,5740; 54,5%; b) aus **I** u. der äquivalenten Menge Acetanhydrid in Eisessig in 1 Std. neben **II**; 66%. — *1.1-Diphenylbuten-(3)-ol-(1),* $C_{16}H_{16}O$, $Kp._{0,5}$ 136—138°, aus Allyl-MgBr u. Benzophenon; $D.^{25}_{25}$ 1,0756, n_D^{25} 1,5875. *Dibromid,* $C_{16}H_{16}Br_2O$, F. 186—188°. — *2.2-Diphenyltetrahydrofuran* (**II**), $C_{16}H_{16}O$, F. 68—69°, a) durch Behandlung von **IV** mit 6,5 mol. HCl; 59,5%; daneben **III**; 15,0%, b) durch Erhitzen von **I** auf 130° in 2 Std.; 97%; c) aus **I** in wss. Dioxan u. H_2SO_4 bei Raumtemp. in 6 Std.; 92%. (J. org. Chemistry **24.** 720—22. Mai 1959. Racine, Wis., Univ., Extransion Div.) D. KIRSTEIN. 3061

E. M. Bickoff, R. L. Lyman, A. L. Livingston und **A. N. Booth,** *Charakterisierung von Cumöstrol, einem natürlich vorkommenden Pflanzenöstrogen.* Für *Cumöstrol* wird die früher (vgl. C. **1959.** 12592) vorgeschlagene Konst. als *6'.7-Dihydroxybenzofuro-[3'.2':3.4]-cumarin* (**I**) durch Abbau bewiesen. **I** bildet mit Dimethylsulfat u. methanol. KOH *2-[2.4-Dimethoxyphenyl]-6-methoxybenzofuran-3-carbonsäuremethylester.* Decarboxylierung der *freien Säure,* folgende Ozonolyse u. oxydative Spaltung des Ozonids mit H_2O_2 gibt *4-Methoxy-2-[2.4-dimethoxybenzoyloxy]-benzoesäure* (**II**), deren Verseifung *2.4-Dimethoxybenzoesäure* (**III**) u. *2-Hydroxy-4-methoxybenzoesäure* (**IV**). **II** wird aus **III** u. **IV** synthetisiert. Synthet. **I** ist mit natürlichem **I** identisch.

Versuche: *2-[2.4-Dimethoxyphenyl]-6-methoxybenzofuran-3-carbonsäure,* $C_{18}H_{16}O_6$, F. 178°, aus 50 mg Methylester mit 10% ig. methanol. KOH; Nadeln aus CH_3OH u. W.; 35 mg (Ausbeute). *Methylester,* $C_{19}H_{18}O_6$, F. 98°, aus 50 mg **I** in sd. Aceton in Ggw. von

Na_2CO_3 mit Dimethylsulfat u. 10% ig. methanol. KOH; Nadeln aus Methanol u. W.; 40 mg (Ausbeute). — *2-[2.4-Dimethoxyphenyl]-6-methoxybenzofuran*, $C_{17}H_{16}O_4$, F. 82°, aus 50 mg vorst. Säure durch Erhitzen bei 240—260° unter N_2; Nadeln aus Methanol u. W.; 30 mg. — *4-Methoxy-2-[2.4-dimethoxybenzoyloxy]-benzoesäure* (**II**), $C_{17}H_{16}O_7$, F. 151°, a) aus 2,6 g **III** mit $SOCl_2$ (24 Std. bei Zimmertemp.), Rk. des Säurechlorids mit 1,5 g **IV** in Dimethylanilin–Bzl. (3 Std.) u. Gegenstromverteilung des Prod. im Syst. Aceton–Ae.–PAe.–W. (42 : 15 : 22 : 21); Nadeln aus CH_3OH u. W.; 200 mg; b) aus 25 mg vorst. Verb. mit O_3 in Methanol (50 Min.), Zusatz von H_2O_2 (über Nacht bei Zimmertemp.) u. Chromatographie des Prod. an SiO_2, λ_{max} 253 u. 290 mμ, λ_{min} 233 u. 278 mμ; daneben *2.4-Dimethoxybenzoesäure* (**III**), λ_{max} 253 u. 287 mμ, λ_{min} 233 u. 272 mμ, u. *2-Hydroxy-4-methoxybenzoesäure* (**IV**), λ_{max} 250 u. 293 mμ, λ_{min} 233 u. 271 mμ. (J. Amer. chem. Soc. **80**. 3969—71. 5/8. 1958. Albany, Calif., Western Regional Res. Labor.)

G. Schmidt-Kastner. 3061

S. Sugasawa und **S. Ushioda**, *Anwendungsmöglichkeiten der Bischler-Napieralski-Reaktion. 2. Mitt. Synthese von Pyrrolinderivaten.* Die Bischler-Napieralski-Rk. wird auf die Cyclisierung von Acylderivv. des 4-Phenylbuten-(3)-ylamins angewendet. Aus N-[4-Phenylbuten-(3)-yl]-benzamid wird so *2-Phenyl-3-benzal-Δ^1-pyrrolin* (I) erhalten, dessen Spektren im UV u. IR untersucht werden. Das I-*Methojodid* wird katalyt. zu *1-Methyl-2-phenyl-3-benzylpyrrolidin* red., dessen *Methojodid* durch den Emde-Abbau in *N.N-Dimethyl-3-benzyl-4-phenylbutylamin* (**II**) übergeführt wird. Der Hofmann-Abbau des II-*Methojodids* liefert *3-Benzyl-4-phenylbuten-(1)*, das zu *Dibenzylessigsäure* oxydiert werden kann. Das aus N-[4-Phenylbuten-(3)-yl]-acetamid dargestellte *2-Methyl-3-benzal-Δ^1-pyrrolin* liefert nach einem analogen Abbauprozeß schließlich *α-Benzylbuttersäure*, die als *Anilid* identifiziert wird. Die Red. u. anschließende Methylierung von 5.6-Diphenyl-3.4-dihydropyridon-(2) führt zu *1-Methyl-2.3-diphenylpiperidin*, dessen *Methojodid* durch Abbau nach Emde u. Hofmann *4.5-Diphenylpenten-(1)* ergibt, das zu *β.γ-Diphenylbuttersäure* oxydiert werden kann.

Versuche: *2-Phenyl-3-benzal-Δ^1-pyrrolin* (I), $C_{17}H_{15}N$, F. 110—111°, durch 3std. Kochen von *N-[4-Phenylbuten-(3)-yl]-benzamid* [aus dem durch katalyt. Red. von Cinnamylcyanid erhaltenen *4-Phenylbuten-(3)-ylamin* durch Benzoylierung] mit Bzl. u. $POCl_3$, Dest. im Vakuum, Behandeln mit Eis, Neutralisieren mit K_2CO_3, Versetzen mit Bzl. u. Extrahieren mit 3% ig. HCl; aus Hexan Nadeln; 93,5% (Ausbeute). *Pikrat*, $C_{23}H_{18}N_4O_7$, F. 192,5—193,5°, aus A. gelbe Nadeln. *Methojodid*, F. 169,5 bis 170,5° (Zers.). — *Trimeres 2-Phenyl-3-benzalpyrrol*, $(C_{17}H_{13}N)_3$, F. 205°, durch 5std. Erhitzen von I mit Pd/Kohle in p-Cymol u. Äthylcinnamat bei 190°; scharlachrot. — *1-Methyl-2-phenyl-3-benzalpyrrolidin*, durch Red. des aus vorvorst. Methojodid erhaltenen *Methochlorids* in A. über Adams Pt bis zur Aufnahme von einem Mol H_2. *Methojodid*, $C_{19}H_{22}JN$, F. 226° (Zers.; Methanol). — *1-Methyl-2-phenyl-3-benzylpyrrolidin*, $C_{18}H_{21}N$, F. 71°, wie vorst. Verb. nach Aufnahme von 2 Mol H_2; 85%. *Pikrat*, $C_{24}H_{24}N_4O_7$, F. 200,5—201,5°, aus A. gelbe Nadeln. *Methojodid*, $C_{19}H_{24}JN$, F. 192°, aus Methanol/Ae. Nadeln. — *N.N-Dimethyl-3-benzyl-4-phenylbutylamin* (II), Kp.$_{3,5}$ 171—175°, durch Lösen des aus vorst. Methojodid erhaltenen *Methochlorids* in 20% ig. wss. NaOH u. Zugabe von Raney-Ni bei 20—25° unter Rühren innerhalb von 2 Std. *Methojodid*, $C_{20}H_{28}JN$, F. 165—167°, aus Methanol/Ae. Schuppen. *Pikrat*, $C_{25}H_{28}N_4O_7$, F. 125 bis 125,5°, aus Methanol/Ae. gelbe, rhomb. Kristalle. — *3-Benzyl-4-phenylbuten-(1)* (?), durch Crackdest. des aus vorst. Methojodid erhaltenen *Hydroxyds* bei 160/3 mm u. Entfernen des unveränderten Amins mit HCl; 64,8%. — *Dibenzylessigsäure*, $C_{16}H_{16}O_2$, F. 92—93° (n-Hexan), durch Oxydation vorst. Verb. mit $KMnO_4$ in Aceton bei Zimmertemp. unter Rühren, Abfiltieren des MnO_2, Abdampfen des Acetons im Vakuum, Ausschütteln mit Bzl. u. Ansäuern der wss. Schicht mit HCl. — *5.6-Diphenyl-3.4-dihydropyridon-(2)*, $C_{17}H_{15}NO$, F. 215°, durch 10std. Kochen einer Lsg. von δ-Oxo-γ.δ-diphenylvaleronitril in tert.-Butanol mit 30% ig. methanol. KOH; aus A. Prismen; 68,4%. — *5.6-Diphenylpiperidon-(2)*, $C_{17}H_{17}NO$, F. 183,5—184,5°, durch Hydrierung vorst. Verb. in Methanol/Dioxan über Adams Pt bei 50° nach Aufnahme von einem Mol H_2; aus A. feine Nadeln; 73%. — *2.3-Diphenylpiperidin*, $C_{17}H_{19}N$, F. 86,5—87,5°, durch 3std. Kochen vorst. Verb. in Dioxan mit äther. $LiAlH_4$, Zugabe von wss. Ae., Entfernen der Lösungsmittel im Vakuum u. Dest.; aus A. Prismen. — *1-Methyl-2.3-diphenylpiperidin*, Kp.$_{1,5}$ 159—160°, aus vorst. Verb. durch Behandlung mit HCOOH u. wss. CH_2O. *Pikrat*, F. 149—150,5°. *Methojodid*, $C_{19}H_{24}JN$, F. 254° (Zers.), aus A. Würfel. — *N.N-Dimethyl-4.5-diphenylpentylamin*, Kp.$_{2-2,5}$ 165°, durch Emde-Abbau vorst. Methojodids mit 5% ig. Na-Amalgam; 64%. *Pikrat*, $C_{25}H_{28}N_4O_7$, F. 121—122°, aus Methanol/Ae. gelbe Schuppen. *Methojodid*, $C_{20}H_{28}JN$, F. 164—165°, aus Methanol/Ae. Platten. — *4.5-Diphenylpenten-(1)*, Kp. 144—146°, durch Crackdest. des aus vorst. Methojodid erhaltenen *Hydroxyds* im Vakuum. — *β.γ-Diphenylbuttersäure*, $C_{16}H_{16}O_2$, F. 93°, a) durch

Oxydation vorst. Verb.; b) durch Kondensation von Desoxybenzoin mit Cyanessigsäureäthylester; aus Hexan Würfel. — *2-Methyl-3-benzal-Δ^1-pyrrolin*, F. 61—63°, aus *N-[4-Phenylbuten-(3)-yl]-acetamid* [$C_{12}H_{15}NO$, F. 73—74°, aus n-Hexan Platten] durch Behandlung mit $POCl_3$ in sd. Bzl.; aus n-Hexan Prismen; 90%. *Pikrat*, $C_{18}H_{16}N_4O_7$, F. 224° (Zers.), aus A. gelbe Nadeln. *Methojodid*, $C_{13}H_{16}JN$, F. 266,5° (Zers.), aus Methanol/Ae. Nadeln. — *1.2-Dimethyl-3-benzylpyrrolidin*, Kp.$_{2,5-3}$ 109—112°, durch Hydrierung vorst. Methojodids an ADAMS Pt nach Aufnahme von 2 Mol H_2. *Methojodid*, $C_{14}H_{22}JN$, F. 212—213° (Zers.), aus Methanol/Ae. Nadeln. — *N.N-Dimethyl-3-benzylpentylamin*, durch Behandlung vorst. Methojodids mit RANEY-Ni in Ggw. von Alkali. *Methojodid*, $C_{15}H_{26}JN$, F. 115,5—116,5°, aus Methanol/Ae. Platten. — *α-Benzylbuttersäure*, a) durch erschöpfende Methylierung vorst. Methojodids nach HOFMANN u. Oxydation der so erhaltenen N-freien *Verb.* (41%) mit $KMnO_4$ in Aceton; b) aus Benzyläthylmalonsäure. *Anilid*, $C_{17}H_{19}NO$, F. 90°, aus Hexan Nadeln. Die UV- u. IR-Daten von I sind angegeben. (Tetrahedron [London] **5**. 48—52. Jan. 1959. Tokyo, Univ., Fac. of Pharmaceut. Sci.) U. KRÜGER. 3081

V. Q. Yen, N. P. Buu-Hoï und **N. D. Xuong**, *Fluorierte Isatine und einige ihrer heterocyclischen Derivate.* 4-Fluor- (**III**), 3.4-Difluor- (**VIII**) u. 4-Brom-3-fluoranilin werden durch Kondensation mit Chloral (**II**) u. NH_2OH u. Cyclisierung der gebildeten *Isonitrosoacetanilide* in *5-Fluor-* (**I**), *5.6-Difluor-* u. *5-Brom-6-fluorisatin* übergeführt. Mit 2-Fluor- u. 2.4-Difluoranilin entstehen zwar die entsprechenden *Isonitrosoacetanilide*, die sich aber mit H_2SO_4 nicht cyclisieren lassen. Die MARCHLEWSKI-Kondensation von **I** u. den Analogen mit o-Phenylendiamin (**IV**) führt zu *9-Fluor-*, *8.9-Difluor-* u. *8-Fluor-9-bromindophenazin* (*8-Fluor-9-brom-6H-indolo-[2.3:b]-chinoxalin*). Die PFITZINGER-Rk. von **I** mit Aceton (**VII**), Acetophenon (**V**) u. p-Fluoracetophenon (**VI**) liefert die *2-substituierten 6-Fluorcinchoninsäuren*, die sich zu den *2-substituierten 6-Fluorchinolinen* decarboxylieren lassen. Mit Cyclopentanon wird analog *6-Fluor-2.3-trimethylenchinolin* (*7-Fluor-2.3-dihydro-1H-cyclopenta-[b]-chinolin*) erhalten. 1-Acetyl-5-fluorisatin wird durch Rk. nach CAMPS [1899] in *6-Fluor-2-hydroxycinchoninsäure* übergeführt. **I** u. seine Analogen liefern bei der PFITZINGER-BORSCHE-Rk. mit Cyclohexanon (**IX**) u. 4-Methylcyclohexanon die entsprechenden *1.2.3.4-Tetrahydroacridin-9-carbonsäuren*, die sich therm. zu den entsprechenden *Fluoracridinen* decarboxylieren lassen. *5-Fluorisatin-α-chlorid* wird mit Zn zu *5.5'-Difluorindirubin* reduziert.

Versuche: *p-Fluorisonitrosoacetanilid*, $C_8H_7FN_2O_2$, F. 160° (W.), durch 2 Min. Kochen vom **II**-Hydrat, wss. Na_2SO_4, 55,5 g **III** u. $NH_2OH \cdot HCl$ in wss. HCl; Nadeln; 88 g (Ausbeute). Daneben *Nadeln vom F. 302°* (Essigsäure). — *5-Fluorisatin* (**I**), $C_8H_4 \cdot FNO_2$, F. 227° (wss. Essigsäure), durch portionsweises Zugeben von 87 g vorst. Verb. zu konz. H_2SO_4 bei 60—70°, 20 Min. Erhitzen auf 80° u. Gießen auf Eis; ziegelrote Nadeln; 44 g. *Oxim*, $C_8H_5FN_2O_2$, F. 275° (A.), gelbliche Nadeln. — *9-Fluorindophenazin*, $C_{14}H_8FN_3$, F. 302° (Essigsäure), durch 15 Min. Kochen von 2,5 g **I** u. **IV** in Essigsäure; kleine gelbe Nadeln; 2,5 g. — *6-Acetyl-9-fluorindophenazin*, $C_{16}H_{10}FN_3O$, F. 201° (Essigsäure), durch 15 Min. Kochen von 0,5 g vorst. Verb. mit Acetanhydrid; Nadeln; 0,4 g. — *5-Fluorisatin-α-chlorid*, C_8H_3ClFNO, F. 201° (Zers.; Bzl.), aus 5,5 g **I** u. PCl_5 in absol. Bzl.; ziegelrote Nadeln; 3,5 g. — *5.5'-Difluorindigo*, durch Red. von 3 g vorst. Verb. mit Zn/Essigsäure; blaue Nadeln aus Pyridin; 0,15 g. — *5.5'-Difluorindirubin*, neben vorst. Verb.; violette Nadeln; 0,5 g. — *N-Acetyl-5-fluorisatin*, $C_{10}H_6FNO_3$, F. 149° (Essigsäure), gelbe Nadeln; 2,3 g aus 2,5 g. — *6-Fluor-2-hydroxycinchoninsäure*, $C_{10}H_6FNO_3$, F. >360° (Essigsäure; sublimiert), durch 1 std. Kochen von 1,5 g vorst. Verb. mit wss. NaOH, Stehen über Nacht u. Neutralisieren mit verd. HCl, Filtrieren u. Einstellen auf p_H 6; gelbliche Prismen; 0,8 g. — *6-Fluor-2-phenylcinchoninsäure*, $C_{16}H_{10} \cdot FNO_2$, F. 223° (A.), durch 12 std. Kochen von **I** u. **V** mit 20%ig. äthanol. KOH, Einengen, Aufnehmen in W., Ausäthern u. Ansäuern mit Essigsäure; Prismen. — *6-Fluor-2-phenylchinolin*, $C_{15}H_{10}FN$, F. 86° (A.), durch Erhitzen vorst. Verb. über den F.; Prismen. *Pikrat*, F. 176°, gelb. — *6-Fluor-2-[4-fluorphenyl]-cinchoninsäure*, $C_{16}H_9F_2NO_2$, F. 251° (A.), aus **I** u. **VI**; Prismen. — *6-Fluor-2-[4-fluorphenyl]-chinolin*, $C_{15}H_9F_2N$, F. 128° (CH_3OH), Nadeln. *Pikrat*, F. 172°, gelb. — *6-Fluor-2-methylcinchoninsäure*, $C_{11}H_8FNO_2$, F. 246° (W.), aus **I** u. **VII** in W.; Nadeln. — *6-Fluor-2.3-trimethylencinchoninsäure*, $C_{13}H_{10}FNO_2$, F. 306° (Essigsäure), gelbliche Nadeln. — *6-Fluor-2.3-trimethylenchinolin*, $C_{12}H_{10}FN$, F. 88°, (CH_3OH), Nadeln. *Pikrat*, F. 231°. — *3.4-Difluorisonitrosoacetanilid*, $C_8H_6F_2N_2O_2$, F. 156° (W.), aus 20 g **VIII**, **II**-Hydrat u. $NH_2OH \cdot HCl$; seidige Nadeln; 29 g. — *5.6-Difluorisatin*, $C_8H_3F_2NO_2$, F. 226° (wss. Essigsäure), aus 28 g vorst. Verb. mit H_2SO_4; glänzende rote Nadeln; 14 g. — *8.9-Difluorindophenazin*, $C_{14}H_7F_2N_3$, F. 337° (Essigsäure; sublimiert), aus 1,7 g vorst. Verb. u. **IV**; gelbe Nadeln; 1,5 g. *6-Acetylverb.*, $C_{16}H_9F_2N_3O$, F. 239° (Essigsäure), gelbliche Nadeln. — *4-Brom-3-fluor-*

isonitrosoacetanilid, $C_8H_6BrFN_2O_2$, F. 194° (Zers.; W.), kleine gelbe Nadeln; 4 g aus 3 g. — *5-Brom-6-fluorisatin*, $C_8H_3BrFNO_2$, F. 252° (verd. Essigsäure), glänzende orangefarbene Prismen; 3 g aus 3,5 g. PFITZINGER-Rk. mit IX → eine *Cinchoninsäure*, die sich >305° zersetzt. — *9-Brom-8-fluorindophenazin*, $C_{14}H_7BrFN_3$, F. 297° (Pyridin), seidige gelbe Nadeln; 0,4 g aus 0,5 g. *6-Acetylderiv.*, $C_{16}H_9BrFN_3O$, F. 251° (Essigsäure), gelbliche Prismen. — *o-Fluorisonitrosoacetanilid*, $C_8H_7FN_2O_2$, F. 118° (wss. Essigsäure), Prismen. Gibt mit H_2SO_4 hellgelbe *Nadeln vom F. 281°* (Essigsäure). — *2.4-Difluorisonitrosoacetanilid*, $C_8H_6F_2N_2O_2$, F. 135° (Essigsäure), Nadeln. Gibt mit H_2SO_4 gelbe *Prismen vom F. 291°* (Zers.; Essigsäure). — 1.2.3.4 - Tetrahydroacridine: *7-Fluor-9-carboxy-*, $C_{14}H_{12}FNO_2$, F. 326°. — *7-Fluor-*, $C_{13}H_{12}FN$, F. 71°. — *2-Methyl-7-fluor-9-carboxy-*, $C_{15}H_{14}FNO_2$, F. 319°. — *2-Methyl-7-fluor-*, $C_{14}H_{14}FN$, F. 88°. — *6.7-Difluor-9-carboxy-*, $C_{14}H_{11}F_2NO_2$, F. 336°. — *6.7-Difluor-*, $C_{13}H_{11}F_2N$, F. 70°. — *2-Methyl-6.7-difluor-9-carboxy-*, $C_{15}H_{13}F_2NO_2$, F. 341°. — *2-Methyl-6.7-difluor-*, $C_{14}H_{13}F_2N$, F. 80°. (J.org. Chemistry **23**. 1858—61. Dez. 1958. Paris, Univ., Radium-Inst.)

R. PASEDAG. 3081

D. G. Harvey, *Synthese von 5-Bromtryptophan und einigen Derivaten.* Die Cyclisierung von Brenztraubensäureäthylester-p-bromphenylhydrazon mit Polyphosphorsäure (I) führt zu *5-Bromindol-2-carbonsäureäthylester.* Durch Verseifung u. Decarboxylierung entsteht *5-Bromindol.* Aus diesem werden *5-Bromtryptophan, 8-Brom-2.3.4.5-tetrahydro-2-methyl-β-carbolin-4-carbonsäure* u. *8-Brom-2-methyl-β-carbolin* dargestellt.

Versuche: *Brenztraubensäureäthylester-p-bromphenylhydrazon*, $C_{11}H_{13}BrN_2O_2$, F. 144°, aus der freien Säure u. durch JAPP-KLINGEMANN-Rk. von diazotiertem p-Bromanilin mit α-Acetylpropionsäureäthylester; hellbraune Nadeln. — *5-Bromindol-2-carbonsäure*, $C_9H_6BrNO_2$, F. 248° (A.), aus dem Ester; 68% (Ausbeute). *Äthylester*, $C_{11}H_{10}\cdot BrNO_2$, F. 162° (A.), durch 5 Min. Erhitzen vorst. Verb. mit I auf 110—120°; Nadeln; 92%. — *5-Bromindol*, C_8H_6BrN, F. 83°, Platten; 75—80%. — *5-Brom-3-dimethylaminomethylindol (5-Bromgramin)*, $C_{11}H_{13}BrN_2$, F. 162°, Blättchen; 65%. — *[5-Bromindolyl-(3)-methyl]-formamidomalonsäurediäthylester*, $C_{17}H_{19}BrN_2O_5$, F. 141°, Würfel oder Rhomben; 90%. — *5-Bromtryptophandihydrat*, $C_{11}H_{11}BrN_2O_2\cdot 2\,H_2O$, F. 251°, Blättchen; 66%. — *7-Brom-2.3.4.5-tetrahydro-2-methyl-β-carbolin-4-carbonsäuredihydrat*, $C_{13}H_{13}\cdot BrN_2O_2\cdot 2\,H_2O$, F. 268°, Nadeln; 66%. — *7-Brom-2-methyl-β-carbolin*, $C_{12}H_9BrN_2$, F. 246°, Nadeln; 52%. (J. chem. Soc. [London] **1959**. 473—74. Jan. London, Royal Veterin. Coll., Dep. of Pathol.) R. PASEDAG. 3081

A. Świrska und **J. Lange,** *Pharmaceutica aus Furfurol.* 3. Mitt. *Darstellung von N-[5-Nitro-2-furfuryliden]-3-aminooxazolidon-(2).* (2. vgl. C. **1959**. 6127.) *N-[5-Nitrofurfuryliden-(2)-amino]-oxazolidon-(2)* (I), $C_8H_7N_3O_5$, F. 252—253° (Zers.) wird durch 3std. Erhitzen von *3-Aminooxazolidon-(2)* (II) mit 5-Nitrofurfuroldiacetat in wss.-alkoh. Lsg. in Ggw. von H_2SO_4 u. Kühlen des Reaktionsgemisches auf 0° mit 85%ig. Ausbeute erhalten. II wird durch Kondensation von 0,1 Mol *Monoäthanolhydrazin* (III) mit 0,1 Mol Kohlensäurediäthylester in Ggw. von C_2H_5NaO im Überschuß in alkoh. Lsg. erhalten. III, $Kp._{20}$ 135—140°, entsteht mit 72% Ausbeute neben 25% Diäthanolhydrazin beim Einleiten von 1 Mol Äthylenoxyd in eine 37%ig. wss. Lsg. von 1,77 Mol N_2H_4 bei 15—25° u. fraktionierte Dest. der Lösung. I zeigt in Konz. 1,5—12 γ/ml baktericide Eigg. gegen Klebsiella pneumoniae, Escherichia coli, Salmonella typhi murium, Shigella shigae, Sh. sonnei, Aerobacter aerogenes, Staph. aureus, Strept. pyogenes u. Proteus vulgaris. (Przemysł chem. **13** (**40**). 400—01. Juli 1957.) F. URBAN. 3132

Siegfried Hünig und **Wolfgang Lampe,** *Umlagerungen in der Thiazolreihe.* Die oxydative Kupplung mit α-Naphthol u. $[Fe(CN)_6]^{3-}$ in ammoniakal. Lsg. stellt eine empfindliche Farb-Rk. auf heterocycl. Hydrazone, in denen das Amidrazonsyst. $-NR-C(=N\cdot NH_2)-$ enthalten ist, dar. Bei der von BOSE [1925] als *3.4-Diphenylthiazolon-(2)-hydrazon* (I) beschriebenen Verb., die nach obiger Meth. nicht oxydativ kuppelt, handelt es sich um *3-Amino-2-phenylimino-4-phenylthiazolin* (II). I u. *3-Phenyl-4-methylthiazolon-(2)-hydrazon* (III) wurden aus 3.4-Diphenyl- bzw. 3-Phenyl-4-methylthiazolthion-(2) durch Quaternisieren u. Rk. mit Hydrazinhydratlsg. unter Mercaptanentw. erhalten. Die Quaternisierung mit $(CH_3)_2SO_4$ ergab zähe Fll., die für die weitere Rk. rein genug waren, während die Behandlung mit Triäthyloxoniumfluoborat krist. Quartärsalze lieferte. I u. III kuppeln mit α-Naphthol zu roten Farbstoffen. Durch kurzes Kochen von I u. III mit HCl tritt Umlagerung zu II bzw. *3-Amino-2-phenylimino-4-methylthiazolin* (IV) ein; II u. IV kuppeln nicht mehr oxydativ; die prim. Aminogruppe läßt sich durch Kondensation mit Carbonylverbb. nachweisen. Alle Rkk. der Aminogruppe verlaufen mit II u. IV langsamer als mit I u. III; bes. IV reagiert infolge ster. Hinderung langsam. I u. III lassen sich zu *3.4-Diphenyl-* (VII) bzw. *3-Phenyl-4-methylthiazolon-(2)-benzoylhydrazon* (V) benzoylieren. IV wird durch Rk. mit Benzoylchlorid in *3-Benzoyl-*

amino-2-phenylimino-4-methylthiazolin (VI) übergeführt, während II nicht reagiert. **V** lagert sich beim Kochen in salzsaurem A. in **VI** um. **V** u. **VII** sind so säureempfindlich, daß bereits die Rk. der quartären Salze von 3.4-Diphenyl- u. 3-Phenyl-4-methylthiazolthion-(2) mit Benzhydrazid zur Bldg. von *3-Benzoylamino-2-phenylimino-4-phenylthiazolin* (VIII) bzw. **VI** führt. Diese Umlagerungen treten nur bei 3-Arylthiazolinen ein, 3-Methylthiazoline sind in saurer Lsg. beständig. Der Ringschluß von 1-Acyl-4-phenylthiosemicarbaziden schließt die Thiadiazinbldg. aus, ergibt aber im Gegensatz zu Angaben von BOSE (l. c.) **VI** bzw. **VIII**, aber nicht **V** bzw. **VII**, da letztere unter den Kondensationsbedingungen bereits umgelagert werden. Die Rk. von α-Halogenketonen mit Aceton-4-phenylthiosemicarbazon oder Anisaldehyd-4-phenylthiosemicarbazon führt zu Derivv. von **I** u. **III**, die auch durch Kondensation von **I** bzw. **III** mit Anisaldehyd bzw. Aceton dargestellt werden konnten. Die Angaben von BOSE (l. c.), daß die Kondensation von ω-Bromacetophenon mit 4-Methylthiosemicarbazid zu *5-Phenyl-2-methylamino-1.3.4-thiadiazin* u. *3-Methyl-4-phenylthiazolon-(2)-hydrazon* (**IX**) führt, werden bestätigt. Das von BOSE als Acetonazin isolierte **IX** konnte aus *3-Methyl-4-phenylthiazolthion-(2)* durch Quaternisierung mit $(CH_3)_2SO_4$ u. Rk. mit Hydrazinlsg. dargestellt u. in das *Acetonazin* übergeführt werden. **IX** ließ sich durch Kochen mit HCl nicht umlagern. Die Kondensation von 1-Benzoyl-4-methylthiosemicarbazid mit α-Halogenketonen ergab *3-Methyl-4-phenyl-* bzw. *3.4-Dimethylthiazolon-(2)-benzoylhydrazon*; beide Verbb. ließen sich zu oxydativ kuppelnden Hydrazonen verseifen, die Phenylverb. ergab **IX**. Die Angaben von TRAVERSO (C. **1954**. 8809), daß Chloraceton mit 4-Methylthiosemicarbazid in fast quantitativer Ausbeute unter Bldg. von *3-Amino-2-methylimino-4-methylthiazolin* (**X**) reagiere, konnten nicht bestätigt werden. Zwar gelang es, 3-Amino-2-imino-4-methylthiazolin nach TRAVERSO zu **X** zu methylieren; **X** ergab auch das beschriebene p-Nitrobenzalhydrazon u. kuppelte nichtoxydativ mit Phenolen. Der direkte Ringschluß ergab jedoch ein Rohprod., das hauptsächlich *3.4-Dimethylthiazolon-(2)-hydrazonhydrochlorid* (**XI**) darstellt. **XI** wurde auch durch Verseifung des entsprechenden Benzoylhydrazons erhalten. Spuren **XI** kuppeln oxydativ mit α-Naphthol. Durch Kochen von **X** mit konz. HCl wurde ein Prod. erhalten, das mit α-Naphthol glatt oxydativ kuppelt u. in 16%ig. Ausbeute das **XI** entsprechende p-Nitrobenzalhydrazon ergab. **X** wird in stark salzsaurer Lsg. also zumindestens teilweise zu **XI** umgelagert.

V e r s u c h s (FF. korr.): *3.4-Diphenylthiazolthion-(2)*, F. 130—132° (roh), durch portionsweise Zugabe von Bromacetophenon zu Ammoniumdithiocarbanilid in A. unter Eiskühlung, langsames Erwärmen, 1 std. Kochen, Einengen, Kühlen u. Absaugen, Anreiben mit W., mehrstd. Stehen u. Filtrieren; 78% (Ausbeute). — *3-Phenyl-4-methylthiazolon-(2)-hydrazon* (**III**), $C_{10}H_{11}N_3S$, F. 127—128° (A), a) durch Erwärmen von 3-Phenyl-4-methylthiazolthion-(2) mit $(CH_3)_2SO_4$ bis zur exothermen Rk., Lösen in A., Zugabe von W., Einrühren in wss. Hydrazinlsg. u. Filtrieren; luftempfindlich; 91%; b) durch Mischen von 3-Phenyl-4-methylthiazolthion-(2) in CH_2Cl_2 mit Triäthyloxoniumfluoborat unter exothermer Rk., Zugabe von Ae., Stehen im Kühlschrank, Lösen des Nd. in CH_3OH Verdünnen mit W. u. Rk. mit Hydrazin analog a). *Benzoylderiv.* (**V**), $C_{17}H_{15}N_3OS$, F. 190—191° (Chlorbenzol), durch Zugabe von Benzoylchlorid zu **III** in Dimethylformamid in Ggw. von Triäthylamin unter Eiskühlung, mehrstd. Stehen, Filtrieren, Verdünnen mit W. u. Filtrieren; 87%. *p-Nitrobenzalderiv.*, $C_{17}H_{14}N_4O_2S$, F. 176—178° (Glykolmonomethyläther), aus **III** u. p-Nitrobenzaldehyd in warmem CH_3OH; 74%. — *3.4-Diphenylthiazolon-(2)-hydrazon* (**I**), $C_{15}H_{13}N_3S$, F. 176—177° (Chlorbenzol), analog **III** nach a); 93%. *Benzoylderiv.* (**VII**), $C_{22}H_{17}N_3OS$, F. 176—178° (Nitromethan), analog **V**; 59%. *p-Nitrobenzalderiv.*, $C_{22}H_{16}N_4O_2S$, F. 205—206°, wie oben; 80%. *Anisalderiv.*, $C_{23}H_{19}N_3OS$, F. 162—163° (gelbe Nadeln aus Glykolmonomethyläther), a) durch kurzes Kochen von **I** mit Anisaldehyd in A. u. Kühlen; 92%; b) nach BOSE (l. c.). *Acetonderiv.*, $C_{18}H_{17}N_3S$, F. 166—167° (gelbliche Nadeln aus Glykolmonomethyläther), a) durch kurzes Kochen von **I** mit Aceton u. wenig 2n Essigsäure u. Zugabe von wenig W.; 95%; b) nach BOSE (l. c.). — *3-Amino-2-phenylimino-4-methylthiazolin* (**IV**), $C_{10}H_{11}N_3S$, F. 133 bis 134° (A. oder Chlorbenzol), a) durch 15 Min. Kochen von **III** mit 20%ig. HCl u. Alkalisieren mit wss. NH_4OH auf p_H 7—8 unter Kühlung; 98%; b) durch 2 std. Kochen von **VI** mit 20%ig. HCl, Kühlen, Filtrieren u. Aufarbeiten wie a); 95%; c) durch Lösen von 4-Phenylthiosemicarbazid in warmer 2n HCl, Zugabe von Chloraceton unter Eiskühlung u. Rühren, Absaugen des zers. Nd., 2 Min. Kochen in konz. HCl, Zugabe von W., Zugabe zu wss. NH_4OH (1:1) unter Kühlen, Filtrieren, Extraktion des Nd. mit heißem A., Kühlen ,Filtrieren u. Umfällen mit 2n NH_4OH aus 2n HCl in Ggw. von Kohle; 37%. *Benzoylderiv.* (**VI**), $C_{17}H_{15}N_3OS$, F. 217—219° (Chlorbenzol), a) analog **V**; 60%; b) durch Zugabe von Chloraceton zu 4-Phenyl-1-benzoylthiosemicarbazid in A., 30 Min. Kochen, Zugabe von NH_4OH bis p_H 7—8 in der Wärme, Zugabe von W. während des

Abkühlens, Filtrieren, Suspendieren des Nd. in W. u. mehrstd. Stehen; 68%; c) durch Quaternisieren von III mit $(CH_3)_2SO_4$ wie oben, Lösen in heißem A., Zugabe von Triäthylamin u. Benzhydrazid, 4std. Kochen, Verdünnen mit W., Filtrieren u. Behandeln mit Glykoläther; 33%; d) durch 20 Min. Kochen von V mit A. u. wenig 2n HCl u. Aufarbeitung analog b). *p-Nitrobenzalderiv.*, $C_{17}H_{14}N_4O_2S$, F. 194—195° (Glykolmonomethyläther), wie oben; 71%. — *3-Amino-2-phenylimino-4-phenylthiazolin* (II), $C_{15}H_{13}N_3S$, F. 197—198° (Glykolmonomethyläther), a) analog IV aus I nach a); b) nach BOSE (l. c.). *p-Nitrobenzalderiv.*, $C_{22}H_{16}N_4O_2S$, F. 162—163°, wie oben; 42%. *Anisalderiv.*, $C_{23}H_{19}N_3 \cdot OS$, F. 129—130° (gelbe Kristalle aus Isopropanol), durch kurzes Erwärmen von II mit Anisaldehyd auf 150° unter gelegentlichem Schütteln, Zugabe von CH_3OH u. dann von W. zum etwas abgekühlten Reaktionsprod. u. Kühlen; 48%. — *3-Benzoylamino-2-phenylimino-4-phenylthiazolin* (**VIII**), $C_{22}H_{17}N_3OS$, F. 184—186° (Glykolmonomethyläther), durch Zugabe von ω-Bromacetophenon zu 4-Phenyl-1-benzoylthiosemicarbazid in A. 90 Min. Kochen u. Neutralisieren der warmen Lsg. mit 2n NH_4OH; 75%. — *3-Methyl-4-phenylthiazolon-(2)-benzoylhydrazon*, $C_{17}H_{15}N_3OS$, F. 190—191° (Glykolmonomethyläther), durch 15 Min. Kochen von 4-Methyl-1-benzoylthiosemicarbazid (aus Methylsenföl u. Benzhydrazid in A.) u. ω-Chloracetophenon in Dimethylformamid, Zugabe von 2n NH_4OH zur heißen Lsg. bis p_H 7—8, langsame Zugabe von W. u. Filtrieren; 71%. — *3-Methyl-4-phenylthiazolon-(2)-hydrazon* (**IX**), schmierige, graugrüne Kristalle, a) durch Verseifen vorst. Verb.; b) durch Mischen von CS_2 u. 33%ig. wss. Methylaminlsg. in der Kälte, Zugabe von A. bis zur klaren Lsg., 24std. Stehen, Zugabe von CH_3OH u. ω-Chloracetophenon, 30 Min. Kochen, Zugabe von konz. HCl nach 20 Min., Abkühlen unter Zugabe von W., Filtrieren, Quaternisieren des erhaltenen *3-Methyl-4-phenylthiazolthions-(2)* [$C_{10}H_9NS_2$, F. 127—128° (A.); 56%] mit $(CH_3)_2SO_4$ wie oben u. Rk. mit wss. Hydrazin; ca. 50%. *Acetonverb.*, $C_{13}H_{15}N_3S$, F. 93—94° (gelbliche Kristalle aus CH_3OH), a) aus **IX** oder dessen Hydrochlorid durch kurzes Erhitzen mit Aceton; b) nach BOSE (l. c.). — *3.4-Dimethylthiazolon-(2)-benzoylhydrazon*, $C_{12}H_{13}N_3OS$, F. 148—149° (Nitromethan), durch Erwärmen von 4-Methyl-1-benzoylthiosemicarbazid u. Chloraceton, Kühlen, Aufkochen des Nd. mit 2n NH_4OH, Zugabe von CH_3OH bis zur Lsg. u. Kühlen; 62%. — *3.4-Dimethylthiazolon-(2)-hydrazonhydrochlorid* (**XI**), Kristalle, durch 30 Min. Kochen vorst. Verb. mit 20%ig. HCl ,Kühlen, Filtrieren u. Einengen; zersetzlich. — *3-Amino-2-methylimino-4-methylthiazolin* (**X**), F. 110—111°, durch Methylierung von 3-Amino-2-imino-4-methylthiazol nach TRAVERSO (l. c.). — *3.4-Dimethylthiazolon-(2)-p-nitrobenzalhydrazon*, $C_{12}H_{12}N_4O_2S$, F. 211—213° (rote Kristalle aus Glykolmonomethyläther), a) durch Erhitzen von **XI** mit p-Nitrobenzaldehyd in A. zum Sieden, Zugabe von Triäthylamin u. Kühlen; 67%; b) durch 1std. Kochen von **X** mit konz. HCl u. Rk. des beim Einengen erhaltenen **XI** mit p-Nitrobenzaldehyd analog a); 16%; c) durch 1std. Kochen von 2 g 4-Methylthiosemicarbazid mit Chloraceton in konz. HCl, 24std. Stehen, Einengen bei tiefer Temp., Aufnehmen der erhaltenen Kristalle in heißem A., Zugabe von p-Nitrobenzaldehyd, kurzes Kochen, Zugabe von Triäthylamin u. Kühlen; 51%. (J. prakt. Chem. [4] **8** (**280**). 264—78. 1959. Marburg, Univ., Chem. Inst.)

H. BERTSCH. 3142

I. K. Uschenko, *Synthese von 2-Methylmercapto-6-phenyl- und 2-Äthyl-6-phenylbenzthiazol über Diazoverbindungen.* Die Diazoniumverbb., Diazoacetate u. N-Nitroso-N-acetylderivv. von 2-Methylmercapto-6-amino- (I) u. 2-Äthyl-6-aminobenzthiazol (II) werden beim Stehen in Bzl. unter N_2-Entw. (im Fall der Diazoacetate u. der Nitrosoacetylderivv.) außerdem unter CO_2-Entw. zu *2-Methylmercapto-6-phenyl-* (III) bzw. *2-Äthyl-6-phenylbenzthiazol* zersetzt. Diese geben mit p-Toluolsulfonsäureäthyl- oder -methylester die entsprechenden Quartärsalze, bei deren Spaltung mit alkoh. KOH *2-Methylamino-* bzw. *2-Äthylamino-5-phenylthiophenol* erhalten werden.

Versuche: *2-Methylmercapto-6-phenylbenzthiazol* (III), $C_{14}H_{11}NS_2$, F. 73°; a) aus I durch Diazotierung bei —2°, Zugabe von Bzl. u. wss. NaOH während 20—25 Min. u. 15 Std. Rühren; aus A. perlmutterfarbene Blättchen; 38,9% (Ausbeute); b) durch Diazotierung von I, Zugabe von Bzl. u. Na-Acetat u. 20std. Rühren; 70%; c) analog b), aber Zugabe von NaOH u. Acetanhydrid zur Diazoniumsalzlsg., Abfiltrieren des gebildeten *Diazoacetates* [F. 79° (Zers.); 46%], Zugabe von Bzl., 2 Tage Stehen u. 6 Std. auf 60° Erwärmen; 43%; d) durch Nitrosierung von 2-Methylmercapto-6-acetylaminobenzthiazol (IV) in Acetanhydrid + Eisessig bei 5—6° u. Zers. des erhaltenen [*2-Methylmercaptobenzthiazolyl-(6)*]*-nitrosoacetylamin* [F. 134—136° (Zers.); 84%] in Bzl. nach c); 37%. *Metho-p-toluolsulfonat* (**V**), aus III u. p-Toluolsulfonsäuremethylester (7 Std. bei 155—160°); 91%. *Ätho-p-toluolsulfonat* (**VI**), analog in 10 Std. bei 160—165°; 92%. — *5-Phenyl-2-methylaminothiophenol* (**VII**), F. 47—48°, durch 3½std. Kochen von **V** mit alkoh. KOH; 94%. — *5-Phenyl-2-äthylaminothiophenol* (**VIII**), F. 35—36°, analog aus **VI**; 91%. — *5.5'-Diphenyl-2.2'-bis-*[*methylamino*]*-diphenyldisulfid*, $C_{26}H_{24}N_2S_2$, F. 138 bis

139°, aus VII mit 2% ig. H_2O_2 (10 Std. Stehen); aus A. gelbe Tafeln. — *5.5'-Diphenyl-2.2'-bis-[äthylamino]-diphenyldisulfid*, $C_{28}H_{28}N_2S_2$, F. 124—125°, analog aus VIII; aus A. hellgelbe Kristalle. — *2-Methyl-6-phenylbenzthiazol, Jodmethylat*, F. 235—236°, durch Erhitzen von VII mit Acetylchlorid in Bzl. u. Umsetzung des gebildeten Chlormethylats mit KJ; 68%. *Jodäthylat*, F. 224—225°, aus VIII u. Acetylchlorid; 70%. — *2-Äthyl-6-phenylbenzthiazol, Jodmethylat*, F. 207—208°, analog aus VII u. Propionylchlorid; 70%. *Jodäthylat*, F. 183—184°, aus VIII u. Propionylchlorid; 68%. — *2-Methoxymethyl-6-phenylbenzthiazoljodäthylat*, F. 179°, aus VIII u. Methoxyacetylchlorid in Bzl.; 60%. — *2-Benzylbenzthiazoljodäthylat*, F. 183°, aus VIII u. Phenacetylchlorid; aus A. hellgelbe Tafeln; 45%. — *2-Äthyl-6-phenylbenzthiazol*, $C_{15}H_{13}NS$, F. 86 bis 87°, a) durch Diazotieren von II bei 0°, Zugabe von Bzl. u. NaOH u. 3 std. Rühren bei 6° u. 12 std. bei 20°; 35%; b) durch Zers. von II in Bzl. mit Na-Acetat; daneben *2-Äthylbenzthiazol*; 44%; c) aus II u. Acetanhydrid in Ggw. von NaOH über das *Diazoacetat* [F. 76° (Zers.); 47%] u. Zers. in Bzl. während 40 Std.; 23%; d) aus 2-Äthyl-6-acetylaminobenzthiazol analog IV über die *Nitrosoverb.* [F. 77—78° (Zers.); 71%]; 50%. (Журнал Общей Химии [J. allg. Chem.] **27** (**89**). 1980—85. Juli 1957. Inst. für org. Chem. der Akad. der Wiss. der UkrainSSR.) Ulrich Schulze. 3142

M. A. Alperowitsch und **I. K. Uschenko**, *Synthese von Arylbenzthiazolen über Triazene der Benzthiazolreihe.* Durch Kondensation von [Benzthiazolyl-(5) oder -(6)]-diazoniumchloriden mit Dimethylamin werden *N-[Benzthiazolyl-(5)* oder *(6)]-N.N'-dimethyltriazene* dargestellt. Beim Erhitzen dieser Triazene mit Eisessig oder Na-Acetat in einem aromat. Lösungsm. (p-Dichlorbenzol, Hydrochinondimethyläther, p-Xylol, Mesitylen) entstehen unter Abspaltung von Dimethylamin die entsprechenden [*Benzthiazolyl-(5)*- oder *-(6)]-diazoacetate*, die sich mit dem aromat. Lösungsm. unter CO_2- u. N_2-Entw. zu *5*- bzw. *6-Arylbenzthiazolen* umsetzen.

V e r s u c h e: *N-[2-Methylbenzthiazolyl-(6)]-N.'N'-dimethyltriazen* (I), F. 74—75°, aus diazotiertem 2-Methyl-6-aminobenzthiazol u. Dimethylamin (1 Std. bei —2°), aus PAe. rotgelbe Kristalle; 61% (Ausbeute). — *N-[2-Methylbenzthiazolyl-(5)]-N'.N'-dimethyltriazen* (II), F. 110—111°, analog aus 2-Methyl-5-aminobenzthiazol (1½ Std. bei —2°), aus PAe. gelbe Tafeln; 78%. — *N-[2-Methylmercaptobenzthiazolyl-(6)]-N'.N'-dimethyltriazen* (III), F. 71—73°, analog aus 2-Methylmercapto-6-aminobenzthiazol; 96%. — *N-[2-Methylmercaptobenzthiazolyl-(6)]-N'.N'-diäthyltriazen* (IV), $C_{12}H_{16}N_4S_2$, F. 55° (PAe.), aus diazotiertem 2-Methylmercapto-6-aminobenzthiazol u. Diäthylamin; 81%. — B e n z t h i a z o l d e r i v v.: *2-Methylmercapto-6-phenyl-*, F. 74—75°, durch 12 std. Kochen von 6,45 g IV in 150 ml Bzl. + 20 ml Eisessig, Eindampfen u. Chromatographieren an Al_2O_3; aus Methanol Schuppen; 62%. — *2-Methyl-6-[2.5-dichlorphenyl]-*, $C_{14}H_9Cl_2NS$, F. 91—92°, analog aus I u. p-Dichlorbenzol (15 Std. bei 100—110°); Tafeln aus Methanol; 42%. *Pikrat*, $C_{20}H_{12}Cl_2N_4O_7S$, F. 146°. — *2-Methyl-6-[2.5-dimethoxyphenyl]-*, $C_{16}H_{15}NO_2S$, F. 106—107°, analog Vorst. mit Hydrochinondimethyläther (15 Std. bei 80—90°); Plättchen aus Methanol; 53%. *Pikrat*, $C_{22}H_{18}N_4O_9S$, F. 184°. — *2-Methyl-6-[2.5-dimethylphenyl]-*, aus [2-Methylbenzthiazolyl-(6)]-diazoniumchlorid u. p-Xylol in Ggw. von Na-Acetat (11 Std. bei 15°); Öl; 8,6%. *Pikrat*, $C_{22}H_{18}N_4O_7S$, F. 151°. Bei 20 std. Erhitzen von I mit p-Xylol auf 100—115° 15%; daneben 29% *2-Methylbenzthiazol* (V). — *2-Methyl-6-[2.4.6-trimethylphenyl]-*, $C_{17}H_{17}NS$, F. 75—76°, aus I u. Mesitylen analog Vorst. (24 Std. bei 100°); Nadeln aus Methanol; 12%; daneben 25% V. *Pikrat*, $C_{23}H_{20}N_4O_7S$, F. 167°. — *2-Methylmercapto-6-[2.5-dimethoxyphenyl]-*, F. 98 bis 100°, aus III u. Hydrochinondimethyläther (15 Std. bei 107—110°); Schuppen aus Methanol; 72%. *Pikrat*, $C_{22}H_{18}N_4O_9S_2$, F. 125—126°. — *2-Methylmercapto-6-[2.5-dimethylphenyl]-*, Öl; aus III u. p-Xylol (15 Std. bei 100°); 32,7%. *Pikrat*, $C_{22}H_{18}N_4O_7S_2$, F. 79—80°. — *2-Methylmercapto-6-[2.4.6-trimethylphenyl]-*, F. 43—44°; 14,7%. *Pikrat*, $C_{23}H_{20}N_4O_7S_2$, F. 114°. — *2-Methyl-5-[2.5-dichlorphenyl]-*, $C_{14}H_9Cl_2NS$, F. 110—111°, aus II u. p-Dichlorbenzol (15 Std. bei 107—110°), Nadeln aus Methanol; 26,5%. *Pikrat* $C_{20}H_{12}Cl_2N_4O_7S$, F. 156—157°. — *2-Methyl-5-[2.5-dimethoxyphenyl]-*, F. 56—57°; 22,6%. *Pikrat*, $C_{22}H_{18}N_4O_9S$, F. 170—171°. — *2-Methyl-5-[2.5-dimethylphenyl]-*, F. 41—42°; 31%. *Pikrat*, $C_{22}H_{18}N_4O_7S$, F. 163°, aus Methanol gelbe Prismen. — *2-Methyl-5-[2.4.6-trimethylphenyl]-*, $C_{17}H_{17}NS$, F. 73—74°; 14,2%. *Pikrat*, $C_{23}H_{20}N_4O_7S$, F. 176—177°, aus A. gelbe Plättchen. (Журнал Общей Химии [J. allg. Chem.] **27** (**89**). 1986—92. Juli 1957. Inst. für org. Chem. der Akad. der Wiss. der UkrainSSR sowie Filmfabrik Nr. 3.)
Ulrich Schulze. 3142

Klaus Rühlmann, *Über die Synthese von 1.3.4-Thiadiazolidinen und 1.3.4-Thiadiazolen.* Durch Einw. von H_2S u. Hydrazinlsg. auf aliphat. Aldehyde oder cycloaliphat. Ketone wurden *symm.-Di-* u. *-Tetraalkyl-1.3.4-thiadiazolidine* erhalten. Es wird angenommen, daß H_2S an eine Carbonylgruppe addiert wird, die entstandene geminale Hydroxymercaptoverb. mit einem zweiten Mol Keton oder Aldehyd zu einem α.α'-Dihydroxythioäther reagiert u. dieser sich mit Hydrazin unter Wasserabspaltung zum 1.3.4-Thiadiazolidin umsetzt. Die Bldg. von Oxadiazolidinen wurde nicht beobachtet. Verss., 1.3.4-Thiadiazolidine aus Aldazinen u. Ketazinen mit H_2S unter n. Druck u. Eiskühlung darzustellen, schlugen fehl. Weder Benzaldehyd noch Acetophenon ließen sich mit H_2S u. Hydrazin zu Thiadiazolidinen umsetzen; Benzaldehyd ergab das *Aldazin*, Acetophenon blieb unverändert. Offenkettige Ketone lieferten unter analogen Bedingungen *Ketazine*. CH_2O reagierte mit Hydrazinhydrat u. H_2S zu einer *Verb.* $C_4H_8N_2S_2$. Das aus Cyclohexanon dargestellte *2.2;5.5-Bis-[cyclopentamethylen]-1.3.4-thiadiazolidin* (I) konnte mit eisgekühlter konz. HCl in ein *Monohydrochlorid* übergeführt werden, das durch längeres Erhitzen mit verd. HCl unter Bldg. von Hydrazinhydrochlorid, H_2S u. Cyclohexanon zerfiel. Die aus Aldehyden dargestellten Thiadiazolidine wurden durch 2n HCl leicht hydrolysiert. Alle dargestellten Thiadiazolidine werden durch Kochen mit 2n KOH nicht verändert; beim Erhitzen mit katalyt. Mengen Piperidin entstanden unter H_2S-Entw. Aldazine bzw. Ketazine. Durch Dehydrierung der 2.5-disubstituierten Thiadiazolidine mit Piperidin u. S wurden die entsprechenden *Thiadiazole* erhalten, die auch aus Säurehydraziden u. P_2S_5 dargestellt wurden. Durch kurzes Erhitzen der Thiadiazolidine mit Piperidin u. S entstanden Gemische von Aldazinen u. Thiadiazolen; es ist anzunehmen, daß aus den Thiadiazolidinen prim. unter Einw. des Piperidins Aldazine entstehen, die sek. durch S in Thiadiazole übergeführt werden. Aldazine konnten durch Erhitzen mit S u. katalyt. Mengen Piperidin in 1.3.4-Thiadiazole übergeführt werden.

Versuche (FF. korr.): 1.3.4-Thiadiazolidine: *2.2;5.5-Bis-[cyclopentamethylen]-* (I), $C_{12}H_{22}N_2S$, F. 98° (Bzn.), durch 10 Min. Einleiten von H_2S in Cyclohexanon unter Rühren u. Kühlen mit NaCl–Eis, langsames Zutropfen von wss. Hydrazin unter Rühren u. Einleiten von H_2S u. Absaugen nach Erstarren des Reaktionsgemisches; 97% (Ausbeute). *Hydrochlorid*, $C_{12}H_{22}N_2S \cdot HCl$, F. 143°, durch 10 Min. Rühren von I mit konz. HCl bei 0° u. Filtrieren; 81%. — *2.5-Diäthyl-* (II), $C_6H_{14}N_2S$, F. 72° (Bzn.), analog I aus Propionaldehyd, H_2S u. Hydrazin; 57%. — *2.5-Dipropyl-* (III), $C_8H_{18}N_2S$, F. 92° (Bzn.), analog I aus Butyraldehyd; 85%. — 1.3.4-Thiadiazole: *2.5-Diäthyl-*, $C_6H_{10}N_2S$, Kp.$_3$ 75°, a) durch 1std. Erhitzen von II mit 2 Mol S u. wenig Piperidin auf 150°; n_D^{20} 1,5034, $D.^{20}_4$ 1,0666; 81%; b) durch Erhitzen von Propionaldazin mit 2 Mol S u. wenig Piperidin auf 150° bis zur Beendigung der H_2S-Entw.; 56%. — *2.5-Dipropyl-*, $C_8H_{14}N_2S$, Kp.$_4$ 98°, analog vorst. Verb. aus III a) nach a); n_D^{20} 1,4978, $D.^{20}_4$ 1,0159; 85%; b) nach b); 57%. — *2.5-Diphenyl-*, $C_{14}H_{10}N_2S$, F. 144°, (A.), durch Erhitzen von Benzaldazin mit 2 Mol S u. wenig Piperidin auf H_2S bis zur Beendigung der H_2S-Entw. u. Kühlen; 86%. — *Cyclohexanonsemicarbazon*, F. 168° (A.), durch Kochen von I-HCl mit 2n HCl bis zur Beendigung der H_2S-Entw., Fällen von CdS, Ae.-Extraktion, Zugabe von Semicarbazidhydrochlorid u. Na-Acetat zur Ae.-Phase u. Ausschütteln. — *Hydrazinpikrat*, F. 197°, neben vorst. Verb. durch Sättigen oder wss. Phase mit KOH, Ae.-Extraktion u. Rk. mit Pikrinsäure. — *Cyclohexanonazin*, $C_{12}H_{20}N_2$, F. 37°, durch Erhitzen von I mit Piperidin zum Sieden unter H_2S-Entw. u. Abdestillieren der bei 160—170° sd. Anteile; 94%. — *Verb.* $C_4H_8N_2S_2$, F. 66° (Bzn.), durch Einleiten von H_2S in 30%ig. wss. CH_2O-Lsg. unter Rühren u. Eiskühlung, Zugabe von Ae., langsames Zutropfen von wss. Hydrazinlsg., Filtrieren u. Verdunsten des Ae.; 11%. — *Propionaldazin*, $C_6H_{12}N_2$, Kp. 145—146°, durch Erhitzen von II mit Piperidin unter Abdestillieren der bei 140—160° sd. Anteile; n_D^{20} 1,4529; $D.^{20}_4$ 0,8395; 89%. — *n-Butyraldazin*, $C_8H_{16}N_2$, Kp.$_{12}$ 63°, analog vorst. Verb. aus III; n_D^{20} 1,4540, $D.^{20}_4$ 0,8277; 96%. — *Dimethylketazin*, Kp.$_{15}$ 31°, aus Aceton, Hydrazin u. H_2S analog I; n_D^{20} 1,4562; $D.^{20}_4$ 0,8395; 93%. — *Diäthylketazin*, Kp.$_3$ 52°, analog vorst. Verb. aus Diäthylketon; n_D^{20} 1,4589, $D.^{20}_4$ 0,8414; 93%. — *Benzaldazin*, F. 97°, analog I aus Benzaldehyd, H_2S u. Hydrazin; 96%. (J. prakt. Chem. [4] **8** (**280**). 285—91. 1959. Halle, Martin-Luther-Univ., Justus-von-Liebig-Inst., Inst. für Organ. Chem.) H. BERTSCH. 3173

J. Matti, C. Ledoux und **E. Kesler,** *2-[o- und -p-Toluolsulfonamido]-5-alkyl-1.3.4-thiadiazole.* Die aus aliphat. Säurechloriden u. Thiosemicarbazid (I) zugänglichen *2-Amino-5-alkyl-1.3.4-thiadiazole* werden durch Umsetzung mit o- (II) oder p-Toluolsulfonylchlorid (III) in Ggw. von Pyridin in *2-[p-Toluolsulfonamido]-5-isopropyl-, -5-[n-butyl]-, -5-[tert.-butyl]-1.3.4-thiadiazol, 2-[o-Toluolsulfonamido]-5-[tert.-butyl]-, -5-[n-propyl]-* u. *-5-isopropyl-1.3.4-thiadiazol* übergeführt.

Versuche: *p-Toluolsulfonylchlorid* (III), F. 67—68° (PAe.), durch Zutropfen von Toluol zu Chlorsulfonsäure $<45°$ u. Gießen auf Eis; 25% (Ausbeute). — *o-Toluolsulfonylchlorid* (II), Kp.$_{10}$ 124—126°, neben III; 20%. — Durch exotherme Rk. von I mit 2 Mol des Säurechlorids, Erhitzen bis zur Beendigung der Gasentw., Kochen mit 10%ig. HCl u. Zugeben von 25%ig. Na_2CO_3 nachst. 2-Amino-1.3.4-thiadiazole: *5-[tert.-Butyl]-*, $C_6H_{11}N_3S$, F. 180° (25% ig. A.); 51%. — *5-[n-Butyl]-*, F. 196° (verd. A.). — *5-[n-Propyl]-*, F. 203—204° (35% ig. A.); 50%. — *5-Isopropyl-*, F. 187° (14% ig. A.); 60%. — Durch 1 std. Erhitzen vorst. Verbb. mit III oder II in absol. Pyridin auf dem Wasserbad, Verdünnen mit W., Einengen u. Ausäthern des Öls nachst. 1.3.4-Thiadiazole: *2-[p-Toluolsulfonamido]-5-isopropyl-*, $C_{12}H_{15}N_3O_2S_2$, F. 114° (Toluol–PAe.); 42%. — *2-[p-Toluolsulfonamido]-5-[n-butyl]-*, $C_{13}H_{17}N_3O_2S_2$, F. 98° (Toluol–PAe.); 55%. — *2-[p-Toluolsulfonamido]-5-[tert.-butyl]-*, $C_{13}H_{17}N_3O_2S_2$, F. 145° (Toluol); 74%. — *2-[o-Toluolsulfonamido]-5-[tert.-butyl]-*, $C_{13}H_{17}N_3O_2S_2$, F. 160° (Toluol); 40%. — *2-[o-Toluolsulfonamido]-5-[n-propyl]-*, $C_{12}H_{15}N_3O_2S_2$, F. 124° (Toluol), bei 60 bis 70°. — *2-[o-Toluolsulfonamido]-5-isopropyl-*, Öl. (Bull. Soc. chim. France **1959**. 477—79. März. Paris, Inst. Pasteur, Labor. de Chim. Thérapeut.) R. PASEDAG. 3173

Al. Silberg, I. Simiti, N. Cosma und **I. Proinov,** *Additionen an Senföle.* 1. Mitt. *Addition der Thiosemicarbazide an Senföle und das Verhalten der entstehenden Verbindungen.* Durch Einw. von Thiosemicarbaziden auf einige Senföle stellen Vff. eine Reihe von *mono-* u. *disubstituierten N.N'-Bis-[alkylaminothioformyl]-hydrazinen* der allg. Formel R·NH·CS·NH·NH—CS·NH·R' (**A**) dar, die dann durch Oxydation u. gleichzeitige S-Ausscheidung in *2.5-Diimino-1.3.4-thiodiazolidine* übergeführt werden; die Diacetylderivv. der letzteren entstehen auch direkt aus **A** unter Einw. von Acetanhydrid. Unter Einw. von Mineralsäuren scheiden die Verbb. **A** 1 Mol Amin aus u. gehen in *2-Mercapto-5-amino-1.3.4-thiadiazole* über. Die Verbb. **A** bilden Mercaptide mit Schwermetallen u. können daher zu deren Best. dienen.

Versuche: N.N'-Bis-[alkylaminothioformyl]-hydrazine (**A**), aus 4-substituierten Thiosemicarbaziden u. Isothiocyanaten in Pyridin: *N-Phenylamino-, N'-Amino-* (I), $C_8H_{10}N_4S_2$, F. 176°, Reinigung durch Auflösen in Pyridin u. Fällen mit Alkohol. — *N-Allylamino-, N'-Amino-*, F. 184° (W.). — *N-α-Naphthylamino-, N'-Amino-* (II), F. 199° (A.). — *N.N'-Bis-phenylamino-* (III), $C_{14}H_{14}N_4S_2$, F. 192 bis 193°, Rhomben (Pyridin + A.). — *N.N'-Bis-allylamino-*, F. 195° (Zers.; A.). — *N.N'-Bis-α-naphthylamino-* (IV), F. 175° (Pyridin + A.). — *N-Phenylamino-, N'-Allylamino-* (V), F. 184° (A. + Pyridin). — *N-Phenylamino-, N'-α-Naphthylamino-* (VI), $C_{18}H_{16}N_4S_2$, F. 175° (A. + Pyridin). — *N-Allylamino-, N'-α-Naphthylamino-* (VII), F. 183—185° (A.). — 1.3.4-Thiadiazolidine, aus vorst. Verbb. mit J_2, $FeCl_3$ oder $KMnO_4$: *2-Imino-5-phenylimino-*, $C_8H_8N_4S$, F. 212—213° (W.). *Diacetylverb.*, $C_{12}H_{12}N_4O_2S$, F. F. 277°, Kristalle (A.). — *2-Imino-5-allylimino-*, F. 112—115° (wss. A.). *Diacetylverb.*, F. 253° (A.). — *2-Imino-5-α-naphthylimino-*, F. 229—231° (A.). *Diacetylverb.*, F. 274° (A.). — *2.5-Diphenylimino-*, $C_{14}H_{12}N_4S$, F. 248—250° (A.). *Diacetylverb.*, $C_{18}H_{16}N_4O_2S$, F. 229° (A.). — *2.5-Diallylimino-*, F. 190° (A.). *Diacetylverb.*, F. 113—114° (A.). — *2.5-Di-α-naphthylimino-*, F. 259—260° (A.). *Diacetylverb.*, F. 285° (Eisessig). — *2-Allylimino-5-phenylimino-*, F. 176—177° (A.). *Diacetylverb.*, F. 108—109° (wss. A.). — *2-Phenylimino-5-α-naphthylimino-*, $C_{18}H_{14}N_4S$, F. 222—225° (A.). *Diacetylverb.*, $C_{22}H_{18}$·N_4O_2S, F. 200—201° (A.). — *2-Allylimino-5-α-naphthylimino-*, F. 240—243° (wss. A.). *Diacetylverb.*, F. 183—184° (A.). — 2-Mercapto-1.3.4-thiodiazole, aus Verbb. vom Typ **A** durch Kochen mit HCl oder mit Eisessig u. $SnCl_2$: *5-Amino-*, $C_2H_3N_3S_2$, F. 238—240°, aus **I** bzw. **II**; Kristalle (A.). — *5-Phenylamino-*, $C_8H_7N_3S_2$, F. 216—218° (wss. A.), aus **III** bzw. **V**. *Disulfid*, $C_{16}H_{12}N_6S_4$, F. 236° gelbe Kristalle (A. + Pyridin). — *5-Allylamino-*, F. 133—134° (wss. A.). — *5-α-Naphthylamino-*, $C_{12}H_9N_3S_2$, F. 229—230° (Eisessig), aus **IV**, **VI** bzw. **VII**. *Disulfid*, $C_{24}H_{16}N_6S_4$, F. 191—193° (wss. A. + Pyridin). — 3.4-Diacetyl-1.3.4-thiodiazolidinthione-(2), aus vorst. Verbb. durch Kochen mit Essigsäureanhydrid: *5-Imino-*, $C_6H_7N_3O_2S_2$, F. 208° (wss. A.). — *5-Phenylimino-*, $C_{12}H_{11}N_3O_2S_2$, F. 175°, aus A. gelbe Kristalle. — *5-α-Naphthylimino-*, $C_{16}H_{13}N_3$·O_2S_2, F. 255°, aus A. gelbe Kristalle. — *1-Phenyl-2-phenylaminotriazolinthion-(5)*, $C_{14}H_{12}N_4S$, F. 209—211°, aus **III** durch Kochen mit NH_3, Na_2CO_3, NaOH oder Hydrazinhydrat; Prismen (A.). (Studii Cercetări Chim. [Cluj] **8**. Nr. 3—4. 315—33. Juli/Dez. 1957. Cluj, I.M.F., Fac. de farm.) F. HODOŞAN/Cluj. 3173

M. F. Ansell und **B. Gadsby,** *Reduzierte cyclische Verbindungen.* 5. Mitt. *Die Darstellung von 5.6-Dihydro-3-methyl-4H-pyran und seine Überführung in trans-4-Methylhexen-(4)-ol-(1).* (4. vgl. J. chem. Soc. [London] **1958**. 2955.) Die katalyt. Pyrolyse von 1.1-Diäthoxypropan (VI) über Kaolin führt zu *Äthylpropenyläther*. Al_2O_3 ist ungeeignet. Die DIELS-ALDER-Rk. mit Acrolein (VII) bei 180° liefert *2-Äthoxy-2.3-dihydro-3-methyl-4H-pyran*. Dessen Konst. wird durch Hydrolyse zu *2-Methylglutaraldehyd* u. dessen Überführung in *2-Methylglutarsäure* bestätigt. Die durch Hydrierung erhaltene *Tetrahydroverb.* läßt sich über Kaolin zu *5.6-Dihydro-3-methyl-4H-pyran* pyrolysieren. Dieses gibt mit Cl_2 oder Br_2 *2.3-Dichlor-* bzw. *2.3-Dibrom-3-methyltetrahydropyran*, aus denen mit

CH_3MgBr ein cis–trans-Gemisch (?) von *3-Chlor-* (I) bzw. *3-Brom-2.3-dimethyltetrahydropyran* (II) entsteht. II geht bei der Dest. unter HBr-Abspaltung in *Dihydro-2.3-dimethylpyran* über, I dagegen ist stabil. Sowohl I als auch II erleiden mit Na eine stereospezif. Ringspaltung zu *trans-4-Methylhexen-(4)-ol-(1)* (trans-III), das durch Ozonolyse zu *Acetaldehyd* (V) bzw. durch Hydrierung zu *4-Methylhexanol-(1)* charakterisiert wird. Zum Reaktionsmechanismus der Bldg. von trans-III wird für das I-Isomere mit dem $Cl_{(3)}$- u. $H_{(2)}$-Atom in cis-Stellung eine äquatoriale Lage des $Cl_{(3)}$ u. trans-Eliminierung, für das I-Isomere mit $Cl_{(3)}$ u. $H_{(2)}$ in trans-Stellung eine polare Konstellation des $Cl_{(3)}$-Atoms u. eine direkte cis-Eliminierung oder stufenweise Eliminierung über ein $C_{(2)}$-Carbonium-ion diskutiert. Durch die nachst. 3 Reaktionsfolgen wurde die Konfiguration von trans-III sehr wahrscheinlich gemacht. trans-3-Methylpenten-(3)-säuremethylester (IX; Konst. nicht völlig gesichert) wird zu *trans-3-Methylpenten-(3)-ol-(1)* (trans-IV) red., das durch Cl_2-Addition in trans-Stellung, trans-Eliminierung von HCl mit KOH/Propanol u. Entfernung des Vinyl-Cl-Atoms mit Na/fl. NH_3 in geringer Ausbeute in *cis*-IV übergeführt werden konnte. trans- u. cis-IV liefern bei der Ozonolyse V, bei der Hydrierung *3-Methylpentanol-(1)*. trans-IV konnte zwar mit $SOCl_2$/Pyridin nicht in die entsprechende Chlorverb. übergeführt werden, wohl aber in das *p-Toluolsulfonat* u. dieses mit NaJ in *trans-1-Jod-3-methylpenten-(3)*. Aus der GRIGNARD-Verb. des letzteren entsteht mit CH_2O schließlich trans-III. Auf dem 2. Weg wird Tiglin- bzw. Angelicasäure zu *trans-* bzw. *cis-2-Methylbuten-(2)-ol-(1)* (trans- bzw. cis-X) red., die beide bei der Rk. mit PBr_3/Pyridin das gleiche, durch Allylumlagerung gebildete Gleichgewichtsgemisch von *Pentenylbromiden* liefern, in dem wahrscheinlich das prim. Bromid mit cis-Anordnung der CH_3-Gruppen überwiegt. Aus diesem Gemisch aus beiden Quellen wird mit Na-Malonsäurediäthylester (XI), Hydrolyse, Decarboxylierung u. Red. ein Heptenolgemisch erhalten, in dem das thermodynam. stabilere trans-III überwiegt. IR-spektroskop. wurde ferner *2.3-Dimethylpenten-(1)-ol-(5)* nachgewiesen. Im 3. Fall führt die Umsetzung von cis- u. trans-2-Li-Buten-(2) mit Trimethylenoxyd (XII) — wahrscheinlich über ein Gleichgewicht der entsprechenden Anionen mit überwiegendem Geh. an stabilerer trans-Form — in jedem Fall zu einem cis-III/trans-III-Gemisch, in dem *cis*-III vorherrscht.

Versuche: *Äthylpropenyläther*, Kp. 66—72°, durch Überleiten von VI bei 340 bis 350° über einen Kaolinkatalysator; n_D^{20} 1,3965; 67,7% (Ausbeute). — *2-Äthoxy-2.3-dihydro-3-methyl-4H-pyran*, $C_8H_{14}O_2$, Kp. 149—152°, durch 2std. Erhitzen vorst. Verb. mit VII in Ggw. von Hydrochinon auf 180° bei 11 at im Autoklaven; n_D^{20} 1,4356; 57,5%. — *2-Methylglutaraldehyd*, Kp.$_{17}$ 86—88°, durch 3std. Rühren vorst. Verb. mit 0,6n HCl bei 60° u. 3 Std. bei Raumtemp.; n_D^{20} 1,4345; 36% (Oxydation → *2-Methylglutarsäure*, F. 75—77°). *Bis-[p-nitrophenylhydrazon]*, F. 162—164° (A.), orangefarbene Platten. *Bis-[2.4-dinitrophenylhydrazon]*, $C_{18}H_{18}N_8O_8$, F. 194°, orangefarbene Kristalle. — *2-Äthoxy-3-methyltetrahydropyran*, $C_8H_{16}O_2$, Kp.$_{760}$ 152—153°, Kp.$_{12}$ 46°, durch Hydrieren vorvorst. Verb. in A. bei 31° u. 20 at in Ggw. von RANEY-Ni; n_D^{20} 1,4244; 90%. Gibt mit BRADYs Reagens *5-Hydroxy-2-methylpentanal-2.4-dinitrophenylhydrazon* (VIII), $C_{12}H_{16}N_4O_5$, F. 121—122° (wss. A.), orangefarbene Platten. — *5.6-Dihydro-3-methyl-4H-pyran*, $C_6H_{10}O$, Kp. 113,5°, aus vorst. Verb. durch Pyrolyse über Kaolin; n_D^{20} 1,4458; 59%. Gibt mit BRADYs Reagens VIII. — *3-Brom-2.3-dimethyltetrahydropyran* (II), $C_7H_{13}BrO$, Kp.$_{20}$ 78—82°, durch Bromieren vorst. Verb. in absol. Ae. bei —60°, Zugeben zu CH_3MgBr in sd. Ae. u. 15 Min. Rühren; n_D^{20} 1,4843; 64%. — *3-Chlor-2.3-dimethyltetrahydropyran* (I), $C_7H_{13}ClO$, Kp.$_{17}$ 54—56°, analog mit Cl_2 bei —20°; n_D^{20} 1,4580 bis 1,4569; 84%. — *trans-4-Methylhexen-(4)-ol-(1)* (trans-III), $C_7H_{14}O$, Kp.$_{16}$ 82°, Kp.$_{10}$ 75 bis 78°, a) durch Zugeben von II zu Na in sd. Ae. u. 1std. Rühren; n_D^{20} 1,4512; 39%; b) aus I; 74%. *α-Naphthylurethan*, $C_{18}H_{21}NO_2$, F. 76,5—77° (PAe.), Platten. *Diphenylyl-(4)-urethan*, $C_{20}H_{23}NO_2$, F. 97—98° (PAe.), Latten. — *4-Methylhexanol-(1)*, durch Hydrierung von trans-III in Ggw. von ADAMS-Katalysator; n_D^{20} 1,4249. *α-Naphthylurethan*, F. 48,5—49°. — *Dihydro-2.3-dimethylpyran*, $C_7H_{12}O$, Kp. 132—135°, als Vorlauf bei der Dest. von II; n_D^{20} 1,4416. — *trans-3-Methylpenten-(3)-ol-(1)* (trans-IV), $C_6H_{12}O$, Kp. 155°, Kp.$_{15}$ 63—65°, durch 20 Min. Zugeben von IX zu $LiAlH_4$ in Ae. bei 5° u. 2½std. Rühren u. Kochen; n_D^{20} 1,4467; 90%. *α-Naphthylurethan*, $C_{17}H_{19}NO_2$, F. 78 bis 78,5° (PAe.), Latten. — *3-Methylpentanol-(1)*, durch Hydrierung von trans- oder cis-IV über ADAMS-PtO_2. *α-Naphthylurethan*, F. 56—56,5°. — *3.4-Dichlor-3-methylpentanol-(1)*, Kp.$_{0,1}$ 90—102°, durch Chlorieren von trans-IV in Chlf. bei —60° in Ggw. von $SbCl_5$, 15. Min. Rühren, Gießen in W. u. Ausäthern; n_D^{18} 1,4840; 44%. — *cis-4-Chlor-3-methylpenten-(3)-ol-(1)*, Kp.$_{12}$ 84—96, durch 15std. Rühren vorst. Verb. mit KOH in Propanol bei 90°, Zugeben von W. u. Ausäthern; n_D^{19} 1,4660; 27%. Gibt mit Na in fl. NH_3 *cis*-IV, Kp.$_{18}$ 64—65°, n_D^{20} 1,4452; 54%. *α-Naphthylurethan*, $C_{17}H_{19}NO_2$, F. 105° (PAe.), Platten. — *trans-1-Jod-3-methylpenten-(3)*, $C_6H_{11}J$, Kp.$_{16}$ 61—62°, durch 1std. Rühren von p-Toluolsulfonylchlorid mit trans-IV in Pyridin bei Raumtemp.,

Gießen in W., Ausäthern, Einengen, 30 Min. Erhitzen auf 100⁰/10⁻² mm, 3½ std. Kochen mit NaJ in Aceton u. Stehen über Nacht bei Raumtemp.; n_D^{20} 1,5236; 65%. Überführen in die GRIGNARD-Verb., 30 Min. Einleiten von CH_2O im N_2-Strom, Zers. mit NH_4Cl u. Ausäthern → 15% trans-III. — *Pentenylbromid* (*Gemisch*), Kp. 124—130⁰, a) durch Zugeben von cis-**X** u. Pyridin zu PBr_3 bei 0⁰ in 30 Min., 1 std. Rühren bei 0⁰ u. Stehen über Nacht; n_D^{20} 1,4794; 70%; b) aus trans-**X**. 24 std. Kochen mit **XI**, Ausäthern, Rühren des C_{12}-Alkenylmalonesters ($C_{12}H_{20}O_4$, $Kp._{23}$ 132—140⁰, $Kp._{14}$ 129—132⁰, n_D^{20} 1,4400—1,4404; 60%) mit wss. KOH (15 Std.), 2 std. Erhitzen auf 150 ± 5⁰, Lösen in $NaHCO_3$, Ansäuern mit HCl, Extrahieren mit Hexan, 30 Min. Kochen der C_7-Alkensäure ($C_7H_{12}O_2$, $Kp._{45}$ 128—132⁰, $Kp._{12}$ 112—114⁰, n_D^{20} 1,4468—1,4472; 40—51%) in Ae. mit $LiAlH_4$ u. fraktionierte Dest. → *trans*-III. — Rk. von 2-Brombuten-(2) mit Li in Ae. bei —20 bis —15⁰ unter N_2, 15 Min. Rühren bei —10⁰, 1 std. Kochen u. Rühren mit **XII** in Ae., 2½ std. Kochen in Bzl., Stehen über Nacht u. Hydrolyse mit NH_4Cl → *Gemisch von cis- u. trans*-III [$Kp._{15,5}$ 78—78,5⁰, n_D^{20} 1,4499—1,4507; 73%; *α-Naphthylurethan*, F. 65—67⁰ (PAe.); *Diphenylyl-(4)-urethan*, F. 99,5—101⁰]. (J. chem. Soc. [London] **1958**. 3388—97. Okt. London, Univ., Queen Mary Coll., Chem. Dep.)

R. PASEDAG. 3211

Wladyslaw Czuba und **Edwin Plażek**, *Untersuchungen über Nitroderivate des Pyridins. 2.6-Dinitro-3-hydroxypyridin* (I) wird durch Nitrierung von 2-Nitro-3-hydroxypyridin in Ggw. von Acetanhydrid dargestellt; mit PCl_5 entsteht daraus *2.6-Dinitro-3-chlorpyridin*. Diese Verb. tauscht bei Einw. von Hydrazin, Ammoniak u. KOH nicht das Chloratom aus, sondern ausschließlich die Nitrogruppe in 2-Stellung. I gibt mit Aminen schwerlösl. u. gut kristallisierbare Reaktionsprodd. von der Art der Pikrate.

Versuche: *2.6-Dinitro-3-hydroxypyridin* (I), $C_5H_3N_3O_5$, F. 132⁰ (W.), aus 10 g 2-Nitro-3-hydroxypyridin u. Salpetersäure in Eisessig u. Acetanhydrid bei weniger als 30⁰ über Nacht; 5 g (Ausbeute). — *2.4.6-Trinitro-3-hydroxypyridin* (?), $C_5H_2N_4O_7$, F. 120⁰, neben I; reagiert stark sauer; aus Bzl. längliche Nadeln. — *2.6-Dinitro-3-chlorpyridin*, $C_5H_2ClN_3O_4$, F. 97⁰, aus 6 g I u. PCl_5 bei 130⁰ in ½ Std.; gelbe Kristalle aus Bzl./Ligroin; 5,1 g. — *2-Hydrazino-6-nitro-3-chlorpyridin* (II), $C_5H_5ClN_4O_2$, F. 180—182⁰ (Zers.), aus 3 g vorst. Verb. u. Hydrazin in CH_3OH; gelbe Nadeln aus CH_3OH; 2 g. *Acetonhydrazon*, $C_8H_9ClN_4O_2$, F. 170—172⁰. — *2-Amino-6-nitro-3-chlorpyridin*, $C_5H_4 \cdot ClN_3O_2$, F. 154—156⁰, aus 0,5 g I u. wss. NH_4OH durch ½ std. Erhitzen; aus W. gelbe Kristalle. — *2-Hydroxy-6-nitro-3-chlorpyridin*, $C_5H_3ClN_2O_3$, F. 176—178⁰, aus 1 g I u. 20%ig. KOH durch ½ std. Erhitzen; aus W. hellgelbe Blätter; 0,78 g. — *3-Chlor-6-nitropyridin*, $C_5H_3ClN_2O_2$, F. 120⁰, aus 2,5 g II u. Ag-Acetat durch 1 std. Erhitzen in W.; aus A. Kristalle; 1,77 g. (Recueil Trav. chim. Pays-Bas **77**. 92—96. Febr. 1958. Wroclaw, Polen, TH, Organ.-chem. Inst.)

K. M. BUCERIUS. 3231

A. H. Beckett, K. A. Kerridge, Patricia M. Clark und **W. G. Smith,** *Darstellung und antibakterielle Wirkung von 2-Phenacylpyridin und verwandten Ketonen.* (Vgl. C. **1956**. 2463.) Die durch Kondensation von Pyridyl-(2)-methyllithium (I), 4- u. 6-Methylpyridyl-(2)-methyllithium mit aliphat. Carbonsäuremethylestern bzw. substituierten Benzoesäuremethylestern dargestellten *2-[Acyl-* bzw. *-Aroylmethyl]-pyridine, -4-* bzw. *-6-methylpyridine* im Verhältnis 2 : 1 bilden mit Cu- u. Fe-Ionen *Komplexverbindungen*. Diese wurden auf ihre Wrkg. gegen grampositive u. gramnegative Mikroorganismen im Verdünnungstest geprüft u. mit 8-Hydroxychinolin (Oxin) verglichen. Von allen geprüften Verbb. zeigten nur *2-[m-Chlorphenacyl]-6-methyl-*, *4-Methyl-2-phenacyl-* u. *2-[m-Chlorphenacyl]-4-methylpyridin* eine spezif. Wrkg. gegen *Bacillus subtilis*.

Versuche: *2-Phenacylpyridin*, F. 56⁰, $Kp._2$ 140—150⁰, durch Zufügen von 0,05 Mol I (erhalten durch Rk. von trockenem Picolin mit Phenyllithium in Ae. unter N_2) unter raschem Rühren zu einer Lsg. von 0,025 Mol Methylbenzoat in Ae. unter N_2 u. Gießen auf Eis/NH_4Cl; aus A. gelbe Nadeln. 75% (Ausbeute). — Analog: *1-[Pyridyl-(2)]-propanon-(2)*, C_8H_9NO, $Kp._{0,5-1}$ 50—60⁰, gelbes Öl; 25%. *Pikrat*, F. 141—142⁰. Daneben *2-Methyl-1.3-di-[pyridyl-(2)]-propanol-(2)*, $Kp._{0,5-1}$ 130—140⁰; 30%. *Dipikrat*, F. 214⁰ (Zers.). — *1-[Pyridyl-(2)]-butanon-(2)*, $C_9H_{11}NO$, $Kp._2$ 80—90⁰, gelbes Öl; 35%. *Pikrat*, F. 146—147⁰. Daneben *2-Propyl-1.3-di-[pyridyl-(2)]-propanol-(2)*, $Kp._{0,5-1,5}$ 160—170⁰; 20%. *Dipikrat*, F. 196—198⁰ (Zers.). — *2-[Furoyl-(2)-methyl]-pyridin*, $C_{11}H_9NO_2$, F. 50 bis 51⁰, aus Ae. gelbe Prismen; 48%. *Pikrat*, F. 149—150⁰. — *2-[α-Naphthoylmethyl]-pyridin*, $C_{17}H_{13}NO$, F. 48⁰, aus Ae. gelbe Prismen; 68%. *Pikrat*, $C_{23}H_{16}N_4O_8$, F. 201—202⁰ (Zers.). — *2-[p-Aminophenacyl]-pyridin*, $C_{13}H_{12}N_2O$, F. 119,5⁰, aus 0,025 Mol Methyl-p-aminobenzoat u. 0,075 Mol I, 4 Std. bei Raumtemp.; aus A. gelbe Prismen; 50%. — *2-[p-Hydroxyphenacyl]-pyridin*, $C_{13}H_{11}NO_2$, F. 148⁰, durch 1 std. Erhitzen nachst. Verb. mit HJ u. rotem P auf 130—140⁰, Neutralisieren mit NH_4OH u. Ausäthern; aus 70%ig. A. gelbe Prismen; 70%. — *2-[p-Methoxyphenacyl]-pyridin*, $C_{14}H_{13}NO_2$, F. 84,5⁰, aus A. gelbe Prismen; 75%. — *2-[p-Methylphenacyl]-pyridin*, $C_{14}H_{13}NO$, F. 67°, aus PAe. gelbe Prismen; 80%. — *2-[p-Fluorphenacyl]-pyridin*, $C_{13}H_{10}FNO$, F. 92,5°, aus A. gelbe Prismen; 76%. — *2-[o-Chlorphenacyl]-pyridin*, $C_{13}H_{10}ClNO$, gelbes Öl; n_D^{20} 1,5990; 74%. *Pikrat*, $C_{19}H_{13}ClN_4O_8$, F. 173°. — *2-[p-Chlorphenacyl]-pyridin*, $C_{13}H_{10}ClNO$, F. 89°, aus A. gelbe Prismen; 80%. — *2-[p-Bromphenacyl]-pyridin*, $C_{13}H_{10}BrNO$, F. 99°, aus A. gelbe Prismen; 72%. — *2-[m-Chlorphenacyl]-pyridin*, $C_{13}H_{10}ClNO$, F. 58°, aus PAe. gelbe Prismen; 70%. — *6-Methyl-2-phenacylpyridin*, $C_{14}H_{13}NO$, F. 78,5°, aus PAe. gelbe Prismen; 82%. — *2-[m-Chlorphenacyl]-6-methylpyridin*, $C_{14}H_{12}ClNO$, F. 53°, aus PAe. gelbe Prismen; 85%. — *4-Methyl-2-phenacylpyridin*, $C_{14}H_{13}NO$, F. 53°, aus PAe. gelbe Prismen; 65%. *Pikrat*, $C_{20}H_{16}N_4O_8$, F. 153°. — *2-[m-Chlorphenacyl]-4-methylpyridin*, $C_{14}H_{12}ClNO$, F. 84°, aus A. gelbe Prismen; 78%. (J. Pharmacy Pharmacol. **7**. 717—30. Okt. 1955. London, Chelsea Polytechn., School of Pharmacy; Bradford, Techn. Coll., Pharmacol. Labor.) R. RUTKOWSKI. 3231

Hans-Walter Krause und **Wolfgang Langenbeck**, *Über Derivate des Picolinsäure-N-oxydes. Picolinsäure-N-oxyd* (II) wird aus Picolinsäureäthylester (IV) mit H_2O_2/Eisessig gewonnen. Die Nitrierung führt zu *4-Nitropicolinsäure-N-oxyd* (I), das auch aus 4-Nitropicolinsäure (V) mit H_2O_2/Eisessig erhalten wurde. Bei Verss., *Amide* von I nach der Anhydridmeth. mit Chlorameisensäureäthylester darzustellen, wurden ölige Prodd. isoliert. I liefert mit absol. methanol. HCl *4-Chlorpicolinsäuremethylester-N-oxyd* (III), ebenso I mit konz. HCl die *freie Säure* von III. I konnte aber mit CH_2N_2 verestert werden, während eine Nitrierung von II-Methylester nicht gelang. I-*Methylester* u. III wurden in verschied. Säurederivv. übergeführt.

Versuche: *Picolinsäure-N-oxyd* (II), $C_6H_5NO_3$, F. 160—161° (A.), durch 3 bis 4std. Erhitzen von IV mit Eisessig/Perhydrol auf 80°, Einengen (Explosionsgefahr) u. Versetzen mit W.; 87% (Ausbeute). *Methylester*, $C_7H_7NO_3$, F. 73—74° (Toluol), mit CH_3OH/HCl; Säulen. — *4-Nitropicolinsäure-N-oxyd* (I), $C_6H_4N_2O_5$, F. 139—140° (Zers.; A. u. W.), a) durch 4std. Erhitzen von II mit konz. H_2SO_4 u. HNO_3 (D. 1,514) auf 135° u. Gießen auf Eis; Nadeln; 54%; b) durch 3—4std. Erhitzen von V mit Eisessig/Perhydrol auf 70—80°. *Methylester*, $C_7H_6N_2O_5$, F. 135° (Xylol), mit CH_2N_2; 8%. *Amid*, $C_6H_5N_3O_4$, F. 246° (W.), aus dem Ester; blaßgelbe Nadeln; 78%. *Hydrazid*, $C_6H_6N_4O_4$, F. 184—185° (Zers.; A.), mit 80%ig. $N_2H_4 \cdot H_2O$; gelbe Schuppen; 90%. *Diäthylamidhydrat*, $C_{10}H_{13}N_3O_4 \cdot H_2O$, F. 126° (Zers.; Bzl.), durch 3—5std. Rühren des Esters in wss. CH_3OH mit Diäthylamin; 65%. *Di-n-propylamidhydrat*, $C_{12}H_{17}N_3O_4 \cdot H_2O$, F. 119—120° (Bzl.; sintert ab 115°), quadrat. Platten; 55%. *Di-n-butylamidhydrat*, $C_{14}H_{21}N_3O_4 \cdot H_2O$, F. 128—129° (Zers.; Bzl.), 63%. *Piperididhydrat*, $C_{11}H_{13}N_3O_4 \cdot H_2O$, F. 139° (Zers.; A.), mit Piperidin; hellgelbe lange Nadeln; 55%. — *4-Chlorpicolinsäure-N-oxyd*, $C_6H_4ClNO_3$, F. 120—122° (Zers.; Toluol), durch 4std. Kochen von I mit konz. HCl; schwachgelbe Kristalle; 66%. *Methylester* (III), $C_7H_6ClNO_3$, F. 104° (Toluol), durch 5std. Kochen von I mit absol. CH_3OH/HCl, Einengen, Aufnehmen mit W., Alkalisieren u. Extrahieren mit Chlf.; 65%. *Amid*, $C_6H_5ClN_2O_2$, F. 146—148° (W. u. Bzl.), Nadeln; 81%. *Hydrazid*, $C_6H_6ClN_3O_2$, F. 179—180° (Bzl.), Nadeln; 75%. — Durch 4std. Erwärmen von I-Methylester mit CH_3OH u. α-Aminosäureestern auf 65° u. Umkristallisation aus CH_3OH nachst. N-[4-Nitropyridin-N-oxydcarbonyl-(2)]-verbb.: *-glycinäthylester*, $C_{10}H_{11}N_3O_6$, F. 126°, blaßgelbe Schuppen; 91%. — *-alaninäthylester*, $C_{11}H_{13}N_3O_6$, F. 128—129°, Schuppen; 88%. — *-α-aminobuttersäureäthylester*, $C_{12}H_{15}N_3O_6$, F. 109 bis 110°, Schuppen; 90%. — *-norvalinäthylester*, $C_{13}H_{17}N_3O_6$, F. 124°, Schuppen; 89%. — *-norleucinäthylester*, $C_{14}H_{19}N_3O_6$, Schuppen; 83%. (Chem. Ber. **92**. 155—60. 1959. Rostock, Inst. für Katalyseforsch.) R. PASEDAG. 3231

W. Sauermilch und **A. Wolf**, *Über einige Cyanhydrine der Pyridinreihe und ihre Verseifungsprodukte. Pyridyl-(2)-glykolsäure* wird nach einer verbesserten Meth. aus Pyridinaldehyd-(2)-cyanhydrin gewonnen u. als *Methylester* charakterisiert. Aus Pyridinaldehyd-(3)-cyanhydrin (I) wurde mit HCl *Pyridyl-(3)-glykolsäurehydrochlorid* u. daraus über das *Cu-Salz* mit H_2S die *freie Säure* als stabile Verb. erhalten. Letztere wurde als *Äthylester* u. *Amid* charakterisiert. Der therm. Zerfall liefert CO_2 u. vorwiegend *3-Picolin*. Analog wurde *6-Methylpyridyl-(2)-glykolsäure* synthetisiert. Bei der Einw. von HCN auf Pyridinaldehyd-(4) entstehen nur Spuren des *Cyanhydrins*, Hauptprod. ist das zweikernige „Aldolcyanhydrin". Die Verseifung des aus Pyridin-2.6-dialdehyd (II) u. HCN glatt zugänglichen *Bis-[cyanhydrins]* führte zu stürm. Zersetzung. *Pyridyl-(2)-methylketoncyanhydrin* konnte über das *Hydrat* dargestellt u. zu *2-[Pyridyl-(2)]-2-hydroxypropionsäure* verseift werden, die als *Cu-Salz* u. *Hydrochlorid* isoliert wurde. Die wss. Lsg. der freien Säure spaltet beim Einengen CO_2 ab. Pyridyl-(3)-methylketon reagiert nicht mit KCN, dagegen konnten aus 6-Methylpyridyl-(2)-methylketon u. Pyridyl-(4)-methylketon die *Cyanhydrine* erhalten werden.

Versuche: *Pyridinaldehyd-(2)-cyanhydrin*, durch Zutropfen von wss. KCN zu Pyridinaldehyd-(2) in 2n HCl bei −5 bis +5° (daneben *α-Pyridoin*, F. 156°, durch 1std. Erwärmen der Mutterlauge auf dem Wasserbad). — *Pyridyl-(2)-glykolsäure*, F. 108°, durch Einleiten von HCl in eine Lsg. vorst. Verb. in konz. HCl, Behandeln des Nd. mit wss. $CuSO_4$ u. 40% ig. Na-Acetat (p_H 5—6) u. Behandeln des *Cu-Salzes* in W. mit H_2S; 49% (Ausbeute). *Methylesterhydrochlorid*, F. 163°. *Methylester*, $C_8H_9NO_3$, F. 7?° (Vakuumsublimation). — *6-Methylpyridinaldehyd-(2)-cyanhydrin*, F. 134° (Zers.; Bzl.), aus 10 g 6-Methylpyridinaldehyd-(2); 15,2 g. — *6-Methylpyridyl-(2)-glykolsäure*, F. 102 bis 106°; 10,5 g aus 30 g. *Hydrochlorid*, $C_8H_{10}ClNO_3$, F. 138—140°. — *Pyridyl-(3)-glykolsäure*, $C_7H_7NO_3$, F. 160° (Zers.; A.), durch Stehen von 40 g I in konz. HCl in einer HCl-Atmosphäre über das *Cu-Salz*; 15 g. *Dihydrat*, F. 80° (W.). *Hydrochlorid*, $C_7H_8 \cdot ClNO_3$, F. 164°, durch Einleiten von HCl in eine Lsg. von I in konz. HCl < 50°. *Äthylester*, $Kp._4$ 148—149°, mit A./HCl. *Amid*, F. 152—153°. — *Pyridin-2.6-dialdehyd-bis-[cyanhydrin]*, $C_9H_7N_3O_2$, F. 105° (Zers.), durch Lösen von II in wasserfreier HCN; 25%. — *Pyridyl-(2)-methylketoncyanhydrin*, $C_8H_8N_2O$, aus dem Hydrat mit $CaCl_2$. *Hydrat*, F. 50—51° (CH_3OH), aus 12,1 g Pyridyl-(2)-methylketon in 2n HCl mit wss. KCN bei −4°; 9,3 g. — *2-[Pyridyl-(2)]-2-hydroxypropionsäurehydrochlorid*, $C_8H_{10}ClNO_3$, F. 131°, aus 9,3 g vorst. Verb., über das *Cu-Salz* mit H_2S; 8,5 g. (Arch. Pharmaz. Ber. dtsch. pharmaz. Ges. **292/64.** 38—43. Jan. 1959. Ludwigshafen/Rh., Dr. F. Raschig GmbH., Wiss. Labors.) R. PASEDAG. 3231

Henry Gilman und **Theodore S. Soddy,** *Einige Organolithiumverbindungen von Chinolin und 2-Phenylchinolin.* Die Rk. von 4-Bromchinolin (I) mit n-Butyl-Li (II) bei −50 bis −60° führt zu *Chinolyl-(4)-Li* (III), dessen Ausbeute durch Umsetzung mit Benzophenon (IV) zu *α.α-Diphenylchinolyl-(4)-methanol* bestimmt wird. Die Carbonisierung von III gibt nur *Chinolin-4-carbonsäure*, nicht aber Bis-[chinolyl-(4)]-keton. Aus 2-[p-Bromphenyl]- bzw. 2-[m-Bromphenyl]-chinolin u. II wird *2-[p-Li-Phenyl]-* bzw. *2-[m-Li-Phenyl]-chinolin* erhalten.

Versuche (alle Rkk. unter O_2-freiem N_2): *Chinolyl-(4)-lithium* (III), durch Zugeben von I zu II in absol. Ae. bei −54°. — *α.α-Diphenylchinolyl-(4)-methanol*, F. 246 bis 248° (A.–Bzl. 1 : 2), durch Zutropfen von IV in Ae. zu einer äther. III-Lsg. u. Hydrolyse mit NH_4Cl-Lsg.; 80% (Ausbeute). — *Chinolin-4-carbonsäure*, F. 249,5—250°, aus III mit Trockeneis–Ae. u. Einstellen des bas. Extrakts auf p_H 1; 39%. — *2-[p-Bromphenyl]-chinolin*, $C_{15}H_{10}BrN$, F. 121—122° (absol. A.), durch Zutropfen von p-Bromphenyl-Li in Ae. zu Chinolin (V) in Ae. bei 0°, Rühren über Nacht, 1std. Kochen u. Hydrolyse mit NH_4Cl-Lsg.; Plättchen; 42%. — *2-[p-Carboxyphenyl]-chinolin*, F. 252 bis 253° (A.), durch 5 Min. Zugeben vorst. Verb. in Ae.–Bzl. zu II in absol. Ae. bei −45°, 25 Min. Rühren u. Gießen auf CO_2–Ae.; 75%. — *m-Bromphenyllithium*, durch Zugeben von II in Ae. zu m-Dibrombenzol in Ae. bei −35 bis −20°. — *m-Brombenzoesäure*, F. 152—154°, aus vorst. Verb.; 72%. — *2-[m-Bromphenyl]-chinolin*, $C_{15}H_{10}BrN$, F. 74,5 bis 76° (95% ig. A.), aus V u. vorvorst. Verb. in Ae. bei −25° nach Hydrolyse mit NH_4Cl u. 10 Min. Erhitzen mit Nitrobenzol auf 140°; 65%. — *2-[m-Carboxyphenyl]-chinolin*, $C_{16}H_{11}NO_2$, F. 215—215,5° (95% ig. A.), aus vorst. Verb. u. II bei −30° in 20 Min. nach Carbonisierung; 70%. (J. org. Chemistry **23.** 1584—85. Okt. 1958. Ames, Io., State Coll., Chem. Labor.) R. PASEDAG. 3231

Edgar A. Steck und **L. T. Fletcher,** *6-Methoxy-8-[5-propylaminopentylamino]-chinolinphosphat.* Als neues Antimalariamittel wird *6-Methoxy-8-[5-propylaminopentylamino]-chinolinphosphat* durch Überführung von Dihydropyran (I) in *5-Propylaminopentylchloridhydrochlorid* u. dessen Rk. mit 8-Amino-6-methoxychinolin (II) dargestellt.

Versuche (FF. korr.): *5-Propylaminopentanolhydrochlorid*, $C_8H_{19}NO \cdot HCl$, F. 97 bis 98° (Isopropylalkohol u. Ae.), aus I u. wss. HCl (5°) durch ½ std. Rühren, Zugeben von Propylamin bei 5°, 4std. Hydrieren bei 25° u. 2525 lbs./sq.in. in Ggw. von ADAMS-Katalysator, Filtrieren, Einstellen auf p_H 9, Einengen, Extrahieren mit Hexan u. Einleiten von trockenem HCl; 50% (Ausbeute). — *5-Propylaminopentylchloridhydrochlorid*, $C_8H_{18}ClN \cdot HCl$, F. 201—202° (Aceton u. absol. Ae.), durch 2std. Zutropfen von $SOCl_2$ zu vorst. Verb. < 5°, 1std. Erhitzen auf 50°, 6std. Kochen u. Einengen; Nadeln; 79%. — *6-Methoxy-8-[5-propylaminopentylamino]-chinolin*, durch 20std. Rühren vorst. Verb. mit II in W. bei 80° u. 4 Std. bei 100°, Verdünnen mit W., Zugeben von wss. NaOH bis p_H 4,5 u. von Na-Acetatlsg. bis p_H 5,1, Extrahieren von II mit Bzl. bei 65°, Alkalisieren u. Ausäthern; bräunliches Öl; 63,5%. *Phosphat*, $C_{18}H_{27}N_3O \cdot H_3PO_4$, F. 82—89° (absol. A.), mit äthanol. H_3PO_4 in Ae.; hellbraune Plättchen; 51%. (J. org. Chemistry **24.** 700—01. Mai 1959. Rensselaer, N. Y., Sterling-Winthrop Res. Inst.) CH. BÖHME. 3231

Edgar A. Steck und **L. T. Fletcher,** *7-Chlor-4-[4-dibutylaminobutylamino]-3-methylchinolin. 7-Chlor-4-[4-dibutylaminobutylamino]-3-methylchinolin* wird aus 4.7-Dichlor-3-methylchinolin (I) u. 4-Dibutylaminobutylamin (II) dargestellt u. in sein *Triphosphat* übergeführt. Letzteres ist wirksam gegenüber Entamoeba muris.

Versuche: *7-Chlor-4-[4-dibutylaminobutylamino]-3-methylchinolin*, $C_{22}H_{34}ClN_3$, $Kp._{0,08}$ 190—193°, durch 13 std. Erhitzen von I u. II in Phenol in Ggw. von KJ auf 160 bis 165°, Lösen in wss. NaOH u. Extrahieren mit CH_2Cl_2; gelbes Öl, n_D^{25} 1,5741; 70% (Ausbeute). *Triphosphat*, $C_{22}H_{34}ClN_3 \cdot 3H_3PO_4$, F. 186—186,6° (korr.; A.–W.), aus 25,5 g der Base in Isopropylalkohol mit 85%ig. H_3PO_4 in A. bei 5°; 20,5 g. (J. org. Chemistry **24**. 701. Mai 1959. Rensselaer, N. Y., Sterling-Winthrop Res. Inst.)

CH. BÖHME. 3231

A. Brossi, L. H. Chopard-dit-Jean und **O. Schnider,** *Syntheseversuche in der Emetinreihe.* 3. Mitt. *2-Hydroxyhydrobenzo-*[a]*-chinolizine.* (1. vgl. C. **1958**. 8051; 2. vgl. Chimia [Schweiz] **12**. [1958.] 114.) Die Hydrierung von 3-n-Butyl-2-oxo-9.10-dimethoxy-1.2.3.4.6.7-hexahydro-11bH-benzo-[a]-chinolizin (I) über RANEY-Ni bei 50—80° u. 30—50 at bzw. über PtO_2 bei Raumtemp. in Eisessig sowie die Red. mit Na in sd. n-Butanol bzw. mit $LiAlH_4$ in Ae. oder mit $NaBH_4$ in 99%ig. CH_3OH bzw. die Hydrierung von I-Hydrochlorid über PtO_2 bei Raumtemp. führt stets überwiegend zu *trans-2-Hydroxy-3-n-butyl-9.10-dimethoxy-1.2.3.4.6.7-hexahydro-11bH-benzo-*[a]*-chinolizin* (trans-II), bei dem sich die 3-Butylgruppe in cis-Stellung zum $H_{(11b)}$ u. in trans-Stellung zur äquatorialen OH-Gruppe in 2-Stellung befindet. Nur beim 1. Verf. entstehen ca. 20% *cis*-II. Die Trennung erfolgt durch Chromatographie an Al_2O_3 u. Eluieren von cis-II mit Bzl. bzw. von trans-II mit Ae.–CH_3OH. trans- u. cis-II werden durch UV- u. IR-Spektr. sowie Veresterung u. Quaternisierung charakterisiert, verhalten sich gegen CrO_3 indifferent u. liefern bei der OPPENAUER-Oxydation I. trans-II läßt sich mit sd. konz. HBr zum *o-Diphenol* entmethylieren, das mit CH_2N_2 trans-II zurückgibt. Analog I verhalten sich die *3-Äthyl-* u. *3-[sek.-Butyl]-verbindung.* Mit $LiAlH_4$ wurden weitere *trans-Alkohole* dargestellt u. in ihre *Ester* übergeführt. Die Umsetzung mit PCl_5 in CH_2Cl_2 führte zu den stereochem. nicht zugeordneten *Chlorhydrochloriden. trans-2-Acetoxy-3-äthyl-9.10-dimethoxy-1.2.3.4.6.7-hexahydro-11bH-benzo-*[a]*-chinolizin* (trans-III)' wird sowohl sauer als auch alkal. schneller als *cis*-III hydrolysiert. Ferner wird cis-III wesentlich weitergehend zu trans-III als trans-III zu cis-III epimerisiert. Verschied. Alkohole zeigen sedative u. narkosepotenzierende Effekte, die cis-Verbb. wirken allg. stärker, sind aber auch toxischer. Die Ester der trans-Reihe sind weniger tox. u. weniger wirksam, die der cis-Reihe sind ebenfalls weniger tox. aber dabei stärker wirksam. *trans*-II-*Hydrochlorid* zeigt am Tier starke protrahierte blutdrucksenkende Wirkung.

Versuche: 1.2.3.4.6.7-Hexahydro-11bH-benzo-[a]-chinolizine: *trans-3-n-Butyl-2-hydroxy-9.10-dimethoxy-* (trans-II), $C_{19}H_{29}NO_3$, F. 126—127° (Essigester), a) durch 36 std. Hydrieren von 128 g I-Hydrochlorid in CH_3OH in Ggw. von PtO_2 bei Raumtemp. über das *Hydrochlorid* [$C_{19}H_{29}NO_3 \cdot HCl$, F. 227—229° ($CH_3OH$–Ae.); 96 g (Ausbeute)]; b) durch 2 std. Kochen von cis-II mit Na/Al-Isopropylat in Amylalkohol, Zugeben von W. u. Ausäthern; 25%. *trans-Methojodid*, $C_{20}H_{32}JNO_3$, F. 231—232° (90%ig. CH_3OH–Ae.). *trans-Acetat*, $C_{21}H_{31}NO_4$, F. 90° (Isopropyläther–PAe.), mit Pyridin/Acetanhydrid. *trans-Acetathydrochlorid*, F. 255°. *cis*-II, F. 120—121° (Isopropyläther u. CH_3OH–W.), durch 12 std. Hydrieren von 8,0 g I in CH_3OH in Ggw. von RANEY-Ni bei 60° u. 30 at, Chromatographie aus Bzl. an Al_2O_3 u. Eluieren mit Bzl.; 1,5 g. *cis-Hydrochlorid*, F. 190° (CH_3OH–Ae.). *cis-Methojodid*, $C_{20}H_{32}JNO_3$, F. 231° (CH_3OH–Ae.). *cis-Acetathydrochlorid*, F. 230° (CH_3OH–Ae.). — *3-n-Butyl-2-oxo-9.10-dimethoxy-* (I), F. 112—114° (Isopropyläther), a) durch 2 std. Zugeben von Al-Isopropylat zu 3,19 g trans-II in Toluol/Cyclohexanon unter azeotroper Abdestillation, 24 std. Kochen, 1 std. Kochen mit W., Extrahieren des Filtrats mit verd. HCl, Alkalisieren mit NH_4OH (p_H 9), Ausäthern u. Chromatographie aus Bzl. an Al_2O_3; 450 mg; b) analog aus 319 mg cis-II; 60 mg. *Oxim*, F. 140°. — *2-Oxo-3-n-butyl-9.10-dihydroxy-*, $C_{17}H_{23}NO_3$, F. 157° (CH_3OH–W.), durch 1 std. Kochen von 50 g I mit 48%ig. wss. HBr über das *Hydrobromid* (F. 208—210°; 48 g). — *trans-3-n-Butyl-2.9.10-trihydroxy-*, $C_{17}H_{25}NO_3$, F. 191—192° (CH_3OH–W., a) durch 30 Min. Kochen von 5,0 g trans-II mit 48% ig. HBr über das *Hydrobromid* [F. 252—254° (Aceton); 4,5 g]; b) durch Hydrieren von 7,4 g vorst. Hydrobromids in 80%ig. CH_3OH über PtO_2 über das Hydrobromid (5,8 g). 1 g → mit CH_2N_2 in Ae./CH_3OH 0,6 g *trans*-II. — *trans-3-Äthyl-2-hydroxy-9.10-dimethoxy-*, $C_{17}H_{25}NO_3$, F. 152°. *trans-Acetat* (trans-III), $C_{19}H_{27}NO_4$, F. 100°. *trans-Methojodid*, $C_{18}H_{28}JNO_3$, F. 250—251°. *cis-Verb.*, F. 121°. *cis*-III, F. 93°. *cis-Methojodid*, F. 239°. — *trans-3-Isobutyl-2-hydroxy-9.10-dimethoxy-*, $C_{19}H_{29}NO_3$, F. 168°. *trans-Acetathydrochlorid*, $C_{21}H_{31}NO_4 \cdot HCl$, F. 245°. *trans-Methojodid*, $C_{20}H_{32}JNO_3$, F. 260°. *cis-Verb.*, F. 150°. *cis-Acetathydrochlorid*, F. 205°. *cis-Methojodid*, F. 260°. — *trans-2-Hydroxy-9.10-dimethoxy-*, $C_{15}H_{21}NO_3$, F. 140°. — *trans-3-Methyl-2-hydroxy-9.10-dimethoxy-*, $C_{16}H_{23}NO_3$, F. 145°. — *trans-3-n-Propyl-2-hydroxy-9.10-dimethoxy-*, *Hydrochlorid*,

$C_{18}H_{27}NO_3 \cdot HCl$, F. 242°. — *trans-3-Isopropyl-2-hydroxy-9.10-dimethoxy-*, $C_{18}H_{27}NO_3$, F. 151°. — *trans-3-n-Amyl-2-hydroxy-9.10-dimethoxy-*, *Hydrochlorid*, $C_{20}H_{31}NO_3 \cdot HCl$, F. 179°. — *trans-3-Isoamyl-2-hydroxy-9.10-dimethoxy-*, $C_{20}H_{31}NO_3$, F. 154°. — *trans-3-[2-Äthylbutyl]-2-hydroxy-9.10-dimethoxy-*, *Methansulfonat*, $C_{21}H_{33}NO_3 \cdot CH_3SO_3H$, F. 177°. — *trans-3-n-Hexyl-2-hydroxy-9.10-dimethoxy-*, $C_{21}H_{33}NO_3$, F. 121°. — *trans-3-Cyclohexylmethyl-2-hydroxy-9.10-dimethoxy-*, $C_{22}H_{33}NO_3$, F. 187°. — *trans-3-Allyl-2-hydroxy-9.10-dimethoxy-*, $C_{18}H_{25}NO_3$, F. 127°. — *trans-3-Benzyl-2-hydroxy-9.10-dimethoxy-*, $C_{22}H_{27}NO_3$, F. 179°. — *trans-3-[4-Methoxybutyl]-2-hydroxy-9.10-dimethoxy-*, *Hydrochlorid*, $C_{20}H_{31}NO_4 \cdot HCl$, F. 150°. — *trans-3-Tetrahydrofurfuryl-2-hydroxy-9.10-dimethoxy-*, *Hydrobromid*, $C_{20}H_{29}NO_4 \cdot HBr$, F. 210°. — *trans-3-Diäthylaminomethyl-2-hydroxy-9.10-dimethoxy-*, *Dihydrobromidhydrat*, $C_{20}H_{32}N_2O_3 \cdot 2\,HBr \cdot H_2O$, F. 240°. — *trans-3-n-Butyl-2-hydroxy-9-methoxy-*, $C_{18}H_{27}NO_2$, F. 124°. — *trans-3-Äthyl-2-hydroxy-9.10-diäthoxy-*, $C_{19}H_{29}NO_3$, F. 131°. — *trans-3-Äthyl-2-hydroxy-9.10-methylendioxy-*, $C_{16}H_{21}NO_3$, F. 144°. — *trans-3-n-Butyl-2-hydroxy-9.10-methylendioxy-*, *Hydrochlorid*, $C_{18}H_{25}NO_3 \cdot HCl$, F. 236°. — *trans-3-n-Butyl-2-hydroxy-9.10.11-trimethoxy-*, $C_{20}H_{31}NO_4$, F. 103°. — *trans-3-Äthyl-2.9.10-trihydroxy-*, *Hydrobromid*, $C_{15}H_{21}NO_3 \cdot HBr$, F. 217°. — *trans-3-Isobutyl-2.9.10-trihydroxy-*, *Hydrobromid*, $C_{17}H_{25}NO_3 \cdot HBr$, F. 248°. — *2-Chlor-3-n-butyl-9.10-dimethoxy-*, *Hydrochlorid*, $C_{19}H_{28}ClNO_2 \cdot HCl$, F. 190—192° ($CH_3OH$–Ae.), durch 1std. Kochen von trans-**II**-Hydrochlorid mit PCl_5 in CH_2Cl_2, Einengen u. Lösen in heißer 3n HCl. *Methojodid*, $C_{20}H_{31}ClJNO_2$, F. 209—210°. — *2-Chlor-3-äthyl-9.10-dimethoxy-*, $C_{17}H_{24}ClNO_2$, F. 83° (CH_3OH–W.). *Hydrochlorid*, F. 202°. — *2-Chlor-3-isobutyl-9.10-dimethoxy-*, *Hydrochlorid*, $C_{19}H_{28}ClNO_2 \cdot HCl$, F. 214° (Aceton–Ae.). — *trans-2-[3.4-Dimethoxybenzoyloxy]-3-n-butyl-9.10-dimethoxy-*, $C_{28}H_{37}NO_6$, F. 140° (Isopropyläther), durch 3std. Erwärmen von 9,6 g trans-**II** mit Veratroylchlorid in absol. Pyridin auf 70°, Einengen, Verteilen zwischen verd. NaOH, Ae. u. W. u. Chromatographie des Ae.-lösl. Anteils an Al_2O_3; 3,3 g. *Hydrochlorid*, $C_{28}H_{37}NO_6 \cdot HCl$, F. 208—210° (A.–Ae.). — *trans-2-Benzoyloxy-3-äthyl-9.10-dimethoxy-*, *Hydrochlorid*, $C_{24}H_{29}NO_4 \cdot HCl$, F. 223°. — *trans-2-[3.4.5-Trimethoxybenzoyloxy]-3-äthyl-9.10-dimethoxy-*, *Hydrobromidhydrat*, $C_{27} \cdot H_{35}NO_7 \cdot HBr \cdot H_2O$, F. 173°. — *trans-2-Butyryloxy-3-n-butyl-9.10-dimethoxy-*, *Hydrochlorid*, $C_{23}H_{35}NO_4 \cdot HCl$, F. 232°. — *trans-2-Isovaleryloxy-3-n-butyl-9.10-dimethoxy-*, *Hydrochlorid*, $C_{24}H_{37}NO_4 \cdot HCl$, F. 238°. — *trans-2-Benzoyloxy-3-n-butyl-9.10-dimethoxy-*, *Hydrochlorid*, $C_{26}H_{33}NO_4 \cdot HCl$, F. 158°. — *trans-2-[3.4.5-Trimethoxybenzoyloxy]-3-n-butyl-9.10-dimethoxy-*, *Hydrobromidhydrat*, $C_{29}H_{39}NO_7 \cdot HBr \cdot H_2O$, F. 207°. — *trans-2-[4-Nitrobenzoyloxy]-3-n-butyl-9.10-dimethoxy-*, *Hydrochlorid*, $C_{26}H_{32}N_2O_6 \cdot HCl$, F. 221°. — *trans-2-[4-Aminobenzoyloxy]-3-n-butyl-9.10-dimethoxy-*, *Hydrochloridhydrat*, $C_{26}H_{34} \cdot N_2O_4 \cdot HCl \cdot H_2O$, F. 199°. — *trans-2-Isovaleroyloxy-3-isobutyl-9.10-dimethoxy-*, *Hydrochlorid*, $C_{24}H_{37}NO_4 \cdot HCl$, F. 238°. — *trans-2-Benzoyloxy-3-isobutyl-9.10-dimethoxy-*, *Hydrochlorid*, $C_{26}H_{33}NO_4 \cdot HCl$, F. 225°. (Helv. chim. Acta **41**. 1793—1806. 15/10. 1958. Basel, F. Hoffmann-La Roche & Co. AG., Chem. Forschungsabt.) R. PASEDAG. 3231

R. K. Summerbell und **Daniel R. Berger**, *Umlagerungen α-halogenierter Äther.* 2. Mitt. *Darstellung und einige Reaktionen von 2.3-Diphenyl-p-dioxen.* (1. vgl. J. Amer. chem. Soc. **79**. [1957.] 6504.) Aus Äthylenglykol u. Benzoin wurde durch H^+-katalysierte Wasserabspaltung *2.3-Diphenyl-p-dioxen-(2)* (**I**) hergestellt. Als Zwischenprod. entsteht hierbei *2-Phenyl-2-[α-hydroxybenzyl]-1.3-dioxolan* (**IV**), dessen Struktur durch verschied. Rkk. bewiesen wird. Mit einem Überschuß an Glykol kann **I** auch in einer Stufe mit 31% Ausbeute dargestellt werden. Die Synth. verläuft also über einen Fünfring mit anschließender Ringerweiterung. Katalyt. Hydrierung von **I** gibt *2.3-Diphenyl-p-dioxan vom F. 136°* (**IIa**), Red. mit Na u. Pentanol-(2) dagegen ein Gemisch von **IIa** mit dem *Isomeren vom F. 48°* (**IIb**). Im Gegensatz zur Ansicht von STUMPF (C. **1956**. 4084) folgt aus der Bildungsweise für **IIa** die cis- u. für **IIb** die trans-Konfiguration. Werden **IIa**, **IIb** oder **I** bromiert, so entsteht *Benzil.* Durch Chlorierung von **I**, **IIa** u. **IIb** konnte dagegen *2.3-Dichlor-2.3-diphenyl-p-dioxan* (**III**) erhalten werden. Die Cl-Atome in **III** sind sehr reaktionsfähig. Die Pyrolyse von **III** gibt *Benzil* u. *Äthylenchlorid.*

Versuche: *2-Phenyl-2-[α-hydroxybenzyl]-1.3-dioxolan* (**IV**), $C_{16}H_{16}O_3$, F. 146 bis 146,8° (Chlf.), durch 24std. Kochen von Benzoin, Äthylenglykol u. p-Toluolsulfonsäure in absol. Bzl.; 58% (Ausbeute); gibt durch Verseifung *Benzoin* (F. 134—137°; 60%). **IV**-*Acetat*, $C_{18}H_{18}O_4$, F. 103,0—103,5° (A.–W.), durch 1½std. Erhitzen von **IV** mit K-Acetat u. Acetanhydrid; 86%; Hydrolyse gibt **IV**. — *2-Phenyl-2-[α-chlorbenzyl]-1.3-dioxolan*, $C_{16}H_{15}ClO_2$, F. 75,2—75,7° (A.–W.), a) durch Kochen von **IV** u. $SOCl_2$ in absol. CCl_4 über Nacht; 60%; b) durch 24std. Kochen von Desylchlorid, Äthylenglykol u. p-Toluolsulfochlorid in Xylol; 20%; gibt mit Ag-Acetat in Essigsäure u. Acetanhydrid durch mehrstd. Rühren bei 100° **IV**-*Acetat*; 8%. — *2-Phenyl-2-benzoyl-1.3-dioxolan*, $C_{16}H_{14}O_3$, F. 66,6—67,5° (Hexan u. A.), durch Oxydation von **IV** mit $KMnO_4$ in NaOH u.

W. auf dem Wasserbad; 75%; gibt bei der Hydrolyse *Benzil* (F. 95,5—96°; 67%). — *2.3-Diphenyl-p-dioxen-(2)* (I), $C_{16}H_{14}O_2$, F. 95,3—95,8° (A.), a) durch 15std. Kochen von IV mit p-Toluolsulfonsäure in absol. Bzl. bei gleichzeitiger Wasserentfernung durch azeotrope Dest.; 54%; b) durch 13std. Kochen von Benzoin u. p-Toluolsulfonsäure in Äthylenglykol, Verdünnen mit W. u. Ae.-Extraktion; 31%; gibt bei der Bromierung Benzil (54%). — *2.3-Dichlor-2.3-diphenyl-p-dioxan* (III), $C_{16}H_{14}Cl_2O_2$, F. 105—118° (Ae.), durch Einleiten von 0,001 Mol Cl_2/Min. in I in Methylenchlorid unter Eiskühlung u. Rühren; 72%; gibt mit Phenyl-MgBr I (79%); bei der Pyrolyse in ½ Std. bei 190° entstehen 69% *Äthylenchlorid* u. 91% *Benzil*. — *2.3-Bis-[äthoxy]-2.3-diphenyl-p-dioxan*, $C_{20}H_{24}O_4$, F. 172,5—174°, aus III in Methylenchlorid mit absol. A.; 100%. — *trans-2.3-Diphenyl-p-dioxan* (IIb), $C_{16}H_{16}O_2$, F. 48° (Essigester), a) durch langsame Zugabe von trans-2.3-Dichlor-p-dioxan unter Rühren zu Phenyl-MgBr in Ae.; b) neben IIa nach b); 18%; Chlorierung in CCl_4 unter Eiskühlung u. UV-Bestrahlung → III, bei Siedetemp. u. Weißlichtbestrahlung → *Benzil*. IIb-*Pikrat*, $C_{22}H_{19}N_3O_9$, F. 89,2—89,9° (A.). — *cis-Verb.* (IIa), F. 136°, a) durch Chromatographie der Mutterlauge von IIb bei Darst. a); b) durch Zugabe von Na zu I in Bzl. u. Pentanol-(2) unter Rühren; 34%; Chlorierung bei tiefer Temp. gibt III. — Die IR-Maxima der dargestellten Verbb. sind angegeben. (J. Amer. chem. Soc. **81**. 633—39. 5/2. 1959. Evanston, Ill., Northwestern Univ., Chem. Labors.) I. PAETZKE. 3252

Harold Gainer, *Synthese von Pyrazincarbonsäure. Pyrazincarbonsäure* wird einerseits durch Oxydation von Methylpyrazin (I) mit SeO_2 in Pyridin, andererseits durch Rk. von Äthylendiamin mit 1.2-Butylenoxyd, Cyclisierung des *N-[2-Hydroxybutyl]-äthylendiamins* in wss. Lsg. bei 105° in Ggw. von RANEY-Ni (2 Std.), Dehydrierung des *Äthylpiperazins* über Cu-Chromit bei 360° u. Oxydation des *Äthylpyrazins* mit wss. $KMnO_4$ dargestellt.

Versuche: *Äthylpyrazin*, $C_6H_8N_2$, $Kp._{760}$ 152—153°, n_D^{25} 1,4969. — *Pyrazincarbonsäure*, F. 219° (Zers.), a) durch 10std. Kochen von I u. SeO_2 in Pyridin u. W., Filtrieren, Einengen, Rühren mit 2,5n NaOH u. Ansäuern mit HCl; 64% (Ausbeute); b) durch 12std. Zugeben von $KMnO_4$ zu vorst. Verb. in W. bei Zimmertemp., 8std. Rühren, Abfiltrieren des MnO_2 u. Ansäuern mit konz. HCl; 48%. *Methylester*, F. 59,5 bis 60,5°. (J. org. Chemistry **24**. 691. Mai 1959. Wyandotte, Mich., Wyandotte Chem. Corp., Res. and Engng. Div.) CH. BÖHME. 3272

T. N. Jewreinowa, N. W. Korolew und **L. Ss. Agrosskin,** *Die Purin- und Pyrimidinverbindungen enthaltenden Koazervate. Ribonucleinsäure* (I), *Desoxyribonucleinsäure* (II), *Adenin* (III), *Hypoxanthin* (IV), *Guanin* (V), *Adenosin* (VI), *Adenylsäure* (VII), *Cytisin* (VIII), *Uracil* (IX) u. *Thymin* (X) wurden, je nach ihren Eigg., in 0,67%ig. Lsg. von *Gummi arabicum* (XI), 0,1n HCl oder wss. Lsg. von Na-Acetat gelöst, mit 0,67%ig. Lsg. von XI u. Gelatine (5:3) versetzt u. mit Hilfe von 0,4%ig. Essigsäure auf ein p_H 3,8—4,1 gebracht (Gesamtvol. der Mischung 2,6—3 ml). Beim Erwärmen auf 40 bis 43° bildeten sich Koazervattropfen, welche mit Hilfe von UV-Licht untersucht wurden. Während sich V, VI, VII, VIII u. IX gleichmäßig im gesamten Koazervat verteilen, finden sich IV, X, III u. bes. I u. II vorwiegend in den Koazervattropfen. Je größer das Vol., um so geringer ist der %-Geh. an I u. II, wobei der Geh. an II in den Tropfen größer ist als jener von I. Der Gesamtgeh. an I + II (in g) ist in den größeren Tropfen höher als in den kleineren. (Биофизика [Biophysik] **4**. Nr. 1. 27—31. 1959. Moskau, Lomonossow-Univ., Fak. für Bodenbiol.) E. RENTZ. 3272

Alfredo Giner-Sorolla, Isaac Zimmerman und **Aaron Bendich,** *Synthese von Purin-6-aldehyd und verwandten Derivaten.* 6-Methylpurin ergab durch Rk. mit J_2 u. Pyridin *N-[Purinyl-(6)-methyl]-pyridiniumjodid* (I), das durch Umsetzung mit p-Nitrosodimethylanilin *N.N-Dimethyl-N'-[purinyl-(6)-methylen]-p-phenylendiamin-N'-oxyd* (II) lieferte. Durch Hydrolyse von II mit HCl wurden das schwerlösl. *p-Dimethylaminophenylhydroxylamin* (III) u. 4% *Purin-6-aldehyd* (IV) erhalten. Die Oxydation von I mit $KMnO_4$ ergab *Purin-6-carbonsäure* (V). Durch Ansäuern von II mit HCl, Abfiltrieren von III u. Behandeln des Filtrates mit Thiosemicarbazid wurde in 85%ig. Ausbeute IV-*Thiosemicarbazon* (VI) dargestellt; die analoge Behandlung mit Semicarbazidhydrochlorid lieferte 34% IV-*Semicarbazon* (VII). IV-*Hydrazon* (VIII) wurde analog durch Umsetzung mit Hydrazin in 87%ig. Ausbeute erhalten. Durch Kochen von VI mit wss. Hydrazinlsg. entstand in 72%ig. Ausbeute VIII. Das filtrierte saure Hydrolysat von II ergab durch Behandlung mit alkoh. Hydroxylamin 15% IV-*Oxim* (IX), durch Rk. mit Phenylhydrazin 60% IV-*Phenylhydrazon*. IV konnte in 67%ig. Ausbeute durch Rk. von VIII mit HNO_2 dargestellt werden, während die analoge Rk. von VII nur wenig IV ergab. IV konnte in 82%ig. Ausbeute mit $KMnO_4$ zu V oxydiert werden. VI wurde aus IV durch Rk. mit Thiosemicarbazid in 87%ig. Ausbeute erhalten; analog wurden in 92%ig. Ausbeute

IV-*2.4-Dinitrophenylhydrazon* u. in 73% ig. Ausbeute **IX** dargestellt. **VIII** ergab durch Behandlung mit heißer verd. Essigsäure u. Äthylnitrit 70% *Purin-6-aldehydazin*. **VII** konnte auch durch Hydrierung von 6-Cyanpurin (**X**) mit RANEY-Ni in Ggw. von Semicarbazidhydrochlorid u. Na-Acetat erhalten werden. Die Rk. von **X** mit Hydroxylamin in Ggw. von H_2 u. RANEY-Ni ergab nicht **IX**, sondern *6-Hydroxyguanylpurin*. Durch Rk. von **X** mit Hydrazin wurde ein Gemisch von *N-Aminopurinyl-(6)-formamidin* (**XI**) u. **VIII** gebildet; Verss., **X** mit Phenylhydrazinhydrochlorid u. Na-Acetat zu red., ergaben analog *N-Phenylaminopurinyl-(6)-formamidin*. Durch Behandlung von **XI** mit HNO_2 entstand *Purin-6-carbiminoazid*, das durch Ammonolyse bei 180° *4.5-Diamino-6-carbiminoazidopyrimidin* lieferte. Durch Rk. von **V**-Hydrazid mit Benzolsulfonylchlorid wurde *N'-[Benzolsulfonyl]-purin-6-carbonsäurehydrazid* (**XII**) dargestellt; die Überführung in **IV** durch Behandlung mit Na_2CO_3 u. Äthylenglykol gelang nicht; auch der Vers. der Oxydation von **V**-Hydrazid zu **IV** mit Metaperjodat ergab nur wenig **V**. Durch Oxydation von **V**-Hydrazid mit $K_3[Fe(CN)_6]$ wurde **V**-*Amid* erhalten. Die Red. von **X** mit H_2 u. RANEY-Ni in Ggw. von N.N'-Diphenyläthylendiamin ergab statt des erwarteten 1.3-Diphenyltetrahydroimidazolzwischenprod. *6-Aminomethylpurin*. Auch durch Rk. von **X** mit $SnCl_2$ nach STEPHEN [1925] konnte **IV** nicht dargestellt werden; ebenso mißlang die Oxydation von 6-Methylpurin mit SeO_2 zu **IV**. Die Austausch-Rk. von **VI** oder **VII** mit m-Nitrobenzaldehyd oder Benzaldehyd führte nur teilweise zur Bldg. von **IV**, dessen Isolierung nicht gelang. Durch Kochen von **XII** mit Benzaldehyd in saurer Lsg. trat kein Austausch ein.

Versuche: *N-[Purinyl-(6)-methyl]-pyridiniumjodid* (**I**), $C_{11}H_{10}JN_5$, F. 242° (Zers.; blaßgelbe Kristalle aus W.), durch Zugabe von J_2 in Pyridin zu 6-Methylpurin in Pyridin, 6std. Erhitzen auf 110° unter Rühren, Kühlen, Zugabe von Bzl., 5 Min. Rühren u. Filtrieren; 63% (Ausbeute). — *N.N-Dimethyl-N'-[purinyl-(6)-methylen]-p-phenylendiamin-N'-oxyd* (**II**), $C_{14}H_{14}N_6O$, F. 180—182° (Zers.; orangefarbene Kristalle aus A.), durch Zugabe von p-Nitrosodimethylanilin zu **I** in Pyridin, Zugabe von 2n NaOH unter Rühren unter exothermer Erwärmung auf 45°, 5 Min. Rühren nach dem Dickwerden, Stehen über Nacht, Filtrieren, Suspendieren des Nd. in W., Zugabe von 5% ig. Essigsäure bis p_H 5 u. Filtrieren; 94%. — *Purin-6-aldehyd* (**IV**), *Hydrochlorid*, $C_6H_4N_4O \cdot HCl \cdot H_2O$, F. >350° (Zers.; Verharzung bei 235—240°), a) durch Zugabe von Äthylnitrit zu **VIII** in n-HCl u. 50% ig. A. bei 0° unter Rühren, 5 Min. Rühren bei 0°, Filtrieren, Eindampfen im Vakuum, Zugabe von 50% ig. A. u. Eindampfen im Vakuum; 67%; durch Zugabe von n-HCl zu **II** in W. unter Rühren, Filtrieren, 30 Min. Erhitzen des Filtrates auf 70—75°, Kühlen, Eindampfen im Vakuum, dreimalige Zugabe von A. u. nachfolgendes Eindampfen im Vakuum, Filtrieren, 48std. Stehen des Filtrates u. Filtrieren; 4%. *Semicarbazon* (**VII**), $C_7H_7N_7O$, F. 270—275° (Zers.; 50% ig. A.), a) durch Zugabe von HCl zu **II** in W., 30 Min. Stehen, Filtrieren, 1 Min. Kochen des Filtrates, Zugabe von Kohle, Filtrieren, Zugabe von Semicarbazidhydrochlorid in W., 5 Min. Kochen, Kühlen u. Filtrieren; 34%; b) durch Zugabe von Semicarbazidhydrochlorid zu **X** u. Na-Acetat in 50% ig. A., Hydrieren in Ggw. von RANEY-Ni, Filtrieren, Extraktion des Rückstandes mit sd. CH_3OH, Einengen der vereinigten Filtrate im Vakuum u. Kühlen; 24%. *Phenylhydrazon*, $C_{12}H_{10}N_6 \cdot H_2O$, F. 155 bis 157° (Zers.; orangefarbene Kristalle), durch Zugabe von HCl zu **II** in W., Filtrieren, Zugabe von Phenylhydrazin in A., 1std. Kochen, Kühlen, Filtrieren, Suspendieren in W., Zugabe von $NaHCO_3$ bis p_H 7 u. Filtrieren; 60%. *Thiosemicarbazon* (**VI**), $C_7H_7N_7S$, F. 250° (Zers.; cremefarbene Kristalle aus A.), a) durch Zugabe von HCl zu **II** in W., Filtrieren, 5 Min. Erhitzen auf 80°, Zugabe von Thiosemicarbazid in heißem W., Kühlen u. Filtrieren; 85%; b) durch Zugabe von Thiosemicarbazid in W. zu **IV** $\cdot HCl \cdot H_2O$ in 0,5n HCl, 5 Min. Erhitzen auf 70°, 1std. Stehen u. Filtrieren; 87%. *Hydrazon* (**VIII**), $C_6H_6N_6$, F. 255° (Zers.; gelbe Kristalle aus A.), a) durch Zugabe von HCl zu **II** in W., Filtrieren; 5 Min. Erhitzen auf 80°, Zugabe von 20% ig. Hydrazinlsg., Kühlen u. Filtrieren; b) durch 20 Min. Kochen von **VI** in wss. Hydrazin, Kühlen u. Filtrieren; 72%. *Oxim* (**IX**), $C_6H_5N_5O$, F. 251—252° (Zers.; 50% ig. A.), a) durch Zugabe von HCl zu **II** in W., Filtrieren, Zugabe von alkoh. Hydroxylaminlsg., Stehen über Nacht u. Filtrieren; 15%; b) durch Zugabe von Hydroxylamin in A. zu **IV** $\cdot HCl \cdot H_2O$, 1std. Kochen, Einengen im Vakuum u. Kühlen; 73%. *2.4-Dinitrophenylhydrazon*, $C_{12}H_8N_8O_4$, F. 308—310° (Zers.; gelbe Kristalle), durch Zugabe von 2.4-Dinitrophenylhydrazin u. konz. HCl zu **IV** $\cdot HCl \cdot H_2O$ in W., 15 Min. Erhitzen auf 70° u. Kühlen; 92%. — *p-Dimethylaminophenylhydroxylamin* (**III**), F. 120—122° (Zers.; grüne Kristalle), neben **IV** nach b), **VII**, **IV**-Phenylhydrazon, **VI**, **VIII**, **IX** u. **IV**-2.4-Dinitrophenylhydrazon. — *Purin-6-carbonsäure* (**V**), F. 200° (Zers.), a) durch Zutropfen von $KMnO_4$ in W. zu **I** in W. bei 0° unter Rühren, 30 Min. Rühren bei 2°, $1^1/_2$std. Rühren bei Raumtemp., Zugabe von 2n NaOH bis p_H 10, Filtrieren, Extraktion des Nd. mit heißem W., Neutralisieren des Filtrates mit 2n HCl, Eindampfen im Vakuum, Lösen des Rückstandes in W., Behandeln mit

Kohle u. Ansäuern mit 2n HCl bis p_H 2; 77%; b) durch Zutropfen von 5%ig. wss. $KMnO_4$-Lsg. zu **IV** in n-NaOH bei 0°, 1std. Stehen bei 0°, 2std. Stehen bei Raumtemp., Filtrieren, Ansäuern des Nd. mit konz. HCl bis p_H 2, Kühlen auf 0°, kurzes Stehen u. Filtrieren; 82%. — *Purin-6-aldehydazin*, $C_{12}H_8N_{10}$, F. >350° (Zers.; gelbe Kristalle aus W.), durch langsame Zugabe von Äthylnitrit in A. zu **VIII** in gekühlter 30%ig. Essigsäure, 5 Min. Erhitzen auf 80°, Kühlen u. Filtrieren; 70%. — *N-Phenylaminopurinyl-(6)-formamidin*, $C_{12}H_{11}N_7$, F. 156° (gelbe Kristalle aus 50%ig. A.), a) durch Zugabe von Phenylhydrazin in A. zu **X** in A., 2std. Kochen u. Kühlen; 82%; b) durch Hydrieren von 0,29 g **X**, Na-Acetat u. Phenylhydrazinhydrochlorid in 50%ig. CH_3OH in Ggw. von RANEY-Ni; 0,2 g. — *N'-[Benzolsulfonyl]-purin-6-carbonsäurehydrazid* (**XII**), $C_{12}H_{10}N_6O_3S \cdot {}^1/_2\, H_2O$, F. 235° (Zers.; A.), durch Zutropfen von Benzolsulfonylchlorid zu **V**-Hydrazid in Pyridin bei 20°, 3std. Rühren bei 20°, Filtrieren, Einengen im Vakuum, Behandeln mit W. u. Filtrieren; 83%. — *Purin-6-carbiminoazid*, $C_6H_4N_8$, F. 285° (Zers.), durch langsame Zugabe von **XI** zu $NaNO_2$ in W. unter Rühren, 1std. Rühren u. Filtrieren; 65%. — *4.5-Diamino-6-carbiminoazidopyrimidin*, $C_5H_6N_8$, F. 325° (Zers.; 0,1 mol. NH_4OH), durch 10std. Erhitzen vorst. Verb. in konz. NH_4OH auf 180° im Rohr u. Eindampfen im Vakuum; 70%. (J. Amer. chem. Soc. **81**. 2515—21. 20/5. 1959. New York, N. Y., Cornell Univ., Med. Coll., Sloan-Kettering Div. Labors.) H. BERTSCH. 3272

Ehrenfried Kober und **Christoph Grundmann**, *Triazine*. 21. Mitt. *Die Darstellung von symm.-Triazinaldehyden.* (19. vgl. C. **1958.** 1579.) Zur Synth. der bisher unbekannten *symm.-Triazinaldehyde* (**A**) werden die von GRUNDMANN u. KOBER (C. **1957.** 11870) beschriebenen 2-Diazomethyl-symm.-triazine (**B**) mit H_2S oder besser mit niederen Alkylmercaptanen red. unter Bldg. der entsprechenden *2-Aldehydhydrazone* (**C**) u. *Dialkyldisulfide.* Eine Ausnahme bildet das Verh. von 2-Diazomethyl-4.6-dichlor-symm.-triazin (**I**), das mit einem Überschuß von Methanthiol (**II**) bzw. Äthanthiol in Ggw. von 2 Moll. Na-Alkoholat unter Bldg. von *4.6-Bis-[methylmercapto]-* (**X**) bzw. *4.6-Bis-[äthylmercapto]-symm.-triazinaldehyd-(2)-hydrazon* (**XI**) reagiert. Bei der Behandlung von **I** mit **II** in Methanol ohne Zusatz von Alkali entsteht *4.6-Dihydroxy-2-methoxymethyl-symm.-triazin.* Offenbar bewirkt das während dieser Rk. entstehende *HCl* die Überführung der Diazomethylgruppe in eine Methoxymethylgruppe, bevor die Red. stattfinden kann. Die nach dieser Meth. dargestellten **C** können mit Benzaldehyd als gut krist. gelbe gemischte *Azine* charakterisiert u. bequem in die freien **A** übergeführt werden. Eine saure Hydrolyse ist wegen der Empfindlichkeit der Substituenten u. des Triazinringes selbst nicht möglich. Die Spaltung der **C** gelingt mit 2.4-Dinitrobenzaldehyd. Die **A** zeigen die üblichen Farb-Rkk., wie die FEHLING-, ANGELI-RIMINI- u. SCHIFF-Rk., bilden mit den gewöhnlichen Aldehydreagentien gut kristallisierende Derivv. u. polymerisieren nach einigen Monaten. Die krist. Polymeren, die in den gewöhnlichen organ. Lösungsmitteln bei Zimmertemp. unlösl. sind u. beim Erhitzen in einem passenden Lösungsm. wieder depolymerisieren, haben vermutlich eine Trioxanstruktur. Die direkte Oxydation der **B** zu den **A** mit $Pb(COCH_3)_4$, SeO_2 oder Perbenzoesäure gelingt nicht. Auch die Oxydation von 2-Methyl-symm.-triazinen mit HNO_3, CrO_3 oder SeO_2 führt nicht zu den **A**. So werden 2-Methyl-, 2.4.6-Trimethyl- oder 4.6-Dichlor-2-methyl-symm.-triazin durch das Oxydationsmittel weitgehend abgebaut, 4.6-Bis-[trichlormethyl]-2-methyl-symm.-triazin wird überhaupt nicht angegriffen u. 4.6-Diphenyl-2-methyl-symm.-triazin (**III**) gleich bis zur entsprechenden Säure oxydiert. **III** kann mit p-Nitrosodimethylanilin in Ggw. von K_2CO_3 oder $NaOCH_3$ nicht kondensiert werden. Die Umsetzung von 2-Chlormethyl-4.6-dimethoxy-symm.-triazin (**IV**) mit Na-Nitrocyclohexan führt nicht zum 4.6-Dimethoxy-symm.-triazinaldehyd-(2) (**V**), sondern zu zwei bisher nicht identifizierten *Triazinderivaten.* Die SOMMELET-Rk. mit **IV** liefert das intermediäre quaternäre *Salz*, dessen Hydrolyse jedoch nicht zu **V** führt. Die Darst. von **V** aus 4.6-Dimethoxy-2-hydroxymethyl-symm.-triazin durch Oxydation mit MnO_2 gelingt nicht. 2-Dibrommethyl-4.6-dimethoxy-symm.-triazin (**VI**) reagiert nicht mit $CaCO_3$ in W., Hydroxylamin oder K-Acetat, wird aber mit methanol. NaOH in *Trimethylcyanurat* (**VII**) übergeführt, das auch aus 2-Dichlormethyl-4.6-dimethoxy-symm.-triazin (**VIII**) erhalten wird. Bei der Behandlung von **VI** u. **VIII** mit $NaOCH_3$ entsteht *4.6-Dimethoxy-symm.-triazinaldehyd-(2)-dimethylacetal* (**IX**), das nicht in **V** übergeführt werden kann u. mit Hydroxylamin- oder Semicarbazidhydrochlorid in sd. Methanol nicht reagiert. Verss. der Hydrolyse von **IX** mit verd. wss. Mineralsäuren führen zu **VII** u. unter stärkeren Bedingungen zu *Cyanursäure.*

Versuche: symm.-Triazinaldehyd-(2)-hydrazone: *4.6-Bis-[methylmercapto]-* (**X**), $C_6H_9N_5S_2$, F. 179—181°, a) durch Zugabe von **I** zu **II** u. Na in absol. A. bei 0° u. 24std. Rühren bei Zimmertemp.; 87,5% (Ausbeute); b) aus 4.6-Bis-[methylmercapto]-2-diazomethyl-symm.-triazin u. **II** in A. bei 2tägigem Stehen; aus wss. Aceton feine gelbe Nadeln. — *4.6-Bis-[äthylmercapto]-* (**XI**), $C_8H_{13}N_5S_2$, F. 138—139° (Ligroin), a) durch 7std. Rühren von I mit Äthanthiol u. Na in A. bei Zimmertemp.; 67%; b) durch 2tägiges Stehen von 4.6-Bis-[äthylmercapto]-2-diazomethyl-symm.-triazin u. **II** in A.; 65%. — *4.6-Dimethoxy-* (**XII**), $C_6H_9N_5O_2$, F. 212—213° (A., Sublimation bei 180—190°/0,5 mm), aus 2-Diazomethyl-4.6-dimethoxy-symm.-triazin in Methanol a) mit **II** durch 2std. Rühren bei 0° u. 3tägigem Stehen bei Zimmertemp.; 71%; b) mit Äthanthiol wie nach a); 78%; c) durch 6std. Einleiten von wasserfreiem H_2S bei Zimmertemp.; gelbe Nadeln; 85%. — symm.-Triazinaldehyd-(2)-benzylidenhydrazone: *4.6-Bis-[methylmercapto]-*, $C_{13}H_{13}N_5S_2$, F. 144—145°, durch 3std. Kochen von **X** mit Benzaldehyd in absol. A.; aus Ligroin gelbe, seidige Nadelbüschel. — *4.6-Bis-[äthylmercapto]-*, $C_{15}H_{17}N_5S_2$, F. 74° (Ligroin), aus **XI** u. Benzaldehyd in A.; 51,5%. — *4.6-Dimethoxy-*, $C_{13}H_{13}N_5O_2$, F. 151—152°, aus **XII**; aus Ligroin gelbe Platten. — *4.6-Bis-[methylmercapto]-symm.-triazinaldehyd-(2)*, $C_6H_7N_3OS_2$, F. 102—102,5°, durch 15std. Kochen von **X** u. 2.4-Dinitrobenzaldehyd in A. mit wenig W., Abfiltrieren des *Dinitrobenzalazins*, Entfernen der Lösungsmittel aus dem Filtrat im Vakuum, Extrahieren des dunklen, öligen Rückstandes mit Ligroin, mehrtägiges Stehen bei —25° u. Sublimieren des so erhaltenen *Äthylhalbacetals* (33,4%; Sphäroide) zwischen 70 u. 120°/0,5 mm; gelbliche Kristalle; Lösen in wenig A. u. Abkühlen auf —25° liefert wieder das *Äthylhalbacetal* ($C_8H_{13}N_3O_2S_2$, F. 57—58°, filzige, silberweiße Nadeln); Lösen in wenig warmem W. liefert das *Sesquihydrat* ($C_6H_7N_3OS_2 \cdot 1{,}5\,H_2O$, F. 88—89°, lange, filzige Nadeln); 3std. Kochen mit Thiosemicarbazid in wss. A. führt zum *Thiosemicarbazon* [$C_7H_{10}N_6S_3$, F. 256° (Zers.), gelbe Nadeln]; 75tägiges Stehen an der Luft liefert das mikrokrist. *Polymere* ([$C_6H_7N_3OS_2]_x$, F. 106—112°), das beim Kochen in Toluol nach einigen Min. depolymerisiert. — *4.6-Dimethoxy-symm.-triazinaldehyd-(2)* (**V**), $C_6H_7N_3O_3$, F. 74—75° (Sublimation bei 60—75°/0,5 mm), durch 8std. Kochen von **XII** u. 2.4-Dinitrobenzaldehyd in A. mit wenig W., Abfiltrieren des *Dinitrobenzalazins*, Abdest. des Lösungsm. im Vakuum, Extrahieren des öligen Rückstandes mit sd. Ligroin u. 2tägiges Stehen des Extraktes bei —25° wird **V** als gelbes Öl erhalten; aus Ligroin Nadeln; 19%; neben **V** das *Äthylhalbacetal* ($C_8H_{13}N_3O_4$, F. 51—52°, krist. Sphäroide), das durch Sublimieren zwischen 75 u. 125°/0,2 mm auch in **V** übergeführt werden kann. *Hydrat*, $C_6H_7N_3O_3 \cdot H_2O$, F. 83—85°, Blättchen mit Perlmutterglanz. *Thiosemicarbazon*, $C_7H_{10}N_6O_2S$, F. 222—223° (Zers.), hellgelbe feine Nadeln. *Polymeres*, [$C_6H_7N_3O_3]_x$, F. 124—135°. — *4.6-Dihydroxy-2-methoxymethyl-symm.-triazin*, $C_5H_7N_3O_3$, F. 198—200° (Essigsäure), durch 4tägiges Stehen von **I** u. **II** in Methanol bei Zimmertemperatur. — *Verb. A*, $C_{12}H_{11}N_5O_4$, F. 217—219°, u. *Verb. B*, $C_5H_6N_4O_4$, F. 122—123°, nach 20std. Rühren von **IV** u. Na-Nitrocyclohexan in Methanol bei Zimmertemp. werden *Verb. A* (unlösl. in Ae. u. A., aus W. feine Nadeln), *Verb. B* (lösl. in Ae. u. Methanol, aus wss. Methanol Nadeln; liefert mit $NaOC_2H_5$ in A. ein wasserlösl. *Na-Salz*) u. wenig *Cyclohexanonoxim* neben viel Ausgangsmaterial isoliert. — *4.6-Dimethoxy-2-dimethoxymethyl-symm.-triazin* (**IX**), $C_8H_{13}N_3O_4$, F. 40—41°, a) durch Lösen von **VI** in einer eiskalten Lsg. von Na in Methanol, 7std. Kochen, Abdestillieren des Methanols u. Extrahieren des festen Rückstandes mit Ae.; 81,4%; b) analog aus **VIII** durch 16std. Kochen; aus Ligroin Nadeln; 10,4%. — *Trimethylcyanurat* (**VII**), $C_6H_9N_3O_3$, F. 132—133°, a) durch 6std. Kochen von **VI** bzw. **VIII** u. NaOH in Methanol; b) durch 1 Std. Stehen einer Lsg. von **IX** u. n-H_2SO_4 in Aceton bei 25° u. 10 Min. langes Erwärmen auf 45°; aus Ligroin feine Nadeln; 36%. (J. Amer. chem. Soc. **80**. 5547—51. 20/10. 1958. Columbus, Ohio, Ohio State Univ., Res. Foundation.) U. KRÜGER. 3313

Hans Weidmann und **Howard K. Zimmerman jr.**, *Borsäureester von N-substituierten Aminoalkoholen.* Die aus N-substituierten Äthanolaminen, Alkylboron- u. Dialkylborinsäuren erhältlichen Ester sind im Gegensatz zu n. Borsäureestern ungewöhnlich stabil gegen Hydrolyse. Es wird ihnen deshalb eine heterocycl. Struktur mit semipolaren N → B-Bindungen zugeschrieben (vgl. LETSINGER u. SKOOG, C. **1956**. 4408, u. MUSGRAVE u. PARK, C. **1958**. 3572). Für die aus substituierten Äthanolaminen u. Dialkylborsäuren gebildeten Ester der Struktur **A** wird die Bezeichnung *Boroxazolidine*, für die aus 3-Aminopropanolen gebildeten 6-Ringe **B** die Bezeichnung *Tetrahydroboroxazine* vorgeschlagen. In Analogie zu den als „triptych" (vgl. BROWN u. FLETCHER, C. **1952**. 1796) bezeich-

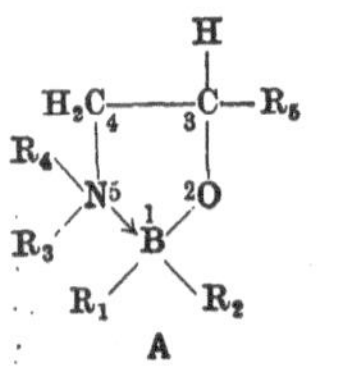

A

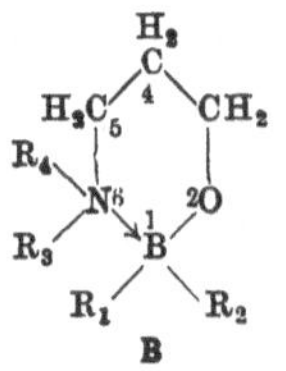

B

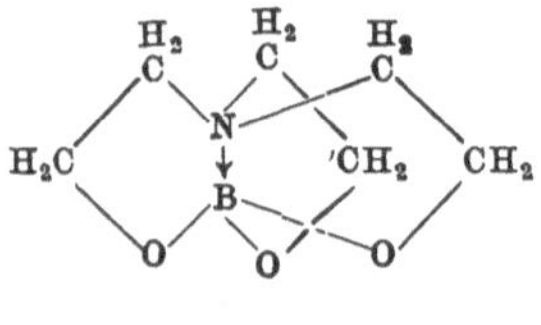

C

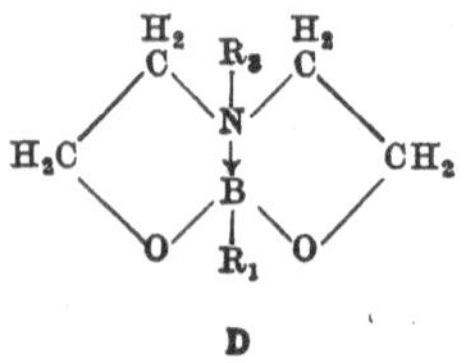

D

neten tricycl. Estern (**C**) aus H_3BO_3 u. Triäthanolaminen werden die aus Diäthanolaminen u. $RB(OH)_2$ erhältlichen bicycl. Ester als „*Diptychboroxazolidine*" (**D**) bezeichnet. Sämtliche Verbb. geben mit Pikrinsäure (I) in absol. Ae. oder Chlf. nur die Pikrate der entsprechenden Aminoalkohole. Die Abhängigkeit der Löslichkeit vom p_H-Wert bei den Verbb. der Konst. **A** u. **B** beweist das amphotere Verh., die isoelektr. Punkte liegen zwischen p_H 2,5 u. 4,5. Für Acetonitril als Lösungsm. besteht in Übereinstimmung mit der Regel von Hildebrand u. Scott eine inverse Abhängigkeit der Löslichkeit vom F., die Löslichkeit ist am größten in Lösungsmitteln mit DK. 20—40. Die potentiometr. Titration sowie die Hydrolyse durch starke Säuren macht es wahrscheinlich, daß das aus den **A** u. W. entstehende Zwitterion in alkal. Medium nach Verlust der positiven Ladung am N an der Esterbindung hydrolysiert wird, während in saurem Medium das OH-Ion vom B abgelöst wird u. die stabilisierende Ammoniumstruktur erhalten bleibt. Ist die Bldg. der N → B-Bindung ster. behindert, so sind die Borsäureester von Aminoalkoholen ebenso hydrolysenempfindlich wie die anderen Borsäureester. *N.N-Diäthyl-B.B-diphenylboroxazolidin* ließ sich aus dem gleichen Grund nicht gewinnen. Die Löslichkeit der dargestellten Verbb. in verschied. Lösungsmitteln wird tabellar. gegeben.

Versuche: B.B-Diphenylboroxazolidine (**A**): *Unsubstituierte* Verb., $C_{14}H_{16}BNO$, F. 190—192° (verd. A.), durch Zugeben von Äthanolamin in verd. A. zu Diphenylborinsäure (II) in Ae.; 67% (Ausbeute); gibt mit I *Äthanolaminpikrat* [F. 159 bis 160° (Äthylacetat–A.)]. — *N-Methyl-*, $C_{15}H_{18}BNO$, F. 193—195° (A.–W., 7:3), wie vorst. Verb. aus **II** u. N-Methyläthanolamin; 50%; gibt mit **I** *N-Methyläthanolaminpikrat* [F. 149° (Äthylacetat)]. — *N.N-Dimethyl-*, $C_{16}H_{20}BNO$, F. 166—167° (A.–W.; 8:2), aus **II** u. N.N-Dimethyläthanolamin; 84%; gibt mit **I** *N.N-Dimethyläthanolaminpikrat* [F. 92—95° (Äthylacetat–CCl_4)]. — *N-Äthyl-*, $C_{16}H_{20}BNO$, F. 188—190° (A.–W.; 8:2), aus **II** u. N-Äthyläthanolamin; 67%; gibt mit **I** *N-Äthyläthanolaminpikrat* [F. 125 bis 126° (Äthylacetat)]. — *3-Methyl-*, $C_{15}H_{18}BNO$, F. 180—182° (Bzl.), aus 1-Aminopropanol-(2) u. **II** auf dem Dampfbad im Vakuum; 63%; gibt mit **I** *1-Aminopropanol-(2)-pikrat* [F. 143—145° (Äthylacetat)]. — Diptychboroxazolidine (**D**): *B-Phenyl-*, $C_{10}H_{14}BNO_2$, F. 209,5—210° (A.–PAe.), durch azeotrope Veresterung von Diäthanolamin (**IV**) u. Phenylboronsäure (**III**) in sd. Toluol; 70%; gibt mit **I** ebenso wie nachst. Verb. *Diäthanolaminpikrat* [F. 109—111° (Äthylacetat–A.)]. — *B-Butyl-*, $C_8H_{18}BNO_2$, F. 153—155° (Äthylacetat), wie vorvorst. Verb. aus **IV** u. Butylboronsäure; 61%. — *B-Phenyl-N-methyl-*, $C_{11}H_{16}BNO_2$, F. 104—107° (Cyclohexan–Äthylacetat; 1:1), wie vorvorst. Verb. aus **III** u. N-Methyldiäthanolamin; 100%; gibt mit **I** *N-Methyldiäthanolaminpikrat* [F. 95—97° (Äthylacetat)]. — *B-Phenyl-N-äthyl-*, $C_{12}H_{18}BNO_2$, F. 96—99° (Cyclohexan–Äthylacetat; 1:1), analog aus N-Äthyldiäthanolamin u. **III**; 100%; gibt mit **I** *N-Äthyldiäthanolaminpikrat* [F. 101—103° (Äthylacetat)]. — *Triptychboroxazolidin*, $C_6H_{12}BNO_3$, F. 236,5—237,5° (Pyridin), aus Triäthanolamin u. H_3BO_3 auf dem Dampfbad im Vakuum; 65%; gibt mit **I** *Triäthanolaminpikrat* [F. 128—129° (Äthylacetat–A.)]. — *B.B-Diphenyltetrahydroboroxazin*, $C_{15}H_{18}BNO$, F. 190—192° (Bzl.), wie vorst. Verb. aus 3-Aminopropanol-(1) u. **II**; 58%; gibt mit **I** *3-Aminopropanol-(1)-pikrat* [F. 129 bis 131° (Äthylacetat–CCl_4)]. (Liebigs Ann. Chem. **619**. 28—35. 1958, herausgeg. 2/2. 1959. College Station, Texas, Agricult. and Mechan. Coll. of Texas, Dep. of Chem.)

F. Heller. 3380

L. Hough, T. J. Taylor, G. H. S. Thomas und **B. M. Woods**, *Die Oxydation von Monosacchariden durch Perjodat unter Berücksichtigung der Bildung intermediärer Ester.* Vff. bestimmen den Perjodatverbrauch u. die *HCOOH-*, *HCHO-* u. *CO_2*-Bldg. verschied. Monosaccharide bei der Perjodatoxydation bei p_H 3,6 u. 20° im Dunkeln. Die Ergebnisse zeigen, daß α-D-Glucose (I) vornehmlich als Pyranoseform oxydiert wird, wobei rasch 3 Mol JO_4^- unter Bldg. von *O^α-Formyl-D-glycerinaldehyd* (II) verbraucht werden. Die schnelle Abgabe von ca. 0,15 Mol *HCHO* läßt vermuten, daß ca. 15% von I entweder in der Furanose- oder Aldehydform reagieren. Auch bei der Oxydation von β-D- u. α β-D-Glucose wird **II** als Zwischenprod. gebildet. Ähnliche Resultate werden bei α-D-Galaktose u. β-D-Mannose erhalten; die rasche Abgabe von *HCHO* (0,06—0,07 Mol) zeigt auch hier, daß ein geringer Teil dieser Zuckerarten nicht als Pyranoseform oxydiert wird. Aldopentosen (α-D-Xylose, D-Ribose, β-L-Arabinose) werden ausschließlich (unter *Formiat*-Bldg.) in der Pyranoseform abgebaut. 3-O-Methylglucose geht dabei in *4-O-Formyl-2-O-methyl-D-arabinose* über. Dieser Ester ist auf Grund der Abwesenheit einer elektrophilen Aldehydgruppe an dem der Esterbindung benachbarten C-Atom stabil. Aus demselben Grunde sind auch die durch Oxydation von anderen 3-O- u. 4-O-substituierten Aldohexosen (Cellobiose, Maltose, Lactose u. 1 → 3-gebundene Oligoglucosaccharide) gebildeten Ester beständig. Ihr Verh. steht damit im Einklang, daß ihre Säurehydrolyse durch die induktive Wrkg. elektrophiler Substituenten im zugehörigen Alkohol in der Reihenfolge COOH > CHO > CH_2OH > Metall/H beeinflußt wird, wobei die Dissoziation des Oxonium (H_3O^+)-Ions die geschwindigkeitsbestimmende Rk. ist. Als Pyranoseformen werden ferner auch 6-Desoxyaldohexosen wie α-L-Fucose u. α-L-Rhamnose oxydiert; die entstehenden Aldehyde, *O-Formyllactaldehyd* u. *-glykolaldehyd*, sind — wahrscheinlich wegen Fehlens einer der Esterbindung benachbarten OH-Gruppe — beständiger als II. Hexulosen können als Pyranose-, Furanose- u. acycl. Formen reagieren, so daß deren Oxydation sehr komplex verläuft. β-D-Fructose verbraucht 3 Mol JO_4^- unter Bldg. von 1 Mol *HCHO* u. 1,5 Mol *HCOOH*, woraus hervorgeht, daß der Abbau überwiegend an der Pyranoseform über *O-Glyoxyloylglykolaldehyd* stattfindet. L-Sorbose wird dagegen als Furanose oxydiert (Bldg. von 1 Mol *HCHO* u. *O^α-Glyoxyloylglycerinaldehyd*). Dimethyltartrat reagiert nur mit 1 Mol JO_4^- (bei p_H 3,6) unter Bldg. stabiler *Glyoxylate*. Als acycl. Formen werden *DL-Glycerinaldehyd* u. *Glykolaldehyd* unter Bldg. der entsprechenden *Formiate* angegriffen. Methyl-α-D-galaktopyranuronosidmethylester verbraucht innerhalb von 10 Std. 3 Mol JO_4^- u. ein weiteres Mol nach 50 Std. (bei p_H 3,6). Die Oxydation wird also durch Bldg. von *Methoxalyloxy-O-methylglykolaldehyd* zunächst unterbrochen. Na-D-Glucuronat (**III**) reagiert dagegen mit 3 Mol JO_4^- innerhalb von $^1/_2$ Std. u. anschließend mit 2 weiteren Mol in 2 Std. unter Abgabe von 1 Mol CO_2. Unter diesen Bedingungen ist Oxalsäure gegen Perjodat beständig. **III** tritt als *D-Glucopyranuronsäure* in Rk., die unter Aufnahme von 3 Mol JO_4^- *O-Formyltartronaldehydsäure* liefert. (J. chem. Soc. [London] **1958**. 1212—17. März. Bristol, Univ.) P. FAHRNLAENDER. 3400

Keijiro Odo, Kentaro Kono und **Kiichiro Sugino,** *Cyanamidderivate*. 47. Mitt. *Guanidinierung von D-Glucosamin.* Da die Cyanamid-(**I**)-Kondensation in geschmolzenem Zustand wegen der Temperaturempfindlichkeit von D-Glucosamin (**II**) nicht anwendbar ist u. die Kondensation von **II** mit S-Methylisothioharnstoff infolge alkal. Einw. auf **II** zu einem harzigen Prod. führt, wurde die Synth. von *2-Desoxy-2-guanidino-D-glucose* (**III**) durch Kondensation einer wss. Lsg. von **II**-Hydrochlorid mit **I** bei 60° u. p_H 7 bis zum Verschwinden von **I** durchgeführt u. das als *Pikrat* (**IV**) isolierte Reaktionsprod. in das *Hydrochlorid* u. *Nitrat* ($C_7H_{13}N_3O_4 \cdot HX$) übergeführt. Die wss. Lsgg. der Salze zeigten erst nach Alkalibehandlung einen deutlich positiven SAKAGUCHI-Test der Guanidingruppe u. red. FEHLINGsche Lsg. in der Wärme. Die Salze krist. als Verbb. des *2-Amino-4-D-arabo-tetrahydroxybutylisoimidazols*, die erst in wss. Lsg. bei Alkalibehandlung in die **III**-Struktur übergehen. Die Kondensation von freiem **II** mit **I** (72 Std. bei 30°) führte infolge der Instabilität von **II** gegenüber Alkali zu keinem Ergebnis. Die Rk. von **II**-Hydrochlorid mit **I** lieferte bei 30° in 792 Std. durch das Vorliegen von freien Aminogruppen 3,5% **IV** u. bei 80° in 5 Std. 12,7% **IV**, während durch Neutralisation mit Alkali bei p_H 5,8, 8,3 u. 7 (5 Std. bei 80°, 5 Std. bei 60° bzw. 7 Std. bei 60°) Ausbeuten von 18,3%, 27,3% bzw. 38% erhalten wurden. Es wurde bewiesen, daß das von MILLER (C. **1950**. II. 878) aus **II**-Hydrochlorid u. **I** in sd. 60%ig. alkoh. Lsg. innerhalb mehrerer Std. erhaltene Pikrat nicht N^1-D-Glucosylbiguanidmonopikrat, sondern *O-Äthylisoharnstoffpikrat* ist. Die Rk. lieferte daneben **IV** u. das *Pikrat* von *O-Methylisoharnstoff*.

Versuche: *2-Amino-4-D-arabo-tetrahydroxybutylisoimidazol* (*Anhydro-2-guanidino-D-glucose*), *Pikrat* (**IV**; *-4H-imidazol-*), $C_{13}H_{16}N_6O_{11}$, F. 180°, a) aus 5,40 g **II**-Hydrochlorid ($C_6H_{14}ClNO_5$) u. 1,71 g 95% reinem **I** in 20 cm³ W., Einstellen mit 5,6 n NaOH auf p_H 7, 7 std. Erwärmen u. 2 tägiges Stehen mit methanol. Pikrinsäure (**V**); b) aus **B** u. aus **C** (s. unten); aus W. lange Nadeln; 4,1 g, 0,66 g bzw. 0,05 g (Ausbeute). *Hydrochlorid*, $C_7H_{14}ClN_3 \cdot O_4$, F. 178°, aus 4,4 g **IV** in 100 cm³ W. u. 30 cm³ 10%ig. HCl u. Stehen mit wenig A.; Nadeln; $[\alpha]_D^{12,5}$ —26,49° (c = 2,392; W.); 2,0 g; SAKAGUCHI-Test; durch 3 std. Stehen mit n-NaOH, Verdünnen mit W., Versetzen mit 0,1% α-Naphthol in 70%ig. A. u. 5%ig. wss. NaOCl Rosafärbung vor, Rotfärbung nach Alkalibehandlung; NESSLER-Test nur nach Alkalieinw. positiv. *Nitrat*, F. 137° (Methanol), aus 5,4 g **IV** in W. u. 25 cm³ 10%ig. HNO_3; $[\alpha]_D^{17,0}$ —29,23° (c = 9,283; W.); 2,31 g. *Sulfat* (nicht krist.). — *O-Äthylisoharnstoffpikrat*, $C_9H_{11}N_5O_8$, F. 186°, analog MILLER (l. c.) durch 5 std. Kochen von 21,5 g **II**-Hydrochlorid mit 8,8 g **I** in 250 cm³ 60%ig. A., Vakuumeinengen, Versetzen mit **V** in Methanol, Filtrieren (Filtrat **A**), Extrahieren mit sd. W. (Lsg. **B**) u. Umkrist. des Rückstandes aus W.; 2,50 g. *Hydrochlorid* (**VI**), F. 121°. *Sulfat* (**VII**), $C_6H_{18}N_4O_6S$, F. 166°. — *O-Methylisoharnstoffpikrat*, $C_8H_9N_5O_8$, F. 192°, aus dem Filtrat **A** durch Vakuumeindampfen, Entfernen von **V** mit Ae. u. Extrahieren mit Methanol (Extrakt **C**); 1,16 g neben 6,60 g **II**-*Hydrochlorid*, *Hydrochlorid* (**VIII**), F. 127°. *Sulfat* (**IX**), $C_4H_{14}N_4O_6S$, F. 168°. — *Methylguanidinpikrat*, F. 198—200°, aus **VI**, **VII**, **VIII** oder **IX** mit Methylaminhydrochlorid. (J. org. Chemistry **23**. 1319—21. Sept. 1958. Tokyo, Meguro-Ku, Ookayama, Tokyo Inst. of Technol., Labor. of Organ.-Electrochem., Dep. of Chem. Engng.)
G. MARQUARD. 3400

P. Witonsky und **F. Smith,** *Melibiosemonohydrat*. Bei der Darst. von Melibiose aus Raffinose unter Verwendung von Bäckerhefe wurde *α-Melibiosemonohydrat*, $C_{12}H_{22} \cdot$

$O_{11} \cdot H_2O$, F. 179—181°, $[\alpha]_D^{23}$ +157° → +137° (c = 1; W.), gewonnen. (J. org. Chemistry **24**. 124—25. Jan. 1959. St. Paul, Minn., Univ. of Minnesota, Dep. of Agric. Biochem.)
H. ROSSOW. 3400

Alberto Spada und **Riccardo Cameroni,** *Über die Pigmente von Spartium junceum.* 3. Mitt. *Isolierung und Konstitution eines neuen Glucosids des Luteolins.* Aus dem methanol. Extrakt der Blätter von *Spartium junceum* isolierten Vff. durch Ausziehen mit Bzl. u. Fraktionieren mit bas. Pb-Acetat ein neues Glucosid „*Juncein*" (I). I liefert bei der Hydrolyse *Glucose* u. *5.7.3'.4'-Tetrahydroxyflavon* (II; *Luteolin*). Die Einw. von Essigsäureanhydrid auf I führt zum Tetraacetylderiv. von II. Nach der UV-spektroskop. Unters. u. den chem. Eigg. von I ist der Glucoserest am 4'-ständigen Hydroxyl gebunden; dies wird dadurch bestätigt, daß durch Methylieren von I u. nachfolgende Hydrolyse *4'-Hydroxy-5.7.3'-trimethoxyflavon* erhalten wird. I stellt das erste in der Natur gefundene 4'-Glucosid von II dar. Neben I wurden weitere Flavonderivv. isoliert, doch reichte ihre geringe Menge nicht zur Konstitutionsbest. aus.

Versuche: *Juncein* (I; II-*4'-Glucosid*), *Hydrat*, $C_{21}H_{20}O_{11} \cdot H_2O$, F. 178—179°, durch Zers. des aus dem methanol. Extrakt der Blätter nach Ausziehen mit Bzl. mit bas. Pb-Acetat erhaltenen Nd. in wss. A., Einengen, Lösen in n-Butanol, Chromatographieren an WHATMAN-Cellulose u. Eluieren mit wassergesätt. n-Butanol; aus wss. Methanol gelbe Nadeln; λ_{max} 341 u. 270 mμ (log ε = 4,24 bzw. 4,75); daneben *Verbb. vom F. 251 bis 254°* (gelb), *180—183°* (gelb) u. *240—245°* (citronengelb). — *5.7.3'.4'-Tetrahydroxyflavon* (II; *Luteolin*), *Hydrat*, $C_{15}H_{10}O_6 \cdot H_2O$, F. 328—329°, durch 2std. Kochen von 30 mg I mit 5%ig. H_2SO_4 u. 12std. Stehen in Eis; aus wss. Methanol gelbe Nadeln; λ_{max} 355 u. 256 mμ (log ε = 4,25 bzw. 4,20); 19,1 mg (Ausbeute). *Tetraacetylderiv.*, F. 223—224°, durch 24std. Stehen von I mit Essigsäureanhydrid in Ggw. von Pyridin; aus wss. A. Nadeln; λ_{max} 300 u. 257 mμ (log ε = 4,32 bzw. 4,28). — *4'-Hydroxy-5.7.3'-trimethoxyflavon*, $C_{18}H_{16}O_6$, F. 220—221°, durch 6std. Kochen von I mit Dimethylsulfat in absol. Aceton in Ggw. von K_2CO_3, Zugeben von 6%ig. H_2SO_4 u. 2std. Kochen; aus wss. Methanol blaßgelbe Nadeln; λ_{max} 336 u. 244 mμ (log ε = 4,35 bzw. 4,32). (Gazz. chim. ital. **88**. 204—13. Febr. 1958. Modena, Univ., Ist. di Chim. farmac. e tossicol.)
H.-E. TOUSSAINT. 3450

J. Michaud und **J. Masquelier,** *Versuch zur Identifizierung des Cynarosids. Cynarosid*, ein Flavonheterosid aus *Cynara scolymus* L. ist auf Grund vergleichender fraktionierter Chromatographie (R_F-Werte) ident. mit einem Flavonoid aus *Digitalis purpurea* L., wahrscheinlich dem *Digitoflavonosid.* Die diuret. Wrkg. der Artischocke würde damit zu erklären sein. (Bull. Trav. Soc. Pharmac. Bordeaux **97**. 77—81. 1958. Bordeaux, Soc. de Pharm.) W. SCHULENBURG. 3450

De Ghislain Schwachhofer, Jean Chopin und **Charles Mentzer,** *Synthese von α.α-Dimethylmezcalin.* Vff. synthetisierten über *β-[3.4.5-Trimethoxyphenyl]-α.α-dimethylpropiophenon* [$C_{20}H_{24}O_4$, Kp.$_{0,5}$ 185°, F. 87° (wss. A.), durch Zugabe einer Lsg. von 18 g Isobutyrophenon in absol. Bzl. zu einer Suspension von $NaNH_2$ in absol. Bzl., nach 15 Min. portionsweisen Zusatz von 26,5 g 3.4.5-Trimethoxybenzylchlorid, 26std. Kochen u. Zers. mit W.; 55% (Ausbeute); *2.4-Dinitrophenylhydrazon*, F. 163°] *β-[3.4.5-Trimethoxyphenyl]-α.α-dimethylpropionamid* [$C_{14}H_{21}NO_4$, F. 106° (Bzl./PAe.), aus vorst. Verb. durch Spaltung mit $NaNH_2$ (8std. Kochen in Bzl.); 45%] u. daraus durch HOFMANNschen Abbau mit KOBr u. Hydrolyse des Isocyanats mit HCl *β-[3.4.5-Trimethoxyphenyl]-α.α-dimethyläthylaminhydrochlorid* [$C_{13}H_{21}NO_3 \cdot HCl$, F. 219° (A./Ae.); 40%]. (C. R. hebd. Séances Acad. Sci. **247**. 2006—08. 1/12. 1958.) H.-J. KÖTZSCH. 3500

W. Arnold, F. Berlage, K. Bernauer, H. Schmid und **P. Karrer,** *Über Lochneram, ein neues Calebassenalkaloid, und über C-Alkaloid M.* 35. Mitt. *über Calebassenalkaloide.* (34. vgl. Helv. chim. Acta **41**. [1958.] 1408.) Aus den Calebassen des oberen Rio Negro (Brasilien), aus denen auch das vor kurzem (vgl. l. c.) beschriebene Lochnerin (I; C-Alkaloid T = C-Alkaloid „C" = Sarpagin-O-methyläther) isoliert wurde, wird nunmehr aus den I nachfolgenden Fraktionen des Hauptverteilungschromatogramms mit Lösungsm. „C" (diesbzgl. vgl. SCHMID u. Mitarbeiter, C. **1953**. 3246) nach erneuter Verteilung das mit Zimtaldehyd/HCl sich blauviolett färbende neue quartäre Alkaloid *Lochneram* (II) als krist. *Tetraphenylborat* (III) isoliert. III kann durch Ionenaustauscher an Dowex 1 X 2 in das II-*Chlorid* u. aus diesem analog in das II-*Jodid* übergeführt werden. Beide Salze lassen sich durch FF., $[\alpha]_D$-Werte, Farb-Rkk. u. IR.-Spektren mit den entsprechenden Salzen des am N(b) methylierten I identifizieren; das II-Chlorid wird durch therm. Zers. im Hochvakuum auch in I übergeführt. Demnach liegt in den Calebassen tert. I gleichzeitig neben dem quartären II vor. Während das II-Chlorid beim Ozonisieren nur *Acetaldehyd* liefert (Beweis für eine Äthylidengruppe), entsteht beim I oder dem aus I u. H_2O_2 hergestellten *N(b)-Lochnerinoxyd* daneben unerklärlicherweise auch *Formaldehyd.*

— Bei der Feinauftrennung eines anderen Calebassenextraktes konnten erstmalig größere Mengen des früher (vgl. C. **1955.** 5554) erwähnten *C-Alkaloids M* (**IV**) isoliert werden. Bei der Chromatographie aus Lösungsm. „C“ wandert das **IV**-*Chlorid* dicht beim C-Dihydrotoxiferinchlorid. Im Gemisch mit diesem läßt sich das **IV**-Chlorid durch Kristallisation aus A. abscheiden. Das **IV**-Chlorid hat einen R_C-Wert im Lösungsm. „C“ von 1,4, wird durch Zimtaldehyd/HCl erst nach $^1/_2$ Std. gelbbraun, mit konz. H_2SO_4 nach 24 Std. grünlich u. mit $Ce(SO_4)_2$/konz. H_2SO_4 nach 20 Min. gelb. Das krist. **IV**-Chlorid enthält hartnäckig Kristallösungsmittel, das **IV**-*Jodid* ist wasserlösl. u. kann nicht in üblicher Weise gefällt werden, das **IV**-*Perchlorat* läßt sich jedoch aus dem Chlorid in wss. Lsg. durch $NaClO_4$ analysenrein abscheiden. **IV**, welches der Zus. $(C_{20}H_{23}N_2O_2^{\oplus})_x$ entspricht, enthält pro 20 C-Atome eine NCH_3-Gruppe. Das dem Calebassinin sehr ähnliche UV-Spektr. deutet auf das Vorliegen eines N-Acylindolin- oder N-Alkyloxindolchromophors hin, da sich neutrale u. frischbereitete alkal. wss. Lsgg. spektroskop. nur wenig unterscheiden (vgl. Original). Während die neutrale Lsg. stabil ist, zeigt eine 0,1 n NaOH-Lsg. nach Ablauf von 3 Std. ein reines Indolin- bzw. Alkylanilinspektr., nach Ansäuern bildet sich beim Erwärmen das ursprüngliche Spektr. zurück. Demnach liegt also ein Lactamring vor, der sich in alkal. Lsg. öffnet u. in saurer wieder schließt. Aus dem IR-Spektr. wird auf einen fünfgliedrigen Lactamring geschlossen.

V e r s u c h e (FF. korr.): *Lochneram* (**II**), *Tetraphenylborat* (**III**), $C_{21}H_{27}N_2O_2 \cdot B(C_6H_5)_4$, F. 200—203°, durch Auflösen der dunkelrot gefärbten Fraktionen 19—24 des vorgereinigten Chloridextraktes aus Calebassencurare (Mutterlauge von I) in verd. wss. NH_4OH, Ausziehen mit Methylenchlorid/Ae. (2:1), Eindampfen der wss. Phase, Chromatographieren im Lösungsm. „C“ an Cellulosepulver, Auffangen von 160 Fraktionen, Behandeln der mit Zimtaldehyd/HCl violettblau gefärbten Fraktionen 29—59 mit CH_3OH/Tierkohle, Eindampfen des Filtrats, Aufnehmen des gebildeten *Chlorids* in W., Zutropfen von Kalignost in W., 12 std. Stehen u. Chromatographieren des Nd. in Methylenchlorid an Al_2O_3; aus Aceton/verd. A. Plättchen; $[\alpha]_D^{23,5}$ +21,7 ± 1° (c = 1,173; Pyridin); 426 mg (Ausbeute). **II**-*Jodid*, $C_{21}H_{27}JN_2O_2$, F. 235—238° (Aceton), durch Auflösen von 946 mg **III** in Aceton/W. (2:1), Chromatographieren durch eine mit W. neutral gewaschene u. dann mit Aceton/W. behandelte Dowex 1 X 2 (100—200 mesh; Chloridform)-Säule. Eindampfen des Eluats, Auskochen mit Methylenchlorid u. Behandeln von 104 mg des erhaltenen *amorphen Chlorids* mit wss. NaJ; Kristallisation aus Aceton bei 60° (da unterhalb 60° ein Öl entsteht); $[\alpha]_D^{23}$ +41 ± 2° (c = 0,4759; A.); 76 mg. — *Lochnerin* (**I**), F. 199,5—201° (verd. CH_3OH), durch $^1/_2$ std. Erhitzen von 29,2 mg amorphem **II**-Chlorid auf 280—300° (Bad) im Hochvakuum; $[\alpha]_D^{23}$ +71,5 ± 2° (c = 0,5510; A.); 10,8 mg; bildet mit CH_3J in CH_3OH in 3 Tagen bei 37° unter Lichtabschluß **II**-*Jodid*. — *Lochnerin-N-oxyd*, $C_{20}H_{24}N_2O_3$, F. 237—239° (Zers.; A./Aceton), durch 24 std. Stehen von 74 mg **I** in A. mit 30%ig. H_2O_2 bei 20°, Schütteln in Ggw. einer Pt-Spirale (H_2O_2-Zers.) u. Einengen; 54 mg. *Pikrat*, $C_{20}H_{42}N_2O_3 \cdot C_6H_3N_3O_7 \cdot H_2O$, F. 208—209,5° (verd. Aceton). — *C-Alkaloid M* (**IV**), *Chlorid*, F. 282—283° (Zers.), durch Chromatographieren von 30,5 g der aus *Reineckaten* in üblicher Weise erhaltenen Chloride in A. durch desakt. Al_2O_3, dann an WHATMAN-Pulver mit Gemisch C (1,5% CH_3OH), Auffangen von 130 Fraktionen (je 300 g), erneute Chromatographie der Fraktionen 43—45, 57—59 (in 45—57 ist fast reines *Dihydrotoxiferin*) wie vorst., Auffangen von 410 Fraktionen von je 500 Tropfen, Behandeln der Fraktionen 120—159 mit CH_3OH/Ae. u. Kristallisation aus absol. A.; 15 mg. **IV**-*Perchlorat*, $C_{20}H_{23}N_2O_2 \cdot ClO_4$, F. 234—236° (Zers.; CH_3OH/Ae.). (Helv. chim. Acta **41.** 1505—12. 15/10. 1958. Zürich, Univ., Chem. Inst.) H. LEHWALD. 3500

Hans Brockmann und **Heinrich Eggers**, *Synthese des Protohypericins und Hypericins aus Emodinanthron-(9)*. In Anlehnung an die Synth. von meso-Naphthodianthron aus Anthron wird aus Emodinanthron [1.6.8-Trihydroxy-3-methylanthron-(9); I], das ebenso wie sein Enol in verschied. Pflanzenteilen nachgewiesen wurde, *Hypericin* durch oxydative Verknüpfung u. anschließende Photodehydrierung dargestellt (vgl. Liebigs Ann. Chem. **553.** [1942.] 1). Während nach der Meth. von STOLL u. Mitarbeitern (C. **1953.** 8607) aus **I** in wss. Alkali mit O_2 in Ggw. eines Pd-Katalysators nur *Emodin* [*4.5.7-Trihydroxy-2-methylanthrachinon*] gebildet wird, konnte die oxydative Verdoppelung in Pyridin in Ggw. von

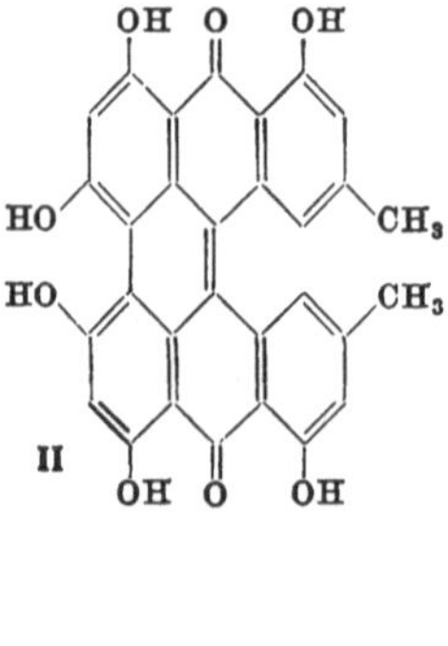

II

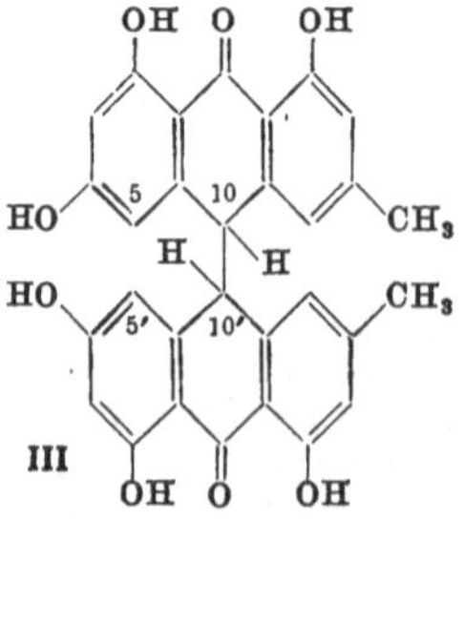

III

Piperidin (zur Enolisierung von I) erreicht werden. Dabei entsteht in nahezu 10% ig. Ausbeute *Protohypericin* (**II**; vgl. C. **1959.** 1468). Es wird angenommen, daß durch den Zusatz von Piperidin das zunächst entstandene Dianthronderiv. **III** zum Dianthranolderiv. enolisiert wird, dessen Anionen dann weiter zum 10,10'-Dehydrodianthronderiv. dehydriert werden. Die $C_{(6)}$- u. $C_{(6')}$-OH-Gruppen dieser Verb. bilden mit Piperidin Anionen, die mit O_2 unter Verknüpfung der $C_{(5)}$-$C_{(5')}$-Atome zum **II**-Anion oxydiert werden.

Versuche: *Protohypericin* (**II**), $C_{30}H_{18}O_8$, aus 0,5 g **I** in Pyridin/Piperidin (10:1) unter Durchleiten von Luft bei 100° (20 Min.), Fällen mit 0,2n HCl, Chromatographieren des Oxydationsprod. in Dioxan an Gips u. Eluieren aus der 3. breiten, violetten Zone mit CH_3OH; nach dem Fällen mit angesäuertem W., Lösen in Dioxan u. isothermem Eindestillieren von CH_3OH in die Dioxanlsg. dunkelvioletter Nd.; 0,028 g. Aus dem Filtrat noch weitere 0,015 g **II**. (Chem. Ber. **91.** 547—53. 31/3. 1958. Göttingen, Univ., Organ.-Chem. Inst.) H. GOLD. 3550

J. S. G. Cox, F. E. King und **T. J. King,** *Die Struktur von Cycloeucalenol.* (Vgl. C. **1959.** 7800.) Die für das *Cycloeucalenol* (**I**) angenommene Struktur eines *4β-Desmethyl-24-methylencycloartanols* wird vornehmlich durch die Überführung von *24-Desmethylcycloeucalanol* (**IV**) in *24-Desmethylcycloeucalanon* (**V**) bewiesen, wonach dieses formyliert u. in das *24-Desmethyl-3-oxocycloeucalan-2-spiro-2'-[1'.3'-dithian]* (**VI**) übergeführt wird. Dessen Methylierung erfolgt in 4-Stellung (vgl. WOODWARD u. Mitarbeiter, C. **1957.** 9093). Durch Red. mit RANEY-Ni u. anschließende Oxydation entsteht dann *Cycloartanon.* Die α-Orientierung der $C_{(4)}$-Methylgruppe in **I** wird durch die Stabilität von **VI** gegenüber Alkali erklärt. Das gegenüber tetracycl. Triterpenen anomale Verh. von Cycloeucalanol (**II**) bei der Rk. mit PCl_5 — es bildet sich wie beim Cholesterin ein stabiles Chlorid — resultiert aus der unvollständigen Substitution von $C_{(4)}$. Dies wird gestützt durch die Bromierung von Eucalanon (**III**) zu einem α,β-ungesätt. *Tribromketon,* ähnlich wie aus 4-Methyldihydrotestosteron sowie einem Iresinderiv. mit einem 4-Methyl-3-oxo-Ring-A 2.6-Dibrom-3-oxo-Δ^4-Verbb. entstehen. Die angegebenen Eigg. der Cycloeucalanolderivv. sind der Bldg. gemischter Isomerer zuzuschreiben, die bei der Red. der $C_{(24)}$-Methylengruppe entstehen.

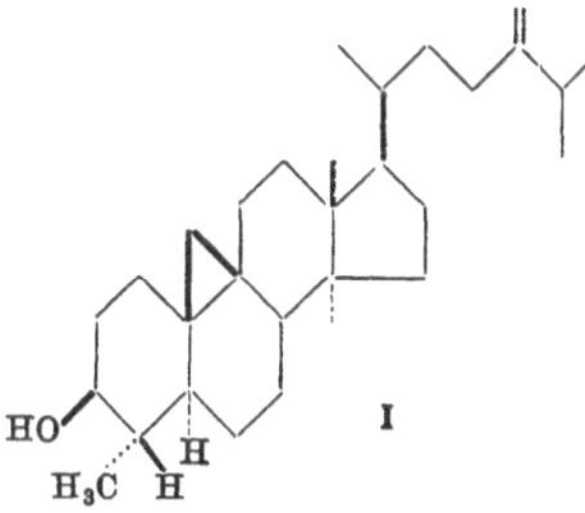

I

Versuche ($[\alpha]_D$ in Chlf.): *$\Delta^{7.9,11}$-Eucaladienylacetat,* $C_{32}H_{52}O_2$, F. 129—130°, durch 1std. Erhitzen von Epoxyeucalanylacetat in Essigsäure unter Zusatz von wenig konz. H_2SO_4, Verdünnen, Aufnehmen des Nd. in Ae., Reinigung durch Chromatographie an Al_2O_3 u. Elution mit PAe.-Bzl.; aus Chlf.-CH_3OH Rhomben; $[\alpha]_D$ +93° (c = 1,1). — *Cycloeucalanylchlorid,* $C_{30}H_{51}Cl$, F. 97—98°, a) durch Schütteln von **II** mit PCl_5 in PAe., 1 Std. bei Zimmertemp., Chromatographie an Al_2O_3 u. Extraktion mit Bzl.-PAe.; aus Chlf.-CH_3OH Nadeln oder Prismen; $[\alpha]_D$ +37° (c = 0,5); b) aus **II** in trockenem Pyridin u. $POCl_3$ durch 2std. Erhitzen auf 100°. Die Chlorverbb. aus verschied. **II**-Proben variieren im F. von 92—104°, sie reagieren nicht mit sd. Kollidin oder methanol. KOH. — *Eucalanon-(3)* (**III**), $C_{30}H_{52}O$, F. 132—134°, aus 0,5 g **II** (hergestellt durch HUANG-MINLON-Red. von 7.11-Dioxoeucalanylacetat) durch 14std. Oxydation mit CrO_3 in Essigsäure; aus Chlf.-CH_3OH Platten; $[\alpha]_D$ +40° (c = 2,7); 0,36 g (Ausbeute). *Dinitrophenylhydrazon,* $C_{36}H_{56}N_4O_4$, F. 252—254° (Chlf.-CH_3OH), orangefarbene Platten. — *Bromverb.* $C_{30}H_{47}Br_3O$, F. 181—182° (Zers.), durch Bromierung von **III** in Essigsäure (72 Std. bei 35°) u. Verdünnen; Nadeln; $[\alpha]_D$ —74° (c = 1,8). — *2-Bromeucalanon-(3),* $C_{30}H_{51}BrO$, F. 191°, aus 0,434 g **III** in Essigsäure u. Br_2 (24 Std. bei Zimmertemp.) u. Verdünnen; aus Chlf.-CH_3OH Platten; $[\alpha]_D$ +47° (c = 1,9); 0,337 g. — *Δ^1-Eucalenon-(3),* $C_{30}H_{50}O$, F. 147 bis 148°, durch 4std. Erhitzen vorst. Verb. in Kollidin, Chromatographie an Al_2O_3 u. Elution mit Bzl.-PAe.; aus CH_3OH Platten. *Dinitrophenylhydrazon,* $C_{36}H_{54}N_4O_4$, F. 255 bis 257° (Chlf.-CH_3OH), rote Platten. — *24-Desmethylcycloeucalanylbenzoat,* $C_{36}H_{54}O_2$, F. 121—122°, aus Desmethyloxocycloeucalanylacetat, Hydrazin, Glykol u. Na (14 Std. am Rückfluß) u. Benzoylierung des erhaltenen **IV** (87%); aus Essigester-CH_3OH Platten; $[\alpha]_D$ +91° (c = 2,4). — *24-Desmethyl-$\Delta^{9,11}$-eucalenylbenzoat,* $C_{36}H_{54}O_2$, F. 186—187° aus 4,5 g vorst. Verb. in Chlf. durch Einleiten von HCl, anschließende Oxydation mit CrO_3 in Essigsäure bei 90°, Chromatographie an Al_2O_3 u. Elution mit PAe.-Bzl.; aus Chlf.-CH_3OH Nadeln; $[\alpha]_D$ + 104° (c = 0,9); 0,65 g. Entspr. *Acetat,* $[\alpha]_D$ + 83° (c = 0,6). — *24-Desmethyl-7.11-dioxo-Δ^8-eucalenylbenzoat,* $C_{36}H_{50}O_4$, F. 141—143°, neben vorst. Verb. durch weitere Elution mit PAe.-Bzl.; aus Chlf.-CH_3OH Blättchen; $[\alpha]_D$ + 125° (c = 0,59); 0,37 g. — *24-Desmethyl-12-oxo-$\Delta^{9,11}$-eucalenylbenzoat,* $C_{36}H_{52}O_3$, F. 223—224°, durch Elution mit Bzl.; aus CH_3OH Nadeln; $[\alpha]_D$ + 128° (c = 2,8); 0,45 g. — *24-Desmethyleucalanol,* $C_{29}H_{52}O$, F. 154—155°, durch Hydrierung von 0,43 g drittvorst. Verb. in Essigsäure mit PtO_2 bei 80°,

Kristallisation aus CH_3OH u. Hydrolyse; aus Chlf.–CH_3OH Platten; $[\alpha]_D + 38^0$ (c = 0,6); 0,36 g. — *Phthalsäuremonocycloeucalenylester*, $C_{38}H_{54}O_4$, F. 174°, aus I u. Phthalsäureanhydrid in Pyridin (1 std. Erhitzen auf 100°); aus CH_3OH lange, derbe Nadeln; $[\alpha]_D + 80^0$ (c = 0,64). — *24-Desmethylcycloeucalanon-(3)* (V), $C_{29}H_{48}O$, F. 109°, durch 12std. Oxydation von 2 g **IV** in Pyridin mit CrO_3; aus CH_3OH Platten; $[\alpha]_D + 55^0$ (c = 2,3); 1,8 g. *Oxim*, $C_{29}H_{49}NO$, F. 187° (wss. A.), verfilzte Nadeln. — *2-Hydroxymethylen-24-desmethylcycloeucalanon-(3)*, $C_{30}H_{48}O_2$, F. 102°, durch 4tägige Behandlung von 2 g **V** in Ae. mit Na-Methylat u. Äthylformiat, Neutralisation mit gepufferter Phosphatlsg. u. Aufnehmen in Ae.; aus Chlf.–CH_3OH Prismen; $[\alpha]_D + 94^0$ (c = 1,07); 1,7 g. — *24-Desmethyl-3-oxocycloeucalan-2-spiro-2'-[1'.3'-dithian]* (VI), $C_{32}H_{52}OS_2$, aus 1,3 g vorst. Verb., Trimethylen-bis-p-toluolthiosulfonat u. K-Acetat in A., 6 Std. am Rückfluß, Eindampfen, Extrahieren mit PAe., Chromatographie an Al_2O_3 u. Elution mit Bzl.–PAe.; gummiartige Substanz; $[\alpha]_D + 160^0$ (c = 1,6); 1,1 g. — *4-Methyl-24-desmethyl-3-oxocycloeucalan-2-spiro-2'-[1'.3'-dithian]*, $C_{33}H_{54}OS_2$, F. 168—170°, aus 1 g **VI** in Bzl. u. K-tert.-Butylat in tert.-Butanol, Erhitzen am Rückfluß, Zusatz von CH_3J, nach 1std. Kochen Versetzen mit W., Extraktion der wss. Schicht mit Ae., Chromatographie an Al_2O_3 u. Elution mit PAe.–Bzl.; aus Chlf.–CH_3OH Nadeln; $[\alpha]_D + 107^0$ (c = 1,2); 0,23 g. — *Cycloartanon*, $C_{30}H_{50}O$, F. 109°, aus 0,12 g vorst. Verb. u. RANEY-Ni in A., 6 Std. am Rückfluß u. anschließende Behandlung mit CrO_3 in Pyridin; aus CH_3OH lange, dünne Blättchen; $[\alpha]_D + 25^0$ (c = 0,4); 0,069 g. — *Cycloeucalenylchlorid*, $C_{30}H_{49}Cl$, F. 106°, aus 1 g I u. PCl_5 in Pyridin, 2 Std. am Rückfluß; abgeflachte Nadeln; $[\alpha]_D + 24^0$ (c = 0,95); 0,8 g. — *Cycloeucalen*, $C_{30}H_{50}$, F. 71 bis 72°, a) aus 0,5 g vorst. Verb. in n-Butanol u. Na; aus Chlf.–CH_3OH Nadeln; $[\alpha]_D + 35^0$ (c = 0,76); 0,4 g; b) aus *Cycloeucalenon*, Hydrazin, Glykol u. Na, 12 Std. am Rückfluß, Verdünnen, Aufnehmen in Ae. u. Eindampfen; aus Chlf.–CH_3OH Nadeln (F. 70—71°). (J. chem. Soc. [London] **1959.** 514—18. Febr. Nottingham, Univ.) H. G. KREY. 3600

D. Burn, B. Ellis und **V. Petrow**, *Konstitution von Ruscogenin.* (Vorl. Mitt. vgl. J. chem. Soc. [London] **1957.** 119.) Vff. isolieren aus *Ruscus aculeatus L.* belg. Herkunft ein *Geningemisch* (**a**), das zu gleichen Teilen aus *Ruscogenin* (*25D-1ξ-Hydroxydiosgenin*) u. *Neoruscogenin* (*25L-Verb.*) besteht (vgl. LAPIN u. DELÉPIN, C. R. hebd. Séances Acad. Sci. **244.** [1957.] 3065). OPPENAUER-Oxydation von **a** gibt in geringer Ausbeute *25L-$\Delta^{1.4}$-Spirostadien-3-on*, Abbau der Seitenkette *1ξ.3β-Diacetoxy-$\Delta^{5.16}$-pregnadien-20-on* (I). Nach BECKMANN-Umlagerung von I-Oxim wird bei milder Acetylierung des Prod. *3β-Acetoxy-1ξ-hydroxy-Δ^5-androsten-17-on*, bei energ. Acetylierung das entsprechende *Diacetat* erhalten. Partielle Hydrierung von I gibt *1ξ.3β-Diacetoxy-Δ^5-pregnen-20-on* (II), das nach Verseifung mit methanol. KOH zum *freien Diol* (III) mikrobiol. unter Verwendung von Corynebacterium mediolanum bei folgender Dehydratisierung oder nach OPPENAUER in *1-Dehydroprogesteron* umgewandelt werden kann. Milde Hydrolyse von **II** gibt das *1-Monoacetat*, milde Acetylierung von **III** das *3-Monoacetat*.

Versuche ($[\alpha]_D$ in Chlf.; UV-Spektren in A.; IR-Spektren in CS_2): „*Ruscogenin*"-*Geningemisch* (**a**), $C_{27}H_{42}O_4 \cdot H_2O$, F. 197—199°, aus Ruscus aculeatus; Platten aus wss. Methanol, $[\alpha]_D^{21}$ −106° (c = 0,58), ν_{max} 898 u. 922 cm^{-1}. — *Ruscogenin, Hydrat*, F. 210—213°, aus dem Diacetat durch Verseifung; $[\alpha]_D^{25}$ −116° (c = 0,76). *Diacetat*, $C_{31}H_{46}O_6$, F. 190—192°, aus **a** mit Acetanhydrid-p-Toluolsulfonsäure (2 Std. bei Zimmertemp.); Nadeln aus Methanol, $[\alpha]_D^{20}$ −68° (c = 0,33), ν_{max} 899 > 921 cm^{-1}. — *25 L-$\Delta^{1.4}$-Spirostadien-3-on*, $C_{27}H_{38}O_3$, F. 206—209°, aus **a** mit Al-Isopropylat u. Cyclohexanon in Toluol (4 Std. am Rückfluß), Adsorption an SiO_2 u. Elution mit Bzl.–Ae. (9:1); Nadeln aus wss. Methanol, $[\alpha]_D^{23}$ −77,2° (c = 0,32), λ_{max} 245 mμ (ε = 15174), λ_{max} 1658, 1624, 1605 u. 922 > 897 cm^{-1}. *2.4-Dinitrophenylhydrazon*, $C_{33}H_{42}N_4O_6$, F. 243—244° (Zers.), dunkelrote Nadeln aus Aceton–A., λ_{max} 402 mμ (ε = 34208). — *2α.4α.23ξ-Tribrom-5α.25D-spirostan-3-on*, F. 192° (Zers.), aus Tigogenon mit Br_2 in Eisessig (über Nacht bei Zimmertemp.); Nadeln aus CH_2Cl_2–Methanol. — *23ξ-Brom-25D-$\Delta^{1.4}$-spirostadien-3-on*, F. 192—195°, aus vorst. Verb. mit sd. Kollidin (2 Std.); Nadeln aus Methanol. — *25D-$\Delta^{1.4}$-Spirostadien-3-on*, F. 198—200°, aus vorst. Verb. mit NaJ/Eisessig unter N_2 (30 Min. auf dem Dampfbad); Nadeln aus wss. Aceton, $[\alpha]_D^{24}$ −70,4° (c = 0,64), λ_{max} 244,5 mμ (ε = 15280), ν_{max} 1659, 1621, 1604, 921 > 898 cm^{-1}. — *Pseudoruscogenintriacetat*, $C_{33}H_{48}O_7$, F. 96—98°, aus **a** mit Acetanhydrid–Pyridin–Methylaminhydrochlorid (2½ Std. am Rückfluß); Stäbe aus Methanol, $[\alpha]_D^{22}$ ±0° (c = 1,0). — *1ξ.3β-Diacetoxy-$\Delta^{5.16}$-pregnadien-20-on* (I), $C_{25}H_{34}O_5$, F. 127—129°, aus vorst. Verb. mit CrO_3 in Eisessig (1 Std. bei Zimmertemp.), Kochen des Prod. mit Eisessig (2 Std.) u. Chromatographie an Al_2O_3; Nadeln aus Aceton–Hexan, $[\alpha]_D^{23}$ ±0° (c = 0,8), λ_{max} 239,5 mμ (ε = 2950). *Oxim*, $C_{25}H_{35}NO_5$, F. 188—192°, Nadeln aus wss. Methanol, $[\alpha]_D^{25}$ +5,1° (c = 0,78), λ_{max} 236 mμ (ε = 14930). — *1ξ.3β-Dihydroxy-Δ^5-androsten-17-on, 3β-Acetat*, $C_{21}H_{30}O_4$, F. 94—98°, aus vorst. Oxim in Pyridin mit p-Toluolsulfonsäurechlorid (18 Std. bei 0°), Behandlung mit 10%ig. H_2SO_4 (3 Tage bei Zimmertemp.), Acetylierung u. Chromatographie an Al_2O_3;

Nadeln aus Aceton–Hexan, $[\alpha]_D^{21}$ +17,85° (c = 0,62), λ_{max} 294 mμ (ε = 34). *1ξ.3β-Diacetat*, $C_{23}H_{32}O_5$, F. 149–151°, Nadeln aus Aceton–Hexan, $[\alpha]_D^{20}$ +20,7° (c = 0,99), λ_{max} 294 mμ (ε = 41). — *1ξ.3β-Dihydroxy-Δ^5-pregnen-20-on* (III), $C_{21}H_{32}O_3$, F. 187 bis 190°, aus II mit wss.-methanol. KOH (18 Std. bei Zimmertemp.); Stäbe aus wss. Methanol, $[\alpha]_D^{19}$ +26,2° (c = 0,81). *Diacetat* (II), $C_{25}H_{36}O_5$, F. 166–168°, aus I durch Hydrierung über Pd/$BaCO_3$ in A.; Nadeln aus wss. Methanol, $[\alpha]_D^{22}$ +45,4° (c = 0,74), λ_{max} 286 mμ (ε = 45). *1ξ-Monoacetat*, $C_{23}H_{34}O_4$, F. 161–163°, aus II mit wss.-methanol. $KHCO_3$ (18 Std. bei Zimmertemp.); Nadeln aus wss. CH_3OH, $[\alpha]_D^{21}$ +50° (c = 0,93). *3β-Monoacetat*, $C_{23}H_{34}O_4$, F. 188–190° (wss. CH_3OH), aus III mit Acetanhydrid u. Eisessig (2 Std. bei 60° u. 2 Tage bei Zimmertemp.); $[\alpha]_D^{24}$ +31,2° (c = 0,63). — *1-Dehydroprogesteron*, $C_{21}H_{28}O_2$, F. 155–157°, a) aus III mit Al-Isopropylat/Cyclohexanon in Toluol (1/2 Std. am Rückfluß); b) aus nachst. Verb. mit sd. methanol. KOH (1 Std.); Prismen aus Aceton–Hexan, $[\alpha]_D^{20}$ +131,7° (c = 0,88), λ_{max} 244 mμ (ε = 16740). — *1ξ-Hydroxyprogesteron*, $C_{21}H_{30}O_3$, F. 153°, aus III durch mikrobiol. Oxydation mit Corynebacterium mediolanum; Nadeln aus Aceton–Hexan, $[\alpha]_D^{23}$ +192° (c = 0,11), λ_{max} 240,5 mμ (ε = 14500). (J. chem. Soc. [London] **1958**. 795–99. Febr. London, Brit. Drug Houses Ltd., Chem. Res. Labor.) G. SCHMIDT-KASTNER. 3650

Peter Bladon, *Michael-Reaktion von 3β-Acetoxy-$\Delta^{5.16}$-pregnadien-20-on und Malonester.* Bei der MICHAEL-Addition von Na-Malonsäurediäthylester an die Δ^{16}-Doppelbindung von 3β-Acetoxy-$\Delta^{5.16}$-pregnadien-20-on (I), folgender kurzer Alkalihydrolyse u. Säurebehandlung wird *3β-Hydroxy-Δ^5-pregnen-20-on-16α-ylmalonsäure* (II), ohne Hydrolyse der entsprechende *Diäthylester* u. bei längerer Hydrolyse *3β-Hydroxy-16α.24-cyclo-21-nor-Δ^5-cholen-20.23-dion* erhalten. Oxydation von II-*Dimethylester* mit 1 Mol CrO_3 u. anschließende Einw. von Mineralsäure gibt *Δ^4-Pregnen-3.20-dion-16α-ylmalonsäuredimethylester*, Oxydation mit einem CrO_3-Überschuß *Δ^4-Pregnen-3.6.20-trion-16α-ylmalonsäuredimethylester*, dessen Behandlung mit $CH_3OH/HClO_4$ *6-Methoxy-$\Delta^{4.6}$-pregnadien-3.20-dion-16α-ylmalonsäuredimethylester*.

V e r s u c h e (opt. Drehungen in Chlf. bei Zimmertemp.; UV-Spektr. in A.; IR-Spektren in Nujol): *3β-Hydroxy-Δ^5-pregnen-20-on-16α-ylmalonsäure* (II), $C_{24}H_{34}O_6$, F. 250 bis 253°, a) aus 712 mg I mit Na-Malonsäurediäthylester in sd. A. (3 Std.) Zusatz von wss.-alkoh. KOH u. 5 Min. Kochen; 782 mg (Ausbeute); b) aus dem Diäthylester durch Verseifung; Nadeln aus Methanol–Aceton, $[\alpha]_D$ +36° (c = 0,40; Methanol), ν_{max} 1740, 1700, 3460 u. 3220 cm^{-1}. *Diäthylester*, analog II, aber ohne Alkalibehandlung. *Dimethylester*, $C_{26}H_{38}O_6$, F. 200–202°, aus 2,08 g II mit CH_2N_2 in Ae.; Nadeln aus Aceton, $[\alpha]_D$ +22° (c = 0,38), λ_{max} 3560, 3500, 1740, 1720 u. 1698 cm^{-1}; 696 mg. *Dimethylester-3β-acetat*, $C_{28}H_{40}O_7$, F. 138–139° (wss. Methanol), $[\alpha]_D$ +8,8° (c = 0,69), ν_{max} 1741, 1710 u. 1225 cm^{-1}. *Dimethylester-3β-benzoat*, $C_{33}H_{42}O_7$, F. 200–201°, Nadeln aus Aceton–Methanol, $[\alpha]_D$ +32,6° (c = 0,59), ν_{max} 1741, 1700 u. 707 cm^{-1}. — *3β-Hydroxy-16α.24-cyclo-21-nor-Δ^5-cholen-20.23-dion*, $C_{23}H_{32}O_3 \cdot CH_3OH$, F. 235–245° (Zers.; Umwandlung in Nadeln bei 200–220°), analog II, aber bei Hydrolyse über Nacht bei Zimmertemp.; Rhomben aus Dimethylformamid–Methanol, $[\alpha]_D$ +55,4° (c = 0,5; Pyridin), λ_{max} 254,5 mμ (ε = 14000), bei p_H 9,5 λ_{max} 285 mμ (ε = 22000), λ_{max} 1700, 1640, 1590 u. 3000 cm^{-1}. — *Δ^4-Pregnen-3.20-dion-16α-ylmalonsäuredimethylester*, $C_{26}H_{36}O_6$, F. 142–145°, aus 223 mg II-Dimethylester mit 1 Mol CrO_3/konz. H_2SO_4 in Aceton (1 Min.), Erwärmen des Prod. mit 10%ig. H_2SO_4 in Methanol (10 Min.), Adsorption an Al_2O_3 u. Elution mit Bzl.; Prismen aus CH_2Cl_2–Isopropyläther, $[\alpha]_D$ +117,5° (c = 0,62), λ_{max} 240 mμ (ε = 15700), λ_{max} 1764, 1765, 1706, 1681 u. 1621 cm^{-1}; 105 mg. — *Δ^4-Pregnen-3.6.20-trion-16α-ylmalonsäuredimethylester*, $C_{26}H_{34}O_7$, F. 171–172°, aus 203 mg II-Dimethylester mit überschüssigem CrO_3/konz. H_2SO_4 in Aceton (5 Min.); hellgelbe Prismen aus Methanol, $[\alpha]_D$ +11,9° (c = 0,72), λ_{max} 252 mμ (ε = 11600), λ_{max} 1759–1737, 1691 u. 1607; 144 mg. — *6-Methoxy-$\Delta^{4.6}$-pregnadien-3.20-dion-16α-ylmalonsäuredimethylester*, $C_{27}H_{36}O_7$, F. 199–200° (Methanol), aus vorst. Verb. mit Methanol/$HClO_4$; $[\alpha]_D$ +62,7° (c = 0,75), λ_{max} 205, 249 u. 304 mμ (ε = 5100, 8540 u. 16100), λ_{max} 1742, 1705, 1675, 1621 u. 1585 cm^{-1}. (J. chem. Soc. [London] **1958**. 3723–25. Okt. Glasgow, Royal Coll. of Sci. and Technol.) G. SCHMIDT-KASTNER. 3700

K. Heusler, H. Ueberwasser, P. Wieland und **A. Wettstein**, *Synthese von 18-Carboxysteroiden. Über Steroide.* 146. Mitt. 4. Mitt. *über Synthesen in der Aldosteronreihe.* (145. bzw. 3. vgl. C. **1959**. 10255.) Für den stereospezif. Aufbau des für Aldosteron charakterist. Lactonringes wird Δ^{8a}-1-Oxo-4β-hydroxy-4bβ-methyl-7-äthylendioxy-4aα.-10aβ-dodekahydrophenanthren (I) mit Allyljodid in Ggw. von K-tert.-Butylat zum *2.2-Diallylderiv.* (II) umgesetzt u. zur *Δ^8-1.7-Dioxo-2.2-diallylverb.* (III) hydrolysiert. III reagiert mit OCl^-, OBr^- oder J_2/Ag-Acetat nicht unter der erwarteten Verknüpfung des 2β-Allylrestes mit der 4β-OH-Gruppe zu entsprechenden cycl. Halogenäthern, sondern liefert unter Erhaltung des 4β-OH das bicycl. *Dichlor-*, *Dibrom-* bzw. *Dijodhydrinketal* (IV), deren Konst. durch Acetylierung von **IV** zum *4β-Monoacetat* u. Red. mit Zn/Eisessig zu **III**-*Monoacetat* bewiesen wird, das seinerseits aus **III** bei direkter Acetylierung entsteht. Da offenbar eine Selektion zwischen α- u. β-ständiger Allylgruppe auf der Stufe von **IV** nicht möglich ist, wird dieses mit $LiAlH_4$ entjodiert u. die dabei zum Carbinol red. 7-Ketogruppe rückoxydiert. Das bei der Acetylierung erhaltene *bicycl. Ketal von Δ^8-1.7-Dioxo-4β-acetoxy-2.2-bis-[β-hydroxypropyl]-4bβ-methyl-4aα.10aβ-dodekahydrophenanthren* ist jedoch wegen der Beständigkeit der Ketalgruppierung gegen CrO_3 resistent. Die Oxydation von **IV** u. anschließende Red. mit Zn/Essigsäure führt zu einem Gemisch aus zwei isomeren *2-Allyl-2-acetonylketonen* u. *Δ^8-1.4.7-Trioxo-2.2-diallyl-4bβ-methyl-4aα.10aβ-dodekahydrophenanthren*, das ebenfalls aus **III** durch Oxydation erhalten wird. Hingegen kann aus **III** mit O_3 u. CrO_3 über den als Bis-hemiacetal vorliegenden *Dialdehyd Δ^8-1.7-*Di-*oxo-2.2-bis-[carboxymethyl]-4β-hydroxy-4bβ-methyl-4aα. 10aβ-dodekahydrophenanthrenlacton* erhalten werden, das in das *Δ^{8a}-2α-Methylester-7-äthylenketal* übergeführt wird. Letztes gibt bei Umsetzung mit Äthoxyacetylen-MgBr u. Behandlung mit H_2SO_4 in Tetrahydrolfuran die *1-Hydroxy-1-carbäthoxymethylverb.* (**V**) mit unveränderter Ketalgruppe, den aus **V** durch Ketalspaltung entstandenen *Ketoester* u. ein *Äthoxyacetylenanlagerungsprodukt.* Mit $SOCl_2$/Pyridin entsteht aus **V** kein α,β-ungesätt. Ester, sondern *$\Delta^{1,10a,8a}$-1-Carbäthoxymethyl-2α-carbomethoxymethyl-2β-carboxymethyl-4β-hydroxy-4bβ-methyl-7-äthylendioxy-4aα-dekahydrophenanthren.* Um die 1-Ketogruppe vor dem Abbau der Allylgruppen umzuwandeln, wird **II**-*Acetat* (**IIa**) mit Äthoxyacetylen-MgBr umgesetzt, mit Säure umgelagert, alkal. zu *Δ^{8a}-1-Carboxymethylen-2.2-diallyl-4β-hydroxy-4bβ-methyl-7-äthylendioxy-4aα.10aβ-dodekahydrophenanthren* (**VI**) verseift, mit K u. Isopropanol in fl. NH_3 red., mit Diazomethan zur *Δ^{8a}-1-Carbomethoxymethylverb.* verestert u. entketalisiert. Das gebildete *Δ^8-1-Carbomethoxymethyl-2.2-diallyl-4β-hydroxy-4bβ-methyl-7-oxo-4aα.10aβ-dodekahydrophenanthren* gibt bei Ozonolyse u. nachfolgender Veresterung *Δ^8-1.2α-Bis-[carbomethoxymethyl]-2β-carboxymethyl-4β-hydroxy-4bβ-methyl-7-oxo-4aα.10aβ-dodekahydrophenanthrenlacton,* das nur in schlechter Ausbeute das entsprechende *7-Äthylenketal* liefert. Verss. zu dessen Überführung mittels DIECKMANN-Kondensation in ein Ätiosäurederiv. lieferten keine eindeutigen Resultate. Das aus **IIa** durch Rk. mit Li u. tert.-Butylacetat in fl. NH_3, anschließende Verseifung, Ketalspaltung u. Rk. mit CH_2N_2 gewonnene *Δ^8-1.4β-Dihydroxy-1-carbomethoxymethyl-2.2-diallyl-4bβ-methyl-7-oxo-4aα.10aβ-dodekahydrophenanthren* eignet sich ebenso wenig wie der aus **VI**-*Methylester* (**VIa**) durch Ketalspaltung erhaltene *α,β-ungesätt. Ester* zur Ozonisierung. Im Gegensatz zu **VI** liefert **VIa** bei der Red. mit K in fl. NH_3 *$\Delta^{1,8a}$-1-Carbomethoxymethyl-2-allyl-4β-hydroxy-4bβ-methyl-7-äthylendioxy-4aα.10aβ-dekahydrophenanthren.* Zum Unterschied von den Verss. zur gleichzeitigen Abwandlung beider Allylreste gibt die Ozonolyse von **III** mit äquimol. Mengen O_3 *Δ^8-1.7-Dioxo-2α-allyl-2β-carboxymethyl-4β-hydroxy-4bβ-methyl-4aα.10aβ-dodekahydrophenanthrenlacton,* dessen *Brom-* oder besser dessen *Jodhydrinhemiketal* nach Oxydation zur *2α-[ω-Jodacetonyl]-verb.* mit $CrCl_2$ in die *2α-Acetonylverb.* (**VII**) verwandelt wird. Letzte gibt mit K-tert.-Butylat in absol. Bzl. *DL-$\Delta^{4,14}$-3.16-Dioxo-11β-hydroxy-18-carboxyandrostadienlacton* (**VIII**), dessen auch aus **VII**-*Monoäthylenketal* (**VIIa**) erhältliches *3-Monoäthylenketal* (**VIIIa**) bei der katalyt. Hydrierung oder in geringer Ausbeute auch mit Li in fl. NH_3 *DL-Δ^5-3-Äthylendioxy-11β-hydroxy-16-oxo-18-carboxy-14ξ-androstenlacton* (**X**) liefert. Beim Vers. der energ. Ketalisierung von **VII** entsteht vermutlich die *Verb.* **IX**. Verss. zur Aufklärung der Stereochemie an $C_{(14)}$ von **X** durch Vgl. von Abbauprodd. mit einem natürlichen Steroid blieben bisher erfolglos. Die aus **X** mit Ameisensäureäthylester erhaltene *Hydroxymethylenverb.* wird in den *Isopropyläther* verwandelt u. die 16-Ketogruppe mit $NaBH_4$ zum entsprechenden *Carbinol* red.; in diesem läßt sich die Enoläthergruppe nicht selektiv unter Erhaltung des Ketals spalten, es entsteht mit Säure der *α,β-ungesätt. Aldehyd.* Diese Verss. lassen keinen Schluß zu, ob sich der neue Substituent an $C_{(15)}$ oder $C_{(17)}$ befindet. Das als Nebenprod. der Ketalisierung von **VIII** erhaltene *Bis-ketal* (**VIIIb**) liefert bei der Red. mit $LiAlH_4$ wahrscheinlich das *Lactol,* das sich jedoch nicht spontan in den *cycl. Enoläther* umwandelt. Das mit überschüssigem $LiAlH_4$ erhaltene *Diol* gibt mit Tosylchlorid in Pyridin wahrscheinlich den *gesätt. cycl. Äther.*

IX

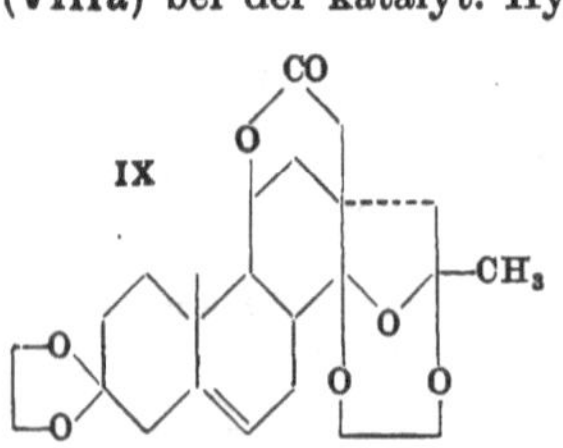

Versuche: *Δ^{8a}-1-Oxo-2.2-diallyl-4β-hydroxy-4bβ-methyl-7-äthylendioxy-4aα.-10aβ-dodekahydrophenanthren* (**II**), $C_{23}H_{32}O_4$, F. 98,5—99,5° (Ae.-PAe.), aus 30 g **I** in Dioxan mit K in tert.-Butanol u. Allyljodid; 37,2 g (Ausbeute). *Acetat* (**IIa**), $C_{25}H_{34}O_5$, F. 87—89,5° (PAe.). — *Δ^8-1.7-Dioxo-2.2-diallyl-4β-hydroxy-4bβ-methyl-4aα.10aβ-dodekahydrophenanthren* (**III**), $C_{21}H_{28}O_3$, F. 152—153° (Ae.-CH_3OH), aus 37,2 g **II** in sd. Aceton mit konz. HCl (25 Min.); 27,4 g. *Acetat,* $C_{23}H_{30}O_4$, F. 97—99° (Ae.-Hexan). —

Bicycl. Ketal von Δ^8-1.7-Dioxo-2.2-bis-[β-hydroxy-γ-chlorpropyl]-4β-hydroxy-4bβ-methyl-4aα.10aβ-dodekahydrophenanthren, $C_{21}H_{28}Cl_2O_4$, F. 237° (Bzl.), aus 1 g **III** in tert.-Butanol–Eisessig mit Na-Acetat u. tert.-Butylhypochlorit; 0,66 g. — *Bicycl. Ketal von Δ^8-1.7-Dioxo-2.2-bis-[β-hydroxy-γ-brompropyl]-4β-hydroxy-4bβ-methyl-4aα.10aβ-dodekahydrophenanthren*, $C_{21}H_{28}Br_2O_4$, F. 218,5—219° (Zers.; Vakuum; CH_2Cl_2–Ae.), aus 3,14 g **III** in tert.-Butanol–Eisessig mit Na-Acetat u. N-Bromacetamid; 2,9 g; b) aus 0,33 g **III** in Chlf.–Pyridin mit Br_2 in Chlf., dann mit Zn u. Eisessig; 0,05 g. *Bicycl. Ketal von Δ^8-1.7-Dioxo-2.2-bis-[β-hydroxy-γ-jodpropyl]-4β-hydroxy-4bβ-methyl-4aα.10aβ-dodekahydrophenanthren* (**IV**), $C_{21}H_{28}J_2O_4$, F. 183—184° (Zers.; Aceton–CH_3OH), aus 3,3 g **III** in Eisessig–W. u. Ag-Acetat mit J_2; 3,33 g. *4β-Acetat*, $C_{23}H_{30}J_2O_5$, F. 135—138° (Zers.; Ae.), a) aus 1,5 g **IV** mit Acetanhydrid–Pyridin; 17, g; b) aus 2 g **III**-Acetat analog **IV**; 3,3 g. 1,497 g **IV**-Acetat geben mit Zn in Eisessig 250 mg **III**-Acetat. — *Bicycl. Ketal von Δ^8-1.7-Dioxo-2.2-bis-[β-hydroxypropyl]-4β-hydroxy-4bβ-methyl-4aα.10aβ-dodekahydrophenanthren*, $C_{21}H_{30}O_4$, F. 171—173° (A.), durch Red. von 17,9 g **IV**-Acetat mit $LiAlH_4$ in Tetrahydrofuran unter N_2 u. anschließende Oxydation mit MnO_2 in Essigester–Chlf.; 4,3 g. *4β-Acetat*, $C_{23}H_{32}O_5$, F. 136° (Ae.). — *Δ^8-1.4.7-Trioxo-2.2-diallyl-4bβ-methyl-4aα.10aβ-dodekahydrophenanthren*, $C_{21}H_{26}O_3$, F. 94—95° (Ae.), a) aus 3,3 g **III** mit CrO_3 in wss. Essigsäure; 2,05 g; b) aus **IV** mit CrO_3 in wss. Essigsäure, Red. des Prod. mit Zn in Eisessig u. Chromatographie an Al_2O_3; daneben zwei isomere *Δ^8-1.4.7-Trioxo-2-acetonyl-2-allyl-4bβ-methyl-4aα.10aβ-dodekahydrophenanthrene*, $C_{21}H_{26}O_4$, FF. 99,5—102,5 bzw. 127,5—130°. — *Bis-hemiacetal von Δ^8-7-Oxo-2.2-bis-[β-oxoäthyl]-1.1.4β-trihydroxy-4bβ-methyl-4aα.10aβ-dodekahydrophenanthren*, $C_{19}H_{26}O_6$, F. 178° (Gasentw.); Chlf.–CH_3OH), aus 10 g **III** in Essigester–Methanol bei —65 bis —75° mit O_3, dann mit Zn/Eisessig; 3,4 g. — *Δ^8-1.7-Dioxo-2.2-bis-carboxymethyl-4β-hydroxy-4bβ-methyl-4aα. 10aβ-dodekahydrophenanthren-2β→4β-lacton*, $C_{19}H_{22}O_6$, F. 286° (Zers.; Chlf.–CH_3OH), aus 7,5 g vorst. Verb. in Eisessig–Bzl. mit $Na_2Cr_2O_7$ in Eisessig; 3,8 g. *Methylester*, $C_{20}H_{24}O_6$, F. 132° (CH_3OH). — *Δ^{8a}-1-Oxo-2α-carbomethoxymethyl-2β-carboxymethyl-4β-hydroxy-4bβ-methyl-7-äthylendioxy-4aα.10aβ-dodekahydrophenanthren-2β→4β-lacton*, $C_{22}H_{28}O_7$, F. 220,5—223° (Bzl.–Ae.), aus 8,82 g vorst. Methylester in Bzl. mit Methyläthyldioxolan u. p-Toluolsulfonsäure; 6 g. — *Δ^{8a}-1.4β-Dihydroxy-7-äthylendioxy-4bβ-methyl-4aα.10aβ-dodekahydrophenanthren-1.2.2-triessigsäure-2β→4β-lacton-2α-methylester-1-äthylester* (**V**), $C_{26}H_{36}O_9$, F. 143,5—145,5°, aus 6 g vorst. Verb. u. Äthoxyacetylen-MgBr in Ae., Adsorption an Al_2O_3 u. Elution mit Bzl.–Ae.; 0,85 g, daneben 0,36 g freier *Δ^8-7-Oxolactonester*, $C_{24}H_{32}O_8$, F. 179,5—181,5° (Bzl.–Ae.), u. 0,52 g *Δ^{8a}-1-Äthoxyäthinyl-1.4β-dihydroxy-2.2-bis-carboxymethyl-7-äthylendioxy-4bβ-methyl-4aα.10aβ-dodekahydrophenanthren-bis-lacton*, $C_{25}H_{30}O_7$, F. 231—235°. — *$\Delta^{1,10a.8a}$-1-Carbäthoxymethyl-2α-carbomethoxymethyl-2β-carboxymethyl-4β-hydroxy-4bβ-methyl-7-äthylendioxy-4aα-dekahydrophenanthren-2β→4β-lacton*, $C_{26}H_{34}O_8$, F. 138,5—139,5° (Bzl.–Ae.), aus 0,8 g **V** in Pyridin bei 8—10° unter N_2 mit $SOCl_2$; 0,37 g. — *Δ^8-1.4β-Dihydroxy-1-carbomethoxymethyl-2.2-diallyl-4bβ-methyl-7-oxo-4aα.10aβ-dodekahydrophenanthren*, $C_{24}H_{34}O_5$, F. 212—215,5° (Ae.–Aceton–PAe.), aus **IIa** mit Li in fl. NH_3 u. tert.-Butylacetat, Chromatographie an Al_2O_3, Kochen mit methanol. KOH unter N_2, Behandeln mit CH_2N_2 u. Chromatographie der sauren Prodd. an Al_2O_3. *Acetat*, $C_{26}H_{36}O_6$, F. 170—172° (Aceton–Ae.–PAe.). — *Δ^{8a}-1-Carboxymethylen-2.2-diallyl-4β-hydroxy-4bβ-methyl-7-äthylendioxy-4aα.10aβ-do-dekahydrophenanthren* (**VI**), $C_{25}H_{34}O_5$, F. 193—195,5°, aus 39,5 g **IIa** mit Äthoxyacetylen MgBr in Ae. unter N_2, Chromatographie an Al_2O_3, Behandlung mit 10% ig. wss. H_2SO_4 in Tetrahydrofuran u. 20 std. Kochen unter N_2 mit 7% ig. K_2CO_3 in 50% ig. Methanol; 13,5 g. *Methylester* (**VIa**), $C_{26}H_{36}O_5$, F. 158—164°. — *Δ^8-1-Carbomethoxymethylen-2.2-diallyl-4β-hydroxy-4bβ-methyl-7-oxo-4aα.10aβ-dodekahydrophenanthren*, $C_{24}H_{32}O_4$, F. 163 bis 165° (Ae.), aus **VIa** mit p-Toluolsulfonsäure in Aceton. *Acetat*, $C_{26}H_{34}O_5$, F. 158—163° (Aceton–PAe.). — *$\Delta^{1.8a}$-1-Carbomethoxymethyl-2-allyl-4β-hydroxy-4bβ-methyl-7-äthylendioxy-4aα.10aβ-dekahydrophenanthren*, $C_{23}H_{32}O_5$, Doppel-F. 96—97,5 u. 103—104° (PAe.), aus **VIa** in fl. NH_3 mit K u. Chromatographie an Al_2O_3. — *Δ^{8a}-1-Carbomethoxymethyl-2.2-diallyl-4β-hydroxy-4bβ-methyl-7-äthylendioxy-4aα.10aβ-dodekahydrophenanthren*, $C_{26}H_{38}O_5$, F. 140—141° (Ae.–Bzl.), aus 13,2 g **VI** in fl. NH_3 mit K u. Isopropanol u. Veresterung des Prod. mit Diazomethan; 8,08 g. — *Δ^8-1-Carbomethoxymethyl-2.2-diallyl-4β-hydroxy-4bβ-methyl-7-oxo-4aα.10aβ-dodekahydrophenanthren*, $C_{24}H_{34}O_4$, F. 155,5—157° (nach vorangegangenem Schmelzen u. Wiedererstarren bei 138°; Aceton–Ae.), aus 9,6 g vorst. Verb. mit p-Toluolsulfonsäure in Aceton; 7,8 g. — *Δ^8-1.2α-Bis-[carbomethoxymethyl]-2β-carboxymethyl-4β-hydroxy-4bβ-methyl-7-oxo-4aα.10aβ-dodekahydrophenanthren-2β→4β-lacton*, $C_{23}H_{30}O_7$, F. 197,5—200°, aus 1,05 g vorst. Verb. in Eisessig–Chlf. mit O_3 bei —15 bis —20°, Zusatz von akt. Zn-Staub, Behandlung des Prod. mit 8% ig. $Na_2Cr_2O_7$ in Eisessig, Veresterung der Säure (175 mg) mit Diazomethan in Methanol u. Chromatographie an Al_2O_3. — *Δ^{8a}-1.2α-Bis-carbomethoxymethyl-2β-carboxymethyl-4β-hydroxy-4bβ-methyl-7-äthylendioxy-4aα.10aβ-dodekahydrophenanthren-2β→4β lacton*, $C_{25}H_{34}O_8$, F. 145—147° (Bzl.–

Ae.–PAe.), aus vorst. Verb. mit Methyläthyldioxolan u. p-Toluolsulfosäure. — *Δ⁸-1.7-Dioxo-2α-allyl-2β-carboxymethyl-4β-hydroxy-4bβ-methyl-4aα.10aβ-dodekahydrophenanthrenlacton*, $C_{20}H_{24}O_4$, F. 210—211° (CH_3OH), aus 60 g **III** in Eisessig–Chlf. mit O_3 (122 Min. bei —17 bis —15°), Red. des Ozonids mit akt. Zn-Staub u. Behandlung mit $Na_2Cr_2O_7$ in Eisessig–Bzl. bei 5—10°; 15,6 g, daneben aus den Mutterlaugen nach Chromatographie an Al_2O_3 1,3 g des *cycl. Enoläthers der 2β-Formylmethylverb.*, $C_{20}H_{24}O_3$, F. 140 bis 141,5° (Methanol). — *Δ⁸ᵃ-1-Oxo-2α-allyl-2β-carboxymethyl-4β-hydroxy-4bβ-methyl-7-äthylendioxy-4aα.10aβ-dodekahydrophenanthrenlacton*, $C_{22}H_{28}O_5$, F. 202—203,5° (Bzl.–PAe.), aus 0,58 g vorst. Verb. mit p-Toluolsulfonsäure u. Äthylenglykol in Bzl. u. Chromatographie an Al_2O_3; 0,345 g. — *Δ⁸-1.7-Dioxo-2α-[β-hydroxy-γ-brompropyl]-2β-carboxymethyl-4β-hydroxy-4bβ-methyl-4aα.10aβ-dodekahydrophenanthrenhemiketal-2β → 4β-lacton*, $C_{20}H_{25}BrO_5$, F. 170—174° (Zers.; Ae.–CH_2Cl_2), aus 1 g vorvorst. Verb. in Dimethylformamid–Eisessig mit Bromacetamid u. Na-Acetat; 1,139 g. *Jodanaloges*, $C_{20}H_{25}JO_5$, F. 159—161° (Zers.; Braunfärbung ab 145°; A.–Chlf.), a) aus 1,5 g vorvorst. Verb. in Eisessig–W. mit J_2 u. Ag-Acetat; 1,98 g; b) aus 2 g vorvorst. Verb. in Dimethylformamid–Eisessig–W. mit Jodsuccinimid; 2,611 g. — *Δ⁸-1.7-Dioxo-2α-[ω-bromacetonyl]-2β-carboxymethyl-4β-hydroxy-4bβ-methyl-4aα.10aβ-dodekahydrophenanthrenlacton*, $C_{20}H_{23}BrO_5$, F. 197—198° (Vakuum; Zers.; CH_2Cl_2–CH_3OH), aus 17,3 g vorst. Bromhydrin mit verd. H_2SO_4 u. CrO_3 in 50%ig. Essigsäure; 14,3 g. *2α-[ω-Jodacetonyl]-analoges*, $C_{20}H_{23}JO_5$, F. 164° (Zers.; Aceton), analog aus 33,3 g vorst. Jodhydrin; 30—32 g. — *Δ⁸-1.7-Dioxo-2α-acetonyl-2β-carboxymethyl-4β-hydroxy-4bβ-methyl-4aα.10aβ-dodekahydrophenanthrenlacton* (**VII**), $C_{20}H_{24}O_5$, F. 226—228° (Aceton), a) aus 1,529 g vorst. Bromverb. in Eisessig mit akt. Zn-Staub (20 Min. bei 70—80°) u. Chromatographie an Al_2O_3; 715 mg; b) aus 100 mg vorst. Bromverb. mit NaJ in sd. Aceton u. Red. des erhaltenen Jodketons wie unter a); 69 mg; c) aus 23 g vorst. Jodverb. in wss. Essigsäure mit $CrCl_2$ unter CO_2 (14 Std. bei 50—55°); 11—13 g. — *Ketal* **IX**, $C_{24}H_{32}O_7$, F. 178—182°, aus **VII** mit p-Toluolsulfonsäure in sd. Bzl.–Äthylenglykol. — *Δ⁸ᵃ-1-Oxo-2α-acetonyl-2β-carboxymethyl-4β-hydroxy-4bβ-methyl-7-äthylendioxy-4aα.10aβ-dodekahydrophenanthrenlacton* (**VIIa**), $C_{22}H_{28}O_6$, F. 228—232° (Aceton–Ae.), aus **VII** in Bzl.–Äthylenglykol mit p-Toluolsulfonsäure u. Chromatographie an Al_2O_3, daneben eine *Verb. vom F. 202—204°*. — *DL-Δ⁴·¹⁴-3.16-Dioxo-11β-hydroxy-18-carboxyandrostadienlacton* (**VIII**), $C_{20}H_{22}O_4$, F. 235—237° (Ae.–Aceton), aus 10,576 g **VII** mit K-tert.-Butylat in absol. Bzl. (5std. Kochen); 6,328 g, daneben eine mit **VII** isomere *Verb.* $C_{20}H_{24}O_5$, F. 236—240° (Aceton u. Methanol). — *DL-Δ⁵·¹⁴-3-Äthylendioxy-11β-hydroxy-16-oxo-18-carboxyandrostadienlacton* (**VIIIa**), $C_{22}H_{26}O_5$, F. 249—251° (CH_3OH), a) aus **VIIa** analog **VIII**; b) aus **VIII** mit p-Toluolsulfonsäure u. Äthylenglykol in Bzl.; c) aus **VIII** in Bzl. mit Methyläthyldioxolan unter N_2 u. Behandlung mit p-Toluolsulfonsäure, daneben das *3.16-Diketal* (**VIIIb**), $C_{24}H_{30}O_6$, F. 173,5 bis 178° (Aceton–Ae.). — *DL-Δ⁵-3-Äthylendioxy-11β-hydroxy-16-oxo-18-carboxy-14ξ-androsten* (**X**), $C_{22}H_{28}O_5$, F. 280,5—283° (CH_2Cl_2–CH_3OH), a) aus 3,926 g **VIIIa** in A. in Ggw. von NaOH mit H_2 über Pd/Kohle; 3,472 g; b) aus vorst. Verb. mit Li in fl. NH_3 bei —48 bis —43° unter N_2. — *DL-Δ⁵-3-Äthylendioxy-11β-hydroxy-16-oxo-17* (oder *15*)*-isopropoxymethylen-18-carboxy-14ξ-androstenlacton*, $C_{26}H_{34}O_6$, F. 250,5—254,5° (Aceton), aus 2,9 g **X** in methanol. Na-Methylat mit Ameisensäureäthylester unter N_2 u. Rk. des Prod. in Aceton mit Isopropyljodid u. K_2CO_3 unter N_2; 2,41 g. — *DL-Δ⁵-3-Äthylendioxy-11β.16ξ-dihydroxy-17* (oder *15*)*-isopropoxymethylen-18-carboxy-14ξ-androstenlacton*, $C_{26}H_{36}O_6$, F. 179—180° (Ae.), aus 0,3 g vorst. Verb. in absol. A. unter N_2 mit $NaBH_4$; 0,14 g. — *DL-Δ⁴·¹⁶* (oder *Δ⁴·¹⁵*)*-11β-Hydroxy-3-oxo-17*(oder *15*)*-formyl-18-carboxy-14ξ-androstenlacton*, $C_{21}H_{24}O_4$, F. 236—242° (Bzl.–Ae.), aus vorst. Verb. mit Eisessig–W. unter N_2 (30 Min. bei Zimmertemp. u. 30 Min. bei 98—100°), Adsorption an Al_2O_3 u. Elution mit Bzl., daneben vermutlich *DL-Δ⁴-3-Oxo-11β.16ξ-dihydroxy-17-* (oder *15*)*-isopropoxymethyl-18-carboxy-14ξ-androstenlacton*, $C_{24}H_{34}O_5$, F. 219—222°. — *DL-Δ⁵·¹⁴⁽?⁾-3.16-Bis-äthylendioxy-11β-hydroxy-18-formylandrostadiencyclohemiacetal*, $C_{24}H_{32}O_6$, F. 182—185° (Ae.–Aceton), aus 0,32 g **VIIIb** in Tetrahydrofuran mit 0,9 Mol $LiAlH_4$ bei 0°; 0,05 g. — *DL-Δ⁵·¹⁴⁽?⁾-3.16-Bis-äthylendioxy-11β.18a-oxido-18a-homo-androstadien*, $C_{24}H_{32}O_5$, F. 163—176° (Zers.), aus 0,5 g **VIIIb** in Tetrahydrofuran mit überschüssigem $LiAlH_4$ bei 0°; gelbe Kristalle aus Aceton; 0,15 g. — Die UV- u. IR-Maxima der Verbb. sind angegeben. (Helv. chim. Acta **40.** 787—815. 2/5. 1957. Basel, CIBA AG, Forschungslabors.) G. SCHMIDT-KASTNER. 3750

I. N. Nasarow und **L. A. Janowskaja,** *Fortschritte auf dem Gebiet der Synthese von Carotinoiden und Vitamin A.* Allg. Überblick über die in den Jahren 1951—1957 erzielten Fortschritte. — 151 Literaturangaben. (Успехи Химии [Fortschr. Chem.] **27.** 241—76. März 1958.) G. FROELICH. 3800

M. M. Abramow, *Zur Chemie des Lagochilins.* (Vgl. C. **1959.** 8905.) Durch Acetylierung von Lagochilin (**I**) erhielt Vf. **I**-*Tetraacetat* u. durch Hydrolyse von **I** *Lago-*

chilidin (II; in Form des pharmazeut. Präp. als „*Inebrin*" bezeichnet). Beide besitzen die gleiche pharmakol. Wrkg. wie I u. sind daher parenteral anwendbar. II krist. aus wss. A. (1:2) als Monohydrat. Die Struktur von II wurde nicht aufgeklärt. IR-spektroskop. Unterss. zufolge enthält II zwei OH-Gruppen u. vermutlich zwei ätherartig gebundene O-Atome.

Versuche: *Lagochilintetraacetat*, $C_{32}H_{52}O_{10}$, Kp.$_2$ 200—207° (geringe Zers.), zu 10 g wasserfreiem I u. 5 g Na-Acetat gibt man 50 ml Acetanhydrid, erhitzt unter Rühren bis zur vollständigen Auflsg. von I, darauf noch 2—3 Std. u. gießt in 500 ml Eiswasser; D.^{20} 1,1165; n_D^{20} 1,4878; gibt bei der Verseifung mit 10%ig. NaOH wieder I. — *Lagochilidin* (II), $C_{20}H_{34}O_4$, F. 120—121°; durch 4std. Erhitzen von 25 g I in 100 ml 10%ig. HCl (das Ende der Rk. erkennt man am Klarwerden der oberen Schicht), Abtrennen der unteren Schicht u. Trocknen im Vakuum; aus wss. A. (1:2) II-*Hydrat*, $C_{20}H_{34}O_4 \cdot H_2O$, F. 97—98°; Blättchen. (Доклады Академии Наук УзССР [Ber. Akad. Wiss. UsbekSSR] **1958.** Nr. 3. 41—44. Kuibyschew-Inst. für Sowjethandel.)
W. KURTZMANN. 3950

Theodor Wieland und **Karl Mannes** (unter Mitarbeit von **Albert Schöpf**), *Über die Giftstoffe des grünen Knollenblätterpilzes.* 15. Mitt. *Die Konstitution des Phalloins.* (14. vgl. C. **1958.** 8018.) Für *Phalloin* (I) wird durch ausschließlich papierchromatograph. u. -elektrophoret. Unterss. die angegebene Konst. sehr wahrscheinlich gemacht. I ist lipophiler als Phalloidin u. fällt offenbar ohne Kristallwasser an. Beide Verbb. zeigen aber sehr weitgehende Übereinstimmung in den Farb-Rkk., im UV-Spektr. u. im chem. Aufbau (vgl. 10. Mitt., C. **1958.** 5387). Die saure Hydrolyse liefert als einzige elektrophoret. zur Kathode wandernde Komponente *γ-Hydroxyleucinlacton* (II), das mit verd. NaOH zu *γ-Hydroxyleucin* (III) hydrolysiert wird.

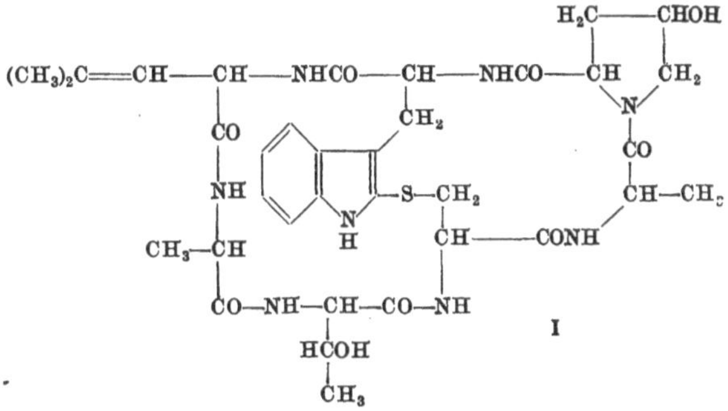

I

Mit verd. HCOOH wird III bei 50° relactonisiert. II wird zum Vgl. durch Erhitzen von Methallylacetamidomalonsäurediäthylester (**VIII**) mit HCl als *Hydrochlorid* synthetisiert. II bildet sich wahrscheinlich aus dem *Leucenin* (**VII**; *β.β*-Dimethylvinylglycin) des I. I wird mit RANEY-Ni/sd. A. zu *Desthiophalloin* (**IV**) entschwefelt. Bei der Partialhydrolyse von I (½ std. Kochen mit 0,2n H_2SO_4) entsteht unter Spaltung der Alanin (**V**)–**VII**-Peptidbindung u. Lactonisierung der COOH-Gruppe von **VII** ein bas. Prod., das dementsprechend mit 1-Fluor-2.4-dinitrobenzol nach Hydrolyse *N-[2.4-Dinitrophenyl]-alanin* gibt. Beim EDMANschen Abbau des Partialhydrolysats von I mit Phenylsenföl ergibt sich eine **V** → Threonin (**VI**)-Sequenz, beim gleichen Abbau des Partialhydrolysats von **IV** eine **V** → **VI** → **V** → **V** → *allo-γ-Hydroxyprolin*-Sequenz.

Versuche: Pilzaufbereitung: 600 kg grüne Knollenblätterpilze wurden mit CH_3OH bei Raumtemp. extrahiert, es wurde eingeengt, mit Bleiessig gefällt, überschüssiges Pb als Sulfat entfernt, das Filtrat mit NH_4OH auf p_H 5,2 eingestellt, mit $(NH_4)_2SO_4$ ausgerührt, mit absol. CH_3OH verrührt u. eingeengt. Ein 2. Primärmaterial wurde durch Ausschütteln der $(NH_4)_2SO_4$-Fällung mit Isopropylalkohol u. Ausrühren des Nd. mit CH_3OH, ein 3. Material durch Ausrühren der Bleiessigfällung mit W., Ansäuern mit 50%ig. H_2SO_4 gegen Kongorot, Filtrieren, Einstellen mit NH_4OH auf p_H 6 u. Aussalzen mit $(NH_4)_2SO_4$ erhalten. Aus den Primärmaterialien wurden 50 mg *Phalloin* (I) durch Rühren mit Nalcite HCR u. SBR in wss. Lsg., Ausfällen mit $(NH_4)_2SO_4$, Extrahieren mit CH_3OH, dann mit Isopropylalkohol, Chromatographie an Al_2O_3 aus Butanol–A. (9:1) u. Kristallisation aus W. gewonnen: Zers. bei 250—280°, lange feine Nadeln. — *Desthiophalloin* (**IV**), durch 4std. Kochen von I mit RANEY-Ni in 80%ig. A. u. Ausfällen der Ni-Ionen mit H_2S. — *γ-Hydroxyleucinlacton* (II), *Hydrochlorid*, $C_6H_{11}NO_2 \cdot HCl$, F. 209—210° (absol. A.), durch 6std. Kochen von **VIII** mit 20%ig. HCl. (Liebigs Ann. Chem. **617.** 152—62. 30/10. 1958. Frankfurt/M., Univ., Inst. für Organ. Chem.)
R. PASEDAG. 3950

B. A. Arbusow und **A. G. Chissmatullina**, *Über die Zusammensetzung der Harzsäuren des Harzes aus Pinus pithyusa und Pinus insignis.* Bei der Unters. des aus *Pinus pithyusa* gewonnenen Harzes wurden außer 33,7% *Terpentin* a) 35,9% eines krist. u. b) 30% eines fl. nichtflüchtigen Rohharzes gewonnen. Ersteres besteht zu 90% aus

Harzsäuren u. enthält 8% *Lävopimarsäure* (I), 38% *Abietin-* (II) u. 31% *Neoabietinsäure* (III) sowie 7,7% *Dextropimarsäure* (IV) u. 16% anderer Harzsäuren, darunter *Dehydroabietin-* u. *Isodextropimarsäure* (V). I—V wurden UV-spektroskop., IV u. V ferner als *Cyclohexylaminsalze* (VI) nachgewiesen. Das Rohharz b) besteht nur zu 60% aus Harzsäuren. Nach Isolierung derselben als VI u. Regenerierung mit H_3BO_3 zeigte das UV-Spektr. annähernd die gleiche Zus. wie das Rohharz a) 8 (%) I, 40 II, 33 III, 12 IV u. 7 andere Harzsäuren. II, IV u. V wurden ferner als *Dibutylaminsalze*, III als *Salz* mit *2-Methyl-2-aminopropanol-(1)* (VII) identifiziert. Gegenüber *Pinus pithyusa* enthält *Pinus insignis* nur 58,5% Harzsäuren, davon 35 (%) I, 6,5 II, 14 III u. 28 eines Harzsäuregemisches vom IV-Typ.

Versuche: Isolierung des Harzsäuregemisches: 50 g Rohharz a) {$[\alpha]_D^{20}$ -21^0 (A.)} in Ae. behandelt man mit Maleinsäureanhydrid, rührt 2 Std., läßt die äther. Lsg. zu der für die Neutralisation erforderlichen Menge 3%ig. NaOH in mehreren Std. zutropfen, füllt mit W. auf 3 Liter auf, regeneriert die Säuren durch Zugabe von H_3BO_3 bis zum p_H 6,2 u. dest. den Ae. ab; $[\alpha]_D$ $+4^0$. Oder man löst 100 g Rohharz b) in Aceton, gibt Cyclohexylamin hinzu u. zers. die gebildeten VI in Ae. mit H_3BO_3; $[\alpha]_D$ $-20,5^0$; 60% (Ausbeute). *Lävopimarsäure* (I); 8%. — *Abietin-* (II) u. *Neoabietinsäure* (III) werden spektrophotometr. nach HARRIS [1948] bestimmt; 70% II-*Dibutylaminsalz*, F. 159—160° (A. u. Methylacetat); aus 32 g Rohharz a) in Aceton u. Dibutylamin in Aceton (längere Zeit Stehenlassen); $[\alpha]_D$ -68^0; 3,5 g. Daraus mit verd. HCl II, F. 172—173°; $[\alpha]_D$ -102^0 (A.). — III-*Salz* mit *2-Methyl-2-aminopropanol-(1)* (VII), F. 183—185° (Äthylacetat). — *Isodextropimarsäure* (V), *Salz* mit VII, F. 160—162°. — *Dextropimarsäure* (IV), F. 220° (Eisessig); $[\alpha]_D$ $+76^0$. — *2-Methyl-2-aminopropanol-(1)* (VII), $Kp._{14}$ 72°; $Kp._{30}$ 88—90°, man erhitzt 240 g $FeSO_4 \cdot 7H_2O$ u. 440 g Fe-Pulver in 20 g H_2SO_4 u. 620 ml W. auf 100°, gibt in 4 Std. 200 g 2-Nitro-2-methylpropanol-(1) (durch Umsetzung von 175 g 2-Nitropropan mit 245 g Formalin, Extraktion mit Ae.; gelbe schwerkrist. allisierbare M.; 200 g) in 300 ml W. hinzu, erhitzt 1 Std., gibt 1,5 Liter Ligroin (Kp. 160—192°) hinzu u. destilliert. Die Ligroinschicht des Destillats führt man in den Destillierkolben zurück, dest. 600 ml Ligroin ab, säuert die wss. Schicht an, dampft ein, behandelt den Rückstand mit Alkali u. dest.; 100 g. (Известия Академии Наук СССР, Отделение Химических Наук [Nachr. Akad. Wiss. UdSSR, Abt. chem. Wiss.] **1958**. 166—73. Febr. Kasan, Uljanow-Lenin-Univ.)
W. KURTZMANN. 3950

D. Makromolekulare Chemie.

W. A. Kargin, *Grundprobleme der Chemie der Polymeren.* Nach den Anfängen der Chemie der Polymeren als eines Teilgebiets der Kolloidchemie hat sie sich zu einem selbständigen Gebiet der Chemie, nicht nur der organ., entwickelt. In den 40er Jahren ist sie zur Wissenschaft der Substanzen mit langen biegsamen Ketten geworden, die große Bedeutung für neue techn. Probleme hat, z. B. für Herst. von Polymeren mit einer Beständigkeit in einem großen Temperaturintervall bis 400°. Auch die Herst. billigerer Prodd. ist wichtig, die durch neue Polymerisationsmethoden gelöst werden könnte. Aussichtsvolle neue Monomere sind Polytetrafluoräthylen u. siliciumorgan. Verbb., auch mit Al, Ti, N, P u. B. Es ist wahrscheinlich, daß auch Polyterpene, Polyalkaloide, neue Farbstoffe, physiol.-akt. Substanzen, Katalysatoren, Inhibitoren u. Reagentien für die analyt. Chemie entstehen werden. Neue Wege zur Polymerisation bietet die Ionenpolymerisation. Neu ist auch die Polymerisation in festem Zustande u. mit Biradikalen, die Bldg. freier Radikale an den Enden der Ketten. Neu sind auch Bestrebungen zur Herst. von Polyelektrolyten u. anorgan. Polymeren. Auch die Theorie steht noch in der Entw. u. Anzeichen von polymeren Strukturen mit besonderen Systemen sind vorhanden. (Вестник Академии Наук СССР [Nachr. Akad. Wiss. UdSSR] **29**. Nr. 1. 32—43. Jan. 1959.) J. v. SCHROEDER. 4000

R. D. B. Fraser, *Bestimmung des Übergangsmomentes. Orientierung in partiell orientierten Polymeren.* Die vom Vf. früher (vgl. C. **1957**. 2756) abgeleitete Beziehung für den Zusammenhang zwischen dem Dichroismusverhältnis R_0 einer vollständig orientierten Polymerprobe, dem gemessenen R-Wert u. dem Bruchteil f der teilweise orientierten Probe wird für mehrere Spezialfälle diskutiert. Die Grenzen des zugehörigen Winkels β zwischen der Richtung des Übergangsmomentes u. der Mol.-Achse werden daraus berechnet. (J. chem. Physics **29**. 1428—29. Dezember 1958. Melbourne, Victoria, Australia, C.S.I.R.O., Wool Textile Res. Labor., Biochem. Unit.) O. FUCHS. 4000

Rolf Linder, *Nichtstationäres Fließen hochviscoser Stoffe.* Ein zur Unters. des nichtstationären Fließens hochviscoser Stoffe geeignetes Schwingviscosimeter wurde entwickelt. Am Beispiele von *Cuoxam–Cellulose*-Lsgg. (Linters- u. Zellstofflsg.) u. eines

Acrylsäurebutylesters (*Acronal 4 F*) bei 20 u. 30° bzw. 30, 40 u. 60° konnte gezeigt werden, daß sich die nichtstationäre Bewegung dieser Fll. nicht durch die Fließformeln von MAXWELL u. von EYRING beschreiben läßt. Die Dimensionsanalyse nach SCHULTZ-GRUNOW(Kolloid-Z. **138.** [1954.] 167) führt dagegen allein auf der Grundlage des Experiments zu reellen Stoffkonstanten (Materialkonstanten A u. C in der Fließformel nach PRANDTL) sowie zur Retardationszeit u. zu dem gültigen Reibungsgesetz. Da bei der dimensionslosen Darst. der Versuchsergebnisse für alle untersuchten Fll., Tempp. u. Spaltweiten sämtliche Meßpunkte auf einer Kurve lagen, ist es möglich, die Retardationszeiten mit dem Schwingviscosimeter zu ermitteln. (Kolloid-Z. **143.** 144—54. Okt. 1955. Aachen, TH, Inst. für Mechanik.) E. ÜHLEIN. 4000

J. K. Stille, *Polymerisation von Olefinen mit Metallkomplexen als Katalysatoren.* Übersicht über die Polymerisation von Mono- u. Diolefinen in Ggw. von Metallalkylen, -hydriden u. -oxyden nach ZIEGLER, PHILLIPS u. der STANDARD OIL of Indiana, Stereochemie der Polyolefine, stereospezif. u. kristalline Polymere u. Mechanismen der Polymerisation. (Chem. Reviews **58.** 541—80. Juni 1958. Iowa City, Iowa, State Univ. of Iowa, Dep. of Chem.) E. HERR. 4000

G. M. Burnett, *Geschwindigkeitsmaxima bei Copolymerisationsvorgängen.* Theoret. Betrachtungen führen zu dem Ergebnis, daß die Geschwindigkeit der Copolymerisation bei wachsendem Verhältnis der Monomerenzus. bei gewissen Systemen (z. B. für $r_1 < 2$ u. $r_2 = 0{,}01$ oder kleiner) durch ein Maximum gehen kann, in qualitativer Übereinstimmung mit experimentellen Literaturdaten. (J. Polymer Sci. **28.** 642—44. April 1958. Aberdeen, Scotland, Univ., Chem. Dep.) O. FUCHS. 4000

P. Rempp und **M. H. Loucheux,** *Darstellung von α.ω-bifunktionellen Vinylpolymeren durch anionische Polymerisation in homogener Phase.* Bei der Polymerisation von Vinylverbb., ausgelöst z. B. durch Komplexverbb. des Naphthalins mit Natrium, entstehen in Tetrahydrofuran bei —80° polymere *Dicarbeniationen* $\overset{(-)}{:}CH(R)\cdot CH_2CH_2C(R)H\overset{(-)}{:}$, welche zu weiteren Rkk. fähig sind. Sie können durch Verbb., die ein bewegliches H-Atom aufweisen, wie H_2O oder CO_2, desaktiviert werden, wobei stabile Polymere mit α- u. ω-ständigen OH- u. COOH-Gruppen entstehen. Mit Verbb. mit elektronenaufnehmenden Gruppen, wie Halogeniden u. Anhydriden, werden Polymere mit definierten Endgruppen erhalten. Die sich in Lsg. bildenden Halogenionen können dabei zur Mol.-Gew.-Best. herangezogen werden. Die Desaktivierung ist leicht durch das Verblassen der stark roten Farbe der polymeren Dicarbeniationen zu verfolgen u. wurde durchgeführt mit: *Benzylchlorid* u. *-bromid, Allylchlorid* u. *-bromid, Butylchlorid, Brombenzol, p-Bromanilin* u. *-acetanilid, Benzoylchlorid, N-Bromphthalimid, Essig-, Phthal-* u. *Bernsteinsäureanhydrid.* Von den desaktivierten Polymeren liegen UR-Spektren vor. (Bull. Soc. chim. France **1958.** 1497—1501. Nov./Dez. Strasbourg, Centre de Rech. sur les Macromolécules.) H. GIEHRING. 4010

Kazuo Nagamatsu, Tetuo Takemura, Tatsuya Yoshitomi und **Tatsuro Takemoto,** *Einfluß der Kristallinität auf die viscoelastischen Eigenschaften von Polyäthylen.* Aus Spannungs–Relaxations-Messungen an *Polyäthylen* (*Hizex*), *Marlex 50* u. *Monsanto E 73* ergab sich, daß die von NAGAMATSU u. Mitarbeitern (vgl. C. **1958.** 13511) vorgeschlagene einfache Zeit–Temperatur-Überlagerungsmeth. oder FERRYsche Reduktionsmeth. der Viscoelastizität sich auch auf die obigen Polymeren anwenden läßt, deren Kristallinitätsgrad sich schnell mit der Temp. ändert. (J. Polymer Sci. **33.** 515—18. Dez. 1958. Fukuoka, Kyushu Univ., Fac. of Engn., Dep. of Appl. Sci.) C. GOTTFRIED. 4010

F. B. Waddington, *Die Vernetzung von Polypropylen und Polyäthylen von hoher Dichte durch Elektronenbestrahlung.* 2 Proben *Polypropylen* (I) u. 4 Proben *Polyäthylen* (II) wurden mit Elektronen aus einem 4 MeV-Orthotron bestrahlt. Die G-Werte (Anzahl der Vernetzungen/100 eV) wurden auf 2 verschied. Wegen ermittelt: durch Quellungsmessungen u. Auswertung nach der bekannten Formel von FLORY u. REHNER sowie durch Messung des Elastizitätsmoduls (YOUNG's modulus). Beide Methoden ergaben befriedigende Übereinstimmung der G-Werte. Die Vernetzungen sind bei I weniger stark als bei II. Die D. von II hat nur geringen Einfl. auf den G-Wert: Dichten 0,92—0,97 entsprechend G-Werten 2,3—2,7. (J. Polymer Sci. **31.** 221—25. Aug. 1958. Manchester, Metropolitan-Vickers Electr. Co. Ltd., Res. Dep.) F. VOHWINKEL. 4010

Robert L. Cleland, *Eine Untersuchung der Lichtstreuung von Alfinpolybutydien.* An den Lsgg. von fraktioniertem u. nichtfraktioniertem *Polybutadien* (I), das nach der von MORTON u. Mitarbeitern (vgl. C. **1950.** I. 1367) angegebenen Meth. hergestellt wurde, in verschied. KW-stoffen als Lösungsm. wurden Lichtstreuungs- u. Viscositätsmessungen ausgeführt. Das Mol.-Gew. M der I-Proben erstreckt sich von 5000000—20000000. In einem thermodynam. neutralen Lösungsm. ist $\overline{R^2}/M = 2{,}2\cdot10^{-17}\ cm^2\ g^{-1}$ Mol

(R = Mol.-Radius). In Cyclohexan als Lösungsm. gilt bei 25° $[\eta] = 0{,}125\,M_v^{0{,}77}$. Der Mittelwert des Parameters Φ' der FLORY-FOXschen Theorie der Viscosität (vgl. C. **1952.** 6380) wird für lineares I zu $3{,}6 \cdot 10^{24}\,Mol^{-1}$ abgeschätzt; er scheint mit dem Verzweigungsgrad β von I etwas anzusteigen. β ist um so kleiner, je höher der Umsatz bei der I-Herstellung. Der gemessene Zusammenhang zwischen R^2/M u. dem 2. Virialkoeff. A_2 des osmot. Druckes steht in qualitativer Übereinstimmung mit dem berechneten. (J. Polymer Sci. **27.** 349—80. Jan. 1958. Cambridge, Mass., Mass. Inst. of Technol., Dep. of Chem.) O. FUCHS. 4010

G. W. Tkatschenko, L. W. Stupen, L. P. Kofman und **L. S. Frolowa,** *Copolymerisation von Vinylchlorid mit Acrylsäureestern.* (Vgl. C. **1958.** 13251.) Wenn bei der Copolymerisation von *Vinylchlorid* (I) u. *Acrylsäureestern* (II) die Geschwindigkeitskonstante der Anlagerung von I an I mit $K_{A.A}$, die der Anlagerung von I an II mit $K_{B.A}$, die der Anlagerung von II an II mit $K_{B.B}$ bezeichnet wird, dann sind die Copolymerisationskonstanten, die die Reaktionsfähigkeit der Monomeren gegenüber Radikalen desselben bzw. des anderen Monomeren kennzeichnen, $\alpha = K_{A.A}/K_{B.A}$ u. $\beta = K_{B.B}/K_{B.A}$. Die Polymerisationsgeschwindigkeit u. das Mol.-Gew. der entstehenden Polymeren nehmen mit der II-Konz. zu. Die Copolymeren enthalten stets mehr II-Komponente als das Monomerengemisch, da II leichter als I polymerisiert. Im einzelnen ergibt sich bei II = $CH_2{=}CHCOOR$ mit $R = CH_3$ $\alpha = 0{,}06$, $\beta = 4{,}4$; n-C_4H_9 0,07, 4,4; n-C_8H_{17} 0,12, 4,8. Für die Monomerenverhältnisse I : II = 5 : 5, 8 : 2 u. 9 : 1 wird unter Berücksichtigung der α- u. β-Werte die Zus. der Copolymeren berechnet. Bei I : II = 1 : 1 (R = CH_3) ist die Wahrscheinlichkeit der Bldg. einer II–II-Bindung ca. 66%. (Журнал Физичезкой Химии [J. physik. Chem.] **31.** 2676—81. Dez. 1957.) R. K. MÜLLER. 4010

Kurt Ueberreiter und **Wolfgang Krull,** *Zur Kinetik der Mischpolymerisation von Styrol und Acenaphthylen.* Mischungen aus *Styrol* (I) u. *Acenaphthylen* (II) wurden unter Luftausschluß durch Erhitzen auf 90° polymerisiert. Die Rk. wurde nach einem Umsatz von 10—15% unterbrochen; das entstandene *Copolymere* (III) wurde aus der benzol. Lsg. mit Methanol ausgefällt. Das mol. Konzentrationsverhältnis $x_i = [I]/([I] + [II])$ wurde zwischen 0,23 u. 1 variiert. Über die IR-Spektren von III vgl. C. **1958.** 441. Der Verbrauch an II läßt sich colorimetr. (Wellenlängen 3930 u. 4080 Å) messen, aber nur bis zu 40 Mol-% II. Die Bruttopolymerisationsgeschwindigkeit v_{br} steigt mit wachsendem x_1 zunächst schwach, ab $x_1 = 0{,}85$ aber sehr steil an (v_{br} dilatometr. bestimmt). Über die osmot. Best. des Mol.-Gew. M von III vgl. C. **1959.** 13496. Bei der therm. Polymerisation von I u. II liegt je eine rein therm. Keimbldg. vor; v_{br} u. die Startgeschwindigkeit v_s werden durch die Ggw. von O_2 erhöht. Aus der Zusammensetzung von III ergeben sich für I u. II die Werte $r_1 = 0{,}33$ u. $r_2 = 3{,}81$. v_s steigt mit zunehmendem x_1 zunächst gleichmäßig an, geht bei $x_1 = 0{,}89$ durch ein Maximum, bei $x_1 = 0{,}94$ durch ein Minimum u. steigt dann sehr steil an; diese Anomalien sind möglicherweise auf eine Vernachlässigung niedermol. Anteile bei der M-Best. zurückzuführen (Bldg. von 3- u. 4-Ringen bei kleinem II-Geh.). Aus den Daten folgt weiter, daß die Polymerisation von I durch II verzögert wird. — Zur Reinigung von II wurde umkristallisiertes II zunächst bis zu einem Umsatz von 30% polymerisiert; durch Sublimation des zerkleinerten Reaktionsgemisches im Hochvakuum wurde II mit F. 92,5 bis 93° erhalten. (Z. physik. Chem., Frankf. Ausg. [N. F.] **12.** 303—20. Sept. 1957. Berlin-Dahlem, Max-Planck-Ges., Fritz-Haber-Inst.) O. FUCHS. 4010

Ruskin Longworth und **Herbert Morawetz,** *Polymerassoziation.* 4. Mitt. *Wasserstoffbrücken und Schmelzviscositäten in Copolymeren von Styrol mit Methacrylsäure.* (3. vgl. C. **1957.** 13682.) Von *Polystyrol* (I) u. *Copolymeren* (II) aus *Styrol* u. *Methacrylsäure* (III) mit einem Molenbruch x = 0,015—0,23 von III wurde mit einem Parallelplattenplastometer die Schmelzviscosität η gemessen. Es gilt die Beziehung $\eta = K \cdot M_w^{2{,}15}$ mit $K = 8{,}7 \cdot 10^{-5}$ bei 135°, $1{,}12 \cdot 10^{-5}$ bei 145° u. $3{,}2 \cdot 10^{-6}$ bei 152°; die Aktivierungsenergie ΔH des viscosen Fließens von I berechnet sich zu 76 kcal/Mol. η von II steigt mit wachsendem x stark an; die Differenz der ΔH-Werte zwischen I u. II beträgt für die in () genannten x-Werte 7 (0,015), 18 (0,106), 92 (0,168), 114 (0,229), je für gleiches M_w. Mit wachsendem log s (s = Schubgeschwindigkeit) fällt log η von I u. von II mit x = 0,102 linear ab (Messungen für s = 10^{-4} bis 10^{-1} sec^{-1}). Der Geh. α an nichtassoziierten COOH-Gruppen in II wurde durch UR-Messungen bestimmt. Mit steigender Temp. t (Messungen zwischen t = 30 u. 150°) bleibt α bis t = 100° zunächst konstant, nimmt dann aber stark zu. Das Assoziationsgleichgewicht in II hängt wegen der hohen inneren Viscosität im festen Zustand sehr stark von der Vorgeschichte der Probe ab; Proben, die aus der verd. Lsg. durch Fällen erhalten wurden, liegen weiter vom Gleichgewicht entfernt als Proben, die aus dem Schmelzfluß durch plötzliches Abkühlen hergestellt wurden. Die hohen η-Werte von II sind durch die zwischenmol. Assoziation über H-Brücken zwischen den COOH-Gruppen benachbarter Makromoll. bedingt. (J. Polymer Sci. **29.** 307—19. Mai 1958. Brooklyn, N. Y., Polytechn. Inst., Polymer Res. Inst.) O. FUCHS. 4010

J. C. Bevington, *Untersuchungen mit markierten Initiatoren.* Vf. gibt eine Übersicht über die von ihm u. Mitarbeitern in den letzten Jahren erhaltenen Ergebnisse über Polymerisationen unter Verwendung von ^{14}C enthaltendem Azoisobutyronitril u. Benzoylperoxyd (vgl. C. **1958.** 441; C. **1959.** 821 u. 7814 u. früher). Der besondere Vorteil solcher Unterss. besteht in der Möglichkeit der Aufklärung von Feinheiten des Mechanismus der Start-Rk. (z. B. verschied. Einfl. von Phenyl- u. Benzoyloxyradikalen auf die Start-Rk., Unterschied zwischen therm. u. opt. ausgelösten Polymerisationen) u. der Best. der relativen Reaktionsfähigkeit ungesätt. Verbb. gegen die Katalysatorradikale. Ergänzend wird noch mitgeteilt, daß sich *Styrol* u. *Methylmethacrylat* mit *N-Nitrosoacetanilid* therm. polymerisieren lassen. (J. Polymer Sci. **29.** 235—43. Mai 1958. Birmingham, Univ., Chem. Dep.) O. FUCHS. 4010

J. Llopis und **D. V. Rebollo,** *Der Einfluß der Temperatur auf einmolekulare Schichten nichtelektrolytischer linearer Hochpolymerer.* Die Kompressionsisothermen monomol. Schichten von *Polyvinylacetat* (I), *Polyvinylalkohol* (II) u. *Dimethylcellulose* (III) an der Grenzfläche Luft/W. werden mit einer LANGMUIR-ADAM-Torsionswaage im Bereich von 15—50° gemessen. Für jede Temp. werden verschied. π–A-Kurven aufgenommen (π in dyn cm^{-1}, A in $m^2\,mg^{-1}$) u. aus ihren Mittelwerten die Auftragung Oberflächenspannung gegen Temp. vorgenommen. Der Einfl. der Temp. ist bei monomol. Schichten von III unbedeutend, doch ist die Reproduzierbarkeit der π–A-Kurven von der Zeit zwischen dem Aufsprühen der Schicht u. Beginn der Messung abhängig. Das ist bei I u. II nicht der Fall, doch geht bei diesen Stoffen für einen bestimmten Wert der Fläche/Einheit an Polymeren die Oberflächenspannung mit steigender Temp. durch ein Maximum (I) bzw. durch ein Minimum (II). Die Ausbreitungsentropien u. -enthalpien werden für die Temp. 25 u. 40° berechnet. Während sich die Entropien u. Enthalpien bei 25° in Abhängigkeit von A ($m^2\,mg^{-1}$) für I u. II ähnlich verhalten, weisen sie bei 40° starke Unterschiede auf. Für II werden negative Entropie u. Enthalpiewerte gefunden, welche mit steigender Kompression (abnehmendem A) fallen. I dagegen besitzt positive Entropie u. Enthalpiewerte, welche mit steigender Kompression steigen. Dieses Verh. wird in Hinsicht auf die Kohärenz der monomol. Schichten u. ihre Wechselwrkg. mit dem Substrat diskutiert. (J. Colloid Sci. **11.** 543—54. Aug./Okt. 1956. Madrid, Inst. „A. de G. Rocasolano“ de Química-Física.) TH. GÖTZE. 4010

Arnim Henglein, Christel Schneider und **Wolfram Schnabel,** *Der Abbau des Polymethacrylsäureesters in Lösung durch ^{60}Co-γ-Strahlen: Beschleunigende und verzögernde Wirkung einiger Lösungsmittel und gelöster Stoffe. Polymethylmethacrylat* (I, M = 830000) wurde unter O_2-Ausschluß (Verwendung von reinstem A.) in verschied. Lösungsmitteln mit γ-Strahlen (Dosis 1,5·10^5 r/h) bestrahlt. Dabei findet ein Abbau von I statt, der viscosimetr. verfolgt wurde. Die Abbaugeschwindigkeit v nimmt in der Reihenfolge der Lösungsmittel Bzl. (II), Aceton (III), Propionitril (IV), Äthylacetat (V), Chlorbenzol (VI), Chlf. (VII), Dioxan (VIII), CCl_4 (IX) zu. Bei wachsender Bestrahlungsdauer t (bis zu 30 Std.) nähert sich M einem Grenzwert. Die Zahl der Bindungen der I-Hauptkette, die pro 100 eV von I direkt absorbierter Energie gespalten werden, steigt vom Wert 0,48 für II auf 6,4 für IX an. Vff. nehmen an, daß im VII u. IX prim. Cl abgespalten wird, u. daß diese Cl-Radikale I abbauen. In den anderen Lösungsmitteln soll eine Dissoziation des durch die Strahlung angeregten I stattfinden; die verschied. Spaltungsgeschwindigkeit ist auf die verschied. Fähigkeit der Lösungsmittel zur Desaktivierung der angeregten Zustände von I zurückzuführen. In II–VII-Gemischen wird der I-Abbau durch die Cl-Atome wegen ihrer Rk. mit II unterbunden; enthält die Mischung 40% VII, so ist v sogar noch kleiner als in II. Ähnliche Verhältnisse liegen in Mischungen aus II + IX, VII + VIII u. VIII + IX vor (je Durchgang von v durch ein Minimum bei wachsendem Geh. der einen Komponente). In der Mischung aus II + VIII tritt kein Minimum auf. In Ggw. von O_2 nimmt v in der Reihenfolge II, VI, IV, III, V, VIII, VII, IX zu. Der Abbau in III, VII u. IX wird durch O_2 beschleunigt (infolge des oxydativen Abbaues, der durch freie Radikale aus der Zers. des Lösungsm. eingeleitet wird), in den anderen Lösungsmitteln verzögert (Desaktivierung relativ langlebiger, angeregter Zustände von I vor der Dissoziation durch O_2). Enthält die O_2-freie Lsg. von I außerdem J, so wird der Abbau durch die Bestrahlung ebenfalls verzögert; gleichzeitig wird J in die I-Bruchstücke eingebaut. Auch in VII-Lsg. wird der Abbau in Ggw. von J verzögert; die aus den I-Bruchstücken u. J gebildete Verb. erfährt an Luft einen spontanen, sehr starken Abbau der Hauptkette. (Vgl. hierzu auch C. **1958.** 138.) (Z. physik. Chem., Frankf. Ausg. [N. F.] **12.** 339—58. Sept. 1957. Köln, Univ., Inst. für phys. Chem.) O. FUCHS. 4010

William C. Child jr. und **John D. Ferry,** *Mechanische Eigenschaften von hochmolekularen Substanzen.* 27. Mitt. *Dynamisch-mechanische Eigenschaften von Poly-n-hexylmethacrylat.* (26. vgl. C. **1959.** 2828.) Ausdehnung der l. c. beschriebenen Verss. auf *Poly-n-hexylmethacrylat* (I; Fraktion mit $M_w = 4 \cdot 10^6$, Umwandlungstemp. $T_g = 268^0$ K). Die Temp. t wurde bei den Messungen von 5—125° u. die Frequenz f von 15 bis 2400 Hz variiert. Die Ergebnisse lassen sich mit Hilfe der l. c. genannten Beziehung einheitlich auf die Bezugstemp. $T_0 = 373{,}2^0$ K mit $c_1 = 9{,}80$ u. $c_2 = 234{,}4$ umrechnen. J' (über die Bezeichnungen vgl. l. c.) fällt mit wachsendem fa_T ab, im mittleren Teil etwas stärker; dagegen geht J'' zwischen $\log(fa_T) = 2$ u. 3 durch ein Maximum, dessen Höhe mit t etwas zunimmt (vgl. auch l. c.). Für den α-Mechanismus folgt daraus nach der Theorie von WILLIAMS, LANDEL u. FERRY (vgl. C. **1957.** 3831) für f_g bei T_g der Wert 0,027 u. α_f (= therm. Ausdehnungskoeff. des freien Vol.) $= 1{,}9 \cdot 10^{-4}$ 1/Grad. Für den β-Mechanismus berechnet sich eine Aktivierungsenergie von 13 kcal. Die Relaxations- u. Retardationsspektren des α-Mechanismus sind zwar ähnlich den l. c. u. früher für andere Polymethacrylsäureester gefundenen, doch macht sich die Länge der Alkylgruppe in charakterist. Weise bemerkbar; z. B. verschiebt sich das Relaxationsspektr. $H(\tau)$, wobei τ = Relaxationszeit, bei wachsender Alkylgruppe nach kürzeren τ-Werten. $\log \zeta_0$ (ζ_0 = Reibungskoeff.) beträgt −5,21 bei 100° u. 2,63 bei −5°. Die ζ_0-Werte von *Polyäthyl-, Poly-n-butylmethacrylat* u. I verhalten sich bei den zugehörigen T_g-Werten wie 4000:13:1, obwohl die f_g-Werte bei den einzelnen T_g-Werten gleich groß sind. (J. Colloid Sci. **12.** 389—99. Aug. 1957. Madison, Wis., Univ., Dep. of Chem.)
O. FUCHS. 4010

Gino Caroti und **Joseph H. Dusenbury,** *Einfluß des Ziehens auf den Infrarotdichroismus von Nylon 66-Fäden.* Ausführliche Darst. der C. **1957.** 2495 referierten Arbeit. (J. Polymer Sci. **22.** 399—407. Dez. 1956. Princeton, N. J., Textile Res. Inst.)
C. GOTTFRIED. 4010

F. Khoury, *Die Bildung von negativ doppelbrechenden Sphärolithen in Polyhexamethylenadipinamid* (*Nylon 66*). Vf. untersuchte die Kristallisation von *Nylon 66* beim u. oberhalb des opt. Schmelzpunktes. Bei der Erhitzung auf eine konstante Temp. zwischen ca. 250—265° schmilzt das ursprünglich in Form positiv doppelbrechender Sphärolithe kristallisierte Präp. u. kristallisiert anschließend in Form negativ doppelbrechender Sphärolithe. Die Zahl der gebildeten Sphärolithe sowie ihre Doppelbrechung nimmt bei Erhöhung der Temp. in dem obigen Temperaturbereich ab. Nichtdoppelbrechende Sphärolite werden beim Erhitzen an der Grenze von 265—266° gebildet, keine Kristallisation wurde bei Proben festgestellt, die auf eine konstante Temp. >266° erhitzt worden waren. Diese negativen Sphärolithe wachsen aus vorgebildeten Keimen, die in der Schmelze oberhalb des opt. F. beständig sind. Die beobachtete Abnahme der Zahl der Sphärolithe u. damit der wirksamen Keimbildungszentren mit zunehmender Temp. beweist, daß die Keimbldg. von Polymeraggregaten oder Kristalliten u. nicht von fremden Teilchen ausgeht. Der opt. F. der negativen Sphärolithe liegt bei 268—270°. Ätzverss. nach der Meth. des Vf. (vgl. C. **1958.** 11248) zeigten, daß sich die Kristallinität der Sphärolithe in umgekehrter Weise mit der Temp., bei der sie entstanden ist, ändert. (J. Polymer Sci. **33.** 389—403. Dez. 1958. Pontypool, British Nylon Spinners Ltd.) C. GOTTFRIED. 4010

Sven Sonnerskog, *Notiz über die Reaktion zwischen linearen Polyamiden und Äthylencarbonat.* In Verbindung mit einer Unters. über die Wechselwrkg. zwischen Polyamiden u. cycl. Estern wurde beobachtet, daß, im Gegensatz zu Beobachtungen von HAAS u. Mitarbeitern (vgl. C. **1956.** 3878), Äthylencarbonat unter geeigneten Bedingungen als ein hydroxyäthylierendes Agens auf Homopolymere von ε-Aminocapronsäure oder Hexamethylendiammoniumadipat wirken kann. Die Rk. ist gerade in dem Temperaturbereich beobachtbar, in dem die Polymeren durch den cycl. Ester (180—185°) gelöst werden. Bei noch höherer Tempp. (200—220°) werden beim Erhitzen des Polymeren in einem 10 fachen Überschuß von Äthylencarbonat wasserlösl. Derivv. erhalten. Vorläufige Unterss. in dieser Richtung wurden an *Nylon 6* u. *Nylon 66* durchgeführt. Modifizierte ZEISEL-Analysen an den Reaktionsprodd. ergaben große, jedoch wechselnde Mengen von Hydroxyäthylgruppen. (Acta chem. scand. **10.** 467—68. 1956. Borås, A—B Svenskt Konstsilke.) C. GOTTFRIED. 4010

R. Y. Mixer und **D. L. Bailey,** *Das Wesen der mit Peroxyd katalysierten Polymerisation von Vinyltriäthoxysilan. Vinyltriäthoxysilan* (I; $Kp._{30}$ 70°, n_D^{25} 1,3966, $D._4^{25}$ 0,9036) wird bei 145° mit Di-tert.-butylperoxyd (II; optimal 0,1%) unter Ausschluß von O_2 u. W. zu einem fl. Polymeren von niedrigem Mol.-Gew. (4000—8000) polymerisiert. Die IR-Spektren dieser Polymeren zeigen keine Vinylabsorptionsbanden mehr. Das niedrige Mol.-Gew. ist das Resultat einer Kettenüberlagerung eines Polymeren oder eines Monomeren u. kommt durch einen Radikalmechanismus zustande. Dieser Mechanismus besteht darin, daß einer Äthoxysilylgruppe von I das α-H-Atom entzogen wird, so daß das I-Radikal $CH_2{=}CHSi(OC_2H_5)_2O\dot{C}HCH_3$ entsteht, das dann 1 Mol. I unter Bldg. des Radikals $CH_2{=}CHSi(OC_2H_5)_2OCH(CH_3)CH_2\dot{C}HSi(OC_2H_5)_3$ addiert. Dies wird erwiesen: 1. durch Rk. von CH_3MgBr mit Polyvinyltriäthoxysilan, wobei als Prodd. *1.3-Bis-[trimethylsilyl]-5-hydroxyhexan* u. *3-Trimethylsilyl-1-dimethyläthoxysilyl-5-hydroxyhexan* auftreten; 2. durch Isolierung eines *Pseudotrimeren* von der Zus. $CH_2{=}CHSi(OC_2H_5)_2OCH(CH_3)CH_2CH[Si(OC_2H_5)_3]CH_2CH_2Si(OC_2H_5)_3$ im Polymerisationsprod.; 3. durch die Zers. von II in Äthyltriäthoxysilan bei Rückflußtemp. unter Bldg. von tert.-Butylalkohol u. Aceton, was sowohl für die Labilität des α-H-Atoms gegenüber einem Angriff durch ein Radikal als auch für die Wahrscheinlichkeit, daß das tert.-Butoxyradikal hauptsächlich die Polymerisation einleitet, spricht. Das Verhältnis der Kettenübertragung mit dem polymeren I zu dem mit I für hohe Umsätze ist mindestens 4,5. (J. Polymer Sci. **18**. 573—82. Dez. 1955. Tonawanda, N. Y., Res. Labor., Linde Air Products Comp.) L. KLENK. 4010

G. L. Starobinetz und **W. Ss. Komarow,** *Sorption binärer Lösungen durch natürliche und synthetische Kautschukvulkanisate.* 2. Mitt. *Anwendbarkeit der Gesetze von D. P. Konowalow und der Regel von M. Ss. Wrewski auf das Gleichgewicht Polymer-binäre Lösung.* Die allg. Form der Sorptionsisothermen bin. Gemische an Vulkanisaten aus natürlichem bzw. synthet. *Kautschuk* wird durch die KONOWALOWschen Gesetze u. die Regel von WREWSKI (C. **1910**. I. 1959; C. **1911**. II. 1192) beschrieben. Daraus folgt: 1. die Gesamtmenge des Polymeren nimmt bei der Steigerung der Konz. an der im Polymeren angereicherten Komponenten zu; 2. die Zus. der Lsg. in der polymeren Phase entspricht in den Extremumpunkten der Gesamtsorptionsisothermen der Zus. der Gleichgewichtslsg.; 3. eine Erhöhung der Sorptionstemp. ruft beim Vorliegen eines Isothermenmaximums dessen Verschiebung in Richtung der Komponenten mit der größeren Verdampfungswärme hervor, während ein Minimum in die entgegengesetzte Richtung verschoben wird. Die Partialsorptionsisotherme eines Nichtlösungsm. in dem bin. Syst. Lösungsm.–Nichtlösungsm. weisen infolge der Existenz einer krit. Zus. dieses Syst. ein Maximum auf. (Журнал Физической Химии [J. physik. Chem.] **30**. 1771—75. Aug. 1956. Minsk, Beloruss. Lenin-Univ.) W. DAWYDOFF. 4030

Ju. Ss. Sujew, *Über die Photovulkanisation von Butylkautschuk und Natriumbutadienkautschuk.* Bestrahlung der Filme aus gereinigtem *Butylkautschuk* (I), dem elementarer S bzw. ^{35}S zugesetzt wurde, führte zur Bindung von S an I auf Kosten der von S absorbierten Strahlung ($\lambda > 450$ mμ). Da die entstehenden S-haltigen Verbb. ebenfalls Licht aufnehmen, nimmt die Lichtabsorption bis in den IR-Bereich unter gleichzeitigem Auftreten von Destruktionsvorgängen zu. In diesem Zusammenhang wird nach dem Verbrauch des größten Teils des S ein Optimum des stat. Moduls von I beobachtet. Die Rk. zwischen I u. S erfolgt unter Entstehung polysulfid. Bindungen, deren Beweglichkeit im Gebiet des Optimums zunimmt. Auch bei der Photovulkanisation der Filme aus ungefälltem *Bunakautschuk* (II) mit 1—1,5% S konnten bei Bestrahlung mit filtriertem Licht ($\lambda > 440$ mμ) die Destruktionsvorgänge beobachtet werden. Das ebenfalls beobachtete Optimum der Photovulkaniastion von I bzw. II in Abhängigkeit von der S-Konz. (0,5—1% S) wird durch die lichtfiltrierende Wrkg. von S bedingt. Der Charakter dieser Abhängigkeit ist der gleiche wie bei Anwendung von Photosensibilisatoren. (Доклады Академии Наук СССР [Ber. Akad. Wiss. UdSSR] **110**. 101—04. 1/9. 1956.) W. DAWYDOFF. 4030

O. P. Kosmina, W. I. Kurljankina und **Je. N. Matwejewa,** *Oxydativer Zerfall von Celluloseäthern.* Die Unters. von Estern u. Äthern der Cellulose in einem Gefäß mit porösem Boden im Luft-, O_2- oder inerten Gasstrom bei Tempp. bis 200° ergab, daß O_2 für deren Zerfall eindeutig maßgebend ist. Es wird nicht nur der Polymerisationsgrad der Cellulosederivv. erniedrigt, sondern es werden, wie bei *Acetylcellulose,* Acetylgruppen abgespalten u. Carbonyl- u. Carboxylgruppen gebildet. Man hat die Bldg. von Peroxyden u. deren Zerfall anzunehmen. *Äthylcellulose* erleidet bei 125—140° einen schnellen oxydativen Zerfall, wobei hauptsächlich Acetaldehyd auftritt, daneben Äthylformiat, A., Ameisensäure u. CO_2. Entsprechend verhalten sich *Methyl-*, *Benzyl-* u. *Allylcellulose.* Abweichend verhalten sich die Celluloseester höherer aliphat. Säuren. So gibt der *Propionsäureester* Acetaldehyd, Propionsäure u. Essigsäure; *Acetobutyrate* geben Propionsäure, Buttersäure u. Essigsäure im Verhältnis 6 : 2 : 1 u. die entsprechenden Aldehyde. Stets treten auch CO u. CO_2 im Verhältnis 1 : 2 auf. (Доклады Академии Наук СССР [Ber. Akad. Wiss. UdSSR] **114**. 789—91. 1/6. 1957. Inst. für hochmol. Verbb. der Akad. der Wiss. der UdSSR.) M. ULMANN. 4050

Dilip Kumar Basu und **P. K. Choudhury,** *Celluloseionenaustauscherharze zur Reinigung und Fraktionierung von Proteinen.* 2. Mitt. *Darstellung und Charakterisierung* *von Carboxymethylcellulose aus unterschiedlichen Rohmaterialien.* (1. vgl. J. Indian chem. Soc. **34.** [1957.] 586.) Nach der Meth. von PETERSON u. SOBER (C. **1956.** 10565) wurde *Carboxymethylcellulose* (I) aus Filter- u. Löschpapier, Absorptions- u. Rohbaumwolle u. aus Sulfitbambuszellstoff hergestellt. Da die Austauschereigg. von I vom Carboxylgeh. abhängen, dient dieser zur Charakterisierung (Milliäquivalente/g in obiger Reihenfolge der Ausgangsprodd.): 0,64, 0,55, 0,21, 0,20, 0,45. (J. Indian chem. Soc. **35.** 173—76. März 1958. Calcutta, Univ., Coll. of Sci. and Technol., Dep. of Appl. Chem.) E. DEHMLOW. 4050

R. Montgomery und **F. Smith,** *Die Kohlenhydrate der Gramineen.* 7. Mitt. *Die Konstitution einer wasserlöslichen Hemicellulose aus dem Endosperm des Weizenkorns (Triticum vulgare).* (6. vgl. Cereal Chem. **33.** [1956.] 29.) Vff. behandeln Weizenmehl (13,0% W.; 10,8% Proteine) zur Inaktivierung der Enzyme mit sd. 90% ig. A. (1,5 Std.) u. entfernen die niedrigmol. Zucker u. Glucofructosane durch erschöpfende Extraktion mit 70% ig. A. (2—3 Std. am Rückfluß). Nachfolgende Behandlung mit W. (10—15 Min. im WARING-Mischer bei Zimmertemp.) u. Versetzen des wss. Auszuges mit 95% ig. A. liefern eine Fällung, die nach Reinigung mit absol. A. u. Ae. u. Trocknen im Vakuum bei 50° das *Rohpentosan* (I; $[\alpha]_D^{23}$ — 19° bis + 10°; 4% ig. NaOH; 1,3% Ausbeute) darstellt. Durch Acetylierung von I in Formamid u. Pyridin unter Zusatz von Acetanhydrid (48 Std. bei Zimmertemp.) entsteht ein Prod. mit $[\alpha]_D^{23}$ + 6° (Chlf.), das sich aus Pyridin/Aceton durch Zusatz von Ae. u. steigenden Mengen PAe. in 15 Fraktionen aufteilen läßt. Die Hauptfraktion (II; $[\alpha]_D^{23}$ — 91° [Pyridin]; 13,0 g) liefert durch Desacetylierung (15% ig. NaOH/ Aceton bei 50—60°) ein *Polysaccharid* (III) mit $[\alpha]_D^{22}$ — 94° (2% ig. NaOH), das Pentosancharakter besitzt u. durch Säurehydrolyse 60,1% *D-Xylose* (**IV**), 32,0% *L-Arabinose* (**V**; *Benzylphenylhydrazon,* F. 166—167°) u. 7,9% *D-Glucose* (**VI**) liefert. Bei der Perjodatoxydation verbraucht **III** 0,67 Mol $NaJO_4$ pro Anhydropentoserest, u. der gebildete Polyaldehyd ergibt durch Hydrieren an RANEY-Ni (80—90°, 7 Std.) u. anschließende Säurehydrolyse (n-H_2SO_4, 15 Std. am Rückfluß) nur **IV**. Die Methylierung von **II** (Dimethylsulfat/ 45% ig. KOH in Aceton, 2,5 Std., Zimmertemp. bis 58°) liefert ein acetonlösl. Prod. mit $[\alpha]_D^{23}$ — 135° (c = 1,25; Aceton), das durch Versetzen mit Ae. in 6 Fraktionen ($[\alpha]_D^{22}$ — 105 bis — 176° [Aceton], 34,6—38,8% OCH_3) aufgeteilt wird. Durch Hydrolyse der Endfraktion (**VII**; $[\alpha]_D^{22}$ — 176°, 38,8% OCH_3) mit 5% ig. methanol. HCl (27 Std. am Rückfluß) entstehen nach Extraktion mit PAe. Methylglykoside (0,195 g), die durch Spaltung mit 0,1 n H_2SO_4 (95—98°), Neutralisation ($BaCO_3$), Eindampfen unter vermindertem Druck (35°) u. Extraktion des Rückstandes mit Aceton ein sirupöses Prod. (**VIII**; $[\alpha]_D^{26}$ — 25,0° [c = 1,0; W.], n_D^{26} 1,4471, 43,2% OCH_3; 0,102 g) liefern. Der nicht mit PAe. extrahierbare Anteil von **VII** läßt sich durch Behandlung mit n-H_2SO_4 (12 Std. bei 95—100°) in **IV** u. Spuren von *Mono-* u. *Dimethylxylose* spalten. Aus der chromatograph. Unters. (azeotropes Gemisch aus Methyläthylketon–W.) geht hervor, daß **VIII** aus 12,9 Mol *2.3.5-Tri-O-methyl-L-arabofuranose* (**IX**; $[\alpha]_D^{25}$ —37,8° [c = 1,5; W.]; $[\alpha]_D^{24}$ — 27,8° [c = 2,2; Methanol]; 44,4 mg), 18,7 Mol *2.3-Di-O-methyl-D-xylose* (**X**; $[\alpha]^{25}$ + 20,8° [c = 2,3; W.]; 93,3 mg), 6 Mol *2-O-Methyl-D-xylose* (F. 129 bis 130°, $[\alpha]_D^{25}$ + 25,4° [c = 0,8; Methanol]; $[\alpha]_D^{22}$ — 21° → + 26°; $[\alpha]_D^{26}$ — 28,5°→ + 28,5° [c = 0,5 bzw. 0,7; CH_3OH]; 26,3 mg) u. 4 Mol **IV** (F. 149°; $[\alpha]_D^{22}$ + 40° → + 28° [c = 1,7; Methanol]; $[\alpha]_D^{25}$ + 18,1° [c = 0,6; Methanol]; 30,1 mg) besteht. Die Ergebnisse weisen auf eine stark verzweigte Struktur von **I** hin, die der von Hemicellulosen aus dem Endosperm anderer Gramineensamen ähnelt. Das Weizen-**I** bildet hiernach ein lineares Netzwerk von **IV**-Einheiten, die am $C_{(1)}$ u. $C_{(4)}$ mit **V**-Seitenketten u. am $C_{(3)}$ (zu einem geringen Anteil auch am $C_{(2)}$) mit **VI**-Resten verbunden sind. Aus den negativen $[\alpha]_D$-Werten folgt der β-Typ für die einzelnen Kohlenhydratkomponenten, doch läßt das Vork. geringer Mengen stark rechtsdrehender methylierter Spaltprodd. (Substanz A, $[\alpha]_D^{25}$ + 82,8°; [c = 1,9; Methanol]; 9,3 mg) auf das vereinzelte Auftreten der α-Formen schließen.

Versuche: *2.3.5-Tri-O-methyl-L-arabono-γ-lacton,* $[\alpha]_D^{21}$ — 33° → $[\alpha]_D^{17}$ — 22° (c = 1,2; W.), teilweise krist., aus **IX** durch Behandlung mit Br_2 (7 Tage bei Raumtemp. bzw. 10 Std. bei 50—60°). — *2.3.5-Tri-O-methyl-L-arabonamid,* F. 138°; $[\alpha]_D^{23}$ + 17° (c = 0,8; W.), aus vorst. Verb. durch Einw. von methanol. NH_3. — *2.3-Di-O-methyl-D-xyloseanilid,* F. 136°; $[\alpha]_D^{21}$ + 180° (c = 0,7; Äthylacetat), durch Versetzen von **X** in sd. A. mit Anilin (2 Std.). — *Dibenzyliden-D-xylosedimethylacetal,* F. 208—209°; $[\alpha]_D^{24}$ — 8° (c = 0,9; Chlf.). (J. Amer. chem. Soc. **77.** 3325—28. 20/6. 1955. St. Paul, Minn., Univ., Dep. of Agricult. Biochem.) P. FAHRNLAENDER. 4050

A. K. Sen und **G. N. Bhattacharya,** *Das dielektrische Verhalten von Estergummi.* DK. u. Verlustfaktor wurden bei Tempp. von 22—140° u. Frequenzen von 400 Hz bis 300 kHz gemessen. Es ergaben sich annähernd verbreiterte DEBYE-Kurven. Aus der mittleren Relaxationszeit u. der Viscosität wird der Radius der beweglichen Dipolgruppen (Hydroxylgruppen) zu 1,5 Å abgeschätzt. (Sci. and Cult. **23.** 45—46. Juli 1957.) W. MAIER. 4050

Ernesto Scoffone und **Aldo Turco,** *Untersuchungen über die Proteinstruktur durch Bestimmung der endständigen Aminosäure.* 1. Mitt. *Beständigkeit von Thiohydantoinen.* Zur selektiven Abtrennung der endständigen Aminosäure (**A**) einer Polypeptidkette wird die Meth. der Thiohydantoinbldg. (aus ^{35}S-markiertem NH_4SCN) benutzt. Man trennt das 2-Thiohydantoinderiv. (I) durch saure bzw. alkal. Hydrolyse ab, isoliert auf papierchromatograph. Wege **A** durch Aufspaltung des Ringes mittels alkal. Abbaus u. bestimmt I quantitativ durch Messung der Radioaktivität. Für die Anwendbarkeit dieser Meth. wurden einige I u. eine Anzahl 5-substituierter Derivv. dargestellt, deren UV-Spektr. u. das von Thioharnstoff in 0,001 n HCl nach Behandlung mit 1,0, 0,5 u. 0,1 n NaOH in verschied. Zeiten bei 20° aufgenommen u. mit denen der Verbb. vor der alkal. Behandlung mit 0,001 n NaOH verglichen wurde. Es wurde gefunden, daß die I-Derivv. leicht zu Thiohydantoinsäure hydrolysieren, während eine stärkere Behandlung zu Thioharnstoff führt. — Man verdünnt eine Probe von 20 mC auf einem Sulfatträger mit 0,2 g konz. H_2SO_4, dann mit W., fällt mit $BaCl_2$, red. $BaSO_4$ zu BaS durch Erhitzen auf 950° im H_2-Strom, oxydiert mit J_2 zu S, extrahiert mit CS_2, schmilzt den S mit KCN zu KSCN, entfernt das überschüssige CN^- durch Erhitzen der Lsg. mit H_2SO_4 bis p_H 6, fügt zur konz. Lsg. 0,6 g inakt. KSCN u. A., zentrifugiert K_2SO_4 ab, gibt eine wss. konz. Lsg. von $Fe_2(SO_4)_3$ zu, fällt mit NH_4OH $Fe(OH)_3$ aus, extrahiert das fast zur Trockne eingeengte Filtrat (NH_4SCN) mit Aceton u. dampft die aceton. Lsg. langsam zur Trockne ein. ^{35}*S-Benzoyl-2-thiohydantoin* (**II**) wurde durch Umsetzung von 35,8 mg Benzoylglycin mit 22,8 mg ^{35}S-NH_4SCN in 2 cm³ 10%ig. Acetanhydrid in Eisessig, $^1/_2$std. Erhitzen im Rohr bei 100° u. Eindampfen im Vakuum erhalten; Zugabe von wenig W. zum Ölrückstand führt zu krist. **II**, das durch mehrmaliges Waschen mit W. als chromatograph. reines **II** (66% Ausbeute) identifiziert u. zur Hydrolyse mit 1, 0,5 u. 0,1 n NaOH bei 20° benutzt wurde (rasche Zers.). (Ricerca sci. **26.** 865—71. März 1956. Padova, Univ., Ist. di Chim. organ. e di Chim. gen., Centro di stud. per la Chim. nucl.) G. PLATZER. 4070

E. Biologische Chemie. Physiologie. Medizin.

E_1. Allgemeine Biologie und Biochemie.

Jakob A. Stekol, *Die Biochemie in den USSR.* (Vgl. C. **1958.** 12991.) Übersicht (Okt. 1957). Proteine, Kohlenhydrate, Nucleinsäuren, Purine, Aminosäuren, Enzymologie, Methodik. — 153 Literaturangaben. (Annu. Rev. Biochem. **27.** 679. 1958. Philadelphia, Pa., Lankenau Hospital Res. Inst. and Inst. for Cancer Res.) K. MAIER. 4100

R. D. Preston, *Elektronenmikroskopie in der Biologie.* An Hand von Beispielen, die fast alle der Botanik entnommen sind, werden die Erfolge der elektronenmkr. Forschung aufgezeigt. Behandelt werden Zellwand, Plasmodesmen, Viren u. Bakterien, Cytoplasma u. Plasmaorgane sowie chem. Nachw. einzelner Stoffe. (Nature [London] **182.** 1402—05. 22/11. 1958. Leeds, Univ., Dep. of Bot.) G. CASPERSON. 4100

Ichiro Miyagawa, Walter Gordy, Norimitsu Watabe und **Karl M. Wilbur,** *Über die Natur der freien Radikale, die durch ihre paramagnetische Resonanz in biologischen Substanzen entdeckt worden sind.* Vff. untersuchen, ob die in biol. Material (Rattenmilz, -leber, -niere, -herz) beobachtete Elektronenspinresonanz auf Radikalen oder absorbiertem Sauerstoff beruht. Die Best. der paramagnet. Resonanz in lyophilisiertem Gewebe erfolgt mit 23 kMc/sec bei Zimmertemperatur. Im Gegensatz zu den Unterss. in O_2- werden in N_2-, CO- u. CO_2-Atmosphäre keine oder nur sehr schwache Signale registriert. Da O_2-Zusatz zu lyophilisiertem Gewebe auf eine schwache Bindung des mol. O_2 schließen läßt, nehmen Vff. an, daß den Radikalen höchstens sek. Bedeutung als O_2-Adsorbentien zukommt. (Proc. nat. Acad. Sci. USA **44.** 613—17. Juni 1958. Durham, N. C., Duke Univ., Dep. of Zool., Dep. of Physics.) R. LENSCHAU. 4100

Richard E. Reeves, *Chemie der Kohlenhydrate.* Übersicht (bis Okt. 1957). Einige Folgerungen aus der Konstellation des Kohlenhydratmol., Konfigurationsumwandlungen, Oligosaccharide (I) (D-Glucosesaccharide u. a. Homosaccharide, heterologe Saccharide, Uronsäure-haltige I), Glucosepolysaccharide (Stärke, Glykogen u. a.). — 134 Literaturangaben. (Annu. Rev. Biochem. **27.** 15—34. 1958. New Orleans, Louis., State Univ. School of Med., Dep. of Biochem.) K. MAIER. 4100

J. Liebster, A. Babický und **K. Vereš,** *Radioisotope in der organischen Chemie und Biochemie.* 1. Mitt. Überblick. (Chemie [Praha] **10.** 54—63. Jan. 1958. Praha, Biol. úst., ČSAV.) B. GÖRLICH. 4100

Paul B. Diezel und **Gundega Neimanis,** *Über Farbwertänderungen von Azofarbstoffen. Ein Beitrag zum Problem der Metachromasie.* Vff. untersuchten färber. Verh. u. histochem. Eignung der folgenden Azofarbstoffe (AF) im Mischlicht u. polarisiertem Licht: *Evans Blau* (**I**), *Amidoschwarz 10b* (**II**), *Kongorot* (**III**), *Chlorantinlichtrot 5b* (**IV**), *Trypanblau* (**V**), *Direkttiefschwarz* (**VI**), *Chlorantinlichtgrün BL* (**VII**), *Methylorange* (**VIII**). Struktur, Eigg. u. Verwendung der AF werden angegeben. Zur chromatograph. Reinigung eigneten sich am besten Carboxylpapier 2 (SCHLEICHER & SCHÜLL) mit dem Lösungsm. Phenol–Eisessig–W. (150 : 2 : 48). **I, II, III, V, VIII** zeigen p_H-abhängigen Farbwechsel. Färbeeigg. wurden an menschlichen Bindegewebsfasern untersucht. Alle obigen AF zeigen in polarisiertem Licht an amyloiden Strukturen (aSt) eine Farbtonänderung. Sie lassen sich unterteilen in: 1. **III, IV** färben aSt im polarisierten Licht grünlich. 2. **I, II, VI** färben Glycerinphosphatide im Mischlicht u. polarisiertem Licht rötlich; aSt in polarisiertem Licht rot. 3. **V, VII, VIII** geben im polarisierten Licht Farbtonänderungen, die im Mischlicht nicht auftreten. (Histochemie **1.** 151—70. 1959. Heidelberg, Univ., Pathol. Inst.) H. BÜTTNER. 4150

Walther Graumann und **Hans Musso,** *Histologische Prüfung der metachromogenen Wirksamkeit verschiedener Toluidinblau- und Azur-A-Präparate.* Es ist wünschenswert, die chistochem. Metachromasieteste zu standardisieren u. damit für verschied. Gewebeproben besser vergleichbar zu machen. Vff. erprobten verschied. Handelspräpp. der *Thiazinfarbstoffe* (**I**) *Toluidinblau* u. *Azur A* für die Polysaccharidhistochemie. Von den **I** wurden in wss. 0,1 mol. Pufferlsg. bei p_H 3,4 die Absorptionsspektren aufgenommen u. die spezif. Extinktionen gemessen. Für Färbversuche wurden 10 μ dicke, präparierte Schnitte von Hundelunge verwendet. Die vergleichenden Unterss. ergaben: p_H der 1%ig. wss. **I**-Lsgg. variiert zwischen 3,06 u. 6,62; **I** enthalten wechselnde %-Sätze von farblosen Verunreinigungen. Diese Differenzen erklären die variierenden metachromat. Effekte. Der p_H-Einfl. ist besser durch Verdünnen als durch Puffern auszuschalten. A.-Geh. im Gewebe $>$30% stört die Metachromasie. Von den untersuchten **I** erwies sich *Toluidinblau O* (NAT. ANILIN DIVISION) zur Herst. standardisierter Farbstofflsgg. als bes. geeignet. (Histochemie **1.** 196—205. 1959. Göttingen, Univ., Anatom. u. Organ.-Chem. Inst.) H. BÜTTNER. 4150

Alexandrine v. Aufsess, *Anwendung der Perjodsäure-Schiff-Methode zum Galaktogennachweis.* 1. Mitt. Die meisten *Polysaccharide* (**I**) lassen sich nach der *Perjodsäure* (**II**)-SCHIFF-Meth. mit *Leukofuchsin* (**III**) rötlich anfärben. Dabei ist das leichter oxydable u. besser anfärbbare *Galaktogen* (**IV**) von *Glykogen* (**V**) nur durch verschied. Farbintensität unterscheidbar. Vf. konnte die Meth. durch Variation der Konz. von **II** u. **III** so modifizieren, daß beim Anfärben der auf stärkefreiem Papier aufgetragenen **I**-Lsgg. die schwächere **V**-Färbung unterdrückt u. in gewissen Grenzen **IV** allein angefärbt wird. (Histochemie **1.** 206—09. 1959. Erlangen, Univ., Physiol.-Chem. Inst.) H. BÜTTNER. 4150

Alexandrine v. Aufsess, *Anwendung der Perjodsäure-Schiff-Methode zum Galaktogennachweis.* 2. Mitt. (1. vgl. vorst. Ref.) *Glykogen* kann nach Anoxydation mit Perjodsäure u. nach Anlagerung von Leukofuchsin noch durch α-Amylase angegriffen werden. Dadurch ist es von „*Galaktogenfuchsin*“ abtrennbar, das in W. prakt. unlösl. ist. (Histochemie **1.** 210—12. 1959. Erlangen, Univ., Physiol.-Chem. Inst.) H. BÜTTNER. 4150

Kendal C. Dixon, *Tanninoxydazomethode zum Nachweis von Protein in Geweben.* Die weißliche Färbung von Proteinen in Gewebeschnitten (Leber, Niere, Epidermis, Hirn u. Kleinhirn von Kaninchen u. Ratte) durch *Tanninsäure* (**I**)-HCl kann verstärkt werden durch Oxydation der an das Protein gebundenen **I** mittels 0,5% Perjodsäure (braungelbe Färbung) u. anschließender Einw. von *diazotiertem o-Dianisidin* (**II**). Das Kupplungsprod. (lachsfarbig) ist durch Covalenzbindung fest an das Gewebeprotein gebunden. Behandlung der Gewebeschnitte mit Formaldehyd (**III**) hemmt die Farbbildung. Dadurch wird die Annahme bestätigt, daß die Aminogruppen der Zellproteine, die durch **III** blockiert werden, die Angriffspunkte der Tanninoxyd-Azo-Meth. sind. Das Prod. der Oxydation von **I** ist vermutlich ein o-Chinon u. läßt sich durch seine Fähigkeit, mit $FeCl_3$ ein olivgrünes Ferrisalz zu bilden, gesondert nachweisen. (Amer. J. Pathol. **35.** 199—207. Jan./Febr. 1959. Cambridge, Univ., Dep. of Pathol.) U. TAUSENDFREUND. 4150

H. Blaschko, P. Hagen und **A. D. Welch,** *Beobachtungen über die intracellulären Granula in der Nebennierenrinde.* Vff. erweitern ihre früheren Befunde (Naunyn-Schmiedebergs Arch. exp. Pathol. Pharmakol. **219.** [1953.] 17) über die Lokalisierung der hauptsächlichen blutdrucksteigernden *Amine* in einer Granularfraktion der Rindernebennierenrinde mit Sedimentationseigg. wie bei Mitochondrien. Sie konnten ein Granulasediment herauszentrifugieren, dessen blutdrucksteigerndeAktivität etwa einer*Adrenalin*-Konz. von 11,8—17,0% Trockengewicht entsprach. Die gefundene starke Blutdruckerhöhung nach intravenöser Injektion einer Suspension von nichtdenaturierten Granula in isoton. *NaCl*-Lsg. zeigt, daß nur ein geringer Bruchteil des *Adrenalins* unmittelbar an der Wrkg. beteiligt ist. In der Granulafraktion des chromatinen Gewebes fanden sich weiterhin die Atmungsenzyme der Zellen sowie der Ursprung der *Aminoxydase*-Aktivität. Die überstehende Fl. hochtouriger Zentrifugate besaß eine starke, langanhaltende *Dopa-Decarboxylase*-Wirkung. (J. Physiology **129.** 27—49. 28/7. 1955. Oxford, Univ., Dep. Pharmacol.) H. BASFELD. 4150

Harold H. Smith und **Thoraya A. Lotfy,** *Wirkungen von β-Propiolacton und Cetylpyridiniumchlorid (Ceepryn) auf die Chromosomen von Vicia und Allium.* Nach Behandlung mit 0,02 u. 0,04%ig. *β-Propiolacton* (I), 30 Min. lang, wurde im Wurzelmeristem von *Vicia faba* 7 Tage lang in der Anaphase der Kernteilung ein Auftreten von großen, azentr. Chromosomenbruchstücken beobachtet. Der Bruch erfolgte in nucleinsäurereichen Heterochromatinregionen. Es wird angenommen, daß I mit Wasserstoffbrücken u. heterocycl. Stickstoff der Nucleinsäurebasen reagiert u. einen instabilen Zustand verursacht, der regeneriert wird oder zum Bruch führt. Der Chromosomenbruch bei *Allium cepa* unter gleichen Bedingungen zeigte keine bestimmte Lokalisation, da den Chromosomen Heterochromatinregionen fehlen. — Bei Behandlung mit 0,001 u. 0,002% *Cetylpyridiniumchlorid* (II) für 30 Min. traten meist Brücken u. kleine azentr. Bruchstücke in der Anaphase auf. Es wird angenommen, daß II Protein denaturiert u./oder die Proteinkomponente von der Desoxyribonucleinsäure in den Nucleoproteinen oder ihren Vorstufen trennt. — Die niedrige Dosis von I oder II hemmt das Wurzelwachstum von *V. faba* nicht. Doch wurde das Wachstum stark gehemmt, wenn 24 Std. später dieselbe oder die andere Substanz angewendet wurde. Dies zeigte, daß der bei der 1. Behandlung induzierte Zustand mindestens 24 Std. anhielt. (Amer. J. Bot. **42.** 750—58. Okt. 1955. Ithaca, N. Y., Cornell Univ., Dep. of Plant Breeding.)
W. SCHÖNBORN. 4150

Josef Koštíř, *Kinetin.* Vf. gibt einen Überblick über die Literatur der Zellteilungsfaktoren, die zur Gruppe der sogenannten *Kinetine* (Purinabkömmlinge) gehören u. sich in Hefen, Kokosnüssen, Malz, Tabakblättern u. Fischspermien vorfinden. Es wird über die Isolierung des *Kinetins* (6-Furfurylaminopurin) aus Heringsspermien sowie über die Konstitutionsermittlung u. Synth. desselben durch amerikan. Autoren berichtet. (Chemie [Praha] **10.** 49—53. Jan. 1958. Praha, Univ. Karlova, Kat. biochem.)
B. GÖRLICH. 4150

I. M. Schapiro, *Über die lokale und Distanzwirkung der Röntgenstrahlen auf die Zellteilung.* In Verss. an weißen Mäusen wurde in der 1. Serie das ganze Tier bestrahlt, in der 2. nur seine Augen, in der 3., 4. u. 5. Serie entweder nur der Körper bei geschütztem Kopf oder der Körper bei geschütztem Kopf u. Nebennieren oder nur der Lendenteil. 6 Std. nach der Gesamtbestrahlung fiel die Zahl der Zellteilungen in der Cornea auf 0. Innerhalb 1—5 Tagen trat eine allmähliche Wiederherstellung der mitot. Aktivität ein. Sie lag jedoch auch am Ende der Beobachtung noch um das $1^1/_2$fache unter der Norm. 24 Std. nach der Bestrahlung u. später sah man patholog. Formen der Mitose. Die absol. Zahl der patholog. Formen betrug nach 24 Std. rund 11,3%, nach 5 Tagen bis zu 18,9%. Ein Teil der abnorm sich teilenden Zellen ging zugrunde. Eine nennenswerte Verschiebung der Phasenverteilung gegenüber der Norm wurde nicht beobachtet. Erst nach 3 Tagen konnte eine Vermehrung der Zahl der Prophasen um 11,2% und nach 5 Tagen eine Verminderung um 5,9% beobachtet werden. Es wird angenommen, daß die Bestrahlung die relative Dauer der Phasen der Mitose wenig beeinflußt. Nach lokaler Augenbestrahlung stimmte die Dynamik der Veränderungen der mitot. Aktivität des Corneaepithels mit der nach der Totalbestrahlung gut überein. Auch die prozentuale Verteilung der Teilungsphasen bei lokaler Bestrahlung unterschied sich nicht von der Norm u. stimmte mit der der 1. Serie gut überein. In der 3.—5. Versuchsserie ging die mitot. Aktivität 24 Std. nach der Bestrahlung erheblich zurück (ca. 40% der Norm) u. blieb etwa 3 Tage auf diesem Niveau. Die mitot. Aktivität verhielt sich bei Tieren mit geschütztem Beckengebiet (Nebennieren) nicht anders als in den beiden anderen Serien. Patholog. Formen der Zellteilung wurden in den Verss. der 3.—5. Serie niemals beobachtet. Die Verminderung der Zahl der Mitosen wird also sowohl durch lokale wie durch Distanzbestrahlung hervorgerufen. Der Distanzbestrahlung sind eine geringere Hemmung der Zellteilung u. Abwesenheit der patholog. Mitoseformen eigen. Der zusätzliche Schutz der Nebennieren bringt keinen Unterschied in die Dynamik u. die Veränderung der mitot. Aktivität der Corneazellen. (Доклады Академии Наук СССР [Ber. Akad. Wiss. UdSSR] **114.** 760—63. 1/6. 1957. Ssewerzow-Inst. für Tiermorphol. der Akad. der Wiss. der UdSSR.) F. DU MANS. 4150

N. Ss. Slawina, *Mitogenetische Analyse des Eiweißsubstrats von Protoplasma. 1. Mitt. Modellversuche mit Gelatine.* Mittels der mitogenet. Spektralanalyse wird bei

Verwendung 3%ig. wss. *Gelatine* (I)-Lsgg. festgestellt, daß die für die funktionellen Gruppen C=O (Carbonyl) u. C_6H_5 (Phenyl) charakterist. Banden beim Übergang von I-Sol zu I-Gel breiter werden, was als ein Zeichen des Auftretens intermol. Bindungen aufgefaßt wird. (Бюллетень Экспериментальной Биологии и Медицины [Bull. exp. Biol. Med.] **46** (23). Nr. 11. 57—61. Nov. 1958. Moskau, Inst. für n. u. pathol. Physiol. der Akad. der med. Wiss. der UdSSR, Kabinett für Mitogenese.)
E. RENTZ. 4150

Hajime Katayama, *Eine histochemische Untersuchung der Verteilung von Zink im Hühnerblastoderm.* (Vorl. Mitt.) Histochem. Unterss. mit Dithizon ergaben, daß Dotter u. Blastoderm *Zn* enthalten, Dotter daneben wahrscheinlich kleine Mengen von Cu oder Pb. Die etwas unterschiedliche Rk. der verschied. Gewebearten des Blastoderms werden gekennzeichnet. (Rep. liberal Arts Fac., Shizuoka Univ. [nat. Sci.] Nr. **8.** 41—43. Dez. 1956. [Orig.: engl.]) J. SCHWAIBOLD. 4150

Verne Norman Schumaker, *Physikalisch-chemische Untersuchung der Desoxyribonucleinsäure aus Kälberthymus.* Durch Unters. des Zusammenhanges zwischen Sedimentationskonstanten (S) u. Viscositätszahlen in 10 durch Zentrifugieren erhaltenen verschied. Fraktionen eines Präp. von *Desoxyribonucleinsäure* (I) aus Kälberthymus ergab sich, daß die Polydispersität hinsichtlich der S-Werte mehr eine Folge der Polydispersität des Mol.-Gew. als solcher der Gestaltsfaktoren ist. Man fand weiter, daß die Mol.-Gew.-Verteilung von Werten zwischen $0{,}5 \cdot 10^6$ u. $25 \cdot 10^6$ reicht. Die Ergebnisse einer Unters. der Kinetik des enzymat. Abbaues der I durch Viscositätsmessungen sprechen für das Vorliegen einer kontinuierlichen zweisträngigen Taustruktur des I-Mol. in Lösung. Die Zeitabhängigkeit der Mol.-Gew.-Änderung in NaCl-Lsg. beim mehrstd. Erhitzen bei 100° läßt vermuten, daß die Stabilität der Mol.-Gestalt durch vielfache H-Brücken zwischen den beiden Ketten des Mol. bedingt ist. Da durch Erhitzung der I in saurer oder neutraler Lsg. die Purine Adenin u. Guanin in Freiheit gesetzt werden, wird angenommen, daß die dabei eintretenden Änderungen des Mol.-Gew. der I prim. auf die Spaltung von 3'.5'-Phosphatdiesterbindungen zurückzuführen sind. (J. Franklin Inst. **266.** 233—39. Sept. 1958. Philadelphia, Pa., Univ. of Pennsylvania, Dep. of Biochem.) E. ÜHLEIN. 4150

Severo Ochoa, *Enzymatische Synthese von ribonucleinsäureähnlichen Polynucleotiden.* Die Struktur von *Polynucleotiden* (I), die aus *5'-Nucleosidmonophosphateinheiten* durch *Polynucleotidphosphorylase* aus Bakterien synthetisiert wurden, wird beschrieben. I sind den nativen *Ribonucleinsäuren* vergleichbar aufgebaut. Sie bestehen aus 5'-Nucleosidmonophosphateinheiten, die über *5'.3'-Phosphoribosediester* untereinander verbunden sind u. deren Ketten durch eine veresterte Phosphatgruppe an $C_{(5)}$ abgeschlossen sind. Das Mol.-Gew. liegt zwischen 50000—350000. (Federat. Proc. **15.** 832—40. Juli 1956. New York City, N. Y., Univ., Coll. of Med., Dep. of Biochem.) H. SCHIMASSEK. 4150

Liselotte I. Hecht und **Van R. Potter,** *Nucleinsäurestoffwechsel in der regenerierenden Rattenleber.* 1. Mitt. *Das Ausmaß der Desoxyribonucleinsäuresynthese in vivo.* Ratten erhielten 24 Std. nach teilweiser Hepatektomie intraperitoneal 1 mg $^{14}C_{(6)}$-Orotsäure. Die Leber enthielt nach 30 Min. 35—45% ^{14}C, das Ausatmungs-CO_2 in 20 Std. rund 20%, der Urin in 4 Std. ca. 40%. Zu Anfang erschienen die markierten säurelösl. Zwischenprodd. weit mehr in der *Ribonucleinsäure* der Zellkerne als in der des Plasmas; 12 Std. nach der Injektion waren die spezif. Aktivitäten etwa gleich u. sanken dann parallel ab. Nach 64 u. 100 Tagen war ^{14}C hier kaum mehr nachweisbar. In der ersten Zeit nach der Operation (18 Std.) wurde keine *Desoxyribonucleinsäure* (I)-Synth. beobachtet. Der ^{14}C-Geh. der I stieg dann bis etwa zur 24. Std. an, u. rund 100 Tage blieb er in der Gesamtleber-I etwa gleich hoch. (Cancer Res. **16.** 988—93. Nov. 1956. Madison, Wis., Univ. of Wisconsin, McArdle Mem. Labor.) K. RINTELEN. 4150

Yasuyuki Takagi, Liselotte I. Hecht und **Van R. Potter,** *Nucleinsäurestoffwechsel in der regenerierenden Rattenleber.* 2. Mitt. *Untersuchungen an wachsenden Ratten.* (1. vgl. vorst. Ref.) Bei 4 Wochen alten Ratten wurde injizierte $^{14}C_{(6)}$-Orotsäure (I) innerhalb von 24 Std. in *Desoxyribonucleinsäure* (II)-Pyrimidine eingebaut; diese spezif. Aktivität sank dann in 7 Wochen etwas ab, während das Lebergewicht etwa auf das Dreifache anstieg. Die *Ribonucleinsäure* (III) in den Leberzellkernen sank vom Höchstwert (3 Std. nach der Injektion) auf fast 0 ab, ebenso die Leberzellplasma-III von der 24. Std. an. Eine partielle Hepatektomie 3 Tage nach der I-Injektion ließ die II-Aktivität stärker als bei n. Tieren ansteigen (als Mobilisierung markierter II-Vorstufen gedeutet); partielle Hepatektomie nach 40—46 Tagen hatte keinen Einfl. mehr. (Cancer Res. **16.** 994—98. Nov. 1956. Madison, Wis., Univ. of Wisconsin, McArdle Mem. Labor.)
K. RINTELEN. 4150

Liselotte I. Hecht und **Van R. Potter,** *Nucleinsäurestoffwechsel in der regenerierenden Rattenleber.* 3. Mitt. *Intermediärprodukte bei der Synthese von Desoxyribonucleinsäurenucleotiden.* (2. vgl. vorst. Ref.) Außer markierter Orotsäure wurde auch ^{14}C-Cytidin (vollständig markiert) verwendet. Es ließ sich zeigen, daß radioakt. Vorstufen für die *Desoxyribonucleinsäure* (I)-Synth. mehrere Std. nach der Injektion von $^{14}C_{(6)}$-Orotsäure verfügbar bleiben, auch wenn die Injektion während der der akt. I-Synth. vorangehenden Periode erfolgt. Die Orotsäure selbst wurde rasch umgebaut, die Aktivität fand sich fast ausschließlich in den Uracil- u. Cytosin-Ribonucleotiden u. -nucleosiden. 5 Tage nach partieller Hepatektomie kam es während der Periode der Leberregeneration zu 10—25fachem Anstieg des ^{14}C-Geh. der I. Desoxycytidin (II) konnte zwar markiert zum Zeitpunkt der ^{14}C-Incorporierung in die I isoliert werden; die spezif. Aktivität war jedoch nicht hoch genug, um II als direktes Intermediärprod. für die Synth. von Pyrimidindesoxyribonucleotiden anzusehen. Eine direkte Umwandlung von Cytidin (Phosphat) in II (Phosphat) u. von Uridin (Phosphat) in Desoxyuridin (Phosphat) u. Thymidin (Phosphat) erscheint möglich. Dabei war das Ausmaß einer Umwandlung von II (Phosphat) in Thymidin (Phosphat) nicht meßbar. (Cancer Res. **16.** 999—1004. Nov. 1956. Madison, Wis., Univ. of Wisconsin, McArdle Mem. Labor.) K. RINTELEN. 4150

Howard E. Skipper und **L. L. Bennett jr.,** *Biochemie des Krebses.* Übersicht (bis September 1957). Biochem. Unterschiede zwischen n. u. neoplast. Geweben (Glykolyse, Nucleotid- u. Nucleinsäurestoffwechsel, Purin- u. Pyrimidinbiosynth., allg. Theorien), Wirkungsmechanismus der Agentien (I) mit vorübergehender Antikrebsaktivität (Amethopterin u. andere Folsäureantagonisten, Azaserin u. 6-Diazo-5-oxo-L-norleucin, 6-Mercaptopurin, 8-Azaguanin, andere Purinantagonisten, Pyrimidinantagonisten, Urethan u. Formamide), Mechanismus der Resistenz gegen Antikrebs-I. — 228 Literaturangaben. (Annu. Rev. Biochem. **27.** 137—66. 1958. Birmingham, Ala., Southern Res. Inst., Kettering-Meyer Labor.) K. MAIER. 4160

Eugene Roberts, K. Kano Tanaka, T. Tanaka und **Daisy G. Simonsen,** *Freie Aminosäuren in wachsenden und regressiven Asciteszelltumoren: Wirtresistenz und chemische Mittel.* Nach früheren Unterss. (vgl. C. **1957.** 356 u. 3557) haben Tumoren ein recht ähnliches Verteilungsmuster der Aminosäuren, n. Gewebe dagegen ein sehr differenziertes. Der Geh. an freiem u. leicht extrahierbarem Glutamin (I) war in den Tumorzellen von tumorresistenten Ratten stets höher (entsprechende Ergebnisse bei solider oder Ascitesform der Mäuseleukämie C 1498; Unterschied des resistenten u. nichtresistenten Stammes nur in einem Gen). Durch Sarkomycin (II), Nitromin (III) u. rohes Podophyllin (IV) wurde der Geh. von Tumorzellen u. Ascites-Fl. an I erhöht, am stärksten durch II. Das durch II auftretende I ist wahrscheinlich intracellulären Ursprungs. Die Schädigung von Zellplasma u. -kern durch II u. IV war morpholog. ähnlich, III wirkte prim. auf den Kern. Behandlung mit II in vivo führte bei YOSHIDA-Zellen nicht zum Verlust der Fähigkeit, in vitro rasch (markiertes) I aufzunehmen u. in Glutaminsäure umzuwandeln. Auf Grund von Betrachtungen an Mol.-Modellen von I u. II wird angenommen, daß II irgendwo in den Prozeß der I-Ausnutzung in den Zellen eingreift. — 11 Mikrophotos, 5 Mol.-Modellphotos, 32 Chromatogrammphotos. (Cancer Res. **16.** 970—78. Nov. 1956. Duarte, Calif., City of Hope Med. Center, Med. Res. Inst., Deps. of Biochem. and Cytology.) K. RINTELEN. 4160

Thomas A. McCoy, Merle Maxwell und **Robert E. Neuman,** *Der Aminosäurebedarf des Walker-Carcinosarkoms 256 in vitro.* WALKER-Carcinomzellen wurden in einem Medium gehalten, das u. a. aus 5% dialysiertem menschlichem Serum u. einem Gemisch von 21 Aminosäuren bestand: L-Arginin-HCl (I), L-Histidin-HCl · H_2O (II), L-Lysin-HCl (III), DL-Valin (IV), DL-Threonin (V), L-Leucin (VI), L-Isoleucin (VII), DL-Methionin (VIII), L-Cystein (IX), DL-Phenylalanin (X), L-Tyrosin (XI), DL-Tryptophan (XII), L-Glutamin (XIII), L-Asparagin · H_2O (XIV), Glycin, DL-Alanin, DL-Serin, L-Asparaginsäure, L-Glutaminsäure, L-Prolin u. L-Hydroxyprolin. Das Fortlassen jeder einzelnen der für das n. Rattenwachstum wesentlichen Aminosäuren I—X führte zu weitgehendem Rückgang der Zellvermehrung; das gleiche war der Fall bei **XI** u. **XII** sowie **XIII** u. **XIV**. (Cancer Res. **16.** 979—84. Nov. 1956. Ardmore, Okla., Samuel Roberts Noble Found., Biomed. Div.) K. RINTELEN. 4160

Yoshiro Kawashima, *Die Einflüsse von Vitamin E auf den Kreatinin–Kreatin-Stoffwechsel in Patientinnen mit Gebärmutterkrebs.* Eingabe von täglich 400 mg *α-Tocopherol* während 6—22 Tagen bewirkte bei Patientinnen mit Gebärmutterkrebs Abnahme der *Kreatin*-Ausscheidung pro Tag im Harn, Zunahme der Harnmenge u. in einigen Fällen Zunahme des Körpergewichts. (J. Jap. obstetr. gynecol. Soc. [Engl. Edit.] **5.** 197. April 1958. Nagoya, Univ., School of Med., Dep. of Obstetr. and Gynecol.)
S. DITTMANN-MITZSCHERLICH. 4160

Saul Kit und **Odette L. Graham,** *Glycerinstoffwechsel von normalen und malignen Geweben. Die vorzugsweise Markierung von Tumor-Serin und -Glycin.* Zellsuspensionen von GARDNER-Lymphosarkom, Kaninchenappendix, Rattenthymus u. Mäusemilz wurden in einem Substrat mit 1,02 μC/μMol $^{14}C_{(1)}$-*Glycerin* incubiert (15 ml WARBURG-Gefäße, 2 Std., 38°, Luft). Die Radioaktivität der freien proteingebundenen Aminosäuren, der Lipoide, des CO_2 u. von Adenin (I) u. Guanin (II) wurde gemessen. Asparagin- (III) u. Glutaminsäure (IV) des Thymus- u. Milzzelleiweiß enthielten 32—66%, Serin (V) u. Glycin (VI) 22—42% der Aktivität. Im Tumoreiweiß dagegen wiesen **V** u. **VI** 62—84%, **III** u. **IV** 10—23% der Aktivität auf. Der ^{14}C-Geh. von **I** u. **II** sowie von Alanin war beim Tumorgewebe höher als beim Normalgewebe, während n. Gewebe mehr $^{14}CO_2$ ergab. (Cancer Res. **16.** 937—42. Nov. 1956. Houston, Texas, Univ. of Texas, M. D. Anderson Hosp. and Tumor Inst.) K. RINTELEN. 4160

Moira Davison Reynolds, Henry M. Lemon und **William W. Byrnes,** *Kupferresistente saure Serumphosphatase.* 1. Mitt. *Methodik und Werte in Gesundheit und Krankheit.* ABUL-FADL u. KING (Biochem. J. **45.** [1949.] 51) hatten festgestellt, daß 0,2 mmol. Cu-Ionen quantitativ die aus Erythrocyten herausdiffundierte *saure Serumphosphatase* (I) hemmen. Die *saure Serumphenylphosphatase* aus kernhaltigen Zellen wird nicht beeinflußt, so daß eine Unterscheidung möglich ist. **I** war bei gutartigen Erkrankungen (227 Seren), bei resezierbarem Primärcarcinom (vor der Operation; 39 Seren) u. bei operiertem Carcinom (5 Jahre rezidivfrei; 34 Seren) im Mittel etwas erhöht (signifikant; Vgl.: 65 Seren von Freiwilligen), etwas mehr bei Metastasen (90 Seren) von anderen als Prostata- oder Mammacarcinom. Erheblich erhöht war **I** in ca. 73% der Fälle von ausgedehntem Mamma- (70 Seren) u. Prostatacarcinom (18 Seren). — Meth.: Röhrchen A, B u. C enthalten je 8,8 ml Acetatpuffer (p_H 4,9), 0,2 ml Cu-Lsg. (262 mg $CuSO_4 \cdot 5 H_2O$/100 ml) u. 1,0 ml Dinatriumphenylphosphat (1%). Zu A: 4,5 ml verd. Phenolreagens u. 0,5 ml Serum; zu B: 0,5 ml Serum; zu C: 0,5 ml Aq. dest. B u. C werden 1 Std. im Wasserbad auf 37° erwärmt u. dann mit je 4,5 ml verd. Phenolreagens versetzt. Nach Zentrifugieren der Röhrchen werden 10 ml des Überstands mit 2,5 ml Na_2CO_3 (20%) in Colorimeterröhrchen vermischt. Nach 1 Std. (bei Zimmertemp.) wird photoelektr. bei 660 mμ colorimetriert. (Cancer Res. **16.** 943—50. Nov. 1956. Boston, Mass., Boston Univ., School of Med., Deps. of Biochem. and Med.; Robert Dawson Evans Memorial, Massachusetts Mem. Hosp.) K. RINTELEN. 4160

Alan A. Wilcox und **J. Murray Luck,** *Weitere Untersuchungen über Faktoren, welche die Äthanolaminausscheidung beeinflussen.* Ratten erhielten *3'-Methyl-4-dimethylaminoazobenzol* (0,06% im Futter). 14 Wochen lang wurde die Ausscheidung von *Äthanolamin* (I) im Urin bestimmt (vgl. LUCK u. WILLLOX, J. biol. Chemistry **205.** [1953.] 859). — In den ersten 9—10 Wochen stieg die I-Ausscheidung gelegentlich bei einzelnen Tieren kurzfristig erheblich an. In der 10.—14. Woche war die I-Ausscheidung verringert (sowohl bezogen auf das Körpergewicht als auch auf die Futteraufnahme). Zu dieser Zeit nahm das intakte Lebergewebe infolge Tumorausbreitung wahrscheinlich ab. — Bei hypophysektomierten Ratten war die I-Ausscheidung erniedrigt. Der Unterschied zu den Kontrolltieren war allerdings geringer, wenn die Versuchs- u. Kontrolltiere etwa gleich wenig Futter aufnahmen. (Cancer Res. **16.** 926—29. Nov. 1956. Stanford, Calif., Stanford Univ., Dep. of Chem.) K. RINTELEN. 4160

Ulysses S. Seal und **Helmut R. Gutmann,** *Der Stoffwechsel des Carcinogens N-[Fluorenyl-(2)]-acetamid in Leberzellfraktionen.* Es wird eine spektrophotometr. Meth. zur Best. der enzymat. Hydroxylierung des Carcinogens *2-Acetylaminofluoren* (I) beschrieben. — Die Hydroxylierung von **I** ist am stärksten mit dem Überstehenden bei 10000·g zentrifugierter Leberzellen + Gluocse-6-phosphat (II) + Triphosphopyridinnucleotid (III). Zugabe von Isocitrat + **III** oder Succinat + Diphosphopyridinnucleotid zu dem Überstand verursacht schwächere Hydroxylierung. Anaerob erfolgt gar keine Hydroxylierung. Auch Mikrosomen hydroxylieren **I**, am stärksten bei Zusatz von red. **III** + red. Diphosphopyridinnucleotid (IV) bzw. von red. **III** allein. **II**-Dehydrogenase + **II** + **III** hydroxylieren schwächer. **IV** allein hydroxyliert nicht. Hamsterleberfraktionen hydroxylieren **I** stärker als Rattenleberfraktionen. F^--Ionen steigern die Hydroxylierung u. hemmen die Desacetylierung proportional ihrer Konzentration. Das Optimum der I-Hydroxylierung durch Rattenleber + **II** + **III** liegt zwischen p_H 7,4 u. 7,6. Ohne Zusatz von Cofaktoren hydroxyliert keine Rattenleberfraktion allein, Mikrosomen + lösl. Fraktion sind jedoch aktiv. Die Desacetylierung gelingt dagegen bei bloßer Anwesenheit von Mikrosomen. Die Hydroxylierung wird gehemmt durch: NaN_3, $FeSO_4$, Äthylendiamintetraacetat (V) u. A., gesteigert wird sie durch KCN, unbeeinflußt bleibt sie durch $K_3Fe(CN)_6$, $\alpha.\alpha'$-Dipyridyl, $Na_4P_2O_7$ u. Methylcellosolve (VI). Die Desacetylierung wird gehemmt durch **V**, $\alpha.\alpha'$-Dipyridyl, A., gesteigert durch NaN_3, bleibt unbeeinflußt durch KCN, $FeSO_4$, $K_3Fe(CN)_6$, $Na_4P_2O_7$ u. **VI**. Über die Hydroxylierung von **I**, *2-Aminofluoren* u. *2-Acetylamino-7-fluorfluoren* durch die Fermentsysteme verschied. Tiere werden Daten angegeben. Allg. hat Hamsterleber die höchste Aktivität. Von den untersuchten Endprodd. der Hydroxylierung bleiben *2-Acetylamino-7-hydroxyfluoren*, *2-Acetylamino-5-hydroxyfluoren*, *2-Amino-7-hydroxyfluoren* u. *2-Amino-5-hydroxyfluoren* fast unverändert im Reaktionsgemisch, während die o-substituierten *2-Acetylamino-1-hydroxyfluoren*, *2-Acetylamino-3-hydroxyfluoren* u. *2-Amino-1-hydroxyfluoren* in 1 Std. um 30—70% abnehmen, wie Vff. annehmen unter Bldg. von o-Chinoniminen durch Oxydation. Durch Zugabe von Mitochondrien wird diese Abnahme erhöht. Zugabe von Mitochondrien erhöht auch den Einbau von ^{14}C aus $^{14}C_{(9)}$-I in Rattenleberproteine.

Versuche: Die Verbb. wurden nach bekannten Methoden hergestellt. *2-Aminofluoren*, F. 127—128°. — *2-Acetylaminofluoren*, F. 196—198°. — *2-Acetylamino-7-hydroxyfluoren*, F. 230—231°, R_F 0,27. — *2-Acetylamino-5-hydroxyfluoren*, F. 215—217°, R_F 0,35. — *2-Acetylamino-3-hydroxyfluoren*, R_F 0,45. — *2-Acetylamino-1-hydroxyfluoren*, F. 210—212°, R_F 0,51. — *2-Acetylamino-7-fluorfluoren*, F. 201—203°. — *2-Amino-7-hydroxyfluoren*, R_F 0,07. — *2-Amino-5-hydroxyfluoren*, R_F 0,18. — *2-Amino-1-hydroxyfluoren*, R_F 0,13. (Sämtliche papierchromatograph. Trennungen mit Cyclohexan:tert.-Butanol:Eisessig:W. = 16:4:2:1). (J. biol. Chemistry **234**. 648—54. März 1959. Minneapolis, Minn., Univ. of Minnesota, Radioisotope Serv., Veterans Admin. Hosp. and Dep. of Physiol. Chem.) S. DITTMANN-MITZSCHERLICH. 4160

Louis A. Pinck, *Chemische Reaktionsfähigkeit von carcinogenen Aminofluorenen. Farbreaktionen mit Montmorillonit.* Sieben Aminofluorenisomere [*1-*, *2-* (**I**), *3-*, *4-*, *9-Amino-*, *2.5-* (**II**) u. *2.7-Diaminofluoren* (**III**)], sechs Aminofluorenonisomere (*1-*, *2-3-*, *4-Amino-*, *2.5-* u. *2.7-Diaminofluorenon*), elf 2-Aminofluorene mit einem Kernsubstituenten [*1-*, *3-*, *5-*, *7-*, *9-Hydroxy-* (**IV**), *7-Methoxy-* (**V**), *7-Benzyl-* (**VI**), *9.9-Dimethyl-*, *7-Jod-*, *7-Chlor-* (**VII**), u. *7-Fluor-2-aminofluoren* (**VIII**)], *2.5-Diamino-* u. *2.7-Diamino-9-benzylfluoren* sowie *2-Amino-* u. *2.2'-Diamino-9.9-spirobifluoren* wurden (5—10 mg) mit eisenfreiem Montmorillonit (**IX**) u. tropfenweise mit W. vermischt. Bei den bereits farbigen u. den beiden 9-Benzylfluorenen blieb die Farbe der entstandenen pastenartigen M. unverändert. Folgende Verbb. ergaben mit **IX** eine mehr oder weniger intensive Färbung: **I**, **IV**, **VI**, **VII**, **VIII** grün bis dunkelgrün; **II**, **III**, **V** dunkelblau. Diese Verbb. sind meist als Carcinogene bekannt. Nach Ansicht des Vf. vermögen die Verbb., die diese Farb-Rk. zeigen, auf Grund von Tautomerie eine akt. Dipolverb. zu bilden. (Cancer Res. **16**. 921—25. Nov. 1956. Bethesda, Md.) K. RINTELEN. 4160

N. A. Schagunowa und **D. G. Grigorjan**, *Bestimmung der serologischen Aktivität der Desoxyribonucleoproteide aus den Krebsgeweben des Menschenmagens, die an Baumwollgewebe sorbiert wurden.* Wie die Verss. ergaben, sind die an Baumwollgewebe adsorbierten *Desoxyribonucleoproteide* (**I**) des Magenkrebses vom Menschen serolog. hochakt., indem sie in Ggw. von Antiserum spezif. komplementbindend wirken. Während die **I** aus dem Krebsgewebe des menschlichen Magens in Kombination mit menschlichem Antischilddrüsenserum nur 18,2 von 31 Komplement-E. binden, werden bei Kombination mit Antikrebsserum alle freien Komplement-E. gebunden. (Бюллетень Экспериментальной Биологии и Медицины [Bull. exp. Biol. Med.] **46** (**23**). Nr. 11. 84—86. Nov. 1958. Moskau, Inst. für experim. Biol. der Akad. der med. Wiss. der UdSSR, Labor. für Immunchemie.) E. RENTZ. 4160

R. A. Kühn und **A. Hanusch**, *Qualitative und quantitative Untersuchungen des Serums Plasmocytomkranker.* Vff. trennten 4 Plasmocytomseren papierelektrophoret. auf u. differenzierten die Proteinfraktionen durch spezif. Anfärbung der *Proteine*, *Lipo-* u. *Glucoproteine* mittels Triasfärbung. Außerdem wurden die Gehh. an *Glucosamin*, *Gesamthexosen*, *Cholesterin* u. *Fibrinogen* bestimmt. Hiernach ist das Plasmocytomprotein (*Paraprotein*) ein konjugiertes Protein, das die Farb-Rkk. der Lipo- u. Glucoproteine gibt. Die schneller wandernden Plasmocytomproteine weisen einen relativ hohen Geh. an Glucosamin auf. Die Ergebnisse wurden mit den an einem Paramyeloblastenleukämieserum erhaltenen verglichen, wobei erhebliche Unterschiede festgestellt wurden. (Verh. dtsch. Ges. inn. Med. **64**. 134—37. 1958, herausgeg. 1959. Jena, Univ., Med. Klin.) E. SCHWERDTFEGER. 4160

—, Chemie der Genetik. Berlin, Göttingen, Heidelberg: Springer. 1959. (173 S. m. 61 Abb.) 8° = Colloquium d. Gesellschaft f. physiolog. Chemie. 9. DM 28,60.

E_2. Enzymologie. Gärung.

Reinier Braams, **Franklin Hutchinson** und **Dilip Ray**, *Änderungen in der Empfindlichkeit von Enzymen gegen Bestrahlung im trockenen Zustand. Invertase* (**I**)-Handelspräpp. zeigten im trockenen Zustand im Vakuum unterschiedliche Empfindlichkeit („Inakti-

vierungsquerschnitt", Å^2) gegen 40 MeV-α-Teilchen. Aus der gleichen Hefe nach verschied. Reinigungsverff. hergestellte I-Präpp. u. I aus den einzelnen Reinigungsstufen verhielten sich unterschiedlich. *Cystein* u. *Glutathion* sowie *Hefeextrakt* u. *Ribonucleinsäure* verringerten die Empfindlichkeit einiger Enzyme (I, *Ribonuclease, Urease*), Trocknen aus Acetatpuffer oder NaCl-Lsg. erhöhte diese. Die Wrkg. eines Zusatzes auf die Strahlungsempfindlichkeit änderte sich mit dessen Konzentration. (Nature [London] **182.** 1506. 29/11. 1958. New Haven, Conn., Yale Univ., Dep. of Biophys.)
K. MAIER. 4200

A. Goudot, *Elektronenkonfiguration der Ionen von Metallaktivatoren und enzymatische Katalyse.* (Vgl. C. **1957.** 12988; C. **1958.** 10099.) Die enzymat. Katalyse ist ein intermol. Prozeß in vivo, der mit der Verteilung der Elektronen auf die Ionenbahnen bei katalyt. aktivierten u. diastat. Prozessen verglichen werden kann. Der Mechanismus beruht auf der Übertragung von Elektronen des Substrats auf ein Metallion (bei oxydierendem Enzym) oder umgekehrt (bei reduzierendem Enzym). Ist das Substrat ein Donator von Elektronen freier Valenz, dann geschieht dies durch zwei verschied. bindende Gruppen. Vf. gibt eine Klassifizierung der an der enzymat. Katalyse beteiligten Metallionen u. eine Darst. des Mechanismus der Katalyse mit freien Metallionen oder ungesätt. hybriden Komplexen Addend–Metall. Als Sonderfälle werden Cu^{2+} u. Co^{2+} als Ionenaktivatoren behandelt. (Журнал Физической Химии [J. physik. Chem.] **31.** 1401—12. Juni 1957. Inst. A. Poincaré, Labor. für theoret. Physik.)
R. K. MÜLLER. 4200

J. B. Neilands, *Biologische Oxydationen*: Übersicht (bis Nov. 1957). Photosynth.; Atmungsenzyme u. -coenzyme: Pyridinnucleotide (I), Pyridinoproteine (Stereospezifität, I-Analyse, Stoffwechsel-Rkk. von I, Wirkungsmechanismus); Flavoproteine; Cytochrome (allg. Eigg., Einteilung, Nomenklatur); Sauerstoff-Stoffwechsel; oxydative Phosphorylierung (Mechanismen, Phosphagene, Umwandlung der Adenosinpolyphosphate); Stoffwechselcyclen (Glyoxylatcyclus); Oxydasen; Hydroperoxydasen. — 236 Literaturangaben. (Annu. Rev. Biochem. **27.** 455—88. 1958. Berkeley, Calif., Univ., Dep. of Biochem.)
K. MAIER. 4210

Alfred D. Winer, *Über die Substratspezifität von Alkoholdehydrogenase aus Pferdeleber.* Folgende Alkohole (I) u. Aldehyde bzw. Ketone (II) wurden als Substrat für Alkoholdehydrogenase (III) untersucht: *n-Butanol* 215 (Mol/Liter/Min./Mol III Initialgeschwindigkeit); *Allylalkohol* 192; *2-Phenyläthanol* 184; *n-Hexanol* 170; *Isoamylalkohol* 167; *Amylalkohol* 160; *n-Propanol* 146; *A.* 135; *Cyclohexanol* 135; *Benzylalkohol* 118; *Methylcyclohexanol* 108; *Furfurylalkohol* 108; *3-Phenylpropanol-(1)* 46; *3-Hexanol* 35; *Methanol* 0; *tert.-Butanol* 0; *tert.-Amylalkhol* 0; *Isopropanol* 0; *n-Butyraldehyd* 510; *Zimtaldehyd* 350; *Furfural* 236; *Isovaleraldehyd* 208; *Benzaldehyd* 30; *Formaldehyd* 7; *Cyclohexanon* 5; *DL-Glyceraldehyd* 2; *Glyoxal* 0; *Methyläthylketon* 0; *Aceton* 0. Die I wurden bei folgenden Konzz. getestet: $1{,}0 \cdot 10^{-3}$ mol. I, $1{,}20 \cdot 10^{-4}$ mol. DPN, $1{,}44 \cdot 10^{-8}$ mol. III, 0,1 mol. Glycin-NaOH-Puffer, p_H 9,50. Die II wurden getestet bei: $5{,}0 \cdot 10^{-5}$ mol. II, $3{,}21 \cdot 10^{-6}$ mol. DPNH, $4{,}84 \cdot 10^{-9}$ mol. III, p_H 6,95. (Acta chem. scand. **12.** 1695—96. 1958. Stockholm, Nobel Med. Inst., Biochem. Dep.)
M. METZE. 4210

G. Kupke, *Über die Beeinflussung der Glutathionreduktase durch Molybdän. Mo* übt einen negativen Einfl. auf die Aktivität der *Glutathionreduktase* aus; das Gleichgewicht Sulfhydrylverb. $\rightleftharpoons$ Disulfidverb. wird zugunsten der letzten verschoben. (Ernährungsforschung **4.** 96—99. 1959. Potsdam-Rehbrücke, Inst. für Ernährung).
M. ULMANN. 4210

G. de Franciscis, B. Zacchi und **B. Campanelli,** *Das Verhalten der Erythrocyten-Katalase in verschiedenen Stadien der Schwangerschaft bei Rindern.* Es wird die *Katalase*-Aktivität (KA) im Blut an 45 Kühen, davon 16 graviden, bestimmt. Unabhängig von der Rasse wurden weitgehend übereinstimmende KA-Werte erhalten, die sich auch in der Schwangerschaft nicht ändern. (Boll. Soc. ital. Biol. sperim. **33.** 1557—60. Okt./Nov. 1957. Neapel, Univ., Ist. di Fisiol. Veter. e di Clin. Med. Veter.)
O. POLLAK. V. EMHOFEN. 4210

R. C. Bray, B. G. Malmström und **T. Vänngård,** *Elektronenspinresonanz von Xanthinoxydase-Lösungen.* Bei Elektronenspin–Resonanz-Unterss. an Lsgg. von akt. u. inakt. *Xanthinoxydase* (I), die teils mit Xanthin oder Na-Dithionit vorbehandelt worden waren, ergab sich, daß *Fe* darin stets im 2wertigen Zustand vorliegt, ferner daß *Mo* in Ggw. des Substrats red. wird u. freie Radikale entstehen. Wenn auch bisher nicht feststeht, daß die in Ggw. des Substrats eintretenden Änderungen für den Eintritt der Enzym-Rk. notwendig sind, so bilden diese doch bis jetzt die stärkste Stütze für die Annahme, daß Mo u. freie Radikale an den Redox-Rkk. bei der I-Wrkg. teilnehmen. (Biochem. J. **71.** 24P—25P. März 1959. Uppsala, Univ., Insts. of Biochem. and Biophys.)
E. ÜHLEIN. 4210

L. A. Heppel und **Jesse C. Rabinowitz,** *Enzymologie der Nucleinsäuren, Purine und Pyrimidine.* Übersicht (bis November 1957). *Ribonucleasen* (I): *Pankreasribonuclease* (II), von II verschied. I; *Desoxyribonucleasen* (III), *Pankreasdesoxyribonuclease, Desoxyribonuclease II* (Milz, *Micrococcus pyogenes*, Thymus); Phosphodiesterasen: Schlangengift- u. Milzphosphodiesterase; Polynucleotidsynth.: Ribonucleinsäure, Eigg. synthet. Polyribonucleotide, Isotopeneinbau in I-Fraktionen mittels zellfreier Systeme aus tier. Geweben, III-Synth.; Purinstoffwechsel: Inosinsäurebiosynth., Purin (IV)-Analoge u. -Inhibitoren, Guanylsäurebiosynth., Purine u. Histidinbiosynth., IV-Desaminasen; Pyrimidin (V)-Stoffwechsel: Uracil, Thymin, V-Analoge u. -Inhibitoren. — 207 Literaturangaben. (Annu. Rev. Biochem. **27.** 613—42. 1958. Bethesda, Md., Nat. Inst. of Arthritis and Metabolic Diseases; Berkeley, Calif., Univ., Dep. of Biochem.)
K. MAIER. 4210

P. Baudhuin, *Intracelluläre Lokalisierung und Aktivierung der Desoxyribonucleasen der Rattenleber.* Von den beiden Desoxyribonucleasen (I) der Rattenleber (*saure* **Ia**, *alkal.* **Ib**) findet sich **Ia** in den Lyosomen u. wirkt nach außen nur nach Zerreißen dieser Granula (DEDUVE u. Mitarbeiter, C. **1957.** 11340) am einfachsten durch Zusatz von *Triton X-100* (II) zum Incubationsmedium. **Ib** wird wie **Ia** mit der Fraktion der großen Granula sedimentiert, ist in intakten Präpp. größtenteils maskiert u. wird darin durch II aktiviert. Im Gegensatz zu **Ia** gehört sie aber zu den Mitochondrien. Bei der fraktionierten Sedimentation überlagert **Ia**, verschieden von den Fermenten der Lyosome, die *Cytochromoxydase* u. die *Glutaminsäuredehydrogenase* (III). Andererseits bewirkt die Freisetzung des Enzyms im WARING-Blendor, durch wiederholtes Gefrieren u. steigende Zusätze von II eine Aufspaltung, abweichend von der für die Lyosomenfermente typ. aber ähnlich der für III von BENDALL (Int. Abstr. biol. Sci., 41. int. Congr. Biochem. 1958, suppl. 57) beobachteten. (Arch. int. Physiol. Biochim. **67.** 106—07. Febr. 1959. Louvain, Univ., Labor. de Chim. physiol.) W. SCHULENBURG. 4210

G. Ivaldi und **M. Orunesu,** *Aktivierung der Octansäure und Konzentration des Coenzyms A in Homogenaten der Rattenleber.* Um die Aktivität des *Fettsäure-aktivierenden Enzyms* festzustellen, wird den Incubationsgemischen nach der allg. Meth. Hydroxylamin zugesetzt, worauf aus der aktivierten Fettsäure die entsprechende *Hydroxamsäure* entsteht, die leicht nachzuweisen ist. — Obwohl andere Autoren gefunden hatten, daß diese Rk. auch in Abwesenheit von *Coenzym A* (I) stattfinden soll, wurde hier mit einem Enzympräp. aus Rattenleber u. Octansäure als Substrat sowie unter Zusatz von Adenosintriphosphat, Cystein u. KF festgestellt, daß durch Zusatz von I eine Erhöhung der Octanhydroxamsäurebldg. eintrat. — Will man daher mit der genannten Meth. die Aktivität des aktivierenden Enzyms bestimmen, muß dieses auch mit I gesätt. werden. (Boll. Soc. ital. Biol. sperim. **33.** 1676—79. Okt./Nov. 1957. Genua, Univ., Ist. di Fisiol. Umana; Bari, Univ., Fisiol. Gener.) O. POLLAK V. EMHOFEN. 4210

V. Martini und **M. Orunesu,** *Aktivierung der Octansäure und Gehalt an Coenzym A in der sich regenerierenden Leber der Ratte nach partieller Hepatektomie.* (Vgl. auch vorst. Ref.) Bei hepatektomierten Albinoratten ist die Aktivierung der als Substrat verwendeten *Octansäure* im Vgl. zu n. Tieren nach dem 3.—4. Tag um 16—23% erhöht, womit auch eine deutlich erhöhte Konz. des *Coenzyms A* (I) einhergeht. Schon der Zusatz von 2—4 LIPMANN-Einheiten I zum Reaktionsgemisch führt zu einer erhöhten Bldg. von Octanoylcoenzym A, was nach Zusatz von Hydroxylamin durch Bldg. von Octanhydroxamsäure (II) nachgewiesen wird. Deshalb kann die I-Konz. der Leber nicht zur Sättigung des vorhandenen *aktivierenden Enzyms* ausgereicht haben. Werden entsprechend große I-Mengen dem Homogenat zugesetzt, dann bleibt die Bldg. von II im n. u. sich regenerierenden Lebergewebe gleich, weswegen die in den ersten Tagen beobachtete erhöhte Aktivierung nicht auf einer erhöhten Konz. des aktivierenden Enzyms, sondern auf einem erhöhten Geh. von verfügbarem I beruht. (Boll. Soc. ital. Biol. Sperim. **33.** 1687—89. Okt./Nov. 1957. Bari, Univ., Ist. di Fisiol. Gener.)
O. POLLAK V. EMHOFEN. 4210

R. Rendi, *Wirkung von Aminosäuren und Peptiden auf die enzymatische Bildung von Methioninhydroxamsäure.* Die durch *aktivierendes Enzym* (Leberpräp., Ratte) in Ggw. von Adenosintriphosphat erfolgte Aktivierung von *Methionin* kann durch Zugabe von Hydroxylamin, wodurch sich *Methioninhydroxamsäure* (I) bildet, die nach Zusatz von $FeCl_3$ colorimetr. bestimmt werden kann, verfolgt werden. In Ggw. von Glykokoll, Arginin, Serin, Histidin, Glycylglycin u. Hippursäure werden niedrigere, in Ggw. von Glycinamid u. Benzoylglycylglycin erhöhte I-Werte gefunden. Ggw. von Carbobenzoxyglykokoll blieb ohne Einw. hierauf. — Hierfür werden Transamidierungs- oder Transpeptisierungsvorgänge verantwortlich gemacht. (Boll. Soc. ital. Biol. sperim. **33.** 1694—95. Okt./Nov. 1957. Rom, Univ., Ist. di Fisiol Gener.) O. POLLAK V. EMHOFEN. 4210

Thomas M. Devlin und **Albert L. Leninger,** *Die Herstellung phosphorylierender Unterfragmente von Rattenlebermitochondrien mittels Digitonins.* Es wird ein vereinfachtes Verf. zur chem. Zerkleinerung von Rattenlebermitochondrien zwecks Herst. kleiner Fragmente beschrieben, die funktionelle Atmungsketten enthalten u. die gekoppelte oxydative Phosphorylierung von *Adenosindiphosphat* durchführen. Vff. verwenden 0,8% Digitonin. Die durchschnittliche Sedimentationskonstante dieser polydispersen Präpp. ist $s_{20,w}$ ca. 212. Alle durch differentielles Ultrazentrifugieren erhaltenen Subfraktionen zeigen konstantes spezif. Oxydationsvermögen u. konstantes P/2e-Verhältnis (definiert als Mol P-Aufnahme pro übertragenes Paar von Elektronenäquivalenten, ungeachtet der Natur des Elektronenacceptors). Diese Befunde deuten darauf hin, daß die Atmungsketten in sich wiederholenden strukturellen Einheiten der mitochondrialen Membranen enthalten sind. (J. biol. Chemistry **233.** 1586—88. Dez. 1958. Baltimore, Md., Johns Hopkins School of Med., Dep. of Physiol. Chem.) K. MAIER. 4210

Carl-Henric de Verdier, *Die Wirkung von Parathyreoideaextrakt auf die oxydative Phosphorylierung.* (Vgl. C. **1957. 9979.**) In Ergänzung früherer Unterss. (l. c.) über die in vivo-Wrkg. eines Parathyreoideaextrakts auf die Aufnahme von ^{32}*P-Phosphat* (I) in verschied. P-Verbb. von Rattenniere u. -leber wurden in vitro-Verss. mit Nierenschnitten u. Lebermitochondrien durchgeführt. Bei Incubation der Schnitte in einer verschied. Ionen (Ca^{2+}, 2,5 mmol.) u. Glucose als Substrat enthaltenden Lsg. hemmten 0,2 U.S.P.-E. *Parathormon* (II, LILLY) teilweise den I-Einbau in einige *Nucleotide* u. *Phosphorylthreonin* (Isolierung aus Phosphoprotein). Die II-Wrkg. auf die oxydative Phosphorylierung wurde in einer Mitochondriensuspension untersucht. Ein hemmender II-Effekt auf die Bldg. organ. Phosphats war nur in Ggw. von ca. $3 \cdot 10^{-4}$mol. Ca^{2+} beobachtbar. Anscheinend erfolgt die II-Wrkg. über Ca^{2+}. Verss. mit $^{45}Ca^{2+}$ ließen keine signifikante II-Wrkg. auf die Ca^{2+}-Verteilung zwischen intra- u. extramitochrondrialem Raum erkennen. (Acta chem. scand. **12.** 1351. 1958. Uppsala, Univ., Inst. of Med. Chem.) K. MAIER. 4210

W. Plenert, *Methodische Studien zu Cytochemie der Leukocytenphosphatasen.* 1. Mitt. *Einfluß von Fixierung und Metallionen auf die Aktivität der alkalischen Leukocytenphosphatasen in Blutausstrichen.* Die Nachweistechnik der *alkal. Leukocytenphosphatase* (I) in Blutausstrichen wird besprochen. Zur Fixierung wird die Meth. nach KAPLOW empfohlen (90% CH_3OH, 10% Formol 1:10; 30 Sek.; 0°). In so fixierten Blutausstrichen wird I durch Mg^{2+} oder Fe^{3+} aktiviert. (Histochemie **1.** 171—77. 1959. Greifswald, Univ., Kinderklin.) H. BÜTTNER. 4210

W. Plenert, *Methodische Studien zur Cytochemie der Leukocytenphosphatasen.* 2. Mitt. *Der Einfluß einiger Hemmstoffe und verschiedener organischer Verbindungen auf die Aktivität der alkalischen Leukocytenphosphatase.* (1. vgl. vorst. Ref.) Mit cytochem. Methodik wurde an Blutausstrichen der Einfl. verschied. Stoffe auf die *alkal. Leukocytenphosphatase* (I) untersucht. Der I-Nachw. wurde teils mit dem Ca–Co-Verf., teils mit simultaner Azokupplung geführt. Die I-Aktivität wurde nach einem Zählmodus geschätzt. Es hemmten: Cyanid, Phosphorwolframsäure, Citrat, Ascorbinsäure, Fluorid (bei $c > 10^{-1}$mol.). Einige Aminosäuren aktivierten bei $c < 10^{-3}$molar. (Histochemie **1.** 178—84. 1959. Greifswald, Univ., Kinderklin.) H. BÜTTNER. 4210

O. Cori, Aida Traverso-Cori, Magdalena Lagarrigue und **F. Marcus,** *Enzymatische Phosphorylierung von Kreatin durch 1.3-Diphosphoglycerinsäure.* Aus Skelettmuskel von Ratten wurde ein Enzympräp. (I) erhalten, daß die Übertragung von Phosphat aus 1.3-Diphosphoglycerinsäure (II) auf Kreatin (III) katalysiert, ohne daß hierfür Ggw. von *Adenosindiphosphat* (*ADP*) erforderlich ist (vgl. C. **1957.** 6778). Diese sogenannte „direkte Rk." verläuft nach der Gleichung: II + III = *Phosphokreatin* + *3-Phosphoglycerinsäure.* Durch bes. empfindliche Teste wurde völlige Abwesenheit von ADP (auch von Spuren) in den verwendeten Substanzen sichergestellt. I enthält wahrscheinlich eine *1.3-Diphosphoglycerat–Kreatinphosphotransferase* (IV), die von *Kreatinphosphokinase* (V) u. von *Acylphosphatase* verschieden ist, aber noch nicht isoliert wurde. IV findet sich nicht im Herzmuskel, welcher aber V enthält. — IV erfordert Mg^{2+} zu ihrer Wrkg.; *Monojodacetat* hemmt IV stärker als V; die IV- u. V-Wrkg. haben kein ausgesprochenes p_H-Optimum. Die Wrkgg. nehmen von p_H 5,9—9 stetig zu. IV wird durch $(NH_4)_2SO_4$ gehemmt. V ist gegen Erwärmen (45°; p_H 9) viel weniger empfindlich als IV. (Biochem. J. **70.** 633—41. Dez. 1958. Santiago, Univ. of Chile, School of Chem. and Pharm., Inst. of Physiol., Dep. of Biol. Chem.) A. HESSE. 4210

S. S. Kind, *Haltbare Testpapiere für saure Samenphosphatase.* Ein für längere Zeit haltbarer Test auf Samenphosphatase wird beschrieben: 200 mg α-Naphthylphosphorsäure u. 400 mg Diazo-o-dianisidin werden in 100 ml $^1/_5$ mol. Citronensäure/Na–Citrat-Puffer, p_H 4,9, gelöst. In diesem Reagens werden Filterpapiere gesätt. u.

anschließend bei Zimmertemp. getrocknet (alles bei möglichst dunklem Licht). Danach werden die Papiere über $CaCl_2$ in dunklen Gefäßen weiter getrocknet. Bei Verwendung werden sie mit W. angefeuchtet u. gegen den zu testenden Fleck gepreßt. Intensive Rotfärbung zeigt positive Rk. an. Bei Lagerung bei ca. 15° ist die Färbung bis zu 2 Jahren ohne wesentliche Verblassung haltbar, ebenso einige Wochen bei einer Lagerung von 55°, was eine Verwendung der Meth. in den Tropen ermöglicht. — Diese Meth. kann, bes. bei anschließenden serolog. Unterss., durch Einlegen eines unpräparierten feuchten Filterpapiers zwischen Fleck u. Testpapier modifiziert werden, wobei der Fleck nicht in unmittelbare Berührung mit dem Reaktionsgemisch kommt. (Nature [London] **182.** 1372—73. 15/11. 1958. Harrogate, Yorkshire, Home Office Forensic Sci. Labor. [N. E. Area].) K. RING. 4210

S. Shibko und **J. Edelman,** *Austausch endständiger Kohlenstoffatome der Glucose durch Einwirkung zellfreier Extrakte aus dem Scutellum von Gerstenkörnern.* Vff. stellen fest, daß zellfreie Extrakte aus dem Scutellum von Gerstenkörnern bei Ggw. einer hohen Konz. an *Adenosintriphosphat* (I) Glucose (II) unter Bldg. von *Glucose-6-phosphat* (III), *Fructose-6-phosphat* (IV) u. *Fructose-1.6-diphosphat* (V) umsetzen. In $^{14}C_{(6)}$-II (1,7 µmol.) als Substrat findet bei Ggw. von I (32) u. $MgCl_2$ (32; p_H 7,5) ein rascher Austausch zwischen $C_{(1)}$ u. $C_{(6)}$ statt, wobei nach 4 Std. gleiche ^{14}C-Mengen an $C_{(1)}$ u. $C_{(6)}$ gefunden werden. Dieser Vorgang ist mit einer V-Synth. verbunden. Eine solche Austausch-Rk. von C-Atomen findet bei Phosphorylierung von II in III mit anschließender Isomerisierung zu IV (bei Verwendung von Hefehexokinase) nicht statt, während sich bei Einw. des Gerstenscutellumpräp. auf $^{14}C_{(6)}$-III ein radioakt. Gleichgewicht zwischen $C_{(1)}$ u. $C_{(6)}$ einstellt. Aus den Ergebnissen wird geschlossen, daß die Rk. zwischen III u. IV bei gleichzeitig fortschreitendem I-Verbrauch cycl. verläuft. (Biochem. J. **70.** 12 P. Dez. 1958. London, Imp. Coll. of Sci. and Technol., Res. Inst. and Dep. of Plant Physiol.) P. FAHRNLAENDER. 4210

W. Gössner, *Zur Enzymhistochemie der Langerhansschen Inseln.* Die experimentellen Unterss. zeigen, daß *saure Phosphatase* in den B-Zellen, *Esterase* in den A-Zellen lokalisiert ist. (Verh. dtsch. Ges. Pathol. **1959.** 125—30. Tübingen, Univ., Patholog. Inst.) J. LEHMBERG. 4210

G. A. Maclachlan und **H. K. Porter,** *Anaerobe Stärkesynthese aus Glucose in Tabakblattschnitten.* Vff. beobachten die Bldg. von *Stärke* (I), *Saccharose* u. *Fructose* im Tabakblattschnitten, die nach Incubation mit 5%ig. ^{14}*C-Glucose* (II)-Lsg. bei einem Luftdruck von 20 mm Hg einer Belichtung von ca. 600 Hefnerkerzen (24 Std.) ausgesetzt wurden. Die Anaerobiose in diesem „Vakuum" verhindert die I-Synth. in der Dunkelheit, u. es werden weniger als 1% des in die Kohlenhydrate bei Lichteinw. eingebauten C abgegeben. I u. die gebildeten Zucker werden unmittelbar aus II synthetisiert u. stammen nicht aus reassimiliertem $^{14}CO_2$, wie aus Verss. mit $^{14}C_{(1)}$- u. $^{14}C_{(6)}$-II hervorgeht. Durch Abbau der gebildeten Kohlenhydrate wird festgestellt, daß die Asymmetrie der ^{14}C-Markierung des Substrats weitgehend erhalten bleibt. Im luftverd. Raum belichtete Tabakblätter besitzen also ein anaerobes Syst., das, unabhängig von der Atmung oder Photosynth., eine II-Polymerisation in höhermol. Kohlenhydrate bewirkt. Die Ergebnisse lassen ferner erkennen, daß durch Photophosphorylierung in vivo *Adenosintriphosphat* u. in der 1. Stufe der Synth. aus II *Glucose-6-phosphat* gebildet wird. (Biochem. J. **70.** 11 P. Dez. 1958. London, Imp. Coll. of Sci. and Technol., Res. Inst. of Plant Physiol.) P. FAHRNLAENDER. 4210

M. Richter, *Zur Bestimmung der Aktivität stärkehydrolysierender Enzyme.* Die Charakterisierung von Enzymgemischen durch J-Färbung oder Viscosität ist ungenügend, da man im allg. nur die Wrkg. der *α-Amylase* erfaßt. Für wissenschaftliche Aktivitätsbestimmungen sind nur die Methoden der Verfolgung des Reduktionsvermögens geeignet. Aus seiner Abhängigkeit von der Reaktionszeit lassen sich Geschwindigkeitskonstanten berechnen, die in den meisten Fällen der Enzymkonz. direkt proportional sind. Um objektive Aussagen über die Aktivität von Enzymen machen zu können, muß die Reaktionsgeschwindigkeit jedoch zu Beginn des Abbaues, wenn das Substrat im wesentlichen noch unverändert ist, gemessen werden. (Ernährungsforschung **4.** 19—34. 1959. Potsdam-Rehbrücke, Inst. für Ernährung.) M. ULMANN. 4210

Merton F. Utter, *Kohlenhydratstoffwechsel.* Übersicht (bis Nov. 1957.) Pentosephosphatschema (P) (quantitative Messungen, Vork., allg. Beziehungen zwischen Hexose- u. Pentosestoffwechsel, mit P verwandte Rkk., ENTNER-DOUDOROFF-Schema), Glucuronat–Xylulose (I)-Schema (Umwandlung von Glucose (II) in L-Gluconat u. Ascorbat, I-Bldg., gegenseitige Umwandlung von Pentosen), EMBDEN-MEYERHOF-Schema (PASTEUR- u. CRABTREE-Effekt, glykolyt. Enzyme), Stoffwechsel anderer von II abgeleiteter Verbb. (Galaktose–Lactose, Rhamnose–Fucose, Sorbit, Uridin- u. Aminoderivv. von Zuckern, Cellulosesynth.), Tricarbonsäurecyclus (Vork., Enzyme, Succinatspaltung, Itaconat- u. Mosaconat-Stoffwechsel, andere Dicarbonsäuren). — 284 Literaturangaben. (Annu. Rev. Biochem. **27**. 245—84. 1958. Cleveland, Ohio, Western Res. Univ., School of Med., Dep. of Biochem.) K. MAIER. 4210

P. N. Ganapati und **R. Nagabhushanam**, *Verdauungsenzyme bei Martesia striata Linn.* Bei der zweischaligen Bohrmuschel *Martesia striata L.*, welche hölzerne Dämme im Visakhapatnam-Hafen zerstört, enthält der Verdauungstraktus ein Enzymsyst., welches Maltose, Saccharose, Lactose, Raffinose, Stärke u. Glykogen, nicht aber Filtrierpapier, Sägemehl oder Baumwolle hydrolysieren kann. Das *amylolyt. Enzym* (I) wirkt optimal bei p_H 5,9, unabhängig von der Einwirkungsdauer (8, 16, 24, 32 Std.); I wird bei 65—70° zerstört. In Extrakten des Stylus findet sich eine I, welche Maltose u. Lactose, nicht aber Cellulose spaltet; auch das I wird bei 65—70° zerstört. — Im Verdauungssyst. findet sich ferner Wrkg. gegen Methylacetat, Amylacetat, Olivenöl u. Lecithin; diese *Lipase* wirkt optimal bei p_H 7,6 u. wird bei 70° zerstört. Eine sehr schwache Protease wirkt auf Gelatine, Fibrin, Gelatine sowie Pepton (gegen dieses optimal bei p_H 4,0 u. 8,5); sie wird bei 70° zerstört. — Die Abwesenheit von *Cellulase* zeigt, daß Martesia nicht (wie z. B. Teredo navalis) Holz verdauen kann, sondern nur im Holz Schutz sucht. (Current Sci. **25**. 156—57. Mai 1956. Waltair, Andhra Univ., Dep. of Zool.) A. HESSE. 4210

Jacob D. Duerksen und **Harlyn Halvorson**, *Reinigung und Eigenschaften einer induzierbaren β-Glucosidase von Hefe.* Zellen von *Saccharomyces cerevisiae*, Stamm Yeast foam, wurden zur Induktion der Biosynth. von β-Glucosidase (I) in einem Phosphat–Succinat-Medium aerob bei 30° bei Ggw. von 10^{-2}mol. *Methyl-β-D-glucosid* kultiviert. Zur Reinigung der I wurden die Zellen nach Gefriertrocknung u. Schallmaceration fraktioniert zentrifugiert. Die akt. Fraktion wurde durch $Ca_3(PO_4)_2$-Gelabsorption, Dialyse, Cellulosesäulenchromatographie u. Zonenelektrophorese gereinigt, wodurch eine ca. 120fache Anreicherung erfolgte. Das Enzym hatte eine Sedimentationskonstante s_{20} = 11,3 S; bei Annahme n. Verhältnisse ergibt sich eine Mol.-Gew. von 300000. Die Best. der Aktivität von I im Verlauf der Reinigung erfolgte durch photometr. Messung (bei 400 mμ) der Freisetzung von p-Nitrophenol aus p-Nitrophenyl-β-D-glucopyranosid (II) bei Ggw. von Phosphatpuffer p_H 6,8 u. red. Glutathion. Die Spaltung von II erfolgte stöchiometr. u. entsprach bis zu einer Hydrolyse von 55% einer Rk. 1. Ordnung. Das LINEWEAVER-BURK-Diagramm ergab eine Gerade; $K_s = 8,05 \cdot 10^{-5}$ Mol. Eine Reihe von Hexosen u. Pentosen wurden auf ihre Affinität zu I untersucht. Die Fähigkeit, mit I Komplexe zu bilden oder als Substrat zu dienen, wurde für *β-D-Thioglucoside*, *Aryl-* u. *Alkyl-β-D-glucoside* bestimmt. *Thioglucoside* können nur Komplexe bilden. β-Alkylglucoside werden mit steigender Kettenlänge des Aglykons besser gespalten, *n-Decyl-β-glucosid* war das beste Substrat. Gegenüber Substitutionen im Arylring des Aglykons bei Arylglucosiden erwies sich I weitgehend tolerant. I ist in einem weiten p_H-Bereich wirksam mit einem Optimum bei p_H 6,4—6,8. Ein- u. zweiwertige Metallionen förderten I nicht, gegenüber Schwermetallen (0,01 mol. Fe^{3+}, Hg^{2+}, Pb^{2+}, Zn^{2+}, Cu^{2+} u. Co^{2+}) war I empfindlich. Durch die Sulfhydrylhemmstoffe *p-Chlormercuribenzoat* u. *Jodacetat* wird I gehemmt. Diese Hemmung wird durch die Substrate *Cellobiose*, *Phenyl-β-D-glucosid* u. II entsprechend deren Dissoziationskonstanten teilweise aufgehoben. (J. biol. Chemistry **233**. 1113—20. Nov. 1958. Madison, Wis., Univ., Coll. of Agric., Bacteriol. Dep.) F. RADLER. 4210

B. A. Stone, *Biochemie von Cellulose und verwandter Polysaccharide. Uridindiphosphatglucose* wird als Glucosedonator bei der intercellulären *Glucose*-Synth. angesehen, wobei *Cellobiose* nicht als Zwischenstufe bei der Biosynth. auftritt. Eine mögliche Ausnahme ist vielleicht die extracelluläre Synthese. Es werden zwei Systeme benötigt, eines zum Aufbau der Bausteine, das andere für die Polymerisation, die man sich unter Mitwrkg. einer Matrix vorstellen kann. — Die Depolymerisation der Cellulose verläuft in den ungeordneten Bereichen schneller als in den geordneten. Es werden mindestens zwei *Enzyme* gebraucht, eine für die *langkettigen Polymeren* u. eins für die gebildeten *Oligosaccharide*. Die Aktivität dieser beiden Enzyme zeigt eine Überlappung im Bereich der Cellodextrinstufe. (Nature [London] **182**. 687—90. 13/9. 1958. London, Univ. Coll., Biochem. Dep.) K. HEYNS. 4210

D. N. Srivastava, E. Echandi und **J. C. Walker**, *Pektolytische und cellulytische Enzyme, die durch Rhizopus stolonifer hergestellt werden. Rhicopus stolonifer*-Kulturen produzieren wenig *Polygalakturonase* u. *Pektindepolymerase* u. noch weniger oder gar keine *Pektinmethylesterase* (I). Wächst der Pilz auf süßen Kartoffeln, so werden größere Mengen der pektinspaltenden Enzyme, aber auch große Mengen von I produziert. Auf verfaulenden Kartoffeln wurde auch die Produktion von *Cellulase* nachgewiesen. (Phytopathology **49**. 145—48. März 1959. Madison, Wis., Univ. of Wisconsin, Dep. of Plant Pathol.) A. GUDE. 4210

Robert A. McRorie und **G. David Novelli**, *Der Glucuronatstoffwechsel von Aerobacter aerogenes.* Die Anfangs-Rk. der *D-Glucuronsäure*-Umwandlung durch eine Reihe von Bakterien wird von *Uronsäureisomerase* (I) katalysiert. I ist bei Glucuronat (II)-verwertenden Organismen konstitutiv u. wird bei II-adaptierbaren induktiv gebildet. Durch I gebildete *D-Fructuronsäure* kann durch *Ketouronsäurereduktase* (III), in Ggw. red. Pyridinnucleotide, in *L-Glucuronsäure* umgewandelt werden, obgleich III nicht bei allen untersuchten Organismen nachweisbar war, so daß Fructuronat (IV) anscheinend noch auf eine andere Weise umgewandelt wird. Auf Grund der durch II-adaptierte A. aerogenes-Zellen gebildeten Prodd. des anaeroben II-Stoffwechsels läßt sich eine Spaltung in C_3-Einheiten nach Gleichung II $\rightleftharpoons$ IV $\rightarrow$ (2 Pyruvat) $\rightarrow$ 2 Acetat + 2 Formiat $\rightarrow$ 2 H_2 + 2 CO_2 annehmen. Diese Spaltung wurde durch Messung der *Aldolase* (IX)-Aktivität von Extrakten aus anaerob auf Glucose oder II gezüchteten Zellen nach J. Bacteriol. **72**. [1956.] 834 bestätigt. Vor der Spaltungs-Rk. ist Phosphorylierung zu IV-1-phosphat durch Adenosintriphosphat (VIII) erforderlich. *Kinase* (V)- u. IX-Aktivität beruhen auf konstitutiven Enzymen (Fructose-6-phosphat-V, Hexosediphosphat-IX). Die Prodd. der IX-Rk., Dihydroxyacetonphosphat (VI) u. Weinsäuremonoaldehyd (VII), werden durch Extrakte anaerob adaptierter Zellen in Acetat, H_2 u. CO_2 übergeführt. Bei Ersatz von VI durch Dihydroxyaceton erfolgt (ohne VIII-Zusatz) keine IV-1-phosphat-Bldg. durch die Rück-Rk., wie dies aus VI u. VII der Fall ist. Glycerinsäure u. 3-Phosphatglycerinsäure werden nach Phosphorylierung durch VIII durch die gleichen Extrakte zu H_2 u. CO_2 gespalten. Ein Schema des II-Stoffwechsels wird angegeben. (Nature [London] **182**. 1504—05. 29/11. 1958. Athens, Ga., Univ., Dep. of Chem. and Coll. Exp. Stat.; Oak Ridge, Tenn., Nat. Labor., Biol. Div.) K. MAIER. 4210

M. P. Brogi und **G. Villani**, *β-Glucuronidasewirksamkeit bei Ratten nach Exstirpation der Thyreoidea und Parathyreoidea.* Vff. bestimmen die *β-Glucuronidase* (I)-Wirksamkeit in Leber, Niere, Milz, Thymus- u. Unterzungendrüse sowie den Nebennieren von Ratten, denen Thyreoidea u. Parathyreoidea exstirpiert worden sind u. die eine ausreichende (a) bzw. nicht genügende Nahrungsmenge (b) erhalten haben. Zur Durchführung der I-Best. werden die isolierten Organe (in Acetatpuffer, 0,20 mol., p_H 5,2) mit *Phenolphthaleinglucuronid* (II; 0,01 mol., 37°, 1 Std.) incubiert, u. die nach Versetzen mit Glycin–NaOH–NaCl-Puffer (p_H 12,4) erhaltene Farbintensität wird mit Hilfe des photoelektr. bei 550 mμ colorimetriert. Die Ergebnisse werden in I-Einheiten ausgedrückt, wobei 1 E. die Menge Enzym angibt, die innerhalb von 1 Std. aus II 1 μg Phenolphthalein abspaltet. Es wird festgestellt, daß sämtliche Organe von a- u. b-Tieren bis zu 30 Tagen nach dem operativen Eingriff an Gewicht verlieren. Die im Durchschnitt ca. 20—60% betragenden Gewichtsverluste sind 5—9 Tage nach demselben am größten; die Thymusdrüse verliert innerhalb von 5 Tagen ca. 75% (nach 30 Tagen bis zu 90%) an Gewicht, während die Gewichtsabnahme der Nebennieren am geringsten ($<$ 10%) ist. Diese Befunde sind unabhängig von der zugeführten Nahrungsmenge. Die I-Wirksamkeit (a-Verss.) zeigt bes. bei der Leber, Milz, Nebenniere u. Thymusdrüse 5 Tage nach der Operation einen Anstieg u. geht später wieder auf die n. Anfangswerte zurück. b wirkt sich in einer Körpergewichtsabnahme u. stärkerer Zunahme der I-Aktivität (bis zu 100%) in Leber, Milz, Nebenniere u. Submaxillardrüse aus. Nur die Thymusdrüse, die unter a einen I-Anstieg um fast 80% aufweist, zeigt unter b nur eine I-Zunahme um 25%. Die Ergebnisse lassen erkennen, daß die Atrophie u. die Erhöhung der I-Aktivität einiger Organe nach Entfernung der Thyreoidea u. Parathyreoidea nicht auf eine mangelhafte Nahrungszufuhr zurückzuführen ist. Nur das Gewicht der Leber wird durch den Eingriff unter b-Bedingungen verändert, wobei zwischen einer geringen Gewichtsabnahme u. dem Anstieg der I-Aktivität eine Korrelation besteht. Daraus geht hervor, daß in diesem Organ die Zunahme der I-Wirksamkeit auch mit den durch die Exstirpation der Thyreoidea u. Parathyreoidea hervorgerufenen Veränderungen, die nicht unbedingt eine Gewichtsabnahme nach sich ziehen müssen, in Beziehung steht. (J. Endocrinology **14**. 376—80. Jan. 1957. Pisa, Univ., Ist. di Patol. Gen.) P. FAHRNLAENDER. 4210

V. Moses und **M. Calvin**, *Der Stoffwechsel von 2-Carboxy-4-ketopentitdiphosphat.* Bebrütung von ^{14}C-2-Carboxy-4-ketopentitdiphosphat (I; *2-Carboxy-4-dehydropentitdiphopshat*) mit Spinat–Chloroplasten-Saftgemisch bei Belichtung ergab bei Chromatographie u. Radioautographie, daß I eingebaut wird; 19% der ursprünglichen ^{14}C-Aktivität des Substrats wurden als I wiedergefunden, 9% als *2-Carboxy-4-ketopentitmonophosphat* u. 72% als neugebildete Verb., die *Substanz I* (SI) benannt wird. SI verhält sich bei Chromatographie (Lösungsmittelsyst. nicht beschrieben) ähnlich wie *Citronensäure*, ist mit dieser jedoch nicht identisch. Bei Behandlung bei 100° mit 0,1 n-HCl geht SI in eine andere Verb. (SII) über; SII kann bei 100° mit 0,1n NaOH in SI zurückverwandelt werden; dieses Verh. weist darauf hin, daß SI eine *Säure*, SII ein *Lacton* ist. Es handelt sich bei SI nicht um dephosphoryliertes I; es besitzt keine Ketofunktion u. wird durch KBH_4 nicht verändert; saure Phosphatase aus menschlichem Samen hat keine Wrkg. auf SI, dies zeigt, daß kein Phosphorsäureester vorliegt. Elektrophoret. u. chromatograph. Vgll. von SI u. SII mit Zuckerdicarbonsäuren ergeben für SI als mögliche Strukturen II oder III. Durch dasselbe Spinatpräp. wurden in Ggw. von CO_2 aus ^{14}C-Ribulosediphosphat *^{14}C-Phosphoglycerinsäure* (IV), *^{14}C-Ribulosemonophosphate* u. *^{14}C-Phosphoenolbrenztraubensäure* gebildet. IV wurde hauptsächlich in *Zuckermonophosphate* u. *Phosphoenolpyruvat* mit geringer ^{14}C-Aktivität übergeführt. Die Tatsache, daß aus I nicht dieselben Zwischenprodd. gebildet werden, spricht gegen eine direkte Beteiligung von I am photosynthet. Kohlenstoffcyclus. Die Überführung von I in SI ist vermutlich eine nichtspezif. enzymat. Rk., u. die Bldg. von SI dürfte keine physiol. Bedeutung haben. (Biochim. biophysica Acta [Amsterdam] **31.** 550—53. Febr. 1959. Berkeley, Calif., Univ., Dep. of Chem. u. Radiat. Labor.) H. GOEBEL. 4210

II 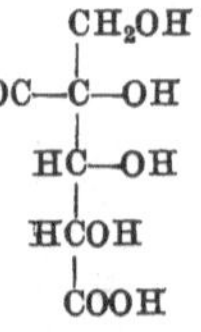

III 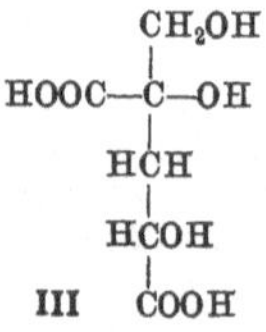

Arthur F. Charles und **Leone N. Farrell,** *Herstellung und Verwendung von enzymatischem Material aus P. lilacinum zur Erzeugung klinischen Dextrans.* Unter Verwendung von Sporen von *Penicillium lilacinum* (Stamm D2), die 8 Tage auf Glucoseagar bei 23° gezogen worden waren, wurde ein *Dextran* (I) *abbauendes Enzym* gewonnen. Die optimalen Bedingungen für die Enzymherst. waren: Lsg. 2%ig an I u. 2%ig an Maisquellwasserfeststoffen; p_H 6,0—8,0. Das Enzym ist bei p_H 6,0—6,8 u. 60° 30 Min. beständig. Bei p_H 5,0 u. 60° sinkt die Aktivität fast auf 0 ab. Bei p_H 3,0 tritt schon bei Zimmertemp. Inaktivierung ein, die nur teilweise reversibel u. bei p_H 2,0 nach 10 Min. irreversibel ist. Die Alkaliempfindlichkeit ist viel geringer als die Säureempfindlichkeit. Bei 23° ist die Aktivität zwischen p_H 5,0 u. 6,5 am größten; Abbaudauer ca. 8 Tage. Die Abbauverss. wurden in 5% ig. I-Lsg., die mit dem gleichen Vol. Citratpuffer, p_H 6, versetzt worden war, vorgenommen u. viscosimetr. verfolgt. Dann wurde der Abbau durch Ansäuern auf p_H 2,8 gestoppt, 33% Methanol zugegeben u. das Filtrat mit Methanol fraktioniert. Die optimale Ausbeute an klin. I (50—65%) wurde erzielt, wenn die Hydrolyse bei η_r 2,4 gestoppt wurde. Sie ließ sich durch abermaligen enzymat. Abbau des enzymat. Anteils erhöhen (20% Ausbeute). Der Abbau gelingt auch mit rohen Fermentations-Lsgg. von Leuconostoc mesenteroides sowie unter Verwendung von Enzym aus anderen Stämmen von P. lilacinum, doch war Stamm D2 der geeignetste. Nach Ultrazentrifugenmessungen sind die Prodd. hinsichtlich Homogenität u. Sedimentationskonstante dem durch saure Hydrolyse abgebautem I ähnlich. Nach der beschriebenen Meth. abgebautes I wurde zur klin. Prüfung verwendet. (Canad. J. Microbiol. **3.** 239. März 1957. Toronto, Ontario, Univ., Connaught Med. Res. Labors.)
W. WILLENBERG. 4210

E. Varga, *Über die Cholinesteraseaktivität des kontraktilen Eiweißes* (*Eigenschaften und physiologische Rolle*). Auf Grund der Verss. mit Kaninchen u. Hunden u. des Literaturmaterials kommt Vf. zu der Schlußfolgerung, daß das *L-Meromyosin* (I), das bisher als fermentativ inakt. angesehen wurde, eine *Cholinesterase* (II)-Aktivität besitzt. Die II-Aktivität des Myosins (III) ist keine Folge einer „Verunreinigung", sondern eine Eig. des III selbst. In den n. Skelettmsukeln des Hundes u. des Kaninchens beträgt die II-Aktivität des III im Mittel die Hälfte der gesamten II-Aktivität. In den tetan. Muskeln, die einen ton. Charakter im Frühstadium der Ontogenese besitzen, ist die spezif. II-Aktivität von III stark erhöht. Vf. nimmt an, daß bei Erhöhung der II-Aktivität von III (Eig. von I) u. der sie begleitenden Abnahme der Adenosintriphosphataseaktivität (Eig. des H-Meromyosins) das Verhältnis der beiden Komponenten des III-Mol. zugunsten des I verschoben wird. Hierfür spricht auch die Fähigkeit von H-Meromyosin, Actin parallel zur Änderung der Adenosintriphosphataseaktivität zu binden. (Журнал Общей Биологии [J. allg. Biol.] **20.** 3—15. Jan./Febr. 1959. Debrecen, Med. Univ., Physiol. Inst.) O. LEBTAG. 4210

Alfred Blaha, *Cholinesterasen und Zellpermeabilität.* Im Anschluß an Befunde von GREIG u. HOLLAND wird gezeigt, daß *Acetylcholin, Cholin* u. *Physostigmin* die Hämolyse in Erythrocyten (Suspensionen in isoton. NaCl-Lsg.) stark hemmen. Vf. hält es für möglich, daß diese Mittel einen gemeinsamen Angriffspunkt haben, an dem möglicherweise auch die hämolysehemmende Wrkg. der K-Ionen ansetzt. Die Frage, wie dieser Angriffspunkt beschaffen sein könnte, wird erörtert, aber nicht entschieden. (Wiss. Z. Friedrich-Schiller-Univ. Jena/Thür., math.-naturwiss. R. **5.** 283—87. 1955/56. Jena, Univ., Physiol.-chem. Inst.) A. HESSE. 4210

O. A. Ponomarewa, *Die Aktivität der Cholinesterase des Blutserums bei Leberschädigungen.* Bei Unterss. an 255 Personen schwankt die Aktivität der *Cholinesterase* (I) zwischen 0,285 u. 0,490 (Durchschnitt 0,378). Bei Leberkranken ist sie in der Regel herabgesetzt (0,075—0,377). Die I-Aktivität nähert sich auf der Höhe der Virushepatitis den n. Zahlen beim leichten Verlauf; sie geht bei Erkrankungen mittleren Grades u. bes. bei schwerem Verlauf stark zurück. Bei chron. Formen mit Cirrhose ist die I-Aktivität während der Verschlechterung erheblich niedriger als bei gutartigem Verlauf. Bei Rekonvaleszenten mit Resterscheinungen ist die I-Aktivität normal. Die I-Aktivität bei Lebercirrhose anderer Ätiologie ist mäßig herabgesetzt. Bei Stein- u. anderen Cholecystitiden ist sie normal. Sie kann bei der Diagnostik parenchymatöser u. mechan. bedingter Gelbsucht angewandt werden. Sie dient als prognost. Test beim Übergang der Erkrankung in die chron. Form. (Советская Медицина [Sowjet-Med.] **23.** Nr. 4. 87—92. April 1959. Tarejew-Labor. u.24. städt. klin. Krankenhaus.) F. DU MANS. 4210

H. Chantrenne, *Neuere, zur Eiweißbiosynthese in Beziehung stehende Entwicklungen.* Übersicht (bis Aug. 1957). Genet. Steuerung der Protein (I)-Synth., Ribonucleinsäure (II) u. I-Synth. [Frage der Notwendigkeit spezif., intakter II für I- u. Enzymsynth., Aminosäuren (III) u. II-Synth], Wege der I-Synth. (III-Aktivierung usw.). — 209 Literaturangaben. (Annu. Rev. Biochem. **27.** 35—56. 1958. Brussels, Univ., Fac. of Scis., Dep. of Biol. Chem.) K. MAIER. 4210

Minor J. Coon und **William G. Robinson,** *Aminosäurestoffwechsel.* Übersicht (bis Nov. 1957). Asparaginsäure, Glutaminsäure u. Glutamin, Prolin u. Hydroxyprolin, Leucin, Adenylsäureanhydride u. Aminosäurestoffwechsel, Isoleucin u. Valin, Arginin, Harnstoffsynth., andere Amidinverbb., Polyamine, Histidin (Abbau, Biosynth., Derivv.), Glycin (I) u. Serin (II) (Funktion von Folsäurederivv. bei der I ⇌ II-Umwandlung, Formiminogruppenübertragung, andere Stoffwechsel-Rkk. von I u. II), Threonin u. Homoserin, Lysin, Phenylalanin u. Tyrosin (Biosynth., Abbau, Adrenalin- u. Thyroxinstoffwechsel), Tryptophan (III) (Nicotinsäuresynth., Kynurenin- u. 3-Hydroxykynureninmetabolite, andere Wege des III-Abbaus, III-Biosynth.), Transaminierung u. verwandte, unter Beteiligung von Pyridoxalphosphat verlaufende Rkk.), Aminosäure- u. Aminoxydasen, pyridinnucleotidgekoppelte Aminosäuredehydrogenasen, N_2-Bindung u. Nitratassimilation. — 516 Literaturangaben. (Annu. Rev. Biochem. **27.** 561—612. 1958. Ann Arbor, Mich., Univ., Med. School, Dep. of Biol. Chem.) K. MAIER. 4210

R. Richterich, L. Goldstein und **E. Cohen,** *Das Vorkommen von Glutaminasen in Organhomogenaten des Meerschweinchens.* Die Konz. von 3 Enzymen des Glutaminstoffwechsels (*Glutaminase I, Glutamin-α-Ketosäure-Transaminase-Desamidase* [*Glutaminase II*] *u. Glutaminsynthetase*) in organ. Homogenaten (Gehirn, Leber, Niere, Lunge, Darm, Magen, Milz, Nebennieren u. Herz) wurde durch colorimetr. Best. des während der Incubation freigesetzten *Ammoniaks* mittels NESSLERs Reagens analysiert. Alle drei Enzyme kommen im Gehirn in der höchsten Konz. vor. (Hoppe-Seyler's Z. physiol. Chem. **312.** 45—50. 30/9. 1958. Boston, Mass., Boston Univ., School of Med., Dep. of Pharmacol., Basel, Univ., Med. Klinik.) A. SCHELLENBERGER. 4210

Gordon H. Dixon, Hans Neurath und **Jean-François Pechère,** *Proteolytische Enzyme.* Übersicht (bis Nov. 1957). Neue Enzyme (I) u. natürlich vorkommende Inhibitoren: *Exopeptidasen, Endopeptidasen* (II) (Pankreas, *Pankreasinsulinase, Pankrin, Leberinsulinase,* Haut-, Leber-, Insektenendopeptidase), II aus Mikroorganismen, Pilzen u. Pflanzen, natürlich vorkommende Inhibitoren; Charakterisierung bekannter proteolyt. I: physikal. u. chem. [*Pepsinogen, Pepsin* (VI), *Chymotrypsinogen, Chymotrypsin* (III), *Trypsin* (IV), andere proteolyt. I), Kinetik (III, IV, Aminopeptidase, Methoden), Spezifität (III, IV, VI, *Papain, Rennin, Carboxypeptidase*); Aktivierung von Zymogenen; I-Wrkg. auf Proteine; akt. Zentrum u. Wirkungsmechanismus (nichtenzymat. Modellsysteme, kinet. Unterss., Isolierung u. Eigg. von Zwischenstufen der Esterhydrolyse durch III, Strukturunterss.). — 226 Literaturangaben. (Annu. Rev. Biochem. **27.** 489—32. 1958. Seattle, Wash., Univ., Dep. of Biochem.) K. MAIER. 4210

Martin Kramer, *Aktivierung proteolytischer Fermente bei Entzündungsreaktionen. Serumprofibrinolysin* (*Plasminogen*) von Meerschweinchen wird in vitro durch *Dextran* (I) u. *Ovomucoid* (II) aktiviert. In Ratten- u. Katzenserum konnte weder mit I noch mit II oder *Streptokinase* eine Aktivierung nachgewiesen werden, obwohl auch dort *Profibrinolysin* vorhanden ist. Bei Incubation von *Ricin* mit Gewebeextrakten entsteht unter bestimmten Bedingungen gesteigerte *proteolyt. Aktivität*; ob es sich hierbei um eine echte Aktivierung oder um Inaktivierung von Inhibitoren handelt, kann nicht entschieden werden. Die anaphylaktoiden Rkk. der Ratte nach I oder II beruhen nach den Ergebnissen nicht auf einer Aktivierung des Serumfibrinolysins. (Naunyn-Schmiedebergs Arch. exp. Pathol. Pharmakol. **234.** 432—38. 13/10. 1958. Berlin, Freie Univ., Pharmakol. Inst.) H. GOEBEL. 4210

Merle K. Loken, Kathleen D. Terrill, James F. Marvin und **Donn G. Mosser,** *Vergleichende Untersuchungen über drei Methoden zur Messung der Pepsinaktivität.* Beim Vgl. der bisher üblichen Methoden zur Messung der Aktivität von *Pepsin* (I) u. *Trypsin,* wie sie von ANSON (J. gen. Physiol. **22.** [1938.] 79) u. KUNITZ (J. gen. Physiol. **30.** [1947.] 291) angegeben waren, mit der einfachen Meth. nach ABSOLON (Surg. Forum **5.** [1954/55.] 543), bei welcher ^{131}J-Serumalbumin (II) Verwendung findet, ergab sich, daß die Meth. nach ANSON u. eine von Vff. angewendete Modifikation der ABSOLON-Meth. vergleichbar gute Resultate ergeben u. anderen Methoden überlegen sind. Die modifizierte ABSOLON-Meth. besitzt noch den Vorteil der geringsten Standardabweichungen. Bei dieser Meth. wird I mit einem mit II versetzten Hühnereialbuminsubstrat incubiert, das unverdaute Substrat mit Trichloressigsäure gefällt u. die Radioaktivität der verdauten Prodd. im Überstand gemessen. II wird durch den Incubationsvorgang nicht beeinträchtigt, gegebenenfalls vorhandenes freies J kann in der Amberlite-Säule leicht entfernt werden. (J. gen. Physiol. **42.** 251—58. 20/11. 1958. Minneapolis, Minn., Univ. of Minnesota Hosp., Div. of Rad. Therapy.) U. TAUSENDFREUND. 4210

L. Korsgaard Christensen, *Eine Methode zur Uropepsinbestimmung.* Vf. beschreibt eine Meth. zur Best. des *Pepsin*-Geh. im Urin, die darauf beruht, daß auf eine Edestinlsg. die zu prüfende Urinprobe für 2 Std. bei 30° einwirkt, dann durch Trichloressigsäure das übrigbleibende Substrat gefällt u. abgetrennt u. nach dem Auflösen des präcipitierten Proteins in 35%ig. Harnstofflsg. die UV-Adsorption dieser Lsg. gemessen wird. Die Meth. erfordert weder Dialyse noch p_H-Einstellung des Urins u. eignet sich für Serienbestimmungen von Urinproben. (Scand. J. clin. Lab. Invest. **9.** 377—79. 1957. Copenhagen, Denmark, Gentofte Hosp., Labor. of Med. Dep.) K. BÖHM. 4210

F. J. Aldrich jr. und **A. K. Balls,** *Die Reversibilität der Inaktivierung von Chymotrypsin.* Der optimale p_H-Wert für die Regenerierung der Aktivität hitzebehandelter Chymotrypsin (I)-Lsgg. fällt mit dem für maximale I-Stabilität erforderlichen zusammen. Bei der fehlenden I-Reaktivierung beim Abkühlen scheint in Abwesenheit von Salzen eine Aggregation der denaturierten Moll. eine Rolle zu spielen. Ggw. von 0,01 mol. Konzz. bestimmter Salze [$(NH_4)_2SO_4$, Na_2SO_4] verhindert ebenfalls die Reaktivierung in Systemen, in denen diese sonst fast vollständig erfolgt. Die Erscheinung beruht anscheinend auf Ggw. doppelt geladener Anionen, so daß Sulfat bes. wirksam ist. Letzteres verhindert auch größtenteils die Wiederherst. der I-Aktivität beim Verdünnen einer Lsg. in 8 mol. Harnstoff. Abtrennung des letzten durch Dialyse gibt ein Proteinmaterial, das durch Neutralisieren der Lsg. gefällt u. in sauren Lsgg., nicht aber in W., lösl. ist, d. h. es unterscheidet sich deutlich von unbehandeltem I, obgleich die esterolyt. Wirksamkeit nicht stark verringert ist (Protein mit gestörter Reorientierung?). (J. biol. Chemistry **233.** 1355—58. Dez. 1958. Lafayette, Ind., Purdue Univ., Dep. of Biochem.) K. MAIER. 4210

Robert A. Patterson und **Frank W. Fisk,** *Eine Untersuchung der trypsinähnlichen Protease der erwachsenen Stallfliege, Stomoxys calcitrans (L.).* In der blutsaugenden Stallfliege Stomoxys calcitrans (L.), bei der CHAMPLAIN u. FISK (C. **1957.** 7680) eine Stimulierung der *Protease* des Darmtraktes nach Verfütterung von Blut beobachtet hatten, wurde im Diverticulum (das frei von Blut ist) kein *Trypsin* (I) gefunden. Im Darm war der I-Geh. von männlichen u. weiblichen Fliegen gleich. I-Wrkg. verläuft als Rk. nullter Ordnung. Ein dialysierbarer Aktivator wurde nicht gefunden. Zusatz von Mg^{2+}, Na^+, Ca^{2+}, Cl^-, F^- zu den dialysierten Homogenaten des Mitteldarmes ist ohne Einfl. auf I. — Papierelektrophorese der Homogenate zeigten, daß im Mitteldarm mindestens 3 I-ähnliche Fermente mit verschied. Elektromobilität vorkommen; von diesen wandern 2 zur Kathode, wogegen eines bei p_H 8,0 (Barbitursäurepuffer mit Ionenstärke 0,5) stationär bleibt. Beim Vers., die Ausbeute durch Elektrophorese in Stärkegel zu erhöhen, ergab sich keine kathod. Wanderung in Stärkegel, wohl aber Höhepunkte der Kurven auf der anod. Seite, die den I-ähnlichen Komponenten entsprechen. (Ohio J. Sci. **58.** 299—310. Sept. 1958. Columbus, Ohio, Ohio State Univ., Dep. of Zool. and Entomology.) A. HESSE. 4210

Laurence O. Pilgeram und **Anthony T. Tu,** *Die Hemmung des Lipoprotein–Lipase-Systems durch Thrombin.* Im Gegensatz zu SPITZER (C. **1956.** 2223) fanden Vff., daß *Thrombin* (I) einen starken Inhibitor des Lipoprotein–Lipase-Syst. (LPL) darstellt. Hierzu wurden 0,3 cm³ LPL in NaCl-Phosphatpuffer (p_H 7,2, Ionenstärke 0,1 μ) gelöst, mit 0,15 cm³ Serum u. 0,1 cm³ 1%ig. Sesamöl gemischt u. mit gleichem Puffer auf 1 cm³ aufgefüllt. Andere Blutgerinnungsfaktoren wie Prothrombin, Thromboplastin, Ca^{2+}, Fibrinogen oder Phemerol als bakteriostat. Agens hatten keinen Einfl. auf das LPL-System. Zugabe von Heparin konnte hierbei die I-Wrkg. nicht aufheben. Der Mechanismus der I-Wrkg. auf das LPL-Syst. ist nicht bekannt. (J. appl. Physiol. **11.** 450—54. Nov. 1957. Stanford, Calif., Univ., Dep. of Biochem.) G. BRATFISCH. 4210

R. M. C. Dawson, *Untersuchungen über die Hydrolyse von Lecithin durch ein Phospholipase-B-Präparat aus Penicillium notatum.* Phospholipase B (I)-Präpp. aus Penicillium notatum hydrolysieren Lecithin zu *Glycerylphosphorylcholin* u. freien *Fettsäuren,* sofern geeignete aktivierende Lipide zugegen sind. Als solche kommen vorwiegend *Cardiolipin* (II), *Polyglycerinphospholipid* der Leber u. *Monophosphoinositid* (III) in Frage, während z. B. *Tripalmitin* (IV) u. *Tristearin* weniger, bestimmte Fettsäuren höchstens spurenhaft, alle sonstigen Lipide u. Nichtlipide überhaupt nicht wirksam sind. Die Wirksamkeit ist p_H-abhängig (3,1—3,4 optimal für II u. III, 4,2 für IV). Zweiwertige Metallionen, z. B. Ca^{2+} oder Mg^{2+}, inhibieren erheblich die *Lecithinase*-Wirksamkeit des I-Präp., nicht dagegen die *Lysolecithin*-Hydrolyse, *Fluorid* hebt beide Effekte völlig auf. Aus diesen u. einer Reihe weiterer Gesetzmäßigkeiten entwickelt Vf. ein Bild vom Wirkungsmechanismus; möglicherweise müssen durch das I-Präp. an der Oberfläche des hydrolysierten Substrats zunächst gewisse polare Gruppen eingeführt werden. (Biochem. J. **70.** 559—70. Dez. 1958. Cambridge, Babraham, Inst. of Animal Physiol., Agric. Res. Council, Biochem. Dep.) R. Klockmann. 4210

G. Popják, *Die Biosynthese von Cholesterin und verwandten Verbindungen.* Übersicht (Dez. 1957). *Cholesterin* (I)-Biosynth. aus Acetat, Sterin (II)-Zwischenstufen bei der I-Bldg., Biogenese von Ergosterin u. anderen isoprenoiden Verbb., Mevalonsäure u. andere verzweigtkettige Säuren bei der Squalen- u. I-Synth., Enzyme der II-Synthese. — 89 Literaturangaben. (Annu. Rev. Biochem. **27.** 533—60. 1958. London, Hammersmith Hosp., Med. Res. Council Exp. Radiopathol. Res. Unit.) K. Maier. 4210

Bernard B. Brodie, James R. Gillette und **Bert N. La Du,** *Die enzymatische Umwandlung von Pharmacis und anderen körperfremden Verbindungen.* Übersicht (bis Nov. 1957). Oxydation durch mikrosomale Enzymsysteme (Entaminierung, N- u. O-Entalkylierung, Oxydation von Thioäthern, Hydroxylierung von aromat. Ringen u. Alkyl-KW-stoffketten), andere Oxydationstypen (Aromatisierung hydroaromat. Verbb., Oxydation von Alkoholen u. Aldehyden), Red. (Nitroreduktase, Azoreduktase), Konjugation (Glucuronid-, Mercaptursäure-, Sulfatkonjugation, Acylierung, Methylierung), Hydrolyse (Esterspaltung, Entamidierung, Enthalogenierung, Ersatz von *S* durch *O*), vergleichender Stoffwechsel von Fremdverbb. (I), n. Funktion beim I-Stoffwechsel beteiligter Enzyme (II), Wrkg. mikrosomaler Oxydations-II auf n. Substrate, Art- u. Geschlechtsunterschiede u. deren Beziehung zum Pharmaka (III)-Stoffwechsel, unspezif. Inhibitoren des III-Stoffwechsels, dessen Aktivierung durch polycycl. KW-stoffe, Funktion von Ascorbinsäure beim III-Stoffwechsel, Beziehung zwischen Ausscheidung im Harn u. Stoffwechsel von I. — 148 Literaturangaben. (Annu. Rev. Biochem. **27.** 427—54. 1958. Bethesda, Md., Nat. Heart Inst. and Nat. Inst. of Arthritis and Metabolic Diseases.) K. Maier. 4210

E₃. Mikrobiologie. Bakteriologie. Immunologie.

R. E. Handschumacher und **Arnold D. Welch,** *Mikrobiologische Untersuchungen mit dem Uracilantagonisten 6-Azauracil.* Turbidimetr. Messung des Wachstums einer Reihe von Bakterien unter dem Einfl. von *6-Azauracil* (I). Darst. von I jetzt nach einer neu entwickelten Meth. (Barlow u. Welch, C. **1956.** 9183). — I ist kompetitiver Antagonist von Uracil (II) u. Uridin bei Lactobacillus bulgaricus 09-X (III) u. nichtkompetitiver Antagonist von Orotsäure für III u. L. bulgaricus 09-1. Auf das Wachstum der II-bedürftigen Mutante E. coli W_c- hatte I prakt. keinen Einfluß. Pediococcus cerevisiae (Leuconostoc citrovorum) auf Thymidin (IV) oder synthet. Citrovorumfaktor, L. casei auf Thymin (V) oder Pteroylglutaminsäure (VI), L. leichmannii auf IV oder Vitamin B_{12}, Streptococcus faecalis auf IV, V oder VI wurden (mit oder ohne II) stark durch I gehemmt. Außer im letzten Fall konnte die Hemmung durch II-Überschuß rückgängig gemacht werden. (Cancer Res. **16.** 965—69. Nov. 1956. New Haven, Conn., Yale Univ., School of Med., Dep. of Pharmacol.) K. Rintelen. 4310

F. W. Janssen, A. J. Lund und **L. E. Anderson,** *Colorimetrischer Nachweis von Dipicolinsäure in Bakteriensporen.* Vff. beschreiben eine colorimetr. Meth. zur Best. von *Pyridindicarbonsäure-(2.6)* (I, *Dipicolinsäure*), die auf einer Absorptionsmessung des Komplexes aus I mit Fe^{2+} bei 270 mμ u. Vgl. mit der Absorption einer Standardlsg. beruht. 5 ml einer *Bacillus cereus*-Sporensuspension werden 15 Min. im Autoklaven (15 lbs./in²) erhitzt, nach Abkühlen mit 0,1 ml n-CH_3COOH angesäuert, nach 1 std. Stehen abzentrifugiert (1500 g, 10 Min.), dann 4 ml der überstehenden Lsg. mit 1 ml einer Lsg. aus 1% $Fe(NH_4)_2(SO_4)_2 \cdot 6H_2O$ + 1% Ascorbinsäure in Acetatpuffer p_H 5,5 versetzt, gemessen bei 270 mμ u. mit einer Lsg. mit 100 μg I/ml verglichen. (Science [Washington] **127.** 26—27. 3/1. 1958. Austin, Minn., Univ., Hormel Inst.) H. Goebel. 4315

R. Praus, J. Protiva und **J. Dyr,** *Einfluß einiger Faktoren auf den photodynamischen Effekt bei den durch Methylenblau sensibilisierten Mikroorganismen Saccharomyces cerevisiae und Escherichia coli.* Inhaltlich ident. mit der C. **1959.** 1826 referierten Arbeit. (Collect. czechoslov. chem. Commun. **24.** 1091—98. April 1959. [Orig.: deutsch.])

W. BARZ. 4320

Sten Gatenbeck, *Der Einbau markierten Acetats in Emodin durch Penicillium islandicum.* Die ^{14}C-Verteilung in dem von P. islandicum Sopp (NRRL 1175) bei Züchtung in Ggw. von $^{14}C_{(1)}$-*Acetat* (I) gebildeten Emodin (II) zeigt, daß die II-Biosynth. durch „Kopf-Schwanz"-Kondensation von I verläuft, sie erlaubt aber keine Entscheidung zwischen verschied. möglichen Zwischenstufen. Die Aktivitätsbest. von $C_{(2)}$ u. $C_{(CH)_3}$ erfolgte nach KUHN-ROTH-Oxydation durch Abbau nach PHARES (C. **1950/54.** 307 S). Nitrierung von II zu *1.3.6.8-Tetranitroemodin,* F. 301—302° (Zers., Eisessig) u. Hypobromitspaltung desselben lieferten $C_{(1,\ 3,\ 6,\ 8)}$ als Brompikrin, das zur ^{14}C-Best. in CO_2 übergeführt wurde. (Acta chem. scand. **12.** 1211—14. 1958. Lund, Univ., Dep. of Biochem.)

K. MAIER. 4320

Clara M. Quinnell, S. G. Knight und **P. W. Wilson,** *Das durch Azotobacter indicum produzierte Polysaccharid.* Glucose wurde mit *Azotobacter indicum* ca. 3 Tage fermentiert u. der Ansatz nach Abzentrifugieren der Zellen u. Einstellen auf p_H 7,5 in A. gefällt u. durch Eingießen in A. bzw. Aceton mehrmals umgefällt. Das Prod. enthielt 5% Asche u. 0,4—0,6% N, der nicht als NH_2-Stickstoff vorlag. Als Bausteine des Polysaccharids wurden ca. 45% Glucose, 30% Glucuronsäure u. 15% einer Aldoheptose gefunden. Nachw. u. Best. der Zucker wurden im Hydrolysat papierchromatograph. u. spektralphotometr. mit Orcin, Diphenylamin, Anthron sowie Cystein durchgeführt. Da das Polysaccharid schwer hydrolysierbar ist, ist anzunehmen, daß die Zucker in der Pyranoseform vorliegen. Durch IR-Analyse wurde wahrscheinlich gemacht, daß die Zuckerreste in der β-Konfiguration verknüpft sind, u. die Höhe des Uronsäureanteils bestätigt. (Canad. J. Microbiol. **3.** 277—88. März 1957. Madison, Wis., Univ. of Wisconsin, Dep. of Bacteriol.)

H. WILLENBERG. 4320

Lorentz Engström, *Untersuchungen über Phosphoproteinfunktionen.* 1. Mitt. *Die Einbaugeschwindigkeit von ^{32}P in trichloressigsäurelösliche Nucleotide und Proteinphosphorylserin der Bäckerhefe.* Bäckerhefe wurde in einem Medium von 1% Glucose mit anorgan. ^{32}P-Phosphat incubiert (0,5; 2; 5; 10 u. 20 Min. bei 30°) u. mit Trichloressigsäure (Endkonz. 10%) gefällt; *Phosphorylserin* (I) wurde aus der Proteinfraktion nach partieller Hydrolyse durch Chromatographie an Dowex-50-X8 bzw. Dowex-1 isoliert. Die Trichloressigsäurelösl. Nucleotide wurden durch Chromatographie an Dowex-1-X 2 (Formiatform) isoliert u. durch UV-Spektrophotometrie bei 260 mμ bestimmt. Die spezif. Aktivität von I steigt bei zunehmender Zeit analog mit der der Mononucleotide (bes. der Adenosinphosphate), jedoch etwas langsamer. Die mögliche Funktion der Phosphoproteine als transphosphorylierende Enzyme wird diskutiert. (Acta Soc. med. Upsaliensis [N. S.] **63.** 128—36. 1958. Sweden, Uppsala, Univ. of Uppsala, Dep. of Med. Chem.)

E. SCHWERDTFEGER. 4320

Gunnar Ågren, *Untersuchungen über Phosphoproteinfunktionen.* 2. Mitt. *Die Wirkung einiger Glykolyseinhibitoren auf die Einbaugeschwindigkeit von ^{32}P in Trichloressigsäurelösliche Nucleotide und Proteinphosphorylserin der Bäckerhefe.* (1. vgl. vorst. Ref.) Vf. untersuchte den ^{32}P-Einbau bei Hefezellen, die in einem Medium von 1% Glucose, aerob, in Ggw. von Monojodacetat (I), Azid (II), Fluorid (III) bzw. Phlorrhizin (**VI**) kultiviert wurden. Die spezif. Aktivität des *Phosphorylserins* (**V**) nahm in Ggw. von **I, II** bzw. **III** annähernd parallel mit der der Nucleotide ab. Bei Ggw. von **IV** erfolgte sowohl bei **V** als auch bei den Nucleotiden ein verstärkter ^{32}P-Einbau. Die Ergebnisse werden im Hinblick auf die möglichen Funktionen der intracellulären Phosphoproteine diskutiert. (Acta Soc. med. Upsaliensis [N. S.] **63.** 137—48. 1958. Sweden, Uppsala, Univ. of Uppsala, Dep. of Med. Chem.)

E. SCHWERDTFEGER. 4320

Lorentz Engström, *Untersuchungen von Phosphoproteinfunktionen.* 3. Mitt. *Die Wirkung einiger Inhibitoren der oxydativen Phosphorylierung auf die Einbaugeschwindigkeit von ^{32}P in die trichloressigsäurelöslichen Nucleotide und Proteinphosphorylserin der Bäckerhefe.* (2. vgl. vorst. Ref.) Es wurde die Hemmung des ^{32}P-Einbaues in die Purin- u. Pyridinmono-, di- u. triphosphate der trichloressigsäurelösl. *Nucleotide* sowie in Phosphorylserin (I) durch 2.4-Dinitrophenol, 2.4-Dinitrocyclopentylphenol bzw. Cyanid bei Hefekulturen in 1% Glucose untersucht. Die spezif. Aktivität von I nahm in Ggw. der Inhibitoren etwa parallel mit der der Nucleotide ab. Die Ergebnisse werden im Hinblick auf die mögliche Beteiligung einiger *Phosphoproteine* als Zwischenstufen bei der oxydativen Phosphorylierung diskutiert. (Acta Soc. med. Upsaliensis [N. S.] **63.** 149—54. 1958. Sweden, Uppsala, Univ. of Uppsala, Dep. of Med. Chem.)

E. SCHWERDTFEGER. 4320

Yasuharu Sekizawa, *1-Äthoxy-1.2-dicarbaminyläther, ein neuer Streptomycesmetabolit.* (Vgl. C. **1959.** 10288.) Nach Züchtung von *Streptomyces* Nr. 902 unter bestimmten Bedingungen konnte aus dem Filtrat von 24 Std.-Kulturen ein neues Stoffwechselprod., *1-Äthoxy-1.2-dicarbaminyläther* [*Äthoxyäthendicarbamid-(1.2)*] (I), $C_6H_{10}N_2O_3$, F. 220—222°, λ_{max} 226 mμ (W.), 2,92, 3,11, 6,04, 6,20, 7,12, 9,19 (Nujol)] isoliert werden. I-Abbau mit heißer nNaOH gab eine $FeCl_3$-positive (blutrot, sehr ähnlich Oxalessigsäure) Verbindung. I-Red. mit 10%ig. Pd/C in CH_3OH (Aufnahme 1 H_2) lieferte eine Verb. **II**, $C_6H_{12}N_2O_3$, F. 178—182°, λ_{max} 2,97, 3,11, 5,96, 6,12, 7,07, 8,10, 8,90 μ (Nujol), **II**-Hydrolyse mit heißer 20%ig. H_2SO_4 eine Verb. **III**, $C_6H_{10}O_5$, F. 86 bis 88°, R_F 0,73 (n-Butanol-HCOOH-W., 4:0,7:1) (nach dem Ultrarotspektr. eine Dicarbonsäure), **III**-Hydrolyse mit konz. HCl (120°, 1 Std., Rohr) DL-Äpfelsäure. Hieraus folgt die angegebene Konstitution. (J. Biochemistry [Tokyo] **45.** 73—78. Febr. 1958. Kawasaki, Meiji Seika Co., Ltd., Res. Labor.) K. Maier. 4320

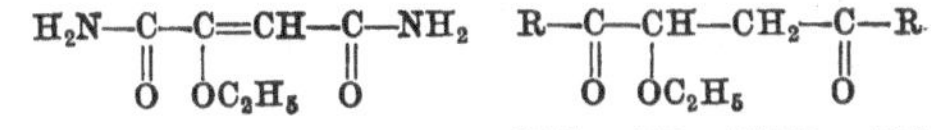

I II R=NR_2 III R=OH

S. S. Block, *Aufhebung der Fungitoxizität von Kupferchinolinol-(8)-at.* In vergleichenden Verss. wurde gefunden, daß die antimikrobielle Wirksamkeit (Curvularia lunata, Aspergillus niger) von *Ca-Oxinat* (*Cu-Chinolinol-(8)-at*) durch überschüssige Metallionen (Cu, Ni, Fe) oder Oxin aufgehoben wird. Die Aufhebung durch die Metalle wird durch die Verdrängung des 2:1-Chelats (2 Mol. Oxin: 1 Cu) durch 1:1-Chelat verursacht, von denen nur ersteres in die Zellen eindringt, während durch überschüssiges Oxin das tox. 1:1-Chelat innerhalb der Zelle entsprechend dem Gleichgewicht umgewandelt wird. Die Überführung von 2:1-Chelat in 1:1-Chelat durch überschüssiges Cu wurde durch Verteilungsanalyse zwischen Öl u. W. festgestellt. (J. agric. Food Chem. **4.** 1042—46. Dez. 1956. Gainesville, Fla., Univ.) J. Schwaibold. 4330

Dietrich Mücke und **Renate Obenaus,** *Mononitrophenole als Menadionantagonisten bei Allescheria boydii 1699.* An *Allescheria boyidi 1699* wird die Entkopplung der oxydativen Phosphorylierung durch *o-*, *m-* u. *p-Nitrophenol* untersucht. Es wird eine deutliche Wachstumshemmung in der oben angegebenen Reihenfolge beobachtet, die durch Zugabe von *2-Methyl-1.4-naphthochinon* (*Na-Bisulfitverb.*) als Vitamin K-wirksamer Faktor wieder aufgehoben werden kann. (Acta biol. med. german. [Berlin] **2.** 201—08. 1959. Leipzig, Univ., Physiol. chem. Inst.) H. Struck. 4330

István Seri und **Pál Czanik,** *Vorschlag zur Beurteilung der Wirksamkeit von Antituberkuloticis mittels bakteriologischer Methode.* Vff. machten die Erfahrung, daß ein zum ersten Mal verabreichtes wirksames Medikament die anderen Mitteln gegenüber bestehende Resistenz abschwächt. Da z. Zt. neue Mittel prakt. vor allem bei solchen Fällen ausprobiert werden, welche röntgenolog. nicht zu beeinflussen sind, schlagen sie vor, zur Beurteilung der Wirksamkeit eines neuen Medikamentes seine Wrkg. auf die Resistenzabnahme in Betracht zu ziehen. (Tuberkulosearzt **13.** 90—95. Febr. 1959. Budapest, Korányi-Landesinst. für Tuberkulose.) H. Goebel. 4330

Klaus Wechselberg, *Über die Wirkung ätherischer Öle auf das Wachstum von Tuberkelbakterien in vitro.* Vf. berichtet über die Wrkg. verschied. *äther. Öle* auf *Tuberkelbakterien* (Prüfung im Gastest mit festem Eiernährboden nach Hohn u. mit einer Emulsionsmeth. in fl. Nährboden). Im Gastest zeigten *Anisöl, Zimtöl* (**I**), *Pfefferminzöl* (**II**) u. *Fenchelöl* mit einer Grenzdosis von je 0,02 cm³/50 cm³ Luftraum die stärkste wachshemmende Wrkg.; die pharmazeut. Spezialitäten *Pertussin-Balsam, Pinimenthol, Liberolsalbe* u. *Thymisinbalsam* waren erst bei Dosen von 0,25 cm³ bzw. 0,25—1,0 g wirksam. Die 4 Wochen nach Dampfeinw. *äther. Öle* im Wachstum vollständig gehemmten u. von den wachstumsfreien Nährböden abgeschwemmten Bakterien waren nach Ziel-Neelsen-Färbung des Ausstrichpräp. noch gut gefärbt u. ohne grobe morpholog. Strukturveränderungen erkennbar, jedoch ihrer Wachstumsfähigkeit beraubt. Im Kontaktverf. der Emulsionsmeth. in fl. Medium nach Kirchner hatten **I** (1:20000), **II** (1:6666) u. *Nelkenöl* (1:6666) stärkere wachstumshemmende Aktivität auf *H 37 Rv* als *Lavendelöl* (1:4000) u. *Bergamottöl* (1:4000). Geprüft wurden noch *Citronenöl, Eucalyptusöl, Nelkenöl, Pomeranzenschalenöl, Guajakholzöl* u. *Menthol-Turiopin.* (Z. Hyg. Infektionskrankh. **145.** 166—80. 1958. Köln, Univ., Kinderklinik.) H. Goebel. 4330

H. Mauer, *Untersuchungen zur tuberkulostatischen Wirkung des Bac. cereus.* (Vorl. Mitt.) Vf. untersuchte die Wrkg. von B. cereus auf *Mycobacterium tuberculosis* H 37 Rv. Die Verss. ergaben, daß B. cereus eine tuberkulostat. Wrkg. ausübt; ob darüber hinaus eine baktericide Wrkg. angenommen werden kann, muß offenbleiben. Die Verss. wurden durchgeführt mit H 37 Rv auf Eiernährboden nach Hohn u. einer B. cereus-Aufschwemmung (Mischinfektion; Bebrütung bei 37°). Es wird versucht aus B. cereus das für die Hemmung verantwortliche, zellgebundene *Ferment* zu isolieren.

(Klin. Wschr. **37.** 158—59. 1/2. 1959. Sanatorium Rheinland der LVA Rheinprovinz, Westdeutsches Tuberkulose-Forschungsinst.) H. GOEBEL. 4340

E. B. Chain, *Chemie und Biochemie der Antibiotica.* Übersicht (Sept. 1957). Aminosäurederivv.: *Cycloserin* (*Oxamycin, PA-94*), *Azaserin, Alazopeptin, 6-Diazo-5-oxo-L-norleucin*; Peptidantibiotica (**I**): *Penicillin, Cephalosporine, Echinomycin,* Netropsin (*Sinanomycin, Congocidin, T-1384*), *Micrococcin-P, Griscoviridin, Viridogrisein*; Polypeptid-**I**: *Gramicidine, Lacitracin, Tyrocidine, Albomycin, Grisein, Actinomycine, Valinomycin,* Wirkungsmechanismus der *Polymixine*; Glykosid-**I**: *Streptothricin, Streptolin B, Novobiocin, Anicetin, Hygromycin, Nebularin, Cordycepsin, Nucleocidin*; Makrolid-**I**: *Erythromycin* (**II**), **II** *B* u. *C, Magnamycin* (*Carbomycin*), *Methymycin* (**III**), *Neo*-**III**, *Spiramycine, Feromacidine, Narbomycin*; Polyen- u. Polyenin-**I**: *Fungillin, Amphotericin A* u. *B, Nystatin, Trichomycin, Candidin, Diatretyne 2, Neurotin, Nemotinsäure, Odyssin, Odyssäure,* verschied. **I**: *Aureothricin, Thiolutin, Xanthomycin A, Xanthocillin,* antifungielle Substanzen aus Pflanzenkeimlingen u. anderes. — 300 Literaturangaben. (Annu. Rev. Biochem. **27.** 167—222. 1958. Rome, Ist. Superiore di Sanità, Int. Centre for Chem. Microbiol.) K. MAIER. 4340

Edward Katz und **William A. Goss,** *Der Einfluß von Aminosäuren auf die Biosynthese von Actinomycin.* Der Actinomycinkomplex von *Streptomyces antibioticus* wurde nach Bldg. in Ggw. von *L-Glutaminsäure* (**I**) bzw. **I** u. *Hydroxy-L-prolin* bzw. **I** u. *Sarkosin* (**II**) bzw. **I** u. *N-Acetylglycin* bzw. **I** u. *L-Isoleucin* chromatograph. getrennt u. die Anteile der einzelnen Komponenten quantitativ spektrophotometr. bestimmt. Die Aminosäurenkombination beeinflußt die Bldg. der Actinomycinkomponenten teilweise so stark, daß Nebenprodd. der einen Kombination bei der anderen als Hauptprodd. auftreten. Außerdem wird der Einfl. von **II** in verschied. Konzz. untersucht. Auch hier verschiebt sich die prozentuale Zus. der Actinomycinkomponenten mit steigendem **II**-Geh. beträchtlich. Vff. diskutieren einen Einbau der Aminosäuren in die Actinomycinkomponenten u. eine dadurch hervorgerufene bevorzugte Biosynth. einzelner Komponenten u. eine Hemmung der Aminosäuren auf eine bestimmte Komponente u. dadurch eine indirekte Steigerung der Produktion der anderen Komponenten. (Nature [London] **182.** 1668. 13/12. 1958. New Jersey, New Brunswick, The State University, Inst. of Microbiology.) A. GUDE. 4340

N. C. Mallik, *Empfindlichkeit von Vibrio cholera gegen Tetracyclin.* 67 Vibriostämme der Gruppe A Untergruppe I wurden auf ihre Empfindlichkeit gegen *Tetracyclinhydrochlorid* (**I**) untersucht. Alle Stämme waren bei 37° in 1%ig. Peptonwasser (p_H 8,0) gegen **I**-Konz. von 1—10 μg/ml empfindlich; Abtötung der Keime erfolgte bei **I**-Konzz. von 2—20 μg/ml. Resistenzbldg. gegen **I** trat nicht auf. (Calcutta med. J. **55.** 1—3. Jan. 1958. Calcutta, Central Drugs Labor., Dep. of Bacteriol.) H. GOEBEL. 4340

F. Petuely und **G. Lindner,** *Eine einfache Schnellmethode zur Erkennung von pathogenen Colikeimen in Stuhlausstrichen mit Hilfe von fluorescierenden Antikörpern* (*Markierung mit 1-Dimethylaminonaphthalin-5-sulfosäure als Fluorescenzfarbstoff*). Es wird eine einfache in ca. 1 Std. durchführbare Meth. zur Darst. von *Dyspepsiecolikeimen* in Stuhlausstrichen mit Hilfe von *Antikörpern* beschrieben, die durch *1-Dimethylaminonaphthalin-5-sulfosäurefluorescenz* gemacht wurden. Die Meth. erlaubt im Gegensatz zur bisherigen bakteriol.-serolog. Meth. unmittelbar nach Einlieferung die Diagnose auf Dyspepsiecoli zu stellen u. damit eine Ausbreitung der Infektion in der Klinik zu vermeiden. (Arch. Kinderheilkunde **158.** 248—52. 1958. Graz, Univ., Zoolog. Inst., Biochem. Labor.) H. GOEBEL. 4350

G. D. Ball, *Prüfung des Kirchner-Mediums zur Routineisolierung von Mycobacterium tuberculosis.* Die Unters. von 1122 Proben von Sputum, Urin usw. ergab, daß das KIRCHNER-Medium in gleicher Weise wie das LÖWENSTEIN-JENSEN-Medium zum Nachw. u. zur Isolierung von *Mycobacterium tuberculosis* geeignet ist. (Tubercle **39.** 242—46. Aug. 1958. Redhill, Surrey, Redhill County Hosp., Group Labor.) F. RADLER. 4350

S. Gilani und **J. B. Selkon,** *Der Niacintest zur Differenzierung menschlicher Tuberkelbacillen von anderen Mycobacterien.* 13 *menschliche Tuberkelstämme* u. 13 vom *bovinen* u. *Vogeltyp* sowie andere *Mycobacterien* wurden auf ihre Fähigkeit zur *Niacin* (**I**)-Bldg. untersucht. Bei 5—8 Wochen bebrüteten Humanstämmen war der Test auf jeden Fall positiv, bei allen anderen Stämmen negativ. **I**-Nachw. mit *Bromcyan/Anilin.* (Tubercle **39.** 396—97. Dez. 1958. London, Postgrad. Med. School, Med. Res. Council Group for Res. into Drug Sensitivity in Tuberculosis.) H. GOEBEL. 4350

Angela Serafini, *Eine Untersuchung über orangefarben pigmentierte nichtphotochromogene Mycobakterien.* Die sogenannte *Scotochromogene* (chromogene Mycobakterien) verhalten sich bei Färbung, Empfindlichkeit gegen antimikrobielle Stoffe u. in ihren Kultureigg. anders als saprophyt. Mycobacterien u. Tuberkelbacillen; sie bilden eine Gruppe für sich. Ihre bakteriolog. Eigg. ähneln denen von photochromogenen Organismen, mit dem Unterschied, daß sie zur *Pigment*-Synth. kein Licht benötigen. Beschreibung der Kulturbedingungen, Herkunft u. ihres Verh. gegen Antibiotica. (J. Lab. clin. Med. **51.** 429—40. März 1958. Ann Abor, Mich., Univ., Med. School, Dep. of Bacteriol.) H. Goebel. 4350

Elmo S. Dooley, D. Frank Holtman und **Charles D. Jeffries,** *Veränderungen im Blutchemismus von mit Salmonella pullorum-Endotoxin behandelten Küken.* Intraperitoneale Injektion von 0,17 mg *Salmonella pullorum-Endotoxin* (**I**; gewonnen durch Trichloressigsäureextraktion)/kg Küken bewirkt einen Rückgang der (chromatograph. nachweisbaren) *Arginin* (**II**)-, *Glycin-* u. *Methionin*-Konz. des Blutes bei gleichzeitigem Anstieg von *Rest-N*, *Harnstoff* (**III**), *Kreatinin* (**IV**), *Harnsäure*, NH_3 u. PO_4; 24 Std. nach der **I**-Gabe sinkt der *Blutzucker*-Gehalt. Verabreichung von 100 mg **II** führt bei **I**-Intoxikation zum Rückgang des Blut-NH_3-Geh. u. einem weiteren **III**-Anstieg, was auf Steigerung der NH_3-Abbaugeschwindigkeit zu weniger tox. Endprodd. durch die **II**-Einw. schließen läßt. (J. Bacteriol. **75.** 719—23. Juni 1958. Knoxville, Tennessee, Univ. of Tennessee, Dep. of Bacteriol.) U. Tausendfreund. 4370

E. A. North und **Hazel M. Doery,** *Schutzwirkung von Giften, die Phosphatidase A enthalten, gegenüber bestimmten bakteriellen Exotoxinen.* (Vgl. C. **1959. 14179.**) Eine hämolysinreiche Fraktion des Giftes der austral. Tigerschlange (*Notechis scutatis scutatis*) wie auch das reine Gift der austral. Schwarzen Schlange (*Pseudechis porphyriacus*), der braunen Königsschlange (*Pseudechis australis*) u. auch der Honigbiene (*Apis mellifera*), die nicht stark neurotrop wirken, besitzen bei Verabfolgung an Mäuse, die mit dem letalen Exotoxin von *Staphylococcus aureus* infiziert sind, eine signifikante Schutzfunktion. Alle 4 Seren enthalten das Ferment Phosphatidase A, deren Reaktionsprod. mit *Lecithin* eine *Fettsäure* u. *Lysolecithin* ist. Da auch die Seifen bestimmter langkettiger Fettsäuren bakterielle Toxine zu neutralisieren vermögen, untersuchten Vff. das *α-Toxin der Staphylokokken*, *Tetanustoxin* u. *Diphtherietoxin* mit *Na-Oleat* u. *Na-Linoleat.* Das Oleat, vom Toxin getrennt appliziert, löste eine Schutzwrkg. gegen das Staphylokokkentoxin aus. Die hämolysinreiche Serumfraktion der austral. Tigerschlange vermochte außerdem das Tetanustoxin zu neutralisieren. Es wird angenommen, daß ein Abwehrmechanismus gegen die Toxin-Rkk. in vivo besteht. Die Phosphatidase A bildet dabei als Wirkungsfaktor langkettige Fettsäuren, deren weitere Reaktionsschritte allerdings unklar sind. (Nature [London] **182.** 1374—75. 15/11. 1958. Victoria, Parkville, Australia, Commonwealth Serum-Laborators.) K. Ring. 4370

Gerhard Schramm, *Biochemie der Viren.* Übersicht (bis Sept. 1957). Kugelige *Pflanzenviren* (I), stäbchenförmige I außer Tabakmosaikvirus (II), II (Größe, Form, Protein, Beziehung zwischen A-Protein u. anomalen Proteinen infizierter Pflanzen, Nucleinsäure, Rekonstitution, Röntgenstrukturanalyse, chem. Rkk.), *Insektenviren*, tier. Viren mit Durchmesser < 50 mμ (Poliomyelitisgruppe, durch Arthropoden übertragene Encephalitisviren, Adenoviren, Myxoviren, größere tier. Viren, Bacteriophagen (Desoxyribonucleinsäure, Biosynth., Proteinhülle). — 324 Literaturangaben. (Annu. Rev. Biochem. **27.** 101—36. 1958. Tübingen, Max-Planck-Inst. für Virusforsch.) K. Maier. 4374

Hubert S. Loring, Saad Al-Rawi und **Yasuo Fujimoto,** *Der Eisengehalt des Tabakmosaikvirus und einige Eigenschaften seiner infektiösen Nucleinsäure.* Der Fe-Geh. von 2 Typen gereinigter Tabakmosaikviruspräpp. betrug 1,5 mg/100 g, derjenige von 2 Proben mittels Na-Dodecylsulfat (**I**)-Einw. hergestellten infektiösen Nucleats (**II**) u. von einer durch Phenolbehandlung gewonnenen **II** 1—2 bzw. ca. 8 mg. Durch starkes Alkali gewonnene Virusnucleinsäure (**III**) enthält 10—60 mg Fe/100 g. Die Best. der Absorptionsspektren u. spezif. Infektiosität beider Typen von **II**-Präpp. ergab gewisse Unterschiede der ersteren u. eine größere Infektiosität von **I**—**II**. Aus beiden Präpp. wurden durch hochtouriges Zentrifugieren **I**-Fraktionen abgetrennt, die sich hinsichtlich Absorption u. Infektiosität unterschieden. Die mögliche Bedeutung des Geh. an Fe u. anderen Spurenmetallen für beide Eigg. u. die **III**-Struktur wird diskutiert. (J. biol. Chemistry **233.** 1415—20. Dez. 1958. Stanford, Calif., Univ., Dep. of Chem. and School of Med.) K. Maier. 4374

James F. O'Donnell, Roy P. Mackal und **E. A. Evans jr.,** *Eine Analyse der säurelöslichen Fraktion normaler und T 2 r-infizierter Zellen von Escherichia coli, Stamm B.* Die säurelösl. Fraktion (nach Hurlbert u. Mitarbeitern, C. **1958.** 4815.) von E. coli, Stamm B, u. des mit dem Bakteriophagen T 2 r infizierten Stammes nehmen rasch ^{32}P aus der Lsg. auf. Der neu gebildete Virus-*Desoxyribonucleinsäure* (**I**)-P zeigt nach 30 Min.

85%, die säurelösl. Fraktion 65% der spezif. Aktivität der Lösung. Der P-Einbau in die I-Fraktion des infizierten Syst. erfolgt, bedingt durch die forcierte I-Synth. bei der Virusvermehrung, ca. 8fach rascher als beim normalen. Letztes enthält ^{32}P vorwiegend in den *di-* u. *triphosphorylierten Nucleotiden*, was für den Charakter dieser Verbb. als Ribonucleinsäurevorstufen spricht, obgleich auch Monophosphate hierfür in Betracht kommen können. Das infizierte Syst. enthält *Adenin-*, *Guanin-* u. *Uracildesoxyribonucleotid*. Der Hauptanteil der Radioaktivität ist in den *monophosphorylierten Nucleotiden* enthalten. (J. biol. Chemistry **233.** 1523—27. Dez. 1958. Chicago, Ill., Univ., Dep. of Biochem.) K. MAIER. 4374

Dean Fraser und **H. R. Mahler,** *Die Wirkung der Diamine auf die Infektionsfähigkeit des Protoplasten von T_2-Bakteriophagen.* Die beiden im T_2-Bakteriophagen von HERSHEY (Virology **4.** [1957.] 237) nachgewiesenen niedermol. Komponenten, die mit der *Desoxyribonucleinsäure* (I) verbunden u. von AMES (Science [Washington] **127.** [1958.] 814) als *Putrescin* u. *Spermidin* identifiziert wurden, dienen zur Stabilisierung der I in einem infektionsfähigen Zustand. Sie verhindern den Verlust der Fähigkeit, E. coli zu infizieren, der ohne ihre Ggw. durch Erhitzen, Verdünnung oder Frieren u. Auftauen zustandekommt. (J. Amer. chem. Soc. **80.** 6456. 5/12. 1958. Bloomington, Ind., Univ., Dep. of Bacteriol. and Chemistry.) E. FISCHOEDER. 4374

E_4. Pflanzenchemie. Pflanzenphysiologie. Pflanzenpathologie.

G. Blaauw-Jansen, *Der Einfluß roten und langwellig roten Lichtes auf Wachstum und Phototropismus von Avenakeimlingen.* Orangenes Licht beeinflußte über die Primärblattspitze die Wuchsstoffteste an der Avenakoleoptile im Streckungs- u. Krümmungstest. Belichtung mit 700 erg/cm² (660 mμ) verminderte den Geh. der Koleoptilen an *Indolyl-(3)-essigsäure* (I) u. die Menge oder Wrkg. einer unidentifizierten Substanz, Rotlichtfaktor (RLF) genannt. Belichtung mit 6000 erg/cm² (740 mμ) verminderte auch den Geh. an I, hob aber die Wrkg. der Belichtung bei 660 mμ auf den RLF auf. Der RLF konnte nach der Belichtung aus Koleoptilenspitzen angereichert werden. Nach Aufschluß durch Erhitzen u. Gefrieren wurden die akt. Substanzen aus dem wss. Extrakt bei p_H 4 mit Ae. ausgezogen, papierchromatograph. (Laufmittel Isopropanol–28% ig. NH_3–W., 8:1:1) getrennt, in Fraktionen, nach R_F-Wert getrennt, eluiert u. auf Wrkg. im Wuchsstofftest untersucht. Die Wrkg. der Belichtung konnte mit dem angereicherten Extrakt reproduziert werden. Der RLF zeigte Säureeig., Stabilität in heißer 1,5n HCl, Instabilität in kochender 15n KOH, keine Wuchsstoffwrkg., aber Steigerung der Wrkg. von I bei niedrigen Konzz. von I. Trotz vieler gleicher Wrkgg. u. Eigg. war die Identität mit Gibberellsäure nicht zu beweisen. Die Unterss. werden als Beweis betrachtet, daß die 1. positive Krümmung durch Abfluß des I auf die Dunkelseite der Koleoptile veranlaßt wird u. die 2. positive Krümmung durch die Wrkg. des RLF bei erniedrigter I-Konz. zustande kommt. (Acta bot. neerl. **8.** 1—39. Febr. 1959. Utrecht, Botan. Labor.) W. SCHÖNBORN. 4404

I. M. Wassiljew, N. D. Rybalka und **Ssu-Jun Zin,** *Speicherung von Zuckern in den Blättern von Weizen unter der Einwirkung von Röntgenstrahlen.* (Vgl. WASSILJEW, Доклады Академии Наук СССР [Ber. Akad. Wiss. UdSSR] **116.** [1957.] 49.) Bei Röntgenbestrahlung von Weizenkeimlingen mit 1000, 3000, 5000, 50000 u. 100000 r wird der Geh. an Monosacchariden u. Saccharose in den Blättern erhöht, maximal bei 3000 u. 5000 r; Saccharose wird stärker gespeichert als die Monosaccharide. Die Erscheinung wird auf die Hemmung des Wachstums u. a. physiol. Prozesse zurückgeführt, wodurch der Verbrauch der Zucker vermindert wird. Es kann auch zur Ausscheidung der überschüssigen Zucker als „Zuckertau" kommen. (Доклады Академии Наук СССР [Ber. Akad. Wiss. UdSSR] **119.** 62—64. 1/3. 1958. Inst. für biol. Physik der Akad. der Wiss. der UdSSR.) R. K. MÜLLER. 4404

P. A. Wlassjuk und **N. I. Bidsilja,** *Der Einfluß von β-Teilchen radioaktiver Isotope auf die Veränderung der Größe der Chloroplasten von Elodea canadensis.* Bei der vergleichenden Unters. der Einw. der Strahlung von ^{35}S, ^{45}Ca, ^{185}W u. ^{32}P auf die Größe der Chloroplasten von *Elodea canadensis* nimmt deren Durchmesser unter Einw. von ^{185}W (β-Strahlung) um 40%, bei ^{35}S um 15—18% zu, ^{45}Ca steht dazwischen. ^{32}P zeigt ebenfalls starken Einfluß. Aus den Ergebnissen ist zu schließen, daß bei der biol. Wrkg. ionisierender Strahlen nicht nur die Menge des radioakt. Isotopen u. die Art seiner Strahlung eine Rolle spielt, sondern auch die Strahlungsenergie seiner Teilchen, die z. B. bei ^{32}P u. ^{185}W bes. hoch ist; von bes. Bedeutung ist hierbei die Strahlungsenergie der β-Teilchen. (Доклады Академии Наук СССР [Ber. Akad. Wiss. UdSSR] **119.** 65—67. 1 Tafel 1/3. 1958. Ukrain. wiss. Forsch.-Inst. für Pflanzenphysiol.) R. K. MÜLLER. 4404

Danielle Scheidecker, Marie-Madeleine Chollet und **Madeleine Bouloux,** *Kohlenhydrate und mineralische Bestandteile der Ölpalme* (*Elaeis guineensis Jacq.*) Wurzeln, Stamm, Rinde u. Blätter von Elaeis guineensis Jacq. wurden gesammelt u. bei 105° getrocknet oder mit 90% ig. A. fixiert. In der Trockensubstanz wurden K, Ca, Mg, P u. N bestimmt. Die *Kohlenhydrate* (**I**) wurden mit A. extrahiert. Die nicht reduzierten **I** wurden mit 0,5n HCl hydrolysiert u. die Extrakte chromatograph. untersucht. Der Extraktrückstand wurde mit 4% ig. H_2SO_4 im Autoklaven behandelt u. auf diese Weise *Stärke* u. *Hemicellulose* hydrolysiert. P u. N sind in relativ großen Mengen bes. in den Samen- u. Blütenknospen, den Endknospen, Samen u. reifen Früchten enthalten. Das Verhältnis N/P wechselt in den einzelnen Organen stark u. ist niedrig im Fruchtsaft u. hoch in Blättern u. Wurzeln. In den Blättern entwickeln sich der Geh. an K u. das Verhältnis K/Ca + Mg ziemlich parallel zueinander. K-arme Organe sind: Blattnerven, reife Früchte, Samen u. Wurzeln. Eine Korrelation zwischen **I** u. den mineral. Stoffen wurde nicht gefunden. Eine solche besteht aber zwischen dem K-, Ca- u. Mg-Geh. u. dem Geh. an Wasser. Der **I**-Geh. beträgt in den Wurzeln bis zu 35,5%, Früchten 27,7, in den ausgewachsenen Blättern 13,2 u. im Stamm >50, in jungen Blättern 23,6, Nerven 33,9, Blütenknospen 14,1 u. den Samenzellen 25,9. An Hemicellulosen wurden *Arabane* u. *Xylane* gefunden. 19—28% des Trockengewichtes bestanden aus niedrig mol. Polysacchariden. Außerdem liegen vor *Saccharose*, *Glucose* u. *Fructose* in beträchtlichen Mengen u. gelegentlich noch *Maltose* (Rev. gén. Bot. **65.** 186—214. März 1958. Bondy, I.D.E.R.T., Labor. de Physiol. Végétale.) WALTER SCHÄFER. 4420

D. E. Hathway und **J. W. T. Seakins,** *Zellwandpolysaccharide von Myrobalanen.* Die getrockneten Früchte von *Terminalia chebula* Retz. wurden pulverisiert u. mit Methanol extrahiert. Der Rückstand wurde getrocknet, maschinell zermahlen u. mit 89% ig. A. extrahiert, bis die Substanz zuckerfrei war. Die wasserlösl. *Polysaccharide* (**I**, *Pektin*) wurden mit heißem W. extrahiert, die zurückbleibende *Holocellulose* mit n u. 4n KOH. Die erhaltenen **I** wurden hydrolysiert u. auf *Monosaccharide* (**II**) u. *D-Galakturonsäure* (**III**) chromatograph. untersucht. **III** liegt als Poly-**III** vor. Der **I**-Geh. der trockenen Früchte beträgt 9,85 (%) u. teilt sich auf in *Glucosan* 7,85, *Manan* 0,05, *Poly*-**III** 1,9 u. *Xylan* 0,05. (Biochem. J. **70.** 155—58. Sept. 1958. Egham, Milton Park, Surrey, Brit. Leather Manuf. Res. Assoc.) WALTER SCHÄFER. 4420

C. T. Bishop, S. T. Bayley und **G. Setterfield,** *Chemische Zusammensetzung der Primärwand der Zellen von Haferkoleoptilen.* Die Koleoptilen von Hafersämlingen, die bis zu einer Länge von 35 mm im Dunkeln aufgezogen worden waren, wurden abgeschnitten. Ihre in diesem Alter nur aus Primärwand bestehenden *Zellwände* wurden sorgfältig nach mechan. Zerkleinerung u. Befreiung von Protoplasma analysiert. Der Analysengang wird ausführlich dargelegt. Extraktion mit Bzl.-A. ergab eine Fraktion von 4,16% an Fett-Wachs u. Pigmenten, die im Röntgendiagramm Gitterabstände von 46, 7,8, 5,2 bis 4,5, 4,25, 3,85; 3,05, 2,55 u. 2,32 Å aufwies. Protein wurde zu 9,5% nachgewiesen. Die Hauptmenge (51%) des Wandmaterials stellen die durch 17,5% NaOH extrahierbaren *Hemicellulosen* dar, die nach Hydrolyse Glucose, Arabinose, Xylose u. Galaktose ergaben. Die *α-Cellulose* (24,8%) wurde hydrolysiert. Nach Vergärung der Glucose wurde die Anwesenheit von Galaktose, Mannose, Arabinose, Xylose u. einer Spur von Rhamnose festgestellt. Auffallend ist der niedrige Geh. von nur 0,3% Pektin. (Plant Physiol. **33.** 283—89. Juli 1958. Ottawa, Canada, Nat. Res. Lab., Div. of Applied Biol.) W. WERGIN. 4420

Marie-Louise Du Mérac, *Raffinose und Stachyose in Butomus umbellatus L.* Der enzymat. Abbau eines Extraktes aus Rhizomen von Butomus umbellatus L. mit *Saccharase* (**I**) oder *Galaktosidase* (**II**) führt zu ähnlichen Prodd., wie sie der Säureabbau liefert. Papierchromatograph. wurden ermittelt: 3 Hexosen, *Glucose* (**III**), *Galaktose* (**IV**) u. *Fructose* (**V**), ein Disaccharid, die *Saccharose* (**VI**), ein Trisaccharid, die *Raffinose* (**VII**) u. ein Tetrasaccharid, die *Stachyose* (**VIII**). Aus trockenen Organen erhält man 0,863% **VII**, 1,220% **VIII** u. 1,808% **VI**. Eine 3. Fraktion enthält ein Gemisch von **VI** u. **VII**. Zur Zeit der Winterruhe ist die Konz. der Di-, Tri- u. Tetrasaccharide erhöht. (Bull. Soc. bot. France **103.** 444—46. Okt./Nov. 1956.) WALTER SCHÄFER. 4420

K. Jeremias, *Über den Jahresgang einiger Zucker in den Blättern von Hedera Helix L.* Vf. bestimmte in Efeublättern papierchromatograph. freie *Glucose* (**I**), *Galaktose* (**II**), *Fructose* (**III**), *Saccharose* (**IV**), *Raffinose* (**V**) u. *Stachyose* (**VI**). **IV** herrscht ganzjährig vor mit einem Maximum im Spätwinter. **II**, **V** u. **VI** wurden nur im Winter (Maximum Spätwinter) nachgewiesen. Der **I**- u. **III**-Geh. steigt bis zum November an u. sinkt dann bis zum Hochsommer ab. Von Oktober bis Februar ist der Geh. an Monosacchariden um ca. 20% erhöht, anfangs bedingt durch Anstieg des **I**- u. **III**-Geh., später durch Zunahme der **III**. Das winterliche Zuckermaximum ist somit vornehmlich auf nichtreduzierende

Oligosaccharide zurückzuführen. (Planta **52.** 195—205. 6/10. 1958. Stuttgart, TH, Bot. Inst.) HANS THIELE. 4420

Marie-Louise Rubat du Mérac, *Über den Galaktosidmechanismus von Aponogeton distachyon Thunb. und einiger anderer fluvialer Monocotyledonen.* Zu Beginn u. Ende der Winterruhe wurden junge Rhizoma von *Aponogeton distachyon Thunb.* gesammelt. Sie enthielten 65,1 g% (März) bzw. 66,8 g% (Oktober) *Stärke.* Über 3 g% des Trockengewichtes besteht aus lösl. Zuckern, von denen 8 chromatograph. bestimmt werden konnten: *Fructose, Galaktose, Glucose,* wenig *Arabinose* u. *Ribose,* außerdem *Saccharose* (1,40/1,12), *Raffinose* (0,73/0,40) u. *Stachyose* (0,06/0,07; Geh. in g%, März u. Oktober), reduzierende Zucker insgesamt 0,57/1,02. Beim Chromatographieren wurde mit 2 verschied. Systemen gearbeitet u. übereinstimmende Ergebnisse erhalten (Butanol–A.–W. bzw. Phenol–W.). Vgl. von *A. distachyon* mit anderen Familien der *Fluviales* zeigt in allen Fällen Ggw. von *Saccharose* u. *Saccharosegalaktosiden,* die krist. erhalten wurden. (Rev. gén. Bot. **65.** 215—20. März 1958.) W. A. SCHÄFER. 4420

Jean Touffet und **Serge Villeret,** *Untersuchungen über die Gegenwart von Glyoxylsäureureiden und ihren Enzymen in Bryophyten.* Nachdem in vielen Pflanzengruppen Glyoxylsäureureide u. ihre Enzyme gefunden worden sind, untersuchen Vff. *Bryophyten,* deren drei Klassen sich in charakterist. Weise unterscheiden. *Hepaticae* u. *Musci* haben einen ca. gleich hohen Geh. an *Allantoinsäure* (I) u. *Allantoin* (II). Bei den *Musci* überwiegt die *Allantoinase*-Aktivität die der *Allantoiease,* bei den Hepaticae ist es umgekehrt. Die *Sphagnales* enthalten nur Spuren I u. II. Die entsprechenden Fermente fehlen prakt. vollständig. Damit wird die selbständige Stellung der Sphagnales neben den Musci u. Hepaticae bestätigt. (Bull. Soc. bot. France **105.** 312—18. Okt./Nov. 1958.) H. BREUER. 4420

G. B. West, *Tryptamine in eßbaren Früchten.* Reife, gelbe Bananen enthalten *5-Hydroxytryptamin* (I), *Noradrenalin* (II) u. *Dopamin* (III). Während II u. III in größeren Mengen (1—20 μg/g) in allen Teilen grüner u. reifer Bananen enthalten sind, konnten in der Schale grüner Bananen nur Spuren von I nachgewiesen werden. Die reife Banane enthält I in größeren Mengen in der Schale (52,0 μg/g), die Pulpe weist einen niedrigeren I-Geh. (19 μg/g) auf. *Tryptamin* (IV), *5-Hydroxytryptophan* oder *5-Hydroxyindolylessigsäure* konnten in der Banane nicht nachgewiesen werden. Die Tomate enthält ebenfalls Indolylderivv., jedoch kein II oder III. Unreife Tomaten enthalten 0,18, reife 3,75 u. überreife 2,90 μg Indolderivv., bestehend aus 5 Teilen IV u. 1 Teil I. Nicht nachgewiesen werden konnten Indolderivv. oder noradrenalinähnliche Verbb. in Erdbeeren, Kirschen, Rhabarber, Himbeeren, Stachelbeeren, Zitronen, Orangen, Äpfeln, Feigen, Pflaumen u. Kartoffeln. Die Stellung, welche die aufgeführten Substanzen im Stoffwechsel einnehmen, ist noch ungeklärt. (J. Pharmacy Pharmacol. **10.** 589—90. Sept. 1958. London, School of Pharmacy, Dep. of Pharmacol.) H. P. FIEDLER. 4420

S. Godin, *Papierchromatographische Trennung einiger phloroglucinartiger Derivate aus Dryopteris filix mas.* Aus rohem *Filicin,* das über das *Oleoresin* erhalten wurde, wurden *Filixsäure* (I), *Flavaspidsäure* (II) u. *Albaspidin* (III) isoliert. *Filicinsäure* (IV) wurde aus I durch 6 std. Erhitzen mit *Zn*-Staub u. 10%ig. NaOH erhalten. Die aufsteigende Papierchromatographie erfolgte bei 20° auf WHATMAN Nr. 1, auf Solvent 2n Na_2CO_3-Lsg., der kurz vor Verwendung 0,2% (Vol.) Na_2SO_3 zugesetzt wurde. Sprühreagens: Mischung aus 1,5 ml einer 1%ig. Lsg. von *Sulfanilamid* in 10%ig. HCl + 1,5 ml einer 5%ig. *$NaNO_2$*-Lsg., die nach 1 Min. Schütteln mit 1 ml 2n Na_2CO_3-Lsg. teilweise neutralisiert u. mit W. zu 50 ml aufgefüllt wurde. Es wurden folgende R_F-Werte u. Farbflecken erhalten (Laufzeit 3¹/₄ Std.) II: 0,28, bräunlich-gelb; I: 0,53, braun; III 0,74, intensiv gelb; IV: 0,84, orange-gelb. (Experientia [Basel] **14.** 209. 15/6. 1958. Netherlands, State Univ., Pharmacol. Dep., Pharmaceut. Labor.) W. SCHWEERS. 4420

Erwin Winter, *Bildung eines roten Farbstoffes in verletztem Pflanzengewebe.* Vf. isolierte aus zerschnittenen Blättern von *Cichorium indivia* nach 2 Std. Belüftung in W., Adsorption an Filtrierpapier, Extraktion des trockenen Papiers zunächst mit Ae. u. dann mit Methanol unter N_2-Atmosphäre u. Eindampfen im Vakuum bei 45° einen roten wasserlösl. Farbstoff, der *Intybin* (I) benannt wurde. Das Maximum der I-Bldg. lag bei p_H 7,5—8,0. Das N-haltige I verhielt sich wie ein Chinon. Absorptionsmaxima lagen bei 205, 495 u. 529 in W. bzw. bei 214, 485 u. 519 mμ in Methanol. Aus Blättern u. anderen nichtgrünen Teilen von *Cichorium intybus, Lactuca sativa, Scorzonera hispanica* u. *Dahlia variabilis* wurde derselbe Farbstoff erhalten. I dürfte entweder in seiner oxydierten bzw. red. Form als n. Stoffwechselprod. aufzufassen sein, das von den unverletzten oder verletzten Zellen abgegeben wird u. dann ein Zwischenglied der Atmungskette darstellen oder aber ähnlich wie die Melanine durch enzymat. oder nichtenzymat. oxydative Veränderungen zelleigener Stoffe an der Verletzung oder außerhalb derselben entstehen.

(Planta **52.** 187—94. 6/10. 1958. Karlsruhe; Bundesforschungsanst. für Lebensmittelfrischhaltung.) HANS THIELE. 4420

Kiyoe Tanaka, *Über den dem Wachstumsgrad entsprechenden Ascorbinsäuregehalt von Gemüse.* Verschied. Gemüse wurden in den Stadien der Unreife, Reife u. Überreife mittels *2.4-Dinitrophenylhydrazin* auf ihren Geh. an Gesamt-*Ascorbinsäure* (I), *Dehydroxyascorbinsäure* u. *L-Ascorbinsäure* untersucht. 24 Tage nach der Keimung war I hauptsächlich in blattreichen Gemüsen zu finden (Salat, „Komatsuna"; Kohlrabi), u. 1 bzw. 7 Tage nach dem Blühen bei Gurken bzw. Eierpflanzen. 40 Tage nach der Keimung hatten maximalen I-Geh. Garland chrysanthemum u. „Fudanso" (leaf beat) u. 10 bis 30 Tage nach dem Blühen Balsam pear u. Tomaten. Kohlrabi zeigte den größten I-Geh. 60 Tage nach der Keimung, süßer Pfeffer 20 u. unreife Welschbohnen 25 Tage nach dem Blühen. (Jap. J. Nutrit. **12.** 146—48. 31/8. 1955. Tōkyō Gakugei-Daigaku, Kaseigaku-Bu. [Orig.: japan.; Auszug: engl.]) F. MOSSNER. 4425

G. Kupke, *Der indirekte Einfluß des Molybdäns auf den Gehalt an freier und gebundener l-Ascorbinsäure in einigen Kulturpflanzen.* Der positive Einfl. des *Mo* auf die Nitratreduktion konnte bestätigt werden, auch zeigte es sich, daß der Geh. an gebundener *l-Ascorbinsäure* direkt von der sich in den Pflanzenzellen befindlichen Nitratmenge abhängig ist. Ein direkter Einfl. von Mo auf das Verhältnis zwischen den einzelnen Formen des *Vitamins C* (I) wird nur beobachtet, wenn den Pflanzen mit der Nährlsg. Nitrate zugeführt werden. Dabei begünstigt Mo die biol. Red. des Nitrat-N, was eine Verminderung der gebundenen Menge an I zur Folge hat. (Ernährungsforschung **4.** 100 bis 105. 1959. Potsdam-Rehbrücke, Inst. für Ernährung.) M. ULMANN. 4425

Norman I. Bishop, *Vitamin K — ein essentieller Faktor für die photochemische Aktivität isolierter Chloroplasten.* Die photochem. Aktivität der aus Spinat isolierten Chloroplasten (I) wird potentiometr. u. ihr Gasaustausch manometr. bestimmt. Zur Identifizierung wird ein PAe.-Extrakt gefriergetrockneter I dirch eine Puderzuckersäule geschickt, u. die sogenannte „partiell gereinigte β-Carotinfraktion" an Magnesiumoxyd/Celite mit Hexan/Aceton getrennt. Das wichtigste Ergebnis der Unterss. ist die Anwesenheit von *Vitamin K* (II) im lösl. I-Extrakt. Verss., bei denen II in Form von *Menadion* (*Vitamin* K_3), *Vitamin* K_5 oder partiell gereinigtem β-Carotin den I zugesetzt wird, zeigen den Einfl. dieser Substanzen auf die photochem. Aktivität der I. (Proc. nat. Acad. Sci. USA **44.** 501—04. Juni 1958. Chicago, Univ., Dep. of Biochem.) R. LENSCHAU. 4425

Katherine Warington, *Untersuchungen über die Natur der Wechselwirkung zwischen Eisen und Molybdän oder Vanadium in Nährlösungen mit und ohne wachsende Pflanzen.* (Vgl. C. **1958.** 9535.) Die Giftwrkg. von *Mo* u. *V* in Nähr-Lsgg. wird durch *Fe* wirksamer beseitigt, wenn es gleichzeitig angeboten wird u. nicht im Wechsel in Perioden von 3 Tagen (Erbse, Sojabohne). Die Wiederherst. der Farbe bei chlorot. Pflanzen wird durch Fe-reiche Nähr-Lsgg. von p_H 4,6 ohne oder mit V in gleicher Weise bewirkt, wenn diese Lsgg. frisch hergestellt oder 4 Tage aufbewahrt waren, jedoch verminderte 2 Tage langes Stehen den Fe-Geh. der Wurzeln u. den V-Geh. von Wurzel u. Sproß. Durch V wurde die Fe-Aufnahme nicht beeinflußt. Durch 7—9 Tage langes Aufbewahren von Lsgg. mit Mo wurde die Wiederherst. der Pflanzenfarbe etwas verzögert; durch 2 Tage langes Aufbewahren der Lsg. wurde der Fe-Geh. der Wurzeln stark vermindert. Mindestens ein Teil der antitox. Wrkg. von Fe gegen V u. Mo scheint außerhalb der Pflanze vor sich zu gehen. (Ann. appl. Biol. **44.** 535—46. Dez. 1956. Harpenden, Herts, Rothamsted Exp. Stat.) J. SCHWAIBOLD. 4450

M. Bernfeld und **C. Paquot,** *Wirkungen von Injektionen von Erdnußöl in die Markstrahlen von Ricinus.* Pflanzenphysiol. Betrachtungen über die Veränderungen, die sich nach Injektion von tier. oder pflanzlichen Ölen in das Markstrahlgebiet von *Ricinus sanguineus* ausbilden; Zusammenfassung der Ergebnisse früherer Arbeiten (C. R. hebd. Séances Acad. Sci. **244.** [1957.] 3164. **245.** [1957.] 348) unter Hinweis auf die Abtrennung von Öl verschied. Art aus den verschied. Gewebepartien. Ein analyt.-chem. wie üblich definiertes Erdnußöl wird injiziert; aus 4 verschied. Geweben der Ricinuspflanze wird das Öl in üblicher Weise extrahiert; man bestimmt SZ., JZ., Peroxydzahl (Autoxydation!); die UV-Absorption bei 220—350 mμ bestätigt den Zustand der Autoxydation; die Lichtabsorption bei 450—700 mμ weist auf Unverseifbares hin. Zusammenfassend wird festgestellt, daß die Öle aus den verschied. Regionen am Unverseifbaren angereichert sind, daß aber die chem. Art derselben unterschiedlich zu sein scheint. Die erhöhten SZZ. u. Hydroxylzahlen lassen eine partielle Hydrolyse des Erdnußöles während der Verss. erkennen; theoret. Betrachtungen über die Auswrkg. des Erdnußöles im Gewebe von Ricinus. (Oléagineux **13.** 869—72. Dez. 1958. Paris, Labor. de Biologie végétale de la Sorbonne u. Labor. de Lipochimie du C.N.R.S.) K. TÄUFEL. 4450

J. B. Pridham, *Vorkommen und Stoffwechsel der Oligosaccharide in Vicia faba.* Die papierchromatograph. Unters. von mit 75%ig. Methanol erhaltenen Extrakten aus Vicia faba (Syst. Äthylacetat/Essigsäure/Ameisensäure/W. = 9,0:1,5:0,5:2, Vol./Vol., Äthylacetat/Pyridin/W. = 10:4:3 u. p-Anisidin·HCl als Sprühreagens) zeigte, daß die Embryonen u. Cotyledonen geringe Mengen *Raffinose* (I), *Glucose* (II) u. *Fructose* (III) neben relativ hohen Konzz. von *Saccharose* (IV) u. Oligosacchariden (V) mit höherem Mol.-Gew. enthalten. Keimung der Bohnen auf feuchtem Filterpapier (25°) bewirkte ein rasches Verschwinden von V bei Zunahme von II u. III. Zur Best. der *Carbohydrase* (VI)-Aktivität wurden die Gewebe mit kaltem Acetatpuffer (0,2 mol., p_H 5,6) verrieben u. bei 5° gegen denselben Puffer dialysiert. Die Ggw. von *Saccharase* (VII), *α-Galaktosidase* u. *Maltase* wurde nachgewiesen durch die Eig. der Präpp., I, IV bzw. *Maltose* zu hydrolysieren. Ein akt. VII-Präp. wurde nicht erhalten. VII scheint in Frühstadien der Keimung synthetisiert zu werden u. liegt in ruhendem Samengewebe nicht in latenter Form vor. Während der Keimung besitzen $HgCl_2$, *Phenylquecksilberacetat* (in Konzz. von 10^{-3} mol.), in geringerem Maße auch *Jodessigsäure*, inhibitor. Wrkg. auf VII. (Nature [London] **182.** 1687—88. 13/12. 1958. London, Univ., Dep. of Chem.)
W. A. SCHÄFER. 4460

L. N. Beresnegowskaja, *Die Glykolyse der Pflanzen in der Pathologie.* Übersicht an Hand der Literatur. — 36 Literaturangaben. (Журнал Общей Биологии [J. allg. Biol.] **20.** 50—55. Jan./Febr. 1959. Tomsk, Med. Inst.) O. LEBTAG. 4460

I. G. Wywalko, K. I. Matkowski und **A. A. Jassnikow,** *Über den Mechanismus der Biosynthese des Fettes im reifenden Leinsamen.* Stengel von Flachspflanzen werden im Stadium der „Grünreife" der Samen abgeschnitten u. in Lsgg. von ^{14}C-markierten Verbb. eingesetzt. Durch Best. der Radioaktivität der *Fettsäurekomponente* (FK) u. des *Glycerins* (I) der in den Samen enthaltenen Fette wird festgestellt, daß *Saccharose* (II), *Essigsäure, Brenztraubensäure* u. *Glykokoll* (III) ziemlich gleichmäßig in die Biosynth. der FK eingehen, während I am raschesten aus III u. II gebildet wird. Als Zwischenprod. der FK-Synth. wird Acetylcoenzym A angenommen, das dann zu den FK kondensiert wird. Als Zwischenprod. der I-Synth. entstehen Triosen offenbar aus III rascher als aus II. (Украинский Химический Журнал [Ukrain. chem. J.] **23.** 85—88. 1957. Akad. der Wiss. der UkrainSSR, Inst. für Pflanzenphysiol. u. Agrochem.; Inst. für organ. Chem.) R. K. MÜLLER. 4460

Jack Myers und **W. A. Kratz,** *Beziehungen zwischen Pigmentgehalt und photosynthetischen Eigenschaften einer blaugrünen Alge.* 5 verschied. Stämme der blaugrünen Alge *Anacystis nidulans* wurden bei 25 u. 39° u. verschied. Lichtintensitäten kultiviert. Nach Zerkleinerung durch Ultraschall wurden Extraktionen mit 20% W. enthaltendem Aceton u. mit W. durchgeführt. Aus den Lichtabsorptionen der Lsgg. wurden Höchstgehh. von 2,85% *Chlorophyll* (I), 1,20% *Carotinen* u. 24,1% *Phycocyanin* in der Trockenmasse berechnet. Aus den Diagrammen Q_{O_2}/Lichtintensität geht hervor, daß bei höherer Temp. das Licht wirksamer ist. — Es zeigt sich eine lineare Abhängigkeit des I-Geh. u. der Steilheit des initialen Teils der Kurve: Q_{O_2}/Lichtintensität. Das sehr ähnliche Verh. von II läßt gewisse Deutungen der II-Synth. sowie des Energietransfers von II auf I zu. (J. gen. Physiol. **39.** 11—22. 20/9. 1955. Austin, Texas, Univ. of Texas, Dep. of Zoology.) H. GUDE. 4460

Z. Hejnowicz, *Vorkommen eines thermolabilen, Protochlorophyll zu einer Leukoverbindung umwandelnden Faktors in Wurzelspitzen.* Äther. Extrakte der Wurzelspitzen von *Zea mays* u. *Helianthus annuus* bewirken an aus Weizenblättern hergestellten *Protochlorophyll* (I)-Lsgg. Entfärbung, die vom Vf. spektrophotometr. am Verschwinden der Rotabsorption messend verfolgt wird. Reine I-Lsgg. (ohne restliches oder zusätzliches Chlorophyll) verlieren ihre rote Fluorescenz völlig; dies spricht gegen die Deutung, daß es sich bei dem Zerfallsprod. um Protophäophytin handelt. Die Wirksamkeit des I-entfärbenden Faktors ist bei 0° auf 2—3 Wochen beschränkt; in der Wärme ist sie geringer, u. sie wird durch Hitze sehr schnell zerstört. Außerdem ist nach dem Zusammenbringen von I mit dem Wurzelspitzenextrakt ein gewisses Eindunsten der äther. Lsgg. erforderlich, ehe der Effekt in Erscheinung tritt; dies führt Vf. auf eine erforderliche Minimalkonz. an mitgelöstem W. zurück. (Nature [London] **182.** 1023—24. 11/10. 1958. Lund, Inst. für Pflanzenphysiol.) R. KLOCKMANN. 4460

J. A. Bassham, M. Kirk und **M. Calvin,** *Über die Wirkung von Hydroxylamin auf die $^{14}CO_2$-Fixierung während der Photosynthese.* Vff. untersuchen den Einfl. von 0,1 mol. *Hydroxylaminhydrochlorid* (I) auf die CO_2-Fixierung bei Chlorella u. Scenedesmus vor u. während der Photosynthese. Zweidimensionale papierchromatograph. u. radioautograph. Unterss. zeigen, daß während der Photosynth. ein I-Phosphoenolbrenztraubensäurekomplex entsteht, der nur bei I-Überschuß beständig ist u. die Carboxylierung von $C_{(1)}$ u. $C_{(3)}$ hemmt. Die I-Wrkg. scheint mehr auf einer Beschleunigung des CO_2-Einbaus als auf der Stabilisierung irgendwelcher Zwischenprodd. zu beruhen. (Proc. nat. Acad. Sci. USA **44.** 491—93. Juni 1958. Berkeley, Calif., Univ. of California, Radiation Labor., Dep. of Chem.) R. LENSCHAU. 4460

N. W. Bashanowa, *Der Einfluß von Mangan auf Entwicklung und Speicherung der Plastidenpigmente in den Blättern der gesunden und kranken Kartoffel.* Bei Blattdüngung (2mal) mit 0,75% ig. *$MnSO_4$*-Lsgg. wird die Entw. von gesunden u. kranken Kartoffelpflanzen (Mosaikvirus) beschleunigt. Ohne Mn entwickeln sich kranke Pflanzen um 5—7 Tage schneller als gesunde. Diese Differenz wird durch Mn auf 10 Tage erhöht. Die stimulierenden Wrkgg. von Virus u. Mn summieren sich. Die Gehh. an *Chlorophyll* (I)*a* u. I*b* zeigen bei gesunden Blättern ein Maximum zu Beginn der intensiven Bldg. von vegetativen Organen, ein 2. Maximum während der Blütenbildung. Nach Abschluß der Blüte fällt der Geh. an I a u. I b wieder ab. Blattdüngung mit Mn verschiebt die Maxima nach späteren Phasen. Das Maximum von I b fällt auch bei n. Kontrollpflanzen in spätere Phasen als das Maximum von I a. Ein ähnliches Bild beobachtet man bei den infizierten Pflanzen. Auftragen von Mn auf die Blätter verursacht einen Anstieg des I b bei gesunden Pflanzen um 18, bei kranken um 46%. Das Verhältnis I a:I b bei viruskranken Pflanzen ist 7,6:5,4. Der Geh. an I b ist im Vgl. mit gesunden Pflanzen vermindert. Bei Mn-Zufuhr wird das Verhältnis I a:I b bei kranken Pflanzen kleiner. Mn fördert die Stabilisierung des I b. Das anatom. Bild der Chloroplasten ist bei den infizierten Pflanzen anders als bei den gesunden. Das gilt für die Pflanzen mit u. ohne Mn. In zahlreichen Zellen der infizierten Pflanzen sind die Plastiden zerstört oder deformiert, obwohl die Zellen selbst blaßgrün bleiben. In älteren Fällen von kranken Pflanzen sind die Chloroplasten größer u. von unregelmäßiger Form. Es scheint, daß die zerfallenden Plastiden verschmelzen, sich vakuolisieren u. zerfallen. Mn-Zugabe steigert die Zahl der Kartoffelknollen bei kranken u. gesunden Pflanzen (bei kranken etwas stärker). Die Ernte betrug bei kranken Pflanzen mit Mn 51,9%, ohne Mn 40,8% des Ertrags der gesunden Pflanzen. (Доклады Академии Наук СССР [Ber. Akad. Wiss. UdSSR] **119.** 382—85. 11/3. 1958.) F. DU MANS. 4470

P. G. Ozanne, *Die Wirkung von Licht auf den Zn-Mangel bei Klee (Trifolium subterraneum L.).* Bei Einw. von Tageslicht verschied. Intensität wurde der *Zn*-Bedarf bei Kulturen von *Trifolium subterraneum* ermittelt. Die Pflanzen wurden auf kalkhaltigem, Zn-armem Muschea-Sand ($<$0,7 p.p.m. Zn) gezogen, dem die Nährsalzkomponenten entsprechend zugesetzt wurden. Der Zn-Bedarf stieg mit den Lichtintensitäten von 200—4000 fc., darüber hinaus bis 11000 fc. fiel der Zn-Bedarf wieder ab. Der höchste Zn-Bedarf ergab sich bei Lichtintensitäten nahe des Sättigungsspiegels für die Photosynthese. Ansteigende Lichtintensitäten ergaben fallende Konzz. des Zn in den grünen Blättern der Pflanzen. Langtagspflanzen nahmen mehr Zn als Kurztagspflanzen auf, aber enthielten eine verhältnismäßig geringe Menge in den Wurzeln. (Austral. J. biol. Sci. **8.** 344—53. Aug. 1955. Nedlands, Univ. of Western Australia, W. A. Region. Labor., Div. of Plant Industry, C.S.I.R.O.) W. ENGEL. 4470

Perry R. Stout, *Mikronährstoffe beim Wachstum der Nutzpflanzen.* Zusammenfassende Darst. der Bedeutung u. Wirkungsweise der Elemente Fe, Mn, Zn, Cu, Mo, Cl u. B sowie Rückblick auf die Entwicklung. (J. agric. Food Chem. **4.** 1000—06. Dez. 1956. Berkeley, Calif., Univ.) J. SCHWAIBOLD. 4470

Michihiko Yatazawa und **Yoshio Yamazaki,** *Die Aufnahme von Spaltprodukten durch Pflanzen.* 5. Mitt. *Die Aufnahme von groben Spaltprodukten.* (3. vgl. J. Sci. Soil Manure, Japan [Nippon Dozyo-Hiryo-Gaku Zasshi] **27.** [1957.] 459.) In einem Gefäßvers. mit 8 verschied. Kulturpflanzen wurde die Aufnahme radioakt. Isotope aus Abfallprodd. eines Atomreaktors geprüft. Die je Gefäß verabreichte Dosis betrug 0,1 mC. — Die Versuchspflanzen nahmen unterschiedliche Mengen radioakt. Substanzen auf. In den Wurzeln nahm die Aktivität in folgender Reihe ab: Leguminosen $>$ Gramineen $\approx$ Compositen $>$ Solanaceen; in den oberird. Organen wurde in der Reihenfolge Leguminosen $\approx$ Solanaceen $>$ Compositen $>$ Gramineen abnehmende Aktivität gemessen. — Die chem. Analyse der aufgenommenen radioakt. Elemente ließ erkennen, daß die Pflanze selektiv Erdalkalien aufnimmt: ^{89}Sr u. ^{90}Sr waren angereichert. Die Verteilung der radioakt. Substanzen innerhalb der Pflanze wies daher auch große Ähnlichkeit mit der Sr-Verteilung auf: Die höchste spezif. Aktivität wurde in den Blattspreiten, die niedrigste im reifen Samen gemessen. — In einem Vers. mit Reis wurde durch die Anwendung mineral. Düngemittel u. bes. von Kalk die Aufnahme an radioakt. Elementen herabgesetzt. (Soil Plant Food [Tokyo] **2.** 158—63. Jan. 1957. Nagoya Univ., Agricultural Chem. Dep. [Orig.: engl.]) WILFRIED WERNER. 4470

H. Linser, O. Kiermayer und **E. Youssef,** *Der Wuchsstoffgehalt verschiedener Brassicapflanzen in Abhängigkeit von ihrem Entwicklungszustand.* Vff. untersuchten Rosen- (Rv), Wirsing- (Wi), Riesenblumenkohl (Bl) u. Sommerraps (SR) in verschied. Wachstumsstadien auf ihren Wuchsstoffgeh. (Papierchromatographie u. biolog. Pastentest an Avenakoleoptilen). In Samen von Bl u. Wi wurden wahrscheinlich nicht indolartige Wuchsstoffe gefunden, deren R_F-Werte unter dem der *Indolyl-(3)-essigsäure* (I) lagen. Erst nach Quellen in W. trat *Indolyl-(3)-acetonitril* (II) auf, die nicht indolartigen Wuchsstoffe wurden dann nicht mehr gefunden. In trockenen Samen von Ro u. in Blättern von Ro u. Wi wurde mit großer Wahrscheinlichkeit *Indol-3-carbonsäure* nachgewiesen. Trockene u. gequollene Samen von SR zeigten keinerlei Wuchsstoffwirksamkeit. Nach Ausbldg. der grünen Blätter dominierte II in allen Stadien. Die II-Hauptmenge wurde in den Blättern gefunden, in den Stengeln trat mit Ausnahme von SR kein II auf. Offenbar werden aus den Blättern keine größeren II-Mengen abtransportiert oder werden im Stengel inaktiviert. Die Wurzeln enthielten mit Ausnahme von Wi nur sehr geringe Wuchsstoffmengen. Neben II wurden in Bl-Blättern u. in der Bl-Rose geringe Mengen an I, im Wi-Stengel möglicherweise *Indolyl-(3)-acetaldehyd* nachgewiesen. Verbb. mit R_F-Werten von 0,5—0,7 zeigten häufig hemmende Tendenz. (Planta **52.** 173—86. 6/10. 1958. Linz/Donau, Österreich. Stickstoffw. A.G., Biolog. Forschungsabt.) HANS THIELE. 4485

Leonora Reinhold, *Abgabe von Ammoniak aus pflanzlichen Geweben nach Behandlung mit Indolyl-(3)-essigsäure.* Vf. überprüft an etiolierten Hypocotylen von *Helianthus annuus* eine bereits früher mitgeteilte Beobachtung, wonach solche Gewebe in W. oder $1{,}1 \cdot 10^{-5}$ bis $1{,}1 \cdot 10^{-6}$ mol. Lsg. von Indolyl-(3)-essigsäure (I) ninhydrinpositive Stoffe an das umgebende Medium abgeben. Nach verschied. Methoden wurde festgestellt, daß dabei auch ein NESSLER-akt. Stoff (vermutlich NH_3) in Erscheinung tritt, der möglicherweise durch Zers. einer sehr labilen Aminosäure entstanden gedacht werden kann. Während der Austritt in reinem W. gering ist, bewirkt I in den genannten Konzz. eindeutig eine erhebliche Verstärkung des Effektes, u. zwar in wesentlich höherem Ausmaß (8:1) als eine durch I ebenfalls bedingte Steigerung der Atmung. *Na-Succinat* u. *Rohrzucker* heben die I-Wrkg. auf. Eine sichere Erklärung für den Inhibitormechanismus kann vorerst nicht gegeben werden. (Nature [London] **182.** 1022—23. 11/10. 1958. Oxford, Univ., Dep. of Agric., Unit of Exp. Agronomy, Agric. Res. Council.) R. KLOCKMANN. 4485

Malcolm E. Corden und **A. E. Dimond,** *Der Einfluß wachstumsregulierender Substanzen auf Krankheitsresistenz und Pflanzenwachstum.* Eine Reihe *Naphthylfettsäuren* zeigte Unterschiede bzgl. der wachstumsregulierenden u. Resistenz gegenüber der durch Fusarium oxysporum f. lycopersici (Fo) bedingten Tomatenwelke induzierenden Eigenschaften. *1-Naphthylessigsäure* bewirkte die stärkste Resistenz, es folgten *γ-[1-Naphthyl]-buttersäure* u. deren *Äthylester*, *β-[1-Naphthoyl]-propionsäure* sowie deren *Äthylester* u. schließlich *γ-[Naphthyl-(2)]-buttersäure* u. deren *Äthylester* sowie *β-[Naphthyl-(2)]-propionsäure* u. deren *Äthylester*, die nur geringe Resistenz induzierten. Diese Verbb. wurden auf Hemmung des Wurzellängenwachstums, Förderung der Wurzelanlegung, Verzögerung der Blattabteilung u. Hemmung des Mycelwachstums von Fo untersucht. Dabei ergab sich, daß nur die Hemmung des Wurzellängenwachstums in direkter Beziehung zur Induktion der Welkeresistenz steht. Es wird eine Arbeitshypothese aufgestellt, nach der Welkeresistenz u. Hemmung des Wurzellängenwachstums physiol. über Modifikationen der Pektinsubstanzen durch die Wachstumsregulatoren in Beziehung stehen. (Phytopathology **49.** 68—72. Febr. 1959. New Haven, Conn., Conn. Agric. Exp. Stat., Dep. of Plant Pathol. and Bot.) H. THIELE. 4485

H. Ingv. Petersen, *Der Transport ^{14}C-markierter 2.4-Dichlorphenoxyessigsäure in Gerste und Hafer.* Die Herbicide *2-Methyl-4-chlorphenoxyessigsäure* u. 2.4-Dichlorphenoxyessigsäure (I) bewirken bei Getreidepflanzen Deformationen an Stengel u. Grannen, wenn sie vor dem 5—6-Blätterstadium angewendet werden, nicht aber bei späterer Applikation. Nach Verss. mit ^{14}C-I an Gerste u. Haferkeimlingen dürfte das Ausbleiben der Deformationen in einem späteren Stadium auf mangelndem I-Transport in der Pflanze beruhen u. nicht, wie zunächst angenommen, auf einer zunehmenden Resistenz der Primordien. (Nature [London] **182.** 1685—86. 13/12. 1958. Skovlunde, Lystoftegaard, State Weed Res. Stat.) K. MAIER. 4485

Barbara Haccius und **Werner Schneider,** *Untersuchungen zur Stadienspezifität des teratogenen Effektes der 2.4-Dichlorphenoxyessigsäure bei Galium aparine. 2.4-Dichlorphenoxyessigsäure* (I)-Behandlung von *Galium aparine*-Sämlingen hat verschmälerte Blattspreiten u./oder tütenartige Verwachsungen bzw. Red. der Blattwirtel zur Folge. Es reagierten jeweils nur die Wirtel, die sich zur Applikationszeit in einer für die Induktion der Aberration empfindlichen (sehr kurzen) Phase befanden. Befindet sich der Vegetationspunkt bei der I-Anwendung in dem zwischen der Ausgliederung zweier Wirtel liegenden Plastochronabschnitt, so ist eine Red. der Gliederzahl des folgenden Wirtels zu erwarten. Während der der Anlegung eines Wirtels vorangehenden maximalen Streckung des Vegetationskegels erfolgt die Induktion kongenital verwachsener Blatt-Tüten (Gamophyllie). Junge noch nicht differenzierte Primordien sind nicht beeinflußbar, treten jedoch mit Anlegung der Spreitensäume in eine neue Sensibilitätsphase ein. I-Anwendung führt in diesem Stadium zur Hemmung der Mesophylldifferenzierung (schmale Spreiten). Fragen der Homologisierung I-induzierter Verwachsungen u. ihrer morpholog. Klassifizierung werden besprochen. (Planta **52.** 206—29. 6/10. 1958. Mainz; Univ., Bot. Inst.) HANS THIELE. 4485

François Grossin, *Bildung von Leitbündeln unter der Einwirkung von 2.4-Dichlorphenoxyessigsäure bei Dipsacus silvestris Mill. und Zinnia elegans L.* Vf. untersuchte die Einw. von *2.4-Dichlorphenoxyessigsäure* auf die Leitbündelentw. bei Dipsacus silvestris Mill. u. Zinnia elegans L. (Bull. Soc. bot. France **105.** 307—11. Okt./Nov. 1958.) H. BREUER. 4485

H. N. Barber, W. D. Jackson, I. C. Murfet und **J. I. Sprent,** *Gibberellsäure und die physiologische Genetik der Blüten bei Erbsen.* An 4 Erbsensorten (normalwüchsig-spätblühend [mit den Genen SnLe], zwergwüchsig-spätblühend [Snle], normalwüchsig-frühblühend [snLe] u. zwergwüchsig-frühblühend [snle]) wird der Einfl. von *Gibberellsäure* (I) verglichen mit dem Einfl. von Kurz- bzw. Langtagbehandlung mit u. ohne vorheriger Vernalisation mit u. ohne I. Es zeigte sich, daß zwischen I u. dem für die Normalwüchsigkeit verantwortlichen Gen Le enge Beziehungen bestehen, während zwischen I u. dem für die spätere Blütenentw. verantwortlichen Gen Sn keine Wechsel-Wrkgg. beobachtet wurden. Der Einfl. von I auf die Blütenbldg. ist bei den normalwüchsigen Arten geringer als bei den zwergwüchsigen. Es wird angenommen, daß das Sn-Gen die Ausbldg. einer hormonalen Substanz induziert, die die Blütenbldg. verzögert. I stellt nicht den Blütenhemmstoff dar, jedoch steht der Hemmstoff in irgendeinem Zusammenhang mit dem I-Stoffwechsel, entweder als I-Vorläufer oder indirekt, indem er auf die Bldg. von I einwirkt. (Nature [London] **182.** 1321—22. 8/11. 1958. Hobart, Univ. of Tasmania.) G. KLESSE. 4485

Jean P. Nitsch und **Hiroshi Harada,** *Blütenbildung durch Furfurylalkohol unter Kurztagsbelichtung bei Rudbeckia speciosa.* Vff. beobachteten Blütenbldg. bei einer Langtagspflanze (Rudbeckia speciosa) unter Kurztagsbelichtung bei Ggw. von *Furfurylalkohol.* Damit ist erstmalig eine Substanz mit der Wirkungsweise der *Gibberellsäure,* aber völlig verschied. chem. Aufbau gefunden worden. (Bull. Soc. bot. France **105.** 319—22. Okt./Nov. 1958.) H. BREUER. 4485

Aristeo Acosta C. und **J. E. Livingston,** *Einwirkung von Calciumsulfamat und Natriumsulfanilat auf Getreidearten und auf die Entwicklung des Stengelrostes.* 2 Behandlungen von Getreidepflanzen mit Ca-Sulfamat (I; 9—12 lbs./acre) nach 50% ig. Pollenentw. u. 1 Woche später verminderte die Keimfähigkeit von Weizen u. Hafer stark, die von Gerste weniger. Der Einfl. auf Ertrag u. Korngewicht war wechselnd. Der Ertrag stieg bei Weizenvarietäten deutlicher an als bei Hafer. Stengelrost (*Puccinia graminis tritici*) wurde in jedem Fall wirksam bekämpft. Na-Sulfanilat (II) wirkte nicht schädigend; Weizen gab hohe Erträge u. der Rost ging meistens typ. zurück. Bei Frühjahrsweizen trat mit I Ertragssenkung bzw. Keimschädigung nur bei Anwendung zur Zeit des Austreibens bzw. nach der Bestäubung ein. Anwendung von II 1 Woche nach dem Austreiben u. 6 Tage nach der Blüte erhöhte typ. den Ertrag. (Phytopathology **45.** 503—06. Sept. 1955. Lincoln, Nebr., Univ., Dep. of Plant Pathol.) W. SCHULENBURG. 4490

T. R. Carpenter und **Earle T. Gammon,** *Behandlung von ruhenden beblätterten Sprossen von Gladiolus und von Sclerotien von Sclerotium rolfsii mit Methylbromid.* Nach verschied. Vergleichsverss. zur Best. der Empfindlichkeit von beblätterten Sprossen von Gladiolus u. von Sclerotien von Sclerotium rolfsii gegen Begasung mit CH_3Br nach Vorbehandlung mit wss. *$HgCl_2$*-Lsgg. (1:1000) vertragen erste die zur Abtötung der letzten notwendigen Konzz. (15—20 lbs./1000 cub.feet) nicht. (Phytopathology **45.** 520—21. Sept. 1955. Sacramento, Calif., Dep. of Agric., Bureau of Plant Pathol. and Entomol.) W. SCHULENBURG. 4490

Takashi Akazawa und **Ikuzo Uritani,** *Respirationssteigerung und Phosphor- und Stickstoffstoffwechsel bei der mit Ceratostomella fimbriata infizierten süßen Kartoffel.* 20. Mitt. *Phytopathologische Chemie der Süßkartoffel mit Schwarzfäule.* Inhaltlich ident. mit der C. **1958.** 4534 referierten Arbeit. (J. Biochemistry [Tokyo] **43.** 579—87. Sept. 1956. Anzyo, Nagoya Univ., Fac. of Agric., Labor. of Biochem. [Orig.: engl.]) J. SCHWAIBOLD. 4490

Takashi Akazawa, *Stoffwechselaktivierung von mit Ceratostomella fimbriata infiziertem Gewebe der weißen Kartoffel.* 21. Mitt. *Phytopathologische Chemie der Süßkartoffel mit Schwarzfäule.* (20. vgl. vorst. Ref.) Unterss., die wie in der vorhergehenden Arbeit durchgeführt wurden, ergaben bei der weißen Kartoffel, die sehr widerstandsfähig gegen diesen Pilz ist, ähnliche Ergebnisse wie bei der süßen Kartoffel. Die Wrkg. auf die Phosphatfraktionen war geringer, diejenige auf die Fraktionen der N-Verbb. gleich groß. Es wird angenommen, daß die Atmungssteigerung bei der infizierten weißen Kartoffel auf einer Aktivierung des Stoffwechsels beruht, der durch den ATP-Zyclus bedingt ist. (J. Biochemistry [Tokyo] **43.** 589—95. Sept. 1956. [Orig.: engl.]) J. SCHWAIBOLD. 4490

Takashi Akazawa, *Die Natur der Proteinsynthese in mit Ceratostomella fimbriata infiziertem Gewebe der süßen Kartoffel.* 22. Mitt. *Phytopathologische Chemie der Süßkartoffel mit Schwarzfäule.* (21. vgl. vorst. Ref.) Die Proteinsynth. war in jeder Zellfraktion [*Mikrosomen* (I), *Mitochondrien* (II), Überstehendes) des infizierten Gewebes erhöht. *Ribonucleinsäure* (III) war in der I-Fraktion erhöht entsprechend einer Abnahme im Überstehenden. Die Proteinsynth. scheint in den I vor sich zu gehen, die reich an III sind. Die respirator. Oxydation u. die oxydative Phosphorylierung waren in II von infiziertem Gewebe höher als in dem n., die Aktivität der ersten je Einheit II-N war ebenfalls höher. Die Wirksamkeit der Adenosintriphosphatase u. der Phosphatase waren im infizierten Gewebe gesteigert. Die physiol. Bedeutung dieser Befunde wird erörtert. (J. Biochemistry [Tokyo] **43.** 597—602. Sept. 1956. [Orig.: engl.])
J. SCHWAIBOLD. 4490

B. I. Pozsár und **Z. Király,** *Der Einfluß der Rostinfektion auf die oxydative Phosphorylierung von Weizenblättern.* Zwischen der physiol. Wrkg. der Weizeninfektion mit Stengelrost (*Puccinia graminis*) u. der Behandlung mit *2.4-Dinitrophenol* (I) besteht eine auffallende Analogie (verstärkter O_2-Verbrauch der Blätter). Zur Klärung des Mechanismus der erhöhten O_2-Aufnahme bei Rostinfektion u. I-Behandlung wurden die *Phosphat* (II)-Fraktionen gesunder u. infizierter Blätter vergleichend analysiert. Der Geh. an säurelabilem II [vorwiegend anorgan. II aus Adenosintri- u. -diphosphat (III)] der letzten nahm ab, ebenso, jedoch stärker, derjenige I-behandelter Blätter. Gleichzeitig waren in beiden Fällen organ. Gesamt-II u. säurelösl. II verringert. Anscheinend hemmt die Infektion über eine tox. Wrkg., analog wie bei I-Einw., die oxydative Phosphorylierung, wobei in beiden Fällen deren Entkopplung von der Atmung eintritt. Hierbei wird mehr II-Acceptor (III) u. anorgan. II gebildet, die wiederum glykolysesteuernde Rkk. u. den gesamten Atmungsvorgang im Sinne einer patholog. hohen Atmungsgeschwindigkeit beeinflussen. (Nature [London] **182.** 1686—87. 13/12. 1958. Budapest, Inst. for Agric. Quality Testing and Inst. for Plant Protection.) K. MAIER. 4490

E₅. Tierchemie. Tierphysiologie. Tierpathologie.

H. L. A. Tarr, *Biochemie der Fische.* Übersicht (bis Okt.1957). Prokine, Nucleinsäuren u. verwandte Verbb., Phospholipide, Enzyme, Ernährung, Sterine mariner Invertebraten. — 265 Literaturangaben. (Annu. Rev. Biochem. **27.** 223—44. 1958. Vancouver, B. C., Fisheries Res. Board of Canada, Technol. Station.) K. MAIER. 4500

G. Andrée, *Der Na-, K- und Cl-Gehalt der Froschlinse.* In Unterss., die Vf. an isolierten Linsen von Rana temporaria durchführte, wurden nach Ermitteln von Frisch- u. Trockensubstanz die Gehh. von Na^+, K^+ flammenphotometr. u. von Cl^- durch Titration mit 0,01n $AgNO_3$-Lsg. bestimmt. Vf. fand für Na^+ 23,9 ± 1,52 (mmol.), K^+ 116,9 ± 5,35 u. für Cl^- 17,3 ± 0,46 als durchschnittliche Werte bezogen auf einen mittleren Wassergeh. von 11,94 ± 0,65 mg = 51,5 ± 0,9% des Frischgewichts. (Pflügers Arch. ges. Physiol. Menschen Tiere **267.** 117—19. 9/7. 1958. Homburg, Saar, Univ. des Saarlandes, Physiol. Inst.) R. LESCHBER. 4510

T. H. Blosser, W. H. Abbitt, M. F. Adams und **G. M. Ward,** *Spurenelemente in Blut und Ausscheidungen von Milchkühen beim Kalben. Ein vorläufiger Bericht.* Bei 10 Tieren wurde der Geh. an *Cu, Pb, Mn* u. *Zn* in Blut, Harn u. Faeces von 30 Tage vor u. bis 30 Tage nach dem Kalben bestimmt. In der Zeit 5 Tage vor u. nach dem Kalben wurden die stärksten Schwankungen der Konzz. dieser Elemente festgestellt. Infolge der komplexen Natur dieser Vorgänge kann deren Bedeutung sowie die Grenze zwischen n. u. krankhaften Verhältnissen erst durch weitere eingehende Unterss. geklärt werden. (Proc. annu. Meeting, Western Divis., Amer. Dairy Sci. Assoc. **37.** 165—73. 15—18/7. 1956. Pullman, Wash., State Coll. of Washington, Agric. Exp. Stat. and Div. of Indust. Res.) J. SCHWAIBOLD. 4510

S. P. Pathak und **B. N. Trivedi,** *Die Säure- und Glyceridkomponenten des Depotfettes eines indischen Panthers* (*Panthera pardus fusca*). Das Abdominaldepotfett von

Panthera pardus fusca (VZ. 285,6 u. JZ. 62,4) wurde (nach Waschen der äther. Lsg. mit verd. Alkali) verseift u. das *Fettsäure* (I)-Gemisch (JZ. 65,5) isoliert. Es wurde nach der Pb-Salz–A.-Meth. in 2 Gruppen getrennt, die verestert u. durch fraktionierte Hochvakuumdest. getrennt wurden. Best. von VZ. u. JZ. der einzelnen Ester lieferte die Zus. der einzelnen Fraktionen. Die Glyceride (II) wurden durch fraktionierte Kristallisation aus Aceton bei tiefer Temp. gewonnen u. rekrist., die durch Kombination der Fraktionen entsprechender JZ. erhaltenen II-Gemische wurden hydrolysiert u. die I wie vorst. bestimmt. 33,9 Gew.-% der Gesamt-I waren als Pb-Salze in A. unlösl., 66,1% löslich. Das Gesamtfett enthält in %: *Myristinsäure* (III) 2,3, *Palmitinsäure* (IV) 20,0, *Stearinsäure* (V) 13,7, *Arachidinsäure* (VI) 1,7, Unverseifbares 0,1, ungesätt. Säuren C_{14} 1,8, C_{16} 10,8, C_{18} 20,3, C_{18} 41,3, C_{20} 8,3. JZ. der drei II-Fraktionen 47,5; 62,1; 66,4. I-Geh. der II (insgesamt, %): III 2,0, IV 21,4, V 15,5, VI 0,2, *Tetradecensäure* 1,5, *Hexadecensäure* 12,3, *Octadecensäure* 43,4, *Eikosensäure* 3,7. (Biochem. J. **70.** 103—07. Sept. 1958. Benares, Hindu Univ., Dep. of Ind. Chem.) WALTER A. SCHÄFER. 4520

A. Bolliger und **R. Gross,** *Ätherlösliche Verbindungen im Gefieder der Vögel: ein Steroidbestandteil.* (Vgl. C. **1958.** 8674.) Die durch Kaltextraktion der Federn von Hühnern, Tauben, Enten, Gänsen u. Seemöven erhaltenen *Lipoide* (1,2—2,5% Ausbeute) enthalten 24—30% *Plumin* (I), 6—10% *Ergostanol-(3β)* (II) u. *Stearinsäure* (III); das aus den Federn von mit Stilböstrol kapaunisierten Hähnen erhaltene Fett enthält 45% I. Squalen u. Octadecanol wurden nicht gefunden. Die Verseifung von I gab III u. II, das durch Vgl. der IR-Spektren verschied. Derivv. mit denen authent. Präpp. identifiziert wurde. Die Differenz der FF. des aus I dargestellten II-*Acetats* u. *-Dinitrobenzoats* mit denen anderweitig hergestellten Verbb. ist entweder auf Polymorphie oder auf eine Beimengung von Campestanol zurückzuführen. — *Plumin* (I; *Ergostanolstearat*), $C_{46}H_{84}O_2$, F. 92° (A.), durch Chromatographie der Federlipoide in PAe. an Al_2O_3; $[\alpha]_D$ +7,5° (c = 1,8; Chlf.); gibt keine Digitoninfällung. — *Ergostanol-(3β)* (II), $C_{28}H_{50}O$, F. 140° (CH_3OH), a) durch Verseifung von I; b) durch Chromatographie der Federlipoide an Al_2O_3; Elution von I mit PAe. u. Elution mit Bzl.; $[\alpha]_D$ +14,0° (c = 1,0; Chlf.); c) durch Hydrolyse des Acetats vom F. 145°. *Acetylderiv.*, $C_{30}H_{52}O_2$, F. 145°, a) aus Ergosterylacetat u. H_2 an ADAMS-Pt in Essigsäure, Isomerisierung des erhaltenen *$\Delta^{8(14)}$-Ergostenylacetats* mit HCl zur *Δ^{14}-Verb.* u. weitere Hydrierung in Ae.; b) aus Ergosterin u. H_2 an Pd-Kohle in Essigsäure bei 80°; $[\alpha]_D$ +6,0°; c) aus II nach a) u. b); F. 109°; $[\alpha]_D$ +9,5°. *Benzoylderiv.*, $C_{35}H_{54}O_2$, F. 156°, a) aus II nach a) u. b); $[\alpha]_D$ +16,0° (c = 1,0; Chlf.); b) aus II nach c) $[\alpha]_D$ +13,0° (c = 1,2; Chlf.). *Dinitrobenzoylderiv.*, $C_{35}H_{52}N_2O_6$, F. 184°, $[\alpha]_D$ +12,0° (c = 1,1; Chlf.). *Stearinsäure* (III), $C_{18}H_{36}O_2$, F. 67° (A.), neben II nach a). — IR-Spektr. von I vgl. Original. (Austral. J. exp. Biol. med. Sci. **36.** 333—38. Aug. 1958. Sydney, Univ., Dep. of Surg., Gordon Craig Res. Labor.) F. HELLER. 4520

Otto K. Behrens und **William W. Bromer,** *Biochemie der Proteinhormone.* Übersicht (Januar 1952 bis Juli 1957). *Insulin* (Homogenität, Mol.-Gew., Konst., Konst. u. Aktivität, 3dimensionale Strukturen, Fibrillen, Inaktivierung), *Glukagon* (Isolierung, Konstitutionsanalyse), *Oxytocin* u. *Vasopressin* (Isolierung, Konst., Synth., Konst. u. Aktivität), *Corticotropin* (I; Isolierung, pept. Abbau, Konst., Rinder-I, Konst. u. Aktivität), *Wachstumshormon* (Isolierung, Einheitlichkeit, Denaturierung, Konst., Konst. u. Aktivität, spezif. Unterschiede), *Melanocytenstimulierungshormon* (Isolierung, Konst.), *Prolactin* (Isolierung, Einheitlichkeit, Konst.), *Thyreotropin* (Isolierung, Charakterisierung), *Zwischenzellenstimulierungshormon, Follikelstimulierungshormon* (Isolierung, Charakterisierung). — 207 Literaturangaben. (Annu. Rev. Biochem. **27.** 57—100. 1958. Indianapolis, Ind., Lilly Res. Labors.) K. MAIER. 4558

Artur Ber und **Helena Hochlinger,** *Untersuchungen über die Rolle der Leber in der Hormonumwandlung.* 3. Mitt. *Der Einfluß einer Leberschädigung auf die Testes weißer Ratten.* (2. vgl. Endokrynol. polska **6.** [1955.] 134.) Das Schwinden der Leber nach Abbinden des Gallenweges halbseitig kastrierter männlicher Ratten beeinträchtigt die Fähigkeit der Umwandlung von *Östrogenen* stärker, als eine operative Schädigung der Leber. Das Gewicht der Leber ist ohne Einfl. auf diese Fähigkeit. (Endokrynol. polska **7.** 97—111. 1956. Łódź, Akad. Med., Zakł. Endokrynolog.) F. URBAN. 4558

Artur Ber und **Helena Hochlinger,** *Untersuchungen über die Rolle der Leber in der Hormonumwandlung.* 4. Mitt. *Der Einfluß einer Leberschädigung auf die Milchdrüse weiblicher weißer Ratten.* (3. vgl. vorst. Ref.) Das Verh. weiblicher Ratten mit operativ verkleinerter Leber bzw. mit abgebundenem Gallenweg ist analog dem der ebenso behandelten Männchen. Die starke Entw. des Bindegewebes in der Milchdrüse läßt auf eine verstärkte Hormonwrkg. schließen. Eine Abhängigkeit der Fähigkeit der Inaktivierung der *Östrogene* vom morpholog. Grad der Leberschädigung konnte nicht beobachtet werden. (Endokrynol. polska **7.** 112—26. 1956.) F. URBAN. 4558

Artur Ber und **Helena Hochlinger,** *Untersuchungen über die Rolle der Leber in der Hormonumwandlung.* 5. Mitt. *Ovarienimplantationen in der Milz.* (4. vgl. vorst. Ref.) In die Milz kastrierter Ratten beiderlei Geschlechtes implantierte Ovarien gehen nach 8—10 Monaten über das Stadium der Corpus-Luteumzellen in Tumoren des Typs *Thecoma-folliculoma* über. Vff. deuten alle Beobachtungen mit einer Bldg. von *Metahormonen* in der Leber, die ausschließlich auf Hypophyse, Vagina, Uterus u. Milchdrüsen wirken. (Endokrynol. polska **7.** 127—61. 1956.) F. URBAN. 4558

Terukiyo Tani, *Chemische Eigenschaften der polysaccharidähnlichen Substanz aus der Placenta.* (Vgl. auch nachst. Ref.) Die polysaccheridähnliche Substanz (I) der Placenta, die nach KAKU Ursache von späten Schwangerschaftstoxikosen sein soll, wurde untersucht. Physikal. ähnelt sie den Polysacchariden. Sie enthält 87% nach HAGEDORN-JENSEN reduzierbare Zucker. Die Hauptkomponente von I scheint eine Aldohexose zu sein. Papierchromatograph. wurden nach Spaltung Glucose, Galaktose, Mannose, Raffinose, Glucuronsäure u. Galakturonsäure nachgewiesen. I bildet ein *Pikrat,* F. 289 bis 290°. Es enthält Mg^{2+} u. Ca^{2+}. Die Summenformel entspricht $(C_6H_{10}O_5)_x$. (J. Jap. obstetr. gynecol. Soc. [Engl. Edit.] **5.** 158—59. April 1958. Tokyo, Univ., School of Med., Dep. of Obstetrics and Gynecol.) S. DITTMANN-MITZSCHERLICH. 4559

Hasaaki Miyake, *Untersuchungen über die aus menschlicher Placenta extrahierte wasserlösliche Substanz.* (Vgl. auch vorst. Ref.) Menschliche Placenta n. Herkunft u. von Kaiserschnitten wurde zu Trockenpulver verarbeitet, mit A. gewaschen u. mit heißem W. extrahiert. Nach Einengen u. Filtrieren wurde die gesuchte Substanz (I) mit A. u. anschließend mit $CuSO_4$ gefällt u. nach Waschen getrocknet. — 100 mg I beeinflussen die Leberkatalaseaktivität von Mäusen nicht in verschied. Weise, wenn I aus Placenta während verschied. Stadien der Schwangerschaft oder auch bei Schwangerschaft oder auch bei Schwangerschaftstoxikosen gewonnen wurde. — Bei Injektion von I in die Bauchhöhle von Mäusen treten verschied. histolog. Veränderungen von Leber, Niere u. Placenta auf. Die Placenta wurde am meisten durch während Schwangerschaftstoxikose gewonnenes I u. am wenigsten durch während der ersten Zeit der Schwangerschaft gewonnenes I verändert. — Die Funktion von Kaninchenleber wurde durch Injektion von 0,1—1 g I nicht verändert. (J. Jap. obstetr. gynecol. Soc. [Engl. Edit.] **5.** 171—72. April 1958. Tokyo, Univ., School of Med., Dep. of Obstetrics and Gynecol.) S. DITTMANN-MITZSCHERLICH. 4559

Kiyoshi Arai, *Über die Bedeutung des Cholesterins für den Steroidstoffwechsel.* Daß *Cholesterin* (I) ein Vorläufer der Ovarhormone, bes. des Progesterons sein kann, geht aus folgenden Verss. hervor: Während des Östrus ist der I-Geh. des Ovargewebes von Ratten höher als in den Zwischenperioden. Durch Injektion von *Gonadotropin* (II) sinkt der I-Geh. des Ovars, des Serums u. der Nebenniere. Bei hypophysektomierten Ratten ist er dagegen erhöht. Durch Eingabe von *Chlorpromazin* (III) steigt der I-Geh. von Ovar, Nebenniere u. Serum gleichsinnig mit steigender III-Gabe. Bei gleichzeitiger II + III-Gabe steigt der I-Geh. nie, bei Überwiegen der II-Wrkg. kann er jedoch sinken. Eingabe von *Lithospermum* bewirkt Hemmung des Östrus u. Zunahme des I im Ovargewebe. Die gleiche Wrkg. ruft durch Östrogeninjektion hervorgerufene Corpus luteum-Bldg. bei jungen Ratten hervor. — Während des Menstruationscyclus der Frau ist der I-Geh. des gesamten Körperblutes nicht konstant. Er hat die Tendenz, im Follikularstadium höher zu sein als im Lutealstadium. (J. Jap. obstetr. gynecol. Soc. (Engl. Edit.) **5.** 192—93. April 1958. Tokyo, Univ., School of Med., Dep. of Obstetrics and Gynecol.) S. DITTMANN-MITZSCHERLICH. 4559

C. W. Turner, *Östrogengehalt von Colostrum und Milch beim Milchvieh.* Aus den Ergebnissen wird geschlossen, Milch ist selbst in der Zeit der stärksten *Östrogen*-Sekretion östrogenfrei. 10—20 mg *Diäthylstilböstrol*/Tag bewirken erhöhte Sekretion östrogenfreier Milch. Das Epithel der Milchdrüse ist demnach für natürliches u. synthet. Östrogen nicht permeabel. (J. Dairy **41.** 630—40. Mai 1958. Columbia, Mo., Univ. of Missouri, Dep. of Dairy Husbandry.) R. LENSCHAU. 4559

Y. Chambon, *Bemerkung zur Wirkung von Östrogenen auf den Calciumstoffwechsel.* In Verss. an Vögeln mit *Östradiol* (I) lassen sich zwei Wrkgg. beobachten: Eine osteogene, wenn I intraosseal gegeben wird, wobei es gleichzeitig zu einer Erniedrigung der Calcämie kommt u. eine den Ca-Stoffwechsel beeinflussende, die zur besseren Ca-Resorption u. damit zur Hypercalcämie führt, wenn I parenteral gegeben wird. — Auch bei den Säugetieren dürfte es prim. zu einer Hypercalcämie kommen, die aber durch das regulator. Eingreifen der Nebenschilddrüse verdeckt wird. — Vf. weist auf Analogien im Wirkungsmechanismus (Vasodilatation, Permeabilitätserhöhung, Stimulation des reticulo-histocytären Syst.) von I u. *Histamin* hin. (Semaine Hôpitaux Paris **31.** **1440.** 22/4. 1955. Tours.) P. LOCH. 4559

Robert C. Grauer, Eleanor L. Saier, Herbert S. Strickler und **Eugene Cutuly,** *Der Einfluß verschiedener Mischungsverhältnisse bei Kombinationen von Östron, Östradiol und Östriol auf den biologischen Effekt.* Die Unters. der Dosiswirkungskurven von Östron (I), Östradiol (II) u. Östriol (III) u. unterschiedlicher Kombinationen von I + III, I + II u. II + III (Mischungsverhältnisse 90:10; 75:25; 50:50; 25:75 u. 10:90, bezogen auf die biol. Aktivität; Uterusgewichtstest bei der infantilen Ratte) ergab: Alle Mischungen zeigten bei niedrigen Dosen synergist. Effekt mit Ausnahme der Kombination I + III, bei der ein synergist. Effekt erst in höheren Dosen zu finden war. III hemmte in keinem Fall die I-Wirkung. (Proc. Soc. exp. Biol. Med. **98.** 308—12. Juni 1958. Pittsburgh, Pa., Allegheny Gen. Hosp., Wm. H. Singer Mem. Res. Labor., Dep. of Res. in Endocrinol. and Metabol.) U. LASCHET. 4559

D. Jackson und **J. M. Robson,** *Örtlicher Antagonismus der Wirkungen von Steroidhormonen durch Methylcholanthren.* Vff. geben Ratten, denen die Ovarien exstirpiert worden sind, nach Behandlung der (mit einer Ligatur versehenen) Vagina mit *Methylcholanthren* (I)-Pulver innerhalb von 2 Tagen subcutane Injektionen von *Östradiol-3.17β* (II, 0,2 bzw. 1,5 μg, gelöst in Olivenöl) u. beobachten, daß I die durch (0,2 μg) II hervorgerufene Verhornung der Zellen verhindert, während höhere II-Dosen eine Umkehr der I-Wrkg. hervorrufen. Der n. II-Effekt läßt sich auch nach Entfernung von I (nach 21 tägiger Einw. auf die Vagina) erkennen. Das gleiche Ergebnis wird bei intravaginaler Zufuhr von II (in A. gelöst u. verd. mit W. u. Glycerin) in Ggw. von I erhalten, wobei die mittlere wirksame Dosis 0,0005 μg II beträgt. Applikation von I vor Hormonzufuhr läßt keinen Antagonismus in Erscheinung treten. In Mengen von 5 mg verhindert I die Bldg. des Vaginalschleims bei trächtigen Tieren u. solchen, die ein *Progesteron*–II-Gemisch (750:0,05 μg) injiziert erhalten haben. In gleicher Weise werden die Wrkgg. von *Testosteron* (0,1—1 mg pro Tag, innerhalb von 10 Tagen) auf die Samenbläschen der ♂ Ratte u. von *Desoxycorticosteron* auf die Proliferation der Zellen des Endometriums beim Kaninchen durch Behandlung mit I inhibiert. Die Ergebnisse zeigen, daß I als Antagonist der Geschlechtshormone anzusehen ist u. das Carcinogen an den Wachstumsreceptoren der Zellen sehr leicht durch die Steroide austauschbar ist, da höhere Hormonmengen die I-Wrkg. aufheben. (J. Endocrinology **14.** 348—54. Jan. 1957. London, Guy's Hosp. Med. School, Dep. of Pharmacol.) P. FAHRNLAENDER. 4559

U. Leone, *Bestimmung der hämatischen Phenolsteroide während des menstruellen Cyclus und der Schwangerschaft mittels Säulenchromatographie.* Die hämat. Phenolsteroide *Östron, Östriol, β-Östradiol* u. *16-Epiöstriol* (*$\Delta^{1.3.5}$-Östratrien-3β.17β.16β-triol*) haben einen bedeutenden Einfl. auf den Menstrualcyclus u. die Gravidität, weshalb ihre Best. im Verlauf der genannten Phasen von Bedeutung ist. Die verschiedenen, bisher entwickelten Methoden werden beschrieben. Eigene Unterss. berücksichtigen die Säulen- u. die Papierchromatographie, Verff., die mit UV- u. fluorimetr. Methoden kombiniert werden, mit dem Ergebnis, daß es diese Methoden gestatten, einen Einblick in den Stoffwechsel der genannten freien Phenolsteroide zu nehmen. (Quaderni di Clinica Ostetrica e Ginecologica **13.** 491—514. Okt. 1958. Sep. Bari, Univ., Ist. di Clin. Ostetr. e Ginecol.) H. P. FIEDLER. 4559

I. M. Lytle und **F. W. Lorenz,** *Progesteron im Blut der legenden Henne.* Von 6—14 Monate alten weißen Leghorns wurden nach der Eiablage Blutproben aus der Vena cava entnommen, so daß das aus dem Eierstock stammende Blut nicht mit der Leber oder einem anderen Capillarsyst. in Berührung kommen konnte. Die Proben wurden nach der Meth. von BUSH (C. **1953.** 6947) extrahiert u. der eingeengte Extrakt in n-Heptan/Methanol/W. 5:4:1 bei 38° chromatographiert. In allen Proben konnten, durch Vgl. mit Progesteron (I)-Auftragungen verschied. Konz., ca. 5 μg I in 100 ml Blut nachgewiesen werden. (Nature [London] **182.** 1681. 13/12. 1958. Davis, Calif., Univ. of California.) A. GUDE. 4559

L. M. Atherden und **J. K. Grant,** *Der Stoffwechsel von Progesteron bei der Ratte.* Vff. geben ♂ Ratten innerhalb von 3 Tagen täglich *Progesteron* (I; 2 mg in Olivenöl, intraperitoneal) u. bestimmen im 24-Std.-Harn die Stoffwechselprodd. *Pregnandiol* (II) u. *Allopregnandiol* (III) nach der Meth. von KLOPPER (Extraktion des säurehydrolysierten Harns mit Toluol, Chromatographie über einer Al_2O_3-Säule u. Messung der Absorptionsspektren nach Versetzen des Eluats mit H_2SO_4; bzw. bei III: Elution der Säule mit 0,8% A. enthaltendem Bzl.). Ein Nachw. von überschüssigem II oder III nach Zufuhr von I läßt sich nicht erbringen, da im n. Rattenharn 4—8 μg II (bzw. 9—11 μg III) vorkommen u. das dem nichthydrolysierten Harn in Mengen von 12—50 μg zugesetzte II zu 80—100% in unveränderter Form wiedergefunden wird. Die im n. Rattenharn ermittelten II-Gehh. übersteigen nicht die II-Mengen, die im Harn von mit I behandelten Tieren festgestellt werden. Ähnliche Ergebnisse werden bei der III-Best. erhalten, u. die

opt. Dichten bei 400, 430 u. 460 mμ zeigen keine dem **II** oder **III** zuzuschreibenden selektiven Absorptionen. Injiziertes **I** tritt also im Harn nicht als **II** oder **III** auf. (J. Endocrinology **14**. 371—75. Jan. 1957. Edinburgh, Univ., Dep. of Biochem.)
P. FAHRNLAENDER. 4559

Hirokazu Iwasak, *Experimentelle Untersuchungen über die zentralen Wirkungen von Progesteron.* Injektionen von 1—1,5 mg *Progesteron* (I)/Tag, 6 mg *Chlorpromazin* bzw. 10 mg *Phenobal* stellen den n. Sexualcyclus von Albinoratten mit dauerndem Östrus wieder her. Über 2 mg I pro Tag verursachen z. T. Pseudoschwangerschaft, z. T. verzögerten, z. T. unvollständigen Ablauf des Cyclus. Über 3 mg I pro Tag verursachen Mucinbldg. im Vaginalabstrich. Bei längerer Gabe von 5 bzw. 10 mg I 2mal je Woche wird der Cyclus nur am Anfang gestört. Später gewöhnen sich die Tiere. Anders als bei wöchentlicher 2maliger Injektion von 51 γ *Östradiol* tritt jedoch keine desensibilisierende Wrkg. ein, die sich als deutliche Hyperfunktion der Hypophyse äußert. — Die bei Kaninchen durch Kupfersalz hervorgerufene Ovulation unterbleibt, wenn unmittelbar davor I intravenös injiziert wird. Die Funktion des Hypophysenvorderlappens kastrierter Ratten wird durch große Dosen I nicht unterdrückt. — I wirkt auf Albinoratten anästhesierend, es scheint also — direkt oder indirekt — den Hypothalamus zu beeinflussen. Die Wrkg. des I unterscheidet sich von der Wrkg. anderer Sexualsteroide dadurch, daß es die Ovulation sowohl hemmen als auch fördern kann. (J. Jap. obstetr. gynecol. Soc. [Engl. Edit.] **5**. 160—62. April 1958. Tokyo, Univ., School of Med., Dep. of Obstetrics and Gynecol.)
S. DITTMANN-MITSCHERLICH. 4559

Gerard F. Brewer und **W. B. Quay,** *Die Phosphataufnahme von Epiphyse und Hypophyse nach Kastration und Verabfolgung von Sexualhormonen.* Eine signifikante Steigerung der $^{32}PO_4$-Aufnahme kastrierter Rattenweibchen war nur im Hypophysenvorderlappen, nicht in der Epiphyse nach subcutaner Verabfolgung von 2 bzw. 250 γ *17β-Östradiol*/Tag, in Öl gelöst, 4 Tage lang gegeben, zu beobachten. 5 mg *Progesteron*/Tag hatten auf die Phosphataufnahme keinen Einfluß. (Proc. Soc. exp. Biol. Med. **98**. 361 bis 364. Juni 1958. Berkeley, Calif., Univ. of California, Dep. of Zool., Cancer Res., Genetics Labor.)
U. LASCHET. 4559

F. J. Ebling, *Die Wirkung von Testosteron auf die Talgdrüsen bei normalen und hypophysektomierten Ratten.* Vf. beobachtet, daß *Testosteron* (I) bei kastrierten ♂ Ratten (a) die Proliferation u. Größe der Talgdrüsenzellen fördert u. gleichzeitig die Anzahl der Zellen vermindert. Bei hypophysektomierten Tieren (b) besitzt I dagegen keine Einw. auf die Drüsen, deren Vermehrung (u. Vol.) größer ist als bei a. Sämtliche b u. bes. mit I behandelte b zeigen einen sehr raschen Zellenabbau. Bei sterilisierten ♀ Ratten setzt sich die I-Wrkg. auf die Zellengröße u. -vermehrung auch bei gleichzeitiger Zufuhr von *Östradiol* fort, obwohl die Drüsen nicht wesentlich vergrößert sind. (J. Endocrinology **14**. XLI. Jan. 1957. Sheffield, Univ., Dep. of Zool.)
P. FAHRNLAENDER. 4559

Georg W. Oertel und **Kristen B. Eik-Nes,** *Dehydroepiandrosteron im Blut.* 2. Mitt. *Isolierung von Dehydroepiandrosteron und Phosphorsäure enthaltenden Komplexen aus menschlichem Blutplasma.* (1. vgl. Acta endocrinol. [Copenhagen] **28**. [1958.] 293.) Nach einer 6std. Infusion von 25 I.E. *adrenocorticotropem Hormon* ließ sich im Plasma n. menschlicher Versuchspersonen *Dehydroepiandrosteron* auch in Bindung an *Phosphorsäure* nachweisen, wobei das Verhältnis nach der papierchromatograph. Auswertung in der Butanolphase 1:0,98 u. in der wss. Phase 1:2,29 betrug. (Acta endocrinol. [Copenhagen] **30**. 93—98. Jan. 1959. Salt Lake City, Utah, Univ. of Utah, Coll. of Med., Dep. of Biochem.)
U. TAUSENDFREUND. 4560

Fay Johnston, *Methoden zur Bestimmung von Extrakten, welche die Hormone des Hypophysenhinterlappens enthalten.* Es werden 3 Methoden zur Best. von *Oxytocin* kurz beschrieben: Die Meerschweinchenuterusmeth., die Rattenuterusmeth. u. eine Meth., welche auf dir Depression des Hühnchenblutdruckes beruht. Die zuverlässigeren Ergebnisse geben die 2. u. 3. Meth., die auch für eine statist. Analyse geeignet sind. (Lab. Pract. **7**. 575—77. Okt. 1958. Glasgow, Univ., Dep. of Materia Medica.)
K. F. MÜLLER. 4560

Vr. Schreiber (mit techn. Hilfe von **Vlasta Kmentová**), *Spektrophotometrische Bestimmung des Melanocyten-stimulierenden Hormons (MSH, Intermedin) und der Melanophoren-beeinflussenden Aktivität eines ACTH-Präparates, der Voegtlin-Substanz und von frischem menschlichem Serum an isolierter Froschhaut in vitro.* Isolierte Hautstückchen hypophysektomierter Frösche wurden in RINGER-Lsg. incubiert u. die Resorption dieser Hautstückchen vor u. nach Zugabe von *Melanocyten-stimulierendem Hormon* (*Intermédine*, CHOAY; I), eines *ACTH*-Präp. (*Corticotrophin* SPOFA; II), eines Hypophysenhinterlappenextraktes (VOEGTLIN-Substanz; III) u. von frischem menschlichem Serum von Gesunden u. von Schwangeren in einem Spektrophotometer zu verschied. Zeiten der Incubation bei 625 mμ gemessen. Die Empfindlichkeit beträgt 0,0125 μg/ml. Frisches menschliches Serum von Gesunden verändert die Resorption nicht, mit Serum von

Schwangeren (10. Monat) wurden jedoch Werte zwischen 0,1—0,25 „vairon"-Einheiten I-Aktivität pro ml gemessen. Bestimmungen der Serumaktivität in anderen Schwangerschaftsmonaten wurden nicht durchgeführt. Der Reaktionsverlauf bei I-Zugabe war dem bei Zugabe von Schwangerenserum ähnlich. (Acta med. Acad. Sci. hung. **12.** 153—65. 1958. Prag, Karls-Univ., 3. med. Abt., Labor. für Endokrinol. u. Stoffwechsel.)

R. TIMMLER. 4560

Margaret I. Stern, *Einige Beachtungen über das Vorkommen einer dem 5β-Pregnan-3α.17α.20α-triol ähnlichen Substanz im Harn.* Vf. beobachtet das Vork. von größeren Mengen *Pregnantriol* (I) im Harn eines an Nebennierenhyperplasie leidenden Jungen. Die innerhalb von 24 Std. ausgeschiedene I-Menge steigt nach Behandlung mit ACTH nicht an u. wird durch Zufuhr von *Cortison* erheblich vermindert. Die I-Best. wird im enzymat. hydrolysierten Harn nach der Meth. von KLOPPER zur Ermittlung von *Pregnandiol* (II) durchgeführt, wobei die Farb-Rk. mit H_2SO_4 bei Ggw. von I intensiver ist als bei der von II. (J. Endocrinology **14.** XLIII—XLIV. Jan. 1957. London, Univ. Coll., Hosp. Med. School, Obstetric Unit.) P. FAHRNLAENDER. 4561

Joachim Kracht, *Morphokinese der Nebennierenrinde nach Anwendung von Cortison und Cortisonderivaten.* Bei der Ratte restituiert sich die unter *Cortison-* oder *Prednisolon*-Einw. atroph. gewordene Nebennierenrinde innerhalb sehr kurzer Zeit, es kommt dabei sogar zu einer überschießenden Reaktion. Mit Gaben von *adrenocorticotropem Hormon (ACTH)* konnten nun folgende Ergebnisse erzielt werden: Tägliche hohe Dosen von ACTH können die Nebennierenrindenatrophie verhindern, heben aber den Corticoideffekt auf; intermittierende ACTH-Gaben heben den Corticoideffekt nicht auf; die Rindenregeneration ist danach aber deutlich verzögert, da offenbar der Hypophysenvorderlappen in doppeltem Sinne blockiert wird; einmalige Gabe von ACTH in Höhe von 1 I.E./100 g nach Beendigung der Corticoidzufuhr reicht nicht zur Normalisierung der Nebennierenrindenfunktion aus u. ist der spontan einsetzenden Restituierung, wahrscheinlich auf Grund einer Bremsung der corticotropen Partialfunktion, unterlegen, so daß sie als überflüssig oder sogar nachteilig gelten kann. Beim Menschen kann sie jedoch gegebenenfalls als Sicherungsmaßnahme gelten, da hier die spontane Reaktivierung der Nebennierenrinde langsamer einsetzt u. wahrscheinlich nicht überschießend erfolgt. (Die Medizinische **1959.** 106. 17/1. Hamburg, Univ., Pathol. Inst.)

U. TAUSENDFREUND. 4561

Edward H. Schaefer jr., Charles I. Wabner, William F. Blatt und **H. Jensen,** *Die Wirkung von Cortison, Medrol und Aristocortdiacetat auf die antitryptische Aktivität des Rattenserums.* Vff. untersuchten die Wrkg. von *Cortison* (I), *Medrol* (II; *Δ^1-6α-Methylhydrocortison*) u. *Aristocortdiacetat* (III; *16α-Hydroxy-9α-fluorhydrocortison-16α.21-diacetat*) in Dosen von 1 bzw. 4 γ/kg Körpergewicht (3 Tage lang verabfolgt) auf die antitrypt. Aktivität des Rattenserums bei n. hypophysektomierten u. adrenalektomierten Ratten. Die beständigste Erhöhung der antitrypt. Aktivität war nach III zu finden; auch II war wirksam, während von I hohe Dosen benötigt wurden. Nach Hypophysektomie beobachtet man im Gegensatz zu adrenalektomierten Tieren eine nur geringe antitrypt. Aktivität des Serums. Daraus wird gefolgert, daß an der Kontrolle des fibrinolyt. Syst. neben dem Nebennierenhypophysensyst. auch andere endokrine Drüsen beteiligt sind. (Proc. Soc. exp. Biol. Med. **98.** 354—57. Juni 1958. Fort Knox, Ky., US Army Med. Res. Labor., Biochem. Dep.) U. LASCHET. 4561

D. F. Cole, *Wirkung von Aldosteron auf die renale Exkretion von intravenös applizierter Kochsalzlösung.* Vf. gibt ♂ Albinoratten 2 bzw. ½ Std. vor intramuskulärer bzw. intravenöser Zufuhr von *Aldosteron* (I, 10 μg, gelöst in Öl) eine Infusion von isoton. KREBS- (Bicarbonat)-Lsg. (0,15 ml/Min.). Es wird festgestellt, daß I, unabhängig von der Art der Applikation, die Abgabe von Na^+ vermindert u. dessen Resorption in den Tubuli der Nieren steigert. I erniedrigt auch das Na-K-Verhältnis im Harn, während der glomeruläre Filtrationsanteil nicht beeinflußt wird. Die gesteigerte Na-Ausscheidung nach isoton. Bicarbonatinfusion wird durch I jedoch nicht verhindert. Die erhöhte Na-Exkretion scheint nicht allein auf eine verminderte I-Bldg. in den Nebennieren der Tiere zurückzugehen. (J. Endocrinology **14.** XLII—XLIII. Jan. 1957. Newcastle-upon-Tyne, Univ. of Durham, Med. School, Dep. of Med.) P. FAHRNLAENDER. 4561

Grant W. Liddle, *Aldosteronantagonisten. Aldosteron* (I) beeinflußt die Nieren im Sinne einer Na- u. Cl-Retention sowie einer Steigerung der Ausscheidung von K-, NH_4- u. H-Ionen, wie Unters. am Urin eines gesunden, standarternährten Mannes ergaben. Nach plötzlichem Absetzen von I steigt die Na^+- u. Cl^--Ausscheidung über die Norm, die von K^+, NH_4^+ u. H^+ wird subnormal. Diese Wrkg. wird durch nachfolgende Gaben von *Spirolacton* (II) noch gesteigert. II hemmt die Wrkg. von I, bes. aber u. im Gegensatz zu allen anderen Diureticis die K-Ausscheidung, wie im Vgl. mit dem Hg-haltigen Mercaptomerin erwiesen wurde. Bei Kranken mit Cirrhose, Nephrose oder Stauungsödemen

werden große Mengen von I im Urin ausgeschieden. Bei ihnen erwies sich die diuret. Wrkg. von II als überaus günstig. (A. M. A. Arch. intern. Med. **102.** 998—1004. Dez. 1958. Nashville, Tenn., Vanderbilt Univ., School of Med., Dep. of Med.)
HEINRICH HERMANN. 4561

M. Minozzi, M. Faggiano und **P. Rossano,** *Zur Bestimmung der Harncorticosteroide nach der Methode von Heard und Sobel: Vergleich zweier Methoden.* Vff. bestimmten in rohen Harnextrakten n. Probanden u. verschied. Patienten den Geh. an *Corticosteroiden* nach der Meth. von HEARD u. SOBEL u. verglichen die Ergebnisse mit denen, die mittels der Best. der Ketonfraktion nach GIRARD-Trennung nach der Meth. von SPRECHLER erhalten wurden. Zwischen beiden Methoden bestehen bestimmte, jedoch keine konstanten Beziehungen. Die GIRARD-Meth. nach SPRECHLER wird als die zuverlässigere Meth. bezeichnet. (Endocrinol. Sci. Costituz. **25.** 159—66. 1958. Napoli, Univ., Ist. di Patol. Spec. e Metodol. Clin.) H. P. FIEDLER. 4561

P. Møller, O. Buus und **E. Bierring,** *Blutdruck und Urinausscheidung von Noradrenalin.* Bei 130 normotonen u. an Hypertonie leidenden Patienten wurden Blutdruckwerte u. Urinausscheidung von Noradrenalin (I) verglichen. Die Ausscheidung von I ist bei Hypertonie geringer, u. die Differenz in der I-Ausscheidung ist zwischen Normalpersonen u. Hypertonikern statist. signifikant. Es scheint eine negative Korrelation zwischen der Schwere der Erkrankung (gemessen an den Blutdruckwerten u. dem Grade der Retinitis) u. der I-Ausscheidung zu bestehen. (Scand. J. clin. Lab. Invest. **9.** 331—37. 1957. Copenhagen, Denmark, Med. Labor.) K. BÖHM. 4561

L. B. Perelman und **E. Sch. Matlina,** *Die adrenalinähnlichen Stoffe bei Myasthenie.* Beobachtungen an 23 Patienten mit Myasthenie ergaben einen niedrigeren Geh. an adrenalinähnlichen Substanzen (I) im Blut als in der Norm (im Mittel 6,7 statt 7,8 γ%). *Proserin* (2 ml der 0,05%ig. Lsg. täglich), *ACTH* (6 Tage zu 40—60 E.) u. Röntgentherapie bewirkten in allen Fällen eine deutliche Zunahme von I im Blut u. auch im Liquor cerebrospinalis. (Бюллетень Экспериментальной Биологии и Медицины [Bull. exp. Biol. Med.] **46** (**23**). Nr. 11. 46—50. Nov. 1958. Moskau, Graschtschenkow-Gruppe der Akad. der med. Wiss. der UdSSR.) E. RENTZ. 4561

U. Leone, A. de Leonardis und **A. di Pierro,** *Erste Erfahrungen mit der Säulenchromatographie zur Bestimmung der Brenzcatechinamine im Blut der graviden Frau.* Es werden die verschied. Methoden zur Best. der *Brenzcatechinamine* (I) diskutiert. Durch Kombination der Säulen- u. Papierchromatographie mit colorimetr. u. photometr. Verff. können im Blut der graviden Frau 8 Substanzen isoliert u. z. T. nachgewiesen werden: *Hydroxytyramin, Noradrenalin, Dihydroxyphenylalanin, Adrenalin, 3.4-Dihydroxyphenylacetaldehyd, -essigsäure* u. wahrscheinlich *-glykolaldehyd* sowie eine weitere nicht identifizierte Substanz. Vff. glauben, daß die von ihnen entwickelten Methoden geeignet sind, um den Stoffwechsel der I unter n. u. patholog. Bedingungen zu verfolgen. (Minerva ginecol. **10.** Nr. 7. 1—16. 15/4. 1958. Bari, Univ., Ist. di Clin. Ostetric. e Ginecol.)
H. P. FIEDLER. 4561

Sarada Subrahmanyam, *Ein vorläufiger Bericht über die Entdeckung von Isopropylnoradrenalin im menschlichen Urin.* Vf. extrahierte Aminopräpp. aus menschlichen Urinproben u. prüfte in biol. Verss. an Katzen ihre Wrkg. bzgl. Blutdrucksenkung. Die erhaltenen Ergebnisse wurden verglichen mit aus papierchromatograph. Unterss. erhaltenen u. gaben den Beweis für Ggw. von Isopropylnoradrenalin (I). Die Papierchromatographie erfolgte aufsteigend eindimensional in Phenol: 0,1n HCl = 85:15 mit anschließendem Besprühen mit 2%ig. wss. KJ-Lsg. u. quantitativer Best. der erhaltenen Zonen mit dem Densitometer. R_F-Wert von I: 0,69—0,71. (Current Sci. **27.** 15—17. Jan. 1958. Madras, Stanley Med. Coll., Dep. of Physiol.) R. LESCHBER. 4561

A. G. B. Kovách, L. Takács, A. Mohácsi, V. Káldor und **Z. Kalmár,** *Die Wirkung von stoffwechselanregenden und -vermindernden Substanzen auf die Empfindlichkeit von Ratten gegen Schock.* Vff. untersuchten an 288 Inzuchtratten die Wrkg. von *Thyroxin* (I), *Dinitrophenol* (II) u. *Adrenalin* (III) auf die Überlebenszeit (ÜZ) nach einem Schock, der durch Einfrieren einer hinteren Pfote durch fl. Luft verursacht wurde. Eine Behandlung der Tiere mit Trockenschilddrüse oder subcutaner Injektion von 100 μg I über 3 Tage oder 1—2 mg II/100 g Gewicht oder 20—200 μg III/100 g vor Auslösung des Schocks verkürzt erheblich die ÜZ nach Schock. Die gleiche Wrkg. beobachteten Vff. bei adrenalektomierten oder mit *Sevenal* (*5-Phenyl-5-äthylbarbitursäure;* 12 mg/100 g Gewicht) behandelten Ratten. In all diesen Fällen ist diese Wrkg. einer Anregung des Stoffwechsels zuzuschreiben. Eine Gabe von *Methylthiouracil* über 3 Wochen in 0,2%ig. Dosis dem Futter beigemischt, verlängert dagegen die ÜZ nach Schock. Vff. glauben, daß diese Wrkg. durch eine Verminderung des Stoffwechsels herbeigeführt wird. (Acta physiol. Acad. Sci. hung. **11.** 181—88. 1957. Budapest, Univ., Med. School, Inst. of Physiol., 3. Dep. of Med.) G. BRATFISCH. 4561

Bror-Axel Lamberg, Josip Matovinovic und **John B. Stanbury,** *Die in vitro-Bildung jodierter Verbindungen in Schilddrüsenschnitten und -homogenaten.* An Schafschilddrüsenschnitten bzw. -homogenaten wurden im Incubationstest der in vitro-Einbau von radioakt. J in die *organ. J-Verbb.*, ferner der Einfl. von Diphosphopyridinnucleotid (I) auf die Bldg. von *Jodthyroninen* in aus in vivo markierten Rattenschilddrüsen hergestellten Extrakten überprüft. Die Proteinbindungskapazität der Thyreoidalschnitte zeigte je nach Herkunft der Drüse u. Versuchsanordnung erhebliche Schwankungen, in Abhängigkeit von der Versuchsdauer im allg. einen Anstieg. Die Verteilung des radioakt. J zwischen Mono- (II) u. Dijodtyrosin (III) erreichte wenige Std. nach Beginn der Incubation ein Gleichgewicht, während Thyroxin erst später nachgewiesen werden konnte. Auch die Proteinbindungskapazität der Mitochondrien–Mikrosomen-Fraktion der Thyreoidalhomogenate zeigte erhebliche Schwankungen; in einigen Verss. waren mindestens 20% des gesamten radioakt. J proteingebunden. In diesen Verss. konnte nur II nachgewiesen werden. Thyreotropin erhöhte den Anteil an proteingebundenem J. In Verss., die eine Förderung der Proteinsynth. zum Gegenstand hatten, konnte weder in Thyreoidalschnitten noch in Homogenatfraktionen eine vermehrte Bldg. von proteingebundenem ^{131}J oder von J-Thyroninen beobachtet werden. Sowohl bei der Incubation von Thyreoidalschnitten als auch bes. den Homogenatfraktionen konnten verschied. nichtidentifizierte, jodierte Substanzen nachgewiesen werden. Die von anderer Seite behauptete Förderung der Jodthyroninbldg. in Ggw. von I konnte nicht bestätigt werden. (Acta endocrinol. [Copenhagen] **29.** 33—46. Sept. 1958. Boston, Mass., Harvard Med. School, Dep. of Med.; Massachusetts Gen. Hosp., Med. Serv.)
H. P. Fiedler. 4562

Ingeborg Bois und **Lars-Gunnar Larsson,** *Untersuchungen über das Verhältnis von markiertem Mono- und Dijodtyrosin in der Rattenthyreoidea nach Radiojodverabreichung.* Nach erfolgter biol. Verabreichung von ^{131}*J* wurde in den Rattenthyreoidalhomogenaten das Verhältnis zwischen ^{131}J-*Dijod* (I)- u. -*Monojodtyrosin* (II) ermittelt. Nach J-Verabreichung stieg es an, während es nach einer Injektion von Thyreotropin u. nach längerer Propylthiouracilbehandlung abnahm. Es wird vermutet, daß der ermittelte Quotient I:II vornehmlich den Grad der ursprünglichen Thyreoglobulinjodierung wiedergibt. (Acta endocrinol. [Copenhagen] **29.** 102—08. Sept. 1958. Stockholm, Gen. Dep. of Radiumhemmet.)
H. P. Fiedler. 4562

J. Kellen, *Über den Eiweißzucker bei Thyreopathien.* 2. Mitt. *Ergebnisse mit der Papierelektrophorese von Glykoproteiden bei Thyreotoxikose.* (1. vgl. C. **1958.** 5726.) Papierelektrophoret. Auftrennung der Serum-*Glykoproteine* bei Fällen von akt. Thyreotoxikose zeigt einen Anstieg derjenigen Glykoproteine, welche mit der Albuminfraktion wandern. Es wird angenommen, daß es sich dabei um den Ausdruck des erhöhten Stoffwechselgeschehens handelt. Die außerdem zu beobachtende Vermehrung der mit der α_2-Globulinfraktion wandernden Glykoproteine ist wahrscheinlich als eine Folge der Wrkg. des thyreotropen Hormons aufzufassen. (Z. ges. inn. Med. Grenzgebiete **12.** 907—08. 1/10. 1957. St. Kúpele Nový Smokovec, ČSR.) U. Tausendfreund. 4562

J. Kellen, *Über den Eiweißzucker bei Thyreopathien.* 3. Mitt. *Eiweißhexosen und Glykoproteide im Elektrophorogramm bei Hypothyreose.* (2. vgl. vorst. Ref.) Bei Hypothyreosen sind, wie auch bei Hyperthyreosen, die colorimetr. mit Hilfe von Orcin feststellbaren *Glykoproteine* im Serum erhöht; diese Erhöhung ist auf einen Anstieg der α_2- u. β-Globulinfraktionen, nicht der Albuminfraktion, zurückzuführen. Außerdem ist eine Erhöhung der *Mucoproteine* der α_2-Globulinfraktion ohne eine Ausscheidungserhöhung der mit Toluidinblau im Harn bestimmbaren Mucoproteine zu beobachten. Es wird für möglich gehalten, daß die erhöhten Mucoproteine zusammen mit Cholesterin an der Entstehung degenerativer Gefäßschäden beteiligt sind. Durch Therapie mit Thyreoglobulin kommt es innerhalb von 3—4 Wochen zu einer Normalisierung der Werte. (Z. ges. inn. Med. Grenzgebiete **12.** 956. 15/10. 1957. Nový Smokovec, ČSR.)
U. Tausendfreund. 4562

J. Kellen, *Über den Eiweißzucker bei Thyreopathien.* 4. Mitt. *Mucoproteine im Harn bei Thyreotoxikose.* (3. vgl. vorst. Ref.) Die bei Thyreotoxikose zu beobachtenden erhöhten Harnausscheidungswerte für *Mucoproteine* (I) sind nicht nur als Folge einer gesteigerten I-Clearance aufzufassen, sondern zweifellos ein Zeichen der gesteigerten Bldg. dieser Stoffe. Durch Besserung der Thyreotoxikose lassen sich die Ausscheidungswerte senken. Während durch experimentelles Fasten sich bei Gesunden keine Veränderungen der Ausscheidungswerte für I erzwingen lassen, können diese durch Überdosierungen von *Thyreoglobulin* herbeigeführt werden. (Z. ges. inn. Med. Grenzgebiete **12.** 1003—04. 1/11. 1957. Nový Smokovec, ČSR, St. Kúpele.) U. Tausendfreund. 4562

M. A. Kopelowitsch und **Je. P. Tichonowa,** *Über die therapeutische Wirksamkeit des Kaliumperchlorats bei Thyreotoxikose.* Von 66 Thyreotoxikosepatienten, welche mit

$KClO_4$ behandelt wurden u. welche von Vff. 2—2½ Jahre lang beobachtet werden konnten, wurden 35 prakt. geheilt u. 16 gebessert, während 15 keinen Erfolg zeigten. Die Behandlung muß 4—6 Monate dauern. In schweren Fällen beträgt die Dosierung 4mal täglich je 0,25 g für 6—8 Wochen, dann 0,25—0,5 g täglich. Gesamtverbrauch von $KClO_4$ 100—130 g, in mittelschweren Fällen 70—100 g, in leichteren Fällen 50 bis 70 g. In 19 Fällen kam es zu einer Verkleinerung der Struma. Nebenwrkgg. traten nicht auf. Es wurden Gewichtszunahmen bis zu 14 kg beobachtet. Zur Operationsvorbereitung ist $KClO_4$ ungeeignet. (Клиническая Медицина [Klin. Med.] **37** (**40**). Nr. 3. 135—36. März 1959.) E. RENTZ. 4562

L. N. Kasakowa, *Unsere Erfahrungen mit der Anwendung von radioaktivem Jod bei der Behandlung von Thyreotoxikosen.* Die Kranken erhielten 2—4 mC, insgesamt (6—7 Tage) 4—8 mC. 4, oft auch 6 mC erwiesen sich bei der Mehrzahl der Fälle als nicht ausreichend; nach 3—4 Monaten wurde die Behandlung bei zu geringer Wirksamkeit wiederholt. Bei 54 Kranken wurde in den ersten Tagen nach der ^{131}J-Zufuhr eine Verstärkung der Krankheitssymptome beobachtet. Besserung des Allgemeinzustandes trat nach 3—4 Wochen ein, die ausgesprochene Wrkg. der Behandlung nach 3—4 Monaten (Beobachtungszeit ½—2½ Jahre). Von 94 Kranken wurden 75 geheilt, 16 deutlich gebessert, bei 3 kam es zu Schilddrüsenunterfunktion. 6 Kranke, deren Anamnese überstandene Polyarthritis oder Rheumatismus aufwies, zeigten 2—3 Monate nach der Behandlung arthrit. oder rheumat. Beschwerden. (Вестник Ренгенологии и Радиологии [Nachr. Röntgenol. Radiol.] **34**. Nr. 2. 90—91. März/April 1959. Moskau, 1. Med. Ssetschenow-Inst., Lehrstuhl für Röntgenol. u. Radiol.) K. RINTELEN. 4562

F. Odenthal, *Die Behandlung der Thyreotoxikose mit Radiojod.* (Vgl. C. **1956**. 3076.) (Sonderbände zur Strahlentherapie **33**. 128—36. 1955. Freiburg/Br., Univ., Med. Klinik.) K. MAIER. 4562

Cl. v. Holt, *Die Physiologie der Langerhansschen Inseln.* Übersicht. — 131 Literaturangaben. (Verh. dtsch. Ges. Pathol. **1959**. 41—50. Hamburg, Univ., Physiol.-chem. Inst.) J. LEHMBERG. 4564

B. Stampfl, *Das Zink in den Langerhansschen Inseln verschiedener Tierarten.* Die üblichen Laboratoriumstiere, sowie Tauben u. Hühner zeigten (intravitale Dithizonmeth.) in den LANGERHANS-Inseln wechselnde Gehh. an *Zink.* (Verh. dtsch. Ges. Pathol. **1959**. 137—39. München, Krankenhaus Schwabing, Patholog. Inst.) J. LEHMBERG. 4564

G. Bruns, W. Kiehl, H. J. Reiss und **E. Nágel,** *Vergleichende histochemische Untersuchungen zur Wirkung der antidiabetischen Sulfonamide auf das Kaninchen.* Es wird das Verh. von *alkal. Phosphatase, Kohlensäureanhydratase* u. des *Glykogens* in Leber u. Niere nach Verabfolgung von *N^1-Sulfanilyl-N^2-n-butylharnstoff* an Kaninchen untersucht. (Verh. dtsch. Ges. Pathol. **1959**. 139—44. Halle/S., Univ., Patholog. Inst. u. Kinderklinik.) J. LEHMBERG. 4564

André Nahum und **Charles Pérèz,** *Zustand der Hypoglykämie nach Aufnahme von Pillen aus einer südtunesischen Pflanze: Bou-Ghriba.* Vff. beschreiben einen Diabetiker, der — zusätzlich zum Insulin — aus der Pflanze „*Bou-Ghriba*" hergestellte Pillen genommen hatte, wie sie die Bevölkerung des Djerid als Antidiabeticum verwendet. Die Pillen bewirken einen hypoglykäm. Schock. (Tunisie méd. **35**. 771—72. Dez. 1957.) H. SCHIMASSEK. 4564

Charles Pérèz, *Beitrag zu einer Studie über Zygophyllum cornutum (Bou-Ghriba), einer neuen Pflanze mit hypoglykämischer Wirkung.* Bericht über experimentelle Unterss. einer Heilpflanze aus Südtunesien (vgl. vorst. Ref.) *Zygophyllum cornutum (Zygophyllacee)*, die eine blutzuckersenkende Wrkg. hat. Zur Anwendung kamen Blätter u. Pulver der Blätter nach Vorbehandlung mit Fettlösungsmitteln. Dosierung: 1 g/kg Kaninchen; Senkung des Blutzuckers um ca. 10—37% im Verlauf von 60 Minuten. Für die wirksame Substanz wird der Name *Zygophyllin* oder *Bougribin* vorgeschlagen. (Tunisie méd. **35**. 773—83. Dez. 1957.) H. SCHIMASSEK. 4564

Saizo Kuwashima, *Experimentelle Untersuchungen über Schwankungen der Menge acetylcholinähnlicher Substanzen im Gehirn während der Sexualcyclen.* Die im Hypothalamus von Albinoratten gebundene Menge *Acetylcholin* (I) wechselt mit dem Sexualcyclus. Sis ist in der voröstr. Phase am geringsten. Freies I bleibt dagegen konstant. Das Gesamt-I im Hypothalamus kastrierter Albinoratten ist erhöht u. kann durch Verabreichung von *Östrogen* (II) gesenkt werden. Subcutane Injektion einer großen Dose II in noch nicht geschlechtsreife weibliche Albinoratten verursacht nach 8—10 Std. Erhöhung des gesamten u. des freien I im Hypothalamus. In Gewebeschnitten des Hypothalamus hängt die I-Synth. weder vom Sexualcyclus noch von der Verabreichung von II-Sulfat ab. Die II-Einw. auf den I-Geh. scheint also indirekt zu sein. (J. Jap. obstetr. gynecol.

Soc. (Engl. Edit.) **5.** 173. April 1958. Tokyo, Univ., School of Med., Dep. of Obstetrics and Gynecol.) S. DITTMANN-MITZSCHERLICH. 4569

W. E. Brocklehurst, J. H. Humphrey und **W. L. M. Perry,** *Die Bedeutung des Histamins bei Antigen–Antikörper-Reaktionen in der Rattenhaut.* Wird der Histamingeh. der Rattenhaut durch Einreiben der *Verb. 48/80* oder von *Octylamin* um 90% verringert, sind das ARTHUS-Phänomen u. die passive allerg. Haut-Rk. trotzdem ebenso stark wie an n. Rattenhaut. Dieses u. andere Befunde stehen im Widerspruch zu der Vorstellung, daß Antigen–Antikörper-Rkk. Histamin freisetzen. (J. Physiology **129.** 205—24. 29/8. 1955. London, Mill Hill, Nat. Inst. für Med. Res.) E. FISCHOEDER. 4569

H. Moussatché und **A. Prouvost-Danon,** *Der Einfluß von Natriumsuccinat und -malonat auf die Histaminfreisetzung bei der anaphylaktischen Reaktion in vitro.* An Lungenschnitten von sensibilisierten Meerschweinchen mit u. ohne Pferdeserum als Antigen wird in vitro (WARBURG-App.) eine anaphylakt. Rk. ausgelöst, u. der Betrag an freigesetztem Histamin (**I**) wird am Meerschweinchendarm pharmakol. bestimmt. Durch Zusatz von Natriumsuccinat (0,04—0,0001 mol.) wird der Betrag an freigesetztem **I** verdoppelt bis verdreifacht. Dabei kann aber Na-Succinat nicht als **I**-Freisetzer bezeichnet werden, da es nur bei der anaphylakt. Rk. diese Wrkg. zeigt. Zusatz von *Natriummalonat* hemmt die **I**-Freisetzung bei der anaphylakt. Reaktion. Diese Ergebnisse lassen eine Beziehung zwischen dem Zellstoffwechsel (KREBSscher *Citronensäure*-Cyclus, *Bernsteinsäuredehydrogenase*) u. dem Mechanismus der **I**-Freisetzung durch Antigen–Antikörper-Rk. erkennen. (Arch. Biochem. Biophysics **77.** 108—11. Sept. 1958. Rio de Janeiro, Brasil., Inst. Oswaldo Cruz, Div. of Physiol.) G. KIMMERLE. 4569

G. Zbinden und **A. Studer,** *Morphologische Untersuchungen über den Stoffwechsel des 5-Hydroxytryptamins* (*Serotonin*). Übersicht. — 33 Literaturangaben. (Verh. dtsch. Ges. Pathol. **1959.** 425—29. Basel/Schweiz.) J. LEHMBERG. 4569

H. Dengler, *Über das Vorkommen von Hydroxytyramin in der Nebenniere.* Aus den Gesamtnebennieren (Mark u. Rinde) von Schafen ließ sich durch Säulenchromatographie u. Gegenstromverteilung neben *Adrenalin* u. *Noradrenalin* Hydroxytyramin isolieren. Der Anteil des letzten an den Gesamtbrenzcatechinaminen betrug ca. 2%. (Naunyn-Schmiedebergs Arch. exp. Pathol. Pharmakol. **231.** 373—77. 16/10. 1957. Frankfurt/M., Univ., Pharmakol. Inst.) M. REIHER. 4569

M. Schachter, *Eine verzögerte, langsam verlaufende Kontraktionswirkung von Plasma und Serum, welche auf Bildung eines dem Kallidin und Bradykinin ähnlichen Stoffes beruht.* Vff. beobachteten eine langsam verlaufende, verzögerte Kontraktionswrkg. von mit TYRODE-Lsg. verd. Plasma oder Serum (Rind, Meerschweinchen, Mensch, Hund u. Ratte) auf das isolierte Meerschweinchenileum, die vor der Verdünnung nicht vorhanden ist. Sie tritt am stärksten beim dialysierten Plasma auf, vermutlich weil durch die Dialyse die Stoffe mit schneller Kontraktionswrkg. eliminiert werden. Die Kontraktionswrkg. ließ sich durch die Antagonisten *Acetylcholin, Histamin* bzw. *5-Hydroxytryptamin* nicht beeinflussen. Nach 10—60 Min. wird der Wirkstoff im verd. Plasma zerstört. Sobald er sich im verd. Plasma gebildet hat, hört *Kallikrein* auf, *Kallidin* freizusetzen; *Renin* gibt jedoch noch große Mengen eines Stoffes mit verzögerter Kontraktionswrkg. frei. Nach Entstehen des Wirkstoffes im Plasma gibt *Trypsin* nur noch wenig oder kein *Bradykinin* frei. Außerdem wird die Bldg. des Wirkstoffes durch Behandlung des Plasmas mit kleinen Mengen *Trypsin*-Inhibitor aus Sojabohnen unterbrochen. Jedoch haben diese Hemmstoffe keine Wrkg. auf den einmal fertig gebildeten Wirkstoff. Vff. vermuten, daß die beschriebenen Erscheinungen auf einer Aktivierung durch Verdünnung des *Kallikrein–Kallidin-* oder eines ähnlichen Syst. beruhen. (J. Physiology **129.** 30 P—31 P. 28/7. 1955. London, Univ. Coll., Dep. of Physiol.) H. BASFELD. 4569

Imre Fehér, Illés Dési und **Endre Szold,** *Toxische Fraktionsisolierung aus urämischem Blut.* Aus dem Blut bzw. Liquor uräm. Kranker u. nephrektomierter Hunde ließ sich eine tox. wirkende Fraktion gewinnen. Wahrscheinlich ist das Toxin ein Stoff von niedrigem Mol.-Gew. (Peptid?). Bei intraperitonealer Verabreichung senkt das Toxin die Mastdarmtemp. von Mäusen u. Ratten u. ruft Atonie, Krämpfe, Atemstörungen u. Exitus hervor. (Z. ges. inn. Med. Grenzgebiete **14.** 209—14. 15/2. 1959. Budapest, Med. Univ., Pathophysiol. Inst. u. Urolog. Klinik.) K. F. MÜLLER. 4572

H. Ippen, *Über die Bildung eines blaugrünen, biliverdinartigen Farbstoffes in hämoglobinhaltigem Urin.* Vf. berichtet über die Bldg. eines blaugrünen, biliverdinartigen Farbstoffes in *Hämoglobin* (**I**)-haltigem Harn eines an paroxysmaler Hämoglobinurie leidenden männlichen Patienten. Anfänglich zeigte der Harn ein farbmäßig unauffälliges Verhalten. Zwei Tage später wurde eine braunschwarze Harnmenge ausgeschieden, die beim Verdünnen die typ. braunrote Farbe hämo- oder myoglobinhaltiger Harne erkennen ließ. Bei einer Koproporphyrin (**II**)-Extraktion zeigte der Ae.-Extrakt

eine braunrote I-Farbe. Eine nach dreimaligem Waschen mit W. zugesetzte HCl-Menge färbte sich dann aber nicht gelbbräunlich oder rötlich, sondern türkisgrün. Das Spektr. dieses Extraktes zeigte zwei ausgeprägte Maxima bei 360 u. 650 mμ, die I-Maxima sind völlig verschwunden u. vom II ist nur noch eine kleine Zacke bei 420 mμ erkennbar. (Klin. Wschr. **36.** 1167—68. 15/12. 1958. Düsseldorf, Med. Akad., Hautklinik.)
G. BRATFISCH. 4572

Ebbe Harslof, *Sulfhämoglobinämie.* Es wird ein Fall von Sulfhämoglobinämie nach langjähriger *$MgSO_4$*-Einnahme beschrieben. Vf. hält die $MgSO_4$-Zufuhr nicht für ursächlich, sondern *Methämoglobin* bildende Stoffe in Verbindung mit H_2S, die durch Darmstörungen entstehen. (Ugeskr. Laeger **118.** 551—52. 24/5. 1956. Odense, Amt og Bys Sygehus, med. afd. B.) H. W. GRAMM. 4572

Klaus Betke, Enno Kleihauer, Dieter Oster und **Irmgard Schlicht,** *Methämoglobinreduktion als Stoffwechselleistung roter Zellen bei normalen und anämischen Säuglingen und Kleinkindern.* Vff. untersuchen spektrophotometr. die Reduktionsgeschwindigkeit von Methämoglobin (I) in Erythrocyten von Neugeborenen u. Erwachsenen. Sie ist bei Neugeborenen geringer. Unterss. an Erythrocyten anäm. Säuglinge zeigen, daß bei einem Absinken der Hämoglobinkonz. von 34% auf 24% die I-Red. 6mal schneller abläuft. Die geringe I-Reduktionsgeschwindigkeit im Nabelschnurblut beruht auf dessen hoher Hämoglobinkonzentration. (Z. Kinderheilkunde **80.** 54—64. 23/7. 1957. Freiburg/Br., Univ.-Kinderklinik.) W. HABERDITZL. 4572

Donald C. Borg und **George C. Cotzias,** *Der Einbau von Mangan in Erythrocyten als Hinweis auf ein Manganporphyrin beim Menschen.* Nach intravenöser Injektion von trägerfreiem *$^{54}MnCl_2$* beim Menschen ergab die Unters. des Venenbluts eine schnelle Aktivitätsabnahme des Plasmas u. eine langsame Aufnahme in die zirkulierenden Erythrocyten u. Retention in denselben. Nach 66 Tagen war fast alles *^{54}Mn* in der Erythrocytenfraktion in nicht mit NaCl-Lsg. auswaschbarer, nicht dialysabler u. nicht der Chelatbldg. mit Di-Na-Äthylendiamintetraessigsäure zugänglicher Form enthalten. Verrühren von Blut mit $^{54}MnCl_2$ (18 Std.) ergab nur eine geringe Bindung durch Erythrocyten in vorwiegend leicht eluierbarer u. dialysabler Form. Der zeitliche Ablauf des Wiederauftretens von ^{54}Mn im Blut ähnelt dem nach *^{59}Fe*-Injektion u. bes. dem mit *^{15}N-Protoporphyrin* beobachteten, was auf Vorliegen eines Mn-Porphyrins hindeutet. Verss. mit Human- u. Kaninchenblut zeigten, daß eingebautes ^{54}Mn vorwiegend mit dem krist. *Hämin* isolierbar war. (Nature [London] **182.** 1677—78. 13/12. 1958. Upton, Long Island, Brookhaven Nat. Labor., Med. Dep.) K. MAIER. 4572

Leonard B. Kirschner, *Der Kationengehalt der Phospholipide von Schweineerythrocyten.* Die aus Schweineerythrocyten isolierten *Phospholipide* (eine von vier Fraktionen schien reines Phosphatidylserin zu sein) enthalten vorwiegend *Na^+*, dann *K^+* u. geringe Mengen *Ca^{2+}*. Na^+ wird von den Phospholipiden bes. gebunden, während der K^+-Geh. in Abhängigkeit von der Aufbereitungsart steht u. deshalb größeren Schwankungen unterworfen sein kann. Es konnte dabei ein Zusammenhang der Na^+-Freigabe aus den Zellen mit dem Na^+-Geh. der Phospholipide gefunden werden, so daß diese bei der Na^+-Freigabe aus den Zellen offenbar eine Rolle spielen. (J. gen. Physiol. **42.** 231—41. 20/11. 1958. Pullman, Wash., State Coll. of Washington, Dep. of Zool.)
U. TAUSENDFREUND. 4573

Edward Adelson, Jack J. Rheingold und **William H. Crosby,** *Untersuchung über die Lebensdauer von mit ^{32}P in vivo markierten Blutplättchen.* Vff. berichten über eine neue Meth. zur Markierung von Blutplättchen (BP) in vivo mit ^{32}P. Dem Blutspender (Hund 1 mC, Mensch 3—5 mC ^{32}P) wurde ^{32}P intravenös injiziert. Dem Spender wird wie bei einer n. Bluttransfusion das Blut abgezogen u. auf den Empfänger übertragen. Unmittelbar nach der Injektion ist die Radioaktivität des Plasmas hoch, sinkt aber schnell ab u. verschwindet, währenddessen steigt die Radioaktivität der BP langsam zu einem optimalen Wert an, der in einer Woche erreicht war. Die Halblebenszeit der BP betrug 1½—3 Tage; nach 6—14 Tagen wurde eine Überlebensrate der BP von 10% festgestellt. (J. Lab. clin. Med. **50.** 570—76. Okt. 1957. Washington, D. C., Walter Reed Army Inst. of Res., Dep. of Hematol., Walter Reed Army Med. Center on the George Washington Univ., School of Med.) G. BRATFISCH. 4573

Shinjiro Ninomiya, *Eine Untersuchung über Serumkupfer in Geburtshilfe und Gynäkologie.* Der *Kupfer*-Geh. des Serums von Frauen wurde spektrophotometr. bestimmt. Während der verschied. Etappen des Sexualcyclus u. bei gutartigen Geschwülsten weichen die Werte nicht vom n. Wert ab. Während der Schwangerschaft u. bei bösartigen Geschwülsten sind die Kupferkonzz. dagegen deutlich erhöht. Mit Fortschreiten der Schwangerschaft steigt der Geh. ständig, er bleibt jedoch bei Schwangerschaftstoxikose unverändert. Eine Beziehung besteht zwischen *Globulin*- u. Kupfergeh. der Seren. —

Der nach intravenöser Injektion von $CuSO_4$ in weiblichen Kaninchen sofort erhöhte Kupfergeh. ist nach 3—6 Std. wieder normal. (J. Jap. obstetr. gynecol. Soc. (Engl. Edit.) **5.** 188. April 1958. Tokyo, Univ., School of Med., Dep. of Obstetrics and Gynecol.) S. DITTMANN-MITZSCHERLICH. 4574

H. Mies und **K.-E. Klein,** *Über die Beziehungen zwischen Leber, Lunge und Blutmilchsäurespiegel.* Es wurden Blutproben aus der V. hepatica, A. carotis u. dem Herzen von Kaninchen auf ihren *Milchsäure* (I)-Geh. untersucht; es wurde gefunden, daß nach Verabfolgen von *Suprarenin* in der Leber eine Sperre der I-Aufnahme u. Abgabe an das Blut auftritt. Gleichzeitig ist in der Lunge ein I-Schwund zu beobachten, dem eine Ausschüttung von I folgt. Bei Erregung des Parasympathicus wurden in der Lunge eine Abgabe u. in der Leber ein Schwund von I festgestellt. Vff. schlossen daraus auf die Fähigkeit beider Organe, I aufzunehmen bzw. abzugeben, sowie auf die Steuerung dieses Vorgangs durch das vegetative System. (Pflügers Arch. ges. Physiol. Menschen Tiere **267.** 172—87. 9/7. 1958. Köln, Univ., Inst. für n. u. pathol. Physiol., Abt. für angew. Physiol.) R. LESCHBER. 4574

J. Rechenberger, *Die Polysaccharide der Serumeiweißkörper beim Myocardinfarkt und beim posthämorrhagischen Zustand.* Es wurden bei (a) 31 Myocardinfarkten u. (b) 50 posthämorrhag. Zuständen (Magenblutungen) die Konzz. der Serum-*Eiweiße* (I), des Serum-*Mucoproteins* (II) sowie der proteingebundenen *Hexosen* (III) u. des *Hexosamins* (IV) im Serum bestimmt. Bei a nehmen III u. IV mit dem Ende der 1. Woche zu, erreichen während der 2. Krankheitswoche ein Maximum u. nähern sich in der 5. Woche wieder der Norm. Die I sinken mäßig ab, bei allmählichem Wiederansteigen nach der 5. Woche. Die II zeigen einen erhöhten N-, III- u. IV-Geh. mit einem Maximum in der 2. bzw. 3. Woche. Die Ergebnisse bei b sind denen bei a sehr ähnlich. Auf die enge Beziehung der proteingebundenen Kohlenhydrate zu den regenerativen Vorgängen im Organismus wird hingewiesen. (Verh. dtsch. Ges. inn. Med. **64.** 138—41. 1958, herausgeg. 1959. Leipzig, Univ., Med. Klin.) E. SCHWERDTFEGER. 4574

Bong Sop Shim, *Papierelektrophoretische und papierchromatographische Untersuchungen von menschlichen Blutproteinen.* Entgegen früheren Behauptungen ist es papierchromatograph. u. papierelektrophoret. unter Variation der Bedingungen nicht möglich, das *Cyanomethämoglobin* in mehrere Komponenten aufzutrennen. (J. Kyōtō prefect. med. Univ. **60.** 1027—33. Dez. 1956. Seoul, Korea, Aeromed. Labor. [Orig.: japan.; Auszug: engl. S. LXXXIII.]) H. STRUCK. 4574

Bong Sop Shim, *Papierelektrophoretische und papierchromatographische Untersuchungen der Blutproteine.* (Vgl. vorst. Ref.) Es wird über Verss. berichtet, die Blutproteine papierchromatograph. zu trennen. Es ist mit wss. Pufferlsg. (verschied. p_H) zwar möglich, die Proteine zur Wanderung zu bringen, nur tritt keine Auftrennung der einzelnen Fraktionen auf. (J. Kyōtō prefect. med. Univ. **60.** 1034—36. Dez. 1956. Seoul, Korea, Aeromed. Labor. [Orig.: japan.; Auszug: engl. S. LXXXIV.]) H. STRUCK. 4574

J. A. Waterman und **G. Middlebrook,** *Bindung verschiedener langkettiger Fettsäuren durch Serumalbumin.* Vff. untersuchten die Bindung verschied. langkettiger Fettsäureanionen: *Oleat* (I), *Linolenat* (II), *Stearat* (III), *Palmitat* u. *Myristat* durch Serumalbumin (IV) mittels turbidimetr. u. tensiometr. Methoden bei p_H 6,4 u. 7,4 bei 25° u. 37°. IV bindet mehr I als III, während allmähliche Zugabe von I (III) zum IV–III-(IV–I)-Komplex zeigen, daß ein Anion nicht das andere unter diesen Bedingungen verdrängt. Gleichzeitige Zugabe von I u. III zu IV zeigt, daß keine selektive Bindung des IV an III oder I besteht. Vff. beobachteten auffallende Unterschiede in den tensiometr. Kurven, erhalten mit III u. I. Bei p_H 7,4 bindet IV fest ca. 6 Mol I an jedes Mol IV u. lose ca. 9 Mol I, während kein III lose an IV gebunden wird. Andererseits besteht kein großer Unterschied zwischen I- u. II-Bindung an IV. Die Menge an Glycerinmonostearat, die durch IV gebunden werden kann, ist sehr klein. (Clin. chim. Acta [Amsterdam] **2.** 449—60. Okt. 1957. Denver, Colo, Nat. Jewish Hosp. and Univ., School of Med.) G. BRATFISCH. 4574

J. Zach und **Kl. Zimmermann,** *Zur Lokalisation des C-reaktiven Proteins im Eiweißspektrum des Serums.* Vff. berichten über immunoelektrophoret. u. durchlaufelektrophoret. Unterss. mit C-reaktivem Protein (CHP) in menschlichem Serum. Es ergibt sich übereinstimmend, daß das CRP im p_H-Bereich von 8,2—8,6 die elektrophoret. Beweglichkeit eines *γ-Globulins* aufweist. (Klin. Wschr. **37.** 160—61. 1/2. 1959. Würzburg, Univ., Med. Poliklin.) H. GOEBEL. 4574

Howard L. Holley, Alexander Ulloa, Margaret Henry, Stanley Griffin und **Merry Lynne Johnston,** *Ein Vergleich zwischen Latexfixation mit Vollserum, Latexfixation mit Euglobulinfraktionen und Bentonite-Flockungstesten bei der Laboratoriumsdiagnose der* *rheumatischen Arthritis.* (Amer. J. med. Sci. [N. S.] **237.** 345—51. März 1959. Birmingham, Ala., Med Coll. of Alabama, Dep. of Med., Sect. of Rheumatic Diseases; Vet. Admin. Hosp.) U. TAUSENDFREUND. 4574

Dwight J. Mulford und **Edward H. Mealey,** *Hitzestabilität von Proteinlösungen, die aus Humanplasma durch verschiedene Äthanolkonzentrationen und Temperaturen erhalten wurden.* Vff. trennten durch Anwendung verschied. A.-Konzz. u. Tempp. die Proteinfraktionen II u. III aus dem Humanplasma ab u. erhielten bestimmte Humanplasma-Protein-Lsgg. (I). I-Lsgg., bei denen die A.-Konz. geringer als 25% u. die Temp. höher als -5^0 waren, zeigten 10 Std. nach Incubation (60^0) nach elektrophoret. Unterss. eine neue Komponente (II), bei Unters. in der Ultrazentrifuge eine sich sehr schnell bewegende II u. eine Veränderung in der opt. Dichte. I-Lsgg., bei denen die A.-Konz. 25% u. die Temp. -5^0 waren, zeigten nach Incubation auf 60^0 für 10 Std. bei Elektrophorese keine neue II, wenig einer sich sehr schnell bewegenden Komponente u. kaum Veränderungen der opt. Dichte. *Acetyl-DL-tryptophan* u. *Caprylat* hatten wenig stabilisierende Wrkg. auf die bei 60^0 für 10 Std. erhitzten Lösungen. (J. clin. Invest. **35.** 1213—19. Nov. 1956. Lawrence, Kans., Univ. of Kansas, Dep. of Biochem.) G. BRATFISCH. 4574

R. B. Goldrick und **H. M. Whyte,** *Serumlipoproteine und Blutkoagulation.* Ausgehend von der Beobachtung, daß Eingeborene des Hochlands von New Guinea wenig Fett zu sich nehmen u. nur selten an Coronarerkrankungen leiden, wurde die Blutgerinnung bei den Eingeborenen u. Menschen europäischer Herkunft untersucht. Bei Eingeborenen betrug die Gerinnungszeit in siliconisierten Glasröhrchen 26,6, bei den übrigen 28,6 Min. ($P < 0{,}01$). Die Stypvenzeiten (recalcifiziertes plättchenarmes Plasma, mit RUSSELs Schlangengift beschleunigt) betrugen 41,4 bzw. 72,2 Sek. ($P < 0{,}001$). Die Stypvenzeiten zeigten eine signifikante Korrelation mit den Blutspiegelwerten des *α-Cholesterins*, nicht mit den Werten des β-Cholesterins. Es wird geschlossen, daß Bestandteile der α-Lipoproteine für die Verzögerung der Stypvenzeit verantwortlich sind. (Nature [London] **182.** 1743—44. 20/12. 1958. Sydney, Sydney Hosp., Kanematsu Inst., Clin. Res. Inst.) W. SCHELER. 4574

Shirley A. Johnson, M. June Caldwell und **Raymond W. Monto,** *Beziehungen zwischen Prothrombin und Autoprothrombin I bei der durch Aminopterinverabreichung hervorgerufenen Thrombopenie.* Es ist bekannt, daß der QUICK-*Prothrombin* (I)-Test bei Thrombocytopenie abnorm verkürzt ist, u. daß andere Blutgerinnungskomponenten, wie *Autoprothrombin I* (II), *Ac-Globulin* (III) u. fibrinoplast. Substanzen (IV) die Einstufen-I-Zeit verkürzen. Die III- u. IV-Gehh. im thrombocytopen. Serum waren gleich, der Geh. an II war wesentlich geringer als der des n. Serums. Die markante Verkürzung der Gerinnungszeit im QUICK-Test ist nicht dem I, sondern einem neuen Faktor, einem *thrombocytopen. Faktor* (V) zuzuschreiben. V wird durch $BaCO_3$ oder Kaolin reversibel adsorbiert. Bei Behandlung eines an Thrombocytopenie erkrankten Patienten mit Aminopterin (VI; *4-Aminopteroylglutaminsäure*) bleibt der QUICK-Test verkürzt, während die II-Werte zu einem II-Wert des n. Serums ansteigen, aber bei Absetzen der VI-Behandlung wieder absinken. Die I-Werte während der ganzen Behandlung blieben konstant tief. Auf Grund der Ergebnisse glauben Vff., daß V in II möglicherweise I-Derivv. sein könnten. (J. appl. Physiol. **11.** 455—58. Nov. 1957. Detroit, Mich., Henry Ford Hosp., Dep. of Labor. and Div. of Hematol.) G. BRATFISCH. 4574

Erik Jorpes, Torbjörn Vrethammar, Bengt Ohman und **Birger Blombäck,** *Zur Untersuchung von Thrombinpräparaten.* Vff. vergleichen die verschied., bisher empfohlenen Methoden zur Best. der *Thrombin* (I)-Aktivität. Als ungeeignet erwies sich die Verwendung von heparinisiertem Plasma oder von *Tame* (*Toluolsylfonylargininmethylester*); am besten bewährte sich *Fibrinogen* (II), hergestellt nach der von BLOMBÄCK u. BLOMBÄCK (C. **1958.** 13554) empfohlenen u. von Vff. ausführlich beschriebenen Vorschrift. Die Aktivität des zu untersuchenden I wird dann aus seiner Fähigkeit abgeleitet, aus II Glutaminsäure abzuspalten, u. zwar unter Bldg. von *Glycin* (III). Bevor das Fibrin zusammengeballt wird, besteht eine deutliche Beziehung zwischen Incubationszeit u. III-Bildung. (J. Pharmacy Pharmacol. **10.** 561—73. Sept. 1958. Stockholm, Karolinska Inst., Chem. Dep. II.) H. P. FIEDLER. 4574

Eleazar Shafrir und **André de Vries,** *Untersuchungen über die gerinnungsfördernde Aktivität von Glas.* Vff. untersuchten die Wrkg. von Glas auf die Bldg. einer gerinnungsfördernden Aktivität in plättchenfreiem Plasma, ferner den Einfl. der Menge des Glases, der Dauer des Kontaktes, der Temp. u. der Meth. der Decalcifizierung des Plasmas. Der Kontakt von Glas mit isolierten Plättchen oder mit Plättchenfaktoren hatte keinen Einfl. auf die Zunahme der gerinnungsfördernden Aktivität. Der Kontakt von Glas mit *Oxalat*–Hämophilie–A-Plasma, das frei von Plättchen, *Prothrombin* (I), *Christmas Factor* (*PTC, Antihämophiliefaktor B*), *Proconvertin, Proaccelerin* u. *Fibrinogen* war, verursachte eine gerinnungsfördernde Aktivität. Der Kontakt einer großen Glasoberfläche mit Oxalatplasma hat die Entfernung eines Teils I zur Folge. (J. clin. Invest. **35**. 1183—90. Nov. 1956. Jerusalem, Israel, Hebrew Univ.-Hadassah Med. School, Dep. of Clin. Res.) G. BRATFISCH. 4574

E. S. Krupnikowa, *Die Antikoagulantien und ihre Anwendung bei Störungen des Coronarkreislaufes.* Übersicht an Hand der Literatur. (Клиническая Медицина [Klin. Med.] **37 (40)**. Nr. 3. 26—35. März 1959. Riga, 5. Vereinigtes Krankenhaus, Therapeut. Abt.) E. RENTZ. 4574

Allan J. Day und **J. Andrew Peters,** *Wirkung von Uranylacetat auf die Lipämieklärung durch Heparin.* 5 bzw. 7,5 mg *Uranylacetat* (I)/kg subcutan beim Kaninchen verabreicht, hemmt die Heparinwrkg. auf den Klärungsfaktor; Heparintest 10 Tage nach der Urangabe. Intravenöse Applikation von I 30 Min. vor der Heparininjektion oder nachträgliche Zugabe von I zum Plasma in vitro führt nicht zur Hemmung. Der Heparineffekt auf die Plasmalipide ist nach I-Behandlung der gleiche wie bei unbehandelten Tieren. (Austral. J. exp. Biol. med. Sci. **36**. 39—48. Febr. 1958. Adelaide, Univ., Deps. of Human Physiol. and Pharmacol.) U. HACKENBERG. 4574

Fritz Markwardt, *Versuche zur pharmakologischen Charakterisierung des Hirudins.* Das Verh. des aus Blutegeln isolierten *Hirudins* als nichttox., blutgerinnungshemmendes Mittel wird an seinem Wirkungsmechanismus, der Resorption u. Ausscheidung gezeigt. Eingehend untersucht wird seine antithrombot. Wrkg. bei experimentellen Gefäßwandschädigungen an Kaninchen. (Naunyn-Schmiedebergs Arch. exp. Pathol. Pharmakol. **234**. 516—29. 24/11. 1958. Greifswald, Univ., Pharmakol. Inst.) H. G. KREY. 4574

Alvin Margolius jr. und **Oscar D. Ratnoff,** *Eine Laboratoriumsuntersuchung über das Übertragungsstadium bei der klassischen Hämophilie.* Es wurden Routine-Gerinnungsunterss. u. Bestimmungen des *Antihämophiliefaktors* (I) an 27 Trägern der klass. Hämophilie durchgeführt. Nur bei einem Fall konnte eine definiert verminderte Konz. an I gefunden werden. (J. clin. Invest. **35**. 1316—23. Nov. 1956. Cleveland, Ohio, Western Res. Univ., School of Med., Dep. of Med. and Univ. Hospitals.) G. BRATFISCH. 4574

T. W. Poluschina und **A. A. From,** *Über die Dauer der Zirkulation im Blut und die Ausscheidung des Polyglucins mit dem Harn.* Beobachtungen an Patienten, welche 350—950 ml *Polyglucin* (I; dextranähnliches Mittel) intravenös erhielten, ergaben keine reaktogenen Wrkgg. von I. Noch 12 u. 24 Std. nach der Zufuhr von I ist dessen Konz. im Blut ausreichend zur Aufrechterhaltung des erforderlichen koll.-osmot. Druckes. Erst nach 5—6 Tagen ist I völlig aus dem Kreislauf verschwunden. Die Ausscheidung von I erfolgt zu 70% durch die Nieren. (Клиническая Медицина [Klin. Med.] **37 (40)**. Nr. 3. 118—23. März 1958. Moskau, Zentralinst. für Hämatol. u. Bluttransfusion.) E. RENTZ. 4576

Nevin S. Scrimshaw, Guillermo Arroyave und **Ricardo Bressani,** *Ernährung.* Übersicht (1956 bis August 1957). Eiweiß (I)-Bedarf, biol. Wert von Nahrungsmitteln [Bestimmungsmethoden, Aminosäure (II)-Bezugsschema, II-Verwertbarkeit]; Verbesserung von Proteinen (pflanzliche Gemische u. Mischdiäten, Mais, Weizen, weitere I-Quellen), II-Bedarf (Mensch, Nager, Huhn), II-Wechselbeziehungen, I- u. II-Stoffwechsel, I-Mangel bei Versuchstieren, beim Menschen, Mangel an speziellem II. — 205 Literaturangaben. (Annu. Rev. Biochem. **27**. 403—26. 1958. Guatemala, Inst. of Nutrit. of Central America and Panama.) K. MAIER. 4585

William B. Bean und **Robert Hodges,** *Beobachtungen über Kaliumbedarf beim Menschen.* Im Rahmen von Pantothensäurestoffwechselverss. von 10 Wochen Versuchsdauer u. 4 Wochen Nachperiode erhielten die Versuchspersonen mit der Versuchsnahrung 800 mg K/Tag u. ein Teil der Personen Zulagen von 1 g K/Tag. Bei der Versuchsnahrung sank die K-Ausscheidung im Harn in 2 Wochen auf Werte von 10 bis 20 mÄquivalente/Tag, das Serum-K fiel häufig etwas unter die n. Werte, aber Symptome von Hypokaliämie traten nicht auf. Bei K-Zulagen waren die Harnwerte etwas erhöht, die Serumwerte normal. Eine Zufuhr von 800 mg K/Tag scheint demnach Mindestbedarf zu sein. (J. Lab. clin. Med. **50**. 791. Nov. 1957. Iowa City, Iowa.) J. SCHWAIBOLD. 4585

H. Brune und **O. Kudlich,** *Zur Calciumverwertung aus Calciumoxalat unter dem Einfluß von Pektin beim Wiederkäuer.* In langdauernden Stoffwechselverss. bei Hammeln wurde Oxalsäure aus Ca-Oxalat zu 44—48% der Zufuhr im Kot wiedergefunden. Unter den Versuchsbedingungen mit unter der Norm liegender Ca- u. P-Zufuhr wurde eine Ca-Ausnutzung aus Ca-Oxalat von 15,7—38,1% festgestellt. Dabei wurde auch die P-Bilanz verbessert, während die Mg-Bilanz sich umgekehrt verhielt. Durch Pektinzufuhr wurde die Ca-Retention nicht beeinflußt. Durch Unterversorgung mit Ca u. P wurde ein Einsparungseffekt (kontinuierliche Annäherung der negativen Bilanzen an

eine ausgeglichene Bilanz) bzgl. Ca, P, Mg u. N bewirkt. (Z. Tierernähr. Futtermittelkunde **13**. 1—13. 1958. Göttingen, Univ., Inst. für Tierphysiol. u. Tierernähr.)
J. SCHWAIBOLD. 4585

Umesh S. Kumta, Alfred E. Harper und **Conrad A. Elvehjem,** *Aminosäuremißverhältnis und Stickstoffretention bei ausgewachsenen Ratten.* Das Grundfutter enthielt 6% *Fibrin* als N-Quelle; das Aminosäuremißverhältnis wurde durch Zulage von 0,4% *DL-Methionin* u. 0,6% *Phenylalanin* erzielt (Versuchsfutter). Ratten, die an eine kurzfristige Futteraufnahme (Grundfutter) gewöhnt waren, konnten unter gleichen Bedingungen vom Versuchsfutter keine äquivalente Menge aufnehmen; das Wachstum während einer 10tägigen Versuchsperiode war verlangsamt. Bei ad libitum-Fütterung war der Gewichtszuwachs u. die N-Aufnahme von n. u. proteinverarmten Ratten stark vermindert; der %-Satz des retinierten N (bezogen auf den resorbierten N) war ebenfalls vermindert. Es konnten Unterschiede zwischen den Kontrolltieren bei Paarfütterung bzw. bei ad libitum-Fütterung beobachtet werden. (J. biol. Chemistry **233**. 1505—08. Dez. 1958. Madison, Wis., Univ., Coll. of Agric., Dep. of Biochem.)
E. SCHWERDTFEGER. 4585

J. Proll, *Die Torulahefe als Eiweißlieferant im Tierversuch.* 1. Mitt. *Über die Wirkung von Hefe als zusätzliche Eiweißquelle im Generationsversuch.* Kleine (4%) Gaben von Torulahefe (I) in Verbindung mit einer optimalen Grundkost haben keinen sichtbaren Einfl. auf Wachstum u. Entw. von Albinoratten. Höhere (20—40%) I-Gaben bewirken Wachstumsverzögerung, bes. bei männlichen Tieren, während Weibchen Lactations- u. auch Fertilitätsstörungen zeigten. Lebernekrosen oder andere patholog. Erscheinungen wurden nicht gefunden. (Ernährungsforschung **4**. 106—13. 1959. Potsdam-Rehbrücke, Inst. für Ernährung.)
M. ULMANN. 4585

S. Balasundaram, H. R. Cama, D. A. Malik und **C. Venkateshan,** *Nährwert von verschieden zubereiteten Erdnußmehlen und die Wirkung von Vervollständigung der Mehle mit Aminosäuren, Antibioticis und Vitamin B_{12}.* Durch kalte Pulverisierung u. Extraktion wird ebenso wie durch Extraktion unter zu langer Dampfeinw. ein Mehl gewonnen, welches nur geringe wachstumssteigernde Wrkgg. bei Ratten besitzt. Unter Pressen nach kurzem Kochen u. durch kurze Dampfeinw. gewonnene Erdnußzubereitungen besitzen eine stärker wachstumssteigernde Wrkg. u. zeigen auch in der N-Bilanz einen höheren biol. Wert. Der *Thiamin*-Geh. ist in den beiden ersten Zubereitungsarten 6,6 bzw. 1,9 μg/g, in den beiden letzten 4,4 u. 4,7 μg/g. Papierchromatograph. zeigt sich, im Vgl. mit Casein, ein niedriger Methionin (I)-, Lysin-, Isoleucin- u. Threoningeh., so daß Zulage dieser Aminosäuren, bes. von I, Nährwert u. Wachstumsgeschwindigkeit erhöhen. Dagegen besteht ein hoher Cystin- u. Tryptophangehalt. Durch Zufütterung von 0,02% Penicillin wird der biol. Nährwert des Erdnußproteins erhöht. Durch 45 μg Vitamin B_{12}/kg wird der biol. Nährwert der einfachen, kalten Zubereitung erhöht, ohne daß es zur Erhöhung der Wachstumsgeschwindigkeit kommt. (J. Nutrit. **66**. 75—89. 10/9. 1958. Bangalore, Indian Inst. of Sci., Dep. of Biochem.)
U. TAUSENDFREUND. 4585

H. R. Cama, D. A. Malik und **R. Nath,** *Elektrophoretische Analyse von unter verschiedenen Bedingungen der Ölextraktion gewonnenen Erdnußproteinen.* Durch unterschiedliche Zubereitung von Erdnußmehlen (vgl. vorst. Ref.) kommt es zu unterschiedlicher prozentualer Eiweißverteilung bei papierelektrophoret. Auswertung nach vorheriger Extraktion mit Wasser. Es ergibt sich nach milder Denaturierung des Proteins ein Fehlen der a_1-, eine Verringerung der a_2- u. eine Vermehrung der a_3-Komponente gegenüber der einfachsten (kalten) Erdnußmehlzubereitung, sowohl in aufsteigender als auch absteigender Richtung. Bei Veronalpufferextraktion sind allerdings keinerlei Unterschiede feststellbar. (J. Nutrit. **66**. 123—28. 10/9. 1958. Bangalore, Indian Inst. of Sci., Dep. of Biochem.)
U. TAUSENDFREUND. 4585

N. D. Jamieson, *Nitratreduktion im Pansen des weidenden Schafes.* Weidenden Schafen wurden zusätzlich zum natürlichen Nitratgeh. der Gräser verschied. *Nitrat*-Mengen verabreicht (bis zu 15,7 mg NO_3-N/100 ml Pansen-Fl.), ohne daß sich wesentliche Gesundheitsstörungen zeigten. Gewisse negative Einfll. (Oxydation des Nitrats) waren innerhalb von 3—4 Tagen überwunden. Bei laufenden, mäßigen Nitratdosen war eine Stimulierung der Pansenfunktion zu beobachten. (New Zealand J. agric. Res. **2**. 96—106. Febr. 1959. Wallaceville, Animal Res. Stat., Dep. of Agric.)
H.-D. BOCK. 4585

Chikatarō Kawasaki und **Tetsuro Itō,** *Verfahren zur Bestimmung von Thiamin mittels Benzolsulfochlorid.* Eine Nachprüfung der Angaben von BESSEY (C. **1953**. 84) über die Blockierung der Thiochrombldg. aus *Thiamin* (I) durch *Benzolsulfochlorid* (II) ergab, daß 1 Tropfen II zur Zers. von 50 μg I genügt. Zur Überführung von I in *Thiochrom* (III) werden zu 0,5 cm^3 der auf I zu untersuchenden Probe 2 cm^3 eines Gemischs von 1 cm^3 2%ig. $K_3Fe(CN)_6$ in 25 cm^3 30%ig. NaOH zugesetzt. Zur Zerstörung des überschüssigen $K_3Fe(CN)_6$ werden noch 3 cm^3 alkoh. H_2O_2 hinzugegeben. (Der Zusatz von **II** verhindert die **III**-Bildung.) Die **I**-Best. kann mit bloßem Auge durch Vgl. mit der Fluorescenz einer zugetropften Standard-**III**-Lsg. (0,1 mg% in 0,01n HCl) im UV-Licht vorgenommen werden. (Vitamins [Kyoto] **13.** 391—93. 25/10. 1957. Ōsaka Daigaku, Yakugaku-Bu.) F. MOSSNER. 4587

Chikatarō Kawasaki und **Jsao Tomita,** *Thiaminanhydrid.* 5. Mitt. *Verfahren zur Bestimmung von Thiamin bei Verwendung von Benzolsulfochlorid.* Während man aus Thiaminhydrochlorid durch Behandlung mit Benzolsulfochlorid in alkal. Lsg. durch Stehenlassen über Nacht bei Zimmertemp. (vgl. vorst. Ref.) *5-{N-Formyl-α-[thietanyliden-(2)]-äthylaminomethyl}-2-methyl-4-aminopyrimidin* (I) erhält, bekommt man bei Ausführung der Rk. unter Eiskühlung *Bis-[2-{N-formyl-N-(2'-methyl-4'-aminopyrimidyl-(5')-methyl)-amino}-5-hydroxypenten-(2)-yl-(3)]-disulfid* (II) u. *Bis-[2-{N-formyl-N-(2'-methyl-4'-aminopyrimidyl-(5')-methyl)-amino}-5-benzolsulfonyloxypenten-(2)-yl-(3)]-disulfid.* I erhält man aber auch leicht u. vollständig aus *Thiaminphenylsulfonat,* wenn dessen alkal. Lsg. einen p_H-Wert über 10 hat, auf dem Wege über *Na-{2-[N-Formyl-N-(2'-methyl-4-aminopyrimidyl-(5')-methyl)-amino]-5-hydroxypenten-(2)-yl-(3)}-thiolat.* Schwerer u. unvollständig bekommt man I aus II, wenn dessen alkal. Lsg. einen p_H-Wert über 12 hat. — In den Verss. wurde die *Thiamin* (III)-Inaktivierung mittels n-NaOH durchgeführt (Reaktionsdauer 5—60 Min. bei 25 oder 0°), danach Zugabe von 1—3 Tropfen Benzolsulfochlorid zu 0,1—1000 mg% ig. III-Lösungen. (Vitamins [Kyoto] **16.** 324—28. 25/4. 1959. Ōsaka Daigaku, Yakugaku-Bu. [Orig.: japan.; Auszug: engl.]) F. MOSSNER. 4587

Otto A. Bessey, M. K. Horwitt und **Ruth H. Love,** *Riboflavinentzug durch die Ernährung und Blutriboflavinspiegel beim Menschen.* Bei einer Gruppe von 10 Männern, die 16 Monate täglich 0,55 mg *Riboflavin* (I) erhalten hatten, sowie bei 6 Männern mit 2,55—3,55 mg I/Tag, wurden in Erythrocyten, Leukocyten u. Plasma Gesamt-I, sowie im Plasma freies I + *Flavinmononucleotid* (II)–I u. *Flavinadenindinucleotid* (III)–I bestimmt. In der 1. Gruppe betrug der I-Geh. der Erythrocyten 10,0—13,1 γ/100 cm^3, bei den Kontrollen 20,2—27,6. Bei der 1. Gruppe waren I u. II–I des Plasmas im allg. erniedrigt, jedoch Plasma-III–I u. Leukocyten–Gesamt-I nicht merklich verändert. Vergleichende Unterss. bei 8 Männern vor u. während 9monatiger Zufuhr von 0,5 mg I/Tag sowie bei 4 Kontrollen (täglich 1,6—2,4 mg I) zeigten, daß bei ersteren der Erythrocyten-I-Geh. zunächst rasch, dann langsam abfiel. Der Erythrocytengeh. an I ist ein empfindliches Mittel zur Ermittlung des Ernährungsstatus hinsichtlich I. (J. Nutrit. **58.** 367—83. 10/3. 1956. Galveston, Texas, Univ., Dep. of Biochem. and Nutrit; Elgin, Ill., State Hosp., Biochem. Res. Labor.) K. MAIER. 4587

B. Gassmann und **D. Ehrt,** *Über die chemische Bestimmung von Nicotinsäure im Harn.* 15 cm^3 Harn mit nicht mehr als 4 μg *Nicotinsäure* (I)/ml (oder dessen Stoffwechselprodd.) werden mit 5 ml 8n HCl 1 Std. bei 100° hydrolysiert, I wird an Fullererde adsorbiert. In den Eluaten wird in beschriebener Weise I nach Rk. mit BrCN colorimetr. ermittelt. — Die Zuverlässigkeit wird im Tiervers. u. statist. geprüft. (Ernährungsforschung **4.** 72—83. 1959. Potsdam-Rehbrücke, Inst. für Ernährung.) M. ULMANN. 4587

Harry P. Broquist, *Wasserlösliche Vitamine.* 1. Mitt. (*Folsäure, B_{12}-Gruppe, Cholin.*) Übersicht (Dezember 1956 bis Oktober 1957). *Folsäure* (I) u. verwandte Verbb.: Formimino- u. Formylgruppenübertragung, Serin ⇌ Glycin-Umwandlung, I u. Thyminsynth., Methionin–I-Beziehungen, I u. Histidinsynth., I-Biosynth., Pteridinumwandlungen, Ernährungsunterss. an Tieren, Bestimmungsmeth.; I-Antagonisten: klin. Aspekte, Wirkungsmechanismus; *Vitamin-B_{12}* (II)-Gruppe: Chemie von II u. verwandten Verbb., biol. Eigg. von II-verwandten Faktoren, Biosynth., Stoffwechsel u. Ernährungsunterss., Best., klin. Aspekte; *Cholin.* — 184 Literaturangaben. (Annu. Rev. Biochem. **27.** 285—312. 1958. Pearl River, N. Y., Amer. Cyanamid Comp., Lederle Labors. Res. Div.) K. MAIER. 4587

C. H. Lushbough und **B. S. Schweigert,** *Wasserlösliche Vitamine.* 2. Mitt. (*Ascorbinsäure, Biotin, Nicotinamid, Vitamin B_6*). (1. vgl. vorst. Ref.) Übersicht (bis Oktober 1957). *Ascorbinsäure* (Chemie, Methodisches, menschliche Ernährung, Stoffwechsel, Synth. in Pflanzen, Vork. in Nahrungsmitteln, Tierernährung, Synth.); *Biotin*; *Nicotinamid* [Tryptophan (I)-Biosynth., I → Nicotinsäure (II)-Umwandlung, II-Stoffwechsel, Stabilität von II, II-Antagonisten], *Vitamin B_6* (III) (Methoden, Chemie, III-Enzyme, Stoffwechsel, menschliche u. Tierernährung, Mikroorganismen, III-Analoge u. -Antagonisten, Vork. in Nahrungsmitteln). — 194 Literaturangaben. (Annu. Rev. Biochem. **27.** 313—38. 1958. Chicago, Ill., Amer. Meat Inst. Foundation and Univ., Dep. of Biochem.) K. MAIER. 4587

Herbert P. Sarret und **A. B. Morrison,** *Wasserlösliche Vitamine.* 3. Mitt. *Thiamin, Liposäure (Thioctsäure), Pantothensäure, Riboflavin und Inosit.* (2. vgl. vorst. Ref.) Übersicht (bis November 1957). *Thiamin, Liposäure, Pantothensäure, Riboflavin, Inosit.* — 291 Literaturangaben. (Annu. rev. Biochem. **27.** 339—70. 1958. Evansville, Ind., Mead Johnson & Comp., Res. Div., Dep. of Nutrit. Res.) K. Maier. 4587

W. D. Woods, W. B. Hawkins und **G. H. Whipple,** *Die Vitamin B_{12} ^{60}Co-Verteilung in Geweben von Hunden während mehrerer Monate. Erythrocytenstroma mit markiertem B_{12} bei hämolytischer Anämie.* 9 Monate nach subcutaner Verabreichung von *^{60}Co-Vitamin B_{12}* (I) an Hunde wiesen entgegen den bisherigen Hypothesen über den raschen Zerfall des I-Komplexes Herz, Magenschleimhaut, Leber, Milz u. Gehirn die höchsten I-Konzz. auf. Nach durch Phenylhydrazin hervorgerufenen, wiederholten Anämieperioden konnte im Erythrocytenstroma ebenfalls Radioaktivität festgestellt werden, sobald vorher I appliziert worden war. Vff. vermuten, daß das radioakt. Material aus Leber u. Magen stammt. Die hohe I-Konz. in der Magenschleimhaut läßt auf eine Relation zum „Intrinsic factor" schließen. (J. exp. Medicine **108.** 1—8. 1/7. 1958. New York, N. Y., Univ. Rochester, School of Med. and Dent., Dep. of Pathol.) H.-D. Bock. 4587

A. Cresseri und **F. Marro,** *Clearance der Nieren von Vitamin B_{12} beim Kaninchen.* Es wird ein Verf. beschrieben, nach dem die Ausscheidung von *Vitamin B_{12}* (I) nur als freier plasmat. Anteil sicher erfaßt werden kann. Dabei werden ♂ Kaninchen zuerst 4 ml/kg einer Lsg. aus 10 mg I in 100 ml 0,088n $Na_2S_2O_4$ u. dann alle 5 Min. immer intravenös 0,1 mg I in 1 ml 3,5 %ig. Polyvinylpyrrolidonlsg. injiziert. Sowohl im Ultrafiltrat als auch in den Harnproben wird I nach der biol. Meth. bestimmt. Es ergibt sich, daß I aus den Nieren ohne merkliche tubuläre Reabsorption dimerisiert wird. Ferner wird gefunden, daß das normalerweise im Plasma vorhandene I vollständig als Komplex vorliegt, der nicht ultrafiltrierbar ist. (Boll. Soc. ital. Biol. sperim. **33.** 1662—64. Okt./Nov. 1957. Parma, Univ., Ist. di Fisiol. Gener.) O. Pollak v. Emhofen. 4587

Ralph Gräsbeck, *Die Wirkung von gruppenblockierenden Agentien und Enzymen auf „Intrinsic factor"-Präparate.* Es wurde die Bindungsweise von *^{60}Co-Vitamin B_{12}* (I) an das I-bindende Prinzip von Intrinsic factor (II)-Präpp. durch Behandlung von Schweine-II-Konzentraten u. pepsinaktiviertem menschlichem Magensaft mit gruppenblockierenden Agentien untersucht. *Fluordinitrobenzol, J_2* u. monochromat. *UV*-Licht (280 mμ) bewirkten Hemmung (66, 96, 25%) des Bindungsvermögens, während p-Chlormercuribenzoat, Acetanhydrid u. HNO_2 ohne Wrkg. waren. Hiernach ist die Beteiligung von SH- u. NH_2-Gruppen wenig wahrscheinlich, die von Phenol- oder Imidazolgruppen wahrscheinlich. Jedoch zeigte eine akt. Tyrosinase keinen Effekt. Die I-Bindung an II ähnelt offensichtlich sehr derjenigen im *Cobalaminprotein* der Schweinemilch. Bei enzymat. Behandlung von Magensaft- u. Schweinemagenpräpp. mit krist. *Pepsin* (IV), *Trypsin* (V), hochgereinigtem *Chymotrypsin* (III) u. *Mucinase* (VI), schützt vorheriger I-Zusatz weitgehend gegen III-Wrkg., während bei IV nur ein geringer Effekt, bei V u. VI keiner zu beobachten ist. I hat keine direkte hemmende Wrkg. auf III. I schützt bei III-Einw. auf Magensaft auch die II-Aktivität, so daß möglicherweise der I-Binder mit II oder einem Teil desselben ident. ist. Nach Sedimentationsunterss. bleibt der I-Binder–I-Komplex nach III–V-Verdauung ein relativ großes Mol. (52000). Der I-Binder enthält offensichtlich nur wenige Bindungen, die gegen die genannten Enzyme empfindlich sind. (Acta chem. scand. **12.** 142—44. 1958. Stockholm, Nobelinst., Biochem. Dep.; Helsingfors, Univ., Med. Clin.) K. Maier. 4587

S. J. Klebanoff, D. D. Dziewiatkowski und **G. J. Okinaka,** *Die Wirkung von Ascorbinsäureoxydation auf die Inkorporierung von Sulfat durch Kälberrippenknorpelschnitte. Kaliumascorbat* verursacht in Ggw. von Cu^{2+} als Katalysator eine Hemmung der Inkorporierung von *^{35}S* als Sulfat in n. Rippenknorpel von Kälbern. Ascorbinsäure bewirkt diese Hemmung vorwiegend durch die H_2O_2-Produktion. Die ^{35}S-Inkorporierung kann auch durch *Dehydroascorbinsäure* gehemmt werden, wenn dabei auch dem p_H-Abfall eine gewisse Wrkg. zugesprochen werden muß. Durch Erhöhung der *Phosphat*-Konz. kann die ^{35}S-Inkorporierung ebenfalls gehemmt werden. (J. gen. Physiol. **42.** 303—18. 20/11. 1958. Rockefeller Inst.) U. Tausendfreund. 4587

H. Woggon, *Über die quantitative Bestimmung des Vitamins C in pflanzlichen Extrakten unter besonderer Berücksichtigung der Polarographie.* An Hand der Literatur (42 Angaben) wird gezeigt, daß wohl eine sehr große Anzahl von Methoden zur Best. von *Ascorbinsäure* zur Verfügung stehen, dagegen fehlt ein wirklich spezif. Verf. zur Best. von *Dehydroascorbinsäure.* (Ernährungsforschung **4.** 35—43. 1959. Potsdam-Rehbrücke, Inst. für Ernährung.) M. Ulmann. 4587

Stanley R. Ames, *Fettlösliche Vitamine.* Übersicht (bis Okt. 1957). *Vitamin A* (Synth., Chemie, Biosynth., Stoffwechsel, Funktion, Mangelerscheinungen, Hypervitaminose); *Vitamin D* (Synth., biol. Wirksamkeit, Best., Stoffwechsel, Funktion, Hypervitaminose); *Vitamin E* (Chemie, Biosynth., Best., biol. Wirksamkeit, Resorption, Transport, Speicherung, Funktion, Antioxydans-Wrkgg., Beziehung zu Faktor 3 u. Se, Mangelerscheinungen), *Vitamin K* (Chemie, Stoffwechsel, Beziehungen zu Enzymsystemen, Funktion). — 312 Literaturangaben. (Annu. Rev. Biochem. **27.** 371—402. 1958. Rochester, N. Y., Eastman Kodak Comp., Distill. Prod. Ind., Res. Labors.) K. MAIER. 4587

H. M. Edwards, W. S. Dunahoo und **H. L. Fuller,** *Die Wirkung von Cholin und Betain auf die Ausnutzung von Carotin aus Alfalfamehl.* Weder *Cholin* (I) noch *Betain* (II) wiesen bei Zufütterung in Dosen von je 0,25% zu einer (d-α-Tocopherolacetat-reichen) Kükenbasalkost, zu welcher suboptimale *Vitamin A*(III)- u. *Carotin* (IV)-Zulagen gegeben wurden, einen Steigerungseffekt bzgl. der III- u. IV-Ausnutzung auf; die durch die III- u. IV-Zulagen zu beobachtende Wachstumssteigerung u. gleichzeitige Senkung der Motalitätsrate erfuhr durch I u. II keine Verbesserung. Lediglich bei reichlicher III- u. IV-Zulage konnte nach I oder II ein noch besseres Wachstum der Küken beobachtet werden. (Poultry Sci. **37.** 1441—43. Nov. 1958. Athens, Ga., Univ. of Georgia, Dep. of Poultry Husbandry.) U. TAUSENDFREUND. 4587

Edwin G. Rice und **Walter J. Bo,** *Die Wirkung von β-Carotin und Cortison auf das Vaginalepithel der Vitamin-A-Mangelratte.* Die bei Vitamin A (I)-frei ernährten Rattenweibchen auftretende Kolpokeratose läßt sich durch Verabfolgung von β-Carotin (II) u. II + Cortison (III) beheben. III allein hat auf die durch I-Mangel bedingte Verkörnung des Vaginalepithels keinen Einfluß. Bisher wurde von einigen Autoren angenommen, daß III die Umwandlung von II zu I beeinflußt. Aus den vorliegenden Ergebnissen läßt sich jedoch folgern, daß die Umwandlung unbeeinflußt von III verläuft. (Proc. Soc. exp. Biol. Med. **98.** 877—79. Aug./Sept. 1958. Grand Forks, N. D., North Dakota Univ., School of Med., Dep. of Anatom.) U. LASCHET. 4587

Ferenc Gerlóczy, Béla Bencze, Teréz Malik und **Elza Ugray,** *Über den Vitamin-E-Stoffwechsel atrophischer Säuglinge.* 1. Mitt. *Über den Vitamin-E-(Tocopherol)-Gehalt des Blutserums bei eutrophischen Säuglingen.* Im Serum von 18 n. Kindern im Alter zwischen 1,5 u. 13,5 Monaten wurde der Geh. an *Vitamin E* nach BENCZE bestimmt u. Werte zwischen 0,35 u. 0,416 mg% aufgefunden (Mittelwert 0,383 mg%). (Ann. paediatrici [Basel] **192.** 1—19. Jan. 1959. Budapest, Univ., Kinderklin.) HEINRICH HERMANN. 4587

Ferenc Gerlóczy, Béla Bencze, Teréz Malik und **Elza Ugray,** *Über den Vitamin-E-Stoffwechsel atrophischer Säuglinge.* 2. Mitt. *Der Tocopherol(Vitamin-E)-Gehalt des Serums atrophischer Säuglinge.* (1. vgl. vorst. Ref.) Vff. haben 27 atroph. Säuglinge in 3 Gruppen verschieden schwerer Hypotrophie eingeteilt u. in ihrem Blut *Vitamin E* nach BENCZE bestimmt. Der Vitamin-E-Geh. des Serums nimmt mit der Schwere der Atrophie ab. Diese Tatsache hängt mit der Atrophie u. nicht mit einer etwa begleitenden Infektion zusammen, wie Vergleichsunterss. an eutrophen u. an Infekten leidenden Kindern ergaben. (Ann. paediatrici [Basel] **192.** 20—45. Jan. 1959. Budapest, Univ., Kinderklin.) HEINRICH HERMANN. 4587

O. Isler, *Über die Vitamine K_1 und K_2.* Vortrag. Vitamin K_1, K_2, biol. Grundlagen, K_1-Synthesen, Aufbau der K_1- u. K_2-Reihe, Isolierung u. Identifizierung von 2 K_2-Verbb., biol. Prüfung. — 24 Literaturangaben. (Angew. Chem. **71.** 7—15. 7/1. 1959. Basel, Hoffmann-La Roche & Co. AG., Chem. Forschungsabt.) K. MAIER. 4587

F. W. Lengemann und **J. W. Dobbins,** *Die Rolle der Galle bei der Calciumresorption.* Es existieren offenbar mehrere, voneinander unabhängige Resorptionsmechanismen für *Ca.* Eine wichtige Rolle spielt dabei die Gallenflüssigkeit. Durch Steigerung des Gallenflusses kann, bei unverändertem p_H-Wert im Darmlumen (so daß dessen Veränderung keinen Einfl. auf die Ca-Resorption zu besitzen scheint) die Ca-Resorption gesteigert werden. Als Maß der Stärke der Ca-Resorption galt bei den Verss. an Ratten der Geh. des Femurknochens an ^{45}Ca, 24 Std. nach einer entsprechenden oralen ^{45}Ca-Dosis. Es konnte nun eine Abhängigkeit der ^{45}Ca-Deposition im Femurknochen von der Menge des, als Gallenstimulans dienenden *Na-Taurocholat* (I) festgestellt werden, so daß sogar vermutet wird, daß I selbst in die Ca-Resorption verflochten ist; gegenüber serösen Häuten, also außerhalb des Darmschleimhautresorptionsmechanismus, ist allerdings keine direkte Beeinflussung der Ca-Resorption durch I feststellbar. Da Gallen-Fl. bzw. I die Ca-Resorption nur steigern kann, Ca jedoch auch in Abwesenheit von Galle resorbiert werden kann, muß daneben noch ein 2. Resorptionsmechanismus, welcher unabhängig von I ist, existieren, u. schließlich geht, als 3. Mechanismus, die Ca-Resorptionssteigerung nach L-Tyrosin unabhängig von der Anwesenheit der Gallen-Fl. vor sich. (J. Nutrit. **66.** 45—54. 10/9. 1958. Memphis, Tenn., Univ. of Tennessee, School of Biol. Sci., Div. of Chem.) U. TAUSENDFREUND. 4594

H. Newey, D. H. Smyth und **B. C. Whaler**, *Die Resorption von Glucose durch das Intestinalpräparat in vitro.* Im Gegensatz zu den früheren Befunden von Hestrin-Lerner u. Shapiro (C. **1954**. 9329), wonach *Glucose* (I) z. T. in ein nicht als *Milchsäure* (II) zu identifizierendes Stoffwechselprod. unbekannter Konst. umgewandelt wird, konnten Vff. bei in vitro-Verss. am Rattendarm ca. 50—70% der umgesetzten I als II oder CO_2 wieder auffinden, wobei ca. 50% des aufgefundenen Stoffwechsel-CO_2 des Darmpräp. aus der eingeführten I u. der Rest vermutlich aus anderen Substraten in der Darmwand stammten. Als Ort der II-Bldg. konnten Vff. die Darmschleimhaut identifizieren. (J. Physiology **129**. 1—11. 28/7. 1955. Sheffield, Univ., Dep. of Physiol.)
H. Basfeld. 4594

A. H. Smith, M. Kleiber und **A. L. Black**, *Körpergröße und Gewebephosphataustausch bei Haustieren.* Durch Auswertung von Unterss. bei Schwein, Ratte, Schaf u. Truthühnern wurde gefunden, daß die Aufnahmegeschwindigkeit für zirkulierendes *Phosphat* mit zunehmendem Körpergewicht bei gewissen Geweben sinkt. Der Vorgang war bei Gehirn u. Lunge proportional einer exponentiellen Funktion des Körpergewichts, bei Gastrocnemius u. Leber in halblogarithm. Beziehung zum Körpergewicht. Bei den übrigen untersuchten Geweben zeigte sich keine einfache Beziehung. (Proc. annu. Meeting, Western Divis., Amer. Dairy Sci. Assoc. **37**. 27—29. 15.—18/7. 1956. Davis, Calif., Univ., Deps. of Poultry Husbandry, Anim. Husbandry and Vet. Science.)
J. Schwaibold. 4596

I. J. Cunningham, K. G. Hogan und **B. M. Lawson**, *Der Einfluß von Sulfat und Molybdän auf den Kupferstoffwechsel beim Rind.* Zusatz von *Mo* zur Ration steigerte den Mo-Geh. u. senkte den Cu-Geh. in Blut u. Leber von Färsen. Anorgan. Sulfat + Mo verhinderte eine Mo-Anreicherung in Blut u. Leber, steigerte die Cu-Verluste jedoch nicht. (New Zealand J. agric. Res. **2**. 145—52. Febr. 1959. Wallaceville, Animal Res. Stat., Dep. of Agric.)
H.-D. Bock. 4596

H. Holzer, *Biochemie des Kohlenhydratstoffwechsels.* Übersicht über Glykolyse, Citronensäurecyclus, Pentosephosphatcyclus, Thunberg-Wieland-Cyclus, Glyoxalatcyclus, Fructoseabbau in der Leber, Gluconeogenese, Bldg. von Ketonkörpern, Cholesterin u. Fettsäuren, endokrine Regulation. (Verh. dtsch. Ges. Pathol. **1959**. 12—24. Freiburg/Br., Univ., Physiol.-chem. Inst.)
J. Lehmberg. 4596

Toivo Holopainen, *Glucuronsäureverbindungen im Urin bei rheumatischen Erkrankungen.* Vf. hat im Urin von n. Menschen u. Rheumatikern nach Fishman u. Green (C. **1957**. 3363) die Höhe der Ausscheidung (A) an Glucuroniden (I) bestimmt. Die I-A beträgt bei n. Personen 427 mg. Bei Frauen nimmt dieser Wert vor u. nach den Menses ab. Die Ausscheidung bei Rheumatikern beträgt 398 mg bei Männern u. 356 mg bei Frauen u. ist während des Fiebers niedriger als bei n. Personen. I-A ist bei Spondylarthritis ankylopoetica leicht erhöht. *Au*-Therapie beeinflußt I-A nicht. I-A wird durch Gaben von *ACTH* u. *Cortison* erhöht. — Zahlreiche Literaturangaben. (Ann. Med. exp. Biol. fenn. **36**. 9—72. 1958. Turku, Univ., Med. Klin.)
Heinrich Hermann. 4596

Norman F. Boas, *Hexosaminausscheidung im Harn während der Schwangerschaft.* Die Ausscheidung an *Hexosaminen* (I) im Harn, die bei n. Menschen 70—90 mg/24 Std. beträgt, steigt während der Schwangerschaft an, erreicht ein Maximum von ca. 140 mg im 8. Monat u. sinkt nach der Geburt wieder zur Norm ab. Der Anstieg von I umfaßt in etwa gleichem Maße die dialysablen u. nichtdialysablen Formen von I. Eine Unterscheidung zwischen *Glucosamin* u. *Galaktosamin* wird nicht gemacht. (Arch. internal Med. **96**. 631—33. Nov. 1956. Norwalk, Conn., Norwalk Hosp., Res. Div.)
K. Bohle. 4596

Alexander B. Gutman, T'sai Fan Yü, Herman Black, Rosalyn S. Yalow und **Solomon A. Berson**, *Inkorporierung des $^{14}C_{(1)}$-Glycins, des $^{14}C_{(2)}$-Glycins und des ^{15}N-Glycins in Harnsäure bei normalen und an Gicht erkrankten Patienten.* Verschied. Patienten erhielten $^{14}C_{(1)}$-*Glycin* (I) oder $^{14}C_{(2)}$-*Glycin* (II), teilweise zusammen mit ^{15}N-*Glycin* (III). Im ausgeschiedenen Harn wurden dann die in die *Harnsäure* (IV) eingebauten Isotopen bestimmt. Der I-, II- oder III-Einbau in IV war in jedem Fall signifikanter, wenn die an Gicht erkrankten Patienten IV in größeren Mengen ausschieden. Im Harn von an Gicht erkrankten Patienten mit n. IV-Ausscheidung wurde kein verstärkter I-, II- oder III-Einbau in IV festgestellt. Bei n., azotäm. Personen war die spezif. Aktivität der IV nach I-Verabreichung größer als bei n. Personen. Wurden 100 oder 150 mg Glycin (V)/kg Körpergewicht zusammen mit I oder II verabreicht, so konnte eine deutliche Abnahme des Isotopeneinbaus in IV beobachtet werden, wobei auch hier wieder die Unterschiede klein waren, wenn die an Gicht erkrankten Patienten eine höhere IV-Ausscheidung zeigten. Aus dem Verhältnis des Isotopeneinbaus bei I-, II- oder III-Verabreichung in

Ggw. oder Abwesenheit von V konnte die n. V-Menge des Harns mit 83 mg/kg Körpergewicht errechnet werden. Der II-Einbau in IV war stets signifikanter als der I-Einbau, eine Beobachtung, die mit dem Verh. des C-Atoms des V zu den C-Atomen des IV-Mol. in Übereinstimmung steht. Die unterschiedliche Isotopenanreicherung nach Verabreichung von II u. V war bei an Gicht erkrankten Patienten mit überdurchschnittlicher IV-Ausscheidung deutlicher. Bei allen Patienten war auch die III-Incorporation in IV der I-Incorporation überlegen, was damit erklärt wird, daß der Einbau der beiden Substanzen in verschied., näher erläuterter Weise erfolgt. (Amer. J. Med. **25.** 917—32. Dez. 1958. New York, N. Y., Mount Sinai Hosp., Dep. of Med., Univ. Coll. of Phys. and Surg., and Veterans Admin. Hosp., Radioisotope Serv.) H. P. FIEDLER. 4596

Ss. Je. Ssewerin und **Wei-Min U,** *Die Umwandlung von β-Alanin in vivo und im Gewebe der isolierten Leber.* Wurde Leberbrei von weißen Ratten unter O_2 bei 37° 160 Min. lang incubiert, so ließ sich papierchromatograph. feststellen, daß ein Teil des *β-Alanins* (I; ca. 12%) verschwunden war u. die *α-Alanin*-Menge etwas zugenommen hatte. Dabei war die Menge des gebildeten Harnstoffs der verschwundenen I-Menge annähernd äquivalent. Verss. an B_6-avitaminot. Ratten, welche 1 mg I/g intraperitoneal erhielten, ergaben im Vgl. zu gesunden Kontrolltieren eine Zunahme des mit dem Harn ausgeschiedenen I um ca. 20%, was durch Zufuhr von Pyridoxin verhindert werden konnte. (Бюллетень Экспериментальной Биологии и Медицины [Bull. exp. Biol. Med.] **46** (23). Nr. 11. 51—55. Nov. 1958. Moskau, Univ., Lehrstuhl für Biochem. der Tiere.) E. RENTZ. 4596

F. Hartmann, *Eiweißsynthese in der Wand des Dünndarms.* Werden Gewebestückchen von Dünndarmschleimhaut, Leber- u. Lymphknoten mit *^{35}S-Methionin* (I) incubiert, so erfolgt der stärkste ^{35}S-Einbau in die Darmschleimhaut; in der dialysierten Nähr-Fl. lassen sich ^{35}S-markierte *Proteine* nachweisen. Durch in vivo-Verss. an Hunden konnte gezeigt werden, daß ein Aminosäuregemisch mit ^{35}S-I in den oberen Dünndarmschnitten resorbiert u. dort zu ^{35}S-Serumproteinen (*Globulinen*) aufgebaut wird, die in das Pfortaderblut abgegeben werden. Unterss. der Globulinfraktionen ergaben, daß neben dem erwarteten γ-Globulin im gleichen Zeitraum u. ähnlicher Größenordnung auch α- u. β-Globuline synthetisiert werden. Verss. mit Zusatz von frischem Pankreassaft zu dem Aminosäuregemisch ergaben eine erhebliche Steigerung der Serumeiweißsynth., so daß Vf. eine Beteiligung der Pankreas-*Proteasen* bei der Proteinbiosynth. für wahrscheinlich hält. (Verh. dtsch. Ges. inn. Med. **64.** 143—49. 1958, herausgeg. 1959. Marburg, Univ.-Poliklinik.) E. SCHWERDTFEGER. 4596

Willard T. Haskins und **Louis Olivier,** *Stickstoffhaltige Ausscheidungsprodukte von Taenia taeniaeformislarven. Taenia taeniaeformis*-Larven wurden aerob bebrütet u. die Ausscheidung an *N*-haltigen Verbb. untersucht. Pro g Larven wurden in den ersten 24 Std. 400—600 μg *N* ausgeschieden, bei 48 std. Bebrütung wurde die N-Ausscheidung nicht weiter erhöht. Die *N*-Verbb. setzten sich zusammen aus 17,5% NH_3-N, 15% *flüchtigem Amino*-N, 33% *Harnstoff*-N, 11,7% *Aminosäure*-N u. 27% *Peptid*-N. Qualitativ wurden nachgewiesen: *Äthylendiamin, Cadaverin, 1-Aminopropanol-(2)*, CH_3NH_2, $C_2H_5NH_2$, $C_4H_9NH_2$, *Glycin, Alanin, Valin, Methionin, Leucin, Prolin* u. *Tyrosin.* — Diskussion der Ergebnisse. (J. Parasitology **44.** 569—73. Dez. 1958. Bethesda, Md., Nat. Inst. of Health, Nat. Inst. of Allergy and Infect. Dis., Labor. of Trop. Dis., Dep. of Health, Educ. and Welfare, Publ. Health Serv.) H. GOEBEL. 4596

H. Bodur und **P. Favarger,** *Untersuchungen über die Fettsynthese aus Acetat oder Glucose.* 3. Mitt. *Die Rolle des Insulins bei der Maus in vivo.* (2. vgl. C. **1958.** 13838.) 72 Min. vor der Tötung erhalten die für die Unterss. verwendeten Mäuse subcutan 200 I.E. *Insulin* (I)/kg Körpergewicht u. 12. Min. später intravenös 10 μC ^{14}C-Glucose. Einige andere Mäuse erhalten für Vergleichsunterss. in 5 Tagen 6 Dosen von 10 I.E. I/kg Körpergewicht. Leber, Mesenterialfett, Gesamtdarm, Rumpf u. die interscapulären Braunfette werden sofort in sd. A. fixiert u. mit alkoh. KOH verseift. Nach der Isolierung der Fettsäuren wird die Radioaktivität der einzelnen Fraktionen ermittelt. Die Verss. zeigen, daß die hohe I-Dosis mehr die periphere als die hepat. Lipogenese begünstigt; als bes. I-empfindlich erweisen sich die interscapulären Braunfette. Die mehrmalige Verabreichung niedriger I-Dosen hat eine bevorzugte Zunahme der hepat. Lipogenese zur Folge, wenngleich sich auch unter diesen Versuchsbedingungen die Braunfette ebenfalls als bes. I-empfindlich erweisen. Die Bedeutung dieser in vivo-Unterss. wird unter besonderer Berücksichtigung der durch hohe I-Dosen verursachten Hyperglykämie eingehend diskutiert. (Helv. physiol. pharmacol. Acta **15.** 345—52. 1957. Genève, Univ., Inst. de Chim. physiol.) H. P. FIEDLER. 4596

P. Favarger und **J. Gerlach,** *Untersuchungen über die Fettsynthese aus Acetat oder Glucose.* 4. Mitt. *Die Bedeutung der hepatischen Lipogenese; eine kritische experimentelle*

Studie. (3. vgl. vorst. Ref.) Mäusen wird *^{14}C-Glucose* (I) intravenös verabreicht. 3, 12 u. 30 Min. später werden die Fettsäuren der Leber, des interscapulären Braunfettes u. der Eingeweide isoliert u. auf ihre Radioaktivität untersucht. Nach 12 Min. sind 2—4% der injizierten Aktivität, nach 30 Min. 6—8% in die Fettsäuren eingebaut; nach 5—7 Std. werden noch 0,35%, nach 30 Std. 0,17% ermittelt. Die Leber synthetisiert 1,5—4% der radioakt. Fettsäuren, wenn I intravenös, u. 9,4%, wenn I oral verabreicht wird. In bezug auf die Lipogenesis spielt die Leber zumindest die gleiche Rolle wie das interscapuläre Braunfett, wenngleich die Leber die markierten Fettsäuren schneller abgibt als das Braunfett. Eine experimentelle Hyperglykämie ändert die spezif. Aktivität der Fettsäuren ebensowenig wie eine Insulininjektion. Insgesamt bestätigen die Versuchsergebnisse die bereits früher geäußerte Auffassung: Der Leberstoffwechsel ist nicht auf den Lipidanabolismus abgestellt. (Helv. physiol. pharmacol. Acta **16**. 188—200. 1958. Genève, Univ., Inst. de Chim. physiol.) H. P. FIEDLER. 4596

I. B. Fridljand, *Lipidumsatz in der Leber und Einfluß des Glutathions auf diesen Prozeß bei überschüssiger Zufuhr von Cholesterin mit der Nahrung.* Bei der in Verss. an Küken durch Zusatz von 1% *Cholesterin* (I) zum Futter erzeugten experimentellen Atherosklerose kommt es in 11 Tagen zu einer Zunahme des Lebergewichts um 15,4% u. der Trockensubstanz um 29,5%, was mit einer Zunahme der Gesamtlipide um 43,6% zusammenhängt. Die ätherlösl. Lipidfraktion nimmt um 80,6% zu, die alkohollösl. um 17,8% ab; der I-Geh. in der Leber steigt um das 6,4fache an. Der *Lecithin–Cephalin*-Geh. nimmt um 27,8%, der *Sphingomyelin*-Geh. um 22,8% ab. Das Verhältnis Leberphospholipide/I ist 8,5mal niedriger als bei den Kontrollen. Zufuhr von *Glutathion* (täglich 1 ml der 1%ig. Lsg. subcutan) führt nicht nur zu einer Herabsetzung des I-Geh., sondern hemmt auch die Ablagerung anderer Lipide in der Leber der Versuchstiere. (Бюллетень Экспериментальной Биологии и Медицины [Bull. exp. Biol. Med.] **46** (**23**). Nr. 11. 55—57. Nov. 1958. Jaroslawl, Med. Inst., Lehrstuhl für biol. Chem.) E. RENTZ. 4596

G. Guidotti und **E. Clerici,** *Papierelektrophorese eines löslichen Proteins der regenerierenden Rattenleber.* Die Unterss. wurden an regenerierenden Rattenlebern 24, 60 u. 240 Std. sowie 30 Tage nach partieller Hepatektomie durchgeführt. Die lösl. Proteine wurden durch Papierelektrophorese aufgetrennt u. mit Amidoschwarz 10B bzw. Perjodsäureleukofuchsin angefärbt. 24 Std. nach der Operation ließ sich ein schwaches albuminähnliches Band beobachten, das nach 60 Std. wieder verschwand. Vff. schließen, daß die Regeneration als ein n. Wachstum der Leber zu betrachten ist. Die lösl. *Glykoproteide* (I) nehmen 24 Std. nach der Hepatektomie ab, u. 60 bzw. 240 Std. später treten 2 bzw. 3 Bänder auf, während das Pherogramm nach 30 Tagen wieder n. erscheint. Die Veränderungen der I lassen sich auf die Verminderung der Grundsubstanz des Leberbindegewebes sowie auf die Stresswrkg. des operativen Traumas zurückführen. (Experientia [Basel] **14**. 341—42. 15/9. 1958. Mailand, Univ., Inst. of Gen. Pathol.)
E. SCHWERDTFEGER. 4597

R. C. Nairn, C. S. Chadwick und **M. G. McEntegart,** *Fluorescierende Eiweißmarkierung bei der Untersuchung von experimentell hervorgerufenen Leberschäden.* Vff. untersuchen mit mehreren Methoden an Kaninchen u. Ratten durch Seruminjektion hervorgerufene Leberschäden durch UV-Mikroskopie unter Ausnutzung der durch Fluorescein an Eiweiß bewirkten Fluorescenz. (J. Pathol. Bacteriol. **76**. 143—53. Juli 1958. Aberdeen, Univ., Dep. of Pathol., Biol. Chem. and Bacteriol.) D. KRIEN. 4597

S. A. Bondar, *Die klinische Bedeutung der Veränderungen der Blutproteine bei Lebererkrankungen.* Der *Gesamteiweiß*-Geh. im Blut zeigt bei Leberkranken eine Tendenz zum Anstieg bei 60% der untersuchten Fälle um 8,1—10 g%, bei Ascites u. Ödemen um 4—6%. Elektrophoret. u. chem. Unterss. zeigen bei schweren Formen von chron. Hepatitis, bei langdauerndem mechan. bedingtem Icterus u. vor allem bei Cirrhose eine Herabsetzung der Albuminfraktion (um 85%). Diese verläuft der Schwere des patholog. Prozesses parallel u. stimmt mit dem morpholog. Bild der Leber überein. Sie ist von besonderer Bedeutung bei der Feststellung des Überganges der akuten Hepatitis in die chron. u. bei der Abschätzung des therapeut. Erfolges. Bei den *Globulinen* ist der Anstieg der γ-Globuline diagnost. am wichtigsten. Auch der Anstieg der β-Globuline ist häufig. Bei einer Reihe der Kranken steigen auch die α-Globuline an. Der Anstieg der γ-Globuline wird als mesenchymale Rk. der KUPFERschen Zellen gedeutet, stimuliert durch Prodd. des gestörten Leberstoffwechsels. Normale oder nur unbedeutend vermehrt sind γ-Globuline zu Beginn der Erkrankung, vor allem bei akuter Leberdystrophie u. während der ersten Periode der Virushepatitis, ferner zu Beginn des mechan. bedingten Ikterus, bei Amyloidose u. Fettleber. Eine erhebliche u. gleichzeitige Verminderung der α_2- u. β-Globuline wurde bei 3 Kranken im Terminalstadium der Lebercirrhose beobachtet. Der Anstieg der β-Globuline trat bei den mittelschweren Erkrankungen mit ausgesprochener Fettdegeneration der Leber ein. α_2-Globuline wurden nur beim Vorhandensein eines akt. Prozesses, so bei Nekrose der Leberzellen, beobachtet. Trotz ausgeprägter Parallelität ist es nicht möglich, alle klin. Symptome in den Rahmen der biochem. Indicatoren bzw. morpholog. Veränderungen einzuzwängen. Das *Glykoproteidogramm* ist bei Leberkranken sehr häufig verschoben. Der starke Abfall des *Fibrinogens* weist auf ein ernstes funktionelles Versagen der Leber hin. Bei 15 Cirrhosekranken u. bei 10 Kranken mit einem sek. Lebertumor war Fibrinogen erheblich vermehrt. Das Chromatogramm der Aminosäuren im Blut u. im Urin der Cirrhosekranken vor u. nach Eiweißbelastung war uneinheitlich. (Советская Медицина [Sowjet-Med.] **23.** Nr. 4. 79—87. April 1959. Moskau, 1. Med. Ssetschenow-Inst.) F. DU MANS. 4597

Charles M. Radding und **George Wald,** *Die Wirkung von Fermenten auf Rhodopsin.* (Vgl. auch vorst. Ref.) Die Verdauung des photosensiblen Pigments *Rhodopsin* (I) in Digitonin (II)-Lsg. (in welcher jedes I-Mol. in einer Mizelle mit ca. 200 II-Moll. verbunden ist, ohne daß Ferment-Wrkgg. gehindert werden) durch *Chymotrypsin*, gemessen durch Hydrolyse von Peptidbindungen (Formoltitration), p_H-Änderungen u. Entfärbung, geht in 2 Stadien vor sich, wobei im 1. Stadium in schneller Hydrolyse ca. 30 Aminogruppen/Mol. freigesetzt werden, ohne daß vorerst eine Entfärbung einsetzt, so daß eine Bldg. kleiner, aber offenbar noch opt.-akt. Fragmente anzunehmen ist; im 2. Stadium, einer langsamen Hydrolyse, werden unter gleichzeitiger Entfärbung weitere ca. 50 Aminogruppen/Mol. freigesetzt; die I-Wrkg. beginnt bei p_H 6,0 u. steigt logarithm. bis p_H 9,2. *Trypsin* u. *Pepsin* entfärben I ebenfalls, *Pankreaslipase* entfärbt I jedoch nur geringfügig. (J. gen. Physiol. **42.** 371—83. 20/11. 1958. Cambridge, Harvard Univ., Biol. Labors.) U. TAUSENDFREUND. 4598

Ruth Hubbard, *Die Hitzestabilität von Rhodopsin und Opsin.* (Vgl. C. **1959.** 8964.) Im photosensiblen Pigment *Rhodopsin* (I) liegt eine Koppelung von *Neo-b(11-cis)-Retinen* (II), als Farbstoffträger, mit dem farblosen Protein *Opsin* (III) vor. Die Hitzestabilität von I ist größer als die von III, so daß offenbar III durch die Anwesenheit von II vor der Denaturierung geschützt wird. Das gilt sowohl für das aus dunkeladaptierter Netzhaut isolierte I wie für das in vitro aus II u. III synthet. I. Das Stereoisomere von II, *Iso-a(9-cis)-Retinen*, welches mit III *Isorhodopsin* bildet, gewährt III gleichfalls einen, wenn auch geringeren Schutz gegenüber der Denaturierung. Hitze u. Licht wirken übrigens auf verschied. Weise entfärbend auf I: Hitze denaturiert III u. tastet II nicht an, während durch Lichteinwrkg. *trans-Retinen* u. natives III gewonnen werden. (J. gen. Physiol. **42.** 259—80. 20/11. 1958. Cambridge, Harvard Univ., Biol. Labors.) U. TAUSENDFREUND. 4598

William S. Hoffman, The biochemistry of clinical medicine; 2nd ed. Chicago: Year Bk. Publishers. 1959. (734 S.) 8°. $ 12,—.

Ettore Rossi, Emile Gautier und **Jann W. Weber,** Hrsg., Geigy-Colloquium 1, Bern, 2.—7. Juni 1958: Kohlenhydratstoffwechsel im Kindesalter. Basel, New York: Karger. 1959. (XII + 604 S. m. Abb.) 8°. sfr. 86,—.

Horst Stobbe, Hämatologischer Atlas. Morphologie u. Funktion d. Zellen v. Blut u. Knochenmark sowie Darst. hämatologisch wichtiger Krankheitsbilder. Berlin: Akademie-Verl. 1959. (X + 304 S. m. 233 Farb- u. 160 Phasenkontrastmikrophotos.) 8°. DM 68,—.

—, Die ernährungsphysiologischen Eigenschaften der Fette. Vorträge u. Diskussionen d. 1. Symposions zu Mainz vom 30.9.—1.10. 1957. Darmstadt: Steinkopff. 1958. (VIII + 190 S. m. 38 Abb. u. 34 Tab.) 8° = Wissenschaftliche Veröffentlichungen d. Deutschen Gesellschaft f. Ernährung. Bd. 1. DM 35,—.

—, Internationales und deutsches Verzeichnis der Krankheiten. Handbuch der internationalen statistischen Klassifikation der Krankheiten, Verletzungen und Todesursachen. Auf d. Grundlage d. Empfehlg. d. 7. Revisionskonferenz 1955 u. gemäß d. v. d. WHO-Vollversammlung angenommenen Regulationen. Hrsg.: Statist. Bundesamt, Wiesbaden. 1. Nachdr. Bd. 1. Internationale u. deutsche Systematik. Bd. 2. Alphabetisches Register. Stuttgart: Kohlhammer. 1958. Ausg. 1959. 1: (653 S.) 8°. DM 25,—. 2: (391 S.) 8°. DM 15,—.

E6. Pharmakologie. Therapie. Toxikologie. Hygiene.

John H. Moyer, *Das psychosomatische Problem bei der Beurteilung von Arzneimitteln.* Überblick über psychogenet. Fehlerquellen bei der Auswertung von Arzneimitteln, die Wichtigkeit spezif., objektiver Testmethoden sowie die Grenzen der Anwendbarkeit von Placebos u. doppelten Blindversuchen. (Arch. internal Med. **96.** 608—96. Nov. 1956. Houston, Texas, Baylor Univ., Coll. of Med.) K. BOHLE. 4600

E. Lang, *Oral verwendete Arzneiformen mit verlängerter Wirkung.* Vortrag. — Durch tabellenähnliche Aufstellungen, Abbildungen und 27 Literaturhinweise anschaulich gemachte Übersicht über oral verwendete „Depot"-Arzneiformen mit verlängerter Wirkung. Betonung der Möglichkeiten solcher Wirkungsverlängerungen, Darst. der Einflüsse der galen. Formen. (Schweiz. Apotheker-Ztg. **96.** 773—84. 25/10. 1958. Basel.) F. O. W. MEYER. 4600

Jens Schou, *Subcutane Resorption. Kurze Übersicht.* Überblick über den Mechanismus der subcutanen Resorption, die Methoden der Best. der Resorptionsgeschwindigkeit u. die Beziehung zwischen Resorption u. Wirksamkeit von Arzneimitteln. — 34 Literaturhinweise. (Arch. Pharmac. og Chem. **65** (**115**). 509—19. 5/7. 1958. København, Univ., Farmakol. Inst.) R. K. MÜLLER. 4600

M. von Ardenne und **H. B. Sprung,** *Über den verschluckbaren Intestinalsender für p_H-Wertsignalisierung.* Das Meßprinzip des kurz beschriebenen, verschluckbaren Intestinalsenders für die p_H-Messung im Gastrointestinum beruht auf der durch einen Meßkopf bewirkten Verstimmung eines auf die feste Frequenz von 1900 kHz abgestimmten Transistorsenders. Mittels eines Überlagerungsempfängers wird die Frequenz außerhalb des Patienten gemessen. Der Meßkopf besteht aus einer Sb- u. einer Ag-AgCl-Elektrode mit Tulosegallerte, er ist durch eine perforierte Polystyrolfolie abgeschlossen. Pro p_H-Einheit ändert sich die Frequenz um ca. 1750 Hz. (Naturwissenschaften **45.** 564—65. 1. Dez.-H. 1958. Dresden, Weißer Hirsch, Forschungsinst. M. v. Ardenne u. Med. Akad. „Carl-Gustav-Carus", Chirurg. Klinik.) W. REUSSE. 4600

F. Ellis und **W. S. Eastwood,** *Fortschritte im Gebrauch von Radioisotopen.* Aus den Veröffentlichungen der 2. Internationalen Konferenz zur friedlichen Anwendung der Atomenergie in Genf werden im ersten Teil des Ref. medizin. wichtige Isotope u. ihre Anwendung, im zweiten Teil der allg. Gebrauch von Isotopen beschrieben. (Nature [London] **182.** 1407—09. 22/11. 1958.) G. CASPERSON. 4601

Erwin Heintz, *Indirekte chemotrope Strahlenwirkung auf den Bitterling* (*Rhodeus amarus B.*) Bestrahlt man partiell ein mit W. gefülltes Glasgefäß mit Fischen (Rhodeus amarus B.) durch die γ-Strahlung von *Ra* derart, daß ein Teil des Fl.-Vol. strahlungsfrei bleibt, dann suchen die Tiere nach Ablauf weniger Min. diesen unbestrahlten Raum auf. Die Ursache für dieses Verh. sieht Vf. in dem im bestrahlten W. gebildeten H_2O_2. Wird die Innenwand des Gefäßes mit Filtrierpapier belegt, dann tritt bei mittleren Dosen gegenteilige Rk. der Tiere auf. (C. R. hebd. Séances Acad. Sci. **246.** 1309—12. 24/2. 1958.) W. REUSSE. 4601

G. P. Toropowa, *Die Rolle des Hungers beim Glykogenumsatz der Leber bei Strahlenkrankheit der Tiere.* In der Leber von Kontrollratten sind vor der Nahrungsaufahme im Mittel 91 mg-% *Glykogen* (**I**) enthalten gegenüber 860 bzw. 130 mg-% 2 bis 5 Tage nach der Röntgenbestrahlung (1000 r). 3 Std. nach der Nahrungsaufnahme (freier Zugang) betrug der **I**-Geh. in der Kontrolle 3500 mg%-, bei Strahlenkrankheit von 2 bzw. 5 Tagen 1210 bzw. 2160 mg-%. Mit fortschreitender Strahlenkrankheit nahm die Nahrungsaufnahme der Tiere ab, damit auch der **I**-Geh. der Leber. Nach einer Bestrahlung von 650 r betrug der **I**-Geh. nach 2, 3 bzw. 6 Tagen 980 bzw. 620 bzw. 960 mg-%. Die Zunahme erfolgte wegen der verstärkten Nahrungsaufnahme. Erhielten die Kontrollen die gleiche Futtermenge wie die bestrahlten Tiere, so nahm der **I**-Geh. bei den Kontrollen stärker ab als bei den Versuchstieren. Die **I**-Abnahme bei Strahlenkrankheit beruht demnach auf der verminderten Nahrungsaufnahme in Abhängigkeit von der Strahlendosis. (Вопросы Питания [Fragen d. Ernähr.] **17.** Nr. 1. 50—54. Jan./Febr. 1958.) O. LEBTAG. 4601

M. Skalka, *Anämie und Leberschäden bei röntgenbestrahlten Tieren.* WISTAR-Ratten u. weiße Mäuse wurden mit 500—640 r röntgentotalbestrahlt. Bestrahlungsbedingungen: 180 kV, Dosisleistung 60 r/min, Filter 1 mm Al + 0,5 mm Cu. Nach 8—12 Tagen wurden die bestrahlten sowie unbestrahlten Tiere getötet u. die Zahl der roten Blutkörperchen im Blut sowie der *Fett*-Geh. der Leber durch A.-Ae.-Extraktion u. jodometr. Titration bestimmt. Die Meßergebnisse lassen erkennen, daß die strahleninduzierte Zunahme des Leberfettgeh. mit einer Abnahme der Erythrocytenzahl korrespondiert. Dieses Ergebnis bestätigt den klin. Befund, daß heftige Anämie u. der damit verbundene Sauerstoffmangel schwere Leberschäden zur Folge haben. (Nature [London] **182.** 1602—03. 6/12. 1958. Brno, Czechoslovak Acad. of Science, Dep. of Biophysics.) W. REUSSE. 4601

M. Pospíšil und **L. Nowák,** *Der Einfluß einer Vorbehandlung mit Schilddrüsensubstanz Mortalität röntgenbestrahlter Mäuse.* Während 20 Tagen wurden ♂ weiße Mäuse mit täglichen Dosen von 0,2 g getrockneter Schilddrüsensubstanz gefüttert u. 5 Tage nach der letzten Fütterung mit 600 r röntgentotalbestrahlt. Bestrahlungsbedingungen: 180 kV, Filter 1 mm Al + 0,5 mm Cu. Die Mortalität dieser vorbehandelten Tiere nach 30 Tagen sank in einer Serie von 71 auf 55%, in einer zweiten von 91 auf 40% gegenüber unbehandelten. Die Ergebnisse werden mit ähnlichen Befunden anderer Autoren verglichen. (Nature [London] **182.** 1603—04. 6/12. 1958. Brno, Acad. of Sciences Biophysical Inst.) W. REUSSE. 4601

Enrico Del Pianto, Giovanni Barina und **Silvana Piermattei,** *Vergleich zwischen den letalen Wirkungen von Röntgenstrahlen und ^{60}Co-γ-Strahlen bei der Ganzkörper-*

bestrahlung von Mäusen. Schutzwirkung von Cysteamin und Natriumäthylthiosulfat. Vergleichende Unterss. der letalen Wrkgg. von 180 kV-Röntgenstrahlen u. ^{60}Co-γ-Strahlen (Ganzkörperbestrahlung von Mäusen) ergaben, daß zur Erzielung gleicher Sterblichkeitskurven eine höhere Dosis von γ-Strahlen als von Röntgenstrahlen erforderlich ist. Der Unterschied wird um so größer, je höher die letale Wrkg. sein soll. Die Schutzwrkg. von Cysteamin ist bei γ-Bestrahlung gering u. liegt unterhalb der für Röntgenbestrahlung beschriebenen. Na-Äthylthiosulfat, das allein keine Strahlenschutzwrkg. hat, verstärkt die Wrkg. des Cysteamins. (Ricerca sci. **27.** 1133—40. April 1957. Roma, Centro di Studio per la Chim. Gen. u. Clin. R. Bastianelli, Centro di Cobaltoterapia.) H. WEBER. 4601

A. F. Zjurko, *Die Behandlung einiger Hautkrankheiten mit radioaktivem Phosphor.* Verschied. Patienten wurden einer ^{32}*P*-Strahlungsbehandlung ausgesetzt. Beim Capillarhämangiom (15 Kranke) betrug die Einzeldosis für Erwachsene 500 r (insgesamt 3000 r für eine Behandlung), für Kinder 200 bzw. 2000—2300 r. Die Rk. auf die Bestrahlung verlief nach dem Typ einer trockenen Epidermitis. Fast völliges Verschwinden des Hämangioms trat bei 5 Kindern (bis zu 2 Jahren), bei 5 Erwachsenen merkliches Abblassen ein. Bei den übrigen Patienten waren keine deutlichen Veränderungen sichtbar. — 12 Ekzempatienten (alle medikamentös vorbehandelt, 1 Kranke auch röntgenbestrahlt) erhielten 50—150 r Einzel-, 150—600 r Gesamtdosis. Das Hautjucken verschwand bald völlig. Im Verlauf der Behandlung kam es zur Ausheilung des Ekzems. — 18 Fälle von Neurodermitis (9 vorher röntgenbestrahlt) erhielten 75—150 r Einzel-, 225—450 r Gesamtdosis. Nach Beendigung der Behandlung waren Infiltration u. Hauthyperämie verringert, die Erosionen epithelisiert. (Вестник Рентгенологии и Радиологии [Nachr. Röntgenol. Radiol.] **34.** Nr. 2. 91—92. März/April 1959. Rostow am Don, Med. Inst., Lehrstuhl für Röntgenol. u. Radiol.) K. RINTELEN. 4601

William B. Looney, *Die Wirkung von Radium im menschlichen Organismus.* Die Best. des Geh. des menschlichen Organismus an *Ra* u. *Mesothorium* (^{228}*Ra*) wird behandelt sowie das Problem der Festsetzung der maximal zulässigen Konz. im Körper. (Science [Washington] **127.** 630—33. 21/3. 1958. Cambridge, England, Univ. of Cambridge, Dep. of Radiotherapeutics.) W. REUSSE. 4601

Howard H. Vogel jr., John W. Clark und **Donn L. Jordan,** *Vergleichswerte der Mortalität von Mäusen nach 24stündiger Ganzkörperbestrahlung mit Spaltneutronen und Cobalt-60-γ-Strahlen.* CF 1-Mäuse wurden mit ^{60}Co-γ-Strahlen oder Spaltneutronen aus der Rk. von therm. Neutronen eines Reaktors mit U bestrahlt. Die Dosisleistungen betrugen bei 24std. Bestrahlung für die γ-Strahlen 0,8—1,0 r/min u. 0,1—0,2 r/min für die Neutronen, für 1½std. Bestrahlungen lagen sie entsprechend höher. Messung der Letalität (DL_{50} nach 30 Tagen) ergab bei Auswertung der Überlebensraten als Funktion der Dosis, daß die $DL_{50/30}$ bei den γ-Strahlen bei 1½ std. Bestrahlung 929 ± 5 r, bei 24std. Bestrahlung 1324 ± 11 r beträgt. Bei einer Gesamtdosis von 1150 r γ-Strahlung, appliziert mit 10—15 r/min, ergibt sich 100%ige Letalität, während sie, verabfolgt mit 1 r/min, keine Todesfälle bewirkt. Bei Neutronen ist die $DL_{50/30}$ unabhängig von der Dosisleistung ca. 210 rep. Die relative biol. Wirksamkeit der beiden Strahlungen bzgl. der 30 Tage-Letalität wurde aus den Ergebnissen zu 6,3 für die 24-, zu 4,4 für die 1½std. Bestrahlung ermittelt. (Radiation Res. **6.** 460—68. April 1957. Lamont, Ill., Argonne Nat. Labor., Division of Biol. and med. Res.) W. REUSSE. 4601

William N. Young und **Harry A. Tebrock,** *Die Behandlung der akuten Thorium- und Uranschädigung mit einem Chelatbildner und weitere unterstützende Maßnahmen.* 4 Personen mit Verbrennungen 2. u. 3. Grades nach einer Explosion von *Thorium-* u. *Urandioxyd* wurden neben anderen symptomatischen Maßnahmen mit *Ca-Dinatrium-Äthylendiamintetraessigsäure* (*EDTA*) behandelt. Aus den Werten der *Thorium* (**I**)- bzw. der *Uran* (**II**)-Ausscheidung u. dem allg. Krankheitsverlauf glauben Vff. auf die günstige Wrkg. des *EDTA* bei **I**- u./oder **II**-Schäden hinweisen zu können. Bei einem verstorbenen Patienten konnte in verschied. Organen die Menge bzw. die Konz. von **I** bzw. **II** nach Veraschung ermittelt werden. Höchste **II**-Menge in Lunge, Niere u. Leber, höchste **I**-Konz. in Nebenniere, Lymphknoten u. Hodengewebe (in absteigender Reihenfolge). (Ind. Med. Surgery **27.** 229—32. Mai 1958. New York City, N. Y., Sylvania Electric Products, Inc.) R. TIMMLER. 4601

F. Timm und **M. Arnold,** *Histochemische Studien zur Ausscheidung des Bleisalzes der Äthylendiamintetraessigsäure durch die Rattenniere.* Als *Pb-Äthylendiamintetraessigsaures Natrium* verabreichtes *Blei* wird teilweise in Zähnen u. Knochen abgelagert. 68% werden innerhalb 24 Std. im Urin ausgeschieden. Weg u. zeitlicher Verlauf dieser Ausscheidung wird mit Hilfe der Sulfid-Silber-Meth. nach TIMM (Dtsch. Z. ges. gerichtl. Med. **46.** [1957.] 706) verfolgt; sie erfolgt vorwiegend durch Filtration. (Naunyn-Schmiedebergs

Arch. exp. Pathol. Pharmakol. **233.** 422—30. 24/4. 1958. Göttingen, Med. Forschungsanstalt d. Max-Planck-Gesellschaft, Biochem. Abt.) U. HACKENBERG. 4607

C. S. W. Reid und **H. E. Hutchings,** *Einflüsse der Aufnahme von Paraffinen durch Wiederkäuer.* 5. Mitt. *Blutplasma-Prothrombingerinnungszeiten von Kühen, an die schwerflüssige Paraffine verabreicht wurden.* (4. vgl. New Zealand J. Agric. Res. **1.** [1958.] 267.) An 3 Kühe, die sich am Ende der Lactationsperiode befanden, wurden 26 Tage lang täglich zweimal 75 ml schwerfl. *Paraffin* verabreicht, ohne daß ein Einfl. auf die Plasma-Prothrombingerinnungszeiten festgestellt werden konnte. Auch bei hochträchtigen u. frischkalbenden Kühen zeigten die gleichen Dosen keine Wirkung. Die durchschnittlichen Gerinnungszeiten betrugen im 1. Vers. 23,9 Sek. u. im 2. Vers. 21,6 Sek. (New Zealand J. agric. Res. **2.** 26—34. Febr. 1959. Palmerston North, Pathol. Dep. u. Plant Chemistry Division.) H. D. BOCK. 4607

W. A. McGillivray, F. H. McDowall und **C. S. W. Reid,** *Einflüsse der Nahrungsaufnahme von Paraffinen durch Wiederkäuer.* 6. Mitt. *Aufnahme von schwerflüssigem Paraffin durch Kühe kurz vor dem Kalben in Beziehung zur Milchmenge und -zusammensetzung sowie zum Gehalt an fettlöslichen Vitaminen im Butterfett während des frühen Lactationsstadiums.* (5. vgl. vorst. Ref.) Kühe erhielten täglich 150 ml schwerfl. *Paraffin*, eine Menge, die sich als wirksam gegen das Aufblähen erwiesen hatte. Die Behandlung hatte keinen Einfl. auf den Milch- u. Fettertrag, bewirkte auch keine Veränderungen im Carotin-, Xanthophyll-, Vitamin-A- u. Tocopherol-Geh. des Butterfettes. Der Carotin- u. Tocopherolgeh. des Blutes sanken jedoch, ohne daß die Gesundheit der Tiere gestört wurde. (New Zealand J. agric. Res. **2.** 35—46. Febr. 1959.) H. D. BOCK. 4607

Torsten Fredriksson, *Studien über die percutane Resorption von Sarin und 2 verwandten Organophosphorsäurecholinesteraseinhibitoren. Methylphosphonsäureisopropylesterfluorid* (I, *Sarin*), *-pentyl-(2)-esterfluorid* (II) u. *-heptyl-(2)-esterfluorid* (III) dringen bei Hunden, Katzen u. Meerschweinchen sehr schnell durch die intakte Haut in den Körper ein. Dabei erzeugen sie dasselbe Vergiftungsbild, wie es nach Inhalation der Dämpfe bekannt ist. Als Eintrittspforte dienen vor allem die Haarfollikel. Resorptionsvermögen der Haut für II > I > III. Während der Permeation kommt es durch nicht näher charakterisierte hauteigene Enzyme zur teilweisen Hydrolyse der geprüften Phosphonsäureester. Die pathalog.-anatom. Befunde waren dieselben, wie sie nach Inhalation von I bekannt sind. (Acta dermato-venereol. [Stockholm] **38.** Suppl. **41.** 1—83. 1958. Sundbyberg, Res. Instit. of Nation. Defence, Dept. I, Med. Section.) G. RENTSCH. 4607

J. F. Scaife und **D. H. Campbell,** *Toxizität eines Cholinesteraseinhibitors beim Hamster im Winterschlaf.* Bei n. u. künstlich in den Winterschlaf versetzten Hamstern wurde für *Thiolphosphorsäure-O.O-diäthyl-S-2-diäthylaminoäthylester* die intraperitoneale DL_{50} zu 0,106 ± 0,006 ml/kg bzw. 0,072 ± 0,012 ml/kg gefunden. (Nature [London] **182.** 1739. 20/12. 1958. Kingston,, Ontario, Canada, Defence-Res. Kingston Labor., Dep. of Nat. Defence, P. O. Box 123.) G. RENTSCH. 4607

Fr. Jochum, *Durch Diäthyl-p-nitrophenylthiophosphat abgeänderte Reaktionsketten im Insektenorganismus.* Diäthyl-p-nitrophenylthiophosphat (*E 605*) regt als Kontaktgift bei Insekten die Drüsen des Verdauungstraktes (VT) zu starker, dauernder Bldg. von Sekret an, das, an Art u. Menge abhängig von der Blutmenge, Art u. Funktion der Drüsen u. vom Bau des VT, durch die Mundöffnung ausgeschieden wird u. auf Höhe und Intensität der Flüssigkeitsverlagerung im Organismus hinweist. Auch die Gasausscheidung u. die O_2-Aufnahme ist anomal erhöht. Letzte steigt bis zur Reaktionsunfähigkeit linear an u. ist in Beginn u. Steigerung nicht durch die motor. Hyperaktivität (MH) bedingt. Flüssigkeitsmangel in der Leibeshöhle intensiviert den Stoffwechsel für die Bldg. von W., die dabei entstehende anomale Menge an Wärme u. Stoffwechselprodd. die MH. Der starke Flüssigkeitsentzug vermindert den *Wasser*-Geh. des Blutes u. ändert seine Zus., erschwert dadurch Austausch u. Abtransport der Stoffwechselprodd. u. erklärt die erhöhte O_2-Rate; er kann auch zum Wasserverlust in anderen Organen führen. Durch die Blutveränderung sinkt die H^+-Konz. der Hämolymphe, die des Mitteldarminhalts steigt; die *Ferment*-Wrkgg. ändern sich. Im späten Erregungsstadium treten Veränderungen in der Bauchganglienkette (Zell-, Kern- u. Nucleolushypertrophie) auf. Todesursache ist der Schwund der Hämolymphe durch Verlagerung der Leibeshöhlen-Fl. in den VT. Eine ähnliche Wirkungsweise wird für die anderen lipophilen Kontaktgifte angenommen. — 121 Literaturhinweise. (Höfchen-Briefe **9.** 289—348. 1956. Köln, Univ., Zool. Inst.) W. SCHULENBURG. 4607

I. Bayer, K. Katona und **L. Tardos,** *Beiträge zum Cholingehalt der Blüten von Matricaria chamomilla L.* Papierchromatograph. Unterss. haben gezeigt, daß der Cholin (**I**)-Geh. der Kamillenblüten (Matricaria chamomilla L.) mit im Mittel 0,32% den bisher in der Literatur angegebenen Wert von 0,07% wesentlich übersteigt. Es wird angenommen, daß bei der hohen blutdrucksenkenden Wrkg. der wss. Kamillenauszüge I eine wesentliche Rolle spielt, für die der Geh. an *Azulen* bzw. *Proazulen* keine ausreichende Erklärung gibt. (Naturwissenschaften **45.** 629. 2. Dez.-H. 1958. Budapest, Labor. der Ungar. Pharmakopöekomm.) H. SPOHN. 4608

J. S. McKenzie, *Einige pharmakologische Eigenschaften von Pyrrolizidinalkaloiden und ihre Beziehungen zur chemischen Konstitution.* Es werden folgende Alkaloide am isolierten Rattenileum untersucht.: *Heliotridinbasen* (*Lasiocarpin, Heliotrin, Europin*), *Supinidinbasen* (*Supinin, Heleurin*), eine *Platynecinbase* (*Platyphyllin*) u. *Retronecinbasen* (*Senicionin, Seniciphyllin, Ridellin, Monocrotalin, Jacobin, Jaconin*); außerdem die N-Oxyde von *Lasiocarpin, Heliotrin* u. *Europin.* Weiterhin wurden *Heliotridin* u. *Heliotrinsäure* geprüft. Alle Substanzen sind schwächere Acetylcholinantagonisten aus Atropin; Platyphyllin, Heleurin und Supinin sind die stärksten Antagonisten. Der Längstonus wurde am stärksten von Senecionin gehemmt. Tonusverminderung u. Acetylcholinantagonismus sind voneinander unabhängig. Sättigung des Pyrrolizidinringes steigert die anticholinerg. Aktivität. (Austral. J. exp. Biol. med. Sci. **36.** 11—21. Febr. 1958. Parkville, Victoria, Austral., Div. of Animal Health and Production, C. S. J. R. O.) U. HACKENBERG. 4608

Hazel M. Doery, *Isolierung und Eigenschaften der Neurotoxine im Gift der Tigerschlange Notechis scutatus scutatus.* (Vgl. C. **1959.** **14145.**) Neben der Abtrennung von koagulierenden u. hämolysierenden Faktoren sowie von *Hyaluronidase, Phosphatase* u. *Cholinesterase* gelang die Isolierung von zwei Fraktionen, die auf Grund der durchaus verschied. tox. Wrkg. u. des verschied. elektrophoret. u. chromatograph. Verh. auf zwei Neurotoxine im Gift der Tigerschlange schließen lassen. Ausführliche Vorschrift zur Isolierung u. Identifizierung der einzelnen Fraktionen. (Biochem. J. **70.** 535—43. Dez. 1958. Parkville, Victoria, Australien, Commonwealth Serum-Labors.)
C. O. LAUBSCHAT. 4609

D. Astudillo, M. Illera, E. Olalia und **F. Sanz,** *Verteilung und Fixierung von Sulfoniazid im Organismus der Ratte. Untersuchungen unter Verwendung von radioaktivem Schwefel* (^{35}S). Vff. verabreichten ^{35}S-markiertes Sulfoniazid (**I**) peroral oder intravenös an Ratten u. untersuchten die Verteilung von **I** in den Organen der Tiere nach 1 u. 2 Tagen, indem sie die Radioaktivität des ^{35}S nach Veraschung der Organe u. Fällung als Ba-Sulfat direkt bestimmten. — Die tabellar. Wiedergabe der Resultate zeigt, daß die Ausscheidung bei oraler Gabe mit den Exkrementen sehr viel größer ist als die mit dem Urin. Nach intramuskulärer Verabreichung liegen umgekehrte Verhältnisse vor. Besonders reich an **I** sind Leber, Nieren u. Blut. (C. R. Séances Soc. Biol. Filiales **152.** 562—63. 4/10. 1958. Madrid, Univ., Inst. de Physicochimie et de Pharmacol.)
HEINRICH HERMANN. 4610

P. I. Kssanfopulo, *Behandlung von subakutem und akutem Lupus erythematodes mit Resochin und ACTH.* Von 6 Patienten mit akutem bzw. subacutem Lupus erythematodes wurden 3 mit *Resochin* (**I**; 10 Tage lang je 0,25 g, dann je 0,5 g; Gesamtmenge 20 g) u. 3 abwechselnd mit **I** + *ACTH* (Gesamtmenge 500—600 E.) behandelt. Es kam in allen Fällen zu Remissionen u. in 2 Fällen zu völligem Verschwinden der klin. Manifestationen. Nach 2—3 Kuren hielten die Remissionen über 6—7 Monate an. Am günstigsten erwies sich die Kombination von **I** u. ACTH. (Клиническая Медицина [Klin. Med.] **37** (**40**). Nr. 3. 110—12. März 1959. Moskau, 1. med. Ssetschenow-Inst., Lehrst. für Haut- u. Geschlechtskrankh.) E. RENTZ. 4610

J. C. Davis, *Schäden an der Leber bei Kaninchen durch Synthalin.* Akute Leberschäden durch Synthalinvergiftung (Synthalin A = *Dekamethylendiguanidin*, Synthalin B = *Dodekamethylendiguanidin*) bei Kaninchen bestehen zum größten Teil in hydrop. Degeneration, Verlust von Glykogen u. einer Form von Nekrose, oft charakterisiert durch interzelluläre Vielgestaltigkeit. — Das Endresultat einer angemessenen Dosis Synthalin ist eine Monolobulärcirrhose. (J. Pathol. Bacteriol. **76.** 97—109. Juli 1958. Liverpool, Univ., Dep. of Pathology.) D. KRIEN. 4610

Ardzroony Packchanian, *Chemotherapie der afrikanischen Schlafkrankheit.* 2. Mitt. *Chemotherapie experimenteller Infektionen der Maus* (*Mus musculus*) *durch Trypanosoma gambiense und Trypanosoma rhodesiense mit einem neuen Antibioticum Amphomycin.* (1. vgl. C. **1956.** 2237.) 395 bzw. 245 Mäuse, die mit tödlichen Dosen von *Trypanosoma gambiense* bzw. *T. rhodesiense* beimpft wurden, konnten innerhalb von 4 Tagen mit 150 bzw. 100 mg *Na-Amphomycin* (**I**)/kg/Tag geheilt werden. 24 Std. nach der ersten **I**-Dosis verschwanden die Erreger aus dem zirkulierenden Blut u. traten nicht wieder in Erscheinung. Bei Verabreichung geringerer **I**-Dosen lag die Heilungsquote entsprechend niedriger. (Antibiotics and Chemotherapy **6.** 684—91. Dez. 1956. Galveston,

Texas, Univ. of Texas School of Med., Dep. of Bacteriology and Parasitology and Labor. of Microbiology.) H. Dossmann. 4611

N. A. Tichonowa, *Einfluß des Biomycins auf die koagulierenden Eigenschaften des Blutes.* Best. an 63 Patienten mit verschied. chirurg. Erkrankungen ergaben vor der Behandlung eine Prothrombinzeit von 103 (93—119)% u. bei 11 prakt. Gesunden 95 (74—110)%. Behandlung mit *Biomycin* (I = Aureomycin; 0,3—0,4 g 5—8 Tage lang 3mal täglich per os, Gesamtmenge 2,6—12,6 g) bewirkte bei 27 Patienten eine Zunahme der Prothrombinzeit um 5—15%, bei 8 Patienten eine Abnahme um 6—20%; die Blutungszeit blieb unverändert; die Viscosität des Blutes wurde etwas herabgesetzt (von 3,1—6,7 E. um 0,7—1,8 E.); die Gerinnbarkeit des Blutes war bei 24 von 42 Patienten wenig beschleunigt, bei den übrigen normal. Die koagulativen Eigg. des Blutes werden demnach durch I nicht wesentlich beeinflußt. (Клиническая Медицина [Klin. Med.] **37** (**40**). Nr. 3. 91—92. März 1959. Moskau, 1. Med. Ssetschenow-Inst., Chir. Burdenko-Fakult.-Klin.) E. Rentz. 4611

W. Schaumann, *Resistenz einiger Wirkungen peripherer Vagusreizung gegenüber Ganglienblockern.* Während in der Regel Ganglienblocker z. B. die Wrkg. eines peripheren Vagusreizes hemmen, wurde beobachtet, daß beim Meerschweinchen die Bronchoconstriction u. bei der Katze die Magenkontraktion nach Vagusreiz durch Ganglienblocker nicht aufgehoben wurden. Cholinesteraseinhibitoren erhöhten, *Atropin* verhinderte diese Effekte nach Vagusreiz. Zur Verwendung kamen: *Acetylcholinchlorid, Hexamethoniumbromid, N.N.N'.N'.3-Pentamethyl-N.N'-diäthyl-3-azapentylen-1.5-diammoniumbromid* (*Pendiomid*), *Tetraäthylammoniumbromid, Atropinsulfat, Eserinsalicylat, Prostigminsulfat, Pyrrolidyläthylphenylbenzylamin* (*Luvistin*), *2-[N-(p-Tolyl)-N-(m-hydroxyphenyl)-aminomethyl]-imidazolinmethansulfonat* (*Regitin*) u. *Lysergsäurediäthylamid.* (Naunyn-Schmiedebergs Arch. exp. Pathol. Pharmakol. **231.** 378—87. 16/10. 1957. Frankfurt/M., Univ., Pharmakol. Inst.) M. Reiher. 4620

H. Ippen, *Berufsbedingte Hautveränderungen durch Phenothiazinderivate. Phenothiazin* (I), bes. *Promethazin* u. *Chlorpromazin,* finden in allen Zweigen der Medizin bei verschied. Indikationen Verwendung; sie können jedoch in erheblichem Umfang Hautschäden auslösen, die z. T. den größten Teil der medizin.-berufsbedingten Hautschäden ausmachen. Pathogenese u. Begutachtungsfragen werden unter bes. Berücksichtigung der I-Photoallergie diskutiert; auf verschied. spezielle Untersuchungsmeth. u. die Therapie wird hingewiesen. (Berufsdermatosen **7.** 12—21. Febr. 1959. Düsseldorf, Hautklinik der Med. Akad.) H. P. Fiedler. 4620

Bernhard Duhm, Lothar Koester, Walter Maul und **Hans Medenwald,** *Stoffwechsel und Verbleib von Verophen im Körper der Ratte. Verophen* (*N-[3'-Dimethylaminopropyl]-phenothiazin*; Bayer H.-S., Leverkusen), mit radioakt. ^{35}S markiert, wurde Ratten mit 10 mg/kg intravenös u. mit 20 mg/kg oral verabreicht. Nach beiden Applikationsarten wurde in den ersten 10 Min. vollständige Resorption festgestellt. Nach 48 Std. waren 91% der verabreichten Aktivität durch Harn u. Faeces ausgeschieden, 9% wurden im Körper nachgewiesen. Die höchsten Aktivitäten wurden in Niere, Hypophyse, Nebenniere, Groß- u. Kleinhirn, die geringsten Aktivitäten in Milz, Fett, Muskulatur, Haut u. Blut ermittelt. Im Harn wurden 2 Stoffwechselprodd. gefunden, denen mit großer Wahrscheinlichkeit noch das ^{35}S-Phenothiazingerüst zugrunde lag. (Z. Naturforsch. **13 b.** 756—57. Nov. 1958. Elberfeld, Isotopenlabor. der Farbenfabr. Bayer Akt.-Ges.) H.-W. Gramm. 4620

K. A. Saitzewa, *Dinezin. Dinezin* (chem. ident. mit Diparcol u. Latibon) wird auf Grund guter klin. Erfahrungen zur Behandlung von Erkrankungen des extrapyramidalen Syst. empfohlen (Dosierung 3—5mal täglich zu 0,05—0,3 g). (Медицинская Промышленность СССР [Med. Ind. UdSSR] **12.** Nr. 4. 58—59. April 1958. Allunions Wiss. Chem.-Pharmazeut. Ordshonikidse-Forsch.-Inst.) E. Rentz. 4620

D. Culliford und **H. B. Hewitt,** *Der Einfluß des Geschlechtshormonstatus auf die Empfindlichkeit für die durch Chloroform verursachte Nekrose der Nierentubuli bei Mäusen.* (Vgl. auch nachst. Ref.) Vff. setzen n. ♂ u. ♀ Mäuse zweier verschied. Zuchtstämme (CBA-Stamm [a]; WH-Stamm, heterozygot [b]) einer mit 1,2—7 (10) mg/Liter Chloroformdampf beschickten Atmosphäre (Versuchsdauer: 2 Std.) aus, bestimmen den Protein-Geh. (sowie die Anteile an Zylindern) des Harns u. führen eine histolog. Unters. der Nieren durch. Es zeigt sich, daß nur bei ♂-a u. -b nach Chloroformdampfinhalationen Proteinurie u. Nekrose der Nierentubuli auftritt, wobei die geringste wirksame Chloroformdosis 1,2 mg/Liter beträgt. ♀-a u. -b sind bei gleicher Behandlung dagegen frei von Nierenschäden. Zufuhr von *Hexöstroldipropionat* (5 μg/Tag, innerhalb von 14 Tagen u. 10 μg am 15. Tag) hemmt bei ♂-a die Nekrose nach Chloroformeinw., während Behandlung von ♀-a mit *Testosteronpropionat* (I, Neohombreol, 50 μg/Tag, innerhalb von 40 Tagen, subcutan) unter den gleichen Versuchsbedingungen stark nekrot. veränderte Nierentubuli hervorruft; ♀-b zeigen nach I-Applikation dagegen nur abgeschwächte (partielle) Nekrose. Diese Ergebnisse lassen erkennen, daß die Empfindlichkeit für Nekrose nach Chloroformdampfeinfl. primär mit dem Geschlechtshormonstatus u. indirekt mit der chromosomalen Geschlechtskonstitution gekoppelt ist. Kastration unterdrückt die Nekroseempfindlichkeit bei ♂-b vollständig, bei ♂-a dagegen nur teilweise (schwache bis mäßige Nekrose bei Chloroformdampfexposition 27—177 Tage nach dem Eingriff). Erst Exstirpation der Nebennieren hebt auch bei kastrierten ♂-a die restliche Nekroseempfindlichkeit ganz auf. Gleiche Ergebnisse werden bei ovarienexstirpierten ♀-a u. -b erhalten, die letzten zeigen nach subcutaner Injektion von 1 mg **I** mäßige Nekrose. ♂ Jungmäuse (< 11 Tage alt) beider Zuchtstämme sind unempfindlich für Nekrose, selbst nach Zufuhr hoher **I**-Dosen (1 mg). Innerhalb eines Alters von 11—30 Tagen wird nach **I**-Gaben Nekroseempfindlichkeit festgestellt, wobei dieselbe eher vom Körpergewicht als vom Lebensalter abhängig ist, u. a-Jungtiere unterschiedlichere Ergebnisse liefern als die ohnehin weniger empfindlichen b-Mäuse. Durch Entfernung der Nebennieren bei ovariektomierten ♀-a wird die Nekroseempfindlichkeit oder Proteinurie verhindert. Bei fast sämtlichen Chloroformdampf ausgesetzten Tieren werden unabhängig vom Geschlechtshormonstatus u. von nekrot. Veränderungen der Nierentubuli Leberschädigungen beobachtet. Eine Nekroseempfindlichkeit nach Chloroformdampfeinw. wird bei gonadenexstirpierten Tieren auch durch Zufuhr von *Methyltestosteron* (600 μg Gesamtdosis), *Dehydroepiandrosteron* (5 mg), *Progesteron* (4,5 mg) u. *Cortisonacetat* (300 μg) verursacht. Vorausgehende Exposition in CCl_4-Dampf (40 mg/Liter, 2 Std.) verhindert bei n. ♂-a die durch anschließende Chloroformdampfeinw. hervorgerufene Nekrose der Nierentubuli. Aus diesem Befund geht hervor, daß infolge der unterschiedlichen Löslichkeiten der pharmakolog. Transport des Chlf. in Ggw. von CCl_4 beeinflußt wird. (J. Endocrinology **14**. 381—93. Jan. 1957. London, Westminster Hosp., John Burford Carlill Labor.)

P. FAHRNLAENDER. 4627

H. B. Hewitt, *Eine empfindliche Methode zur Bestimmung von Androgenen, die auf ihrem Vermögen beruht, die Reaktionen der Mäuseniere auf Chloroform zu verändern.* (Vgl. vorst. Ref.) Vf. gibt ♂ kastrierten Albinomäusen subcutane Injektionen von *Testosteronpropionat* (**I**, 0—160 μg Gesamtdosis) u. exponiert die Tiere 4—6 Std. nach der letzten **I**-Zufuhr 2 Std. einer 20 mg Chloroformdampf/Liter enthaltenden Atmosphäre. Nach 24 Std. wird die Niere histolog. untersucht. Es wird beobachtet, daß die Tubuli der Nieren bei Einw. von **I** eine erhöhte Empfindlichkeit für nekrot. Veränderungen nach Inhalation von Chloroformdampf aufweisen. Steigende **I**-Dosen verursachen verstärkte Nierenschäden bei Chloroformzufuhr. Zwischen dem log der **I**-Dosis u. der Anzahl nekrot. veränderter Tubuli, die an der Peripherie der Niere ausgezählt werden können, besteht eine annähernd lineare Beziehung. Bei geringen **I**-Mengen (ca. 10 μg) sind die Ergebnisse nicht ganz eindeutig. Annähernd parallel mit der Anzahl der nekrot. Tubuli werden im Harn Eiweiß u. Zylinder gefunden. Der Grad der Proteinurie ist aber bei Tieren, die 10 oder 160 μg **I** erhalten haben, etwa gleich groß. Der Proteingeh. des Harns ist also ein empfindlicheres Maß für die in Ggw. von **I** durch Chlf. hervorgerufene Nierenschädigung als die histolog. Veränderungen des Organs. Die vorst. Chloroformtestmeth. wird zur Best. von **I** vorgeschlagen, da die Rk. der Niere auf Chlf. nach **I**-Gaben spezif. ist u. Mengen von 2 μg **I** noch durch quantitative Eiweißbest. im Harn festgestellt werden können. (J. Endocrinology **14**. 394—99. Jan. 1957. London, Westminster Hosp., John Burford Labors.) P. FAHRNLAENDER. 4627

N. D. Beklemischew, *Butadion.* Übersicht über Eigg. u. Wrkgg. von *Butadion,* dem sowjet. *Butazolidin.* (Клиническая Медицина [Klin. Med.] **37 (40)**. Nr. 3. 18—26. März 1959. Alma-Ata, Inst. für Gebietspathol. der Akad. der Wiss. der KasachSSR.)

E. RENTZ. 4627

W. I. Charlaschin, *Zur Frage der Nebenwirkung von Butadion.* Bei 8 von 15 Rheumapatienten kam es bei Behandlung mit *Butadion* (**I**; Butazolidin; Phenylbutazon; 0,15 g 4 mal täglich, Gesamtverbrauch 7,2—23,6 g) zu Übelkeit u. Erbrechen, in 11 Fällen nahm die Acidität des Magensaftes zu, in 4 Fällen ab; der Schleimgeh. des Magensaftes stieg an. In 1 Fall kam es zu Ödem, Albuminurie u. Hämaturie. Ulcuskrankheit in der Anamnese sowie Neigung zu Magen-Darm-Blutungen werden deshalb als Kontraindikationen für **I** angesehen. (Клиническая Медицина [Klin. Med.] **37 (40)**. Nr. 3. 93—94. März 1959. Moskau, 1. Med. Ssetschenow-Inst., Propädeut.-Therapeut. Klinik.)

E. RENTZ. 4627

F. Paul Ansbro, Albert E. Blundell, Robert E. Furlong, John W. Pillion und **Benson Bodell,** *Chlorprocain* (*Nesacaine*) — *dessen verhältnismäßig geringe Toxizität*

in der Epiduralanästhesie gezeigt wird. In 2000 Fällen von Epiduralanästhesie erwies sich *Chlorprocain* (*Nesacaine, 2-Chlor-4-aminobenzoesäure-β-diäthylaminoäthylhydrochlorid*; MALTBIE LABORS., INC., Div. of WALLACE & TIERNAN, INC., Belleville, N. J.) als sehr gut verträglich. Es traten weniger Nebenwrkgg. als nach Procain, Lidocaine u. Hexylcaine auf. — Es wird eine Deutung des Reaktionsmechanismus gegeben. (A. M. A. Arch. Surgery **78.** 75—78. Jan. 1959. Brooklyn, N. Y., St. Catharines's Hosp.)
E. CARSTENS. 4627

P. Holtz, H. Balzer, E. Westermann und **Eveline Wezler,** *Beeinflussung der Evipannarkose durch Reserpin, Iproniazid und biogene Amine.* Bei Mäusen wird die Narkosedauer von Evipan-Na oder *Avertin* verkürzt, wenn man die *Monoaminooxydase* durch *Isopropylisonicotinylhydrazid* (Iproniazid; HOFFMANN-LA ROCHE; I) blockiert, u. zwar um so mehr, je größer der Zeitabstand zwischen Applikation von I u. Narkose ist. Die Wrkg. von Evipan kann außerdem verlängert werden durch *5-Hydroxytryptaminkreatinsulfat* (*Serotonin*; BOEHRINGER), *Tryptaminhydrochlorid* (HOFFMANN-LA ROCHE) u. die entsprechenden Aminosäuren (*5-Hydroxytryptophan* u. *Tryptophan*), während *Hydroxytyraminhydrochlorid* (HOFFMANN-LA ROCHE) u. *Dioxyphenylalanin* (*Dopa*) unwirksam sind. Bei den erwähnten Indolylalkylaminen führt I zu einer zusätzlichen Narkoseverlängerung, während bei den Aminosäuren u. Dopa die Narkose durch eine zentrale Erregung verhindert wird. Die Narkoseverlängerung durch *Reserpinascorbinat* (BOEHRINGER) kann durch gleichzeitige Injektion von Serotonin aufgehoben werden. (Naunyn-Schmiedebergs Arch. exp. Pathol. Pharmakol. **231.** 333—48. 16/10. 1957. Frankfurt/M., Univ., Pharmakol. Inst.)
M. REIHER. 4627

M. D. Maschkowski und **B. A. Medwedew,** *Nitranol, ein die Coronargefäße erweiterndes Präparat. Nitranol,* das Diphosphat des Triäthanolamintrinitrats (chem. ident. mit Metamin, Ortin u. Pränitron) wurde, nachdem seine gefäßerweiternde Wrkg. an Kaninchen, Katzen u. Hunden u. seine geringe Toxizität an der Maus (DL_{50} 325 mg/kg per os) festgestellt war, klin. an über 500 Stenocardiepatienten erprobt u.war in mehr als 400 Fällen gut wirksam (Dosierung 0,002 g 3—5mal täglich). (Медицинская Промышленность СССР [Med. Ind. UdSSR] **12.** Nr. 4. 56—57. April 1958. Allunions Wiss. Chem.-Pharmazeut. Ordshonikidse-Forschungsinst.)
E. RENTZ. 4630

W. Köhler, *Die Behandlung des Angina pectoris-Syndroms mit 2-Phenylchromon.* Im Gegensatz zum Khellin (Dimethoxymethylfuranochrom) verursacht *2-Phenylchromon* (I) keinerlei unangenehme Nebenerscheinungen. Bei Angina pectoris-Kranken wurden, in deutlicher Unterscheidung zu Placebotabletten, auf Gabe von 3mal täglich 1—2 Tabletten zu 40 mg I subjektive Beschwerden beseitigt u. die Anfallsbereitschaft herabgesetzt. Blutdrucksenkungen wurden nicht beobachtet. Zur Behebung des akuten Anfalls ist I ungeeignet, da die Wrkg. erst innerhalb 24 Std. eintritt. Bei Insuffizienzerscheinungen sind Digitaloide erforderlich. (Die Medizinische **1959.** 294—96. 14/2. Witten.)
U. TAUSENDFREUND. 4630

J. Hamm, H. E. Renschler und **W.-J. Zack,** *Klinische Untersuchungen über die Wirkung von Persantin (2.6-Bis-[diäthanolamino]-4.8-dipiperidinopyrimido-(5.4-d)-pyrimidin) bei Angina pectoris.* Mit *Persantin* (2.2'-Bis-[β-hydroxyäthylamino]-4.4'-dipiperidinopyrimidino-[6'.5':5.6]-pyrimidin; THOMAE; I) wurden mit 3mal 25—3mal 50 mg/Tag peroral oder 3mal 10 mg/Tag intravenös bei 26 von 57 Angina pectoris-Kranken Beschwerdefreiheit oder wenigstens eindrucksvolle Besserungen, bei 14 Patienten ebenfalls positive, wenn auch nur wechselhafte Wirkungen u. bei 17 Patienten keine Besserungen erzielt. Eindeutige objektive Änderungen (Blutdruck, Herzfrequenz, EKG.) konnten allerdings nicht registriert werden. Nebenwrkgg. traten, außer Verstärkung von vegetativ-nervösen Beschwerden, die in 5 Fällen den Therapieabbruch forderten, nicht auf. Herzinsuffizienz wurde nicht beeinflußt. In 1 Fall konnte ein anginöser Anfall, der auf *Nitroglycerin* nicht ansprach, durch 10 mg I intravenös kupiert werden. (Die Medizinische **1959.** 120—23. 17/1. Marburg/Lahn, Univ., Med. Poliklinik.)
U. TAUSENDFREUND. 4630

Th. Hockerts und **G. Bögelmann,** *Untersuchungen über die Wirkung von 2.6-Bis-[diäthanolamino]-4.8-dipiperidinopyrimido-(5.4-d)-pyrimidin auf Herz und Kreislauf.* Intravenöse Injektion von 0,5 mg *2.6-Bis-[diäthanolamino]-4.8-dipiperidinopyrimido-(5.4-d)-pyrimidin* (I)/kg steigerte bei narkotisierten Hunden unter O_2-Atmung sofort intensiv die Coronardurchblutung, wobei der Blutdruck nur geringfügig sank, u. die Herzfrequenz nicht wesentlich beeinflußt wurde. Die O_2-Sättigung stieg im venösen Coronarblut sehr stark an, so daß die O_2-Extraktion der Herzmuskulatur bei unveränderter arterieller O_2-Sättigung beträchtlich abnahm. Der Adenosintriphosphat (II)-Spiegel im Blut änderte sich nur unwesentlich, während die nach hypoxäm. Schädigung gesenkten II-Werte in der Herzmuskulatur unter I-Wrkg. anstiegen. Neben einer direkten I-Wrkg. auf die glatte Gefäßmuskulatur erscheint auch eine Beeinflussung des Energiehaushalts des Herzens als möglich. (Arzneimittel-Forsch. **9.** 47—49. Jan. 1959. Würzburg, Univ., Kinderklinik.) K. MAIER. 4630

H. J. Bretschneider, A. Frank, U. Bernard, K. Kochsiek und **F. Scheler,** *Die Wirkung eines Pyrimidopyrimidinderivates auf die Sauerstoffversorgung des Herzmuskels.* (Vgl. auch vorst. Ref.) *2.6-Bis-[diäthanolamino]-4.8-dipiperidinopyrimido-(5.4-d)-pyrimidin* (I) bewirkt intravenös (0,2 mg/kg) beim Hund in Chloralose–Urethan-Narkose Durchblutungszunahme bis 400% (Wirkungsdauer zwischen 20 u. 40 Min.), Anstieg der O_2-Sättigung des venösen Coronarblutes bis maximal 80%, Abnahme der arteriovenösen O_2-Differenz bis 2,5 Vol.-% (bei annähernd konstantem O_2-Verbrauch des Herzens). Die hämodynam. Nebenwrkgg. von I sind gering (Absinken des arteriellen Mitteldruckes um 5—10 mm Hg, Steigerung der Herzfrequenz um 30/Min., kein Einfl. auf die periphere Durchblutung auch bei intraarterieller Injektion). Eine Schädigung des Herzstoffwechsels ist nicht nachweisbar. Der Vgl. mit *Theophyllin–Monoäthanolamin* (II) u. *Papaverin* (III) in einer gleiche hämodynam. Nebenwrkgg. hervorrufenden Dosierung ergab ein Wirkungsdauerverhältnis von 2:7:30 (II:III:I) u. ein Verhältnis der maximalen Wirkungsintensität (prozentuale Abnahme der arteriovenösen O_2-Differenz des Coronarblutes) von 1:1,5:3. Zwischen Morphium (IV), Herzglykosiden u. I bestand keine Unverträglichkeit. I hebt in Verbindung mit IV die Coronararterienkonstruktion durch Hypophysenhinterlappenhormon auf. I steigert erheblich eine durch starke arterielle Hypoxie bedingte Herzmuskelmehrdurchblutung. Der Wirkungsmechanismus von I steht vielleicht mit dem Nucleosidstoffwechsel des Herzmuskels in Zusammenhang. Die bei optimaler Ausgangslage durch I bewirkte, auf das 4—5fache erhöhte Mehrdurchblutung entspricht etwa einer physiol. Coronarreserve.) (Arzneimittel-Forsch. **9.** 49—59. Jan. 1959. Göttingen, Univ., Med. Klinik.) K. MAIER. 4630

G. Kroneberg und **H. J. Schümann,** *Die Wirkung des Reserpins auf den Hormongehalt des Nebennierenmarks.* Reserpin (I) u. die Rauwolfiaalkaloide *Canescin* u. *Rescinnamin* mindern den *Adrenalin* (II)-Geh. des Kaninchennebennierenmarks. Bei Ratten u. Mäusen ist die II-Verarmung geringer. *Pentobarbital, Chlorpromazin* u. *Urethan* zeigen keine Wirkung. Während bei Katzen das II–Noradrenalin-Verhältnis nach I-Injektion unverändert ist, steigt bei Ratten u. Mäusen der relative II-Gehalt. Bei der denervierten Nebenniere tritt durch große I-Gaben (4 mg/kg) eine schwächere II-Verarmung ein als bei der innervierten, während bei kleineren Dosen (0,1 u. 0,25 mg/kg) keine Unterschiede auftreten u. I nach Rückenmarkdurchschneiden in Höhe von C_6 bei Kaninchen völlig unwirksam ist. Da im letzten Verf. bei Ratten eine n. II-Verarmung eintritt, wird angenommen, daß I bei Ratten peripher, bei Kaninchen dagegen zentral-nerval wirkt. (Naunyn-Schmiedebergs Arch. exp. Pathol. Pharmakol. **231.** 349—60. 16/10. 1957. Frankfurt/M., Univ., Pharmakol. Inst.) M. REIHER. 4630

P. Holtz, H. Balzer und **E. Westermann,** *Die Beeinflussung der Reserpinwirkung auf das Nebennierenmark durch Hemmung der Monoaminoxydase.* Reserpinascorbinat (I; BOEHRINGER) führt bei Ratten zu einer Verarmung von *Serotonin* (*5-Hydroxytryptamin–Kreatinsulfat,*II; BOEHRINGER) im Gehirn u. von *Adrenalin* (V) im Nebennierenmark. *Isopropylisonicotinylhydrazid* (*Iproniacid, „Marsilid"*, HOFFMANN-LA ROCHE; III) kann diese V-Verarmung bei Ratten, nicht aber bei Kaninchen aufheben. Ebenso ist es gegen *Insulin* (HOECHST) unwirksam. II u. *5-Hydroxytryptophan* (IV; HOFFMANN-LA ROCHE) verursachen nach intracisternaler Verabreichung beim Kaninchen Hyperglykämie, die durch III noch verstärkt werden kann. Nach einer Vorbehandlung mit III führt nicht nur IV, sondern auch *3.4-Dihydroxyphenylalanin* (*Dopa*; HOFFMANN-LA ROCHE) zu einer zentralen Erregung u. zu einer V-Verarmung der Nebennieren. IV wird im Körper zu III decarboxyliert. Es wird angenommen, daß bei Ratten I vorwiegend peripher, bei Kaninchen dagegen zentral wirkt. Nervenimpulse führen zu einer akt. V-Ausschüttung in das Blut, u. dieses nunmehr ungebundene V wird gegen oxydativen Einfl. seitens der chromaffinen Zellen anfällig. (Naunyn-Schmiedebergs Arch. exp. Pathol. Pharmakol. **231.** 361—72. 16/10. 1957. Frankfurt/M., Univ., Pharmakol. Inst.) M. REIHER. 4630

S. Franco-Browder, G. M. C. Masson und **A. C. Corcoran,** *Pharmakologische Kennzeichnung von Reserpinwirkungen bei der Ratte nach Vorbehandlung mit Iproniazid.* Nach Vorbehandlung mit *Iproniazid* verursacht Injektion von *Reserpin* (I) bei narkotisierten Ratten einen deutlichen Blutdruckanstieg, welcher, nach Beobachtungen mit *Phenoxybenzamin, Chlorpromazin* u. *LDS,* in erster Linie durch Freisetzung adrenerg. Amine, hauptsächlich *Norepinephrin,* bedingt erscheint. Auch die Rk. nichtnarkotisierter Ratten spricht für die adrenerg. Wrkg. von I. (Proc. Soc. exp. Biol. Med. **97.** 778—80. April 1958. Cleveland, Ohio, Cleveland Clin. Foundat.; Frank E. Bunts Educat. Inst., Res. Div.) WOLFGANG ALBRECHT. 4630

K. Greeff, *Mineralstoffwechselwirkung und Toxizität des Strophanthins bei nebennierenlosen Ratten. k-Strophanthin* führt bei nebennierenlosen u. n. Ratten zu einer Erhöhung des *K*-Geh. im Serum u. zu einer K-Abnahme im Skelettmuskel. Die *Na*-Werte verhalten sich hierzu spiegelbildlich. Die renale K-Ausscheidung wird in beiden Fällen erhöht, die Na-Ausscheidung jedoch nur bei Normaltieren gehemmt. Die Toxizität von k-Strophanthin ist bei epinephrektomierten Ratten so stark erhöht (Herz 10fach, extracardiale Lähmungswrkg. auf Skelettmuskulatur 3fach), daß man hierauf einen Test auf die Vollständigkeit der Epinephrektomie aufbauen kann. (Naunyn-Schmiedebergs Arch. exp. Pathol. Pharmakol. **231.** 391—400. 16/10. 1957. Frankfurt/M., Univ., Pharmakol. Inst.) M. REIHER. 4630

K. Greeff, *Vergleich der kaliuretischen Wirkung verschiedener Glykoside des Strophantidins und Digitoxigenins bei parenteraler und enteraler Applikation.* Untersucht wurden: *k-Strophanthin, k-Strophanthin-γ, k-Strophanthin-β, k-Strophanthin-α, g-Strophanthin, Convallatoxin, k-Strophanthidin, Disitoxin, Thevetin, Neriifolin, Digitoxigenin.* An der Ratte besitzen bei subcutaner Injektion alle Glykoside eine dosisabhängige kaliuret. Wirkung. Die Dosis, die die renale Kaliumausscheidung von 2 Milliäquivalent K pro kg Tiergewicht erhöht, beträgt $<5\%$ der tödlichen Dosis. Zwischen den Glykosiden des Strophanthidins u. des Digitoxigenins bestehen signifikante Wirksamkeitsunterschiede. Die Genine sind selbst in 5—10mal höherer Dosis unwirksam. Bei oraler Applikation findet sich bei den Digitoxigeninglykosiden fast keine, bei den Glykosiden k-Strophanthin-α, -β u. -γ eine deutliche Verminderung der Wirksamkeit; g-Strophanthin u. Convallatoxin wirken oral selbst bei 20fach höherer Dosierung als subcutan nicht. (Naunyn-Schmiedebergs Arch. exp. Pathol. Pharmakol. **233.** 468—83. 24/4. 1958. Frankfurt/M., Univ., Pharmakol. Inst.) U. HACKENBERG. 4630

M. Ss. Kuschakowski, *Kalium und Intoxikation durch Herzglykoside.* Vf. weist an Hand der Literatur (19 Literaturstellen) nach, daß *KCl* per os u. intravenös die Digitalisintoxikation des Herzens zu beseitigen u. die Möglichkeiten der therapeut. Anwendung der Herzglykoside wesentlich zu erweitern vermag. Prakt. ergeben sich jedoch Schwierigkeiten, weil in der sowjet. Pharmakopoe von K-Salzen nur *Liq. kalii acetici* u. *KBr* vorgesehen sind, mit deren Hilfe man dem Organismus keine ausreichenden K-Mengen zuführen kann. (Клиническая Медицина [Klin. Med.] **37** (**40**). Nr. 3. 35—39. März 1959. Leningrad, Militärmed. Kirow-Akad., Lehrstuhl für Propädeutik inn. Krankheiten.) E. RENTZ. 4630

K. Ss. Wirssaladse und **N. D. Megrelischwili,** *Zur Behandlung von Kranken mit Kreislaufinsuffizienz nach Digicilin.* Von 40 Patienten mit verschied. Herzleiden u. Kreislaufinsuffizienz 2. u. 3. Grades, welche mit *Digicilin* (I), einem standardisierten wss. Trockenextrakt aus *Digitalis ciliata Trautv.*, behandelt wurden (3mal täglich 1 Tablette mit 0,05 g = 6 Frosch-E. I; Dauer der Behandlung 5—33 Tage), konnte bei 12 die Dekompensation völlig beseitigt, bei 24 gebessert werden. Es kam in einem Fall zu Dyspepsie oder anderen Zeichen der Kumulation. (Клиническая Медицина [Klin. Med.] **37** (**40**). Nr. 3. 113—15. März 1959. Tbilissi, Med. Inst., Pädiatr. u. San.-Hyg. Fak., Therapeut. Fak.-Klinik.) E. RENTZ. 4630

Ruth Engler, P. Holtz und **H. W. Raudonat,** *Über die Spaltung herzwirksamer Glykoside im Tierkörper.* Chem. Umwandlung von *k-Strophanthin-γ* (*Cymarin*; I) u. *Thevetin* (II) in der Ratte nach subcutaner u. oraler Applikation. Faeces u. Urin enthalten nach Applikation von I *k-Strophanthin-α* (III), Galle dagegen I. Nach II wird in Faeces u. Urin *Neriifolin* gefunden. Bei Incubation von I in Rattenkot bildet sich III. Der zeitliche Verlauf läßt auf Resorption von Glykosid im Dünndarm u. Ausscheidung im Dickdarm schließen. (Naunyn-Schmiedebergs Arch. exp. Pathol. Pharmakol. **233.** 393—408. 24/4. 1958. Frankfurt/M., Univ., Pharmakol. Inst.) U. HACKENBERG. 4630

H. W. Raudonat und **B. Holler,** *Über die herzwirksame Komponente des Kobragiftes („Cardiotoxin“).* Die cardiotox. Wrkg. von *Kobragift* ist wahrscheinlich an kleinmol., dialysable Stoffe gebunden. Verss. mit Steroidreagentien u. spektrophotometr. Unterss. gaben keinen Anhalt, daß den N-haltigen Bestandteilen des Giftes Steroide des Cardenolid- oder Bufotyps beigemengt sind. (Naunyn-Schmiedebergs Arch. exp. Pathol. Pharmakol. **233.** 431—37. 24/4. 1958.) U. HACKENBERG. 4630

Karl H. Beyer jr., *Nicht Hg-haltige, organische Diuretica, ihre Wirkung und Anwendung.* Übersicht über die Wirkungsweise von osmot. wirksamen, Pyrimidindion- oder Aminouracil-haltigen Diureticis sowie der diuret. wirksamen Kohlenstoffanhydraseinhibitoren, der Steroidantagonisten u. Chlorothiacide nebst Hinweisen auf die Indicationen derselben zur Behandlung verschied. Erkrankungen. — 70 Literaturangaben. (A. M. A. Arch. intern. Med. **102.** 1005—15. Dez. 1958. Merck Sharp & Dohme, Res. Labor.) HEINRICH HERMANN. 4634

C. Thorpe Ray, *Hg-haltige Diuretica. Ihr Wirkungsmechanismus und ihre Anwendung.* Übersicht mit 32 Literaturangaben. (A. M. A. Arch. intern. Med. **102.** 1016—23. Dez. 1958. Missouri, Univ., Med. Center, Dep. of Med.) HEINRICH HERMANN. 4634

W. Hoffmeister und **F. Krück,** *Die Diurese durch Carboanhydrasehemmung. Problematik der klinischen Anwendung.* Nach einer ausführlichen Darst. des Mechanismus der physiol. Säure–Basen-Regulation wird über Versuchsergebnisse berichtet, die dem Zweck dienten, das Versagen von Carboanhydrasehemmern bei fortlaufender Anwendung zu erklären. Die Verss. wurden mit gesunden Versuchspersonen u. ödematösen Patienten durchgeführt, wobei *Diamox* als Diureticum verwendet wurde. — Ein Versagen der Therapie tritt ein, wenn es zu einer durch Hyperaktivität der Nebennierenrinde bedingten Na-Retention kommt, oder bei Systemacidose, bei der die Rk.: $CO_2 + H_2O = H_2CO_3$ nicht katalysiert abläuft. In diesem Falle ist die Carboanhydrasehemmung wirkungslos. Durch gleichzeitige Gabe von $KHCO_3$ kann die entscheidende Beteiligung der Carboanhydrase auf die Diurese wieder hergestellt werden. — Die sich hieraus ergebenden Behandlungsvorschriften werden angegeben. (Aerztl. Wschr. **12.** 49—57. 18/1. 81—89. 25/1. 1957. Heidelberg, Univ., Med. Poliklinik.)
H. SCHIMMASSEK. 4634

Norman D. Levine, Sidney Kantor und **Gale D. Taylor,** *Nematocide Aktivität einiger organischer Phosphorverbindungen gegen Pferdestrongyluslarven in vitro.* Vff. prüften in vitro 173 *organ. P-Verbb.* auf ihre Wirksamkeit gegen *Pferdestrongyluslarven;* 39,8% der geprüften zeigten in Konzz. von 0,01 mol. oder weniger Aktivität. Am besten wirkten (mol. Abtötungskonz.): *2-Chlorvinyldimethyl-* (0,001), *2-Chlorvinyldipropyl-* (0,0001), *2.2-Dichlorvinyldiäthyl-* (0,00005), *2.2-Dichlorvinyldipropyl-* (0,00005), *2.2-Dichlorvinyldiisopropyl-* (0,001), *2.2-Dichlorvinyldibutyl-* (0,00025) u. *2.4.5-Trichlorphenyldiäthylphosphat* (0,0005); *2.2.2-Trichlor-1-hydroxyäthylphosphonsäuredimethylester* (*Dipterex,* 0,0001—0,00025), *4-Oxopenten-(1)-ylphosphonsäurediäthylester* (*OS 1808,* 0,00005), *Triphenylmethylphosphoniumjodid* (0,0005) u. *Trithiophosphorigsäuretri-n-propylester* (0,00025). Es besteht keine Parallele zwischen insekticider u. nematocider Aktivität. — Tabelle sämtlicher geprüfter Verbb., Diskussion der Ergebnisse. (Amer. J. veterin. Res. **19.** 299—303. April 1958. Urbana, Ill.) H. GOEBEL. 4649

G. V. R. Born und **Edith Bülbring,** *Einfluß von 2.4-Dinitrophenol auf die glatte Muskulatur aus der Taenia coli des Meerschweinchens.* In Parallelansätzen mit gleich behandelten Stücken isolierten Meerschweinchendarms bestimmten Vff. gleichzeitig die Wrkg. von *2.4-Dinitrophenol* (I; $3 \cdot 10^{-6}$ bis $3 \cdot 10^{-3}$ mol.) auf Muskelspannung u. Kontraktionsvermögen, Sauerstoffverbrauch u. Adenosintriphosphat (ATP)-Geh. der glatten Muskulatur. Geringe Konzz. bewirkten eine geringe muskuläre Spannungs- u. Aktivitätszunahme sowie eine starke Atmungssteigerung, während der ATP-Geh. keine Änderung erfuhr. Mit steigenden Konzz. ($> 3 \cdot 10^{-5}$ mol.) verschwanden die Spontanbewegungen zunächst ganz, um später mit veränderter Frequenz u. Amplitude wieder aufzutreten. Mit einer Senkung des ATP-Geh. ging eine gleichsinnige Abnahme der Muskelspannung einher, die Atmungshemmung war schwächer ausgeprägt. Alle I-Wrkgg. waren reversibel. Vff. vertreten die Ansicht, daß der durch niedrige I-Konzz. hervorgerufenen Atmungs- u. Spannungssteigerung trotz gleichbleibender ATP-Werte ein erhöhter Energie- u. ATP-Umsatz entspricht. Große I-Mengen sollen den ATP-Abbau stärker beschleunigen als die Synth. u. dadurch einen ATP-Mangel erzeugen. (J. Physiology **127.** 626—35. 28/3. 1955. Oxford, Univ., Dep. of Pharmacol.) H. HELGE. 4649

Z. Brener und **J. Pellegrino,** *Chemotherapie von experimenteller Schistosomiasis.* 1. Mitt. *Aktivität und Wirkungsart eines neuen Thioxanthonderivates.* Vff. berichten über die therapeut. Wrkg. von *1-(Diäthylaminoäthylamino)-4.6.8-trimethyl-5-azo-thioxanthonhydrochlorid* (I; CIBA 17′581) bei experimenteller *Schistosoma mansoni*-Infektion der Maus. Mit einer Tagesdosis von 300 mg/kg über 5 Tage wurde eine deutliche Abnahme der Granulome u. die Abtötung der Würmer beobachtet. Nach Verabreichung von I tritt zunächst eine Wanderung der Würmer zur Leber ein, dort werden sie unbeweglich durch eine Entzündungs-Rk. u. lösen sich auf. (J. Parasitology **44.** 659—64. Dez. 1958. Belo Horizonte, Brasil, Centro de Pesquisas, Inst. Nacional de Endemias Ruvais.)
H. GOEBEL. 4649

Robert B. Burrows, *Die anthelmintische Wirkung von Bephenium auf Ancylostoma caninum.* Bei auf natürlichem Wege mit *Ancylostoma caninum* (A.c.) infizierten Hunden u. Katzen wurden mit Einzeldosen von >20 mg/kg *Bephenium*-Salzen (*Benzyldimethyl-[2-phenoxyäthyl]-ammoniumchlorid* [I], *-bromid, -jodid, -hydroxynaphthoat*) in 99,4% u. mit Dosen von <20 mg/kg in 94,1% Fällen A.c.-Freiheit erzielt. *Toxocava* wurde durch Dosen >50 mg/kg vollständig, mit <50 mg/kg zu 25% abgetötet. Gegen *Trichuris vulpis* besteht nur schwache, gegen 3 verschied. Bandwürmer keine Wirkung.

Eine Physalopterainfektion wurde mit 50 mg I/kg (Einzeldosis) zu 50% geheilt. Als Neben-Rk. kann gelegentlich Übelkeit u. Erbrechen auftreten. (J. Parasitology **44.** 607—10. Dez. 1958. Tuckahoe, N. Y., Burroughs Wellcome & Co. Inc., Wellcome Res. Labors.) H. GOEBEL. 4649

E. A. Scott und **F. H. Scott,** *Verbreiterung der Röntgenbeugungslinien von mit Fluor behandelten Zähnen.* Röntgenpulveraufnahmen eines Zahnes, der 8 Jahre vorher mit F behandelt worden war, zeigten im Vgl. mit Aufnahmen eines gleichalten Zahnes ohne vorherige F-Behandlung verbreiterte Linien. Diese Erscheinung wird verglichen mit Aufnahmen von hexagonalem Chlor- bzw. Fluorapatit. (Nature [London] **183.** 479. 14/2. 1959. Dore, Sheffield.) G. KLESSE. 4655

H. Hackmann und **Ch. Hackmann,** *Über die Beeinflussung des Sehvermögens bei Cataracta senilis durch perorale Behandlung mit 2-[p-Aminobenzolsulfonamido]-pyrimidin.* In einer vorl. Mitt. wird über günstige Erfolge in 12 von 14 Altersstarfällen mit einer *Debenal* (*2-[p-Aminobenzolsulfonamido]-pyrimidin*)-Behandlung in täglichen Dosen von 0,25 g über einen Zeitraum von mehreren Monaten berichtet; es kam zu objektiven Visusbesserungen u. zum Verschwinden herdförmiger Trübungsbezirke. (Münchener med. Wschr. **100.** 1817—19. 21/11. 1958. Wuppertal-Elberfeld, Farbenfabriken Bayer, Inst. für exp. Pathol.) U. TAUSENDFREUND. 4670

G. W. Rapp, Bernard T. Dusza und **Louis Blanchet,** *Resorption und Verwendbarkeit von Lobelin als Nicotinentwöhnungsmittel. Lobelinsulfat* (I) kann im Gemisch mit Tricalciumphosphat u. Magnesiumcarbonat nach oraler Einnahme rasch u. vollständig resorbiert werden (während die I-Resorption bei Suspension in Stärke unvollkommen ist). Die Wrkg. als Nicotinentwöhnungsmittel hängt vom I-Blutspiegel ab, der zwischen 100 u. 140 μg/100 ml Blut sein Optimum für diesen Zweck besitzt. (Amer. J. med. Sci. [N. S.] **237.** 287—92. März 1959. Chicago, Ill., Loyola Univ., Dep. of Res.)
U. TAUSENDFREUND. 4670

M. Hallowell, *Akute haemolytische Anämie nach Einnahme von p-Dichlorbenzol.* Es wird über einen Fall von akuter hämolyt. Anämie bei einem 3 Jahre alten Kind nach Einnahme von *p-Dichlorbenzol* (Mottenpulver) berichtet. Die aufgetretene Hämolyse war so schwer, daß eine Bluttransfusion notwendig war, nach der vollkommene Heilung eintrat. Im Urin konnte *2.5-Dichlorchinon* u. 2 weitere Phenole, nicht aber 2.5-Dichlorphenol nachgewiesen werden. Der Stoffwechsel des p-Dichlorbenzols wird erörtert. (Arch. Disease Childhood **34.** 74—75. Febr. 1959. Birmingham, Children's Hosp.) K. BÖHM. 4675

A. Harrestrup Andersen, *Todesfall nach Barbitursäure–Insulin-Schlafbehandlung.* Es wird ein Todesfall nach *Barbitursäure–Insulin*-Schlafbehandlung beschrieben u. die Forderung nach stationärer Behandlung solcher Fälle erhoben. (Ugeskr. Laeger **118.** 553—54. 24/5. 1956. Kopenhagen, Sundhedsstyrelsen.) H. W. GRAMM. 4675

Hideo Kondo und **Shuichiro Matsumoto,** *Über einige anorganische Substanzen im Blutserum von Arbeitern, welche Schwefeldioxyd ausgesetzt waren.* Um den Einfl. von *SO_2* auf das Knochengewebe zu untersuchen, wird im Blutserum von Arbeitern, welche SO_2 ausgesetzt waren, auf anorgan. *P, alkal. Phosphatase*-Aktivität (a. P. A.) u. *Ca* geprüft. Ca ist unverändert, die a. P. A. scheint etwas erhöht zu sein, u. das anorgan. P zeigt einen signifikanten Abfall. (J. Kyoto prefect. med. Univ. **60.** 988—92. Dez. 1956. Kyoto, Univ., Dep. of Hygiene. [Orig.: japan.; Auszug: engl. S. LXXX.])
H. STRUCK. 4681

Hideo Kondo und **Shuichiro Matsumoto,** *Über die Alkalireserve im Blutserum von Arbeitern, die in einem chemischen Betrieb SO_2 ausgesetzt waren.* (Vgl. vorst. Ref.) Es zeigt sich, daß bei Arbeitern eines chem. Betriebes, die SO_2 ausgesetzt sind, die Alkalireserve im Blutserum weit geringer ist als normal. Weiter wird beobachtet, daß die Zähne der Arbeiter, auch durch mangelnde Alkalireserve bedingt, gegen Säure weit empfindlicher als n. sind. (J. Kyoto prefect. med. Univ. **60.** 999—1002. Dez. 1956. Kyoto, Univ., Dep. of Hygiene. [Orig.: japan.; Auszug: engl. S. LXXXI.]) H. STRUCK. 4681

W. Kersten, K. Krisch und **Hj. Staudinger,** *Untersuchungen zum Silicoseproblem. Über den Einfluß von oligomerer Kieselsäure auf die oxydative Phosphorylierung.* Der Einfl. oligomerer („molybdataktiver") Kieselsäure (I) auf die Funktionen von Rattenlebermitochondrien wurde in vitro untersucht. Beständige u. sicher oligomere I erhielten Vff. durch Hydrolyse von *Orthokieselsäuretetramethylester* (60°; im Quarzbecherglas), die in der Konz. von 10 mg% SiO_2 (= 1,67 $\cdot 10^{-3}$mol.) verwendet wurde. Der P/O-Quotient der Mitochondrien ist in Ggw. von I um 16% (im Mittel) erniedrigt. Die Veratmung von *β-Hydroxybutyrat* wird um 17%, die *Phosphat*-Aufnahme um 30% gehemmt. I-Ggw. beeinflußt nicht die *Adenosintriphosphatase*-Aktivität, verstärkt jedoch die Mitochondrienschwellung. „Entkoppelnde" Agentien, wie *Dinitrophenol* u. *Thyroxin,* beeinflussen die Mitochondrienfunktionen in unterschiedlicher Weise. Die Ergebnisse beweisen, daß niederkonz., nicht polymere I durch Mitochondrienschädigung die Zellatmung u. -energieverwertung stören kann. (Hoppe-Seyler's Z. physiol. Chem. **313.** 109—16. 9/12. 1958. Mannheim, Städt. Krankenanstalten, Zentrallabor.) M. METZE. 4681

M. Šarić und **Jelica Knežević**, *Beobachtungen über die gewerbliche Toxikologie einiger chlorierter Kohlenwasserstoffe.* Bei 81 Personen, die in chem. Reinigungsanstalten u. einer chem.-pharmazeut. Fabrik beruflich den Dämpfen von CCl_4, *Trichloräthylen* (I), *Hexachloräthan* (II) u. *Hexachlorcyclohexan* ausgesetzt waren, wurden außer leichteren Störungen, wie Müdigkeit, Reizbarkeit, Unverträglichkeit von A., keine ernsteren Schäden beobachtet. Bei einigen Arbeitern, die mit CCl_4, I u. II beschäftigt waren, wurden Änderungen des Albumin–Globulin-Verhältnisses im Serum festgestellt, die mit Störungen der Leberfunktion zusammenhängen könnten. (Arhiv Hig. Rada Toksikol. **8.** 251—69. 1957. Zagreb, Inst. za med. istraživanja.) S. BECKMANN. 4681

O. Gsell, Hrsg., Antibiotica et Chemotherapia. Fortschritte. Vol. 6. Basel, New York: Karger. 1959. (VIII + 530 S. m. 23 Abb.) sfr. 83,—.

Willibald Pschyrembel, Klinisches Wörterbuch. 123.—153. Aufl. Berlin: de Gruyter. 1959. (XIV + 980 S. m. 1385 Abb.) 8°. DM 20,—.

F. Pharmazeutische Chemie. Desinfektion.

C. D. Moore und **Maurice Bell**, *Solubilisation* (*Lösungsvermittlung*). Vff. definieren den Begriff der Lösungsvermittlung u. unterscheiden diesen von den Effekten der Hydrotropie u. der Emulsionsbildung. Als Terminus wird CMC eingeführt, die krit. Micellenkonz., die sich durch Messung der elektr. Leitfähigkeit, des Brechungsindex, der Oberflächenspannung u. durch Indicatoren bestimmen läßt. Die CMC steigt mit wachsender Kettenlänge des oberflächenakt. Stoffes, dessen Konz. in Proportionalität zum Lösungseffekt steht. Die Vor- u. Nachteile der Lösungsvermittlung werden am Beispiel der Desinfektionsmittel gezeigt. (Pharmac. J. **182.** ([4] 128.) 171—73. 7/3. 1959.) F. NEUWALD. 4750

Ursula Wachtel, *Ionenaustauscher auf Kunstharzbasis und ihre Bedeutung für den praktischen Apotheker.* (Vgl. C. **1958.** 8126.) Übersicht über *Ionenaustausch* u. *Ionenaustauscher* sowie über die Anwendungsmöglichkeiten in der Pharmazie (Elektrolytkonzentrationsbestimmungen, Anreicherungs- u. Reinigungsverff., Totalentsalzung von W.) u. Medizin (Behandlung von Ödemen u. Hyperacidität, sondenlose Magenfunktionsprüfung, Herst. von Arzneimitteln mit Depotwrkg.). — 31 Literaturzitate. (Arch. Pharmaz. Ber. dtsch. pharmaz. Ges. **291/63.** Nr. 9. Mitt. dtsch. pharmaz. Ges. **28.** 141 bis 149. Sept. 1958. Darmstadt, E. Merck A.-G.) E. LÜCK. 4750

R. Dreweny, *Untersuchungen über Herstellung, Verarbeitung und Verwendung von Ampullen.* Besprechung eines Verf. zur Verarbeitung von Ampullen bei gleichzeitiger, weitgehender Fremdkörperfreiheit. (Scientia pharmac. **25.** 231—42. 31/12. 1957. Graz, Chem.-Pharmaz. Fabrik R. Dreweny.) H. P. FIEDLER. 4758

Ole Weis-Fogh, *Ein Ampullenfüllapparat aus Glas.* Der beschriebene App. (Abb.) enthält ein Ventilsyst. aus Pyrexglas mit kon. geschliffenen Ventilen, eine Kanüle aus rostfreiem Stahl u. eine Meßspritze mit Zylinder u. Stempel aus Pyrexglas. Die Standardabweichung des handbetriebenen App. beträgt bei Schlauchverb. 1,75—0,14%, bei Verb. mit nichtelast. Polyäthylenrohr 0,40—0,19%. (Arch. Pharmac. og. Chem. **65** (**115**). 653—58. 30/8. 1958. Danmarks Apotekerforen. Kontrollabor.) R. K. MÜLLER. 4758

Adam Michaluk und **Danuta Bednarska**, *Gerbstoffe und Salicin in der Rinde von Salix alba L. und Salix fragilis L.* Nach histochem. Unterss. befinden sich Gerbstoffe u. Flavone in der prim. u. sek., Polyphenole nur in der prim. Rinde. Salicin (I) tritt in denselben Zellen auf. Das Maximum des Gerbstoffgeh. der Weidenrinde fällt in die Monate Februar u. März, des I-Geh. in die Sommermonate. Die selektive Extraktion der Gerbstoffe erfolgt am besten mit A. u. Aceton, von I mit Essigsäureäthylester. (Dissertat. pharmac. [Warszawa] **10.** 19—27. 1958. Kraków, Akad. Med., Zakł. Farmakogn.) F. URBAN. 4782

I. I. Gerassimenko, **P. N. Kibaltschitsch**, **A. Ss. Labenski** und **Je. G. Balaschowa**, *Solanum aviculare Forst als Ausgangsmaterial für Steroide.* Unterss. der Pflanzenbestandteile von *Solanum aviculare Forst* auf ihren Geh. an Glykoalkaloiden (I; insgesamt 2,4—4 g/kg Frischgewicht) während verschied. Wachstumsperioden zeigte, daß die unreifen Früchte bes. reich an I (6,16%, bezogen auf das Trockengewicht) sind, während die Blätter 2,48 (alte) bis 2,63% (junge), die Stengel u. Wurzeln dagegen nur 0,26—0,81% I enthalten. In reifen Früchten werden keine oder nur wenig I nachgewiesen. *Solasonin* u. *Solamargin* werden vorwiegend aus den Blättern gewonnen. Dabei ist zu beachten, daß der I-Geh. der Blätter vom Beginn der Knospung (2,23%) bis zur Vollblüte (3,87%) zunimmt, während des Fruchtansatzes etwas sinkt u. in der Vollreife 30,1% beträgt. Durch eine 4malige Mahd von Solanum nach jeweils <30 Tagen im Abstand von 15, 25 u. 35 cm vom Erdboden kann die Blatternte (Blätter + Stengel) um fast das 1½—2fache der reinen Blätter u. damit die I-Gesamtausbeute erhöht werden. Bei einer nach 50 Tagen erfolgten Mahd wurde dagegen ein Absinken des I-Geh. der Blätter von 2 auf 0,87% festgestellt. (Медицинская Промышленность СССР [Med. Ind. UdSSR] **12.** Nr. 2. 11—18. Febr. 1958. Allunions Wiss. Forschungsinst. für Arznei- u. Gewürzpflanzen; Allunions Wiss. Chem.-Pharmazeut. Ordshonikidse-Forschungsinst.) W. KURTZMANN. 4782

J. B. Termansen, *Lösliche Stärke.* Übersicht: Konst.; Abbau; Indicatorstärken; Verwendung als Bindemittel für Tabletten; Herst. nach LINTNER; Gelatinierzeit für Granulier-Fll.; Remineralisierung mit $NaHCO_3$ enthaltendem Leitungswasser. — 48 Literaturhinweise. (Arch. Pharmac. og chem. **66 (116).** 139—56. 14/2. 1959. Aarhus, Jernbaneapotek.) R. K. MÜLLER. 4786

Hans Vogt, *Farbstoffe zum Färben von Arzneizubereitungen.* Vortrag. Es werden die in der 9. Mitt. der Kommision zur Bearbeitung des Lebensmittelfarbstoffproblems der Deutschen Forschungsgemeinschaft genannten natürlichen u. künstlichen Farbstoffe aufgeführt. Die Chemie der künstlichen Farbstoffe wird ausführlich besprochen. (Arch. Pharmaz. Ber. dtsch. pharmaz. Ges. **291/63.** Nr. 10. Mitt. dtsch. Pharmaz. Ges. **28.** 161—68. Okt. 1958. Karlsruhe/Baden, TH, Pharmaz.-Chem. Inst., Abt. für pharmaz. Verf.-Technik.) H. P. FIEDLER. 4786

Jan Lesiński, Jan Pasich und **Michalina Wisłocka,** *Allgemeine Bemerkungen zur Zusammensetzung und Bewertung einiger polnischer Antikonzeptionsmittel.* Vorschriften zur Herst. von Antikonzeptionssalben u. Fll. u. klin. Erfahrungen mit diesen Mitteln. (Farmacja polska **15.** 10—12. 15/1. 1959. Warszawa, Inst. Matki i Dziecka. Poznań, „Chirurgofil".) F. URBAN. 4790

T. Bols, *Tablettae kalii chloridi 0,50 g cellulosi acetate phthalate et triacetino obductae.* Um bei der Verabreichung von K-Salzen mit neuren Diureticis Magensymptome zu vermeiden, wird KCl in dragierter Form verwendet. 500 g grob gepulvertes KCl werden mit 60 ml 10%ig. Gelatinespiritus granuliert, das Granulat bei gewöhnlicher Temp. getrocknet u. mit 30 g Talkum zu 1000 Tabletten gepreßt. Als Überzug wird eine Lsg. von 27 (g) Celluloseacetatphthalat, 6 Triacetin, 30 Methanol u. 237 Chlf. verwendet. (Arch. Pharmac. og Chem. **66 (116).** 27—28. 3/1. 1959. Bispebjerg Hospitals Apotek.) R. K. MÜLLER. 4804

N. N. Dychanow und **I. I. Korotkina,** *Über die Synthese von γ-Dimethylaminopropylchlorid.* Bei der Darst. des für die Synth. von γ-Dimethylaminopropylchlorid erforderlichen 1-Chlor-3-brompropans aus Allylchlorid u. HBr in Ggw. von Benzoylperoxyd nach dem von Vff. beschriebenen Verf. (vgl. C. **1958.** 7544) wird im halbtechn. Verf. bei 18 bis 20° neben diesem *1-Chlor-2-brompropan* (F. 124—125°) in 8%ig. Ausbeute erhalten. Vorst. Verb. läßt sich im Laboratoriumsmaßstab nur mit Hilfe von IR-Spektren nachweisen. (Медицинская Промышленность СССР [Med. Ind. UdSSR] **12.** Nr. 10. 40. Okt. 1958. Moskau, Chem.-pharmazeut. Betrieb „Akrichin".) W. KURTZMANN. 4806

Henryk Niewiadomski und **Bronisław Drozdowski,** *Versuche zur Herstellung von Vitaminkonzentraten aus dem Lebertran des baltischen Dorsches.* Durch 1 std. Verseifung von Dorschlebertran (LT) in A.-Lsg. mit $Na_2S + NaOH$ oder mit KOH unter N_2-Atmosphäre bei 90—95° werden nach Extraktion des Unverseifbaren mit Ae. 71—73% des Vitamins A (I) gewonnen. Durch Molekulardest. von entfettetem LT bei 200—283° u. 10^{-3} bis 10^{-4} Torr konnte eine Anreicherung von I von 2930 auf 40922 I.E./g erzielt werden. Eine selektive Extraktion von I aus LT, z. B. mit Aceton, ist unbrauchbar, da nur 20% erhalten werden u. die Anreicherung höchstens 5fach ist. Die optimalen Bedingungen der Extraktion sind Aceton mit 2—5% W. als Lösungsm. bei einem 5fachen Überschuß des Lösungsm., Inertgas u. etwas erhöhte Temperatur. (Roczniki Technol. Chem. Żywności **1.** 99—115. 1957. Gdańsk, Politechn., Kat. Techn. Tłuszczów.) F. URBAN. 4808

Knud Christensen, *Einige Untersuchungen über das Verhalten von Vitamin A beim Erhitzen.* (Vgl. C. **1958.** 10445.) Die Zers. von *Vitamin A* (I) bei der therm. Sterilisierung (140—160°) wird durch Austreiben der Luft vor dem Erhitzen um ca. 3% vermindert. Auch bei Durchleiten von CO_2 muß ein I-Überschuß von 5—10% verwendet werden, um die berechnete Konz. zu gewährleisten. In einer Injektionslsg. mit ca. 300000 I.E. I beträgt der Verlust, auch bei CO_2-Spülung, 13—16%; hier ist die asept.

Herst. vorzuziehen, z. B. mit trockensterilisiertem Öl. Die untersuchten Antioxydantien schützen I nicht vor Zers. bei Wärmebehandlung. Citronensäure wirkt synergist. u. erhöht die Zers. von I. (Arch. Pharmac. og Chem. **65** (**115**). 748—57. 11/10. 1958. Militaerhospitalets apotek.) R. K. MÜLLER. 4808

F. Kuiban und **Ss. Teodoressku,** *Gewinnung von Mesoinosit.* Zur Gewinnung von *Mesoinosit* (F. 222—225°) erhitzt man 750 g techn. Phytin (65% W.) 8 Std. unter Druck auf 160—165°, filtriert, wäscht mit W., bringt das Filtrat zum Sd., gibt Kalkmilch bis zum p_H 10 hinzu, kocht bis zur vollständigen Verdrängung von NH_3, wobei man durch erneute Zugabe von $Ca(OH)_2$ das p_H konstant hält. Man filtriert heiß, dampft das Filtrat (ca. 600 ml) etwa bis zur Hälfte ein, filtriert abermals, engt das Filtrat auf 60 ml ein u. fällt mit 1½fachem Vol. Eisessig. (Медицинская Промышленность СССР [Med. Ind. UdSSR] **12.** Nr. 12. 23—26. Dez. 1958. Bukarest, Chem.-Pharmazeut. Forschungsinst.) W. KURTZMANN. 4808

Aage Theil Nielsen, *Über die Haltbarkeit von Injektionspräparaten von Hypophysenhinterlappenhormonen.* Bei p_H 4 ist *Oxytocin* (I) wesentlich haltbarer als *Vasopressin* (II), bei p_H 3 ist aber schon II haltbarer als I. Wenn man einen Aktivitätsverlust von ca. 5% als gerade noch zulässig annimmt, lassen sich durch Extrapolation folgende Haltbarkeitszeiten errechnen: im Kühlschrank (maximal 5°) 3—4 Jahre, an kühlem Ort (6—15°) 1 Jahr, bei gewöhnlicher Temp. (15—20°) ½ Jahr. Bei der Beurteilung der Haltbarkeit sind aber period. Erhöhungen der Temp. (z. B. beim Versand) zu berücksichtigen. Es wird gefordert, bei den Präpp. die äußerste Haltbarkeit anzugeben u. die Aufbewahrung im Kühlschrank zu empfehlen. (Dansk Tidsskr. Farmaci **33.** 1—9. Jan. 1959. Danmarks farm. Højskole, labor. for farm. biol.) R. K. MÜLLER. 4808

Zbigniew Kotula, Ryszard Wagner und **Halina Herman,** *Untersuchungen über die Anwendung der Aktivkohle polnischer Herkunft „Carbopol" zur Entfernung von Pigmenten aus konzentrierten Streptomycinsulfatlösungen.* Mit 1n Säure behandelte Aktivkohle „Carbopol O-extra" adsorbiert 82,5% der Pigmente u. verursacht nur 7,0% Verluste bei der Reinigung von *Streptomycinsulfat* (I)-Lsgg. mit $>$50000 Einheiten/ml. Behandlung mit stärker verd. Säure oder mit W. verbessert zwar die Adsorption der Pigmente (bis 86,5%), erhöht aber die I-Verluste bis 24,5%. (Acta polon. pharmac. **15.** 1958. 387—90. Warszawa, Inst. Farmac., Zakł. Antybiot.) F. URBAN. 4810

K. F. Shigatsch, M. S. Finkelstein, I. M. Timochin und **A. I. Malinina,** *Darstellung von Carboxymethylcellulose für Blutersatzlösungen.* 40 Präpp. von *Carboxymethylcellulose* (I) von verschied. DP. u. verschied. Substitutionsgrad wurden auf ihre Fähigkeit, als Blutersatzstoff zu dienen, untersucht. Ein DP. von 70—100 ist am zweckdienlichsten, wobei derartige I-Präpp. am besten durch Depolymerisation der Alkalicellulose bei der I-Herst. mit H_2O_2 einer Konz. unter 1,5% oder durch Behandlung von I mit verd. HCl bei 65—70° zu erhalten sind. Bei allen diesen Arbeiten müssen die Versuchsbedingungen sehr genau eingehalten werden, da sonst leicht tox. wirkende Prodd. entstehen. (Доклады Академии Наук СССР [Ber. Akad. Wiss. UdSSR] **123.** 471—74. 21/11. 1958. Moskau, Gubkin-Inst. für Erdöl.) M. ULMANN. 4812

Ludwig Grün und **Ruth Schopner,** *Erwartung und Leistung bei der hygienischen Händedesinfektion.* Im Waschwasser von künstlich mit *B. coli* bzw. *Proteus vulg.* infizierten Händen, die anschließend für 2 Min. mit verschied. Desinfektionsmitteln behandelt waren, wurde mit der Membranfiltermeth. die Zahl der überlebenden Keime bestimmt. Der Zusatz von Desinfektionsmittelinhibitoren zum Waschwasser ist erforderlich, um Fehlbeurteilungen auszuschalten; als bes. geeignet erwies sich hierzu 1% ig. Pril-„flüssig". Nach den tabellar. Ergebnissen besitzt 80% ig. A. die höchste Desinfektionskraft. Ihm folgen in abfallender Reihenfolge 1% Chlorkresol, 1% Ampholytseife u. 1% Quats. Der Behauptung einer Dauerwrkg. des „Quatsfilmes" wird aus hautmorpholog. Gründen u. wegen dessen mechan. Verletzbarkeit bzw. Inaktivierung durch Eiweißkörper entgegengetreten. (Z. Hyg. Infektionskrankh. **143.** 521—32. 18/4. 1957. Düsseldorf, Med. Akademie, Inst. für Hyg. u. Mikrobiol.) E. SPEYER. 4832

J. Albrecht, T. Lammers und **E. v. Wasielewski,** *Zur chemischen Wäschedesinfektion bei Viruskrankheiten.* Die virusinaktivierende Wrkg. der Desinfektionsmittel *Parmetol* (p-Chlor-m-kresol mit freiem Alkali; SCHÜLKE & MAYR), *Delegol* (Benzylphenole, z. T. chloriert; BAYER), *Gevisol* (Phenolderivv., z. T. chloriert; SCHÜLKE & MAYR), *Phendesin* (halogenierte Phenole, organ. Schwermetallverbb.; ROSEMANN; I), *Formalin* (35,8% ig.; II) u. *Rohchloramin* (p-Toluolsulfonchloramidnatrium; HEYDEN; III) wurde im Keimträgervers. (Leinenläppchen) an folgenden Virusarten durchgeführt: Ektromelie-, Herpes-, Influenza-A-(Stamm PR 8), Encephalomyocarditis- u. Mäuseencephalitisvirus. Keines der Mittel bewirkte eine Inaktivierung aller Virusarten, die eine unterschiedliche Resistenz aufweisen. III, in einer Konz. von 2% war am wirksamsten, 1,5% II

u. 2% I waren etwas weniger wirksam. (Zbl. Bakteriol., Parasitenkunde, Infektionskrankh. Hyg. I. Abt., Orig. **170.** 531—37. Jan. 1958. Mainz, Univ., Hygiene-Inst.)
F. RADLER. 4832

Fr. Jaminet, *Untersuchungen über die Charakterisierung pflanzlicher und tierischer Extrakte in pharmazeutischen Spezialpräparaten und Arzneimittelkompositionen.* 1. Mitt. *Untersuchungen über die Identifizierung von Aloeharzen.* Vf. beschreibt an Hand von Beispielen eine papierchromatograph. Meth., die mit Hilfe typ. R_F-Werte u. Färbungen der Flecke im UV-Licht vor u. nach Behandlung mit NH_3-Gas sowohl die nach Herkunft verschied. *Aloeharze* als solche u. ihre Ggw. in Arzneimittelkombinationen mit Rheum officinale u. rhaponticum, Scammoniumharz, Extrakten von Cascara Sagrada u. Frangula u. Ochsengalle (unter Berücksichtigung geringer Zusätze von Salicylsäure, Safran, Lakritze, Belladonna, Strychnin u. Enterokinase) nachzuweisen erlaubt. Chromatogramme im Original. (J. Pharmac. Belgique [N. S.] **12(39).** 87—100. März/April 1957. Liège, Univ., Inst. de Pharmacie, Labor de Pharmacognosie et de Pharm. Pratique.)
W. SCHULENBURG. 4880

A. J. Siesto und **A. Bartolli,** *Papierelektrophoretische Trennung der Hydroxymethylanthrachinone des Rhabarbers.* Vff. beschreiben die Trennung von *1.8-Dihydroxy-3-carboxy-* (*Rhein*), *1.6.8-Trihydroxy-3-methyl-* (*Emodin*) u. *1.8-Dihydroxy-3-methylanthrachinon* (*Chrysophanol*) durch horizontale Papierelektrophorese aus Probe-Lsgg. u. den Prodd. der Hydrolyse von Rhabarberextrakt mit Chlf.-10% ig. HCl. Als Elektrolyt dient 0,1n Na-Boratlsg., p_H 9,38; in der genannten Reihenfolge ergibt sich eine abnehmende Wanderungsgeschwindigkeit zur Kathode. Die kontinuierliche Papierelektrophorese bei hoher Spannung (550 V) gestattet die Isolierung der drei Verbb. in reiner Form u. stellt ein bequemes Verf. zur Unters. von Anthrachinondrogen dar. (Farmaco [Pavia], Ediz. prat. **12.** 517—23. Nov. 1957. Roma, Univ., Ist di Farmacol.)
H.-E. TOUSSAINT. 4880

István Rácz und **György Kedvessy,** *Die papierchromatographische Untersuchung der galenischen Präparate aus Semen Strychni.* Verf. zur papierchromatograph. Best. der galen. Präpp. aus Semen Strychni. Es wurde festgestellt, daß zur Isolierung u. Identifizierung der wichtigeren Bestandteile des Extr. Strychni siccum das mit KH_2PO_4 imprägnierte WHATMAN Nr. 4-Filtrierpapier u. ein Gemisch von n-Butylalkohol u. W. (1:1) geeignet ist. Es wurde ein Schnellverf. ausgearbeitet (Rundchromatogramm), das wegen seiner Einfachheit u. leichten Durchführbarkeit auch zu Rutinunterss. geeignet ist. (Magyar Kemiai Folyóirat [Ung. Z. Chem.] **64.** 97—99. März 1958. Budapest, Orvostudomanyi Egyetem Gyógyszerészeti Intézet.) G. HALMI. 4880

R. Fischer und **N. Otterbeck,** *Zum Nachweis von Analgeticis (Opiumalkaloiden, deren Derivaten und synthetischen Substanzen) mittels „Test-Tube"-Chromatographie.* Mittels der etwas abgeänderten, ausführlich beschriebenen Test-Tube-Chromatographie gelang es, 19 verschied. Analgetica [Morphin, Kodein (I), Dicodid, Acedicon, Dionin, Heroin, Eukodal (II), Narkotin, Paracodin, Apomorphin, Dilaudid, Dromoran, Romilar, Permonid, Heptadon, Heptalgin, Ticarda, Cliradon u. Dolantin) nachzuweisen. Bei gleichzeitiger Verwendung von 4 Lösungsmittelgemischen in einem Arbeitsgang betragen die R_F-Differenzen meist über 0,1. Für I u. II, die sich auf diese Weise nicht trennen lassen, wird eine einfache Mikro-Rk. mitgeteilt. (Scientia pharmac. **25.** 242—48. 31/12. 1957. Graz, Univ., Inst. für Pharmakognosie.) H. P. FIEDLER. 4880

Feliks Kaczmarek, *Colorimetrische Sparteinbestimmungsmethode im Besenginster (Sarothamnus scoparius L. Wimm.) mit Hilfe des Reineckesalzes.* 5 g der Droge werden mit 5 ml 2% ig. H_2SO_4 durchfeuchtet u. nach 1 Std. mit 2% ig. H_2SO_4 perkoliert. Der Extrakt wird mit NaOH alkalisiert. *Spartein* wird mit Wasserdampf in eine Vorlage mit 10 ml 20% ig. H_2SO_4 abdestilliert. Zur Best. werden aliquote Mengen des Destillats mit REINECKE-Salz bei 0—10° versetzt. Der Nd. wird in W. + Aceton (2:1) gelöst u. colorimetr. bestimmt. Die Extinktion der Lsg. bleibt in den ersten 2 Std. konstant. (Biul. Inst. Roślin leczniczych **3.** 275—84. Dez. 1957. Poznań.) F. URBAN. 4880

Luciana Morisio und **Giacinto Negro,** *Anwendungen von Mikrofarbreaktionen (Tropfenmethode) in der pharmazeutischen Praxis.* 5. Mitt. Es wird eine Mikrometh. zur Unterscheidung der *Tinkturen* von *3 Solanaceen*: Atropa Belladonna, Datura stramonium u. Hysoscyamus niger mitgeteilt. Läßt man auf Filterpapier zuerst J_2-, dann $6H_3$-Dämpfe einwirken u. gibt darauf einen Tropfen 55% ig. H_2SO_4, dann erhält man mit den Tinkturen deutliche Farbunterschiede. Die aus den Drogen isolierten Alkaloide Atropin u. Hyoscyamin geben diese Rk. nicht. (Giorn. Batteriol. Immunol. **49.** 159—61. Mai/Juni 1956. Torino, Farmacia Osped. Maria Vittoria.) B. STIEB. 4880

Domenico Cavanna und **Giacinto Negro,** *Anwendungen von Mikrofarbreaktionen (Tropfenmethode) in der pharmazeutischen Praxis.* 6. Mitt. *Orientierende Untersuchungen* *auf wirksame Substanzen in Arzneimitteltabletten.* (5. vgl. vorst. Ref.) Nach der Tropfenmeth. lassen sich auch die wirksamen Substanzen in Tabletten bestimmen. Angegeben werden Farb-Rkk. für Tabletten von Aminopyrin, Chininhydrochlorid, Papaverinhydrochlorid, Eupaverin, Spasmalgin-Roche, Choleflavin-Bayer, Antispasmina Colica-Recordati, Novatophan-Schering u. Stilböstrol. (Giorn. Batteriol. Immunol. **49.** 162 bis 166. Mai/Juni 1956.) B. STIEB. 4880

J. Richter, *Beitrag zur photometrischen Bestimmung von Adrenalin und anderen Brenzcatechinabkömmlingen in Arzneifertigwaren.* Die Grundlage der photometr. Best. von *Adrenalin* (**I**), *Corbasil* (**II**; *Contractin*), *Noradrenalin* (**III**) u. *Novodrin* (**IV**; *Aludrin*) beruht auf der Violettfärbung, welche diese Verbb. unter entsprechenden Bedingungen mit Fe^{2+} gaben. Diese Verbb. lassen sich auch in Ggw. von *Jenacain* (*Novocain*), *Medicain* (*Pantocain*) u. *Falicain* (**V**) in den im Handel befindlichen Injektions-Lsgg. bestimmen. — Die zu untersuchende Lsg. wird mit 0,2% ig. $NaHSO_3$-Lsg. auf 10 ml aufgefüllt u. mit 0,1 ml Eisencitratlsg. (1 g $NaHSO_3$ + 1,5 g $FeSO_4$ werden in 200 ml W. + 1 ml nHCl gelöst; 10 ml dieser Lsg. werden mit 0,5 g Na-Citrat versetzt) u. 1 ml Pufferlsg. (42 g $NaHCO_3$ + 50 g $KHCO_3$ werden mit 180 ml W. geschüttelt; diese Lsg. wird mit einer Lsg. von 37,5 g Glykokoll + 17 ml 30% ig. NH_4OH-Lsg. versetzt u. mit W. zu 500 ml ergänzt) versetzt. Nach 30 Min. wird die Extinktion bei Schichtdicke 20 mm u. unter Verwendung des Filters S 53 gegen W. gemessen. In Ggw. von **V** werden nach Ende der Wartezeit 11 ml A. hinzugefügt; die abgelesene Extinktion ist vor der Auswertung mit 2 zu multiplizieren. — Die aus der Eichkurve für **I** entnommenen Werte sind auch für **II** zu verwenden; für **III** bzw. **IV** sind sie mit 0,906 bzw. 1,41 zu multiplizieren. (Z. analyt. Chem. **145.** 334—36. 1955. Berlin, Staatl. Inst. für Arzneimittelprüfung.) K. F. MÜLLER. 4880

Ricardo Montequi Diaz de Plaza und **Maria Fernandez Santiso,** *Volumetrie von Cholin und Acetylcholin nach vorhergehender Fällung als Reineckat.* Vf. empfiehlt zur Best. von *Acetylcholin* zu 5—6 cm^3 der Lsg. 1 cm^3 2nNaOH u. nach ½ Std. 1,5 cm^3 2nHCl zu geben, auf 60—70° zu erwärmen u. mit 2—3 cm^3 2% ig. Lsg. von REINECKE-Salz zu fällen. Die so gewonnenen Kriställchen werden mit W. gewaschen, in A. gelöst u. ihre Menge bromatometr. bestimmt. (Medicamenta [Madrid] **21 (11).** Nr. 181. 175—78. 26/3. 1959. Madrid, Univ., Facultad de Farmacia.) HEINRICH HERMANN. 4880

H. Wullen, *Beitrag zur Bestimmung von Estern des Chloramphenicols in pharmazeutischen Zubereitungen. Chloramphenicolpalmitat* u. *-stearat* werden in ihren Emulsionen auch in Ggw. verschied. Zusätze einfach u. genügend scharf (95—102%) direkt colorimetr. bestimmt durch Red. der NO_2- zur NH_2-Gruppe mit Zn in saurem Medium, Diazotierung u. Kupplung mit Naphthyläthylendiaminhydrochlorid nach BRATTON MARSHALL (Sulfamidbest.). Als Lösungsm. u. zum Ansetzen der Reagentien dient Aceton. (J. Pharmac. Belgique [N. S.] **12(39).** 134—38. März/April 1957. Seriv. de Controle des Médicaments.) W. SCHULENBURG. 4880

Mason H. Woolford jr. und **Fortunato S. Chiccarelli,** *Die Bestimmung von Tetracyclinhydrochlorid und von Chlortetracyclinhydrochlorid in Tetracyclinhydrochlorid.* Die spektrophotometr. Meth. erlaubt die Best. von *Tetracyclinhydrochlorid* (**I**) u. *Chlortetracyclinhydrochlorid* (**II**) nebeneinander. Hierzu wird je eine Best. in 0,25n NaOH (**I** λ_{max} 380 mμ nach 6 Min; **II** wird zers. u. nicht miterfaßt) u. in 0,1n HCl (**I** λ_{max} 355 mμ; **II** λ_{max} 367,5 mμ) durchgeführt u. die Differenz als **II**-Anteil berechnet, der bis zu 20% betragen kann. (J. Amer. pharmac. Assoc., sci. Edit. **45.** 400—01. Juni 1956. Pearl River, N. Y., American Cyanamid Corp. Lederle Labors. Div.) HEINZ WALTER. 4880

Fortunato S. Chiccarelli, Paul Van Gieson und **Mason H. Woolford jr.,** *Die fluorimetrische Bestimmung von Chlortetracyclinhydrochlorid und die Ermittlung von Tetracyclinhydrochlorid in Chlortetracyclinhydrochlorid.* (Vgl. vorst. Ref.) Mitt. je einer Bestimmungsmeth. für *Chlortetracyclinhydrochlorid* (**I**) sowie für *Tetracyclinhydrochlorid* (**II**)-Anteile in **I**-Lösungen. **I** wird hiernach als blaufluorescierendes Iso-**I**, das sich in bas. Milieu (0,25 n. NaOH) bildet u. λ_{max} 428 mμ hat, 15—20 Min. nach NaOH-Zusatz fluorimetriert (KLETT Photofluorometer 2070) u. zeigt zwischen 0—3,5 γ **I**/ml lineare Werte; **II** fluoresciert hierbei nicht. Der UV-Zutritt beeinflußt die Best.; es muß 30 Sek. nach UV-Einw. gemessen werden u. Standard-Lsgg. sind erforderlich. Kommen **II**-Beimengungen in **I**-Präpp. vor, dann lassen sich diese spektrophotometr. ermitteln; dabei zeigt **II** in bas. Milieu (Gelbfärbung) (0,25 nNaOH) u. nach Zusatz von $NaHSO_3$ (Oxydationsschutz) 1 Std. nach NaOH-Zugabe ein λ_{max} von 3280 mμ bei 25° u. **I** (λ_{max} 345 mμ) bleibt farblos. Die Meth. ist für **II**-Beträge bis 6% bzgl. Gesamtantibioticamenge brauchbar u. ergibt der **II**-Konz. proportionale Werte in Ggw. von $\geqq$200 γ/ml Versuchslösung. (J. Amer. pharmac. Assoc., sci. Edit. **45.** 418—20. Juni 1956.) HEINZ WALTER. 4880

Ciba Pharmaceutical Products, Inc., Summit, übert. von: **Jack Cooper, Daniel Mario Pasquale**, Livingston, und **John Joseph Windheuser**, Milton, N. J., V. St. A., *Granulieren von Arzneitablettenmassen*, dad. gek., daß man Gleitmittel, wie Talk (I), Stearinsäure (II) oder Mg-Stearat (III) vor dem Feuchtgranulieren zumischt. Man verwendet 5—10 (%) I, 2—5 II oder 0,5—2 III; man kann auch Gemische von I, II u. III verwenden, wobei die anzuwendenden Mengen der Zus. des Gemisches entsprechen. Als Füllstoffe können Milchzucker oder Stärke, als Bindemittel z. B. Gelatine oder Traganth u. gegebenenfalls ein wasserlösl. Polyäthylenglykol, zum Anfeuchten W., ein niedriger Alkohol oder Gemische dieser verwendet werden. Auf diese Weise lassen sich viele Arzneimittel, wie Reserpin, Aspirin, Cortison, tablettieren. (**A. P. 2 857 313** vom 27/3. 1956, ausg. 21/10. 1958.) K. KOEBKE. 4767

N. V. Koninklijke Pharmaceutische Fabrieken v/h Brocades-Stheeman & Pharmacia, Amsterdam (Erfinder: **Arie Jacobus Zwart Voorspuy**, Leiden), Holland, *Extraktion von Pflanzenteilen der Gattung Glycyrrhiza.* Man erhält *therapeut. wirksame* Extrakte mit bes. hohem Geh. an Antilysozymfaktor, wenn man als Extraktions-Fl. ein Gemisch von 10—50% W. mit Äthylenglykol, Aceton, Dioxan oder mit W. ganz oder teilweise mischbaren aliphat. oder araliphat. Alkoholen verwendet. (**Holl. P. 89 490** vom 5/8. 1954, ausg. 15/11. 1958.) F. BÖHM. 4791

Laboratoires Delagrange (Soc. d'Applications Pharmacodynamiques), Frankreich, *Herstellung substituierter Benzamide*, z. B. *N-[Diäthylaminoäthyl]-2-chlor-4-amino-* (*Dihydrochlorid*, F. 145—150°), u. *-4-äthoxybenzamid* (*Hydrochlorid*, F. 139—140°), dad. gek., daß man ein Benzoylchlorid (2-Chlor-4-nitro- bzw. -4-äthoxybenzoylchlorid) bei 10° in Aceton, Toluol, Bzl. oder Ae. mit einem asymm. Diamin (N.N-Diäthyläthylendiamin) umsetzt u. gegebenenfalls die Nitrogruppe reduziert. — *Therapeutica.* (**F. P. 1 159 180** vom 28/4. 1954, ausg. 24/6. 1958.) S. BÖTTCHER. 4807

Badische Anilin- & Soda-Fabrik Akt.-Ges. (Erfinder: **Otto von Schickh, Horst Metzger, Heinz Oettel** und **Gertrud Wilhelm** geb. **Kollmannsperger**), Ludwigshafen/Rh.,

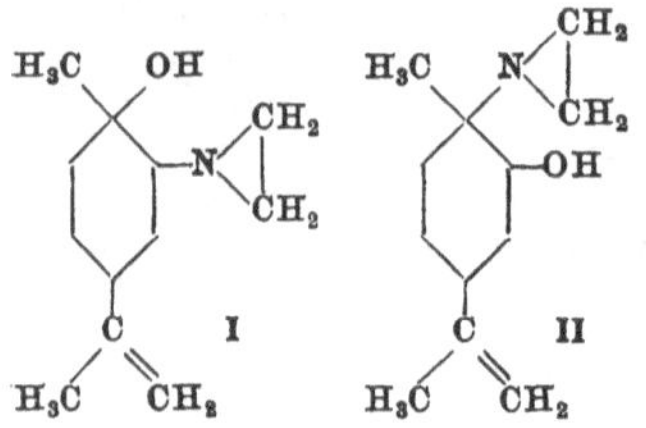

Äthyleniminverbindungen von cytostatischer Wirksamkeit der Formel I bzw. II lassen sich durch Umsetzung von 1-Methyl-4-isopropenylcyclohexenoxyd-(1.2) mit Äthylenimin darstellen. — 30,5 g Dipentenmonoxyd [1-Methyl-4-isopropenylcyclohexenoxyd-(1.2)] + 20 g Äthylenimin + 5 W. (24 Std. bei 60°, dann 8 Tage bei Raumtemp.) → *1-Methyl-1-äthylenimino-2-hydroxy-4-isopropenylcyclohexan* + *1-Methyl-1-hydroxy-2-äthylenimino-4-isopropenylcyclohexan* (als Gemisch), $Kp._{0,2}$ 83—85°, n_D^{20} 1,5000; aus dem Gemisch krist. eine Verb. mit F. 48°. — Die Verbb. haben starke cytostat. Wrkg., bes. auch am Mäusesarkom 37. — (**D. A. S. 1 054 998** Kl. 12p vom 9/10. 1957, veröff. 16/4. 1959.) K. GÄBELEIN. 4807

J. R. Geigy Soc. An., Schweiz (Erfinder: **William Taub**), *Herstellung neuer Derivate des 3-Aminohydantoins*, dad. gek., daß man das Dihydrazid oder den Ester des Monohydrazids eines N-Carboxyglycins cyclisiert. — 20,3 (Teile) N-Carbäthoxy-α-aminoisobuttersäureäthylester u. 50 Hydrazinhydrat werden 20 Std. in A. erwärmt. Nach Abdest. des A. u. Aufarbeiten aus W. erhält man *5.5-Dimethyl-3-aminohydantoin*, F. 184°. — Weitere 3-Aminohydantoine: *5-Methyl-5-isobutyl-*, F. 171°, aus N-Carbäthoxy-α-amino-α-isobutylpropionsäureäthylester ($Kp._{20}$ 150—153°). — *5.5-Diäthyl-*, F. 178—180°, aus N-Carbäthoxy-α-amino-α-äthylbuttersäureäthylester. — *5-Äthyl-5-[n-butyl]-*, F. 143—144°, aus N-Carbäthoxy-α-amino-α-butylbuttersäureäthylester. — *5-Methyl-5-[n-hexyl]-*, F. 136°, aus N-Carbäthoxy-α-hexyl-α-aminopropionsäureäthylester. — *5.5-Pentamethylen-*, aus N-Carbäthoxy-1-aminocyclohexancarbonsäureäthlyester, der aus 1-Aminocyclohexancarbonsäureäthylester ($Kp._{14}$ 100°) u. Chlorameisensäureäthylester hergestellt wurde. — *5-Methyl-5-benzyl-*, aus N-Carbomethoxy-α-amino-α-benzylpropionsäuremethylester oder N-Carbäthoxy-α-amino-α-benzylpropionsäureäthylester. — *5-Methyl-5-äthyl-*, F. 157°. — *5-Methyl-5-[n-propyl]-*, F. 137°. — *5-Äthyl-5-[n-amyl]-*, F. 140°. — *5-Methyl-5-cyclopropyl-*, F. 160°. — *5-Methyl-5-phenyl-*, F. 166°. — *5-Äthyl-5-phenyl-*, F. 146°. — *5.5-Diphenyl-*, F. 188°. —*5-Methyl-5-allyl-*. — *5-Äthyl-5-allyl-*. — *5-Äthyl-5-cyclohexenyl-*. — *5-Methyl-5-[p-chlorphenyl]-*. — *5-Methyl-5-[p-methoxyphenyl]-*. — *5-Methyl-5-phenoxyäthyl-*. — *5-Äthyl-5-[methylmercaptoäthyl]-*. — *5-Methyl-5-[sek.-butyl]-*. — *1.5-Diäthyl-5-methyl-*. — *1.5-Dimethyl-5-isobutyl-*. — *1.5-Dimethyl-5-phenyl-*. — *1-Methyl-5.5-tetramethylen-*. — *Therapeutica.* (**F. P. 1 161 334** vom 15/2. 1955, ausg. 26/8. 1958. Israelit. Priorr. 16/2. u. 3/11. 1954.) S. BÖTTCHER. 4807

Merck & Co., Inc., Rahway, übert. von: **Frederick W. Holly**, Cranford, und **Charles H. Stammer**, New Brunswick, N. J., V. St. A., *4-Amino-3-isoxazolidine* u. deren opt. Isomere werden nach folgendem Reaktionsschema erhalten. Hierin stehen:

X, Y u. Z für H, Alkyl, Aralkyl oder Aryl (C_{1-8}); R u. R_2 für H, Alkyl oder Aralkyl (C_{1-8}): R_3 für Alkyl, Aryl oder Aralkyl (C_{1-8}); R_4 u. R_5 für Alkyl (C_{1-8}); Q für Br, Cl oder J. — Verf. u. Beispiele 1—11 sind mit A. P. 2 772 281; C. **1958.** 6970 identisch. Beispiele 12—20 lauten: 0,5 g 4-Benzamido-3-isoxazolidon, gelöst in 10 ml HCl-gesätt. Methanol,

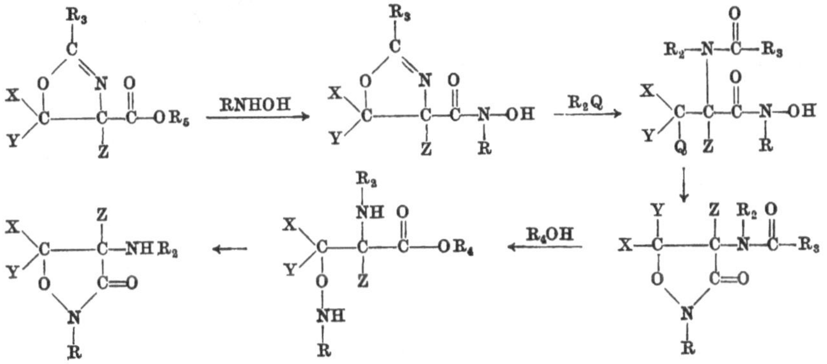

werden 3 Std. gekocht u. in 50 ml Ae. gegeben. Der ausfallende Nd. krist. aus A. als Methyl-α-amino-β-aminoxypropionat, Dihydrochlorid, F. 133—136° (nach Erstarren, F. 140 bis 160°, dann Zers. bei 165°). Analog: Methyl-α-amino-β-aminoxybutyrat, Dihydrochlorid, F. 139—145°. 2 g dieser Verb. gelöst in 2 ml W. + 1,8 g KOH in 2 ml W. + Eisessig → *(dl)-4-Amino-5-methyl-3-isoxazolidon*, F. 170—173°. — *l-4-Amino-3-isoxazolidon-l-tartrat*, F. 165,5—166°; $[\alpha]_D^{24}$ −41° (c = 0,7; W.). — *Baktericide* u. *Bakteriostatica* gegen gram-positive u. -negative Arten. Die dl-Form des *4-Amino-3-isoxazolidons* zeigt 10fach stärkere Wrkg. als die *l-Form* gegen *D. pneumoniae*. Auch an Pflanzen u. Bäumen anwendbar. — (**A. P. 2 840 565** vom 23/12. 1954, ausg. 24/6. 1958.) K. Gäbelein. 4807

Merck & Co., Inc., Rahway, übert. von: **Frederick A. Kuehl jr.**, Rumson, N. Y., V. St. A., *4-Benzamido- und 4-Acetamido-3-isoxazolidone* u. deren alkylierte Derivv. der allg. Formel I, in der R = Phenyl oder Methyl, R_1 = H oder niederes Alkyl bedeuten, werden gemäß A. PP. 2 772 281; C. **1958.** 6970 u. 2 840 565; vgl. vorst. Ref. analog dargestellt. — 4 g α-Benzamido-β-chlorpropionhydroxamsäure in 30 ml heißem Methanol + 31,5 ml 1-n.-NaOH (60°), dann +4,2 ml 1,16n HCl → *4-Benzamido-3-isoxazolidon*, F. 167—170°. — Aus 2-Phenyl-4-carbohydroxamido-2-oxazolin in Dioxan + wenig W. + mit HCl gesätt. Dioxan bei 95—98° → α-Benzamido-β-chlorpropionhydroxamsäure (dl), das, wie oben, zur -3-isoxazolidonverb. (dl), F. 171—172°, umgelagert wird. — Aus 6,4 g α-Benzamido-β-chlorbutyrohydroxamsäure in 100 ml W. bei 65—75° + 46 ml 0,99 n-NaOH + 21,4 ml 1,16 n-HCl (bei 0°) → 4,34 g *4-Amino-5-methyl-3-isoxazolidon*, F. 187—192° (Chlf.). — Mit Eisessig in methanol. Lsg. wird aus d-4-Amino-3-isoxazolidon dessen *d-4-Acetamidoverb.*, F. 175—177°, $[\alpha]_D^{25}$ +73° (1% in W.), erhalten. *Baktericide* u. *Bakteriostatica.* — (**A. P. 2 845 432** vom 23/12. 1954, ausg. 29/7. 1958.) K. Gäbelein. 4807

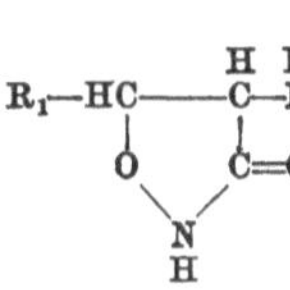

I

G. D. Searle & Co., Chicago, übert. von: **John W. Cusic**, Skokie, Ill., V. St. A., *9-Aminoalkyl-9-xanthencarboxamide* der allg. Formel I, in der Alk = niederes Alkyl- u. A u. B = Amin, niederes Alkyl- oder Dialkylamin, niederes Dialkenyl- oder Hydroxyalkylalkylamin, Morpholin, Thiamorpholin, Piperazin, niederes Alkylpiperazin u. Reste des Typs NZ bedeuten, wobei Z = Alkylen (C_{4-7}) sein soll, das mit 4—5 C-Atomen im Ring steht, stellen *Pharmazeutica* von chinidinähnlicher regulativer Wrkg. auf die Herzfunktion dar u. sind bei Hypertension verwendbar. — 95 g 9-Xanthencarbonsäuremethylester + 11 g $LiNH_2$ + 60 g β-Chloräthyldiäthylamin + 450 g Toluol (8 Std. am Rückfluß) → 9-(β-Diäthylaminoäthyl)-9-xanthencarbonsäuremethylester (II); Hydrochlorid, F. 153—154°; Jodmethylat, F. 207—208°. 15 g II + 150 Methanol, mit NH_3 gesätt. + 0,05 g $NaOCH_3$ (5 Tage bei 80°) → *9-(β-Diäthylaminoäthyl)-9-xanthencarboxamid* (I, A = NH_2, Alk -B = β-Diäthylaminoäthyl); *Hydrochlorid*, F. 222 bis 223°. — Folgende *9.9-Xanthenverbb.* wurden beschrieben: *9-(β-Diisopropylaminoäthyl)-9-carboxylmethylester*, $Kp._1$ 190—200°, N.N-dimethylcarboxamid-(9), F. 140 bis 141°; *9-(β-Diäthylaminoäthyl)-9-(N.N-dimethylcarboxamid)-*, F. 133—134°; 9-Carbonyl-

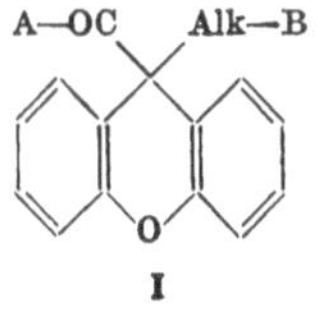

I

piperidin-, F. 152—153°; 9-carbonylpyrrolidin-, F. 159—160°; *9-(β-Diäthylaminoäthyl)-9-carbonylpiperidin-*, F. 131—132°; *9-(β-Dimethylaminoäthyl)-9-carbonylpyrrolidin-*, F. 134 bis 135°; *9-(γ-Dimethylaminopropyl)-9-carbonylpyrrolidin-*, F. 119—123°, dessen *γ-Diäthylaminopropylhomologes*, F. 231—232°; *9-(β-Dimethylamino-α-methyläthyl)-9-carbonylpyrrolidin-*, F. 129—130°; *9-(β-Dimethylaminopropyl)-9-carbonylpyrrolidin-*, F. 113—115°; *9-(β-Diallylaminoäthyl)-9-carbonylpyrrolidin-*, F. 67—69°; *9-(β-Di-n-propylaminoäthyl)-9-carbonylpyrrolidin-*, F. 58—60°; *9-(β-Diisopropylaminoäthyl)-9-carbonylpyrrolidin-, Hydrochlorid*, F. 250—251°; *9-(β-Diäthylaminoäthyl)-9-carbonylpiperidin-*, F. 64—67°, *9-(β-Diisopropylaminoäthyl)-9-carbonylpiperidin-*, $Kp._1$ 212—214°, *Hydrochlorid*, F. 204 bis 205°; *9-(β-Pyrrolidinoäthyl)-9-carbonylpyrrolidin*, F. 123—124°; *9-(γ-Pyrrolidinopropyl)-9-carbonylpyrrolidin-*, F. 153—154°; *9-(2.5-Dimethylpyrrolidinoäthyl)-9-carbonylpyrrolidin-*, F. 119—121°; *9-(β-Piperidinoäthyl)-9-carbonylpyrrolidin-*, F. 152—153°; *9-[β-(2.6-Lupetidino)-äthyl]-9-carbonylpyrrolidin-*, F. 145—147°; *9-(β-Diäthylaminoäthyl)-9-carbonylmorpholin-, Hydrochlorid*, F. 228—229°; *9-(β-Morpholinoäthyl)-9-carbonylpyrrolidin-*, F. 168—169°; *9-[β-(N-Hydroxyäthyl-N-methylamino)-äthyl]-9-carbonylpyrrolidin-*, $Kp._1$ 245—250°; *9-[β-(N-β-Hydroxyäthyl-N-äthylamino)-äthyl]-9-carbonylpyrrolidin-*, $Kp._1$ 268—272°, F. 137—138°; *9-(β-Dimethylaminoäthyl)-9-carbonylpyrrolidin-*, F. 135°; *9-(β-Diäthylaminoäthyl)-9-carbonyllupetidin-*, $Kp._2$ 250—260°, *Hydrochlorid*, F. 226—227°; *9-(β-Chloräthyl)-9-carbonylpyrrolidin-*, F. 111—119°; *9-(4-Pipecolinoäthyl)-9-carbonylpyrrolidin-*, F. 143—144°; *9-(1'-Methyl-2'-piperidinomethyl)-9-carbonylpyrrolidin-*, F. 110—113°; *9-(γ-Thiamorpholinopropyl)-9-carbonylpyrrolidin-*, F. 152—153°; *9-(4'-Methylpiperazinoäthyl)-9-carbonylpyrrolidin-*, F. 143—144°. (**A. P. 2838509** vom 2/10. 1956, ausg. 10/6. 1958.) K. GÄBELEIN. 4807

Adolf Christian Josef Opfermann, Bergisch-Gladbach, *Herstellung von Pyridin-4-aldehydacetalen* durch Rk. von Pyridin-4-aldehyd (I) mit einem aliphat. cycloaliphat., araliphat. oder heterocycl. Alkohol mit nicht mehr als 10 C-Atomen oder mit einem entsprechenden Orthoester, gegebenenfalls in Ggw. von Katalysatoren (HCl, $FeCl_3$). — I-*Diäthylacetal*, $Kp._{11}$ 108°, durch 5 Min. Einleiten von trockenem HCl in 107 (g) I + 92—138 absol. A. + 222 Orthoameisensäuretriäthylester u. 3 std. Kochen. — I-*Dimethylacetal*, $Kp._{11}$ 94—103°, aus I u. CH_3OH. — I-*Dimenthylacetal*, $Kp._{15}$ 185—190°, aus Menthol. — I-*Dibenzylacetal*, $Kp._2$ 110—114°, aus Benzylalkohol. — I-*Diallylacetal*, $Kp._{13}$ 125—128°, aus Allylalkohol. — I-*Diisopropylacetal*, $Kp._{11}$ 110°, aus Isopropanol. — I-*Dibutylacetal*, $Kp._{11}$ 148—150°, aus Butanol. — I-*Diisobutylacetal*, $Kp._{11}$ 135—136°, aus Isobutanol. — I-*Glykolacetal*, $Kp._{10}$ 140°, aus Glykol. — *Rheumamittel* mit stark gefäßerweiternder Wrkg.; äußerliche Anwendung in verd. alkoh. Lsg. (0,1—0,3%). (**D. P. [DDR] 14924** Kl. 12p vom 6/7. 1956, ausg. 27/6. 1958 [Ausschließungspatent]. D. Prior. [Bundesrepublik Deutschland] 17/10. 1955.) H.-J. NITZSCHKE. 4807

Adolf Christian Josef Opfermann, Bergisch-Gladbach, *Herstellung von Pyridin-3-aldehydacetalen* durch Rk. von Pyridin-3-aldehyd (I) mit einem aliphat., cycloaliphat., araliphat. oder heterocycl. Alkohol mit höchstens 10 C-Atomen oder mit einem entsprechenden Orthoester, gegebenenfalls in Ggw. von Katalysatoren (HCl, $FeCl_3$). — I-*Dimethylacetal*, a) durch 5 Min. Einleiten von trockenem HCl in 107 (g) I, 64—96 absol. CH_3OH u. 228 Orthokresolsäure (II)-Tetramethylester bei n. Temp. u. 4—5 std. Kochen; b) durch 10 Min. Einleiten von HCl in 107 I u. 128 absol. CH_3OH. — I-*Dibenzylacetal* $Kp._2$ 108—112°, a) aus Benzylalkohol; b) aus II-Tetrabenzylester. — I-*Diäthylacetal*, $Kp._{11}$ 105°, aus II-Tetraäthylester. — I-*Dimenthylacetal*, $Kp._{1,5}$ 175—178°, aus Menthol. — I-*Diallylacetal*, $Kp._{13}$ 135—140°, aus Allylalkohol. — I-*Diisopropylacetal*, $Kp._{11}$ 120—125°, aus Isopropanol. — I-*Dibutylacetal*, $Kp._{11}$ 158—160°, aus Butanol. — I-*Diisobutylacetal*, $Kp._{11}$ 146—148°, aus Isobutanol. — I-*Glykolacetal*, $Kp._{10}$ 150°, aus Glykol. — I-*Glycerinacetal*, $Kp._{10}$ 210°, aus I·HCl u. Glycerin. — I-*Di-[β-chloräthyl]-acetal*, aus I·HCl u. β-Chloräthanol. — *Rheumamittel* mit stark gefäßerweiternder Wrkg.; Anwendung äußerlich als 0,1—0,3%ig. Lsg. in einem Alkohol. (**D. P. [DDR] 14972** Kl. 12p vom 6/7. 1956, ausg. 3/7. 1958 [Ausschließungspatent]. D. Prior. [Bundesrepublik Deutschland] 3/8. 1955.) H.-J. NITZSCHKE. 4807

Olin Mathieson Chemical Corp., New York, übert. von: **Jack Bernstein,** New Brunswick, und **William A. Lott,** Maplewood, N. J., V. St. A., *Isonicotinsäurehydrazide* der allg. Formel I, in der R für H, niederes Alkyl, Hydroxyl oder niederes Alkoxyl steht u. Y entweder H oder zusammen eine Doppelbindung bedeuten, lassen sich aus den entsprechenden R-Tropinonverbb. mit Isonicotinsäurehydraziden u. gegebenenfalls nachfolgender Hydrierung darstellen. — 15,5 g Hydroxytropinon + 13,7 g Isonicotinsäurehydrazid in 250 ml W. (24 Std. bei Raumtemp. u. unter

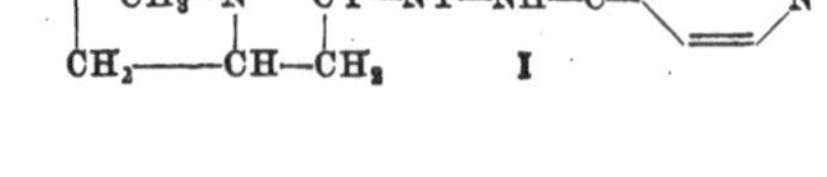

I

N_2) → *Isonicotinsäure-2-(6-hydroxy-3-tropanyliden)-hydrazid* bzw. analoge Bezeichnung: *Isonicotinsäure-2-(6-hydroxy-8-methyl-8-azabicyclo-[3.2.1]-octan-3-yliden)-hydrazid; Monooxalat,* F. 153—154° (Zers.). Ausbeute 26 g. *Dioxalat,* F. 115—120°, (Zers.). — Außerdem wurden folgende Isonicotinsäure-2-(···)-hydrazide dargestellt: -*(6-hydroxy-3-tropanyl)*-, (Y = H), *Dioxalat,* F. 115—120° (Zers.), (aus Methanol mit Ae. gefällt); -*(6-methoxy-3-tropanyliden)*-, (Y = Doppelbindung), *Monooxalat,* F. 115—120°; -*(6-methoxy-3-tropanyl)*-, (Y = H), *Dioxalat,* F. 137—140°. — *Tuberkulostatica* u. *Stimulantia* des Zentralnervensyst., peroral wie *Pipradol* oder *Amphetamin* anwendbar. (**A. P. 2 838 914** vom 3/7. 1957, ausg. 17/6. 1958.) K. GÄBELEIN. 4807

Knoll Akt.-Ges. Chemische Fabriken, Deutschland, *Herstellung basisch substituierter 1-Benzyltetrahydroisochinolinderivate,* dad. gek., daß man Verbb. der allg. Formel I, worin R = H, $-OCH_3$ oder $-OC_2H_5$, X = Halogen oder Alkylgruppe, mit einem Halogenalkylamin zur Rk. bringt oder mit einem Alkylenoxyd umsetzt, den entstehenden Alkohol halogeniert u. das Halogenid mit NH_3 oder Aminen umsetzt oder daß man I mit halogenierten Alkoholen umsetzt, die OH-Gruppe gegen Halogen austauscht u. mit NH_3 oder Aminen umsetzt oder daß man Verbb. der allg. Formel **II** u. **III** mit halogenierten Alkoholen umsetzt u. das entstehende quaternäre Salz entweder zuerst zum N-Hydroxyalkyltetrahydroisochinolin hydriert, die OH-Gruppe gegen Halogen u. dieses gegen eine Aminogruppe austauscht oder zuerst chloriert, dann mit NH_3 oder Aminen umsetzt u. das entstehende Diamin im Pyridinring hydriert. Zu Py-Tetrahydropapaverin (**V**) in Aceton setzt man β-Diäthylaminochloräthan u. K_2CO_3 u. erwärmt 8 Std.;

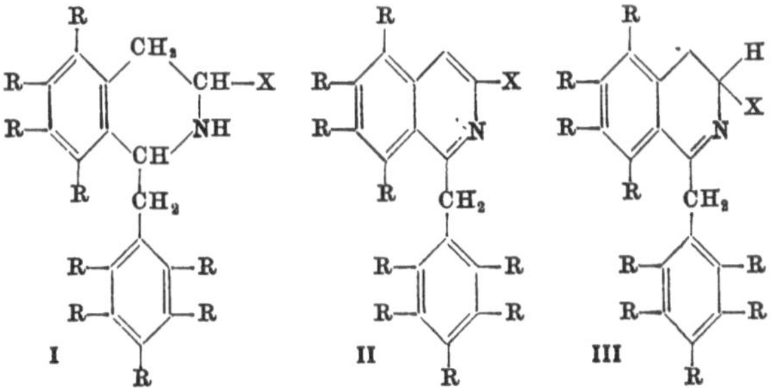

nach Aufarbeiten aus A. erhält man *1-[3'.4'-Dimethoxybenzyl]-2-[β-diäthylaminoäthyl]-6.7-dimethoxy-1.2.3.4-tetrahydroisochinolin* (**IV**) (*Hydrochlorid,* F. 200° (Zers.)]; Ausbeute 62,5%. Beschrieben wird ferner die Herst. von **IV** aus **V** u. Äthylenoxyd über *1-[3'.4'-Dimethoxybenzyl]-2-hydroxyäthyl-6.7-dimethoxy-1.2.3.4-tetrahydroisochinolin* (*N-[β-Hydroxyäthyl]-1.2.3.4-tetrahydropapaverin;* **VI**), F. 67—68° (*Hydrochlorid,* F. 176°), das man auch aus **V** u. β-Chloräthanol erhalten kann. Oder man setzt Papaverin mit β-Bromäthanol zu *N-[β-Hydroxyäthyl]-papaveriniumbromid,* F. 198—204°, um, das man zu **VI** hydriert. **VI** erhält man auch aus 3.4-Dimethoxyphenylacetyl-N-β-[3'.4'-dimethoxyphenyl]-äthylamin u. $POCl_3$ über *3.4-Dihydropapaverin,* das mit β-Bromäthanol zu *N-[β-Hydroxyäthyl]-3.4-dihydropapaveriniumbromid* umgesetzt u. hydriert wird. **VI** wird über *N-[β-Chloräthyl]-tetrahydropapaverin* mit Diäthylamin in **IV** übergeführt. — 1-[3'.4'-Diäthoxybenzyl]-6.7-diäthoxy-1.2.3.4-tetrahydroisochinoline: *2-[β-Diäthylaminoäthyl]-, Dihydrochlorid,* Zers. bei 210°, *2-[β-Di-n-butylaminoäthyl)-, Dihydrochlorid,* F. 132—134°, *2-[β-Piperidinoäthyl]-,* F. 71°, *Dihydrochlorid, 5 H_2O,* F. 81°, *2-[β-(N-Benzyl-N-methylamino)-äthyl]-, Dihydrochlorid,* F. 180—183,5°, *2-[β-(N-Methyl-N-{3''.4''-dimethoxyphenyläthyl}-amino)-äthyl], Dihydrochlorid,* F. 222 bis 223,5°, aus 1-[3'.4'-Diäthoxybenzyl]-6.7-diäthoxy-1.2.3.4-tetrahydroisochinolin u. Diäthylamino-β-chloräthan, Di-n-butylamino-β-chloräthan, [N-β-Chloräthyl]-piperidin, β-[N-Methyl-N-benzylamino]-chloräthan, Kp.$_{0,1}$ 80°, bzw. β-[N-(β-{3.4-Dimethoxyphenyl}-äthyl)-N-methylamino]-chloräthan. — Weitere 1.2.3.4-Tetrahydroisochinoline: *1-[3'-Methoxy-4'-äthoxybenzyl]-2-[β-diäthylaminoäthyl]-6-methoxy-7-äthoxy-* (*Dihydrochlorid,* F. 211—213°), aus 1-[3'-Methoxy-4'-äthoxybenzyl]-6-methoxy-7-äthoxy-. — *1-[3'.4'.5'-Trimethoxybenzyl]-2-[β-diäthylaminoäthyl]-* (*Dihydrochlorid,* F. 140,5 bis 142°) u. *-2-[β-di-n-butylaminoäthyl]-6.7.8-trimethoxy, Dihydrochlorid,* F. 136—138°), aus 1-[3'.4'.5'-Trimethoxybenzyl]-6.7.8-trimethoxy-. — *1-[3'.4'.5'-Triäthoxybenzyl]-2-[β-diäthylaminoäthyl]-* u. *-2-[β-di-n-butylaminoäthyl]-6.7.8-triäthoxy-* (*Dihydrochloride,* FF. 180,5—183° bzw. 132—134°), aus 1-[3'.4'.5'-Triäthoxybenzyl]-5.7.8-triäthoxy-. — *1-[2'.3'.4'-Triäthoxybenzyl]-2-[β-diäthylaminoäthyl]-6.6.7-triäthoxy-* (*Dihydrochlorid,* F. 180—182°), aus 1-[2'.3'.4'-Triäthoxybenzyl]-5.6.7-triäthoxy-. — *1-[3'.4'.5'-Triäthoxybenzyl]-2-[β-diäthylaminoäthyl]-3-methyl-6.7.8-triäthoxy-,* Kp.$_{0,01}$ 210°, aus 1-[3'.4'.5'-Triäthoxybenzyl]-3-methyl-6.7.8-triäthoxy-. — *Therapeutica.* (**F. P. 1 161 330** vom 31/1. 1955, ausg. 26/8. 1958. D. Prior. 30/1. 1954.) S. BÖTTCHER. 4807

F. Hoffmann-La Roche & Co. Akt.-Ges., Basel, *Herstellung von 2-Oxobenzochinolizinen* der allg. Formel I (R_1, R_2 = H, OH- oder Alkoxygruppen oder zusammen =

Alkylendioxyrest; R_3 = Alkyl-, Cycloalkyl-, Alkenyl- oder Aralkylrest; der isocycl. Ring kann partiell hydriert sein) u. deren Salzen, dad. gek., daß ein 1-Carboxymethyl-1.2.3.4-tetrahydroisochinolin, dessen isocycl. Ring partiell hydriert sein u. OH-Gruppen bzw. unter sich verbundene Alkoxyreste tragen kann, mit HCHO oder einer HCHO-abgebenden Verb. u. einer substituierten Malonsäure, deren Substituent ein Alkyl-, Cycloalkyl-, Alkenyl- oder Aralkylrest ist, oder deren Dimethylester nach MANNICH umgesetzt wird, im entstandenen Kondensationsprod. die nach freien COOH-Gruppen verestert werden, der erhaltene Tricarbonsäureester mittels eines alkal. Kondensationsmittels der DIECKMANN-Kondensation unterworfen u. der gebildete tricycl. Ketodicarbonsäureester verseift, decarboxyliert u. die erhaltene Base gegebenenfalls in ein Salz übergeführt wird.

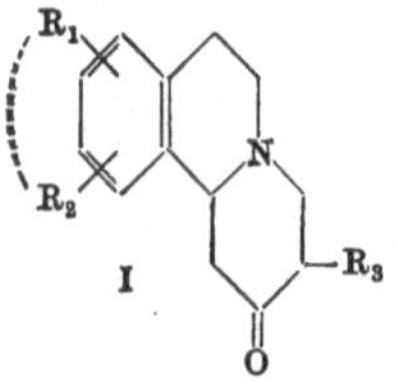

I

— 24std. Kochen von 280 (Gewichtsteilen) 1-Carbäthoxymethyl-6.7-dimethoxy-1.2.3.4-tetrahydroisochinolin, 35 Paraformaldehyd u. 150 Methylmalonsäuredimethylester in CH_3OH liefert *1-Carbäthoxymethyl-2-[2'.2'-dicarbomethoxy-n-propyl]-6.7-dimethoxy-1.2.3.4-tetrahydroisochinolin*, F. 89—91° (CH_3OH–W.). Durch Zugabe von 440 dieser Verb. in Toluol zu dem aus 28 Na in 500 Raumteilen CH_3OH durch Eindampfen erhaltenen Rückstand, Erwärmen unter Abdest. von A., 2std. Kochen, Eindampfen, Lösen in 3nHCl, 16std. Erhitzen auf 120° Badtemp. u. Zugabe von NH_4OH wird *2-Oxo-3-methyl-9.10-dimethoxy-1.2.3.4.6.7-hexahydrobenzo-*[a]*-chinolizin*, F. 138 bis 140° (CH_3OH–W.), erhalten. *Hydrochlorid*, F. 204—205°. — Analog folgende 2-Oxo-9.10-dimethoxy-1.2.3.4.6.7-hexahydrobenzo-[a]-chinolizine: *3-Äthyl-*, F. 110—112° (Di-n-butyläther) (*Hydrochlorid*, F. 198—200°; *Hydrobromid*, F. 218°) aus Äthylmalonsäure (II)-Dimethylester über *2-[2'.2'-Dicarbomethoxy-n-butyl]-* **A** (**A** = *1-Carbäthoxymethyl-6.7-dimethoxy-1.2.3.4-tetrahydroisochinolin*), F. 118 bis 120° (CH_3OH). — *2-[2'.2'-Dicarboxy-n-butyl]-***A**, F. 66—68° (Zers.), aus **II**. — *1-Carbomethoxymethyl-2-[2'.2'-dicarbomethoxy-n-butyl]-6.7-dimethoxy-1.2.3.4-tetrahydroisochinolin*, F. 125—126° (CH_3OH–W.), aus 1-Carbomethoxymethyl-6.7-dimethoxy-1.2.3.4-tetrahydroisochinolin. — *3-Isopropyl-*, F. 123—124° (*Hydrobromid*, F. 222—223°), aus Isopropylmalonsäure über *2-[2'.2'-Dicarboxy-3'-methyl-n-butyl]-***A**, F. 89° unter Zers. (Dioxan–Ae.), u. *2-[2'.2'-Dicarbomethoxy-3'-methyl-n-butyl]-***A**, F. 64—65°. — *3-Allyl-*, F. 116—117° (*Hydrobromid*, F. 204—205°), aus Allylmalonsäuredimethylester über *1-Carbomethoxymethyl-2-[2'.2'-dicarbomethoxy-n-penten-(4')-yl]-6.7-dimethoxy-1.2.3.4-tetrahydroisochinolin*, F. 93—95°. — *3-[n-Butyl]-*, F. 112—114° (n-Butanol; *Hydrochlorid*, F. 188—189°), aus n-Butylmalonsäure bzw. deren Dimethylester über *2-[2'.2'-Dicarboxy-n-hexyl]-***A** bzw. *2-[2'.2'-Dicarbomethoxy-n-hexyl]-***A**, F. 79—81° (CH_3OH–W.). — *3-Benzyl-*, F. 139—141° (CH_3OH–W.; *Hydrochlorid*, F. 165—167°), aus Benzylmalonsäuredimethylester über *2-[2'.2'-Dicarbomethoxy-3'-phenyl-n-propyl]-***A**, F. 97—98°. — *1-Carbomethoxymethyl-2-[2'.2'-dicarbomethoxy-n-butyl]-1.2.3.4.5.6.7.8-oktahydroisochinolin*, aus 1-Carbomethoxymethyl-1.2.3.4.5.6.7.8-oktahydroisochinolin ($Kp._{0,1}$ 105—110°). Daraus *2-Oxo-3-äthyl-1.2.3.4.6.7.8.9.10.11-dekahydrobenzo-*[a]*-chinolizin*, F. 69° (PAe.); $Kp._{0,05}$ 100—110°. *Hydrochlorid*, F. 122°. — *3-Isobutyl-*, F. 126—128° (Isopropyläther; *Hydrochlorid*, F. 196—197°), aus Isobutylmalonsäuredimethylester über *2-[2'.2'-Dicarbomethoxy-4'-methyl-n-pentyl]-***A**, F. 94—96° (CH_3OH). — *3-[n-Amyl]-*, F. 121—122° (Essigester–PAe.; *Hydrochlorid*, F. 184—185°), aus n-Amylmalonsäuredimethylester über *2-[2'.2'-Dicarbomethoxy-n-heptyl]-***A**. — *3-[n-Hexyl]-*, F. 92—94° (Isopropyläther; *Hydrochlorid*, F. 173—175°), aus n-Hexylmalonsäuredimethylester über *2-[2'.2'-Dicarbomethoxy-n-octyl]-***A**, F. 91—93°. — *1-Carbäthoxymethyl-2-[2'.2'-dicarbomethoxy-n-butyl]-6.7-methylendioxy-1.2.3.4-tetrahydroisochinolin*, aus 1-Carbäthoxymethyl-6.7-methylendioxy-1.2.3.4-tetrahydroisochinolin (F. 55—57°, aus Malonsäuremonoäthylester-monohomopiperonylamid, F. 96—98°, über 1-Carbäthoxymethyl-6.7-methylendioxy-3.4-dihydroisochinolin, F. 144—146°). Daraus *2-Oxo-3-äthyl-9.10-methylendioxy-1.2.3.4.6.7-hexahydrobenzo-*[a]*-chinolizin*, F. 147—149° (CH_3OH). *Hydrochlorid*, F. 187—189°. — *2-Oxo-3-äthyl-9.10-diäthoxy-1.2.3.4.6.7-hexahydrobenzo-*[a]*-chinolizin*, F. 116—118° (CH_3OH; *Hydrochlorid*, F. 182—184°), aus 1-Carbäthoxymethyl-6.7-diäthoxy-1.2.3.4-tetrahydroisochinolin. — *3-Tetrahydrofurfuryl-*, F. 102—104° (wss. A.); (*Hydrobromid*, F. 194—195° [90% CH_3OH–Ae.]), aus Tetrahydrofurfurylmalonsäuredimethylester über *2-[2'.2'-Dicarbomethoxy-2'-tetrahydrofurfuryläthyl]-***A**. — *Heilmittel* mit blutdrucksenkender, sedativer, analget. u. antipyret. Wirkung. (**Oe. P. 195 928** vom 28/5. 1956, ausg. 25/2. 1958. Schwz. Priorr. 3/6. u. 22/12. 1955.) H.-J. NITZSCHKE. 4807

Burroughs Wellcome & Co., Inc., übert. von: **George H. Hitchings**, Tuckahoe, und **Gertrude B. Elion**, Bronxville, N. Y., V. St. A., *6-Brompurin* (**I**) und *6-Jodpurin* (**II**). I, eine krist. Substanz, UV-Absorptionsspektren: λ_{max} = 265 mμ bei p_H 1 u. λ_{max} = 275 bei p_H 11, wird erhalten durch Rk. von Hypoxanthin mit $POBr_3$ bei 130° unter Feuchtigkeitsausschluß. II, F. des Hemihydrat 167°, wird aus 6-Chlorpurin (III) durch Behandeln mit konz. HJ bei niedrigen Tempp. (0°) erhalten. I kann auch aus III mittels einer Lsg. von HBr in Eisessig hergestellt werden. I oder II können mit NaHS zu dem *pharmakol.* bedeutsamen *6-Mercaptopurin* umgesetzt werden. — *Zwischenprodukte.* (**A. P. 2 830 053** vom 18/7. 1955, ausg. 8/4. 1958. E. Prior. 25/3. 1955.) H. BRÄUCKER. 4807

Farbwerke Hoechst Akt.-Ges., vormals Meister Lucius & Brüning, Deutschland, *Herstellung von Phthalazinderivaten,* dad. gek., daß man Phthalsäureanhydride oder -chloride, die Nitro-, Hydroxy- oder Acylaminogruppen tragen, in Ggw. tert. Amine mit Hydrazobenzol (I) kondensiert, gegebenenfalls die Nitrogruppen red., die Acylaminogruppen hydrolysiert u. die Reaktionsprodd. acyliert oder mit Alkylaminoalkylhalogeniden alkyliert. Die Prodd. können in Salze u. Ester übergeführt werden. — 200 (g) 4-Nitrophthalylchlorid werden langsam unter Rühren in eine Suspension von 147 I in Dimethylanilin eingetragen, während man gleichzeitig mit 1,2 Liter Bzl. verdünnt. Nach 2std. Erwärmen auf 100° wird abgekühlt u. unter Rühren in eine Mischung von 500 cm³ konz. HCl u. 3 Liter W. eingetragen. Nach Aufarbeiten aus Ae. erhält man *6-Nitro-2.3-diphenyl-1.4-dioxotetrahydrophthalazin,* F. 189—192°; Ausbeute 69%. Die gleiche Verb. erhält man auch aus 4-Nitrophthalsäureanhydrid. Die Nitrogruppe kann mit RANEY-Ni red. werden zu der *6-Aminoverb.,* F. 238—240°. — Weitere 2.3-Diphenyl-1.4-dioxotetrahydrophthalazine: *5-Amino-,* F. 190—192°, aus 3-Nitrophthalylchlorid über *5-Nitro-,* F. 250—254°. — *6-Hydroxy-,* F. 268—270°, aus 4-Hydroxyphthalsäureanhydrid. — *5-Dimethylaminoacetoxy-, Chlormethylat,* Zers. bei 163—165°, aus 5-Hydroxy- u. N-Chlorbetainylchlorid. — *5-Diäthylaminoacetoxy-, Brommethylat,* Zers. bei 166—168°, aus 5-Hydroxy- (Na-Salz). — *6-Nicotinyloxy-,* F. 169 bis 171°, aus 6-Hydroxy- (Na-Salz) u. Nicotinylchlorid. — *5-Nicotinyloxy-, Jodmethylat,* F. 245—250° (Zers.), aus 5-Nicotinyloxy-, F. 187—190°. *Sulfomethylat,* F. 225—228°. *Brommethylat,* F. 240° (Zers.). — *5-Diäthylaminoacetylamino-,* F. 156—157°, aus 5-Amino- u. Chloracetylchlorid über die *Chloracetylverb.,* F. 190—192°. — *5-Diäthylaminoacetoxy-,* F. 129—131° (Hydrochlorid, Zers. bei 116—118°; *Brommethylat,* Zers. bei 168°), aus 5-Hydroxy- u. Diäthylaminoacetylchloridhydrochlorid. — *5-Acryloxy-,* F. 193—194°, *5-Stearyloxy-,* F. 80—82°, u. *5-Oleyloxy-,* F. 71—73°, aus 5-Hydroxy- u. Acryl-, Stearin- bzw. Ölsäurechlorid. — Ferner werden beschrieben die *quaternären Verbb.* aus *5-Hydroxy-2.3-diphenyl-1.4-dioxotetrahydrophthalazincarbonat* (II), β-Diäthylaminoäthanol u. Äthylnitrat, Zers. bei 150° (aus 5-Hydroxy- [Na-Salz] u. β-Diäthylaminoäthylchlorformiatchloräthylat u. $AgNO_3$), u. aus II, CH_3Cl β-Dimethylaminoäthanol. — *Narkotica.* Vgl. D. B. P. 956 044; C. **1957.** 4776. (**F. P. 1 162 119** vom 8/8. 1955, ausg. 9/9. 1958. D. Priorr. 7/8. 1954 u. 15/7. 1955.) S. BÖTTCHER. 4807

Farbenfabriken Bayer Akt.-Ges., Leverkusen (Erfinder: **Klaus-Heinz Risse,** Solingen, **Ulrich Hörlein** und **Wolfgang Wirth,** Wuppertal), *In 10-Stellung basisch substituierte 3-Alkylphenthiazine* der allg. Formel I [W u. X = H oder einwertige Reste, wie Halogenatome oder niedermol. Alkyl- oder Alkoxygruppen; Y = gegebenenfalls verzweigter Alkylrest mit mindestens 3 C-Atomen oder Aralkylgruppe. A = Alkylenrest, gegebenenfalls verzweigt; R_1 u. R_2 = gegebenenfalls verzweigte Alkylreste, die mit dem N-Atom auch zum heterocycl. 5- oder 6-Ring, wie gegebenenfalls substituierten Piperidin-, Morpholin- oder Piperazinring, geschlossen sein können] werden erhalten durch Red. entsprechender 3-Acylphenthiazinverbb. nach WOLFF-KISHNER u. Einführung des Restes —A—N(R_1R_2) [A, R_1 u. R_2 = wie vorst.] in die so erhaltenen 3-Alkylphenthiazine in an sich bekannter Weise. — Beispiel:

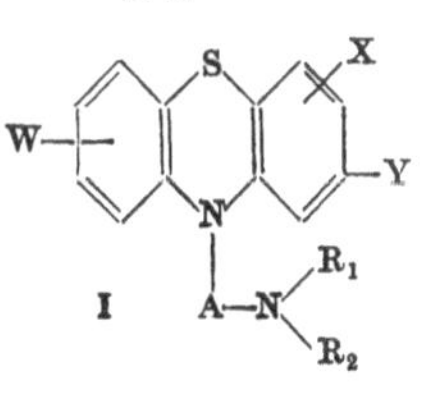

I

25 (g) 3-Propionylphenthiazin werden mit 10 Hydrazinhydrat, 15 NaOH u. 250 cm³ Äthylenglykol unter Rühren langsam auf 100° erhitzt u. das Gemisch ½ Std. bei dieser Temp. belassen. Dann wird im Laufe von 2 Std. das gebildete W. durch Steigerung der Außentemp. bis auf 180° abdest., anschließend das Gemisch noch 4 Std. unter Rückfluß erhitzt u. dann in 3 Liter W. gegossen. Hieraus wird das Reduktionsprod. mittels Ae. isoliert → 3-Propylphenthiazin (II), 91,5%, $Kp._3$ 240—250°. 22 II werden in Ggw. von 6 $NaNH_2$ u. 200 Toluol mit 13 γ-Dimethylaminopropylchlorid in üblicher Weise alkyliert → *3-Propyl-10-(γ-dimethylaminopropyl)-phenthiazin,* $Kp._{0,1}$ 245—260°, *Phosphat,* F. 148°. — Analog werden folgende *Phenthiazinverbb.* hergestellt: *3-Butyl-10-(γ-dimethylaminopropyl)-,* $Kp._{0,01}$ 260—275°, *Phosphat,* F. 125—127°. — 3-Benzyl-, F. 158° → *3-Benzyl-10-(γ-morpholinopropyl)-,* $Kp._{0,01}$ 220°. — *3-Benzyl-10-(γ-N-methylpiperazinyl-N'-propyl)-,* $Kp._{0,01}$ 230°, *Maleinat,* F. 177°. — 3-n-Pentyl-, $Kp._{0,1}$ 220—230° → *3-n-Pentyl-10-(γ-dimethylaminopropyl)-,* $Kp._{0,01}$ 210°. — *3-n-Pentyl-10-(γ-morpholinopropyl)-,* $Kp._{0,001}$ 175—185°. — *Heilmittel.* (**D. A. S. 1 051 857** Kl. 12p vom 13/8. 1956, veröff. 5/3. 1959.) H. BRÄUCKER. 4807

J. R. Geigy Akt.-Ges., Basel, *Herstellung hochmolekularer Erdalkalimetallkomplexverbindungen,* dad. gek., daß man Pektin in wss. Lsg. durch Einw. von H_2O_2 in einer Konz. von 1—5% u. in einer Menge von 20—100%, bezogen auf das Trockengewicht des Pektins, bei neutraler bis schwach saurer Rk. der Lsg. unvollständig abbaut. Hierauf fällt man die höhermol. Anteile durch Zusatz in W. lösl. organ. Lösungsmittel, vorzugsweise in Fraktionen aus, trennt sie ab, trocknet u. führt sie dann, vorzugsweise unter Verwerfung der höchstmol. ersten Fraktion, auf bekannte Weise mittels Chlorsulfonsäure in Formamid oder in Pyridin in saure Polyschwefelsäureester über. Letztere setzt man nach Neutralisation mit einer nichtfällenden Base in wss. Lsg. u. bei annähernd neutraler Rk. mit einem in W. lösl. Erdalkalimetallsalz, bes. einem Ca-Salz, um. Gegebenenfalls fällt man anschließend die gebildete Erdalkalimetallkomplexverb. mit einem in W. lösl. organ. Lösungsm. aus. Die Komplexverbb. besitzen wertvolle *therapeut.,* bes. *blutgerinnungshemmende Eigenschaften.* (**Oe. P. 199 792** vom 4/3. 1957, ausg. 25/9. 1958. Schwz. Priorr. 5/3. u. 12/12. 1956.) T. Oppermann. 4807

Eastman Kodak Co., Rochester, N. Y., V. St. A., *Stabile komplexe Verbindungen von 2.6-trans.trans-9-[2'.6'.6'-Trimethylcyclohexen-(1')-yl]-3.7-dimethylnonatetraen-(2.4.6.8)-al-(1) (2.6-trans.trans-Vitamin-A-Aldehyd) und 2.6-trans.trans-9-[2'.6'.6'-Trimethylcyclohexen-(2')-yl]-3.7-dimethylnonatetraen-(2.4.6.9)-al-(1).* Man läßt diese Verbb. reagieren mit Komplexbildnern der Formel I (A = O oder N; B = H oder Alkyl; n = Wertigkeit von A — 1; Y, Z = H, Halogen oder Alkyl; mindestens einer der Symbole B, Y u. Z soll nicht H darstellen). Die Komplexe, die aus äquimol. Mengen der beiden Verbb. bestehen, können durch Waschen mit wss. Alkali zerlegt werden. Da die anderen, biolog. weniger wirksamen Vitamin-A-Aldehydisomeren keine derartigen Komplexe bilden, kann mittels der beschriebenen Rk. auch eine Trennung eines Isomerengemisches erfolgen. — Man löst 2 (g) 2.6-trans.trans-Vitamin-A-Aldehyd (II) u. 0,175 *2.5-Di-tert.-amylhydrochinon* in Ae., verdampft den Ae., reibt den Rückstand mit Ae.–Petroläther (1:4) an u. krist. hieraus um: hellrote Kristalle, $E^{1\%}_{1cm}$ (381 mμ) 803 bzw. 792, F. 102—104°. — Analog durch Rk. von II mit *p-Methoxyphenol:* hellgelbe Kristalle, $E^{1\%}_{1cm}$ (381 mμ) 1184, *2-Methylhydrochinon:* gelborange Kristalle, $E^{1\%}_{1cm}$ (380 mμ) 1141, *2-Isooctylhydrochinon:* orange Kristalle, $E^{1\%}_{1cm}$ (381 mμ) 854, *p-Dimethylaminophenol:* orange Kristalle, $E^{1\%}_{1cm}$ (381 mμ) 1181, *2-Chlorhydrochinon:* hellrote Kristalle, $E^{1\%}_{1cm}$ (380 mμ) 795. (**Holl. P. 87 238** vom 10/9. 1953, ausg. 15/1. 1958.) F. Böhm. 4809

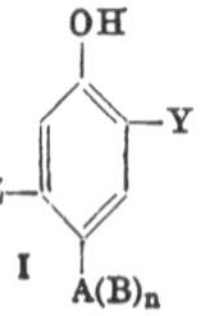

I

Michel Comar, Frankreich, *Extraktion von Ascorbinsäure* aus den Blättern von Liliaceen, die man zuvor zu Fasern zerschnitten u. diese gepreßt hat. Dem Schlamm setzt man zur Konservierung $NaHSO_3$ u. Xylol zu, dann wird filtriert, mit HCl oder H_2SO_4 angesäuert, konz., u. $MgCl_2$ u. Aceton werden zugesetzt. Aus der Acetonschicht gewinnt man durch Abdampfen bei tiefer Temp. in dünner Schicht die Säure. (**F. P. 1 164 525** vom 5/5. 1956, ausg. 10/10. 1958.) S. Böttcher. 4809

Glidden Co., Cleveland, Ohio, übert. von: **Percy L. Julian,** Oak Park, **Edwin W. Meyer, Isabelle Waller,** Northbrook, **William I. Karpel** und **Ruth Betty Karpel,** Chicago, Ill., V. St. A., *16.17-Oxidosteroide der C_{21}-Reihe.* — Entspricht A. P. 2 816 108; C. **1959.** 5900. (**A. P. 2 820 030** vom 8/2. 1950, ausg. 14/1. 1958.) U. Sievers. 4809

Merck & Co., Inc., Rahway, N. Y., V. St. A., *Herstellung von Dodekahydrophenanthrenverbindungen,* dad. gek., daß man eine Verb. der Formel I (R = durch saure Hydrolyse in eine Keto-Gruppe überführbare Gruppe, z. B. durch eine Enol- oder Ketalgruppe blockierte Keto-Gruppe; R_1 = O oder OH) zu der entsprechenden 1-Acetaldehydo-4-ketoverb. (II) oxydiert, diese mit OsO_4 reagieren läßt, den erhaltenen Osmiatester zers. zum entsprechenden 1-Acetaldehydo-2-(2'.3'-dihydroxyisobutyl)-4-ketoderiv. u. anschließend die 2'.3'-Dihydroxyisobutylgruppe durch Behandlung mit HJO_4 in eine 2'-Ketopropylgruppe überführt. Zum gleichen Ergebnis gelangt man, wenn man II mit O_3 umsetzt u. das erhaltene Ozonid zersetzt. — Z. B. läßt man 2.4b-Dimethyl-7-äthylendioxy-2-methallyl-1-(2'-hydroxyäthyl)-1.2.3.4.4a.4b.5.6.7.8.10.10a-dodekahydrophenanthren-4-ol in Pyridin bei n. Temp. über Nacht mit Cr_2O_3 reagieren u. chromatographiert das Reaktionsprod. mit Al_2O_3. Beim Eluieren mit Petroläther–Ae. erhält man erst in 54%ig. Ausbeute *2.4b-Dimethyl-7-äthylendioxy-2-methallyl-1-acetaldehydo-1.2.3.4.4a.4b.5.6.7.8.10.10a-dodekahydrophenanthren-4-ol* (**III**), F. 148—150°, dann *2.4b-Dimethyl-7-äthylendioxy-2-methallyl-1-(2'-hydr-*

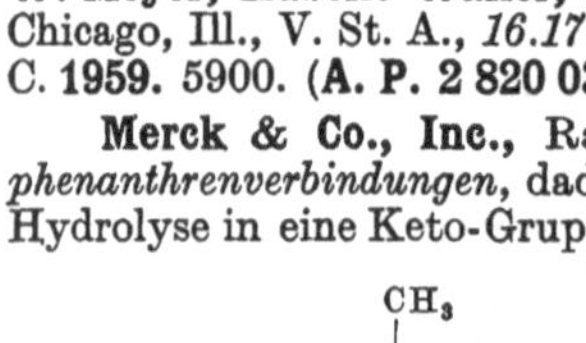

oxyäthyl)-1.2.3.4.4a.4b.5.6.7.8.10.10a-dodekahydrophenanthren-4-on, F. 182—186°, u. zuletzt *2.4b-Dimethyl-7-äthylendioxy-2-methallyl-1-carboxymethyl-1.2.3.4.4a.4b.5.6.7.8.10.-10a-dodekahydrophenanthren-4-on*, F. 215—216°. — Man löst den aus **III** u. OsO_4 in Bzl.-Tetrahydrofuran bei n. Temp. erhaltenen Osmiatester in A. u. hydrolysiert durch Rühren mit wss. Na_2SO_3-Lsg.: *2.4b-Dimethyl-7-äthylendioxy-2-(2'.3'-dihydroxyisobutyl)-1-acetaldehydo-1.2.3.4.4a.4b.5.6.7.8.10.10a-dodekahydrophenanthren-4-on*, F. 174—177°. — Hieraus durch Rk. mit HJO_4 in Ggw. von Tetrahydrofuran, Pyridin u. W.: *2.4b-Dimethyl-7-äthylendioxy-2-(2'-ketopropyl)-1-acetaldehydo-1.2.3.4.4a.4b.5.6.7.8.10.10a-dodekahydrophenanthren-4-on*, F. 131—133°. — Dieses kann mit Säure in das 4.7-Dionderiv. umgesetzt werden. — *Zwischenprodd. für Steroidsynthesen.* (**Holl. P. 87 277** vom 1/9. 1954, ausg. 15/1. 1958. A. Prior. 9/9. 1953.) F. Böhm. 4809

Merck & Co., Inc., Rahway, N. J., V. St. A., *Hydrolysieren von Semicarbazongruppen von steroiden Verbindungen.* Man läßt ein Semicarbazon einer Δ^4-3.20-Diketo-17α-hydroxy-21-hydroxy (acyloxy)-pregnenverb. mit wss. Mineralsäure in Berührung mit einer fl. Phase reagieren, die aus einem mit W. nicht mischbaren organ. Lösungsm. besteht, wobei die Semicarbazonverb. hydrolysiert wird, ohne daß säureempfindliche Gruppen angegriffen werden; dabei entstehen eine Lsg. der Pregnenverb. in dem organ. Lösungsm. u. eine Lsg. des entsprechenden Salzes des Semicarbazids in der wss. Phase; die organ. Lsg. wird aus dem Reaktionsgemisch abgeschieden. — Z. B. wird ein 3-Semicarbazon oder ein 3.20-Disemicarbazon eines Δ^4-3.20-Diketo-17α-hydroxypregnenderiv., in dem eine 21-Hydroxy- oder -Acyloxygruppe u. gegebenenfalls eine 11-Keto- oder -Hydroxygruppe vorkommen, als Ausgangsmaterial u. als Lösungsm. ein chlorierter niedriger aliphat. KW-stoff usw. (z. B. Chlf., Dimethylformamid oder ein Gemisch von Chlf. u. Tetrahydrofuran) angewendet. (**Holl. P. 87 509** vom 6/6. 1955, ausg. 15/2. 1958. A. Prior. 15/6. 1954.) K. Demmler. 4809

Bristol Laboratories, Inc., Syracuse (Erfinder: **Frank Harold Buckwalter**, De Witt), N. Y., V. St. A., *Suspensionen von Penicillinsalzen* in prakt. stearinfreiem Cocosöl sind sehr beständig, während solche in n. Cocosöl oxydationsempfindlich sind. Auch in geschmacklicher Hinsicht sind sie letzteren vorzuziehen. (**Holl. P. 87 344** vom 24/11. 1953, ausg. 15/1. 1958. A. Prior. 6/7. 1953.) F. Böhm. 4811

Chas. Pfizer & Co., Inc., New York, N. Y., übert. von: **Junius F. Snell**, Paterson, N. J., V. St. A., *Radioaktive Antibiotica der Tetracyclinreihe* auf üblichem biol. Wege erhält man durch Zugabe von ^{14}C-Kohlenhydraten, ^{14}C-Fettsäuren, ^{14}C-α-Aminosäuren, ^{14}C-(Bi-)Carbonaten zu Beginn der Fermentation oder nach 25—75 Std. mit anschließender Endfermentation. Als radioakt. Precursors sind D-Glucose, Na-Acetat u. Hefehydrolysat genannt. Isolierung der Antibiotica erfolgt in bekannter Weise. — Beispiele, Tabellen. (**A. P. 2 843 526** vom 22/7. 1955, ausg. 15/7. 1958.) H. Schindler. 4811

Alfred Menzies, Los Angeles, Calif., V. St. A., *Zahnputzmittel.* Es besteht im wesentlichen aus Diatomeenerde (I), die mehr als 90% SiO_2 enthält u. durch ein Maschensieb von 300 Maschen hindurchgeht; ca. 10 (%) von I haben eine Teilchengröße von weniger als 2 μ u. ferner aus trockenem Seifenpulver, bes. in einer Menge von 5—40, bezogen auf die Menge von I, sowie gegebenenfalls 5—30 Alkali- u./oder Erdalkalicarbonate, bezogen auf die Menge von I, gegebenenfalls auch 25—75 Siliconöle, bezogen auf die Menge von I. (**A. P. 2 820 000** vom 3/4. 1953, ausg. 14/1. 1958.) E. Petersen. 4823

American Cyanamid Co., New York, übert. von: **Coy W. Waller**, Nanuet, N. Y., **John S. Webb**, Warren Township, und **Martin J. Weiss**, Teaneck, J. N., V. St. A., *Baktericide Alkylpyrrolcarbonsäuren* der allg. Formel I, in der R einen Alkylrest mit 5—10 C-Atomen, R' einen niederen Alkylrest, H oder Alkali u. R'' einen Benzylrest oder H bedeuten, sind stark wirksam gegen Mycobacterium Sp. 607 u. Sarcina lutea. Die Herst. kann nach verschied. Methoden erfolgen, z. B. durch Red. der entsprechenden Nitroverbindungen. — 20 (Teile) Äthyl-4-nitro-2-pyrrolcarboxylat, 7 CH_3ONa, 40 absol. A. u. 56 n-Hexylbromid werden 30 Min. gekocht, worauf man NaBr abfiltriert u. aus dem Filtrat durch Abkühlen auf —10° 11 *Äthyl-1-n-hexyl-4-nitro-2-pyrrolcarboxylat*, F. 42,6—43,6°, abscheidet, das in 80 absol. A. in Ggw. von Pd mit H_2 red. wird. Man erhält nach Durchleiten von trockenem HCl durch die Lsg. u. Konz. bis zur Trockne 4,9 *Äthyl-4-amino-1-n-hexyl-2-pyrrolcarboxylathydrochlorid* (**II**), F. 125,3—127°, das zu *4-Amino-1-n-hexyl-2-pyrrolcarbonsäure*, F. 120—121°, hydrolysiert wird. Aus **II** ist mit Benzoylchlorid *Äthyl-4-benzamido-1-n-hexyl-2-pyrrolcarboxylat*, F. 85—86°, erhältlich. Analog: *Methyl-4-amino-1-n-hexyl-2-pyrrolcarboxylathydrochlorid* F. 116—117°. (**A. P. 2 797 228** vom 2/8. 1955, ausg. 25/6. 1957.) C. Lüttgen. 4833

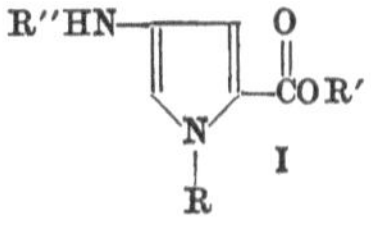

I

G. Analyse. Laboratorium.

J. D. Ross und **G. E. Gifford,** *Manometrische Kalibrierung von Warburg-Flaschen.* Es wird über eine Meth. zur Eichung von WARBURG-Flaschen mit *kalibrierten Manometern* des Respirometers berichtet. (J. Lab. clin. Med. **49.** 802—04. Mai 1957. Minneapolis, Minn., Univ. of Minnesota, Dep. of Bacteriol. and Immunol.) PH. FRESENIUS. 5016

Clément Duval, *Zum Luftauftrieb im Ofen der Thermowaage von Chévenard.* Zur Kompensation des Auftriebes der warmen Luft in dem Ofen der Thermowaage von CHEVENARD wird vorgeschlagen, in den Verschlußstopfen des Ofens zweckmäßig verteilte Löcher anzubringen. (Mikrochim. Acta [Wien] **1958.** 705—08. Paris, École Nat. Sup. de Chim.) W. LUCHSINGER. 5022

G. A. Bleyle jr., H. W. Crosby und **R. E. Kendall,** *Eine Pumpe und ein Verdampfer für flüssigen Stickstoff.* Vff. beschreiben eine Laboratoriumsanlage zur Gewinnung von fl. N_2 bei ca. 700 at u. 110° K sowie zur Verdampfung des N_2 unter diesem Druck. Entscheidend für die Brauchbarkeit der Anlage war die Auffindung einer geeigneten Stopfbuchspackung für solche Verhältnisse. Zur erfolgreichen Anwendung kam schließlich eine Packung, die abwechselnd Ringe aus graphitiertem Teflonschrot u. festem Teflon enthielt. (Ind. Engng. Chem. **49.** 1955—58. Dez. 1957. Cambridge, Mass., Arthur D. Little, Inc.) GERHARD GÜNTHER. 5026

Joseph I. Dinnin, *Eine billige Kombination aus Heizplatte und Magnetrührern.* Eine Al-Platte wird auf 4 Magnetrührer gelegt u. von dazwischengestellten Bunsenbrennern beheizt. Die Rührer werden gegen die heiße Platte u. die Brenner durch mehrere abwechselnde Lagen Asbestpapier u. Al-Folie isoliert. (Chemist-Analyst. **47.** 73 c. Sept. 1958. Washington, D. C., Noval Gun Factory, U. S. Dep. of Interior Geol. Surv.) F. UMLAND. 5036

M. A. Warsanow und **Ju. M. Rapoport,** *Elektronenapparatur zur Bestimmung des Prozentgehaltes von magnetischem Material in nichtmagnetischen Pulvern.* Der von Vff. konstruierte App. EMF-4 beruht auf der Erhöhung der Induktion der Spule, wenn sie mit magnet. Material gefüllt wird. Die Resultate mit diesem App. stimmen gut mit denen der chem. Analyse überein, sind aber höher als die mit dem Handmagneten erhaltenen. (Заводская Лаборатория [Betriebs-Lab.] **23.** 861—64. 1957. Allunions Wiss. Forsch.-Inst. für Schmirgel und Schleiferei.) J. v. SCHROEDER. 5052

Bong Sop Shim, *Verbesserung einer Papierelektrophoreseapparatur und eines Versuchselektrophotometers für Filterpapier.* Es wird eine Verbesserung der Papierelektrophorese durch einen Spannungsstabilisator erzielt. Es ist möglich, Spannungen bis zu 450 V anzulegen u. Stromstärken bis zu 50 mA zu erzielen. Es wird ein Elektrophotometer mit großer Empfindlichkeit für Papierelektrophoresen beschrieben, bei welchem ein Transparentmachen des Papiers überflüssig wird. (J. Kyoto prefect., med. Univ. **60.** 1037—39. Dez. 1956. Seoul, Korea, Aeromed. Labor. [Orig.: japan.; Auszug: engl. S. LXXXV.]) H. STRUCK. 5062

G. E. Ashby und **R. C. Kellagher,** *Eine Apparatur zur Untersuchung der Thermoluminescenz von Mineralien.* Die mit Photomultiplier u. Registriereinrichtung arbeitende Meßeinrichtung gestattet die Aufnahme der GLOW-Kurven von pulverförmigen oder einkristall. Proben im Temperaturbereich —100 bis +400° bei verschied. Aufheizgeschwindigkeiten einschließlich Luminescenzunterss. während u. nach UV- oder Röntgenstrahlerregungen sowie Messungen rasch verlaufender Luminescenzabklingvorgänge. (Amer. Mineralogist **43.** 695—706. Juli/Aug. 1958. Washington, D. C., U. S. Geol. Surv.) J. RUDOLPH. 5063

A. Fiorenza und **M. Lachin,** *Möglichkeit der Anwendung der „effektiven Linienbreiten".* Die Anwendung der „effektiven Linienbreiten" bietet folgende Möglichkeiten: beträchtliche Erweiterung der analyt. Kurven, Ausgleich der Emissionsveränderungen, Verbesserungen apparativer Natur sowie Unabhängigkeit von der Eigenart der verwendeten photograph. Emulsion. (Metallurgia ital. **50.** 319—24. Aug. 1958. Pirelli S.p.A., Labor. Gomma.) C. GOTTFRIED. 5063

Børge Bak und **Daniel Christensen,** *Schwierigkeiten bei der infrarotspektrometrischen Identifizierung und Abschätzung reiner Verbindungen und von Gemischen bei Verwendung der Kaliumbromidscheibentechnik.* Vff. beschreiben 3 Methoden zur Herst. von KBr-Scheiben u. untersuchten mit auf diese Weise dargestellten Scheiben die IR-Absorptionsspektren von *Glycin*, von Gemischen von *Glycin* u. *L-Alanin, Harnstoff* u. *D-Glucose* sowie *Glycin* u. *L-Asparaginsäure.* Vff. kommen zu dem Ergebnis, daß, obwohl die mit den KBr-Scheiben erhaltenen Spektren von großem Wert für die Analytiker sind, die

Ergebnisse trotzdem mit Vorsicht verwendet werden sollten. (Acta chem. scand. **10.** 692—94. 1956. Copenhagen, Univ., Chem. Labor.) C. GOTTFRIED. 5063

Hans-Georg Fitzky, *100 kHz Rechteckmodulator und Empfänger für Stark-Effekt-Mikrowellenspektrometer.* (Vgl. C. **1959.** 11674.) Bei Arbeiten im Frequenzgebiet unterhalb 20 kMHz erweisen sich die Nachweisempfindlichkeiten der STARK-Effekt-Mikrowellenspektrometer als zu gering, da nur Linienintensitäten unterhalb einiger 10^{-7} cm^{-1} auftreten. Ferner ist dann immer noch eine lange Absorptionszelle (einige Meter) erforderlich. Vf. beschreibt Geräte, mit denen sich eine Nachweisempfindlichkeit von $5 \cdot 10^{-11}$ cm^{-1} bei einer 100 kHz-Rechteckmodulation, einer Empfängerbandbreite von $0{,}1/\sqrt{2}$ Hz u. einer Absorptionszelle von 370 cm erzielen läßt. Der Aufbau sowie die Wirkungsweise des frequenzstabilen 100 kHz-Rechteckmodulators sowie eines Schmalbandempfängers werden an Hand der Schaltbilder beschrieben. Es werden Hinweise auf die günstigste Dimensionierung der Geräte gegeben. (Z. angew. Physik **10.** 489—95. Nov. 1958. Berlin, F. U., II. Phys. Inst.) G. KURDAL. 5063

C. Dean, *Rückkopplungs-Kohärenz-Kontrolle für superregenerative Spektrometer.* Ein Nachteil der superregenerativen Spektrometer ist, daß das Löschverhältnis (Impulsfolgefrequenz) während der Arbeiten nachgestellt werden muß, u. zwar über einen sehr breiten Frequenzbereich; damit soll die Kohärenz gesichert — also die Verstärkung konstant gehalten werden. Die vom Vf. beschriebene Schaltung vermeidet das Nachstellen dadurch, daß ein fester Rückkopplungsweg das Signal-zu-Rausch-Verhältnis stark verbessert. Die Schaltung wird angegeben. (Rev. sci. Instruments [N. S.] **29.** 1047. Nov. 1958. Pittsburgh, Pa., Univ., Radiat. Labor.) G. KURDAL. 5063

E. A. M. Fernand Dahmen, *Einige Erfahrungen zur Bestimmung des Säuregrades.* Diskussion einiger Analysenmethoden zur Best. des Säuregrades, bes. in nicht wss. Lösungsmitteln. Durch entsprechende Auswahl der Lösungsmittel ist es möglich, einzelne Säuregruppen u. deren Konz. in Gemischen zu bestimmen. An Säuren werden simultan bestimmt: Essigsäure, Benzoesäure, Ameisensäure, Salicylsäure, Schwefelsäure u. p-Toluolsulfonsäure. Als Lösungsm. werden verwendet: Trifluoressigsäure, Essigsäure, Chlorbenzol, Aceton, Acetonitril, Methanol, Isopropanol, W., Dimethylformamid, Pyridin, n-Butylamin u. Äthylendiamin. Zur Analyse homologer aliphat. Säuren werden diskutiert: azeotrope Dest., Massenspektrometrie, Gas–Fl.-Chromatographie u. Konduktometrie. (Chim. analytique [10] **40.** 378—84. Okt.; 430—34. Nov. 1958. Amsterdam, Koninklijke/Shell-Lab.) D. ROST. 5066

P. J. Antikainen, *Die Grundlage der komplexometrischen Titration.* Übersicht. (Suomen Kemistilehti A **30.** 27—34. 1957.) S. BECKMANN. 5066

Richard D. DeMars und **Irving Shain,** *Voltametrie mit linear variiertem Potential. Der Fall irreversibler Wellen an sphärischen Elektroden.* Vff. erweitern die Theorie der Voltametrie mit linear variiertem Potential auf irreversible Elektroden-Rkk. an sphär. Elektroden. Sie berechnen numer. die theoret. Strom–Spannungs-Kurven unter der Annahme, daß die Elektroden-Rk. 1. Ordnung u. daß bei den angewendeten Potentialen die Rück-Rk. zu vernachlässigen ist. Durch die Kurven werden die kinet. u. experimentellen (Form u. Größe der Elektroden u. a.) Parameter der Elektrodenvorgänge bestimmbar. An Hand der bei der Red. von Jodionen entstehenden Strom–Spannungs-Kurven (in p_H- u. Konzentrationsabhängigkeit) werden die theoret. Ergebnisse einer Prüfung unterzogen. (J. Amer. chem. Soc. **81.** 2654—59. 5/6. 1959. Madison, Wis., Univ. of Wisconsin, Dep. of Chem.) H.-J. HARTMANN. 5066

A. S. Landry, *Kalomelbezugselektrode und flexible Salzbrücke aus Standardglasgeräten.* Die Herst. einer Kalomelbezugselektrode u. einer flexiblen Agar–KCl-Brücke für die Polarographie aus handelsüblichen Glasgeräten u. Gummischläuchen wird beschrieben. (Chemist-Analyst. **47.** 72b. Sept. 1958. Lima, Peru, U. S. Embassy, Inst. of Inter-American Affairs, Intern. Cooperation Adm.) F. UMLAND. 5066

J. Badoz-Lambling, *Untersuchung verschiedener Verfahren zur Eingrenzung und Aufzeichnung von Polarisationskurven.* Vf. beschreibt 3 Verff. zur Aufzeichnung der Polarisationskurven an einer Pt-Elektrode. Sie unterscheiden sich untereinander durch diskontinuierlich mit der Zeit variierender Größen: a) Teil des Potentialwiderstandes, der an die Pole der Zelle gelegt ist, b) Potential der Pt-Elektrode u. c) Stromstärke der Elektrolyse. (Analytica chim. Acta [Amsterdam] **16.** 285—91. März 1957. Paris, École Sup. de Phys. et de Chim. ind.) H. ECKSTEIN. 5066

T. P. Sastri und **G. Gopala Rao,** *Phthalocyanine als Redoxindicatoren.* 2. Mitt. *Verwendung von Kupfer–Phthalocyanintetrasulfonsäure (Cu–PTS). Cerimetrische Bestimmung von Uran(IV), Molybdän(V) und Arsen(III).* (1. vgl. C. **1959.** 7577.) Der reversible, rosafarbene Zwischenzustand des Indicators, der wahrscheinlich auf halboxydierte Cu–PTS zurückzuführen ist, geht bald in eine irreversible farblose Verb. über, kann aber durch Titration bei 2° etwas stabilisiert werden. Seine Red. zur grünblauen Ausgangsverb. wird bei der Titration von U(IV) u. Mo(V) mit Cersulfat durch Phosphorsäure, bei der Titration von As(III) mit Cersulfat durch OsO_4 katalysiert. — Bei der Titration von U(IV) werden bei einem Gesamtvol. von 60 ml 10 ml 4n H_2SO_4, 2,5—3 ml sirupöse H_3PO_4 u. 2 Tropfen 0,1%ig. Indicatorlsg. zugesetzt. — Mo(V) kann in Lsgg. titriert werden, die am Endpunkt mehr als 0,01 mol. sind. Man arbeitet in schwefelsaurer Lsg. (0,5—3,0n) u. setzt auf 100 ml Gesamtvol. mindestens 3 ml sirupöse H_3PO_4 u. 2 Tropfen Indicatorlsg. zu. Bei Beginn ist die Lsg. grün, wird dann blau u. am Umschlagspunkt erst kurz rosa, dann farblos. — Vergleiche mit potentiometr. Titrationen zeigen, daß die Best. von As(III) mit Cersulfat zur Einstellung von Cer-Lsgg. geeignet ist. Man arbeitet mit 60 ml der schwefelsauren (1n) As(III)-Lsg., der man einige Tropfen 0,01 mol. OsO_4-Lsg. u. erst kurz vor dem Endpunkt (ca. 0,5 ml davor) die Indicatorlsg. zusetzt. — Alle Titrationen werden bei Zimmertemp. durchgeführt. Indicatorkorrekturen können auch bei Anwendung von 0,01n Maß-Lsgg. vernachlässigt werden. (Z. analyt. Chem. **163**. 1—6. 1958.) R. JUNGE. 5068

Clément Duval, *Über die thermische Stabilität analytischer Vergleichssubstanzen.* 3. Mitt. (2. vgl. C. **1958**. 1098.) Von folgenden 12 Substanzen (je 200 g): *$KMnO_4$, $Ce(SO_4)_2$, KJ, KJO_3, $KBrO_3$, $Na_2C_2O_4$, $Al_2(SO_4)_3$, Na-Citrat($Na_3C_6H_5O_7 \cdot 5^1/_2\, H_2O$)$Na_2O_2$, $Na_2P_2O_7$, 7 $MoO_3 \cdot 3\,(NH_4)_2O \cdot 4\,H_2O$* u. *d-Weinsäure* wurden bis zu einem Temperaturanstieg von 300° pro Std. die maximalen Trocknungstempp. festgestellt. Ihre IR-Spektren dienten zur Identifizierung u. um etwaige Verunreinigungen feststellen zu können. (Analytica chim. Acta [Amsterdam] **15**. 223—25. Sept. 1956. Paris, Labor. de Rech. microanalyt.) E.-M. KREBS. 5072

Clément Duval (unter Mitarbeit von **Colette Wadier** und **Yvette Servigne**), *Über die thermische Stabilität analytischer Vergleichssubstanzen.* 4. Mitt. (3. vgl. vorst. Ref.) Es werden die Thermolysekurven u. die IR-Spektren folgender Substanzen mitgeteilt: *NaOH, $Na_2S_2O_3$, Brechweinstein, $SnCl_2$, Oxalsäure, $AgNO_3$, $CuSO_4$, $Bi(NO_3)_3$, HJ, $KClO_3$, NH_4VO_3, Sulfaminsäure.* (Analytica chim. Acta [Amsterdam] **16**. 221—25. März 1957.) G. ACKERMANN. 5072

Clément Duval (unter Mitarbeit von **Collette Wadier** und **Yvette Servigne**), *Über die thermische Stabilität analytischer Vergleichssubstanzen.* 5. Mitt. (4. vgl. vorst. Ref.) Es werden die Thermolysekurven u. die IR-Spektren folgender Substanzen mitgeteilt: *$KH(JO_3)_2$, KJO_4, NH_4J, $Ba(S_2O_3)$, K_2CrO_4, KCNS, $K_3[Fe(CN)_6]$, $K_4[Fe(CN)_6]$, Benzoesäure, 8-Hydroxychinolin, Äthylendiamintetraessigsäure* u. deren Di-Na-Salz. (Analytica chim. Acta [Amsterdam] **16**. 545—47. Juni 1957.) G. ACKERMANN. 5072

W. J. Baker, J. F. Combs, T. L. Zinn, A. W. Wotring und **R. F. Wall,** *Die galvanische Zelle zur Sauerstoffanalyse.* Vff. beschreiben ein Gerät zur kontinuierlichen O_2-Best. in gasförmigen KW-stoffen, das zwischen 0 u. 2000 p.p.m. O_2 (am günstigsten zwischen 0 u. 100, Linearitätsbereiche jedoch abhängig von Strömungsgeschwindigkeit) anwendbar ist. Es wird die Depolarisation von O_2 an einer inerten Kathode zur Erzeugung eines galvan. Stromes ausgenutzt. Die Kathode aus Silberdrahtnetz ist durch Filtrierpapier, 24%ig. KOH enthaltend, mit der Pb-Anode verbunden. Der zu untersuchende Gasstrom wird durch 24%ig. KOH geleitet, um ein Austrocknen des galvan. Syst. zu verhindern. Genauigkeit ± 2 p.p.m. O_2. (Ind. Engng. Chem. **51**. 727—30. Juni 1959. Texas City, Texas, Monsanto Chem. Co.) H.-J. HARTMANN. 5086

A. J. Haagen-Smit, Vincent D. Taylor und **Margaret F. Brunelle,** *Spektroskopische Analyse von industriellen Abgasen auf Stickstoffmonoxyd, Stickstoffdioxyd und Schwefeloxyd.* Vff. teilen mit, daß eine kontinuierliche spektrometr. Best. von NO u. SO_2 (geringe Mengen NO_2) mit 2 IR-Geräten (BECKMAN LB 21) in industriellen Abgasen nebeneinander möglich ist. Zur Entfernung von H_2SO_4-haltigem Wasserdampf u. Staubteilchen ist es erforderlich, die Abgase vor Durchtritt durch die Spektrometer auf 0° abzukühlen u. elektrostat. zu entstauben. (Ing. Engng. Chem. **51**. 772. Juni 1959. Pasadena, Calif., California Inst. of Technol.; Cambridge, Mass., MIT; Los Angeles, Calif., Los Angeles County Air Pollution Control District.) H.-J. HARTMANN. 5086

Ss. A. Nikitina und **A. B. Taubman,** *Gerät zur Beurteilung des Staubfangvermögens der wässerigen Lösungen von Benetzungsmitteln.* Ausführliche Beschreibung der Konstruktion u. Arbeitsweise eines kontinuierlich wirkenden Gerätes zur Unters. verunreinigter (hauptsächlich durch SO_2) Luft. Das Verf. beruht auf dem Staubeinfang durch den in den Staubraum fallenden Flüssigkeitstropfen. Der Wasserverbrauch beträgt nicht mehr als das 10fache des Vol. der angesaugten Luft. (Гигиена и Санитария [Hyg. u. Sanitätswes.] **23**. Nr. 12. 71—74. Dez. 1958. Inst. für physik. Chem. der Akad. der Wiss. der UdSSR.) OTTO MAIER. 5088

a) Elemente und anorganische Verbindungen.

Shiro Harasawa und **Takashi Sakamoto,** *Untersuchung über anorganische Papierchromatographie. 22. Mitt. Über den Mechanismus der Trennung von Halogen- und Alkalimetallionen.* (21. vgl. C. **1959.** 8660.) Untersucht werden die Chromatogramme der *Alkalihalogenide* mit W., Methanol, A., Butanol, Pyridin, 12% ig. NH_3 u. 10% ig. Essigsäure als Entwickler. Die Reihenfolge der R_F-Werte ist $K < Na < Cl < Li$. R_F von *Mg* u. *Cl* liegen nahe zusammen. (J. chem. Soc. Japan, pure Chem. Sect. [Nippon Kagaku Zassi] **76.** 1184—87. Okt. 1955. Ube, Yamaguchi Univ. [Orig.: japan.]) L. SCHULER. 5106

Shiro Harasawa und **Takashi Sakamoto,** *Untersuchung über anorganische Papierchromatographie. 23. Mitt. Chromatographisches Verhalten einer Reihe von positiven Ionen und deren damit gepaarten negativen Ionen.* (22. vgl. vorst. Ref.) Wie in vorhergehenden Arbeiten wird das Verh. von NO_3^-, Cl^- u. SO_4^{2-}, sowie *Ag, Hg, Cu, Fe(III), Zn* u. *Ni* untersucht. Bei Entw. mit nur organ. Lösungsm. bewegen sich Salze, wie $HgCl_2$, als Moll. u. liefern nur eine Bande, während ion. Salze in diesem Falle nicht wandern. Enthält der Entwickler NH_3 oder Essigsäure, tritt Hydrolyse oder doppelte Umsetzung ein. In Ggw. mineral. Säuren im Entwickler wird das entsprechende Metallsalz gebildet u. entwickelt. (J. chem. Soc. Japan, pure Chem. Sect. [Nippon Kagaku Zassi] **76.** 1322—24. Nov. 1955. Ube, Yamaguchi Univ. [Orig.: japan.]) L. SCHULER. 5106

Akira Murata, *Untersuchung über quantitative Analyse mit vorbehandeltem chromatographischem Papier. 3. Mitt. Über den Mechanismus der Chromatogrammbildung von Anionen.* (2. vgl. C. **1959.** 6577.) Es wurde ein Untersuchungspapier wie in den bisherigen Unterss., aber mit 0,01 mol. $HClO_4$ behandelt, verwendet. Die Anionen werden in folgender Reihenfolge (in abnehmender Stärke) adsorbiert (> bedeutet geringen Unterschied): $OH^- \geq PO_4^{3-} \geq F^- \geq C_2O_4^{2-} > Fe(CN)_6^{4-}$, $SO_3^{2-} > SO_4^{2-}$, $CrO_4^{2-} > S_2O_3^{2-} > Fe(CN)_6^{3-}$, $JO_3^- > Cr_2O_7^{2-} \geq CH_3COO^-$; $BrO_3^- \geq NCS^-$; Cl^-, Br^-, NO_2^-. Vgl. der Wrkg. mit Papier, das mit Säuren, wie HCl, CH_3COOH, H_2SO_4, H_3PO_4 u. $H_2C_2O_4$, behandelt worden war. Das Chromatogramm der Anionen entsteht durch Austausch des Anions der zur Papierbehandlung benutzten Säure (die an Al_2O_3 im Papier adsorbiert ist) mit dem zur Unters. benutzten Anion. (J. chem. Soc. Japan, pure Chem. Sect. [Nippon Kagaku Zassi] **76.** 1040—45. Sept. 1955. Hamamatsu, Shizuoka Univ. [Orig.: japan.]) L. SCHULER. 5106

I. I. M. Elbeih und **M. A. Abou-Elnaga,** *Bestimmung von Blei und Wismut, Eisen und Mangan sowie Magnesium und Beryllium nach papierchromatographischen Trennungen.* Vff. beschreiben die papierchromatograph. Trennung der Paare *Pb–Bi, Fe–Mn* u. *Mg–Be* u. die Best. der Elemente durch Mikrotitration mit 0,001 m EDTA nach Elution aus dem Papier (Pb, Bi, Fe, Mn, Mg) oder durch visuellen Vgl. mit Standardflecken bekannten Gehaltes (App. u. Meth. vgl. C. **1959.** 3920; Laufmittelzuss. vgl. C. **1958.** 11033). — Pb–Bi: Phenazonlaufmittel; $(NH_4)_2S$-Lsg. als Sprühmittel für die Vergleichschromatogramme; R_F-Werte 0,15 u. 0,63. Pb wird durch Kochen mit W. aus dem ausgeschnittenen Fleck eluiert u. nach Puffern auf p_H 10 u. Zugabe von Eriochromschwarz T mit EDTA auf blau titriert. Bi wird mit 25 ml W. + 5 Tropfen 0,1 m HNO_3 + 4 ml 0,001 m EDTA-Lsg. eluiert u. nach Zugabe von 2—3 Tropfen 0,1% ig. Pyrocatecholviolettlsg. in W. (p_H 2—3) mit EDTA auf klargelb titriert. Bei der Best. des Blindwertes wird vorher eine bekannte Menge (5—6 ml 0,001 m) $Bi(NO_3)_3$-Lsg. zugesetzt. — Fe–Mn: Laufmittel 2,4, 6-Collidin gesätt. mit 0,4 m HNO_3; Sprühreagens 0,2% ig. Na-Diäthyldithiocarbamatlsg. in Methanol (braune Flecken); R_F-Werte 0,00 u. 0,71. Elution u. Titration des Fe wie Bi; des Mn wie Pb (bei der Best. des Blindwertes werden 6—7 ml 0,001 m $MgCl_2$-Lsg. zugesetzt). — Mg–Be: Benzoylaceton-n-Butanol-Laufmittel; Sprühreagens: 0,5 g Oxin in 60 ml A. + 40 ml W. gibt starke Fluorescenz im UV-Licht; R_F-Werte 0,06 u. 0,33. Elution u. Titration des Mg wie Mn. Zur Best. des Be werden Vergleichschromatogramme mit 10—90 μg Be pro Fleck hergestellt. — Eine Zusammenstellung der störenden u. nicht störenden Ionen bei allen 6 Bestimmungen wird angegeben. (Chemist-Analyst. **47.** 59—60. Sept. 1958. Cairo, Univ., Fac. of Sci., Dep. of Chem.) F. UMLAND. 5106

J. Vepřek-Siska, F. Šmirous und **V. Pliška,** *Anorganische Stickstoffverbindungen. 1. Mitt. Die Bestimmung des Natriumsalzes des Nitrohydroxylamins.* Inhaltlich ident. mit der C. **1958.** 13863 referierten Arbeit. (Collect. czechoslov. Commun. **24.** 1175—79. April 1959 [Orig.: deutsch].) W. BARZ. G 243

Josef Vepřek-Šiška, František Šmirous, Vladimír Pliška und **František Veselý,** *Anorganische Stickstoffverbindungen. 3. Mitt. Trennung anorganischer Stickstoffverbindungen durch Iontophorese auf Papier.* (2. vgl. C. **1959.** 1708.) Zur Trennung u. zum Nachw. der Oxydations- bzw. Reduktionsprodd. von Anionen der O-haltigen N-Säuren (NO_3^-, NO_2^-, $N_2O_2^{2-}$, $N_2O_3^{2-}$) bzw. (NH_3OH^+, $N_2H_6^{2+}$, NH_4^+) wird eine auf der Iontophorese auf

Papier beruhende Meth. beschrieben. Die Trennung aller dieser Ionen wird auf 3 Streifchen chromatograph. WHATMAN Nr. 1-Papier, jeweils mit einem anderen Elektrolyten durchgeführt: für NH_4^+, NH_3OH^+ u. $N_2H_6^{2+}$ wird 0,001n H_2SO_4-Lsg., für $N_2O_2^{2-}$ u. $N_2O_3^{2-}$ eine Lsg. von 15 g Na_2SO_4 u. 0,6 g NaOH in 1000 ml, für NO_2^- u. NO_3^- eine mit Ag_2SO_4 gesätt. Lsg. von 15 g Na_2SO_4 in 1000 ml als Elektrolyt verwendet. Auf die einzelnen Streifchen wird je 1 μl Probelsg., im zweiten Falle überdies 1 μl 5% ig. $FeCl_3$-Lsg. u. 1 μl 10% ig. NH_3 gegeben. In der ersten Gruppe genügt zur Trennung der einzelnen Ionen ihre verschied. Beweglichkeit. Die Trennung von $N_2O_2^{2-}$ u. $N_2O_3^{2-}$, deren Beweglichkeit sich nur wenig unterscheidet, wird durch Überführung von $N_2O_3^{2-}$ in das wesentlich beweglichere Komplexanion mit Fe^{3+}, die Trennung von NO_2^- u. NO_3^- durch Ag^+, das eine Beweglichkeitsverminderung des NO_2^- bewirkt, erzielt. Zum Sichtbarmachen wird in der 1. Gruppe $K_2[HgJ_4]$, in der 2. $AgNO_3$ (Red. von $Ag_2N_2O_2$ u. $Ag_2N_2O_3$ zu metall. Ag im UV-Licht) u. in der 3. KJ (J_2-Ausscheidung, die bei NO_3^- nach seiner Zers. im UV-Licht zu NO_2^- + O stattfindet) verwendet. Die Empfindlichkeit des Nachw. einzelner Ionen beträgt 2 μg (bei NO_2^-) bis 50 μg (bei NO_3^-). Durch die Verwendung von Diphenylaminlsg. in konz. H_2SO_4 anstatt KJ kann die Empfindlichkeit des NO_3^--Nachw. verzehnfacht werden, jedoch ist die Durchführung des Nachw. umständlich. (Chem. Listy **52.** 410—12. März 1958 [Orig.: tschech.]; Collect. czechoslov. chem. Commun **24.** 1385—88. Mai 1959 [Orig.: deutsch]. Praha, Vys. škola chem.-technol., kat. anorgan. chem.) K. KÁMEN/Prag. G 243

Robert H. Jones und **Thomas J. Kehoe,** *Ein neues Gerät zur kontinuierlichen Chlorionenbestimmung.* Vff. beschreiben ein neues Gerät zur Best. von Chlorionen für industrielle Zwecke, das ohne Einhalten besonderer Bedingungen (Temp., störende Ionen) mit einer Genauigkeit von $\pm$5—10% anspricht, wenn die Cl^--Konz. zwischen 10 u. 1000 p.p.m. liegt. Als Elektrode 2. Art verwenden sie in Elektrodenform gepreßte, in die zu analysierende Lsg. eintauchende Gemische von Ag u. AgCl, die mit Vergleichselektrode u. Anzeigegerät verbunden sind. (Ind. Engng. Chem. **51.** 731—32. Juni 1959. Fullerton, Calif., Beckman Instruments, Appl. Engng. Dep.) H.-J. HARTMANN. G 247

Zeno Kapišinský, *Ein Signalisator für Hypochlorit im Natriumhydroxyd.* Es wurde ein einfaches Anzeigegerät der ClO^--Konz. zur Best. der Konz. von nicht reagiertem NaOH in Waschanlagen zur Cl-Beseitigung aus Gascyclen entworfen. Das Prinzip der Meth. beruht auf der Messung des Oxydationspotentials von ClO^- durch einen Fallbügelregulator. Der Nachteil der Meth. liegt in der geringen Empfindlichkeit u. Genauigkeit des entworfenen Gerätes, wird aber durch Einfachheit u. Dauerhaftigkeit ausgeglichen. Diese Einrichtung eignet sich für die Betriebskontrolle. (Chem. Průmysl **7** (**32**). 485—87. Sept. 1957. Nováky, Výsk. ústav acetylén. chém.) J. SCHNEIDER. G 247

F. Feigl, D. Goldstein und **R. A. Rosell,** *Nachweis von Spuren Chlorid in Feinchemikalien.* Vff. verwenden zum Nachw. minimaler Mengen von gelöstem oder gasförmigem Cl das „*Thio-Michler's Keton*" (*4.4'-Bis-[dimethylamino]-thiobenzophenon*) (I), seine benzol. Lsg. färbt Reagenspapierstreifen gelb, die in Berührung mit Cl blau werden. Erfassungsgrenze 0,2 μg Cl, wenn in einem mit dem Reagenspapier bedeckten Mikroproberöhrchen aus Alkalichlorid durch Erwärmen mit Chromschwefelsäure Cl (neben CrO_2Cl_2) freigelegt wird. Br u. J verhalten sich ähnlich (Erfassungsgrenzen 0,2 μg Br u. 5 μg J). Das Verf. gestattet den einwandfreien Nachw. von 0,0005% Cl in 100 mg Feinchemikalien; der Nachw. von *HCl* in konz. H_2SO_4 gelingt bis zu 0,00006% Cl herab. — Auch der Nachw. von *AgCl* neben AgCN, AgCNS u. $Ag_4[Fe(CN)_6]$ bzw. $Ag_3[Fe(CN)_6]$ nach Zentrifugieren, Trocknen u. Verglühen der Probe u. Erwärmen mit Chromschwefelsäure wird mit I durchgeführt. (Z. analyt. Chem. **158.** 421—27. 1957. Rio de Janeiro, Minist. da Agric.) H. ECKSTEIN. G 247

Leon E. Cohen, *Nephelometrische Bestimmung glasiger Phosphate mit o-Tolidin. o-Tolidin* (I) ist ein selektives Fällungsmittel für glasige Phosphate. In essigsaurer Lsg. reagiert 1 Mol. I mit 2 P-Atomen in langkettigen kondensierten Phosphaten. Da der Nd. gummiartig, gelatinös ist u. sich für gravimetr. Bestimmungen nicht eignet, wurde eine nephelometr. Meth. ausgearbeitet. Die Trübung ist abhängig vom P_2O_5-Geh. des glasigen Phosphates, aber zwischen 63,0 u. 69,6% P_2O_5 annähernd konstant. — *Arbeitsvorschrift:* Zur Herst. des Reagenses werden 0,5 g I in 4,8 ml *Eisessig* (II) gelöst u. mit einer 10% ig. wss. Mannitollsg. auf 100 ml aufgefüllt. 10—120 mg des glasigen Phosphates werden in 40 ml W. u. 10 ml II gelöst, falls trübe filtriert u. zu 100 ml aufgefüllt. Je 10 ml werden mit 5 ml Eisessig u. 5 ml Reagens gemischt. Die Trübung bleibt 15 Min. konstant. Sie wird bei 425 mμ mit einem Spektrophotometer gemessen. Bei Gläsern mit gleichem P_2O_5-Geh. ist die Eichkurve geradlinig. Maximaler Fehler 2—4% relativ. Ortho-, Pyro-, Tripoly- u. Trimetaphosphat, SO_4^{2-}, Metasilicat, Cl^-, Borat, NO_3^- u. nichtion. oberflächenakt. Stoffe stören nicht. Anion. oberflächenakt. Stoffe u. oxydierende Agentien, wie Perborate, Peroxyde u. Hypochlorite müssen vor der Best. extrahiert oder zerstört werden. (Chemist-Analyst **47**. 65—67. Sept. 1958. Carteret, N. J., Westvaco Min. Prod. Div., Food Machinery u. Chem. Corp.) F. Umland. G 264

B. Spencer, *Nachweis von $BaS^{16}O_3{}^{18}O$ durch Infrarotspektroskopie.* Für die IR-Spektren wurden folgende Absorptionsbanden gefunden: $BaS^{16}O_4$: 981 (F_1), 1187, 1112, 1076 (F_3), 637 u. 611 (F_4) cm^{-1}. — $BaS^{16}O_3{}^{18}O$: 961, 1189, 1095, 1059, 634 u. 604 cm^{-1}, wobei sich bei Ggw. von $BaS^{16}O_4$ (13% der Probe) durch kleine Spitzen bei 1072 u. 981 cm^{-1} zeigen. — Mischungen von $BaS^{16}O_4$ u. $BaS^{16}O_3{}^{18}O$ ergaben Auflösung der Spitzen bei 981 u. 961 cm^{-1}, nicht aber bei den anderen Wellenlängen. — Auf den Ablesungen bei 981 u. 961 cm^{-1} wird eine Meth. zur Best. von $BaS^{16}O_3{}^{18}O$ aufgebaut. (Biochem. J. **71**. 19P. Febr. 1959. Cardiff, Univ. of Wales, Dep. of Biochem.) A. Hesse. G 285

Miloš Spálenka, *Polarographische Zinkbestimmung in einigen Aluminiumlegierungen.* In den Legierungen *V-95* u. *Al–Mg–Si* wird Zn in ähnlicher Weise einfach u. schnell mit genügender Genauigkeit u. Reproduzierbarkeit folgendermaßen bestimmt: 1 g Probe wird in einem 100 cm^3-Meßkolben mit 15 cm^3 HCl 1 : 1 unter Zugabe von H_2O_2 (bei Cu) unter leichtem Kochen gelöst u. aufgefüllt. Davon werden 10 cm^3 in einem 100 cm^3-Meßkolben mit 25—30 cm^3 W. verd., mit 5 cm^3 40% ig. NaOH versetzt, kurz gekocht, nach Auffüllen mit 10 cm^3 NH_3 1 : 1 mit 2 cm^3 gesätt. Na_2SO_3-Lsg. u. 2 cm^3 0,5% ig. Gelatinelsg. versetzt, aufgefüllt u. polarographiert. (Hutnické Listy **10**. 488—89. Aug. 1955. Panenské Břežany, VÚK.) E. Rotter. G 288

A. K. Majumdar und **B. R. Singh,** *Bismuthiol II als analytisches Reagens.* 11. Mitt. *Gewichts- und maßanalytische Bestimmung des Cadmiums.* (10. vgl. C. **1959**. 13899.) 1. Fällung des Cd als $Cd(C_8H_5N_2S_3)_2$ erfolgt aus schwach saurer (p_H 3—7), etwas NH_4NO_3 enthaltender, warmer $CdSO_4$-Lsg., die keine freie HNO_3 enthalten darf. As, Sb u. Bi bleiben in Ggw. eines Alkalitartrats in Lsg., Sn liefert mit Oxalsäure einen stabilen Komplex; Zn in Mengen von $>$ 50 mg in 125 ml 25,7 mg Cd enthaltender Lsg. wird teilweise mitgefällt. Eine Trennung des Cd von Cu, Ag, Hg, Pb u. Tl ist nicht möglich. — 2. Zur maßanalyt. Best. wird der Cd–I-Komplex mit überschüssiger *EDTA*-Lsg. versetzt, mit NH_4Cl–NH_3OH-Pufferlsg. bei p_H 10 gelöst u. der EDTA-Überschuß gegen $MgSO_4$-Lsg. mit *Eriochromschwarz T* als Indicator zurücktitriert. 1 ml 0,02 mol. EDTA-Lsg. entspricht 2,248 mg Cd. (Z. analyt. Chem. **161**. 257—60. 21/4. 1958. Calcutta, Jadavpur Univ.) H. Eckstein. G 289

A. K. Majumdar und **B. R. Singh,** *Bismuthiol II als analytisches Reagens.* 12. Mitt. *Bestimmung des Arsens, Antimons und Zinns.* (11. vgl. vorst. Ref.) *Bismuthiol II* (I) reagiert mit As^{3+} u. Sb^{3+} in 0,1 n salz- oder schwefelsaurer Lsg. unter Bldg. der Komplexverbb. $As(C_8H_5N_2S_3)_3$ bzw. $Sb(C_8H_5N_2S_3)_3$. Sn liefert mit I keine stöchiometr. eindeutige Verbindung. Die Fällung erfolgt in Ggw. von ca. 3 g NaCl oder NH_4Cl als Flockungsmittel quantitativ; die FF. der Ndd. liegen bei 73 bzw. 104°, sie sind in organ. Lösungsmitteln löslich. (Z. analyt. Chem. **161**. 261—63. 21/4. 1958. Calcutta, Jadavpur Univ.) H. Eckstein. G 327

Otakar Bělohlávek und **Jiří Vobora,** *Polarographische Bestimmung kleiner Bleimengen im Titandioxyd.* 5 g der Probe werden mit 35 g Pb-freiem $KHSO_4$ erst bei niedriger Temp., dann bei 700—800° aufgeschlossen, in 300—400 cm^3 20% ig. NH_4-Citratlsg. ausgelaugt, mit HCl angesäuert, mit heißem W. auf 600 cm^3 verd. u. bei 70—80° in 45—60 Min. mit einem raschen H_2S-Strom gefällt. Nach Filtration in Ggw. von Papierbrei u. Wäsche mit H_2S-W. wird der Rückstand mit HCl–$KClO_3$-Lsg. gelöst, ausgekocht, mit 3 g NaCl u. 5 cm^3 5% ig. Gelatinelsg. versetzt, aufgefüllt u. zwischen 0—0,6 V polarographiert. Die Werte sind gut reproduzierbar u. genügend genau ($\pm$0,001%). (Hutnické Listy **10**. 487—88. Aug. 1955. Kladno, SONP.) E. Rotter. G 328

Rudolf Bock und **Siegbert Gorbach,** *Die Bestimmung von Vanadinspuren.* Es wird das analyt. Verh. von kleinen V-Mengen untersucht. Für den Aufschluß unlösl. V-Verbb. eignet sich einmal die Sodaschmelze u. zum andern die nasse Veraschung mit $H_2SO_4/HNO_3/HClO_4$. Die trockne Veraschung führt in vielen Fällen zu V-Verlusten. Die Abtrennung kleiner V-Mengen von andern die V-Best. störenden Elementen geschieht am günstigsten entweder durch Elektrolyse an der Hg-Elektrode, oder durch Ausschütteln der Verbb. des V mit Hydroxychinolin, Cupferron oder Pyrrolidindithiocarbamat mit $CHCl_3$. Die Best. des abgetrennten V erfolgt am besten polarograph. in schwach alkal. (p_H 8,5) Boratpuffer in Ggw. von etwas Tylose von ca. $-0,8$ bis $-1,8$ V. Die Kombination der angegebenen Aufschluß-, Trenn- u. Bestimmungsverff. ergibt sich aus der Natur der zu untersuchenden Substanz. Bei geeigneter Wahl der einzelnen Verff. gelingt die Best. von V bis herab zu ca. 10^{-4}%, in günstigen Fällen sogar bis zu 10^{-7}%.

(Mikrochim. Acta [Wien] **1958**. 593—629. Frankfurt/M.-Höchst, Farbwerke Hoechst, Analyt. Labor.) A. M. FRETZDORFF. G 330

N. I. Tarassewitsch, A. A. Shelesnowa und **K. A. Ssemenenko,** *Spektrographische Bestimmung von Tantalbeimengungen im Niobpentoxyd.* Für die Verss. wurde reines Nb_2O_5 (durch Glühen von Nb-Metallpulver bei 850°) erhalten) mit wechselnden Mengen reiner Ta-Salzlsg. (metall. Ta in HF + HNO_3 gelöst) versetzt, mit NH_3 neutralisiert, verdampft, verglüht (850°) u. fein (0,01 mm) zermahlen. Das Spektr. wurde im aktivierten Wechselstrombogen zwischen Graphitelektroden erzeugt u. mit einem Quarzspektrographen unter Verwendung der Linienpaare Ta 2714,674–Nb 2714,198 Å aufgenommen. Man kann 1,5—0,3% Ta im Nb bestimmen u. wohl bis auf 0,1% Ta hinuntergehen. Der relative Fehler bei der Minimalkonz. liegt bei ±12%. (Вестник Московского Университета, Серия Математики, Механики, Астрономии, Физики, Химии [Nachr. Moskauer Univ., Ser. Math., Mechan., Astronom., Physik, Chem.] **12**. Nr. 1. 156—58. 1957. Lehrstuhl für analyt. Chem.) A. v. WILPERT. G 332

N. G. Jankilewitsch, *Gerät zur Bestimmung des Eisengehaltes in den Abgängen der nichtoxydierten Magnetiterze.* Das Gerät, dessen Schema beschrieben wird, beruht auf der Abhängigkeit zwischen dem Fe-Geh. u. der magnet. Permeabilität der Probe. Zur Best. des Fe-Geh. in den Abgängen wird die Probe pulverisiert, sorgfältig getrocknet, danach in einem Al-Glas in die Höhlung eines mit Spannung versehenen Trockentransformators versenkt. Der Fe-Geh. wird an einem geeichten Mikroamperometer abgelesen. In 150 Parallelbestimmungen mit dem Gerät u. nach dem chem. Verf. betrug die mittlere Abweichung 0,2%. Die Genauigkeit der Best. des Fe-Geh. beträgt 0,5%. Dauer 5—7 Min. gegenüber ca. 70 Min. der chem. Bestimmung. Für Betriebsunterss. kann das Gerät mit Temperatur- u. Frequenzkompensation versehen werden. Die Se-Säule kann durch eine Kuproxsäule ersetzt werden. Das Gerät wurde bei der Fe-Best. in den Abgängen der magnet. Trockenscheidung erprobt. (Горный Журнал [Berg-J.] **1958**. Nr. 3. 75—76. März.) OTTO MAIER. G 354

Jan Michal und **Jaroslav Žalud,** *Bestimmung von Eisen in hochprozentigen Eisenerzen.* Durch Verwenden eines mit Ag gefüllten Reduktors (Rohrdurchmesser 35 mm, Höhe 150 mm, Ag hergestellt aus 2% ig. $AgNO_3$-Lsg. durch Red. mit SO_2-gesätt. NH_4OH-Lsg.) können die bei der Red. von Fe^{3+} auftretenden Schwierigkeiten beseitigt werden. — Arbeitsvorschrift: 0,2—0,3 g Fe-Erz werden in H_3PO_4–$HClO_4$-Gemisch (1 : 1) gelöst, $HClO_4$ verdampft, mit 200 ml 20% ig. HCl verd., durch den Reduktor gegossen, mit HCl ausgewaschen u. potentiometr. mit 0,1n $K_2Cr_2O_7$ titriert. (Hutnické Listy **13**. 639—41. Juli 1958. Praha, Ústav pro výzk. rud.) H. TŮMA. G 354

B. Emile Jaboulay, *Ein Fall von „Individualitätsverlust".* Bei der Kontrollanalyse eines W–Nb–Ta-Stahles wurden je nach WO_3-Geh. laufende Verschiebungen des Nb_2O_5 + Ta_2O_5-Geh. festgestellt. Vf. stellt zur Diskussion, ob der sogenannte „Individualitätsverlust" auf die unerwartete Löslichkeit des Nb_2O_5 in Ammoniak bei Ggw. von WO_3 zurückzuführen ist. (Chim. analytique [4] **40**. 388. Okt. 1958.) D. ROST. G 354

B. A. Schmelew, *Über die Fraktioniermethode der Bestimmung des Wasserstoffs im Stahl.* Bei der Fraktioniermeth. wird H_2 stufenweise im Vakuum aus Stahl entfernt u. bestimmt, zuerst bei gewöhnlicher Temp. oder rascher bei 200°, dann bei 600—650° (α-Fe) bzw. 1000—1100° (γ-Fe), die 3. u. 4. Fraktion bei 1300 bzw. bei 1500—1600°. Das Verh. verschied. Stahlsorten bei dieser Best. wird erörtert. Von den Fe-Legierungen gibt FeNb am raschesten H_2 ab, dann folgen FeV u. FeZr, am festesten hält FeTi H_2 fest. Bei längerem Lagern verliert Stahl einen Teil seines H_2 spontan. (Заводская Лаборатория [Betriebs-Lab.] **23**. 263—69. 1957. Zentr. wiss. Forsch.-Inst. für Technol. u. Maschinenbau.) R. K. MÜLLER. G 354

Darnell Salyer und **Thomas R. Sweet,** *Methoden zur kathodischen elektrolytischen Abscheidung von Kobalt.* 10 der meist gebrauchten elektrolyt. Co-Bestimmungsmethoden wurden unter Verwendung von ^{60}Co überprüft. Beim Abspülen der Elektrode bzw. beim Verdrängen des Elektrolyten durch W. löst sich Co von der Elektrode. Die bei der Elektrolyse nicht abgeschiedene Co-Menge ist dagegen vergleichsweise gering. Trotzdem treten positive Fehler auf, die durch Bldg. von Oberflächenverbb. erklärt werden. (Analytic. Chem. **30**. 1632—35. Okt. 1958. Columbus, Ohio, Ohio State Univ., McPherson Labor.) M. LASER. G 355

Beatriz de Andrade Dias und **F. Pinto Coelho,** *Trennung und Bestimmung von metallischen Verunreinigungen im Kobalt durch Papierchromatographie.* Man behandelt WHATMAN-Papier Nr. 3 durch absteigende Chromatographie mit einem Gemisch von Aceton–W.–12n HCl (20 : 20 : 1), anschließend mit dest. W. innerhalb 4 Std. u. trägt auf dem Papier 0,05—0,10 cm^3 der zu untersuchenden Lsg. auf. Bei aufsteigender Chromatographie u. mit 50 cm³ einer Lsg. (I) von 3n HCl, 15 cm³ Aceton, 10 cm³ Isopropanol u. 30 cm³ an Benzylalkohol gesätt. Butanol als Entwickler wurden nachst. R_F-Werte gefunden: für Zn^{2+} 0,69, Fe^{2+} 0,68, Pb^{2+} 0,29, Cu^{2+} 0,16, Ni^{2+} 0,08 u. Co^{2+} 0,08. Aufsteigende Chromatographie mit einer Lsg. (II) von 30 cm³ 12n HCl u. 70 cm³ Butanol als Entwickler ergab folgende R_F-Werte: für Ni^{2+} 0,09, Co^{2+} 0,51, Pb^{2+} 0,52, Cu^{2+} 0,65, Zn^{2+} 0,79 u. Fe^{3+} 0,92. Nachst. die dabei benutzten Sprühreagentien u. erhaltenen Farbflecken für: Zn^{2+} 0,5% 8-Hydroxychinolin in 100 cm³ 60%ig. A., gelb; Fe^{3+} 10% $K_4[Fe(CN)_6]$ in 100 cm³ W., blau; Cu^{2+} 0,2% Rubeanwasserstoffsäure (III; mit NH_3-Zusatz) in 100 cm³ W., grün; Ni^{2+} III, rot; Co^{2+} III, braun u. Pb^{2+} 1% K-Rhodanid in 100 cm³ Äthanol. Mit I konnten 3 (γ) Fe^{3+}, 1,5 Cu^{2+}, 3 Zn^{2+} u. 5 Pb^{2+} in 100 Co^{2+} u. mit II 1,5 Ni^{2+} in 100 Co^{2+} bestimmt werden. (Rev. Fac. Ci Univ. Coimbra **26.** 64—70. 1957. Coimbra, Univ., Centro de Estud. de Quím. Nucl. e Radioquím. do Labor. Quím.) G. PLATZER. G 355

A. K. Majumdar und **C. P. Savariar,** *Spektrophotometrische Bestimmung von Kupfer mit Tiron. Tiron (Dinatriumbrenzcatechin-3.5-disulfonat)* bildet mit Cu^{2+} einen lösl. grüngelben 2 : 1-Komplex, der bei p_H 6,1—6,9 24 Std. lang stabil ist u. ein Absorptionsmaximum bei 375 mμ hat. Das BEERsche Gesetz wird bei 10—160 p.p.m. erfüllt. Ggw. von Fe^{3+}, Ti^{4+}, Ce^{4+}, UO_2^{2+}, Nb^{5+}, Ta^{5+}, MoO_4^{2-}, CrO_4^{2-}, OsO_4, VO_3^-, Au^{3+} u. Ag^+ stört. Dagegen können Alkalien, Erdalkalien, Seltene Erden, Al^{3+}, Sn^{4+}, Zr^{4+}, Th^{4+}, Hg^{2+}, Pb^{2+} u. WO_4^{2-} in mäßigen Mengen gegenwärtig sein, da sie farblose Komplexe bilden. (Analytica chim. Acta [Amsterdam] **21.** 53—57. 1959. Calcutta, Jadavpur Univ., Dep. of Inorg. and Analyt. Chem.) E. DEHMLOW. G 358

J. Herrero Maisterra, *Quantitative Schnellbestimmung von Kupfer, Blei, Zinn, Eisen und Zink in Kupferlegierungen, Bronze und Messing.* Man hat eine Schnellmeth. (50—60 Min.) für die quantitative Best. von Cu, Pb, Sn, Fe u. Zn in Bronze, Messing u. Schwarzkupfer entwickelt, die sich von anderen Methoden dadurch unterscheidet, daß der Probekörper selbst als Anode für die Lsg. dient, was im Vgl. zu bisherigen analyt. Methoden einen großen Zeitgewinn bedeutet. (Chim. analytique [4] **40.** 385—87. Okt. 1958. Espagne, Labor. Phys. et Chim. de Electr. del Cobre.) D. ROST. G 358

N. McN. Galloway, *Flammenphotometrische Silberbestimmung in Rohkupfer.* Vf. trennt aus dem Roh-Cu das Ag als AgCl ab, dieses wird in NH_4OH gelöst. Die erhaltene Lsg. wird bei 338,3 mμ flammenphotometriert. Die Eichkurve ist leicht gekrümmt u. erreicht mit steigender Ag-Konz. einen Grenzwert. Die eingehend beschriebene Meth. läßt sich binnen 2 Std. durchführen; die bei anderen Ag-Bestimmungsmethoden erforderliche Kupellation wird vermieden. Störungen durch sonstige Bestandteile des Roh-Cu treten nicht auf. (Analyst **82.** 373—74. Juni 1958. Luanshya, N. Rhodesia, Roan Antelope Copper Mines Ltd., Chem. Labor.) L. SCHWIEGK. G 359

Buddhadev Sen, *Spektrophotometrische Bestimmung von Gold mit Phenyl-α-pyridylketoxim. Au* kann durch Versetzen der wss. Lsg. bei p_H 3,5—4,5 mit 1%ig. alkoh. Lsg. von *Phenyl-α-pyridylketoxim,* Extraktion des gebildeten Nd. durch dreimaliges Schütteln mit Chlf. u. spektrophotometr. Vermessung der organ. Phase bei 450 mμ bestimmt werden. Das BEERsche Gesetz wird bei 2—16 p.p.m. erfüllt; die Erfassungsgrenze liegt bei 1 μg/ml. Erdalkalien, Ag^+, NH_4^+, Cd^{2+}, Pb^{2+}, Mn^{2+}, VO^{2+}, Al^{3+}, Bi^{3+}, Fe^{3+}, Ru^{4+}, Rh^{3+}, Os^{4+}, Ir^{4+} u. Pt^{4+} stören nicht, etwa gebildete Ndd. können einfach abfiltriert werden. Cu^{2+}, Co^{2+} u. Ni^{2+} können mit 0,1 mol. EDTA maskiert werden, dabei sinkt die Absorption des Au-Chelates um ca. 5%. Pd^{2+}, Hg^{2+}, Fe^{2+}, CN^-, Br^-, J^-, Oxalat, Citrat u. Tartrat stören. (Analytic. Chem. Acta [Amsterdam] **21.** 35—40. 1959. Baton Rouge, La., Louisiana State Univ., Coates Chem. Labor.) E. DEHMLOW. G 360

D. D. Busch, J. M. Prospero und **R. A. Naumann,** *Spurenuntersuchung einer Iridium–Platin-Trennung durch Anionenaustausch.* Die Trennung von Ir u. Pt in Mengen von je 10 mg an einer Austauschersäule, die mit Dowex A-1, 200—400 mesh, Vernetzungsgrad 10%, gefüllt war, wird beschrieben. Zur Verfolgung der Rkk. wurde radioakt. Pt u. Ir benutzt. (Analytic. Chem. **31.** 884—86. Mai 1959. Princeton, N. J., Princeton Univ., Frick Chem. and Palmer Phys. Labor.) FRIEDRICH WOLF/Berlin. G 368

W. B. Hamilton, *Die für analytische Daten notwendige Information.* Vf. weist auf die Notwendigkeit ausführlicherer Angaben über analysiertes Material hin. So sollte angegeben werden der genaue Fundort, die Art des Vork. u. eine petrograph. Beschreibung der Probe. Bei Altersbest. sollten außerdem die Beziehungen der Probe zu anderen Gesteinseinheiten dargelegt werden. (Geochim. cosmochim. Acta [London] **14.** 253—55. Sept. 1958. Denver, Colo., US Geol. Surv.) J.-E. HILLER. 5290

G. Ss. Momdshi, *Methodik der mineralogischen Analyse von Proben titanhaltiger Sande des Transurals.* Es werden die vom Vf. u. seinen Mitarbeitern angewandten Verff. der mineralog. Analyse von Ti-haltigen Sanden in den Einzelheiten besprochen. (Разведка и Охрана Недр [Erforsch. Schutz Bodenschätze] **24.** Nr. 6. 22—31. Juni 1958. Unionsinst. für mineral. Rohstoffe.) O. LEBTAG. 5290

S. G. Karajewa und **O. F. Tschessnokow,** *Versuch der Anwendung spektrometallometrischer Aufnahmen beim Prospektieren der Lagerstätten seltene Metalle enthaltender Pegmatite in geschlossenen Gebieten.* Nach den Ergebnissen der Spektralanalyse enthalten die Erzpegmatite außer den gesteinsbildenden Elementen Li, Be, Sn, Ta, Nb, Zr, Pb, W, Mo. Aus der Best. dieser Elemente in ca. 100 metallometr. Proben geht hervor, daß nur Li, Be, Ta u. Nb nicht im Einschlußgestein, sondern nur in den Pegmatiten vorkommen. Da das Migrationsvermögen von Ta u. Nb nur sehr gering ist u. die Genauigkeit ihrer Best. nur 0,1 bzw. 0,01% erreicht, können als Indicator bei der Schürfung nach Pegmatiten mit einem Geh. an seltenen Metallen nur Be u. Li benutzt werden. Die Li-Best. erfolgt im sichtbaren Spektralgebiet nach den Linien 6103,64 u. 6707,84 A. Die Empfindlichkeit beträgt 0,0003%. Die Best. von Be erfolgt nach den Linien 2346,61, 3130,42 u. 3131,07 Å bei einer Empfindlichkeit von 0,0005%. Li ist als Indicator geeigneter als Be. Die maximale Konz. liegt in der Schicht unterhalb der Ackerkrume vor; sie erreicht 0,007% für Li u. 0,003% für Be. (Разведка и Охрана Недр [Erforsch. Schutz Bodenschätze] **24.** Nr. 6. 32—36. Juni 1958. Unionsinst. für mineralog. Rohstoffe.) O. LEBTAG. 5290

W. F. Iwanowa, *Theoretische und praktische Untersuchung der Möglichkeiten der Anwendung der Neutronen-γ-Bohrungsmethode bei der Borprospektierung.* Auf Grund der Neutronenkonstanten der am häufigsten in den Bohrlochquerschnitten der Sedimentborate vorkommenden Gesteine u. Mineralien u. der Kurve für die Abhängigkeit der mittleren Lebensdauer des Wärmeneutrons in einem Gestein aus Gips u. Ascharit (I) vom I-Geh. wird geschlossen, daß die Meth. der Neutronenkernung bei der Anwendung auf die B-haltigen Gesteine eine große Empfindlichkeit besitzt. Nach diesem Verf. wurde eine 30,6—35,5 m tiefe Schicht von I mit geringen Lehmeinschlüssen oberhalb der wasserführenden Schicht untersucht. Aus dem Vgl. der erhaltenen Abnahme der Intensität der sek. γ-Strahlung beim Durchgang durch die B-haltige Schicht (81,4% bei einer Sondenlänge von 30 cm) mit der Eichkurve für die Abhängigkeit der sek. γ-Strahlung von B-Geh. ergibt sich ein mittlerer B-Geh. von 7,6% gegenüber 8,9% nach der chem. Methode. Für die 53—58 m tiefe Schicht unterhalb der wasserführenden Schicht ergibt sich nach der Neutronenmeth. ein B-Geh. von 9,3% gegenüber 8,7% nach der chem. Analyse. (Разведка и Охрана Недр [Erforsch. Schutz Bodenschätze] **24.** Nr. 6. 41—48. Juni 1958. Inst. für Geochem. der Akad. der Wiss. der UdSSR.) O. LEBTAG. 5290

Robert E. D. Clark und **Christopher E. Tamale-Ssali,** *o-Dithiole in der Analyse.* 8. Mitt. *Verwendung des Zinkkomplexes von Toluol-3.4-dithiol bei der Feldanalyse von Erzen und Mineralien.* (7. vgl. C. **1959.** 9678.) *Zn-Toluol-3.4-dithiol* (I) oder reines *Dithiol* wurden zum schnellen Nachw. von *Cu, Ag, Au, Zn, Sn, Pb, V, As, Sb, Bi, Mo, W, S, Se, Te, Mn, Fe, Co* u. *Pt* in ihren Erzen oder Mineralien verwendet. Man löst 1—5 mg grob gemörsertes (30—80maschig) Erz unter Erwärmen mit 5 Tropfen konz. HCl bzw. einer Spur $KClO_3$, schüttelt 10—15 Sek., kocht 5—10 Sek., läßt absitzen u. verwendet Tropfen der überstehenden Lsg. zum Nachweis. Zum Nachw. von *Cu* mischt man einige mg grob gemörsertes Erz mit der doppelten Menge I, befeuchtet einen Teil davon mit 1 Tropfen Pyridin (Dunkelgrünfärbung) u. den anderen Teil mit 1 Tropfen 2nNaOH (Orangefärbung) u. erwärmt. Zum Nachw. von *Ag* versetzt man 3 Tropfen Lsg. mit überschüssigem I, erwärmt, versetzt tropfenweise mit W. u. beobachtet nach 2—5 Tropfen das plötzliche Auftreten eines strahlend gelben Niederschlages. Der entsprechende Sb-Komplex schm. beim Erwärmen zu einem orangegelben Öl oder löst sich in $C_2H_4Cl_2$. Bei Ggw. von Edelmetallen u. Te, die dunkel gefärbte Komplexe bilden, versetzt man 3 Tropfen Testlsg. mit 2—3 Tropfen W., kühlt, filtriert durch Baumwolle, wäscht 2mal mit 2n HCl, versetzt mit 2n HCl u. I u. erwärmt. Die Baumwolle ist gelb gefärbt. Man kann auch das grob gepulverte Erz durch 15—30 Sek. Kochen mit 3 Tropfen konz. HNO_3 lösen, versetzt mit 3 Tropfen W. u. überschüssigem I u. kocht wieder. Der weiße Nd. färbt sich gelb. Zum Nachw. von *Au* schm. man 5—20 mg Erz mit je 100 mg BaO_2 u. $Ba(NO_3)_2$ 30—60 Sek., läßt noch heiß in 1 ml 2n HCl fallen, wobei das Verbrennungsrohr zerbricht, kocht einige Sek. u. kocht in einem anderen Röhrchen nach Zugabe von I, wobei ein braunrosa gefärbter Nd. Au anzeigt. Nach Zusatz von 0,5 ml $C_2H_4Cl_2$ schüttelt man, entnimmt die untere, orange gefärbte Schicht, verdampft das Lösungsm. u. erhält einen intensiv purpur gefärbten Rückstand. Zum Nachw. von *Zn* versetzt man 1 Tropfen Lsg. mit 3 Tropfen W. u. überschüssigen CH_3COONa-Kristallen, versetzt mit 5 Tropfen kalter Dithiollsg. u. erhält einen weißen Niederschlag. Zum Nachw. von *Sn* erwärmt man einige mg Substanz 30 Sek. mit 0,1 g KOH u. 1 Tropfen W., kühlt etwas, versetzt mit 3—5 Tropfen W., säuert mit 2n HCl an, versetzt mit I u. erwärmt. Es bildet sich ein roter Nd. oder eine Rotfärbung. Man kann auch 3 Tropfen Testlsg. mit 5 Tropfen W., 3—5 Tropfen $C_2H_4Cl_2$, Zn-Staub u. 3 Tropfen konz. HCl erwärmen u. nach dem Schütteln mit einigen Tropfen W. u. I versetzen, wobei ein roter Nd. entsteht. Zum Nachw. von *Pb* versetzt man 3 Tropfen Lsg. mit 5 Tropfen W. u. überschüssigem I, kocht 10 Sek., falls sich ein gefärbter Nd. bildet, damit dieser koaguliert, versetzt die fast farblose überstehende Fl. mit überschüssigen CH_3COONa-Kristallen, wodurch sich ein strahlend gelber Nd. bildet. Der gleiche Nd. bildet sich, wenn man einige mg Erz mit 0,1 g KOH u. 1 Tropfen W. 20—30 Sek. erwärmt u. mit 5 Tropfen W. u. I versetzt. Zum Nachw. von *V* versetzt man 3 Tropfen Lsg. mit 7—10 Tropfen W., überschüssigen CH_3COONa-Kristallen, einigen Tropfen Isoamylacetat u. tropfenweise Dithiollsg., erwärmt u. schüttelt, wobei die obere Schicht blau, purpur oder blauschwarz u. fast opak wird. Bei Ggw. von Ni, Mo, Cu u. Pb kocht man 3 Tropfen Testlsg. mit 7—10 Tropfen W. u. überschüssigem I 10—20 Sek., dekantiert oder filtriert u. prüft wie oben beschrieben, Co stört. Zum Nachw. von *As* erwärmt man 2 Tropfen Lsg. mit 3 Tropfen W. u. 20—50 mg $SnCl_2$ 5—15 Sek., versetzt sofort mit I u. kocht 15—20 Sek.; die Fl. wird milchigweiß bzw. bei höherem As-Geh. an der Oberfläche schwach gelb. Zum Nachw. von Sb versetzt man 1 Tropfen Lsg. mit 3 Tropfen W., filtriert notfalls, versetzt mit überschüssigem I u. erhält einen orangegelb gefärbten Nd. mit Sb oder Se, der bei 80° schmilzt. Se zeigt die Rk. auch ohne Verdünnung. Erhält man einen dunklen Nd. bei Ggw. von Cu, so verd. man 2 weitere Tropfen Lsg. mit 2 Tropfen W., erwärmt nach Zugabe von 0,2 g KOH zum Sieden, filtriert, säuert das Filtrat mit überschüssiger 2n HCl an, erwärmt nach Zugabe von I u. erhält die vorher angegebenen Reaktionen. Zum Nachw. von *Bi* versetzt man 1 Tropfen Lsg. mit überschüssigem I, erwärmt u. fügt 5 Tropfen W. hinzu. Es bildet sich ein dunkelrot gefärbter Nd., der sich beim Kochen löst u. in W. wieder einen koll. Nd. bildet. Zum Nachw. von *Mo* versetzt man 1 Tropfen Lsg. mit 3 Tropfen W. u. I u. erhält in der Kälte einen strahlend grünen Nd. oder eine entsprechende Färbung. Zum Nachw. von *W* versetzt man 3 Tropfen Lsg. mit 10 Tropfen konz. HCl u. überschüssigem I, kocht 10—20 Sek. u. erhält eine blaugrüne Färbung. Bei Ggw. von Mo red. man vor der I-Zugabe mit 30—50 mg $SnCl_2$. Zum Nachw. von *S* verfährt man wie bei Cu u. erhält eine rein gelbe Färbung. Zum Nachw. von *Se* vermischt man eine Spur gepulvertes Erz mit überschüssigem KNO_3, bestäubt den oberen Teil des Proberöhrchens mit I, sublimiert SeO_2, wobei sich I strahlend gelb färbt. Zum Nachw. von Te versetzt man 3 Tropfen Lsg. mit 3 Tropfen konz. HCl, 2—3 Tropfen $C_2H_4Cl_2$ u. überschüssigem I, erwärmt u. schüttelt, wobei sich die Lösungsmitteltropfen dunkel färben u. ein schwarzes metall. Aussehen erhalten. Zum Nachw. von *Mn* versetzt man 3 Tropfen Dithiol in $C_2H_4Cl_2$ mit 3 Tropfen Pyridin u. 1 Tropfen Testlsg. u. erhält eine intensiv grünlichbraune Färbung (bei Ggw. von Fe rötlichbraun). Zum Nachw. von *Fe* versetzt man einige mg pulverisiertes Erz mit 2 Tropfen Dithiol in $C_2H_4Cl_2$ u. 1 Tropfen Pyridin u. erhält eine rote Farbe, manchmal in der Kälte, manchmal erst beim Erwärmen u. bei oxydierten u. wenig lösl. Erzen gar nicht. Zum Nachw. von *Co* versetzt man eine Mischung aus einigen mg gepulvertem Erz u. der doppelten Menge I mit 1 Tropfen Pyridin, erwärmt notfalls, versetzt bei ausbleibender Rk. mit 1 Tropfen 2n NaOH u. erwärmt zum Sieden. Es bildet sich eine intensive Blaufärbung. Zum Nachw. von *Pt*-Mineralien verfährt man wie bei Au. Man versetzt einige Tropfen der Lsg. in verd. HCl mit 2—5 mg $NH_2OH \cdot HCl$ u. überschüssigem I u. sd. 1 Minute. Es entsteht ein violett gefärbter Nd., der Pt anzeigt. Man versetzt mit einigen Tropfen $C_2H_4Cl_2$, schüttelt u. entfernt die obere Schicht. Die violette Farbe des Lösungsm. bleibt bei Zugabe von konz. HCl unverändert. (Analyst **84**. 16—23. Jan. 1959. Cambridge, Cambridgeshire Techn. Coll. and School of Art, Dep. of Sci. and Technol.) H. PLUSKAL. 5290

J. P. Riley und **H. P. Williams,** *Die Mikroanalyse von Silicat- und Carbonatmineralien.* 2. Mitt. *Die Bestimmung von Wasser und Kohlendioxyd.* (1. vgl. C. **1959**. 13898.) Es wird eine Mikrometh. zur gleichzeitigen Best. von H_2O u. CO_2 in Gesteinen u. Mineralien beschrieben. Die App. ist ähnlich wie für C- u. H-Best. in organ. Verbindungen. Die Probe wird in gereinigtem N_2 auf 1100—1200° erhitzt, H_2O u. CO_2 werden absorbiert u. gravimetr. bestimmt. Resistente Mineralien, wie *Topas* oder *Staurolith,* müssen bis auf 1200° erhitzt werden. (Mikrochim. Acta [Wien] **1959**. 525—35. Liverpool, Univ., Oceanogr. Dep.) FRIEDRICH WOLF/Berlin. 5290

I-Djen Ho, Wang Thang-Soo und **Li Shih-Cho,** *Verdampfungsprozeß in der Napfelektrodenlösung im Lichtbogen und spektrographische Analyse von Treibschlacken.* Die Verdampfung in der Napfelektrode im Lichtbogen geschieht in 2 Stufen. In der 1. Stufe tritt keine fraktionierte Dest. auf. Die Dämpfe kommen direkt von der Oberfläche der Lösung. In der 2. Stufe ist das beobachtete Maximum in der Meßkurve abhängig von den verschied. Elementen u. sehr empfindlich gegenüber geringen experimentellen Veränderungen. Diese Tendenz zur fraktionierten Dest. wird auf die verschied. Potentiale zurückgeführt. Die Dest. erfolgt bes. von der inneren Elektrode aus. Unlösl. Substanzen erscheinen bes. in der 1. Stufe, weil sie aus der Fl. durch Dämpfe mitgerissen werden. Deshalb konnten auch Treibschlacken, die nicht immer lösl. sind, analysiert werden. Der Einfl. des Lösungsm. (HNO_3 u. HCl) u. der Anionen wurde kurz untersucht. Bei genauer Kontrolle der Flüssigkeitshöhe in der Napfelektrode u. sorgfältig bearbeiteter innerer Elektrode konnten Treibschlacken mit $\leq 4\%$ Fehler analysiert werden. (Acta chim. sinica **23.** 159—68. 1957. Acad. Sinica, Inst. of Metal. Res. [Orig.: japan.; Auszug: engl.]) H. PLUSKAL. 5300

b) Organische Verbindungen.

Hans Kleinert, *Kritische Betrachtung der C-Bestimmung in organischen Substanzen unter Anwendung der Naßverbrennung mittels schwefelsaurer Chromsäurelösung.* Die *C*-Best. in organ. Substanzen unter Verwendung der Chromschwefelsäurenaßverbrennung wurde auf ihre Genauigkeit untersucht. Die reinen Naßverff. mit titrimetr. oder colorimetr. Best. des Gesamtverbrauchs an CrO_3 ist nicht zuverlässig. Genaue Werte werden mit kombiniertem Naß-Trocken-Verf. (titrimetr., gravimetr. oder volumetr. Best. des durch Totalverbrennung gebildeten CO_2) erhalten. (Kühn-Arch. **69.** 603—08. 1955. Halle-Wittenberg, Martin-Luther-Univ., Inst. für Acker- u. Pflanzenbau.) H. GOEBEL. 5352

Al Steyermark, *Bericht über die mikroanalytische Bestimmung von Jod.* 2. Mitt. (1. vgl. C. **1958.** 14411.) Erneute Nachunterss. nach dem früher (l. c.) beschriebenen Verf. lassen erkennen, daß es besondere Erfahrung bei der Durchführung erfordert. Für o-Jodbenzoesäure ergeben 109 Analysen (wobei 4 extrem abweichende Werte außer Betracht gelassen wurden) als Standardabweichung der Mittelwerte aller Bearbeiter 0,156. Das Verf. wird zur amtlichen Einführung empfohlen. (J. Assoc. off. agric. Chemists **41.** 297—99. Mai 1958. Nutley, N. J., Hoffmann-La Roche, Inc.) PH. FRESENIUS. 5352

Rémi Hauschild, Klaus Singer und **Jean Petit,** *Über die Bestimmung von Hydroxylzahlen durch Acetylierung mit Acetanhydrid.* Es wurde der Einfl. von Acetanhydridüberschuß, Temp. u. Zeit auf die Best. der Hydroxylzahl prim. u. sek. Alkohole durch Acetylierung mit Acetanhydrid–Pyridin systemat. untersucht. Als Ergebnis der Unters., die bes. die Wichtigkeit eines genügend großen Acetanhydridüberschusses, der 400 bis 500% betragen soll, nachwies, wird eine modifizierte Meth. zur Best. der Hydroxylzahl mitgeteilt. A u s f ü h r u n g: 0,21—1,33 g Probe (entsprechend Hydroxylzahlen zwischen 1870 bzw. 295) werden mit 20 ml Acetylierungsgemisch (Acetanhydrid–Pyridin [1 : 10]; das Acetanhydrid muß mindestens 99%ig sein; das Pyridin muß wasserfrei sein [n_D^{25} 1,5074, $Kp._{740-742}$ 114,5—115°) 1 Std. auf 90—100° erwärmt. Nach dem Abkühlen versetzt man mit 25 ml W. u. titriert die Essigsäure mit KOH gegen Phenolphthalein. Gleichzeitig läuft ein Blindversuch. (Bull. Soc. chim. France [5] **1956.** 768—72. Mai; Peintures, Pigments, Vernis **33.** 416—20. Mai 1957. Bellevue, C.N.R.S., Labor. de Chim. Macromolécul.) K. F. MÜLLER. 5364

B. A. Kasanski, O. D. Sterligow, A. P. Belenkaja, G. Ja. Kondratjewa und **P. Ss. Pawlowa,** *Bromometrische Bestimmung des Grades der Ungesättigtkeit von Isopentan–Isopren–Isoamylen-Gemischen.* Kurze Mitt. zu der C. **1959.** 3598 referierten Arbeit. (Известия Академии Наук СССР, Отделение Химических Наук [Nachr. Akad. Wiss. UdSSR, Abt. chem. Wiss.] **1957.** 1399—1400. Nov. Zelinsky-Inst. für Organ. Chem. der Akad. der Wiss. der UdSSR.) W. KURTZMANN. G 520

A. T. James, *Trennung und Identifizierung von gesättigten und ungesättigten Fettsäuren, von der Ameisen- bis zur Dodecansäure durch Gas–Flüssigkeits-Chromatographie.* (Olii minerali, Olii Grassi, Colori Vernici **34.** 539—43. Dez. 1957. London, Nat. Inst. for Med. Res. — C. **1958.** 9379.) G. PLATZER. G 810

H. V. Malmstadt und **D. A. Vassallo,** *Automatisch ablaufende potentiometrische und spektrophotometrische Titrationen organischer Säuren.* Eine automat. Titration von Carbonsäuren, Sulfonamiden, Imiden, Mercaptanen, Phenolen u. Enolen gelingt mit großer Geschwindigkeit u. Genauigkeit mit den Geräten von SARGENT & CO. Als Lösungsmittel können verschied. Gemische mit mindestens 90% Aceton, als Titriermittel Tri-n-butylmethylammoniumhydroxyd in Bzl./Propanol-(2) (80 : 20) dienen. Eine große Zahl von Elektrodenkombinationen bzw. Indicatoren sind brauchbar. Die Reproduzierbarkeit des Endpunkts liegt bei $\pm 0{,}01$ ml. (Analytic. Chem. **31.** 862—65. Mai 1959. Urbana, Ill., Univ. of Illinois, Dep. of Chem. and Chem. Engng.) E. DEHMLOW. G 1060

Jaroslav Janák und **Radko Komers,** *Trennung von einwertigen und zweiwertigen Phenolen mittels Gaschromatographie.* Vff. bestimmen die gaschromatograph. Trennungsselektivität von *Phenol, 2-Methyl-, 3-Methyl-, 4-Methyl-, 2-Äthyl-, 3-Äthyl-, 4-Äthyl-, 2.3-Dimethyl-, 2.4-Dimethyl-, 2.5-Dimethyl-, 2.6-Dimethyl-, 3.4-Dimethyl-* u. *3.5-Dimethylphenol* an *Apiezon L* (funktionelle Gruppe —CH—), *Dimethylpolysiloxan* ($-CH_3$),

Phenylmercaptothiodiazol ($-SH$, $-C_6H_5$), *Salicylidenaminoguanidin* ($-NH_2$, $-OH$), *Benzylarabinosit* ($-OH$, $-C_7H_7$), *γ-Lacton der Galaktonsäure* (I) ($-OH$, $-COOH$, $-O-$), *Erythrit* ($-OH$) oder *Dulcit* ($-OH$). Die Selektivität wächst von der SH- bis zur OH-Gruppe u. erhöht sich mit deren Anzahl. Bei Phasen mit mehreren OH-Gruppen ist die Fähigkeit zur H-Brückenbindung für die Elutionsreihenfolge maßgebend. Ferner wurde die Selektivität von *Brenzcatechin, 3-Methyl-, 4-Methyl-, 3.4-Dimethyl-, 4.5-Dimethylbrenzcatechin, Resorcin* u. *Hydrochinon* an I, *Mannit* ($-OH$) u. *Inosit* ($-OH$) bestimmt. (Z. analyt. Chem. **164**. 69—72. 1958. Brno, ČSR, Tschechoslowak. Akad. der Wiss., Labor. für Gasanalyse; Praha, ČSR, Chem. Inst.) M. LASER. G 1060

E. Mück, D. Kokeš und **F. Langmaier,** *Chromatographische Untersuchungen über sulfonierte Produkte der Phenol–Formaldehyd-Kondensation.* 1. Mitt. *Die Papierchromatographie von Phenolsulfonsäuren.* Inhaltlich ident. mit der C. **1959**. 6907 referierten Arbeit. (Collect. czechoslov. chem. Commun. **24**. 1350—53. April 1959 [Orig.: deutsch].) W. BARZ. G 1060

O. Manns und **S. Pfeifer,** *Nachweis und quantitative Erfassung cyclischer Aldehyde mit 4-Aminoantipyrin. 4-Aminoantipyrin* (I) reagiert mit Aldehyden unter Bldg. von SCHIFFschen Basen, die z. T. in W. oder W./A.-Gemischen schwerlösl. sind. Cycl. Aldehyde werden im Gegensatz zu aliphat. Aldehyden schon aus erheblich verd. wss. oder wss./alkoh. Lsgg. als gut kristallisierende, scharf schm. SCHIFFsche Basen abgeschieden. Für den Nachw. eines cycl. Aldehyds versetzt man 1 ml einer Lsg. des Aldehyds, entsprechend 0,05—0,5 mg, in W. oder W./A. = 1 : 1 mit 1 ml einer 10%ig. wss. I-Lsg. Nach wenigen Min. scheiden sich im allg. die Reaktionsprodd. krist. ab. Die quantitative Erfassung cycl. Aldehyde gelingt durch Zerlegung ihres Kondensationsprod. mit I durch HCl in die einzelnen Komponenten u. photometr. Best. von I nach Rk. mit Phenol u. K-Hexacyanoferrat. Es werden die Grenzkonzz., F. u. Mindestmenge für die quantitative Erfassung u. die Mikrophotographien der krist. SCHIFFschen Basen folgender Aldehyde angegeben: *Benzaldehyd* (1 : 100000, 174°, 1 mg), *o-Hydroxybenzaldehyd* (3 : 10000, 198°, —), *p-Hydroxybenzaldehyd* (1 : 10000, 227°, 1), *o-Nitrobenzaldehyd* (1 : 10000, 212°, 1), *m-Nitrobenzaldehyd* (5 : 100000, 216°, 0,5), *p-Nitrobenzaldehyd* (5 : 100000, 252°, 0,5), *Dimethylaminobenzaldehyd* (1 : 10000, 217°, 1,0), *Anisaldehyd* (2 : 10000, 166—167,5°, —), *Piperonal* (1 : 10000, 234°, 2), *Vanillin* (8 : 100000, 217° [Zers.], 1), *Furfurol* (7 : 100000, 210°, 1), *o-Phthaldialdehyd* (3 : 10000, 171°, —), *Pyridin-2-aldehyd* (4 : 10000 [wss.], 163°, —), *Pyridin-3-aldehyd* (8 : 100000 [wss.], 203°, 2), *Pyridin-4-aldehyd* (5 : 10000, 238°, 2), *2.6-Pyridindialdehyd* (1 : 10000, 212°, 0,5), *6-Methylpyridin-2-aldehyd* (1 : 10000, 168,5, ,—), *Chinolin-2-aldehyd* (3 : 10000, 221°, 2), *Chinolin-4-aldehyd* (3 : 100000, 269°, 1). (Mikrochim. Acta [Wien] **1958**. 630—37. Berlin, Humboldt-Univ., Pharmazeut. Inst.) A. M. FRETZDORFF. G 1110

S. Kertes und **V. Kertes,** *Die Bestimmung organischer Basen mit Hexanitrodiphenylamin.* 2. Mitt. *Die Bestimmung von Pyridin, insbesondere die Bestimmung von Pyridin in Alkohol.* (1. vgl. C. **1959**. 10356.) Nach dem beschriebenen Verf. kann *Pyridin* (I) noch in Mengen von 10 γ/ml durch colorimetr. Vgl. mit Eich-Lsgg. oder -kurve bestimmt werden. Zur Best. von I in A. werden 5 ml 0,01 mol. *Hexanitrodiphenylamin*-Lsg. in Dioxan, 3 ml Dioxan u. 2 ml A. zusammengegeben, worauf bei 510—550 mμ gemessen wird. — Die Best. wird durch die Ggw. von A., Methanol u. Aceton (unter 20%) u. von W. (unter 10%) nicht gestört. (Analytica chim. Acta [Amsterdam] **15**. 154—157. Aug. 1956. Jerusalem, Israel, Hebrew Univ., Dep. of Inorg. and Analyt. Chem.) E. DEHMLOW. G 3231

Arthur W. Devor, Clyde Conger und **Ian Gill,** *Die Verwendung von Resorcin zur Identifizierung und Bestimmung von Monosaccharidgruppen. Ein Bericht über die Gaucher-Milz-Cerebroside.* Um den Mängeln, die bei der Best. von Monosacchariden die Rk. mit Naphthol (nach MOLISCH) bes. bei der Differenzierung von Mannose u. Galaktose aufweist, Abhilfe zu schaffen, wurde eine Reihe von Phenolen auf ihre Brauchbarkeit untersucht, u. dabei das *Resorcin* (I) als bes. günstig empfohlen. Es werden zwei verschied. Reaktionstypen beschrieben: Zur *sulfurierten* I-*Rk.* (Rk. 1) wurde das Reagens durch Mischen von 100 ml konz. H_2SO_4 mit 10 ml einer 2,1%ig. I-Lsg. gewonnen, wonach das Gemisch zur Sulfurierung des Phenols 45—90 Min. stehen gelassen wurde. — Für die *nichtsulfurierte* I-*Rk.* (Rk. 2) wurden 100 ml konz. H_2SO_4 verwandt, die, mit 10 ml W. verd., nach dem Abkühlen mit einer wss. Lsg. der Kohlenhydrate, denen I zugegeben war, versetzt wurde. — Die verwandten Testzucker waren höchst rein; das Galaktosid wurde aus Schweinehirn dargestellt, das Glucosid aus einer Gaucher-Milz, die einem 3 jährigen Knaben operativ entfernt war. — Zur Durchführung der Rk. 2 wurden 5,5 ml der verd. H_2SO_4 aus einer Bürette in eine Küvette zu 2 ml einer wss. Lsg. der Zucker + I gemischt u. nach 45 Min. die Extinktion gemessen (Konz. ca. 5 γ Kohlenhydrat + 5 mg I). Zur Durchführung der Rk. 1 wurden 5,5 ml der vorbehandelten I-haltigen Säure in gleicher Weise zu 2 ml der Kohlenhydratlsg. gegeben. Das Gemisch wurde dann 5½ Min. im kochenden Wasserbad erhitzt u. nach 45 Min. die Extinktion gemessen (Konz.: 5 γ Zucker + 11 mg I). Mit beiden Methoden wurden die Absorptionsmaxima von Mannose, Galaktose, Glucose u. Furfurol bestimmt, die beim sulfurierten Reagens zwischen 495 u. 500 mμ liegen, beim nichtsulfurierten bei der Mannose bei 430 mμ u. Galaktose 430 u. 560 mμ. Eine Differenzierung der Kohlenhydrate kann also durch Best. ihrer Absorptionskurven vorgenommen werden. — Die zur Unters. verwandten Cerebroside, die durch heiße A.-Extraktion u. wiederholte Umkristallisierung aus A. dargestellt wurden, waren nicht ganz rein. Die Gehirncerebroside, die ca. 0,44% P enthielten, gaben eine Galaktosekurve, die Milzcerebroside (P-Geh. 0,046%) enthielten Glucose, wobei allerdings keine ganz genaue Übereinstimmung der Kurven der reinen Zucker u. der Cerebrosidpräparate zu erzielen war, was auf die Verunreinigung der Präpp. zurückgeführt wird. Der N- u. Kohlenhydratgeh. der Präpp. entsprach allerdings nahezu den theoret. Werten. — Verss. mit den beiden Pentosen Xylose u. Arabinose zeigten, daß ihre Best. ebenfalls durch I durchgeführt werden kann (Rk. 2). Die Best. der Hexosen Mannose, Glucose u. Galaktose wird am besten mit Rk. 1 u. bei 495 mμ durchgeführt, wogegen zur Best. der Mannose bei 495 u. 430 mμ die Rk. 2 empfohlen wird. (Arch. Biochem. Biophysics **73.** 20—28. Jan. 1958. Columbus, Ohio, Ohio State Univ., Dep. of Physiol. Chem.) K. RING. G 3400

M. A. Jermyn, *Trennung von monomethylierten p-Nitrophenyl-β-glucosiden an einer Kohlesäule.* In Fortführung früherer Arbeiten des Vf. (vgl. C. **1959.** 10244) wird die Möglichkeit zur Trennung von a) *p-Nitrophenyl-β-glucosid* (**I**) u. seinen verschied. [*2-* (**II**), *3-* (**III**), *4-* (**IV**) u. *6-* (**V**)]-*Mono-O-methyläthern,* b) **II, IV** u. **V** sowie c) dem „Monomethylierungsprod." (MP) von **I** durch Adsorption an Kohlesäulen (*Darco G-60*) u. Elution mit Gemischen von n-Butanol–Aceton (55:45) u. verschied. Mengen W. bei 28° untersucht. Der Geh. der Eluate an **I** u. seinen Mono-O-methyläthern wurde durch alkal. Hydrolyse (10 Min. Kochen in n-NaOH bzw. — wegen der verhältnismäßig großen Resistenz von **II** gegenüber der alkal. Hydrolyse — Zugabe von 50%ig. NaOH, 6std. Eindampfen bei 100° u. Verdünnen) u. Messung der opt. Dichte der Hydrolysate bestimmt. Der Verlauf der Elution ist für alle Verss. graph. wiedergegeben. Die *Schärfe der Spitzen für die eluierten Äther* nimmt von **III** u. **IV** über **V** nach **II** ab u. zeigt keine Beziehung zur Lösungsmittelmenge. Da MP noch ca. 50% unverändertes **I** enthält, muß auf eine große Geschwindigkeit der Methylierungs-Rk. u. auf eine schnelle Zerstörung des Methyljodids unter den angewandten Bedingungen geschlossen werden; kürzere (30 Std.) oder längere (10 Tage) Reaktionszeiten änderten nichts an diesem Ergebnis. Da die Trennung von MP nur unvollständig gelang, kann nur qualitativ festgestellt werden, daß alle Hydroxylgruppen von **I** methyliert wurden. Das Mißlingen der Trennung wird auf die große Affinität der Kohle zu den adsorbierten Verbb. u. der daraus resultierenden großen „Bandweite" bei der Elution zurückgeführt; daraus sich ergebende allg. Folgerungen für Elutionen werden diskutiert.

Versuche: *2.3.4.6-Tetra-O-methyl-p-nitrophenyl-β-D-glucopyranosid,* $C_{16}H_{23}NO_8$, F. 110° (aus A.–W., 2:1, dann Methanol lange Nadeln), aus 3 g **I** in Dimethylformamid durch Zugabe von 5 ml CH_3J u. 10 g Ag_2O durch Schütteln über Nacht, Filtrieren, Eindampfen im Vakuum, Aufnehmen in heißem Chlf., Filtrieren u. Eindampfen; $[\alpha]_D^{23}$ $-124,3°$ (c = 3,3 in Chlf.); 3,15 g. — *p-Nitrophenyl-β-glucosidmono-O-methyläther* (MP), aus 1,5 g **I** in Dimethylformamid durch Zugabe von 0,31 ml CH_3J u. 3,5 g Ag_2O durch 3tägiges Schütteln bei Raumtemp.; weiter wie vorst. Verb., dann Aufnehmen in W., Zugabe von wenig Essigsäure u. Filtrieren. (Austral. J. Chem. **10.** 455—59. Nov. 1957. Melbourne, C.S.I.R.O., Wool Textile Res. Labors., Biochem. Unit.)
W. BITTERLICH. G 3450

Henry W. Loy und **William W. Wright,** *Mikrobiologische Bestimmung von Aminosäuren, Vitaminen und Antibiotica. Anwendung von Reagensglasmethoden.* Einführender Überblick. — 29 Literaturstellen. (Analytic. Chem. **31.** 971—74. Juni 1959. Washington, D. C., US. Dep. of Health, Educat. and Welfare, Food and Drug Admin.)
E. DEHMLOW. G 3900

D. S. Bidmead und **F. J. Ley,** *Quantitative Aminosäureanalyse von Nahrungsproteinen mit einer einzigen Ionenaustauschsäule.* Vff. beschreiben eine Meth. zur Analyse von Proteinhydrolysaten nach vorausgegangener Perameisensäureoxydation (2½ Std. bei −10°) u. Entfernung der Perameisensäure durch Gefriertrocknung. Die Analyse erfolgt durch Ionenaustauschchromatographie an einer Zeocarb 225-Säule (0,9×150 cm, Na^+-Form; Teilchengröße ca. 50 μ; nomineller Vernetzungsgrad 4,2%). Die Chromatographie geschieht nach der Meth. von MOORE u. STEIN (C. **1950/54.** 512 S u. 513 S), wobei zunächst mit 0,2 mol. Citratpuffer, p_H 3,1, eluiert wird u. danach mit Eluiermitteln, die nach Konz. (0,2—1,4 mol.) u. p_H (p_H 3,1—5,1) allmählich ansteigen; die Temp. wechselt zwischen 20 u. 75°. Die colorimetr. Messung der Fraktionen erfolgt nach Anfärben mit Ninhydrinreagens von YEMM u. COCKING (C. **1956.** 1986). Die Komponenten eines Gemischs von 19 Aminosäuren wurden zu >95% wiedergefunden, Cystin u. Methionin zu 100%. Tyrosin wird bei Einhaltung von Temperatur- u. Zeitbedingungen ohne Einbuße der Analysengenauigkeit durch Oxydation teilweise in Chlorderivv. übergeführt. Die Zeitdauer für eine Analyse beträgt 3 Tage. (Biochim. biophysica Acta [Amsterdam] **29.** 562—67. Sept. 1958. Sharnbrook, Bedfordshire, Food Res. Dep., Unilever Ltd.) E. SCHWERDTFEGER. G 4070

d) Medizinische und toxikologische Analyse.

B. Je. Jessipenko und **M. Ss. Jaremenko,** *Stalagmometrische Methode der Bestimmung von Gallensäuren in der Galle.* Die von Vff. auf Grund gleichzeitiger Best. der Oberflächenspannung u. der Konz. der Gallensäuren in der verd. Galle gewonnene Kurve gibt die Möglichkeit, nach der Größe der Oberflächenspannung die Konz. der Gallensäuren in der zu untersuchenden Lsg. zu bestimmen. Die Meth. erlaubt die rasche Feststellung der Gallensäurekonz. selbst in den kleinsten Gallenmengen. Die Best. der Oberflächenspannung erfolgt mittels des etwas modifizierten TRAUBEschen Stalagmometers. (Фізіологічний Журнал (Киев) [Physiol. J. (Kiew)] **4.** 558—61. Juli/Aug. 1958. Physiol. Bogomoletz-Inst. der Akad. der Wiss. der UkrSSR.) E. RENTZ. 5731

D. Djurić, *Harnanalyse bei Porphyrinurie und Porphyrie.* Übersicht über die Methoden zum Nachw. von Porphobilinogen u. zur Best. von *Koproporphyrin* (**I**), *Gesamt-Uroporphyrin* (**II**) u. *Uroporphyrin III* (**III**). Die spektrophotometr. Meth. zur Best. von **I** gibt bei niedrigen **I**-Werten etwas höhere, bei hohen **I**-Werten etwas niedrigere Ergebnisse als die fluorometrische. Bei der Best. von **II** durch direkte photometr. Messung des verd. Harns erhält man viel rascher prakt. ebenso genaue Werte wie nach vorangehender Adsorption von **II**. Für **III** wurden mit der fluorometr. Meth. niedrigere Werte als mit der spektrophotometr. erhalten. (Arhiv Hig. Rada Toksikol. **8.** 61—71. 1957. Zagreb, Jugoslav. akad. znanosti i umetnosti, Inst. za med. istraživanja.) S. BECKMANN. 5732

Hiroo Sakai, *Untersuchungen über eine gerichtsmedizinische Analyse von eßbaren Farbstoffen durch die Fluorescenzmethode.* Es wurde das Verh. von 14 Lebensmittelfarbstoffen bei der Adsorption u. Elution mit akt. Kohle als Adsorbens untersucht. Die bei einigen Farbstoffen erst nach der Kohlebehandlung beobachtete Fluorescenz gestattet oft die Identifizierung von Farbstoffgemischen. (J. Kyoto prefect. med. Univ. **61.** 917—35. Juni 1957. Kyoto, Univ., Dep. of Legal Med. [Orig.: japan.; Auszug: engl. S. LX—LXI.]) H. STRUCK. 5762

O. A. Weber und **Kata Voloder,** *Die Bestimmung kleiner Mengen Quecksilber in biologischem Material.* Zur Best. von *Hg* in Blut, Harn usw. wird die Substanz in einer Retorte mit angeschlossenem Kühler 3 mal mit 5%ig. $KClO_3$-Lsg. u. 20,2%ig. HCl versetzt, jedes Mal bis zur Trockne eingedampft u. schließlich noch 90 Min. erhitzt. Das mit dem Destillat übergehende Hg wird in soviel H_2SO_4-haltiger $KMnO_4$-Lsg. aufgefangen, daß keine Entfärbung eintritt u. nach Zugabe von wss. Hydroxylaminsulfatlsg. mit Dithizon nach der Reversionsmeth. spektrophotometr. bestimmt. (Arhiv Hig. Rada Toksikol. **8.** 235—45. 1957. Zagreb, Inst. za med. istraživanja. [Orig.: engl.]) S. BECKMANN. 5762

Gerhard E. Voigt, *Der histochemische Nachweis des Calciums im Calciumoxalat bei der Äthylenglykolvergiftung.* Bei der *Äthylenglykol* (**I**)-Vergiftung findet man Ca-Oxalat (**II**)-Kristalle in den Nierentubuli u. der Wandung der Gefäße von Leptomenin u. Gehirn. **I** wird im Körper zu Glykolaldehyd oxydiert, u. daraus entsteht entweder über Glykolsäure u. Glyoxylsäure oder über Glyoxal Oxalsäure. Dieses **II** kann nun in den Organen mit der beschriebenen histochem. Meth. als *Ca-Naphthalhydroxamat* färber. dargestellt werden. Die Organe von 2 Personen, die an **I**-Vergiftung gestorben sind, werden zum Ca-Nachw. nach dieser Meth. benutzt. (Acta pathol. microbiol. scand. **41.** 89—95. 1957. Lund, Schweden, Univ., Inst. für gerichtl. Med.) G. KIMMERLE. 5764

Paolo Malatesta, Guido Gogliati und **Giuseppe Migliaccio,** *Neue quantitative Bestimmungsverfahren für „Diphosgen“.* Vff. haben unter Anwendung der bekannten SCHÖNEMANNschen Rk. eine colorimetr. Bestimmungsmeth. für das Trichlormethylchlorcarbonat (**I**, Diphosgen) entwickelt. Mit o-Dianisidin hat das BEERsche Gesetz bei 450 $m\mu$ im Bereich von 2—10 γ **I**/ml volle Gültigkeit. Größere Mengen, von 40 bis 120 γ **I**/ml, wurden mit Indol bei 630 $m\mu$ bestimmt. (Ricerca sci. **28.** 1683—86. Aug. 1958. Roma, Univ., Ist. di chim. farmac. e tossicol.) D. ROST. 5764

Charles Eyraud, Lyon, Frankreich, *Mengenbestimmung eines brennbaren gasförmigen Bestandteils* (I) durch katalyt. Verbrennung an einem Pt-Glühfaden oder einem anderen Katalysator (II), dad. gek., daß abwechselnd über den II das zu analysierende Gas u. hierauf ein Gas mit keinem oder einem geringeren Geh. an dem I, bes. das von der vorhergehenden Reaktionsperiode stammende Analysengas, geleitet wird, u. zwar mit einer solchen Frequenz, daß die period. Temperaturschwankung des II in eine kontinuierlich stabile differentiale Angabe des Geh. an gasförmigem Brennstoff umgewandelt wird. (**D. A. S. 1 017 384** Kl. 42 l vom 2/11. 1955, veröff. 10/10. 1957. F. Prior. 19/11. 1954.) W. v. HUHN. 5087

H. Angewandte Chemie.

I. Allgemeine chemische Technologie.

W. Batel, *Einfluß der Gasatmosphäre auf den Zerkleinerungsvorgang in Schwing- und Rohrmühlen.* Bei der Zerkleinerung des Mahlgutes treten in den Zerkleinerungsapparaten Gasströmungen in Mahlräumen auf, die sowohl den Zerkleinerungsvorgang als auch den Verschleiß der App. stark beeinflussen; auch die Absorptionsschichten der Mahlgutteile spielen dabei eine Rolle. Um die Vorgänge, die sich bei der Zerkleinerung abspielen, kennen zu lernen, hat Vf. an den Schwing-, Rohr- u. Kreismühlen die Gasstrommengen in den Mahlräumen u. ihre Wrkg. auf den Zerkleinerungsablauf, den Einfl. von Absorptionsschichten des Mahlgutes u. des Restgases auf die Zerkleinerung unter Vakuum, die Abhängigkeit der Zerkleinerung von der Gasatmosphäre beim n. Druck u. die Abhängigkeit des Apparaturverschleißes von dem Mahlgut untersucht. Vf. stellte fest: Die Zerkleinerungsgeschwindigkeit in den Versuchsmühlen ist ohne Luftströmung etwa doppelt so groß wie mit dieser, denn der Mahlguttransport u. damit der Zerkleinerungsablauf verändert sich mit der Zähigkeit der Atmosphäre; die Grenzflächenzustände beeinflussen nicht nur die Zerkleinerungsvorgänge, sondern auch die Bldg. von Agglomeraten. Der Verschleiß bei der Zerkleinerung in Schwing- u. Rohrmühlen ist der erzeugten Mahlgutoberfläche nicht proportional; er ist in der Kreismühle größer als in der Rohrmühle u. ist grundsätzlich in dem gemessenen Bereich von der Feinheit des Mahlgutes abhängig. Der Verschleiß ist um so geringer, je mehr an Feinteilen im Mahlgut vorhanden war. Die Ergebnisse zeigten des weiteren, daß sich der Verschleiß, bezogen auf gleichen Grad der Zerkleinerung, durch zwischendurch vorgenommene Mahlgutverteilung verringern läßt. (Chemie-Ing.-Techn. **30.** 651–60. 1958.) K. WEKUA. 5820

F. H. H. Valentin, *Bau und Betriebsverhalten von Trennapparaten vom Cyclontyp.* Nach Besprechung der allg. Charakteristik von Cyclonen behandelt Vf. mathemat. den Abtrenneffekt für Staubteilchen sowie den Druckverlust u. leitet hieraus Folgerungen für die zweckmäßigste Konstruktion der einzelnen Bauelemente von Cyclonen ab. – 45 Literaturhinweise. (South African ind. Chemist **12.** 27–35. Febr. 1958. Durban, Natal, Univ.) GERHARD GÜNTHER. 5828

J. Ciborowski und **A. Selecki,** *Einige Daten zur Desorption einer Flüssigkeit von der Oberfläche einer Wirbelschicht.* In orientierender Weise wird die Verdampfung von W. bei Berieselung einer körnigen Schicht untersucht, die durch Luft von 91–162° in Wirbelbewegung gehalten wird. Die Intensitätsgrenze der Berieselung u. Verdampfung ist durch die Zusammenballung von Körnern unter Verlust der Aufwirbelbarkeit sowie durch den thermodynam. Zustand u. die Strömungsgeschwindigkeit des Gases bestimmt. Die Volumengrenzkoeffizienten der Massenübertragung $(k_g a)_{L_{max}}$ stehen zur gewichtsmäßigen Gasströmungsgeschwindigkeit G in der Beziehung $(k_g a)_{L_{max}} = 5{,}3 \cdot 10^{-11}\, G^{3,5}$ (kg/m³ · mm Hg · Std.). Man kann die Desorption (Verdampfung) einer Fl. von einer befeuchteten Wirbelschicht zur Luftbefeuchtung anwenden, wobei je m² Kolonnenquerschnitt stündlich 200–300 g W. verdampft werden können, also mehr als nach irgendeinem bisherigen Verfahren. (Журнал Прикладной Химии [J. angew. Chem.] **31.** 518–25. April 1958. Warszawa, Zakł. Politechn.) R. K. MÜLLER. 5848

A. M. Ludjkowskaja, Ss. D. Fridman und **L. I. Ssaweljewa** (unter Mitarbeit von **W. Ss. Sweschnikowa, M. Ja. Futorjanskaja, A. N. Muchina, R. Ja. Kirindassowa** und **M. D. Mantrowa**), *Trennung von Gemischen von Kohlendioxyd und Ammoniak mit wässerigen Lösungen von Monoäthanolamin.* Das Gleichgewicht der Absorption von NH_3 u. CO_2 in wss. Lsgg. von *Monoäthanolamin* (I) wird bei 30–80° untersucht u. in Diagrammen dargestellt. Die Konz. der I-Lsgg. beträgt 0,9–4,42 Mol/Liter. Gegenüber der Löslichkeit in W. wird eine starke Erhöhung der Löslichkeit von CO_2 u. Verminderung der Löslichkeit von NH_3 bei CO_2 u. NH_3 nebeneinander enthaltenden Gasgemischen festgestellt. Die Lösungswärme beträgt bei CO_2 18000, bei NH_3 7500 cal/Mol. Bei 4,45 mol. I-Lsg. u. 3 mol. bzw. 1,5 mol. Konz. an NH_3

bzw. CO_2 nimmt der Partialdruck des CO_2 bei allen untersuchten Tempp. prakt. auf Null ab, der von NH_3 nimmt von 85 auf 430 mm Hg zu. Durch Regeneration der Lsgg. kann man NH_3 u. CO_2 trennen. Bei 30% ig. I-Lsg. sind die optimalen Bedingungen der Trennung: Absorption bei 80°, 3 Liter I-Lsg. je m³, $NH_3:CO_2$ im Ausgangsgas = 4:1. (Химическая Промышленность [Chem. Ind.] **1958.** 423—29. Okt./Nov.)
R. K. Müller. 5848

R. C. Wolf und **J. C. Bowen,** *Das Verdichten von reinen Gasen zu hohen Drücken.* Nach kurzer Behandlung der verschied. Methoden, mit denen reine Gase unter sehr hohem Druck zur Verfügung gestellt werden können, befassen sich Vff. speziell mit dem Diaphragmenkompressor. Dieser ist geeignet für Kompressionen bis zu 2000 at u. bietet besondere Vorteile beim Umgang mit tox., explosiven, entflammbaren oder auch nur teuren Gasen. Es werden Konstruktionseinzelheiten, Bedienungseigenarten u. Anwendungsgebiete erörtert sowie auf wirtschaftliche u. sicherheitstechn. Fragen eingegangen. (Ind. Engng. Chem. **49.** 1962—64. Dez. 1957. Hatboro, Pa., Pressure Prod. Ind., Inc.)
Gerhard Günther. 5856

A. K. Qureshi und **W. Smith,** *Die Destillation von binären und ternären Gemischen.* Vff. haben bei konstanter Durchflußgeschwindigkeit u. völligem Rücklauf die Trennung von bin. u. tern. Gemischen in flüssigkeitsbenetzten Kolonnen gemessen. Sie fanden in Übereinstimmung mit den Befunden anderer Autoren, daß die Höhe einer Übergangseinheit von der Konz. des Gemischs in der Kolonne abhängt. Bei bin. Gemischen wird eine Funktion, die halbwegs unabhängig ist, von der Konz. des Gemischs empir. für die Ausbildung u. Wirksamkeit der Kolonne abgeleitet. Vff. stellen fest, daß bei Vielkomponentengemischen es möglich ist, verschied. Werte für die Trennleistung jeder Komponente zu erhalten u. daß die Höhe einer Übergangseinheit für jede Komponente eines tern. Gemischs verschieden ist, wie die experimentellen Ergebnisse zeigen. Vff. schließen daraus, daß es für die prakt. Anwendung möglich ist, die Wirkungsweise, die bei der Trennung von bin. Gemischen erhalten wurde, für die Berechnung der Trennung von tern. Gemischen zugrunde zu legen. Vff. bringen die Gleichgewichtsdaten u. n_D u. $D.^{20}$ für zwei tern. Gemische: Heptan–Methylcyclohexan–Toluol u. Aceton–Chlf.–Benzol. (J. Inst. Petroleum **44.** 137—46. Mai 1958. Lahore, Pakistan, Univ. Punjab, Inst. of chem. Technol.)
K. O. Müller. 5864

N. Ibl, *Grenzflächenspannungen.* Übersicht: Elektrochemie u. Theorie galvan. Ketten, Messung des Potentials von Ketten, Theorie u. Praxis der Messung von p_H-Werten u. Redoxpotentialen. (SVF Fachorgan Textilveredlung **14.** 3—15. Jan. 1959. Zürich, TH.)
E. Paschke. 5886

Shirô Itô, *Rheologische Probleme bei chemischen Operationen.* Übersicht. — 20 Literaturangaben. (J. chem. Soc. Japan, ind. Chem. Sect. [Kōgyō Kagaku Zassi] **61.** 1399—1403. Nov. 1958. Tokyo-Meguro, TH. [Orig.: japan.])
E. Maekawa. 5896

John B. Pierce Foundation, New York, N. Y., V. St. A., *Xenyltriphenoxysilane* erhält man durch Rk. von Xenyltrichlorsilanen mit Phenol (I). 1,2 Mol eines Gemischs von gleichen Teilen m- u. p-Xenyltrichlorsilan wird bei 45° zu 4,3 Mol I gegeben. Nach 20std. Rückflußerhitzung bei 262° wird überschüssiges I im Vakuum abdest., wobei man 515 g Xenyltriphenoxysilane, $Kp._{764}$ 438°, erhält. — *Wärmeübertragungsmittel.* (**E. P. 806 415** vom 23/8. 1956, ausg. 23/12. 1958. A. Prior. 5/3. 1956.)
J. Mühleisen. 5815

Hans J. Spillmann, Schweiz, *Herstellung von aktiver Kohle mit kationenaustauschenden Eigenschaften* u. adsorbierender Wirkung. Adsorptionsfähige akt. Kohle, z. B. „Norit-Supra", wird mit 10% ig. HNO_3 als Oxydationsmittel auf 80° erwärmt u. danach 12 Std. stehen gelassen. Danach wird die filtrierte Kohle mit W. neutral gewaschen u. in eine wss. Lsg. eingetragen, welche 20% NaOH u. 5% Na_3PO_4 enthält, u. ½ Std. gekocht. Nach dem Filtrieren wird die Kohle mit W. neutral gewaschen. Sie wird nochmals mit 3% ig. HNO_3 zum Sieden gebracht, neutral gewaschen u. mit wss. NH_3-Lsg. gesättigt. — Zur Regenerierung wird die Kohle zunächst mit 3% ig. Mineralsäure u. mit 10% ig. wss. NH_3-Lsg. behandelt. (**F. P. 1 086 491** vom 29/7. 1953, ausg. 14/2. 1955. Schwz. Prior. 4/8. 1952.)
M. F. Müller. 5827

S.E.T.U.D.E. (Soc. d'Études pour le Traitement et l'Utilisation des Eaux) (Erfinder: **Cyril Gomella**), Algier, *Dekantieren von Flüssigkeiten,* welche feine Teilchen suspendiert enthalten, unter Durchleiten durch eine Mehrzahl von mit Löchern versehenen wellenförmigen parallelen Platten. — 15 Abbildungen. (**F. P. 1 098 155** vom 9/1. 1954, ausg. 19/7. 1955.)
M. F. Müller. 5829

Trion Soc. An. (Erfinder: **George F. Landgraf**), Schweiz, *Reinigen von Luft,* welche mit Ölnebel durchsetzt ist, durch Einstäuben eines Öls der Art, wie der Nebel

enthält, u. anschließendes Hindurchleiten durch einen elektrostat. Separator. — Zeichnung. (**F. P. 1 096 135** vom 22/3. 1954, ausg. 9/6. 1955. A. Prior. 23/3. 1953.)
M. F. Müller. 5851

Heinrich Koppers G. m. b. H., Deutschland, *Absorption von Dämpfen aus Gasen*, bes. von H_2SO_4, aus Gasen unter Durchleiten der Gase durch ein Filterbett aus feuchtem feinen Quarzsand. Dicke der Filterschicht 2—3 cm; Körnchengröße 0,2—1,0 mm. Als Schutzschicht dient eine Schicht von Raschig-Ringen mit 8—10 mm Durchmesser. (**F. P. 1 103 388** vom 2/7. 1954, ausg. 2/11. 1955. **Belg. P. 530 220** vom 8/7. 1954, ausg. 30/8. 1957. Beide D. Prior. 11/7. 1953.) M. F. Müller. 5851

British Oxygen Co. Ltd. (Erfinder: **John Baxter Gardner**), London, England, *Herstellung eines oder mehrerer verflüssigter atmosphärischer Gase durch Trennung von Luft bei tiefen Temperaturen.* Zumindest ein Teil der notwendigen Abkühlung wird durch die Verdampfung von fl. CH_4 erzeugt. — Vorr., Zeichnung. (**D. A. S. 1 051 299** Kl.17g vom 1/8. 1957, veröff. 26/2. 1959. E. Prior. 7/8. 1956. **E. P. 804 944** vom 7/8. 1956, ausg. 26/11. 1958.) H. Jass. 5857

Otto Bayer und **Ernst Cauer**, Deutschland, *Erzeugung von Kälte* durch partielle Verdampfung von W. oder wss. Fll. unter niedrigem Druck. Das verdampfte W. wird von H_2SO_4 absorbiert, deren Verdünnung dabei durch Zusatz von SO_3 ausgeglichen wird. Die hierbei freiwerdende Wärme wird zum Verdampfen des absorbierten W. verwendet. — Die bei der Absorption von SO_3 erhitzte Säure wird mittels Luft gekühlt, wobei die erhitzte Luft im Wärmeaustausch mit der durch die Wasserabsorption verd. Säure gebracht wird. (**F. P. 1 088 553** vom 4/7. 1949, ausg. 8/3. 1955.)
M. F. Müller. 5859

Imperial Chemical Industries Ltd., London, England (Erfinder: **Robert Charles Chuffart**), *Entfernen der an Kristallen haftenden Mutterlauge.* Die Kristalle, bes. organ. Stoffe, die sich in W. nicht lösen, werden mit einem einen Emulgator enthaltenden W. gewaschen. (**E. P. 797 369** vom 28/7. 1955, ausg. 2/7. 1958.) O. Steil. 5869

VEB Leuna-Werke „Walter Ulbricht", Leuna, Kr. Merseburg (Erfinder: **Werner Heidinger,** Leuna, und **Karl Wimmer,** Schlotheim, Thür.), *Herstellung nichtschlüpfender Treibriemen aus Polyamidfasergeweben* (I), dad. gek., daß I mit einer Kunstharzmischung imprägniert wird, die aus einem Harnstoff–Formaldehyd-Harz, einem Keton–Formaldehyd-Harz sowie einem Kondensationsprod. eines Carbaminsäureesters eines aliphat. oder cycloaliphat. Alkohols mit Formaldehyd besteht. Gegebenenfalls kann ein Polyester einer Dicarbonsäure u. eines mehrwertigen aliphat. Alkohols zugesetzt werden. (**D. A. S. 1 054 057** Kl. 81 vom 30/10. 1956, veröff. 2/4. 1959.) M. Böttcher. 5893

Commissariat à l'Énergie Atomique, Paris, Frankreich (Erfinder: **Jean Frédéric Joliot, Hans Henri Halban** und **Lew Kowarski**), *Atomkernreaktor.* Natürliches U ist in solcher Menge angeordnet, daß die Ketten-Rk. geringfügig zunehmend ist. Die vom U ausgehenden schnellen Neutronen werden vor dem erneuten Eintreten in die U-Masse durch einen oder mehrere leichte oder sehr leichte Stoffe, wie Be, H, O, He, bes. D oder C (jeweils frei oder als Verb.) zu therm. Neutronen abgebremst. Die entwickelte Wärmemenge wird etwa durch den Umlauf einer Fl., die mit den reagierenden Stoffen in Berührung steht, abgeleitet. In die M., die zur Energieentw. dient, wird ein Stoff, z. B. Cd oder eine Cd-Verb., eingeführt, der die Neutronen stark zu absorbieren vermag, u. zwar um so mehr, je höher die Temp. steigt. Die krit. M. wird durch Erhöhung der Neutronendichte im Innern der reagierenden M. verringert, indem die Gesamtheit des reagierenden M. u. des Moderators von einer besonderen Hülle aus einem oder mehreren Stoffen mit geringem Absorptionsvermögen für Neutronen umgeben wird, die wegen der in ihr auftretenden Diffusion die aus der reagierenden M. kommenden Neutronen, die sonst für die Ketten-Rk. verloren wären, teilweise wieder als schnelle Neutronen oder als therm., durch den Moderator vorher abgebremste Neutronen in die reagierende M. zurückkehren läßt. Zum Anhalten der Rk. kann der die reagierende M. umgebende Reflektor von dieser entfernt werden. Zur Regelung kann z. B. die M. des Bremsstoffes verändert werden. — Vgl. auch N. P. 67 439; C. **1945**. II. 43. (**D. B. P. 966 907** Kl. 21g vom 30/4. 1940, ausg. 19/9. 1957. Anmeldung bekanntgemacht 12/3. 1953. F. Prior. 1/5. 1939.) H. Kessel. 5895

Allgemeine Elektricitäts-Gesellschaft, Berlin (Erfinder: **Richard Stroehlen,** München), *Reaktorbetrieb.* Die Spaltprodd. einer Spaltmaterial enthaltenden Schicht werden einem von der Kühlmittelseite der Schicht weggerichteten Diffusionsgefälle unterworfen u. die somit zu der anderen Schichtseite hindiffundierenden Spaltprodd. u. das Kühlmittel getrennt aus dem Reaktorkern abgeführt. (**D. A. S. 1 051 422** Kl. 21g vom 3/4. 1957, veröff. 26/2. 1959.) H. Kessel. 5895

Metropolitan-Vickers Electrical Co. Ltd., England, *Fusionsreaktor.* Als Kühl- u. Wärmeübertragungsmittel dient fl. Li, bes. an ^{6}Li angereichert, auch mit Na legiert. (**F. P. 1 174 700** vom 9/5. 1957, ausg. 13/3. 1959.) H. Kessel. 5895

Deutsche Babcock & Wilcox-Dampfkessel-Werke Akt.-Ges. (Erfinder: **Arno Müller**), Oberhausen, *Zwei- oder mehrteiliges Brennstoffelement.* Jedes Teilelement besteht aus einer kon. Hülse, die zentr. oder azentr. in die nächstfolgende Hülse einfügbar ist u. dabei einen Spalt für den Kühlmitteldurchtritt zwischen den benachbarten Teilen beider Hülsen freiläßt. (**D. A. S. 1 051 424** Kl. 21g vom 20/9. 1958, veröff. 26/2. 1959.) H. Kessel. 5895

Soc. Rateau, Frankreich, *Reaktorkühlmittel.* Das Kühlmittel durchströmt zuerst die Kernzone u. dann unter mehrfacher Umlenkung mehrere ringförmige Mantelzonen. (**F. P. 1 162 270** vom 31/10. 1956, ausg. 10/9. 1958.) H. Kessel. 5895

United States Atomic Energy Commission, übert. von: **Gale J. Young** und **Leo A. Ohlinger,** Chicago, Ill., V. St. A., *Steuerung eines homogenen Reaktors.* Eine horizontale Cd-Platte, die das Flüssigkeitsvol. unterteilt, wird in diesem auf u. ab bewegt. (**A. P. 2 840 522** vom 18/9. 1945, ausg. 24/6. 1958.) H. Kessel. 5895.

Westinghouse Electric Corp. (Erfinder: **Erling Frisch**), Pittsburgh, Pa., V. St. A., *Beschickungsvorrichtung für Kernreaktoren.* Ein rohrförmiger Kanal mit einer Belade- u. einer Entladeöffnung an dem einen u. dem anderen Ende enthält eine rohrförmige Patrone, die über die ganze Kanallänge verschiebbar ist u. eine Öffnung an einer solchen Stelle aufweist, daß diese sich in den Endstellungen der Patrone mit den Kanalöffnungen deckt. Nächst einer der beiden Kanalöffnungen ist eine Absperrmuffe angeordnet, die durch einen Antrieb in eine Stellung verschoben werden kann, in der sie die eine Kanalöffnung überdeckt. Durch einen anderen Antrieb kann die Patrone in dem Kanal verschoben werden. (**D. A. S. 1 042 778** Kl. 21g vom 10/8. 1957, veröff. 6/11. 1958. A. Prior. 21/9. 1956.) H. Kessel. 5895

Escher Wyss Akt.-Ges., Zürich (Erfinder: **Walter Winkler,** Winterthur, und **Curt Keller,** Küsnacht, Zürich), Schweiz, *Dichtung gegen gasförmige Spaltprodukte bei Kernreaktoren.* Eine Sperrflüssigkeitsschichtung enthält eine strahlungsbeständige Sperr-Fl., die die Spaltprodd. aufnimmt u. festhält. Bes. geeignet ist eine Aufschlämmung eines Adsorptionsmittels in einem Lösungsmittelgemisch, z. B. von Aktivkohle in einem Gemisch von A. u. Wasser. (**D. A. S. 1 042 779** Kl. 21g vom 7/8. 1957, veröff. 6/11. 1958. **Oe. P. 198 849** vom 9/8. 1957, ausg. 25/7. 1958. Beide Schwz. Prior. 1/9. 1956.) H. Kessel. 5895

Associated Electrical Industries Ltd., London, England (Erfinder: **Thomas Edward Allibone**), *Reaktorabschirmung.* Metall. Schutzwandungen enthalten Sand, Zement oder Baryt als Schüttgut, dessen Hohlräume noch mit einem fl. Absorber (z. B. W.) gefüllt sein können. (**E. P. 808 563** vom 29/7. 1955, ausg. 4/2. 1959.) H. Kessel. 5895

Bore & Dérivés Soc. An., Frankreich, *Neutronenschutzschirm* von geringem Gewicht. Folien aus Papier oder aus Kunststoff oder aus natürlichem oder synthet. Fasergewebe tragen Oberflächenschichten, die B oder eine B-Verb. enthalten, bes. als B-Carbid, dessen B an ^{10}B angereichert ist oder ganz daraus besteht. (**F. P. 1 173 754** vom 27/4. 1957, ausg. 2/3. 1959.) H. Kessel. 5895

Herbert Peter August Groll, Schweden, *Durchführung exothermer chemischer Reaktionen,* bes. mit Katalysatoren, in einem gasförmigen oder fl. Medium unter Verwendung eines Kühlmittels. Dieses wird in demselben Sinne wie der zu behandelnde chem. Stoff durch den Reaktionsraum hindurchgeleitet. — 2 Zeichnungen; Diagramme. (**F. P. 1 096 279** vom 20/1. 1954, ausg. 17/6. 1955. Schwed. Prior. 21/1. 1953.) M. F. Müller. 5905

III. Elektrotechnik.

Siemens-Schuckertwerke Akt.-Ges., Berlin und Erlangen (Erfinder: **Walter Jaeschke,** Berlin), *Starkstromkabel* mit einem aus Faserstoff (bes. aus Papier) aufgebauten Dielektrikum, das mit einem dispersen Syst. aus hochraffiniertem Mineralöl u. einem anorgan. Füllstoff getränkt ist. Das bei Betriebstemp. Gelstruktur aufweisende Tränkmittel enthält 85—97, bes. 90—93 (%) hochraffiniertes Mineralöl u. 3—15, bes. 7—10 feinstgefällte akt. Kieselsäure. (**D. A. S. 1 048 618** Kl. 21c vom 12/5. 1956, veröff. 15/1. 1959.) H. Kessel. 5953

Jack F. Koons jr., übert. von: **Ronald B. Howes** und **Robert F. Gill jr.,** Cincinnati, Ohio, V. St. A., *Herstellung eines Trockengleichrichters* für elektr. Strom. Gereinigte, 0,022 inch dicke Platten aus Ti hoher Reinheit werden mit reinem überhitztem Wasserdampf von 1400—1550° F u. einer Geschwindigkeit von 65—250 Fuß/Min. bis zur Bldg. eines kontinuierlichen Oxydfilmes 1/2—4 Std. behandelt. Durch bekannte Schaltung werden Umformer hergestellt, die störungsfrei bei hoher Temp. u. Stromdichte arbeiten. Die Wrkg. kann verbessert werden durch Nachbehandlung des Prod. in einer Inertgasatmosphäre bei 300—600° während einiger Std. u. Aufbringen einer Lsg. eines durch therm. Zers. oxydbildenden Salzes, wie $Ni(NO_3)_2$. (**A. P. 2 825 668** vom 20/3. 1956, ausg. 4/3. 1958.) G. FRIKELL. 5953

Metals & Controls Corp., übert. von: **Childress B. Gwyn jr.,** Attleboro, Mass., V. St. A., *Elektrisches Kontaktelement* besteht aus 1—25% Cadmiumoxydteilchen, die in einer im wesentlichen aus 0,25—15% eines Modifizierungsmittels u. einem Rest aus Ag oder Cu bestehenden Legierung verteilt sind, wobei in der Legierung das Modifizierungsmittel aus Hf, V, Zr oder Mischungen dieser Elemente besteht. (**A. P. 2 830 898** vom 4/10. 1956, ausg. 15/4. 1958.) H. HOCHSTEIN. 5953

Felten & Guilleaume Carlswerk Akt.-Ges. (Erfinder: **Heinz Horn**), Köln, *Kabel,* bes. *Tiefseekabel.* Die Bewehrung besteht aus einzelnen zu Formsträngen verseilten Glasfasern. Jeder Formstrang wird vor der Verseilung um das Kabel mit einem Mantel aus Kunststoff (z. B. Polyvinylchlorid oder Polyäthylen) versehen. (**D. A. S. 1 040 634** Kl. 21c vom 20/12. 1956, veröff. 9/10. 1958.) H. KESSEL. 5957

Waldemar Schröder, Berlin, *Isolierlack* auf der Basis von polymerisiertem ε-Caprolactam (I) mit Zusätzen von Cyclohexanon-, Phenolformaldehyd- u. Äthoxylinharz oder einem Äthoxylin–Harnstoff–Harz-Gemisch. Ein Teil des I wird durch ein polymerisiertes Salz aus Hexamethylendiamin u. einer Dicarbonsäure von der Zus. $HOOC-(CH_2)_n-COOH$ oder durch polymerisierte ω-Aminocarbonsäuren von der Zus. $NH_2(CH_2)_n \cdot COOH$ ersetzt, wo in beiden Fällen $n \geq 7$. (**D. P. [DDR] 14 352** Kl. 21c vom 3/12. 1955, ausg. 17/2. 1958 [Wirtschaftspatent].) H. KESSEL. 5957

Star Porcelain Co., Trenton, N. J., übert. von: **Robert D. Fenity, Cameron G. Harman** und **Eugene Wainer,** Cleveland, Ohio, V. St. A., *Keramische Isolatoren,* bestehend aus 50—80 (Gew.-%) krist. Wollastonit u. einer Glasphase. Die Gesamtzus. liegt zwischen 45—55 SiO_2, 28—38 CaO, 2—10 Al_2O_3, 1—8 TiO_2 u. 3—13 PbO. Die Ausgangsmassen für die Isolatoren werden z. B. hergestellt aus 60,2 Wollastonit, 12,7 Ballclay, 3,1 $CaCO_3$, 2,2 TiO_2, 5,3 Flint u. 16,5 $PbO \cdot 2\,SiO_2$. Die Massen werden geformt u. die Formlinge nach dem Trocknen bei ca. 1150° gebrannt. Es entstehen *elektr. Isolatoren* mit geringen Verlusten. (**A. P. 2 839 414** vom 11/8. 1955, ausg. 17/6. 1958.) F. REINHART. 5957

Rome Cable Corp., übert. von: **Rudolph A. Schatzel,** Rome, N. Y., V. St. A., *Feuersicheres alterungsbeständiges Isoliermaterial* enthält 55—75 (%) Polyäthylen, 2—5 Butylkautschuk, 10—34,4 Sb_2O_3, 6,8—21,5 chloriertes Paraffin. (**A. P. 2 830 919** vom 13/7. 1955, ausg. 15/4. 1958.) H. KESSEL. 5957

Siemens-Schuckertwerke Akt.-Ges., Berlin und Erlangen (Erfinder: **Hermann Bösche** und **Georg Sam,** Neustadt/Coburg), *Schaumstoffisolierung.* Zur Herst. durch Aufschäumen nach dem Spritzverf. dient eine M., deren Hauptbestandteil ein Hartpolyäthylen ist (E. > 130°), bes. mit hohem Geh. an krist. unverzweigten Polymerisatketten, das z. B. nach dem Niederdruckverf. unter Verwendung von Al-Alkylen oder durch therm. Zers. von Diazomethan als Polymethylen gewonnen wird. (**D. A. S. 1 036 960** Kl. 21c vom 6/4. 1955, veröff. 21/8. 1958.) H. KESSEL. 5957

Alfred Küster, Dessau, *Magnetogrammträger* für magnet. Schallaufzeichnungen. Man verwendet magnetisierbare Eisenoxyde, die durch Red. von durch Fällen von Fe(II)-salz-Lsgg. mit Alkali u. Oxydation mit starken Oxydationsmitteln, z. B. $KClO_3$ oder H_2O_2, gewonnene unmagnet. oder schwach magnetisierbare Eisenoxyde erhalten worden sind. Zweckmäßig wird vor der Red. eine Entwässerung der gefällten u. oxydierten Eisenoxyde bei höherer Temp. vorgenommen. (**D. P. [DDR] 13 913** Kl. 42g vom 22/10. 1953, ausg. 8/10. 1957 [Wirtschaftspatent].) M. F. MÜLLER. 5959

International Business Machines Corp., New York, übert. von: **John W. Gibson,** West Park, N. Y., und **Kenneth A. Lundberg,** Albuquerque, N. Mex., V. St. A., *Herstellen von Ferritkörpern.* 35—50 (Mol.-%) Fe_2O_3, 10—40 MgO u. 15—50 MnO werden gemischt u. bei 900—1500° gebrannt, um Spinellkristalle zu erhalten. Diese Kristalle werden zerkleinert, mit Bindemittel befeuchtet, unter Druck geformt, u. die Körper werden bei ca. 1425—1450° auf einer Unterlage von Pt oder Rh oder ihren Legierungen gesintert. Die Unterlage beeinflußt die *magnet. Körper* derart, daß sie eine rechteckförmige Hysteresekurve mit scharfkantigen Ecken aufweisen. Sie sind bes. für die Verwendung in Gedächtnissystemen von Rechenmaschinen geeignet. (**A. P. 2 842 500** vom 23/1. 1956, ausg. 8/7. 1958.) F. REINHART. 5959

N. V. Philips' Gloeilampenfabrieken (Erfinder: **Gerard Heinrich Jonker, Henricus Petrus Johannes Wijn** und **Poul Bernard Braun**), Eindhoven, Holland, *Herstellung von ferromagnetischem Material.* Man sintert oberhalb 1200°, bes. in O_2-reicher Atmosphäre, eine Mischung von Metalloxyden, die der Zus. $Ba_3CO_2Fe_{24}O_{41}$ entspricht. (**Holl. P. 88 282** vom 10/8. 1955, ausg. 16/5. 1958.) F. BÖHM. 5959

United States of America, übert. von: **Benjamin C. Bradshaw,** Long Branch, und **Rose A. Shuttleworth,** Matawan, N. J., V. St. A., *Galvanisches Primärelement* mit festem Elektrolyten u. Mg oder Al als Lösungselektrode. Der Aufbau der Zellen ist z. B. folgender: Mg—$(MgNO_3)_2 \cdot 6\ H_2O$ (I) eine Mischung aus I u. PbO_2 als Depolarisator oder: Al—$KAl(SO_4)_2 \cdot 12\ H_2O$ (II)-Mischung aus II u. PbO_2. (**A. P. 2 718 539** vom 4/10. 1954, ausg. 20/9. 1955.) F. LAASS. 5971

Thomas A. Edison, Inc., übert. von: **Joseph Donald Moulton,** West Orange, N. J., V. St. A., *Cadmium- und Eisenelektroden für alkalische Akkumulatoren.* Die akt. Cd- u. Fe-Massen enthalten als Expander ca. 1% feste Kautschukteilchen. Die Massen werden mit Latex gemischt u. getrocknet. Die zusammengebackenen Massen werden wieder zu feinen Teilchen zerkleinert u. unter Preßdruck in die Taschen der Elektroden eingefüllt. (**A. P. 2 727 080** vom 29/12. 1953, ausg. 13/12. 1955.) F. LAASS. 5971

Superior Tube Co., Norristown, übert. von: **Richard L. Hoff,** Norristown, und **Ardrey M. Bounds,** Laverock, Pa., V. St. A., *Tassen- oder haubenförmige indirekt beheizte Kathode aus einer Wolfram–Zirkonium–Nickel-Legierung* mit hoher Festigkeit bei Kathodenbetriebstempp., hohem Emissionsvermögen u. geringer Sublimation ist dad. gek., daß die Legierung aus 0,05—1,5 (%) Zr, 1—5 W, Rest im wesentlichen aus Ni besteht. Die Legierung kann neben 0,05—1,5 Zr u. 2—4 W außerdem noch wenigstens ein Aktivierungselement, u. zwar bis 0,07 Mg u./oder bis 0,1 Al enthalten, während der Rest aus Ni mit nicht mehr als 0,02 Si, 0,1 Fe, 0,1 Mn, 0,08 C u. 0,05 Cu besteht. — Abbildungen. (**A. P. 2 833 647** vom 7/3. 1957, ausg. 6/5. 1958.) H. HOCHSTEIN. 5975

Westinghouse Electric Corp., East Pittsburgh, Pa., übert. von: **Willi Lehmann,** East Orange, N. J., V. St. A., *Herstellung von Leuchtschirmen.* Auf das Schirmmaterial (bes. Glas) wird zunächst eine Schicht eines thermoplast. Stoffes (I) aufgetragen u. diese soweit erwärmt, daß die Erweichung gerade beginnt. Dann wird mit einem sehr weichen Haarpinsel Leuchtstoffpulver (II) mit einer Korngröße von 18—36 μ aufgetragen. Dabei sollen nur die feinkörnigsten Teilchen auf I haften bleiben. Durch stärkere oder schwächere Erweichung von I soll es möglich sein, die durchschnittliche Korngröße des festgehaltenen II genau zu regeln. (**A. P. 2 798 821** vom 29/3. 1954, ausg. 9/7. 1957.) A. KALIX. 5975

Chemische Werke Hüls Akt.-Ges., Deutschland, *Elektrochemische Verfahren,* bes. *Alkalichloridelektrolyse.* Eine der dabei verwendeten Elektroden besteht aus einer Schicht eines beständig erneuerten fl. Metalls, welche auf einer festen Metallunterlage ausgebreitet ist. — 12 Zeichnungen. (**F. P. 1 091 919** vom 22/1. 1954, ausg. 15/4. 1955.) M. F. MÜLLER. 5993

IV. Wasser. Abwasser.

Attmore E. Griffin, *Durch den Mangangehalt verursachte Probleme in Wasserversorgungen. Mn* im Trink- u. Brauchwasser kann diese für bestimmte Verwendungszwecke unbrauchbar machen. Vf. empfiehlt, das Mn möglichst restlos aus dem W. zu entfernen. Er diskutiert die möglichen Methoden zur Entfernung des Mn wie bakteriolog. Verff., Oxydation mit Cl_2 oder ClO_2, Ionenaustausch, Belüftung, das ZAPFFE-Verf., die Behandlung mit $KMnO_4$, Katalyse u. Ozonbehandlung u. gibt sodann einen kurzen Überblick über die geschichtliche Entwicklung. (J. Amer. Water Works Assoc. **50.** 1386—88. Okt. 1958. Newark, N. J., Wallace and Tiernan Inc., Div. of Techn. Services.) HANS H. THIELE. 6024

N. T. Putilina, *Über die biologischen Methoden der Reinigung von Phenolabwässern.* Vf. diskutiert die von SHUKOW u. Mitarbeitern (vgl. C. **1957.** 13154) vorgeschlagene biol. Reinigungsmeth. von Phenolabwässern mit Aktivschlamm u. stellt dieser die Erfolge der biochem. Meth. gegenüber. Letztere ist auch ohne vorherige Verdünnung der Abwässer anwendbar u. erweist sich, wie aus den Reinigungskennziffern hervorgeht, der biol. überlegen. — Die Reinigung erfolgt in 2 Stufen: Entfernung von Phenol-, Rhodan-Cyanverbb. mittels speziell gezüchteter Mikroben; biol. Selbstreinigung während der Passage von Biofilteranlagen. Abbauergebnis: 2000—3000 (mg/Liter) Phenol vor, 0,2 bis 5,0 nach der Reinigung; BSB_5: 1190—3145 O_2 vor, 50—119 O_2 nach der Reinigung. — Eine biochem. Reinigung ist selbst dann möglich, wenn die Wässer Rohbenzol, Öle u. Teer enthalten u. Aktivschlamm nicht mehr arbeiten kann. (Гигиена и Санитария [Hyg. u. Sanitätswes.] **24.** Nr. 1. 74—76. Jan. 1959.) R. OBENAUS. 6044

Akito Koga, *Bestimmung kleiner Mengen an Brom und Jod in heißen Quellen durch Mikrodiffusionsanalyse.* Br u. J im W. der heißen Quellen in Beppu wurden durch Mikrodiffusionsanalyse nach CONWAY (vgl. Micro diffusion analysis and volumetric error 1950. London) bestimmt: Br (1,425—5,885 mg/Liter) u. Cl (0,470—2,450 mg/Liter). (J. chem. Soc. Japan, pure Chem. Sect. [Nippon Kagaku Zassi] **79.** 1026—29. Sept. 1958. Beppu, Kyûsyû-Univ., Onken. [Orig.: japan.]) E. MAEKAWA. 6058

Ss. K. Tschirkow, *Titrimetrische Methode zur Bestimmung von Fluor in natürlichen Wässern.* Die Best. des F in natürlichen Gewässern wird genauso durchgeführt wie die Einstellung des Titers von *Thoriumnitrat* (I) mit NaF-Lösung. Zum Titrieren nimmt man 50 ml des natürlichen W. oder eine verd. Probe desselben u. setzt in derselben Reihenfolge u. in den gleichen Mengen die Reagentien, 2,5 ml 0,1 n HCl zu u. titriert mit I-Lsg. nach Eichproben, die Alizarinthoriumlack enthalten. (Журнал Аналитической Химии [J. analyt. Chem.] **12.** 762—63. Nov./Dez. 1957. Staatl. Gorki-Univ. Ural.) E. STEINBERG. 6060

Floyd I. Brownley, jr., *Untersuchungen über die chemischen Grundlagen des Vorkommens von Mangan in Wassersystemen. Mangan* (**I**), das im Rohwasser offenbar in zweiwertiger Form vorliegt, wird häufig durch die Maßnahmen zur Wasseraufbereitung nicht erfaßt u. kann nach dem Ausfallen im Verteilungssyst. zu verschied. Mißständen führen. Da bisher keine einfachen Methoden zur Best. des **I** der verschied. Wertigkeitsstufen bekannt waren, weiß man kaum, in welcher Form das **I** in den natürlichen Gewässern vorliegt. Vf. untersuchte verschied. Bestimmungsverff. auf ihre Brauchbarkeit. Die polarograph. Meth. erwies sich als zu wenig empfindlich. *Tetramethyldiamindiphenylmethan* zur Best. von Mn^{2+} ergab schlecht reproduzierbare Werte. Auch eine Anzahl analoger Verbb. war nicht besser geeignet. Auch die Acetyl–Aceton-Meth. zur Unterscheidung von Mn^{3+} u. Mn^{4+} war zu wenig empfindlich. Die colorimetr. Best. von Mn^{4+} mit p-Phenylendiaminhydrochlorid wurde durch anderswertiges **I** gestört. Eine Anzahl weiterer Reagentien war infolge zu geringer Empfindlichkeit u. Spezifität ungeeignet. Vf. empfiehlt zur Best. von Mn^{2+} die komplexometr. Meth. mit Brenzcatechinviolett (vgl. C. **1957.** 4204—05) oder Fällung des Mn^{4+} u. gravimetr. Best. des Ions. Da Mn^{2+} u. Mn^{7+} unter n. Bedingungen nebeneinander nicht stabil sind, dürfte diese Best. ausreichen. Kontrollbest. des Gesamt-**I** ist anzuraten. Die Unterss. werden mit dem Ziel der Entw. einfacher colorimetr. Verff. fortgesetzt, dabei sollen auch biochem. Methoden u. Redoxmessungen berücksichtigt werden. (J. Amer. Water Works Assoc. **50.** 1389—90. Okt. 1958. Clemson, S. C., Clemson Coll.) HANS THIELE. 6060

Chlorator G. m. b. H., Deutschland, *Ozonisieren von Wasser* durch Mischen einer wss. Ozonlsg. mit W. unter Vermeidung von wesentlichen Ozonverlusten. Dabei wird das zu sterilisierende W. mit einem Gemisch der Ozonlsg. mit O_3 u. Luft oder O_2 zusammengebracht. — 2 Zeichnungen. — Vgl. F. P. 1 086 104; C. **1958.** 9594. (**F. P. 1 086 105** vom 29/10. 1953, ausg. 9/2. 1955. D. Prior. 29/10. 1952.) M. F. MÜLLER. 6025

Comp. des Eaux et de l'Ozone (Erfinder: **Jean Guillerd** und **Maurice Personne**), Frankreich, *Ozonisieren von Flüssigkeiten,* bes. von Wasser. Zum Ozonisieren dient Luft, die mit O_3 in dem Moment in Berührung kommt u. damit angereichert wird, in dem die Luft mit W. oder dgl. gemischt u. emulgiert wird. Der Ozonisator arbeitet mit Plattenelektroden. — Zeichnung. (**F. P. 1 088 579** vom 16/7. 1953, ausg. 8/3. 1955.) M. F. MÜLLER. 6025

Harry S. Basset, Waco, Texas, V. St. A., *Verhütung und Beseitigung von Kesselstein, Schutz gegen Korrosion und Algen* bei Gebrauchswässern, bes. für Wärmeaustauscher, u. bei Salzwässern, die bei der Erdölförderung anfallen. Man ordnet im W. einen z. B. ringförmigen Körper aus einem unedleren Metall als *Cr*, z. B. *Zn* u. bes. *Mg*, an u. leitet gegen diesen SO_2 so lange, bis der p_H-Wert des W. je nach gewünschter Wrkg. auf 7,0—7,8 oder bis zu 4,7 herabgesunken ist. — Beispiele. — Zeichnung. (**A. P. 2 728 726** vom 5/5. 1952, ausg. 27/12. 1955.) E. LINDEMANN. 6031

Sharples Chemicals, Inc., Delaware, übert. von: **Dwight L. Miller,** Wyandotte, Mich., V. St. A., *Abwasserbeseitigung.* Zur Vermeidung von Verbackungen beim Ableiten industrieller Abwässer in tiefere Erdschichten werden die Abwässer zuvor mit Grundwasser aus diesen Erdschichten vermischt u. von dem sich durch chem. Umsetzungen bildenden Nd. durch Absetzen geklärt. (**A. P. 2 707 171** vom 26/7. 1950, ausg. 26/4.1955.) E. REICHELT. 6039

John Henry Onions, Kenilworth, Warwickshire, England, *Mittel zur Korrosionsverhütung in Wärmeaustauschern,* bes. in Kühlern von Verbrennungskraftmaschinen, das Kühl-Fll. aus W., Glykolen u./oder Polyglykolen zugesetzt wird u. Na-Benzoat u.

$NaNO_2$ enthält, gek. durch einen Zusatz von Aryl- oder Ketoaminen oder deren wasserlösl. Salzen. Genannt sind Phenyl-α- oder -β-naphthylamin in Mengen von 0,1%. (**D. A. S. 1 059 716** Kl. 46c[4] vom 17/10. 1956, veröff. 18/6. 1959.) H. SCHINDLER. 6021

V. Anorganische Industrie.

Tadeusz Rosół, *Produktion von Sauerstoff und seine Anwendung.* Übersicht über das LINDE-FRÄNKL-Verf. u. über die Anwendung von O_2 in der chem. u. Hüttenindustrie. (Przemysł chem. **37.** 562—67. Sept. 1958. Chorzów, Inst. Synt. chem.) F. URBAN. H 239

A. B. Bogoljubow, *Das Trocknen von Sauerstoff bei mittleren und hohen Drücken.* O_2, der durch Schmiermitteldämpfe verunreinigt ist, läßt sich bei 10—12 at durch Abkühlen auf $+7^0$ genügend trocknen, um eine Verstopfung langer Rohrleitungen im Winter zu vermeiden. Für O_2, der zur autogenen Schweißung dient, hat sich die Trocknung durch akt. Tonerde bei 100 at u. Wasserkühlung bewährt. (Кислород [Sauerstoff] **11.** Nr. 4. 29—30. 1958.) H. HUBER-EMDEN. H 239

Joseph C. Schumacher und **David R. Stern,** *Laufende Großerzeugung von Ammoniumperchlorat.* Beschreibung der laufenden Großdarst. von NH_4ClO_4 nach $NH_3 + HCl + NaClO_4 = NH_4ClO_4 + NaCl$, der dazu verwendeten Werkstoffe u. Meßgeräte; Einfl. der Arbeitsbedingungen auf die Eigg. des Prod. u. Sicherheitsmaßnahmen. — 13 Schrifttumshinweise. (Chem. Engng. Progr. **53.** 428—32. Sept. 1957. Los Angeles, Calif., American Potash and Chem. Corp.) W. WESLY. H 243

Gustav Klar, *Die wichtigsten Graphitvorkommen der Welt.* Berichtigung zu der C. **1957.** 11405 referierten Arbeit. (Z. Erzbergbau Metallhüttenwes. **10.** 562. Nov. 1957.) M. GEHLEN-KELLER. H 260

Sylvio Fróes Abreu, *Die brasilianischen Vorkommen an Phosphatmineralien.* Allg. Überblick. — 22 Literaturhinweise. (Engenharia, Mineração Metalurg. **28.** 271—73. Nov. 1958.) M. WINIKER. H 264

American Cyanamid Co., V. St. A., *Katalysator* für die *Herst. von H_2* u. *CO_2* aus CO u. Wasserdampf, bestehend aus einem feuchten innigen Gemisch von Fe-Oxyd u. NH_4-Bichromat u./oder -Chromat, zweckmäßig mit Zusatz eines Gleitmittels, wie Graphit. (**F. P. 1 124 956** vom 8/3. 1955, ausg. 22/10. 1956.) W. WITTHOLZ. H 238

Foster Wheeler Ltd., London, England, *Wasserstofferzeugung* aus KW-stoffen (**I**), bes. Methan, u. Dampf (**II**) in von außen erhitzten, mit Katalysator gefüllten Rohren. Die kinet. Energie des unter beträchtlich höherem Druck stehenden **II** wird in einem als Mischer dienenden Ejektor zur Erhöhung der kinet. Energie der unter niedrigem Druck stehenden **I** ausgenutzt. Dadurch erübrigt sich die bisher erforderliche unwirtschaftliche Drosselung des Dampfdrucks auf den Druck des I vor dem Mischen. — Zeichnung. (**E. P. 782 462** vom 5/5. 1955, ausg. 4/9. 1957. A. Prior. 5/5. 1954.) H. KOBS. H 238

Freeport Sulphur Co., New York, N. Y., übert. von: **Bernard A. Axelrad,** Freeport, Texas, V. St. A., *Heißwassererzeugung für die bergmännische Schwefelgewinnung.* Zu den Kesselstein-bildenden Ausgangswässern wird eine kleine Menge feinverteilten erdigen Materials, wie Alluvialablagerungen, Ton, Gips oder Silicagel, mit einer Korngröße feiner als —200 Maschengröße zwecks Bldg. einer Suspension mit 0,5—10 Gew.-% Farbstoffen zugesetzt u. diese Suspension auf die für die S-Gewinnung erforderliche Temp. erhitzt, wobei sich die die Verkrustung (Steinbldg.) verursachenden Salze auf dem erdigen Material absetzen. Dieses W. wird zum Schmelzen des Formationsschwefels in die Gewinnungsstätte eingeführt. (**A. P. 2 817 504** vom 30/9. 1953, ausg. 24/12. 1957.) W. HAUSWALD. H 253

Bolidens Gruvaktiebolag, Schweden, *Rösten von Pyrit* in feingemahlener Form. Das Pyrit wird vorerhitzt, um das As gleichzeitig mit dem S zu sublimieren. Zum Vorerhitzen wird heißes, bereits geröstetes Mineral verwendet, welches mit dem Pyrit in Berührung gebracht wird, um dieses auf mindestens 550^0 zu erhitzen. Danach wird das Gut in demselben Ofen unter Zuleiten von oydierenden Gasen geröstet. Der sublimierte S wird in einer Verbrennungskammer unter Zuleiten von Luft verbrannt. — 5 Zeichnungen. — Vgl. E. P. 748 490; C. **1957.** 7142. (**F. P. 1 123 174** vom 29/4. 1955, ausg. 18/9. 1956. Schwed. Prior. 30/4. 1954.) M. F. MÜLLER. H 253

Pechiney Comp. de Produits Chimiques et Électrométallurgiques, Paris (Erfinder: **Gerhart Pauls,** La Praz), Frankreich, *Herstellung von hochreinem, kompaktem Silicium* durch mehrstufige, therm. Spaltung einer vorgereinigten, gegebenenfalls durch ein inertes Gas verd. Silanverb., dad. gek., daß man von einem $SiHCl_3$ ausgeht, das man in Gefäßen aus B-haltigen Gläsern durch 2fache Dest. vorreinigt, worauf man in einer 1. Spaltungszone bei 800—900^0 die noch vorhandenen Verunreinigungen mit einem Teil des Si abscheidet u. in der 2. Zone bei mindestens 950^0 aus dem nun völlig reinen $SiHCl_3$ das reine Si gewinnt. Zweckmäßig wird das rohe $SiHCl_3$ mit der 3- bis 6fachen Menge H_2 verdünnt. Das reine Si wird abschließend mit HF, NaOH u. W. gewaschen. — Zeichnung. (**D. A. S. 1 054 436** Kl. 12 i vom 11/2. 1957, veröff. 9/4. 1959. F. Prior. 11/2. 1956.) A. GRADL. H 261

Chemische Werke Albert (Erfinder: **Wolfgang Dewald**), Wiesbaden, *Herstellung von viscosen Lösungen Kurrolscher Salze* (Metaphosphate) mittels Lösungsvermittlern, dad. gek., daß zur Gewinnung von Lsgg. definierter Viscosität KURROLsche Salze verwendet werden, die unter Zusatz von 0,5—5 (Teilen) A. je 1000000 Ausgangsubstanz (bes. Monokaliumorthophosphat) in Form von oxyd. Verbb. hergestellt sind oder diese Mengen As enthalten, wobei das As durch V, S oder B in Mengen bis zu 1% (berechnet auf die Ausgangssubstanz) ersetzt sein kann. (**D. B. P. 972 196** Kl. 12 i vom 13/5. 1954, ausg. 4/6. 1959. Anmeldung bekanntgemacht 28/7. 1955.) A. GRADL. H 264

Imperial Chemical Industries Ltd., London (Erfinder: **Peter William Brett Semmens**, Norton-on-Tees), England, *Herstellung von im wesentlichen wasserunlöslichem Kaliumpolyphosphat* mit variablem K:P-Verhältnis, dad. gek., daß ein inniges Gemisch aus prim. NH_4-Orthophosphat u. KCl zunächst auf 200—300° u. danach auf 400—800° erhitzt wird. (**D. A. S. 1 058 034** Kl. 12 i vom 15/2. 1956, veröff. 27/5. 1959. E. Priorr. 16/2. 1955 u. 20/1. 1956.) A. GRADL. H 264

VI. Silicatchemie. Baustoffe.

A. Winter, *Optische Eigenschaften von Gläsern, die aus zwei Elementen bestehen.* Nach einer Zusammenfassung von allg. Regeln aus früheren Arbeiten der Vf. über die Fähigkeit der Elemente, Gläser zu bilden u. der Erwähnung der wichtigen Rolle, die hierbei den Elementen der VI. Hauptgruppe (O, S, Se, Te) zukommt, gibt die Vf. eine Zusammenstellung von Gläsern, die aus einem u. aus zwei Elementen bestehen u. sich von Elementen der III., IV., V. u. VI. Hauptgruppe des Period. Syst. der Elemente herleiten. Die betreffenden Arbeiten werden zitiert. Einige dieser Gläser, die schon auf Grund früherer Arbeiten erwartet wurden, wurden jetzt erschmolzen. Für einige der angeführten Gläser werden Brechungsindices u. Dispersionskoeffizienten angegeben (zum großen Teil aus eigenen Messungen). Es wird gezeigt, daß für eine gegebene Hauptgruppe, z. B. Oxyde der Gruppe IV oder für Oxyde, Sulfide, Selenide u. Telluride des Pb der Brechungsindex mit steigender Ordnungszahl zu u. der Dispersionskoeff. abnimmt. (J. Amer. ceram. Soc. **41.** 464—66. 1/11. 1958. Paris, France, Inst. d'Optique Théorique et Appliqueé.) H.-O. MULFINGER. 6200

I. I. Kitaigorodski und **W. A. Blinow**, *Hitzebeständige Pyrexilgläser.* Es werden 5 Serien von $SiO_2—Al_2O_3—B_2O_3—Me_2O$-Gläsern (Me = Na, K, Li) erschmolzen, in denen der SiO_2-Geh. zwischen 80 u. 94% variiert u. durch steigende Mengen B_2O_3 ersetzt wird. Das Schmelzen erfolgt in oxydierender Atmosphäre bei 1600—1650° (6—8 Std.). Geringen therm. Ausdehnungskoeff. α zeigen bes. die Gläser mit $SiO_2:Al_2O_3:B_2O_3:Me_2O$ = 90:1,8:5,7:2,5 (Me = Na), 91:1,8:5,7:1,5 (Me = Na) u. 91:1,8:6,7:0,5 (Me = Li): $\alpha = 25\cdot10^{-7}$, $21{,}8\cdot10^{-7}$, $16{,}9\cdot10^{-7}$. Die besten Ergebnisse werden mit einer Quarzsandfraktion von 20—1 μ erhalten. (Доклады Академии Наук СССР [Ber. Akad. Wiss. UdSSR] **118.** 351—53. 11/1. 1958.) R. K. MÜLLER. 6200

Kimio Semba, *Benetzung von Metallplatten durch Glasschmelzen.* Mittels Erhitzungsmikroskop wird der Randwinkel zwischen einer Pt- oder Au-Platte u. einem Tropfen eines opt. Glases oder Bleisilicates im Temperaturbereich von 550—1200° gemessen. Die Änderungen des Randwinkels bei konstanter Temp. werden gegen den Logarithmus der Zeit aufgetragen. Es werden 3 Benetzungstypen festgestellt: 1. Die bei verschied. Temp. erhaltenen Kurven können parallel zur Abscisse so verschoben werden, daß die einzelnen Kurven mit der Kurve einer Standardtemp. zusammenfallen; 2. es wird ein Gleichgewichtsrandwinkel erreicht, dessen Wert mit steigender Temp. abnimmt; 3. eine einzige Kurve kann nicht den ganzen Temperaturbereich überdecken; nur Teilstücke der Einzelkurven stimmen in ihrem Verlauf überein. Die Aktivierungsenergie der Benetzung ist mit 40—60 kcal/Mol von derselben Größenordnung wie das viscose Fließen der Gläser. (J. ceram. Assoc., Japan [Yogyo Kyokai Shi] **66.** 213—18. 1958. Kyushu Univ., Fukuoka, Dep. of Appl. Chem. [Orig.: japan.; Auszug: engl.]) P. NEY. 6200

Bert Phillips und **Arnulf Muan**, *Phasengleichgewicht im System Calciumoxyd—Eisenoxyd in Luft und bei 1 at Sauerstoffdruck.* Mischungen mit 55—100 Gew.-% Fe_2O_3 (*F*) wurden zwischen 1100 u. 1670°, p_{O_2} 0,21 at, u. Mischungen mit 79—99 Gew.-% *F* zwischen 1170 u. 1550°, p_{O_2} 1 at, 12—24 Std. getempert, abgeschreckt u. die im Gleichgewicht vorliegenden Phasen mkr. u. röntgenograph. identifiziert. Durch Hochtemperaturröntgenaufnahmen wurde der Beständigkeitsbereich von $CaOF_2$ bestimmt. Die hierfür bisher angenommenen Werte weichen nur wenig ab. Magnetit löst maximal 2,5% CaO (*C*), Hämatit weniger als 1%. Bei Anwesenheit von *C* zers. sich Hämatit bei niedrigeren Tempp. in Magnetit. Die bekannten *C*–*F*-Phasendiagramme wurden entsprechend diesen Ergebnissen modifiziert. Die graph. Darst. erfolgt als Teilabschnitt des tern. Syst. Ca—Fe—O_2 u. als pseudo-bin. *C*–*F*-System. d-Werte der Ferrate C_2F, CF u. CF_2 sind tabelliert. Eingehende Diskussion der Versuchsergebnisse unter Berücksichtigung der älteren Arbeiten. (J. Amer. ceram. Soc. **41**. 445—54. 1/11. 1958. Univ. Park, Pa., Pennsylvania State Univ., Coll. of Mineral Ind.) H.-O. MULFINGER. 6206

E. A. Giess und **M. D. Beals,** *Borfreie weißgetrübte Glasuren, die TiO_2 enthalten.* In einer aus Na_2O, K_2O, B_2O_3, Al_2O_3, SiO_2 u. TiO_2 zusammengesetzten Glasur wird der prozentuale Anteil der einzelnen Komponenten variiert, B_2O_3 bis zum vollständigen Austausch schrittweise durch CaO ersetzt. Die erhaltenen borfreien Glasuren zeigen zufriedenstellende Eigenschaften. Die Zus. der verschied. Versätze, Einschmelztemp. u. Einbrenntemp., sowie Farbe, Oberflächenbeschaffenheit, Trübung u. linearer Ausdehnungskoeff. ($80—100 \cdot 10^{-7}$) der Glasuren sind tabelliert. CaO kann gegen andere Erdalkalioxyde (MeO) u. sonstige 2wertige Oxyde mit wechselndem Erfolg ausgetauscht werden. Trübende Mineralien der MeO-haltigen Glasuren sind Me-Titanate u. Me-Titanite (Sphene). Der Weißgeh. in Abhängigkeit von der Lichtwellenlänge TiO_2- u. Me-Titanat — Me-Titanit — getrübter Glasuren ist graph. dargestellt, die Reflexion der letzteren setzt bei kürzeren Wellenlängen ein. (Amer. ceram. Soc. Bull. **38**. 54—56. Febr. 1959. Amboy, N. J., Titanium Div., National Lead Co.) H.-O. MULFINGER. 6212

Jan Berk und **Jan de Jong,** *Über die Haftfestigkeit von Email auf Stahlblech.* Zur Unters. der Rkk. an der Grenzfläche Metall/Email wurden Mikroskopie, Elektronenoptik u. Röntgenmethoden herangezogen. Die Beobachtungen wurden spektrograph. ergänzt. Es wurde gefunden, daß die Oxyde von Co u. Ni beim Aufbrennen des Emails eine Aufrauhung der Metalloberfläche bewirken, durch die das Haftvermögen erhöht wird. Diese Aufrauhung erfolgt auf elektrochem. Wege. Die Haftung erfolgt jedoch nicht nur mechan., sondern auch adsorptive u. chem. Kräfte sind hier wirksam. (J. Amer. ceram. Soc. **41**. 287—93. 1/8. 1958. Delft, Techn. Phys. Dienst T.N.O., TU.) H. SAALFELD. 6212

Sten Tore Lundin, *Elektronenoptische und Röntgenuntersuchungen über die Porzellanbildung; die Bildung und Mikrostruktur der Mullitphase.* Unter Verwendung der Röntgenstrahlendiffraktion, sowie opt. u. elektronenopt. Verff. ist es möglich, zuverlässige Beobachtungen u. Messungen an gebrannten Kaolinen u. Weißwarekörpern durchzuführen. Die Verff. werden kurz diskutiert u. es wird gezeigt, daß sich Mullit, im Gegensatz zu der vorherrschenden Meinung, in gebrannten Kaolinen zwischen 1000 u. 1200° bildet, u. schon nach kurzer Haltezeit bei 1200° ist der Vorgang beendet. Für die Unters. der Mikrostruktur von Elektroporzellan wird die Verwendung des opt. u. elektronenopt. Mikroskops beschrieben. Das Aussehen der Mullitkristalle, die sich in Tonfeldern gebildet haben, unterscheidet sich beträchtlich von dem der Mullitkristalle in Feldspatfeldern. Im einfachen Lichtmikroskop ist nur eine Teil der Mullitphase sichtbar. (Geol. Fören. **77**. 404—21. Mai/Okt. 1955. Stockholm, Royal Inst. of Technol., Dep. of Appl. Inorg. Chem.) D. ROST. 6214

G. W. Brindley und **M. Nakahira,** *Die Rolle des Wasserdampfes bei der Entwässerung von Tonmineralien.* Wasserdampfatmosphären erhöhen die endotherme Rkk. der DTA. Es wird untersucht: Einfl. von Probenform u. Probenmenge sowie von eingeschlossenem Wasserdampf. Selbst bei morpholog. sehr ähnlichen Tonmineralien können die kinet. Daten nicht direkt zur Berechnung der Aktivierungsenergie dienen; die ARRHENIUS-Gleichung gilt näherungsweise nur für infinit kleine Teilchen. (Clay Minerals Bull. **3**. 114—19. Aug. 1957. Park., Pa., Pennsylvania State Univ., Dep. of Ceramic Technol.) G. PRETZSCHNER. 6216

Jan Voldán, *Der Einfluß der Oxydations- und Reduktionsschmelze auf die Eigenschaften geschmolzener Gesteine.* Durch prakt. Beobachtungen verschied. Schmelzen mit Gesteinen in gleichen Öfen u. nach gleichem technolog. Vorgang angeregt, wurde der Einfl. von Reduktions- (Graphit) u. Oxydationsmitteln (NH_4NO_3) auf das Schmelzen von analyt. bekanntem Melaphyr, Amphibolit, Olivin, Basalt, Basanit, Nephelinit, Leucit u. Diabas systemat. untersucht. Herangezogen wurden die Bestimmungen von Gesamt-Fe-Oxyden, FeO u. Fe_2O_3, die therm. Differentialanalyse, die Beobachtung der sek. Kristallisation, die Wärmedehnung, die Prüfung der mechan. Widerstandsfähigkeit (Abschleiffestigkeit, Druckfestigkeit), die chem. Beständigkeit sowie die elektr. Leitfähigkeit. Für petrurg. Zwecke (vgl. VOLDÁN, Sklář a Keramik **5**. [1955.] 14. 27) zeigen alle Ergebnisse, daß zur Herst. von Qualitätsprodd. es nötig ist, Basaltmaterial möglichst sauer zu schmelzen. Saure Gesteine haben mit Rücksicht auf die höhere Viscosität geringere Kristallisationsneigung. Die Reduktionsschmelze beschleunigt die Kristallisation u. verbessert wesentlich eine Reihe von Eigg. der Massen. Dies ist von entscheidender Bedeutung beim Ausgießen in Metallkokillen, wo infolge größeren Wärmeentzuges glasige Oberflächenschichten verbleiben. Bei langsamer Kristallisation der Oxydationsschmelzen kann die Oberfläche des Abgusses soweit auskühlen, daß eine stärkere glasige Oberflächenschicht zurückbleibt, die dann leicht abspringt. Die Verbesserung der Prodd. sowie die Einführung von Metallkokillen im Sinne einer Produktionssteigerung u. -vereinfachung ist möglich durch Anwendung der Reduktionsschmelze. Da in den Schachtöfen die Gesteinsschmelze mit der Flamme in engen Kontakt kommt, kann die Red. genügen, u. es bedarf keines Zusatzes an Reduktionsmitteln. (Sklář a Keramik **6.** 264—70. Nov. 1956. Hradec Králové, Vyzk. ústav sklářský.) H. FREYTAG. 6218

Kineo Inagaki, *Wärmeleitfähigkeit einiger feuerfester Tone.* Die Unters. von 15 feuerfesten Tonen aus den Präfekturen Aichi u. Gifu (Analysen sind angegeben) ergab, daß die Wärmeleitfähigkeit (WL) mit steigender Temp. zunahm, dabei bis 400° proportional dem Preßdruck bei der Herst. der Probekörper. Bei den Tonen mit Kaolinit als Hauptbestandteil nahm die WL mit abnehmendem Glimmergeh. zu u. mit zunehmendem Geh. an freier Kieselsäure ab. Zwischen der Porosität u. der WL bestand kein einfacher Zusammenhang. (J. ceram. Assoc., Japan [Yogyo Kyokai Shi.] **66.** Nr. 12. 305—10. 1958. Aichi Prefecture, Japan, Pottery Testing Stat. [Orig.: japan.; Auszug: engl.]) P. NEY. 6218

P. P. Budnikow und **R. D. Aselitzkaja** (unter Mitarbeit von **Je. I. Warenikowa**), *Über die bindenden Eigenschaften von γ-2 CaO·SiO₂.* Bisher schrieb man dem γ-2 CaO·SiO₂ keine bindenden Eigg. zu. Zur Klärung wurden β-2 CaO·SiO₂ u. γ-2 CaO·SiO₂ aus reinsten Ausgangsstoffen synthetisiert. Die Unterss. zeigten, daß die bindenden Eigg. nach dem Brand bei reinem γ-2 CaO·SiO₂ u. reinem β-2 CaO·SiO₂ am größten sind. Gemische beider zeigen eine kontinuierliche Abnahme der Festigkeit bis zu 60% bei Gemisch 1:1. (Доклады Академии Наук СССР [Ber. Akad. Wiss. UdSSR] **108.** 515—17. 21/5. 1956.) G. PRETZSCHNER. 6222

Olov Jonsson, *Untersuchungen über die Bindung zwischen Armierung und Beton.* Die umfangreichen Verss. wurden mit zentral armierten kurzen Betonzylindern durchgeführt. Sie können jedoch in der vorliegenden Form nicht zur Abschätzung der Bindungsfestigkeit zwischen Armierung u. Beton in der Baupraxis verwendet werden. (Svenska Forskningsinst. Cement Betong Kungl. Tekn. Högskolan Stockholm, Handl. **1957.** Nr. 29. 1—51. Stockholm, Kungl. Tekniska Högskolan, Svenska Forskn. Inst. for Cement och Betong.) P. NEY. 6224

Chuyo Hisatune und **Akira Shimizu,** *Über durchlässige Gipsgießformen.* Zugabe von Quarzmehl verbessert die Durchlässigkeit, die Wärmeausdehnung, vermindert die Schwindung der Formen u. erhöht die Genauigkeit der Abgüsse. Zugabe von Holzmehl setzt die Empfindlichkeit gegen plötzliche Erhitzung herab; Zugabe von Asbest erleichtert das Abziehen der Form vom Gußstück. Bes. günstige Eigg. besitzt eine „Hydroperm" genannte Masse. (Gypsum & Lime [Tokyo] **1958.** Nr. 37. 10—17. Nov. Nagoya, Univ., Fac. of Engng. [Orig.: japan.; Auszug: engl.]) P. NEY. 6226

G. D. Joglekar, V. M. Bhuchar und **N. R. Subramanian,** *Verbesserung von hochprozentigem Kalkhydrat durch Sichtung.* Durch Sichtung — oder billiger u. einfacher — durch Siebung können die in den Fraktionen über 30 μ angereicherten Verunreinigungen des techn. Kalkhydrats entfernt werden. Gleichzeitig wird dadurch die Farbe verbessert u. das Litergewicht erniedrigt, allerdings auch der CO_2-Geh. durch Aufnahme aus der Luft vergrößert. (Zement-Kalk-Gips **10.** [46.] 202—04. Mai 1957. Neu-Delhi, Indien, Staatl. Physikal. Labor.) P. NEY. 6226

A. P. Panarin, *Periklas-Spinellidziegel.* Die Periklas-Spinellidsteine, deren techn. Herst. ausführlich beschrieben wird, sind ähnlich den Chrommagnesitsteinen. Folgende Daten werden angegeben: Wasseraufnahme 2,85%; Porosität 9,70%; D. 3,69 g/cm³; Preßdruck 900 kg/cm²; Temperaturdeformation unter 2 kg/cm² 1660—1730°; MgO 70,90(%), Cr_2O_3 10,67, SiO_2 4,04, CaO 2,49, Al_2O_3 5,44, Fe_2O_3 3,03, FeO 3,70; Wärmeleitfähigkeit 2,78 kcal/Mol·Grad·sec; Wärmeausdehnungskoeff. $1{,}24 \cdot 10^{-5}$; Periklas mit Ausscheidung von $(MgFe)Cr_2O_3$ 78%; mit $MgCr_2O_4$ u. $MgAl_2O_4$ angereicherte Chromspinellide 15%; Monticellit 7%. (Огнеупоры [Feuerfeste Mater.] **23.** 481—93. 1958. Werk „Magnesit".) G. PRETZSCHNER. 6228

K. Hinz, *Synthetische Hartparaffine im Bautenschutz.* Die nach einem modifizierten Syntheseverf. nach FISCHER-TROPSCH gewonnenen Hartparaffine, welche, mikrokrist. Struktur besitzen, haben sich beim Behandeln von Beton, Natursteinen,

Mauerwerk usw. gut bewährt. Die Imprägnierung kann z. B. nach dem Flammspritzverf., welches beschrieben wird, erfolgen. Vf. beschreibt die Methoden, um die Wasserfestigkeit von mit Hartparaffinpräpp. behandelten Betonmustern, auch unter den Bedingungen der Druckwassereinw., im Vgl. mit unbehandelten zu beurteilen. Schließlich wird die Anwendbarkeit des Verf. auch auf den Korrosionsschutz von Eisen besprochen. (Seifen-Öle-Fette-Wachse **82**. 625—26. 10/10. 1956.) K. SEIFERT. 6228

H. L. Jessberger, *Die bautechnische Bedeutung von Tonschlämmen.* 1. *Tonschlämme als Baustoff.* Tonaufschlämmungen werden zur Abdichtung „mittelporiger" Böden verwendet. Sie sind thixotrop u. zur Gelbldg. befähigt. Günstige Eigg. können Gemische von hochplast. Ton u. Zement haben. Für die Verwendung als Baustoff sind Kenntnisse ihrer mineral. u. chem. Zus. u. rheolog. Eigg. notwendig. Zur Bereitung von „Erdbeton" ist meist eine vorhergehende Aufbereitung des in der Umgebung der Baustelle anstehenden Materials erforderlich. (Bautechnik **35**. 223—27. Juni 1958. München, TH, Inst. für Grundbau u. Bodentechnik.) P. NEY. 6232

Georg Walter Kühl, Landshut/Isar, *Mehrschichtenglas mit veränderlicher Lichtdurchlässigkeit.* In Abänderung des Verf. nach D. A. S. 1 012 752 werden die vorher klimatisierten, die veränderlich lichtdurchlässigen Zwischenschichten (**I**) umschließenden Scheiben unter Verwendung von gegebenenfalls Glasfasermaterial enthaltenden Harzen (ungesätt. Polyester- u. Epoxyharze) in an sich bekannter Weise, sei es an den Rändern oder auf der ganzen Fläche, miteinander verbunden. Die **I** werden zweckmäßig vor der Verb. mit einer Lackschicht oder einer feuchtigkeitsbindenden Folie (Polyvinylalkohol) überzogen, wobei die zu verbindenden Glasflächen bes. mit Haftmitteln (Polyvinylpyrrolidon, Vinyltrichlorsilan u. Chromchloridmethacrylat) vorbehandelt werden. (**D. A. S. 1 048 025** Kl. 39b vom 31/1. 1957, veröff. 31/12. 1958. **Zusatz zu D. A. S. 1 012 752; C. 1958. 6648.**) G. TEWES. 6201

Prismo Safety Corp., Huntingdon, übert. von: **Guy E. Rindone,** State College, Pa., V. St. A., *Glasperlen für Straßenmarkierungen.* Kleine Perlen für Straßenmarkierungen oder dgl., die sowohl wetterbeständig sind als auch einen hohen Lichtbrechungsindex aufweisen, bestehen aus 20—33 (Mol-%) SiO_2, 30—50 TiO_2, bis 32 BaO, bis 26 PbO, bis 9,5 K_2O u. bis 1,0 As_2O_3. — Z. B. weisen Perlen von folgender Zus. einen Brechungsindex von 1,91 auf: 33,0 SiO_2, 34,0 TiO_2, 25,1 BaO, 7,5 PbO u. 0,4 As_2O_3. (**A. P. 2 838 408** vom 28/1. 1955, ausg. 10/6. 1958.) HANS HOFFMANN. 6201

Schmelzbasaltwerk Kalenborn Dr. Ing. Mauritz K. G., Kalenborn bei Linz/Rh. (Erfinder: **Kurt Mauritz,** Honnef), *Erhöhung der Verschleißfestigkeit von Schmelzerzeugnissen.* Die Schmelzmasse aus geschmolzenen Gesteinen wird vor dem Vergießen in Formen über das Schmelzintervall hinaus ca. ½—4 Std. überhitzt. Hierdurch soll ein bes. feinkrist. Erstarrungsprod. erhalten werden. (**D. A. S. 1 053 387** Kl. 80b vom 5/6. 1957, veröff. 19/3. 1959.) F. REINHART. 6209

B. F. Drakenfeld & Co., Inc., New York, N. Y., übert. von: **Thomas D. Carnahan** und **Edwin H. Ray,** Washington, Pa., V. St. A., *Vanadinhaltiges keramisches Farbpigment.* Ein pigmentbildendes, V enthaltendes Gemenge, z. B. 10 (Gewichtsteile) SnO_2 auf 1 NH_4VO_3, wird bei ca. 1260—1320° calciniert, wobei ein Pigment mit ungebundenem V_2O_5 entsteht. Das Pigment wird in W. gemahlen u. mit so viel einer alkal. reagierenden Metallverb., wie Carbonate oder Hydroxyde des Na, Li, K, Mg, Ca, Ba, Zn, Sr oder deren Gemengen, versetzt, daß alles V_2O_5 gebunden wird. Das erhaltene Pigment wird ohne Auftreten von Glasurfehlern als *Glasur-* oder *Unterglasurfarbe* verwendet. (**A. P. 2 847 317** vom 5/7. 1956, ausg. 12/8. 1958.) F. REINHART. 6213

Kimberly-Clark Corp., Neenah, übert. von: **Archibald R. Gmeiner,** Waupaca, Wis., V. St. A., *Keramische Erzeugnisse.* Zerkleinerter Ton wird in einem Tonschneider mit W. u. 0,1—1(%) Sulfitablauge, berechnet auf die Trockenbestandteile, vermischt. Es wird Ca-, Mg-, Ammoniumablauge verwendet, die vor der Zumischung auf einen Geh. von 25—65 an festen Bestandteilen konz. wurde. Die Mischung wird dann geformt u. die Formlinge werden getrocknet u. gebrannt. Der Zusatz von Sulfitablauge verbessert die Plastizität der M. u. die Verteilung des W. in der Masse. (**A. P. 2 839 415** vom 13/9. 1955, ausg. 17/6. 1958.) F. REINHART. 6219

Didier-Werke Akt.-Ges. (Erfinder: **Karl Springer** und **Walter König**), Wiesbaden, *Aufbereitung von Magnesiten.* Der Rohmagnesit wird auf Korngrößen von $<$15(mm) zerkleinert, das Korn $<$2 abgetrennt u. das Korn zwischen 2 u. 15 weiter auf Korn $<$2 zerkleinert. Aus der Gesamtmenge wird das Korn $<$0,09 entfernt. Das von Korn $<$0,09 befreite Gut wird anschließend gesintert u. auf $<$4 zerkleinert. Das Sintergut wird zum Herstellen von Magnesiasteinen u. -massen verwendet. (**D. A. S. 1 055 429** Kl. 80b vom 6/8. 1957, veröff. 16/4. 1959.) F. REINHART. 6219

General Electric Co. Ltd., London, England (Erfinder: **Henry Herbst** und **John Henry Partridge**), *Herstellen keramischer Körper.* 80—99,5 (Gew.-%) Al_2O_3 u. 0,5—20 Glas, beide in Pulverform, werden gemischt u. während oder nach einer Formpressung bei ca. 1400—1650° gesintert, wobei der Glasanteil schmilzt. Das Glas soll einen Ausdehnungskoeff. von 6,5—10,0 ·10^{-6} cm/cm/Grad u. eine Zus. von ca. 48,3 SiO_2, 8,5 K_2O, 3,0 CaO, 31,5 BaO, 2,5 MgO, 5,6 B_2O_3 u. 0,6 As_2O_3 aufweisen. Es werden gasdichte Körper erhalten, die für den Bau elektr. Entladungsapparate geeignet sind. (**E. P. 801 279** vom 14/5. 1956, ausg. 10/9. 1958.) F. REINHART. 6221

Aktiebolaget Kanthal (Erfinder: **Nils Gustav Schrewelius**), Hallstahammar, Schweden, *Hitzebeständiges Material*, bes. für elektr. Widerstände, besteht hauptsächlich aus $MoSi_2$ mit 5—40 Vol.-% Quarzglasfasern. Zweckmäßig werden der Ausgangsmasse noch Disilicide des Ti, Zr, V, Ta u. Cr, sowie bis zu 30 SiC zugesetzt. Die Quarzglasfasern sollen bei einer Länge unter 2 mm einen Durchmesser von 0,001—0,020 mm haben. Aus den Gemengen werden Körper gepreßt, u., nach Vorbrand bei 1200° in H_2, bei 1500 bis 1600° in Luft fertiggesintert. (**D. A. S. 1 051 716** vom 30/4. 1957, veröff. 26/2. 1959. Schwed. Prior. 11/5. 1956.) F. REINHART. 6221

Telefunken G. m. b. H., Berlin (Erfinder: **Hans Pulfrich**, Neu-Ulm), *Verbinden nichtmetallischer Körper mit Metallen.* Zwischen die zur Verb. vorgesehenen Oberflächen wird eine metall., folienartige Zwischenschicht eingelötet, deren Ausdehnungsverh. sich von dem der zu verbindenden Oberflächen unterscheidet, jedoch zusammen mit dem Metallteil im Ausdehnungsverh. dem nichtmetall. Körper angenähert ist. — Z. B. wird auf ein Eisenteil (Wanddicke 0,6 mm) mit Cu–Ni-Lot eine Mo-Folie (Dicke unter 0,07 mm) aufgelötet, mit einem Aktivlot aus Ti, Ag u. Cu kann dann der überzogene Eisenteil mit Al_2O_3-Körpern verbunden werden. Die erste Lötung erfolgt bei ca. 1100°, die zweite bei ca. 900°. (**D. A. S. 1 045 305** Kl. 80b vom 18/4. 1956, veröff. 27/11. 1958.) F. REINHART. 6221

Hermann Kretzschmar, Berlin, *Herstellung eines Mörtelbildners.* Dieser besteht aus Filterasche u. Si-Stoff, wobei letzterer vor dem Vermischen mit der Filterasche durch Rösten in einen abbindefähigen Zustand übergeführt wird. (**D. B. P. 970 910** Kl. 80b vom 31/5. 1950, ausg. 20/11. 1958. Anmeldung bekanntgemacht 1/4. 1954.) HANS HOFFMANN. 6227

Simon-Carves Ltd., Stockport, Cheshire, England (Erfinder: **Gerald Edmund Preston** und **Eric Mortimer Sawdon**), *Silicamörtel.* Einem Mörtel üblicher Zus., z. B. aus 94—95(%) SiO_2, 2—3 Al_2O_3, 1,0 Fe_2O_3, 0,5 TiO_2, 0,5 CaO, 0,1—0,2 MgO u. 0,3 bis 0,5 Alkali wird ein oberflächenakt. Mittel vom Typ $CH_3(CH_2)_xHCOSO_3Na(CH_2)_yCH_3$, wo x u. y zwischen 5 u. 15 liegen, zugesetzt. Dadurch wird die Bildsamkeit des Mörtels verbessert, ohne die Feuerfestigkeit wesentlich zu verschlechtern. (**E. P. 796 172** vom 12/9. 1955, ausg. 4/6. 1958.) F. REINHART. 6227

Alfredo Perrivone fu Salvatore, Palermo, Italien, *Wasserdichtmachen von Gegenständen*, bes. von *Gebäudewänden.* Man trägt eine semikoll. Lsg. von Paraffinen (**I**) auf, die man erhält, indem man je 5 kg eines **I** vom F. 40° u. vom F. 100° in getrennten Behältern schm. u. langsam in zwei getrennte Behälter mit je 5 kg Lösungsm. (z. B. ein Gemisch von Bzl. u. Terpentin) gießt, in jeden der beiden Behälter rasch weitere 40 kg Lösungsm. (z. B. Petroleum) gibt, beide Mischungen bis zum Erkalten rührt u. dann miteinander vermischt. (**It. P. 489 752** vom 12/11. 1951.) K. KOEBKE. 6229

Armstrong Cork Co., Lancaster, übert. von: **Leo L. Tolman**, Manor Township, Pa., V. St. A., *Fußbodenplatten aus Vinylharz* erhält man durch Vermischen von 20 bis 60(%) pulverförmigen Füllstoffen (z. B. gemahlener Kalkstein, Pigmenten), 20—60 faserförmigen Füllstoffen (z. B. Asbest), 10—25 Vinylchlorid–Vinylacetat-Mischpolymerisat (90:10), 1—5 Cumaron–Indenharz (Erweichungspunkt 95—105°, nach der Ring-Kugel-Meth. bestimmt), 0,5—5 Glykol–Phthalat-Harz u. 5—13 Weichmacher. Die Mischung wird bis auf 325° F erhitzt u. etwas unter dieser Temp. verformt. — Vgl. E. PP. 738 794 u. 741 001; C. **1957.** 7819. (**A. P. 2 773 851** vom 22/12. 1952, ausg. 11/12. 1956.) O. SCHÖN. 6229

Armstrong Cork Co., übert. von: **Robert L. Lerch**, Lancaster, Pa., V. St. A., *Begehbare Ziegel* hoher Festigkeit, mit glatter Oberfläche, beständig gegen Öle u. Fette, werden hergestellt aus 30—55(%) anorgan. Füllstoffen, wie Kalk, 25—50 Fasern, wie Asbest, 15—23 eines mit mindestens einem Naturharz modifizierten Phenolformaldehydharz, das mit einem mehrwertigen Alkohol verestert wurde (mit einem E. von 105—142°) u. 4—9 Weichmacher. — Vgl. E. PP. 738 794 u. 741 001; C. **1957.** 7819 u. vorst. Referat. (**A. P. 2 802 797** vom 24/12. 1952, ausg. 13/8. 1957.) G. FRIKELL. 6229

Soletanche, Éntreprise de Fondations et Travaux Hydrauliques, Seine, Frankreich (Erfinder: **Claude Caron**), *Bodenverfestigung.* Zum Wasserundurchlässigmachen von

Sand (0,1 bis 0,2 mm Korngröße) wird eine Mischung von 10 (kg) Bentonit, 100 W. u. 1 $Na_2P_2O_7$ (auch Alkali- oder Erdalkali–Lignosulfonat), der Silicate oder organ. Koll. zugesetzt sein können, injiziert. (**F. P. 1 128 633** vom 1/7. 1955, ausg 8/1. 1957.)
O. KAYSER. 6233

VII. Agrikulturchemie. Schädlingsbekämpfung.

A. V. Slack, *Entwicklungen (auf dem Gebiet) der Superphosphatherstellung.* Vf. vermittelt einen Überblick über die derzeitigen Methoden zur Herst. einfacher *Superphosphat*-Dünger. — 39 Literaturhinweise. (Farm. Chemicals **122.** Nr. 4. 61—65. April 1959.) M. WINIKER. 6282

Julius Silverberg und **George Hoffmeister jr.,** *Flüssige Düngemittel aus Diammoniumphosphat.* $(NH_4)_2HPO_4$ mit 21(%) N u. ca. 53,5 P_2O_5 (gewonnen aus NH_3 u. im elektr. Ofen erzeugter H_3PO_4) ist zur Herst. von fl. Düngemitteln wegen seiner leichten Löslichkeit in W. (p_H 7,8) u. der Möglichkeit, zahlreiche Mischdüngerarten herzustellen, geeignet. Als Beispiele werden genannt ($N–P_2O_5–K_2O$): 9–9–9, 6–12–6, 7–14–7, 5–10–10, 4–10–7, 12–12–9, 13–13–0. (Commerc. Fertilizer **97.** Nr. 2. 28—29. Aug. 1958. Wilson Dam, Ala., Tennessee Valley Authority.) W. WESLY. 6290

Christopher J. Pratt, *Die Herstellung von gekörnten, hochwertigen Mischdüngern.* Übersicht über die Verff. u. Einrichtungen zur Herst. von gekörnten $N–P_2O_5–K_2O$-Mischdüngern. (Brit. chem. Engng. **3.** 300—07. Juni 1958. Stanford, Conn., Dorr-Oliver, Inc.) W. WESLY. 6290

C. E. Franklin, *Der Einfluß der Teilchengröße auf die Ammonisierung.* Tripelsuperphosphat von verschied. Teilchengröße mit konstantem Feuchtigkeitsgeh. wurde mit wasserfreiem Ammoniak ammonisiert. Bei Teilchengrößen unter 80 mesh lag die NH_3-Absorption um ca. 40% höher als bei Teilchengrößen über 6—10 mesh, was eine Bestätigung früherer Ergebnisse bedeutet. (Agric. Chemicals **13.** Nr. 4. 34. April 1958. Bartlesville, Okla., Phillips Petroleum Co.) W. KREIPE. 6290

R. G. Powell, *Temperaturwirkungen bei der Ammonisierung und Trocknung.* Bei der Ammonisierung zerfällt reines *Ammoniumnitrat* (I) signifikant bei ca. 200°, während es in Ggw. von Chloriden oder freier Säure sich bei über 140° zu zersetzen beginnt. Unter n. Betriebsbedingungen werden im Ammonisator jedoch selten Tempp. über 93—139° erreicht. Auch im Trockner findet normalerweise kein Zerfall von I statt, da die M. meist eine Temp. zwischen 65,5 u. 79,4° aufweist. Zusätze von Chloriden erniedrigen gegebenenfalls zu hohe Tempp., u. Gaben von Kaliumcarbonat verhindern die Zers. von I durch die freie Säure des Superphosphats. Auch eine Sublimation wird unter diesen Bedingungen nicht für möglich gehalten. — 6 Literaturangaben. (Agric. Chemicals **13.** Nr. 4. 36—38. April 1958. St. Louis, Mo., Mississippi River Chemical Co.) W. KREIPE. 6290

C. E. Franklin, *Der Einfluß der Temperatur in der Reaktionszone auf den Stickstoffverlust.* Um die N-Verluste bei der Ammonisierung genau zu ermitteln, wurde ein Düngemittel (12:12:12) den Tempp., wie sie in der Reaktionszone des Ammonisators herrschen, ausgesetzt, u. die Abgase wurden analysiert. Bei Tempp. von 320° F u. darunter lagen die N-Verluste (meist in Form von freiem Ammoniak) unter (2 pounds/ton), bei ca. 350° F betrug der Ammoniumchlorid (I)-Verlust ungefähr 5 u. der Verlust an freiem Ammoniak 3 u. bei 370° F wurde ein Verlust von 48 I sowie freiem Ammoniak festgestellt. Zwischen 370 u. 390° F trat eine schnelle, meist spontane Zers. des Düngemittels ein u. spektrophotometr. wurden Verluste von 60 I u. Stickoxyden ermittelt. Sehr ähnliche Ergebnisse lieferte ein anderes Düngemittel (10:20:10). Apparative Möglichkeiten zur Verminderung der Verluste werden aufgezeigt. Vor allem sollten die Reaktionsmengen klein gehalten werden, um eine schnellere Abkühlung u. damit eine niedrige Temp. des ablaufenden Reaktionsprod. zu erreichen. Im Trockner sollte die Temp. des Düngemittels unter 210° F liegen, um N-Verluste auszuschließen. (Agric. Chemicals **13.** Nr. 4. 35—36. April 1958. Bartlesville, Okla., Phillips Petroleum Co.) W. KREIPE. 6290

T. P. Hignett, *Stickstoffverluste während der Herstellung und Lagerung.* Als Hauptursachen für die N-Verluste im Ammonisator werden eine zu große Körnung u. dadurch bedingte schlechte Absorption des NH_3, eine schlechte, apparativ verursachte Verteilung des eintretenden NH_3 u. der Säure, sowie eine zu starke Ammonisation angesehen. Im Trockner entstehen N-Verluste durch Verdampfen von Ammoniumchlorid, Zers. von Diammoniumphosphat oder Harnstoff, was weitgehend durch zu hohe Tempp. verursacht wird. Bei Tempp. von 180—220° F treten diese Verluste normalerweise nicht ein. (Agric. Chemicals **13.** Nr. 4. 38. 117. 119. April 1958. Wilson Dam, Ala., Tennessee Valley Authority.) W. KREIPE. 6290

Władysław Misterski, *Untersuchungen über den Wert von Stallmist aus geschnittenem Stroh als Einstreumittel.* Bei der Lagerung von Stallmist aus kurzgeschnittenem Stroh treten geringere Masseverluste auf als bei Langstrohmist. Der N-Geh. des Dungs aus kurzem Stroh ist höher, die Zersetzungsprozesse verlaufen in ihm schneller. In der Düngewrkg. ist kein Unterschied zu sehen. (Roczniki Nauk rolniczych, Ser. A **76**. 555—68. 1957.) F. URBAN. 6294

Mikko Ylänen, *Über die Eigenschaften des Laufstallmistes.* Die Unters. von 54 frischen Laufstallmisten in Südfinnland ergab folgende Durchschnittswerte: Gesamt-N 6,2 (‰), NH_4-N 1,3, P_2O_5 2,4, K_2O 8,9, p_H 8,4, C/N 18,6. Den höchsten Geh. an Nährstoffen hatten die im Sommer entnommenen Proben. Der Geh. an Nährstoffen ist im Laufstallmist ca. 1,3 mal höher als im n. Stallmist. (Maataloustieteellinen Aikakauskirja [J. sci. agric. Soc. Finland] **30**. 176—88. 1958. Tikkurila, Maatal. tutkimuskeskus, Maanviljelyskemian ja-fysiikan laitos.) S. BECKMANN. 6294

Mihály Krámer, *Modellversuche zur Stallmistgärung.* Es wurde zunächst eine größere Menge Stallmist (**a**) zerkleinert u. homogenisiert. Sodann wurden 1 bzw. 4 kg **a** in Holzformen locker eingelegt oder in aus Glasfasern hergestellte Säcke eingestampft. Zur Erhaltung des Feuchtigkeitsgeh. wurden die Proben mit angefeuchteter Glaswolle bedeckt u. der Versuchstemp. entsprechend zeitweise begossen. Die Proben wurden in gut schließenden Thermostaten 7 Tage bzw. 5 Wochen bei 50—70° unter aeroben u. anaeroben Verhältnissen gegoren. Die Best. von K, N u. P zeigte, daß der Verlust an diesen Nährstoffen bedeutend ist. Wird aber der **a** mit Erde vermischt, so sind die Verluste minimal, sogar wenn das Gemisch ausgebreitet gelagert wird. (Agrokémia és Talajtan **7**. 111—18. Juni 1958. Budapest, Agrochem. Forschungsinst.) J. PLANK. 6294

Mihály Krámer, *Über den Einfluß von Superphosphatzugabe auf den Gärungsverlust des Stallmistes.* In Modellverss. (vgl. vorst. Mitt.) bestimmte Vf. die Nährstoffverluste von frischem, ausgetrocknetem bzw. mit 2 u. 4% *Superphosphat* (**I**) vermischtem Stallmist. 2% **I** verminderten den N-Verlust beim Austrocknen u. während der Gärung des frischen Stallmistes um 10%. 4% **I** verminderten auch den Verlust an organ. Stoffen; eine weitere Verminderung des N-Verlustes trat nicht ein. Im Gegensatz zum frischen Stallmist konnte reifer Stallmist ohne Nährstoffverlust getrocknet werden. (Agrokémia és Talajtan **7**. 119—26. Juni 1958.) J. PLANK. 6294

C. Tietjen, *Bilanzuntersuchungen bei Stallmistaufbereitung in Biogasanlagen.* Bericht über Unterss. an 3 verschied. Biogasanlagen (Verf. SCHMIDT-EGGERSGLÜSS, Verf. REINHOLD, Verf. DUCELLIER-ISMAN). (Z. Pflanzenernähr., Düng., Bodenkunde **77** (**122**). 198—212. 1957. Braunschweig-Völkenrode, Forschungsanst. für Landwirtschaft, Inst. für Humuswirtschaft.) M. WINIKER. 6294

Ernst Ehwald, *Bemerkungen zur Abgrenzung und Gliederung der wichtigsten Bodentypen Mitteleuropas unter dem Gesichtspunkt einer Internationalen Annäherung in der Bodensystematik.* (Z. Pflanzenernähr., Düng., Bodenkunde **80** (**125**). 18—42. 1958. Eberswalde.) M. WINIKER. 6300

P. Hummel, *Rendsinen auf der Hohen Schwabenalb.* Die Rendsinen der Schwäb. Alb wurden systemat. nach Art u. Vork. untersucht. Hierbei zeigte sich, daß das natürliche Syst. von KUBIËNA nur bedingt angewendet werden konnte. Es erwies sich als zweckmäßig, den Relieffaktor in den Fällen einzubeziehen, in denen er stark oder vorherrschend in Erscheinung trat. Mullartige, Mull- u. braune Rendsinen erwiesen sich als Varietätsbegriffe zu eng u. wurden als Subvarietäten angesehen. Als weitergefaßte Varietätsbegriffe kamen unvollkommen entwickelte Rendsinen im engeren Sinne, vollentwickelte, degradierte u. regradierte Rendsinen zur Anwendung. (Z. Pflanzenernähr., Düng., Bodenkunde **77** (**122**). 230—42. 1957. Stuttgart, TH, Geolog.-paläontolog. Inst.) M. WINIKER. 6300

R. Ganssen, *Beiträge zur Kenntnis der Böden des Oberrheingrabens und angrenzender Gebiete.* 3. Mitt. *Die Böden der örtlichen Randgebiete des Oberrheingrabens, insbesondere des Schwarzwaldes.* (2. vgl. C. **1958**. 11055.) Zwischen Oberrheingraben u. Randgebiet (bes. Schwarzwald) bestehen hinsichtlich Klima, Gesteinen (Bodenausgangsmaterial) u. Bewirtschaftung erhebliche Unterschiede. Demzufolge wurden ganz verschied. Böden festgestellt: Vorwiegend kationengesätt. u. sogar verbreitet carbonathaltige, oft steppenartige Böden im trocken-warmen Klima des Rheingrabens u. ausgelaugtere Waldböden im Randgebirge. Auf Hochflächen mit gehemmtem Wasserabfluß (Teile des Nord-, Ostschwarzwaldes u. Odenwaldes) finden sich weitverbreitet Stagnogleye (Missen-, Molkenböden) mit örtlichen Übergängen zu Waldmooren. Auf Hanglagen, bes. im südlichen Schwarzwald u. allg. an den Hängen zum Oberrheingraben konnten, sofern die natürlichen Waldgesellschaften noch in etwa erhalten waren, Braunerden festgestellt werden. (Z. Pflanzenernähr., Düng., Bodenkunde **79** (**124**). 107—19. Dez. 1957.) M. Winiker. 6304

W. Jessen, *Bodenuntersuchungen und Handelsdüngerverbrauch in Kurhessen.* Bodenunterss. in Kurhessen während der Jahre 1948—1957 ergaben, daß die einzelnen Kreise sehr unterschiedlich mit Nährstoffen (P_2O_5, K_2O) versorgt waren. Der P_2O_5-Geh. der Böden war im allg. unzureichend. (Phosphorsäure **19.** 32—37. 1959. Kassel-Hachshausen.) M. Winiker. 6304

W. Hannemann, *8 Jahre Bodenuntersuchung, Düngerbedarf und Düngerverbrauch in Rheinland-Pfalz.* 62(%) der Ackerböden u. 83 der Grünlandböden sind hinsichtlich der P-Versorgung als verarmt anzusehen. In bezug auf die K-Versorgung sind 49 bzw. 75 verarmt. In Rheinhessen liegen die Verhältnisse etwas günstiger. Hingegen weist Rheinland-Nassau 83 P-arme Ackerböden u. 92 P-arme Grünlandböden auf. Auch das Rebland leidet z. T. beträchtlich an Nährstoffmangel. (Phosphorsäure **18.** 185—206. 1958. Speyer/Rhein, Pfälz. Landw. Untersuchungs- u. Forschungsanst.) M. Winiker. 6304

H. Schlager, *Bodenuntersuchungen in Österreich.* Bericht über die bisherigen Ergebnisse der in Österreich seit 1955 laufenden systemat. Bodenuntersuchung. Es zeigt sich, daß die Versorgung der Böden mit Kali im allg. unzulänglich u. die mit P_2O_5 völlig unzureichend ist. (Phosphorsäure **18.** 207—13. 1958. Wien, Österr. Düngerberatungsstelle.) M. Winiker. 6304

R. Balks, *Über die Magnesiumversorgung westfälisch-lippischer Kulturböden.* Bei Ackerland hatten von den untersuchten Sandböden, humosen Sandböden u. lehmigen Sandböden 38% einen niedrigen Geh. an Mg (> 2,5 mg%). 50% waren mittelmäßig (2,5—5 mg%) u. 12% gut (> 5 mg%) versorgt. Von den untersuchten Lehmböden hatten 51% einen Geh. < 5 mg%, 36% einen Geh. von 5—10 mg% u. 13% einen Geh. > 10 mg%. Der Mg-Geh. der Böden stand offensichtlich mit dem Muttergestein in Zusammenhang. Weiter konnte erneut die Erfahrung bestätigt werden, daß im allg. mit zunehmender Versauerung der Böden ihr Geh. an aufnehmbarem Mg absinkt. Unterss. an Grünlandböden ergaben, daß dieselben durchweg besser mit Mg versorgt waren als die Ackerböden. (Phosphorsäure **19.** 38—51. 1959. Münster (Westf.), Joseph-König-Inst.) M. Winiker. 6304

János di Gleria, *Anwendung von Isotopen in der Düngungsforschung.* Übersicht. — 29 Literaturhinweise. (Agrokémia és Talajtan [Agrochem. u. Bodenkunde] **6.** 237—44. Nov. 1957.) J. Plank. 6304

Katalin Darab, *Anwendung von radioaktiven Isotopen bei bodenkundlichen Untersuchungen.* Übersicht. — 24 Literaturhinweise. (Agrokémia és Talajtan [Agrochem. u. Bodenkunde] **6.** 245—50. Nov. 1957.) J. Plank. 6304

F. Scheffer, A. Kloke und **I. Lieberoth,** *Die Phosphorsäureaufnahme junger Roggenpflanzen aus ^{32}P-haltigem organischen Material.* Die Unters. der P_2O_5-Aufnahme von jungen Roggenkeimlingen aus einem Roggenkeimlingsmehl mit markierter P_2O_5 ergab, daß anorgan. u. organ. gebundene P_2O_5 dieses Materials in gleicher Weise pflanzenverfügbar war wie die P_2O_5 einer Superphosphatlsg. Bereits nach 11 Tagen war die Gesamt-P_2O_5 im Keimlingsmehl pflanzenaufnehmbar. (Z. Pflanzenernähr., Düng., Bodenkunde **77** (**122**). 223—29. 1957. Göttingen, Univ., Agrikulturchem. u. Bodenkundl. Inst.) M. Winiker. 6304

Otto Machold, *Untersuchungen mit radioaktivem Phosphor zur Ermittlung der Ausnutzung von Superphosphat auf Thüringer Böden.* Unterss. zeigten, daß im Boden unter natürlichen Verhältnissen zwischen dem Dünger- u. Boden-P ein Isotopenaustausch stattfindet. In Verss. wurden maximal 20% bei tiefer u. 26% bei flacher Unterbringung des Düngers ausgetauscht. Aus diesem Grunde wird die Ausnutzung von Superphosphat bei radiometr. Verss. zu niedrig bewertet. Der durch den Austausch bedingte Fehler ist um so kleiner, je weniger der Boden austauschbaren P enthält, je größer die Düngermenge u. je weniger ausgetauschter Bodenphosphor bzw. je mehr ausgetauschter Düngerphosphor aufgenommen wird. Trotz des Fehlers bei den Bestimmungen der Ausnutzung des Superphosphats durch die radiometr. Meth. eignet sich diese mehr als die übliche Differenzmeth. (Differenz zwischen den gedüngten u. ungedüngten Varianten). — In Gefäßverss. nahm die Gerste bei flacher Einbringung des Superphosphats mehr P_2O_5 auf als beim Vermischen mit dem gesamten Boden (Muschelkalk u. Buntsandsteinverwitterungsboden). Granuliertes Superphosphat (Granulengröße 0,75—2,5 mm) wurde bei guten Feuchtigkeitsverhältnissen besser, bei Trockenheit schlechter als gemahlenes ausgenutzt. In Gefäßverss. mit radioakt. P beobachtete man einen stimulierenden Einfl. in der Jugendentw. der Gerste (im Vgl. zur Variante mit inakt. P), später aber gleichen

sich diese Unterschiede vollständig aus. (Wiss. Z. Friedrich-Schiller-Univ. Jena/Thür., math.-naturwiss. Reihe **6.** 219—20. 1956/57. Landwirtsch.-Chem.-Inst.)
M. GORDIENKO. 6304

F. Scheffer, A. Kloke und **H. v. Sperling,** *Ursachen und Zusammenhänge hoher Phosphatlöslichkeit im Boden.* Es wurde festgestellt, daß 50% der Gesamt-P_2O_5 eines Lößbodens bei Göttingen lactatlösl. waren. Als wesentlichste Ursache dieser außergewöhnlich hohen Lactatlöslichkeit wird der Kalkgeh. des Bodens angesehen. (Z. Pflanzenernähr., Düng., Bodenkunde **72 (117).** 200—14. 1956. Göttingen, Univ., Agrikulturchem. u. Bodenkundl. Inst.)
M. WINIKER. 6304

Armi Kaila, *Die Zugänglichkeit des Phosphors für Pflanzen in einigen jungfräulichen Torfproben.* (Vgl. C. **1959.** 599.) Auf Grund von chem. Unterss. u. Gefäßverss. mit Hafer u. jungfräulichem Torf als alleiniger P-Quelle werden bezüglich des P-Geh. 3 Torftypen unterschieden: 1. mit reichlich anorgan. lösl. P, 2. mit viel festgelegtem, für die Pflanzen spärlich zugänglichem P u. 3. mit geringen, aber leicht lösl. P-Mengen. In einem Inkubationsvers. (4 Monate, 27°) wurden 5—15% des organ. P im Torf mineralisiert. Bei den Gefäßverss. betrug die P-Aufnahme durch den Hafer 20—120 kg/ha. (Maataloustieteellinen Aikakauskirja [J. sci. agric. Soc. Finland] **30.** 133—42. 1958. Helsinki, Univ., Depart. of Agric. Chem.)
S. BECKMANN. 6304

Azuma Okuda und **Shiro Hori,** *Untersuchungen über die Wirkung von Huminsäure auf die Verfügbarkeit der Phosphorsäure.* Zwei 10 g-Proben von 4 verschied. Böden (p_H 4,9, 6,2; C-Geh. 0,71—3,26%) wurden a) unbehandelt, b) nach Zusatz von 1% K-Humat, c) nach Zerstörung der organ. Substanz mit 30%ig. H_2O_2 u. d) nach Zerstörung der organ. Substanz u. Zusatz von 1% K-Humat in 50 ml einer P-haltigen Lsg. (100 mg P_2O_5 enthaltend) dispergiert, 1 Std. lang geschüttelt, über Nacht stehengelassen u. filtriert. Im Filtrat wurde darauf der nicht adsorbierte P bestimmt. Die P-Zusatzlsg. war durch HCl bzw. KOH auf verschied. p_H-Werte eingestellt worden. — Zwei Böden zeigten unbehandelt die für montmorillonit. Tonminerale typ. Adsorptionskurve: Bei einer minimalen P-Adsorption bei p_H 5 wurde zum sauren u. alkal. Bereich hin eine Zunahme festgestellt. Die beiden anderen Böden zeigten hinsichtlich der P-Adsorption allit. Charakter: Mit zunehmendem p_H-Wert nimmt die P-Bindung ab. In allen Testböden wurde durch Zerstörung der organ. Substanz die P-Fixierung erhöht, durch Zugabe von Huminsäure dagegen herabgesetzt. Diese Erscheinung wird darauf zurückgeführt, daß die organ. Komponenten des Bodens (Huminsäuren usw.) befähigt sind, mit Fe u. Al Komplexe zu bilden, wodurch die Fixierung zugegebenen Phosphats in Form unlösl. Fe- u. Al-Phosphate vermindert wird. (Soil Plant Food [Tokyo] **2.** 195—97. März 1957. Kyoto Univ., Fac. of Agriculture. [Orig.: engl.])
W. WERNER. 6304

G. W. Cooke, *Der Wert von Rohphosphaten für die unmittelbare Anwendung.* Düngeverss. mit Rohphosphaten mit 13,9—40,3(%) Gesamt-P_2O_5, 0—78 citronensäurelösl. P_2O_5, 0—4,0 F u. ihre Ergebnisse, gemessen am Ertrag zahlreicher Gewächse (Zahlentafeln), im Vgl. mit Superphosphat. (Empire J. exp. Agric. **24.** 295—306. Okt. 1956. Harpenden, Rothamsted Exp. Stat.)
W. WESLY. 6304

H. Birecka, Wł. Misterski, A. Lisiewicz und **J. Zdziebłowski,** *Die Wirkung von Phosphordüngemitteln in Abhängigkeit von der Anwendungstechnik.* Eingeeggte *P*-Dünger zeigen unabhängig von ihrer Form gleiche Wirkung. Bei Glühphosphaten ist Einackern günstiger als Eineggen. Bei Reihensaat kann zwischen kleinen u. großen Gaben an granuliertem *Superphosphat* (I) nicht unterschieden werden. Granuliertes u. ammonisiertes I hat dieselbe Wrkg., wie nicht ammonisiertes. *Mg-Thermophosphat* ist bei entsprechend feiner Vermahlung anderen P-Düngemitteln ebenbürtig. Die Ergebnisse der Feldverss. gelten für leichte, schwach saure Böden mit kleinem Geh. an assimilierbarem P_2O_5. (Roczniki Nauk rolniczych, Ser. A **76.** 529—54. 1957. Poznań, WSR, Zakł. Chem. roln., Baborówko, IUNG.)
F. URBAN. 6304

N. R. Marcussen, *Die Bedeutung der Phosphorsäure für die Verbesserung der Grünlandleistung.* An Hand der Ergebnisse eigener Verss. demonstriert Vf. die Möglichkeit einer Verbesserung von Wiesen u. Weiden durch P_2O_5-Gaben. (Phosphorsäure **18.** 232—42. 1958. Husum.)
M. WINIKER. 6304

M. Siebold, *Der Einfluß langjähriger statischer Düngung auf Pflanzenbestand, Ertrag und Futterwert von Dauerwiesen.* Ausführliche Fassung der C. **1958.** 13082 referierten Arbeit. (Phosphorsäure **18.** 255—64. 1958.)
M. WINIKER. 6304

T. P. van Gessel, *Düngung der Tomate.* Auf Grund eigener Unterss. gibt Vf. Hinweise für die Praxis unter besonderer Berücksichtigung der Notwendigkeit einer adäquaten Phosphorversorgung. (Phosphorsäure **18.** 265—75. 1958. Wageningen.)
M. WINIKER. 6304

S. Gericke, *Phosphatdüngung und Stärkegehalt der Kartoffel.* Unterss. der Zusammenhänge zwischen Phosphatdüngung u. Stärkegeh. der Kartoffel ergaben, daß in der überwiegenden Mehrzahl der Fälle mit einem positiven Einfl. der Phosphatdüngung auf den Stärkegeh. zu rechnen ist. (Phosphorsäure **19.** 27—31. 1959. Essen-Bredeney.) M. WINIKER. 6304

H. Wegner, *Die Bedeutung der Phosphorsäure für die Eigenschaften der Kartoffelstärke.* Die von der Kartoffelknolle aus dem Boden aufgenommene Phosphorsäure (I) wird zu einem wesentlichen Teil zum Aufbau des Stärkekorns benutzt. Somit kann der I-Geh. der Stärke je nach der Höhe der I-Düngung in weiten Grenzen schwanken. Stärken mit hohem I-Geh. zeichnen sich im allg. durch hohe Viscosität (Ergiebigkeit) ihrer Kleister aus. — 20 Literaturhinweise. (Phosphorsäure **19.** 16—26. 1959. Berlin, Bundesforschungsanst. für Getreideverarbeitung, Stärkeabt.) M. WINIKER. 6304

P. W. Kürten und **H. Burghardt,** *Die Bedeutung der Nährstoffe Phosphorsäure und Kali für die Wirkung der Stickstoffdüngung im Kartoffelbau.* Bei N-Steigerungsverss. mit schwefelsaurem Ammoniak zu Kartoffeln wurden hinsichtlich des Einfl. der P- u. K-Versorgung des Bodens sowie der P- u. K-Düngung auf die N-Wrkg. folgende Feststellungen getroffen: Bei gut mit P versorgten Böden lagen Kartoffelerträge u. Stärkegehh. durchweg höher als auf schlecht versorgten. Diese Unterschiede traten bei gleichzeitiger N-Düngung verstärkt in Erscheinung. Mit steigendem K-Geh. des Bodens erhöhten sich die Kartoffelerträge in noch stärkerem Umfange (ebenso die Stärkegehh.). Bei allen P- u. K-Versorgungsklassen des Bodens war die relative Ertragssteigerung durch die N-Düngung annähernd gleich hoch. Die Erzeugungsleistung je kg N verbesserte sich jedoch mit zunehmendem P- u. K-Geh. des Bodens ganz erheblich. Durch Erhöhung der P-Düngung erzielte Mehrerträge waren bes. groß, wenn gleichzeitig die N-Gabe gesteigert wurde. Das gleiche wurde bzgl. der K-Düngung beobachtet. (Phosphorsäure **19.** 1—15. 1959. Bochum.) M. WINIKER. 6304

Ju. P. Ssirotin und **M. W. Dankowa,** *Über den Einfluß von Stickstoff- und Phosphordüngung auf mehrjährige Gräser.* Im Herbst zu Winterweizen in Mengen von 20 kg/ha u. im Frühjahr als Kopfdüngung (30 kg/ha) gegeben, bewirkte NH_4NO_3 eine wesentliche Erhöhung des Kornertrages, jedoch eine Verminderung des Heuertrages von im Frühjahr in Weizen untergesätem Gemenge von Klee mit Timothee. Auch auf die Qualität von Heu wirkte NH_4NO_3 negativ, indem es den Anteil von Klee dezimierte. Dies erklärt sich durch Schwächung der Knöllchenbldg. u. der N-Fixierung beim Klee unter dem Einfl. der N-Düngung: in Vegetationsverss. zählte man auf den Wurzeln der mit N gedüngten Kleepflanzen im Durchschnitt 252 Knöllchen pro Pflanze gegenüber 694 bei den mit KP gedüngten. Superphosphat allein erhöhte sowohl den Weizen- als auch den Heuertrag wesentlich. Beidüngung mit N zu Superphosphat wirkte negativ, vor allem auf die Menge u. das Gewicht der Knöllchen auf den Kleewurzeln. (Земледелие [Ackerbau] **6.** Nr. 10. 46—51. Okt. 1958. Allunion-Inst. für Düngung u. Agrobodenkunde.) M. GORDIENKO. 6304

S. K. Ries und **R. L. Carolus,** *Der Einfluß des Nährstoffverhältnisses auf das Wachstum von Einmachgurken.* Eingehende Verss. ergaben, daß das optimale Nährstoffverhältnis (N : P : K), das eine frühe Reife u. einen maximalen Ertrag von mehr als 400 bushels/acre verspricht, 20 : 160 : 80 lb/acre beträgt. Prakt. Hinweise für entsprechende Düngung werden gegeben. Die jeweils im Boden vorliegenden Nährstoffverhältnisse müssen unbedingt Berücksichtigung finden. (Michigan State Univ. Agric. appl. Sci., agric. Exp. Stat., quart. Bull. **40.** 659—68. Febr. 1958.) W. KREIPE. 6304

H. Kuntze, *Die Messung der Regenverdaulichkeit in Abhängigkeit einer starken Phosphat- oder Kalkversorgung bei Marschböden.* Auf mehreren Marschböden wurden zu verschied. Jahreszeiten mehrjährige Dauerverss. mit hohen Kalk- u. Phosphatgaben im Hinblick auf die Möglichkeit einer Verbesserung der Bodenstruktur durchgeführt. In allen Fällen wurde durch Kalk u. Phosphat die „Regenverdaulichkeit" (das im jeweiligen Zustand maximale, kurzfristige Aufnahmevermögen von Niederschlägen u. deren möglichst rasche Versickerung in den Untergrund) erhöht, d. h. die Bodenstruktur verbessert. Die beste Wrkg. wurde immer dann erzielt, wenn Kalk u. Phosphat gleichzeitig zur Anwendung kamen u., falls möglich u. erforderlich, durch Dränung unterstützt wurden. (Phosphorsäure **19.** 52—66. 1959. Infeld, Grünlandlehranst. u. Marschversuchsstat. für Niedersachsen.) M. WINIKER. 6304

R. Themlitz, *Zur Phosphorsäuredüngung junger Forstpflanzen.* Bei Nadelholzpflanzen in forstlichen Anzuchtbetrieben auftretende Schäden sind sehr oft durch Störungen des Phosphathaushalts infolge von Überkalkung bedingt, worauf meist schon die Best. des Boden-p_H einen sicheren Hinweis gibt. Der absol. Nährstoffgeh. der Pflanzen ist jedoch weniger von Bedeutung als das Ca/P-Verhältnis. Ein ungünstig weites Verhältnis kann durch zusätzliche P-Düngung verengt werden. Einseitige Düngung (ohne P) führte selbst auf phosphorsäurereichem Boden zu P-Mangel als Folge eines Verdünnungseffekts in der Pflanze. In einem Vegetationsvers. mit Fichtensämlingen wurde die Nachwrkg. von *Thomasphosphat* (I) u. *Rhenaniaphosphat* geprüft. Beide wirkten sich hinsichtlich Pflanzenproduktion sowie Versorgung mit Kalk u. Phosphorsäure günstig aus. Außerdem erwies sich das im I enthaltene Mn als pflanzenaufnehmbar. (Phosphorsäure **18.** 214—19. 1958. Hann.-Münden, Inst. für Forstl. Bodenkunde.) M. WINIKER. 6304

J. C. Charlon, *Die Düngewirkung von Thomasphosphat bei Waldbäumen.* In einem Düngungsvers. zu Fichten bestätigte sich erneut die günstige Auswrkg. von *Thomasphosphat* auf das Wachstum von Forstpflanzen. (Phosphorsäure **18.** 220—24. 1958. Nantes.) M. WINIKER. 6304

S. Gericke und **C. Bärmann,** *Gemeinsame Kalk- und Phosphatdüngung im Forst.* Bericht über Verss., aus deren Ergebnissen hervorgeht, daß kein Bedenken dagegen besteht, die Thomasphosphatdüngung im Wald gleichzeitig mit der Kalkdüngung unter Verwendung der Kalkkanone oder eines anderen Blasgeräts vorzunehmen. (Phosphorsäure **18.** 227—31. 1958. Essen-Bredeney.) M. WINIKER. 6304

K. Schmalfuß und **G. Michael,** *Kondensationsprodukte von Harnstoff und Formaldehyd als Stickstoffquelle für die Ernährung der Pflanzen.* Bericht über Verss., deren Ergebnisse darauf schließen lassen, daß Polymerisationsprodd. aus Harnstoff u. Formaldehyd (*Ureaform*) als langsam wirkende N-Dünger eingesetzt werden können. (Z. Pflanzenernähr., Düng., Bodenkunde **72** (**117**). 193—200. 1956. Halle, Univ., Inst. für Pflanzenernährung u. Bodenkunde; Jena, Univ., Landw.-Chem. Inst.) M. WINIKER. 6304

H. C. De Roo, *N-Quellen für Connecticut-Tabak.* Bericht über umfassende N-Düngungsverss. zu Tabak, deren Ergebnisse im wesentlichen mit den bei früheren Verss. erzielten (C. **1959.** 11044) übereinstimmen. (Connecticut agric. Exp. Stat., New Haven, Bull. Nr. **623.** 2—12. April 1959.) M. WINIKER. 6304

J. Lesage, *Die Stickstoffdüngung von Mais.* Am Beispiel von in verschied. Gegenden Frankreichs gemachten Erfahrungen demonstriert Vf. die Bedeutung der N-Düngung für Maiskulturen. (Bull. Engrais **1959.** 63—65. April.) M. WINIKER. 6304

Tom Eastwood und **James Watts,** *Die Wirkung von Stickstoffdüngung auf die Qualität von Kartoffelchips.* 2. Mitt. *Spezifisches Gewicht.* (1. vgl. C. **1957.** 11695.) Bei den Verss. mit verschied. N-Düngung zu Kartoffeln konnte keine Relation zum spezif. Gewicht festgestellt werden, andere Faktoren überschatteten weitgehend die Ergebnisse. Bes. die Sorte u. das Verhältnis von N zu K_2O beeinflußten das spezif. Gewicht. (Amer. Potato J. **33.** 211—13. Juli 1956.) W. KNÖPKE. 6304

K. Rauhe und **M. Hesse,** *Die Rolle der organischen Düngung bei der Steigerung der Hackfruchterträge, einschließlich Mais.* Auf Grund der Ergebnisse eigener Verss. empfehlen Vff. zur besseren Versorgung anlehmiger bis lehmiger Sandböden mit organ. Substanz: Verminderung der Lagerungsverluste beim Stallmist durch Stapelmistbereitung, Verhütung von N-Verlusten bei Stalldungausfuhr durch sofortiges Einpflügen, stärkere Einschaltung von Gründüngung, Ausdehnung des mehrjährigen Futterpflanzenanbaus, verstärkten Anbau bodenverbessernder Pflanzen. (Dtsch. Landwirtsch. **10.** 284—88. Juni 1959. Müncheberg (Mark), Inst. für Acker- u. Pflanzenbau der Deutschen Akad. der Landwirtschaftswissenschaften zu Berlin.) M. WINIKER. 6304

A. J. Hiatt und **H. F. Massey,** *Zinkangebot in bezug auf den Zinkgehalt und das Wachstum von Mais.* In Nährlsg. ohne Zn gezogene Maispflanzen zeigten starke Mangelsymptome u. enthielten 18 p.p.m. Zn. Auf Nährlsgg. mit 0,05 p.p.m. Zn gewachsene Maispflanzen wiesen geringe Mangelsymptome auf u. enthielten 9 p.p.m. Zn. Normales Aussehen hatten auf 0,14 p.p.m.-haltigen Nährlsgg. gezogene Maispflanzen, die 16 p.p.m. Zn enthielten. Gleiche Ergebnisse ließen sich in Feldverss. erzielen. Für die Erscheinung, daß starke Mangelsymptome bei geringem Wachstum eine hohe Zn-Konz. in den Pflanzen zur Folge haben, während geringe Mangelsymptome bei besserem Wachstum mit der geringsten Zn-Konz. in den Pflanzen verbunden sind, werden mögliche Erklärungen erörtert. — 7 Literaturangaben. (Agronomy J. **50.** 22—24. Jan. 1958. Lexington, Ky., Agronomy Dep., Kentucky Agricultural Exp. Stat.) W. KREIPE. 6304

A. W. Peterburgski und **N. K. Ssidorowa,** *Über die Bedeutung von Molybdän für Klee und andere Kulturen auf sauren Böden.* Klee bzw. Luzerne im Gemenge mit Gramineen spritzte man in der Phase der Blütenbldg. bzw. zu Beginn der Blüte mit 0,1% ig. Lsg. von $(NH_4)_2MoO_4$ (I) in Mengen von 136—2172 g/ha. Die besten Ergebnisse erzielte man mit kleinen I-Dosen (136—543 g/ha), die den Heuertrag um 12—18% u. die Proteinmenge im Heu um 28—41% erhöhten. Wesentlich stieg auch der Mo-Geh. in den Pflanzen. Die Wrkg. von Mo äußerte sich jedoch nicht auf allen sauren Böden. Bei niedrigem Geh. an beweglichem Al im Boden wirkte Mo stärker als bei viel Al. Auf Zuckerrüben auf sauren Böden zeigte I überhaupt keine Wrkg., während Kalkung hier eine große Ertragssteigerung bewirkte. Auf gekalkten Böden wirkte I sehr schwach oder überhaupt nicht. Im allg. wirkte die Kalkung auf sauren Böden auf die Ertragssteigerung sicherer als Gaben von I. Außerdem erhöhte Kalkung die Aufnahme von I durch die Pflanzen. Hohe I-Dosen (0,25—0,50 mg/kg Boden) unterdrückten die Entw. des Klees, u. zwar durch Hemmung der Aufnahme von P. Anfeuchten des Saatgutes vor der Aussaat in einer 0,05n I-Lsg. wirkte bei Klee negativ, bei Erbsen u. Hafer nur schwach positiv. Noch empfindlicher zeigte sich gegen I gelbe u. blaue Lupine, was sich möglicherweise durch den hohen Mo-Geh. ihrer Samen erklärt. Senf reagiert auf I in keiner Weise. Im Boden steigt die Beweglichkeit von Mo mit der Verminderung der Acidität. (Известия Тимирязевской Сельскохозяйственной Академии [Nachr. landwirtsch. Timirjasew-Akad.] **1958.** Nr. 3. 59—82.) M. GORDIENKO. 6304

G. Krzysch, *Blattdüngung mit Mineralsalzen.* Zusammenfassender Überblick an Hand der Literatur (98 Hinweise). (Z. Pflanzenernähr., Düng., Bodenkunde **80** **(125)**. 42—55. 1958. Berlin, Techn. Univ., Inst. für Pflanzenernährung, Bodenchemie u. Bodenbiologie.) M. WINIKER. 6304

István Szabó und **Mária Marton,** *Über die geographische Verbreitung von im Boden lebenden, Antibiotica erzeugenden Mikroorganismen.* Übersicht. — 90 Literaturhinweise. (Agrokémia és Talajtan [Agrochem. u. Bodenkunde] **6.** 369—76. Dez. 1957.) J. PLANK. 6306

J. G. Sheals, *Untersuchungen an Bodenbewohnern.* 1. Mitt. *Wirkung der Bodenbehandlung und der Anwendung von Insekticiden.* Behandlung des Bodens mit *BHC* (I) verursachte einen starken Rückgang der Kleingliederfüßer, *DDT* (II) einen solchen der Milben, aber eine bemerkenswerte Vermehrung der Collembolen. I+II-Behandlung bewirkte ebenfalls starkes Anwachsen der Collembolen u. einen Rückgang der Räubermesostigmata gegenüber I allein. In den meisten Fällen der I-Behandlung wurde die Wrkg. 17 Monate später sichtbar, doch trat im Februar 1952 eine zeitweilige Vermehrung der nahe an der Bodenoberfläche wohnenden Collembolen bei I ein. Unter den durch Insekticidbehandlung Oktober 1951 red. Arten wurde im Oktober 1952 eine bemerkenswerte Wiederbesiedlung mit Punctoribates punctum Koch nach II-Behandlung beobachtet. — 24 Literaturangaben. (Bull. entomol. Res. **47.** 803—22. Dez. 1956. Wolverhampton, National Agric. Advisory Serv.) FRITZ MÜLLER/Ludwigshafen. 6306

Juan Gostinchar, *Empfindlichkeit von Unkräutern in Wintersaaten gegenüber selektiven Herbiciden auf Basis 2.4-D und 2.4.5-T.* Übersicht über die Pflanzenfamilien der Unkräuter u. Vgl. ihres Verh. gegenüber *2.4-D-* u. *2.4.5-T*-Mitteln als Unterlage für die Wahl der Dosis u. zur Prognose des Erfolgs. (Agricultura [Madrid] **27.** 125—30. März 1958.) R. K. MÜLLER. 6312

I. A. Makodseba und **W. Ss. Podoprigora,** *Neue Herbicide zur Unkrautbekämpfung in Maissaaten.* Die Präpp. „*E-1*" (saurer Phthalsäureester von 2.4-Dichlorphenoxyäthanol), „*E-12*" (saurer Phthalsäureester von 2.4.5-Trichlorphenoxyäthanol) „*DE-1*" (2.4.2'.4'-Tetrachlordiphenoxyäthan), „*T-1*" (2.4.5-Trichlorbenzoesäure) u. „*T-2*" (2.3.6-Trichlorbenzoesäure) haben sich bei der Unkrautbekämpfung in Maissaaten gut bewährt. Die optimalen Dosierungen für „E-1", „E-12", „DE-1" u. „T-2" betragen 4 kg/ha u. für „T-1" 8 kg/ha. Ungünstige Einfll. auf den Mais konnten nicht festgestellt werden. (Доклады Всесоюзной ордена Ленина Академии Сельскохозяйственных Наук имени В. И. Ленина) [Ber. Allunions landwirtsch. (Lenin-Orden) Lenin-Akad.] **24.** Nr. 4. 19—23. 1959. Unionsinst. für Maisanbau.) H.-D. BOCK. 6312

G. P. Kutusow, *Anwendung von Isopropylphenylcarbamat zur Vernichtung von einjährigen Unkräutern in Futterrübensaaten.* 10 kg/ha *Isopropylphenylcarbamat* wurden mit Erfolg zur Vernichtung von Ackerspark, Vogelmiere u. Ampferknöterich in Futterrübenschlägen angewandt. Die Einbringung erfolgte zusammen mit dem N-Dünger vor oder nach der Rübenaussaat. Die Dosis muß entsprechend der Bodenart variiert werden. Feuchtigkeit hat keinen Einfl. auf die Wrkg. des Präparates. (Доклады Всесоюзной ордена Ленина Академии Сельскохозяйственных Наук имени В. И. Ленина [Ber. Allunions landwirtsch. (Lenin-Orden) Lenin-Akad.] **24.** Nr. 4. 24—27. 1959. Allunions Williams-Inst. für Futtermittel.) H.-D. BOCK. 6312

J. P. Salinger, *Chemische Unkrautbekämpfung bei Gladiolen.* Vorschriften für die Anwendung von *CMU, DCMU, Neburon, CIPC* u. *Dinoseb/Dinosam* mit Dieselöl in Gladiolenkulturen zur Unkrautbekämpfung. (New Zealand J. Agric. **97.** 535—36. 15/12. 1958. Wellington, Dep. of Agric.) W. KNÖPKE. 6312

Sergio Alvarez Requejo, *Die chemische Auslichtung der Apfelblüten.* Auf Grund von amerikan. Erfahrungen wird empfohlen, durch chem. Behandlung, z. B. mit Na-Dinitro-o-kresylat (Elgetol), die Apfelblüten auszulichten, um statt des zweijährigen Ertrags eine jährliche Ernte zu erzielen. Beschreibung der Mittel u. der Arbeitsweise. (Agricultura [Madrid] **27.** 310—13. Juni 1958.) R. K. MÜLLER. 6312

G. Reinken, *Untersuchungen über die Wirkung des Pflanzenschutzmittels „TUZET" auf das Triebwachstum und die Früchte verschiedener Apfelsorten.* Bericht über zweijährige Behandlungen von Apfelbäumen der Sorten James Grieve, Geheimrat Oldenburg, Cox Orange (**a**), Golden Delicious (**b**) u. Jonathan (**c**) mit dem Fungicid *TUZET* (Kombinationspräp. aus *TMTD, Ziram* u. *dimethyldithiocarbaminsaurem Methylarsin*), die im wesentlichen zu folgenden Ergebnissen führten: Keine der Sorten wies eine gesicherte Verminderung des Triebwachstums auf. Bei **b** waren deutliche Verminderungen der Erträge u. der Fruchtzahlen festzustellen, während andere Sorten mit nicht eindeutigen Schwankungen bzw. mit sich im 2. Versuchsjahr nicht bestätigenden Ertragssteigerungen u. Erhöhungen der Fruchtzahl auf das Mittel reagierten. Der Anteil großer Früchte am Sortierungsergebnis wurde bei **a**, **b** u. **c** erhöht. Bei allen Sorten wurde die Ausfärbung der Früchte verbessert. Die Haltbarkeit der Früchte wurde bei allen Sorten nicht beeinträchtigt. Ein Einfl. der Behandlung auf die Berostung war nicht feststellbar. (Höfchen-Briefe **12.** 98—110. 1959. Bonn.) M. WINIKER. 6312

S. C. Chambers, *Spritzungen zur Bekämpfung von Septoria apii Chester an Sellerie.* Zur Bekämpfung von Septoria apii an Sellerie wurden Spritzfolgen mit verschied. Fungiciden getestet. Dabei schnitt *Bordeauxbrühe* (I) am besten ab, *Phygon* war nur wenig schlechter, verursachte aber Wachstumsdepressionen. *Ziram, Zineb, Captan, Thiram, Vancide* u. *Ferbam* konnten nicht befriedigen. Durch I wurden Verfärbungen an den Blättern verursacht, die eine Beeinträchtigung der Marktfähigkeit bedingten. (J. Agric. Western Australia (3) **7.** 632—34. Nov./Dez. 1958.)
W. KNÖPKE. 6312

G. C. Wade, *Die Bekämpfung der Braunfäule an Aprikosen mit Fungiciden.* Zur Bekämpfung von Braunfäule an Aprikosen haben sich Spritzungen mit *Thiram* u. *Manam* während des Abfallens der Blütenblätter bewährt, in der Zeit der Fruchtreife müssen die Behandlungen wiederholt werden. Durch *Ziram, Captan, Dichlone, Chloranil, Laurylisochinolinbromid, Phenylquecksilbertriäthanolaminlactat* u. *Cu* wurden Berostungserscheinungen, nekrot. Flecke, Chlorosen u. Blattfall hervorgerufen. (Tasmanian J. Agric. **27.** 317—28. Nov. 1956.) W. KNÖPKE. 6312

J. Louvet und **M. Dumas,** *Beitrag zur Untersuchung der Fäulniserreger bei Treibhaussalat.* Bremia lactucae konnte erfolgreich mit *Ferbam, Zineb, Thiram* (I), *Ziram* u. *Hydroxychinolinsulfat* bekämpft werden. Eine gewisse Wirksamkeit hatte auch *PCNB* (II), während *Captan* (III) versagte. Gegen Botrytis cinerea waren wirksam **II, III** u. *Trichlornitrobenzol* (**IV**). Allerdings besteht bei Anwendung von **II** u. **IV** die Gefahr einer Wachstumsbeeinträchtigung der Salatpflanzen. Gegenüber Sclerotinia spp. versagten **I** u. **III**, während mit **II, IV** u. *Chlorpikrin* gewisse Erfolge erzielt werden konnten. — 45 Literaturhinweise. (Ann. Inst. nat. Rech. agronom., Sér. C **9.** 211—41. April/Mai/Juni 1958. Versailles, Stat. centrale de Pathologie végétale; Paris, Centre Techn. interprof. des Fruits et Légumes.) M. WINIKER. 6312

Georg Roth, *Beitrag zur Wirkung Hg-haltiger Beizmittel auf Gesundheitszustand von Samen und Keimling verschiedener Kulturpflanzen sowie auf die Physiologie der Jungpflanzen.* Bei Verss. mit *Ceresan* konnte gezeigt werden, daß sich eine Hg-Beizung in den ersten Tagen im Keimbett auf Keimung u. Jugendwachstum verschied. Kulturpflanzen (Gerste, Hafer, Mais, Rüben) hemmend auswirkt, später aber eine Stimulierung bewirkt. Als Nebenwrkgg. der Hg-Beizung wurden Ausbldg. kräftiger, furgescenter Koleoptilenzylinder, höhere Wurzelzahl, vermehrtes Wurzelwachstum sowie besseres Regenerationsvermögen der jungen Pflanzen beobachtet. — 123 Literaturhinweise. (Höfchen-Briefe **12.** 53—97. 1959. Hohenheim, Landwirtschaftl. Hochschule, Inst. für Pflanzenschutz.) M. WINIKER. 6312

Karl Mayer, *Die Ursachen der Insekticidresistenz und Wege zu ihrer Verhütung.* Zusammenfassender Überblick. — 29 Literaturhinweise. (Nachrichtenbl. dtsch. Pflanzenschutzdienstes [Braunschweig] **11.** 72—75. Mai 1959. Berlin-Dahlem, Biol. Bundesanst., Inst. für Zoologie.) M. WINIKER. 6312

W. J. Roulston, *Die Wirkung einiger chlorierter Kohlenwasserstoffe als systemische Acaricide gegen Boophilus microplus (Canestrini).* Durch subcutane Injektionen von *Lindan* (**I**), *Dieldrin* (**II**) u. *Aldrin* (**III**) bei Rindern in Konzz. von 25 mg Wirkstoff/kg Körpergewicht konnte eine deutliche Wrkg. auf den Befall durch Boophilus microplus beobachtet werden. Von den zum Zeitpunkt der Injektion vorhandenen Zecken starb ein Teil ab, während andere sich bis zur Reife entwickelten. Die Zuwanderung von Larven wurde bei I vom 7.—22., bei II vom 12.—25. u. bei III vom 16.—27. Tag nach der Injektion verhindert. Adulte Zecken wurden erst nach 43, 67 bzw. 80 Tagen auf den Tieren gefunden. I konnte in den Haaren der Rinder nachgewiesen werden, dagegen waren Haut- u. Blutproben I-frei. Injektionen von *DDT*, *Toxaphen*, *Diazinon*, *Isodrin* u. *Endrin* hatten keine system. Wrkg. auf die Zecken. Orale Gaben von *Compound L 13/59* blieben gleichfalls unwirksam. Einreibung am Nacken mit I- u. II-Lsgg. in Erdnußöl auf den Nacken der Tiere hatte ebenfalls eine system. Wrkg. um die behandelten Stellen, während hier III versagte. (Austral. J. agric. Res. 7. 608—24. Nov. 1956. Yeerongpilly, Qld., Div. of Entomol., C.S.I.R.O., Veterinary Parasitol. Labor.) W. KNÖPKE. 6312

L. M. Lupowa, *Die Rolle der Feuchtigkeit bei der Wirkung der Insekticide (HCCH und M-74) auf die Pflanzenzelle.* Die Feuchtigkeit hat einen erheblichen Einfl. auf die Wrkg. der Insekticide *HCCH* u. *M-74* (organ. P-Verb.) auf die pflanzliche Zelle, weil sie die koll.-chem. Eigg. des Protoplasmas verändern, wie Verss. mit Weizen ergaben, bei denen das Saatgut mit HCCH bestäubt oder mit M-74-Lsg. behandelt wurde. Bei optimalen Wasserverhältnissen genügen geringe Dosen der Präparate. Bei Wasserdefizit wird infolge des erhöhten osmot. Drucks des Zellsaftes die phytocide Wrkg. der Präpp. verstärkt, so daß Ertragsdepressionen auftreten können. Die Schädigung der Pflanze bei Wassermangel ist bei HCCH stärker als bei M-74. (Доклады Всесоюзной ордена Ленина Академии Сельскохозяйственных Наук имени В. И. Ленина [Ber. Allunions landwirtsch. (Lenin-Orden) Lenin-Akad.] **24.** Nr. 4. 41—43. 1959. Allunions-Inst. für Pflanzenschutz.) H.-D. BOCK. 6312

E. V. Abraham, *Bekämpfung von Paratelphusa hydrodromus H. in Reisfeldern.* Bericht über Erfolge bei der Bekämpfung dieses Schädlings mit *Parathion* (I), *Endrin* (II), *Toxaphen* u. *BHC*. Am wirkungsvollsten waren I u. II. (Madras agric. J. **46.** 56—57. Febr. 1959. Coimbatore, Agric. Coll. and Res. Inst.) M. WINIKER. 6312

W. W. Neel, *Versuche mit Insekticiden zur Bekämpfung von Laspeyresia caryana Fitch auf Pecannußbäumen.* Es wurde versucht, den Schädling mit *EPN* (I), *Systox* (II) u. *Phosdrin* (*Shell 2046*, III) zu bekämpfen. Durch 2—3 Spritzungen mit I bei einer Konz. von 2 pounds/gallon W. ließ sich der Befall signifikant vermindern. Eine signifikante Wrkg. von II u. III war nicht feststellbar. (Proc. annu. Convent. Southeastern Pecan Growers' Assoc. **50.** 64—66. 1957. State College, Miss., Mississippi Agric. Exp. Stat., Dep. of Entomol.) W. KREIPE. 6312

V. Mahadevan, *Die Wirkung von Insekticiden auf die indische Honigbiene.* Vf. beobachtete, daß ind. Honigbienen die ersten beiden Tage nach einer Applikation von *Endrin- Basudin-*, *Isodrin-* u. *Folidol*-Sprays die behandelten Pflanzen mieden, nicht aber am Tage der Anwendung selbst. Bei Berücksichtigung dieser Beobachtung in der Sprühpraxis sind also diese Mittel prakt. ungefährlich. (Madras agric. J. **46.** 60—61. Febr. 1959. Coimbatore, Agric. Coll. and Res. Inst.) M. WINIKER. 6312

Åke Borg, *Untersuchungen zur Biologie und Bekämpfung der Timotheegrasfliegen Amaurosoma armillatum Zett. und A. flavipes Fall. (Dipt. Cordyluridae).* Gute Bekämpfungserfolge wurden mit *DDT* erzielt. Weniger wirksam war *Parathion*. *BHC* erwies sich als wirkungslos. (Statens Växtskyddsanst., Medd. **1959.** 297—372.) M. WINIKER. 6312

H. B. Wressell, *Granulierte Insekticide zur Bekämpfung von Pyrausta nubilalis an Mais.* Anweisungen zur Bekämpfung von Pyrausta nubilalis an Mais mit granulierten Insekticiden auf Basis *DDT*. (Canada Dep. Agric., Publ. **1014.** 2—3. 1957. Chatham, Ontario, Entomol. Labor.) W. KNÖPKE. 6312

Sumio Nagasawa und **Bunji Hashizume,** *Untersuchung über den Bioversuch mit Insekticiden. Über die lähmende („knock down") Wirkung von α-dl-trans-Allethrin–Kerosin-Lösungen auf die ausgewachsene gemeine Hausfliege, Musca domestica vicina Macq.* 32. Mitt. (31. vgl. C. **1958.** 9890.) Es wurde die lähmende Wrkg. von in Kerosin (I) gelöstem *α-dl-trans-Allethrin* (II) auf ausgewachsene Exemplare der gemeinen Hausfliege untersucht (Konz. 100 mg II in 100 ml I). Die Anfälligkeit der ♂ war größer als die der ♀. (Botyu-Kagaku [Sci. Insect Control] **20.** 47—51. Mai 1955. [Orig.: japan.; Auszug: engl.]) L. SCHULER. 6312

Sumio Nagasawa und **Bunji Hashizume,** *Untersuchungen über den Bioversuch mit Insekticiden. Über die Erholungszeiten nach dem Lähmungsschock („knock down") durch Pyrethrin bei der ausgewachsenen gemeinen Stubenfliege, Musca domestica vicina Macq.* 33. Mitt. (32. vgl. vorst. Ref.) Aus der statist. Auswertung der Erholungszeiten nach dem Lähmungsschock durch Sprühen mit *Pyrethrin*-Kerosin-Lsgg. bei der gemeinen

Hausfliege ergibt sich, daß der prozentuale Anteil der sich Erholenden bei Anwendung gleicher Bekämpfungsmittelkonzz. bei den ♀ größer ist. (Botyu-Kagaku [Sci. Insect Control] **20.** 52—55. Mai 1955. [Orig.: japan.; Auszug: engl.]) L. SCHULER. 6312

T. R. Subramanian, *Bemerkung zur Eignung von Teestaub als Insekticid.* Der in großen Mengen als Abfallprod. anfallende *Teestaub* wirkte als solcher oder mit W. extrahiert als Sprühmittel sehr gut gegen Blattläuse, weniger gegen andere Insekten. Eine geringe Zugabe von Schmierseife erhöhte die Wirkung. (Madras agric. J. **45.** 122—23. März 1958. Coimbatore, Entomol. Sect., Agric. Res. Inst.) FRITZ MÜLLER/Ludwigshafen. 6312

K. G. Adlung, *Die Lockwirkung von Methylestern der Leinölfettsäuren auf Borkenkäfer.* Im Labor. u. Freiland konnte die Lockwrkg. eines Estergemischs, wie es in den Praxisverss. von KAUTH u. MADEL (C. **1958.** 5789) angewandt worden war, bestätigt werden. (Naturwissenschaften **45.** 626—27. 2. Dez.-H. 1958. Freiburg/Br., Univ., Forstzool. Inst.) M. WINIKER. 6312

J. Köhnlein und **N. Knauer,** *Bemessung der Phosphorsäure- und Kalidüngung mit Hilfe der Entzugszahl.* Inhaltlich ident. mit der C. **1959.** 11386 referierten Arbeit. (Mitt. dtsch. Landwirtschafts-Ges. **73.** 508—09. 8/5. 1958.) M. WINIKER. 6322

J. Köhnlein und **N. Knauer,** *Bemessung der Phosphat- und Kalidüngung.* Ergänzende Ausführungen zu der C. **1959.** 11386 referierten Arbeit. (Mitt. dtsch. Landwirtschafts-Ges. **74.** 247—49. 26/2. 1959. Kiel, Univ., Inst. für Pflanzenbau.) M. WINIKER. 6322

R. Donald, E. W. Schwehr und **H. N. Wilson,** *Neue Fortschritte in der Bestimmung von Phosphor in Düngemitteln.* Vff. diskutierten ausführlich die Nachteile der offiziellen Methoden zur Best. von P in Düngemitteln, dabei wird bes. auf die unterschiedliche Zus. der Ndd. von Mg–NH_4-Phosphat u. NH_4-Phosphormolybdat hingewiesen. In zahlreichen Unterss. wurde die Brauchbarkeit folgender Verff. festgestellt: Meth. von KASSNER, CRAMMER u. OZIER, Meth. von WILSON, Meth. von DE SAINT CHAMANT u. VIGIER, colorimetr. Molybdatovanadat-Methode. — 28 Literaturangaben. (J. Sci. Food Agric. **7.** 677—91. Nov. 1956. Billingham, Scottish Agric. Ind. Ltd., Imp. Chem. Ind. Ltd.) W. KNÖPKE. 6322

F. Scheffer, A. Kloke und **H. Gerken,** *Zur Anwendung von markierten Phosphatdüngern in Gefäßversuchen.* Vff. stellten fest, daß die „isotop. verdünnbare" P_2O_5 des Bodens nur in sehr lockerer Beziehung zur pflanzenaufnehmbaren P_2O_5 steht u. somit zur Best. des Düngerbedarfs nicht geeignet ist. (Phosphorsäure **18.** 276—88. 1958. Göttingen, Univ., Inst. für Agrikulturchem. u. Bodenkunde.) M. WINIKER. 6324

János Sarkadi, *Kritische Bewertung einiger colorimetrischer Phosphorbestimmungsmethoden vom Standpunkt agrochemischer Untersuchungen.* Beschreibung der colorimetr. Methoden mit NH_4-Molybdat + Metol, bzw. $SnCl_2$, weiterhin NH_4VO_3. Vf. hat festgestellt, daß es nicht richtig ist, wie es in der Literatur oft vorkommt, die die Best. beeinflussenden Faktoren (z. B. p_H, Temp. usw.) einzeln zu untersuchen, ohne die übrigen störenden Faktoren zu beachten. Es wurde z. B. bewiesen, daß bei der Meth. mit $SnCl_2$ die Konstanz der Lichtabsorption des Komplexes stark von der P-Konz. u. von der Menge anderer Ionen abhängt. Es kommt bei Serienanalysen oft vor, daß der Geh. des Bodens u. des Düngerextraktes an Säure oder Salz verschieden ist. Die daraus stammenden Fehler sind so zu eliminieren, daß man sowohl den Salzgeh. der zu untersuchenden als auch der Eichlsg. stark konz. wählt. Die störenden Wrkgg. der Si-, Fe-, F-Ionen usw. können durch Maskierung herabgesetzt werden. Es werden die charakterist. Daten der verschied. vom Vf. z. T. modifizierten Methoden angegeben. (Magyar Kém. Folyóirat [Ung. Z. Chem.] **64.** 243—45. Juli/Aug. 1958. Budapest, M. Tud. Akad. Talajtani és Agrokém. Kutatō Intézete.) G. HALMI. 6324

Heinz Peter und **Susanne Markert,** *Die Bestimmung des Basen (CaO)-Bedarfes von sauren Ackerböden aus dem p_H-Wert und der Adsorption von Methylenblau.* Vff. weisen darauf hin, daß es ihnen gelungen ist, eine einfache Beziehung zwischen dem p_H-Wert, der Methylenblauadsorption u. dem Basenbedarf saurer Kalkböden aufzufinden, die es gestattet, bei Kenntnis zweier Größen die dritte zu berechnen. (Naturwissenschaften **45.** 625. 2. Dez.-H. 1958. Leipzig, Inst. für landwirtschaftl. Versuchs- u. Untersuchungswesen.) M. WINIKER. 6324

Luciano Carloni, *Über die Bestimmung der Dithiocarbaminsäurederivate in Gegenwart von Kupfersalzen.* Die Zuverlässigkeit der bei der Best. der Dithiocarbaminsäurederivv. in einigen handelsüblichen *antikryptogamen Stoffen* angewandten Verff. wurde kontrolliert, indem die ursprüngliche Meth. von CLARKE u. Mitarbeitern (C. **1952.** 7879) u. die von FONTANA u. MARTELLI (C. **1955.** 11080) vorgeschlagenen Änderungen überprüft wurden. Die mit den verschied. Verff., in Ggw. von Cu-Salzen oder ohne diese, gleichzeitig durchgeführten Bestimmungen wiesen nach, daß die höheren Ausbeuten, die sich aus den von FONTANA u. MARTELLI abgeänderten CLARKEschen Verff. ergeben, auf die Nebenbldg. von HCN zurückzuführen sind. Wird diese durch den Einsatz eines $AgNO_3$-Absorbers in dem ursprünglichen CLARKEschen App. entfernt, erzielt man gut übereinstimmende Ergebnisse in Ggw. kleiner Mengen von Cu-Salzen. Dagegen führt die Ggw. großer Cu-Salzmengen zu Ausbeuten, die niedriger als die theoret. sind. (Ricerca sci. **28.** 1639—43. Aug. 1958. Pisa, Univ., Ist. di chim. agraria.) D. ROST. 6328

VIII. Metallurgie. Korrosion.

J. W. Evans, *Thermodynamik in der Pyrometallurgie.* Übersicht über die Bedeutung der Thermodynamik für Gewinnung u. Raffination von Metallen. Mit Beispielen. — 27 Literaturangaben. (Res. appl. in Ind. **11.** 12—18. Jan. 1958. Manchester, Univ., Dep. of Metallurgy.) H. K. HOFMEISTER. 6350

J. H. Harris, *Die Behandlung von Zinn in Malaya.* Beschreibung von Förder-, Klassier- u. Siebeinrichtungen einer Sn-Mine. (Mining J. [London] **252.** Nr. 6440. 93—95. 23/1. 1959. Federation of Malaya, Dep. of Mines.) W. WESLY. 6354

L. L. Farnham und **L. A. Stewart,** *Manganvorkommen im Westen von Arizona.* Überblick. — 17 Literaturangaben. (U. S. Dep. Interior, Bur. Mines, Inform. Circ. **1958.** Nr. 7843. 1—87.) M. GEHLEN-KELLER. 6354

P. E. Cavanagh, *Trockene Anreicherung von magnetischen Eisenerzen.* Beschreibung von Bau u. Arbeitsweise einer Versuchsanlage zur magnet. Aufbereitung von magnet. Fe-Erzen (Durchsatz 1,5 t/Std.) mit Ausbeuten u. Anreicherungen, die den in Naßaufbereitungsanlagen erzielten Werten entsprechen. (Mining Congr. J. **45.** Nr. 3. 60—64. März 1959. Premium Iron Ore Ltd.) W. WESLY. 6360

Arno Singewald, *Über den Zusammenhang zwischen Flotation und Löslichkeit von Salzmineralien. Diskussion zu einer neuen Theorie der „selektiven Flotation löslicher Salze in gesättigten Lösungen".* Die von ROGERS u. SCHULMAN aufgestellte Theorie zur Erklärung der unterschiedlichen Flotationseigg. lösl. Salze, wonach bei negativer Lösungsenthalpie eines Salzminerals die an der Oberfläche adsorbierten Wassermoll. die Anlagerung von Sammlern verhindern, während bei Mineralen mit positiver Enthalpie infolge Adsorption der Schwimmittelmoll. die Flotation positiv verläuft, wird erläutert u. diskutiert. Es wird bemängelt, daß bei den von den Autoren gegebenen Beispielen die Abhängigkeit der Lösungswärme von der Temp. nicht genügend berücksichtigt ist. Verss. des Vf. zeigen, daß auch Salze mit negativer Enthalpie flotiert werden können. Es müssen daher bei der Flotation auch andere Vorgänge, z. B. Abbindeprozesse, eine Rolle spielen. — 33 Literaturangaben. (Z. Erzbergbau Metallhüttenwes. **12.** 121—35. März 1959. Neuhof, Kr. Fulda.) F. VIER. 6362

Heimo Leopold, *Zur Konstruktion metallurgischer Großöfen.* Überblick über die Entwicklung. (Z. Erzbergbau Metallhüttenwes. **12.** 111—14. März 1959. Düsseldorf.) F. VIER. 6370

Luis Hütter, *Ausbildung basischer Gewölbe beziehungsweise Decken metallurgischer Öfen.* Überblick. — Diskussion. (Z. Erzbergbau Metallhüttenwes. **12.** 115—21. März 1959. München.) F. VIER. 6370

Hisato Tanaka, *Instrumentierung und Betriebsergebnisse am Tiefofen (soaking pit).* Zahlenmäßige Angaben bzgl. Heizmittelverbrauch, bei ansteigender u. gleichbleibender Heizung, bei regenerativem u. rekuperativem Heizsyst. im Falle der Benutzung eines automat. Kontrollinstrumentensyst. (für den rekuperativen Typ des Tiefofens) mit Schema der Kontrollanlage. (Tetsu to Hagane [J. Iron Steel Inst. Japan] **41.** 220—22. März 1955. Yawata Stahlw. [Orig.: japan.]) L. SCHULER. 6370

André Mal, *Beschleunigter Betrieb eines basischen Héroult-Ofens in einer Stahlgießerei.* Angaben über Beschickung, Schmelzen u. Frischen bei einem beschleunigten Betrieb eines bas. HÉROULT-Stahlschmelzofens in einer Stahlgießerei. (Fonderie belge **28.** 332—34. Nov. 1958.) H. HOCHSTEIN. 6370

Seisaku Osawa, *Sauerstoff- und Wärmebilanz beim basischen Siemens-Martin-Ofenbetrieb.* Die Menge benötigten Schweröls beträgt in der Füll- bzw. Anlaufperiode 110 (%), in der Schmelzperiode 100 u. in der Raffinierperiode 90 des Verbrauchsmittels. An *Luft* soll ein ziemlicher Überschuß vorhanden sein. Bei Verkürzung der Zeit für die Stahlbereitung berechnet sich ein Mehr an Schweröl, dabei ist aber durch die Wärmeaufnahmefähigkeit des Stahls eine obere Grenze gegeben. — 3 Diagramme. (Tetsu to Hagane [J. Iron Steel Inst. Japan] **41.** 203—05. März 1955. Osaka Stahlwerke. [Orig.: japan.]) L. SCHULER. 6370

Kazuto Morita, *Über die Verfahren, die Ofentemperatur für den intermittierenden Betrieb zur Wiedererhitzung der Brammen hoch zu halten.* Der Brennstoffverbrauch für 4 verschied. Verff. zur Hochhaltung der Tempp. beim intermittierenden Betrieb wird verglichen u. graph. dargestellt, wobei vieles für eine zeitweise Unterbrechung bzw. Niedrighaltung der Gasheizung spricht. — Tabellen u. Diagramme. (Tetsu to Hagane [J. Iron Steel Inst. Japan] **41.** 218—20. März 1955. Yawata Stahlwerke. [Orig.: japan.]) L. SCHULER. 6370

Claude Mascré und **André Lefebvre,** *Begasung von Leichtmetallschmelzen durch Luft und Verbrennungsgase.* Aus experimentellen Unterss. u. theoret. Überlegungen ergab sich, daß unterhalb einer krit. Temp. von 930—940° die natürliche Entgasung von Leichtmetallschmelzen schneller verläuft als die Begasung durch Luft oder durch Verbrennungsgase, die durch die Wand des Graphittiegels diffundieren. Wenn aber die Temp. der Schmelze an der Oberfläche 930—940° erreicht, geht die Gasaufnahme schneller vor sich als die natürliche Entgasung. Dabei ist zu beachten, daß die Temp. der Oberfläche der Schmelze die im Innern um 150° übersteigen kann. (Fonderie **1959.** 125—32. März. Centre technique des Industries de la Fonderie.) F. VIER. 6380

H. A. Burton, *Praktische Anwendung von verstärkten Epoxyharzen für Gießereizwecke.* Überblick über Entw. u. Verff. zur Herst. porenfreier Modelle unter Verwendung von Epoxyharzen. Auf den Zusatz von *Faserglas* zur Verstärkung u. von *Gußeisenfüllern* zur Wärmeableitung wird eingegangen. (Brit. Foundryman **52.** 127—36. März 1959. Montreal, Canadien Steel Foundries Ltd.) F. VIER. 6382

M. J. Astier, *Eisenerz-Sinterpraxis in Frankreich. Die mit lothringischen Erzen in kleinen Hochöfen erhaltenen Ergebnisse.* Erörtert wird die Notwendigkeit der Möllervorbereitung, bes. der Aufbereitung der Erze durch Brechen, Sieben sowie Sintern des Feinerzes für den Hochofenbetrieb. Der Ausbau der Brech- u. Siebanlagen in Frankreich nach dem zweiten Weltkrieg wird beschrieben. Bes. wird der Einsatz von 100% Sinter in einem Hochofen mit 5 m Gestelldurchmesser behandelt. Bei einem solchen Betrieb werden ein Aufwand von 708 kg Koks/t Roheisen, eine Windtemp. von 675° u. eine Gichttemp. von 261° beobachtet. Die Aufbereitung lothring. Erze wird erörtert. (Iron Coal Trades Rev. **178.** 437—41. 20/2. 1959.) H. HOCHSTEIN. 6390

Minoru Tanaka, *Untersuchung über magnetisierendes Rösten von Ni- und Cr-haltigen Eisenerzen.* 2. Mitt. *Magnetisierendes Rösten von Philippinenerzen in einem Wirbelschichtverfahren.* (1. vgl. Ber. Forsch.-Inst. Mech. [Kikai Shikenjō Sōhō] **8.** [1954.] 1211.) Das untersuchte Erz enthält 48,52 (%) *Fe*, 0,84 *Cr*, 0,63 *Ni*, 9,26 Al_2O_3 u. 2,92 SiO_2. Als magnet. Separator dient jener von HARADA (Wechselstrom), bei 540—560° in einem Gas mit 15 CO u. 5—7 H_2. Der „Cyclonstaub" gibt 52—92% Raffinat bei der magnet.-Trennung gegenüber 41—70% bei der Überlaufröstasche. — 2 Apparaturskizzen. (Tetsu to Hagane [J. Iron Steel Inst. Japan] **41.** 181—83. März 1955. Forsch.-Inst. Mech. [Orig.: japan.]) L. SCHULER. 6390

Ryozo Sato, *Über die Reduktion von Eisenerzen durch Naturgas.* 2. Mitt. *Einfluß der Reaktionszeit und zugesetzter Reagentien.* Mit fortschreitender Red. wird die Gaszers. beschleunigt. Zusätze von Na_2CO_3, $CaCO_3$ bzw. *CaO* fördern die Red. sehr deutlich infolge der Beschleunigung der Gaszers., bes. im Falle der Red. von Eisensand. Ein Zusatz von >6—10% obiger Mittel übt keine zusätzliche Beschleunigungswrkg. mehr auf die Red. aus. Wird aber durch die Zusätze ein Schmelzen der Erze begünstigt, so hemmt dies die Reduktion. (Tetsu to Hagana [J. Iron Steel Inst. Japan] **41.** 188—89. März 1955. Akita Univ. [Orig.: japan.]) L. SCHULER. 6390

J. Grindrod, *Erzeugung von Eisenschwamm.* Beschreibung einer Anlage zur Ausführung des *Hyl*-Verf.: Erzeugung von Fe-Schwamm durch Red. von *Hämatit* mit einem natürlichen, entschwefelten, durch einen KELLOGG-Hochdruck-Dampfumformerofen geleitetes Gas, das 85% (H_2 + *CO*), Rest CO_2, CH_4 u. *Wasserdampf* enthält. (Mining J. [London] **252.** 173—74. 13/2. 1959.) W. WESLY. 6394

Shungo Kawabata, *Entschwefeln von geschmolzenem Gußeisen mit* CaC_2. Der Einfl. der Korngröße von CaC_2 auf seine Entschwefelungswrkg. ist groß: 100—200 mesh gibt gute Entschwefelung bei 1% Zusatz. Mit steigender Temp. wird der Effekt besser (von 83% des S bei 1350° bis 93% bei 1500°; Rest-S 0,007—0,009%). N_2-Einblasen ist ohne Nachteil. Verwendet man Luft, so steigt die Temp., u. die Gesamtzus. (außer S) ändert sich kaum. Die Schlacke enthält *CaS*, ihr S-Geh. sinkt von 0,11 auf 0,04%. CaC_2 empfiehlt sich bes. für saure Herdverfahren. *CaO* wirkt mit einem anderen Reaktionsmechanismus als CaC_2. — 7 Tabellen. (Tetsu to Hagane [J. Iron Steel Inst. Japan] **41.** 193—95. März 1955. Kubota Eisen K.K. [Orig.: japan.]) L. SCHULER. 6402

R. Barton und **R. B. Coates**, *Entschwefelung und Aufkohlung von geschmolzenem Gußeisen durch Einblasen.* Die Entschwefelung von Gußeisen durch Einblasen von *CaC_2* u. die Aufkohlung durch Einblasen von *Graphit* werden unter Berücksichtigung der CaC_2-Körnigkeit, der Einblasgeschwindigkeit, des Feststoff/Gas-Verhältnisses im Einblasgemisch, der Behandlungstemp., des S-Geh. im zu behandelnden Gußeisen, des S-Geh. im Endprod. u. der Eintauchtiefe der Einblaslanze sowie der Art des zugesetzten Graphits u. der Beeinflussung des Feingefüges u. der mechan. Eigg. des Gußeisens behandelt. — 12 Literaturangaben. (Bull. Foundry Abstr. Brit. Cast Iron Res. Assoc. **14.** 706—16. März 1959.) H. HOCHSTEIN. 6402

Karl Wagner, *Graphitverbrauch beim Schmelzen von Gußeisenlegierungen im 300 kg-Graphitstabofen.* Erörtert werden die Faktoren, von denen der Abbrand oder die Lebensdauer eines Graphitstabes beim Schmelzen von Gußeisen in einem 300 kg-Graphitstabofen abhängt. Aus vorhandenen Zahlenwerten wird eine Funktion für den Querschnittsverlust eines Stabes aufgestellt. Dabei erweist es sich, daß der Graphitstab im Durchschnitt nur so lange benutzt werden kann, bis der Stabquerschnitt die Hälfte seines Anfangsquerschnittes erreicht hat. Es wird nachgewiesen, daß der Graphitverbrauch in kg C/t Gußeisen nicht nur von der monatlichen Schmelzmenge, sondern bes. auch von der Zahl u. dem Gewicht der Schmelzen abhängig ist. Es liegen somit ähnliche Abhängigkeiten wie beim Stromverbrauch vor. (Giesserei **46.** 114—16. 26/2. 1959. Eßlingen/Neckar.) H. HOCHSTEIN. 6404

Osamu Tajima, *Untersuchung über säurefestes Si-reiches Gußeisen.* 2. Mitt. *Einfluß zusätzlicher Elemente auf die mechanischen Eigenschaften, die Säurefestigkeit und die Schwindung.* (1. vgl. Vortrag in der 40. Vers. der Japan. Eisen- u. Stahlvereinigungen.) Untersucht wird der Einfl. von *Mn, P, S, Mo, V, Ni, B* u. *Cr* auf Fe mit 14,5—15,5 (%) *Si* u. 0,6 *C.* Bei >1 Mn zeigt die Bruchfestigkeit (BF) abnehmende Tendenz, der Korrosionswiderstand (KW) gegen H_2SO_4 steigt durch Mn. Durch >2 P sinkt die BF stark ab, die Härte steigt. 0,5—1 P stärken den KW gegen H_2SO_4, verschlechtern aber den KW gegen *HCl.* 0,1—0,3 S sind auf die BF ohne Einfluß. Die Schwindung beim Erstarren wird etwas geringer (0,5—5). Mo hat geringen Einfl. auf die BF. Der KW gegen HCl wird bei 3—5 Mo besser. 0,2—2 V bringen leichte Verbesserung der BF, geringe Härteabnahme u. geringe Verbesserung des KW gegen H_2SO_4. Ni (0,5—10) verringert bei über 3—10 die BF. Höhere Ni-Zusätze (über 3) sind ungünstig für den KW. B zeigt nur wenig Einfluß. Viel B (bis 0,5) verringert den KW gegen HCl. Cr (0,5—3) erhöht BF u. Härte etwas. Wenig Cr verbessert den KW gegen H_2SO_4. (Tetsu to Hagane [J. Iron Steel Inst. Japan] **41.** 242—43. März 1955. Kyoto Univ. [Orig.: japan.])
L. SCHULER. 6404

Helmut P. Weitzer und **Hubert Hauttmann,** *Der LD-Stahl, seine Herstellung und seine Eigenschaften.* Übersicht über Grundzüge u. Ausführung des LD-Verf., Herst. u. Eigg. von LD-Stahl. (VDI-Z. **101.** 514—20. 1/5. 1959. Linz/Donau.) W. WESLY. 6408

C. E. A. Shanahan, *Gase in Eisen und Stahl. Eigenschaften und Bestimmung.* Erörtert wird das Verh. von *N, O* u. *H* in Eisen u. Stahl, bes. die Löslichkeit von N u. die H-Absorption, in Abhängigkeit von der Temp. u. an Hand von Diagrammen wird der Einfl. der Konz. dieser Gase auf die Festigkeitseigg. des Stahls dargelegt. Zur Best. dieser Gase wird das bekannte Vakuumheißextraktionsverf. verwendet. Auch kann das Extraktionsverf. bei niedrigerer Temp. von nur 650° verwendet werden. (Iron Coal Trades Rev. **178.** 845—51. 10/4. 1959.) H. HOCHSTEIN. 6408

Masayoshi Hasegawa, *Die Ausscheidungsgeschwindigkeit von proeutektoidem Zementit in kohlenstoffreichem Stahl.* 2 *Stahl*-Proben mit 1,22 bzw. 1,34 (%) *C,* 0,34 bzw. 0,25 *Si,* 0,24 bzw. 0,43 *Mn,* 0,028 bzw. 0,022 *P,* 0,022 bzw. 0,018 *S* u. 0,11 bzw. 0,17 *Cu* u. einer Umwandlungstemp. von 709 bzw. 692° u. Austenitkorngrößen von 5,0 bzw 6,0 bis 4,5 (bei 980—1120°) wurden untersucht. Die Ausscheidung verläuft zuerst rasch u. fällt dann wieder ab (sogenannte M-Form). Auf die Ausscheidungsgeschwindigkeit v hat nur die Verschiedenheit der Korngrößen des Austenits Einfluß. Nach Abschrecken bei 1050° ist v bei 720° 5, bei 730° 9 u. bei 740° 10½ Minuten. (Tetsu to Hagane [J. Iron Steel Inst. Japan] **41.** 256—58. März 1955. Waseda Univ. [Orig.: japan.])
L. SCHULER. 6408

Noboru Shinoda, *Begleiterscheinungen beim Zundern von Stahl.* Die Oxydationsgeschwindigkeit verschied. *Stähle* ist umgekehrt proportional der absol. Temp. der Oxydation. Folgende Aktivierungswärmen (in cal/Mol $\cdot 10^{-4}$) wurden berechnet: für niedrig gekohlte unberuhigte Stähle 2,7—3,5, für beruhigte 2,8—4,0, für Stähle mit 5% Cr 6,0 bis 9,3 u. für solche mit 3% Al 1,1—1,2 $\cdot 10^4$. Für unberuhigten Stahl wird der Zusammenhang zwischen Stärke der Zunderschicht u. der Erhitzungstemp. u. -zeit graph. dardargestellt. Bei 950° ist noch keine Zunderschicht zu beobachten, sie nimmt aber mit der Temp. u. der Größe des Korns zu. Neben *FeO* tritt Fe_2SiO_4 u. *Sulfid auf*. Nicht leicht oxydierbare Elemente, wie *Cu*, reichern sich in der Grenzschicht der Verzunderung an. Der Biegebruch steigt gleichfalls mit der Temp. u. Zeit der Verzunderung an. — 2 Diagramme. (Tetsu to Hagane [J. Iron Steel Inst. Japan] **41.** 288—89. März 1955. Nippon Sonderstahlrohr K.K. [Orig.: japan.]) L. SCHULER. 6408

Takehiko Fujii, *Tiefzieheigenschaften von Blechstahl.* 1. Mitt. *Wirkung von Vanadium auf die Reckalterung und die Tiefzieheigenschaften von unberuhigtem Stahl.* Bei unberuhigtem *Stahl* mit über 0,08% *V* zeigt sich die Dehnung bei der Streckgrenze nach der Reckalterung nicht wieder. Zwar unterscheidet sich die Zugfestigkeit von V-haltigem unberuhigtem Stahl nicht von V-freiem, aber die Dehnung nimmt zu. Durch V-Zusatz nimmt die Fließspannung (bei der Streckgrenze) ab, die Reckalterung steigt, so daß V eine Verbesserung der Tiefzieheigg. bringt. (Tetsu to Hagane [J. Iron Steel Inst. Japan] **41.** 245—47. März 1955. Sumitomo Metall K.K. [Orig.: japan.]) L. SCHULER. 6408

A. Gueussier und **R. Castro,** *Experimentelle Untersuchung über die Warmverformung von Stählen und Legierungen.* Mittels verschied. Schmiedbarkeitsbestimmungsmethoden wird an Stählen sowie ferrit. u. austenit. Stahllegierungen nachgewiesen, inwieweit die Schmiedbarkeit einer gegebenen Stahlzus. durch eine Anzahl von Faktoren, wie Temp., Verformungsgeschwindigkeit, Verformungsprozeß u. Spannungsnatur, sowie durch die Wärmevorbehandlung, wie Vorerhitzungsprozeß u. Abkühlungsvorgang während der Verformung, beeinflußt wird. Hierbei wird bes. der Einfl. von Ausscheidungen sowie der Rekristallisation auf die Warmverformbarkeit nachgewiesen. — 26 Literaturangaben. Diskussion. (Rev. Métallurgie **55.** 1023—41. Nov. 1958.) H. HOCHSTEIN. 6408

Lester F. Spencer, *Herstellung von rostfreien Stählen.* 1. Mitt. Übersicht über Arten, Zus., Eigg., Kennwerte, Bearbeitbarkeit, Formpreß- u. Schweißeigg. der rostfreien Stähle. (Metal Products Manufact. **16.** Nr. 3. 29—32. 60. März 1959.) W. WESLY. 6410

Taro Hasegawa, *Untersuchung über die mechanischen Eigenschaften bei höheren Temperaturen von Timken 16-25-6.* 1. Mitt. Der *Timken-Sonderstahl* wird unterhalb der Rekristallisationstemp. bei 70—1100° heiß-kalt bearbeitet, vor dieser Bearbeitung 1 Std. bei 1150° durch Wasserkühlung behandelt. Jedesmal wird vor u. nach der Unters. die Hochtemperaturausdehnung, Schlagfestigkeit, Härte, der Kriechbruch, Dehnungsbruch u. die Flächenschrumpfung bestimmt u. der Einfl. der Arbeitstemp. auf die Änderung der mechan. Eigg. festgestellt, bes. mit Rücksicht auf den Verwendungszweck der Legierung. Wird die Bearbeitung bei 900° durchgeführt, so ist die Bruchzeit bes. kurz, $<800°$ steigt sie auf >100 Stunden. (Tetsu to Hagane [J. Iron Steel Inst. Japan] **41.** 293—95. März 1955. Sumitomo Metall K.K. [Orig.: japan.]) L. SCHULER. 6410

Eijiro Omiya, *Schlagfestigkeitswert von Sonderstählen.* 1. Mitt. *Einfluß von S* Die Probegießblöcke enthalten 0,40 (%) *C*, 0,28 *Si*, 0,28 *Mn*, 1,01 *Cr*, 0,24 *Mo*, 0,024 *P* u. 0,009—0,041 *S*. Unter den nichtmetall. Beimengungen haben $>0,023$% *S*, je nach Art der Verteilung, einigen Einfl. auf den Reinheitsgrad. Flächenabnahme u. Dehnung nehmen mit steigendem S-Geh. ab. Bei einem Durchschmiedungsgrad von >8 zeigen zentrale u. periphere Teile kaum Unterschiede. Der CHARPY-Wert wird in longitudinaler Richtung mit steigendem S-Geh. etwas, in transversaler Richtung erheblich verringert. (Tetsu to Hagane [J. Iron Steel Inst. Japan] **41.** 302—04. März 1955. Spezialstahl K.K. [Orig.: japan.]) L. SCHULER. 6410

Kunio Kusaka, *Einfluß von C und V auf die Eigenschaften von schlagfestem Werkzeugstahl.* 2. Mitt. 11 Sorten von schlagfestem Werkzeug-*Stahl* mit 0,30—0,62 (%) *C*, 0,89—1,07 *Si*, 0,36—0,42 *Mn*, ca. 0,01—0,02 *P*, ca. 0,02 *S*, ca. 1,5 *Cr*, ca. 2,1—2,4 *W*, ca. 0,1—0,9 *V* u. 0,14—0,17 *Cu* werden auf Umwandlungspunkt, JOMINY-Härteänderung, Zustandsdiagramm (Isothermen), Härte- u. Dimensionsänderung beim Glühen u. Tempern, Zähigkeit u. Schlagfestigkeit geprüft. Bei 1,5 Cr u. 0,2 V hat steigender C-Geh. Erhöhung der Härte zur Folge. Temperhärte u. Widerstand gegen Dehnung bei gewöhnlicher u. höherer Temp. steigen, die Zähigkeit fällt. (Tetsu to Hagane [J. Iron Steel Inst. Japan] **41.** 304—05. März 1955. Spezialstahl K.K. [Orig.: japan.]) L. SCHULER. 6410

Zygmunt Steininger, *Stahldrähte für Bänder auf Kratzbeschlägen.* Technologie u. Vergütung von Stahldraht für Textilkammaschinen. (Wiadomści Hutnicze **14.** 300—04. Okt. 1958.) F. URBAN. 6410

E. E. Reynolds und **R. K. Pitler,** *Zwei neue Superlegierungen mit besonders guten Eigenschaften bei erhöhten Temperaturen.* Die im Vakuum erschmolzene aushärtbare austenit. Legierung *D-979* besteht aus 0,05 (%) *C*, 0,30 *Mn*, 0,30 *Si*, 15,0 *Cr*, 15,0 *Ni*, 4,0 *Mo*, 4,0 *W*, 3,0 *Ti*, 1,0 *Al*, 0,01 *B*, Rest *Fe* u. besitzt ihre optimale Zerreiß- u. Kriechfestigkeit nach einer Abschreckung von 1850° F in Öl, einem 6std. Halten bei 1550° F u. einem 16std. Halten bei 1300° F an Luft. Die Legierung *AF-71* mit 0,25 *C*, 18,0 *Mn*, 0,30 *Si*, 12,5 *Cr*, 3,0 *Mo*, 0,20 *N*, 0,20 *B*, Rest *Fe* behält ihre Festigkeit bis 1500° F bei. Sie kann bis zu Festigkeitswerten von 200000 lbs./sq.in. kalt verfestigt werden. Beide Legierungen lassen sich leicht schmieden u. schweißen. Ihre Festigkeitseigg. werden in Abhängigkeit von der Art ihrer Verarbeitung u. der Wärmebehandlung angegeben. (Iron Age **183**. Nr. 4. 70—71. 22/1. 1959. Pittsburgh, Pa., Allegheny Ludlum Steel Corp.) H. HOCHSTEIN. 6410

Franciszek Gałczyński, *Technologie der plastischen Verarbeitung von Legierungen für Widerstandsheizelemente.* Sprödigkeit u. geringe Wärmeleitfähigkeit von *Fe-Cr-Al*-Legierungen begünstigen Wärmespannungen u. interkrist. Rißbldg. vor allem an Korngrenzen von ausgeschiedenem Al_2O_3. Zusatz von *Ti* oder *Zr* erniedrigt die Zahl der Al_2O_3-Einschlüsse. Langsames Erwärmen u. Abkühlen des Werkstoffs verringern Spannungen. (Wiadomości Hutnicze **14**. 297—99. Okt. 1958.) F. URBAN. 6410

Błażej Sołtysik, *Entzinnen von Wolframkonzentraten und Herstellung von zinnarmem Ferrowolfram.* Das Entzinnen von Wolframitkonzentraten von 1,5 auf 0,04—0,2% erfolgt in 2 Stufen: Zunächst wird das Konzentrat bei 700—900° reduzierend geröstet, anschließend wird es im elektr. Ofen unter Zusatz von *Pyrit* erhitzt. Dabei wird auch *Mn* als *MnS* in der Schlacke gebunden. (Wiadomości Hutnicze **14**. 250—51. Juli/Aug. 1958. Huta Łaziska.) F. URBAN. 6418

R. B. Bauder, *Bibliographie über Gewinnung von Nickel und Kobalt aus Erzen von Januar 1929 bis Juli 1955.* Kurzreff. bzw. Hinweise zu 1603 Arbeiten aus Zeitschriften, Büchern u. Patenten. (U. S. Dep. Interior, Bur. Mines, Inf. Circ. **1957**. Nr. 7805. 1—159. Nov.) M. GEHLEN-KELLER. 6434

R. R. Woodward und **H. J. Proffitt,** *Einige Faktoren, die die Produktion und die Qualität von Kokillengußteilen aus Aluminiumlegierungen beeinflussen.* Als entscheidender Faktor für die Produktion beim Kokillengießen wird eingehend die Zeit für das Gießen der einzelnen Teile, ihre Verfestigung, Entnahme aus der Kokille u. Zurichtung der Kokille für den neuen Guß behandelt. Die wichtigsten für den Kokillenguß verwendeten Al-Legierungen sowie die durch Wärmebehandlung erreichbaren mechan. Eigg. werden an Hand von Tabellen erörtert. Ebenso werden die für den Spritzguß geeigneten Al-Legierungen beschrieben. Auf die Kontrolle durch chem. Analyse, Prüfung der mechan. Eigg. u. Überwachung des Gießverf. u. der Kernmacherei wird eingegangen. (Brit. Foundryman **52**. 119—26. März 1959. Slough, High Duty Alloys Ltd.) F. VIER. 6446

Anderson Ashburn, *Bearbeitung von Titan und seinen Legierungen.* Überblick. (Amer. Machinist **99**. Nr. 17. 89—104. 15/8. 1955.) M. GEHLEN-KELLER. 6448

A. E. Williams, *Massenversand von Titanschwamm.* Beschreibung von Versandbehältern für Ti-Schwamm. (Mining Mag. **100**. 137—40. März 1959.) W. WESLY. 6448

A. Robillard, D. Calais und **P. Lacombe,** *Einfluß der Wärmebehandlungen in der γ-Phase auf das Auftreten von Substrukturen in Uran und Uran–Chrom-Legierungen mit geringem Chromgehalt.* Wärmebehandlung im Gebiet der γ-Phase in U mit folgendem Abschrecken, dessen Geschwindigkeit von der Temp. der Wärmebehandlung im γ-Gebiet abhängt, führt zu Substrukturen, die von denen durch Polygonisation von α-U entstandenen verschieden sind. Diese Substrukturen sind gek. durch Verunreinigungen u. Versetzungen, hervorgerufen durch Spannungen als Folge der allotrop. Umwandlung von β in γ oder umgekehrt. Ähnliche Wärmebehandlungen von *U–Cr*-Legierungen mit 1,4 At.-% Cr, deren β-Phase bei Raumtemp. durch Abschrecken aufrecht erhalten werden kann, bestätigen, daß die Polygonisation in Richtung von $\gamma \rightarrow \beta$ auftritt. Die Bldg. von γ- u. β-Korngrenzen konnte beobachtet werden. — 20 Literaturangaben. Diskussion. (Rev. Métallurgie **55**. 815—28. Sept. 1958.) F. VIER. 6448

W. L. Bruckart, *Fertigung von hochschmelzenden Metallen.* Überblick über die Eigg., die Fertigung, Verarbeitung u. Anwendung von *Mo*, *Nb*, *Ta*, *Rh* u. *W*. (Metal Ind. [London] **94**. 63—66. 23/1. 83—86. 30/1. 103—06. 6/2. 123—25. 132. 13/2. 1959.) F. VIER. 6448

H. V. Schubert, *Eintauch-Thermoelementpraxis.* Zuverlässige Temperaturablesungen werden mit Eintauchthermoelementen erhalten, wenn geeignete Betriebs- u. Wartungsmaßnahmen beachtet werden. Es wird ein Überblick über Temperatur-, Meß- u. Registriereinrichtungen gegeben u. Maßnahmen zur laufenden Wartung der Geräte von Eintauchthermoelementen mitgeteilt. (Iron Steel Engr. **36**. Nr. 1. 91—97. Jan. 1959. Seattle, Wash., Bethlehem Pacific Coast Steel Corp.) H. HOCHSTEIN. 6480

I. W. Kudrjawzew, *Mögliche Vereinfachung der Probenformen zur Prüfung von Metallen auf Ermüdung.* An Hand der Prüfergebnisse von verschied. Probenformen mit

Ermüdungsprüfmaschinen unterschiedlicher Konstruktion (SCHENK, UIPM-20, UP-50 u. a.) kann geschlossen werden, daß die Gestalt der Proben vereinfacht werden kann, bes. in den Fällen, bei denen die eingespannten Probenteile durch Oberflächenverfestigung infolge mechan. Bearbeitens (Hämmern, Walzen) verfestigt werden. — Beschreibung der Wirkungsweise der erwähnten Ermüdungsprüfmaschinen u. Form der zu prüfenden Metallproben. (Заводская Лаборатория [Betriebs-Lab.] **23.** 461—68. 1957. Zentr. Forsch.-Inst. für Technol. u. Maschinenbau.) H. TŮMA. 6480

Ju. A. Preobrashenskaja, *Vergleich der Ergebnisse der Bestimmung der Warmfestigkeit nach den Methoden der Dauerfestigkeit und Dauerhärte.* Aus dem Vgl. der Dauerfestigkeit u. -härte bei den Al-Legierungen AL1, D16, Al + 6(%)*Cu*, Al + 0,3 Cu, Al + 1 *Fe* u. a. geht hervor, daß diese Prüfungen bei der Best. der Eigg. (Warmfestigkeit) von neuen Werkstoffen, bes. bei Forschungsarbeiten nützlich sein können. Die Anwendbarkeit dieser Prüfungen beruht darauf, daß es sich bei Veränderungen der Dauerhärte um Vorgänge im Innern des Kornes, bei Veränderungen der Dauerfestigkeit um Vorgänge an den Korngrenzen handelt. (Заводская Лаборатория [Betriebs-Lab.] **23.** 485—87. 1957. Moskau, Kalinin-Inst. für Buntmetalle u. Gold.) H. TŮMA. 6480

A. W. Stanjukowitsch, *Über Beurteilung der Plastizität von feuerfesten Legierungen bei hohen Temperaturen.* Ergebnisse (größtenteils in graph. Darst.) von Prüfungen der plast. Deformationen von Austenitstählen der Klasse EI 417, EI 395, EI 572, EI 612, EI 437, EI 607, EI 435, des perlit. Stahles EI 415 sowie einer Reihe von Versuchsschmelzen bei Tempp. zwischen 600 u. 800°. (Заводская Лаборатория [Betriebs-Lab.] **23.** 476—84. 1957. Polsunow-Zentralinst. für Kessel u. Turbinen.) H. TŮMA. 6480

J. Putz, *Gegenüberstellung der NF-Induktions-Bolzenwärmungsanlagen zu gasbeziehungsweise widerstandsbeheizten Öfen zum Erwärmen von Blöcken aus NE- und E-Metallen für hydraulische Strangpressen.* Aus dem Vgl. ergibt sich, daß die induktiven Bolzenerwärmungsanlagen für halb- u. vollautomat. arbeitende Betriebe, wie Preßwerke, große Vorteile gegenüber gas- oder widerstandsbeheizten Öfen bieten, dagegen für Erwärmungsvorgänge mit Haltezeit nicht geeignet sind. (Metall **12.** 113—22. Febr. 1958. Lammersdorf über Aachen.) F. VIER. 6490

H. Johnen, *Über die Anwendung von Schmierzinn im Karosseriebau und bei der Kabelmantellötung. Pb–Sn*-Legierungen mit Sn-Geh. von 20—40 (%), sogenanntes Schmierzinn, werden auf Schmierbereich, Verarbeitungstemp. u. Tropfverlust untersucht. Dabei wurden die Verss. den jeweiligen Erfordernissen für den Karosseriebau u. die Kabelmantellötung angepaßt. Daraus ergab sich, daß für den Karosseriebau die Legierung mit 25 Sn u. für die Kabelmantellötung die mit 35 Sn am besten geeignet war. (Schweissen u. Schneiden **10.** 281—83. Juli 1958. Duisburg, „Berzelius" Metallhütten-G.m.b.H.) F. VIER. 6504

Frank Kuncz, *Wolfram-Schutzgas-Lichtbogenschweißung.* Beschreibung der Arbeitsbedingungen (Gleich- u. Wechselstrom) zur W-Schutzgas-Lichtbogenschweißung. (Ind. and Welding **32.** Nr. 2. 55—56. Febr. 1959. Cleveland, Ohio, General Electric Co., Lamp Wire and Phosphors Dep.) W. WESLY. 6506

E. McFee, *Lichtbogenschweißung von 27 Arten von rostfreiem Stahl mit 18 verschiedenen Mantelelektroden.* Tabellar. Zusammenstellung der zum Schweißen von ferrit. Cr-, martensit. Cr- u. Cr–Ni-Stählen geeigneten Mantelelektroden. (Ind. and Welding **32.** Nr. 2. 31. 42. Febr. 1959. Middletown, Ohio, Armco Steel Corp.) W. WESLY. 6506

Carl Johnson, *Die Verschweißung von Hastelloy-Legierung X mit Inconel und Schmiedeeisen.* Beschreibung der Arbeitsbedingungen zum Verschweißen von HASTELLOY-(Ni)-Legierung X mit sich selbst, mit INCONEL u. mit *Schmiedeeisen.* (Ind. and Welding **32.** Nr. 2. 40—42. Febr. 1959. Berea, Ohio, Alloy Engng. Co.) W. WESLY. 6506

W. Rädeker, *Die metallurgischen Bedingungen für das Schweißen plattierter Stahlbleche.* Überblick. (Schweissen u. Schneiden **10.** 255—59. Juli 1958. Mülheim/Ruhr.) F. VIER. 6506

P. Richter, *Anwendung der Schweißtechnik im Apparatebau der chemischen Industrie.* (Schweissen u. Schneiden **10.** 265—69. Juli 1958. Gladbeck/W.) F. VIER. 6506

Rudolf Söhngen, *Ausgewählte Beispiele von Schweißkonstruktionen im chemischen Apparatebau.* (Schweissen u. Schneiden **10.** 260—65. Juli 1958. Leverkusen.) F. VIER. 6506

Olavi Eiro, *Die Ermüdungsfestigkeit des Schweißmetalls.* Unterss. über die Eigg. von reinem Schweißmetall (geschliffene Probestäbe) mit 0,04—0,06 (%) *C*, 0,33—0,56 *Si*, 0,58—0,88 *Mn*, 0,016—0,032 *P*, 0,023—0,033 *S*, Rest *Fe* unter dynam. Beanspruchung zeigen: Die Biegeermüdungsfestigkeit (BF) beträgt (0,7—0,9) $\cdot\sigma_s$, die Druck- u. Zugermüdungsfestigkeit 0,7 ·BF. H_2 im Schweißwerkstoff verringert die Festigkeit von

Konstruktionen mit dynam. Beanspruchung, wenn die Belastung gleich nach dem Schweißen beginnt. Nach längerer Standzeit hat H keine Bedeutung für die Festigkeit der Schweißnaht. Eine Standzeit nach dem Schweißen u. Glühen bei ca. 250° führt zu einer Verbesserung der Ergebnisse. Der Schweißwerkstoff hat eine hohe Streckgrenze. Die Probestäbe zeigen oft Brüche bei (14—15) $\cdot 10^7$ Lastwechseln. Mit einer bas. Elektrode erhaltene Schweißraupen zeigen schärfere Längsprofilformen als Raupen, die mit erzsaurer Elektrode erzeugt worden sind. (Valtion tekn. Tutkimuslaitos, Julkaisu [Statens tekn. Forskningsanst., Publ.] **41.** 1—26. 1958. [Orig.: deutsch.]) W. WESLY. 6506

R. Develay und **H. Richaud,** *Versuchsergebnisse über den Einfluß von Oberflächenbehandlungen auf die Dauerfestigkeit einiger Titanlegierungen.* Der Einfl. von Oberflächenbehandlungen auf die Dauerfestigkeit von Ti u. seinen Legierungen mit 1,75 (%) *Fe*, 0,02 *Si*, 2,50 *Cr*, 0,12 *C* u. 0,0120 *H*, mit 0,07 *Fe*, 0,065 *Si*, 4,2 *Mn*, 3,9 *Al*, 0,11 *C* u. 0,0056 *H* wurde untersucht. Danach wird durch anod. Oxydation die Dauerfestigkeit von Ti um 4% erhöht, die der Legierungen um 11 u. 16% vermindert. Auch die chem. Oberflächenbehandlung ergibt beachtliche Unterschiede in der Dauerfestigkeit je nach der Legierung. Dünne Metallüberzüge, wie elektrolyt. *Vercadmen* u. chem. *Versilbern* beeinflussen nicht oder nur sehr wenig die Dauerfestigkeit, dagegen wirken sich stärkere Metallüberzüge verheerend auf die Dauerfestigkeit aus. Sie wird durch elektrolyt. *Verchromen* um 30—35%, durch elektrolyt. *Vernickeln* um 50% herabgesetzt. (Rev. Métallurgie **55.** 853—59. Sept. 1958.) F. VIER. 6508

Lester F. Spencer, *Schmirgelpapier und -riemen.* Übersicht über Kennwerte, Eigg. u. Anwendung der wichtigsten als Schmirgel dienenden Mineralien *Feuerstein* (Quarz), *Granat, Korund,* Al_2O_3 u. *SiC.* (Metal Finishing **57.** Nr. 2. 52—57. Febr. 1959. Waukesha, Wis.) W. WESLY. 6510

Erich Lutter, *Die elektrolytische Entzunderung von Eisen und Stahl in alkalischer Lösung.* Mit Elektrolyten, die Alkalihydroxyde, nichtionogene Emulgatoren, kationakt. Netzmittel u. Alkaliferricyanide enthalten, läßt sich die elektrolyt. Entzunderung von Eisen u. Stahl einwandfrei durchführen. Die Gesamtansatzmenge soll 150—300 g/Liter betragen. Durch Zusätze von *Metasilicaten, Polyphosphaten* u. *Aluminaten* kann die peptisierende Wrkg. noch unterstützt werden. (Galvanotechn. **50.** 200—02. 15/4. 1959.) F. VIER. 6514

Albert Keil und **Hermann Grossmann,** *Über die galvanische Behandlung weichgelöteter Teile.* Durch Inaugenscheinnahme u. Korrosionsverss. wurde festgestellt, daß sich Weichlote aus *Pb, Cd, Zn* u. *Sn* nach sorgfältiger Vorbehandlung einwandfrei elektrolyt. mit *Cu, Ag* u. *Au* überziehen lassen. Dagegen haften die Überzüge auf *In*-haltigen Loten nicht. (Galvanotechn. **50.** 197—99. 15/4. 1959. Pforzheim, Platinschmelze Dr. E. Dürrwächter-DODUCO-KG.) F. VIER. 6514

J. T. Cataldo, *Welcher Gleichrichter zum Galvanisieren — Silicium oder Germanium?* Ein Vgl. der Eigg. von Si u. Ge zeigt, daß Ge der beste Gleichrichter für Galvanisierungsanlagen ist. (Metal Finishing **57.** Nr. 2. 69—70. Febr. 1959. El Segundo, Calif., International Rectifier Corp.) W. WESLY. 6514

W. Reichelt, *Die Hochvakuumbedampfung als Verfahren der Oberflächentechnik.* Überblick. — 41 Literaturangaben. (Metalloberfläche **12.** 278—82. Sept. 1958. Hanau, W. C. Heraeus G.m.b.H.) F. VIER. 6516

W. Koehler, *Die Hochvakuumbedampfung, ein Verfahren zur Oberflächenveredlung.* Überblick. — 25 Literaturangaben. (Metalloberfläche **12.** 262—67. Sept. 1958. Hanau, DEGUSSA.) F. VIER. 6516

H. Bumm, *Moderne Hochvakuumaufdampfanlagen für Produktion und Forschung.* Beschreibung einiger Anlagen. (Metalloberfläche **12.** 273—77. Sept. 1958. Köln, E. Leybold's Nachfolger.) F. VIER. 6516

S. A. Winokurski und **S. W. Sbolewski,** *Neues russisches Gerät zur Dickenmessung von Nickelüberzügen.* Der Dickenmesser arbeitet nach dem Prinzip der Messung der Anziehungskraft eines permanenten Magneten zur vernickelten Oberfläche, wenn die Ni-Schicht auf einem nichtmagnet. Metall aufgebracht ist. Ferner wird ein Gerät zur Dickenbest. nichtmagnet. Schichten auf magnet. Metallen beschrieben. Je stärker die aufgetragene Schicht, um so kleiner ist die Anziehungskraft. (Galvanotechn. **50.** 194—96. 15/4. 1959.) F. VIER. 6520

Kazimierz Kurski, *Ersparnis an Zink beim Feuerverzinken von Stahlwaren.* Zn-Verluste beim Feuerverzinken werden durch Bldg. von „hartem Zn", einer Fe–Zn-Legierung, durch zu dicke Überzüge als Folge einer erhöhten Zähflüssigkeit des Bades u. durch Oxydation verursacht. Einhaltung einer entsprechenden Badtemp., Zusatz von 0,2% Al zum Zn u. langsames Herausziehen der verzinkten Gegenstände vermindern die Verluste. (Wiadomości Hutnicze **14.** 230—37. Juli/Aug. 1958.) F. URBAN. 6522

J. Bigeon, *Korrosionsfestigkeit von Materialien in der chemischen Großindustrie.* Übersichtsbericht über das Verh. von Werkstoffen (Metalle, Kunststoffe) gegen die hauptsächlich angreifenden Chemikalien (Halogene, Säuren usw.). (Ind. chimique **45.** 130—41. Mai 1958.) WOLFGANG SIMON. 6538

K. W. Leu und **J. N. Helle,** *Der Mechanismus der Spannungskorrosion austenitischer rostfreier Stähle in heißen wässerigen Chloridlösungen.* Die Unterss. wurden an 18/8- u. 25/20-Cr–Ni-Stählen, die kein α- u. δ-Ferrit enthielten, in 42%ig. $MgCl_2$-Lsg. u. in 6%ig. NaCl-Lsg. (+1,5% $Na_2Cr_2O_7$) bei Siedetemp. der Lsgg. durchgeführt. — Es wurde festgestellt, daß man bei der beobachteten u. näher beschriebenen transkristallinen Spannungskorrosion zwischen der n. Korrosion u. der „mechan. Aufspaltung" unterscheiden muß; bereits vorhandene scharfkantige Narben, Löcher u. sonstige Anfressungen am Metall begünstigen die Korrosionserweiterung erheblich (Erhöhung der Kerbsprödigkeit). Die Verss. zeigen, daß der anfängliche Korrosionsangriff mehr von der mechan. u. chem. Beschaffenheit des passivierenden Oberflächenfilms, u. weniger von der Metallstruktur selbst ausgelöst wird. — 15 Literaturhinweise. Diskussion. (Corrosion [Houston] **14.** Nr. 5. 59—64. Mai 1958. Amsterdam, Holland, Koninkl./Shell Labor.) H. ECKSTEIN. 6538

G. Bianchi, *Zinkkorrosion bei unterschiedlicher Belüftung.* (Vgl. C. **1954.** 10094.) Als Test-Lsgg. wurden mol. NaCl-Lsgg. unter verschied. Bedingungen des p_H u. der Prüfdauer verwendet. — Die Zn-Proben enthielten nur sehr geringe metall. Begleitelemente. — Einfl. der unterschiedlichen Belüftung auf diejenigen Stellen der Probe, auf die eine kathod. O_2-Red. eingewirkt hat. In gepufferten Lsgg., in denen keine Passivierung des Zn stattfindet, ändert sich die Korrosionsverteilung wesentlich. Eine lokalisierte Korrosionswrkg. tritt in Höhe der Wasseroberfläche auf, wo der O_2-Diffusionsstrom ein Maximum zeigt. (Corrosion [Houston] **14.** Nr. 5. 55—58. Mai 1958. Modena, Italien, Univ.) H. ECKSTEIN. 6538

G. Oelsner, *Die Handschweißkorrosion metallischer Oberflächen.* Die Zus. u. Absonderung des Schweißes, die Erfahrungen über die Handschweißkorrosion u. ihren Mechanismus werden erörtert u. die Anforderungen an ein wirksames Schutzmittel diskutiert. (Galvanotechnik **50.** 77—84. 15/2. 1959. Berlin.) F. VIER. 6538

W. Funke und **K. Hamann,** *Vergleichende Untersuchungen über die korrosionshemmende Wirkung organischer Verbindungen in wässeriger Lösung.* Vff. vergleichen die Wirksamkeit organ. Inhibitoren in nichtsauren, wss. Lsgg., um zu prüfen, welcher Zusammenhang zwischen der Schutzwrkg. solcher Verbb. u. ihrer chem. Konst. besteht. Bei den in saurer Lsg. wirksamen Inhibitoren (*S*-Verbb., *Acetylen*-Derivv., sehr schwache organ. *N*-Basen) war keine Schutzwrkg. festzustellen. Für die Schutzwrkg. stärker bas. *Amine* wurde eine genügend hohe *OH*-Ionenkonz. (p_H 9,5—10,0) verantwortlich gemacht. Niedermol. organ. Säuren schützen nicht, dagegen z. T. ihre *Na*-Salze. Die Inhibitoreigg. der *Phenole* werden auf die Ggw. von *Phenolat*-Ionen zurückgeführt. Die *Nitro*-Gruppe als solche zeigte keine spezif. rostschützenden Eigg., konnte aber durch im gleichen Mol. vorhandene Heteroatome mit freien beweglichen Elektronen in bezug auf eine gewisse Schutzwrkg. aktiviert werden. — 35 Literaturangaben. (Werkstoffe und Korrosion **9.** 202—16. April 1958. Stuttgart, Forschungsinst. für Pigmente u. Lacke.) H. J. ENGELKE. 6538

Robert Bartoníček und **Ladislav Červený,** *Organische Chromate als Passivierungsinhibitoren der Korrosion von Metallen für Behelfsschutzmittel auf Erdölbasis.* Die Fähigkeit, die Korrosion an Metalloberflächen, welche mit einem Erdölschutzfilm versehen sind, zu hemmen, hängt von der chem. Struktur der organ. Chromate ab. Wie die Verss. zeigen, ist die Löslichkeit im Konservierungsmittel der entscheidende Faktor in bezug auf ihre Inhibitorwirkung. (Chem. Průmysl **8** (**33**). 622—28. Dez. 1958. Praha, Státní výzkumný ústav ochrany materiálu.) J. SCHNEIDER. 6538

Ray W. Amstutz, *Korrosionsprobleme bei der Wasserflutung.* Zusammenfassende Übersicht über die Feststellung u. Verhinderung von Korrosionserscheinungen in Wasserflutungsanlagen bei der Erdölgewinnung (Wasseranalyse, Teste auf Korrosionsanfälligkeit, Einw. von Mikroben, Verwendung von Membranfiltern). (Corrosion [Houston] **14.** Nr. 5. 65—69. Mai 1958. Tulsa, Okla.) H. ECKSTEIN. 6538

M. J. Lavigne, *Wirkungen der Kaltbearbeitung auf die Korrosion von Reinstaluminium in Wasser bei hohen Temperaturen.* Vf. untersuchte den Einfl. der Kaltbearbeitung allein u. mit anschließender Warmbehandlung des Reinst-Al (zur völligen Rekristallisierung) auf die Korrosionsbeständigkeit in W. bei 100, 150 u. 200°. Bei 100° unterliegen das zu 5—50% kaltverarbeitete u. alles rekrist. Al einer intergranularen Korrosion; nur $>$ 60% kaltverarbeitetes Al wird dabei nicht angegriffen. Bei $>$ 150° ist jedes Al der intergranularen bzw. selektiven Korrosion unterworfen. (Corrosion

[Houston] **14.** Nr. 5. 36—38. Mai 1958. Hamilton, Ontario, Canad. Westinghouse, Atomic Energy Div.) H. ECKSTEIN. 6540

K. G. Compton, *Elektrische Messungen und ihre Auswertung für Korrosionsprobleme in unterirdisch verlegten Kabeln.* Erörterung mehrerer Verff. zur Überwachung von Kabelrohrleitungen, der Spannungsgradienten an der Kabelaußenfläche, der Messung des Null-Brückenpotentials des Kabels, der Ströme an der Kabelhülle (*Pb*) u. des Erdwiderstands. Vf. zeigt, daß eine Messung des Potentials zwischen der Kabelumhüllung u. einer geerdeten Bezugselektrode allein keine Korrosionsanfälligkeit aufzeigt. Bes. betont wird der Polaritätsunterschied zwischen den n. u. den durch äußere Einfll., wie Streuströme oder Kontakt mit edleren Metallen hervorgerufenen Korrosionsherden. (Corrosion [Houston] **14.** Nr. 5. 47—54. Mai 1958. Murray Hill, N. J., Bell Teleph. Labor.) H. ECKSTEIN. 6540

W. G. Browkin, M. J. Sacharow, M. P. Igolkin, G. P. Leschke, W. J. Posdnjakow, J. D. Ratschinskij und **W. S. Tarasow,** *Entfernen von Co, Ni und Cu aus Konverterschlacke* in bogenförmigen Elektroöfen auf einer Schicht Rohmetall aus *sulfid. Erzen* (bes. *Fe*), wobei keine Durchmischung mit der Schlackenschicht eintreten soll. Unter Zusatz eines Reduktionsmittels tritt erhöhte Abscheidung der Metalle an der Kontaktfläche beider fl. Phasen ein. (**UdSSR. P. 112 307** vom 13/8. 1956, gedruckt 21/6. 1958.) B. PANKOW. 6361

Röchling'sche Eisen- und Stahlwerke G. m. b. H. (Erfinder: **Hans Zieler** und **Paul Grigel**), Völklingen, Saar, *Pelletisierverfahren* zur Überführung von weder pelletisierbaren noch sinterfähigen Staubgemischen in eine techn. verwertbare Form, dad. gek., daß die für den Sinterprozeß lästigen Feinstanteile des Staubes unter Zugabe von Impfpellets in größere, feste Pellets so lange übergeführt werden, bis der Reststaub nur noch aus gröberen, sinterfähigen Körnern besteht. Die aus dem Feinstaub gebildeten Kugeln werden von dem nichtpelletisierten Reststaub durch Absiebung getrennt. Das Verf. eignet sich zur Verarbeitung von *Hochofengichtstäuben* u. *Eisenerzstaub.* (**D. A. S. 1 037 491** Kl. 18a vom 13/1. 1954, veröff. 28/8. 1958.) M. NECKERMANN. 6377

Monsanto Chemical Co., V. St. A., übert. von: **Harry M. Stevens,** *Herstellung eines Beschickungsproduktes für metallurgische Öfen.* Agglomerate, bestehend aus dem zu behandelnden Erz u. Kohle werden in einen senkrechten Schachtofen aufgegeben u. während der Durchwanderung des Schachtofens mittels heißer Verbrennungsgase verkokt, calciniert u. im unteren Teil des Ofens gekühlt. Das den Ofen verlassende Gasgemisch aus den Verbrennungs-, Calcinations- u. Verkokungsgasen wird gekühlt u. von Teer u. Wasserdampf gereinigt. Ein Teil dieses Gases wird mit den heißen Verbrennungsgasen etwa in der Mitte des Schachtofens aufgegeben, während ein anderer Teil am unteren Ende des Ofens eingeführt wird u. das in der unteren Hälfte des Schachtofens befindliche Material abkühlt. Das den Ofen verlassende Agglomerat zeichnet sich durch besondere mechan. Festigkeit u. Gleichmäßigkeit in der Zus. aus u. eignet sich als Aufgabegut für elektrotherm. Prozesse zur Herst. von *P*, CaC_2, *Fe–Si*, *Ca–Si*, *Ca–Si–Al*, *Al*, *SiC*, *Fe–Ti*, *Fe–W*, *Fe–B*, *Fe–V*, *Fe–Mn*, *Fe–Si* usw. — Abbildungen. (**F. P. 1 156 301** vom 18/3. 1954, ausg. 14/5. 1958. A. Prior. 6/5. 1953.) M. NECKERMANN. 6377

Alois Vogt, Vaduz (Erfinder: **Otto Winkler,** Balzers), Liechtenstein, *Elektrisches Lichtbogenschmelzen.* Das in einem Schmelztiegel befindliche, zu schm. Gut wird um die vertikale Achse des Schmelztiegels so rasch rotiert, daß sich eine konkav gekrümmte Schmelzgutoberfläche bildet, welche den elektr. Lichtbogen wenigstens teilweise umhüllt u. am Tiegelrand mit der Horizontalebene einen Winkel von mehr als 45^0 einschließt. Die Lichtbogenentladung findet im Vakuum statt. Das Verf. eignet sich bes. zum Schmelzen von Metallen mit hohem F., wie *Cr*, *Mo*, *W*, *Ti*, *Zr* u. deren Legierungen. — Abbildungen. (**Schwz. P. 328 890** vom 23/11. 1954, ausg. 14/5. 1958.) M. NECKERMANN. 6381

National Research Corp., Cambridge, übert. von: **Gordon R. Findlay,** Bedford, Mass., V. St. A., *Herstellung von schwer schmelzbaren Metallen,* wie *Ti*, *Zr*, *Hf*, *V*, *Nb*, *Ta* sowie deren Legierungen durch Red. ihrer Halogenide mittels Li, Na, K, Mg u. Ca. Halogenide u. Reduktionsmetalle werden in fl. Zustand in der Reaktionszone innerhalb einer Reaktionskammer gemischt, die aus einer inneren metall. Wand u. einer äußeren Wand besteht. Die Mischung verbrennt in Form einer Flamme, die gegen die Oberfläche eines Metallspiegels aus dem red. Metall gerichtet ist u. eine Temp. entwickelt, die oberhalb des E. des herzustellenden Metalls u. über dem Kp. des dabei entstehenden Reduktionsmetallhalogenides liegt. Die in der Flamme entstehenden Metallteilchen sammeln sich in dem Metallsumpf. Die genannte Innenwand der Reaktionskammer wird in der Nähe der Reaktionszone auf einer Temp. gehalten, die zwischen dem E. des

Reduktionsmittelhalogenids u. dem E. irgend eines Eutektikums liegt, das zwischen dem hergestellten u. dem Metall der Innenwand gebildet wird. Die Wärme der Innenwand wird auf die Außenwand durch Strahlung übertragen. Metalle u. Halogenide können getrennt voneinander aus der Reaktionskammer entfernt werden. — Abb., Fließschema. (**A. P. 2 826 491** vom 10/9. 1951, ausg. 11/3. 1958.) M. NECKERMANN. 6381

Albert de Sy, Gent, Belgien, *Gewinnung von Schwermetallen*, bes. *Blei*, *Kupfer oder Zink*, aus geschmolzenen Chloriden durch Zusatz von CaC_2, dad. gek., daß außerdem noch soviel CaO zugefügt wird, daß im zugefügten Gemisch von $CaC_2 + CaO$ mindestens die Hälfte des Elements Ca als Oxyd u. höchstens die Hälfte als Carbid vorliegt, z. B. gemäß folgender Gleichung: $RCl_2 + {}^1/_3CaC_2 + {}^2/_3CaO \rightleftharpoons R + CaCl_2 + {}^2/_3CO$, worin R ein Schwermetall bedeutet. (**Holl. P. 87 529** vom 24/5. 1956, ausg. 15/2. 1958.) K. DEMMLER. 6381

Fredrik Jörgen Ording Hurum, Trondheim, Norwegen, *Einführung von Magnesium in Metallschmelzen* in Form von Briketts, die auf einem Stab aufgereiht sind u. welche als reagierende Substanzen *Ca-Silicid* und gebranntes *MgO* enthalten. Sie können außerdem noch gepulvertes oder granuliertes *Al* oder *Erdalkalioxyde* sowie Flußmittel wie CaF_2, NaF, Na_2SiF_6 oder $NaCl$ enthalten u. werden im vorerhitzten Zustand in die Schmelze eingeführt. Apparatur. (**E. P. 785 551** vom 18/2. 1955, ausg. 30/10. 1957.) C. GÖTZE. 6381

Polygram Casting Co. Ltd., London (Erfinder: **Arthur Woods**), England, *Formtrennmittel* für die Herst. von Formen u. Kernen aus Mischungen von Sand u. hitzehärtenden Bindemitteln in Pulverform, einschließlich synthet. Harze u. Härtemittel. Die Trennmittel bestehen aus ungebleichtem Montanwachs (I) u. einem KW-stofföl (II) folgender Viscosität/Redwood: 800—1200/140° F, 230—330/200° F u. 60—90/300° F, sowie einem Kohlerückstand nach CONRADSON von nicht $<4\%$. — Z. B.: 3 oz. I u. 2 pints II werden auf eine Temp. oberhalb des F. von I, aber unterhalb des Kp. von II erhitzt, filtriert u. nach dem Abkühlen mit nicht <60 Gew.-% Paraffinöl vermischt. (**E. P. 773 684** vom 30/1. 1953, ausg. 1/5. 1957.) E. DREWS. 6383

Waagner-Biro Akt.-Ges. und **Vereinigte Österreichische Eisen- und Stahlwerke Akt.-Ges.**, Wien, übert. von: **Roland Kemmetmüller** und **Rudolf Rinesch**, Linz, Österreich, *Behandlung der einen Stahlkonverter verlassenden, CO und feste Teilchen, wie FeO, Fe_3C und $FeCO_3$, enthaltende Abgase* durch Zumischung eines sauerstoffhaltigen Gases zu den im Konverter gebildeten Abgasen nach Verlassen des Konverters ist dad. gek., daß das O_2-haltige Gas in einem zur theoret. Verbrennung von CO erforderlichen Menge, die jedoch nicht zur Oxydation der Fe-Verbb. zu Fe_2O_3 ausreicht, den Abgasen zugemischt wird. (**A. P. 2 831 762** vom 4/4. 1955, ausg. 22/4. 1958. Oe. Prior. 6/4. 1954.) H. HOCHSTEIN. 6409

Otto Nielsen, Hamburg, *Herstellung von Kupfer* mit hoher Leitfähigkeit durch Zusatz von Desoxydationsmitteln, dad. gek., daß der Einw. von *Alkalihydroxyd* unterworfenes, geschmolzenes Cu, danach unter Zusatz von Desoxydationsmitteln, bes. von *P*, in einer der für die Desoxydation erforderlichen, übersteigenden Menge vergossen wird. (**D. A. S. 1 035 908** Kl. 40a vom 3/12. 1953, veröff. 7/8. 1958. **Zusatz zu D. B. P. 846 795; C. 1953. 5917.**) M. NECKERMANN. 6433

Vereinigte Deutsche Metallwerke Akt.-Ges., Frankfurt/M. (Erfinder: **Hans Theobald** und **Klaus Sczimarowski**, Duisburg), *Behandlung von Kupferschmelzen für Stranggußerzeugnisse mit einem Phosphorgehalt von 0,02%*, dad. gek., daß der Schmelze in der Pfanne oder im Warmhalteofen zunächst *Zn* oder *Cu–Zn*-Legierungen u. alsdann nach kurzem Abstehenlassen *Phosphorkupfer* zugesetzt werden. Je nach den Anforderungen an das Halbzeug sollen neben mindestens 0,02% P 0—1% Zn im Cu verbleiben. (**D. A. S. 1 040 257** Kl. 40a vom 26/1. 1955, veröff. 2/10. 1958.) M. NECKERMANN. 6433

National Research Corp., Cambridge, übert. von: **James H. Moore**, Swampscott, Mass., V. St. A., *Nickellegierungen* bestehen aus 12—15 (%) *Co*, 18—21 *Cr*, 2—4 *Ti*, 2,5—3,5 *Mo*, 0,75—2 *Al*, 0,05—0,15 *C*, weniger als 0,01 *N* u. weniger als 0,003 *O*, Rest Ni. Die Legierungen, die noch bis 5 *Fe*, 0,5—1 *Si* u. 1—1,5 *Mn* enthalten können, sind duktil, alterungshärtbar, bruch- u. warmfest u. eignen sich bes. für Turbinenschaufeln. (**A. P. 2 805 154** vom 2/11. 1953, ausg. 3/9. 1957.) C. GÖTZE. 6435

Mond Nickel Co. Ltd., England, *Kobalt–Nickel-Legierungen* bestehen aus 15 bis 20,5 (%), bes. 16,8—18,8, Co, Rest Ni. Die Legierungen zeichnen sich durch Magnetostriktion aus. — Kurvendiagramm. (**F. P. 1 146 616** vom 22/12. 1955, ausg. 13/11. 1957. E. Prior. 23/12. 1954.) C. GÖTZE. 6435

Union Carbide & Carbon Corp., New York, übert. von: **Clarence E. Cormarck**, Buffalo, N. Y., V. St. A., *Verschleißfeste Legierungen* bestehen aus 10—65 (%) mindestens eines der Metalle *Cr*, *Mo* oder *W*, wobei Cr 40, Mo + W 25 nicht übersteigt, 2—7 *C*, bis 15 *Fe*, 0,05—0,4 mindestens eines der Elemente *Ce*, *Mischmetall* oder *Mg* in Mengen, um C in Kugelgraphit zu verwandeln, Rest *Co* oder *Ni*. (**A. P. 2 780 542** vom 8/12. 1953, ausg. 5/2. 1957.) C. GÖTZE. 6441

A. T. Wasko und **D. P. Sosimowitsch,** *Elektrolytische Herstellung von Ni–W-Legierungen* durch Anwendung eines Peroxydelektrolyten, der bei 50—70° u. einer Spannung von 2,3—4,5 V arbeitet u. folgende Zus. hat: 87 (g/Liter) $NiSO_4$, 5 Na_2WO_4, 1,8 H_2O_2 u. H_2SO_4-Zusatz an der Anode bis p_H 2. (**UdSSR. P. 112 306** vom 22/1. 1957, gedruckt 24/4. 1958.) B. PANKOW. 6441

I. G. Kowalew, T. W. Lebedewka, I. M. Michejew und **W. W. Dolgow,** *Hitzebeständige Mg-Legierung* mit 1,0—2,5% *Mn*, enthält zusätzlich 1,0—5,0% Nd. Druckgrenze bei Normaltemp. $\sigma = 23—25$ kg/mm², bei 300° $\sigma = 8—10$ kg/mm². Weitere Angaben. (**UdSSR. P. 111 185** vom 5/7. 1957, gedruckt 5/8. 1958.) B. PANKOW. 6445

T. W. Lebedewka und **I. G. Kowalew,** *Hitzebeständige Mg-Legierung* mit folgenden Legierungsanteilen: 2—6 (%) *Ce*, 1,0—2,5 *Mn* u. 0,1—1,0 *Ni*. Druckgrenze bei 250° $\sigma = 17—18$ kg/mm². Weitere Angaben über Dauerbelastungen. (**UdSSR. P. 112 487** vom 5/7. 1957, gedruckt 3/6. 1958.) B. PANKOW. 6445

Karl Ziegler, Mülheim, *Herstellung reinen Aluminiums* durch therm. Zers. von Verbb. der Formel $(RR'CH—CH_2)_2AlX$ (R, R' = aliphat. Reste; X = $RR'CH—CH_2$— oder H). Man erhitzt bes. *Al-Triisobutyl* auf 200—300°. Die Zers. erfolgt zweckmäßig an geheizten Metalloberflächen, z. B. geschmolzenem Al, im Vakuum oder in Verdünnung mit H_2. Man kann auch in einer 1. Stufe bei ca. 150° *Diisobutylaluminiumhydrid* bilden u. dieses dann in fl. Form bei erhöhter Temp. weiter zersetzen. (**Holl. P. 86 882** vom 3/8. 1955, ausg. 15/11. 1957. D. Prior. 9/8. 1954.) F. BÖHM. 6447

Robert T. C. Rasmussen, Albany, Oreg., V. St. A., *Herstellung von Aluminium-Silicium-Legierungen im elektrischen Ofen.* Das Ausgangsmaterial, z. B. gebrannter Ton oder Pyrophyllit, wird mit nicht mehr C-haltigem Material, als zur Red. erforderlich ist, vermengt. Das C-haltige Material soll sperrige Form haben, damit das Ausgangsmaterial gewissermaßen in verdünnter Form in die Schmelzzone eingebracht werden kann, so daß die Temp. der Schmelzzone bis auf die Reduktionstemp. des Materials steigen kann. Die erforderliche Verdünnung wird erreicht, wenn mindestens ca. 5,6 ft³ C-haltigem Material mit 100 Pfund Ausgangsmaterial vermischt werden. (**A. P. 2 755 178** vom 30/7. 1952, ausg. 17/7. 1956.) C. GÖTZE. 6447

Rem-Cru Titanium, Inc., Midland, übert. von: **Milton B. Vordahl,** Beaver, Pa., V. St. A., *Titanlegierungen* bestehen aus 10—20 (%) mindestens eines die Bldg. der β-Phase des Ti beschleunigenden Elementes wie *Mo*, *V*, *Nb*, *Ta*, *Zr*, *Cr*, *Mn*, *Fe*, *W* u. *Cu*, 2—10 *Sn*, Rest *Ti*. Die Legierungen zeigen große Stabilität in der Wärme u. behalten ihre Duktilität bei Tempp. von 400—800° F bei. (**A. P. 2 769 707** vom 1/11. 1952, ausg. 6/11. 1956.) C. GÖTZE. 6449

Rem-Cru Titanium, Inc., Midland, übert. von: **Milton B. Vordahl,** Beaver, Pa., V. St. A., *Titanlegierungen* bestehen aus 20—50 (%) eines oder mehrerer die Bldg. der β-Phase des Ti fördernder Elemente, von denen mindestens eines mit Ti isomorph sein muß, 1—15 mindestens eines die Bldg. der α-Phase des Ti förderndes Element, welches die β-Phase stabilisiert, Rest Ti. Die Legierungen können außerdem noch 1—15 mindestens eines eutektoiden β-Bildners enthalten, wobei sein Geh. denjenigen des isomorphen β-Bildners nicht überschreiten darf. α-Bildner sind *Al*, *Sn*, *Sb*, *In*, *Bi*, *Pb*, *Cd*, *Zn*, *Tl*, β-Bildner sind *Mo*, *V*, *Nb*, *Ta*, *Zr*, *Mn*, *Fe*, *Cr*, *W*, *Cu*, *Co*, *Ni*, *Si* u. *Be*, von denen die ersten 4 genannten Elemente mit Ti isomorph sind u. die Elemente Cr, Mn u. Fe als eutektoide Bildner hervorgehoben sind. Die Legierungen haben β-Struktur, hohe therm. Stabilität u. eine Mindestbiegefähigkeit von nicht mehr als 20 t. (**A. P. 2 754 203** vom 22/5. 1953, ausg. 10/7. 1956.) C. GÖTZE. 6449

Rem-Cru Titanium, Inc., Midland (Erfinder: **Milton Bernard Vordahl,** Beaver), Pa., V. St. A., *Titanlegierungen* bestehen aus 1—50 (%) eines oder mehrerer nichteutekt. Bildner, u. zwar *Mo*, *V*, *Nb* oder *Ta*, 0—12 eines oder mehrerer eutekt. Bildner, u. zwar bis je 6 *Cr* u. *Mn*, bis 3 *Fe*, *W*, *Co*, *Ni*, *Si* u. *Be*, wobei V oder Mo 2 nicht überschreiten soll, wenn Cr oder Mn zugegen sind u. Cr 2,5 nicht überschreiten soll, wenn Mo allein zugegen ist, Rest *Ti*. Die Legierungen können ferner je 0—0,2 *C*, *O* u. *N* sowie 0,5—7,5 *Al* enthalten, wobei der C-Geh. unter 0,1 liegt, wenn Mn zugegen ist. (**E. P. 776 440** vom 13/10. 1953, ausg. 5/6. 1957.) C. GÖTZE. 6449

Rem-Cru Titanium, Inc., Midland, Pa., V. St. A. (Erfinder: **Robert Isaac Jaffee, Horace Russell Ogden** und **Ralph Arthur Happe**), *Titanlegierungen* bestehen aus 0,3 (%) *O*, bis 0,2 *N*, bis 0,3 *C*, bis 30 mindestens eines die Bldg. der α-Phase beschleu-

nigendes Element wie 0,25—7,5 *Al*, 0,25—16 *Sn*, je 0,25—10 *Ag* u. *Pb*, 0,25—5 *Bi*, *Sb*, *In* u./oder mindestens eines die Bldg. der β-Phase beschleunigendes Element wie je 0,1—10 *Nb*, *Ta* u. *Zr*, 0,1—15 *B*, je 0,1—2 *Fe* u. *Co*, 0,1—2,5 *Cu*, 0,1—1,5 *Ni*, 0,1—2,5, oder 4—5 oder 7,5 *Mn*, 0,1—2,5 oder 5—12,5 *Cr*, 0,1—2,5 oder 5—15 *Mo* u. 0,1—1 *Si*. Die Legierungen haben hohe Härte u. Festigkeit u. sind duktil sowohl im geschweißten als auch im nichtgeschweißten Teil. (**E. P. 785 293** vom 9/11. 1953, ausg. 23/10. 1957.)
C. GÖTZE. 6449

Leon Nussbaum, Maidenhead, Berkshire, England, *Titanlegierungen* bestehen aus 50—60 (%) *Ti*, 0—10 *Fe*, 5—10 *Cr*, 5—10 *Ni*, 4—8 *Nb*, 0,4—1 *Ta*, 0—1 Verunreinigungen, Rest *C*, wobei Ti, Nb u. Ta als Carbide u. Cr u. Ni in metall. Form vorliegen. Hergestellt werden die Legierungen durch Mischen der Oxyde von Ti, Nb u. Ta mit C u. Erhitzen der Mischung in einer NH_3-freien H_2-Atmosphäre zwecks Carburierung. Darauf werden die Bindemetalle zugemischt u. bei 1500—2000° gesintert. (**E. P. 753 659** vom 8/6. 1953, ausg. 25/7. 1956.) C. GÖTZE. 6449

Rem-Cru Titanium, Inc., Midland, Pa., übert. von: **Robert I. Jaffee,** Worthington, **Horace R. Ogden,** Columbus, Ohio, und **Ralph A. Happe,** Anaheim, Calif., V. St. A., *Titanlegierungen* bestehen aus 0,5—18 (%) *Sb*, bis 0,6 *C*, bis 0,4 *O*, bis 0,3 *N*, 0,5—23 mindestens eines die Bldg. der α-Phase beschleunigendes Element, u. zwar *Al*, *Sn*, *In*, *Ag*, *Pb* u. *Bi*, mit der Maßgabe, daß der Al-Geh. 8 u. die Gehh. an In, Ag, Pb u. Bi 15 nicht überschreiten, u. daß bei niederen Sb-Gehh. höhere Gehh. der α-Bildner angezeigt sind u. umgekehrt, Rest *Ti*. Ferner bestehen die Legierungen aus 0,5—40 mindestens eines die Bldg. der β-Phase beschleunigendes Element, u. zwar *Mo*, *V*, *Nb*, *Ta*, *Zr*, *Mn*, *Fe*, *Cr*, *W*, *Co*, *Ni*, *Cu*, *Si* u. *Be*, wobei (Cr + W) 25 nicht überschreiten soll, sowie 10 Mn, 7 Fe, 5 Co, Ni u. Cu, 2 Si u. Be. Im übrigen können die Legierungen die angeführten α- u. β-Beschleuniger gemeinsam enthalten. Die Legierungen besitzen hohe Festigkeit u. gleiche Duktilität beim Bearbeiten in kaltem u. warmem Zustande, sie lassen sich schweißen, ohne merklich an Duktilität einzubüßen u. sind widerstandsfähig gegen Oxydation. (**A. P. 2 796 347** vom 23/11. 1953, ausg. 18/6. 1957.)
C. GÖTZE. 6449

R. L. Weller, S. I. Sobol und **N. T. Pletenewa,** *Darstellen von Antimon aus mageren, sulfid- oder sulfathaltigen Gesteinen oder Konzentraten* durch *S*-Zusatz u. Rösten bei 300—450°, wobei durch Red. überwiegend Trisulfid u. -oxyd dargestellt werden, die mit Na_2S mehrmals behandelt u. auf 10 g/Liter angereichert werden. Nach darauffolgender Kristallisation wird daraus elektrolyt. reines Sb dargestellt. (**UdSSR. P. 112 492** vom 8/2. 1951, gedruckt 22/3. 1958.) B. PANKOW. 6449

American Cyanamid Co., New York, N. Y., V. St. A., *Abscheidung von Quecksilber aus quecksilberhaltigem Schlamm*, der bei der Herst. von Al_2O_3-Katalysatoren anfällt. Man behandelt den Schlamm mit 10—80, bes. 20—30%ig. H_2SO_4 u. scheidet das Hg aus der entstehenden $Al_2(SO_4)_3$-Lsg. durch Filtration oder Dekantierung ab. Die H_2SO_4-Behandlung wird zweckmäßig bei 70—100° durchgeführt. (**Holl. P. 86 307** vom 1/4. 1955, ausg. 16/9. 1957. A. Prior. 5/4. 1954.) F. BÖHM. 6457

Narisara Edward Perkins, Frankreich, *Werkstoffe* bestehen vollständig oder z. T. aus Carbiden, Nitriden oder Boriden von z. B. *V*, *Nb*, *Ta*, *Mo*, *W*, *Cr* oder *Be*, bzw. deren Mischungen. Bes. Mischungen wie Carboboride oder -nitride oder Nitroboride ergeben Mischkristalle mit viel besseren Eigg. als die einfachen Carbide, Nitride oder Boride. Durch Hämmern, Walzen oder Pressen kann die Struktur der gefritteten Körper verbessert werden. Sie werden verwendet für Brennerdüsen, Injektoren, Verbrennungskammern, Teile von Gasturbinen sowie Gegenständen, die Beanspruchungen bei hohen Tempp. ausgesetzt sind. (**F. P. 1 143 579** vom 12/5. 1954, ausg. 2/10. 1957.)
C. GÖTZE. 6477

Norton Co., Worcester, Mass., V. St. A., übert. von: **Edwin C. Lowe,** Niagara Falls, Ontario, Canada, *Werkstoffe aus Borcarbid* mit einem Geh. bis zu 2 (%) Al_2O_3 zuzüglich 2,5 *Al* zum Al-Geh. in Al_2O_3, besitzen eine Härte von über 9 der MOHSschen Skala u. einen Bruchmodulus von mindestens 43000 p.p./sq.in. Der harte u. zähe Werkstoff eignet sich bes. für Turbinenschaufeln, Ziehdüsen, Düsen für Sandgebläse, für Schleifapparate u. dergleichen. (**A. P. 2 746 133** vom 16/10. 1951, ausg. 22/5. 1956.)
C. GÖTZE. 6477

Metallwerk Plansee G. m. b. H., Reutte, Tirol, Österreich, *Harte und korrosionsbeständige Sinterkörper* bestehen aus ZrB_2 u. mindestens 5 (%) eines oder mehrerer Zr-Boride mit geringerem B-Geh. u. 0,1—0,5 *Ni*. Die Herst. erfolgt durch Mischen von ZrB_2- mit Ni-Pulver u. Pressen bei Tempp., die über dem F. des Ni-Borids, das ausfließt, liegen. (**Oe. P. 193 614** vom 22/6. 1954, ausg. 25/11. 1957. A. Prior. 22/6. 1953.)
C. GÖTZE. 6477

General Electric Co., New York (Erfinder: **William Wittenborg Welbon**, Ballston Lake), N. Y., V. St. A., *Reinigung technischen Wolframcarbids*, bes. von *Fe* u. *Mn*, erfolgt dadurch, daß man das Carbid mit Pyrosulfat, bes. $K_2S_2O_7$, schm., die Schmelze mit W. extrahiert u. das Carbid zunächst mit einer Base, bes. NH_4OH, dann mit Säure, bes. *HCl*, u. zum Schluß mit *W.* wäscht. (**D. A. S. 1 048 886** Kl. 12i vom 15/2. 1958, veröff. 22/1. 1959. A. Prior. 27/2. 1957.) K. WOLK. 6477

N. V. Philips' Gloeilampenfabrieken (Erfinder: **Paul Christiaan van der Willigen** und **Wilhelmus Gerardus Essers**), Eindhoven, Holland, *Lichtbogenschweißelektrode* mit einer Umhüllung, deren schlackenbildender Teil bas. ist u. *Erdalkalifluorid* sowie *Erdalkalicarbonat* in einer Menge, die beim Schweißen eine schützende CO_2-Atmosphäre liefert (z. B. Wasserglas), u. ferner ein Metallpulver enthält u. die prakt. frei von H-haltigen Verbb. ist. Die Umhüllung enthält, gegebenenfalls auch an andere Stoffe gebunden, 15—30 Gew.-% ZrO_2 (auf den nichtmetall. Teil bezogen) u. eine Menge *Silicat*, die (als SiO_2 gerechnet) höchstens gleich der ZrO_2-Menge ist. (**D. A. S. 1 050 937** Kl. 21h vom 30/1. 1958, veröff. 19/2. 1959. Holl. Priorr. 1/2. u. 6/9. 1957.) H. KESSEL. 6507

Pecquet, Tesson & Cie., Crouy, Aisne, Frankreich, *Schweißen der Nähte von Hohlkörpern, insbesondere von Gasflaschen*, die mindestens eine für das Durchgreifen von Stützen einer die Schweißspalte im Innern des Hohlkörpers abdeckende Schweißunterlage nicht ausreichende Öffnung aufweisen, dad. gek., daß die vor dem Zusammensetzen des Hohlkörpers in seinem Innern eingebrachte Schweißunterlage nach dem Schweißen ausgeschmolzen wird. (**D. A. S. 1 043 036** Kl. 49h vom 15/12. 1955, veröff. 6/11. 1958. F. Prior. 20/12. 1954.) G. APEL. 6507

Robert Michel, Poissy, Frankreich, *Galvanische Metallabscheidung* auf *Eisen-* oder Nichteisenmetallen, wie *Bronze* u. *Messing*, zur Verhütung der Oxydation. Die Metalle werden nach dem Entfetten, Beizen u. Spülen bei 1,0—1,5 V u. 0,5—2 A/dm² in einem Alkalicyanidbad, das außerdem $TiOCl_2$, *CdO* oder *Cd-Salz* u. Anoden aus Ti u./oder Cd enthält, behandelt. Zur gleichzeitigen Abscheidung von *Ti*, *Cd* u. *Mo* wird dem Bad MoO_3 zugesetzt. Z. B.: 70 (g/Liter) Na_2CO_3, 100 NaCN, 50 CdO, 10 $TiOCl_2$ u. gegebenenfalls 15 MoO_3. (**E. P. 762 199** vom 20/1. 1954, ausg. 28/11. 1956.) G. FRIKELL. 6515

Barnet D. Ostrow, North Bellmore, und **Fred J. Nobel**, North Valley Stream, N. Y., V. St. A., *Galvanisches Glanzmessingbad*, geeignet für Tempp. von 70—180° F u. Stromdichten von 5—70 A/ft². Aus Zn-Salzen u. *Alkylpolyaminen* mit mindestens 8 C-Atomen der Alkylgruppe, mindestens 2 Aminogruppen u. einem Mol.-Gew. bis 1800 werden Komplexverbb. gebildet, die in einem Überschuß des Polyamins u. in Alkalihydroxyd lösl. sind. *Cu* wird als Cyanid angewendet. Cu:Zn = 10—40:1. p_H ca. 13. Z. B.: Die wss. Lsg. enthält je 1 Liter 45 (g) *CuCN*; 69,0 Gesamt-*NaCN*; 19,5 freies *NaCN*; 30,0 K_2CO_3; 20,0 *Diäthylentriamin*; 1,1 *Zn* in lösl. Form. (**A. P. 2 817 627** vom 11/7. 1955, ausg. 24/12. 1957.) G. FRIKELL. 6515

Marcel Muller, Frankreich, *Verfahren zur Verringerung des Verschleißes von Motorzylindern mittels elektrolytischer Behandlung*, wobei das Werkstück als Anode geschaltet wird, wobei eine Abtragung des Metalls in einer dünnen Schicht erfolgt. Kohle- u. Graphitteilchen werden somit auf der Oberfläche freigelegt u. verbessern die Gleitung. Als Elektrolyt-Fll. werden Säuren verwendet, z. B.: 150—300 g CrO_3 u. 0,1 bis 1 cm³ H_2SO_4 (konz.) je 1 Liter Flüssigkeit. (**F. P. 1 132 666** vom 4/10. 1955, ausg. 14/3. 1957.) G. FRIKELL. 6515

Union Carbide Corp., New York, übert. von: **Charles M. Brown**, Lewiston, N. Y., V. St. A., *Elektrolytisches Ablösen oxydischer Oberflächenschichten von Vanadium.* Das Metall wird mittels Gleichstrom in einem wss. Elektrolyten, der 5—35% *Alkalicarbonat* oder *-bicarbonat* enthält, anod. behandelt. Es wird eine Stromdichte von 0,2—6,0 A/sq.in. angewandt. (**A. P. 2 803 596** vom 16/3. 1954, ausg. 20/8. 1957.) H. HÄNLE. 6515

E. I. du Pont de Nemours & Co., Wilmington, Del., übert. von: **Christian J. Wernlund**, Niagara Falls, N. Y., V. St. A., *Galvanische Glanzkupferabscheidung.* Die Gleichmäßigkeit der Schichten auch bei unregelmäßiger Oberfläche der Werkstücke u. ein erweiterter Stromdichtebereich wird in folgenden Bädern ermöglicht: 1. 5—20 (oz./Gal.) $Cu(CN)_2$, ca. 0,006—0,6 *Kaliumantimonyltartrat* (**I**) u. *Methylen-bi-Naphthalinsulfonsäure* (**II**). 2. 5—20 $Cu(CN)_2$, 0,05—10 *Alkalithiocyanat*; 0,006—0,6 **I** u. **II**. Z. B.: 17,0 NaCN; 14,0 $Cu(CN)_2$; 4,0 NaOH; 1,33 KSCN; 0,12 Trimethyl-Benzyl-Ammoniumchlorid; 0,05 C-Decyl-Betain u. 0,02 **I**. (**A. P. 2 774 728** vom 29/9. 1955, ausg. 18/12. 1956.) G. FRIKELL. 6517

A. T. Sanscharowskij, *Mn-Überzüge für Eisenerzeugnisse* anstatt *Cr*-Überzügen mit folgenden Daten für den Elektrolyten: 50—200 (g/Liter) $MnSO_4$, 75—125 $(NH_4)_2SO_4$

u. 0,26—0,35 SO_2 bei 20—22°, p_H 2,8—3,2 u. einer Stromdichte von 25—30 A/dm^2. (**UdSSR. P. 112 488** vom 12/9. 1957, gedruckt 22/4. 1958.) B. PANKOW. 6517

N. V. Philips' Gloeilampenfabrieken (Erfinder: **Popko Reinder Dijksterhuis** und **Albertus Remko Hovingh**), Eindhoven, Holland, *Galvanisches Abscheiden von Platin* unter Verwendung eines Pt-haltigen Elektrolyten, aus dem Pt sich in Form einer Platinschwarz-Schicht abscheidet, wobei die Schicht anschließend bei ca. 1000° gesintert u. in Pt umgesetzt wird, dad. gek., daß der Gegenstand wenigstens einmal unter Anwendung einer verhältnismäßig hohen Stromdichte in ein Bad gebracht wird, das aus einer wss. Lsg. von 150—300 (g/Liter) H_2PtCl_6 u. 1—15 $HgCl_2$ besteht. (**D. A. S. 1 033 478** Kl. 48a vom 16/10. 1956, veröff. 3/7. 1958. **F. P. 1 158 715** vom 17/10. 1956, ausg. 18/6. 1958. **Oe. P. 195 708** vom 16/10. 1956, ausg. 25/2. 1958. Alle Holl. Prior. 19/10. 1955.) H. HÄNLE. 6527

Parker Rust Proof Co., Detroit, Mich., V. St. A., übert. von: **Werner Rausch** und **Franz Gonnert**, Frankfurt/M., *Oxalatüberzug auf Metallen*, wie *Fe*, *Stahl und nichtrostender Stahl* zwecks Erleichterung von Formoperationen, wie Ziehen von Draht. Die Metalloberfläche wird zunächst in einer sauren Beiz-Lsg. aus HNO_3, HF, H_2SO_4 in einer Konz. von 10—20% bei 68—90° F entrostet u. entzundert, dann alkal. mit einer Lsg. von 5—25% *NaOH*, die 0,02—1% eines Aktivators aus Alkalimetallcyanid oder Thiocyanat enthält, gespült u. schließlich mit einer einen Fe-Aktivator enthaltenden Lsg. von $(COOH)_2$ behandelt. Z. B.: Lsg. I W. mit 11 (%) HNO_3 + 1,5 HF, 113° F, 30—50 Min.; Lsg. II W. mit 15 (%) NaOH + 1 KCNS, 176° F, 10 Min., Lsg. III 196 (g/Liter) $(COOH)_2$, 70 Fe, 185 NaCl, 122° F, 10 Min. (**A. P. 2 835 616** vom 17/3. 1954, ausg. 20/5. 1958.) G. FRIKELL. 6529

Pierre Bachmann, Notions pratiques de génie chimique: Corrosion de l'appareillage chimique. Transmission de la chaleur. Pompes à vide. Genève: Georg. 1959. (151 S. m. Abb.) 8°. sfr. 12,—.

Friedrich Erdmann-Jesnitzer, Hrsg., Werkstoff und Schweissung. Handbuch f. d. Werkstoff- u. werkstoffbedingte Verfahrenstechnik d. Schweissg. 3. Berlin: Akademie-Verl. 1959. (XX + 254 S. m. Abb.) 8°. DM 35,—.

Helmut Lüpfert, Metallische Werkstoffe. 5., überarb. u. stark erw. Aufl. Füssen: Winter. 1958. (XII + 346 S. m. 177 Abb.) 8° = Lehrbücher d. Feinwerktechnik. Bd. 7. DM 17.20.

IX. Organische Industrie.

Alfons Krause und **Stefan Kotkowski**, *Untersuchung der Aktivität und Beurteilung des industriellen Katalysators zur Methankonversion.* Die Best. der Aktivität von MgO/NiO-Katalysatoren auf Kaolin u. Zement als Träger gelingt durch Ermittlung ihrer Wrkg. bei der H_2O_2-Zers., der Oxydation von Ameisensäure mit H_2O_2 u. bes. genau bei der Rk. von H_2O_2 mit Indigocarmin (I). Die Entfärbung von I mit H_2O_2 verläuft um so schneller, je inakt. der Katalysator bei der CH_4-Konversion ist. Die Unterschiede werden durch Aufbringen von Aktivatoren (Co^{2+}) auf den untersuchten Katalysator verstärkt. Fe^{2+} u. Fe^{3+} wirken entgegengesetzt. Bei der Inaktivierung des Katalysators durch die hohe Arbeitstemp. (750°) werden Mg- u. Ni-Silicate gebildet, die die Umsetzung von CH_4 mit W. nicht mehr katalysieren, die aber die angeführten Redoxsysteme beeinflussen. (Przemysl chem. **37.** 511—15. Aug. 1958. Poznan, Uniw. A. Mickiewicza, Kat. Chem. nieorgan.) F. URBAN. H 510

E. F. Boon, F. C. J. Brandt, H. Kramers, H. I. Waterman und **N. P. M. de Wit,** *Die unmittelbare Synthese von Dimethyldichlorsilan in halbtechnischem Maßstab in einem Wirbelstrombett unter Druck.* In einer Versuchsanlage wird die Rk. 2 CH_3Cl + Si = $(CH_3)_2 \cdot SiCl_2$ in Ggw. eines Si-Cu-Katalysators (11,5% Cu) bei 3 at, 323° im Wirbelstrombett unter Druck bei einem Durchsatz von 180 Liter/Std. CH_3Cl (I) ausgeführt. Dabei wird I zu 23,7% umgesetzt, wovon $^2/_3$ aus $(CH_3)_2$ $SiCl_2$ (II) bestehen u. 2,4% gecrackt werden. Das Reaktionsprod. enthält 66,9% II. (Ingenieur ['s-Gravenhage] **70.** Ch 89—Ch 95. 7/11. 1958.) W. WESLY. H 980

O. M. Cholmer, Ss. G. Poljakowa und **Je. D. Lasskina,** *Die Gewinnung von synthetischem Isoeugenol aus Guajacol.* Ausführliche Beschreibung der Konstruktion u. Arbeitsweise einer App. zur Gewinnung von synthet. *Isoeugenol* (I) aus Guajacol (II). Die Meth. beruht darauf, daß durch unmittelbare Wechselwrkg. zwischen II u. Propionsäure in Ggw. saurer Katalysatoren II-Propionat gewonnen wird, das in Ggw. von $AlCl_3$ u. Nitrobenzol zu 4-Hydroxy-3-methoxypropiophenon u. weiter am Ni-Katalysator zu 1-[4-Hydroxy-3-methoxyphenyl]-propanol-(1) umgesetzt wird, das im Vakuum über eine Katalysatorlsg. in Glycerin unter gleichzeitigem Abdestillieren des gebildeten I geleitet wird. Die Ausbeute an hochwertigem I beträgt 19% der Theorie, bezogen auf II. (Маслобойно-Жировая Промышленность [Öl- u. Fett-Ind. **24.** Nr. 9 31—39. 1958. Moskau, Esterfabrik u. Unions Wiss. Forsch.-Inst. für synthet. u. natürliche Duftstoffe.) OTTO MAIER. H. 1460

Ss. N. Kasarnowski und **S. N. Schwetzowa,** *Melamin, seine Eigenschaften und Gewinnungsverfahren.* Übersicht: physikal. u. chem. Eigg.; Darstellungsverff., Schemata von techn. Anlagen zur Darst. unter Inertgasdruck aus Dicyandiamid, in mit NH_3 gesätt. Methanol u. in fl. NH_3. — 57 Literaturhinweise. (Химическая Промышленность [Chem. Ind.] **1958.** 325—30. Sept. Gorki, Polytechn. Kirow-Inst.)
R. K. MÜLLER. H 3313

Bergwerksverband zur Verwertung von Schutzrechten der Kohlentechnik G. m. b. H., Dortmund, *Oxydation organischer Substanzen.* Organ. Substanzen werden mit HNO_3 u. O_2 bei erhöhtem Druck u. erhöhter Temp. oxydiert u. die entstehenden Stickoxyde in einem mit HNO_3 gefüllten Absorptionsturm zu HNO_3 regeneriert, die in das Reaktionsgefäß zurückfließt. Durch geeignete HNO_3-Konz. im Absorptionsturm wird eine konstante HNO_3-Konz. im Reaktionsgefäß aufrechterhalten. — Zeichnung. (**E. P. 795 816** vom 14/1. 1955, ausg. 28/5. 1958. D. Prior. 1/2. 1954.)
L. STADELMANN. 6583

Esso Research and Engineering Co., übert. von: **Robert J. Fritz,** Baton Rouge, La., und **Lewis D. Etherington,** Cranford, N. J., V. St. A., *Trennen zweier Gase (Kohlenwasserstoffe), die verschieden adsorbierbar sind.* Ein Gasgemisch, das aus einer weniger stark adsorbierbaren Komponente A u. einer stärker adsorbierbaren Komponente C besteht, wird in einer senkrechten Kolonne abwärts geleitet. Diese Kolonne besteht aus verschied., übereinander angeordneten Zonen, wie der Trennzone, der 1. Kühlzone, der 2. Kühlzone, der Adsorptionszone, der Rektifizierzone, der Desorptionszone u. der Entwässerungszone. Aus dem oberen Ende der Adsorptionszone wird ein Gasstrom abgezogen, der aus der prakt. von der Komponente C befreiten Komponente A besteht. Um die vom Adsorptionsmittel festgehaltene Komponente C zu erhalten, wird das Adsorptionsmittel mit Dampf in der Hitze in der Desorptionszone behandelt, wobei die Komponente C teilweise verdampft u. aus der Desorptionszone abgezogen wird. Das Adsorptionsmittel, welches noch adsorbierte Komponente C u. Dampf enthält, wird in der Entwässerungszone im Gegenstrom zu dem Gas, welches die Komponenten A u. C enthält, geführt. Ein feuchter Gasstrom, der die Komponenten A u. C enthält, wird oben aus der Entwässerungszone abgezogen. Vom unteren Ende der Kolonne wird ein heißer Strom des Adsorptionsmittels abgenommen u. mittels Liftgas der Trennzone wieder zugeführt. — Zeichnungen. — Vgl. E. P. 761 305; C. **1959.** 585. (**A. P. 2 723 000** vom 15/10. 1953, ausg. 8/11. 1955.)
E. KAHLES. H 500

Monsanto Chemical Co., St. Louis, Mo., übert. von: **John E. Fox,** Texas City, Texas, V. St. A., *Tri- und Tetrachloräthan* erhält man durch Rk. von 2 (Mol) HCl u. 1 O_2 mit 1 Dichloräthan in Ggw. eines auf Al_2O_3 niedergeschlagenen Gemisches von $CuCl_2$, $CoCl_2$ u. $FeCl_3$, sowie von 0,1—1 Gew.-%, berechnet auf HCl, Br_2 bei 300—450°. (**A. P. 2 846 484** vom 2/2. 1954, ausg. 5/8. 1958.)
J. MÜHLEISEN. H 510

Esso Research and Engineering Co., übert. von: **Robert P. Cahn,** Elizabeth, N. J., V. St. A., *Exotherme Kurzzeitreaktionen von Gasen,* bes. *Cracken* von *Kohlenwasserstoffen* zu *Äthylen* bei über 800° F. Man leitet die kalten Gase, z. B. äthanhaltige KW-stoffe u. ein O_2-haltiges Gas getrennt durch eine mit einem festen Wärmeüberträger (WU) oder Katalysator gefüllte Kolonne, durch die der WU mit einer Teilchengröße von 20—300 μ von oben nach unten geleitet wird. Die Gasgeschwindigkeit soll so eingestellt werden, daß die D. des WU der eines fl. Fließbetts gleicht. Durch die Verbrennung des KW-stoffs entsteht eine Temp. von wenigstens 1500° F, wodurch *Äthylen* gebildet wird. Im oberen Teil der Kolonne werden die Gase abgeschreckt u. abgezogen. Der WU wird mit einem Hilfsgas im Kreislauf geführt. — Vorr., Zeichnung. (**A. P. 2 752 407** vom 17/9. 1951, ausg. 26/6. 1956.)
G. KRAUSS. H 520

Esso Research and Engineering Co., Elizabeth, N. J., V. St. A., *Vorwaschverfahren,* bei dem man *Acetylene* aus *diolefinreichen Flüssigkeiten oder Gasen* durch Extraktion mit einer wss. ammoniakal. Cu-Salzlsg. entfernt u. dann den entstandenen Extrakt, der die Acetylene u. eine kleinere Menge Diolefine enthält, in eine Abstreiferzone leitet, um die Acetylene wiederzugewinnen, dad gek., daß man die Ausgangsstoffe mit einer Cu-Ammoniumacetatlsg. vorwäscht, die einen mol. Überschuß an Ammoniumacetat je Mol Acetylen von mindestens 15:1, jedoch nicht über 60:1, bes. 30—40:1, enthält. Die zur Extraktion verwendete Lsg. soll 1—2 Mol freies NH_3 enthalten. Die Acetylene werden aus dem Extrakt mit NH_3-haltigem Gas ausgetrieben. Das Verf. dient bes. zur *Reinigung von Rohbutadien,* das 1.3-, 1.2-Butadien, Butylene, Methylacetylen u./oder Äthylacetylen u./oder Vinylacetylen enthält. — Vorr., Zeichnung. (**D. A. S. 1 044 064** Kl. 12o vom 11/12. 1956, veröff. 20/11. 1958. **E. P. 795 855** vom 23/11. 1956, ausg. 28/5. 1958. Beide A. Prior. 14/12. 1955.)
G. KRAUSS. H 520

E. I. du Pont de Nemours & Co., Wilmington, Del., V. St. A., *Stabilisieren von Monomeren.* Polymerisierbare äthylen. ungesätt. Monomere, bes. Chloropren, werden durch einen Zusatz geringer Mengen eines unlösl., stark bas., N enthaltenden Anionenaustauschharzes mit einem Geh. von wenigstens 0,001 Gew.-% (bezogen auf das Monomere) Nitritionen stabilisiert, so daß bei der Lagerung keine Polymerisation eintritt. Das Austauschharz wird z. B. aus einem Polystyrolharz erhalten durch Chlormethylierung mit darauffolgender Rk. mit einem tert. Amin oder dgl. u. Behandeln des Prod. mit einer wss. $NaNO_2$-Lsg. im Überschuß, Waschen u. Trocknen. Bes. geeignet ist hierfür ein Mischpolymerisat von Styrol mit Divinylbenzol. (**E. P. 797 975** vom 4/12. 1956, ausg. 9/7. 1958. A. Prior. 4/1. 1956.) W. Gräger. H 520

Esso Research and Engineering Co., übert. von: **Howard L. Wilson**, Raritan Township, Middlesex County, und **Robert Drogin**, Linden, N. J., V. St. A., *Isomerisierung von Monoolefinen* mit wenigstens 10 C-Atomen mit endständiger Doppelbindung erfolgt mit 0,01—20 (%) feinverteilten Alkalimetallen (Teilchengröße 0,001—1000, bes. 100 μ) bei wenigstens 150°, bes. 175—425°, in Ggw. von 0,5—5 eines Dispergiermittels, das akt. H enthält (Fettsäuren, deren Alkalisalze, Alkohole, Glykole, Ätheralkohole, Phenole, Malonester, Ketone, tert.-Butanol, Äthylenglykol, 1.2-Butandiol, Erythrit, Diäthylenglykol, Kresol, Aceton, Methylisobutylketon, Ae., Isobutyläther). — Aus Octadecen (CH_2=CHR, R = Alkyl) erhält man in Ggw. von 11 in einem aliphat. KW-stoff, Kp. 310 bis 390° F, dispergiertem Na in Ggw. von 10 Isopropanol, bezogen auf Na, bei 225° 80 Octadecen der Formel *RCH=CHR*. Ferner können isomerisiert werden: 1-Decen, 1-Dodecen, 1-Eikosen, 1-Tetrakosen, u. andere gerad- oder verzweigtkettige Olefine. Olefine mit $<$10 C-Atomen lassen sich nicht isomerisieren. — Vorr., Zeichnung. (**A. P. 2 740 820** vom 29/2. 1952, ausg. 3/4. 1956.) G. Krauss. H 520

Lonza Elektrizitätswerke und Chemische Fabriken Akt.-Ges. (Gampel), Basel (Erfinder: **Ernst Stirnemann**, Basel, und **Theodor Lanz**, Visp, Wallis), Schweiz, *Herstellung von acetylenhaltigen Gasgemischen* aus fl. KW-stoffen erfolgt im intermittierenden elektr. Lichtbogen, der innerhalb des fl. KW-stoffes zwischen Elektroden u. Hilfselektroden in einem flüssigkeits- u. gasdichten Behälter mit den notwendigen Zu- u. Ableitungen erzeugt wird. Die Elektrodenvorr. besteht aus mindestens zwei walzenförmigen u. drehbaren, im Abstand voneinander angeordneten Hauptelektroden, einer zwischen den Hauptelektroden angeordneten, elektr. nicht leitenden Unterlage für frei bewegliche elektr. leitende Hilfselektroden u. einer entsprechenden Antriebsvorrichtung. — Aus einer Erdölfraktion mit Kp. 120—180° entsteht bei 50° u. 550 Volt ein Mischgas aus 36,7 (%) C_2H_2, 8,8 C_2H_4, 51,3 H_2, 1,2 C_2H_6 u. 2 CH_4. — Vorr., Zeichnung. (**Schwz. P. 326 541** vom 10/8. 1954, ausg. 15/2. 1958. **D. A. S. 1 027 659** Kl. 12o vom 26/7. 1955, veröff. 10/4. 1958. Schwz. Prior. 10/8. 1954.) G. Krauss. H 530

Eastman Kodak Co., Rochester, N. Y., übert. von: **George A. Akin**, Kingsport, Tenn., V. St. A., *Gewinnung von reinem Acetylen* (I) aus dieses u. bes. Äthylen (II) enthaltenden Gasmischungen. Diese werden zuerst mit einem polaren Lösungsm. (Dimethylacetamid, Dimethylformamid) behandelt, wodurch das gesamte I u. wenig II gelöst werden. Aus dieser Lsg. wird das II durch Gegenstromextraktion mit einem nicht polaren Lösungsm. (aliphat. KW-stoffe, bes. Dodecan) entfernt, so daß aus der zurückbleibenden Lsg. reines I gewonnen werden kann. — Vorr., 2 Zeichnungen. (**A. P. 2 731 507** vom 14/1. 1953, ausg. 17/1. 1956.) G. Krauss. H 530

British Oxygen Co. Ltd., London, England (Erfinder: **Arthur Maurice Clark, John Arthur Tebboth, Samuel Aaron Miller** und **Frederick Henry Herman Valentin**), *Gewinnung von reinem Acetylen* (I) aus dieses u. z. B. noch H_2, CH_4, Äthylen, Propin, Diacetylen, Vinylacetylen, Divinylacetylen, 1- u. 2-Butin u. Bzl. enthaltenden Gasmischungen, die z. B. durch Hochtemperaturzers. von KW-stoffen erhalten wurden. Die I enthaltenden trockenen Gase werden mit einem Lösungsm. für I (Aceton, N.N-Dimethylformamid, N-Methyl-2-pyrrolidon, 3-Butyrolacton) unter 0°, bes. bei —20 bis —50°, behandelt; die entstandene Lsg. wird dann auf über 0°, bes. 10—30°, erwärmt u. mit einem Gas mit hohem I-Geh. behandelt, wodurch die weniger als I lösl. Gase aus der Lsg. entfernt werden; sodann wird die Lsg. so hoch erwärmt, daß das gesamte gelöste Gas entweicht. Dieses Gas wird dann mit einer geringeren Menge des gleichen oder eines anderen Lösungsm. für I, das zweckmäßig vorher mit I gesätt. wurde, behandelt; das ungelöste Gas enthält dann reines I. — Vorr., Zeichnung. (**E. P. 787 865** vom 25/7. 1955, ausg. 18/12. 1957.) G. Krauss. H 530

Kurashiki Rayon Co. Ltd., Kurashiki City, Okayama (Erfinder: **Shigeru Tsutsumi**, Kita, Shinmorisyoji, Asahi-Ku, Osaka City, und **Tsukumo Tomonari**, Ryogen-Mura, Muko-Gun, Hyogo), Japan, *Acetylen.* Zu F. P. 1 118 193; C. **1958.** 7892 ist nachzutragen: Gecrackt werden: n-Hexan; Gasöl, bestehend aus 31,8 (%) KW-stoffen mit

Kp. 200—250°, 48,4 mit Kp. 250—300° u. 16,3 mit Kp. 300—340°; Kerosin, bestehend aus 12,5 KW-stoffen mit Kp. 175—200°, 72,5 mit Kp. 200—250° u. 15 mit Kp. 250 bis 290°; Ausbeute je Liter KW-stoff 550 Liter 99% ig. Acetylen. (**D. A. S. 1 027 197** Kl. 12o vom 14/1. 1955, veröff. 3/4. 1958. **E. P. 780 813** vom 5/1. 1955, ausg. 7/8. 1957. **A. P. 2 838 584** vom 6/1. 1955, ausg. 10/6. 1958.) G. KRAUSS. H 530

General Aniline & Film Corp., New York, N. Y., übert. von: **Albert Bloom,** Summit, und **David E. Graham,** Winfield, N. J., V. St. A., *Reinigung von 2-Butin-1.4-diol* (I), E. 49—52°, erfolgt durch fraktionierte Kristallisation in einem senkrechten Rohr. Das rohe I wird unter seinen E., bes. bis zum eutekt. Punkt, abgekühlt, z. B. bis 19°, u. die nicht erstarrte Fl. abgezogen. Dann erwärmt man wieder bis über den E., z. B. auf 54°, u. zieht die Fl. ab, wodurch das reine I krist. zurückbleibt. In den abgezogenen Ölen sind die Verunreinigungen, wie Propargylalkohol, Dipropargylformal, Propargylaldehyd, Dimethylpropargylacetal u. W. enthalten. — Vorr., Zeichnung. (**A. P. 2 789 147** vom 9/12. 1954, ausg. 16/4. 1957.) G. KRAUSS. H 570

Commercial Solvents Corp., übert. von: **Harold I. Yalowitz,** Terre Haute, Ind., V. St. A., *Pentaerythrit* gewinnt man aus der Mutterlauge, indem man diese unter Vakuum zu einem Brei konz., anschließend eine 30—40% ig. CH_2O-Lsg. unter schwachem Erhitzen (bis 100°) zufügt, wobei Pentaerythritkristalle in Lsg. gehen. Man kühlt u. filtriert von den ungelösten Metallsalzen ab. Das alkal. Filtrat wird verd., CH_2O durch Dest. entfernt; man konz. die verbleibende Lsg. u. kristallisiert Pentaerythrit aus. (**A. P. 2 780 655** vom 5/5. 1954, ausg. 5/2. 1957.) G. KÖNIG. H 580

Wilhelm Schemuth, Hamburg, *Kontinuierliche Herstellung von Pentaerythrit* aus Acetaldehyd u. CH_2O, dad. gek., daß diese Aldehyde im Verhältnis 1:4 bzw. 1:6 in Ggw. eines Ionenaustauschers kontinuierlich mit W. zusammengebracht werden, wobei der 1. Teil der Rk. bei einer Temp. von 16°, der 2. Teil bei einer Temp. von nicht über 60° bei einer Gesamtreaktionsdauer von weniger als 60 Min. durchgeführt wird u. bei der Neutralisation des Reaktionsgemisches mit H_2SO_4 der p_H-Wert zwischen 7 u. 7,5 verbleibt. Vorteilhaft werden stark bas. Ionenaustauscher verwendet. (**D. A. S. 1 048 567** Kl. 12o vom 31/3. 1955, veröff. 15/1. 1959.) G. KÖNIG. H 580

Jefferson Chemical Co., Inc., New York, N. Y., übert. von: **Richard Scharmann Schiefelbein,** Austin, Texas, V. St. A., *Thiodiglykole* der allg. Formel **I** entstehen durch Rk. eines Vinyläthers der allg. Formel **II** mit einem Hydroxythiol (Mercaptoalkanol) der allg. Formel **III** in Ggw. von bes. 0,01—0,3% eines prim., sek. oder tert. Amins als Katalysator bei 25—150, bes. 80—100°, nach dem Reaktionsschema: $ROCH=CH_2$ (II) + HSR′OH (III) → $ROCH_2CH_2SR'OH$ (I) (R = Alkyl, bes. mit 1—10 C-Atomen; R′ = Alkylen mit wenigstens 2, bes. 2—6 C-Atomen). — Aus 3 Mol 2-Mercaptoäthanol u. 4,5 Mol Vinyl-2-äthylhexyläther in Ggw. von 0,17 Teilen Piperidin bei 90° nach 24 Std. → *3-Thia-6-oxa-8-äthyldodecan-1-ol,* $R''OCH_2CH_2SCH_2CH_2OH$; R″ = Äthylhexyl; Ausbeute 95%, ohne Katalysator nur 34,5%. — Vinylisobutyläther + Mercaptoäthanol → *3-Thia-6-oxa-8-methylnonan-1-ol,* Ausbeute 54%. Weitere Ausgangsstoffe sind: n-Hexylvinyläther, Decylvinyläther, Äthylvinyläther, 6-Mercaptohexanol u. 1-Thioglycerin. — Zwischenprodd. zur Herst. von Dithiopolyalkylenglykoldialkyläthern, die als Schmiermittel, hydraul. Fll. u. Wärmeübertragungsmittel dienen. (**A. P. 2 768 975** vom 25/9. 1952, ausg. 30/10. 1956.) G. KRAUSS. H 600

F. Hoffmann-La Roche & Co. Akt.-Ges. (Erfinder: **Otto Isler, Marc Montavon, Rudolf Rüegg,** Basel, und **Paul Zeller,** Neuallschwil), Schweiz, *2.7-Dimethyloctatrien-(2.4.6)-dial-(1.8)* (I), F. 158—160°. Butendialdiacetal, z. B. Maleindialdehydtetraäthylacetal, $Kp._{15}$ 128—130°; n_D^{22} 1,4315, wird in Ggw. eines sauren Kondensationsmittels, wie $ZnCl_2$, BF_3-Ätherat, $TiCl_4$, $AlCl_3$, $SnCl_4$ bei 20—60° mit einem Propenyläther, wie Äthylpropenyläther (erhalten durch Pyrolyse des Propionaldehyddiäthylacetals, $Kp._{740}$ 68—72°; n_D^{26} 1,3960) kondensiert u. das entstandene 2.7-Dimethylocten-(4)-diäther-(3.6)-diacetal-(1.8), wie 2.7-Dimethylocten-(4)-diäthoxy-(3.6)-tetraäthylacetal-(1.8), $Kp._{0,06}$ 143°; n_D^{22} 1,4395, durch Behandlung mit einer Säure, wie 85% ig. H_3PO_4, p-Toluolsulfonsäure, Oxalsäure, Essigsäure, H_2SO_4, $ZnCl_2$, $NaHSO_4$, zweckmäßig unter Ausschluß von O_2, unter Hydrolyse u. Abspaltung von Alkohol in Ggw. eines mit W. mischbaren Lösungsm. (Dioxan), u. unter N_2 z. B. bei 100° zu I hydrolysiert. Der gebildete Alkohol wird fortlaufend aus dem Reaktionsgemisch entfernt. Zur Rk. sind noch geeignet: Methylpropenyläther, $Kp._{740}$ 45—47°; n_D^{23} 1,3870 u. n-Butenylpropenyläther, Kp. 120°; n_D^{20} 1,4100. — *Zwischenprodd.* zur Herst. von *Polyenfarbstoffen.* Z. B. entsteht mit 2 Mol γ-Bromtiglinsäureester nach REFORMATSKI u. Wasserabspaltung *Crocetinester.* Nach Acetalisierung des Aldehyds entsteht mit 2 Mol Vinyläther u. anschließendem Behandeln mit Säure 4.9-Dimethyldodecapentaen-(2.4.6.8.10)-dial-(1.12), ein Zwischenprod. zur Herst. von *Crocetin, Bixin* u. *Lycopin.* — Vgl. F. P. 1 115 244;

C. **1958**. 9061. (**Schwz. P. 321 106** vom 8/12. 1953, ausg. 15/6. 1957. **A. P. 2 799 709** vom 3/12. 1954, ausg. 16/7. 1957. Schwz. Prior. 8/12. 1953.) G. KRAUSS. H 680

Escambia Chemical Corp., Pace, Fla., übert. von: **James H. Gardner,** Weston, und **Charles I. Tewksbury,** Chestnut Hill, Mass., V. St. A., *Abtrennung von Ameisensäure* (I) aus Epoxydierungsgemischen, die z. B. Propylenoxyd u. CH_3COOH enthalten, erfolgt durch Lösen des Gemisches in Bzl. u. Zugabe von mindestens soviel $CaCO_3$ als zur Neutralisation der I erforderlich ist, worauf man das abgeschiedene Ca-Formiat isoliert. (**A. P. 2 847 468** vom 9/5. 1956, ausg. 12/8. 1958.) O. MÜLLER-MEININGEN. H 810

Shell Development Co., Emeryville, übert. von: **Curtis W. Smith** und **Roy T. Holm,** Berkeley, Calif., V. St. A., *α.β-Ungesättigte, aliphatische Carbonsäuren* erhält man durch Oxydation der entsprechenden α.β-ungesätt., aliphat. Aldehyde in Ggw. eines Aldehydlösungsm. (Alkohole, tert. Alkohole, Äther, Dioxan, Ketone, Carbonsäuren, deren Ester, KW-stoffe, Tetrachloräthan, Chlf., Chlortoluol) mit 0,5—1 Äquivalent H_2O_2 je Äquivalent Aldehyd in Ggw. einer Heteropolysäure (vgl. dagegen A. P. 2 373 942) mit Mol.-Gew. über 3000 (erhalten z. B. aus Alkaliboraten, -aluminaten, -carbonaten, -silicaten, -stannaten, -plumbaten, -selenaten, -nitraten, -phosphaten, -vanadaten, -arsenaten, -wismutaten, -sulfaten, -chromaten, -molybdaten, -manganaten u. den heteropolysäurebildenden Elementen der 6. Gruppe des Period. Syst. unter Zusatz von Säure) in Ggw. von höchstens 30% W., bezogen auf die Reaktionsmischung, bei 10—100, bes. 35—50°. — Aus Acrolein u. 90%ig. H_2O_2 in Ggw. von 12-Wolframselensäure, Wolframphosphorsäure, $P_2O_5 \cdot 24\,WO_3 \cdot 42\,H_2O$, Wolframberylliumsäure, $BeO \cdot 12\,WO_3 \cdot 24\,H_2O$, oder 12-Wolframmangansäure → *Acrylsäure.* — Methacrolein + H_2O_2 + 12-Selenophosphorsäure oder 12-Selenoborsäure → *Methacrylsäure,* Ausbeute 45%. — α-Chloracrolein + 2% 6-Wolfram-6-selenotellursäure oder 12-Selenoarsen- oder 12-Molybdänselensäure → *α-Chloracrylsäure,* Ausbeute 25%. — Crotonaldehyd + 6-Wolfram-6-molybdänphosphorsäure → *Crotonsäure.* Maleindialdehyd → *Maleinsäure.* Ferner lassen sich oxydieren: Tiglinaldehyd → *Tiglinsäure*; Oleylaldehyd → *Ölsäure*; Propargylaldehyd → *Propargylsäure*; Zimtaldehyd → *Zimtsäure,* Tetrahydrobenzaldehyd → *Tetrahydrobenzoesäure*; Methyltetrahydrobenzaldehyd, 1-Methyl-3-cyclohexenaldehyd, 6-Methyl-3-cyclohexenaldehyd u. 2.5-Endomethylentetrahydrobenzaldehyd zu den entsprechenden *Carbonsäuren.* (**A. P. 2 744 928** vom 28/11. 1952, ausg. 8/5. 1956.) G. KRAUSS. H 810

Standard Oil Co., Chicago, Ill., übert. von: **Geoffrey Zubay,** Cambridge, Mass., **Carl E. Johnson,** Griffith, und **Thomas D. Nevitt,** Valparaiso, Ind., V. St. A., *Nitrile* erhält man durch Dehydrierung von Aminen der allg. Zus. $R—CH_2—NH_2$ (R = KW-stoffrest $C_1—C_{15}$) mit einem Katalysator, bestehend aus 1—10 (Gew.-%) Alkalihydroxyd, bes. K_2O, 10—50 Cr_2O_3, Rest Al_2O_3, bei 425—550°, bes. unter n. Druck, mit einer Raumgeschwindigkeit von mindestens 2 Voll. fl. Amin/Std./Katalysatorvolumen. Beispiele: n-Hexylamin → *n-Hexylnitril.* (**A. P. 2 849 478** vom 18/12. 1956, ausg. 26/8. 1958.) O. MÜLLER-MEININGEN. H 810

VEB Filmfabrik Agfa Wolfen, Wolfen, Kr. Bitterfeld (Erfinder: **Walter Voss** und **Rolf Zimmermann,** Dessau), *Herstellung von aliphatischen Dicarbonsäuren* durch katalyt. Red. von Hydroxydicarbonsäuren mit H_2 bei einer Temp. > 240° u. bei 150 bis 300 at, dad. gek., daß man Alkali- oder Erdalkalisalze von α-Hydroxy- oder α.α'-Dihydroxydicarbonsäuren in wss. Lsg. oder Suspension mit H_2 behandelt. Beispiele zur Herst. von Adipinsäure (F. 149—150°) u. Glutarsäure (F. 95—97°) aus α-hydroxyadipinsauren bzw. α-hydroxyglutarsauren Salzen. (**D. A. S. 1 048 570** Kl. 12o vom 14/7. 1955, veröff. 15/1. 1959.) O. MÜLLER-MEININGEN. H 820

Soc. Civile d'Études et d'Exploitation de Brevets, Frankreich, *Extraktion von Betain und Glutaminsäure* aus Melasse durch Filtration über Kationenaustauschern, Hydrolyse des Filtrats, Neutralisierung u. erneute Filtration über Kationen- oder Anionenaustauschern. (**F. P. 1 161 389** vom 29/6. 1956, ausg. 28/8. 1958.) S. BÖTTCHER. H 950

United States of America, übert. von: **Thomas P. Dawson,** Bel Air, Md., und **Jack W. Armstrong,** Concord, Calif., V. St. A., *Herstellung von Alkylphosphonyldichloriden.* Man erhitzt Thionylchlorid auf ca. 78°, leitet die Dämpfe unten in eine auf 130—200° erhitzte Kolonne ein, in die man von oben einen Alkylphosphonsäuredialkylester einführt, wobei die folgende Rk. (R = Alkyl) stattfindet: $RP(O)(OR)_2 + 2\,SOCl_2 \rightarrow RP(O)Cl_2 + 2\,SO_2 + 2\,RCl$. (**A. P. 2 847 469** vom 26/4. 1955, ausg. 12/8. 1958.) J. MÜHLEISEN. H 980

Ciba Akt.-Ges., Basel (Erfinder: **Paul Kohler,** Aigle, **Daniel Porret** und **Felix Tétaz,** Monthey), Schweiz, *Herstellung von Trialkylphosphiten* durch Rk. von PCl_3 mit niedrigmol. aliphat. Alkoholen in Ggw. eines tert. Amins u. eines inerten Lösungsm., dad. gek., daß man das Reaktionsgemisch umwälzt u. dabei das gebildete feste Aminhydrochlorid (I) kontinuierlich aus dem Reaktionsgemisch abtrennt, wobei im Reaktionsgemisch die anwesende Menge des I stets gering bleibt. Die Menge I soll stets geringer bleiben als die einer Konz. von 8 Gew.-% Trialkylphosphit, berechnet auf die Menge des inerten Lösungm., entsprechende äquivalente Menge I. — Eine Lsg. von Bzl., Methanol u. Triäthylamin beschickt man bei 25° mit PCl_3 in Bzl. u. läßt die Reaktionsmischung während des Zulaufens von PCl_3 kontinuierlich über ein Filter laufen. Man erhält *Trimethylphosphit* u. bei Einsatz von absol. A. *Triäthylphosphit.* (**D. A. S. 1 050 746** Kl. 12o vom 1/7. 1957, veröff. 19/2. 1959. Schwz. Prior. 6/7. 1956.) G. KÖNIG. H 980

Farbwerke Hoechst Akt.-Ges., vormals Meister Lucius & Brüning, Deutschland, *Herstellung metallorganischer Verbindungen*, dad. gek., daß man die Halogenide der Metalle der IV. u. V. Hauptgruppe mit Al-Alkyl- oder Al-Halogenalkylverbb. umsetzt. — *Sn-Tetraäthyl*, $Kp._{13}$ 78°, aus $SnCl_4$ u. Al-Äthylsesquichlorid. — *Triisobutyl-Sn-Chlorid*, $Kp._{13}$ 140—145°, aus Triisobutyl-Al. — *Pb-Tetraäthyl* (I), $Kp._{13}$ 80—84°, aus Diäthyl-Al-Chlorid (II). — *Triäthyl-Pb-Chlorid* aus I u. II. — *Triäthyl-As*, Kp. 140—142°. — *Triäthyl-Bi*, $Kp._{30}$ 95—98°. — *Triäthyl-Sb-Dichlorid* u. *Triäthyl-Sb*, Kp. 158—160°. (**F. P. 1 155 482** vom 19/5. 1956, ausg. 5/5. 1958. D. Prior. 20/5. 1955.) S. BÖTTCHER. H 980

Distillers Co. Ltd., Edinburgh, England (Erfinder: **Edwin George Edward Hawkins** und **Irene Marianne Watt**), *Alkylaluminiumsesquichloride* erhält man durch Rk. von Al mit Alkylchloriden in Ggw. eines Initiators, der ein Gemisch von $AlCl_3$ u. einem Alkyl-Al-Halogenid darstellt. (**E. P. 800 615** vom 26/7. 1956, ausg. 27/8. 1958.) J. MÜHLEISEN. H 980

Metal & Thermit Corp., New York, N. Y., übert. von: **Carl R. Gloskey,** Avenel, N. J., V. St. A., *Organozinnmaleinate* erhält man durch Rk. von stöchiometr. Mengen Maleinsäureanhydrid (I) mit Alkyl-, Aryl- oder Aralkyl-Sn-Oxyden in Ggw. eines inerten organ. Lösungsm., zweckmäßig bei 85—110°. Durch Rk. von I mit Dibutyl-Sn-Oxyd erhält man in 97,8%ig. Ausbeute festes *Dibutyl-Sn-Maleinat.* (**A. P. 2 838 554** vom 15/4. 1954, ausg. 10/6. 1958.) J. MÜHLEISEN. H 980

Badische Anilin- & Soda-Fabrik Akt.-Ges., Ludwigshafen/Rh. (Erfinder: **W. Hieber** und **Gerhard Wagner,** München), *Herstellung von Alkylmanganpentacarbonylen*, dad. gek., daß man $Mn(CO)_5$ mit alkoh. Lauge u. Alkylierungsmitteln behandelt. — 7,5 g $Mn(CO)_5$ werden mit 150 cm^3 1n-methanol. Kalilauge umgesetzt. Dann wird mit 300 cm^3 W., gesätt. mit N_2, verd., filtriert u. mit 3 cm^3 CH_3J in 50 cm^3 CH_3OH versetzt. Der Nd. wird filtriert, mit W. gewaschen u. durch Sublimation gereinigt, wobei man $CH_3Mn(CO)_5$, F. 95° in 90%ig. Ausbeute erhält. Analog: $C_6H_5CH_2Mn(CO)_5$, F. 37—38,5°. — *Katalysatoren* oder *Antiklopfmittel.* (**D. A. S. 1 050 769** Kl. 12o vom 20/12. 1957, veröff. 19/2. 1959.) J. MÜHLEISEN. H 980

Universal Oil Products Co., Des Plaines, übert. von: **Herbert R. Appell,** Riverside, Ill., V. St. A., *Alkylierung von Kohlenwasserstoffen* erfolgt in Ggw. eines Katalysators, der aus Difluorphosphorsäure u. sublimiertem $AlCl_3$ unter Kühlung mit Trockeneis hergestellt worden ist u. die Formel $AlCl_2HPO_3F$ aufweist. (**A. P. 2 842 605** vom 24/11. 1954, ausg. 8/7. 1958.) E. KAHLES. H 1010

N. V. de Bataafsche Petroleum Mij., Den Haag, Holland, *Katalytisches Alkylieren von aromatischen Kohlenwasserstoffen.* Als Katalysator dient Kieselsäure, die noch eine oder mehrere der Metalle Al, Mg oder Zr enthält u. die entweder natürlicher oder synthet. Herkunft ist. Die Olefinkonz. in dem Reaktionsgemisch wird bei <1 Mol-% gehalten. Das Olefin u. die Aromaten werden kontinuierlich der Reaktionszone zugeleitet, u. zwar entweder für sich getrennt oder im Gemisch miteinander. — Beispiel: Cumol + Propen → *Diisopropylbenzol.* — Vgl. F. P. 1 128 239; C. **1959.** 626. (**E. P. 799 186** vom 25/7. 1955, ausg. 6/8. 1958. Holl. Priorr. 26/7., 22/10. u. 28/12. 1954.) E. KAHLES. H 1010

Heyden Newport Chemical Corp., übert. von: **John E. Snow,** Hasbrouck Heights, N. J., V. St. A., *Kontinuierliche Herstellung von Benzylchlorid.* Bzl. wird durch Einleiten von HCl-Gas in ein Gemisch aus Bzl. u. methanolfreiem wss. CH_2O in Ggw. von $ZnCl_2$ chlormethyliert, worauf nach Abkühlung die obere, Benzylchlorid (I) enthaltende Schicht abgetrennt u. auf I aufgearbeitet wird; in der unteren, wss. Schicht wird der Katalysator durch Zugabe von Bzl. u. darauffolgende azeotrope Dest. unterhalb 100° u. bei n. Druck dehydratisiert u. regeneriert, worauf man Bzl., W. u. soviel CH_2O zugibt, daß das Mol-Verhältnis von W. zu $ZnCl_2$ dem obigen entspricht, u. wie eingangs chlormethyliert. (**A. P. 2 859 253** vom 19/10. 1955, ausg. 4/11. 1958.) J. MÜHLEISEN. H 1010

Hercules Powder Co., Del., V. St. A., übert. von: **Godfrey Paul Armstrong,** Kingswood, **Frederick James Bellringer,** Coulsdon, **Thomas Bewley,** Epsom, **Peter**

Lionel Bramwyche, Penarth, Wales, **Geoffrey William Jackson,** Southborough, und **Frederick John Wilkins,** Hull bzw. Cheam, England, *Cumylphenol* (I), F. 73° (aus Hexan), $Kp._2$ 150—151°; $Kp._9$ 182°. Isopropylbenzol wird in fl. Zustand mit O_2 bei erhöhter Temp. (130°) oxydiert, das entstandene Isopropylbenzolhydroperoxyd mit Säure (45%ig. H_2SO_4) zers., das gebildete Aceton, Isopropylbenzol, α-Methylstyrol, Acetophenon u. Phenol unter 200° fraktioniert abdest. u. aus dem Rückstand das I durch Dest. im Vakuum <200° oder durch Extraktion mit wss. Alkali (5% ig. NaOH) gewonnen. (**A. PP. 2 750 424** vom 29/5. 1950 u. **2 750 426** vom 18/1. 1956, ausg. 12/6. 1956. Beide E. Prior. 8/6. 1949.) G. KRAUSS. H 1060

Timbrol Ltd. (Erfinder: **Georg Herbert Bing, Felix Kaufler** und **Roman Abraham Krieger**), *Reinigung abfallender Nitriersäure* aus der Pikrinsäureherstellung. Abfallsäure mit einem Geh. von ≧45 (%) H_2SO_4 u. ferner 0,1 —12,7 $NOHSO_4$ sowie bis 1,2 Pikrinsäure (I) wird durch Extraktion mit Mononitrobenzol oder -toluol oder deren Gemischen von I befreit, zweckmäßig im kontinuierlichen Verfahren. (**Aust. P. 204 211** vom 24/2. 1956, ausg. 13/12. 1956.) H. MÖLLERING. H 1060

General Aniline & Film Corp., New York, N. Y., übert. von: **Robert W. Wynn,** Easton, Pa., V. St. A., *N-Methylsulfonylbenzylsulfonanilide* der allg. Formel I (R, R′ u. R″ entweder H oder Cl; wenigstens ein R u. ein R″ = Cl) erhält man durch Kondensation eines Na-Chlormethansulfon-(mono- oder polychlor)-anilids oder eines Na-Methansulfon-(mono- oder polychlor)-anilids mit einem unsubstituierten oder Cl enthaltenden

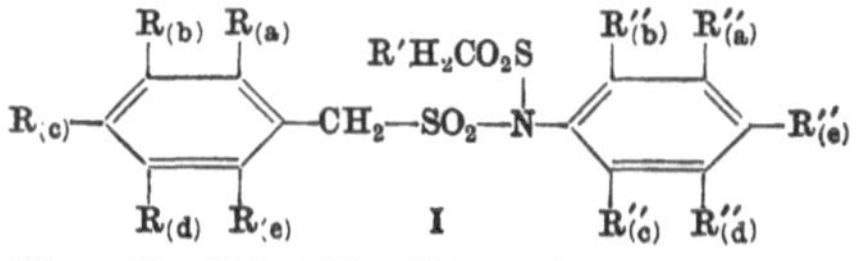
I

Benzylsulfonylchlorid. — Die in den Kernen substituierten Stellen sind durch a, b, c, d u. e bezeichnet. Aus Na-Chlormethansulfon-2.4.5-trichloranilid in Bzl. u. 2.4.5-Trichlorbenzylsulfonylchlorid (II) in Bzl. nach 2 Std. unter Rückfluß → I, R_a, R_c, R_d = *Cl*; R' = *Cl*; R_a'', R_c'', R_e'' = *Cl*. — Chlormethansulfon-2.4-dichloranilid → I, R_a, R_c, R_d, R', R_c'' u. R_e'' = *Cl*. — Na-Chlormethansulfon-2.3.4.5-tetrachloranilid + II → I, R_a, R_c, R_d, R', R_a'',R_b'', R_d'' u. R_e'' = *Cl*. — Na-Chlormethansulfonpentachloranilid + Pentachlorbenzylsulfonylchlorid → I, R_{a-e}, R′ u. R''_{a-e} = Cl. — Na-Chlormethansulfon-4-chloranilid + 4-Chlorbenzylsulfonylchlorid → I, R_c, R' u. R_e'' = *Cl*. — Na-Methansulfon-2.4-dichloranilid + II → I, R_a, R_c, R_d, R_c'', R_e'' = *Cl*; R' = *H*. — Na-Methansulfon-2.4-dichloranilid + II → I, R_a, R_c, R_c'', R_e'' = *Cl*; R' = *H*. — Na-Methansulfon-2.3.4.5-tetrachloranilid + II → I, R_a, R_c R_d, R_c'', R_d'', R_e'' u. R_a'' = Cl; R′ = H. — Na-Methansulfonpentachloranilid + Pentachlorbenzylsulfonylchlorid → I, R_{a-e} R''_{a-e} = *Cl*; R′ = *H*. — Na-Methansulfon-4-chloranilid + 4-Chlorbenzylsulfonylchlorid → I, R_c, R_e'' = R' = H. — Stärker tox. als DDT wirkende *Insekticide,* die jedoch gegen höhere Tiere weniger tox. sind. (**A. P. 2 711 426** vom 12/8. 1953, ausg. 21/6. 1955.) G. KRAUSS. H 1090

Soc. des Usines Chimiques Rhône-Poulenc, Frankreich, *Herstellung von Terephthalsäure,* dad. gek., daß man K-Iso- oder -o-Phthalat oder ein Gemisch der beiden in Diphenyloxyd erwärmt. (**F. P. 67 380** vom 29/12. 1954, ausg. 6/3. 1958. **Zusatz zu F. P. 1 105 556; C. 1958. 7340.**) S. BÖTTCHER. H 1220

Eastman Kodak Co., Rochester, N. Y., übert. von: **De Walt S. Young** und **George F. Rodgers,** Kingsport, Tenn., V. St. A., *α-Substituierte β-Methylglutaconsäure und deren Salze.* Man erhitzt 1 (Mol) Isodehydracetsäurealkylester (Alkyl mit 1—6 C-Atomen) in 3—20 eines niedermol. Alkanols in Ggw. einer katalyt. Menge eines Alkalimetalls, -hydroxyds oder -alkoholats, gibt dann einen Aldehyd der Formel R—CHO (R = Alkyl, Aryl, Alkaryl, Aralkyl, Cycloalkyl, Alkylcycloalkyl, Furyl oder anderer

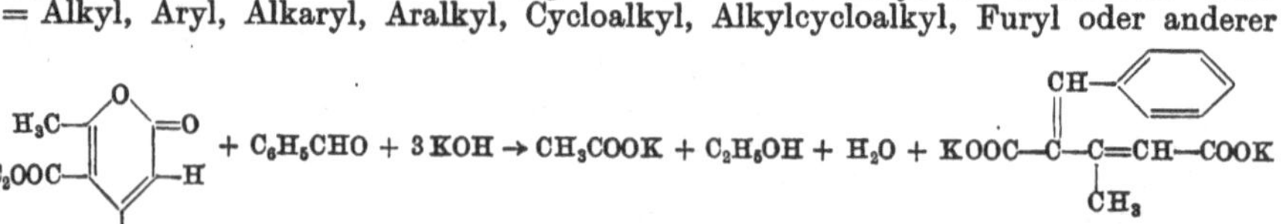
II I

heterocycl. Rest) u. nochmals mindestens 3 eines Alkalimetalls in einem organ. Lösungsm. zu. — Aus 1 Isodehydroacetsäureäthylester (II), 0,01 Na, 7,23 Methanol nach 90 Min. unter Rückfluß dann Zusatz von 1,03 Benzaldehyd, 3,68 KOH in 12 Methanol u. 4 Std. unter Rückfluß → *K-Salz* von *α-Benzal-β-methylglutaconsäure* (I), → *freie Säure,* F. 186—188° (Zers.); Ausbeute 96%. — Isovaleraldehyd → *α-Isovaleral-β-methylglutaconsäure,* aus wss. Methanol, F. 158—161° (Zers., korr.). — Furfurol → *α-Furfural-β-methylglutaconsäure,* aus 25% ig. Methanol, F. 205—208° (Zers., korr.). Zur Rk. sind noch verwendbar:

Acet-, Capron-, Naphth-, p-Toluyl-, Cyclohexanaldehyd. — *Zwischenprodukte.* (**A. P. 2 768 175** vom 29/1. 1952, ausg. 23/10. 1956.) G. KRAUSS. H 1220

Allied Chemical & Dye Corp., New York, übert. von: **Armas Victor Erkkila**, Attica, N. Y., **Leigh C. Anderson**, Ann Arbor, Mich., und **Chester E. Smith jr.**, Wilmington, Del., V. St. A., *Reduktion aromatischer N-Verbindungen*, wie *Nitrobenzol* bzw. dessen Methyl-, Halogen-, Methoxy-, Äthoxy-, Carboxy- u. Sulfoderivv., sowie Azoxyverbb. zu *Azoverbb.* u. *Hydrazoverbb.* mittels CH_3ONa in einem Reaktionsmedium, das eine oder mehrere der folgenden Reduktionsförderer enthält: 2.3-Dihydro-1.4-naphthochinon; 2.3.4a.5.8.8a-Hexahydro-1.4-naphthochinon; 4a.5.8.8a-Tetrahydro-1.4-naphthochinon; 1.4.4a.9a-Tetrahydroanthrachinon (ein Reaktionsprod. nach DIELS-ALDER aus 1.3-Butadien u. 1.4-Naphthochinon), 1.4-Naphthochinon oder o-Cycloalkanobenzochinone, wie 2.3-Cyclopropano- oder 2.3-Cyclobutano-1.4-benzochinon. — Beispiel: 43 (Teile) CH_3OH, 1 einer der vorgenannten Katalysatoren u. 56 festes NaOH werden unter Rückfluß erhitzt, die Lsg. mit 85 Nitrobenzol versetzt (ca. 22 Std.), auf 95° unter Rückfluß erhitzt, mit W. auf 3000 verd., auf ca. 10° gekühlt, filtriert u. der Nd. im Vakuum bei $<50°$ getrocknet. Man erhält bes. *Azobenzol* bzw. *Hydrazobenzol.* — Vgl. auch E. P. 780 632; C. **1958.** 4933. (**A. PP. 2 804 452** vom 6/8. 1954 u. **2 804 453** vom 18/8. 1954, beide ausg. 27/8. 1957.) W. HEYER. H 1310

W. C. Heraeus G. m. b. H. und **Deutsche Gold- & Silberscheideanstalt vormals Roessler**, Frankfurt/M., *Stabilisierung von Arylsulfonalkyl- oder -alkanolaminen.* Zu F. P. 1 094 106; C. **1958.** 3452 ist nachzutragen: Es können stabilisiert werden Verbb. der allg. Formel $R—C_6H_4—SO_2CH_2—NR'R''$ (R = H, Methyl; R' = H, Alkyl oder Alkanolrest; R'' = Aryl, Alkyl, das durch den Rest $R—C_6H_4—SO_2CH_2—$ substituiert sein kann), wie p-Tolylsulfonylmethyl-N-methyl- oder -N.N-dimethylamin oder die entsprechenden Mono- oder Diäthylverbb.; die Stabilisierung kann auch in Ggw. von O-haltigen Polymerisationskatalysatoren, wie Persulfaten oder Dibenzoylperoxyden erfolgen. (**E. P. 755 533** vom 9/12. 1953, ausg. 22/8. 1956. D. Prior. 2/1. 1953.) G. KRAUSS. H 1320

Ruhrchemie Akt.-Ges., Oberhausen-Holten (Erfinder: **Heinz Noeske**, Oberhausen, und **Helmut Kolling**, Duisburg), *Cycloaliphatische Amine* erhält man durch Vermischen von cycloaliphat. Aldehyden mit NH_3 oder Aminen bei $<0°$ u. anschließendes Hydrieren bei erhöhtem Druck (50—200 kg/cm²) u. bei erhöhter Temp. (120—140°) in Ggw. von Hydrierungskatalysatoren, bes. Ni-Katalysatoren. — Z. B. vermischt man 1200 (g) A. u. 450 Tricyclodecanmethylol (aus Dicyclopentadien, CO u. H_2 nach dem Oxoverf. hergestellt), leitet 140 NH_3 bei —5° ein, hydriert die Mischung bei 120° u. 90 kg/cm² mit H_2 in Ggw. von 20 eines Ni-Katalysators (100 Ni:100 MgO:200 Kieselgur), filtriert den Katalysator nach beendeter H_2-Aufnahme ab, dest. den A. ab u. gewinnt durch fraktionierte Dest. *Tricyclodecylmethylamin*, $Kp._{0,8}$ 88°, in 83%ig. (Ausbeute). — Analog: *Dihydrocamphenmethylamin*, $Kp._{1,5}$ 84°; 87%. (**D. B. P. 956 754** Kl. 12o vom 23/12. 1952, ausg. 24/1. 1957. Anmeldung bekanntgemacht 26/7. 1956. **Zusatz zu D. B. P. 936 211; C. 1956. 10336.**) R. LINK. H 2110

Phillips Petroleum Co., V. St. A. (Erfinder: **Emery William Pitzer**), *Dehydrierung* von Buten-(2), Äthylbenzol oder 2-Methyl-5-äthylpyridin durch Konvertierung mit der 1—20fachen Menge Wasserdampf bei 565—704° an Katalysatoren, die 51—59 (Gew.-%) K_2CO_3, 39—47 Fe_2O_3 u. 1—10 Cr_2O_3 enthalten. — Diagramme. (**F. P. 1 156 171** vom 28/8. 1956, ausg. 13/5. 1958. A. Prior. 29/8. 1955.) S. BÖTTCHER. H 3231

Lonza Elektrizitätswerke und Chemische Fabriken Akt.-Ges., Basel, Schweiz, *Herstellung von Pyridincarbonsäuren*, wie Nicotinsäure, Isonicotinsäure u. Pyridin-2.4.6-tricarbonsäure. Man oxydiert ein Alkylpyridin in der Gasphase bei n. Druck u. bei 120—300, bes. 210—280°, mit 10—70, bes. 10—50%ig., HNO_3, zweckmäßig in Ggw. eines Katalysators, wie Fe_2O_3, V_2O_3, CuO, MoO_3, bes. jedoch SeO_2, B_2O_3 oder H_3BO_3. (**Holl. P. 88 455** vom 28/7. 1954, ausg. 16/6. 1958. Schwz. Priorr. 24/8. 1953 u. 3/3. 1954.) F. BÖHM. H 3231

Gesellschaft für Teerverwertung m. b. H. (Erfinder: **Otto Kruber** und **Georg Grigoleit**), Duisburg, *Gewinnung reiner Isonicotinsäure.* Man erhitzt ein Gemisch von Pyridincarbonsäuren, das durch Oxydation von bei 144—170° sd. Pyridinbasen erhalten worden ist, in einem Druckgefäß auf 250—260° u. reinigt den Rückstand durch Umlösen aus einem geeigneten Lösungsm., z. B. Wasser. (**D. A. S. 1 026 317** Kl. 12p vom 12/5. 1952, veröff. 20/3. 1958.) H. NEBELSIEK. H 3231

Chas. Pfizer & Co., Inc., New York, N. Y., übert. von: **Russel D. Drinkhard**, Waterford, Conn., V. St. A., *4-Aminouracil* (I). Die an sich bekannte Cyclisierung von Cyanacetylharnstoff (II) zu I mittels starkem Alkali wird mit techn. Vorteil in der Weise durchgeführt, daß 1 Mol II mit einer wss. Lsg. (30—60%ig.) von 2—4 Mol eines Gemisches von NaOH u. KOH (Mol-Verhältnis 1,5:3) 2—10 Std. bei 35—60° behandelt wird. — *Zwischenprod.* für die *Herst.* von *Xanthinderivaten.* (**A. P. 2 804 459** vom 23/2. 1955, ausg. 27/8. 1957.) H. BRÄUCKER. H 3272

Union Carbide & Carbon Corp., New York, N. Y. (Erfinder: **William Morton Lanham,** Charleston, W. Va.), V. St. A., *Herstellung von 2.2'-Dioxopyro-1.3.2-dioxaphospholanen und -phosphorinanen der allg.* Formel I u. II, in denen R, R_1 bis R_4 = H-Atome oder Alkylgruppen bedeuten, dad. gek., daß man die entsprechenden

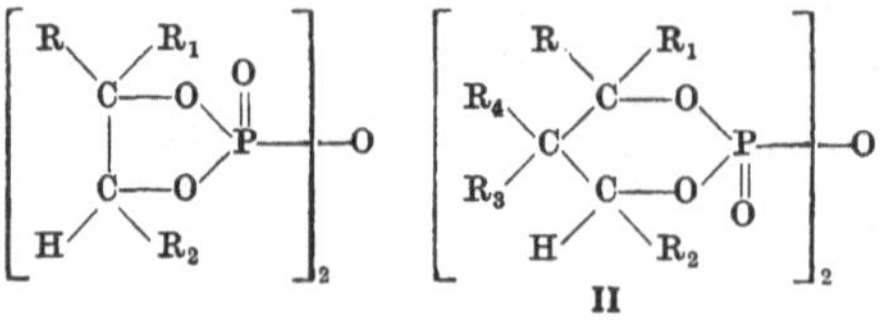

2-Chlor- oder 2-Brom-2-oxo-1.3.2-dioxaphospholane bzw. 2-Chlor- oder 2-Brom-2-oxo-1.3.2-dioxaphosphorinane entweder mit einem wasserfreien Alkalisalz einer gesätt. aliphat. Carbonsäure in Ggw. eines inerten Lösungsm. bei 50—200° oder mit W. bei 10—60° in Ggw. einer Base, bes. Pyridin, umsetzt. Die als Ausgangsmaterial dienenden 2-Halogen-2-oxo-1.3.2-dioxaphosphorinan- u. -phospholanderivv. werden durch Umsetzen von Alkan-1.3-diolen oder Alkan-1.2-diolen mit Phosphorylchlorid oder -bromid hergestellt. Von den Salzen der gesätt. aliphat. Carbonsäuren kommen bes. die Alkali- u. NH_4-Salze der Fettsäuren mit 1—18 C-Atomen bzw. die 2wertigen Salze der Oxalsäure, Glutar-, Bernstein-, Adipin-, Pimelin- u. Sebacinsäure u. von den dreibas. Salzen die der Tricarballylsäure in Betracht. — Es werden hergestellt: *4.4'-Dimethyl-2.2'-dioxopyro-1.3.2-dioxaphospholan,* ferner *5.5'-Diäthyl-2.2'-dioxo-4.4'-dipropyl-*, n_D^{30} 1,4657, *5.5'-Dibutyl-5.5'-diäthyl-2.2'-dioxo-*, *2.2'-dioxo-5.5.5.'5'-tetraäthyl-*, Kp. 182—190°, *4.4'-Dimethyl-2.2'-dioxo-*, *2.2'-Dioxo-4.4'.6.6'-tetramethylpyro-1.3.2-dioxaphosphorinan,* Kp. 160—166°. — Weichmacher u. Färbereihilfsmittel. (**D. A. S. 1 009 634** Kl. 12q vom 22/10. 1954, veröff. 6/6. 1957. A. Prior. 27/10. 1953.) W. HEYER. H 3292

American Cyanamid Co., New York, N. Y., übert. von: **Ingenuin Hechenbleikner,** Clarksburg, Mass., und **Grace Peters,** Stamford, Conn., V. St. A., *1.3.5-Triazine.* Durch Rk. von Formamidinhydrochlorid (**I**) mit Acetamidinhydrochlorid bei 250° u. 50—100 mm Hg erhält man *Dimethyl-1.3.5-triazin,* F. 48—50°. Aus Propionamidinhydrochlorid + **I** analog → *Diäthyl-1.3.5-triazin*; aus Benzamidinhydrochlorid + **I** → Gemisch aus *Mono-* u. *Diphenyl-1.3.5-triazin.* (**A. P. 2 849 451** vom 22/4. 1957, ausg. 26/8. 1958.) A. BRÖSAMLE. H 3313

Allied Chemical Corp., New York, N. Y., übert. von: **Fred L. Kelly** und **Billy E. Lloyd,** Chesterfield County, Va., V. St. A., *Melamin.* Man erhitzt Ca-Cyanat in Ggw. eines Gemisches aus NH_3 u. CO_2 unter Druck (mindestens 2000 lbs./sq. in.) auf wenigstens 270°, vorwiegend 300—400°. Die Rk. verläuft gemäß: $2\,Ca(OCN)_2 + 2\,NH_3 + CO_2 \rightarrow (NH_2CN)_3 + 2\,CaCO_3$. (**A. P. 2 856 408** vom 9/5. 1956, ausg. 14/10. 1958.) A. BRÖSAMLE. H 3313

Consolidated Mining & Smelting Co. of Canada Ltd., Montreal, Quebec, übert. von: **Harry Edward Jackson** und **Basil McDonnell,** Rossland, British Columbia, Canada, *Melamin* (**I**). Die Umsetzungen: a) NH_3 + Harnstoff + Ammonsulfamat, oder b) Harnstoff + SO_2 + NH_3, oder c) Guanidinsulfamat + NH_3, die alle bei erhöhter Temp. u. Anwendung von Druck zu **I** führen, lassen sich bei niedrigeren Tempp. (ca. 240 bis 300°) u. rascher durchführen, wenn man sie in Ggw. von mindestens 0,001, bes. 0,5%, einer Borverb. (B_2O_3, BF_3, BN) durchführt. (**A. P. 2 857 381** vom 23/7. 1956, ausg. 21/10. 1958. Can. Prior. 26/7. 1955.) A. BRÖSAMLE. H 3313

X. Färberei. Organische Farbstoffe.

B. N. Melnikow und **P. W. Moryganow,** *Der Zustand der Direktfarbstoffe in Lösung und ihre Diffusion im Cellophanfilm.* Es werden die Koeffizienten der freien Diffusion von *Direktblau K, Direktdiazoschwarz C* u. *Direktdiazoschwarz O* unter Verwendung einer einfachen App. mit einer Glasfilterplatte bei Tempp. von 25—85° u. verschied. großen Zusätzen von NaCl u. die Diffusion durch einen Cellophanfilm (Dicke 35 μ) der gleichen Farbstoffe u. noch von *Direktreinblau* bestimmt. Bei letzteren Verss. diente als Dispergierungsmittel Pyridin in Konzz. von 80—200 g/Liter. Einige Verss. wurden bei höherer Temp. auch ohne Pyridinzusatz durchgeführt. Zwischen dem Dispergierungsgrad der Farbstoffe in Lsg. u. dem Diffusionskoeff. beim Film findet man eine ganz bestimmte Abhängigkeit. Mit zunehmender Dispersität der Farbstoffe wächst ihre Durchtrittsgeschwindigkeit durch den Film u. fällt die Aktivierungsenergie des Diffusionsprozesses. Zusatz von dispergierenden Stoffen zum Farbbad ergibt somit die Möglichkeit, die Konz. des Farbstoffes u. des neutralen Elektrolyten u. damit die Geschwindigkeit des Abfärbens zu erhöhen. (Коллоидный Журнал [Kolloid-J.] **19.** 689—95. Nov./Dez. 1957. Iwanowo, Chem.-Technol. Inst., Lehrstuhl für chem. Technol. von Fasermaterialien.) M. ULMANN. 7020

Werner Steger, *Wasserlösliche Signierfarbstoffe.* Die meisten Signierfarbstoffe sind Säurefarbstoffe, welche zur Unterscheidung verschied. Fasermaterialien, Garnstärken, Garndrehungen usw. verwendet werden. Diese Farbstoffe sollen bei höchstens 40° auf die Ware gebracht werden u. auch die Trocknung möglichst nicht höher vorgenommen werden, um eine echte Anfärbung der Fasern zu vermeiden. Dämpfen oder Sattdampffixierung ist zu unterlassen. Trotz dieser Vorsichtsmaßnahmen wird es oft nötig, bei einigen Farbstoffen im Auswaschbad mit Zusätzen an Hydrosulfit zu arbeiten. Zusätze an Elektrolyten im Waschbad erschweren ebenfalls die Entfernung dieser Signierfarbstoffe. (Bayer Colorist Nr. **6.** 29—32. 1957.) W. BERNARD. 7020

H. R. Hadfield und **W. M. Sokol,** *Das Färben der Acrilanfaser.* Die Färbemethoden für Acrilan u. die Grenzen der Anwendung der verschied. Farbstoffklassen werden diskutiert. Es folgen Angaben über den Einfl. konz. H_2SO_4 auf den Fasergriff u. die Echtheit der Färbungen mit Säure-, Chrom- u. 2:1-Metallkomplexfarbstoffen. Dispersionsfarbstoffe sind zum Färben von Acrilan am günstigsten; für spezielle Zwecke werden Azo-, Säure-, bas. Chrom-, Metallkomplex- u. Reaktivfarbstoffe empfohlen. (J. Soc. dyers Colourists **74.** 629—40. Sept. 1958. Dyeh. Lab. J. C. J. Ltd. Dyest. Div. Manch.) GOTTFRIED LANGE. 7020

P. J. Wood, *Neueste Geschichte des Textildruckes.* Die Entw. auf den Gebieten des Seiden- u. Baumwolldrucks in den USA in der Zeit von 1953—1958 wird an Hand von statist. Material beschrieben. (Amer. Dyestuff Reporter **47.** 755—56. 3/11. 1958. Royce Chemical Co.) H. SONTAG. 7022

Antonín Krčma, *Textil-Radio-Autographie.* Es werden einige Methoden beschrieben, um photograph. Schichten mit radioakt. Isotopen zu schwärzen, welche vorher in Form von Emulsionen auf ein Textilgewebe aufgebracht wurden. Es wird festgestellt, daß das Radiogramm des verwendeten Isotops bzw. dessen Halbwertzeit, der Dicke des zwischen Stoff u. Platte befindlichen Raumes u. von der Einwirkungsdauer abhängt. Es wurden Verss. mit ^{35}S, ^{131}J, ^{32}P durchgeführt u. verschied. Filmmaterial verwendet. Es werden Angaben über die Anzahl der radioakt. Teilchen der Isotopen, welche in der Halbwertszeit auf 1 cm^2 abgestrahlt werden, angeführt. (Textil [Praha] **14.** 62—63. Febr. 1959.) W. BERNARD. 7022

W. W. Koslow und **R. R. Ssolnzewa,** *Über die Hygroskopizität von Säureazofarbstoffen.* Die untersuchten Säureazofarbstoffe u. ihre Salze nehmen beim Stehen an feuchter Luft (relativer Feuchtigkeitsgrad, R_F, 10—100%) W. auf. Die Hygroskopizität nimmt ab in der Reihenfolge: Säurehellrot (**I**) > Säurescharlach (**II**) > Säureblau 2 K (**III**) > Säureschwarz C (**IV**) > Säureorange (**V**) > lichtechtes Säuregelb (**VI**) > Säurebraun; bzgl. der Änderung der Löslichkeit infolge der Wasseraufnahme gilt die Reihenfolge: **II** > **I** > **III** > **IV** > **V** > **VI**. Mit der R_F u. der Zeit nimmt die Wasseraufnahme zu. Die verschied. (Na-, K-, NH_4-, Ca-) Salze zeigen Unterschiede in der Hygroskopizität. Feuchtigkeitsgleichgewicht wird in 5—7 Tagen erreicht. Durch die Ggw. von Füllstoffen wird die Hygroskopizität erhöht. (Химическая Промышленность [Chem. Ind.] **1958.** 416—20. Okt./Nov.) R. K. MÜLLER. 7052

Giorgio Modena, *Basische Azoderivate des Thiazols.* 3. Mitt. (2. vgl. Boll. sci. Fac. Chim. ind. Bologna **11.** [1953.] 70.) Die l. c. beschriebenen Azofarbstoffe aus den 2-Aminoderivv. von Thiazol, Benzthiazol bzw. den Naphthothiazolen u. Dimethyl-, Diäthylanilin, α- u. β-Naphthylamin ziehen aus wss. Dispersion auf Nylon u. Acetat auf. In der genannten Reihenfolge der Grundkörper ergibt sich eine abnehmende Farbintensität auf der Faser. Die Farbe schwankt zwischen Orangerot u. Blau; die Farben auf Nylon sind bes. kräftig. Die Widerstandsfähigkeit der Farben gegen Schweiß u. schwaches Waschen ist bei den Thiazolderivv. gering, bei den Farbstoffen der anderen Reihen gut. Gegen mittleres Waschen sind alle Körper relativ empfindlich. Bes. die Farbstoffe mit hohem Mol.-Gew. (Kupplungsprodd. mit den Naphthylaminen) besitzen allg. eine beträchtliche Resistenz gegen Feuchtigkeit. Die Lichtechtheit aller Derivv. auf Nylon ist gut, auf Acetat mäßig. Ein Teil der synthetisierten Prodd. erscheint techn. verwendbar. (Gazz. chim. ital. **85.** 922—25. Juli/Aug. 1955. Bologna, Univ., Ist. di Chim. Ind.) H.-E. TOUSSAINT. 7052

Osamu Manabe, Sôichi Yamamoto, Shigeru Wakimoto, Sumio Akamatsu, Gorô Karube, Yûsuke Hiyama, Masao Nakazima, Taizô Kawamura, Manabu Morimoto, Zyunzô Sunamoto, Kenshô Yonemoto und **Hachirô Hiyama,** *Neue synthetische Schwefelfarbstoffe. Hyaman-Farbstoffe.* Die UV- u. sichtbaren Absorptionsspektren von Phenylmercaptan, Diphenylsulfid, Diphenyldisulfid u. Diphenyltetrasulfid besitzen im Vgl. mit den Spektren von Phenol u. Diphenyläther breitere Banden, was vermutlich

mit dem unreinen Farbton der Schwefelfarbstoffe engen Zusammenhang hat. Durch Isolieren der S-haltigen Gruppen der Schwefelfarbstoffe aus dem konjugierten Syst. mittels Triazinringen oder Sulfonanilidgruppen wird der Farbton verbessert. Es werden eine Reihe „*Hyaman-Farbstoffe*“ mit dieser Konst. dargestellt u. ihre färber. Eigg. geprüft.
Versuche (Farbangaben auf die gefärbte Faser bezogen): *2-[p-Benzolazoanilino]-4.6-dimercapto-1.3.5-triazin* (I), $C_{15}H_{12}N_6S$, gelb, aus dem entsprechenden NH_2-haltigen Azofarbstoff mit Cyanurchlorid in Aceton unter Eiskühlung u. anschließende Mercaptalisierung in wss. NaOH mit Thioharnstoff u. Na_2S. — *2-[4-(4-Chlorbenzolazo)-2-methoxyanilino]-4.6-dimercapto-1.3.5-triazin*, gelb, analog I. — *4.4′-Bis-[4-{4.6-dimercapto-1.3.5-triazinyl-(2)-amino}-naphthalin-1-azo]-biphenyl*, orangebraun, analog I. 3.3′-Dimethoxyderiv., rotbraun, analog I. — *4.4′-Bis-[4-{4.6-dimercapto-1.3.5-triazinyl-(2)-amino}-3-methoxybenzolazo]-biphenyl*, orangegelb, analog I. — *4.4′-Bis-[4-{4.6-dimercapto-1.3.5-triazinyl-(2)-amino}-naphthalin-1-azo]-hydrazobenzol*, orangegelb, analog I. — *2.6-Bis-[4-{4.6-dimercapto-1.3.5-triazinyl-(2)-amino}-anthrachinonyl-(1)-amino]-4-anilino-1.3.5-triazin*, rötlichviolett. — *Poly-[2.4-dimercapto-1.3.5-triazinyl-(6)-amino]-phthalocyanin-Cu*, aus Polyaminophthalocyanin-Cu, analog I; (ca.) *Dimeres*, grünlich blau; (ca.) *Trimeres*, blaugrün, (ca.) *Tetrameres*, grün. — Farbstoffe, aus N-[3-{4.6-Dimercapto-1.3.5-triazinyl-(2)-amino}-phenyl]-salicylamid (II), N-[3-{4.6-Dimercapto-1.3.5-triazinyl-(2)-amino}-phenyl]-3-hydroxynaphthalin-2-carbonsäureamid (III) oder 4-[4.6-Dimercapto-1.3.5-triazinyl-(2)-amino]-naphthol-(1) (IV) durch Kupplung mit diazotierten Aminen. Farbe auf Polyvinylalkoholfaser: aus II *mit diazotiertem o-Chloranilin*, gelb; *aus* II *mit diazotiertem p-Chloranilin*, gelb; *aus* II *mit diazotiertem 2.5-Dichloranilin* (V), gelb; *aus* II *mit diazotiertem N.N′-Bis-4-aminophenylharnstoff* (VI), orangegelb; *aus* II *mit diazotiertem 5-Chlor-o-toluidin* (VII), gelblichorangefarben; *aus* II *mit diazotiertem Benzidin*, gelblichorangefarben; *aus* III *mit* V, orangefarben; *aus* III *mit diazotiertem 2-Chlor-5-trifluormethylanilin*, orangefarben; *aus* III *mit diazotierter Anthranilsäure*, orangefarben; *aus* III *mit diazotiertem o-Nitroanilin*, orangefarben; *aus* III *mit diazotiertem 4-Chlor-2-nitroanilin*, rötlichorangefarben; *aus* III *mit* VII, rötlichorangefarben; *aus* III *mit diazotiertem 4-Chlor-o-toluidin*, orangerot; *aus* III *mit diazotiertem o-Anisidin*, rot; *aus* III *mit diazotiertem 5-Chlor-o-anisidin*, rot; *aus* III *mit* VI, rot; *aus* III *mit diazotiertem o-Aminophenol*, violettrot; *aus* III *mit diazotiertem 5-Chlor-2-aminophenol* (VIII), rötlichviolett; *aus* III *mit diazotiertem 4-Nitro-o-anisidin*, rötlichviolett; *aus* III *mit diazotiertem 2-Nitro-p-anisidin*, rötlichviolett; *aus* III *mit diazotiertem α-Naphthylamin*, rötlichviolett; *aus* III *mit diazotiertem 4-Aminodiphenylamin*, blau; *aus* III *mit diazotiertem o-Dianisidin*, blau; aus IV mit VIII, braun. — Farbstoffe, aus Phthalocyanin-Cu in Chlorsulfonsäure (6 Std. bei 103—105°), Versetzen mit PCl_5 bei 60°, Gießen auf Eis, Rk. des Nd. (enthält ca. 0,52 Sulfogruppen u. ca. 1,38 Sulfochloridgruppen pro Mol Phthalocyanin) mit wss. p-Phenylendiamin (IX), m-Phenylendiamin (X), methanol. Benzidin (XI) oder o-Dianisidin, anschließendes Diazotieren in konz. HCl mit wss. $NaNO_2$ u. Rk. des Gemisches mit NaSCN in W.; grünlichblau. — *Farbstoff*, aus 1-Benzolazonaphthol-(2) in Chlorsulfonsäure, Gießen des Gemisches auf Eis, Behandeln des Nd. mit X, anschließendes Diazotieren u. Rk. mit NaSCN; gelblichorangefarben. — *Farbstoff*, analog vorst. Verb. aus XI u. IX; violettrot. (J. chem. Soc. Japan, ind. Chem. Sect. [Kōgyō Kagaku Zassi] **61**. 1179—84. Sept. 1958. Ôsaka, Siritu-Kôgyôkenzyûzyo. [Orig.: japan.]) E. Maekawa. 7070

Maifoss Ltd., Syston, Leicester, Leicestershire, England (Erfinder: **Arthur Jacob Immins Harding**), *Färbeverfahren.* Farbige Effekte, gegebenenfalls Mehrfarbeneffekte, werden auf Wolle erzielt, wenn man diese mit einer wss., z. B. sd. Lsg., behandelt, die HCl, H_2SO_4, H_3PO_4, Essig-, Ameisen- u./oder Milchsäure u./oder Salze dieser Säuren u. ferner mindestens einen Baumwollfarbstoff mit >3 SO_3H-Gruppen enthält u. deren p_H-Wert bei Beginn der Behandlung höchstens 5,5 beträgt. Die Farbstoffe ziehen unter den genannten Bedingungen nur stellenweise auf. Auch Mischungen von Wolle mit Baumwolle können auf diese Weise eingefärbt werden. — Vgl. E. P. 680 862; C. **1954**. 8226. (**E. P. 793 516** vom 4/10. 1954, ausg. 16/4. 1958.) F. Böhm. 7021

Ciba Akt.-Ges. (Erfinder: **Raymond Gunst**, Binningen, und **Fritz Oesterlein**), Basel, Schweiz, *Färben cellulosehaltiger Fasern.* Man verwendet als Direktfarbstoffe Trisazofarbstoffe der Formel I (R_1 = Benzolrest mit einer OH-Gruppe u. in o-Stellung hierzu einer COOH-Gruppe; R_2, R_3 = Benzolreste; R_4 = Naphthalinrest; ein X = H, das andere X = SO_3H; die an die Azogruppe u. die —CO—NH-Gruppe gebundenen C-Atome von R_2 sind durch mindestens

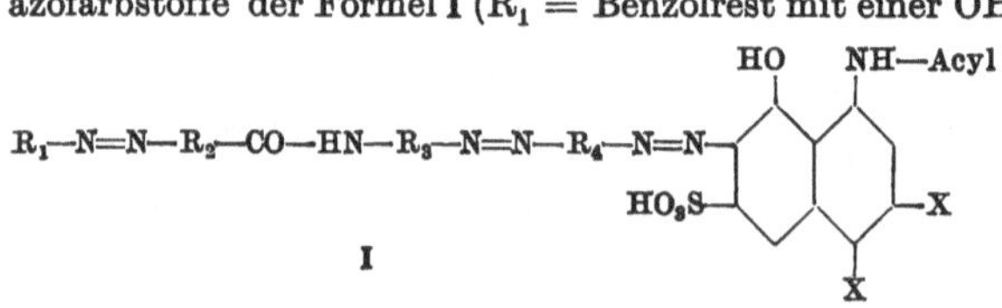

I

1 C-Atom voneinander getrennt; die —CO–HN-Gruppe u. die Azogruppe stehen am Rest R_3 in p-Stellung zueinander; am Rest R_4 stehen die beiden Azogruppen in 1.4-Stellung; R_4 enthält in o-Stellung zur Azogruppe, die am endständigen Naphthalinkern gebunden ist, eine Alkoxygruppe; R_3 enthält in o-Stellung zur Gruppe $-N{=}N-R_4$- eine SO_3H-Gruppe). Die Färbungen sind lichtechter als solche, die mit bekannten Farbstoffen gleicher Konstitution, jedoch ohne SO_3H-Gruppe am Rest R_3, erhalten werden. (**D. A. S. 1 044 025** Kl. 8m vom 5/1. 1956, veröff. 20/11. 1958. Schwz. Prior. 12/1. 1955.) F. BÖHM. 7021

Cassella Farbwerke Mainkur Akt.-Ges. (Erfinder: **Karl Molzberger**), Frankfurt/M., *Ätzen von mit Schwefelfarbstoffen hergestellten Textilfärbungen* mittels neutralem oder schwach alkal., Chlorit u. gegebenenfalls chloritbeständige Farbstoffe enthaltenden Druckpasten. Faserschädigungen werden verringert, wenn man den Druckpasten Säureamide, wie Harnstoff, Phenylharnstoff, Formamid, Benzamid oder Acetamid zusetzt. (**D. A. S. 1 045 366** Kl. 8n vom 22/10. 1954, veröff. 4/12. 1958.) F. BÖHM. 7021

Badische Anilin- & Soda-Fabrik Akt.-Ges., Ludwigshafen/Rh. (Erfinder: **Hans Baumann**, Ludwigshafen, und **Wilhelm Federkiel**, Frankenthal), *Erzeugung von Färbungen auf Wolle und Polyamidfasern.* Man läßt annähernd gleichmol. Mengen von Cr-Komplexverbb. von Monoazo- oder -azomethinfarbstoffen, die auf 1 Cr-Atom 1 Farbstoffmol. enthalten, u. von metallfreien, aber metallisierbaren Azofarbstoffen in neutralem oder saurem Bad auf das Fasermaterial einwirken. — Z. B. verwendet man ein Gemisch aus 38,8 (Teilen) des in Bis-(2.2′-hydroxyäthyl)-äther mit $CrCl_3$ erhitzten u. dann mit 2-Hydroxybenzolcarbonsäure-5-sulfonsäureanilid umgesetzten Farbstoffes: 1-Methyl-3-amino-4-methoxybenzol-6-sulfonsäureamid → 1-Phenyl-3-methylpyrazolon-(5) u. 19,2 des Farbstoffes: 2-Aminobenzolcarbonsäure → 1-Phenyl-3-methylpyrazolon-(5). (**D. A. S. 1 056 581** Kl. 8m vom 10/8. 1956, veröff. 6/5. 1959.) F. BÖHM. 7021

Badische Anilin- & Soda-Fabrik Akt.-Ges. (Erfinder: **Wilhelm Brunkhorst, Emil Kern** und **Hans Baumann**), Ludwigshafen/Rh., *Färben von Gebilden aus Polyacrylnitril* oder Acrylnitril enthaltenden Mischpolymerisaten mit bas. Farbstoffen. Echte, gelbe bis orange Töne werden erhalten bei Verwendung von Farbstoffen der allg. Formel I bzw. II, z. B. der Formel III (X, Y = 2wertige Gruppen, die 5- oder 6-gliedrige Ringe ergänzen u. noch weitere Heteroatome enthalten können; Y enthält noch ein ankondensiertes aromat. Ringsyst.; R = Alkyl, Cycloalkyl, Aryl oder Aralkyl; Z = Anion einer mittelstarken bis starken Säure). — Zahlreiche weitere Beispiele. (**D. A. S. 1 045 360** Kl. 8m vom 25/10. 1955, veröff. 4/12. 1958.) F. BÖHM. 7021

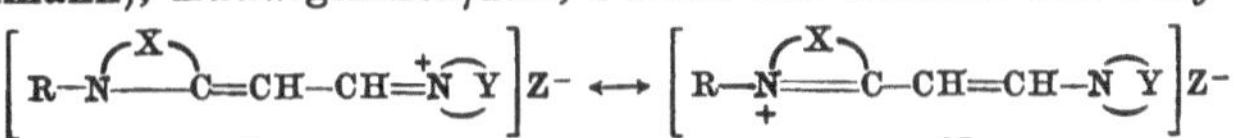

I II

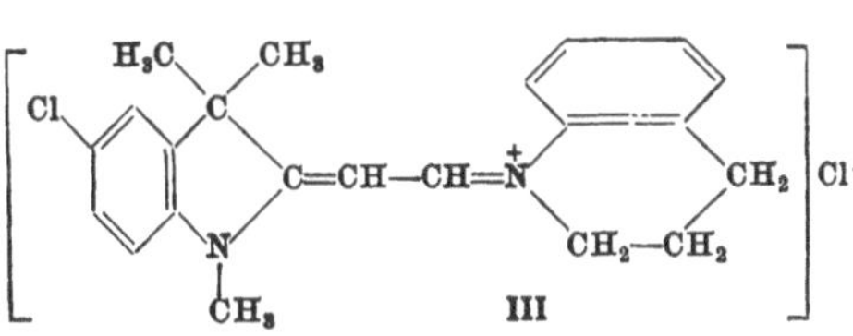

E. I. du Pont de Nemours & Co., übert. von: **Joseph F. Laucius**, Wilmington, und **Robert A. Pearson**, Brandywine Hundred, Del., V. St. A., *Färben von Wolle* mit Cr- oder Co-Komplexverbb. von Azofarbstoffen (auf 2 Mol Farbstoff 1 Metallatom). Man behandelt die Wolle vor oder während des Färbens mit einer wss. Lsg., die 0,5—2% (bezogen auf Fasergewicht) eines Kondensationsprod. aus Polyoxypropylenglykol u. Äthylenoxyd mit einem Mol.-Gew. von 7000—9000 enthält. Die Färbung erfolgt bei p_H 5,5—7,5 in Ggw. eines säureabgebenden Mittels, bes. einem Ammoniumsalz einer anorgan. oder organ. Säure. (**A. P. 2 835 550** vom 24/8. 1954, ausg. 20/5. 1958.) F. BÖHM. 7021

Ciba Akt.-Ges., Basel (Erfinder: **Paul Grossmann**, Binningen), Schweiz, *Färben und Bedrucken von Polyäthylenterephthalat-, Cellulosetriacetat- und Polyvinylchloridfasern.* Man färbt mit wss. Dispersionen von *α-Hydroxyanthrachinonen*, die aus einem einzigen Anthrachinonkern bestehen, der in höchstens 2 α-Stellungen Hydroxygruppen u. in mindestens einer β-Stellung eine Alkoxygruppe mit 1—6 C-Atomen oder eine Phenoxygruppe aufweist, z. B. von *1-Hydroxy-2-methoxyanthrachinon* oder *1.4-Dihydroxy-2-phenoxyanthrachinon.* (**D. A. S. 1 051 239** Kl. 8m vom 30/7. 1956, veröff. 26/2. 1959. Schwz. Priorr. 2/8. 1955 u. 19/7. 1956.) F. BÖHM. 7023

Badische Anilin- & Soda-Fabrik Akt.-Ges. (Erfinder: **Hans Krzikalla**, Heidelberg, **Wilhelm Federkiel**, Frankenthal, **Günter Lange, Curt Schuster** und **Dieter Leuchs**), Ludwigshafen/Rh., *Färben und Bedrucken von Fasern oder Geweben aus Polymerisaten auf der Grundlage von Acrylnitril.* Man verwendet SO_3H- u. COOH-gruppenfreie Aminoazofarbstoffe, die mindestens eine quartäre Aminogruppe über ein

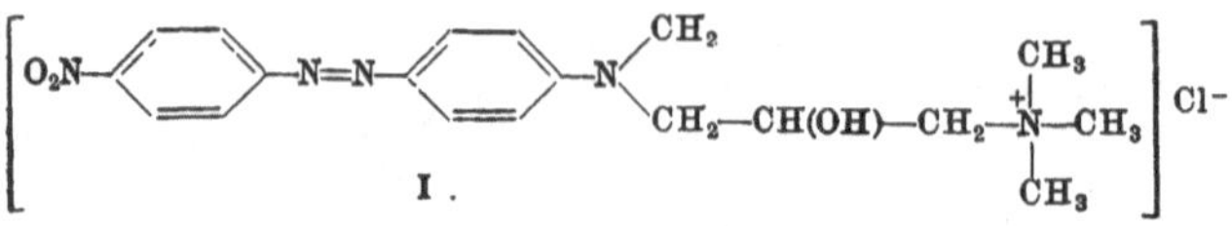

Brückenglied einer der Formeln —R—, —NH·CO—R—, —O—CO·R—, —CO—O—R—, —O—R—, —S—R—, $—SO_2—R—$, $—SO_2NH—R—$, —CO—R— u. —CO—NH—R— an die Aminogruppe oder unmittelbar an das aus Azobrücke u. beiderseitigem aromat. bzw. heterocycl. Rest bestehende chromophore Syst. gebunden enthalten (R = gegebenenfalls substituierter niedermol. Alkylenrest). — Z. B. färbt man sd. 2 Std mit dem Farbstoff der Formel I. (**D. A. S. 1 045 969** Kl. 8m vom 8/2. 1956, veröff. 11/12. 1958.) F. BÖHM. 7023

Badische Anilin- & Soda-Fabrik Akt.-Ges., Ludwigshafen/Rh. (Erfinder: **Karl Maier, Julius Eisele**, Ludwigshafen/Rh., und **Wilhelm Federkiel**, Frankenthal), *Färben und Bedrucken von Gebilden aus Polyacrylnitril.* Man bedruckt oder färbt, bes. aus saurem Bad, mit dispergierten Aminoanthrachinoncarbonsäureamiden, die in der Carbonsäureamidgruppe mindestens eine tert. Aminogruppe enthalten, die über Alkylen-, Cycloalkylen-, Arylen- oder Aralkylenreste am Amid-N gebunden sein kann. Das 2. H-Atom am N kann durch Aryl-, Aralkyl-, Cycloalkyl- oder gegebenenfalls substituierte Alkylreste ersetzt sein. — Man färbt z. B. 90 Min. in einem sd. Bad, das in 3 Liter W. 1 (g) 1.4-Diaminoanthrachinon-2-(carbonsäure-ω-dimethylaminopropylamid), 3 Essigsäure (30%ig.) u. 0,3 Na-Acetat enthält. (**D. A. S. 1 054 959** Kl. 8m vom 18/1. 1957, veröff. 16/4. 1959.) F. BÖHM. 7023

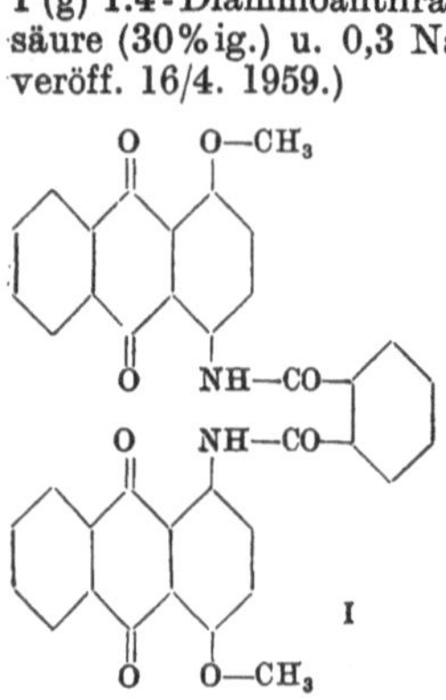

I

Interchemical Corp., New York, übert. von: **Roy A. Pizzarello**, Mount Vernon, N. Y., und **Alfred F. Schneid**, New Milford, N. J., V. St. A., *Pigmentfarbstoff* der Zus. I von leuchtend oranger Farbe, der sich durch sehr gute Lichtechtheit, Waschechtheit u. Widerstandsfähigkeit gegen Trockenreinigung (z. B. mit Perchloräthylen) auszeichnet, erhält man durch Rk. von symm. o-Phthalylchlorid (III) mit p-Amino-4-methoxyanthrachinon (III), wobei dafür gesorgt werden muß, daß die Ausgangsstoffe prakt. rein sind. — 27,6 (Gewichtsteile) III löst man bei 90° unter Rühren in 360 Nitrobenzol, kühlt auf 50°, gibt 14 II hinzu, erhitzt ca. 3 Std. unter Duchblasen von Luft, um HCl zu vertreiben, bei 90—100°, kühlt auf 50°, filtriert, wäscht bis zur Farblosigkeit der Waschwässer u. trocknet bei 70°. Das in einer Ausbeute von 18,7 erhaltene Prod. färbt Celluloseacetat leuchtend orange. (**A. P. 2 848 461** vom 8/12. 1955, ausg. 19/8. 1958.) O. ROICK. 7059

Cassella Farbwerke Mainkur Akt.-Ges., Frankfurt/M. (Erfinder: **Werner Zerweck**, Frankfurt/M., und **Ernst Honold**, Buchschlag, Kr. Offenbach/M.,) *Schwefelhaltige Farbstoffe*, die Baumwolle (**A**) aus der Hydrosulfitküpe (I) in gut naß- u. lichtechten braunen Tönen färben, erhält man aus durch Halogenatome u./oder Sulfonsäuregruppen substituierten Derivv. des 2-Aminoanthrachinons (II) durch Erhitzen mit Schwefelalkalien u. S auf >250°. — 12 (g) II-3-sulfonsaures Na rührt man mit 30 S, 40 Na_2S (krist.) u. 50 cm³ W. unter langsamer Temperatursteigerung, bis das W. verdampft ist, hält die Schmelze dann ca. 12 Std. bei 280—300° u. behandelt den feingepulverten u. mit W. ausgelaugten Rückstand noch einige Zeit mit verd. H_2SO_4. Man erhält ein schwarzes Pulver, das **A** aus braunschwarzer **I** olivstichig dunkelbraun färbt. In ähnlicher Weise erhält man weitere Farbstoffe aus: 3-Chlor-**II**, färbt olivbraun; 1.3-Dibrom-**II**; 1-Chlor-**II**, färbt **A** aus braunschwarzer **I** olivgrau; 1-Brom-**II**-3-sulfonsaures Na, färbt **A** aus braunschwarzer I olivbraun. (**D. A. S. 1 057 266** Kl. 22b vom 5/7. 1957, veröff. 14/5. 1959.) O. ROICK. 7071

Badische Anilin- & Soda-Fabrik Akt.-Ges., Ludwigshafen/Rh. (Erfinder: **Arnold Tartter**, Lambsheim/Pfalz), *Basische Farbstoffe der Phthalocyaninreihe*, die in den meisten organ. Lösungsmitteln nahezu vollkommen unlösl. sind, sich aber in Benzylalkohol (I) ausgezeichnet lösen, erhält man durch Rk. von Phthalocyaninsulfochloriden mit Verbb. der allg. Zus. $H_2N—R—NH—R'$, worin R eine Alkylen- oder Cycloalkylengruppe u. R' einen verzweigten aliphat. oder cycloaliphat. Rest bedeuten. — 250 (Gewichtsteile) Cu-Phthalocyanin (II) erwärmt man in 2000 $ClSO_3H$ $2^1/_2$ Std. auf 120°, gibt auf Eis, saugt das sulfochlorierte **II** ab, wäscht mit Eiswasser neutral, pastet das Sauggut mit 1000 Eiswasser an, rührt es in ein Gemisch von 500 N-Cyclohexylpropylendiamin-(1.3), 500 W. u. 500 Eis ein, rührt 15 Std. bei n. Temp., verd. mit 4000 W., erwärmt kurze Zeit auf ca. 60° u. saugt ab. Man erhält 525 eines Farbstoffpulvers, das in Aceton u. A. prakt. unlösl., aber in **I** mit blauer Farbe leicht lösl. ist. Analog können aus Ni- oder Fe-Phthalocyaninen Farbstoffe von grünstichigblauer u. aus Tetraphenyl-**II** von grüner

Nuance erhalten werden. Ferner können in ähnlicher Weise weitere Farbstoffe hergestellt werden aus: Monochlor-II u. N-Isopropylpropylendiamin-(1.3) (III), in I blau lösl.; einem Aza-II (das aus 3 Phthalsäure u. 2 Chinolinsäure in Ggw. von Cu-Salzen durch Harnstoffschmelze (IV) erhalten worden ist] u. III, in I rotstichigblau lösl.; einem Gemisch von II-Sulfonsäuren [erhalten durch IV von 3 (Mol) sulfosaurem Ammonium u. 1 Phthalsäureanhydrid] u. 1-Amino-3-(2-methylpropyl)-aminopropan (IV), in I reinblau löslich. Ähnliche Farbstoffe kann man auch erhalten, wenn an Stelle von IV N-Isopropyläthylendiamin oder 1-Isopropylamino-2-aminocyclohexan verwendet werden. (**D. A. S. 1 049 996** Kl. 22e vom 16/3. 1957, veröff. 5/2. 1959.) O. ROICK. 7073

XIa. Farben. Anstriche. Lacke. Naturharze.

William C. Naumann, *Korrosionsschutz durch zweckmäßige Oberflächenvorbehandlung und Anwendung von Epoxyharzen.* Vf. beschreibt die Methoden zur Vorbehandlung der Metalloberflächen durch Sandstrahlen, Beizen usw. u. das Aufbringen des Korrosionsschutzmaterials, ferner die Anwendung der Epoxyharze im Korrosionsschutz, bes. mit den in der Kälte härtbaren Typen u. den dazu geeigneten Aminhärtern sowie mit den Epoxyharzestern. (Paint Ind. Mag. **74.** Nr. 3. 12. 15—16. März 1959. Shell Chemical Corp., Techn. Serv. Labor.) H. JÖRDER. 7090

P. Lusseyran, *Titandioxyd und Füllstoffe.* Behandelt wird die Verwendung von norweg. Dolomit als Füllstoff für Titanweißfarben. Angaben über chem. Zus., Ölbedarf u. D. von Dolomit. (Peintures, Pigments, Vernis **34.** 261—63. Juni 1958.) B. SCHEIFELE. 7092

G. Torricelli, *Die Emulsionen polymerer Kohlenwasserstoffe in wässerigen Anstrichfarben.* Behandelt werden Eigg., Anwendung u. Anstrichfarbenaufbau mit der anion. Emulsion eines KW-stoffmischpolymeren (Velsicol W 617). (Ind. Vernice — Lack- u. Farben-Chemie **12.** 337—40. 1958.) B. SCHEIFELE. 7096

J. C. Hudson, *Schutz von Stahl gegen atmosphärische Korrosion durch Anstrich.* Übersicht über Ausführung, Zubehör u. Anwendung der Verff. zum Schutz von Baustahlkonstruktionen gegen atmosphär. Korrosion durch Anstriche, deren Art, Eigg. u. Pflege. — 19 Schrifttumshinweise. (Schweiz. Arch. angew. Wiss. Techn. **24.** 46—54. Febr. 1958. London, Brit. Iron and Steel Res. Assoc. [Orig.: engl.]). W. WESLY. 7106

A. Tarbouriech, *Die Grundierfarben im Rostschutzanstrich.* Bei Wahl der antikorrosiven Grundierfarben sind Natur der Metalloberfläche, klimat. Bedingungen, Anstrichausführung u. Natur der Deckanstriche zu beachten. Zu den Grundierfarben zählen Bleifarben, passivierende Farben (Zinkchromat), Al-Farben, Zn-Staubfarben. Vergleichende Wetterprüfung verschied. Grundierfarben. (Trav. Peinture **14.** 4—9. Jan. 1959. Centre exp. de Rech. et d'Etudes du Bâtiment et des Travaux Publics.) B. SCHEIFELE. 7106

F. A. Champion, *Der Anstrich von Aluminium und seinen Legierungen.* Vf. berichtet über die speziellen Eigg. des ungestrichenen Al u. der Al-Legierungen hinsichtlich Korrosion, die Anwendung von Anstrich als Korrosionsschutz oder für dekorative Zwecke mit Vorbehandlungsmöglichkeiten für das Metall u. anstrichtechn. Hinweisen. — 29 Literaturangaben. (J. Oil Colour Chemists' Assoc. **41.** 730—45. Okt. 1958. Bucks, Brit. Aluminium Co. Ltd.) L. KEMPF. 7106

Gerould Allyn, *Acrylharzüberzüge aus organischen Lösungen.* Acryl- u. Methacrylharzlacke (I) sind wasserhell, temperatur- u. lichtbeständig, elast., wetterfest, chemikalienbeständig u. von guten elektr. Eigenschaften. Klare I dienen als Lacke für Metalle, Lacke für Vakuummetallisierung, Grundierung für Chromüberzüge, die ohne Ni-Zwischenschicht erzeugt wurden. Pigmentierte I können auch mit Nitrocellulose, Vinylharzen, Spezialalkydharzen (Amberlac 292 X) modifiziert u. verwendet werden als hitzefeste Überzüge in Kombination mit Siliconharz, als Bronze- u. Metallacke sowie als Leuchtfarbenlacke. (Paint Varnish Product. **48.** Nr. 13. 41—49. 102. Dez. 1958. Philadelphia, Pa., Rohm & Haas Co.) B. SCHEIFELE. 7106

R. L. Whitmore, *Die Dicke und Leitfähigkeit von Flüssigkeitsfilmen auf der Oberfläche von in wässerigen Lösungen suspendierten Polymethylmethacrylatkugeln.* Vf. berichtet über eine Meth. zur Berechnung der spezif. Leitfähigkeit von Flüssigkeitsfilmen auf der Oberfläche von Polymethylmethacrylatkugeln in Suspension u. ihre Abhängigkeit von der Konz. der Kugeln u. des Dispersionsmittels. — Diskussion der Ergebnisse. (J. Oil Colour Chemists' Assoc. **41.** 699—706. Okt. 1958. Nottingham, Univ.) L. KEMPF. 7154

Leo A. Goldblatt, Lucien L. Hopper jr. und **Donald L. Wood,** *Holzölfettsäuren enthaltende Epoxyester.* Epoxyharz (*Epon 1004*) läßt sich nur schwierig mit Holzölfettsäuren (I) verestern; die Prodd. gelieren leicht während der Herst. oder bleiben bei hoher SZ. stehen. Verbesserung gibt die Mischung mit weniger reaktiven Fettsäuren, die Verwendung von I-Methylester, azeotrope Veresterung mit Xylol u. die Benutzung von Zn-Resinat als Katalysator. Die I-Epoxyester zeichnen sich im Lack durch gute Wasser-, Lösungsm.- u. Alkalibeständigkeit aus u. besitzen eine ausgezeichnete Härte u. Flexibilität. Nachteilig sind die Tendenz zu Verfärbungen beim Einbrennen u. die Sikkativempfindlichkeit der I enthaltenden Ester. (Ind. Engng. Chem. **49.** 1099—1102. Juli 1957. New Orleans, La., South. Reg. Res. Labor.) H. BECKER. 7106

C. F. Spieß, *Ein neues Cold–Check-Testgerät.* Beschreibung einer neuen automat. arbeitenden Cold-Check-App. mit regulierbarer Wechselzeit u. Temperatur. Im allg. wird auf + 50° u. — 20° eingestellt. Bei manueller Bedienung benötigt man bei 10-std. Arbeitszeit für 25 Wechsel ca. 1 Woche. (Farbe u. Lack **65.** 184—85. April 1959. Oberrahmede/Westf.) H. JÖRDER. 7158

Pechiney Comp. de Produits Chimiques et Électrométallurgiques, Paris (Erfinder: **Honoré Thibon** und **Henri Mathieu,** Gardanne, Bouches du Rhône), Frankreich, *Herstellung tonerdehaltiger Pigmente* durch entwässerndes Erhitzen wasserhaltigen Aluminiumoxyds u. adsorptives Anfärben des entwässerten Produktes. Ein reines Tonerdehydrat wird durch Erhitzen auf 200—575° derart unvollständig dehydratisiert, daß es noch 0,5—18 (1—12)% Hydratwasser enthält. — Vgl. auch F. P. 1 047 962; C. **1950/54.** 2884. S. (**D. B. P. 956 535** Kl. 22 f vom 2/8. 1952, ausg. 17/1. 1957. Anmeldung bekanntgemacht 19/7. 1956. F. Priorr. 9/8. u. 5/10. 1951.) R. SCHREINER. 7093 a

Interchemical Corp., New York, übert. von: **Charles A. Kumins,** Tuckahoe, N. Y., V. St. A., *Herstellung von Selenultramarin.* Ein Gemisch, das Se, eine organ. Alkaliverb., z. B. Na-Acetat, -Formiat oder -Ligninsulfonat, einen Zeolith oder zeolithbildende Gemische enthält, wird unter Ausschluß von Luft 20 Min. bis 3 Std. auf 500—900° erhitzt. (**A. P. 2 759 844** vom 26/4. 1951, ausg. 21/8. 1956.) K. DEMMLER. 7093 b

Esso Research and Engineering Co., Elizabeth, N. J., V. St. A. (Erfinder: **Stanley E. Jaros** und **Josef F. Nelson**), *Herstellung von Kohlenwasserstofftrockenölen* durch Polymerisation von Butadien oder dessen Homologen u. Styrol oder ringalkylierten Styrolen in Ggw. indifferenter KW-stofflösungsmittel u. Alkalimetallkatalysatoren, wobei pro 100 (Teilen) des Monomeren 1—100 Beschleuniger in Form von Alkyläthern mit 4—8 C-Atomen oder ringförmigen Diäthern mit wenigstens 2 C-Atomen zwischen den O-Atomen verwendet werden. Das Verf. wird in mehreren Stufen durchgeführt, wobei die Temp. in jeder folgenden Stufe gleich oder höher als in der vorhergehenden ist, mit einer Temp. von 40—75° in der ersten Stufe beginnt u. mit 55—105° in der letzten endet. — Ein mit Rührwerk versehenes Gefäß ist durch waagerechte Platten in 5 Abteilungen unterteilt. Zu 100 Teilen einer Mischung von 17,8 (Gew.-%) Styrol, 71,3 Butadien, 2,6 Dioxan u. 0,2 Isopropylalkohol gibt man 98 Teile einer umlaufenden Mischung von 2,51 Dioxan, 74,8 Naphtha u. 0,1 Isopropylalkohol, so daß das Verhältnis 20 (Teile) Styrol. 80 Butadien, 0,3 Isopropylalkohol u. 91,5 Naphtha vorliegt. 54 Gallonen/Std. der Mischung werden am Boden der Stufe 1 in das Reaktionsgefäß kontinuierlich eingeführt u. verweilen je 2 Std. in jeder Stufe, insgesamt also 5 Std., wobei die Temp. des Reaktionsgefäßes so reguliert wird, daß die Temp. in der 1. Stufe 52°, in der letzten 74° u. in der dazwischenliegenden 3 Stufen auf einer Zwischentemp. gehalten wird; Druck ca. 40 lb/in². Zusammen mit der genannten Mischung führt man 14 lb/Std. einer 15 Gew.-%ig. Dispersion von Na (mittlere Teilchengröße $< 50\,\mu$) in Mineralspiritus vom Kp. 150—205° in das Reaktionsgefäß ein. Das die 5. Stufe verlassende Prod. hat eine Viscosität von ca. 1,3 P (GARDNER) in 50% NVM. Man neutralisiert das Prod. mit 1,6 Moläquivalent (berechnet auf Na) Eisessig, behandelt mit überschüssigem NH_3, filtriert u. destilliert. (**Jap. A. S. 1245/1958** vom 2/4. 1955, veröff. 25/2. 1958. A. Priorr. 2/4. 1954 u. 1/2. 1955.) M. PANKOW. 7097

E. I. du Pont de Nemours & Co., übert. von: **Ralph H. Sudekum,** Wilmington, Del., V. St. A., *Stabilisierte chlorsulfonierte Kohlenwasserstoffpolymere,* wie die elastomere Eigg. aufweisenden Chlorsulfonierungsprodd. von Kautschuk, Neoprene, den Mischpolymeren des 1.3-Butadiens mit Acrylnitril oder Styrol u. bes. von Polyäthylen. Die Polymere werden in einer inerten organ., das Polymer entweder lösenden oder quellenden Fl. (Toluol oder Xylol) mit 10—100 (Teilen) Metallpulver (Al, Zn, Cu oder Cu-Legierung) auf 100 Polymerisat gemischt, welchem Gemisch gegebenenfalls noch 50 bis 100 eines Antigelierungsmittels (eines 1-wertigen aliphat. Alkohols, wie Butanol oder Isopropanol, oder einer Säure, wie Adipinsäure, Phthalsäure oder deren Anhydride, bzw. der Gemische dieser Verbb.), Pigmente (TiO_2) u./oder feuerfestmachende Stoffe,

z. B. 10—50 Sb_2O_3, zugesetzt werden. — Verwendbar für *Farben, Firnisse, Lacke,* Emaillacke u. dergleichen. (**A. P. 2 757 155** vom 14/4. 1953, ausg. 31/7. 1956.) W. GRÄGER. 7097

James Anthony Bede, Cleveland, Ohio, V. St. A., *Aufspritzen von Überzugsmitteln.* Die Lsgg. von Bindemitteln enthaltenden Überzugsmittel werden aus einem Vorratsbehälter mit einer Pumpe zu einem Durchlauferhitzer gefördert, dort auf wenigstens 135° F erhitzt (jedoch unterhalb des $Kp._{760}$ von 50% der Lösungsmittel) u. unter dem eigenen Druck mit wenigstens 100 lbs./sq.in. durch eine Düse (Spritzpistole) versprüht. (**A. P. 2 754 228** vom 16/2. 1953, ausg. 10/7. 1956. **E. P. 748 533** vom 10/2. 1954, ausg. 2/5. 1956. A. Prior. 16/2. 1953.) P. KRUG. 7107

Commonwealth Engineering Co. of Ohio, übert. von: **Malvern J. Hiler,** Dayton, Ohio, V. St. A., *Rostschutzmittel.* Zu KW-stoffölen, wie sie als Korrosionsschutzmittel, Antioxydantien, Reinigungsmittel, Fließpunkterniedriger, Antischaummittel usw. gebraucht werden, werden geringe Mengen, ca. 10(%), meistens <1, bes. 0,01—0,5, eines Dextranesters zugesetzt, der durch Einw. einer gesätt. Fettsäure mit 8—18 C-Atomen (bes. Palmitinsäure) auf durch Mikroorganismen (*Leuconostoc mesenteroides, Streptobact. dextranicum, Betabact. vermiforme*) oder deren Enzyme biol. gewonnenes Dextran (in statu nascendi) erhalten wird, wobei 2—3 Fettsäurereste pro Glucopyranoserest gebunden werden. Der sehr hydrophobe Dextranester wird zweckmäßig vorher in Chlf., CCl_4, Trichlormonofluormethan, Dichlordifluormethan, Bzl., Toluol oder Xylol gelöst. (**A. P. 2 756 156** vom 15/4. 1954, ausg. 24/7. 1956.) W. GRÄGER. 7107

E. I. du Pont de Nemours & Co., Wilmington, Del., übert. von: **Arthur F. Myers,** Louisville, Ky., und **Jack Raymond Hively,** Clarksville, Ind., V. St. A., *Verhindern der Bildung körniger Chloroprenpolymerer* auf Oberflächen, die mit einer wss. Emulsion oder Chloroprendampf in Berührung kommen, durch Überziehen der Flächen mit Schwefel. Hierzu werden die Gegenstände, bes. Armaturen, in geschmolzenen S , Temp. unter 160°, getaucht. Sie bleiben dann bei Polymerisationsprozeß frei von sogenannten Popcornpolymeren. (**A. P. 2 837 506** vom 26/1. 1956, ausg. 3/6. 1958. **E. P. 799 474** vom 18/12. 1956, ausg. 6/8. 1958. A. Prior. 26/1. 1956.) H. SCHINDLER. 7107

Dow Chemical Co., Midland, Mich., V. St. A., *Wässerige Anstrichmittel mit synthetischem Latex.* Dem auf der Grundlage eines Latex aus dem Mischpolymerisat von konjugierten Diolefinen u. einer vinylaromat. Verb. hergestellten Anstrichmittel wird eine geringe Menge des wasserlösl. Kondensationsprod. von 1,5—3,5 (Mol) CH_2O mit 1 eines aliphat. Polyamins der Formel $H_2N-(C_nH_{2n}NH-)_xH$, worin n = 2 oder 3 u. x = 1—4 ist, zugesetzt. (**E. P. 802 346** vom 4/10. 1956, ausg. 1/10. 1958. A. Prior. 27/10. 1955.) P. KRUG. 7107

International Minerals & Chemical Corp., übert. von: **William A. Monterman,** Berwyn, Ill., V. St. A., *Nichthäutende Malerfarbe.* Zur üblichen, trocknende Öle enthaltenden Malerfarbe, die an der Luft leicht eine oberflächliche Haut bildet, werden auf 1 Gallone 1,5—4,0 Unzen eines aus einem Protein (Glutin, Zein, Sojabohnenmehl, Leinsamenmehl, Flachssamenmehl, Blutmehl, Casein) mit Hilfe einer anorgan. Säure gewonnenen Hydrolysats bzw. dessen Lsg. mit 25—45, bes. 39%, von mindestens 6 Aminosäuren (Asparagin- oder Glutaminsäure, Lysin, Histidin, Tryptophan, Prolin, Valin, Leucin, Isoleucin, Methionin, Cystin, Tyrosin, Phenylalanin) u. p_H 5,0—6,5 zugesetzt, so daß die Farbe ca. 0,4—1,1% Aminosäuren enthält. (**A. P. 2 758 938** vom 18/3. 1953, ausg. 14/8. 1956.) W. GRÄGER. 7107

Pittsburgh Plate Glass Co., Allegheny County, Pa., übert. von: **Byron T. Stephens,** Dearborn, Mich., V. St. A., *Lackfarben* (**I**) enthalten Nitrocellulose, Lösungsmittel aus Phthalocyaninpigment u. 0,2—7% Benzylcellulose. Die **I** flocken nicht aus u. dienen z. B. zum *Anstrich* von Autos. (**A. P. 2 851 371** vom 4/2. 1954, ausg. 9/9. 1958.) M. BÖTTCHER. 7107

E. I. du Pont de Nemours & Co., Wilmington, übert. von: **John Harris Haslam,** Newport, Del., V. St. A., *Schnelltrocknen von Überzugsmitteln,* die bes. zur Verwendung in *Druckfarben* geeignet sind u. eine polymerisierbare organ. Verb. mit >1 OH-Gruppe enthalten (Nitrocellulose, Glykol, Glycerin, Pentaerythrit, Ricinusöl, Alkydharz, Phenol-Epichlorhydrin-Harz), die ein Mol.-Gew. von mindestens 500 hat. Die zu überziehenden Oberflächen werden entweder vor oder nach dem Aufbringen des Überzugsmittels bzw. dem Bedrucken mit einer Lsg. eines Ti- oder Zr-Säurerestes eines prim.-aliphat. Alkohols mit 1—8 C-Atomen (Äthyl-, Amyl-, Isopropyl-, Butyl- oder Octyltitanat oder -zirkonat) z. B. in Toluol möglichst in stöchiometr. äquivalenten Mengen in bezug auf die polymerisierbare Verb. oder auch in Dampf- oder fl. Form behandelt. (**A. P. 2 732 799** vom 17/3. 1950, ausg. 31/1. 1956.) W. GRÄGER. 7107

Borden Co., New Jersey, übert. von: **August Napravnick**, Hightstown, N. J., und **David J. Lieb**, Bainbridge, N. Y., V. St. A., *Epoxyharze* werden durch Rk. von Phenol mit CH_2O bei 60—90° in W. bei p_H 0,2—2 u. anschließende Epoxydierung mit Epichlorhydrin, α-Glycerindichlorhydrin oder 3-Chlor-1.2-epoxybutan in Ggw. stöchiometr. Alkalimengen erhalten. Überschüssiges Phenol wird vorher durch Dampfdest. im Vakuum entfernt. Mengenbeispiele. Die stark viscosen Endprodd. sind prakt. unlösl. u. geben mit Aminen, z. B. Diäthylentriamin, nicht mehr thermoplast. Harze. Mit Zinnchlorid gemischt auf Metall versprüht widersteht die Harzschicht dem Sandstrahl. — Beispiele. (**A. P. 2 829 124** vom 23/12. 1955, ausg. 1/4. 1958.) H. SCHINDLER. 7107

E. I. du Pont de Nemours & Co., Del., V. St. A., *Überzugsmittel* enthalten Celluloseacetobutyrat u. Polymethylmethacrylat im Verhältnis zwischen 15:85 u. 75:25, sowie organ. Lösungsmitteln u. Weichmacher. (**E. P. 801 337** vom 14/1. 1957, ausg. 10/9. 1958. A. Prior. 7/2. 1956.) M. BÖTTCHER. 7107

American-Marietta Co., Stoner-Mudge Co. Division, Chicago, Ill., V. St. A., *Überzugsmittel* für Metallbehälter enthält ein Vinylchlorid–Vinylidenchlorid-Mischpolymerisat (I), Bzn. oder einen hochsd. aromat. KW-stoff u. ein trocknendes Öl, z. B. Holzöl, das in einem Verhältnis 20:80—67:33 mit einem öllösl., nichthitzehärtbaren Harz, z. B. einem p-Phenylphenol–CH_2O-Harz, erhitzt worden ist. Das Verhältnis **I**:(Öl + Harz) soll 95:5—10:90 u. der Gesamtfeststoffgeh. der Lsg. 15—50 Gew.-% betragen. Ferner soll **I** völlig in Xylol löslich sein (25%ig) u. als 0,4%ig. Lsg. in Nitrobenzol bei 25° eine spezif. Viscosität von 0,12—0,3 aufweisen. — Vgl. F. P. 1 107 930; C. **1957.** 1304. (**Holl. P. 88 207** vom 14/3. 1955, ausg. 16/5. 1958. A. Prior. 7/4. 1954.) F. BÖHM. 7107

Soc. Asco, Montreuil, Seine (Erfinder: **Jacques Wexler**, Paris), Frankreich, *Überzugsmassen mit feinverteiltem Polyvinylchlorid.* Das pulverförmige Polyvinylchlorid ist in einem organ. Medium suspendiert, das bei n. Tempp. weder gelatinierend, noch lösend wirkt, jedoch bei >100° eine Gelatinierung ermöglicht. Damit verträgliche Lösungsmittel werden zugesetzt. Nach dem Auftragen auf z. B. Metalle, Papier oder Karton wird rasch erhitzt (es tritt Gelatinierung ein), dabei verdunstet die Trägerflüssigkeit. Man kann auf entsprechende Weise auch Folien herstellen. — Vgl. auch F. P. 1 058 152; C. **1955.** 5668. (**Schwz. P. 313 628** vom 1/6. 1953, ausg. 15/6. 1956. F. Priorr. 9/6. u. 17/6. 1952 u. 23/1. 1953.) P. KRUG. 7107

Vitex Soc. An. [**Anciens Établissements J. Canouet**], Frankreich, *Mattierungsmittel für Anstrichfarben* als Zusatzmittel, bes. zu Außenanstrichfarben für Gebäude zur Erzeugung von Pastelltönen. Das Mattierungsmittel besteht aus Pigmenten oder Füllstoffen, wie Asbest, Glimmer, $BaSO_4$, $CaCO_3$, Talk, Kaolin, Kieselgur, ferner aus einem Bindemittel in Form eines Glycerophthalatfirnis, bestehend aus 40(%) Leinöl, u. bis zu 55% Glycerophthalatharz, u. Dipenten als Lösungsm. mit etwas Sikkativ. (**F. P. 1 088 959** vom 2/9. 1953, ausg. 14/3. 1955.) M. F. MÜLLER. 7107

E. I. du Pont de Nemours & Co., übert. von: **Ralph H. Sudekum**, Wilmington, Del., V. St. A., *Antigelierungsmittel für chlorsulfonierte KW-stoffpolymere* enthaltende Lsgg. oder Dispersionen, bes. für chlorsulfoniertes *Polyäthylen*, denen gegebenenfalls noch natürliche u. synthet. Elastomere (Kautschuk, Neoprene, 1.3-Butadien–Acrylnitril-, 1.3-Butadien–Styrol-Polymerisat) zugesetzt sind u. die neben dem Lösungsm. (Toluol, Xylol) noch solche Fl. enthalten, die nichtlösend, sondern quellend auf das chlorsulfonierte Polymerisat einwirkt (Methyläthylketon, Dioxan, Diisobutylketon). Um unter Vermeidung des Gelierens die Lagerbeständigkeit der diese Polymere enthaltenden *Farben, Lacke, Emaillacke, Firnisse*, Klebmittel u. dgl. zu erhöhen, werden den Lsgg. oder Dispersionen bis zu 5% einwertige aliphat. Alkohole (A., Methanol, Isopropanol, n-Butanol, Isobutanol, n-Octanol usw.) u./oder organ. Säuren (Essig-, Citronen-, Phthal-, Adipin-, Malein-, Salicylsäure oder deren Anhydride) zugesetzt. (**A. P. 2 752 317** vom 24/2. 1953, ausg. 26/6. 1956.) W. GRÄGER. 7107

Helmut Jedlicka, Schwenningen/Neckar, *Kunststoffpulver zum Wirbelsintern*, bestehend aus einem Gemisch aus einem ungehärteten Epoxyharzpulver u. Polyäthylenpulver im Verhältnis von 20—1:1 bzw. 1:1—20 Gewichtsteilen. Beim Erhitzen bildet sich ein feinfädiges Gerüst des Thermoplasten in dem gehärteten Harz, wodurch *Überzüge*, bes. auf Metallen, von erhöhter Schlagfähigkeit entstehen. (**D. A. S. 1 051 489** Kl. 39b vom 18/1. 1954, ausg. 26/2. 1959.) G. TEWES. 7107

Simoniz Co., übert. von: **Henry C. Geen**, Grand Rapids, Mich., V. St. A., *Versprühbares wachsfreies Poliermittel.* Das in dem Sprühbehälter unter Überdruck stehende Mittel besteht aus 0,3—5 (Gewichtsteilen) eines filmbildenden, Risse ausfüllenden Mittels (z. B. chlorierten Polyphenylen), 30—50 eines Lösungsm. (I), 30—50 eines Treibmittels (z. B. Freon 11, 12 oder 114) u. 0,3—5 eines fl., linearen, nichtflüchtigen, in **I** lösl. Polyalkylsiloxans. (**A. P. 2 856 297** vom 10/5. 1956, ausg. 14/10. 1958.) P. KRUG. 7119

XIb. Plaste (Kunstharze. Plastische Massen).

L. Mandelkern, *Kinetik der Kristallisation in polymeren Systemen.* Es wurde die Kristallisationskinetik geschmolzener Homopolymerer, ihrer konz. u. verd. Lsgg. in niedrigmol. Lösungsm. u. die Kristallisationskinetik von Copolymeren untersucht u. mit theoret. Ergebnissen verglichen. — 51 Literaturstellen. (SPE Journal **15.** Nr. 1. 63—77. Jan. 1959. Nat. Bur. of Standards.) M. BECK. 7170

Sigmund Berk, Helen Ebert und **Leonard Teitell,** *Die Nutzbarmachung von Weichmachern und verwandten organischen Verbindungen durch Fungi.* Es wurde untersucht, wieweit sich Schimmelpilze Diester aliphat. gesätt. Dicarbonsäuren als C-Quelle nutzbar machen können. Enthält der Ester mehr als 12 C-Atome, unterstützt er das Pilzwachstum; n. Ester nichtverzweigter Diole mit OH-Gruppen an angrenzenden oder endständigen C-Atomen unterstützen das Wachstum der Fungi, Äthergruppen verhindern es. Untersucht wurden: *Paecilomyces varioti, Trichoderma* sp., *Penicillium funiculosum, Aspergillus flavus, ustus* u. *terreus.* (Ind. Engng. Chem. **49.** 1115—24. Juli 1957. Philadelphia, Pa., Frankford Arsenal, Pitman-Dunn Labors.) H. BECKER. 7170

F. C. McGrew, *Der gegenwärtige Stand der Technik auf dem Gebiete der Polyolefinkunststoffe.* (Materie plast. **24.** 727—34. Aug. 1958. — C. **1959.** 7642.) B. SCHEIFELE. 7172

J. N. Coker, *Polyvinylalkohol als Emulgiermittel bei Vinylpolymerisationen.* Vf. berichtet ausführlich über seine Verss., mit Polyvinylalkoholen (Elvanol-Typen der Firma E. I. DU PONT DE NEMOURS) als Emulgiermittel Latices aus Polystyrol, Polyvinylchlorid u. Butadien/Styrol herzustellen u. weist auf die Vorzüge dieser Emulsionen hin. — 16 Literaturangaben. (Ind. Engng. Chem. **49.** Nr. 3. [Part I] 382—85. März 1957. Wilmington, Del., E. I. du Pont de Nemours & Co., Inc.) L. KEMPF. 7172

P. Maltese, *Abbau von Olefin- und Dienpolymeren durch Wärme und Sauerstoff.* (Vgl. C. **1957.** 13820.) Vf. gibt mit 69 Literaturangaben einen umfassenden Bericht über Probleme der Autoxydation (I). Der 1. Schritt des oxydativen Angriffs besteht in der Bldg. von instabilen Hydroperoxyden, die zu stabilen Sauerstoff enthaltenden Verbb. zerfallen. Über die Kinetik u. die Aktivierungsenergie dieser Vorgänge wird diskutiert; ferner werden die Möglichkeiten zum Studium der I aufgezählt. Tritt durch I zusätzliche Vernetzung des Materials ein, erhöht sich die Zerreißfestigkeit, während die Bruchdehnung erniedrigt wird, bei vorwiegender Kettenspaltung fallen dagegen beide Werte. Verwendung u. Wrkg. von Antioxydantien entsprechen ihrer Konst., Mechanismen u. quantitative Beurteilung der Stabilisierungswrkg. werden abschließend gebracht. (Materie plast. **24.** 1081—95. Dez. 1958.) G. PIEKARSKI. 7172

S. S. Stivala und **V. L. Dehniger,** *Epoxyharze zum Dichten von Hochvakuumsystemen.* Als Hochvakuumzement bewährte sich ein ausgehärtetes Epoxyharz (*Araldit CN 502* mit 8—10% Diäthylentriamin) bis zu Tempp. von 140°, das nach mehreren Behandlungen mit fl. N_2 keine Festigkeitsverluste u. Undichtigkeiten zeigte. Die Festigkeitswerte waren: Zugfestigkeit 560 kg/cm², Druckfestigkeit 1260 kg/cm², Scherfestigkeit 140—350 kg/cm². (Ind. Engng. Chem. **49.** 1106. Juli 1957. Hoboken, N. J., Stevens Inst. of Technol.) H. BECKER. 7176

J. W. Guyer und **H. L. Thomas,** *Epoxyharze bei der Herstellung von Präzisionswerkzeugen.* Zusammenfassung über die Herst. von Präzisionsformen u. Werkzeugen aus kalthärtenden Epoxyharzen. (Ind. Engng. Chem. **49.** 1110. Juli 1957. Lansing, Mich., Ren Plastics, Inc.) H. BECKER. 7176

Leon Shechter, John Wynstra und **Raymond P. Kurkjy,** *Der Chemismus von Styroloxyd. Vergleich mit Phenylglycidyläther in Reaktionen von Modellverbindungen.* Styroloxyd (I) reagiert bei 100° mit organ. Säuren besser als mit Phenolen u. sek. Alkoholen, die Rkk. werden durch Amine nur schwach beschleunigt. Die Reaktivität von Phenylglycidyläther (II) ist umgekehrt: Alkohol > Phenol > Säure; starker Einfl. von Aminkatalysatoren. Während II mit Diäthylamin exotherm reagiert, ist die Rk. mit I langsam u. unvollkommen. Daher wird das I bei Verwendung als reakt. Lösungsm. in aminhärtenden II-Harzen erst nach Verbrauch der Glycidylgruppen bei höherer Temp. reagieren u. zu einer veränderten Gelstruktur führen. Im Gegensatz dazu reagiert Glycidylbenzol ähnlich wie II, wenn auch etwas langsamer. (Ind. Engng. Chem. **49.** 1107—09. Juli 1957. Bloomfield, N. J., Union Carbide Corp., Res. Dep.; Bakelite Co.) H. BECKER. 7176

Harvey L. Parry und **Ralph W. Hewitt,** *Einfluß von Füllstoffen auf Epoxyharze.* Durch Zusatz von Füllstoffen zu Epoxyharz (*Epon 828*) werden Wärmeausdehnung u. Reißfestigkeit verringert, Wärmeleitfähigkeit, Hitzefestigkeit u. Viscosität des Harzes vor dem Härten je nach Art des Füllstoffes erhöht. Die Kratzfestigkeit wird durch

Zusatz von ca. 15% Graphit oder MoS_2 erhöht, die Schlagfestigkeit ist im allg. unbeeinflußt, wird aber durch Zusatz von Glasfasern zu einer Harz-Sand-Mischung erhöht. (Ind. Engng. Chem. **49.** 1103—04. Juli 1957. Union, N. J., Shell Chem. Corp., Union Techn. Service Labor.) H. BECKER. 7204

British Cellophane Ltd., Bridgwater, Somerset, England (Erfinder: **William Berry, Richard Arthur Rose, Cyril Howard Phillips** und **Charles Robert Oswin**), *Wasserdichte Verpackungsmaterialien* aus flexiblen, nichtfaserigen Trägerfilmen (bes. regenerierter Cellulose, Polyvinylalkohol, Gelatine, Alginsäurederivv.) werden erhalten durch Aufbringen von wss. Dispersionen kristalliner organ. Polymerisate (Polyvinylidenchlorid). Der getrocknete Film wird einer zur Vereinigung der Polymerisatteilchen hinreichenden Temperaturbehandlung unterworfen (zwischen ca. ½ u. 10 Sek.). — Vgl. F. P. 1 138 887; C. **1959.** 314. (**E. P. 773 231** vom 25/11. 1954, ausg. 24/4. 1957.) P. KRUG. 7171

Hercules Powder Co., Wilmington, Del., V. St. A., *Katalysatoren für Olefin- oder Styrolpolymerisation,* bestehend aus einem Gemisch von 1. einem Reaktionsprod. eines Metalls der Gruppe IV A, V A, VI A u. VIII des Period. Syst., oder Mn mit einer organ. Verb. eines Alkali-, Erdalkali-, Erd-, Seltenen Erdmetalls oder Zn u. 2. einer halogenfreien organ. Verb. eines der zuletzt genannten Metalle. Als Komponenten zu 1. sind z. B. $(C_2H_5)_2AlCl$, $C_2H_5AlCl_2$, Triisobutyl-Al (I) einerseits u. $TiCl_4$ andererseits u. als 2. Katalysatoranteil $(C_2H_5)_3Al$ u. I genannt. — 22 Beispiele mit Tabellen über weitere Kombinationen. (**E. P. 795 182** vom 10/7. 1956, ausg. 21/5. 1958. A. Prior. 29/7. 1955.) H. SCHINDLER. 7173

Chemische Werke Hüls Akt.-Ges., Marl (Erfinder: **Wilhelm Klein,** Marl, und **Helmut König,** Gelsenkirchen), *Stabilisieren von Niederdruckpolyolefinen* gegen Autoxydation in der Wärme, dad. gek., daß man diesem vor der Verarbeitung *Tetraalkylthiuramdisulfide,* z. B. *Tetramethylthiuramdisulfid,* zumischt. (**D. A. S. 1 025 138** Kl. 39b vom 6/12. 1955, veröff. 27/2. 1958.) O. SCHÖN. 7173

Hercules Powder Co., Wilmington, Del., V. St. A., *Äthylenniederdruckpolymerisation* erfolgt in Ggw. von Halogenalkylen (I) mit mindestens 1 Cl- oder Br-Atom u. den üblichen Kontaktkatalysatoren, wie Mischungen von Verbb. von Metallen der Gruppe IVa, Va, VIa oder VIII des Period. Syst. oder Mn mit Organometallverbb. der Alkali-, Erdalkalimetalle, Zn, Al, oder der Metalle der Seltenen Erden, z. B. $TiCl_4$ u. Triäthyl-Al. In den Beispielen (Tabellen) sind als I genannt: CCl_4, $CHCl_3$, CH_2Cl_2, CBr_4, $CBrCl_3$, n-Butanol, tert.-Butylbromid, Isobutylchlorid. Regelung des Mol.-Gew. des Polyäthylens. (**E. P. 790 399** vom 16/5. 1956, ausg. 5/2. 1958. A. Prior. 18/5. 1955.) H. SCHINDLER. 7173

M. W. Kellogg Co., Jersey City, übert. von: **Billy F. Landrum,** Belleville, und **Ralph L. Herbst jr.,** Westfield, N. J., V. St. A., *Reinigen von monomeren Chlorfluorolefinen* (I). Die aus Chlorfluoralkanen durch Enthalogenieren in Ggw. von Metallen erhaltenen I werden vor oder nach dem Waschen mit W. oder der Dest. mit Terpenen (Menthene, 1.3- oder 1.4-Terpinen, Phellandrene, Terpinole, 1.8-Limonen, 3.8-Menthadien, Pseudolimonen, Dipenten, α- u. β-Thujen, Sabinen, Caren, α- u. β-Pinen, Bisabolen, Zingiberen, Cadalen, Eudalin, Cadinen, α-Selinen, α-Santalen, Camphoren oder deren Mischungen) auf 30—60° im fl. Zustand, notfalls unter Eigendruck erwärmt u. die I dann abdestilliert. Die zugesetzten Terpene können auch durch Extraktion mit H_2SO_4, H_3PO_4, P_2O_5 oder Waschen entfernt werden. — Eine Mischung aus Chlortrifluoräthylen u. 0,05% Dipenten u. Terpinolen wird bei 47—49° u. 150—160 lbs./sq.in. dest. u. das Monomere dann in Ggw.von Bis-trichloracetylperoxyd bei —15° unter Eigendruck in 7 Tagen polymerisiert; das *Polymere* gibt einen transparenten, elast., wärmebeständigen Film. Ferner können gereinigt werden: *1-Chlor-1-fluoräthylen, Trichlorfluoräthylen, Perfluorpropen, Chlorpentafluorpropen* u. *1.1-Difluorpropen.* — *Zwischenprodukte* für *Polymere.* (**A. P. 2 753 379** vom 12/1. 1953, ausg. 3/7. 1956.) G. KRAUSS. 7173

W. C. Heraeus G. m. b. H., Hanau/M., und **Deutsche Gold- & Silberscheideanstalt vormals Roessler,** Frankfurt/M., *Herstellung von Kunststoffen aus polymerisierbaren organischen Verbindungen* mit einer doppelt gebundenen endständigen Methylengruppe in Ggw. von Polymerisationsbeschleunigern, dad. gek., daß als letztere solche Amine verwendet werden, die am N mindestens einmal den Rest $R-SO_2-CHR'$ tragen, worin R u. R' ein (substituierter) KW-stoffrest oder H ist. Es können auch Arylsulfonalkylamine verwendet werden, die am N zweimal obigen Rest mit den gleichen Bedeutungen tragen. Die Polymerisation wird in Ggw. von O_2 durchgeführt mit Perverbb. als Katalysatoren. Als Monomere sind z. B. Butadien, Vinylacetylen oder deren Derivv., Styrol, Divinylbenzol, Vinylchlorid, Vinylester usw., als Beschleuniger z. B. p-Tolylsulfonmethyl-(methyl)- oder -(dimethyl)-amin oder die entsprechenden Mono- oder

Diäthyl- oder Mono- oder Dihexylverbb. genannt. Je nach dem Verwendungszweck, der sehr vielseitig sein kann, werden vor, während oder nach der Polymerisation die verschiedensten Zusatzstoffe beigemengt. Die Polymerisationsdauer wird auch bei niedrigen Tempp. verkürzt. — Tabellen. — Vgl. D. B. P. 913 477; C. **1955.** 5437 u. Schwed. P. 145 333; C. **1950/54.** 3409. S. (**Schwz. P. 311 220** vom 16/7. 1951, ausg. 31/1. 1956. D. Priorr. 17/7. u. 31/7. 1950.) H. SCHINDLER. 7173

Whiffen & Sons Ltd., London, England (Erfinder: **Ronald Arthur Reed, Roger Camplin Hall Spencer** und **Wolfgang Gerson Barb**), *Poröse Polymerisate* erhält man durch Zusatz von Azoverbb. mit mindestens 1 Azobindung zum Monomeren, wobei diese Verbb. sowohl als Katalysatoren als auch Ausdehnungsmittel dienen. In den Beispielen wird Styrol mit 5% Azodiisobutyronitril oder 8% Azodicyclohexanonnitril u. jeweils 5% Dibutylphthalat innerhalb 21 Tagen bei n. Temp. polymerisiert. Wird die M. dann in W. von 95—100° gegeben, erfolgt die Aufblähung. (**E. P. 790 312** vom 13/1. 1955, ausg. 5/2. 1958.) H. SCHINDLER. 7173

Badische Anilin- & Soda-Fabrik Akt.-Ges. (Erfinder: **Hellmut Scholz** und **Fritz Kieferle**), Ludwigshafen/Rh., *Polymerisation von Vinyl- oder Vinylidenverbindungen* in wss. Suspension erfolgt in Ggw. von polymeren Phosphaten. Nach den Beispielen wird ein Gemisch aus polymerem K-Metaphosphat, prim. Na-Phosphat u. Na-Tripolyphosphat oder sek. Na-Phosphat oder Na-Hexametaphosphat zum Polymerisieren von Vinylchlorid u./oder Vinylpropionat verwendet. Verbesserte Löslichkeits- u. Stabilitätseigg. der Endprodukte. (**D. A. S. 1 026 962** Kl. 39c vom 22/8. 1956, veröff. 27/3. 1958.) H. SCHINDLER. 7173

Celanese Corp. of America, New York, N. Y., V. St. A., *Polyvinylacetale* erhält man durch Rk. eines Polyvinylesters mit einem niederen Aldehyd bei erhöhter Temp. in einer wss. gesätt. niederen Fettsäure in Ggw. eines Säurekatalysators u. in Abwesenheit von O_2. Nach einem Beispiel wird Polyvinylacetat, gelöst in Eisessig, mit CH_2O in Ggw. von $NaHSO_3$ u. H_2SO_4 unter Durchleiten von N_2 auf 70° erhitzt. Als Katalysatoren können noch Perchlorsäure oder ein Sulfonsäuregruppen enthaltendes Kationenaustauschharz verwendet werden. Das Verf. ist auch kontinuierlich durchführbar. Die Endprodd. lassen sich zu klaren Filmen verpressen. (**E. P. 785 170** vom 15/12. 1955, ausg. 23/10. 1957. A. Prior. 15/12. 1954.) H. SCHINDLER. 7173

E. I. du Pont de Nemours & Co., Wilmington, Del., V. St. A., *Elastomere Mischpolymerisate* aus 60—15 (Gewichtsteilen) Vinylidenfluorid u. 40—85 Hexafluorpropen bei 85—100° in N_2 in Ggw. von $(NH_4)_2S_2O_8$, $NaHSO_3$ u. Na_2HPO_3. Die Polymerisate können mit Benzoylperoxyd, Polyaminen oder β-Strahlen vulkanisiert werden. Physikal. Eigg. der Vulkanisate. Beispiele für Herst. u. Verarbeitung. (**E. P. 789 786** vom 27/4. 1956, ausg. 29/1. 1958. A. Priorr. 27/4. 1955 u. 6/4. 1956.) H. SCHINDLER. 7173

Whiffen & Sons Ltd. (Erfinder: **Christopher Stanley Argyle**), London, England, *Treibmittel für thermoplastische Kunstharze* (Vinyl-, Acryl-, Butadienpolymere u. Polyepoxyde) sind 5-Amino-1.2.3.4-thiatriazol (I) oder 5-Methylamino-, 5-Äthylamino- oder 5-Allylamino-1.2.3.4-thiatriazol. Die Zersetzungstemp. von I ist ca. 123°. — Herst. von *Schaumstoffen.* (**E. P. 801 825** vom 16/6. 1955, ausg. 24/9. 1958.) G. TEWES. 7173

American Cyanamid Co., New York, N. Y. (Erfinder: **John Arthur Price,** Stamford, und **Walter Moreland Thomas,** Noroton Heights, Conn.), V. St. A., *Herstellung von Polymeren und Mischpolymeren basischer Monomerer,* die sowohl eine $>C=C<$-Gruppe als auch ein bas. N-Atom enthalten, in Ggw. eines Chloration–Sulfoxyion-Polymerisationskatalysatorsyst. (I), dad. gek., daß die Polymerisation in Ggw. von Nitrationen ausgeführt wird. Die wss. Lsg. soll einen p_H-Wert von ca. 1—5 besitzen u. 0,01 bis 3(%) Chlorat-, 0,01—9 oxydierbare Sulfoxyionen als Sulfit-, Bisulfit-, Hydrosulfit- oder Thiosulfationen u. 0,5—80% Nitrationen, bezogen auf das Monomerengewicht, enthalten. Ein bevorzugtes Monomerengemisch besteht aus 80—90 (Gew.-%) Acrylnitril, 5 bis 10 2-Methyl-5-vinylpyridin u. 5—10 Vinylacetat. — In den Mengenbeispielen sind als I genannt: $NaClO_3$, Na_2SO_3, H_2SO_4 oder HNO_3 u. $NaNO_3$ sowie sehr geringe Mengen von Eisensulfat. Erhöhung der Ausbeute u. hohe Mol.-Gewichte. — Klebstoffe, Preß- u. Überzugsmassen, Fäden. (**D. A. S. 1 046 312** Kl. 39c vom 12/4. 1956, veröff. 11/12. 1958. A. Prior. 20/5. 1955. **A. P. 2 840 550** vom 20/5. 1955, ausg. 24/6. 1958.) H. SCHINDLER. 7173

Pittsburgh Plate Glass Co., Allegheny County, Pa., übert. von: **Earl E. Parker,** Milwaukee, Wis., V. St. A., *Polyesterharze mit korrosionsvergütenden Eigenschaften* erhält man durch Kondensation eines Gemisches aus einer aliphat. $\alpha.\beta$-ungesätt. Dicarbonsäure, z. B. Melaminsäure, u. einer aromat. Dicarbonsäure, z. B. Terephthalsäure oder (Iso-) Phthalsäure, mit einem Gemisch aus einem Polyäthylenglykol vom Mol.-Gew. 350 bis

4000 u. einem aliphat. Glykol ($C_2—C_6$), z. B. Propylenglykol, u. anschließende Mischpolymerisation des ungesätt. Polyesters mit Styrol. Um nun Korrosion von Metallen, z. B. Cu-Leitungen, auch durch Peroxydkatalysatoren zu verhindern, werden noch 0,01—3(%) Oxalsäure u. ein Triarylphosphat eingearbeitet. Genannt sind Tolyl-, Xylyl- u. bes. Phenylphosphit, sowie monochlorsubstituierte Derivate. Mengenbeispiele. — Tabellen. (**A. P. 2 829 120** vom 17/6. 1954, ausg. 1/4. 1958.) H. SCHINDLER. 7177

Pittsburgh Plate Glass Co., Allegheny County, übert von: **Elmer H. Haux,** Pittsburgh, Pa., V. St. A., *Stabilisieren von ungesättigten Polyestern.* Dem A. P. 2 773 049; C. **1958.** 12832 ist nachzutragen, daß die Beständigkeit der gehärteten Harze gegenüber UV-Licht an Stelle durch Zusatz der Salicylsäureester (I) durch Zusatz eines Gemisches aus I u. einem in o-Stellung zur CO-Gruppe durch eine OH-Gruppe substituierten Phenylketons erreicht wird, z. B. o-Hydroxyacetophenon, 2.4-, bzw. 2.2'-Dihydroxybenzophenon u. Dihydroxyacetophenon. (**A. P. 2 824 080** vom 1/3. 1954, ausg. 18/2. 1958.) G. TEWES. 7177

Union Carbide Corp., New York, N. Y., V. St. A.) Erfinder: **Alford Gailey Farnham),** *Herstellung von Glycidylpolyäthern* durch Rk. von Epichlorhydrin (I) oder Glycerindichlorhydrin mit einem Polyphenylol (II), das 2 x + 1 Phenylolgruppe u. 3-wertige Aldehydreste $—(C_nH_{2n})CH$ aufweist, worin X = 1—3 u. n = 2—6 ist, in Ggw. eines Alkalis. Die I-Menge soll so bemessen sein, daß wenigstens 1 (Mol), bes. 3, auf jede OH-Gruppe des II kommen. Arbeitstemp. nicht >65°. Die als Reaktionskomponenten verwendeten II werden nach den Beispielen aus Phenol, p-Kresol u. Xylenol-(2.6) durch Erhitzen mit Acrolein als schmelzbare, harte, harzähnliche Prodd. erhalten. Diese werden dann mit wechselnden Mengen I zu Polyglycidyläthern umgesetzt. Schließlich können diese mit II gemischt werden, wodurch in Ggw. von z. B. Benzyldimethylamin, Na-Acetat oder 4.4'-Diaminodiphenylmethan Gele erhalten werden, die z. B. durch Erhitzen harte, formfähige Massen ergeben. — Mengenbeispiele u. Tabellen der physikal. Eigg. der (mit Mineralstoffen gefüllten) Endprodukte. — Vgl. A. P. 2 753 323; C. **1957.** 5426. (**E. P. 788 556** vom 1/4. 1955, ausg. 2/1. 1958.) H. SCHINDLER. 7177

Chemstrand Corp., Decatur, Ala., V. St. A., *Herstellung von Polyamiden* mit mindestens 50% ε-Caprolactamgeh. durch Erhitzen einer polyamidbildenden Verb., z. B. Benzidin, einer 2-bas. Carbonsäure (I) u. ε-Caprolactam im Mol-Verhältnis 1:1:2,5 bis 1:1:55. Als I können Adipin-, Sebacin-, Kork-, Azelain- oder Pimelinsäure eingesetzt werden. Es wird bei 222—288° in N_2 gearbeitet. Die Prodd. haben FF. über 200° u. eignen sich zur Herst. von Bändern, Laminaten, Überzügen u. plast. Massen. (**E. P. 789 491** vom 28/2. 1956, ausg. 22/1. 1958. A. Prior. 23/3. 1955.) H. SCHINDLER. 7181

American Cyanamid Co., New York, N. Y., übert. von: **Tzeng Jiueq Suen** und **Arthur M. Schiller,** New Canaan, Conn., V. St. A., *Kontinuierliche Polymerisation und Hydrolyse von Acrylamid oder dessen α-substituierten Alkyl-(C_{1-2})-Derivaten.* Die Rk. findet in wss. Medium bei 50—100° in Ggw. von z. B. $K_2S_2O_8$ u. NaOH statt, wobei letzteres in Mengen von 0,01—0,25 (Mol) auf 1 Acrylamid verwendet wird. Einpolymerisieren von z. B. Styrol, Acrylnitril, Vinylacetat usw. ist möglich. Mengenbeispiele. — Die wss. Polymerisatdispersionen dienen z. B. zum Modifizieren von Zement oder als Bohrschlamm. (**A. P. 2 820 777** vom 29/4. 1954, ausg. 21/1. 1958.) H. SCHINDLER. 7181

E. I. du Pont de Nemours & Co., Del., übert. von: **Anthony F. Benning,** Woodstown, N. J., und **Edward K. Gladding,** New Castle, Del., V. St. A., *Elastomere Polyurethane* erhält man durch Rk. von stöchiometr. Mengen Bis-chlorameisensäureestern (I) mit Diaminen (II), die in einer Seitenkette prim. OH-Gruppen enthalten. In den I der allg. Formel Cl—COO—R—OOC—Cl kann R der Rest eines Polyalkylenätherglykols, z. B. aus Äthylenoxyd, Tetrahydrofuran, 1.3-Dioxolanen oder Dekamethylenglykol, der Rest eines Polyalkylenätherthioätherglykols, eines Polyalkylenarylenätherglykols, eines höheren aliphat. Diols, eines Polyurethanglykols mit Mol.-Gew. >750 oder der Rest eines niederen Diols, z. B. Äthylenglykol, sein. Als II werden aliphat. oder aromat. Verbb. mit mindestens 1 prim. Aminogruppe verwendet, wie Aminoäthanolamin, 1.5-Diaminonaphthalin, Hexamethylendiamin, Toluylendiamin. — Nach einem Beispiel werden zunächst Polytetramethylenätherglykol u. Toluol-2.4-diisocyanat bei von 90—130° steigenden Tempp. unter N_2 zu einem Polyurethanglykol kondensiert. Dieses wird in Bzl. gelöst u. durch Einleiten von $COCl_2$ in das Polyurethan-bis-chlorformiat übergeführt. Letzteres wird dann mit Aminoäthyläthanolamin in Tetrahydrofuran unter N_2 in das Endprod. übergeführt. Durch Einwalzen von 3.3'-Dimethyl-4.4'-biphenyldiisocyanat bei erhöhter Temp. wird vulkanisiert. Füllstoffe, Weichmacher, Farbstoffe usw. können eingearbeitet werden. Wegen guter mechan. Eigg. (Tabellen) dienen die Prodd. zur Herst. von Reifen, Kabelumhüllungen, Schwämmen oder Überzügen. (**A. P. 2 843 569** vom 4/8. 1955, ausg. 15/7. 1958.) H. SCHINDLER. 7181

Velsicol Chemical Corp. (Erfinder: **Morton Kleiman**), Chicago, Ill., V. St. A., *Herstellung von Organopolysiloxanen* aus den nach D. A. S. 1 022 588; C. **1959.** 8386 erhältlichen Silanen der Formel **I**, in der X ein Cl-Atom oder eine Alkoxygruppe mit nicht > 5 C-Atomen bedeutet, dad. gek., daß man die Silane in an sich bekannter Weise für sich allein oder in Ggw. eines anderen Silans, gegebenenfalls in Ggw. eines Lösungsm., hydrolysiert u. die Hydrolysate gleichzeitig kondensiert. — Überzugs- u. Imprägniermittel, hydraul. Fll. u. Schmiermittel. (**D. A. S. 1 047 438** Kl. 39c vom 6/9. 1954, veröff. 24/12. 1958.) J. MÜHLEISEN. 7189

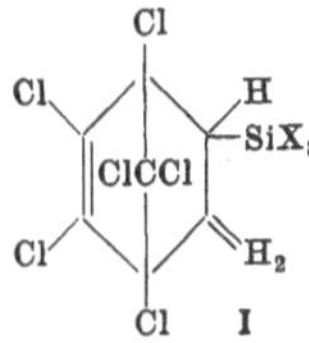

I

Leslie Laszlo Schaffer, Vancouver, Canada, *Herstellung gemusterter Faserplatten.* Auf den naß oder halbtrocken vorgeformten Platten wird eine dünne Schicht von sehr dünnen Holzflocken, bes. von exot. Harthölzern, wie Mahagony, Rosenholz, mit einem Klebstoff aufgebracht u. dann unter Anwendung von Druck u. Hitze fertig geformt, wobei durch Einbettung der Holzflocken die Oberfläche Holzaussehen erhält. (**E. P. 796 602** vom 26/4. 1955, ausg. 18/6. 1958.) P. KRUG. 7199

Soc. An. des Manufactures des Glaces et Produits Chimiques de Saint-Gobain, Chauny & Cirey, Seine, Frankreich (Erfinder: **René Brunet-Lecomte**), *Preßmassen aus Polyvinylchlorid.* Das Harzpulver wird in der Form kalt gepreßt u. dann unter Druck u. Erhitzen geliert. Man kann zur Entfernung von Luft den Druck zwischendurch aufheben. (**F. P. 1 100 036** vom 22/2. 1954, ausg. 15/9. 1955.) M. PANKOW. 7205

Shell Development Co., New York, N. Y., übert. von: **Herbert A. Newey,** Lafayette, Calif., V. St. A., *Härtungsmittel für Polyepoxyde* (Epoxyharze) mit einer Epoxydäquivalenz > 1 sind Diaminopyridine (2.6-Diaminopyridin) u. Diaminoalkyl (1—6 C-Atome)-pyridine, wobei je Epoxydgruppe 0,2—0,4 Mol der Diaminoverb. angewendet wird. Die M. hat eine lange Gebrauchsdauer u. härtet bei 90—200°. Sie dient bes. zur Herst. von *Schichtstoffen.* (**A. P. 2 824 082** vom 10/10. 1955, ausg. 18/2. 1958.) G. TEWES. 7205

W. N. Dawydoff, Bestimmung des Molekulargewichts von Polyamiden, insbesondere von Polycaproamiden. 2. überarb. u. erw. Aufl. Berlin: Verl. Technik. 1959. (154 S. m. Abb.) 8°. DM 13,—.

XII. Kautschuk.

J. M. Buist, *Physik des rohen und vulkanisierten Naturkautschuks.* (Vgl. C. **1958.** 12258.) Fortschrittsbericht 1957. — 57 Literaturhinweise. (Annu. Rep. Progr. Rubber Technol. **21.** 22—29. 1957.) M. WINIKER. 7222

B. Dogadkin, A. Dobromysslowa, L. Ssaposhkowa und **I. Tutorski,** *Der Einfluß von Mercaptobenzthiazol auf die strukturellen Veränderungen des Kautschuks bei der Oxydation, der Erhitzung und der Plastifizierung.* Es wird die Wrkg. von *Mercaptobenzthiazol* (I) auf die oxydative sowie die therm. u. mechan. Zerstörung der Mol.-Ketten des *Naturkautschuks* (NK) untersucht. Die O_2-Aufnahme des NK wird durch I beschleunigt; die Induktionsperiode wird stark herabgesetzt. Die Aktivierungsenergie für die O_2-Absorption bei Temp. von 100—120° beträgt für reinen NK ca. 17, für NK mit 1,55% I 12 kcal/g-Mol. Parallel zur O_2-Aufnahme erfolgt ein Abbau des mittleren Mol.-Gew. von 200000 auf 54000 (nach 3 Std.). Wird eine NK-Lsg. unter Ausschluß von O_2 auf 100° erwärmt, erfolgen ohne u. mit **I** keine irreversiblen strukturellen Veränderungen. An der Luft beschleunigt I die Plastifizierung von NK beim Walzen bei 100—150°, was auf die erhöhte O_2-Aufnahme zurückgeführt wird. Gleichzeitig wird jedoch auch der mechan. Abbau von NK unter Ausschluß von O_2 (Verss. auf besonderen Mikrowalzen in einem N_2-Schrank) beschleunigt. Das wird durch die Anlagerung von I-Resten an die durch die mechan. Aufspaltung entstandenen NK-Reste gedeutet. So nimmt der gebundene I-Anteil in den niedermol. Fraktionen u. in solchen Kautschuken zu, bei denen 1.4-Strukturen vorherrschen. Chem. Deutungen der Vorgänge werden gegeben. (Коллоидный Журнал [Kolloid-J.] **19.** 421—29. Juli/Aug. 1957; Rubber Chem. Technol. **32.** 184—94. Febr./März 1959. Moskau, Lomonossow-Inst. für chem. Feintechnol.) O. KRAMM. 7226

W. W. Lawrentjew, *Über die äußere Reibung von Gummi.* Durch experimentelle Unters. bestätigt der Vf. die bekannte Gleichung von THIRION für die Reibung von Gummi für den größten Bereich der Belastung. Nur für niedrige Belastungen wird die Gleichung von BARTENEW (vgl. C. **1955.** 9211 u. Доклады Академии Наук СССР [Ber. Akad. Wiss. UdSSR] **103.** [1955.] 1017) bestätigt. Zusätzlich untersucht Vf. die mol.-kinet. Vorgänge beim Einsetzen des Reibungsvorganges. Es wird die Abhängigkeit der Reibungskraft vom Weg gefunden, die zuerst asymptot. zu einem Maximum ansteigt, um dann linear abzufallen. Dieser Abfall wird durch die stetige Erhöhung der Temp. des Gummis durch die Reibungswärme erklärt. (Коллоидный Журнал [Kolloid-J.] **19.**

522—23. Juli/Aug. 1957. Moskau, Städt. Pädagog. Potemkin-Inst., Lehrstuhl für theoret. Physik.) O. KRAMM. 7230

Joseph L. Webster, *Schaumgummi. Eine Beschreibung einer neuen Fabrik der Dunlop Canadien über die Herstellung eines Latex für Schaumgummi besonderer Qualität.* Beschreibung der kontinuierlich arbeitenden Anlage u. der einzelnen Arbeitsgänge. — Schaubild. (Rubber Age [New York] **79.** 625—28. Juli 1956.) F. SCHIPKE. 7230

G. M. Lewin, *Bestimmung der wärmephysikalischen Charakteristik von Gummi und Schlackenwatte.* Die Best. der therm. Kennzahlen verschied. Gummisorten u. 3 verschied. Schlackenwatten mit Hilfe verschied. Calorimeter ergaben, daß ein Unterschied von 5% Ruß an den Kennzahlen erkennbar ist. (Заводская Лаборатория [Betriebs-Lab.] **24.** 439—49. 1958. Swerdlowsk, Zweigstelle des Allunions Wiss. Mendelejew-Forsch.-Inst. für Metrologie.) ——————— OTTO MAIER. 7248

Phillips Petroleum Co., Del., übert. von: **Lawrence R. Sperberg,** Borger, Texas, V. St. A., *Als Kettenabbruchsmittel* werden bei der Polymerisation von *Butadien–Styrol* in wss. Emulsion in Ggw. von Mercaptan u. Peroxyd bei —40 bis 70° *Alkylgallate* mit 4—20 C-Atomen im Alkylrest eingesetzt. Der Zusatz der Alkylgallate (0,1—1,5 Teile auf 100 Monomere) erfolgt, wenn 50—80% Monomere polymerisiert sind. Die *vulkanisierten* Prodd., bes. Mischungen mit Naturkautschuk, haben erhöhte Widerstandsfähigkeit gegen Oxydation, Wärme u. Biegebeanspruchung. (**A. P. 2 848 443** vom 22/6. 1953, ausg. 19/8. 1958.) L. STADELMANN. 7227

Universal Oil Products Co., Des Plaines, übert. von: **William K. T. Gleim,** Island Lake, Ill., V. St. A., *Ozonrisse in Kautschuk* werden verhindert durch einen Zusatz von 0,25—10% eines entmethylierten Holzteerdestillats. (**A. P. 2 843 643** vom 14/5. 1956, ausg. 15/7. 1958.) W. OVERBECK. 7227

Phoenix Gummiwerke Akt.-Ges. (Erfinder: **Walter Stegemann** und **Manfred Siebel**), Hamburg, *Flammschutzmittel in starren Polyurethanschaumstoffen* (aus Polyestern, Polyisocyanaten, Beschleunigungsmitteln u. gegebenenfalls W.) ist eine auf den Neutralpunkt eingestellte Mischung aus Ammoniumhalogeniden, einem leicht schmelzbaren, schwach alkal. anorgan. Salz u. einem geringen Anteil an einem für Polyurethane gebräuchlichen Weichmacher, wie eine Mischung aus Ammonchlorid, Phosphaten oder Boraten u. Trichloräthylphosphat, welche zweckmäßig mit dem W. der aufschäumbaren M. zugesetzt werden. (**D. A. S. 1 043 630** Kl. 39b vom 24/12. 1955, veröff. 13/11. 1958.) G. TEWES. 7227

Imperial Chemical Industries Ltd., London, England (Erfinder: **David James Bryans Coulter** und **Vincent Kerrigan**), *Vulkanisationsregler.* Zur Verhinderung vorzeitiger Anvulkanisation wird Ofenruß enthaltenden Mischungen neben einem üblichen Beschleuniger ein N.N′-Thio-bis-morpholin zugesetzt. (**E. P. 793 548** vom 31/5. 1955, ausg. 16/4. 1958.) W. OVERBECK. 7229

Goodyear Tire & Rubber Co. (Erfinder: **Richard Leshin**), *N-Pyridylthiazolsulfenamide* erhält man durch Rk. von Thiazolsulfenamid mit einem Aminopyridin. — Aus 2-Benzothiazolsulfenamid u. 2-Aminopyridin bei 70—75°/20 mm → *N-(2′-Pyridyl)-2-benzothiazolsulfenamid,* F. 134—136°. — *N-[2′-(Methylpyridyl)]-2-thiazolsulfenamid; N-[2′-(5′-Methylpyridyl)]-2-benzothiazolsulfenamid; N-[2′-(6′-Methylpyridyl)]-2-benzothiazolsulfenamid; N-[2′-Benzo(b)pyridyl]-2-benzothiazolsulfenamid; N-[3′-Benzo(b)pyridyl]-2-benzothiazolsulfenamid.* Ferner können umgesetzt werden: 2-, 3- oder 4-Aminopyridin, 3-Methyl-2-amino-; 4-Methyl-2-amino-; 5-Methyl-2-amino-; 6-Methyl-2-aminopyridin; 2-Amino-; 3-Amino-; 4-Aminochinolin; 1-Amino-; 4-Aminoisochinolin mit 2-Thiazol-; 4.5-Dimethyl-2-thiazol-; 4.5-Diäthyl-2-thiazolsulfenamid; 4-Methyl-; 4-Äthyl-; 4-Butyl-; 4-Phenyl-; 5-Äthyl-2-thiazolsulfenamid; 2-Benzothiazol-; 2-Naphthothiazolsulfenamid; 6-Chlor-; 4-Äthoxy-; 6-Phenyl-; 6-Nitro-; 4-Methyl-; 5-Äthyl-; 6-tert.-Butyl-2-benzothiazolsulfenamid. — *Vulkanisationsbeschleuniger* für *Kautschuk.* (**Aust. P. 207 024** vom 16/1. 1956, ausg. 11/4. 1957. A. Prior. 4/8. 1955.) G. KRAUSS. 7229

XIII. Ätherische Öle. Parfümerie. Kosmetik.

Louis Peyron, *Beitrag zur Erforschung des Petitgrainöls der Galet-Citrone.* Es wurden 3 Proben des durch Dampfextraktion von Zweigen u. Blättern der Galet-Citrone (Citrus aurantifolia, Guinea) gewonnenen Petitgrainöls untersucht. Angabe der physikal. Kennzahlen dieses Öls. Durch chem. Analysen, deren Methodik ausführlich beschrieben wird, konnten folgende Komponenten — teilweise quantitativ — identifiziert werden: Terpene (*d-Limonen* u. *dl-Limonen*), freie Alkohole (*dl-α-Terpineol, l-α-Terpineol* u. *Geraniol*), veresterte Alkohole (Geraniol, *dl-Linalol, l-Linalol*), Oxoverbb. (*Citral,*

Aldehyde mit 8 u. 10 C-Atomen), veresterte Säuren (*Essigsäure*) u. Stickstoffbasen (*Anthranilsäuremethylester*, nicht näher charakterisierte N-haltige, heterocycl. Verbb.). (France Parfums 1. Nr. 6. 17—24. Okt. 1958. Grasse, Etabl. Antoine Chiris, Labor. de Rech.) H. SONTAG. 7262

A. W. Weitkamp, *Analytische Trennungen bei der Untersuchung von Limonensulfiden.* Das verwendete d-Limonen hatte $[\alpha]_D^{25}$ 103,9°, n_D^{20} 1,4723, F. —74,35°. Der Reinheitsgrad betrug 99,6%. Die Schwefelung wurde mit S bei 175—180° während 1 Std. am Rückfluß durchgeführt. Die dabei entstehenden 38% flüchtigen Prodd. wurden durch Vakuumdest. im N_2-Strom abgetrennt u. durch fraktionierte Dest. getrennt in p-Cymol u. Limonen, p-Isopropenyltoluol, Thiocineol, $C_{10}H_{16}S$, Isothiocineol sowie 3.6-Dimethylbenzothiophen. Es werden Verss. über Additionsprodd. mit Thioharnstoff über Chromatographie, Entschwefelung u. Hydrierung der ungesätt. Sulfide durchgeführt. (Perfum. essent. Oil Rec. **49.** 803—07. Dez. 1958. Whiting, Ind., Standard Oil Co., Res. Dep.) E. BOYE. 7262

Jean Srifas und **Demeilliers,** *Geruchliche Prüfungen. Einige experimentelle Bestimmungen.* Mit dem C. **1958.** 7280 beschriebenen App. wird die Geruchsstärke von 12 Seifenparfüms u. von 19 reinen Riechstoffen in 10—100%ig. Konz. bestimmt. — 7 Tabellen. (Recherches **1957.** 43—45. Juni. Argenteuil, S. A. Ets. Roure-Bertrand Fils et Justin Dupont, Labor. de Rech.) H. MÜHLMEISTER. 7276

Gregor Neumann, *Moderne Haarpräparate.* Nach Darlegung der chem. u. physikal. Ursachen für die Schädigung des Haares durch Behandlung mit Dauerwellpräpp. erörtert Vf. Zus. u. Wrkg. von Haarrekonditioniermitteln, wobei ausführlich (Angabe von Rahmenrezepten) auf folgende Präpp. eingegangen wird: Haarlack, Aerosolhaarlack, Haarfestiger, Haarglanzsprühtonic u. Haarrekonditioniercreme. (Seifen-Öle-Fette-Wachse **83.** 276—77. 8/5. 1957.) H. SONTAG. 7284

Hans Schwarz, *Der Aufbau des Haarwassers.* Vf. geht unter Bezugnahme auf die prakt. Belange der Haarwasserherst. auf die Wrkg. der verschied. Lösungsmittel (W., A. u. Propanol) als Basis von Haarwässern sowie auf Zweck u. Wrkg. ihrer Parfümierung ein. (Riechstoffe u. Aromen **7.** 324—25. Nov. 1957.) H. SONTAG. 7284

Ruhrchemie Akt.-Ges., Oberhausen-Holten (Erfinder: **Josef Meis,** Oberhausen, und **Karl Büchner,** Duisburg), *Umlagerung von 8-Hydroxytricyclodecen-(4)* (**I**) *in 8-Ketotricyclodecan,* $Kp._{30}$ 132°; $Kp._{760}$ 240°; $D.^{20}$ 1,051; n_D^{20} 1,5028; Stockpunkt —69°; Flammpunkt 112°; Carbonylzahl 373; JZ. 0; Verdunstungzsahl 200, dad. gek., daß man **I** bei 100—250°, bes. 200—240°, mit dehydrierend u. hydrierend wirkenden Katalysatoren, bes. mit Metallen der 8. u./oder 1. Nebengruppe des Period. Syst., die gegebenenfalls noch durch Metalloxyde der 2. Hauptgruppe des Period. Syst. aktiviert u. auf Träger, bes. Kieselgur, niedergeschlagen sein können, vorzugsweise in Abwesenheit von W., Wasserdampf, S, S-Verbb., Alkalien u. wasserabspaltend wirkenden Katalysatoren, behandelt. — Die Ausbeuten betragen bis zu 94%. — Lösungsm. u. *Riechstoff*-Bestandteil. (**D. B. P. 953 076** Kl. 12o vom 9/5. 1953, ausg. 29/11. 1956. Anmeldung bekanntgemacht 30/5. 1956.) R. LINK. 7277

Hoffmann-La Roche, Inc., Nutley, übert. von: **Joseph Donald Surmatis,** Pompton Plains, N. J., V. St. A., *3.7.9-Trimethyl-2.6-decadien-1-al* (**I**). 3.5-Dimethyl-1-hexen-3-ol gibt mit 37%ig. HCl bei n. Temp. 1-Chlor-3.5-dimethyl-2-hexen, n_D^{25} 1,448; daraus entsteht mit Acetessigsäureäthylester in Bzl. in Ggw. von Na-Methylat bei 60—70° 3-Carbäthoxy-6.8-dimethyl-5-nonen-2-on, strohfarbenes Öl, das mit KOH in A. u. W. u. anschließendem Behandeln mit 37%ig. HCl 6.8-Dimethyl-5-nonen-2-on liefert, $Kp._{35}$ 120°; 2.4-Dinitrophenylhydrazon, F. 47°; Semicarbazon, F. 114°. Durch Rk. mit Acetylen in fl. NH_3 in Ggw. von Na erhält man daraus 3.7.9-Trimethyl-1-decin-6-en-3-ol, $Kp._{0,35}$ 72°; n_D^{25} 1,4598, das mit H_2 in PAe. in Ggw. von 5%ig. Pb–Pd–$CaCO_3$ (Katalysator nach LINDLAR) 3.7.9-Trimethyl-1.6-decadien-3-ol liefert, $Kp._{20}$ 129°; n_D^{25} 1,4591; dieses gibt bei der Oxydation mit $K_2Cr_2O_7$ in Bzl. in Ggw. von Eisessig **I**, $Kp._{0,2}$ 80—81°; n_D^{25} 1,479, citronenähnlicher Geruch mit wachsartiger Note. — *Zusatzmittel* für *Riechstoffmischungen* mit Citronengeruch. — **I** gibt bei der Kondensation mit Aceton in Ggw. von Alkalihydroxyd, -alkoholat oder Al-Alkoholat *6.10.12-Trimethyl-3.5.9-tridecatrien-2-on,* $Kp._{0,2}$ 114—118°; n_D^{25} 1,511—1,515; daraus entsteht durch Cyclisierung mit konz. H_2SO_4 + Eisessig bei 20—50° → *4-(6-Isobutyl-2.6-dimethyl-1-cyclohexen-1-yl)-3-buten-2-on,* $Kp._{0,3}$ 92°; n_D^{25} 1,505—1,507; mit 85%ig. H_3PO_4 dagegen → *4-(6-Isobutyl-2.6-dimethyl-2-cyclohexen-1-yl)-3-buten-2-on,* $Kp._{0,2}$ 94—97°; n_D^{25} 1,4958—1,4963, *zedern- und sandelholzähnlicher Geruch;* der Geruch der vorst. Verb. ist nicht so stark holzartig. — *Riechstoffe* u. *Zusatzmittel* zu *Riechstoffmischungen.* (**A. P. 2 815 386** vom 4/5. 1955, ausg. 3/12. 1957.) G. KRAUSS. 7277

British Oxygen Co. Ltd., London, England (Erfinder: **Isidore Greenfield**), *Hautschutzmittel* in Form einer Emulsion bzw. Creme, gek. durch den Geh. von 0,2—2,0% an Polyvinylpyrrolidon mit einem K-Wert von 10—100, bes. 20—40. — Beispiel: 8 (Teile) Glycerylmonostearat; 14 Mg-Stearat; 3 Bienenwachs; 10 Petrolatum; 5 Mineralöl; 60 Wasser. (**E. P. 797 992** vom 6/10. 1955, ausg. 9/7. 1958.) E. Petersen. 7285

Simoniz Co., Chicago, Ill., übert. von: **Henry C. Green**, Grand Rapids, Mich., V. St. A., *Haarwaschmittel.* Es enthält außer 15—99,6 (%) wasserlösl. waschakt. Substanzen 0,4—17,0, bes. 1—9 fl. lineare Polysiloxanen (I), u. zwar Polydimethyl-, Polydiäthyl- oder Polymethylphenylsiloxane mit einer Viscosität von 5—2500000 cSt. bei 25°, wobei das Mittel wenigstens doppelt soviel Reinigungssubstanz wie **I** enthält. Durch den Zusatz von **I** wird die Kämmbarkeit des Haares nach dem Waschen verbessert. (**A. P. 2 826 551** vom 4/1. 1954, ausg. 11/3. 1958.) E. Petersen. 7285

Gillette Co., Boston, Mass., übert. von: **Alfred E. Brown**, Washington, D. C., und **Herman Bogaty**, Silver Spring, Md., V. St. A., *Wasserlösliches Dauerwellmittel,* bestehend aus 1. dem Disulfid der Thioglykolsäure, einem wasserlösl. Salz davon oder dem Disulfid des Thioglycerins, 2. Thioäpfelsäure, Dimercaptoadipinsäure, deren wasserlösl. Salzen oder Thioharnstoffdioxyd (**I**), 3. einer wasserlösl. alkal. Verb., u. zwar in größerer Menge als zum Neutralisieren der vorhergenannten Säuren erforderlich ist. Zur Verwendung werden die Mittel in W. gelöst. — Beispiele: 0,7 (Mol) $(NH_4)_2$-Dithioglykolat (**II**), 0,7 **I**; 2,3 Diisopropanolamin. — 0,4 Dithiodiglycerin, 0,3 **I**; 0,7 Na_2CO_3. (**A. P. 2 847 351** vom 8/11. 1955, ausg. 12/8. 1958.) E. Petersen. 7285

Arthur D. Little, Inc., Cambridge, übert. von: **Paul C. Watson**, North Quincy, Mass., V. St. A., *Kaltdauerwellmittel,* bestehend aus einer wss. Lsg., die soviel lösl. Sulfite, Bisulfite oder Metabisulfite enthält, daß ihr Geh. an SO_2 ca. 2—10 (%) beträgt, sowie 15—40 quellend wirkenden Säureamiden oder auch- imiden, bes. Form- u. Acetamid, Harnstoff (**I**) oder Urethan u. außerdem 0,5—6,0 substituierte aromat. KW-stoffe, bes. 1.2-Dihydroxybenzol, p-Methylaminophenolsulfat, p-Aminophenolsulfat, p-Aminoacetanilid, 2.5-Dihydroxybenzoesäure (**II**), 1-Hydroxy-2-naphthoesäure, p-Aminosalicylsäure, ferner Gallen-, Anthranil-, Benzil- u. Salicylsäure. — Beispiel: Wss. Lsg. von 30 **I**; 7,5 Na-Metabisulfit; 2 **II**; mit dieser Lsg. (p_H 6,8) wird das Haar 30 Min. bei 25° behandelt u. dann mit W. gespült. (**A. P. 2 836 543** vom 27/5. 1954, ausg. 27/5. 1958.) E. Petersen. 7285

XIV. Zucker. Kohlenhydrate. Stärke.

Leslie G. Joyner, *Zahlreiche Verwendungsmöglichkeiten für Nebenprodukte von Zuckerfabriken.* Aus Bagasse kann Papier hergestellt werden. Nach Entfernung der äußeren holzigen Schicht wird Viehfutter gewonnen. Das Mark getrockneter Bagasse ist ein organ. Adsorbens. In den Filterkuchen reichert sich ein Wachs an. Melasse wird als Viehfutter verwendet. Aus ihr lassen sich auch Glutaminsäure u. Aconitsäure gewinnen. Verbrauchte Tierkohle enthält viel Ca u. Phosphat u. sollte zu Düngemitteln verarbeitet werden. Auch die Abwässer enthalten reichlich organ. u. anorgan. Bestandteile, die Nährmedien für biol. Kulturen ergeben. (Sugar **51**. Nr. 12. 32. Dez. 1956.) R. Rutkowski. 7400

J. Chod, *Die Möglichkeiten der Anwendung der chemischen Unkrautbekämpfung bei der Zuckerrübe.* Vf. stellt fest, daß Pentachlorphenolat (**I**) in Gaben bis 2,2 kg/ha als selektives Mittel zur Unkrautbekämpfung im Zuckerrübenfeld sehr geeignet ist. 4,5 kg/ha **I** schädigen die Zuckerrübe. Das Na-Salz von **I** (12 kg/ha) vernichtet bis 75% des Unkrautes. Borax ist zur Unkrautbekämpfung unwirksam. (Za Socialist. Zemědělství **8**. 316—18. 1958. Semcice, ČSAZV, Výzk. ústav řep.) E. Vevera. 7406

Ss. F. Dronow, *Erhöhung der Kapazität der Diffusionsbatterie.* Es wird festgestellt, daß bei der Verarbeitung von frischen Zuckerrüben unter Anwendung des Macerationsdiffusionsverf. die Brennstoffkosten u. die Zuckerverluste bei der Diffusion gesenkt, die technolog. Kennzahlen nicht verschlechtert werden u. die Leistung nicht geringer wird. (Сахарная Промышленность [Zucker-Ind.] **32**. Nr. 11. 7—10. Nov. 1958. Inst. der Hydrolysenind.) Otto Maier. 7412

Georg Piller, *Polyelektrolyte als Flockungsmittel in der Zuckerindustrie.* Negativ geladene Kolloide des Zuckerrohsaftes werden durch positive Polykationen (**I**) gefällt, positiv geladene Schlammpartikel durch negative Polyanionen (**II**) koaguliert, die Sedimentationsfähigkeit von Schlammsäften, aber auch das Schlammvol. wird erhöht. Bei frostgeschädigten Rüben bringt die Anwendung von **II** allerdings wenig Erfolg. Die verwendeten **I** sind gleichzeitig Sterilisationsmittel. **II** sind z. B. Praestol 2400, Lytron X-886, Rohagit 7463. **I** stellt die Firma Röhm & Haas her. (Z. Zuckerind. **8** (**83**). 439—41. 20/9. 1958.) R. Walcker. 7412

Jerzy Krzętowski, *Einiges über die Affination der Mittelprodukt- und Nachproduktzucker.* Das Abdecken des 2. u. 3. Wurfes liefert eine stark nichtzuckerhaltige Deckkläre, die nicht ohne Schaden dem Dicksaft zugesetzt werden kann. (Gaz. Cukrownicza **60.** 284—85. Sept. 1958.) F. URBAN. 7412

J. A. Bonnet, M. A. Lugo-López, J. Roldán und **R. Pérez-Escolar,** *Die Wirkung einer Phosphorsäure- und Kalkdüngung auf den Zuckerrohrertrag.* Auf einem podsolierten, sauren Tonboden der Regenzone Puerto Ricos wurde ein Düngungsvers. an Zuckerrohr mit 0 — 50 — 125 — 200 lbs. P_2O_5/acre in Form von Superphosphat u. Hyperphosphat ohne bzw. mit gleichzeitiger Kalkung angelegt. Signifikante Mehrerträge durch P-Düngung wurden nur bei gleichzeitiger Kalkung erzielt. Auf dem sauren Boden ohne Kalkung zeigte sich keine P-Wirkung. — Der Geh. des Bodens an „austauschbarem" Ca stieg durch die Kalkung von 3,4 auf 8,2 mval/100 g Boden; der relative Anteil des „austauschbaren" Ca an der Gesamtaustauschkapazität des Bodens erhöhte sich von 25 auf 59,4%. (J. Agric. Univ. Puerto Rico **42.** 1—6. Jan. 1958. Rio Piedras, P. R., Univ. of Puerto Rico, Agric. Exp. Stat.) WILFRIED WERNER. 7440

Francisco V. Deomano, *Der Einfluß von gebranntem Zuckerrohr auf die Zuckerausbeute von Pasumil.* Durch das Brennen von Zuckerrohr wird zwar dessen Weiterverarbeitung erleichtert; jedoch leidet darunter die Ausbeute an Zucker. (Sugar News **32.** 467—70. Sept. 1956.) M. REIHER. 7440

S. Augustat, *Zur Frage der photocolorimetrischen Bestimmung des Amylosegehaltes in der Stärke nach der „Blauwert"-Methode.* (Vortrag.) Hinweis, daß man bei der Best. des „Blauwertes" bei der *Amylose*-Best. in Stärke nicht ein Spektrophotometer braucht, sondern daß bei geeigneter Arbeitsweise mit dem Universalcolorimeter von LANGE befriedigende Werte zu erhalten sind. (Ernährungsforschung **3.** 567—74. 1958. Potsdam-Rehbrücke, Inst. für Ernährung.) M. ULMANN. 7490

Jun Mizuguchi, Shûichi Suzuki und **Fujio Takahashi,** *Einfache Bestimmung der Eiweißstoffe in Stärke.* 2 g käufliche Stärke (W. 13,0%, N ca. 0,06%) werden 1 Std. in 20 ml 25%ig. HCl u. 200 ml W. auf sd. Wasserbad erhitzt. 5 ml der Mischung werden mit W. auf 20 ml verd. u. 1 ml der verd. Lsg. mit 3,1 ml W. u. 0,1 ml 0,05%ig. Lsg. von *K-Tetrabromphenolphthaleinäthylester* u. nach 1 Min. mit 0,1 ml 0,1n Essigsäure versetzt. Die Absorption bei 580 mμ ist gegen den N-Geh. aufgetragen linear u. zur spektrophotometr. Best. der Eiweißstoffe anwendbar. Zur qualitativen sowie halbquantitativen Analyse kann das Kochen ausgelassen u. die Farbtiefe visuell bestimmt werden. (J. chem. Soc. Japan, ind. Chem. Sect. [Kōgyō Kagaku Zassi] **61.** 1051—52. Aug. 1958. Tokyo-Meguro, TH. [Orig.: japan.]) E. MAEKAWA. 7490

XV. Gärungsindustrie.

D. H. Edmonds, *Korrosionsfragen im Brauereibetrieb.* Im Brauhaus wird zur Vermeidung von Korrosionen an Braukesseln, Maischanlagen, Malz-, Würze- u. Hopfenkochern, Fermentierungskesseln u. a. neben *Cu, Al* oder *Beton* bes. die Verwendung von *rostfreiem Stahl* empfohlen. (Corrosion Prevent. and Control **2.** Nr. 6. 21—26. Juni 1955.) H. ECKSTEIN. 7500

József Bártfay und **Gyula Szabadkai,** *Die Verarbeitung der Erdbirne in der Alkoholindustrie.* Die Erdbirne kann zur A.-Darst. vorteilhaft verwendet werden, indem durch Dämpfen u. darauffolgende saure Hydrolyse, durch Verarbeiten nach dem Rapidverf. oder nach enzymat. Abbau der Kohlenhydratgeh. vergoren wird. Die Erdbirne kann wie Kartoffeln überwintert werden, am wenigsten verliert sie an Wert, wenn sie bis zum Verarbeiten im Frühling im Boden verbleibt. Der Ertrag ist pro ha größer als bei Kartoffeln, außerdem gedeiht die Pflanze auch auf solchem Boden, der für den Kartoffelanbau nicht geeignet ist. (Élelmezési Ipar [Lebensmittelind.] **11.** 24—30. März 1957. Budapest, Gärungsind., Forsch.-Inst.) J. PLANK. 7500

János Zsolt, *Probleme der Ausbildung von Kulturhefen.* Auf Grund von Literaturangaben u. eigenen Unterss. versucht Vf., den Weg der Entw. der Kulturhefen darzustellen. (Élelmezési Ipar [Lebensmittelind.] **11.** 102—06. Juni/Juli 1957.) J. PLANK. 7506

G. A. Küppers-Sonnenberg, *Topinamburbrennerei auf Kalkböden.* Die Eigg. u. Eignung der Topinambur als Brennereirohstoff hinsichtlich A.-Ausbeute u. Schlempewert, bes. in Abhängigkeit von der Sorte u. dem Zeitpunkt der Ernte, werden behandelt. Um eine rationelle Verwendung in der Brennerei zu ermöglichen, wird die Herst. von vorverarbeiteter Trockentopinambur (Trockenschnitzel) empfohlen. (Branntweinwirtschaft **80.** 261—63. 25/6. 1958. Müden/Oertze.) W. KREIPE. 7510

Peter Viel, *Die Rohstoffe der Obstbrennereien.* Die Verarbeitung u. Eignung von Zwetschgen, Himbeeren, Heidelbeeren, Holunderbeeren, Vogelbeeren (Eberesche), Aprikosen, Pfirsichen, Äpfeln, Birnen, Wacholderbeeren, Enzianwurzeln u. Topinambur als Rohstoffe für die Herst. von Obstdestillaten werden beschrieben. Zucker-, Säure- (Apfelsäure), Eiweiß-, Mineralstoffgeh. (alle in %) u. Ausbeute (in Liter A./100 kg) sind für die einzelnen Rohmaterialien tabellar. zusammengestellt. (Alkohol-Ind. **71.** 283—84. 2/6. 309—13. 16/6. 1958.) W. KREIPE. 7536

J. Kreyger, *Untersuchungen über die Konservierung von Braugerste.* Unterss. über das Verh. von Braugerste bei der bis zu 7 Wochen dauernden Konservierung an der Luft bei 7—30° u. Feuchtigkeitsgehh. (FG) von 12 u. 24% unter Ausscheidung der Proben, deren Keimkraft (KK) auf $<$ 95% gesunken ist, zeigen, daß die Konservierung einen FG von ca. 14% verlangt. Bei 16% FG kann die Gerste nur verhältnismäßig kurze Zeit konserviert werden. Für die Wahl zwischen Trocknung oder Abkühlen zum Zwecke der Konservierung werden Normen aufgestellt. Für Gerste mit $\geqq$ 19—20% FG verdient die Trocknung den Vorzug vor dem Abkühlen. Die Schimmelentw. hängt hauptsächlich vom FG ab. In Gerste mit $<$ 18% FG entsteht beim Trocknen an der Luft kein Schimmel, auch wenn ihre KK unter den n. Wert fällt. In Gerste mit $>$ 18% FG fällt die KK unter diesen Wert schon vor der Schimmelbildung. Der Verlust an Trockensubstanz läßt sich nur in bestimmtem Maße bestimmen. Die Konservierung von Gerste mit FG von 18 bis 22% in geschlossenen Gefäßen oder unter N_2 ist wegen der Verminderung der KK der Trocknung mit Luft nicht vorzuziehen. (Petit J. Brasseur **66.** 811—16. 12/12. 832—42. 19/12. 1958. **67.** 7—10. 2/1. 1959. Wageningen, Inst. voor Bewaring en Verwerking van Landbouwprodukten, Afd. Droogtechn. Labor.) W. WESLY. 7540

W. T. Fisher und **C. Garrick,** *Sterilfiltration und Durchlaufpasteurisierung von australischem Faßbier.* Das Sterilfiltrationsverf. war nicht in dem Maße vollkommen, daß auf Sterilitätskontrollen des filtrierten Bieres verzichtet werden konnte. Die hierfür angewandte Forcierprobe benötigt für Betriebszwecke noch zu viel Zeit. Bei der Kurzzeitpasteurisierung im Plattenwärmeaustauscher mit einer Stundenleistung von 130 hl konnte ohne Schwierigkeiten eine maximale Haltetemp. von 73° 15 Sek. lang eingehalten werden. Das Bier war in ungeöffneten Fässern aus rostfreiem Stahl bei 275° nach Wochen völlig erhalten. Der O_2- u. CO_2-Geh. wurde nicht beeinflußt, wenn dieser ursprünglich im Bereich von 0,2—0,5 mg/Liter bzw. 0,38—0,40 Gew.-% lag. Auch auf Trübungs- u. Geschmackseigg. wurde keine Wrkg. festgestellt, doch nach 4—6wöchiger Aufbewahrung wurde manchmal eine gewisse Geschmacksverschlechterung beobachtet. (Wallerstein Lab. Commun. **21.** 231—44. Sept. 1958. Cairns, North Queensland, Australia, North Australian Breweries Ltd., Great Northern Brewery.) K. SCHAUERTE. 7550

H. Rentschler und **H. Tanner,** *Säurearme Weine und das Problem ihrer Stabilität auf Flaschen.* Die Erzeugung der neuerdings bevorzugten säurearmen Weine wirft neue Probleme auf. Durch jede Erhöhung des p_H-Wertes wird der Wein anfälliger gegen mikrobielle Krankheiten. Außerdem soll der weiße Bruch (eine durch Fe(III)-Phosphate bedingte Trübung) in säurearmen Weinen vermehrt auftreten. Diese Trübung kann durch Zusatz von SO_2, Citronensäure oder Inosittetraphosphorsäure, ferner durch Bentonit oder Blauschönung verhindert oder entfernt werden. (Schweiz. Weinztg. **67.** 259—67. 8/4. 1959. Wädenswil, Eidg. Versuchsanst.) F. RADLER. 7554

Peter Viel, *Produkte der alkoholischen Gärung in Obstbrennereien.* Die Entstehung u. Bedeutung von A., Kohlensäure, Glycerin, Estern, Acetalen, Halbacetalen, Aldehyden, Fuselöl, Methylalkohol, Essig-, Äpfel- u. Weinsäure sowie Furfurol bei der Herst. von Obstbranntweinen werden beschrieben. (Alkohol-Ind. **71.** 335—36. 1/7. 1958.) W. KREIPE. 7556

Milena Maxová und **Věroslav Maxa,** *Untersuchung der Molkegärung und Lactosemelasse bei der Erzeugung von Milchsäure.* 1. Mitt. Erörterung wichtiger Faktoren bei der Molkegärung. (Průmysl Potravin **9.** 404—10. Aug. 1958. Praha, Laktos n. p., a sdruž. mlék. výr. čist. mlék. kult.) E. VEVERA. 7598

Joseph L. Owades, George Rubin und **M. W. Brenner,** *Die Bestimmung der Tannine in Bier und Braustoffen durch Ultraviolettspektrophotometrie.* Nach Extraktion der Isohumulone aus Bier oder Würze mit Isooctan werden die Tannine mit Essigester extrahiert u. nach Verdampfen des Lösungsm. in angesäuertem Methanol aufgenommen. Die Absorption dieser Lsg. wird bei 270 mμ gemessen. Bier enthält im Durchschnitt 170 p.p.m. Tannin, Hopfen 5,0—6,7%, Malz 0,11%. Fertiges Bier enthält doppelt so viel Tannin aus Malz wie aus Hopfen. Hopfentannine werden durch 20 Min. langes Kochen leicht extrahiert. Bei Tanninzugaben zu Bier waren Differenzen von 25 p.p.m. geschmacklich noch feststellbar. (Amer. Brewer **91.** Nr. 9. 41—46. Sept. 1958. Hount Vernon, N. Y., Schwarz Labors., Inc.) K. SCHAUERTE. 7600

Carlo Villani, *Über den Nachweis des Zuckers in Weinen.* Der Zusatz von Zucker zum Most in der Weinindustrie ist in einigen Ländern noch üblich, in anderen nur in bestimmten Jahren erlaubt, in Italien aber streng verboten. Eine Übersicht über die Zuckernachweismethoden wird gegeben. Nach Ansicht einiger Autoren dürfte es jedoch unmöglich sein, die betrüger. Zugabe von Zucker zum noch zu vergärenden Most einwandfrei festzustellen. (Chimica [Milano] [N. S.] **12** (**32**). 237—39. Juni **1956**.) F. GROH. 7606

Emidio Sudario, *Die chromatographische Untersuchung der als Konservierungsmittel in Getränken angewandten Sorbinsäure.* Zur chromatograph. Best. der *Sorbinsäure* (I) in Wein werden 100 ml Wein + 1 ml H_3PO_4, D. 1,50, mit Wasserdampf dest., ca. 100 ml Destillat im Scheidetrichter mindestens 3mal mit je 30 ml Ae. extrahiert, der gesammelte Extrakt mit 10 ml W. gewaschen, der Ae. abdest., wobei I in kleinen Kristallen ausfällt; die Papierchromatographie wird mit SCHLEICHER & SCHÜLL-Papier 2043b im aufsteigenden Verf. ausgeführt mit n-Butanol (II), gesätt. mit 1,5n NH_4OH als beweglicher Phase, 1,5n NH_4OH, gesätt. mit II, als feststehender Phase, alkoh. Bromkresolpurpurlsg. (0,5%) als Entwickler; R_F 0,53. Verss. mit einem Traubenmost mit 3—20 g/hl I-Zusatz bei 25° lassen aus der Abnahme des Gewichtsverlustes in 18 Tagen erkennen, daß I mit der Konz. zunehmend die Gärung verzögert. Der assimilierbare N u. die Fermente wirken I entgegen. Bei N-reichen, nichtfiltrierten Weinen sind mindestens 20 g/hl I erforderlich, bei $<$70 mg N/Liter u. hohem A.-Geh. genügen 5—7 g/hl zur Stabilisierung. (Chim. e Ind. [Milano] **39**. 811—14. Okt. 1957. Asti, Staz. enolog. sperim.) R. K. MÜLLER. 7606

XVI. Nahrungs-, Genuß- und Futtermittel.

Steen B. Halkier, *Ultraschall in der Nahrungsmittelindustrie. Ein neues Konservierungsmittel?* Grundlagen der Anwendung von Ultraschall; seine Wrkg. auf Lebensmittel; krit. Erörterung der Konservierung mit Ultraschall. (Tidsskr. Hermetikind. **45**. 66—70. Febr. 1959.) R. K. MÜLLER. 7634

J. Casimir und **L. Detroux,** *Die Einwirkung von Feuchtigkeit, Temperatur und Desinfektionsmitteln auf die freien Aminosäuren von Weizen.* Papierchromatograph. u. -elektrophoret. Unterss. über die Wrkg. von Feuchtigkeit, Temp. u. Desinfektionsmitteln (*Hg*-Mittel) auf die Menge der in Weizen enthaltenen freien Aminosäure (AS) zeigen, daß die AS-Konz. mit der Feuchtigkeit, der Temp. u. in einigen Fällen mit der Anwendung von Hg-Mitteln steigt. Alle Proben enthalten γ-Aminobuttersäure. Während der Keimung ändert sich die Zus. der AS. Bes. deutlich ist die Zunahme der Gehh. an Alanin, Leucin, Asparagin u. Glutamin. (Bull. Inst. agronom. Stat. Rech. Gembloux **23**. 368—77. 1955. Labor. de Chim. gén., Stat. de Phytopharmacie.) W. WESLY. 7664

H. A. Becker und **H. R. Sallans,** *Eine theoretische Untersuchung des Mechanismus der Feuchtigkeitsverteilung im Weizen.* Mathemat. Behandlung der Beziehungen des Feuchtigkeitsdiffusionskoeff. von Weizen zu den Feuchtigkeitsdesorptionsisothermen. Aus den Rechnungen u. Kurven geht hervor, daß die absorbierenden Moll. diejenigen Struktureinheiten des Weizens darstellen, die für die Feuchtigkeitssorption u. die Geschwindigkeit der Diffusion verantwortlich sind. (Cereal Chem. **34**. 395—409. Nov. 1957. Saskatchewan, Saskatoon, Prairie Regional Labor.) H. HAEVECKER. 7664

A. R. Deschreider, *Systematische Untersuchung von mit γ-Strahlen behandeltem Mehl.* 1. Mitt. *Wirkung auf die Polysaccharide.* Die Veränderungen bei den Polysacchariden des bestrahlten Mehls sind nicht exakt linear abhängig von der Strahlendosis. Reduzierende Stoffe u. lösl. Amylopektin nehmen zu. Viscosität u. P-Geh. des Amidons sowie die hygroskop. Kraft des Mehls werden selbst von geringen Mengen von γ-Strahlen beeinflußt. Hierbei spielen Art u. Herkunft des Mehls eine Rolle. (Fermentatio [Gand] **1959**. 31—43.) K. SCHAUERTE. 7670

Ruth Bennett und **J. B. M. Coppock,** *Die natürliche Alterung des Mehles.* Bericht über Backverss. von lagernden Mehlen über einen Zeitraum von 8 Monaten. Die Wasseraufnahmefähigkeit der Teige steigt geringfügig an, etwa im Maßstab des Feuchtigkeitsverlustes bei der Lagerung. Die Backverbesserung unbehandelter Mehle während der Lagerung war wesentlich geringer als die durch Behandlung mit Gasen oder üblichen pulverförmigen Verbesserungsmitteln während der Vermahlung. (J. Sci. Food Agric. **8**. 261—70. Mai 1957.) H. HAEVECKER. 7670

R. G. Bridges, *Der Verbleib von Rückständen markierter Insekticide in Nahrungsmitteln.* 6. Mitt. *Retention von γ-Hexachlorcyclohexan durch Weizen und Käse.* (5. vgl. C. **1959**. 9753.) Vf. untersuchte die Abnahme von ^{14}C-γ-Hexachlorcyclohexan (I) in Weizenkörnern u. die Verteilung von I in Mehl u. Kleie nach der Vermahlung. Bei

Lagerung des Getreides an der Luft nahm der Geh. an I sehr schnell ab, dagegen blieb in geschlossenen Behältern der gesamte Wirkstoff erhalten. Nach der Vermahlung war im Mehl nur noch 40—50% von I enthalten, dagegen war in der Kleie das 4—5fache des Anfangsgeh. gespeichert. — Bei den Unterss. von behandeltem Käse zeigte sich, daß I sehr lange gespeichert wurde, nach 44 Wochen waren noch gut 40% enthalten. Die Eindringtiefe von I in den Käse war nur gering, der Wirkstoff sammelte sich in den oberen mm der Käse an. (J. Sci. Food Agric. **9.** 431—39. Juli 1958.)
W. KNÖPKE. 7670

R. G. Bridges, *Der Verbleib von Rückständen markierter Insekticide in Nahrungsmitteln.* 7. Mitt. *Das Schicksal von γ-Hexachlorcyclohexanrückständen in Mehl während des Backens.* (6. vgl. vorst. Ref.) Die Unterss. erstreckten sich auf die Beobachtung der Veränderungen von ^{14}*C-γ-Hexachlorcyclohexan* (I) in Weizenstärke, Kleber u. Weizenmehl während der Erhitzung auf Backtemperaturen. Die Mengen an I in Kleber u. Stärke nahmen nach Erhitzung auf 180° für ½ Std. nur geringfügig ab, bedingt durch den Wassergeh. der Substrate. Bei Mehl mit 0,4 u. 17,3% W. war die Abnahme an I fast gleich, dagegen blieben bei Anteigung mit W. wesentlich größere Mengen nach der Erhitzung erhalten. I ist nach dem Erhitzen in den Stärkekörnern festgelegt, es konnte nach dem Behandeln mit W. nicht durch Aceton extrahiert werden. In der Stärke fand sich meist das unveränderte I, während im Mehl Mischungen von Tri-, Di- u. Monochlorbenzolen gefunden wurden. (J. Sci. Food Agric. **9.** 439—48. Juli 1958.)
W. KNÖPKE. 7674

A. H. Bloksma, *Die physikalische Chemie der Weizenproteine in Verbindung mit dem Backwert der Mehle.* Die Mehlproteine, die in verd. Salz-Lsgg. nicht peptisiert sind, bilden während des Teigmischens den Kleber. Die Menge u. Qualität dieser Kleberproteine bestimmt weitgehend die rheolog. Eigg. des Teiges u. demnach auch den Backwert des Mehles. Letzterer wird durch Oxydationsmittel verbessert u. durch Reduktionsmittel verschlechtert, was durch eine Wrkg. auf die Mehlproteinasen z. T. erklärt werden könnte. Zur Erklärung der Klebereigg. ist weder die Umwandlung von Cystein in Cystin noch H-Bindungen noch die elektrostat. Anziehung zwischen 2 Eiweißkomponenten beweisbar. Die Aminosäurezus. des Klebers besteht etwa aus $^1/_3$ Glutaminsäure, $^1/_8$ Prolin u. kleinen Mengen von bas. Aminosäuren u. Tryptophan. Lipide, wie Lecithin, beeinflussen ebenfalls die rheolog. Eigg. des Teiges. (Wallerstein Lab. Commun. **21.** 215—30. Sept. 1958. Wageningen, Netherlands, Fluor and Bread T.N.O., Inst. for Cereals.)
K. SCHAUERTE. 7674

A. Menger, *Die Bedeutung von Getreide und Brot für die Vitaminversorgung.* Der Vitamingeh. des Brotes hängt ab von dem der verarbeiteten Mehle oder Schrote. Backverluste treten vor allem bei B_1 auf u. nehmen mit der Länge der Backzeit, mit der Höhe der Temp. im Backgut u. mit dem Ausmahlungsgrad zu. Wertmäßig ergibt sich folgende Reihe: Weizenvollkornbrot, Roggenvollkornbrot, Mischbrote, endlich Weißbrot. Durch Zusatz von synthet. Vitaminen oder natürlichen Vitaminträgern können Brote ohne backtechn. Nachteile angereichert werden. Verwendung von gekeimtem Getreide bringt keinen Vorteil. (Mühle **96.** 82—84. 12/2. 1959.) G. HOFER. 7674

M. Rohrlich, *Das Broteiweiß als Quelle für essentielle Aminosäuren.* Vf. bespricht die Bedeutung des Brotes aus Mehl verschied. Ausmahlungsgrades für die Versorgung des menschlichen Körpers mit Eiweiß u. essentiellen Aminosäuren. Bei Zugabe von Weizenkeimlingen (10%) kann der biol. Wert des Broteiweißes infolge Ergänzung der essentiellen Aminosäuren (Lysin) wesentlich erhöht werden. Es ist möglich, dem Körper mit dem Broteiweiß die verlangte Mindestmenge an essentiellen Aminosäuren zuzuführen. (Mühle **96.** 85—87. 12/2. 1959.) G. HOFER. 7674

Ray D. Jackson und **Jay L. Haddock,** *Wachstum und Nahrungsaufnahme von Russet-Burbank-Kartoffeln.* Es wird über die Gewichtsveränderungen von Kartoffelkraut u. Kartoffelknollen u. die Nahrungsaufnahme (N, P u. K) der Knollen aus dem Boden im Laufe der Reife berichtet. 95 Tage nach dem Pflanzen zeigt das Gewicht des Kartoffelkrauts ein Maximum, während das Gewicht der Knollen auch in der zweiten Wachstumsperiode (nach dem Zeitpunkt 95 Tage nach der Pflanzung) noch zunimmt. Ca. 124 Tage nach der Pflanzung hört die Gesamtgewichtszunahme von Kraut u. Knolle auf, während das Gewicht der Kartoffelknollen weiter zunimmt. Die Nährstoffaufnahme aus dem Boden zeigt weitgehend Parallelität mit den Gewichtsveränderungen. 88 bis 95 Tage nach der Pflanzung nehmen die Kartoffeln die Höchstmenge an Nährstoffen auf, u. zwar je acre (40,47 ar) u. Tag 0,86 kg N, 0,1 kg P u. 1,03 kg K. (Amer. Potato J. **36.** 22—28. Jan. 1959. Fort Collins, Colo., Western Soil and Water Management Res. Stat.)
E. LÜCK. 7678

N. R. Thompson und **D. R. Isleib,** *Keimhemmung von Kartoffeln in größeren Lagern.* Es wird über ein Verf. berichtet, Kartoffeln durch Lagerung in einer mit *Naph-*

thylessigsäuremethylester versetzten Lageratmosphäre zu lagern u. so ein unerwünschtes Auskeimen zu verhindern. (Amer. Potato J. **36.** 32–34. Jan. 1959. East Lansing, Mich., Michigan Agric. Exp. Stat.; u. Michigan State Univ., Dep. of Farm Crops.) E. LÜCK. 7678

W. Moycho und **E. Kowal,** *Verlängerung der Keimruhe der Kartoffel mit Hilfe chemischer Mittel.* Die Keimruhe der Kartoffeln, die im Frühling mit *α-Naphthylessigsäuremethylester* (40 g/t) behandelt u. bei 8–12° gelagert wurden, verlängerte sich um 40%. Die Behandlung hat keinen Einfl. auf die Haltbarkeit, den Stärke- u. Zuckergeh., hemmt aber die Oxydation von Vitamin C. (Roczniki Nauk rolniczych, Ser. A **76.** 569–72. 1957. Łódź, Univ., Zakł. Fizjolog. Roślin.) F. URBAN. 7678

J. Doorenbos, *Die Einwirkung von Gibberellinsäure auf das Keimen von Kartoffeln.* Durch Behandlung lagernder Kartoffelknollen mit wss. Lsgg. von 0–100 mg/Liter Gibberellinsäure (I) u. mit Lanolin, das keine oder 1% **I** enthält, wird das Keimen gefördert (Diagramme). In einer Sorte wird die endogene Ruheperiode vermindert, in den übrigen 8 Sorten nicht. (Netherl. J. agric. Sci. **6.** 267–70. Nov. 1958. Wageningen, Landbouwhogeschool, Labor. voor Tuinbouwplantenteelt.) W. WESLY. 7678

P. Dupaigne, *Haltbarmachung mit Ionenstrahlen.* Überblick über die bisher bei Verss. zur Konservierung von Obst gemachten Erfahrungen. (Flüssiges Obst **26.** Nr. 5. V18–V23. Mai 1959. Paris.) M. WINIKER. 7688

R. M. Smock, *Flüchtige Apfelbestandteile und ihre Bedeutung bei Lagerungstemperatur.* Unterss. über die Einw. der flüchtigen Bestandteile von reifen Äpfeln auf die Eigg. nicht ausgereifter Äpfel zeigen, daß diese schneller atmen u. erweichen. Die Luftreinigung mit Aktivkohle, H_2SO_4 u. NaOH verlangsamt die Reife. In offenen Verschlägen lagernde Äpfel reifen langsamer als Äpfel, die beschränkt belüftet werden. Die Schwankungen in der Fruchtfestigkeit sind in den ersten 6–8 Wochen der Lagerung größer. Die Reinigung der Luft mit Aktivkohle verlängert bzgl. der Festigkeit die Lagerfähigkeit von nicht ausgereiften Äpfeln um 1 Monat. (Proc. Amer. Soc. horticult. Sci. **66.** 111–17. Dez. 1955. Ithaca, N. Y., Cornell Univ.) W. WESLY. 7688

R. M. Smock, *Lagerung in kontrollierter Atmosphäre zur Verbesserung der Qualität von Äpfeln.* (Vgl. vorst. Ref.) Vortrag über die Lagerung von Äpfeln in einem gasdichten u. gekühlten Raum unter kontrollierten Bedingungen zur Verbesserung der Lagerfähigkeit. Der O_2-Geh. darf dabei nicht unter 3% absinken, die Gaswerte müssen durch Analysen kontrolliert werden. (Ann. Rep. Secretary State horticult. Soc. Michigan **86.** 55–57. 1956, herausgeg. 1957. Ithaca, N. Y., Cornell Univ., Dep. of Pomology.) W. KNÖPKE. 7688

Elmer Hansen, *Faktoren, die die Farbentwicklung von Birnen nach der Ernte beeinflussen.* Das Ausbleiben der Gelbfärbung von Birnen während der Reife beruht auf unvollständiger *Chlorophyll* (I)-Zersetzung. Die Temp. hat keine unterschiedliche Einw. auf die Geschwindigkeit der Farbentw. u. Reife von Anjou-Birnen. Eine *Äthylen* (II)-Behandlung vor der Kaltlagerung vermindert den I-Geh. von Bosc-Birnen. Eine 48- u. 72std. II-Behandlung führt zum Erweichen der Frucht; 24 Std. behandelte Birnen zeigen kaum geringere Werte bei der Druckprüfung als unbehandelte Früchte nach 75tägiger Lagerung bei 30°. Kunststoffverpackung verzögert die I-Zers. während der Kaltlagerung. (Proc. Amer. Soc. horticult. Sci. **66.** 118–24. Dez. 1955. Corvallis, Ore., Oregon Agric. Exp. Stat.) W. WESLY. 7688

Werner Schuphan, *Biochemische Stoffbildung bei Brassica oleracea L. in Abhängigkeit von morphologischen und anatomischen Differenzierungen ihrer Organe. Ein Beitrag zur Züchtung von Nahrungsträgern hohen biologischen Wertes.* Vf. gibt eine Übersicht über biochem. Veränderungen in *Brassica oleracea* L. als Folge morpholog. u. anatom. Variationen vegetativer Organe. Für die Beurteilung der Pflanzenqualität vom ernährungsphysiol. Standpunkt aus waren bes. wichtig das bei Großknospenbldg. (Weißkohl) auftretende Absinken der Trockensubstanzwerte bei starker Erhöhung des Gesamtzuckergeh., durch Herabsetzung n. Lichteinw. verursachtes Absinken des Geh. an Gesamtchlorophyll, Carotin, Ascorbinsäure, Ca u. Fe u. mangelhafte Bldg. exogener Aminosäuren. (Z. Pflanzenzücht. **39.** 127–86. April 1958. Geisenheim, Bundesanst. für Qualitätsforsch. pflanzlicher Erzeugnisse.) M. EBERT. 7690

A. N. Ssamssonowa, N. G. Ressina und **N. Ss. Jelanski,** *Ein neues Verfahren zur Gewinnung von Mohrrübensaft.* Durch Zerkleinerung der Möhren vor dem Blanchieren wird eine schnellere Erwärmung u. Inaktivierung der Oxydationsfermente des Gesamtprod. erreicht, so daß sich die Anwendung von Antioxydantien zur Erzeugung eines vollwertigen Saftes von 10% Trockensubstanzgeh., 8,5% Zucker, 3,8–4,1 mg% Carotin u. 4,2–5 mg% Ascorbinsäure erübrigt. Nach bisherigen Verff. blieben beim Blanchieren ganzer Früchte die Fermente in den innersten Schichten akt., der Saft dunkelte rasch nach. Zur langen Erhaltung der Naturfarbe des Saftes lehnen Vff. eine geringe Ascorbinsäureergänzung nicht ab. (Консервная и Овощесушильная Промышленность [Konserven- u. Dörrgemüse-Ind.] **14.** Nr. 3. 18—21. März 1959. Zentr. Wiss. Forschungsinst. für die Konserven- u. Dörrgemüse-Ind.) L. TUNGER. 7690

Ettore Bottini, *Die mit der Industrie von Südfruchtsäften verbundenen technologisch-sanitären Probleme.* Überblick über die Südfruchterzeugung in Italien u. ihre industrielle Verarbeitung zur Herst. von konz. u. eingefrorenen Orangensäften, die dabei auftretenden techn. Probleme, Hygiene, analyt. Kontrolle u. Gesetzgebung. — 25 Literaturzitate. (Ann. Sperimentaz. agrar. [N. S.] **9.** XVII—XXXI. 1955. Torino, Staz. Chim.-Agrar. Sperimentaz.) G. PLATZER. 7706

Hs. Lüthi, *Das Aroma der Fruchtsäfte, seine Gewinnung und Erhaltung.* (Schweiz. Z. Obst- u. Weinbau **67.** 513—17. 4/10. 537—40. 18/10. 559—63. 1/11. 1958. — C. **1959.** 5652.) G. TREWENDT. 7706

A. Mehlitz und **H. Drews,** *Untersuchungen über Vorkommen und Entstehung von Oxymethylfurfurol in Traubensäften, Apfelsäften und daraus hergestellten Konzentraten.* (Flüssiges Obst **26.** Nr. 5. V/14—V/18. Mai 1959. — C. **1959.** 13658.) M. WINIKER. 7706

R. Rutgers, *Milchpudding — ihre industrielle Herstellung.* Allg. Ausführungen. (Food Manufact. **34.** 236—40. Juni 1959. Wormerveer, N. V. Koninklijke Mercurius V/H Gebroeders Laan.) M. WINIKER. 7710

H. P. Kaufmann und **D. Schweitzer,** *Zur Untersuchung von Süßstoffen.* 2. Mitt. (1. vgl. C. **1950/54.** 5053 S.) Bei Unterss. von Süßstoffen ähnlichen chem. Aufbaus durch Ermittlung ihrer Verteilungskoeffizienten zwischen W. u. Oliven- oder Sojaöl wird gefunden, daß in der homologen Reihe von m-Nitranilin u. seinen Derivv. (2-Amino-4-nitrobenzoesäure, 1-Hydroxy-[2-amino-4-nitrobenzol (I)], 1-Methoxy-I, 1-Methyl-I, 1-Äthoxy-I, 1-Propoxy-I) ein Absinken der FF. mit einem Anstieg der Süßkraft einhergeht, wobei der Verteilungskoeff. mit der Süßkraft proportional verläuft. Es besteht demnach ein Zusammenhang zwischen Süßungsgrad u. Lipoidlöslichkeit. (Fette, Seifen, Anstrichmittel **57.** 920—23. Nov. 1955.) PH. FRESENIUS. 7712

Gisela Jellinek und **Hans-Diedrich Cremer,** *Curcuma: Gewürz oder Farbstoff?* Geruchs- u. Geschmacksprüfungen ergaben eindeutig, daß *Curcuma* als Gewürz anzusprechen ist. (Dtsch. Lebensmittel-Rdsch. **54.** 280—81. Nov. 1958. Gießen, Justus-Liebig-Univ., Inst. für Ernährungswissenschaft.) M. WINIKER. 7714

Ju. Ss. Rybakowa, *Einige rheologische Angaben zur Untersuchung von Pralinenmassen.* Vom physikal.-chem. Gesichtspunkt ist die Pralinenmasse ein disperses Syst. mit gleichmäßig darin verteilten Teilchen. Die feste Phase besteht aus Teilchen zerriebener Kerne u. Mikrokristallen des Zuckers; als fl. Phase dient das Nußöl unter Zusatz von festem Fett. Unterss. haben gezeigt, daß die rheolog. Eigg. der Pralinenmasse ähnlich der von Schokoladenmasse sind. Sie besitzt jedoch größere Strukturviscosität u. plast. Festigkeit. Durch Erhöhung des üblichen Fettgeh. von 30 auf 35% wird die Viscosität der M. auf die Hälfte reduziert. Viscosimetr. Messungen ergaben im Temperaturbereich von 30—50° eine Verringerung der Viscosität auf etwa die Hälfte, was auf die Minderung der Viscosität des Dispersionsmediums zurückzuführen ist. (Хлебопекарная и Кондитерская Промышленность [Brot- u. Konditorei-Ind.] **3.** Nr. 3. 15—17. März 1959. Moskau, Techn. Inst. für die Nahrungsmittelind.)
H. TREUMANN. 7726

C. Antoniani, L. Federico und **L. Fleischmann,** *Die Anwendung von Cosan als Antioidicum bei Nicotiana tabacum.* Bei mit *Cosan* behandelten Tabakpflanzen ist die aus den Blättern beim Eintauchen in kaltes W. auswaschbare Sulfatmenge erhöht; der Geh. an Gesamt-S bleibt aber unverändert, auch die Verbrennbarkeit der Blätter u. ihre Veraschungsgeschwindigkeit sowie die weiße Farbe der Asche zeigt keine Unterschiede gegenüber unbehandelten Blättern. (Agric. ital. **58** ([N. S.] **13**). 147—55. Mai 1958. Milano, Univ., Ist. di Chim. agr.) R. K. MÜLLER. 7734

G. W. Strelnikow, *Der Einfluß von Temperatur und Volumengewicht des Blatttabaks auf dessen Wärmeeigenschaften.* Es wird die Änderung der Koeffizienten der Wärmeleitfähigkeit λ, der Temperaturleitfähigkeit a u. der spezif. Wärmekapazität c in Abhängigkeit von der Temp. u. vom Volumengewicht des Tabaks ($\gamma = 60-500$ kg/m³; 18,5% Feuchtigkeit) in horizontal zur Blattspreite u. vertikal zu ihr gerichtetem Luftstrom bei 37—60° untersucht. Es zeigte sich, daß λ bei konstantem γ mit der Temp. linear, bei gleichzeitiger γ-Steigerung aber progressiv zunimmt u. im Bereich $\gamma = 80$ bis 100 kg/m³, wie auch die λ anderer capillar-poröser Stoffe imaginär ist. a nimmt bei 37, 50 u. 62° mit steigendem γ zunächst sehr rasch (zwischen 60 u. 140 kg/m³ von 0,4 auf 0,1—0,16 kcal/kp·Grad), danach bis 400 kg/m³ nur noch langsam ab u. nimmt darauf wieder etwas zu. c ist nur temperaturabhängig. Vorst. gilt sowohl für die horizontale als auch für die vertikale Bestimmungsmethode. Nach der 1. Meth. erhält man gegenüber dem 2. Verf. etwas höhere Werte, wobei das Verhältnis $\lambda_{horiz.}/\lambda_{vert.}$ bzw. $a_{horiz.}/a_{vert}$ mit steigender Temp. wächst u. mit zunehmendem γ dem Wert 1 zustrebt. Bei hohen γ-Werten zeigt der Tabak ähnliche Wärmeeigg. wie isotrope Stoffe. (Табак [Tabak] **19.** Nr. 4. 38—42. 1958. Krasnodar, Inst. für Lebensmittelind.) W. KURTZMANN. 7734

A. M. Kellejew, *Über den kontinuierlichen Fermentationsprozeß von Tabak.* Es wird das Schema eines kontinuierlichen Fermentationsprozesses von Tabak beschrieben. Das Verf., das sich durch seine Rentabilität auszeichnet, ist durch ein Syst. von 12 hintereinander angeordneten u. untereinander durch Schleusen verbundene Kammern charakterisiert, die der Tabak in 211 Tagen passieren muß, wobei die Kammern entsprechend den 3 Stufen der Fermentierung von mit überhitztem Wasserdampf auf entsprechende Tempp. vorgewärmter Luft durchströmt werden. (Табак [Tabak] **19.** Nr. 4. 27—31. 1958. Inst. für Projektier. der Spirituosen- u. Weinind.) W. KURTZMANN. 7734

W. Ja. Nekrassow, *Ein kombiniertes Verfahren zur Fermentation von Zigarettentabak.* Durch Kombinieren der bisher bei 35 u. 50 bzw. 65° getrennt durchgeführten Fermentierungen von Tabak entwickelt Vf. ein Verf., das den Glanz des Tabaks erhöht u. eine bessere Feuchtigkeitsverteilung im Blatt (Erhöhung des Feuchtigkeitsgeh. der Stengel, Verminderung desselben in den Blattspitzen) bei gleichzeitig geringerem Dampfverbrauch gewährleistet, das aber die helle Farbe u. die Elastizität des Tabaks nicht verändert. Dazu läßt man Tabak (17—20% Feuchtigkeit) 24—40 Std. bei 60—65° schwitzen [unreifen Tabak u. Tabak mit höherem Feuchtigkeitsgeh. (21—23%) erhitzt man je nach Farbänderung 20—30 Std. auf 55—57°], kühlt denselben, der inzwischen eine Temp. von 50—55° angenommen haben muß, in 10—12 Std. (feuchteren Tabak in 6—8 Std.) auf 35° ab, läßt diese Temp. noch 4—6 Tage einwirken u. kühlt in 24 Std. auf 22—25° ab. Der Verlauf der Fermentierung wird an der Änderung der Luftfeuchtigkeit verfolgt. Beim Erhitzen des Tabaks sinkt in der ersten Phase die relative Luftfeuchtigkeit zunächst auf 45—50%, nimmt beim Abkühlen auf 57—65° zu, erreicht gegen Ende der 2. Phase ca. 65—70% u. steigt bei weiterer Abkühlung in der 3. Phase auf 70—75% an. Man erhält auf diese Weise nach ca. 9—10tägiger Fermentierung einen Tabak mit einem durchschnittlichen Feuchtigkeitsgeh. von 13—16%. (Табак [Tabak] **19.** Nr. 4. 31—33. 1958. Krasnodar, Fabrik für Tabakfermentierung.) W. KURTZMANN. 7734

R. Grau und **A. Böhm,** *Über die Wirkung von Ascorbinsäure bei der Herstellung von Brüh- und Dosenwürstchen unter besonderer Berücksichtigung des Nitrit- und Nitratgehalts der Ware.* Verss. zur Herabsetzung des Geh. an *Nitrit* (I) im Pökelsalz ergaben, daß mit 0,3% I im Salz die Herst. gut durchgeröteter Würste möglich ist. Unter den gewählten Versuchsbedingungen bedeutete eine Verwendung von *Ascorbinsäure* (II) eine Sicherung der Umrötung. Durch den II-Zusatz wurde in jedem Falle der Geh. an freiem I in den fertigen Würsten erheblich (bis zu 50%) vermindert. In allen untersuchten Brühwürsten wurde *Nitrat* (III) gefunden (4,1—7,7 mg%). Während der Herst. erfolgte ein Anstieg des III-Geh. vom Brät zur fertigen Wurst. Bei mit u. ohne II hergestellten Dosenwürstchen wurde nach mehrmonatiger Lagerung eine wesentliche Verminderung des I-Geh. konstatiert (auch bei Mitberücksichtigung der in die Laken diffundierten Mengen). Der III-Geh. der Dosen war gleichfalls etwas verringert. Die in Würsten u. Lake ermittelten Gesamtmengen an III waren jedoch höher als vor der Lagerung. (Dtsch. Lebensmittel-Rdsch. **54.** 269—73. Nov. 1958.) M. WINIKER. 7750

Mary Davies, *Schäden durch Schmeißfliegen an Schinken: Eine neue Schutzmethode.* Zum Schutz von Schinken gegen die Eiablage von Schmeißfliegen (Calliphora erythrocephala, Lucilia sericata) wurde das Erbsmehl, das zum Bestäuben von Schinken benutzt wird, mit einer Mischung aus *Pyrethrinen* + *Piperonylbutoxyd* (1:10) präpariert. In Verss. unter Laboratoriums- u. Praxisbedingungen konnte festgestellt werden, daß beim präparierten Mehl nur in sehr geringem Maße Eiablagen der Fliegen zu verzeichnen waren. Die wenigen abgelegten Eier schlüpften nicht. (Pyrethrum Post **4.** Nr. 2. 28—33. Jan. 1957.) W. KNÖPKE. 7750

Robert C. Baker, *Bestimmung der Haltbarkeit von in Eis und trocken verpacktem Geflügel.* Verss. über den Versand von halbierten, ausgenommenen Hühnern nach Kühlung mit Eiswasser [mit u. ohne Zusatz von *Chlortetracyclin* (I)] in Eisverpackung u. in Trockenpackung (auf paraffiniertem Pappteller in Polyäthylenbeuteln) ergaben für beide Verpackungsarten keinen Unterschied bei der späteren Keimzählung. Der Keimgeh. stieg bei den nicht mit I behandelten Hühnern in 8 Tagen so hoch an wie bei den anderen in 19 Tagen. Das Aussehen der einzelnen Hälften war unabhängig von der Verpackungsart. Die Prüfkommission zog die trocken verpackten Hühner nach Zubereitung den eisverpackten vor. (Poultry Sci. **36.** 859—64. Juli 1957. Ithaca, N. Y., Cornell Univ. New York State Coll. of Agric.) PH. FRESENIUS. 7750

Fritz Ihlow und **Ingold Hans Mainzer,** *Über Vorzugsmilcherzeugung mit Futtermitteln von Berliner Rieselflächen.* (1. vorl. Mitt.) Auf Grund der bisher von ihnen erzielten Untersuchungsergebnissen vertreten Vff. die Ansicht, daß es durchaus möglich sein dürfte, Futtermittel von Rieselfeldern zur Vorzugsmilcherzeugung einzusetzen. (Milchwissenschaft **12.** 50—55. Febr. 1957. Berlin, Humboldt-Univ., Inst. für Milchwirtschaft.) M. WINIKER. 7756

Wolfgang Schönherr, *Erzeugung von Vorzugsmilch ohne Futtermittel von Rieselfeldern. (Erwiderung auf die Veröffentlichung von F. Ihlow und I. H. Mainzer: „Über Vorzugsmilcherzeugung mit Futtermitteln von Berliner Rieselflächen" in Milchwissenschaft 12. [1957.] 50—55.* Die von IHLOW u. MAINZER (vgl. vorst. Ref.) vertretene Ansicht wird abgelehnt. (Milchwissenschaft **12.** 435—38. Nov. 1957.) M. WINIKER. 7756

Michel Worseck, *Bemerkungen zum Thema: „Über Vorzugsmilcherzeugung mit Futtermitteln von Berliner Rieselflächen. Von F. Ihlow und I. H. Mainzer, Milchwissenschaft 12. [1957.] 50—55.* Ablehnung der von IHLOW u. MAINZER (vgl. vorvorst. Ref.) vertretenen Ansicht. (Milchwissenschaft **12.** 438—39. Nov. 1957. Berlin, Humboldt-Univ., Inst. für Lebensmittelhygiene.) M. WINIKER. 7756

P. Kästli und **M. Binz,** *Das Verhalten einiger Mikroorganismen in roher und pasteurisierter Milch.* Ps. fluorescens, E. coli, Lb. lactis u. Lb. helveticus vermehrten sich in pasteurisierter Milch (**a**) ebenso rasch wie in Rohmilch (**b**). Für S. thermophilus wurde ein statist. schwach gesicherter Unterschied im Sinne einer rascheren Zunahme in **a** nach 6 u. 12 Std., nicht jedoch nach 24 Std. Aufbewahrung ermittelt. S. lactis nahm in **a** rascher zu als in **b**, sofern die Anfangskeimzahlen niedrig waren. Bakteriengemische aus Milchkannenspülwasser verhalten sich in **a** u. **b** gleich, außer in einem Vers. mit niedriger Anfangskeimzahl. Die Befunde werden im Hinblick auf ihre Bedeutung für die Haltbarkeit der Milch diskutiert. (Schweiz. Milchztg., wiss. Beilage **84.** 481—87. 25/11. 1958. Liebefeld-Bern, Eidg. Milchwirtschaftl. Versuchsanst.) M. WINIKER. 7756

Vincenzo Cananzi, *Untersuchungen über die Beurteilung der natürlichen Fruchtsäfte und Südfruchtkonzentrate.* Vf. analysierte eine Reihe von Fruchtsäften u. Südfruchtkonzentraten, die aus Citronen bzw. Limettefrüchten hergestellt worden waren (die Ergebnisse sind tabellar. zusammengestellt), gibt diejenigen Konstanten an, die für die qualitative Beurteilung dieser Prodd. von Wert sind u. erwähnt schließlich die Analysenmethoden, die für die Ermittlung dieser Konstanten brauchbar sind. (Riv. ital. Essenze, Profumi, Piante officin., Olii veget., Saponi **40.** 459—61. 15/10. 1958.) H. P. FIEDLER. 7818

S. N. Mitra, *Nutzen des „Albuminoid-Ammoniak-Wertes" bei der Untersuchung von Lebensmitteln.* 2. Mitt. *Analyse von Fruchtsäften, Musen und Stärkungsmitteln.* (1. vgl. C. **1958.** 11972.) Die beschriebene Meth. (vgl. C. **1956.** 10614) zur Best. des Albuminoid-Ammoniak-N wird durch Zugabe eines Überschusses an festem $KMnO_4$ (4 g) zusätzlich zu dem alkal. $KMnO_4$-Reagens bei der 2. Dest. modifiziert. Zwischen dem „Gesamt"- u. dem „Albuminoid"-N besteht eine feste Beziehung, so daß man aus letzterem den „Gesamt-N" u. das „Gesamtprotein" annähernd berechnen kann. Das Verf. ist von Wichtigkeit zur Unterscheidung natürlicher von Kunsterzeugnissen. (J. Indian chem. Soc., ind. News Edit. **18.** 164—67. 1955.) PH. FRESENIUS. 7818

Walter Haab, *Die alkalische Phosphatase der Milch.* 1. Mitt. *Die Bestimmung der Phosphataseaktivität von Rohmilch.* Als optimal für die Best. der Phosphataseaktivität von Rohmilch erwies sich eine 0,02919mol. Dinatriumphenylphosphatlsg. bei einer Reaktionsdauer von 20 Min., einer Temp. von 38,5° u. einem p_H von 10,3. (Schweiz. Milchztg., wiss. Beilage **84.** 449—52. 22/4. 1958. Zürich, ETH, Milchtechn. Inst.) M. WINIKER. 7856

XVII. Fette. Seifen. Wasch- u. Reinigungsmittel. Wachse. Bohnermassen usw.

J. M. Martínez Moreno, *Fettforschung im Ausland.* 2. Mitt. *Die Fettforschung in Spanien.* (1. vgl. Fette, Seifen, Anstrichmittel **58.** [1956.] 254.) (Fette, Seifen, Anstrichmittel **59.** 174—77. März 1957. Sevilla, Inst. de la Grasa y sus Derivados.) H. STACHE. 7870

Harold S. Olcott, *Der Einfluß von freien Fettsäuren auf die Wirkung von Antioxydantien bei ungesättigten Ölen.* Unter Hinweis auf die grundsätzlich unterschiedliche Wirksamkeit der verschied. phenol. Antioxydantien bei Seetierölen werden systemat. Unterss. zur Aufklärung der Rolle von freien Fettsäuren unternommen. Als Untersuchungssubstrate werden herangezogen rohe Fischöle, hoch gereinigte Fraktionen der Methylester

u. der Alkohole von Sardinenöl, fraktionierte Leberöle, gereinigte definierte Fettsäureester, freie Fettsäuren sowie Glyceride, die ungesätt. Fraktionen von Menhadenöl, ferner Schweineschmalz, fraktionierte pflanzliche Öle; als Antioxydantien werden die früher beschriebenen Verbb. eingesetzt. Die Wirksamkeit der Antioxydantien wird durch Best. der Dauer der Induktionsperiode nach der Gewichtsmeth. ermittelt. An Hand der tabellar. mitgeteilten Befunde wird in krit. Auswertung abgeleitet, daß die Wirksamkeit der Antioxydantien in Ggw. von freien Fettsäuren grundsätzlich beeinflußt wird. In gereinigten ungesätt. Estern u. Triglyceriden ist Nordihydroguajaretsäure (I) dem 6-Äthoxy-2.2.4-trimethyl-1.2-dihydrochinon (II) in seiner antioxydativen Wrkg. in allen Systemen überlegen. Bei langkettigen ungesätt. Fettsäuren ist II stärker als I wirksam. In Ggw. freier Fettsäuren, sogar in Mengen von nur 0,05%, wirkt I in Triglyceriden stärker als II. Der Einfl. der freien Fettsäuren auf die Wrkg. der Antioxydantien tritt vor allem bei den vergleichenden Verss. mit lang- u. kurzkettigen gesätt. u. ungesätt. Fettsäuren in Erscheinung. Die antioxydative Wrkg. der Tocopherole in Triglyceriden wird durch die Ggw. freier Fettsäuren herabgesetzt; dies gilt auch für das Verh. von pflanzlichen Ölen. Es wird die Hypothese aufgestellt, daß die polaren Fettsäuren — im Gegensatz zu den nichtpolaren Glyceriden — mit den polaren Antioxydantien in chem. enge Verknüpfung treten, wodurch die antioxydative Wirksamkeit verändert wird. (J. Amer. Oil Chemists' Soc. **35.** 597—99. Nov. 1958. Berkeley, Cal., Univ., Inst. of Marine Resources.) K. TÄUFEL. 7878

I. Je. Besuglow und **B. I. Ledenew,** *Die kontinuierliche Raffination von Öl in der Miszella.* Ausführliche Beschreibung eines technolog. Schemas der kontinuierlichen Raffination von Öl in der Miszella. Das Verf. beruht darauf, daß in der Miszella des Produktionsstromes (oder im Gemisch aus Miszella u. Preßöl mit über 3—4% Säuregeh.) bei der Behandlung mit NaOH-Lsg. in Ggw. von Isopropylalkohol die Fettsäuren momentan neutralisiert werden u. die gebildeten Seifen sich gleichzeitig in der wss. Alkohollsg. auflösen. Danach wird das Reaktionsgemisch in 3 Schichten geteilt: Neutralisierte Miszella oben, Lsg. der Seife in Isopropanol unten u. Pflanzenschleim u. Beimengungen als Emulsion in der Mitte. Bei der Raffination des Öles in der Miszella beträgt der Raffinationskoeff. prakt. 1 gegenüber 1,5 bei der Raffination nach den Standardverfahren. Bei der Neutralisation mit 10%ig. NaOH-Lsg. ist eine Verseifung des neutralen Öles ausgeschlossen. Es werden raffinierte Fette mit 0,2% freier Fettsäuren u. 0,1% flüchtiger Lösungsmittel erhalten. (Маслобойно-Жировая Промышленность [Öl- u. Fett-Ind.] **25.** Nr. 2. 9—12. 1959. Rostow, Öl-Fettkombinat; Allunions Wiss. Forschungsinst. für Fette.) OTTO MAIER. 7894

M. S. Podolskaja, *Untersuchung der Eigenschaften und der Zusammensetzung der Baumwollsamen von neuen regionalen Sorten.* Untersucht wurden Baumwollsamenproben aus Mittelasien, Kasachstan u. Aserbaidshan. Die Samen einer Reihe von Sorten mit geringem Gewicht hatten einen höheren Ölgeh. als die mit höherem Gewicht. Eine Abhängigkeit des Ölgeh. vom Gewicht u. der Größe der Körner konnte nicht festgestellt werden. In den Körnern der sowjet. Sorten beträgt der Kerngeh. 55,0—58,5%; der Ölgeh. 21,8—24,5%. In den Kernen sind 38,3—40,9% Öl enthalten; in den dünnfaserigen Sorten 57,6—64,8%; 23,4—27,9 u. 38,8—43,0%. In den Schalen aller Sorten sind 0,34—0,52% Öl enthalten. Im Kern der Samen sind 1,29—2,67% *Gossypol* enthalten. In den meisten Fällen wurde eine direkte Abhängigkeit zwischen dem Geh. an Öl u. Gossypol festgestellt. Die Samen der dünnfaserigen Sorten haben einen höheren Geh. an mit PAe. extrahierbarem Gossypol als die sowjet. Sorten. (Маслобойно-Жировая Промышленность [Öl- u. Fett-Ind.] **24.** Nr. 9. 8—14. 1958.) Otto MAIER. 7894

T. A. Chorin, *Ein Versuch der Desodorierung von flüssigem Waltran in einer Wasserstoffatmosphäre.* Um ein Wiederauftreten des Fischgeschmackes u. -geruchs bei desodoriertem fl. Waltran bei der Lagerung zu verhindern, erfolgte die Desodorierung in H_2-Atmosphäre bei n. Druck u. Temp. von 250—300°. Sie traten bei raffiniertem Tran, der bei 275° 3 Std. u. bei 300° 45 Min. in H_2-Atmosphäre desodoriert wurde, nach 6monatiger Lagerung noch nicht wieder auf. Ein Wiederauftreten des Geschmackes u. Geruches wird vermieden, wenn die bei der Desodorierung abdest. Menge nicht unter 2% des Ausgangsmaterials liegt. (Маслобойно-Жировая Промышленность [Öl- u. Fett-Ind.] **25.** Nr. 3. 34—35. 1959. Troitzk, Fett-Kombinat.) G. HEDER. 7898

J. T. Vosganiantz und **F. Harlan,** *Praktische Erfahrung zur Verhütung störender Erscheinungen in Seifen.* Vff. berichten über Erfahrungen bzgl. Auftreten von Ranzidität, Verfärbungen u. störenden Gerüchen bei der Feinseifenproduktion. Ranzidität wird durch einen oxydationsempfindlichen Fettansatz begünstigt, durch viel unverseifte Fette, zu wenig freies Alkali u. schließlich durch Anwesenheit prooxygener Substanzen (Schwermetallspuren, Parfüme). Hierzu werden Ratschläge erteilt. Von neueren Antioxydationsmitteln werden Äthylendiamintetraacetat, $ZnCl_2$ u. o-Tolylbiguanid hervorgehoben. Die bei frischer Seife auftretenden Mängelerscheinungen bzgl. Farbe u. Geruch werden bes. erläutert. (Seifen-Öle-Fette-Wachse **82.** 647—48. 24/10.; 682—84. 7/11. 1956.) K. SEIFERT. 7910

O. Oldenroth, *Über die Wirkung von Carboxymethylcellulose in Seifenlösungen.* Die Unterss. ergaben, daß CMC keine wasserenthärtenden Eigg. besitzt, jedoch das Schmutztragevermögen in Seifenlsgg. bestimmter Konzz. beachtlich steigert. Das Schaumvermögen von Seifenlsgg. durch Tylose HB 25 wird bei Belastung durch Staubzusatz merklich gebessert, durch Tylose HB 2000 nur ohne Staubzusatz. Mit CMC vorbehandelte Gewebe vergrauen in Schmutzlaugen weniger stark als nicht vorbehandelte. In Anwesenheit von echtfarbiger Buntwäsche in Weißwäschepartien vermindert CMC den Weißgradabfall. Der Faserabbau in Waschbleichbädern wird durch CMC nicht gemindert. (Seifen-Öle-Fette-Wachse **82.** 596—99. 10/10. 1956. Wäschereiforschung Krefeld.) K. SEIFERT. 7910

F. Franz, *Handreinigungspulver.* Besprechung der geeigneten Rohstoffe, von welchen bes. Borax, Tri- u. Tetrapolyphosphate, höher kondensierte Phosphate, Na-Pyrophosphate, K-Metaphosphat, Alkalisilikate u. Celluloseäther Erwähnung finden. Einige Rezepturen werden gebracht. (Seifen-Öle-Fette-Wachse **82.** 664—65. 24/10. 1956.) K. SEIFERT. 7912

N. Pilpel, *Haushaltwaschmittel.* In großen Zügen wird ein Überblick hinsichtlich der Entw. u. Herst. der maßgeblichen Waschgrundstoffe, wie z. B. der Alkylsulfate, Alkylarylsulfonate u. nichtionogenen Oxyäthylierungsprodd., gegeben. Weiter wird auf die Eigg. u. den Einsatz derselben in pulverförmige u. fl. Haushaltwaschmittel eingegangen. (Research **11.** 292—300. Aug. 1958. Barnes, London, S.W. 13.) GERD RICHTER. 7912

H. Manneck, *Fettsäurealkylolamide und -amidsulfate (Boosters).* Es wird über die Herst. u. Anwendung der Alkylolamide berichtet, die zur Erzeugung verschiedenartiger Waschmittel in steigendem Maße benutzt werden. Sie entstehen bei höheren Tempp. aus Fettsäuren, Fettsäurederivv., auch Neutralfetten u. den verschied. Mono-, Di- u. Trialkanolaminen. Sie werden entweder als solche oder nach Sulfonierung u. anschließende Neutralisation als Alkylolamidsulfate eingesetzt. Vf. erläutert die wichtigsten Patente u. gibt eine Übersicht über die bekanntesten Präpp. hinsichtlich ihrer Konst. u. Konsistenz. (Seifen-Öle-Fette-Wachse **82.** 649—51. 24/10. 1956.) K. SEIFERT. 7912

Karl Bergwein, *Über die erste Verwendung der Paraffinsulfochloride zu vollsynthetischen Reinigungsmitteln in fester und flüssiger Form.* Der Einsatz von Na-Alkylsulfonat an Stelle von Seife in festen, pastösen u. fl. Waschmitteln wird an Hand von Beispielen beschrieben. Die Haut verträgt schwach sauer eingestellte Gemische gut, weniger gut dagegen alkalische Einstellungen. Letztere werden bei der Reinigung von Textilien bevorzugt. (Kosmetik-Parfum-Drogen Rdsch. [Innsbruck] **5.** 36—37. 1958.) GERD RICHTER. 7912

W. Sapper, *Kann man Wachspräparate der Putzmittelindustrie mit Kunststoffen verbessern?* Bei den bisher in Putzmittelpräpp. eingearbeiteten synthet. Rohstoffen handelt es sich nur zum kleinen Teil um wirkliche Kunststoffe. Die Bezeichnungen (z. B. Plastikwachs) sind irreführend. Vf. beschreibt die Möglichkeiten für den Einsatz wirklicher Kunststoffe bzw. kunststoffverwandter, wachslösl. Polymerisate in Emulsionen bzw. öligen Putzmitteln. Kunststoffe werden bisher nur in Emulsionen verarbeitet, sie können in billigen Ölwaren vorteilhaft sein. Die Eigg. von hochwertigen Esterwachsen wurden bisher von Polymerisaten nicht erreicht. (Seifen-Öle-Fette-Wachse **82.** 579—80. 26/9. 1956. Geisthofen.) K. SEIFERT. 7924

M. M. Perelman, *Eine Schnellmethode zur Bestimmung des spezifischen Gewichtes von Wachsen und Hartfetten tierischer und mineralischer Herkunft.* Ausführliche Beschreibung der Konstruktion u. Arbeitsweise einer App. zur Best. der D. von Wachsen u. Hartfetten tier. u. mineral. Herkunft. Die Berechnung erfolgt nach einer abgeleiteten Formel. Die Meth. ist einfacher, ungefährlicher u. genauer als die übliche. (Аптечное Дело [Apothekenwesen] **5.** Nr. 6. 42—44. Nov./Dez. 1956.) OTTO MAIER. 7930

W. P. Rshechin und **N. I. Pogonkina,** *Eine manometrische Methode zur Bestimmung des Fettgehaltes von Samen, Preßkuchen und anderen Objekten.* Die Meth. beruht darauf, daß beim Eintauchen von 2 an ihren oberen Enden verbundenen Capillarröhrchen in 2 Fll. von verschied. D. diese bei Verminderung des Druckes in den Capillaren verschied. hoch steigen. Die Niveaudifferenz in den Capillaren ist der Differenz der D. proportional. Mit einer ausführlich beschriebenen App. wird der Fettgeh. wie folgt bestimmt: Von zerkleinertem, gesiebtem (0,25 mm-Sieb) Preßkuchen oder Schrot werden 5 g ($\pm$ 0,1 g Genauigkeit) in einer Porzellanschale mit ca. 1 g feinkörnigem, geglühtem Sand 3 Min. zerrieben, danach mit 7 ml Tetrabromäthan (I) versetzt u. 3 Min. zerrieben, hierauf noch weitere 3 ml I zugefügt u. 2 Min. zerrieben u. unter Druck in ein geeichtes Reagenzglas filtriert. Aus der Niveaudifferenz zwischen Miszella u. reinem I wird der Fettgeh. X nach der Formel $X = \Delta h\,(1{,}0 + C\Delta h)\alpha$ berechnet: Δh = Niveaudifferenz in den beiden Capillaren; α = Fettmenge in %, die 1 mm Niveaudifferenz entspricht; C = Konstante, die für Samen 0,0017, für Preßkuchen u. Schrot 0,0024 beträgt. An Genauigkeit werden die bekannten Schnellmethoden zur Best. des Fettgeh. übertroffen. Dauer 20—25 Minuten. (Маслобойно-Жировая Промышленность [Öl- u. Fett-Ind.] **23.** Nr. 12. 15—17. 1957.) OTTO MAIER. 7932

M. Kehren und **M. Rösch,** *Über Molekulargewichts- und Schmelzpunktbestimmungen an Alkylpolyäthylenoxyden.* Vff. bestimmten die mittleren Mol.-Geww. von niedrig- u. höhermol. Polyäthylenoxyden der reinen n-Fettalkohole (C_8, C_{10}, C_{12}, C_{14}, C_{16}, C_{18}) nach einer modifizierten RAST-Meth. mit Camphen als Lösungsmittel. Die hierzu benötigte App. wird beschrieben; diese wurde zur Aufstellung von Schmelzpunktkurven der verschied. polymerhomologen Reihen angewendet. Hierbei wurde ein befriedigend kontinuierlicher Kurvenverlauf festgestellt; es treten jedoch beim Übergang von nieder- zu höhermol. Substanzen bei höheren als den C_{10}-Ketten Unregelmäßigkeiten in der Übergangskrümmung der Kurven auf. (Seifen-Öle-Fette-Wachse **82.** 567. 26/9. 600—03. 10/10. 1956. Textilprüfanstalt M.Gladbach-Rheydt u. Textilchem. Labor. d. Fa. Chem. Fabr. Stockhausen & Cie., Krefeld..) K. SEIFERT. 7942

Klaus Schreiber, *Polarisationsmikroskopische Identifizierung von Kerzenspuren.* Beschreibung charakterist. Strukturen in dünnen, unter Deckglas langsam erstarrten Schichten von *Stearin, Bienenwachs, Ceresin, Kompositionskerzenmassen* u. *Paraffin,* die im polarisierten Licht beim Drehen des Analysators in verschied. dünnen Bereichen, Mittel- u. Randpartien sichtbar werden: Form u. Größe der Kristalle, Interferenzfarben u. Nebenstrukturen gestatten eine Identifizierung des Kerzenmaterials. (Mikrokosmos **47.** 235—40. Juli 1958. Stuttgart.) ——————— K. BLUMRICH. 7944

Eastman Kodak Co., übert. von: **Noel H. Kuhrt,** Rochester, N. Y., V. St. A. *Stabilisieren von nicht polaren ungesättigten, organischen Verbindungen,* wie *Fetten,* die ungesätt. Glyceride enthalten, *Ölen* von ungesätt. Glyceriden, *ungesätt. Fettsäuren,* deren *Teilestern* mit mehrwertigen Alkoholen, *Terpenen* u. *Polyenen gegen Oxydation* u. *Ranzigwerden* erfolgt durch Zusatz von bes. 0,01—1% oder mehr des Hydrochlorids oder Hydrobromids der Äthylendiamintetraessigsäure, das man zweckmäßig in wenig Glycerin oder Glykol vor dem Zusatz löst. Das Lösungsm. kann anschließend verjagt werden (**A. P. 2 732 386** vom 22/10. 1951, ausg. 24/1. 1956.) G. KRAUSS. 7871

Nikolas A. Lipovatz, Athen, Griechenland, *Extrahieren von Öl,* aus ölhaltigen Materialien, dad. gek., daß die Ausgangsstoffe zuerst im Vakuum von Luft befreit u. dann unter Druck mit dem erwärmten Extraktionsmittel behandelt werden. — Vorr., Zeichnung. (**It. P. 489 577** vom 29/5. 1952. E. Prior. 22/10. 1951.) K. KOEBKE. 7873

Unilever Ltd., Port Sunlight, England (Erfinder: **Hendrik Jan Duin** und **Jacob Arie Schaap),** *Herstellung eines eine hochdispergierte Öl-in-Wasser-Emulsion enthaltenden Fetterzeugnisses.* Man emulgiert Öl u. eine wss. Phase bei erhöhter Temp. unter intensivem Rühren in Ggw. eines in W. lösl. Emulgierungsmittels, wie Na-Palmitat, verursacht partielle Verfestigung der dispergierten Phase u. bewirkt partielle Phasenumkehr der Dispersion durch mechan. Einwirkung. — Vgl. F. PP. 1 119 892 u. 1 119 893; C. **1957.** 3150. (**E. P. 801 118** vom 26/2. 1954, ausg. 10/9. 1958.) H. MAASS. 7901

Farbenfabriken Bayer Akt.-Ges., Leverkusen (Erfinder: **Heinrich Morschel,** Leverkusen, **Detlef Delfs,** Opladen), *Herstellung von Gemischen aus Polyäthercarbonsäuren oder ihren Salzen,* dad. gek., daß man Polyäther oder Polyätherester mit O_2 oder einem O_2 enthaltenden Gas bei erhöhter Temp., gegebenenfalls in Ggw. von Oxydationskatalysatoren, oxydiert, das Oxydationsprod. verseift u. aus den erhaltenen Salzgemischen gegebenenfalls die Polyäthercarbonsäuregemische in Freiheit setzt. Durch 500 Teile Polybutylenglykol (Mol.-Gew. 750) wird 15 Std. O_2 bei 155—160° durchgeleitet, bis die Summe der SZ. u. VZ. des Oxydationsprod. 158 beträgt. Nach Zugabe von 500 (Teilen) CH_3OH wird unter Rückfluß mit 104 50%ig. NaOH versetzt. Nach Abdest. von CH_3OH u. W. im Vakuum erhält man 509 eines Gemisches der Na-Salze von Polyäthercarbonsäuren in halbfester Form. — *Dispergier-* u. *Emulgiermittel.* (**D. A. S. 1 053 185** Kl. 39c vom 7/11. 1956, veröff. 19/3. 1959.) J. MÜHLEISEN. 7913

Dow Chemical Co., übert. von: **Edgar C. Britton** und **Arthur R. Sexton,** Midland, Mich., V. St. A., *2-Sulfonsäureäthylester von Fettsäuren* erhält man durch Rk. von 1,1 Mol eines Fettsäurechlorids mit 12—18 C-Atomen mit den Alkali-, Erdalkali- oder NH_4-Salzen der Isoäthionsäure (= Hydroxyäthansulfonsäure) unter Ausschluß von W. bei 135—170°, bes. 140—160°, unter vermindertem Druck. Die entstehende HCl wird zweckmäßig durch Einleiten eines inerten Gases, wie N_2, He oder CO_2, aus der Reaktionsmischung entfernt. — Mischung aus Cocosnußölfettsäurechloriden (im wesentlichen Lauroylchlorid) u. $HOCH_2CH_2SO_3Na$ bei 135—150° u. 10—100 mm Hg → *Na-Fettsäureisoäthionatester.* — Ferner werden umgesetzt: *Ölsäure-, Stearinsäurechlorid.* Vgl. A. P. 1 881 172. — Die Ester ändern beim Lagern nicht ihr p_H. — *Netz-, Dispergier-* u. *Emulgiermittel.* (**A. P. 2 821 535** vom 29/2. 1956, ausg. 28/1. 1958.) G. KRAUSS. 7913

Walter Hintze und **Otto Hoffmann,** Berlin, *Herstellung von nichtverfärbten Eiweißsulfonsäure-Kondensationsprodukten aus Chromlederabfällen mit lohgarem Anteil,* dad. gek., daß die in bekannter Weise durch alkal. oder sauren Abbau erhaltenen Eiweißabbauprodd. durch Vorbehandeln mit den Chloriden nieder- oder hochmol. Fettsäuren teilweise kondensiert, durch H_2O_2 gebleicht u. mit Alkylsulfonsäure auskondensiert werden. — 3000 (kg) Eiweißabbauprod. aus alkal. oder saurem Abbau von 10% Lohleder enthaltenden Chromlederabfällen (Trockengeh. 45%) werden unter Rühren u. Aufrechterhaltung der alkal. Rk. durch NaOH bei 40° mit 60 Rübölfettsäurechlorid versetzt, dann werden 30 30%ig. H_2O_2 eingerührt. Nach 1 Std. kann in bekannter Weise zu einem Eiweiß–Sulfonsäurekondensat zur Herst. von *Wasch-* u. *Textilhilfsmitteln* weiterverarbeitet werden. (**D. P. [DDR] 16 123** Kl. 12p vom 25/1. 1956, ausg. 30/12. 1958 [Wirtschaftspatent].) H.-J. NITZSCHKE. 7913

Reckitt & Colman Ltd., Hull, und **Richard Skipworth Howard,** Elloughton, England, *Reinigungsmittel in Tablettenform,* bestehend aus 99—30 (%) reinigend wirkenden Stoffen u. 1—70 wasserfreiem Alkali- oder Erdalkaliperborat, z. B. 30 Na-Perborat (wasserfrei), 35 Na-Perborat-Monohydrat, 30 $NaCO_3$ u. 5 Bindemittel. Das Prod. ist bes. zur Reinigung von Zahnprothesen geeignet. (**E. P. 795 618** vom 1/9. 1955, ausg. 25/5. 1958.) C. LÜTTGEN. 7917

Procter & Gamble Co., Cincinnati, Ohio, V. St. A., *Wasch- und Reinigungsmittel,* im wesentlichen bestehend aus einer Mischung mindestens eines in W. lösl. Salzes eines organ. H_2SO_4-Reaktionsprod. mit einem Sulfonsäure- oder Schwefelsäurerest im Mol., sowie einem Amid, z. B.: *N-[3-Bis-(2-hydroxyläthyl)-aminopropyl]-lauramid, -decanamid, -myristamid, N-Lauroyl-, N-Decanoyl-, N-Myristoyl-N-methylglucamin, N-Decyl-, N-Dodecyl-, N-Tetradecyl-d-gluconamid.* (**Oe. P. 201 206** vom 26/4. 1957, ausg. 10/12. 1958. A. Prior. 14/5. 1956.) T. OPPERMANN. 7917

Manufactures de Produits Chimiques du Nord (Établissements Kuhlmann) Soc. An. (Erfinder: **Robert Charpentier**), Frankreich, *Herstellung von stabilen homogenen kolloidalen Hartwachspasten,* bes. von FISCHER-TROPSCH-Hartwachskohlenwasserstoffen. Die hochmol. harten KW-stoffe werden in mit W. nicht mischbaren Lösungsmitteln gelöst u. in W. eingetragen, das ein oberflächenakt. Mittel gelöst enthält. Solche Mittel sind z. B. oxyäthylierte Alkylphenole, die in den Wachs-KW-stoffen unlösl., aber in W. lösl. sind. Ein solches Prod. erhält man z. B. durch Kondensation von 6 Mol Äthylenoxyd mit 1 Mol Isooctylphenol. — Dem Wachs können noch Farbstoffe zugesetzt werden. — Die erhaltenen Wachspasten dienen zur Herst. von glänzenden *Überzügen* u. zum Auftragen auf Karton, Papier, Metall, Stein u. anderes. (**F. P. 1 095 333** vom 14/9. 1953, ausg. 1/6. 1955.) M. F. MÜLLER. 7925

XVIIIa. Holz. Cellulose. Zellstoff. Papier. Papierdruck. Celluloid. Linoleum.

Herbert Niesen, *Oberflächenuntersuchungen an mit Polyesterlacken beschichteten Hölzern.* Vf. untersucht mit einem LEITZ-Rauhtester die Rauhigkeit von Polyesterlackschichten auf mit Birke bzw. Palisander furnierten Sperrhölzern, z. T. in Abhängigkeit von den einzelnen Bearbeitungsprozessen. Die Rauhtiefe beträgt sowohl bei Birke als auch bei Palisander 0,05 μ. Bei einem Jahr altem Nitropolierlack wurden 0,06 μ, bei zwei Jahre altem Schnellschlifflack 0,38 μ u. bei Polyesterlack auf Nußbaum 0,16 μ gefunden. Mit dem Auge sind Rauhigkeitsunterschiede von 0,01 μ zu erkennen. Frisch bearbeitete Polyesteroberflächen kommen sehr dicht an die Werte von poliertem Stahl heran. (Holz Roh- u. Werkstoff **17.** 30—32. Jan. 1959. Detmold.) S. MÜLLER. 7952

Igor Sobelev und **Conrad Schuerch,** *Alkalisch hydrierender Aufschluß.* Wird bei der Herst. von Papierstoff (I) mit NaOH gleichzeitig eine Hydrierung in Ggw. eines Ni-Katalysators vorgenommen, so erhält I eine etwas hellere Farbe als bei der Verwendung von Soda. Das Lignin wird in ein verhältnismäßig einfaches Gemisch destillierbarer Phenole u. thermoplast. Harze umgewandelt. Es wird so zu einem brauchbareren Material als bei anderen Verfahren. (Tappi **41.** 545/51. Okt. 1958. Shelton, Wash., Rayomier Inc. u. Syracuse, N. Y., State Univ., Coll. of Forest., Chem. Dep.) A. SEUFFERT. 7958

G. M. Kogan, *Die Anwendung eines weißen Pigments bei der Herstellung von Kreidepapier.* Das Pigment wird in folgender Weise hergestellt: 200 kg Kaolin u. 200 kg

Kreide werden 15 Min. mit 800 Liter W. gekocht, mit 20 kg zerkochtem Talk versetzt u. verrührt. Die Mischung wird durch ein Sieb Nr. 80—100 getrieben, auf 70° abgekühlt, langsam mit 80 kg Alaunlsg. in W. versetzt, nach Aufhören der Rk. filtriert, mit W. gewaschen u. noch mit 3 g Methylenblau versetzt. Das Prod. gibt ein gutes Weiß u. ist 7mal billiger als $BaSO_4$. (Бумажная Промышленность [Papier-Ind.] **33.** Nr. 10. 22 bis 23. Okt. 1958. Korjukow, Werk für techn. Papiere.) J. v. SCHROEDER. 7978

R. C. Fox, *Der Zusammenhang zwischen der Kristallstruktur von Wachsen und der Wasserdampfdurchlässigkeit von Wachsschichten.* Um die Wasserdampfdurchlässigkeit (WD) von dünnen Wachsfilmen in Abhängigkeit von der Beschichtungsmeth. u. anderen Faktoren zu prüfen, wurde Zellglas mit verschied. Wachsen beschichtet. Die WD hängt von der Größe u. der Beschaffenheit der Wachskristalle ab, da der Feuchtigkeitstransport durch den Film zwischen diesen Kristallen stattfindet. Große Kristalle, die parallel zur beschichteten Fläche liegen, vermindern die WD, während viele kleine ungeordnete Kristalle die WD erhöhen. Durch gesteuerte Abkühlungsvorgänge nach der Beschichtung u. durch Auswahl geeigneter Wachse lassen sich Beschichtungen mit hoher WD erzeugen. Durch Umkristallisation kleiner Kristalle bei erhöhter Temp. kann die WD nach längerer Lagerdauer ansteigen. Mikrophotos erläutern die einzelnen Kristallstrukturen. (Tappi **41.** 283—89. Juni 1958. Richmond, Calif., California Research Corp.) H. MEYER. 7982

Alfred J. Stamm, *Maßstabilisierung von Papier durch katalytische Wärmebehandlung und Herstellung von Querbindungen mit Formaldehyd.* Vf. vergleicht die Maßstabilität von Papieren, die beim Erhitzen unter definierten Bedingungen ohne u. mit Katalysator ($ZnCl_2$) erhalten wird mit jener, die bei zusätzlicher Behandlung mit CH_2O-Dämpfen resultiert. Ohne daß durch die CH_2O-Behandlung ein Spröderwerden des Papiers eintritt ist eine um 50% erhöhte Maßstabilität erreichbar. (Tappi **42.** 44—50. Jan. 1959. Madison, Wis., U. S. Department of Agriculture.) F. LANG. 7984

E. J. Sweeney, *Tränkung von Papier mit Polyacrylesteremulsionen.* Einige Eigg. von Papieren, die mit Polyacrylesteremulsionen (I) getränkt waren, wurden untersucht. Mit ansteigender Härte des I nimmt die Zugfestigkeit der getränkten Papiere zu, während die Einreißfestigkeit bei mittlerer Härte der I ein Maximum erreicht, nimmt sie bei hoher Härte stark ab. Durch die Einführung von funktionellen Gruppen in die I wird die Zugfestigkeit erhöht u. eine höhere Naßfestigkeit u. Beständigkeit gegen Lösungsmittel erreicht. Der Einfl. der I-Menge, der Emulsionsmittel u. des Emulsionstyps wurden bei verschied. Papieren geprüft u. die Resultate in Kurvenblättern angegeben. Die mit I präparierten Blätter zeichnen sich durch Unempfindlichkeit gegen Licht u. Wärme u. gute Beklebbarkeit aus. Die I können ohne Weichmacher u. Stabilisatoren verwendet werden. (Tappi **41.** 304—09. Juni 1958. Philadelphia, Pa., Rohm & Haas Co.) H. MEYER. 7986

James H. Taylor jr. und **Albert C. Zettlemoyer,** *Eine Hypothese zur Frage des Farbübertrages beim Drucken.* Verss. ergaben, daß sich bei der Übertragung der Druckfarbe von der Druckplatte auf das Papier ein Farbfilm ausbildet. Dieser Film besteht aus dem Farbteil, der vom Papier festgehalten wird u. dem Teil eines freien Farbfilms, der sich beim Aufheben der Druckplatte zum Papier hin bildet. Diese Teilung geschieht näher zum Papier hin als zur Druckplatte u. der Film unterliegt den Druck-, Temperatur- u. Scherkräfteverhältnissen in dieser Zone. Wegen der Empfindlichkeit der Druckfarben gegenüber Temperatur- u. Scherkräfteschwankungen entstehen in dem Film Punkte mit verminderter Viscosität, an denen der Film dann aufspaltet. Die theoret. u. mathemat. Grundlagen der Fließeigg. von Druckfarben werden dargestellt. (Tappi **41.** 749—57. Dez. 1958. Bethlehem, Pa., Lehigh Univ., National Printing Ink Research Inst.) H. MEYER. 7988

Anton W. Rick, *Alterung, Unterhaltung und Pflegeanstriche für Dachpappen.* (Bitumen, Teere, Asphalte, Peche verwandte Stoffe **10.** 22—27. Jan. 1959. Remagen.) F. ROSENDAHL. 7992

Ø. Ellefsen und **S. V. Vardheim,** *Untersuchungen über Viscositätsmessungen von Zellstoffen als Grundlage für DP-Bestimmungen.* 1. Mitt. *Stabilisierung der Zellstoffe als Vorbehandlung für Viscositätsmessungen in alkalischen Lösungen.* Vff. gingen von der Annahme aus, daß Abweichungen bei der Viscositätsbest. auf verschied. Geh. an CO-Gruppen infolge der Oxydation der Zellstoffe durch die Bleiche verursacht werden. Daher prüften sie den Einfl. der Vorbehandlung mit Semicarbazidhydrochlorid in W.- bzw. Pyridin-Lsg., desgleichen von $NH_2OH \cdot HCl$ in wss. Lsg. nach CYROT. Anscheinend wurde mit Cuoxam-Lsg. nach der Schwed. Meth. CCA-16 die Viscosität bestimmt. Dabei zeigten 2 gebleichte Sulfitzellstoffe nach der Vorbehandlung einen niedrigeren, 1 Stoff einen höheren DP-Grad als die Ausgangsstoffe. Zur Prüfung des Einfl. der Red.

wurden 12 gebleichte Sulfitzellstoffe für Papier u. 6 für Reyon (I) mit wss. Lsg. von $NaBH_4$ bei Raumtemp. 24 Std. behandelt. Mit Ausnahme von 2 Mustern I zeigten sämtliche so behandelten Zellstoffe eine Erhöhung des DP-Grades. Es scheint ein Zusammenhang zwischen der Cu-Zahl u. der DP-Zunahme nach der Red. mit $NaBH_4$ zu bestehen. — 7 Tabellen, 13 Schrifttumshinweise. (Norsk Skogind. **12.** 438—44. Nov. 1958. Oslo, The Norweg. Pulp and Paper Research Inst.) E. BORCHERS. 8006

Rohm & Haas Co., übert. von: **Sidney Melamed,** Philadelphia, Pa., V. St. A., *Ester der 2-Methyl-1.3-oxazolidin-3-phosphonsäure* u. der *2-Methyltetrahydro-1.3-oxazin-3-phosphonsäure* der allg. Formel I, in der n = 1 oder 2, X = O oder S, R = H,

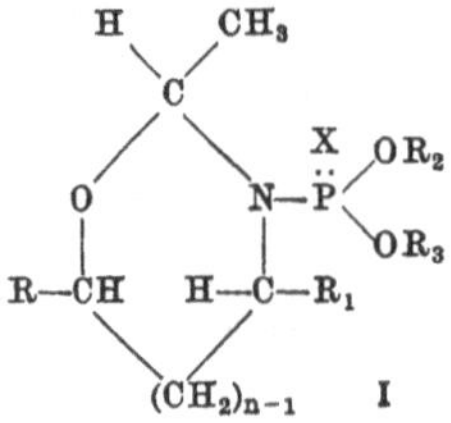
I

Cyclohexyl, Vinyl, Phenyl, oder Alkyl (C_{1-16}), R_1 = H, Methyl oder Äthyl; R_2 u. R_3 = a) Cyclohexyl, Alkyl, Alkenyl (C_{1-18}), Phenyl, Halogenphenyl, Benzyl oder Alkylbenzyl (C_{6-20}); b) zusammen mit 2—3 Alkylengruppen u. —O—P—O— ein Heterocyclus (5—6 Ringglieder). Die I lassen sich aus Verbb. der Formel $X = P{-}Y(R_2O)(R_3O)$, wobei Y = Cl, Br oder F bedeuten u. Vinyloxyalkylaminen der allg. Formel $CH_2 = CHOCH(R)(CH_2)_{n-1}CH(R_1)NH_2$ bei —10 bis +100° in Ggw. von alkal. YH-bindenden Agentien erhalten. — 86 g Diäthylchlorphosphat + 87 g 2-Aminoäthylvinyläther, gelöst in 250 ml Bzl. (bei 0—5°) → *2-Methyl-1.3-oxazolidinphosphonsäurediäthylester,* (N = 6,2%, P = 13,2%; theoret. 6,02 u. 13,9%). — Die Verbb. sind in Ggw. von Säuren reaktionsfähig u. kuppeln an Harze, Cellulose, Holz, Papier u. andere synthet. Prodd., auf denen sie als *Flammschutz* wirksam werden. (**A. P. 2 843 586** vom 29/10. 1954, ausg. 15/7. 1958.) K. GÄBELEIN. 7953

Albert Ceni, Italien, *Konzentration von Lösungen und Abtrennung von gelösten Stoffen aus ihren Lösungen* durch Ausfrieren, z. B. unter Kristallbldg. u. Erleichterung der Abscheidung der Kristalle aus einer stärker viscosen Lsg. durch Zusatz einer u. Verdünnung mit einer Hilfs-Fl. von geringer Dichte. — Als Anwendungsgebiet ist die Aufarbeitung von sauren *Sulfitzellstoffablaugen* erwähnt. — 2 Anlageschemata. (**F. P. 1 104 241** vom 6/5. 1954, ausg. 17/11. 1955.) M. F. MÜLLER. 7967

Wolfgang Thümmler, Leipzig, *Herstellung von Lösungen des Cellulosetriacetats.* Als Lösungsmittel werden Chlorfluor-KW-stoffe mit Kp. >50° in Verbindung mit geringen Anteilen Chloralkanolen verwendet. Die Lsgg. des Triacetats in Halogen-KW-stoffen, bes. Methylchlorid u. Alkanolen können vorteilhaft mit Chlorfluor-KW-stoffen, wie Trichloridfluoräthan, verschnitten werden. (**D. P. [DDR] 15557** Kl. 22h vom 31/5. 1956, ausg. 3/10. 1958 [Wirtschaftspatent].) W. WITTHOLZ. 7971

Eastman Kodak Co., Rochester, N. Y., übert. von: **Frank M. Volberg** und **Melvin D. Martin,** Kingsport, Tenn., V. St. A., *Reinigen von organischen Celluloseestern* in lockerer Form durch Waschen mit W., das mit Na-Zeolith weichgemacht u. mit H_2SO_4, $(HOOC)_2$ oder H_3PO_4 versetzt worden ist, so daß der p_H-Wert des zum Austreiben von CO_2 gekochten W. 3,5—3,9 beträgt. (**A. P. 2 852 509** vom 1/12. 1955, ausg. 16/9. 1958.) K. FABEL. 7971

Badische Anilin- & Soda-Fabrik Akt.-Ges. (Erfinder: **Ewald Daubach** und **Johann Georg Reich**), Ludwigshafen/Rh., *Pigmentfarbstoffzubereitungen für das Färben von Papier in der Masse,* dad. gek., daß sie im wesentlichen aus Pigmenten („Litholrot 2 G", „Heliogenblau B", „Hansagelb G", Manganlack, Ruß) u. aus kationakt., in W. echt oder koll. lösl. Kondensationsprodd. bestehen, die unter Verwendung von NH_4-Salzen, Aldehyden u. gegebenenfalls außerdem Cyanamid, Dicyandiamid u./oder Harnstoff erhalten wurden. Genannt sind noch Oxalylierungsprodd. von Amiden aus Fettsäuren u. mehrwertigen Aminen. — Für 100 (Teile) Trockenfaser werden bes. 1—2 der Kondensationsprodd. zusätzlich vor, während oder nach dem Einmischen von höchstens 2 Pigmentfarbstoffzubereitung in den wss. Stoff zugesetzt. — Mengenbeispiele. (**D. A. S. 1 054 827** Kl. 55c vom 14/2. 1957, veröff. 9/4. 1959.) G. VOGEL. 7981

Siegwerk Farbenfabrik Keller, Dr. Rung & Co., Siegburg, Rhld., *Herstellung einer Tiefdruckform* unter Verwendung einer gerasterten Grundform, dad. gek., daß alle oder ein Teil der Rasternäpfchen der Grundform aus einem Werkstoff, der durch das Ätz- oder Lösungsm. nicht angegriffen wird, mit einem Werkstoff zuplombiert werden, der durch das Ätz- oder Lösemittel zersetzbar ist u. der Plombierungsgrundstoff an den zu druckenden Stellen geätzt wird. — Zeichnung. (**D. A. S. 1 051 867** Kl. 15b vom 28/9. 1956, veröff. 5/3. 1959.) K. KITTLER. 7989

Franz Büttner, Egg (Kt. Zürich), Schweiz, *Konservierung von Gelatinemassen für Druckzwecke.* Die nach dem Verf. des Schwz. P. 293 455 hergestellte, konservierte Gelatinegallerte wird zu dünnen Folien vergossen u. diese werden mit Hilfe eines luftfreien Klebemittels zwischen 2 luftdurchlässigen Folien, z. B. solche aus Al, eingeschlossen. (**Schwz. P. 305 339** vom 22/8. 1952, ausg. 16/4. 1955. **Zusatz zu Schwz. P. 293455; C. 1950/54. 4369. S.**) A. KALIX. 7989

Electrographic Corp., New York, N. Y., übert. von: **Frank E. Reilly**, Chicago, Ill., V. St. A., *Zurichten von Stereotypmatern.* Als Zurichtefolie dient ein dünnes Blatt (I), z. B. aus hartem Papier, das auf der Oberseite eine in der Hitze klebrig werdende Schicht, z. B. aus Schellack, trägt u. auf der Unterseite vorübergehend mit einem Unterlagsblatt (II) mittels einem in der Wärme erweichenden Stoff, z. B. Wachs, verbunden ist. Um die Zurichtung herzustellen, werden die unerwünschten Teile des **I** z. B. durch Herausschneiden entfernt u. das **II** mit den auf ihm verbliebenden Teilen des **I** auf die Rückseite der Mater paßrecht unter Erhitzen gepreßt. Dabei wird die Mater mit den verbliebenen Teilen der **I** vereinigt u. die diesen entsprechenden Stellen der Mater hochgeprägt. Dann wird das **II** abgezogen. (**A. P. 2 704 977** vom 20/5. 1952, ausg. 29/3. 1955.) K. KITTLER. 7989

VEB Leuna-Werke „Walter Ulbricht", Leuna, Kr. Merseburg (Erfinder: **Hermann Bernzott, Fritz Seiter**, Leuna, und **Heinz Gölitzer**, Leutenberg/Thür.), *Behandlung von Rückstandsölen aus der Aufarbeitung von Rohphenolen*, die bes. aus der Braunkohlenverarbeitung (Schwelung, Hydrierung) stammen, dad. gek., daß ihnen konz. Mineralsäuren, Abfallsäuren, saure Öle u. oder Säureharze beigemischt werden. — Verwendung für Grundstoffe für die *Dachpappe* oder für Bautenschutzmittel. (**D. A. S. 1 057 708** Kl. 22h vom 13/7. 1957, veröff. 21/5. 1959.) M. BÖTTCHER. 7993

XVIIIb. Textilfasern.

Walter Schölermann, *Der Einsatz der Blankophor-Weißtöner in der Textilindustrie.* Es wird die Umwandlung des UV-Lichtes in langwelliges, sichtbares Licht durch opt. Weißtöner beschrieben: Bedingungen der optimalen Einsatzmenge, Temp., Einfl. des Betriebswassers, Zusätze an Salz usw.: die Verwendung von zu großen Mengen an opt. Aufhellern verringert den Weißgrad der Ware wieder, wobei die Ware ein grau–grünes Aussehen erhält. (Bayer Colorist Nr. **6.** 5—9. 1. Mitt. 1957.) W. BERNARD. 8032

Ichiro Sakurada und **Yasuyoshi Sakaguchi**, *Acetylierung von Baumwolle mit Essigsäureanhydriddämpfen.* 2. Mitt. *Acetylierung unter Verwendung von Salzen als Katalysatoren und Eigenschaften der acetylierten Fasern.* (1. vgl. J. Soc. Textile Cellulose Ind., Japan [Sen-i Gakkaishi] **13.** [1957.] 13.) Die Acetylierung von Baumwollfasern wurde mit $ZnSO_4$ u. $ZnCl_2$ als Katalysator durchgeführt. Mit $ZnSO_4$ gelang die Acetylierung leicht u. schonend, bei $ZnCl_2$ mußten ziemlich hohe Katalysatorkonzz. angewandt werden, um hohe Acetylierungsgrade zu erreichen. Chloroform- u. Acetonlöslichkeit sowie Wasserabsorption mit verschied. Katalysatoren acetylierter Fasern wurden untersucht. Bei $ZnCl_2$ als Katalysator scheinen die amorphen Bereiche selektiv zu reagieren, die kristallinen Bereiche werden offensichtlich sehr viel langsamer acetyliert. (J. Soc. Textile Cellulose Ind., Japan [Sen-i Gakkaishi] **13.** 67—72. Febr. 1957. [Orig.: japan.; Auszug: engl.]) F. LANG. 8044

Ichiro Sakurada, Yosuyoshi Sakaguchi und **Hitoshi Yamaguchi**, *Acetylierung von Baumwolle mit Essigsäureanhydriddämpfen.* 3. Mitt. *Acetylierung von Baumwoll- und Ramiegarnen.* Baumwoll- u. Ramiegarne wurden unter Verwendung von H_2SO_4 u. $ZnSO_4$ als Katalysator mit dampfförmigem Essigsäureanhydrid verestert. Die Garndicke hat keinen merklichen Einfl., Rohbaumwolle reagiert etwas langsamer als gebleichte Ware. Das acetylierte Garn läßt sich gleichmäßig anfärben. Bei Verwendung von $ZnSO_4$ trat kein Abfall der Reißfestigkeit ein. Die Schrumpfung der Baumwollgarne nimmt mit dem Acetylierungsgrad zu (bis zu 20%), die Schrumpfung kann durch Acetylierung unter geringer Spannung vermieden werden. Ramiegarne können genau so vorsichtig wie Baumwollgarne acetyliert werden, sie schrumpfen weniger als letztere. (J. Soc. Textile Cellulose Ind., Japan [Sen-i Gakkaishi] **13.** 72—75. Febr. 1957. [Orig.: japan.; Auszug: engl.]) F. LANG. 8044

Robert M. Reinhardt, Russell M. H. Kullman, Harry B. Moore und **J. David Reid**, *Nachmercerisieren von knitterfester Baumwolle zur Verbesserung von Reiß- und Abriebfestigkeit.* Gekochte, gebleichte u. entschlichtete Proben von Baumwollgeweben wurden mit verschied. Harzen knitterfest ausgerüstet. Anschließend wurden sie einer Alkalibehandlung unterworfen, gewaschen, mit verd. CH_3COOH gespült u. gebügelt. Vor u. nach der Mercerisierung wurden Reiß- u. Abriebfestigkeit sowie Knitterwinkel der Proben bestimmt. Die mit N-haltigen Harzen ausgerüsteten Proben wurden ferner auf ihren Geh. an N nach der Mercerisierung untersucht. Ausführliche Angaben über die Methodik der Behandlung unter besonderer Berücksichtigung des Einfl. von NaOH-

Konz. u. Temp. während der Nachmercerisation. Es gelangten sowohl mit N-haltigen Verbb. (Dimethylolcycloäthylenharnstoff (I), methylierte Methylolmelamine, methylolierte Triazonderivv., methylolierter Acetylenharnstoff) als auch mit N-freien Verbb. (H_2CO, Glutaraldehyd, Pentaerythritacetal, einem Epoxyharz, Glyoxal, α-Hydroxyadipinaldehyd, Acetonformaldehyd) ausgerüstete Textilproben zur Untersuchung. Der Einfl. der Faserstruktur auf die durch die Mercerisierung bewirkten Veränderungen wurde an 23 mit I ausgerüsteten Baumwollgeweben untersucht. Bei den Geweben, die nicht mit alkal. hydrolysierbaren Verbb. knitterfest ausgerüstet waren, zeigten die Untersuchungsergebnisse, daß durch die Nachmercerisation die Knitterfestigkeit der Gewebe zwar etwas verschlechtert wird, aber Reiß- u. Abriebfestigkeit wesentlich erhöht werden. Erörterung der Ergebnisse u. anwendungstechn. Hinweise für die sachgemäße Durchführung der Knitterfestausrüstung u. Nachmercerisation. (Amer. Dyestuff Reporter **47.** P758—P764. 3/11. 1958. New Orleans, La., Southern Utilization Res. and Dev. Div., Agric. Res. Serv., US Dep. of Agric.) H. SONTAG. 8044

Laurence W. Mazzeno jr., Russell M. H. Kullman, Robert M. Reinhardt und **J. David Reid,** *Wirkung des Waschens in gewerblichen Wäschereien auf mit CEU behandelte Baumwollstoffe.* Je eine nichtknitterfest ausgerüstete Kontrollprobe, eine mit CEU (I; Dimethylolcycloäthylenharnstoff; 1.3-Bis-(hydroxymethyl)-2-imidazolidinon], u. eine mit einem Präp., das aus I, einem Acrylat u. einem Silicon bestand, ausgerüstete Probe von Baumwollgewebe wurden in 4 geograph. verschieden gelegenen gewerblichen Wäschereien den dort jeweils üblichen Waschgängen bis zu 12 mal unterworfen. Nach 0-, 1-, 6- u. 12 maliger Wäsche wurden Festigkeitsabnahme u. Knitterwinkel der Proben bestimmt. Falls niedrige p_H-Werte während des Waschgangs vermieden wurden, behielten die harzausgerüsteten Proben ihre Knitterfestigkeit in zufriedenstellender Weise bei, während bei Verwendung von Lsgg. vom p_H unter 4 während des Waschgangs Hydrolyse des Harzes eintrat. Die Neigung zum Grauwerden durch Naßbeschmutzung wurde durch Waschen der Proben zusammen mit beschmutzter Wäsche untersucht. Dabei ergab sich nach 12 maligem Waschen bei der mit dem genannten, I u. thermoplast. Harz enthaltenden, Präp. ausgerüsteten Probe ein Reflexionsabfall um 20%, während die nur mit I ausgerüstete Probe nach dieser Behandlung den gleichen Weißgeh. aufwies, wie die nichtknitterfestausgerüstete Kontrollprobe (Reflexionsabfall um 5%). (Amer. Dyestuff Reporter **47.** 609—13. 8/9. 1958. New Orleans, La., Southern Utilization Res. and Dev. Div., Agric. Res. Serv., US Dep. of Agric.) H. SONTAG. 8060

Štefan Kalafut und **Ladislav Slivovský,** *Der Einfluß von Zinksulfat und Triäthanolamin auf die Viscosefaserbildung.* Es wurde der Einfl. von $ZnSO_4$ in der Kombination mit Triäthanolamin (I) auf den Verlauf der Faserbldg. u. auf die Qualität der Viscosefaser untersucht. Die Reaktionsbedingungen wurden in Konzentrationsbereichen von 35—182 g/Liter $ZnSO_4$ u. 90—120 g/Liter H_2SO_4 geändert. Die Konz. von I betrug 10 g/Liter. Die Gebiete der opt. Konzz. mit Hinsicht auf die Zugfestigkeit wurden festgestellt (Raumdiagramm). Durch die Ggw. von I wird die Fadenbldg. nach dem Verlassen des Fällbades sowie die Quellung des Gels vermindert. (Chem. Průmysl **9 (34).** 104—08. Febr. 1959. Svit, Výskumný ústav umělých vláken.) J. SCHNEIDER. 8074

Hiroshi Sobue und **Setsuo Fukuhara,** *Kristallisation des Reyons während der Säurehydrolyse sowie beim Erhitzen in Wasser.* Aus der Änderung der IR-Absorptionsspektren des Reyons während der Hydrolyse in 3n HCl in D_2O beim Kp. sowie beim Erhitzen in D_2O, wobei durch OH nicht austauschbare OD-Gruppen gebildet werden, wird geschlossen, daß bei diesen Verff. in Reyonfasern Kristallisation stattfindet. (J. chem. Soc. Japan, ind. Chem. Sect. [Kōgyō Kagaku Zassi] **61.** 767—68. Juni 1958. Tokyo, Univ., Techn. Fak. [Orig.: japan.]) E. MAEKAWA. 8074

D. K. Beever und **L. Valentine,** *Untersuchungen über die Aufnahme von Feuchtigkeit durch Polymere.* 4. Mitt. *Einmalige und stufenweise Aufnahme von Wasserdampf durch Polymere.* (3. vgl. C. **1958.** 11405.) Bringt man bei 0% relativer Luftfeuchtigkeit gelagerte Textilien (Wolle, Cellulosehydrat- u. Acetatfaser) auf einmal in eine feuchte Atmosphäre (65 u. 85%), so beobachtet man eine um 3—12% höhere Wasseraufnahme als wenn man die Feuchtigkeit jeweils um 10% bis auf den Endwert von 65 oder 85% relativer Feuchtigkeit erhöht. Dieser Befund wird damit erklärt, daß bei der stufenweisen Erhöhung der Feuchtigkeit zwischenmol. Bindungen erhalten bleiben, die bei der direkten Erhöhung von 0 auf 65% oder 85% relativer Feuchtigkeit gelöst werden. Die im einzelnen erhaltenen Werte sind in 1 Tabelle zusammengestellt. (J. Polymer Sci. **32.** 521—22. Nov. 1958.) H. G. FRÖHLICH. 8080

Lesława Bondarczuk, *Die Bestimmung der Kristallitenorientierung in der Nylonfaser.* Es wurden Röntgenogramme von Nylon-6-Fasern bei verschied. Streckung auf-

genommen, wobei das Faser- u. das „Luft"-Diagramm getrennt (je zur Hälfte) auf einer Aufnahme durch Einschalten einer Metallblende erhalten wurde. Aus der korr. Schwärzungskurve der Diagramme folgt, daß die Orientierung der Kristallite in 2 paratrophen Interferenzen der Ebenen A_1 u. A_2 gleich ist. Bei 50% ig. Orientierungswinkel beträgt die Orientierung 7,5—8°. (Prace Inst. Włókiennictwa **8.** Nr. 2. 1—12. 1958. Łódź.)
F. URBAN. 8080

Ju. G. Mamedalijew und **D. D. Kitschijewa,** *Alkylierung eines äquimolaren Gemisches von o-, m- und p-Xylol mit Olefinen in Gegenwart von Schwefelsäure.* Die Alkylierung eines äquimol. Gemisches von *o-, m-* u. *p-Xylol* mit Olefinen in Ggw. von H_2SO_4 ermöglicht auf Grund der verschied. Reaktionsgeschwindigkeit der Xylole (o- > m- > p-Xylol) die Trennung derselben. Das entstehende Katalysat enthält bei optimalen Bedingungen 23% nicht umgesetzte Xylolisomere, davon 84,5—86% p- u. 14—15,5% m-Isomer. Es wird die Möglichkeit einer Abtrennung des p-Isomers aufgezeigt. Die Ergebnisse sind wichtig für die Synth. der *Lawsan*-Faser. (Доклады Академии Наук Азербайджанской ССР [Ber. Akad. Wiss. AserbaidshanSSR] **14.** 595—602. 1958. Erdöl-Inst. der Akad. der Wiss. der AserbaidshanSSR.) W. KURTZMANN. 8080

Zdeněk Bayer, *Neues auf dem Gebiet der Textiltechnologiemethode zur Messung der elektrostatischen Aufladung auf Textilien.* An Hand eines besonderen Gerätes wird die Wirksamkeit antistat. Avivagemittel untersucht. Verwendet wurde Silongewebe (Polyamid). Geprüft wurde sofort u. nach einer Wäsche. Zur Prüfung wird der Stoff auf einen Hammer aufgespannt u. mit gleichem Druck auf eine rotierende Walze gedrückt. Die elektrostat. Aufladung wird in μA gemessen. (Textil [Praha] **14.** 11—12. Jan. 1959.)
W. BERNARD. 8096

T. F. Cooke, *Abnutzungstests von Textilien mit dem Beschleuniger (Accelerotor). Reproduzierbarkeit bei Tests in verschiedenen Laboratorien.* Im Anschluß an frühere Arbeiten wurden in 7 Laborr. an je einem Accelerotor statist. geplante Messungen der mechan. Abnutzung von Köper für Arbeitskleidung, Baumwollbettüchern u. Rayongewebe ausgeführt. Die Vergleichbarkeit der Ergebnisse wird mit ausgezeichnet angegeben. Tabellen der Ergebnisse u. ein Beispiel der statist. Berechnung. (Amer. Dyestuff Reporter **47.** P679—P683. 6/10. 1958. AATCC Committee on Resistance to Abrasion.)
R. JUNGE. 8096

Stanislav Nosek, *Beitrag zur Feststellung der Wärmeleitfähigkeit der Gewebe.* Es wird eine Reihe von physikal. Gesetzen der Hydromechanik angeführt, welche zur Berechnung der Wärmeleitfähigkeit von Geweben herangezogen werden können. (Textil [Praha] **14.** 13—15. Jan. 1959.) W. BERNARD. 8096

Yukichi Go, Akira Shinohara und **Fusae Matsushashi,** *Viscoelastische Untersuchungen an Textilgeweben.* 1. Mitt. *Dynamische Messungen der Scherverformung von textilen Geweben.* Mit einer von Vff. entwickelten App. wurde das Verh. von Geweben bei dynam. Scherdeformation untersucht. Bei sehr geringer Scherung findet keine Gleitung von Ketten- u. Schußfäden an ihren Kreuzungspunkten statt, u. die Deformation hängt nur von der Verformung des Garnes ab. Folglich ist der scheinbare Elastizitätsmodul sehr hoch. Überschreitet die Deformation den BINGHAM-Punkt, setzt Gleiten ein, u. es beginnt ein Bereich linearen Verh., um bei sehr hohen Deformationen wieder von einem nichtlinearen Bereich abgelöst zu werden. (J. Soc. Textile Cellulose Ind., Japan [Sen-i Gakkaishi] **12.** 563—68. Aug. 1956. [Orig.: japan.; Auszug: engl.])
H. STEFFENS. 8096

Stanisława Głowacka, *Bestimmungsmethode der Faserkräuselung.* Die Faserkräuselung wird durch Best. des Kräuselungsgrades, der Zahl der Kräuseln/Längeneinheit u. der Beständigkeit der Kräuselung beschrieben u. ermittelt. Zur Best. der Längenänderung der gekräuselten Faser unter Belastung wird eine Torsionswaage mit gekoppelter Mikrometerschraube verwendet. (Prace Inst. Włókiennictwa **8.** Nr. 2. 13—42. 1958. Łódź.) F. URBAN. 8096

Böhme Fettchemie G. m. b. H. (Erfinder: **Hans Wedell**), Düsseldorf, *Schaumarme Netzmittel, z. B. für Färbebäder, Schlichteflotten, Beuchbäder* u. dergleichen. Als Netzmittel dient ein Gemisch von höhermol. Carbon-, bes. Fettsäuren u./oder deren Metallsalze, Anlagerungsprod. von weniger als 5 Mol Alkylenoxyd (**I**) an höhermol., austauschbare H-Atome enthaltenden organ. Verbb. u. geringere Mengen Anlagerungsprod. von mehr als 4 Mol **I** an höhermol., austauschbare H-Atome enthaltende organ. Verbb. mit wenigstens 12 C-Atomen. — Eine Netzflotte enthält in W. 0,1 (%) Addukt von 1 Mol n-Decanol u. 2,9 Mol Äthylenoxyd (**II**), 0,02 Addukt von 8 Mol **II** an Fettalkoholgemisch C_{12}—C_{18}, 0,02 Talgfettsäure u. 0,005 Mg-Acetat. (**D. A. S. 1 051 243** Kl. 8o vom 13/8. 1956, veröff. 26/2. 1959.) H. MÖLLERING. 8029

Farbenfabriken Bayer Akt.-Ges. (Erfinder: **Heinrich Gold,** Köln, und **Siegfried Petersen**), Leverkusen, *Optische Aufhellungsmittel* sind bläulich fluorescierende *Triazinverbb.*, die am Triazinring mindestens eine *Triazolgruppierung* der Formel I enthalten (X = Kation; n = 1—3). Der Triazinring kann ferner Cl,NH_2 oder eine substituierte NH_2-Gruppe enthalten. Die Verbb. sind bes. zur Behandlung von Cellulosematerialien, zweckmäßig in Ggw. alkal. reagierender Mittel, wie $NaHCO_3$, geeignet. (**D. A. S. 1 047 163** Kl. 8i vom 14/8. 1957, veröff. 24/12. 1958.) F. BÖHM. 8033

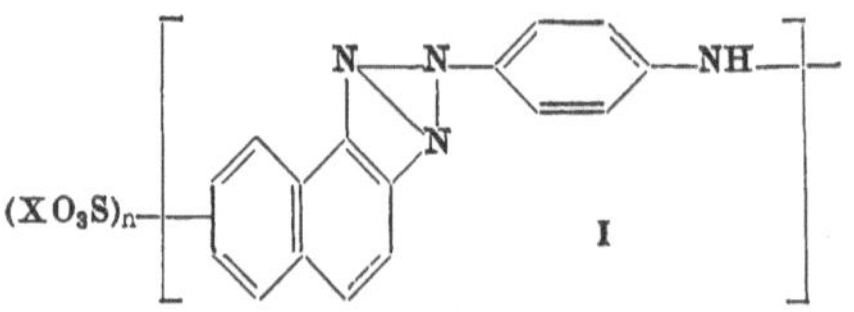

Feiwel Stanley, New York, N. Y., V. St. A., *Verbinden von Textilien mit Kunstharzen.* Man taucht die Textilien in ein Bad, welches Polyvinylchlorid, einen mehrwertigen Alkohol, einen Ester, ein Keton, einen Stabilisator u. einen Weichmacher enthält, trocknet bis zur Entfernung des Lösungsm. u. unterwirft der Einw. eines hochfrequenten elektr. Stromes ($3 \cdot 10^7$—$4 \cdot 10^7$ Perioden/Sek.) bei 1—4 at. (**It. P. 490 462** vom 12/3. 1952.) K. KOEBKE. 8037

Auguste Crosnier, Frankreich, *Imprägnieren von Wirkwaren,* die luftdurchlässig u. wasserundurchlässig gemacht werden sollen, mit einem farblosen transparenten Lackharz in Borax enthaltendem Wasser. (**F. P. 1 154 741** vom 29/6. 1956, ausg. 16/4. 1958.) S. BÖTTCHER. 8037

Chicopee Mfg. Corp., Chicopee Falls, Mass., V. St. A., *Bleichen von Baumwolle.* Die Fasern werden 1½ Std. in der Lsg. einer Perverb. (H_2O_2, $NaBO_2 \cdot H_2O_2$) von 15—55° gebleicht. Als Vorbleiche wird eine Mischung von HOCl u. NaOCl verwendet. — 10 (g) gebeuchte Baumwolle werden in 100 cm³ einer wss. Bleichlsg., enthaltend 0,28 H_2O_2, 0,10 Na_2CO_3 u. 0,10 Na_2SiO_3 bei 5—60°, die am Schluß jeweils auf 85° erhöht wird, verschieden lange (15 Min. bis 24 Std.) behandelt, bis die Flotte erschöpft ist. (**E. P. 741 034** vom 13/11. 1953, ausg. 23/11. 1955. A. Prior. 19/11. 1952. **Zusatz zu E. P. 702 300; C. 1955. 2809.**) G. SALZMANN. 8045

J. R. Geigy Akt.-Ges., Basel, Schweiz, *Cellulosematerial flammfestmachendes Mittel.* Das Mittel besteht aus einer wss. Lsg. eines gegebenenfalls verätherten Polymethylolmelamins u. eines in W. lösl. Deriv. einer höchstens 3 P-Atome enthaltenden Polyphosphorsäure, in der wenigstens 4 Hydroxylgruppen durch Monoalkylaminogruppen (I) u. die anderen Hydroxylgruppen durch I, Dialkylamino- oder Alkoxygruppen ersetzt sind, wobei die organ. Reste höchstens 4 C-Atome enthalten, z. B. aus 1.1′-Bismonomethylamino-2.2′-bis-mono-n-propylaminopyrophosphorsäure u. Dimethylolmelamin. (**E. P. 804 745** vom 15/3. 1957, ausg. 19/11. 1958. Schwz. Prior. 16/3. 1956.) K. WOLK. 8075

American Viscose Corp., übert. von: **Edward J. Costello,** Philadelphia, Pa., V. St. A., *Herstellung organischer Cellulosetriester mit geringem Schwefelgehalt,* bes. *Cellulosetriacetat.* Man verestert Cellulose (I) in üblicher Weise mit z. B. Essigsäure u. Acetanhydrid (II) u. verwendet als Katalysator 0,005—0,05 (Teile) $(NH_4)_2SO_4$ u. 0,001 bis 0,04 H_2SO_4 auf 1 I. Dann wird überschüssiges II mit W. zerstört, durch Teilhydrolyse werden S-haltige Gruppen aus dem Ester abgespalten u. durch erneute Veresterung mit z. B. II durch organ. Gruppen ersetzt. Die erhaltene Lsg. kann unmittelbar *versponnen* werden. (**A. P. 2 848 343** vom 4/5. 1955, ausg. 19/8. 1958.) K. FABEL. 8077

Union Carbide Corp., New York, N. Y., V. St. A., *Herstellung von Fasern und Fäden.* Ein geschmolzenes Homopolymeres von 4-Methylpenten-(1) mit einem Schmelzindex von 0,1—40 wird durch eine Spinndüse bei 260—350° ausgepreßt u. der erhaltene Faden auf das 2- bis 8fache gestreckt. Das Homopolymere erhält man aus dem Monomeren mit einer Mischung aus TiF_3 u. Triisobutyl-Al als Polymerisationskatalysator. (**Oe. P. 202 688** vom 3/5. 1957, ausg. 25/3. 1959. A. Prior. 4/5. 1956.) M. PANKOW. 8081

Nederlandsche Organisatie voor Toegepast-Natuurwetenschappelijk Onderzoek ten Behoeve van Nijverheid, Handel en Verkeer, Den Haag, Holland, *Herstellung linearer Polyharnstoffderivate.* In einer 1. Reaktionsstufe wird durch Erhitzen eines Thiocarbaminsalzes der Formel $(XNH-R-NH-CO-SH)_y$ (R = linearer oder cycl. Rest mit mindestens 4 C-Atomen; X = H oder aliphat. Rest mit 1—4 C-Atomen) auf eine Temp. <150° unter H_2S-Abspaltung ein Vorpolymerisat gebildet, das durch weiteres 4—6std. Erhitzen in Ggw. von COS bei einer Temp. <150, bes. bei 110—120°, in ein aus der Schmelze zu *Fäden* verspinnbares Prod. umgesetzt wird. Durch die Ggw. von COS werden Reaktionsdauer u. -temp. gegenüber bekannten Verff. erheblich herabgesetzt. (**Holl. P. 86 610** vom 15/10. 1955, ausg. 15/10. 1957.) F. BÖHM. 8081

Perfogit S. p. A. (Erfinder: **Werner Muench,** Cesano Maderno, **Giuseppe Mariani,** Varedo, und **Luigi Notarbartolo**), Mailand, Italien, *Entfernung flüch-*

tiger Verunreinigungen, insbesondere Monomerenanteile, aus frisch gesponnenen Fäden aus synthet. Linearpolymeren, wie Polyamiden. Die Fäden werden unmittelbar nach Verlassen der Düse an einer strömenden Fl., die als Absorptionsmittel dient, entlang geführt. Zweckmäßig läßt man die Fl. an der Innenwand eines Rohres entlang fließen. — Zeichnung. — Vgl. auch F. P. 1 082 282; C. **1950/54.** 2199. S. (**D. A. S. 1 035 315** Kl. 29a vom 16/9. 1953, veröff. 31/7. 1958. It. Prior. 17/9. 1952.) F. BÖHM. 8081

Shell Development Co., New York, N. Y., übert. von: **Robert W. Martin**, Lafayette, Calif., V. St. A., *Harzartige Produkte aus Mannichbasen alicyclischer Ketonen.* Man läßt H_2S u./oder ein Polymercaptan bei 0—100° mit einer MANNILCH-Base, z. B. 2.5-Bis-(dimethylaminomethyl)-cyclopentanon, reagieren. — Nach einem Beispiel wird *2.5-Bis-(morpholinomethyl)-cyclopentanondihydrochlorid*, F. 195°, in Methanol mit H_2S oder zusammen mit Pentamethylendimercaptan kondensiert. — Tabellen der physikal. Eigg. der zu *Fasern* oder Filmen geeigneten Produkte. (**A. P. 2 820 022** vom 30/6. 1954, ausg. 14/1. 1958.) H. SCHINDLER. 8081

Badische Anilin- & Soda-Fabrik Akt.-Ges., Ludwigshafen/Rh., *Herstellung von linearen Polyglykolestern der Terephthalsäure* durch Verestern oder Umestern von Terephthalsäure oder ihren Estern oder anderen polyesterbildenden Derivv. mit Äthylenglykol u. bis zu 30 Mol-% (bezogen auf die Säure oder deren Derivv.) eines Glykols mit wenigstens 1 Benzolring als Verbindungsglied der OH-Gruppen. Als solches ist in den Mengenbeispielen p.p'-Dihydroxydiphenyldimethylmethan u. p.p'-Dihydroxydiphenylsulfon genannt. — Gut anfärbbare *Fäden.* (**E. P. 793 907** vom 20/7. 1956, ausg. 23/4. 1958. D. Prior. 11/8. 1955.) H. SCHINDLER. 8081

Eastman Kodak Co., Rochester, N. Y., übert. von: **Harry W. Coover**, Kingsport, Tenn., V. St. A., *Mischpolymerisation von Acrylnitril und anderen ungesättigten Monomeren auf Polymere mit Acrylnitril als Basis.* Auf ein Mischpolymerisat von Acrylnitril u. ungesätt. Verbb. (I) der allg. Formel $CH_2 = C(R''')-CO-N(R'')(R')$, wobei R' u. R'' = H, Alkyl (C_{1-4}), R''' = H oder CH_3 bedeuten, oder anderen Monomeren, z. B. Diisopropylfumarsäureamid, oder auf acrylnitrilfreie Mischpolymerisate solcher Amide mit z. B. Vinylacetat, wird z. B. mit $K_2S_2O_8$ in wss. Medium ein Gemisch von Acrylnitril u. Verbb. der Formel I aufgepfropft. Als I werden bes. N-Methylmethacrylamid, N.N-Dimethylacrylamid oder N-tert.-Butylacrylamid genannt. Weitere 47 Mengenbeispiele. Die Endprodd. lassen sich naß oder trocken *verspinnen* u. zeigen gute Anfärbbarkeit. (**A. P. 2 838 470** vom 3/2. 1954, ausg. 10/6. 1958.) H. SCHINDLER. 8081

General Aniline & Film Corp., New York, übert. von: **Jesse Werner**, Hollis-wood, N. Y., **Robert Steckler**, Chagrin Falls, Ohio, und **Frederick A. Hessel**, Upper Montclair, N. J., V. St. A., *Aminoplastharzmischung zum Beschichten von Glasfaserstoffen.* Sie besteht aus 80—97 (Gew.-%) Melamin- oder Harnstoff-CH_2O-Harz u. 20—3 eines Polymeren oder Mischpolymeren (I) aus N-Vinylpyrrolidon der allg. Formel II, in welcher R u. R_1 = H, Methyl- oder Äthylgruppen bedeuten, u. I 40—95 II u. 60—5 eines olifin. ungesätt. polymerisierbaren Monomeren enthalten, z. B. Vinylacetat, Maleinsäureanhydrid, Diallylphthalat oder Acrylnitril. (**A. P. 2 813 844** vom 18/11. 1955, ausg. 19/11. 1957.) H. v. SCHILLER. 8083

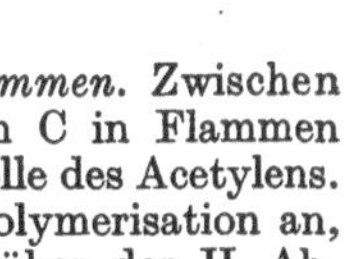

II

XIX. Brennstoffe. Erdöl. Mineralöle.

D. W. Gill, *Leuchtkraft und Rußbildung in Kohlenwasserstoffflammen.* Zwischen den verschied. Theorien zur Erklärung der Abscheidung von festem C in Flammen existiert ein gewisser Zusammenhang, bes. hinsichtlich der wichtigen Rolle des Acetylens. Z. B. nimmt PORTER einen gleichzeitigen Verlauf von H-Abbau u. Polymerisation an, während SWEITZER u. HELLER die Polymerisation des C_2H_2 gegenüber der H_2-Abspaltung begünstigen. FISCHER zeigte, daß C_2H_2 entsprechend der Temp. entweder zu aromat. Ölen polymerisiert oder sich in C u. H_2 zersetzt. Die Reihenfolge der Rkk. hängt jedoch auch von der Erhitzungsgeschwindigkeit der KW-stoffe u. von der Temp. vor dem Verbrennungsbeginn ab. Zusammenfassend ergibt sich die Theorie, daß sich C entweder als Vor- oder Nebenprod. der Haupt-Rk. von C_2H_2, O_2-haltigen Stoffen u. mehrkernigenKW-stoffen abscheidet. Die Bldg. von Graphitkristallen gleichmäßiger Größe kann am ehesten durch die Theorien von WOLFHARD u. PARKER u. auch nach SWEITZER u. HELLER erklärt werden. RUMMEL u. VEH, sowie GUYOMARD nehmen an, daß die Graphitkristalle aus sublimiertem C-Dampf entstehen u. man auf diese Weise eine sehr reine Form des C erhält. Das Ausmaß der C-Bldg. in Flammen ist am besten durch Veränderung der Mischungsgeschwindigkeit von Brennstoff u. Luft oder durch Änderung der Brennstoffzus. — nach der Meth. von IJMUIDEN — zu erkennen. THRING u.

RIVIÈRE haben ein Verf. angegeben, bei dem die Konz. der C-Teilchen in der Flamme gesteigert werden kann u. Möglichkeiten zur Vorwärmung des gasförmigen Brennstoffs vor dem Eintritt in die Hauptverbrennungszone beschrieben. THRING berichtete von einem Vers., bei welchem Koksofengas unter Luftmangel in einem 30 t-Ofen vorverbrannt wurde, ähnlich wie in einer Anlage zur Erzeugung von Gasruß. RIVIÈRE gibt an, daß Rauchgasrückführung einen ähnlichen Effekt erzielt. (Brit. Coal Utilisat. Res. Assoc., monthly Bull. **22.** 487–506. Nov./Dez. 1958. Part II.) H. SCHOEBERL. 8128

Wilhelm Schuster, *Die Trocknung kolloider Stoffe durch Dämpfung unter Druck und das Verfahren Schuster.* Das neue Verf. ist eine Weiterentw. der Braunkohlentrocknung nach FLEISSNER vorzugsweise durch wärmetechn. Verbesserungen, indem an Stelle der unmittelbaren Wärmeübertragung auf das Gut mit Stufenspeicherung gearbeitet wird. In einer Betriebsanlage mit vier Dämpfern wurden in rund zwei Jahren 330000 t Trockenkohle mit einem Dampfaufwand von 160 kg/t Trockenkohle gewonnen. Weitere Eigenarten des Verf. liegen in einer günstigen Ableitung des CO_2 in hoher Konz. (95%) u. in einem teilweisen Ersatz von Sattdampf durch Heißdampf. Die Kohle wird von ca. 40–45% W. auf 16–17% Restgeh. getrocknet. (Braunkohle, Wärme u. Energie **11.** 14–21. Jan. 1959. Leoben.) F. SCHUSTER. 8134

Paul Zakar und **Gyula Mózes,** *Das Erdölbitumen für die Brikettierung.* Beim Übergang vom Pech zum Bitumen (I) für die Brikettierung sind unbedingt die neuen Eigg. des Bindemittels zu klären. Aus der Zusammenstellung der Eigg. der verschied. verwendeten **I** geht hervor, daß zwischen den **I** verschied. Herkunft u. verschied. Darstellungsart beträchtliche Unterschiede bestehen. Aus den angestellten Verss. ist zu ersehen, daß zur Erreichung der erforderlichen Viscosität des **I** auf eine höhere Temp. gegangen werden muß als beim Pech, u. ebenso muß im Knetwerk eine höhere Temp. herrschen. Nach der Brikettierung braucht das mit **I** erhaltene Mischgut eine längere Abkühlungszeit. Wenn man diese Gesichtspunkte nicht berücksichtigt, würde man ein Brikett schlechter Qualität bekommen, trotzdem bei richtiger Technologie ein gutes Ergebnis erzielt wurde. Die Unterschiede zwischen den zur Brikettierung verwendeten **I** können durch eine, mit bestimmtem Kohlenmaterial u. der richtigen Technologie der Brikettierung bestimmt werden. (Bitumen, Teere, Asphalte, Peche verwandte Stoffe **9.** 275–80. Sept. 1958. Budapest, Ungar. Erdöl- u. Erdgas-Forsch.-Inst.) F. ROSENDAHL. 8136

K. W. Malikow, P. F. Moissejewa und **G. N. Ssunzow,** *Die Vergasung von Karaganda-Steinkohlen.* Inhaltlich ident. mit der C. **1959.** 5339 referierten Arbeit. (Вестник Академии Наук Казахской ССР [Nachr. Akad. Wiss. KasachSSR] **14.** Nr. 11. 83–87. Nov. 1958.) O. LEBTAG. 8148

Max Gerhold, *Die Erzeugung von normgerechtem Stadtgas durch gelenkte katalytische Spaltung von Kohlenwasserstoffen.* Die Notwendigkeit, bei der Stadtgaserzeugung, bes. für die Erzeugung der immer stärker in Erscheinung tretenden Spitzengasmengen im Winter, vom klass. Rohstoff Kohle auf Öle oder gasförmige KW-stoffe überzugehen, die eine größere Elastizität in der Erzeugung ermöglichen, hat zu folgenden grundlegenden Verfahrensarten geführt; therm. Spaltung in Ggw. von Wasserdampf; therm.-katalyt. Spaltung in Ggw. von Wasserdampf; therm.-katalyt. Spaltung in Ggw. von Wasserdampf, O_2 oder Luft. Während die reine Spaltung in Abwesenheit von mitreagierenden Fremdstoffen zwar endotherm, aber mit kleinen Beträgen der Reaktionswärme verläuft, ist die ebenfalls endotherme Umwandlung mit Wasserdampf mit ziemlich hohen Reaktionswärmen verbunden. Um diese Wärmemengen zu decken, haben sich im Hinblick auf die gewünschten Gasqualitäten vor allem die cycl. Verff. als bes. aussichtsreich erwiesen. Da reine Spaltung u. Umwandlung mit Wasserdampf verschiedene Reaktionsbedingungen erfordern, wurde mit mehreren Katalysatoren hintereinander gearbeitet. In den prakt. Anlagen erreicht man je nach dem Rohstoff bei Vergasungswirkungsgraden von 78/80% (schweres Heizöl) bzw. 81/83% (Aramco-Rohöl) Brenngase mit allen vorgeschriebenen Stadtgaseigg. (Heizwert, D., H_2-Geh.). — 10 Literaturangaben. (Gas, Wasser, Wärme [Wien] **10.** 288–98. Nov. 1956. Essen.) F. SCHUSTER. 8156

W. B. S. Newling, *Feinreinigung der Brenngase von Schwefelwasserstoff mit Hilfe von Flüssigkeiten.* Zur Entlastung der Trockenreinigung wird eine Nachwäsche mit einer Aufschlämmung von Zn-Acetat in Ggw. eines beträchtlichen Sodaüberschusses nach BROMLEY empfohlen. Dadurch werden die letzten Spuren H_2S aus dem Gas entfernt. (Gas J. **296** (**110**). 481–82. 10/12. 1958.) F. SCHUSTER. 8172

P. Ss. Makowetzki und **G. B. Kigel,** *Teer aus der Vergasung von Braunkohle des Irscha-Borodino-Vorkommens als Rohstoffquelle für die chemische Industrie.* Die Braunkohle von Borodino-Irscha (Gebiet Krasnojarsk) vom Aschegeh. 3,57% u. Wassergeh.

27,5% wird im Hochdruckgenerator mit Dampf-O_2-Gemisch ($H_2O:O_2 = 6{,}5-7{,}0$ kg: 1 m^3 vergast. Der erhaltene Teer enthält 15,72% Phenole, 3,45% Pyridinbasen u. 33% KW-stoffe, wo die aromat. KW-stoffe vorherrschen. 23,8% gehören zur Fraktion Kp. 86 bis 290° u. 52,2% zur Fraktion Kp. 290—345°. Der Teer enthält 7,1% Paraffine Die Ausbeute der Paraffinfraktion beträgt 48,4%, bezogen auf die Teermenge. Das Teerwasser enthält 5,5 (g/Liter) freies NH_3 u. 3,05 Phenole u. kann weiterverarbeitet werden. Die physikal.-chem. Kennzahlen der einzelnen Fraktionen werden mitgeteilt. (Газовая Промышленность [Gas-Ind.] **4.** Nr. 4. 16—19. April 1959.) O. LEBTAG. 8178.

Inder Jit Singh, *Zum Verdrängungsmechanismus in Erdöllagerstätten. Bemerkungen zu den Berechnungsmethoden von Kern und Welge.* Die Abhandlung stellt eine zusammenfassende Bemerkung des Vf. zu den Berechnungsverff. von KERN u. WELGE in den Erdöllagerstätten mit den eigenen Verff. zusammen dar. Es sind Gleichungen für die Berechnung des erwähnten Mechanismus u. einige Beispiele hierfür angeführt. (Erdöl u. Kohle **11.** 605—06. Sept. 1958. Dehra Dun, India, Oil & Natural Gas Commission, Govt. of India.) E. WEKUA. 8188

Otto Garkisch, *Über die hydrierende Raffination von Leichtölen mit wasserstoffhaltigen technischen Gasen.* Techn. Gase enthalten neben dem H_2 noch Bestandteile, wie CO, CO_2, ungesätt. KW-stoffe, O_2, H_2S u. organ. S-Verbb., die die Umsetzung der KW-stoffe stören können. O_2 u. NO können durch Umsetzung an Katalysatoren weitgehend entfernt werden. Olefine addieren unter bestimmten Bedingungen H_2S. Bes. wichtig ist die Entfernung des CO, weil das CO sehr reaktionsfreudig ist u. daher in vielfältiger Weise in die Rk. eingreifen kann. Am besten ist die Konvertierung des CO zu CO_2 mit Wasserdampf anzuwenden, da die Rk. vollständig ist. Der Einfl. des Reaktionsdruckes wurde zwischen 35 u. 100 at untersucht, was einer Temp. von 350 u. 100—390° entspricht. Die Eigg. der Raffinate von Leichtölen verschied. Zus. u. ihre Abhängigkeit von den Raffinationsbedingungen u. der Zus. des Raffinationsgases wurden untersucht. Phenole u. Basen machen sich bei der hydrierenden Raffination zu lichtstabilen Prodd. nachteilig bemerkbar. (Bergakademie [Freiberg] **10.** 539—40. Okt. 1958. Frankfurt/M.) F. ROSENDAHL. 8200

M. D. Besborodko, G. W. Winogradow, N. T. Pawlowskaja und **I. G. Zurkan,** *Über die Antiverschleißeigenschaften von Schmiermitteln und den Einfluß verschiedener Faktoren auf die Antiverschleißeigenschaften von Erdölen.* Verss. über den Verschleiß von Stahl- u. Bronzekugeln in fl. Metall als Schmiermittel (Hg u. WOOD-Legierung) ergaben bei kleinen Belastungen gute Ergebnisse: geringer Verschleiß der Bronzekugel bzw. kein Festlaufen der Stahloberflächen. Die erzielten Reibungskurven (Reibung–Zeit), ergaben, daß sich ein stationäres Syst., bei welchem die fl. Metallschmierung von Wert ist, erst nach Vernichtung der an der Oberfläche sich bildenden Oxydschicht einstellt, wobei oberflächliche Amalgamverbb. entstehen. Vff. untersuchten ferner das Verh. von rostfreien u. Kugellagerstählen in nicht polaren Schmierölen, wobei der Einfl. des durch das Öl durchgeblasenen Gases (O_2, N_2, Ar, überhitzter Wasserdampf) studiert wurde. O_2 ergab bei rostfreien Stählen die höchste krit. Belastung. Bei chromhaltigen Stählen ist bei niedrigen Tempp. das Gas fast bedeutungslos. An Hand theoret. Berechnungen, welche die Größe der Kugel, Temp., Rollgeschwindigkeit sowie Zähigkeit des Schmieröls in Betracht zogen, wurde festgestellt, daß große krit. Belastungen bei kleinen Rollgeschwindigkeiten erzielt werden u. daß bei höheren Tempp. (200°) der Einfl. des Gases von Bedeutung ist. (Известия Академии Наук СССР, Отделение Технических Наук [Nachr. Akad. Wiss. UdSSR, Abt. techn. Wiss.] **1958.** Nr. 12. 104—14. Dez.) G. SCHREIBER. 8220

N. A. Kaminski und **M. Ss. Passetschnik,** *Über die Anwendung hydrierter Fette für die Herstellung von Spezialschmiermitteln.* Es wird gezeigt, daß die in den Triglyceriden des technolog. Schmiermittels enthaltenen hochmol. gesätt. Fettsäuren auf die Qualität des Schmiermittels positiv wirken, die niedrigmol. gesätt. Fettsäuren negativ. Die hydrierten Pflanzenöle können als Schmiermittel beim Kaltwalzen von dünnem Bandstahl für die Blechherst. verwendet werden. (Маслобойно-Жировая Промышленность [Öl- u. Fett-Ind.] **24.** Nr. 8. 42—44. 1958. Saparoshje, Öl- u. Fettkombinat; Dnepropetrowsk, Univ.) OTTO MAIER. 8222

F. Gönnel, *Untersuchungen über den Einfluß von Kunstharz- beziehungsweise Kunststoffzusätzen und deren Spaltprodukte auf Bitumen bei höheren Temperaturen.* Ein Zusatz von geringen Mengen halogenfreier Polymerer zu Bitumen (I) bewirkt bei Tempp. von 200—220° nur eine geringe Veränderung der physikal. Eigenschaften. Durch Chromatographie wurde nachgewiesen, daß zwischen dem Polymeren u. dem I nur eine Mischung eingetreten war. Setzt man halogenhaltige Polymere dem I zu, so wird die Plastizitätsspanne wesentlich vergrößert, bei gleichzeitiger Abnahme von Eindringtiefe u. Dehnbarkeit Es handelt sich um eine katalyt. Wrkg. des aus dem Polymeren abgespaltenen HCl. Bei Zusatz geringer Mengen von Fe-Chlorid wird eine starke Mol.-Vergrößerung verursacht. O_2 übt eine zusätzliche beschleunigende Wrkg. aus. Durch Chromatographie konnte eindeutig die chem. Veränderung des I nachgewiesen werden. Das Ansteigen des E. u. die Abnahme der Eindringtiefe u. der Dehnbarkeit beruhen auf der Abnahme der niedermol. Verbb. zugunsten höhermolekularer. Der Malten- u. der Harzgeh. nehmen ab, während der Asphaltenanteil zunimmt. Es entstehen keine Riesenmoll. durch Vernetzung von Kunststoff u. I. (Bitumen, Teere, Asphalte, Peche verwandte Stoffe **9.** 308—12. Okt. 1958. Mannheim, Th. Goldschmidt AG., Zweigniederl. Mannheim.) F. ROSENDAHL. 8224

W. H. Ode, *Feste und gasförmige Brennstoffe.* Bericht über die in den letzten 2 Jahren bis 1/10. 1958 veröffentlichten Arbeiten über die analyt. Methoden in der Brennstoffchemie im Anschluß an die frühere Zusammenstellung (C. **1957.** 13520). — 241 Literaturangaben. (Analytic. Chem. **31.** [Part II] 697—706. April 1959. Pittsburgh, Pa., U. S. Bureau of Mines.) E. KLEVER. 8242

Edwin B. Seidman, *Bestimmung von Schwefeloxyden in Schornsteinabgasen.* Die Best. von SO_3 (ca. 0,001%) in Schornsteinabgasen neben SO_2 (ca. 0,3%) wird beschrieben. Danach wird SO_3 in einer 80% ig. isopropylalkohol. Lsg. absorbiert; das Sulfat wird mit einer isopropylalkohol. (80%), 0,01n $BaCl_2$-Lsg. unter Verwendung von Thorin als Indicator titriert. Ammoniak u. Stickoxyde stören nicht. (Analytic. Chem. **30.** 1680—82. Okt. 1958. Wilmington, Calif., Shell Oil Co.) W. LUCHSINGER. 8246

Vlastimil Holubář und **Zdeněk Krejčík,** *Bedeutung des Reflexionsvermögens von Kohle für die Charakteristik des Inkohlungsgrades.* Übersicht über die Methoden zur Best. des Inkohlungsgrades (chem. u. physikal.), Formeln zu dessen Berechnung an Hand der flüchtigen Bestandteile u. C u. schließlich eingehende Behandlung des Reflexionsvermögens (App., Durchführung der Best., Fehler, prakt. Anwendung) u. dessen Bedeutung für schnelle Bestimmungen des Inkohlungsgrades. — 23 Literaturstellen. (Časopis Mineralog. Geol. **2.** 46—58. 1957. Praha, Ústav pro výzk. a využití paliv.) H. TŮMA. 8246

Karl Krenkler, *Untersuchungen über Mischungen von Steinkohlenteer mit Bitumen.* Nach einem Überblick über die histor. Entw. u. der zahlreichen Forschungen verschied. Autoren auf diesem Gebiet berichtet Vf. über eigene Untersuchungen. Es wurde ein Verf. zur Best. der Klebkraft entwickelt, die als wichtigster Faktor betrachtet wird. Auf aufgerauhten Glasplatten wird je eine 1 mm starke Schicht des Bindemittels aufgetragen u. darin 1 cm breite Streifen einer Kunststoffolie eingebettet. Die Platten werden an der Waage eines Dehnbarkeitsmessers angehängt. Am überhängenden Ende der Kunststoffstreifen wird ein Haken eingehängt, der mit einer Federwaage verbunden ist. Auf diese Weise konnte ein gutes Maß für die Klebkraft gewonnen werden. Die Mischbarkeit von Teer u. Bitumen (I) hängt in erster Linie von der chem. Zus. ab. Für die Verss. wurden daher genau definierte Teere u. I gemischt, u. zwar Pech mit 10—90% I u. jeweils die Klebkraft bestimmt. Die Ergebnisse waren sehr unterschiedlich. Bei Mischungen zwischen 30 u. 50% traten Mischungslücken mit schlechter Klebkraft auf, während bei anderen Mischungen volle Verträglichkeit bei allen Verhältnissen festgestellt werden konnte. In einem Falle zeigte sich eine eigenartige Ähnlichkeit mit Tropfpunktkurven von I-Paraffinmischungen. Es konnte nachgewiesen werden, daß eine weitgehende Ähnlichkeit der beiden Systeme besteht, indem das Paraffin im I ähnlich wirkt wie das I im Teer. In anderen Fällen ergab sich, daß bei C-reichen Pechen schon durch einen geringen I-Zusatz die Klebkraft anstieg, doch bereits bei 15% I trat eine Entmischung ein, die bis 80% reichte. Ein C-armes Pech ist dagegen in allen Verhältnissen mit I mischbar. Ein Zusatz von hochsiedenden Teerölen zum Pech an Stelle von Anthracenöl ergab eine wesentliche Verbesserung der I-Mischbarkeit. Ein weicheres Pech ist stets verträglicher als das härtere. Weiter konnte nachgewiesen werden, daß ein hoher Paraffingeh. im I störend auf die Mischbarkeit wirkt. Das hängt damit zusammen, daß die Paraffin–KW-stoffe diejenigen Bestandteile sind, die im Teerbindemittel schwer lösl. sind, u. so die Mischbarkeit stören. Ist demgegenüber der Geh. an Aromaten im I sehr groß, so ist die Mischbarkeit vorzüglich. Damit hängt auch zusammen, daß ein hoher Asphalten (II)-Geh., der aromat. Charakter hat, dem I eine gute Mischbarkeit gibt. Die II sind die Faktoren, die die Plastizität des I bestimmen. Jedes Prozent II vergrößert die Plastizitätsspanne um 1°. Aus diesem Grunde kommt es auch weniger auf die Menge des zugemischten I an, sondern auf den II-Geh. im I an. Von besonderem Einfl. ist auch die Zus. des Teeres. Je höher z. B. der C-Geh. eines Teeres ist, um so mehr Micellkerne enthält er, die Teeröle u. Teerharze binden können, so daß der Anteil der nicht micellorientierten Phase gering ist. Je geringer aber die zwischenmicellare Phase des Teeres ist, um so ungünstiger ist das Verhältnis von Teerölen zu I-Ölen u. um so schneller wird der Punkt erreicht, wo eine Entmischung eintritt. Auf Grund der Versuchsergebnisse macht Vf.

Vorschläge, wie die Teere u. I am vorteilhaftesten gemischt werden. Der E. des 300°-Rückstandes von Teer soll bei 20—30° KS liegen, während der Brechpunkt nie mehr als —5° betragen soll. Für die Dehnbarkeit wird ein Mindestwert von 50 cm verlangt von einem bei 163° gealterten 300°-Teerrückstand. — 19 Diagramme. 53 Schrifttumsangaben. (Bitumen, Teere, Asphalte, Peche verwandte Stoffe **9**. 243—46. Aug. 271—74. Sept. 301—07. Okt. 335—40. Nov. 367—70. Dez. 1958. Stuttgart.) F. ROSENDAHL. 8262

Godfrey L. Cabot, Inc., V. St. A., *Herstellung von Ruß* u. gleichzeitig von *Synthesegas* durch Verbrennung von fl. oder dampfförmigen KW-stoffen in Ggw. von O_2 unter Ausschluß von Luft in einer geschlossenen Verbrennungskammer. — Das neben Ruß entstehende Gasgemisch enthält H_2, CO, CO_2 u. Wasser. Nach Abscheidung von CO_2 u. W. erhält man das Synthesegas als Gemisch von H_2 u. CO. — 4 Zeichnungen. (**F. P. 1 095 963** vom 11/2. 1954, ausg. 8/6. 1955.) M. F. MÜLLER. 8153

Koppers Co., Inc., Pittsburgh, Pa., V. St. A., *Abtrennung und Gewinnung von H_2S aus Koksofengas* durch Auswaschen des Gases mit wss. alkal. Absorptionsmittel, wobei H_2S absorbiert wird; das beladene, gelöstes H_2S enthaltende Absorptionsmittel wird in eine Reaktivierzone, die unter Vakuum steht, übergeführt u. Dampf eingeblasen, wobei der einzuführende Dampf durch mindestens einen Dampfstrahler geführt wird, um das Vakuum zu erzeugen. Durch den Dampf wird H_2S in Freiheit gesetzt. Das Absorptionsmittel wird im Kreislauf geführt. — Verfahrensschemata. (**E. P. 789 495** vom 4/4. 1956, ausg. 22/1. 1958. A. Prior. 13/4. 1955. **Zusatz zu E. P. 785 153; C. 1959. 3346.**) E. MIESSGANG. 8173

California Research Corp., San Francisco, Calif., übert. von: **John W. Scott jr.**, Ross, Calif., V. St. A., *Unterirdische Ölschieferverschwelung.* In eine Reihe paralleler, senkrechter, die Ölschieferschicht durchstoßender Kanäle wird von oben ein Gas–Luft-Gemisch eingeführt, das am oberen Ende der Ölschieferschicht entzündet wird. Die erzeugten Schwelprodd. werden aus einer horizontalen Strecke, in die die Kanäle münden, abgeführt. Nach Trennung des Öls vom Gas in einem Separator wird ein Teil des Gases zur Herst. des erforderlichen Gas–Luft-Gemisches verwendet. (**A. P. 2 801 089** vom 14/3. 1955, ausg. 30/7. 1957.) W. HAUSWALD. 8181

Thomas B. Martin, Bradford, Pa., V. St. A., *Torpedieren von Erdölbohrlöchern.* Die im Bereich einer horizontalen erdölführenden Schicht zur Explosion zu bringende senkrechte cylinderförmige Sprengladung weist einen nach auswärts sich erweiternden ringförmigen Hohlraum auf. Hierdurch wird ein in die ölführende Schicht gerichteter horizontaler Sprengstrahl erreicht, der das Hängende u. Liegende nicht zertrümmert. — 4 Blatt Zeichnungen. (**A. P. 2 837 027** vom 1/11. 1955, ausg. 3/6. 1958.) W. HAUSWALD. 8191

Harvel Research Corp., übert. von: **Mortimer T. Harvey** und **Peter L. Rosamilia**, Newark, N. J., V. St. A., *Mittel zum Verfestigen von Erdformationen*, bes. zum *Abdichten der Wandungen von Ölbohrlöchern.* Das Mittel besteht aus einer Mischung von Zement mit einem Keton–Aldehyd-Reaktionsprodukt. Das Reaktionsprod. wird z. B. aus 300 (lbs.) Aceton, 1700 wss. 37% ig. Formaldehydlsg., 25 NaOH u. 20 W. gebildet. — Zeichnungen. (**A. P. 2 828 820** vom 13/5. 1957, ausg. 1/4. 1958.) W. HAUSWALD. 8191

Continental Oil Co., übert. von: **Jack L. Popham** und **D'Arcy A. Shock**, Ponca City, Okla., V. St. A., *Fördern von zähflüssigem Öl* aus einem Bohrloch. Auf der Hangendseite der Lagerstätte wird durch Perforationen der Verrohrung hindurch das Öl entzündet. Durch Luftzufuhr wandert die Verbrennungsfront außerhalb der Verrohrung senkrecht nach unten in Richtung zum Liegenden. Die Verbrennungsgase treten am Liegenden in das dort unverrohrte Bohrloch ein u. werden in einem konzentr. Rohr abgeleitet. Das durch die Verbrennung aufgeheizte Öl fließt zur Bohrlochsohle u. wird z. B. durch Gaslift in einem mittleren Rohr gefördert. — Zeichnung. (**A. P. 2 819 761** vom 19/1. 1956, ausg. 14/1. 1958.) W. HAUSWALD. 8191

Sun Oil Co., Philadelphia, Pa., übert. von: **William E. Thompson**, Wallingford, und **Francis A. Boyle**, Norwood, Pa., V. St. A., *Sekundäre Erdölgewinnung durch Fluten mit Wasser.* Dem Flutwasser wird eine mit dem W. mischbare Lsg. von organ. Verbb. mit 1—30 C-Atomen aus der Gruppe der Cyanide u. Isocyanide oder C_1—C_3-Nitrile, wie Acetonitril, Propionnitril oder Butyronitril, zugesetzt. Hierdurch wird die Permeabilität der zu behandelnden Formationszone erhöht. (**A. P. 2 830 018** vom 16/12. 1955, ausg. 8/4. 1958.) W. HAUSWALD. 8191

Gulf Oil Corp., Pittsburgh, übert. von: **Richard V. Hughes**, Houston, Texas, V. St. A., *Ausbeuten von Öllagerstätten*, in welche wegen Oberflächenhindernissen, z. B. bebautes Terrain, Bohrlöcher nicht abgeteuft werden können. Durch Umpumpen der

Gaskappe u./oder des Begleitwassers aus dem einen Schenkel der Antiklinale in den anderen Schenkel wird das Öl in ein Gebiet verlagert, wo keine Hindernisse zum Aufstellen von Bohranlagen vorhanden sind. — Zeichnung. (**A. P. 2 828 819** vom 29/8. 1955, ausg. 1/4. 1958.) W. HAUSWALD. 8191

Phillips Petroleum Co., Del., übert. von: **Henry O. Dixon,** Bartlesville, Okla., V. St. A., *Erdölgewinnung durch Lagerstättenverbrennung* mittels hindurchgeleiteten elektr. Stroms. Von Bohrlöchern aus wird das Lagerstättengestein aufgebrochen u. in die Risse werden Partikel eines entzündbaren guten elektr. Leiters, wie metall. Mg, Al, Fe-Pulver in Mischung mit MgO_2, eingepreßt. Darauf wird über Bohrlochelektroden Strom durch die Partikel hindurchgeleitet, u. diese werden bis zur Entzündungstemp. erhitzt. Durch Zufuhr von wasserstoffhaltigen Gasen werden die Partikel u. das sie umgebende Öl verbrannt. Durch fortschreitende Verbrennung wird das Öl zur Produktionssonde verdrängt. — Zeichnung. (**A. P. 2 818 118** vom 19/12. 1955, ausg. 31/12. 1957.) W. HAUSWALD. 8191

Continental Oil Co., übert. von: **Jack L. Popham,** Ponca City, Okla., V. St. A., *Bohrflüssigkeit für Erdöl- oder Gasbohrungen.* Man verwendet rohes oder raffiniertes Erdöl mit einer A.P.I.-Dichte von weniger als 29°, dem 0,5—2 pds. Asbest je Barrel Öl zugesetzt worden sind. Ca. 75% des Asbestes hat eine Faserlänge von weniger als 2 Mikron. Der Flüssigkeitsverlust dieser Bohr-Fl. beträgt weniger als 10 cm^3 je 30 Minuten. 40% der Asbestfasern sollen vorteilhafterweise eine Länge unterhalb 2 μ besitzen. Die Fl. kann außerdem Beschwerungsstoffe enthalten. (**A. P. 2 830 948** vom 30/1. 1956, ausg. 15/4. 1958.) W. HAUSWALD. 8191

Comp. Française de Raffinage Soc. An., Paris (Erfinder: **André Gislon,** Paris, und **Joseph Marie Quiquerez,** Gonfreville l'Orcher, Seine Inférieure), Frankreich, *Raffinieren von Erdölprodukten* durch Oxydation der darin enthaltenen Mercaptane mittels O_2 in Ggw. metallorgan. Chelaten, von denen man katalyt. Mengen einsetzt. Es handelt sich um Verbb. von Metallen der VIII. Gruppe des Period. Syst., vorzugsweise von Co, die in reinem Zustand ohne Temp.- oder Druckänderung keinen O_2 aus der Luft absorbieren oder abgeben. Den Chelaten liegen SCHIFFsche Basen zugrunde, die sich von aromat. o-Hydroxyaldehyden, wie o-Hydroxybenzaldehyd, u. von aliphat. Diaminen, wie Propylendiamin-(1.2), 3.3'-Diaminodipropylamin, u. aromat. Diaminen, wie o-Phenylendiamin oder 1.8-Diaminonaphthalin, oder hydroaromat. Diaminen, wie o-Diaminocyclohexan, ableiten. Anwendung der Chelate in Ggw. eines Lösungsm., wie eines Alkohols, Ketons, Phenols oder einer Fettsäure. — Vgl. auch F. P. 1 077 162; C. **1956.** 3189. (**D. A. S. 1 042 802** Kl. 23b vom 5/2. 1954, veröff. 6/11. 1958. F. Prior. 25/3. 1953.) P. UNGER. 8195

California Research Corp., San Francisco, übert. von: **Jacob David Kemp,** El Cerrito, Calif., V. St. A., *Zweistufenprozeß* zur Entfernung von bas. N-Verbb. u. Organometallverbb. aus einem KW-stofföl (I). Man extrahiert das I mit einem niedermol. Alkohol (Methanol), gewinnt einen 1. Extrakt u. ein im wesentlichen alkoholfreies Raffinat, das 1. Raffinat extrahiert man mit konz. H_3PO_4 u. gewinnt einen 2. Extrakt u. ein 2. säurefreies Raffinat. Beide Extraktionen werden bei Raumtemp. durchgeführt. — Zeichnung. (**A. P. 2 847 362** vom 29/9. 1954, ausg. 12/8. 1958.) P. UNGER. 8195

California Research Corp., San Francisco, übert. von: **Edward C. Defoe,** Richmond, Calif., V. St. A., *Fortlaufende Kohlenwasserstoffölperkolation und Regenerierung der Filtererden* durch Waschen mit Lösungsmitteln, Dampfbehandlung u. Ausbrennen. Man setzt das Waschen u. die Dampfbehandlung wechselweise fort, bis der Geh. der Erden an Dampfkondensat 20—25 Gew.-% der Erden beträgt. Dann regeneriert man die Erden durch Ausbrennen in einer Ausbrennzone bei 600—700° F. — Zeichnung. (**A. P. 2 854 406** vom 17/2. 1956, ausg. 30/9. 1958.) P. UNGER. 8195

Standard Oil Co., übert. von: **Paul N. Rylander** und **William A. Junk jr.,** Chicago, Ill., V. St. A., *Trennung von Kohlenwasserstoffgemischen durch selektive Extraktion* mit einem Oxazolidon, das in 2-Stellung durch H, CH_3 oder HOC_2H_4 substituiert sein kann. (**A. P. 2 840 511** vom 8/7. 1955, ausg. 24/6. 1958.) P. UNGER. 8195

Standard Oil Co., Chicago, Ill., V. St. A., *Entschwefelung von Kohlenwasserstoffölen,* die organ. S-Verbb. enthalten, durch Behandlung der Öle in Ggw. von H_2 bei 600 bis 1000° F (315—540° C) mit einem Katalysator, der als wesentliche Komponente das Calcinationsprod. einer innigen Mischung einer Co- u. einer Zr-Verb. enthält, die beide bei der Calcinationstemp. Oxyde ergeben. Die Mischung enthält 1—4 (Mol) Co pro 1 Zr. Zur Calcination erhitzt man die Mischung auf 1400—2000° F (760—1095° C) länger als 1 Stunde. (**E. P. 802 609** vom 31/1. 1957, ausg. 8/10. 1958. A. Prior. 28/3. 1956.) P. UNGER. 8195

Universal Oil Products Co., Des Plaines, übert. von: **John G. Gatsis**, Chicago, Ill., V. St. A., *Entfernung basischer Stickstoffverbindungen aus Kohlenwasserstoffen* durch Behandlung mit einer Lsg. von $B(OH)_3$ u. einer mehrwertigen organ. Hydroxyverb. (z. B. 1.2-Dihydroxypropan, Glycerin, Brenzcatechin). (**A. P. 2 848 375** vom 6/2. 1956, ausg. 19/8. 1958.) P. UNGER. 8195

M. W. Kellogg Co., Jersey City, N. J., übert. von: **Marvin F. Nathan**, New York, N. Y., V. St. A., *Abtrennung von Kreislaufwasserstoff aus kondensierten Gasen der Kohlenwasserstoffentschwefelung.* Eine fl.-dampfförmige KW-stoffmischung, die permanente Gase enthält, die bei niedriger Temp. von der KW-stoffmischung abgetrennt werden, wird zunächst bei erhöhter Temp. in mindestens 2 Fraktionen zerlegt. Man entfernt aus jeder der Zonen Dampf u. leitet die KW-stoffmischung in die nächstfolgende Zone. Man führt ein fl. Absorptionsmittel in mindestens eine der Zonen, sorgt für genügende Kühlung u. mindestens vor den absorptionsmittelfreien Zonen, um einen Teil der Dämpfe zu kondensieren, u. entfernt die Fl. aus jeder Zone, die man in eine Fraktionierzone leitet, wo sie in eine dampfförmige Kopffraktion u. mindestens eine schwerere Fraktion getrennt wird. Man kühlt die dampfförmige Kopffraktion, wobei ein Teil davon kondensiert wird. Einen Teil dieses Kondensates, welches als fl. Absorptionsmittel dient, führt man in eine der obengenannten Zonen ein, wodurch die Konz. der leichten KW-stoffe in der Dampfphase dieser Zone abnimmt. Aus der letzten der Zonen führt man einen Dampf ab, in dem die permanenten Gase angereichert sind. — Zeichnung. (**A. P. 2 840 513** vom 4/1. 1956, ausg. 24/6. 1958.) P. UNGER. 8195

Esso Research and Engineering Co., Elizabeth, N. J., V. St. A., *Transport fluidisierter feinverteilter Feststoffe zwischen zwei unter verschiedenem Druck stehenden Wirbelschichtbehältern.* Die fluidisierten Feststoffe werden aus dem unteren Teil des 1. Behälters durch ein senkrechtes, mit einem Ventil zur Regelung des Durchflusses versehenes Rohr nach unten abgezogen, das unterhalb des Ventils scharf nach oben abgebogen ist u. das über eine stumpfe ($> 50^0$) Krümmung in ein senkrechtes Rohr ausläuft, das in den unteren Teil des 2. Wirbelschichtbehälters mündet. Vor dem Durchflußventil u. unterhalb der scharfen Knickung sind in den Verbindungsrohren der beiden Behälter mehrere Zuführungen für Fluidisierungsgase vorgesehen. — *Cracken* von Gasöl, Erdöl u. Erdölrückständen. — Zeichnung. (**E. P. 794 997** vom 27/5. 1955, ausg. 14/5. 1958. A. Prior. 28/6. 1954.) W. MATTHAES. 8197

Pure Oil Co., Chicago, übert. von: **Elmer L. Miller**, Cary, Ill., V. St. A., *Herstellung von Hydrierungskatalysatoren.* Bei der Hydrierung mit metallhaltigen Katalysatoren werden fein verteilte Träger in fluidisiertem Zustand in einer Katalysatorherstellungszone durch Hindurchleiten eines reduzierenden Gases gehalten. In dieser Zone wird ein nicht hitzebeständiges Metallcarbonyl eingeleitet u. durch Erhitzen der Trägerteilchen wird das Metallcarbonyl in CO u. Metall zerlegt. Das CO wird vom Gas abgetrennt u. das Metall auf dem Träger niedergeschlagen. Der metallhaltige Katalysator wird aus dieser Zone abgezogen u. als Katalysator in einer Reduktionszone verwendet. Aus dieser Reduktionszone wird der verbrauchte Katalysator in einer anderen Zone mit CO in Kontakt gebracht u. so das Metall in Metallcarbonyl übergeführt. Das Metallcarbonyl sowie der Träger werden der Herstellungszone wieder zugeleitet. — Zeichnung. (**A. P. 2 846 488** vom 27/7. 1955, ausg. 5/8. 1958.) E. KAHLES. 8199

Esso Research and Engineering Co., Elizabeth (Erfinder: **Kenneth K. Kearby**, Watchung), N. J., V. St. A., *Thermische Desorption geradkettiger Kohlenwasserstoffe von Molekülsieben.* Man erhitzt eine hochsiedende Fl., deren Mol.-Größe größer ist als die Zwischenräume des Siebstoffes, auf die erforderliche Desorptionstemp. u. leitet sie durch das Sieb. — Beipiel: *Gewinnung von Bzn. erhöhter Octanzahl.* — Zeichnung. (**D. A. S. 1 049 520** Kl. 23b vom 20/8. 1957, veröff. 29/1. 1959. A. Prior. 31/8. 1956.) P. UNGER. 8201

British Petroleum Co. Ltd., London (Erfinder: **John Arthur Edgar Moy** und **Peter Duncan Bond**, Sunbury-on-Thames), England, *Erhöhung der Octanzahl von katalytischen Reformaten oder Anteilen davon*, dad. gek., daß katalyt. Reformate oder Teile davon bei 450—580^0, 4,5 kg/cm^2 u. Raumströmungsgeschwindigkeiten des fl. Ausgangsmaterials von 0,1—1 Vol./Vol./Std. ohne in die Umsetzung zurückgeführten oder von außen zugesetzten H_2 mit im wesentlichen Chromoxyd auf Al-Oxyd enthaltenden Dehydrierungskatalysatoren in Kontakt gebracht werden u. gegebenenfalls anschließend mit nichtbehandelten Anteilen der katalyt. Reformate vereinigt werden. (**D. A. S. 1 050 477** Kl. 23b vom 16/4. 1957, veröff. 12/2. 1959. E. Priorr. 16/4. u. 7/12. 1956.) E. KAHLES. 8201

N. V. de Bataafsche Petroleum Mij., Den Haag, Holland (Erfinder: **Dante Hector Sarno**, El Cerrito, Calif., V. St. A.), *Verbesserung von direkt destilliertem Benzin*, dad.

gek., daß dieses in 2 oder mehr direkt dest. Fraktionen zerlegt wird (Fraktion A vom End-Kp. 71—79°, Fraktion B vom Anfangs-Kp. 71—79°), worauf A bei 340—455° in Ggw. von H_2 u. eines Edelmetallkatalysators isomerisiert wird u. das Isomerisat in 2 oder mehr Fraktionen zerlegt wird (niedrigsd., prakt. von C_5-KW-stoffen freie Fraktion C vom End-Kp. 57—65°, höhersd. Fraktion D vom Anfangs-Kp. 57—65°), die Fraktion B katalyt. reformiert wird, das Reformat extrahierend dest. wird oder einer Extraktion in Anwesenheit der höhersd. Isomerisationsfraktion D unterworfen wird, wobei das paraffin. Raffinat E u. das aromat. Konzentrat F erhalten werden, u. daß ein Teil des Raffinats E zur weiteren Isomerisierung der darin enthaltenen C_6-KW-stoffe in die Isomerisierungszone zurückgeleitet wird. — Zeichnung. (**D. A. S. 1 050 481** Kl. 23b vom 21/5. 1958, veröff. 12/2. 1959. A. Priorr. 23/5. 1957 u. 18/2. 1958.) E. KAHLES. 8201

Texas Co., New York, N. Y., übert. von: **Edward R. Christensen,** Beacon, und **Howard V. Hess,** Glenham, N. Y., V. St. A., *Trennung organischer Gemische zwecks Verbesserung von Erdölbenzinen,* die n-paraffin., isoparaffin. u. aromat. KW-stoffe enthalten, durch Behandlung in fl. Phase mit einem festen Molekülsieb–Al-Silicat, bestehend aus porösen Kristallen, deren Porengröße (5,0 Å) einheitlich ist. Diese Porengröße reicht für die Annahme der geradkettigen unter Ausschluß der nichtgeradkettigen KW-stoffe aus; das Adsorbens adsorbiert also selektiv innerhalb seiner Poren unter Ausschluß nichtgeradkettiger KW-stoffe die geradkettigen KW-stoffe u. es adsorbiert an seiner Oberfläche selektiv die Aromaten, wodurch die n-Paraffine u. Aromaten aus dem Gemisch entfernt werden. Die nichtadsorbierten Isoparaffine trennt man ab. Die an der Oberfläche des Adsorbens adsorbierten Aromaten werden durch Behandlung mit einer Desorptions-Fl. selektiv desorbiert, welche polarer ist als die adsorbierten Aromaten u. welche durch das Adsorbens gegenüber den an der Oberfläche adsorbierten Aromaten bevorzugt adsorbiert wird u. welche ferner einen ähnlichen Kp. aufweist wie die adsorbierten Aromaten. Man gewinnt so ein Adsorbens mit vermindertem Aromatengeh. an seiner Oberfläche. Anschließend desorbiert man die in den Poren festgehaltenen n. paraffin. KW-stoffe von dem Adsorbens. — Zeichnung. (**A. P. 2 818 449** vom 8/4. 1955, ausg. 31/12. 1957.) P. UNGER. 8201

California Research Corp., San Francisco, übert. von: **Jacob D. Kemp,** El Cerrito, Calif., V. St. A., *Herstellung von Leichtbenzin durch Polymerisieren von Olefinen.* Gasförmige Olefine werden bei 350—600° F, 50—2000 lbs./sq.in. mit fl. Phosphorsäure einer Konz. von 90—116%, bezogen auf H_3PO_4, in Kontakt gebracht. Die H_3PO_4 enthält noch Ammoniumphosphat, Aminsalze der Phosphorsäure, oder Alkaliphosphate, wobei der Geh. an Phosphat so eingestellt wird, daß das Verhältnis von Alkalimetall u. N zu P zwischen 0,01 u. 0,25 liegt. — Zeichnung. (**A. P. 2 826 622** vom 28/9. 1954, ausg. 11/3. 1958.) E. KAHLES. 8201

Ethyl Corp., New York, N. Y., übert. von: **Eugene F. Hill,** Birmingham, Mich., V. St. A., *Synergistische Antioxydantien,* die die Zers. von *Gasolin* in Ggw. von O_2 verhindern, enthalten eine Mischung von einem N.N'-Dialkylphenylendiamin, z. B. N.N'-Di-sek.-butyl-p-phenylendiamin, u. einer synergist. Verb., wie Ascorbinsäure oder Ascorbylpalmitat, letztere in einer Menge von 10—80% der Gesamtmischung, die ausreicht, um das Gasolin zu stabilisieren. (**A. P. 2833634** vom 26/1. 1953, ausg. 6/5. 1958.) P. UNGER. 8201

Pure Oil Co., Chicago, Ill., übert. von: **William L. Jacobs,** Crystal Lake, und **Weldon G. Annable,** Mundelein, Ill., V. St. A., *Nichtkorrosive Lösungsbenzine* aus Erdöl-KW-stoffgemischen, die korrosive S-Verbb. enthalten. Man trennt eine Rohbenzinfraktion aus diesen Gemischen ab, unterwirft diese Fraktion einer katalyt. Hydrodesulfurierung unter solchen Bedingungen, daß sich H_2S bildet, den man abtrennt, um ein entschwefeltes Prod. zu erhalten. Letzteres behandelt man mit einer Alkalipolysulfidlsg., trennt die Benzinfraktion von dieser Lsg. ab, behandelt die Fraktion mit einer Alkalihydroxydlsg. u. trennt ein Benzinprod. ab, das dem Korrosionstest genügt. (**A. P. 2 843 528** vom 2/8. 1955, ausg. 15/7. 1958.) P. UNGER. 8201

Gulf Research & Development Co., übert. von: **William C. Starnes** und **Robert C. Zabor,** Pittsburgh, Pa., V. St. A., *Hydroisomerisieren von Kohlenwasserstoffen.* Ein KW-stoffgemisch vom *Leichtbenzin*-Siedebereich mit einem Mindestgeh. an n-Pentan von 85 Vol.-% wird mit H_2 in einer Menge von 100—400 Standardkubikfuß je Barrel KW-stoffgemisch bei 600—900° F u. 20—2000 lbs./sq.in. sowie einer Raumgeschwindigkeit von 8—12 Vol./Vol./Std. mit einem Pt-Katalysator in Kontakt gebracht. — Zeichnungen. (**A. P. 2831908** vom 17/5. 1955, ausg. 22/4. 1958.) E. KAHLES. 8201

Standard Oil Co., Chicago, Ill., übert. von: **Harry M. Brennan,** Hammond, **Herman S. Seelig,** Valparaiso, und **Roy W. Vander Haas,** Highland, Ind., V. St. A., *Herstellung von Platin–Tonerde-Hydroformierungskatalysatoren.* Eine Pt-Verb. wird mit

Tonerde in solchem Verhältnis gemischt, daß 0,05—1 Gew.-% Pt, bezogen auf trockenes Al_2O_3, im Katalysator enthalten sind. Das Gemisch wird bis zu einem Wassergeh. von 1—30 Gew.-%, berechnet auf Trockenbasis, getrocknet u. calciniert. Das getrocknete Gemisch wird mit Al-Nitrat, Al-Sulfat, $AlCl_3$, $AlBr_3$ u. AlJ_3 in solcher Menge imprägniert, daß auf je Mol trockenes Al_2O_3 0,001 Mol des Al-Salzes kommen. — Prodd. mit verbesserter Octanzahl. — Zeichnung. (**A. P. 2 840 527** vom 29/3. 1955, ausg. 24/6. 1958.) E. KAHLES. 8201

Standard Oil Co., Chicago, Ind., V. St. A., übert. von: **Garbis H. Meguerian** und **William P. Fairchild**, *Süßen von Erdölbenzinen.* Man behandelt das saure Bzn. mit so viel wss. Alkalihydroxydlsg. (I), daß diese ausreicht, um eine deutliche wss. Phase zu bilden; I besteht in der Hauptsache aus W., mindestens 5 Gew.-% freiem Alkalihydroxyd, einem Alkylphenol u. einem wasserlösl. Alkylenpolyamin, von dem jede Alkylengruppe 2—4 C-Atome enthält, das Polyamin soll in genügender Menge vorhanden sein, um die Löslichkeit der Mercaptane in dieser Lsg. zu erhöhen. Schließlich ist auch ein Mercaptanoxydationskatalysator anwesend, bestehend aus einem Komplex, der entstanden ist durch die Rk. eines in W. lösl. Cu-Salzes ($CuSO_4$, $CuCl_2$) u. einem Alkylenpolyamin, dessen Alkylrest aus Äthylen oder Propylen besteht. Man behandelt bei 40—200° F in Ggw. von genügend freiem O_2 genügend lange, um ein süßes Bzn. zu erhalten, welches man von der wss. Phase abtrennt. — Zeichnung. (**E. P. 800 984** vom 27/8. 1956, ausg. 3/9. 1958.) P. UNGER. 8201

Giovanni Ferrario, Mailand, Italien, *Mittel zur besseren Ausnützung von Benzin in Verbrennungsmotoren*, bestehend aus 10 (Teilen) $KClO_3$, 5 $Sr(ClO_3)_2$, 45 Naphthalin, 23 Campher, 2 Terpentin, 12 Paraffin, 3 Vaseline. Die oxydierenden Verbb. können ganz oder teilweise durch Pikrinsäure oder $Ba(ClO_3)_2$; Naphthalin durch Kolophonium ersetzt werden. Man gibt 1 g der Mischung zu 5 Liter Benzin. (**It. P. 492 473** vom 11/9. 1952.) K. KOEBKE. 8201

Esso Research and Engineering Co., Elizabeth, N. J., übert. von: **John M. Powers** und **Harry E. Cier**, Baytown, Texas, V. St. A., *Gewinnung von Benzol.* Das aus Bzl., paraffin. u. naphthen. KW-stoffen bestehende Gemisch wird fraktioniert u. eine Fraktion vom Kp. 145—170° F erhalten. Diese Fraktion wird mit fl. SO_2 extrahiert. In der erhaltenen Extraktphase sind 50—60 Vol.-% Bzl. u. 50—40 Vol.-% paraffin. u. naphthen. KW-stoffe enthalten. Diese Extraktphase wird dest., u. als Kopfprod. geht ein azeotropes Gemisch von naphthen. u. paraffin. KW-stoffen sowie von Bzl. über, während als Bodenprod. prakt. reines Bzl. zurückbleibt. — Zeichnung. (**A. P. 2 826 619** vom 24/6. 1955, ausg. 11/3. 1958.) E. KAHLES. 8203

E. I. du Pont de Nemours & Co., Wilmington, Del., übert. von: **Alfred C. Haven jr.**, Hancocks Bridge, N. J., V. St. A., *Cyclopentadienyl-(vinylcyclopentadienyl)-eisen* (I), rote Kristalle, $Kp._{0,2}$ 80—85°, F. 48—49°, lösl. in allen üblichen organ. Lösungsmitteln, riecht campherähnlich; UV-Absorptionsmaximum bei 2730 Å, erhält man aus 65 (g) Dicyclopentadienyleisen durch Behandeln mit 200 Essigsäureanhydrid in Ggw. von wasserfreiem HF bei $<0°$, 14std. Erwärmen der Mischung auf 40—43°, Eingießen in 2000 kaltes W., Erhitzen von 5 des in 83% ig. Ausbeute erhaltenen orangeroten *Acetylcyclopentadienyl-(cyclopentadienyl)-eisens*, F. (aus Isooctan) 86°, in methanol. Lsg. mit H_2 in Ggw. von RANEY-Ni oder Red. mit $LiAlH_4$ in äther. Lsg., Abspalten von W. aus 10 des in prakt. quantitativer Ausbeute erhaltenen *Cyclopentadienyl-(α-hydroxyäthylcyclopentadienyl)-eisens*, gelbe Kristalle aus PAe., F. 76—77°, mit Al_2O_3 bei 200—209° u. 36 mm Hg (N_2) bzw. Überführen des Carbinols in das *Acetat*, F. (nach Sublimation) 67—68°, $Kp._{0,2}$ 60°, durch Erhitzen mit Essigsäureanhydrid u. Pyridin u. quantitative Abspaltung von Essigsäure durch Erhitzen auf 150° bei 100 mm Hg. — I kann mit Azo-bis-(isobutyronitril), 85% ig. H_3PO_4 oder K-Persulfat bei 80—90° polymerisiert bzw. mit Styrol, Methacrylsäuremethylester, Acrylsäurenitril, Chloropren oder Vinylacetat mischpolymerisiert werden. — Die Polymeren u. Mischpolymeren von I sind Ionenaustauschharze u. Polyelektrolyte. — I dient zur Herst. von *Antiklopfmitteln*, Fungiciden u. Pesticiden. (**A. P. 2 821 512** vom 26/10. 1953, ausg. 28/1. 1958.) R. LINK. 8209

Esso Research and Engineering Co., Del., übert. von: **Willam Judson Mattox** und **Charles Newton Kimberlin jr.**, Baton Rouge, La., V. St. A., *Entfernung von Metallbestandteilen aus Gasölen durch Hydantoinlösungsmittel.* Man behandelt diese KW-stofföle (Kp. 450—1300° F), die über 950° F sd. Bestandteile sowie metall. Verunreinigungen enthalten, mit 50—400 Vol.-% Hydantoin u. alkylsubstituiertem Hydantoin bei 80—500° F u. trennt das behandelte Öl ab. — Zeichnung. (**A. P. 2 847 354** vom 1/11. 1955, ausg. 12/8. 1958.) P. UNGER. 8213

Esso Research and Engineering Co., Elizabeth, N. J., V. St. A. (Erfinder: **Raymond Gay** und **Emmanuel Siganos**, Notre Dame de Gravenchon, Seine-Maritime, Frankreich, *Heizöl*, enthaltend ein aschefreies Dispergiermittel (I) u. ein öllösl. Salz (II) eines Metalls der IV. Gruppe des Period. Systems. I = Kondensationsprod. eines öllösl. Sulfonats u. eines Alkylpolyamins; II = Pb-Oleat oder -Naphthenat. (**D. A. S. 1 054 627** Kl. 23b vom 6/6. 1958, veröff. 9/4. 1959. F. Prior. 20/6. 1957.) P. UNGER. 8217

Shell Development Co., New York, N. Y., übert. von: **John L. Van Winkle**, San Lorenzo, **Edward R. Bell**, Concord, und **Rupert C. Morris**, Berkeley, Calif., V. St. A., *Schmieröl.* Dasselbe enthält als Hochdruckzusatz eine Verb. der allg. Formel I, in welcher X für O, R für einen chlorierten Alkylrest, der durch ein C-Atom direkt an P gebunden ist, u. Y entweder den Rest $N(R_1)R_2$ (R_1 u. R_2 = H, Alkyl- oder Cycloalkylreste mit 1—20 C-Atomen), OH, OR_3 ($R_3 = R_1$, R_2 außer H), oder OZ (Z = NH_4) ist. — Beispiel: n-Butyl-N.N-diisopropylamidotrichlormethanphosphonat (II), hergestellt aus: Diisopropylamin u. PCl_3, Rk. des erhaltenen Diisobutylamidodichlorphosphits mit Na-n-Butylat, dann Zugabe des N.N-Diisopropylamidophosphits zu einem Überschuß CCl_4. Durch Mol.-Dest. wird II abgetrennt. Analyse: H = 7,3(%), N = 4,3, P = 10,6. (**A. P. 2 765 276** vom 19/5. 1955, ausg. 2/10. 1956.) E. DREWS. 8221

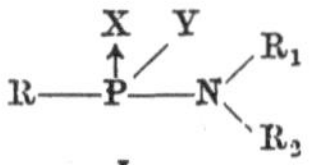
I

XXIV. Photographie.

Eastman Kodak Co., übert. von: **Burt H. Carroll** und **Jean E. Jones**, Rochester, N. Y., V. St. A., *Supersensibilisierung.* Als Grundsensibilisatoren werden Cyanine der allg. Formel I, als Supersensibilisatoren nichtionogene Farbstoffe der Formel II verwendet.

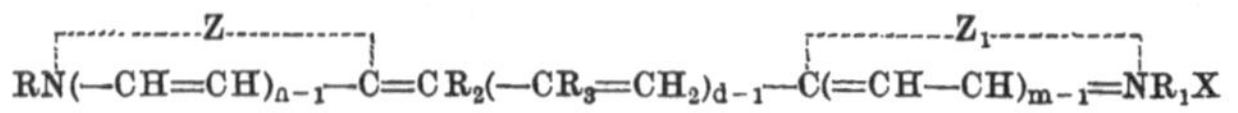
I

Hierin sind R u. R_1 Alkylgruppen, ebenso R_2 u. R_3 oder H-Atome, X ist ein Säurerest, Z u. Z_1 sind zur Bldg. eines 5- oder 6gliedrigen, in Cyaninfarbstoffen üblichen Heterocyclus nötigen Atome, n, d u. m sind 1 oder 2, R_4 u. R_5 sind Alkylgruppen, Q sind die zur Bldg. eines Indandionkernes oder eines 5- oder 6gliedrigen Heterocyclus nötigen Atome u. Z_2 die zur Bldg. eines in Cyaninfarbstoffen üblichen Atome. Die Farbstoffe werden in Mengenverhältnissen von I:II = 1:3—20:1 angewandt. — Beispiele: 9-Äthyl-1'.3-dimethylthia-2'-carbocyaninjodid + 1.3-Diäthyl-5-[di-(1-äthyl-2(1H)-β-naphthothiazoliden)-isopropyliden]-barbitursäure (III); 9-Äthyl-1'.3-dimethyl-4.5-benzoselena-2'-carbocyaninjodid + III, 9-Äthyl-3.3'-dimethyl-4.5;4'.5'-dibenzoselenacarbocyaninjodid + III. Weitere Supersensibilisierungskombinationen; Absorptionskurvendiagramme. — Vgl. F. P. 1 119 815; C. **1958.** 13403. (**A. P. 2 704 714** vom 13/1. 1954, ausg. 22/3 1955.) A. KALIX. 8605

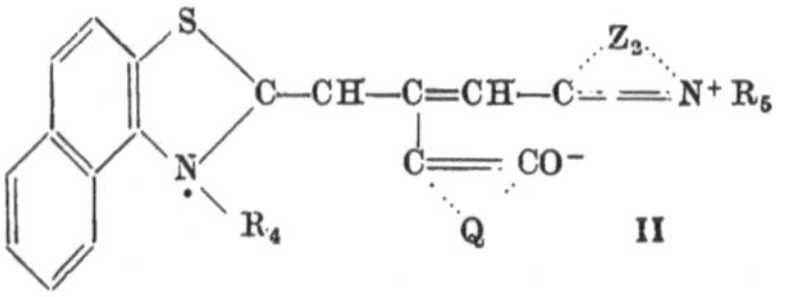
II

REDAKTIONSSCHLUSS: 6. August 1959.

Herausgeber: Prof. Dr. Heinrich Bertsch, Berlin, u. Prof. Dr. Dr. h. c. Wilhelm Klemm, Münster. Chefredakteure und verantwortlich für den Inhalt: Dr. Eugen Klever, Berlin SW 61, Dessauer Straße 28—31, Fernsprecher: 66 55 71, u. Dr. Heinz Walter, Berlin N 4, Schiffbauerdamm 19, Fernsprecher: 42 55 71.

©

Verlag: Akademie-Verlag GmbH, Berlin W 1, Leipziger Str. 3-4 (Fernsprecher: 22 04 41, Postscheckkonto Berlin 350 21), und Verlag Chemie, GmbH, Weinheim/Bergstr. (Fernsprecher: Weinheim 36 35 [Sammelnummer]; Fernschreiber: 04 65516 chemieverl wnh; Postscheckkonten: Frankfurt/M. 145314 u. Berlin [West] 7430). Bestellnummer: 1007/130. Das Chemische Zentralblatt erscheint wöchentlich. Preis des Jahrganges einschl. Autoren-, Patent-, Sach- u. Formelregister: DM 960,—; einseitig bedruckte Ausgabe: DM 1050,—. Abgabe der Zeitschrift nur mit sämtlichen Registern. Abbestellungen nur bis spätestens 6 Wochen vor Ablauf des Kalenderjahres.

Satz u. Druck: VEB Leipziger Druckhaus, Leipzig. III/18/203. X. 59.
Veröffentlicht unter der Lizenznummer ZLN 5002 des Ministeriums für Kultur, Hauptverwaltung Verlagswesen.
Printed in Germany.

FSC
www.fsc.org
MIX
Papier | Fördert
gute Waldnutzung
FSC® C083411

Kolibri 360 GmbH
Ferdinand-Jühlke-Straße 7
99095 Erfurt, Deutschland
produktsicherheit@kolibri360.de